(제7판)

도시 및 주거환경정비법 해설

변호사 맹 신 균 편저

법률&출판

제7판 머리말

도시정비법이 시행된지 22년이 지났고, 본 저자의 책자가 나온지도 벌써 14년이 경과되었다. 그 동안 다른 법률들과 달리 도시정비법은 수 없이 많이 개정되었고, 중요한 대법원 판례도 많이 나왔다. 도시정비법에 관한 충분한 지식을 가진 사람도 개정된 법률 또는 새로운 판례 등을 숙지하지 못하여 실무에서 적지 않은 실수를 하게 된다. 이에 본 책자는 도시정비법에 관해 처음으로 공부하는 사람뿐만 종전 전문가들이 쉽게 이해할 수 있도록 도시정비법의 개정된 내용, 판례 및 실무내용 등을 충실히 반영하려고 하였다.

본 개정판의 중요 특징은 다음과 같다.

첫째, 제6판 이후 4번 개정된 도시정비법의 내용을 충실히 반영하였다. 6판에서 반영하지 못한 공공재개발사업 및 공공재건축사업의 내용도 반영하였다. 최근 도입된 전자의결이 활성화될 경우 종전 서면결의서의 남용에 따른 많은 문제점이 개선될 것으로 사료된다.

둘째, 국토교통부는 2024. 1. '정비사업 표준공사계약서'를 보급하였고, 서울특별시는 2024. 11. 7. '서울특별시 공공지원 정비사업조합 표준정관'을 제정하고 보급하고 있다. 본 책자는 위 표준공사계약서 및 표준정관을 기본으로 작성되었는바, 각 조합의 정관, 공사계약서에 따라 해석이 달라질 수 있음을 고지한다.

셋째, 최근 3 - 4년 동안 분양권 분쟁에 관한 중요 대법원 판례 및 많은 하급심 판결이 나왔는바, 본 책자는 분양권에 관한 분쟁을 사례별로 정리함으로써 조합임원, 조합원, 정비업체 뿐만 아니라 투자자도 분양권의 인정 여부에 관하여 쉽게 이해할 수 있도록 하였다.

넷째, 본 제7판은 여러 곳에 흩어져 있는 관련 내용을 하나의 주제로 정리하고자 노력하였고, 이에 제6판과 달리 일부 내용들이 다른 편 또는 절로 이동하기도 하였다.

다섯째, 하나 주제의 내용이 많을 경우 여러 소제목으로 구분하였고, 이에 독자들이 원하는 내용을 쉽게 찾을 수 있도록 하였다.

여섯째, 제6판에서 언급된 하급심 판결중 상급심에서 변경된 경우 책의 내용을 변경된 상급심 내용으로 변경하였고, 관련성이 적거나 발생 가능성이 적은 판례들은 삭제함으로써 전체적으로 책의 내용을 수정하였다.

저자는 2025. 1.부터 개정판을 위해 하급심 판결, 재건축관련 기사 및 자료 등을 준비하였고, 2개월에 걸쳐 위 내용을 반영한 제7판을 출판하게 되었다. 적지 않은 시간을 투자하여 책의 내용에 오류가 없도록 노력하였으나, 그럼에도 일부 내용에 있어 실수나 오해가 있을 수 있으며, 다음 개정판에서는 그 오류를 정정하도록 하겠다.

제7판이 나오도록 옆에서 도와준 많은 동료 변호사님, 관련 주제에 관하여 함께 토론한 전문가님들, 강의과정에서 많은 질문을 함으로써 저의 지식을 넓혀준 수강생분 등 여러 분들에게 감사를 드린다. 또한 저의 아내, 진영, 지윤에게도 고마움을 전하며, 법률&출판 사장님에게도 감사를 표한다.

2025년 8월

서초동 사무실에서

편저자 맹신균

(초판) 머리말

I. 정부는 40여년 넘게 시행되어 왔던 주택재개발 및 주택재건축의 관련 법령을 대폭적으로 정비하고 통합한 '도시 및 주거환경정비법'을 제정 및 시행함에 따라 기존의 재개발·재건축사업의 기존 절차 및 관행에 있어 혁신적인 변화를 초래하였다.
도시 및 주거환경정비법의 초기 시행단계에서 기존의 제도 및 관행이 바뀌었음에도 불구하고, 실무상 기존의 관행에 따라 사업을 추진하다 보니, 많은 시행착오를 유발하게 되었으나, 현재는 점진적인 정부의 제도 개선 및 법원의 판례(특히 2009년 및 2010년 대법원의 판례 등)에 의해 새로운 법에 의한 제도 및 관행이 정착되어 가고 있다.
본서는 도시 및 주거환경정비법을 충분히 이해하고 제도개선 및 이론을 전개하기 보다는 8년 동안 시행된 도시 및 주거환경정비법의 실무와 판례를 충실히 정리하는 데 중점을 두었다. 특히 본문의 상당부분은 저자의 견해나 문장력이 아닌 판례에 나온 문구를 그대로 인용하였음을 밝혀둔다.

II. 본서의 구성과 특징을 간략히 소개한다.
첫째, 본서는 재건축·재개발사업의 시행단계별로 구성하였고, 시행단계별 설명에 있어 법령 및 국토해양부의 내부지침 뿐만 아니라 서울특별시의 관련 조례를 충분히 반영하려 노력하였다.
둘째, 제4편 주택정비사업조합의 운영과 관련 조합의 설립, 조합과 조합원, 조합의 기관, 조합의 소멸(해산), 조합의 감독 및 벌칙으로 세분화하였고, 국토해양부가 보급하는 표준정관의 내용, 민법의 관련 조항 및 하급심 판례를 충실히 반영함으로써, 실무자들이 조합의 운영에 대해 쉽게 이해할 수 있도록 하였다.
셋째, 2010. 7. 15.부터 공공관리제도가 시행됨에 따라 서울시의 공공관리제도와 관련된 각종 고시 및 지침의 내용을 제3편중 '공공관리제하에서의 (가칭) 추진위원회 구성' 및 제5편 '정비사업전문관리업자 및 시공자의 선정 등'에 반영하였다.

넷째, 정비계획의 이해를 돕기 위해 건축법 관련 내용을 일부 정리하였고, 건축심의와 관련 국토해양부 및 서울시의 공동주택관련 지침을 정리하였으며, 토지 수용의 내용 및 절차를 별도로 정리하였다.
다섯째, 조합 및 실무자가 시공자와의 공사도급계약내용을 이해하기 편하도록 공사표준계약서의 주요내용을 해설하였고, 건축시공에 있어 위 공사표준계약서의 내용을 일부 포함하여 설명하였다.

Ⅲ. 본서가 조합의 실무자, 협력업체의 실무자 및 일반 조합원들에게 주택재건축·재개발사업을 이해하는데 조금이라도 도움이 되었으면 하는 마음이 간절하다.
본서가 이 세상에 나올 수 있게 된 것은 주변의 도움이 있었기에 가능하였다. 먼저 편저자를 법조인으로 이끌어 주신 사법연수원의 민일영 교수님(현 대법관), 박병대 교수님, 정명호 교수님에게 감사드리며, 본서가 상당부분 판결문에 의존하는 만큼 각 판결문을 작성한 판사님들, 해당 사건을 담당한 변호사님들에게도 고마움을 표한다.
본서는 주거환경연구원, 한국주택정비사업조합협회, 서울지방변호사회 등에서 강의한 내용과 재개발·재건축조합에게 홍보하기 위해 만든 자료들을 정리한 것인바, 편저자에게 강의의 기회를 주신 위 단체들에게도 고마움을 드린다. 또한 일선 실무에서 재개발·재건축에 관한 많은 질의의 해 주시고, 자료를 주신 조합 임원님들, 정비업체, 설계자, 시공자 등 협력업체 분들에게도 고마움을 표한다. 마지막으로 이 책을 준비하는 동안 옆에서 아낌없이 후원을 보내준 아내와 아들, 딸에게도 고마움과 미안함을 표한다.

2010년 12월
서초동 사무실에서
맹 신 균 변호사

일러두기

문장내 일부 법령은 아래와 같이 약칭함
‘도시 및 주거환경정비법’은 ‘도시정비법’으로, ‘도시 및 주거환경정비법 시행령’은 ‘도시정비법 시행령’으로, ‘도시 및 주거환경정비법 시행규칙’은 ‘도시정비법 시행규칙’으로 각각 약칭함
‘서울특별시 도시 및 주거환경정비조례’는 ‘서울시 조례’로 약칭함
‘국토의 계획 및 이용에 관한 법률’은 ‘국토계획법’로, ‘국토의 계획 및 이용에 관한 법률 시행령’은 ‘국토계획법 시행령’ 또는 ‘같은 법 시행령’으로, ‘국토의 계획 및 이용에 관한 법률 시행규칙’은 ‘국토계획법 시행규칙’ 또는 ‘같은 법 시행규칙’으로 각각 약칭함
‘공익사업을 위한 토지 등의 취득 및 보상에 관한 법률’은 ‘토지보상법’으로, ‘공익사업을 위한 토지 등의 취득 및 보상에 관한 법률 시행령’은 ‘토지보상법 시행령’으로, ‘공익사업을 위한 토지 등의 취득 및 보상에 관한 법률 시행규칙’은 ‘토지보상법 시행규칙’으로 각각 약칭함
‘집합건물의 및 관리에 관한 법률’은 ‘집합건물법’으로 약칭함

각 문장의 끝의 인용법령( )의 표시는 다음과 같음
‘도시 및 주거환경정비법’은 ‘법’으로, ‘도시 및 주거환경정비법 시행령’은 ‘시행령’ 또는 ‘같은 법 시행령’으로, ‘도시 및 주거환경정비법 시행규칙’은 ‘시행규칙’ 또는 ‘같은 법 시행규칙’으로 각각 표시함
‘서울특별시 도시 및 주거환경정비조례’는 ‘서울시 조례’로 표시함
‘정비사업조합설립추진위원회 운영규정’은 ‘운영규정’으로 표시함
‘○○정비사업조합설립추진위원회 운영규정’은 ‘운영규정안’으로 표시함
‘서울특별시 공공지원 재개발정비사업조합 표준정관’은 ‘서울시 재개발 표준정관’으로 표시함
국토교통부의 ‘정비사업 공사표준계약서’는 ‘공사표준계약서’로 표시함

<목 차>

제1편 재개발 · 재건축 일반

I. 도시 및 주거환경정비법의 제정 등

1. 2002년 개발사업의 통합법 제정

1970년대 이후 도시지역에 대량 공급된 주택들이 노후화됨에 따라 이들을 체계적이고 효율적으로 정비할 필요성이 커지고 있었으나, 과거 주거환경을 정비하는 제도인 재개발 · 재건축 · 주거환경개선사업 등이 각각 도시재개발법, 주택건설촉진법, 도시저소득주민의주거환경개선을위한임시조치법등 3개의 법령에 규정되어 있어서 사업추진의 일관성과 계획적 관리가 부족하였다.

2002. 12. 30. 제정된 도시 및 주거환경정비법은 이러한 주거환경정비사업의 체계적인 추진과 시책의 일관성을 유지하기 위하여 과거 도시재개발법과 도시저소득주민의주거환경개선을위한임시조치법을 통합하고, 주택건설촉진법 중 재건축관련 조항을 통합하여 이를 대폭 보완 · 발전시킨 통합법이다.

✤ 정비사업의 체계도 ✤

종전 법령	통합
주거환경개선을위한임시조치법 ▶주거환경개선사업	『도시 및 주거환경정비법』 으로 통합 ▶사업시행방식 - 주거환경개선사업 - 주택재개발사업 - 주택재건축사업 - 도시환경정비사업 (구도심 · 공장재개발)
도시재개발법 ▶주택재개발사업 ▶도심재개발사업 ▶공장재개발사업	
주택건설촉진법중 재건축 규정 ▶주택재건축사업	

(1) 종합적 도시관리 지향

도시정비법은 「선계획 - 후개발」 원칙에 따른 종합적 도시관리를 지향함으로써 체계적인 도시주거환경을 조성할 수 있는 기반을 마련하기 위해 제정되었다.

즉, 도시별로 10년 단위의 도시·주거환경정비기본계획을 수립하여, 재건축·재개발·주거환경개선사업이 시행될 구역의 개략적 범위·사업시기·용적률 등을 종합적으로 수립하도록 하였다(제3조)[1]. 일정기준에 해당하는 지역에서 주거환경정비사업을 시행하고자 하는 경우에는 시·도지사가 도시계획결정 절차에 따라 정비구역으로 지정하여 토지소유자 중심의 개별적·산발적으로 이루어지던 사업을 도시관리 차원에서 종합적으로 검토하도록 하였다(제4조). 재건축사업의 안전진단 실시여부는 구청장이 결정하되, 사업시기조정, 건축물 노후·불량정도의 평가 등을 위해 필요한 경우에는 특별시장·광역시장이 사전평가를 실시하고, 구청장은 그 결과에 따르도록 하는 근거를 마련하였다(제12조).

(2) 주민의견의 수렴과 각종 비리 및 분쟁 방지

도시정비법은 사업추진 절차를 대폭 개선하여 주민의견의 수렴과 각종비리 및 분쟁을 미연에 방지할 수 있도록 하였다.

주민이 임의로 운영하던 사업추진위원회를 소유자 1/2 이상의 동의 및 시장·군수·구청장의 승인을 얻도록 제도화하여 조합설립 주도권을 둘러싼 주민분쟁 및 사업 지연을 방지하도록 하였다(제13조). 단독주택지도 일정규모 이상이고, 기본계획에 반영된 경우에는 소유자 4/5 이상의 동의만으로 재건축을 허용하였다(제16조). 재건축시 상가를 존치 또는 리모델링하면서 주택만 재건축할 수 있도록 하여 상가소유자의 반대로 인한 사업지연을 방지하였다(제33조). 주거환경개선사업구역은 도시계획절차에 따라 지정하되, 소유자 동의요건(2/3이상 동의)을 삭제함으로써 절차의 중복을 피하는 대신, 시행자는 소유자 2/3이상의 동의를 받아 선정하도록 하였다(제7조).

---

1) 인용조문은 2002. 12. 30. 법률 제6852호로 제정된 도시정비법의 조문을 적용함

(3) 조합원의 권익 보호장치 강화

도시정비법은 조합원의 권익 보호장치를 대폭 강화하여 조합원의 피해구제와 각종 비리를 차단하는 데 역점을 두었다.

조합과 건설업체의 공동사업시행방식을 조합의 단독시행방식으로 전환하고, 시공사는 사업시행인가후 경쟁입찰로 선정하도록 하여 조합과 시공사의 유착고리를 차단하였다(제11조). 시공사의 시공보증을 의무화하여 시공사 부도로 인한 조합원의 피해를 구제하도록 하였다(제51조). 「정비사업전문관리업자」 제도를 도입하여 전문가가 조합설립·사업성 검토·사업시행인가 등을 대행함으로써 시행착오를 막고, 업무미숙으로 인한 비용낭비를 예방하였다(제69조). 재개발사업을 위한 조합설립 및 사업시행인가에 대한 주민동의 요건을 2/3에서 4/5로 확대하였다(제16조 및 제28조). 주택 등의 분양계획·조합원의 비용부담 등에 관한 사항은 관리처분계획에 반영토록 하고, 기존 건축물의 철거는 시장·군수의 관리처분계획인가 후에 착수하도록 하여 철거 반대 민원을 사전에 해소하도록 하였다(제48조).

(4) 저소득 주민의 주거환경개선 지원 확대

도시정비법은 저소득 주민의 주거환경개선 지원을 확대하여 주민부담경감과 주거환경개선사업의 활성화를 도모하였다.

주거환경개선사업구역내 국·공유지를 주민에게 매각할 경우 평가금액의 80%로 매각할 수 있도록 하여 주민부담을 경감하도록 하였다(제66조). 지자체가 세입자용 임대주택 건설을 쉽게 하고, 사업비용 절감을 도모할 수 있도록 주거환경개선구역 및 주택재개발구역내의 국·공유지 장기임대 제도를 도입하였다(제67조).

2. 2017년 전면개정 도시정비법

도시정비법 제정이후 잦은 개정으로 법조문이 크게 증가하였고, 하나의 법률에 서로 다른 6개의 정비사업을 규정함으로써 법구조가 지나치게 복잡하여 국민이 이해하기가 어려운 측면이 있으며, 정비사업을 둘러싼 분쟁이 지속적으로 발생하여 국민들과 시장에서 전부개정의 필요성이 제기되어 왔다. 이에 정부는 2017년 2월 8일에 도시정비법을 전면 개정하게 되었다.

첫째, 현행 6개 유형의 정비사업을 3개 유형의 정비사업으로 통합하여 정비사업의 유형을 간소화하고, 일부 소규모 정비사업은 별도의 특례법(빈집 및 소규모주택 정비에 관한 특례법)을 제정하여 이관하였다.

구분	주거환경 개선사업	주거환경 관리사업	주택재개발 사업	도시환경 정비사업	주택재건축 사업	가로주택 정비사업
대상 지역	저소득자 집단거주	단독주택 및 다세대 밀집	노후불량 건축물밀집	상·공업 지역	공동주택	노후불량주택 밀집 가로구역
통폐합	주거환경개선사업		재개발사업		재건축사업	별도의 특례법으로 규정

둘째, 정비사업의 추진과정에서 종전자산 평가, 현금청산 등 조합과 조합원간 분쟁이 발생할 소지가 있는 조항에 대하여는 법문표현을 명확하게 하고 구체화함으로써 분쟁의 소지를 최소화하여 원활한 추진기반을 조성하였다.

셋째, 지나치게 길거나 복잡한 조문은 분리 또는 간결하게 규정하고, 조문의 성격에 따라 재배치함으로써 국민들이 알기 쉽게 이해할 수 있도록 개정하였다.

3. 도시정비 관련 법령

(1) 도시재정비법

도시의 낙후된 지역에 대한 주거환경개선과 기반시설의 확충 및 도시기능의 회복을 위한 사업을 광역적으로 계획하고 체계적이고 효율적으로 추진하기 위하여 '도시재정비 촉진을 위한 특별법'이 2005. 12. 30. 제정되어 2006. 7. 1.부터 시행되고 있다.

재정비촉진사업(일명 뉴타운사업)은 2002년도에 서울시가 강남·북의 지역균형발전을 위해 도입한 생활권대상의 광역적·종합적인 도시정비수법으로 공공부분에서 먼저 종합개발계획을 수립한 후 구역내 개별지구는 민간이 중심이 되어 재개발이나 재건축사업 등을 적용하여 추진하는 방식이다.

재정비촉진사업은 정비사업 외에 도시개발사업, 시장정비사업 등 다종 다수의 사업을 하나의 광역사업으로 연계하여 개발함으로써 기반시설을 효율적으로 확보·배치하고, 도시의 균형발전을 도모하는 새로운 개념을 기성시가지 정비사업이다.

재정비촉진사업은 재정비촉진지구의 지정, 재정비촉진계획 수립, 재정비촉진사업 시행 순으로 진행된다. 재정비촉진지구는 ① 주거지형, ② 중심지형, ③ 고밀복합형으로 구분된다.

도시재정비법은 ① 세금·금융지원(지방세 감면, 과밀부담금 면제, 국민주택기금 지원), ② 계획 및 시행관리(총괄계획가, 총괄사업관리자, 사업협의회 구성·운영), ③ 교육환경개선지원(학교부지의 확보·매각·임대 및 특례학교 설치완화, ④ 민간투자사업확대(사회기반시설에 대한 민간투자법에 의한 기반시설 확충), ⑤ 도시개발사업 적용완화(공공시행시 토지소유자의 입체환지 허용) 등을 지원하고 있다.

(2) 소규모주택정비법

방치된 빈집을 효율적으로 정비하고, 소규모주택 정비를 활성화하기 위하여 '빈집 및 소규모주택 정비에 관한 특례법'이 2017. 2. 8. 제정되어 2018. 2. 9.부터 시행되고 있다.

소규모주택정비사업은 ① 자율주택정비사업, ② 가로주택정비사업, ③ 소규모재건축사업, ④ 소규모재개발사업으로 구분된다.

자율주택정비사업은 ① 빈집밀집구역, ② 소규모주택정비 관리지역, ③ 정비예정구역·정비구역이 해제된 지역, ④ 주택을 보전·정비·개량하기 위한 주거환경개선사업의 정비구역에서 단독주택, 다세대주택 및 연립주택을 스스로 개량 또는 건설하기 위한 사업이다.

가로주택정비사업은 가로구역의 전부 또는 일부에서 종전의 가로를 유지하면서 소규모로 주거환경을 개선하기 위한 사업이다. 가로구역은 면적이 1만㎡ 미만이고, 너비 4m 이상의 도로 및 시설로 둘러싸인 일단의 지역이며, 노후·불량건축물의 수가 전체 건축물 수의 3분의 2 이상인 지역을 말한다.

소규모재건축사업은 해당 사업시행구역의 면적이 1만㎡ 미만이고, 노후·불량건축물의 수가 전체 건축물 수의 3분의 2 이상인 주택단지에서 소규모로 공동주택을 재건축하기 위한 사업이다.

소규모재개발사업은 5천㎡ 미만이고, 노후·불량건축물의 수가 전체 건축물 수의 3분의 2 이상이며, 철도역의 승강장 경계로부터 반경 350m 이내인 지역 또는 준공업지역에서 소규모로 주거환경 또는 도시환경을 개선하기 위한 사업이다.

가로주택정비사업, 소규모재건축사업, 소규모재개발사업은 기본계획 수립, 정비구역 지정, 추진위원회 승인 절차가 생략되고, 관리처분계획은 사업시행계획인가에 포함되는바, 조합이 사업시행계획인가를 받으면 착공이 가능하다.

(3) 노후계획도시정비법

노후계획도시를 광역적·체계적으로 정비하기 위하여 '노후계획도시정비 및 지원에 관한 특별법'이 2023. 12. 26. 제정되어 2024. 4. 27.부터 시행되고 있다.

노후계획도시란 대규모 주택공급 등을 목적으로 택지개발사업 등에 따라 조성후 20년이 경과하고 면적이 100만㎡ 이상인 지역으로 노후계획도시정비기본계획이 수립된 지역을 말한다.

추진절차는 ① 노후계획도시정비기본방침, ② 노후계획도시정비기본계획(특별정비예정구역, 선도지구), ③ 노후계획도시특별정비구역(정비계획)으로 진행된다.

특별정비구역은 ① 주택단지 정비형, ② 중심지구 정비형, ③ 시설정비형, ④ 이주대책 지원형으로 세분되어 지정된다.

특별정비구역 지정시 ① 재건축 안전진단 완화, ② 용도변경 및 용적률 상향, ③ 입지규제 최소, ④ 도시혁신 구역 지정 등의 특례 및 지원을 받는다.

Ⅱ. 주거환경개선사업

1. 주거환경개선사업의 시행방법 등

(1) 시행방법

주거환경개선사업은 다음의 어느 하나에 해당하는 방법 또는 이를 혼용하는 방법으로 한다(법 제23조 제1항).

① 사업시행자가 정비구역에서 정비기반시설 및 공동이용시설을 새로 설치하거나 확대하고 토지등소유자가 스스로 주택을 보전·정비하거나 개량하는 방법

② 사업시행자가 정비구역의 전부 또는 일부를 수용하여 주택을 건설한 후 토지등소유자에게 우선 공급하거나 대지를 토지등소유자 또는 토지등소유자 외의 자에게 공급하는 방법

③ 사업시행자가 환지로 공급하는 방법

④ 사업시행자가 정비구역에서 관리처분계획에 따라 주택 및 부대시설·복리시설을 건설하여 공급하는 방법

사업시행자(토지주택공사등이 공동사업시행자인 경우에는 토지주택공사등을 말함)는 주택법에 따른 사업주체로 본다(법 제69조 제3항).

사업시행자는 정비계획이 수립된 주거환경개선사업을 관리처분계획에 의한 시행방법으로 변경하려는 경우에는 토지등소유자의 3분의 2 이상의 동의를 받아야 한다(법 제123조 제5항).

(2) 주택의 보전·정비, 개량 방법과 시행자

시장·군수등은 직접 주택개량의 방법에 의한 주거환경개선사업을 시행할 수 있다(법 제24조 제1항).

주거환경개선사업의 정비계획에 관한 공람공고일 현재 토지등소유자의 과반수 동의를 받은 경우 시장·군수는 토지주택공사등을 사업시행자로 지정하여 주거환경개선사업을 시행하게 할 수 있다(법 제24조 제1항).

사업시행자 지정과 관련 토지등소유자의 과반수 동의는 서면동의서에 토지등소유자가 성명을 적고 지장을 날인하는 방법으로 하며 신분증명서의 사본을 첨부하여야 한다(법 제36조 제1항 제3호).

(3) 수용, 환지 또는 관리처분계획의 방법과 시행자

수용, 환지 또는 관리처분계획의 방법으로 시행하는 주거환경개선사업은 ① 시장·군수등이 직접 시행하거나, ② 시장군수 등이 토지주택공사등, 공공기관이 총지분의 50%를 초과하는 출자로 설립한 법인을 사업시행자로 지정하거나, ③ 시장군수등이 토지주택공사 등, 공공기관 출자법인과 건설업자 또는 등록업자[2)]를 공동시행자로 지정할 수 있다(법 제24조 제2항).

수용, 환지 또는 관리처분계획의 방법에 의해 주거환경개선사업을 시행하는 경우 정비계획 공람공고일 현재 해당 정비예정구역의 토지 또는 건축물의 소유자 또는 지상권자의 3분의 2 이상의 동의를 받아야 한다(법 제24조 제3항).

수용의 방법으로 시행하는 주거환경개선사업의 경우 세입자 세대수의 과반수의 동의를 추가로 받아야 한다(법 제24조 제3항).

다음의 경우에는 세입자의 동의절차를 거치지지 아니할 수 있다(법 제24조 제3항 단서, 시행령 제18조).

① 세입자의 세대수가 토지등소유자의 2분의 1 이하인 경우

② 정비구역지정 고시일 현재 해당 지역이 속한 시·군·구에 공공주택 특별법 제2조제1호에 따른 공공주택(임대주택만 해당함) 등 세입자가 입주 가능한 임대주택이 충분하여 임대주택을 건설할 필요가 없다고 시·도지사가 인정하는 경우

③ 도시정비법 제23조제1항제1호(주택개량), 제3호(환지) 또는 제4호(관리처분계획)에 따른 방법으로 사업을 시행하는 경우

동의대상 세입자는 정비계획 공람공고일 3개월 전부터 해당 정비예정구역에 3개월 이상 거주하고 있는 자를 말한다.

시장·군수등이 직접 시행하는 경우도 동의절차를 거쳐야 한다.

---

2) 건설업자는 건설산업기본법 제9조에 의한 건설업자를 의미하고, 등록사업자는 주택법 제7조 제1항에 따라 건설업자로 보는 등록사업자를 의미함(법 제24조 제2항 제2호).

동의방법에 관하여 도시정비법 제36조가 준용되지 않아 사업시행자는 자율적으로 동의절차를 진행할 수 있다.

사업시행자는 정비계획이 수립된 주거환경개선사업을 관리처분계획에 의한 시행방법으로 변경하려는 경우에는 토지등소유자의 3분의 2 이상의 동의를 받아야 한다(법 제123조 제5항).

(4) 긴급히 주거환경개선사업을 시행할 필요가 있는 경우

시장·군수등은 천재지변, 그 밖의 불가피한 사유로 건축물이 붕괴할 우려가 있어 긴급히 정비사업을 시행할 필요가 있다고 인정하는 경우에는 토지등소유자 및 세입자의 동의 없이 자신이 직접 시행하거나 토지주택공사등을 사업시행자로 지정하여 시행하게 할 수 있다(법 제24조 제4항).

이 경우 시장·군수등은 지체 없이 토지등소유자에게 긴급한 정비사업의 시행 사유·방법 및 시기 등을 통보하여야 한다.

2. 정비계획 수립대상구역 등

(1) 정비계획 수립대상구역

주거환경개선사업을 위한 정비계획은 다음의 어느 하나에 해당하는 지역에 수립한다(시행령 별표 1.).

① 1985년 6월 30일 이전에 건축된 법률 제3719호 특정건축물정리에 관한 특별조치법 제2조에 따른 무허가건축물 또는 위법시공건축물과 노후·불량건축물이 밀집되어 있어 주거지로서의 기능을 다하지 못하거나 도시미관을 현저히 훼손하고 있는 지역

② 개발제한구역의 지정 및 관리에 관한 특별조치법에 의한 개발제한구역으로서 그 구역지정 이전에 건축된 노후·불량건축물의 수가 해당 정비구역의 건축물 수의 50% 이상인 지역

③ 재개발사업을 위한 정비구역의 토지면적의 50% 이상의 소유자와 토지 또는 건축물을 소유하고 있는 자의 50% 이상이 각각 재개발사업의 시행

을 원하지 아니하는 지역

④ 철거민이 50세대 이상 규모로 정착한 지역이거나 인구가 과도하게 밀집되어 있고 기반시설의 정비가 불량하여 주거환경이 열악하고 그 개선이 시급한 지역

⑤ 정비기반시설이 현저히 부족하여 재해발생시 피난 및 구조 활동이 곤란한 지역

⑥ 건축대지로서 효용을 다할 수 없는 과소필지 등이 과다하게 분포된 지역으로서 건축행위 제한 등으로 주거환경이 열악하여 그 개선이 시급한 지역

⑦ 국토계획법 제37조 제1항 제5호에 따른 방재지구로서 주거환경개선사업이 필요한 지역

⑧ 단독주택 및 다세대주택 등이 밀집한 지역으로서 주거환경의 보전·정비·개량이 필요한 지역

⑨ 해제된 정비구역 및 정비예정구역

⑩ 기존 단독주택 재건축사업 또는 재개발사업을 위한 정비구역 및 정비예정구역의 토지등소유자의 50% 이상이 주거환경개선사업으로의 전환에 동의하는 지역

⑪ 도시재정비법 제2조 제6호에 따른 존치지역 및 같은 법 제7조 제2항에 따라 재정비촉진지구가 해제된 지역

(2) 서울시의 주거환경정비사업을 위한 정비계획 수립대상구역

주거환경개선구역은 호수밀도가 80 이상인 지역으로서 다음의 어느 하나에 해당하는 지역을 말한다.

① 노후·불량건축물의 수가 대상구역 안의 건축물 총수의 60% 이상인 지역

② 주택접도율이 20% 이하인 지역

③ 구역의 전체 필지 중 과소필지가 50% 이상인 지역

관리형 주거환경개선사업으로 시행하는 경우 호수밀도, 노후·불량건축물의 비율 등이 적용되지 않는다.

(3) 용도지역의 결정 · 고시 간주

주거환경개선사업구역이 주택개량방법 또는 환지방법에 의할 경우 2종 일반주거지역으로, 토지수용방법 또는 관리처분계획방법에 의할 경우 3종 일반주거지역으로 각각 결정 · 고시된 것으로 본다(법 제69조 제1항, 시행령 제58조).

주거환경개선사업이 수용의 방법 또는 관리처분계획의 방법으로 시행되는 경우 : 공공지원민간임대주택 또는 공공건설임대주택을 200세대 이상 공급하려는 경우로서 해당 임대주택의 건설지역을 포함하여 정비계획에서 따로 정하는 구역은 준주거지역으로 한다(법 제69조 제1항, 시행령 제58조 제2호 단서).

종세분화 결정시점은 정비구역의 지정 · 고시가 있은 날부터이다.

다음의 경우 위 규정이 적용되지 않는다(법 제69조 제1항 단서).

① 해당 정비구역이 개발제한구역인 경우

② 시장 · 군수등이 해당 정비구역의 일부분을 종전 용도지역으로 그대로 유지하거나 동일면적의 범위에서 위치를 변경하는 내용으로 정비계획을 수립한 경우

③ 시장 · 군수등이 주거지역을 세분 또는 변경하는 계획과 용적률에 관한 사항을 포함하는 정비계획을 수립한 경우

(4) 주택의 규모 및 건설비율

건설하는 주택 전체 세대수(임대주택 포함)의 90% 이상을 85㎡ 이하 규모의 주택으로 건설하여야 한다[정비사업의 임대주택 및 주택규모별 건설비율(국토교통부고시 제2024-26호, 개정 2024. 1. 19.) 제3조].

임대주택은 시 · 도지사가 전체 세대수의 30% 이하에서 정하여 고시하는 기준에 따라 건설하여야 한다. 이와 달리 특별시장 · 광역시장 · 특별자치시장 · 특별자치도지사 · 시장 또는 군수(광역시의 군수 제외)는 정비계획을 수립할 때 해당 정비구역 내 주민(세입자 포함)을 대상으로 임대주택 수요를 조사하고 그 결과에 따라 임대주택 건설비율을 별도로 정할 수 있다.

시 · 도지사가 전체 임대주택 세대수의 50% 이하에서 정하여 공보에 고시하는 기준에 따라 40㎡ 이하 규모의 임대주택을 건설하여야 한다.

시 · 도지사는 임대주택의 건설비율기준을 고시함에 있어 다른 주거환경개선

구역(주거환경개선사업을 시행하는 정비구역을 말함)과 연계하여 전체 구역에 대한 공급비율을 기준으로 사업구역 별 차등 적용할 수 있으며, 주택건설을 위한 대지면적이 10,000㎡ 이하인 경우 임대주택을 건설하지 않도록 할 수 있다.

(5) 정비구역 해제의 효과

주택개량방법에 의한 주거환경정비사업에 있어 정비구역이 지정 · 고시된 날부터 10년 이상 지나고, 추진 상황으로 보아 지정 목적을 달성할 수 없다고 인정되는 경우로서 토지등소유자의 과반수가 정비구역의 해제에 동의하는 경우 정비구역의 지정권자는 정비구역등을 해제할 수 있다(법 제21조 제1항 제4호).

정비구역의 지정권자는 정비기반시설의 설치 등 해당 정비사업의 추진 상황에 따라 환원되는 범위를 제한할 수 있다(법 제21조 제1항 단서).

수용, 환지, 관리처분계획에 의한 주거환경정비사업에 있어 정비구역이 해제된 경우에는 정비계획으로 변경된 용도지역, 정비기반시설 등은 정비구역 지정 이전의 상태로 환원된 것으로 본다(법 제22조 제1항).

정비구역등(재개발사업 및 재건축사업을 시행하려는 경우로 한정함)이 해제된 경우 정비구역의 지정권자는 해제된 정비구역등을 주택개량의 방법으로 시행하는 주거환경개선구역으로 지정할 수 있다. 이 경우 주거환경개선구역으로 지정된 구역은 기본계획에 반영된 것으로 본다(법 제22조 제2항).

3. 시행규정 등

(1) 시행규정

시장 · 군수등, 토지주택공사등이 단독으로 정비사업을 시행하는 경우 시행규정을 작성하여야 한다(법 제53조). 시행규정에는 토지등소유자의 권리 · 의무, 관리처분계획 및 청산(분할징수 또는 납입에 관한 사항을 포함, 수용의 방법으로 시행하는 경우는 제외), 사업시행계획서의 변경 등[3]이 포함되어야 한다.

(2) 주민대표회의의 구성

토지등소유자는 정비구역 지정·고시 후 토지등소유자의 과반수 동의를 받아 주민대표기구(주민대표회의)를 구성하며, 시장·군수등의 승인을 받아야 한다(법 제47조 제1항, 제3항).

토지등소유자의 과반수 동의는 서면동의서에 토지등소유자가 성명을 적고 지장을 날인하는 방법으로 하며, 신분증명서의 사본을 첨부하여야 한다(법 제36조 제1항 제9호).

주민대표회의는 위원장을 포함하여 5명 이상 25명 이하로 구성한다. 위원장과 부위원장 각 1명과 1명 이상 3명 이하의 감사를 둔다(시행령 제45조 제1항). 시장·군수 또는 위탁지원자는 주민대표회의의 구성에 관한 업무를 수행한다(법 제118조 제2항 제1호).

사업시행자가 건축물의 철거 등[4]에 관하여 시행규정을 정하는 때에 주민대표회의 또는 세입자(상가세입자 포함)는 사업시행자에게 시행규정에 대한 의견을 제시할 수 있다. 이 경우 사업시행자는 주민대표회의 또는 세입자의 의견을 시행규정에 반영하기 위하여 노력하여야 한다(법 제47조 제5항, 시행령 제45조 제2항).

도시정비법 제47조 제5항 각 호가 정한 사항에 관하여 주민대표기구가 사업시행자에게 의견을 제시하더라도 사업시행자는 사업시행계획에 포함되는 시행규정을 정할 때 이를 반영하도록 노력하는 것으로 족하고 구속력이 인정되

---

3) ① 정비사업의 종류 및 명칭, ② 정비사업의 시행연도 및 시행방법, ③ 비용부담 및 회계, ④ 토지등소유자의 권리·의무, ⑤ 정비기반시설 및 공동이용시설의 부담, ⑥ 공고·공람 및 통지의 방법, ⑦ 토지 및 건축물에 관한 권리의 평가방법, ⑧ 관리처분계획 및 청산(분할징수 또는 납입에 관한 사항을 포함한다). 다만, 수용의 방법으로 시행하는 경우는 제외한다, ⑨ 시행규정의 변경, ⑩ 사업시행계획서의 변경, ⑪ 그 밖에 시·도조례로 정하는 사항

4) ① 건축물의 철거, ② 주민의 이주(세입자의 퇴거에 관한 사항 포함), ③ 토지 및 건축물의 보상(세입자에 대한 주거이전비 등 보상에 관한 사항 포함), ④ 정비사업비의 부담, ⑤ 세입자에 대한 임대주택의 공급 및 입주자격, ⑥ 시공자의 추천, ⑦ 다음 사항의 변경 1) 건축물의 철거, 2) 주민의 이주, 3) 토지 및 건축물의 보상, 4) 정비사업비의 부담, ⑧ 관리처분계획 및 청산에 관한 사항, ⑨ 관리처분계획 등의 변경

지 않는다.[5)]

(3) 시공사의 선정 등

주거환경개선사업의 사업시행자가 시공자를 선정하는 경우 주민대표회의는 경쟁입찰 또는 수의계약(2회 이상 경쟁입찰이 유찰된 경우에 한정함)의 방법으로 시공자를 추천할 수 있다(버버 제29조 제7항)

주민대표회의가 시공자를 추천한 경우 사업시행자는 추천받은 자를 시공자로 선정하여야 한다. 이 경우 시공자와의 계약에 관해서는 지방자치단체를 당사자로 하는 계약에 관한 법률 제9조 또는 공공기관의 운영에 관한 법률 제39조를 적용하지 아니한다(법 제29조 제10항).

4. 사업시행계획 및 관리처분계획

(1) 사업시행계획서 작성

주거환경정비사업의 시행자인 토지주택공사등은 정비계획에 따라 사업시행계획서를 작성하고, 시장·군수로부터 사업시행인가를 받아야 한다. 단 사업시행자인 시장·군수는 사업시행계획서만 작성할 뿐 인가절차가 생략된다(법 제50조 제1항).

시장·군수등 또는 토지주택공사등은 사업시행계획서에 관한 총회의 의결을 거치지 않는다(법 제50조 제5항). 시행규정에는 사업시행계획서의 변경에 관한 규정만 정하고, 주민대표회의가 시장·군수에게 사업시행계획서에 관한 의견을 제시할 수 있는 규정이 없다.

(2) 이주대책 등

주거환경개선사업의 경우에는 이주대책을 수립·실시하거나 이주정착금을 지급하여야 한다(법 제65조 제1항). 다만, 이주대책의 내용에는 이주정착지에 대한 도로·급수시설 등 통상적인 수준의 생활기본시설을 포함하지 않는다.

5) 대법원 2016. 5. 12. 선고 2013다1570 판결

즉 주거환경개선사업에는 토지보상법 제78조제4항[6])이 적용되지 아니한다(법 제69조 제3항).

(3) 임시거주시설의 설치

사업시행자는 주거환경개선사업의 시행으로 철거되는 주택의 소유자 또는 세입자에게 해당 정비구역 안과 밖에 위치한 임대주택 등의 시설에 임시로 거주하게 하거나 주택자금의 융자를 알선하는 등 임시거주에 상응하는 조치를 하여야 한. 사업시행자는 임시거주시설의 설치 등을 위하여 필요한 때에는 국가・지방자치단체, 그 밖의 공공단체 또는 개인의 시설이나 토지를 일시 사용할 수 있다다(법 제61조 제1항, 제2항).

(4) 건축규제의 완화 등에 관한 특례

주거환경개선사업에 따른 건축허가를 받은 때와 소유권 보존등기 또는 이전등기를 하는 때에는 국민주택채권을 매입하지 않는다(법 제68조 제1항). 주거환경개선구역에서 도시・군계획시설의 결정・구조 및 설치의 기준 등은 '도시・군계획시설의 결정・구조 및 설치기준에 관한 규칙'에 따른다(법 제68조 제2항, 시행규칙 제11조 제1항).

주거환경개선구역에서 ① 대지와 도로의 관계(소방활동에 지장이 없는 경우), ② 건축물의 높이 제한(공동주택을 건설・공급하는 경우)은 시・도조례로 정하는 바에 따라 기준을 따로 정할 수 있다(법 제68조 제3항).

(5) 관리처분계획의 방법에 의한 주거환경개선사업

사업시행자는 사업시행계획인가 고시 이후 분양신청기간내 토지등소유자들로부터 분양신청을 받고, 분양신청의 현황을 기초로 관리처분계획을 수립하여 한다(제74조 제1항, 제7항). 시장・군수등이 아닌 사업시행자는 위 관리처분계

6) 토지보상법 제78조 제4항 "이주대책의 내용에는 이주정착지(이주대책의 실시로 건설하는 주택단지를 포함한다)에 대한 도로, 급수시설, 배수시설, 그 밖의 공공시설 등 통상적인 수준의 생활기본시설이 포함되어야 하며, 이에 필요한 비용은 사업시행자가 부담한다. 다만, 행정청이 아닌 사업시행자가 이주대책을 수립・실시하는 경우에 지방자치단체는 비용의 일부를 보조할 수 있다."

획에 관하여 인가를 받아야 한다(제74조 제1항).

종전자산 및 종후자산에 대한 감정평가는 시장·군수등이 선정·계약한 2인 이상의 감정평가업자가 수행한다(법 제74조 제4항 1호 가목).

주거환경개선사업의 관리처분기준은 재개발사업과 동일하다(시행령 제63조 제1항).

시행규정에는 관리처분계획에 관한 규정이 포함되고, 주민대표회의는 사업시행자에게 관리처분계획의 수립 및 변경에 관하여 의견을 제시할 수 있다.

5. 주택의 공급

주택개량방법, 토지수용방법 및 환지공급방법으로 시행하는 주거환경개선사업의 사업시행자가 정비구역에 주택을 건설하는 경우 주택의 공급에 관하여는 도시정비법 시행령 별표 2에 규정된 범위안에서 시장 · 군수등의 승인을 얻어 사업시행자가 이를 따로 정할 수 있다(법 제79조 제3항, 시행령 제66조).

토지수용방법으로 시행하는 주거환경개선사업에 있어 토지를 공급받은 자를 포함한다.

이 경우 입주자 모집 조건·방법·절차, 입주금(계약금·중도금 및 잔금)의 납부 방법·시기·절차, 주택공급 방법·절차 등에 관하여 주택법 제54조가 적용되지 않는다(법 제79조 제3항).

시행령 별표2. <개정 2023. 8. 22.>

주거환경개선사업의 주택공급조건 등 (시행령 제66조 관련)

1. 주택의 공급기준: 1세대 1주택을 기준으로 공급한다.
2. 주택의 공급대상: 다음 각 목의 어느 하나에 해당하는 자에게 공급한다. 다만, 주거환경개선사업을 위한 정비구역에 「건축법」 제57조에 따른 대지분할제한면적 이하의 과소토지만을 소유하고 있는 자 등에 대한 주택공급기준은 시 · 도조례[7]로 따로 정할 수 있다.
   가. 제13조제1항에 따른 정비계획의 공람공고일 또는 시장 · 군수등이 해

당 구역의 특성에 따라 필요하다고 인정하여 시 · 도지사의 승인을 받아 따로 정하는 날(이하 "기준일"이라 한다) 현재 해당 주거환경개선사업을 위한 정비구역에 주택이 건설될 토지나 철거 예정인 건축물을 소유하고 있는 자[특별시장 · 광역시장 · 특별자치시장 · 특별자치도지사 · 시장 또는 군수(해당 권한이 자치구의 구청장에게 위임된 경우에는 그 권한을 위임받은 자치구의 구청장을 포함한다)가 기준일 이후 「국토의 계획 및 이용에 관한 법률」 제2조제10호에 따른 도시 · 군계획시설사업의 시행을 위하여 협의 또는 수용에 의하여 토지 또는 건축물을 취득한 경우 취득 당시 해당 토지 또는 건축물의 소유자를 포함한다]

나. 기준일 현재 다른 주거환경개선사업을 위한 정비구역에 주택이 건설될 토지 또는 철거 예정인 건축물을 소유하고 있는 자

다. 「국토의 계획 및 이용에 관한 법률」 제2조제11호에 따른 도시 · 군계획사업으로 주거지를 상실하여 이주하게 되는 자로서 해당 시장 · 군수등이 인정하는 자

3. 주택의 공급순위

가. 1순위: 제2호가목에 해당하는 자로서 해당 정비구역에 거주하고 있는 자

나. 2순위: 제2호가목에 해당하는 자(법인의 경우에는 사회복지를 목적으로 하는 법인만 해당한다)로서 해당 정비구역에 거주하고 있지 않은 자

다. 3순위: 제2호나목에 해당하는 자로서 해당 정비구역에 거주하고 있는 자

라. 제4순위: 제2호다목에 해당하는 자

7) 서울시 조례 제43조 : 토지면적이 90㎡에 미달하는 토지등소유자

6. 주거환경개선사업에 대한 지원

(1) 보조 및 융자

국가 또는 시 · 도는 시장, 군수, 구청장 또는 토지주택공사등에게 기초조사, 정비기반시설, 임시거주시설 및 주거환경개선사업에 따른 공동이용시설(전부)의 건설에 드는 비용의 일부를 보조하거나 융자할 수 있다(법 제95조 제1항, 시행령 제79조 제1항).

보조 · 융자할 수 있는 금액은 80%로 하되, 주택개량방식의 주거환경개선사업의 경우에는 100%로 한다(시행령 제79조 제3항).

국가 또는 시 · 도는 정비구역등이 해제된 지역 또는 재정비촉진지구가 해제된 지역에서 시행하는 주거환경개선사업에 우선적으로 보조하거나 융자할 수 있다(법 제95조 제1항 제1호).

토지주택공사등이 주거환경개선사업을 시행하는 경우 시장 · 군수등은 토지주택공사등에게 정비기반시설 및 공동이용시설, 임시거주시설을 건설하는데 드는 비용의 전부 또는 일부를 보조하여야 한다(법 제95조 제2항).

(2) 국유 · 공유재산의 처분

정비사업을 목적으로 우선하여 매각하는 국 · 공유지는 사업시행계획인가의 고시가 있은 날을 기준으로 평가하며, 주거환경개선사업의 경우 매각가격은 평가금액의 100분의 80으로 한다(법 제98조 제6항).

(3) 국유 · 공유재산의 임대

지방자치단체 또는 토지주택공사등은 주거환경개선구역에서 임대주택을 건설하는 경우에는 국 · 공유지 관리청과 협의하여 정한 기간 동안 국 · 공유지를 임대할 수 있다(법 제99조).

(4) 공동이용시설 사용료의 면제

지방자치단체의 장은 마을공동체 활성화 등 공익 목적을 위하여 공유재산 및 물품 관리법 제20조에 따라 주거환경개선구역 내 공동이용시설에 대한 사용 허가를 하는 경우 같은 법 제22조에도 불구하고 사용료를 면제할 수 있다(법 제100조).

(5) 국 · 공유지의 무상양여

주거환경개선구역에서 국가 또는 지방자치단체가 소유하는 토지는 사업시행계획인가의 고시가 있은 날부터 종전의 용도가 폐지된 것으로 보며, 해당 사업시행자에게 무상으로 양여된다(법 제101조). 이 경우 국유재산법, 공유재산 및 물품 관리법 및 그 밖에 국 · 공유지의 관리 및 처분에 관하여 규정한 관계 법령이 적용되지 않는다.

국유재산법 제6조 제2항에 따른 행정재산 또는 공유재산 및 물품 관리법 제5조 제2항에 따른 행정재산과 국가 또는 지방자치단체가 양도계약을 체결하여 정비구역지정 고시일 현재 대금의 일부를 수령한 토지에 대하여는 무상양여 대상에서 제외된다(법 제101조 제1항).

Ⅲ. 재개발 · 재건축사업과 조합 또는 토지등소유자

1. 재개발 · 재건축사업의 시행방법

재개발사업은 정비구역에서 관리처분계획에 따라 건축물을 건설하여 공급하거나 환지로 공급하는 방법으로 한다(법 제23조 제2항). 재개발사업은 건축물을 공급할 수 있고, 위 건축물에는 용도지역에 따라 주택뿐만 아니라 근린생활시설, 문화 및 집회시설 등도 포함된다.

재건축사업은 정비구역에서 관리처분계획에 따라 건축물을 건설하여 공급하는 방법으로 한다(법 제23조 제3항). 주택, 부대복리시설 및 복리시설을 제외한 건축물(공동주택 외 건축물)은 준주거지역 및 상업지역에서만 건설할 수 있다. 이 경우 공동주택 외 건축물의 연면적은 전체 건축물 연면적의 30% 이하 이어야 한다(법 제23조 제4항).[8)]

재건축사업에 있어 주택단지에 있지 아니하는 건축물의 경우에는 지형여건 · 주변의 환경으로 보아 사업 시행상 불가피한 경우로서 정비구역으로 보는 사업에 한정한다(법 제23조 제3항 단서).

재건축사업은 '정비구역'에서만 가능하고, 정비구역이 아닌 지역에서의 재건축사업은 '빈집 및 소규모주택 정비에 관한 특례법'의 적용을 받는다.

2. 재개발사업 · 재건축사업과 조합 또는 공동시행

재개발사업은 재개발조합이 시행한다. 재개발조합이 조합원의 과반수의 동의를 받아 시장 · 군수등, 토지주택공사등, 건설업자, 등록사업자[9)], 신탁업자 또는 한국부동산원과 공동으로 시행하는 방법으로 시행할 수 있다(법 제25조

---

8) 2025. 1. 31. 이후 재건축사업에서 오피스텔 이외의 건축물의 공급도 가능함.

9) 건설업자는 건설산업기본법 제9조에 따른 건설업자를 의미하고, 등록사업자는 주택법 제7조 제1항에 따라 건설업자로 보는 등록사업자를 의미함(법 제24조 제2항 제2호)

제1항 제1호, 시행령 제19조).

재건축사업은 재건축조합이 시행한다. 재건축조합이 조합원의 과반수의 동의를 받아 시장·군수등, 토지주택공사등, 건설업자 또는 등록사업자와 공동으로 시행할 수 있다(법 제25조 제2항).

등록사업자는 ① 자본금 5억원 이상, ② 건축 분야 및 토목분야 기술인 3명 이상 보유, ③ 최근 5년간 주택건설실적 100호 또는 100세대 이상의 요건 등을 갖추어야 하는바(주택법 제7조 제1항, 주택법 시행령 제17조 제1항), 위 요건을 갖추지 못한 등록사업자가 조합과 공동으로 수립한 사업시행계획은 위법하다.[10)]

조합원 과반수 동의는 도시정비법 제36조 제1항이 적용되지 않으므로, 조합원 총회의 과반수 결의에 의할 수 있다.

조합이 건설업자와 공동으로 정비사업을 시행하는 경우로서 조합과 건설업자 사이에 협약을 체결하는 경우 조합원의 과반수 동의를 받아 시공자를 선정할 수 있다. 이 경우 건설업자를 시공자로 본다(법 제118조 제7항 제1호).

공동시행의 협약사항에 관한 구체적인 내용은 시·도조례로 정할 수 있다(법 제118조 제8항).

서울시의 경우 '정비사업 표준공동사업 시행협약서(서울시 2016-356. 2016. 11. 10.)'와 '공동사업시행 건설업자 선정기준(서울시 2016-355, 2016. 11. 10.)'을 고시하였다.

행정청이 도시정비법 제25조 제1항, 제50조 제1항에 근거하여 행하는 사업시행계획 변경인가처분 중 '사업시행자를 조합 단독에서 조합과 주택공사 등 공동으로 변경하는 결정 부분' 또는 '사업시행자를 조합과 주택공사 등 공동에서 조합 단독으로 변경하는 결정 부분'은 주택공사 등에 대하여 행정주체로서의 지위를 부여하거나 상실시키는 일종의 설권적 처분의 성격을 가진다.[11)]

조합과 건설업자 등이 공동으로 재개발사업을 시행할 경우 공동사업시행협

---

10) 인천지방법원 2024. 1. 18. 선고 2021구합50318 판결

11) 대법원 2023. 12. 21. 선고 2023다275424 판결 : 행정소송으로 사업시행계획 변경인가처분 중 공동사업시행자 지위 상실의 취소 또는 무효를 구해야 함. 민사소송으로 총회결의무효소송을 다툴 수 없음.

약은 민법상 조합계약의 성격을 가지고, 민법 제720조에 의하면 부득이한 사유가 있는 때에는 각 조합원은 조합의 해산을 청구할 수 있는바, 조합이 부득이한 사유로 계약을 해지하였다면 위 공동사업시행협약은 민법 제720조에 의거 그 효력이 소멸되었다고 판단한 사례가 있다.[12]

3. 토지등소유자의 재개발사업 시행

(1) 토지등소유자의 재개발사업 시행

재개발사업구역내 토지등소유자가 20인 미만인 경우[13]에는 토지등소유자가 재개발사업을 직접 시행할 수 있다.

토지등소유자가 토지등소유자의 과반수의 동의를 받아 시장·군수등, 토지주택공사등, 건설업자, 등록사업자, 신탁업자 또는 한국부동산원과 공동으로 시행하는 방법으로 시행할 수 있다(법 제25조 제1항 제2호).

토지등소유자 과반수의 동의는 서면동의서에 토지등소유자가 성명을 적고 지장을 날인하는 방법으로 하며, 신분증명서의 사본을 첨부하여야 한다(법 제36조 제1항 제4호).

재개발사업구역내 토지등소유자가 20인 미만인 경우 조합을 구성하지 않고 토지등소유자가 직접 시행할 수 있다. 이는 종전 도심지 또는 공장부지에서 이루어진 도시환경정비사업에 해당된다.

(2) 신탁과 위탁자

도시환경정비사업 시행을 위하여 또는 그 사업 시행과 관련하여 부동산에 관하여 담보신탁 또는 처분신탁 등이 이루어진 경우에, 도시정비법 제50조 제6항에서 정한 사업시행자로서 사업시행인가를 신청하는 토지 등 소유자 및 그

12) 인천지방법원 부천지원 2021. 11. 5. 선고 2021가합101610 판결

13) 도시정비법 부칙(2017. 2. 8.) 제7조 : 2018. 2. 9. 이후 최초로 정비계획의 입안을 위한 공람을 실시하는 경우부터 적용된다. '2018. 2. 8. 이전' 정비계획의 입안이 공람된 도시환경정비사업의 경우 20인 이상이라도 토지등소유자가 사업을 시행할 수 있다.

신청에 필요한 동의를 얻어야 하는 토지 등 소유자는 모두 수탁자가 아니라 도시환경정비사업에 따른 이익과 비용이 최종적으로 귀속되는 위탁자로 해석함이 타당하며, 토지 등 소유자의 자격 및 동의자 수를 산정할 때에는 위탁자를 기준으로 하여야 한다.[14]

(3) 토지등소유자의 동의자 수 산정 특례

정비구역 지정·고시(변경지정·고시 제외) 이후 토지등소유자가 재개발사업을 시행하는 경우 토지등소유자의 동의자 수를 산정하는 기준일은 다음의 구분에 따른다(법 제36조의2 제1항).

① 정비계획의 변경을 제안하는 경우 : 정비구역 지정·고시가 있는 날

② 사업시행계획인가를 신청하는 경우 : 사업시행계획인가를 신청하기 직전의 정비구역 변경지정·고시가 있는 날
정비구역 변경지정이 없거나 정비구역 지정·고시 후에 정비사업을 목적으로 취득한 토지 또는 건축물에 대해서는 정비구역 지정·고시가 있는 날을 말한다.

토지등소유자의 동의자 수를 산정함에 있어 산정기준일 이후 1명의 토지등소유자로부터 토지 또는 건축물의 소유권이나 지상권을 양수하여 여러 명이 소유하게 된 때에는 그 여러 명을 대표하는 1명을 토지등소유자로 본다(법 제36조의2 제2항).

토지등소유자가 시행하는 재개발사업의 경우 토지등소유자가 정비구역 지정 후에 정비사업을 목적으로 취득한 토지 또는 건축물에 대하여는 정비구역 지정 당시의 토지 또는 건축물의 소유자를 토지등소유자의 수에 포함하여 산정하되, 이 경우 동의 여부는 이를 취득한 토지등소유자에 따른다(시행령 제33조 제1항 제1호 다목 단서).

(4) 사업시행인가 후 다물권자의 양도와 조합원 수

토지등소유자 방식 재개발사업에서 사업시행계획의 인가 후 1인의 토지등소유자로부터 정비구역 안에 있는 토지 또는 건축물의 소유권을 양수하여 여러

---

14) 대법원 2015. 6. 11. 선고 2013두15262 판결

명이 소유하게 된 경우에는, 그 전원이 1인의 토지등소유자로서 1인의 분양대상자 지위를 가진다.[15]

(5) 규약의 작성

토지등소유자가 시행하는 재개발사업의 경우 정비사업에 필요한 사항이 포함된 규약[16]을 작성하고 있다(법 제2조 제11호 나목).

(6) 토지등소유자와 사업시행계획인가

사업시행자인 토지등소유자는 사업시행계획인가를 신청하기 전에 사업시행계획서에 대하여 토지등소유자 4분의 3 이상 및 토지면적의 2분의 1 이상의 토지소유자 동의를 받아야 한다(법 제50조 제6항).

위 사업시행계획인가를 위한 동의는 서면동의서에 토지등소유자가 성명을 적고 지장을 날인하는 방법으로 하며, 신분증의 사본을 첨부하여야 한다(법 제36조 제1항 제10호).

총회의 개최 여부는 규약으로 정한 바에 따른다.

사업시행계획인가를 받은 사항을 변경하려는 경우에는 규약으로 정하는 바에 따라 토지등소유자의 과반수의 동의를 받아야 하며, 경미한 사항의 변경인 경우에는 토지등소유자의 동의를 필요로 하지 아니한다(법 제50조 제6항).

---

15) 서울고등법원 2024. 12. 26. 선고 2024누33770 판결

16) 규약에 포함될 사항(2018. 2. 8. 개정전 시행령 41조 제4항)
① 정비사업의 종류 및 명칭, ② 주된 사무소의 소재지, ③ 비용부담에 관한 사항(사업시행자인 토지등소유자와 사업시행자가 아닌 토지등소유자의 비용부담이 균형을 잃지 아니하도록 하는 내용과 부담하는 비용의 납부시 그 방법 등에 관한 사항이 포함되어야 한다), ④ 업무를 대표할 자 및 임원을 정하는 경우에는 그 자격·임기·업무분담·선임방법 및 업무대행에 관한 사항, ⑤ 총회 및 대의원회 등의 조직에 관한 사항, ⑥ 회의에 관한 사항, ⑦ 토지등소유자의 권리·의무에 관한 사항, ⑧ 정비사업의 공동시행에 관한 사항, ⑨ 정비사업전문관리업자에 관한 사항, ⑩ 정비사업의 시행에 따른 회계 및 계약에 관한 사항, ⑪ 정비기반시설 및 공동이용시설의 부담에 관한 개략적인 사항, ⑫ 공고·공람 및 통지의 방법, ⑬ 토지 및 건축물 등에 관한 권리의 평가방법에 관한 사항, ⑭ 관리처분계획 및 청산(분할징수 또는 납입에 관한 사항을 포함한다)에 관한 사항, ⑮ 규약 및 사업시행계획서의 변경에 관한 사항

(7) 사업시행인가의 성격 등

토지등소유자들이 직접 시행하는 재개발사업에서 토지등소유자에 대한 사업시행인가처분은 단순히 사업시행계획에 대한 보충행위로서의 성질을 가지는 것이 아니라 도시정비법상 정비사업을 시행할 수 있는 권한을 가지는 행정주체로서의 지위를 부여하는 일종의 설권적 처분의 성격을 가진다.[17)]

재개발사업을 직접 시행하려는 토지등소유자들은 시장·군수로부터 사업시행인가를 받기 전에는 행정주체로서의 지위를 가지지 못한다. 따라서 그가 작성한 사업시행계획은 인가처분의 요건 중 하나에 불과하고 항고소송의 대상이 되는 독립된 행정처분에 해당하지 아니한다.[18)]

(8) 시공사 선정

토지등소유자가 재개발사업을 시행하는 경우에는 토지등소유자는 사업시행인가를 받은 후 규약에 따라 건설업자 또는 등록업자를 시공자로 선정하여야 한다(법 제29조 제5항).

(9) 관리처분계획

사업시행자인 토지등소유자는 사업시행계획인가 고시 이후 분양신청기간내 토지등소유자들로부터 분양신청을 받고, 분양신청의 현황을 기초로 관리처분계획을 수립하여 시장·군수등의 인가를 받아야 한다(법 제72조, 제74조).

규약에는 총회에 관한 사항과 관리처분계획이 포함되는바, 관리처분계획에 관한 총회결의는 규약에서 정한 바에 따른다.

---

17) 대법원 2013. 6. 13. 선고 2011두19994 판결
18) 대법원 2013. 6. 13. 선고 2011두19994 판결

Ⅳ. 공공재개발 · 공공재건축사업

1. 공공재개발사업의 요건 등

(1) 공공재개발사업의 요건

공공재개발사업은 다음 요건을 모두 갖추어야 한다(법 제2조 제2호 나목).

① 시장 · 군수등 또는 토지주택공사등이 주거환경개선사업의 시행자, 재개발사업의 시행자나 대행자일 것.
토지주택공사등의 경우 조합과 공동으로 시행하는 경우를 포함한다.

② 건설 · 공급되는 주택의 전체 세대수 또는 전체 연면적 중 토지등소유자 대상 분양분을 제외한 나머지 주택의 세대수 또는 연면적의 100분의 20 이상 100분의 40 이하의 범위[19]에서 시 · 도조례로 정하는 비율 이상을 지분형주택, 공공임대주택 또는 공공지원민간임대주택으로 건설 · 공급할 것(시행령 제1조의2 제1항).
토지등소유자 대상 분양분에서 지분형주택은 제외한다.

(2) 공공재개발사업의 공공임대주택 건설비율

공공임대주택 건설비율은 건설·공급되는 주택의 전체 세대수의 20% 이하에서 국토교통부장관이 정하여 고시하는 비율 이상으로 한다(시행령 제1조의2 제2항).

도시정비법 시행령 제1조의2 제2항에서 "국토교통부장관"이 고시한 비율은 다음을 의미한다.[20]

① 수도권 중 서울특별시 : 전체 세대 수의 20%

② 수도권 중 서울특별시 외의 지역 : 전체 세대 수의 10%

③ ① 및 ② 외의 지역 : 전체 세대 수의 10%

---

19) 과밀억제권역 : 30% 이상 - 40% 이하, 과밀억제권역 외 지역 : 20% - 30% 이하

20) '정비사업의 임대주택 및 주택규모별 건설비율'(국토교통부 고시 제2024-26호. 2024. 1. 19.) 제6조

시 · 도지사는 상업지역, 공업지역, 녹지지역에서는 시 · 도지사가 공보에 고시한 바에 따라 임대주택 세대 수를 50% 범위 내에서 차감하여 조정할 수 있다.

공공재개발사업 시행자로부터 공급받은 주택을 '공공주택 특별법' 제2조에 따른 공공분양주택으로 분양하는 경우에는 공공임대주택 건설비율을 산정할 때 공공임대주택의 수에 공공분양주택의 수를 합산한다.

고도제한 등으로 용적률 완화를 적용받지 못하여 국민주택규모 주택을 공급하지 아니하는 경우에는 재개발사업의 임대주택 및 주택규모별 건설비율을 적용한다.

정비구역지정권자는 다음의 어느 하나에 해당하는 경우 지방도시계획위원회 또는 도시재정비위원회의 심의를 거쳐 공공임대주택 건설비율을 완화할 수 있다(시행령 제1조의2 제3항).

① 건설하는 주택의 전체 세대수가 200세대 미만인 경우

② 정비구역의 입지, 정비사업의 규모, 토지등소유자의 수 등을 고려할 때 토지등소유자의 부담이 지나치게 높아 공공임대주택 건설비율을 확보하기 어렵다고 인정하는 경우

2. 공공재개발사업 예정구역의 지정·고시

(1) 공공재개발사업 예정구역의 지정 신청

정비구역의 지정권자는 비경제적인 건축행위 및 투기 수요의 유입을 방지하고, 합리적인 사업계획을 수립하기 위하여 공공재개발사업을 추진하려는 구역을 공공재개발사업 예정구역으로 지정할 수 있다(법 제101조의2 제1항).

정비계획의 입안권자 또는 토지주택공사등은 정비구역의 지정권자에게 공공재개발사업 예정구역의 지정을 신청할 수 있다. 이 경우 토지주택공사등은 정비계획의 입안권자를 통하여 신청하여야 한다(법 제101조의2 제2항).

(2) 지방도시계획위원회 심의 등

공공재개발사업 예정구역 지정에 관하여 지방도시계획위원회의 심의를 거치기 전에 미리 관할 시장 · 군수등의 의견을 들어야 한다. 다만, 정비계획의 입안권자가 공공재개발사업 예정구역의 지정을 신청한 경우에는 의견청취를 생략할 수 있다(영 제80조의2 제1항).

지방도시계획위원회는 다음의 사항을 고려해야 한다(영 제80조의2 제2항, 제5항).

① 공공재개발사업 예정구역의 명칭, 위치 및 면적 등 구역개요

② 공공재개발사업 예정구역의 현황(인구, 건축물, 토지이용계획, 정비기반시설 등)

③ 정비구역 지정 예정시기

④ 공공재개발사업을 시행할 시장 · 군수등이나 토지주택공사등의 명칭, 소재지 및 대표자 성명

⑤ 그 밖에 공공재개발사업 예정구역의 지정과 관련하여 시 · 도조례로 정하는 사항

지방도시계획위원회는 공공재개발사업 예정구역 지정의 신청이 있는 경우 신청일부터 30일 이내에 심의를 완료해야 한다. 다만, 30일 이내에 심의를 완료할 수 없는 정당한 사유가 있다고 판단되는 경우에는 심의기간을 30일의 범위에서 한 차례 연장할 수 있다(영 제80조의2 제3항).

(3) 주민 의견청취

공공재개발사업 예정구역을 지정 · 고시하기 전에 예정구역 지정의 내용을 14일 이상 주민에게 공람하여 의견을 들어야 하며, 제시된 의견이 타당하다고 인정되면 이를 반영하여 지정 · 고시해야 한다(영 제80조의2 제4항).

(4) 행위허가

공공재개발사업 예정구역에서 ① 건축물의 건축, ② 토지의 분할, ③ 일반건축물대장을 집합건축물대장으로 전환, ④ 집합건물대장의 전유부분 분할, ⑤ 지역주택조합의 조합원 모집을 하려는 자는 시장 · 군수등의 허가를 받아야

한다. 허가받은 사항을 변경하려는 때에도 또한 같다(법 제101조의2 제3항).

(5) 권리산정기준일

공공재개발사업 예정구역 내에 분양받을 건축물이 다음의 어느 하나에 해당하는 경우에는 공공재개발사업 예정구역 지정 · 고시가 있은 날 또는 시 · 도지사가 투기를 억제하기 위하여 공공재개발사업 예정구역 지정 · 고시 전에 따로 정하는 날의 다음 날을 기준으로 건축물을 분양받을 권리를 산정한다(법 제101조의2 제4항).

① 1필의 토지가 여러 개의 필지로 분할되는 경우
② 집합건물이 아닌 건축물이 집합건물로 전환되는 경우
③ 하나의 대지 범위에 속하는 동일인 소유의 토지와 주택 등 건축물을 토지와 주택 등 건축물로 각각 분리하여 소유하는 경우
④ 나대지에 건축물을 새로 건축하거나 기존 건축물을 철거하고 다세대주택, 그 밖의 오동주택을 건축하여 토지등소유자의 수가 증가하는 경우
⑤ 전유부분의 분할로 토지등소유자의 수가 증가하는 경우

시 · 도지사가 건축물을 분양받을 권리일을 따로 정하는 경우에는 기준일·지정사유·건축물을 분양받을 권리의 산정 기준 등을 해당 지방자치단체의 공보에 고시하여야 한다(법 제101조의2 제4항, 제77조 제2항).

(6) 예정구역의 해제

정비구역의 지정권자는 공공재개발사업 예정구역이 지정 · 고시된 날부터 2년이 되는 날까지 ① 공공재개발사업 예정구역이 공공재개발사업을 위한 정비구역으로 지정되지 아니하거나, ② 공공재개발사업 시행자가 지정되지 아니하면 그 2년이 되는 날의 다음 날에 공공재개발사업 예정구역 지정을 해제하여야 한다(법 제101조의2 제5항).

정비구역의 지정권자는 1회에 한하여 1년의 범위에서 공공재개발사업 예정구역의 지정을 연장할 수 있다(법 제101조의2 제5항).

3. 공공재개발사업을 위한 정비구역 지정 등

(1) 정비구역의 지정 등

정비구역의 지정권자는 기본계획을 수립하거나 변경하지 아니하고 공공재개발사업을 위한 정비계획을 결정하여 정비구역을 지정할 수 있다(법 제101조의3 제1항).

정비계획의 입안권자는 공공재개발사업의 추진을 전제로 정비계획을 작성하여 정비구역의 지정권자에게 공공재개발사업을 위한 정비구역의 지정을 신청할 수 있다. 이 경우 공공재개발사업을 시행하려는 공공재개발사업 시행자는 정비계획의 입안권자에게 공공재개발사업을 위한 정비계획의 수립을 제안할 수 있다(법 제101조의3 제2항).

이미 재개발사업을 위한 재정비촉진구역 내지 정비구역으로 지정된 사업구역의 경우 공공재개발사업 시행자를 먼저 지정한 후 그 시행자를 통해 재정비촉진계획 내지 정비계획의 변경절차를 거치도록 할 수 있다.[21]

(2) 분과위원회 심의

지방도시계획위원회 또는 도시재정비위원회는 공공재개발사업 예정구역 또는 공공재개발사업 · 공공재건축사업을 위한 정비구역의 지정에 필요한 사항을 심의하기 위하여 분과위원회를 둘 수 있다. 이 경우 분과위원회의 심의는 지방도시계획위원회 또는 도시재정비위원회의 심의로 본다(법 제101조의4 제1항).

(3) 기본계획 등 수립 간주

정비구역의 지정권자가 공공재개발사업 또는 공공재건축사업을 위한 정비구역의 지정 · 변경을 고시한 때에는 기본계획의 수립 · 변경, 재정비촉진지구의 지정 · 변경 및 재정비촉진계획의 결정 · 변경이 고시된 것으로 본다(법 제101조의4 제2항).

---

21) 서울행정법원 2023. 4. 14. 선고 2022구합54368 판결

(4) 정비구역의 해제

정비계획의 지정권자는 공공재개발사업을 위한 정비구역을 지정 · 고시한 날부터 1년이 되는 날까지 공공재개발사업 시행자가 지정되지 아니하면 그 1년이 되는 날의 다음 날에 공공재개발사업을 위한 정비구역의 지정을 해제하여야 한다. 다만, 정비구역의 지정권자는 1회에 한하여 1년의 범위에서 공공재개발사업을 위한 정비구역의 지정을 연장할 수 있다(법 제101조의3 제3항).

4. 공공재개발사업에서의 용적률 완화 및 주택 건설비율 등

공공재개발사업 시행자는 공공재개발사업(재정비촉진지구에서 시행되는 공공재개발사업 포함)을 시행하는 경우 지방도시계획위원회 및 도시재정비위원회의 심의를 거쳐 법적상한용적률의 100분의 120까지 건축할 수 있다(법 제101조의5 제1항).

공공재개발사업 시행자는 법적상한초과용적률에서 정비계획으로 정하여진 용적률을 뺀 용적률의 100분의 20 이상 100분의 70 이하로서 시 · 도조례[22]로 정하는 비율에 해당하는 면적에 국민주택규모 주택을 건설하여 인수자에게 공급하여야 한다(법 제101조의5 제2항).

① 천재지변, 그 밖의 불가피한 사유로 긴급히 주거환경개선사업을 시행할 필요가 있는 경우, ② 천재지변, 사용제한·사용금지, 그 밖의 불가피한 사유로 재개발·재건축사업이 필요한 경우(공공시행자, 지정개발자)에는 국민주택규모 주택을 인수자에게 공급하지 않는다.

국민주택규모 주택의 공급가격은 공공건설임대주택의 표준건축비로 하며 부속 토지는 인수자에게 기부채납한 것으로 본다(법 제101조의5 제3항, 제55조).

인수자는 공공재개발사업 시행자로부터 공급받은 주택 중 100분의 50 이상의 범위에서 시·도 조례[23]로 정하는 비율에 해당하는 주택에 대해서는 공공주

22) 서울시 조례 제30조 제7항 : 100분의 60
23) 서울시 조례 제30조 제8항 : 100분의 50

택 특별법 제48조에 따라 분양할 수 있다(법 제101조의5 제4항, 시행령 제80조의2 제6항).

해당 주택의 공급가격은 주택법 제57조 제4항에 따라 국토교통부장관이 고시하는 건축비(분양가상한제 적용주택의 기본형건축비)로 하며, 부속 토지의 가격은 감정평가액의 100분의 50으로 정한다(법 제101조의5 제4항, 제66조 제4항).

5. 공공재건축사업의 요건

공공재건축사업은 다음 요건을 모두 갖추어야 한다(법 제2조 제2호 다목).

① 시장·군수등 또는 토지주택공사등이 재건축사업의 시행자나 재건축사업의 대행자일 것
토지주택공사등이 조합과 공동으로 시행하는 경우를 포함한다.

② 종전의 용적률, 토지면적, 기반시설 현황 등을 고려하여 종전 세대수의 100분의 160에 해당하는 세대 이상을 건설·공급할 것.

③ 정비구역의 지정권자는 다음 각 호의 어느 하나에 해당하는 경우 지방도시계획위원회의 심의를 거쳐 ②항의 요건을 제외할 수 있다.

1) 도시·군기본계획에 부합하지 않게 되는 경우

2) 해당 토지 및 인근 토지의 이용 현황을 고려할 때 160% 이상 세대수를 건설·공급하기 어려운 부득이한 사정이 있는 경우

6. 공공재건축사업에서의 용적률 완화 및 주택 건설비율 등

공공재건축사업을 위한 정비구역에 대해서는 해당 정비구역의 지정·고시가 있은 날부터 다음의 지역으로 결정·고시된 것으로 본다(법 제101조의6 제1항).

① 현행 용도지역이 제1종전용주거지역인 경우 : 제2종전용주거지역

② 현행 용도지역이 제2종전용주거지역인 경우 : 제1종일반주거지역

③ 현행 용도지역이 제1종일반주거지역인 경우 : 제2종일반주거지역
④ 현행 용도지역이 제2종일반주거지역인 경우 : 제3종일반주거지역
⑤ 현행 용도지역이 제3종일반주거지역인 경우 : 준주거지역

정비구역지정권자는 주택공급의 규모, 인근 토지의 이용현황 등을 고려할 때 용도지역을 달리 정할 필요가 있다고 인정하는 경우에는 지방도시계획위원회의 심의를 거쳐 주거지역을 세분하여 정하는 지역 중 어느 하나의 지역으로 용도지역을 달리 정할 수 있다(영 제80조의3 제2항).

정비구역 지정권자는 해당 지역에 적용되는 용적률 상한까지 용적률을 정할 수 있다(법 제101조의6 제1항).

다음의 어느 하나에 해당하는 경우 법 제101조의6 제1항이 적용되지 않는다(법 제101조의6 제1항).

① 해당 정비구역이 개발제한구역인 경우
② 시장 · 군수등이 공공재건축사업을 위하여 필요하다고 인정하여 해당 정비구역의 일부분을 종전 용도지역으로 그대로 유지하거나 동일면적의 범위에서 위치를 변경하는 내용으로 정비계획을 수립한 경우
③ 시장 · 군수등이 법 제9조 제1항 제10호 다목(주거지역을 세분 또는 변경하는 계획과 용적률에 관한 사항)의 사항을 포함하는 정비계획을 수립한 경우

공공재건축사업 시행자는 공공재건축사업(재정비촉진지구에서 시행되는 공공재건축사업 포함)을 시행하는 경우 완화된 용적률에서 정비계획으로 정하여진 용적률을 뺀 용적률의 100분의 40 이상 100분의 70 이하로서 주택증가 규모, 공공재건축사업을 위한 정비구역의 재정적 여건 등을 고려하여 시 · 도조례[24]로 정하는 비율에 해당하는 면적에 국민주택규모 주택을 건설하여 인수자에게 공급하여야 한다(법 제101조의6 제2항).

주택의 공급가격은 공공건설임대주택의 표준건축비로 한다. 이 경우 부속토지는 인수자에게 기부채납한 것으로 본다(법 제101조의6 제3항, 제4항, 제55조).

인수자는 공공재건축사업 시행자로부터 공급받은 주택 중 100분의 50 이상

---

24) 서울시 조례 제30조 제9항 : 100분의 70

의 범위에서 시·도 조례[25]로 정하는 비율에 해당하는 주택에 대해서는 '공공주택 특별법' 제48조에 따라 분양할 수 있다(법 101조의6, 제4항 단서, 시행령 제80조의3 제3항).

분양을 목적으로 인수한 주택의 공급가격은 주택법 제57조 제4항에 따라 국토교통부장관이 고시하는 기본형건축비(분양가상한제 적용주택의 기본형건축비)로 한다(법 제101조의6 제4항, 제5항, 영 제80조의3 제3항, 제4항).

인수자가 공공주택 특별법 제48조에 따라 분양하기 위해 주택을 인수한 경우 감정평가액의 100분의 50으로 부속 토지를 인수하여야 한다(법 제101조의6 제4항, 제5항, 영 제80조의3 제4항).

7. 공공재건축사업과 건축규제 완화

사업시행자는 공공재건축사업을 위한 정비구역에서 다음의 어느 하나에 해당하는 사항에 대하여 건축위원회 또는 지방도시계획위원회의 심의를 거쳐 그 기준을 완화받을 수 있다(법 제68조 제4항).

① 건축법 제42조에 따른 대지의 조경기준
② 건축법 제55조에 따른 건폐율의 산정기준
③ 건축법 제58조에 따른 대지 안의 공지 기준
④ 건축법 제60조 및 제61조에 따른 건축물의 높이 제한
⑤ 주택법 제35조 제1항 제3호 및 제4호에 따른 부대시설 및 복리시설의 설치기준
⑥ 도시공원 및 녹지 등에 관한 법률 제14조에 따른 도시공원 또는 녹지 확보기준

건축위원회 또는 지방도시계획위원회가 그 기준을 완화할 수 있는 범위는 다음과 같다(시행령 제57조).

① 건축법 제55조에 따른 건폐율 산정 시 주차장 부분의 면적은 건축면적에서 제외할 수 있다.

25) 서울시 조례 30조 제10항 : 50%

② 건축법 제58조에 따른 대지 안의 공지 기준은 2분의 1 범위에서 완화할 수 있다.

③ 건축법 제60조에 따른 건축물의 높이 제한 기준은 2분의 1 범위에서 완화할 수 있다.

④ 건축법 제61조 제2항 제1호에 따른 건축물(7층 이하의 건축물에 한정한다)의 높이 제한 기준은 2분의 1 범위에서 완화할 수 있다.

⑤ 주택법 제35조 제1항 제3호및제4호에 따른 부대시설 및 복리시설의 설치 기준은 다음 각 목의 범위에서 완화할 수 있다.

1) 주택법 제2조 제14호 가목에 따른 어린이놀이터를 설치하는 경우에는 '주택건설기준 등에 관한 규정' 제55조의2 제7항 제2호 다목을 적용하지 아니할 수 있다.

2) 주택법 제2조 제14호에 따른 복리시설을 설치하는 경우에는 주택법 제35조 제1항 제4호에 따른 복리시설별 설치기준에도 불구하고 설치대상 복리시설(어린이놀이터는 제외한다)의 면적의 합계 범위에서 필요한 복리시설을 설치할 수 있다.

⑥ '도시공원 및 녹지 등에 관한 법률' 제14조에 따른 도시공원 또는 녹지 확보기준은 정비구역의 면적이 10만제곱미터 미만인 경우에는 그 기준을 완화하여 적용할 수 있다.

8. 공공재개발·공공재건축 관련 제도

(1) 토지등소유자의 정비계획 입안 제안

토지등송자가 공공재개발사업 또는 공공재건축사업을 추진하려는 경우 정비계획의 입안을 제안할 수 있다(법 제14조 제1항 제7호).

(2) 임대사업자의 선정

사업시행자는 공공지원민간임대주택을 원활히 공급하기 위하여 국토교통부장관이 정하는 경쟁입찰의 방법 또는 수의계약의 방법으로 '민간임대주택에 관한 특별법' 제2조 제7호에 따른 임대사업자를 선정할 수 있다. 수의계약은 2회 이상 경쟁입찰이 유찰된 경우와 공공재개발사업을 통해 건설 · 공급되는 공공지원민간임대주택을 국가가 출자 · 설립한 법인 등에게 매각하는 경우로 한정한다(법 제30조 제1항)

국가가 출자·설립한 법인등은 '공공주택 특별법' 제4조 제1항 제1호부터 제5호까지에서 규정하는 자가 단독으로 또는 공동으로 총지분의 100분의 50을 초과하여 출자한 부동산투자회사법 제2조 제1호에 따른 부동산투자회사를 말한다(시행령 제24조의2).

(3) 투기과열지구내 건축물 또는 토지의 양도

투기과열지구로 지정된 지역에서 시행하는 재건축사업 또는 재개발사업의 경우 공공임대주택, 공공주택 특별법에 따른 공공분양주택의 공급 및 공공재개발사업 시행자가 상가를 임대하는 사업을 목적으로 건축물 또는 토지를 양수하려는 공공재개발사업 시행자에게 양도하려는 경우 그 양도인으로부터 그 건축물 또는 토지를 양수한 자는 조합원이 될 수 있다(법 제39조 제2항 제6호, 시행령 제37조 제2항).

(4)건설사업관리기술인의 배치기준

공공재개발사업 시행자 또는 공공재건축사업 시행자는 공공재개발사업 또는 공공재건축사업을 시행하는 경우 건설기술 진흥법 등 관계 법령에도 불구하고 건설사업관리기술인의 배치기준을 별도로 정할 수 있다(법 제69조 제4항).

공공재개발사업 시행자 또는 공공재건축사업 시행자는 다음호의 어느 하나에 해당하는 경우 주택법 시행령 제47조에 따른 감리자 지정 및 감리원 배치기준을 적용할 수 있다(시행령 제58조 제2항).

① 도시정비법 제26조 제1항 제1호에 따라 긴급하게 정비사업을 시행하는 경우

② 공사비가 1천억원 미만인 경우

③ '건설기술 진흥법 시행령' 제60조에 따른 건설사업관리기술인 배치기준을 따르는 경우 사업성이 현저히 저하되어 사업을 추진하기 어려운

경우로서 국토교통부장관이 정하여 고시하는사유에 해당된다고 시장 · 군수등이 인정하는 경우

(5) 양수대상 건축물 또는 토지의 조건 공고

공공임대주택, 공공주택 특별법에 따른 공공분양주택의 공급 및 공공재개발사업 시행자가 상가를 임대하는 사업을 목적으로 건축물 또는 토지를 양수하려는 공공재개발사업 시행자에게 양도하려는 경우(법 제39조 제2항 제6호, 시행령 제37조 제2항) 공공재개발사업 시행자는 무분별한 분양신청을 방지하기 위하여 분양공고 시 양수대상이 되는 건축물 또는 토지의 조건을 함께 공고하여야 한다(법 제72조 제7항).

V. 재개발 · 재건축사업과 공공시행자

1. 공공시행자의 지정사유 등

(1) 협약 체결

토지주택공사등과 재개발사업 또는 재건축사업의 준비 · 추진에 필요한 사항에 대하여 협약 또는 계약 등을 체결하려는 자(토지등소유자로 구성된 자)는 ① 시행방식별 주요내용, ② 협약등의 주요내용을 포함하여 설명하는 주민설명회를 개최하여야 한다(법 제26조 제4항, 시행령 제20조의2 제1항).

협약등을 체결하려는 자는 주민설명회를 개최하려는 날의 7일 전까지 일시 및 장소 등의 내용을 토지등소유자가 쉽게 접할 수 있는 사업구역 안의 일정한 장소에 게시하여야 한다(시행령 제20조의2 제2항).

협약등을 체결하려는 자는 주민설명회를 거친 사실을 시장 · 군수등에게 확인받은 후 30% 이상의 토지등소유자의 동의를 받아 사업시행자 지정 이전에 협약등을 체결할 수 있다. 동의자수 산정 방법은 도시정비법 시행령 제33조를 준용한다(법 제26조 제4항, 시행령 제20조의2 제3항, 제4항)

(2) 공공시행자의 지정사유

시장 · 군수등은 재개발사업 및 재건축사업을 직접 시행하거나 토지주택공사등을 사업시행자로 지정하여 정비사업을 시행하게 할 수 있다(법 제26조 제1항). 토지주택공사등이 건설업자 또는 등록사업자와 공동으로 시행하는 경우를 포함한다.

공공시행자는 다음의 경우 정비사업을 시행할 수 있다(법 제26조 제1항).

① 천재지변, 재난 및 안전관리 기본법 제27조 또는 시설물의 안전 및 유지관리에 관한 특별법 제23조에 따른 사용제한 · 사용금지, 그 밖의 불가피한 사유로 긴급하게 정비사업을 시행할 필요가 있다고 인정하는 때[26]

---

26) 천재지변 등의 사유는 공공시행자 지정사유, 지정개발자 지정사유, 기본계획 수립·변경 없이 정비구역 지정(법 제8조 제2항), 정비계획 입안제안사유(법 제14조 제1항 제5

② 정비계획에서 정한 정비사업시행 예정일부터 2년 이내에 사업시행계획인가를 신청하지 아니하거나 사업시행계획인가를 신청한 내용이 위법 또는 부당하다고 인정하는 때(재건축사업 제외)
③ 추진위원회가 시장·군수등의 구성승인을 받은 날부터 3년 이내에 조합설립인가를 신청하지 아니하거나 조합이 조합설립인가를 받은 날부터 3년 이내에 사업시행계획인가를 신청하지 아니한 때[27]
④ 지방자치단체의 장이 시행하는 도시·군계획사업과 병행하여 정비사업을 시행할 필요가 있다고 인정하는 때
⑤ 순환정비방식으로 정비사업을 시행할 필요가 있다고 인정하는 때
⑥ 도시정비법 제113조에 따라 사업시행계획인가가 취소된 때
⑦ 해당 정비구역의 국·공유지 면적 또는 국·공유지와 토지주택공사등이 소유한 토지를 합한 면적이 전체 토지면적의 2분의 1 이상으로서 토지등소유자의 과반수가 시장·군수등 또는 토지주택공사등을 사업시행자로 지정하는 것에 동의하는 때
⑧ 해당 정비구역의 토지면적 2분의 1 이상의 토지소유자와 토지등소유자의 3분의 2 이상에 해당하는 자가 시장·군수등 또는 토지주택공사등을 사업시행자로 지정할 것을 요청하는 때.

위 사유중 ⑦항의 동의는 서면동의서에 토지등소유자가 성명을 적고 지장을 날인하는 방법으로 하며, 신분증명서의 사본을 첨부하여야 한다(법 제36조 제1항 제5호).

(3) 재정비촉진지구와 시행자 지정요건 완화

도시재정비촉진을 위한 특별법 제3조 제1항은 '이 법은 재정비촉진지구에서는 다른 법률보다 우선하여 적용한다.'고 규정하고 있고, 같은 법 제15조 제1항은 '같은 법 제2조 제2호 가목에 따른 재개발사업 등은 도시정비법에도 불구하고 토지등소유자의 과반수가 동의한 경우에는 시장·군수 등이 재정비촉진사업을 직접 시행하거나 토지주택공사 등을 사업시행자로 지정할 수 있다.'

호), 재건축 규제 완화사유(법 제68조 제4항)에도 해당된다.
27) 도시정비법 제20조 제1항 제2호의 정비구역 해제사유와 유사함.

는 취지로 규정하고 있다.

도시재정비촉진을 위한 특별법 제3조에 따라 완화된 동의요건을 규정한 같은 법 제15조 제1항이 도시정비법 제26조 제1항 제8호에도 불구하고 우선적으로 적용되는바, 공공재개발사업 시행자 지정시 토지등소유자 과반수의 동의요건이 적용된다.[28)]

(4) 사업시행자 지정요청과 동의간주

"해당 정비구역의 토지면적 2분의 1 이상의 토지소유자와 토지등소유자의 3분의 2 이상에 해당하는 자가 시장·군수등 또는 토지주택공사등을 사업시행자로 지정할 것을 요청하는 때" 에 해당하는 경우 시장·군수등은 토지주택공사등을 사업시행자로 지정하여 정비사업을 시행하게 할 수 있다(법 제26조 제1항 제8호).

이 경우 토지등소유자가 정비계획의 입안을 제안함에 있어(법 제14조 제1항 제2호) 입안제안에 동의한 토지등소유자는 토지주택공사등의 사업시행자 지정에 동의한 것으로 본다(법 제26조 제1항 제8호 후문).

사업시행자의 지정 요청 전에 시장·군수등 및 주민대표회의에 사업시행자의 지정에 대한 반대의 의사표시[29)]를 한 토지등소유자의 경우에는 동의자 수에서 제외한다(법 제26조 제1항 제8호 단서).

(5) 공공시행자 지정 고시 등

시장·군수등은 공공시행자를 사업시행자로 지정하는 때에는 일정한 사항[30)]을 해당 지방자치단체의 공보에 고시하여야 한다(법 제26조 제2항, 시행령 제20조). 시장·군수등은 토지등소유자에게 위 고시내용을 통지하여야 한다(시행령 제20조 제2항).

---

28) 서울행정법원 2023. 4. 14. 선고 2022구합54368 판결

29) 법 제36조 제1항 제5호, 시행령 제33조 제3항 : 서면동의서에 토지등소유자 성명을 적고 지장날인 + 신분증명서 사본 첨부, 내용증명의 방법으로 발송

30) ① 정비사업의 종류 및 명칭, ② 사업시행자의 성명 및 주소(법인인 경우에는 법인의 명칭 및 주된 사무소의 소재지와 대표자의 성명 및 주소를 말함), ③ 정비구역(정비구역을 둘 이상의 구역으로 분할하는 경우에는 분할된 각각의 구역을 말함)의 위치 및 면적, ④ 정비사업의 착수예정일 및 준공예정일

"천재지변, 재난 및 안전관리 기본법 제27조 또는 시설물의 안전 및 유지관리에 관한 특별법 제23조에 따른 사용제한 · 사용금지, 그 밖의 불가피한 사유로 긴급하게 정비사업을 시행할 필요가 있다고 인정하는 때"에는 시장 · 군수등은 토지등소유자에게 지체 없이 정비사업의 시행 사유 · 시기 및 방법 등을 통보하여야 한다(법 제26조 제2항 단서).

(6) 추진위원회 승인 또는 조합인가 취소 간주

시장 · 군수등이 공공시행자를 지정 · 고시한 때에는 그 고시일 다음 날에 추진위원회의 구성승인 또는 조합설립인가가 취소된 것으로 본다. 이 경우 시장 · 군수등은 해당 지방자치단체의 공보에 해당 내용을 고시하여야 한다(법 제26조 제3항).

2. 정비구역 지정의 특례

(1) 토지주택공사등의 정비구역 지정 제안

토지주택공사등(사업시행자로 지정되려는 경우로 한정)은 3분의 2 이상 토지등소유자의 동의를 받아 정비구역의 지정권자(특별자치시장 · 특별자치도지사 · 시장 · 군수인 경우로 한정)에게 정비구역의 지정(변경지정 포함)을 제안할 수 있다(법 제101조의8 제1항, 영 80조의4 제1항).

토지등소유자의 동의는 국토교통부령으로 정하는 동의서에 동의를 받는 방법에 따른다. 이 경우 동의서에는 다음 각 호의 사항이 포함되어야 한다(영 제80조의4 제3항).

① 정비사업비의 분담기준

② 사업 완료 후 소유권의 귀속에 관한 사항

③ 정비사업의 종류, 시행방법 등에 관한 시행규정의 내용

토지등소유자의 동의자 수 산정 방법에 관하여는 법 제33조를 준용한다(영 제80조의4 제4항).

토지주택공사등은 다음의 사항을 포함한 제안서를 정비구역의 지정권자에게

제출하여야 한다(법 제101조의8 제1항, 영 제80조의4 제2항).

① 정비사업의 명칭
② 정비구역의 위치, 면적 등 개요
③ 토지이용, 주택건설 및 기반시설의 설치 등에 관한 기본방향
④ 사업시행자의 명칭, 소재지 및 대표자 성명
⑤ 정비사업 시행 예정시기

(2) 정비구역 지정 절차

토지주택공사등이 정비구역의 지정을 제안한 경우 정비구역의 지정권자는 정비계획을 수립하기 전에 정비구역을 지정할 수 있다(법 제101조의8 제2항).

정비구역의 지정권자는 정비구역을 지정하려면 주민 및 지방의회의 의견을 들어야 하며, 지방도시계획위원회의 심의를 거쳐야 한다. 다만, 경미한 사항을 변경하는 경우에는 그러하지 아니하다(법 제101조의8 제3항).

정비계획의 지정권자는 정비구역의 지정(변경지정 포함)에 관한 사항을 주민에게 공람하려는 때에는 미리 공람의 요지 및 장소를 해당 지방자치단체의 공보등에 공고하고, 공람장소에 관계 서류를 갖추어 두어야 한다(영 제80조의4 제5항, 영 제13조).

정비구역의 지정권자는 정비구역을 지정(변경지정 포함)한 때에는 정비구역 지정의 내용을 해당 지방자치단체의 공보에 고시하여야 한다(법 제101조의8 제4항, 제16조).

정비구역의 지정의 제안 및 정비구역 지정을 위한 절차 등에 관하여 필요한 사항은 시·도조례로 정한다(법 제101조의8 제5항, 영 80조의4 제6항).

3. 사업시행자 지정의 특례

정비구역의 지정권자는 토지면적 2분의 1 이상의 토지소유자와 토지등소유자의 3분의 2 이상에 해당하는 자가 동의하는 경우에는 정비구역의 지정과 동시에 토지주택공사등을 사업시행자로 지정할 수 있다(법 제101조의9 제1항).

정비구역 지정제안에 동의한 토지등소유자는 토지주택공사등의 사업시행자 지정에 동의한 것으로 본다(법 제101조의9 제1항).

정비구역의 지정권자는 토지주택공사등을 사업시행자로 지정하는 때에는 ① 정비사업의 종류 및 명칭, ② 사업시행자의 성명 및 주소, ③ 정비구역의 위치 및 면적, ④ 정비사업의 착수예정일 및 준공예정일을 해당 지방자치단체의 공보에 고시하여야 한다(법 제101조의9 제2항, 영 제80조의5 제1항, 영 제20조 제1항). 또한 정비구역지정권자는 토지등소유자에게 위와 같은 사항을 통지해야 한다(영 제80조의5 제2항).

4. 정비계획과 사업시행계획의 통합 수립

사업시행자는 정비구역이 지정된 경우에는 정비계획과 사업시행계획을 통합하여 다음의 사항이 포함된 계획(정비사업계획)을 수립하여야 한다(법 제101조의10 제1항).

① 법 제9조 제1항에 따른 정비계획의 내용(제9호 제외)

② 법 제52조 제1항에 따른 사업시행계획서의 내용

사업시행자는 정비사업을 시행하려는 경우에는 정비사업계획에 정관등과 그 밖에 국토교통부령으로 정하는 서류를 첨부하여 정비구역의 지정권자에게 제출하고 정비사업계획인가를 받아야 하고, 인가받은 사항을 변경하거나 정비사업을 중지 또는 폐지하려는 경우에도 또한 같다. 다만, 경미한 사항을 변경하려는 때에는 정비구역의 지정권자에게 신고하여야 한다(법 제101조의10 제2항).

지정개발자가 정비사업을 시행하려는 경우에는 정비사업계획인가(최초 정비사업계획인가를 말함)를 신청하기 전에 재개발사업 및 재건축사업의 조합설립을 위한 동의요건 이상의 동의를 받아야 한다. 이 경우 사업시행자 지정에 동의한 토지등소유자는 동의한 것으로 본다(법 제101조의10 제3항).

정비구역의 지정권자는 정비사업계획인가를 하거나 정비사업을 변경·중지 또는 폐지하는 경우에는 국토교통부령으로 정하는 방법 및 절차에 따라 그 내용을 해당 지방자치단체의 공보에 고시하여야 한다. 다만, 경미한 사항을 변경하려는 경우에는 그러하지 아니하다(법 제101조의10 제4항).

정비사업계획인가의 고시가 있는 경우 해당 정비사업계획 중 '국토의 계획 및 이용에 관한 법률' 제52조 제1항 각 호의 어느 하나에 해당하는 사항은 같은 법 제50조에 따라 지구단위계획구역 및 지구단위계획으로 결정·고시된 것으로 본다(법 제101조의10 제5항).

정비사업계획인가의 고시는 정비계획 결정의 고시 및 사업시행계획인가의 고시로 본다(법 제101조의10 제6항).

5. 공공시행자의 사업시행

(1) 시행규정

시장 · 군수등, 토지주택공사등 또는 신탁업자가 단독으로 정비사업을 시행하는 경우 시행규정을 작성하여야 한다.

시행규정에는 다음의 사항이 포함되어야 한다(법 제53조).

① 정비사업의 종류 및 명칭

② 정비사업의 시행연도 및 시행방법

③ 비용부담 및 회계

④ 토지등소유자의 권리 · 의무

⑤ 정비기반시설 및 공동이용시설의 부담

⑥ 공고 · 공람 및 통지의 방법

⑦ 토지 및 건축물에 관한 권리의 평가방법

⑧ 관리처분계획 및 청산(분할징수 또는 납입에 관한 사항을 포함한다). 다만, 수용의 방법으로 시행하는 경우는 제외한다.

⑨ 시행규정의 변경

⑩ 사업시행계획서의 변경

⑪ 토지등소유자 전체회의(신탁업자가 사업시행자인 경우로 한정한다)

⑫ 그 밖에 시 · 도조례로 정하는 사항[31]

시장 · 군수등 또는 토지주택공사등은 시행규정에 관한 별도의 동의절차를 거치지 않는다.

(2) 주민대표회의의 구성

토지등소유자는 정비구역 지정 · 고시 후 토지등소유자의 과반수 동의를 받아 주민대표기구(주민대표회의)를 구성하며, 시장 · 군수등의 승인을 받아야 한다.

주민대표회의는 위원장을 포함하여 5명 이상 25명 이하로 구성한다(법 제47조). 시장 · 군수 또는 위탁지원자는 주민대표회의의 구성에 관한 업무를 수행한다(법 제118조 제2항 제1호).

토지등소유자의 과반수 동의는 서면동의서에 토지등소유자가 성명을 적고 지장을 날인하는 방법으로 하며, 신분증명서의 사본을 첨부하여야 한다(법 제36조 제1항 제9호).

도시정비법 제47조 제5항 각 호가 정한 사항에 관하여 주민대표회의가 사업시행자에게 의견을 제시한다 하더라도 사업시행자는 사업시행계획서에 포함되는 시행규정을 정함에 있어서 이를 반영하도록 노력하는 것으로 족하다. 즉 어떠한 구속력이 인정되지 아니한다.[32]

시장의 주민대표회의 구성 승인처분은 토지등소유자의 권리·의무에 직접적으로 영향을 미친다고 인정할 수 있으므로 항고소송의 대상이 되는 행정처분이다.[33]

(3) 시공사의 선정 등

공공시행자는 사업시행자로 지정 · 고시 후 건설업자 또는 등록업자를 시공자로 선정하여야 한다(법 제29조 제6항).

공공시행자가 시공자를 선정하는 경우 주민대표회의는 경쟁입찰 또는 수의

31) 서울시 조례 제29조 : ① 건축물의 철거에 관한 사항, ② 주민 이주에 관한 사항, ③ 토지 및 건축물의 보상에 관한 사항, ④ 주택의 공급에 관한 사항
32) 대법원 2016. 5. 12. 선고 2013다1570 판결
33) 서울행정법원 2023. 4. 14. 선고 2022구합54368 판결

계약의 방법으로 시공자를 추천할 수 있고, 주민대표회의가 시공자를 추천한 경우 사업시행자는 추천받은 자를 시공자로 선정하여야 한다. 이 경우 시공자와의 계약에 관해서는 지방자치단체를 당사자로 하는 계약에 관한 법률 제9조 또는 공공기관의 운영에 관한 법률 제39조를 적용하지 아니한다(법 제29조 제7항, 제8항).

도시정비법 및 그 시행령에 의하면, 토지주택공사등이 재개발사업 등의 사업시행자로 지정된 경우 주민대표회의의 시공자 추천에 관한 의견은 사업시행자에 대하여 구속력이 인정된다.[34)]

(4) 사업시행계획서 작성

공공시행자인 토지주택공사등은 정비계획에 따라 사업시행계획서를 작성하고, 시장·군수로부터 사업시행인가를 받아야 한다. 단 공공시행자인 시장·군수는 사업시행계획서만 작성할 뿐 인가절차가 생략된다(법 제50조 제1항).

시장·군수등 또는 토지주택공사등은 사업시행계획서에 관한 총회의 의결을 거치지 않고(법 제50조 제3항), 시행규정에는 사업시행계획서의 변경만을 정하고 있으며(법 제53조 제10호), 주민대표회의에도 사업시행계획서에 대한 의견수렴절차가 명시되어 있지 않다.

주민총회결의 내용이 사업시행자와의 사업시행변경 약정을 추인받기 위한 것일 경우 주민대표회의가 위 주민총회결의 내용을 자신의 의견으로 채택하여 사업시행자에게 제시한다 하더라도 이에 대하여 어떠한 구속력이 인정된다고 보기 어렵다.[35)]

(5) 관리처분계획

사업시행자는 사업시행계획인가 고시 이후 분양신청기간내 토지등소유자들로부터 분양신청을 받고, 분양신청의 현황을 기초로 관리처분계획을 수립하여 시장·군수등의 인가를 받아야 한다(법 제72조, 제74조).

사업시행자가 시행규정을 정하는 때 주민대표회의는 사업시행자에게 관리처

---

34) 대법원 2016. 5. 12. 선고 2013다1570 판결
35) 대법원 2016. 5. 12. 선고 2013다1570 판결

분계획에 관한 사항에 대한 의견을 제시할 수 있고(시행령 제45조 제2항 3호), 시행규정에 관리처분계획이 포함되어 있다면 사업시행자는 시행규정에 따라 토지등소유자의 의견수렴절차를 거쳐야 한다.

(6) 지분형주택 등의 공급

사업시행자가 토지주택공사등인 경우에는 분양대상자와 사업시행자가 공동소유하는 방식으로 주택(지분형주택)을 공급할 수 있다(법 제80조 제1항).

국토교통부장관, 시·도지사, 시장, 군수, 구청장 또는 토지주택공사등은 정비구역에 ① 세입자, ② 면적이 90㎡ 미만의 토지를 소유한 자로서 건축물을 소유하지 아니한 자, ③ 바닥면적이 40㎡ 미만의 사실상 주거를 위하여 사용하는 건축물을 소유한 자로서 토지를 소유하지 아니한 자의 요청이 있는 경우에는 임대주택의 일부를 토지임대부 분양주택으로 전환하여 공급하여야 한다(법 제80조 제2항, 시행령 제71조).

국가 또는 지방자치단체는 토지임대부 분양주택을 공급받는 자에게 해당 공급비용의 전부 또는 일부를 보조 또는 융자할 수 있다(법 제95조 제6항).

(7) 보조 및 융자

국가 또는 시·도는 시장, 군수, 구청장 또는 토지주택공사등이 시행하는 정비사업에 관한 기초조사, 정비기반시설 및 임시거주시설의 전부를 보조하거나 융자할 수 있다(법 제95조 제1항).

국가 또는 지방자치단체가 보조하거나 융자할 수 있는 금액은 기초조사비, 정비기반시설 및 임시거주시설의 사업비의 각 80% 이내로 한다(시행령 제79조 제3항).

국가 또는 시·도는 국가 또는 지방자치단체가 도시영세민을 이주시켜 형성된 낙후지역[36]에서 시장·군수등 또는 토지주택공사등이 단독으로 시행하는

36) 시행령 제79조 제2항 :
1. 「공익사업을 위한 토지 등의 취득 및 보상에 관한 법률」 제4조에 따른 공익사업의 시행으로 인하여 다른 지역으로 이주하게 된 자가 집단으로 정착한 지역으로서 이주 당시 300세대 이상의 주택을 건설하여 정착한 지역
2. 정비구역 전체 건축물 중 준공 후 20년이 지난 건축물의 비율이 100분의 50 이상인 지역

재개발사업에 우선적으로 보조하거나 융자할 수 있다(법 제95조 제1항 제2호).

사업시행자가 토지주택공사등인 주거환경개선사업과 관련 시장·군수등은 정비기반시설 및 공동이용시설, 임시거주시설의 건설에 드는 비용의 전부 또는 일부를 토지주택공사등에게 보조하여야 한다(법 제95조 제2항).

국가는 다음의 어느 하나에 해당하는 비용의 전부 또는 일부를 지방자치단체 또는 토지주택공사등에 보조 또는 융자할 수 있다(법 제95조 제5항).

① 토지주택공사등이 보유한 공공임대주택을 순환용주택으로 조합에게 제공하는 경우 그 건설비 및 공가관리비 등의 비용

② 시·도지사, 시장, 군수, 구청장 또는 토지주택공사등이 재개발임대주택을 인수하는 경우 그 인수 비용

(8) 정비기반시설 및 토지 등의 귀속

시장·군수등 또는 토지주택공사등이 정비사업의 시행으로 새로 정비기반시설을 설치하거나 기존의 정비기반시설을 대체하는 정비기반시설을 설치한 경우에는 국유재산법 및 공유재산 및 물품 관리법에도 불구하고 종래의 정비기반시설은 사업시행자에게 무상으로 귀속되고, 새로 설치된 정비기반시설은 그 시설을 관리할 국가 또는 지방자치단체에 무상으로 귀속된다(법 제97조 제1항).

(9) 국·공유지의 무상양여 등

국가 또는 지방자치단체가 도시영세민을 이주시켜 형성된 낙후지역에 대한 재개발구역에서 국가 또는 지방자치단체가 소유하는 토지는 사업시행계획인가의 고시가 있은 날부터 종전의 용도가 폐지된 것으로 보며, 국유재산법, 공유재산 및 물품 관리법 및 그 밖에 국·공유지의 관리 및 처분에 관하여 규정한 관계 법령에도 불구하고 해당 사업시행자에게 무상으로 양여된다(법 제101조 제1항 제2호).

무상양여 대상에서 국유지는 제외하고, 공유지는 시장·군수등 또는 토지주택공사등이 단독으로 사업시행자가 되는 경우로 한정한다(법 제101조 제1항 제2호).

국유재산법 제6조제2항에 따른 행정재산 또는 공유재산 및 물품 관리법 제5조제2항에 따른 행정재산과 국가 또는 지방자치단체가 양도계약을 체결하여 정비구역지정 고시일 현재 대금의 일부를 수령한 토지에 대하여는 무상양여 대상에서 제외된다(법 제101조 제1항 단서).

VI. 재개발 · 재건축사업과 지정개발자 등

1. 재개발 · 재건축사업의 지정개발자

(1) 지정개발자의 지정사유

시장 · 군수등은 일정한 사유가 있는 경우 토지등소유자, 민관합동법인 또는 신탁업자를 사업시행자로 지정하여 정비사업을 시행하게 할 수 있다(법 제27조 제1항).

지정개발자를 사업시행자로 지정할 수 있는 사유는 다음과 같다.

① 천재지변, 재난 및 안전관리 기본법 제27조 또는 시설물의 안전 및 유지관리에 관한 특별법 제23조에 따른 사용제한 · 사용금지, 그 밖의 불가피한 사유로 긴급하게 정비사업을 시행할 필요가 있다고 인정하는 때

② 정비계획에서 정한 정비사업시행 예정일부터 2년 이내에 사업시행계획인가를 신청하지 아니하거나 사업시행계획인가를 신청한 내용이 위법 또는 부당하다고 인정하는 때(재건축사업의 경우는 제외함)

③ 재개발사업 및 재건축사업의 조합설립을 위한 동의요건 이상에 해당하는 자가 신탁업자를 사업시행자로 지정하는 것에 동의하는 때

위 ③항의 동의는 서면동의서에 토지등소유자가 성명을 적고 지장을 날인하는 방법으로 하며, 신분증명서의 사본을 첨부하여야 한다(법 제36조 제1항 제5호).

(2) 지정개발자의 요건

지정개발자는 다음의 요건을 갖추어야 한다(법 제27조 제1항, 시행령 제21조).

① 토지등소유자 : 정비구역 전체 면적 대비 50% 이상의 토지를 소유한 자로서 토지등소유자의 50% 이상의 추천을 받은 자

② 민간합동법인 : 민간투자사업의 부대사업으로 시행하는 경우로서 토지등소유자의 50% 이상의 추천을 받은 자.

③ 신탁업자 : ① 토지등소유자의 50% 이상 추천
② 제27조 제1항 제3호(조합설립을 위한 동의요건 이상)
③ 법 제28조 제1항 제2호(과반수 동의)
④ 법 제101조의8 제1항(3분의 2 이상)

토지등소유자의 추천 수 산정은 도시정비법 시행령 제21조 제2항에서 별도로 정하고 있다.

(3) 지정개발자의 지정 및 고시

시장·군수등은 지정개발자를 사업시행자로 지정하는 때에는 정비구역의 위치 및 면적 등[37]을 해당 지방자치단체의 공보에 고시하여야 한다(법 제27조 제2항, 시행령 제20조). 시장·군수등은 토지등소유자에게 위 고시내용을 통지하여야 한다(시행령 제20조 제2항).

"천재지변, 재난 및 안전관리 기본법 제27조 또는 시설물의 안전 및 유지관리에 관한 특별법 제23조에 따른 사용제한·사용금지, 그 밖의 불가피한 사유로 긴급하게 정비사업을 시행할 필요가 있다고 인정하는 때"에 해당하는 경우 시장·군수등은 토지등소유자에게 지체 없이 정비사업의 시행 사유·시기 및 방법 등을 통보하여야 한다(법 제27조 제2항 단서).

(4) 추진위원회 승인 또는 조합인가 취소 간주

시장·군수등이 지정개발자를 사업시행자로 지정·고시한 때에는 그 고시일 다음 날에 추진위원회의 구성승인 또는 조합설립인가가 취소된 것으로 본다. 이 경우 시장·군수등은 해당 지방자치단체의 공보에 해당 내용을 고시하여야 한다(법 제27조 제5항).

(5) 지정개발자와 사업시행계획 동의 정족수

지정개발자(토지등소유자, 민관합동법인)가 정비사업을 시행하려는 경우에는

---

37) ① 정비사업의 종류 및 명칭, ② 사업시행자의 성명 및 주소(법인인 경우에는 법인의 명칭 및 주된 사무소의 소재지와 대표자의 성명 및 주소를 말함), ③ 정비구역(정비구역을 둘 이상의 구역으로 분할하는 경우에는 분할된 각각의 구역을 말함)의 위치 및 면적, ④ 정비사업의 착수예정일 및 준공예정일

사업시행계획인가를 신청하기 전에 토지등소유자의 과반수의 동의 및 토지면적의 2분의 1 이상의 토지소유자의 동의를 받아야 한다(법 제50조 제7항).

지정개발자를 사업시행자로 지정한 경우에는 토지등소유자의 동의서 및 토지등소유자의 명부를 첨부하여야 한다(시행규칙 제10조 제2항 제1호 가목). 사업시행계획에 관한 동의서 징구시 도시정비법 제36조에 의한 토지등소유자의 동의방법이 적용되지 않는다.

도시정비법 제50조 제1항 단서에 따른 경미한 사항의 변경인 경우에는 토지등소유자의 동의를 필요로 하지 아니한다(법 제50조 제7항).

(6) 천재지변과 동의 생략

"천재지변, 재난 및 안전관리 기본법 제27조 또는 시설물의 안전 및 유지관리에 관한 특별법 제23조에 따른 사용제한 · 사용금지, 그 밖의 불가피한 사유로 긴급하게 정비사업을 시행할 필요가 있다고 인정하는 때" (법 제26조 제1호 및 제27조 제1호)에 해당되어 지정개발자가 재개발 · 재건축사업을 시행하는 경우 공공시행자 또는 지정개발자는 사업시행계획에 관하여 토지등소유자의 동의를 필요로 하지 아니한다(법 제50조 제8항).

(7) 토지등소유자가 지정개발자인 경우 정비사업비 예치 등

토지등소유자가 지정개발자로서 사업을 시행하는 경우 시장 · 군수등은 해당 토지등소유자에게 정비사업비의 20% 범위에서 시 · 도조례로 정하는 금액을 예치하게 할 수 있다(법 제60조).

2. 신탁업자에 대한 특칙

(1) 토지등소유자의 정의

신탁업자가 사업시행자로 지정된 경우 토지등소유자가 정비사업을 목적으로 신탁업자에게 신탁한 토지 또는 건축물에 대하여는 위탁자를 토지등소유자로 본다(법 제2조 제9호 단서).

위탁자는 토지등소유자로 하되, ① 공유자, ② 여러 명의 토지등소유자가 1세대에 속하는 때, ③ 신탁업자를 사업시행자로 지정한 이후 1명의 토지소유자로부터 토지 또는 건축물을 양수하여 여러 명이 소유하게 된 때 그 여러 명을 대표하는 1명을 토지등소유자로 본다(법 제39조 제1항).

위탁자는 부가가치세의 납부의무가 있다(부가가치세법 제3조 제3항 제2호, 시행령 제5조의2 제2항).

신탁업자가 사업시행자인 재개발사업 또는 재건축사업에서 신탁업자와 토지등소유자 사이에 '위탁자'의 지위에 관한 분쟁이 발생하는 경우, 토지등소유자는 사업시행자인 신탁업자를 상대로 마찬가지로 공법상 당사자소송에 의하여 '조합원' 개념에 대응되는 '위탁자' 지위의 확인을 구하는 소를 제기할 수 있다. 재건축사업에 동의한 토지등소유자는 신탁업자와 사이에 신탁계약을 체결했는지 여부와 관계없이 '위탁자'가 된다.[38]

(2) 협약 체결 등

신탁업자와 재개발사업 또는 재건축사업의 준비·추진에 필요한 사항에 대하여 협약등을 체결하려는 자(토지등소유자로 구성된 자)는 ① 시행방식별 주요 내용, ② 협약 또는 계약 등의 주요 내용을 포함하여 설명하는 주민설명회를 개최하여야 한다(법 제27조 제7항, 시행령 제20조의2 제1항).

협약등을 체결하려는 자는 주민설명회를 개최하려는 날의 7일 전까지 일시 및 장소 등의 내용을 토지등소유자가 쉽게 접할 수 있는 사업구역 안의 일정한 장소에 게시하여야 한다(시행령 제20조의2 제2항).

협약등을 체결하려는 자는 주민설명회 개최사실을 시장·군수등에게 확인받

38) 대법원 2025. 2. 20. 선고 2024두52427 판결

은 후 30% 이상의 토지등소유자의 동의를 받아 신탁업자를 공개모집한 후 '사업시행자 지정 전'에 협약등을 체결할 수 있다(법 제27조 제7항, 시행령 제20조의2 제3항). 토지등소유자의 동의자 수 산정방법에 관하여는 법 제33조를 준용한다.

신탁업자의 공개모집은 국가종합전자조달시스템을 이용해야 한다(시행령 제20조의2 제5항).

지정개발자로 신탁업자를 선정함에 있어 '정비사업 계약업무 처리기준'이 적용되지 않는다.

(3) 정비구역 지정의 특례

신탁업자는 3분의 2 이상 토지등소유자의 동의를 받아 정비구역의 지정권자(특별자치시장 · 특별자치도지사 · 시장 · 군수인 경우로 한정)에게 '정비구역의 지정(변경지정 포함)을 제안' 할 수 있다(법 제101조의8 제1항, 영 80조의4 제1항).

사업시행자는 정비구역이 지정된 경우에는 '정비계획과 사업시행계획을 통합' 하여 ① 법 제9조 제1항에 따른 정비계획의 내용(제9호 제외), ② 법 제52조 제1항에 따른 사업시행계획서의 내용이 포함된 계획(정비사업계획)을 수립하여야 한다(법 제101조의10 제1항).

(4) 지정개발자의 지정사유 등

신탁받은 신탁업자는 다음의 어느 하나에 해당하는 때에 시장 · 군수로부터 사업시행자로 지정받아 정비사업을 시행할 수 있다(법 제27조 제1항).

① 천재지변, 재난 및 안전관리 기본법 제27조 또는 시설물의 안전 및 유지관리에 관한 특별법 제23조에 따른 사용제한 · 사용금지, 그 밖의 불가피한 사유로 긴급하게 정비사업을 시행할 필요가 있다고 인정하는 때

② 정비계획에서 정한 정비사업시행 예정일부터 2년 이내에 사업시행계획인가를 신청하지 아니하거나 사업시행계획인가를 신청한 내용이 위법 또는 부당하다고 인정하는 때(재건축사업의 경우는 제외함)

③ 재개발사업 및 재건축사업의 조합설립을 위한 동의요건 이상에 해당하는

자가 신탁업자를 사업시행자로 지정하는 것에 동의하는 때

(5) 토지등소유자의 동의방법 등

신탁업자는 사업시행자 지정에 필요한 동의를 받기 전에 ① 토지등소유자별 분담금 추산액 및 산출근거, ② 그 밖에 추정분담금의 산출 등과 관련하여 시·도조례로 정하는 사항을 토지등소유자에게 제공하여야 한다(법 제27조 제3항).

토지등소유자의 동의는 국토교통부령으로 정하는 동의서[시행규칙 별지 2호서식 신탁업자 지정동의서]에 동의를 받는 방법으로 한다(법 제27조 제4항). 토지등소유자는 동의서에 성명을 적고 지장을 날인하며, 신분증명서의 사본을 첨부하여야 한다(법 제36조 제1항 제5호).

동의서에는 다음의 사항이 모두 포함되어야 한다(법 제27조 제4항).

① 건설되는 건축물의 설계의 개요

② 건축물의 철거 및 새 건축물의 건설에 드는 공사비 등 정비사업에 드는 비용

③ 정비사업비의 분담기준(신탁업자에게 지급하는 신탁보수 등의 부담에 관한 사항을 포함함)

④ 사업 완료 후 소유권의 귀속

⑤ 정비사업의 시행방법 등에 필요한 시행규정

⑥ 신탁계약의 내용

(6) 사업시행자 지정의 특례

정비구역의 지정권자는 토지면적 2분의 1 이상의 토지소유자와 토지등소유자의 3분의 2 이상에 해당하는 자가 동의하는 경우에는 정비구역의 지정과 동시에 신탁업자를 사업시행자로 지정할 수 있다(법 제101조의9 제1항).

정비구역 지정제안에 동의한 토지등소유자는 신탁업자의 사업시행자 지정에 동의한 것으로 본다(법 제101조의9 제1항).

정비구역의 지정권자는 신탁업자를 사업시행자로 지정하는 때에는 ① 정비사업의 종류 및 명칭, ② 사업시행자의 성명 및 주소, ③ 정비구역의 위치 및

면적, ④ 정비사업의 착수예정일 및 준공예정일을 해당 지방자치단체의 공보에 고시하여야 한다(법 제101조의9 제2항, 영 제80조의5 제1항, 영 제20조 제1항). 또한 정비구역지정권자는 토지등소유자에게 위와 같은 사항을 통지해야 한다(영 제80조의5 제2항).

(7) 신탁업자의 지정개발자 지정 · 고시 및 효과

시장 · 군수등이 지정개발자를 사업시행자로 지정 · 고시한 때에는 그 고시일 다음 날에 추진위원회의 구성승인 또는 조합설립인가가 취소된 것으로 본다. 이 경우 시장 · 군수등은 해당 지방자치단체의 공보에 해당 내용을 고시하여야 한다(법 제27조 제5항).

(8) 시행규정 작성의무

신탁업자가 단독으로 정비사업을 시행하는 경우 다음의 사항을 포함하는 시행규정을 작성하여야 한다(법 제53조).

① 정비사업의 종류 및 명칭
② 정비사업의 시행연도 및 시행방법
③ 비용부담 및 회계
④ 토지등소유자의 권리 · 의무
⑤ 정비기반시설 및 공동이용시설의 부담
⑥ 공고 · 공람 및 통지의 방법
⑦ 토지 및 건축물에 관한 권리의 평가방법
⑧ 관리처분계획 및 청산(분할징수 또는 납입에 관한 사항을 포함함). 다만, 수용의 방법으로 시행하는 경우는 제외한다.
⑨ 시행규정의 변경
⑩ 사업시행계획서의 변경
⑪ 토지등소유자 전체회의(신탁업자가 사업시행자인 경우로 한정한다)
⑫ 그 밖에 시 · 도조례로 정하는 사항

현재 '정비사업 지정개발자(신탁업자) 시행방식 표준계약서 및 표준시행규정'이 있다.

표준시행규정 제57조에 의하면 시행규정 변경은 토지등소유자 과반수의 찬성으로 하되, 비용부담 및 회계, 정비사업비의 부담시기 및 절차, 시공자·설계자의 선정 및 계약서에 포함될 사항은 3분의 2 이상의 찬성으로 한다.

관리처분계획의 내용을 실질적으로 결정함으로써 관리처분계획의 수립 또는 경미하지 않은 변경을 필연적으로 야기하는 시행규정의 변경은 토지등소유자 과반수의 찬성을 받아야 한다.[39]

(9) 토지등소유자 전체회의 의결 안건

사업시행자로 지정된 신탁업자는 토지등소유자 전원으로 구성되는 회의(토지등소유자 전체회의)를 두어야 한다. 재건축사업의 경우에는 신탁업자를 사업시행자로 지정하는 것에 동의한 토지등소유자를 말한다.

사업시행자는 다음의 사항에 관하여 토지등소유자 전체회의의 의결을 거쳐야 한다(법 제48조 제1항).

① 시행규정의 확정 및 변경
② 정비사업비의 사용 및 변경
③ 정비사업전문관리업자와의 계약 등 토지등소유자의 부담이 될 계약
④ 시공자의 선정 및 변경
⑤ 정비사업비의 토지등소유자별 분담내역
⑥ 자금의 차입과 그 방법 · 이자율 및 상환방법
⑦ 사업시행계획서의 작성 및 변경(정비사업의 중지 또는 폐지에 관한 사항을 포함하며, 경미한 변경은 제외함)
⑧ 관리처분계획의 수립 및 변경(경미한 변경은 제외함)
⑨ 청산금의 징수 · 지급(분할징수 · 분할지급을 포함함)과 조합 해산 시의 회계보고
⑩ 비용의 금액 및 징수방법
⑪ 그 밖에 토지등소유자에게 부담이 되는 것으로 시행규정으로 정하는 사항

39) 서울고등법원 2024. 4. 24. 선고 2023나2043212 판결(상가소유자에게 공동주택을 공급하기 위해 시행규정을 변경한 사안임)

도시정비법 제48조 제1항 제3호 '정비사업전문관리업자와의 계약 등 토지등소유자의 부담이 될 계약'은 '정비사업비의 사용 및 변경'에 포함된 범위 내에서 용역등의 계약을 체결할지 여부를 의결받는 것이지, 계약을 체결할 용역업자의 선정까지 의결 받는 것을 포함하지 않는다. 즉 용업업자의 선정은 토지등소유자 전체회의를 거칠 필요 없이 사업시행자인 신탁업자가 선정할 수 있다.

(10) 토지등소유자 전체회의의 소집 등

토지등소유자 전체회의는 사업시행자가 직권으로 소집하거나 토지등소유자 5분의 1 이상의 요구로 사업시행자가 소집한다(법 제48조 제2항).

토지등소유자 전체회의의 소집 절차·시기 등에 필요한 사항은 시행규정으로 정한다.

토지등소유자 전체회의의 의결은 이 법 또는 시행규정에 다른 규정이 없으면 토지등소유자 과반수의 출석과 출석 토지등소유자의 과반수 찬성으로 한다(법 제48조 제3항, 제45조 제3항).

사업시행계획서의 작성 및 변경(경미한 변경 제외), 관리처분계획의 수립 및 변경(경미한 변경 제외)의 경우에는 토지등소유자 과반수의 찬성으로 의결한다. 다만, 정비사업비가 100분의 10(생산자물가상승률분, 손실보상 금액은 제외함) 이상 늘어나는 경우에는 토지등소유자 3분의 2 이상의 찬성으로 의결하여야 한다(법 제48조 제3항, 제45조 4항).

토지등소유자 전체회의의 의결은 토지등소유자의 100분의 10 이상이 직접 출석하여야 한다. 다만, 창립총회, 사업시행계획서의 작성 및 변경, 관리처분계획의 수립 및 변경을 의결하는 토지등소유자 전체회의의 경우에는 토지등소유자의 100분의 20 이상이 직접 출석하여야 한다(법 제48조 제3항, 제45조 제7항).

토지등소유자 전체회의의 의결방법, 서면의결권 행사 및 본인확인방법 등에 필요한 사항은 시행규정으로 정한다(법 제45조 제9항).

(11) 신탁업자의 시공사 선정방법

신탁업자는 사업시행자 지정·고시 후 경쟁입찰 또는 수의계약의 방법으로 건설업자 또는 등록사업자를 시공자로 선정하여야 한다(법 제29조 제6항).

토지등소유자 전체회의는 경쟁입찰 또는 수의계약의 방법으로 시공자를 추천할 수 있다. 수의계약은 2회 이상 경쟁입찰이 유찰된 경우이어야 한다(법 제29조 제7항).

시공자 추천시 경쟁입찰의 방법은 다음의 절차를 거친 방법을 말한다(시행령 제24조 제2항).

① 일반경쟁입찰·제한경쟁입찰 또는 지명경쟁입찰중 하나일 것
② 해당 지역에서 발간되는 일간신문에 1회 이상 입찰을 위한 공고를 하고, 입찰 참가자를 대상으로 현장 설명회를 개최할 것
③ 해당 지역 주민을 대상으로 합동홍보설명회를 개최할 것
④ 토지등소유자를 대상으로 제출된 입찰서에 대한 투표를 실시하고 그 결과를 반영할 것

신탁업자는 토지등소유자 전체회의가 시공자를 추천한 경우 사업시행자는 추천받은 자를 시공자로 선정하여야 한다. 사업시행자는 시공자와 공사에 관한 계약을 체결할 때에는 기존 건축물의 철거 공사에 관한 사항을 포함시켜야 한다. 철거공사에는 석면안전관리법에 따른 석면 조사·해체·제거를 포함되어야 한다(법 제29조 제8항, 제9항).

(12) 사업시행인가

신탁업자는 사업시행계획서의 작성 및 변경에 관하여 토지등소유자 전체회의에서 토지등소유자 과반수(정비사업비 10% 증액시 2/3)의 찬성으로 의결하여야 한다. 이때 토지등소유자 전체회의에 토지등소유자 20% 이상이 직접 출석하여야 한다(법 제48조 제1항 제7호, 제3항, 제45조 제4항, 제7항).

지정개발자인 신탁업자는 사업시행계획에 관한 별도의 동의절차를 거치므로, 지정개발자인 토지등소유자 또는 민관합동법인과 달리 도시정비법 제50조 제7항에 의한 동의절차(토지등소유자의 과반수의 동의 및 토지면적의 2분의 1 이상의 토지소유자의 동의)를 거치지 않아도 된다.

경미한 사항의 변경인 경우, 천재지변 등 긴급하게 정비사업을 시행할 필요가 인정된 때에는 토지등소유자의 동의를 필요로 하지 아니한다(법 제50조 제7항, 제8항).

정비구역의 지정권자가 정비계획 변경을 위한 심의와 사업시행계획을 위한 심의를 통합하여 실시하는 경우 신탁업자는 하나의 토지등소유자 전체회의에서 도시정비법 제45조 제1항 제8호(정비사업비의 조합원별 분담내역) 및 제9호(사업시행계획서의 작성 및 변경)에 관한 사항을 의결하여야 한다(법 제50조의3 제2항).

(13) 매도청구권 행사(재건축사업에 한함)

신탁업자는 사업시행계획인가의 고시가 있은 날부터 30일 이내에 사업시행자 지정에 동의하지 아니한 자에게 사업시행자의 지정에 관한 동의 여부를 회답할 것을 서면으로 촉구하여야 한다(법 제64조 제1항).

사업시행자의 지정에 동의 여부를 촉구받은 토지등소유자는 촉구를 받은 날부터 2개월 이내에 회답하여야 한다. 토지등소유자가 촉구를 받은 날부터 2개월 이내에 회답하지 아니한 경우 그 토지등소유자는 사업시행자의 지정에 동의하지 아니하겠다는 뜻을 회답한 것으로 본다(법 제64조 제2항, 제3항).

사업시행자의 지정에 관한 동의 여부를 촉구받은 날부터 2개월이 지나면 신탁업자는 그 기간이 만료된 때부터 2개월 이내에 사업시행자 지정에 동의하지 아니하겠다는 뜻을 회답한 토지등소유자와 건축물 또는 토지만 소유한 자에게 건축물 또는 토지의 소유권과 그 밖의 권리를 매도할 것을 청구할 수 있다(법 제64조 제4항).

(14) 정비사업위원회의 법인격

실무상 일부 사업장에서는 토지등소유자의 의견을 수렴하기 위해 정비사업위원회를 구성하고 있다. 정비사업위원회 내부에 별도의 의사결정기관이 존재하지 않고, 사업시행자가 조달하는 정비사업비로 운영되고 있으며, 사업시행자와 협의를 진행하는 등의 역할을 담당한다. 이 경우 정비사업위원회는 토지등소유자 전체회의의 업무집행기관의 성격을 가진다. 따라서 위 정비사업위원회는 별도의 법인격을 가진 비법인사단에 해당된다고 볼 수 없다.

(15) 추진위원회 업무의 포괄승계여부

조합방식에 의한 정비사업과 지정개발자 방식의 정비사업은 그 목적과 방식을 달리하는 것으로 도시정비법 제34조 제3항과 같은 조합의 추진위원회의 권리·의무 승계규정은 지정개발자 방식의 정비사업에는 준용된다고 볼 수 없다. 따라서 추진위원회와 지정개발자 사이에 권리·의무에 관한 승계에 관하여 별도 합의를 하지 않은 경우 추진위원회의 채권자는 지정개발자에게 채무의 승계를 주장할 수 없다.40)

(16) 신탁의 해지 또는 사업의 중지

정비사업 지정개발자(신탁업자) 시행방식 표준계약서 [별표 1] ○○○ 정비사업 신탁계약서 제19조에서 신탁의 해지사유로 '토지등소유자 전체회의에서 본건 사업의 사업시행자 지정에 동의한 토지등소유자의 4분의 3 이상의 찬성으로 의결하는 경우'를 정하고 있다.

[별표 2] ○○○ 정비사업 시행규정 제50조에서 사업의 중지사유로 '토지등소유자 전체회의에서 본건 사업에 동의한 토지등소유자 4분의 3 이상의 찬성으로 의결하는 경우'로 정하고 있다.

---

40) 대구고등법원 2023. 9. 12. 선고 2023나11768 판결

3. 재개발·재건축사업의 사업대행자

(1) 사업대행자

시장·군수등(특별자치시장, 특별자치도지사, 시장, 군수, 자치구의 구청장), 토지등주택공사등(한국토지주택공사, 지방공사) 또는 지정개발자(토지등소유자, 민관합동법인, 신탁업자)는 해당 조합 또는 토지등소유자를 대신하여 정비사업을 시행할 수 있다(법 제28조 제1항).

(2) 사업대행자 지정요건

사업대행자가 정비사업을 시행할 수 있는 경우는 다음과 같다.

① 장기간 정비사업이 지연되거나 권리관계에 관한 분쟁 등으로 해당 조합 또는 토지등소유자가 시행하는 정비사업을 계속 추진하기 어렵다고 인정하는 경우

② 토지등소유자의 과반수 동의로 요청하는 경우 또는 조합을 설립한 경우에는 조합원의 과반수 동의로 요청한 경우

토지등소유자 과반수 동의는 도시정비법 제36조가 적용되지 않으므로, 서면동의서 또는 총회결의로도 할 수 있다.

'조합원 과반수 동의'는 조합을 대신하여 정비사업을 시행하게 하는 것에 대한 동의이다. 다만 서면동의서 또는 총회 결의에 의해 토지등주택공사 또는 특정 지정개발자를 사업대행자로 선정하였다면 위 사업대행자 선정결의에는 사업대행에 대한 동의도 포함되어 있다.

(3) 사업대행개시결정 고시

시장·군수등은 지정개발자 또는 토지주택공사등에게 정비사업을 대행하도록 결정한 경우에는 이를 해당 지방자치단체의 공보등에 고시하여야 한다. 시장·군수등은 토지등소유자에게 고시내용을 통지하여야 한다(시행령 제22조).

(4) 사업대행업무

사업대행자는 토지등소유자의 과반수 동의를 받아 경쟁입찰 또는 수의계약

의 방법으로 시공자를 선정할 수 있다(법 제118조 제7항).

사업대행자는 자기의 이름으로 사업시행자의 업무를 집행하고 재산을 관리한다(시행령 제22조 제3항). 따라서 사업시행인가신청 또는 관리처분인가신청 등도 사업대행자의 이름으로 집행되어야 한다.

사업대행자가 사업시행자의 업무를 집행함에 있어 비용이 발생할 경우 사업대행자는 사업시행자의 계산으로 처리한다(시행령 제22조 제3항).

사업대행자의 사업대행기간은 사업대행개시결정 고시일의 다음 날부터 사업대행완료의 고시일까지이다.

사업대행자가 업무를 집행하고 재산을 관리함에 있어 도시정비법 또는 도시정비법에 의한 명령이나 정관등이 정하는 바에 의하여 사업시행자가 행하거나 사업시행자에 대하여 행하여진 처분·절차 그 밖의 행위는 사업대행자가 행하거나 사업대행자에 대하여 행하여진 것으로 본다(시행령 제22조 제3항).

시장·군수등이 아닌 사업대행자는 재산의 처분, 자금의 차입 그 밖에 사업시행자에게 재산상 부담을 가하는 행위를 하고자 하는 때에는 미리 시장·군수등의 승인을 얻어야 한다(시행령 제22조 제4항).

사업대행자는 사업대행업무를 수행함에 있어 선량한 관리자로서의 주의의무를 다하여야 하며, 필요한 때에는 사업시행자에게 협조를 요청할 수 있고, 사업시행자는 특별한 사유가 없는 한 이에 응하여야 한다(시행령 제22조 제5항).

(5) 사업대행의 완료 및 인계·인수

사업대행자는 사업대행의 원인이 된 사유가 없어지거나 이전고시에 따른 등기를 완료한 때에는 사업대행을 완료하여야 한다. 이 경우 시장·군수등이 아닌 사업대행자는 미리 시장·군수등에게 사업대행을 완료할 뜻을 보고하여야 한다(시행령 제23조 제2항).

사업대행이 완료된 때에는 시장·군수등은 사업대행완료일 등을 해당 지방자치단체의 공보등에 고시하고, 토지등소유자 및 사업시행자에게 각각 통지하여야 한다(시행령 23조 제3항).

사업대행자는 사업대행완료의 고시가 있은 때에는 지체없이 사업시행자에게 업무를 인계하여야 하며, 사업시행자는 정당한 사유가 없는 한 이를 인수하여야 한다. 인계·인수가 완료된 때에는 사업대행자가 정비사업을 대행함에 있어서 취득하거나 부담한 권리와 의무는 사업시행자에게 승계된다(시행령 제23조 제4항, 제5항).

(6) 사업대행자 보수 및 비용상환청구권

사업대행자는 사업시행자에게 청구할 수 있는 보수 또는 비용의 상환에 대한 권리로써 사업시행자에게 귀속될 대지 또는 건축물을 압류할 수 있다(법 제28조 제2항).

사업대행자가 사업시행자에게 보수 또는 비용의 상환을 청구함에 있어 사업대행자는 그 보수 또는 비용을 지출한 날 이후의 이자를 사업시행자에게 청구할 수 있다(시행령 제23조 제5항).

(7) 시행방식의 전환

시장·군수등은 사업대행자를 지정함에 있어 재개발사업의 시행방식의 전환이 필요하다고 인정하는 경우에는 정비사업이 완료되기 전이라도 정비구역의 전부 또는 일부에 대하여 시행방식의 전환을 승인할 수 있다(법 제123조 제1항).

4. 재개발사업 등의 시행방식의 전환

시장·군수등은 사업대행자를 지정하거나 토지등소유자의 5분의 4 이상의 요구가 있어 재개발사업의 시행방식의 전환이 필요하다고 인정하는 경우에는 정비사업이 완료되기 전이라도 정비구역의 전부 또는 일부에 대하여 시행방식의 전환을 승인할 수 있다(법 제123조 제1항).

시행방식의 전환과 관련 시장·군수등은 환지로 공급하는 방법으로 실시하는 재개발사업을 위한 정비구역의 전부 또는 일부를 관리처분계획에 따라 주택 및 부대시설·복리시설을 건설하여 공급하는 방법으로 전환하는 것을 승인할 수 있다(시행령 제93조).

사업시행자는 시행방식을 전환하기 위하여 관리처분계획을 변경하려는 경우 토지면적의 3분의 2 이상의 토지소유자의 동의와 토지등소유자의 5분의 4 이상의 동의를 받아야 하며, 변경절차에 관하여는 관리처분계획 변경에 관한 규정을 준용한다(법 제123조 제2항).

사업시행자는 정비구역의 일부에 대하여 시행방식을 전환하려는 경우에 재개발사업이 완료된 부분은 준공인가를 거쳐 해당 지방자치단체의 공보에 공사완료의 고시를 하여야 하며, 전환하려는 부분은 도시정비법에서 정하고 있는 절차에 따라 시행방식을 전환하여야 한다(법 제123조 제3항).

공사완료의 고시를 한 때에는 공간정보의 구축 및 관리 등에 관한 법률 제86조 제3항에도 불구하고 관리처분계획의 내용에 따라 이전이 된 것으로 본다(법 제123조 제4항).

사업시행자는 정비계획이 수립된 주거환경개선사업을 관리처분계획에 의한 시행방법으로 변경하려는 경우에는 토지등소유자의 3분의 2 이상의 동의를 받아야 한다(법 제123조 제5항).

5. 사업시행자 지위 양도 또는 권리·의무의 승계

사업시행자와 정비사업과 관련하여 권리를 갖는 자(권리자)의 변동이 있은 때에는 종전의 사업시행자와 권리자의 권리·의무는 새로 사업시행자와 권리자로 된 자가 승계한다(법 제129조).

법인의 권리의무가 법률의 규정에 의하여 새로 설립된 법인에 승계되는 경우에는 특별한 사유가 없는 한 계속중인 소송에서 그 법인의 법률상 지위도 새로 설립된 법인에 승계됨에 비추어,[41] 종전 사업시행자와 권리자의 변동이 있더라도 종전 사업시행자와 권리자의 권리·의무는 새로운 사업시행자와 권리자에게 승계하도록 한 것이다. 또한 사업시행자의 권리·의무 승계조항은 정비사업이 대인이 아닌 대물적 성격을 가지고 있어 정비사업의 영속성을 유지하기 위한 것이다.

정비사업 시행자의 지위는 공법상의 권리 · 의무를 내용으로 하는 것이어서 사법상의 계약에 의한 양도의 대상이 될 수 없다. 따라서 사법상의 권리양도계약에 기한 도시재개발사업법 시행자 명의변경인가처분은 법률상의 근거없이 이루어진 무효의 처분이다.[42]

토지등 소유자의 종전 사업시행자에 대한 사용대차가 적법하게 해지된 경우 위 사용대차는 소멸되어 승계되지 않으므로, 새로운 사업시행자는 토지등소유자로부터 사용승낙을 받는 등 새로운 점유권원을 취득하여야 한다는 취지로 판시한 예가 있다.[43]

재개발사업방식이 자력재개발방식에서 합동재개발방식으로 변경되어 사업시행자가 지방자치단체에서 재개발조합으로 바뀐 경우 양자의 사업방식이 완전히 상이하므로, 구 도시재개발법 제6조의 권리의무승계 조항에 따라 재개발조합이 지방자치단체의 권리·의무를 승계하지 않는다고 판시한 예가 있다.[44]

종전 사업시행자가 불법행위를 한 후 지방자치단계가 위 사업을 승계한 경

41) 대법원 2002. 11. 26. 선고 2001다44352 판결, 대법원 1984. 6. 12. 선고 83다카1409 판결
42) 대법원 1982. 3. 9. 선고 81누318 판결
43) 대법원 2009. 7. 9. 선고 2007다83649 판결
44) 서울북부지방법원 2007. 6. 21. 선고 2006가합3886, 8522 판결

우 지방자치단체는 특별한 사유가 없는 한 불법행위책임을 승계하지 않는다고 판시한 사례가 있다.[45)]

재건축사업과 재개발사업의 목적, 사업시행방법, 사업시행자 등이 상이하므로, 시장·군수는 재건축조합설립추진위원회가 운영규정을 신고하는 방식에 의하여 주택재개발조합설립추진위원회로 변경하는 것을 승인할 수 없다고 판시한 사례가 있다.[46)]

45) 대법원 2007. 5. 10. 선고 2004다54619 판결
46) 대구지방법원 2011. 3. 23. 선고 2010구합2670 판결

Ⅶ. 순환정비방식 및 결합정비방식

1. 순환정비방식

(1) 순환정비방식의 의의

사업시행자는 정비사업을 원활히 시행하기 위하여 정비구역의 내·외에 새로 건설한 주택 또는 이미 건설되어 있는 주택에 그 정비사업의 시행으로 철거되는 주택의 소유자 또는 세입자가 임시로 거주하게 하는 등의 방식으로 그 정비구역을 순차적으로 정비사업을 시행하는 방식을 의미한다.

순환정비방식으로 정비사업을 시행할 필요가 있다고 인정하는 때 시장·군수등은 재개발사업 및 재건축사업을 직접 시행하거나 토지주택공사등을 사업시행자로 지정하여 정비사업을 시행하게 할 수 있다(법 제26조 제1항 제5호).

국토교통부는 '도시 및 주거환경정비법상 순환용주택 운용지침'(제정 국토교통부 주택정비과 - 2804, 2010. 7. 1.)을 제정하였다.

(2) 이주대책의 수립

사업시행자는 정비구역의 안과 밖에 새로 건설한 주택 또는 이미 건설되어 있는 주택의 경우 그 정비사업의 시행으로 철거되는 주택의 소유자 또는 세입자를 임시로 거주하게 하는 등 그 정비구역을 순차적으로 정비하여 주택의 소유자 또는 세입자의 이주대책을 수립하여야 한다. 주택의 소유자 또는 세입자는 정비구역에서 실제 거주하는 자로 한정한다(법 제59조 제1항).[47]

(3) 순환용주택의 사용 및 우선공급요청 등

사업시행자는 임시로 거주하는 주택(순환용주택)을 임시거주시설로 사용하거나 임대할 수 있다(법 제59조 제2항).

사업시행자는 관리처분계획의 인가 신청 후 토지주택공사등이 보유한 공공

47) 부칙(2017. 2. 8.) 제15조 : 2014. 5. 21. 이후 최초로 사업시행계획인가를 신청하는 경우부터 적용함.

임대주택을 순환용주택으로 우선 공급할 것을 요청할 수 있다(법 제59조 제2항, 시행령 제51조 제1항). 토지주택공사등은 사업시행자로부터 공공임대주택의 공급 요청을 받은 경우에는 그 요청을 받은 날부터 30일 이내에 사업시행자에게 공급가능 공공임대주택의 수 등을 통지하여야 한다(시행령 제51조 제2항).

(4) 공공임대주택의 순환용주택 공급방법

공공임대주택을 순환용주택으로 우선 공급하는 경우 공급가능한 주택 수는 우선 공급요청일 현재 공급 예정인 물량의 2분의 1의 범위 이내로 한다. 다만, 주변 지역에 전세가격 급등 등의 우려가 있어 순환용주택의 확대 공급이 필요한 경우 2분의 1의 범위를 초과할 수 있다(시행령 제51조 제3항).

토지주택공사등은 세대주로서 해당 세대 월평균 소득이 전년도 도시근로자 월평균 소득의 70% 이하인 거주자에게 순환용주택을 공급하여야 한다. 거주자는 순환용주택의 우선 공급요청일 당시 해당 정비구역에 2년 이상 거주한 자에 한정한다(시행령 제51조 제4항).

공공임대주택의 공급순위는 다음과 같다. 같은 순위에서 경쟁이 있는 경우 월평균 소득이 낮은 자에게 우선 공급한다.

① 1순위 : 정비사업의 시행으로 철거되는 주택의 세입자로서 주택을 소유하지 아니한 자. 세입자는 정비구역에서 실제 거주하는 자로 한정한다.

② 2순위 : 정비사업의 시행으로 철거되는 주택의 소유자로서 그 주택 외에는 주택을 소유하지 아니한 자. 주택의 소유자는 정비구역에서 실제 거주하는 자로 한정한다.

(5) 순환용주택의 분양 또는 임대

순환용주택에 거주하는 자가 정비사업이 완료된 후에도 순환용주택에 계속 거주하기를 희망하는 때에는 사업시행자는 희망거주자에게 분양하거나 계속 임대할 수 있다. 이 경우 사업시행자가 소유하는 순환용주택은 관리처분계획에 따라 토지등소유자에게 처분된 것으로 본다(법 제59조 제3항).

토지주택공사등은 다음의 기준에 따라 순환용주택을 분양 또는 계속 임대할 수 있다(시행령 제52조).

① 순환용주택에 거주하는 자가 해당 주택을 분양받으려는 경우 토지주택공사등은 공공주택 특별법 제50조의2에서 정한 매각 요건 및 매각 절차 등에 따라 해당 거주자에게 순환용주택을 매각할 수 있다. 이 경우 공공주택 특별법 시행령 제54조제1항 각 호에 따른 임대주택의 구분은 순환용주택으로 공급할 당시의 유형에 따른다.

② 순환용주택에 거주하는 자가 계속 거주하기를 희망하고 공공주택 특별법 제48조 및 제49조에 따른 임대주택 입주자격을 만족하는 경우 토지주택공사등은 그 자와 우선적으로 임대차계약을 체결할 수 있다.

(6) 순환정비방식의 보조 및 융자

국가 또는 지방자치단체는 정비사업에 필요한 비용을 보조 또는 융자하는 경우 순환정비방식의 정비사업에 우선적으로 지원할 수 있다. 이 경우 순환정비방식의 정비사업의 원활한 시행을 위하여 국가 또는 지방자치단체는 ① 순환용주택의 건설비, ② 순환용주택의 단열보완 및 창호교체 등 에너지 성능 향상과 효율개선을 위한 리모델링 비용, ③ 공가관리비의 일부를 보조 또는 융자할 수 있다(법 제95조 제4항).

국가는 토지주택공사등이 보유한 공공임대주택을 순환용주택으로 조합에게 제공하는 경우 그 건설비 및 공가관리비 등의 비용의 전부 또는 일부를 지방자치단체 또는 토지주택공사등에 보조 또는 융자할 수 있다(법 제95조 제5항).

2. 결합정비방식

(1) 결합정비방식의 의의

결합정비사업은 구릉지(고지대, 산동네)와 역세권(평지) 등 떨어진 2이상의 구역을 하나의 단지개념으로 묶어서 개발하는 방식이다. 위 결합정비사업은 구릉지에 대해 현행 도시계획을 준수하여 저층·저밀 친환경주거지로 조성하고, 이에 대한 경관을 보호하기 위해 도시정비법 제18조에 도입되었다.

정비구역의 지정권자는 정비사업의 효율적인 추진 또는 도시의 경관보호를 위하여 필요하다고 인정하는 경우에는 ① 하나의 정비구역을 둘 이상의 정비구역으로 분할, ② 서로 연접한 정비구역을 하나의 정비구역으로 통합, ③ 서로 연접하지 아니한 둘 이상의 구역 또는 정비구역을 하나의 정비구역으로 결합의 방법에 따라 정비구역을 지정할 수 있다(법 제18조 제1항).

둘 이상의 구역은 노후·불량 건축물이 밀집하는 등 정비계획 수립대상구역의 요건에 해당하는 구역으로 한정한다.

정비구역을 분할·통합하거나 서로 떨어진 구역을 하나의 정비구역으로 결합하여 지정하려는 경우 시행 방법과 절차에 관한 세부사항은 시·도조례로 정한다(법 제18조 제2항).

(2) 서울시의 결합정비사업의 운용

시장은 정비사업의 효율적인 추진 또는 도시의 경관보호 등을 위하여 필요한 경우 구역의 분할·통합 및 결합을 추진할 수 있다. 이 경우 정비구역의 지정 또는 변경지정을 하여야 한다(서울시 조례 제13조 제1항).

서로 떨어진 지역을 하나의 정비구역(결합정비구역)으로 결합하여 시행하는 정비사업(결합정비사업)은 다음의 기본방향에 적합하여야 한다.

① 도시경관 또는 문화재 등의 보호가 필요한 낙후한 지역을 토지의 고도이용이 가능한 역세권 지역과 결합하여 정비사업을 시행할 수 있다.

② 결합정비사업은 도시경관 또는 문화재 등을 보호하기 위하여 토지의 이용이 제한된 지역(저밀관리지역)의 용적율을 토지의 고도이용이 가능한 역세권 지역(고밀개발구역)에 이전하여 개발하는 것을 말한다.

③ 토지이용계획, 건축물의 밀도 및 높이 계획, 정비기반시설계획 등 정비계획은 지역 특성을 고려하여 수립하여야 한다.

서울시는 결합정비사업의 시행방법과 절차에 관하여 도시 및 주거환경정비조례 별표 2. '결합정비사업의 시행방법 및 절차'에서 상세히 규정하고 있다.

제2편 정비기본계획,
정비계획 및 정비구역

I. 도시 · 주거환경정비기본계획

1. 도시 · 주거정비기본계획

(1) 도시 · 주거정비기본계획의 개념

도시·주거환경정비기본계획에는 당해 도시의 특성에 부합하는 합리적인 주거환경정비 및 계획적 도시 관리를 위한 종합적인 도시정비방향이 제시되고, 상위계획, 당해 도시특성 및 개발여건 등을 고려한 정비예정구역 선정 및 부문별 계획의 수립을 통하여 장래 정비사업에 대한 정비방향 및 개발지침이 제시되어 있다.

기본계획은 특별시·광역시·시 또는 군의 관할 구역에 대하여 기본적인 공간구조와 장기발전방향을 제시하는 종합계획인 도시기본계획의 하위계획이다. 위 기본계획은 유형별 정비구역 지정대상과 정비방향을 설정하고, 정비기반시설기준, 개발밀도 기준, 정비방법 등 정비사업의 기본원칙 및 개발지침을 제시하는 정비구역 및 정비계획의 상위계획이다.

기본계획은 행정기관의 구상 또는 행정지침으로서의 성격을 가지고 있으나, 기본계획이 수립된 것만으로는 개인에 대한 구체적인 권리·의무관계에 직접적인 영향을 미치지는 않는다.

기본계획은 정비사업을 장기적·종합적인 관점에서 수행해 나아가기 위한 기본방침을 정하는 것에 불과하기 때문에 원칙적으로 행정기관과 관련 기관만을 구속하는 대내적 구속력만 가질 뿐 도시계획 결정 또는 정비계획의 수립 및 정비구역의 지정과 같은 처분성은 인정되지 않는다.[1].

(2) 기본계획의 수립권자 등

도시 · 주거환경정비기본계획의 수립권자는 특별시장 · 광역시장 · 특별자치시

1) 대법원 1998. 11. 27. 선고 96누1392 판결, 대법원 2002. 10. 11 선고 2000두8226 판결, 대법원 2007. 4. 12. 선고 2005두1893 판결

장·특별자치도지사 또는 시장이다.

위 수립권자는 기본계획을 10년 단위로 수립하여야 하고, 기본계획에 대하여 5년마다 타당성 여부를 검토하여 그 결과를 기본계획에 반영하여야 한다(법 제4조 제1항, 제2항).

도지사가 대도시(서울특별시·광역시 및 특별자치시를 제외한 인구 50만 이상 대도시)가 아닌 시로서 기본계획을 수립할 필요가 없다고 인정하는 시에 대하여는 기본계획을 수립하지 아니할 수 있다(법 제4조 제1항 단서).

기본계획의 경우 수립권자와 결정권자를 구분함이 없이 모두 하나의 행정주체가 수립권과 결정권을 모두 갖는다. 다만 대도시가 아닌 시장은 기본계획의 수립 또는 변경시 도지사의 승인을 얻어야 한다.

(3) 기본계획의 내용

기본계획에는 다음의 사항이 포함되어야 한다(법 제5조 제1항, 시행령 제5조).

① 정비사업의 기본방향
② 정비사업의 계획기간
③ 인구·건축물·토지이용·정비기반시설·지형 및 환경 등의 현황
④ 주거지 관리계획
⑤ 토지이용계획·정비기반시설계획·공동이용시설설치계획 및 교통계획
⑥ 녹지·조경·에너지공급·폐기물처리 등에 관한 환경계획
⑦ 사회복지시설 및 주민문화시설 등의 설치계획
⑧ 도시의 광역적 재정비를 위한 기본방향
⑨ 정비구역으로 지정할 예정인 구역(정비예정구역)의 개략적 범위
⑩ 단계별 정비사업 추진계획(정비예정구역별 정비계획의 수립시기 포함)
⑪ 건폐율·용적률 등에 관한 건축물의 밀도계획
⑫ 세입자에 대한 주거안정대책
⑬ 도시관리·주택·교통정책 등 도시·군계획과 연계된 도시정비의 기본방향
⑭ 도시정비의 목표

⑮ 도심기능의 활성화 및 도심공동화 방지 방안
⑯ 역사적 유물 및 전통건축물의 보존계획
⑰ 정비사업의 유형별 공공 및 민간부문의 역할
⑱ 정비사업의 시행을 위하여 필요한 재원조달에 관한 사항

기본계획에 ① 생활권의 설정, 생활권별 기반시설 설치계획 및 주택수급계획, ② 생활권별 주거지의 정비·보전·관리의 방향이 포함된 경우 기본계획의 수립권자는 ① 정비예정구역의 개략적 범위, ② 단계별 정비사업 추진계획을 생략할 수 있다(법 제5조 제2항).

국토교통부장관은 기본계획의 작성기준 및 작성방법과 관련 '도시·주거환경정비기본계획 수립 지침'(국토교통부 훈령 제1625호, 2023. 6. 16.)을 마련하였다.

(4) 도시·주거환경정비 기본방침 등

① 도시·주거환경정비 기본방침

국토교통부장관은 도시 및 주거환경을 개선하기 위하여 10년마다 기본방침을 정하고, 5년마다 타당성을 검토하여 그 결과를 기본방침에 반영하여야 한다(법 제3조).

기본방침에 포함될 사항은 다음과 같다.

① 도시 및 주거환경 정비를 위한 국가 정책 방향
② 도시·주거환경정비기본계획의 수립 방향
③ 노후·불량 주거지 조사 및 개선계획의 수립
④ 도시 및 주거환경 개선에 필요한 재정지원계획
⑤ 그 밖에 도시 및 주거환경 개선을 위하여 필요한 사항으로서 대통령령으로 정하는 사항

② 노후·불량주거지 개선계획의 수립

국토교통부장관은 주택 또는 기반시설이 열악한 주거지의 주거환경개선을 위하여 5년마다 개선대상지역을 조사하고 연차별 재정지원계획 등을 포함한

노후 · 불량주거지 개선계획을 수립하여야 한다(법 제127조).

2. 기본계획의 수립절차

(1) 주민의견청취 등

기본계획의 수립권자는 기본계획을 수립하거나 변경하려는 경우에는 14일 이상 주민에게 공람하여 의견을 들어야 한다(법 제6조 제1항).

주민공람 및 의견청취 제도의 취지는 기본계획 수립시 또는 변경시부터 주민들의 의견을 반영함으로서 정비사업의 투명성, 공공성, 객관성을 도모함과 동시에 주민들의 반발로 인한 사업지연을 방지하기 위함이다.

기본계획의 수립권자는 기본계획을 주민(세입자, 토지등소유자 또는 조합원 그 밖에 정비사업과 관련하여 이해관계를 가지는 자를 포함함)에게 공람하려는 때에는 미리 공람의 요지 및 장소를 해당 지방자치단체의 공보 및 인터넷(공보등)에 공고하고, 공람장소에 관계 서류를 갖추어 두어야 한다(시행령 제6조 제1항).

주민은 공람기간 이내에 기본계획 수립권자에게 서면으로 의견을 제출할 수 있고, 기본계획 수립권자는 주민이 제출된 의견을 심사하여 채택할 필요가 있다고 인정하는 때에는 이를 채택한 후 기본계획에 반영하여야 하며, 그러하지 아니한 경우에는 의견을 제출한 자에게 그 사유를 알려주어야 한다(법 제6조 제1항, 시행령 제6조 제2항, 제3항).

작성된 기본계획안에 대하여는 관련분야 전문가와 주민대표 및 관계기관이 참석하는 공청회를 개최할 수 있다. 기본계획 수립권자가 공청회를 개최할 때에는 공청회 개최예정일 14일전까지 공청회 개최목적, 일시 및 장소 등을 게시판 및 인터넷 홈페이지에 게시하고, 당해 시를 주된 보급지역으로 하는 일간신문에 1회 이상 공고한다.

공청회를 열지 아니하고, 기본계획을 수립 · 고시하였다 해도 이는 절차상의 위법으로서 취소사유에 불과하고 그 하자가 기본계획을 무효로 할 정도의 중대 · 명백한 하자에 해당하지 않는다.[1] 기본계획 수립권자 이외의 자가 기본계

획에 관한 공청회를 개최한 경우 행정절차법에서 정한 절차를 준수하지 않아도 된다.[2)]

(2) 지방의회의 의견청취

기본계획의 수립권자는 공람과 함께 지방의회의 의견을 들어야 한다. 이 경우 지방의회는 기본계획의 수립권자가 기본계획을 통지한 날부터 60일 이내에 의견을 제시하여야 하며, 의견제시 없이 60일이 지난 경우 이의가 없는 것으로 본다(법 제6조 제2항).

(3) 관계 행정기관장과의 협의 및 지방도시계획위원회의 심의

기본계획의 수립권자(대도시의 시장이 아닌 시장 제외함)는 기본계획을 수립하거나 변경하려면 관계 행정기관의 장과 협의한 후 지방도시계획위원회의 심의를 거쳐야 한다(법 제7조 제1항).

대도시의 시장이 아닌 시장은 기본계획을 수립하거나 변경하려면 도지사의 승인을 받아야 하며, 도지사가 이를 승인하려면 관계 행정기관의 장과 협의한 후 지방도시계획위원회의 심의를 거쳐야 한다(법 제7조 제2항).

기본계획 수립권자는 행정의 법률적합성 및 합목적성을 보장하고 행정절차에 관계된 자들의 권리를 보장·실현하기 위하여 행정적·정책적인 이해관계자들로 구성된 도시계획위원회의 집단적 의견을 들어 이를 참고하면 될 뿐 도시계획위원회의 의견 또는 심의결과에 좇아서 처분을 할 의무를 부담하지 않는다.[3)]

(4) 기본계획의 고시 및 국토교통부장관에 보고

기본계획 수립권자는 기본계획을 수립하거나 변경한 때에는 지체 없이 이를 해당 지방자치단체의 공보에 고시하고 일반인이 열람할 수 있도록 하여야 한다(법 제7조 제3항).

---

1) 대법원 1990. 1. 23. 선고 87누947 판결
2) 대법원 2007. 4. 12. 선고 2005두1893 판결
3) 대법원 1992. 8. 14. 선고 91누11582 판결, 대법원 1997. 9. 26. 선고 96누10096 판결 참조

기본계획의 수립권자는 기본계획을 고시한 때에는 국토교통부장관에게 보고하여야 한다(법 제7조 제4항).

3. 기본계획의 경미한 변경절차

기본계획의 변경절차는 기본계획의 수립절차와 같으며, 다만 경미한 사항의 변경절차는 일부 절차를 생략하고 있다. 경미한 사항의 변경에서 생략될 수 있는 절차는 ① 주민공람절차, ② 지방의회의 의견청취절차, ③ 관계 행정기관의 장과의 협의, ④ 도시계획위원회의 심의절차이다.

경미한 사항에 대해 일부 절차를 생략하도록 한 취지는 기본계획의 본질적인 사항에 영향을 미치지 않은 범위내에서 도시환경 등 여건의 변화에 탄력적으로 대응하기 위한 것이다.

기본계획을 변경함에 있어 경미한 사항은 다음의 경우를 말한다(시행령 제6조 제4항).

① 정비기반시설의 규모를 확대하거나 그 면적의 10% 미만을 축소하는 경우
② 정비사업의 계획기간을 단축하는 경우
③ 공동이용시설에 대한 설치계획의 변경인 경우
④ 사회복지시설 및 주민문화시설 등의 설치계획의 변경인 경우
⑤ 정비구역으로 지정할 예정인 구역의 면적을 구체적으로 명시한 경우 해당 구역 면적의 20% 미만의 변경인 경우
⑥ 단계별 정비사업 추진계획의 변경인 경우
⑦ 건폐율 및 용적률의 각 20% 미만의 변경인 경우
⑧ 정비사업의 시행을 위하여 필요한 재원조달에 관한 사항의 변경인 경우
⑨ 도시·군기본계획의 변경에 따른 변경인 경우

4. 기본계획의 수립에 관한 경과조치

(1) 최초 기본계획의 수립시기

기본계획을 수립하여야 하는 지방자치단체의 장은 이 법 시행후(2003. 7. 1.) 3년 이내에 기본계획을 수립하여야 한다. 다만, 기본계획수립대상의 지역적 범위가 넓어 단계적으로 수립할 필요가 있는 등 불가피한 사유가 있어 건설교통부장관의 승인을 얻은 경우에는 그러하지 아니하다[법 부칙(2002. 12. 30.) 제4조 제1항].

(2) 재개발기본계획

이 법 시행전(2003. 7. 1.)에 수립된 재개발기본계획은 도시정비법상 기본계획(주택재개발사업 및 도시환경정비사업에 한함)으로 본다[법 부칙(2002. 12. 30.) 제4조 제2항].

(3) 아파트지구 개발기본계획

주택건설촉진법 제20조의 규정에 의하여 수립된 아파트지구개발기본계획과 지구단위계획은 본칙 제4조의 규정에 의하여 수립된 정비계획으로 본다[법 부칙(2002. 12. 30.) 제5조 제3항].

(4) 기본계획 수립중 정비구역의 지정

기본계획이 수립되지 아니한 기간중이라도 시장·군수는 정비구역을 지정할 수 있다[법 부칙(2002. 12. 30.) 제4조 제3항].

Ⅱ. 재건축진단(주택재건축사업)

1. 재건축진단의 의의

시장·군수등은 주택재건축사업의 사업시행계획인가전까지 재건축진단을 실시하여야 한다(법 제12조 제1항). 재건축진단은 재건축사업에 한하여 적용되며, 주거환경개선사업 또는 재개발사업에는 적용되지 않는다.

재건축사업이 공법적 통제의 수단없이 남용되고, 개인들이 개발이익을 독점한다는 비난이 있게 되자, 재건축사업에 대한 최소한의 통제장치로서 재건축진단제도를 도입하게 되었다. 재건축진단제도는 재건축사업의 가능여부를 판단하는 결정적인 역할을 하고 있다.

2024. 12. 3. 개정된 법률에 의하면 ① 재건축진단은 사업시행인가 전까지 통과되면 되고, ② 현지조사절차가 삭제되었다.

2. 재건축진단 실시시기 및 대상

(1) 재건축진단의 실시시기

시장·군수등은 정비예정구역별 정비계획의 수립시기가 도래한 때부터 사업시행계획인가 전까지 재건축진단을 실시하여야 한다.

시장·군수등은 다음의 어느 하나에 해당하는 경우에는 안전진단을 실시하여야 한다(법 제12조 제2항).

① 정비계획의 입안을 요청하려는 자가 입안을 요청하기 전에 해당 정비예정구역 또는 사업예정구역에 위치한 건축물 및 그 부속토지의 소유자 10% 이상의 동의를 받아 재건축진단의 실시를 요청하는 경우

② 정비계획의 입안을 제안하려는 자가 입안을 제안하기 전에 해당 정비예정구역에 위치한 건축물 및 그 부속토지의 소유자 10% 이상의 동의를

받아 재건축진단의 실시를 요청하는 경우

③ 정비예정구역을 지정하지 아니한 지역에서 재건축사업을 하려는 자가 사업예정구역에 있는 건축물 및 그 부속토지의 소유자 10% 이상의 동의를 받아 재건축진단의 실시를 요청하는 경우

④ 내진성능 미확보 건축물 중 중대한 기능적·구조적 결함이 있는 건축물(법 제2조 제3호 나목)의 소유자로서 재건축사업을 시행하려는 자가 해당 사업예정구역에 위치한 건축물 및 그 부속토지의 소유자 10% 이상의 동의를 받아 재건축진단의 실시를 요청하는 경우

⑤ 정비계획을 입안하여 주민에게 공람한 지역 또는 정비구역으로 지정된 지역에서 재건축사업을 시행하려는 자가 해당 구역에 위치한 건축물 및 그 부속토지의 소유자 10% 이상의 동의를 받아 재건축진단의 실시를 요청하는 경우

⑥ 조합설립추진위원회 또는 사업시행자가 재건축진단의 실시를 요청하는 경우

(2) 재건축진단 대상 건물 등

재건축사업의 재건축진단은 '주택단지(연접한 단지 포함)의 건축물'을 대상으로 한다(법 제12조 제3항).

'주택 재건축 판정을 위한 안전진단 기준'(국토교통부고시 제2025-284호, 2025. 6. 4.)[2]은 철근콘크리트 구조, 프리캐스트 콘크리트 조립식 구조(일명 PC조) 및 조적식 구조(일명 조적조)의 공동주택에 적용한다. 이 기준에서 규정하지 않은 구조의 공동주택에 대한 재건축 안전진단의 실시방법은 시장·군수 또는 자치구의 구청장이 국토안전관리원 또는 한국건설기술연구원에 자문하여 정한다.

다음의 경우 안전진단 대상에서 제외할 수 있다(법 제12조 제3항 단서, 시행령 10조 제3항).

① 정비계획의 입안권자가 천재지변 등으로 주택이 붕괴되어 신속히 재건축을 추진할 필요가 있다고 인정하는 것

---

2) 국토안전관리원의 '재건축사업의 재건축진단 매뉴얼' 참조

② 주택의 구조안전상 사용금지가 필요하다고 정비계획의 입안권자가 인정하는 것
③ 도시정비법 시행령 별표 1 제3호라목에 따른 노후·불량건축물 수에 관한 기준을 충족한 경우 잔여 건축물
④ 정비계획의 입안권자가 진입도로 등 기반시설 설치를 위하여 불가피하게 정비구역에 포함된 것으로 인정하는 건축물
⑤ 시설물의 안전 및 유지관리에 관한 특별법 제2조 제1호의 시설물로서 같은 법 제16조에 따라 지정받은 안전등급이 D (미흡) 또는 E (불량)인 건축물

3. 재건축진단 절차

(1) 재건축진단 요청

재건축진단의 요청이 있는 경우에는 시장·군수등은 재건축진단의 실시 시기 등을 포함한 재건축진단 실시계획을 수립하여 요청일부터 30일 이내에 요청인에게 통보해야 한다(시행령 제10조 제1항).

시장·군수등은 단계별 정비사업 추진계획 등의 사유로 재건축사업의 시기를 조정할 필요가 있다고 인정하는 경우에는 재건축진단의 실시 시기를 조정할 수 있다. 재건축진단의 실시 시기 조정은 정비구역의 지정·고시일 전에만 할 수 있다(시행령 제10조 제1항 후문, 제2항).

(2) 재건축진단 실시

시장·군수등은 한국건설기술연구원, 국토안전관리원, 안전진단전문기관에 의뢰하여 주거환경 적합성, 해당 건축물의 구조안전성, 건축마감, 설비노후도 등에 관한 재건축진단을 실시하여야 한다(법 제12조 제4항, 시행령 제10조 제4항).

(3) 재건축진단기관의 안전진단 결과보고서 제출 등

재건축진단을 의뢰받은 재건축진단기관은 '주택 재건축 판정을 위한 안전진단 기준'(건축물의 내진성능 확보를 위한 비용을 포함)에 따라 재건축진단을 실시하여야 한다(법 제12조 제5항).

재건축사업의 재건축진단은 다음의 구분에 따른다(시행령 제10조 제6항).

① 구조안전성 평가 : 노후 · 불량건축물을 대상으로 구조적 또는 기능적 결함 등을 평가하는 재건축진단

② 구조안전성 및 주거환경 중심 평가 : ① 외의 노후 · 불량건축물을 대상으로 구조적 · 기능적 결함 등 구조안전성과 주거생활의 편리성 및 거주의 쾌적성 등 주거환경을 종합적으로 평가하는 재건축진단

재건축진단기관은 '주택 재건축 판정을 위한 안전진단 기준'으로 정하는 방법 및 절차에 따라 재건축진단 결과보고서를 작성하여 시장 · 군수등 및 재건축진단의 실시를 요청한 자에게 제출하여야 한다(법 제12조 제5항).

재건축진단기관이 작성하는 재건축진단 결과보고서에는 ① 구조안전성 평가 결과보고서, ② 구조안전성 및 주거환경 중심 평가 결과보고서(주거환경에 관한 사항, 건축마감 및 설비노후도에 관한 사항, 비용분석에 관한 사항, 구조안전성에 관한 사항, 종합평가의견) 내용이 포함되어야 한다(시행규칙 제3조 제2항).

4. 재건축진단 결과의 적정성 검토

시장 · 군수등은 재건축진단의 결과와 도시계획 및 지역여건 등을 종합적으로 검토하여 사업시행계획인가 여부(법 제75조에 따른 시기 조정 포함)를 결정하여야 한다(법 제12조 제6항).

시장 · 군수등(특별자치시장 및 특별자치도지사 제외)은 재건축진단 결과보고서를 제출받은 경우에는 지체 없이 특별시장 · 광역시장 · 도지사에게 결정내용과 해당 재건축진단 결과보고서를 제출하여야 한다(법 제13조 제1항).

시 · 도지사는 재건축진단전문기관이 제출한 재건축진단 결과보고서를 받은

경우에 재건축진단기관에 재건축진단 결과보고서의 적정성 여부에 대한 검토를 의뢰할 수 있다(시행령 제11조 제1항).

시・도지사는 필요한 경우 국토안전관리원 또는 한국건설기술연구원에 재건축진단 결과의 적정성에 대한 검토를 의뢰할 수 있다(법 제13조 제2항).

국토교통부장관은 시・도지사에게 재건축진단 결과보고서의 제출을 요청할 수 있으며, 필요한 경우 시・도지사에게 재건축진단 결과의 적정성에 대한 검토를 요청할 수 있다(법 제13조 제3항).

재건축진단 결과의 적정성 여부에 따른 검토 비용은 적정성 여부에 대한 검토를 의뢰 또는 요청한 국토교통부장관 또는 시 · 도지사가 부담한다(시행령 제11조 제2항).

재건축진단 결과의 적정성 여부에 따른 검토를 의뢰받은 기관은 적정성 여부에 따른 검토를 의뢰받은 날부터 60일 이내에 그 결과를 시 · 도지사에게 제출하여야 한다. 다만, 부득이한 경우에는 30일의 범위에서 한 차례만 연장할 수 있다(시행령 제11조 제3항).

시 · 도지사는 재건축진단 결과의 적정성 검토에 대한 결과를 제출받은 경우에는 지체 없이 그 결과를 시장 · 군수등에게 통보해야 한다(시행령 제11조 제4항).

특별시장・광역시장・도지사는 검토결과에 따라 필요한 경우 시장・군수등에게 ① 재건축진단의 전부 또는 일부에 대한 시정요구(재건축진단의 재실시 포함), ② 재건축진단 결과보고서 내용에 대한 재검토를 요청할 수 있으며, 시장・군수등은 특별한 사유가 없으면 그 요청에 따라야 한다(법 제13조 제4항, 시행령 제11조 제5항).

5. 재건축진단 비용의 부담

원칙적으로 재건축진단에 드는 비용은 시장・군수등이 부담한다. 토지등소유자가 재건축진단의 실시를 요청하는 경우 시장·군수는 재건축진단에 드는 비용을 해당 재건축진단의 실시를 요청하는 자에게 부담하게 할 수 있다(법

제12조 제2항).[3]

<재건축진단 업무 절차도>

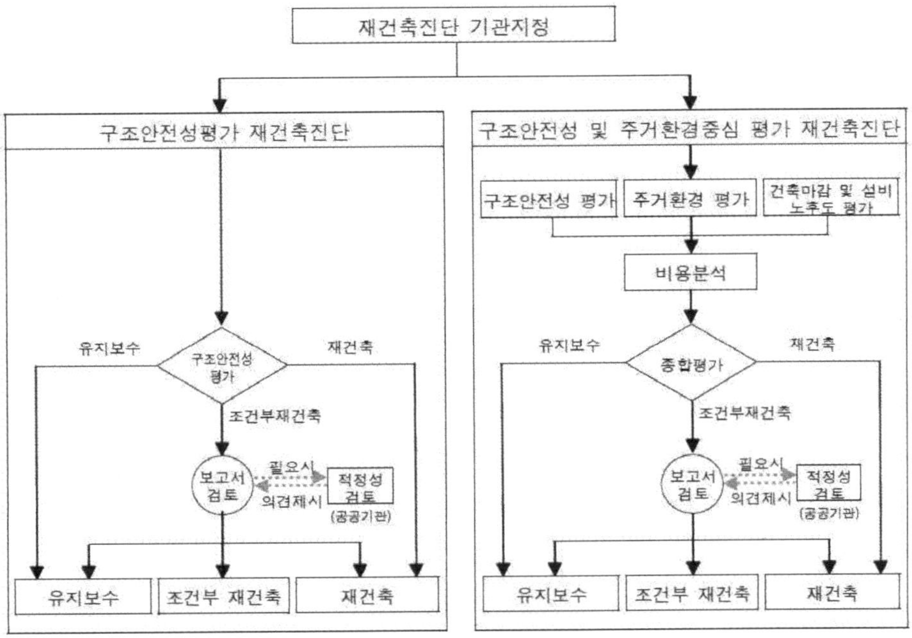

---

3) 서울시 조례 제9조(재건축진단 절차 및 비용부담 등) 참조

Ⅲ. 정비구역 및 정비계획의 수립대상구역

1. 정비구역 및 정비계획의 일반

(1) 정비구역 및 정비계획의 의의

정비구역이란 정비사업을 계획적으로 시행하기 위하여 도시정비법 제16조에 따라 지정·고시된 구역을 말한다(법 제2조 제1호). 정비구역의 지정은 단순히 면적만을 의미하며, 정비사업의 구체적인 내용이 없으므로, 정비구역내 사업의 지침이 될 수 있는 구속적인 행정계획인 정비계획이 필요하다.

정비계획은 기본계획에 적합한 범위 안에서 노후·불량건축물이 밀집하는 등 도시정비법 시행령 별표1의 요건에 해당하는 구역(정비구역)을 계획적이고 체계적으로 정비하기 위하여 수립하는 것으로 노후·불량한 지역의 주거환경개선과 기반시설 확충 등 도시기능의 회복을 통해 주민의 삶의 질을 높이고자 하는데 그 의의가 있다.

정비구역이 지정되고 정비계획이 수립되면 이 양자가 결합하여 하나의 구속적 도시관리계획으로 효력을 발생하며, 정비계획의 내용중 일부 지구단위계획의 내용이 포함되면 그 부분에 한하여 지구단위계획으로 의제된다.

(2) 정비구역 및 정비계획의 법적 성격

정비구역의 지정 및 정비계획은 도시관리계획에 해당하고, 정비구역이 지정·고시되면 도시관리계획과 같이 국민의 권리·의무를 제한하게 된다. 따라서 정비구역의 지정은 행정처분으로서의 성격을 가지며, 정비구역의 지정에 대한 쟁송은 항고소송의 대상이 된다.[4]

행정계획이라 함은 행정에 관한 전문적·기술적 판단을 기초로 하여 도시의 건설·정비·개량 등과 같은 특정한 행정목표를 달성하기 위하여 서로 관련되는 행정수단을 종합·조정함으로써 장래의 일정한 시점에 있어서 일정한 질서

---

4) 대법원 1982. 3. 9. 선고 80누105 판결

를 실현하기 위한 활동기준으로 설정된 것이다.[5] 정비계획은 위 행정계획에 해당한다.

정비계획은 그 자체로 국민의 권리 의무를 직접 변동시키는 것이 아니라 후속하는 개별적인 집행행위(사업시행인가 등)를 통하여 국민의 권리관계를 변동시키게 된다.

(3) 기본계획과 정비계획의 관계

정비계획은 도시기본계획과 기본계획의 범위 안에서 수립되어야 하고, 도시관리계획과 서로 연계되도록 수립되어야 한다. 따라서 원칙적으로 도시기본계획 또는 도시·주거환경정비기본계획과 다른 내용으로 정비계획을 수립하려는 경우 선행적으로 위 기본계획을 변경하여야 한다.

다만 도시·주거환경정비기본계획은 도시의 장기적 개발방향과 미래상을 제시하는 도시계획 입안의 지침이 되는 장기적·종합적인 개발계획으로서 직접적인 구속력은 없는 것이므로, 정비계획이 위 기본계획의 내용과 다르다 하더라도 위법한 것은 아니다.[6]

기본계획의 수립의무가 없는 대도시가 아닌 시의 시장은 도지사의 승인을 받아 기본계획을 수립한 경우가 아니라면 기본계획 수립 없이 곧바로 정비계획을 입안하고 결정하여 정비구역을 지정할 수 있다.[7]

(4) 정비계획과 재량성

도시정비법에 의한 정비구역의 지정은 관계행정청이 법령의 범위 내에서 도시의 건전한 발전과 공공복리의 증진을 위한 도시정책상의 전문적, 기술적 판단을 기초로 하여 그 재량에 의하여 이루어지는 것이므로, 재량권의 일탈·남용이 없는 한 그 처분을 위법하다고 할 수 없다.[8]

재량권의 일탈·남용 여부 심사와 관련된 비례의 원칙이란 어떤 행정목적을

---

5) 대법원 1996. 11. 29. 선고 96누8567 판결
6) 대법원 1998. 11. 27. 선고 96누13927 판결, 대법원 2002. 10. 11. 선고 2000두8226 판결, 대법원 2007. 4. 12. 선고 2005두1893 판결
7) 대법원 2025. 1. 23. 선고 2024두55006 판결
8) 대법원 1993. 10. 8. 선고 93누10569 판결, 대법원 1997. 9. 26. 선고 96누10096 판결

달성하기 위한 수단은 그 목적달성에 유효·적절하고 또한 가능한 한 최소침해를 가져오는 것이어야 하며, 아울러 그 수단의 도입으로 인한 침해가 의도하는 공익을 능가하여서는 아니된다는 헌법상의 원칙을 말하는 것이다.

토지 및 건축물 소유자가 52명, 토지 소유자가 30명, 건축물 소유자가 300명인데, 위 건축물 소유자 300명중 기존 무허가 건축물 소유자가 290명이고, 토지등소유자 92명중 3 - 4명만 정비구역 지정제안에 동의한 사안(기존 무허가 건축물 소유자는 토지등소유자에 해당하지 않음)에서 정비구역의 지정처분은 재량권의 일탈·남용에 해당되어 위법하다고 판시한 사례가 있다.[9)]

(5) 정비구역 지정고시 취소소송 등

토지등소유자는 정비구역 및 정비계획의 고시가 있은 후 5일이 경과한 날에 정비구역의 지정처분을 알았다고 보아야 하며, 고시후 5일이 경과한 날부터 행정소송의 제소기간이 기산된다.[10)][11)]

정비구역의 변경고시가 기존 정비구역 고시의 내용중 특정·분리 가능한 일부 경미한 사항을 변경하는 정도에 불과한 것이라면 토지등소유자는 기존 정비구역의 지정고시를 다툴 법률상 이익이 있다.[12)]

그러나 정비구역의 변경고시가 정비구역의 주요내용을 변경한 것으로서 실질적으로 새로운 정비구역고시에 해당할 경우 기존 정비구역의 고시는 정비구역의 변경고시에 흡수되어 소멸되었다할 것이어서, 기존 정비구역처분의 취소를 다투는 소송은 법률상 소의 이익이 없다.[13)]

---

9) 서울행정법원 2009. 4. 30. 선고 2007구합26278 판결은 대법원 2010. 5. 13. 선고 2010두2715 판결로 확정됨.

10) 대법원 1995. 8. 22. 선고 94누5694 전원합의체 판결

11) 사무관리규정(대통령령 2009. 8. 21. 제21698호로 개정된 것) 제8조 제2항 단서는 "공고문서의 경우에는 공고문서에 특별한 규정이 있는 경우를 제외하고는 그 고시 또는 공고가 있은 후 5일이 경과한 날부터 효력을 발생한다."라고 규정하고 있음

12) 서울고등법원 2010. 7. 22. 선고 2009누17362 판결

13) 대법원 2010. 12. 9. 선고 2009두4913 판결, 서울고등법원 2010. 12. 12. 선고 2009누34336 판결 유사사례

2. 노후 · 불량건축물

노후 · 불량건축물이란 다음의 어느 하나에 해당하는 건축물을 말한다(법 제2조 제3호).

① 건축물이 훼손되거나 일부가 멸실되어 붕괴, 그 밖의 안전사고의 우려가 있는 건축물

② 내진성능이 확보되지 아니한 건축물 중 중대한 기능적 결함 또는 부실 설계 · 시공으로 구조적 결함 등이 있는 건축물로서 아래 표에 해당하는 건축물

구조적 결함 등의 건축물(시행령 제2조 제1항)
건축물을 건축하거나 대수선할 당시 건축법령에 따른 지진에 대한 안전 여부 확인 대상이 아닌 건축물로서 다음의 어느 하나에 해당하는 건축물 ㉠ 급수·배수·오수 설비 등의 설비 또는 지붕·외벽 등 마감의 노후화나 손상으로 그 기능을 유지하기 곤란할 것으로 우려되는 건축물 ㉡ 재건축진단기관이 실시한 재건축진단 결과 건축물의 내구성·내하력(내하력) 등이 국토교통부장관이 정하여 고시하는 기준에 미치지 못할 것으로 예상되어 구조 안전의 확보가 곤란할 것으로 우려되는 건축물

③ 다음의 요건을 모두 충족하는 건축물로서 도시정비법 시행령 제2조 제2항으로 정하는 바에 따라 특별시 · 광역시 · 특별자치시 · 도 · 특별자치도 또는 대도시[14]의 조례로 정하는 건축물

1) 주변 토지의 이용 상황 등에 비추어 주거환경이 불량한 곳에 위치할 것

2) 건축물을 철거하고 새로운 건축물을 건설하는 경우 건설에 드는 비용과 비교하여 효용의 현저한 증가가 예상될 것

14) 지방자치법 제175조에 따른 서울특별시·광역시 및 특별자치시를 제외한 인구 50만 이상 대도시

'시 · 도 조례로 정할 수 있는 건축물'(시행령 제2조 제2항)

특별시 · 광역시 · 특별자치시 · 도 · 특별자치도 또는 대도시의 조례로 정할 수 있는 건축물은 다음의 어느 하나에 해당하는 건축물

㉠ 해당 지방자치단체의 조례로 정하는 면적에 미치지 못하거나[15] 도시 · 군계획시설 등의 설치로 인하여 효용을 다할 수 없게 된 대지에 있는 건축물

㉡ 공장의 매연 · 소음 등으로 인하여 위해를 초래할 우려가 있는 지역에 있는 건축물

㉢ 해당 건축물을 준공일 기준으로 40년까지 사용하기 위하여 보수 · 보강하는 데 드는 비용이 철거 후 새로운 건축물을 건설하는 데 드는 비용보다 클 것으로 예상되는 건축물

④ 도시미관을 저해하거나 노후화된 건축물[16]로서 도시정비법 시행령 제2조 제3항으로 정하는 바에 따라 시 · 도조례로 정하는 건축물

'시 · 도 조례로 정할 수 있는 건축물'(시행령 제2조 제3항)

㉠ 준공된 후 20년 이상 30년 이하의 범위에서 시 · 도조례로 정하는 기간이 지난 건축물

㉡ 도시 · 군기본계획의 경관에 관한 사항에 어긋나는 건축물

15) 서울시의 경우 건축대지로서 효용을 다할 수 없는 과소필지안의 건축물로서 2009년 8월 11일 전에 건축된 건축물을 의미함(서울시 조례 제4조 제2항)

16) 2017. 2. 8. 도시정비법 개정으로 '구조적 결함'을 요건으로 하지 않음.
종전 대법원 2012. 10. 25. 선고 2011두10355 판결은 20년 경과 + 구조적 결함에 의해 철거가 불가피한 경우에 한하여 노후·불량 건축물이라고 판시하였음. 대법원 2012. 6. 18. 2010두16592 전원합의체 판결

서울시의 경우 일정 기간이 경과한 노후·불량건축물에 대한 기준은 다음과 같다(시행령 제2조 제3항 제1호, 서울시 조례 제4조 제1항).

① 공동주택

- 철근콘크리트·철골콘크리트·철골철근콘크리트 및 강구조인 공동주택 : 별표 1에 따른 기간
- 위 조항 이외의 공동주택 : 20년

② 공동주택 이외의 건축물

- 철근콘크리트·철골콘크리트·철골철근콘크리트 및 강구조 건축물(단독주택 제외) : 30년
- 위 조항 이외의 건축물 : 20년

철근콘크리트·철골콘크리트·철골철근콘크리트 및 강구조 공동주택의 노후·불량건축물 기준 (서울시 조례 제4조제1항제1호 관련)

구분 / 준공년도	5층 이상 건축물	4층 이하 건축물
1981.12.31이전	20년	20년
1982	22년	21년
1983	24년	22년
1984	26년	23년
1985	28년	24년
1986	30년	25년
1987	30년	26년
1988	30년	27년
1989	30년	28년
1990	30년	29년
1991.1.1이후	30년	30년

"미사용승인건축물"이란 관계 법령에 따라 건축허가 등을 받았으나 사용승인 · 준공인가 등을 받지 못한 건축물로서 사실상 준공된 건축물을 말한다(서울시 조례 제2조 제8호).

미사용승인건축물의 용도별 분류 및 구조는 건축허가 내용에 따르며, 준공연도는 재산세 및 수도요금 · 전기요금 등의 부과가 개시된 날이 속하는 연도로 한다(서울시 조례 제4조 제3항).

3. 정비계획의 수립대상구역

(1) 재개발사업의 정비계획 수립대상구역

재개발사업을 위한 정비계획은 노후 · 불량건축물의 수가 전체 건축물의 수의 60% 이상인 지역에 대하여 입안한다. 재정비촉진지구에서 재개발사업을 위한 정비계획을 입안하는 경우에는 50%로 하며, 재정비촉진지구 외의 지역의 경우에는 50% 이상 70% 이하의 범위에서 시 · 도조례[17]로 증감할 수 있다.

재개발사업의 정비계획 수립대상지역은 노후·불량건축물 비율 뿐만 아니라 다음의 요건도 충족하여야 한다.

① 정비기반시설의 정비에 따라 토지가 대지로서의 효용을 다할 수 없게 되거나 과소토지로 되어 도시의 환경이 현저히 불량하게 될 우려가 있는 지역

② 노후 · 불량건축물의 연면적의 합계가 전체 건축물의 연면적의 합계의 60% 이상이거나 건축물이 과도하게 밀집되어 있어 그 구역 안의 토지의 합리적인 이용과 가치의 증진을 도모하기 곤란한 지역.
재정비촉진지구에서 재개발사업을 위한 정비계획을 입안하는 경우에는 50%로 하며, 재정비촉진지구 외의 지역의 경우에는 50% 이상 70% 이하의 범위에서 시 · 도조례로 증감할 수 있다.

③ 인구 · 산업 등이 과도하게 집중되어 있어 도시기능의 회복을 위하여 토지의 합리적인 이용이 요청되는 지역

---

17) 서울시의 경우 60%임.

④ 해당 지역의 최저고도지구의 토지(정비기반시설용지 제외)면적이 전체 토지면적의 50%를 초과하고, 그 최저고도에 미달하는 건축물이 해당 지역 건축물의 바닥면적 합계의 3분의 2 이상인 지역
⑤ 공장의 매연·소음 등으로 인접지역에 보건위생상 위해를 초래할 우려가 있는 공업지역 또는 도시형공장이나 공해발생정도가 낮은 업종으로 전환하려는 공업지역
⑥ 역세권 등 양호한 기반시설을 갖추고 있어 대중교통 이용이 용이한 지역으로서 주택법 제20조에 따라 토지의 고도이용과 건축물의 복합개발을 통한 주택 건설·공급이 필요한 지역
⑦ 국토계획법 제37조 제1항 제4호에 따른 방재지구가 해당 지역 전체 토지면적의 2분의 1 이상인 지역
⑧ 건축법 제2조 제1항 제5호에 따른 지하층의 전부 또는 일부를 주거용도로 사용하는 건축물의 수가 해당 지역 전체 건축물의 수의 2분의 1 이상인 지역
⑨ 철거민이 50세대 이상 규모로 정착한 지역이거나 인구가 과도하게 밀집되어 있고 기반시설의 정비가 불량하여 주거환경이 열악하고 그 개선이 시급한 지역
⑩ 정비기반시설이 현저히 부족하여 재해발생 시 피난 및 구조 활동이 곤란한 지역

정비계획을 입안함에 있어 순환용주택을 건설하기 위하여 필요한 지역을 포함할 수 있다.

(2) 재건축사업의 정비계획 수립대상구역

재건축사업을 위한 정비계획은 다음의 어느 하나에 해당하는 지역에 대하여 수립한다.

① 건축물의 일부가 멸실되어 붕괴나 그 밖의 안전사고의 우려가 있는 지역
② 재해 등이 발생할 경우 위해의 우려가 있어 신속히 정비사업을 추진할 필요가 있는 지역
③ 노후·불량건축물로서 기존 세대수가 200세대 이상이거나 그 부지면적이

1만㎡ 이상인 지역

④ 셋 이상의 아파트 또는 연립주택이 밀집되어 있는 지역으로서 재건축진단 실시 결과 전체 주택의 3분의 2 이상이 재건축이 필요하다는 판정을 받은 지역으로서 시・도조례로 정하는 면적[18] 이상인 지역

재건축사업은 주거환경정비사업 또는 재개발사업에 해당하는 지역에서 시행할 수 없다.

(3) 정비계획 수립대상구역의 공통사항

무허가건축물의 수, 노후ㆍ불량건축물의 수, 호수밀도, 토지의 형상 또는 주민의 소득 수준 등 정비계획의 입안대상지역 요건은 필요한 경우 시ㆍ도조례로 이를 따로 정할 수 있다. 이 경우 재개발사업을 위한 정비계획의 입안대상지역 요건을 갖춘 지역에 위치한 노후ㆍ불량건축물의 수가 전체 건축물 수의 4분의 3 이상인 경우에는 전단에 따라 시ㆍ도조례로 따로 정한 요건을 갖춘 것으로 본다.

부지의 정형화, 효율적인 기반시설의 확보 등을 위하여 필요하다고 인정되는 경우에는 지방도시계획위원회의 심의를 거쳐 정비구역의 입안대상지역 면적의 20% 이하의 범위에서 시ㆍ도조례[19]로 정하는 바에 따라 정비계획 입안대상지역에 해당하지 않는 지역을 포함하여 정비계획을 입안할 수 있다.

건축물의 상당수가 붕괴나 그 밖의 안전사고의 우려가 있거나 상습 침수, 홍수, 산사태, 해일, 토사 또는 제방 붕괴 등으로 재해가 생길 우려가 있는 지역에 대해서는 정비계획을 입안할 수 있다.

(4) 서울시 주택정비형 재개발사업의 정비계획 수립대상구역

서울시는 재개발사업을 주택정비형 재개발사업과 도시정비형 재개발사업으로 구분하고 있고(서울시 조례 제3조), 주택정비형 재개발사업은 정비기반시설이 열악하고 노후ㆍ불량건축물이 밀집한 지역에서 주거환경을 개선하기 위하

---

18) 서울시 조례 제6조 제4항 : 1만㎡ 이상. 단 기존의 개별 주택단지가 1만㎡ 이상인 경우에는 서울특별시 도시계획위원회 심의를 거쳐 부지의 정형화, 효율적인 기반시설 확보 등을 위하여 필요하다고 인정하는 경우에 한한다.

19) 서울시 조례 : 20%

여 시행하는 재개발사업이다.

주택정비형 재개발구역은 면적이 1만㎡ 이상으로서 노후 · 불량건축물의 수가 대상구역 안의 건축물 총수의 60% 이상인 지역이고 다음의 어느 하나에 해당하는 지역이어야 한다(서울시 조례 제6조 제1항 제2호).

① 구역의 전체 필지 중 과소필지가 40% 이상인 지역

② 주택접도율이 40% 이하인 지역(주택접도율의 도로 폭은 6미터 이상으로 함)

③ 호수밀도가 60 이상인 지역

서울특별시 도시계획위원회 또는 도시재정비위원회가 심의하여 인정하는 경우에는 5천㎡ 이상의 지역도 재개발구역으로 지정할 수 있다.

부지의 정형화, 효율적인 기반시설의 확보 등을 위하여 필요하다고 인정되는 경우에는 서울특별시 도시계획위원회의 심의를 거쳐 정비구역 입안대상지역 면적의 20% 이하까지 정비계획을 입안할 수 있다(서울시 조례 제6조 제3항).

(5) 호수밀도, 과소필지 및 주택접도율의 산정

"호수밀도"란 건축물이 밀집되어 있는 정도를 나타내는 지표로서 정비구역 면적 1헥타르당 건축되어 있는 건축물의 동수를 말한다.

호수밀도는 다음의 기준에 따라 산정한다(서울시 조례 제2조 제5호).

① 공동주택 및 다가구주택은 독립된 주거생활을 할 수 있는 구조로서 건축물대장 기준으로 세대(다가구주택은 가구)수가 가장 많은 층의 1세대를 1동으로 보며, 나머지 층의 세대수는 계상하지 않는다.

② 신발생무허가건축물은 건축물 동수 산정에서 제외한다.

③ 정비구역의 면적 중 존치되는 공원 또는 사업이 완료된 공원 및 존치되는 학교 면적을 제외한다.

④ 단독 또는 다가구주택을 건축물 준공 후 다세대주택으로 전환한 경우에는 구분소유등기에도 불구하고 전환 전의 건축물 동수에 따라 산정한다.

⑤ 준공업지역에서 정비사업으로 기존 공장의 재배치가 필요한 경우에는

정비구역 면적 중 공장용지 및 공장 건축물은 제외하고 산정한다.

⑥ 비주거용건축물은 건축면적당 90㎡를 1동으로 보며, 소수점 이하는 절사하여 산정한다.

기존 공원이 원형 그대로 존치되는 경우뿐만 아니라 그 정비구역 안의 공원 또는 녹지의 기능을 회복하거나 개선하기 위하여 기존 공원을 대신하여 그와 유사한 기능을 가진 다른 공원을 그 구역 안에 설치하는 경우 위 공원의 면적은 정비구역의 면적에서 제외한다.[20]

"과소필지"란 토지면적이 90㎡ 미만인 토지를 말한다(서울시 조례 제2조 제9호). 일반주거지역에 위치하고 대지면적이 90㎡ 미만에 건축된 건축물은 노후·불량건축물에 해당된다.[21]

"주택접도율"이란 정비기반시설의 부족여부를 판단하기 위한 지표로서 폭 4m 이상 도로에 길이 4m 이상 접한 대지의 건축물의 총수를 정비구역 내 건축물 총수로 나눈 비율을 말한다. 다만, 연장 35m 이상의 막다른 도로의 경우에는 폭 6m로 한다(서울시 조례 제2조 제10호).

원칙적으로 정비구역 안의 어느 건축물의 대지가 접하고 있는 도로 부분의 너비가 4m 이상이면 그 건축물은 주택접도율 산정의 기준이 되는 건축물에 해당하지만, 예외적으로 그 건축물의 대지가 접하는 도로 부분을 통하여 '정비구역 밖의 너비 4m 이상인 도로'에 이르기까지 '너비가 4m 이상 유지되는 연결 도로'가 전혀 없는 경우에는 주택접도율 산정의 기준이 되는 건축물에 해당하지 않는다.[22]

20) 대법원 2013. 12. 12. 선고 2011두22051 판결
21) 서울행정법원 2011. 10. 6. 선고 2010구합33382 판결
22) 대법원 2013. 12. 12. 선고 2011두22051 판결

4. 도시정비형 재개발사업(역세권)과 정비계획

(1) 도시정비형 재개발사업(역세권)의 정비구역

도시정비형 재개발사업은 상업지역 · 공업지역 등에서 도시 기능의 회복 및 상권 활성화 등 도시환경을 개선하기 위하여 시행하는 재개발사업을 의미한다.

역세권에 대하여 입안하는 도시정비형 재개발구역은 다음에 해당하는 지역에 수립한다(서울시 조례 제6조 제1항 제3호).

① 역세권은 철도역의 승강장 경계로부터 반경 500미터 이내의 지역을 말함

② ①호에도 불구하고 다음의 어느 하나에 해당하는 지역은 역세권에서 제외함

- 전용주거지역 · 도시자연공원 · 근린공원 · 자연경관지구 및 최고고도지구(김포공항주변 최고고도지구 제외)와 접한 지역
- 경관법 제7조에 따른 경관계획상 중점경관관리구역, 구릉지 및 한강축 경관형성기준 적용구역

  서울특별시 도시계획위원회 심의를 거쳐 부득이하다고 인정하는 경우에는 역세권에 포함할 수 있다.

③ 노후 · 불량건축물의 수가 대상지역 건축물 총수의 60% 이상인 지역

도시정비형 재개발사업의 경우 정비구역의 특성과 도심부 기능회복을 위하여 복합용도건축계획을 원칙으로 하고, 주변의 건축물, 문화재 또는 자연 지형물이 있는 경우에는 주변 경관에 미치는 영향을 최소화할 수 있도록 계획한다(서울시 조례 제8조 제2항 제5호).

(2) 역세권에 관한 용적율 완화

역세권이 다음의 요건을 모두 갖춘 경우 용적률을 완화할 수 있다(시행령 제55조 제3항).

① 해당 정비구역 총 면적의 2분의 1 이상이 다음의 어느 하나에 해당하는 지역에 위치할 것

- ‘철도의 건설 및 철도시설 유지관리에 관한 법률’ 제2조 제1호에 따

른 철도 또는 '도시철도법' 제2조 제2호에 따른 도시철도의 승강장 경계로부터 시 · 도조례로 정하는 거리 이내에 위치한 지역[23]

- 세 개 이상의 대중교통 정류장이 인접해 있거나 고속버스 · 시외버스 터미널, 간선도로의 교차지 등 양호한 기반시설을 갖추고 있어 대중교통 이용이 용이한 지역으로서 시 · 도조례로 정하는 요건을 모두 갖춘 지역[24]

② 해당 정비구역에서 시행하는 정비사업이 법 제54조 제1항 각 호(과밀억제권역에서 시행하는 재개발사업 및 재건축사업, 시·도 조례로 정하는 지역)의 어느 하나에 해당할 것

천재지변 등의 사유로 인한 주거환경개선사업(법 제24조 제4항), 천재지변 등의 사유와 공공시행자·지정개발자가 시행하는 재개발사업, 재건축사업(법 제26조 제1항 제1호 및 제27조 제1항 제1호)에 따른 정비사업을 시행하는 경우는 제외한다.

일정 요건을 갖춘 역세권은 다음의 어느 하나에 따라 용적률을 완화하여 적용할 수 있다(법 제66조 제2항).

① 지방도시계획위원회의 심의를 거쳐 법적상한용적률의 100분의 120까지 완화

② 용도지역의 변경을 통하여 용적률을 완화하여 정비계획을 수립(변경수립 포함)한 후 변경된 용도지역의 법적상한용적률까지 완화

---

23) 서울시 조례 제30조 제3항 제1호 : 영 제55조 제3항 제1호 가목에 따른 "역세권"이란 지하철, 국철 및 경전철 등의 역(승강장 기준으로 개통이 예정된 역을 포함한다)의 각 승강장 경계로부터 250미터 이내의 지역을 말한다. 다만, 시장은 다음 각 목의 어느 하나에 해당하는 경우 서울특별시 도시계획위원회의 심의를 거쳐 역의 각 승강장 경계 및 출입구로부터 350미터 이내의 토지를 사업대상지로 지정할 수 있다.
가. 역의 승강장 위치가 도로의 선형과 일치하지 않은 경우
나. 주변지역 여건을 고려하여 사업추진이 필요하다고 인정되는 경우

24) 서울시 조례 제30조 제3항 제2호 : 영 제55조 제3항 제1호 나목에 따른 "대중교통 이용이 용이한 지역"이란 「도로법」 제14조에 따라 시장이 지정 · 고시한 특별시도 중 20미터 이상 주간선도로 및 보조간선도로의 경계에서 50미터 이내의 지역을 말하며, 구체적인 사항은 시장이 별도로 정할 수 있다.

(3) 역세권과 건축규제의 완화 특례

사업시행자는 용적률 완화요건을 갖춘 역세권에서 다음의 어느 하나에 해당하는 사항에 대하여 건축위원회 또는 지방도시계획위원회의 심의를 거쳐 그 기준을 완화받을 수 있다(법 제68조 제4항).

① 건축법 제42조에 따른 대지의 조경기준

② 건축법 제55조에 따른 건폐율의 산정기준

③ 건축법 제58조에 따른 대지 안의 공지 기준

④ 건축법 제60조 및 제61조에 따른 건축물의 높이 제한

⑤ 주택법 제35조 제1항 제3호 및 제4호에 따른 부대시설 및 복리시설의 설치기준

⑥ 도시공원 및 녹지 등에 관한 법률 제14조에 따른 도시공원 또는 녹지 확보기준

건축위원회 또는 지방도시계획위원회가 그 기준을 완화할 수 있는 범위는 다음과 같다(시행령 제57조).

① 건축법 제55조에 따른 건폐율 산정 시 주차장 부분의 면적은 건축면적에서 제외할 수 있다.

② 건축법 제58조에 따른 대지 안의 공지 기준은 2분의 1 범위에서 완화할 수 있다.

③ 건축법 제60조에 따른 건축물의 높이 제한 기준은 2분의 1 범위에서 완화할 수 있다.

④ 건축법 제61조 제2항 제1호에 따른 건축물(7층 이하의 건축물에 한정한다)의 높이 제한 기준은 2분의 1 범위에서 완화할 수 있다.

⑤ 주택법 제35조 제1항 제3호 및 제4호에 따른 부대시설 및 복리시설의 설치기준은 다음 각 목의 범위에서 완화할 수 있다.

1) 주택법 제2조 제14호 가목에 따른 어린이놀이터를 설치하는 경우에는 '주택건설기준 등에 관한 규정' 제55조의2 제7항 제2호 다목을 적용하지 아니할 수 있다.

2) 주택법 제2조 제14호에 따른 복리시설을 설치하는 경우에는 주택법 제35조 제1항 제4호에 따른 복리시설별 설치기준에도 불구하고 설치대상

복리시설(어린이놀이터 제외)의 면적의 합계 범위에서 필요한 복리시설을 설치할 수 있다.

⑥ '도시공원 및 녹지 등에 관한 법률' 제14조에 따른 도시공원 또는 녹지 확보기준은 정비구역의 면적이 10만제곱미터 미만인 경우에는 그 기준을 완화하여 적용할 수 있다.

(4) 용적률 완화와 국민주택규모 주택 공급

사업시행자는 추가용적률의 일정 비율에 해당하는 면적에 국민주택규모 주택을 건설하여 인수자에게 공급하여야 한다. 추가용적률은 완화된 용적률에서 정비계획으로 정하여진 용적률을 뺀 용적률을 의미한다(법 제66조 제3항).

국민주택규모 면적은 추가용적률의 다음의 구분에 따른 비율에 해당하는 면적으로 한다(시행령 제55조 제4항).

① 과밀억제권역에서 시행하는 재건축사업 : 추가용적률의 100분의 30 이상 100분의 75 이하의 범위에서 시 · 도조례로 정하는 비율[25)]

② 과밀억제권역에서 시행하는 재개발사업 : 추가용적률의 100분의 50 이상 100분의 75 이하의 범위에서 시 · 도조례로 정하는 비율

③ 과밀억제권역 외의 지역에서 시행하는 재건축사업 : 추가용적률의 100분의 50 이하의 범위에서 시 · 도조례로 정하는 비율

④ 과밀억제권역 외의 지역에서 시행하는 재개발사업 : 추가용적률의 100분의 75 이하의 범위에서 시 · 도조례로 정하는 비율

국민주택규모 주택의 공급 및 인수방법에 관하여는 제55조를 준용한다(법 제66조 제3항).

(5) 인수자의 분양

인수자는 사업시행자로부터 공급받은 주택 중 20% 이상의 범위에서 시·도

---

25) 서울시 조례 제30조 제4항 : 추가용적률중 법적상한용적률 이하 구간 : 50%
추가용적률중 법적상한용적률 초과 구간 : 60% - 70%
서울시 조례 제30조 제5항 :
법적상한용적률 이하 구간 : 국민주택규모 주택 전부 공공임대주택으로 건설
법적상한용적률 초과 구간 : 별표 5.

조례로 정하는 비율[26]에 해당하는 주택에 대해서는 '공공주택 특별법' 제48조에 따라 지분적립형 분양주택, 이익공유형 분양주택, 토지임대부 분양주택으로 분양할 수 있다(법 제66조 제4항, 시행령 제55조 제5항, 제6항).

해당 주택의 공급가격은 주택법 제57조 제4항에 따라 국토교통부장관이 고시하는 건축비로 하며, 부속 토지는 감정평가액의 100분의 50에 해당하는 가격으로 인수해야 한다(법 제66조 제4항, 시행령 제55조 제6항).

5. 정비구역 지정관련 판례

(1) 일정한 면적에 미달된 건축물

당해 지방자치단체의 조례가 정하는 면적에 미달된 건축물은 규모에 따른 건물의 효용가치도 적을 뿐만 아니라 건축법에 따라 대지의 분할이 제한되므로 도시정비법 제2조 제3호 나목이 규정하고 있는 '재건축시 소요되는 비용에 비하여 효용의 현저한 증가'가 예상되는 건축물에 해당될 가능성이 매우 높다.

따라서 도시정비법 시행령 제2조 제1항 제1호가 당해 지방자치단체의 조례가 정하는 일정한 면적에 미달된 건축물을 일괄하여 노후·불량 건축물로 규정하였다고 하여 도시정비법이 위임한 취지를 벗어난 규정을 둠으로써 위임입법의 한계를 일탈하였다거나 입법재량을 남용하였다고는 할 수 없다.[27]

(2) 노후·불량건축물의 판단을 위한 현장조사 여부

만약 행정청으로 하여금 서울특별시 건축조례와 서울특별시 도시 및 주거환경정비조례상의 구체적인 기준 외에 '주거환경의 불량, 효용의 현저한 증가 및 철거가 불가피한 건축물'인지 여부를 판단하도록 한다면 정비사업 자체가 사실상 곤란하다고 보인다.

따라서 행정청이 정비구역 내 건축물에 대하여 개별적인 실사를 거쳐 노

26) 서울시 조례 제30조 제6항 : 20%

27) 대법원 2012. 10. 25. 선고 2011두10355 판결 등

후・불량 여부를 확인하지 않았다고 하더라도, 공부상 대지 면적이 90㎡에 미달하거나 건축물이 준공된 후 20년이 지났는지 여부 등 법령이 규정하는 기준과 절차에 따라 노후・불량 건축물을 산정한 것을 위법하다고 볼 수 없다.[28)]

(3) 철거 또는 건축물 경과년수 산정

이미 철거된 건축물은 노후・불량 산정에서 제외되어야 한다.[29)]

건축물의 경과년수는 일응 건축물의 준공시점을 기준으로 기산하여야 한다. 그 건축물이 증축된 경우에는 그 구조의 변경 등 증축의 정도에 따라 기존 건축물이 그대로 잔존하고 일부 증축이 이루어진 경우에는 역시 준공시점을 기준으로 기산하여야 한다. 그러나, 그 건축물이 전혀 다른 건축물로 볼 수 있는 정도의 변경이 이루어진 경우에는 증축시점을 기준으로 기산하여야 한다.[30)]

건축물의 일부가 철거된 후 대수선이 이루어졌으나, 위 대수선이 관할관청의 증・개축 허가를 받아 적법하게 이루어지지 않은 경우에는 건축물의 구조 및 강도가 새롭게 내구연한을 기산할 정도로 바뀌었다고 볼 수 없으므로, 기존 건축물의 내구연한은 당초 준공시점을 기준으로 기산하여야 한다.[31)]

(4) 보존의 필요성이 있는 건축물

정비구역 내의 건축물이 기능적・구조적으로 양호하다거나 보존의 필요성이 있다는 이유만으로 노후・불량 건축물 산정에서 제외될 수 없다.

정비구역 지정 요건인 노후・불량 건축물은 법령의 규정에 따라 철근・철골콘크리트 또는 강구조 건축물이 아닌 한 준공된 후 내구연한 20년이 경과된 건축물이거나 건축물 대지 면적이 90㎡에 미달하는 경우에는 모두 노후・불량 건물에 해당된다고 봄이 상당하다.[32)]

---

28) 서울고등법원 2010. 7. 22. 선고 2009누17362 판결
29) 서울고등법원 2010. 7. 22. 선고 2009누17362 판결, 서울행정법원 2011. 10. 6. 선고 2010구합33382 판결
30) 서울행정법원 2011. 10. 6. 선고 2010구합33382 판결
31) 서울고등법원 2010. 7. 22. 선고 2009누17362 판결
32) 서울고등법원 2010. 7. 22. 선고 2009누17362 판결

Ⅳ. 정비계획의 내용

1. 정비계획의 수립내용

정비계획에는 다음의 사항이 포함되어야 한다(법 제9조 제1항, 시행령 제8조 제3항).

① 정비사업의 명칭
② 정비구역 및 그 면적
③ 토지등소유자 유형별 분담금 추산액 및 산출근거[33)]
④ 도시・군계획시설의 설치에 관한 계획
⑤ 공동이용시설 설치계획
⑥ 건축물의 주용도・건폐율・용적률・높이에 관한 계획
⑦ 환경보전 및 재난방지에 관한 계획
⑧ 정비구역 주변의 교육환경 보호에 관한 계획
⑨ 세입자 주거대책
⑩ 정비사업시행 예정시기[34)]
⑪ 공공지원민간임대주택 또는 임대관리 위탁주택 등에 관한 사항[35)]
⑫ 국토계획법 제52조(지구단위계획의 내용) 제1항 각 호의 사항에 관한 계획(필요한 경우로 한정함)

33) 2025. 1. 31. 개정법에 따라 정비계획에는 유형별 토지등소유자의 분담금 추산액을 포함하게 되고, 토지등소유자의 개별적 분담금 추산액을 포함하지 않아도 됨.

34) 서울시 조례 제8조 제2항 제4호 : 정비사업시행 예정시기는 사업시행자별 사업시행계획인가 신청 준비기간을 고려하여 정비구역 지정고시가 있은 날부터 4년 이내의 범위에서 정하여야 한다.

35) ① 공공지원민간임대주택 또는 임대관리 위탁주택에 관한 획지별 토지이용 계획, ② 주거·상업·업무 등의 기능을 결합하는 등 복합적인 토지이용을 증진시키기 위하여 필요한 건축물의 용도에 관한 계획, ③ 주거지역을 세분 또는 변경하는 계획과 용적률에 관한 사항, ④ 건설하는 주택 전체 세대수에서 공공지원민간임대주택 또는 임대관리 위탁주택이 차지하는 비율, ⑤ 공공지원민간임대주택 및 임대관리 위탁주택의 건축물 배치 계획, ⑥ 주변지역의 여건 등을 고려한 입주예상 가구 특성 및 임대사업 운영방향

⑬ 도시정비법 제17조 제4항에 따른 현금납부에 관한 사항
⑭ 정비구역을 분할, 통합 또는 결합하여 지정하려는 경우 그 계획
⑮ 도시정비법 제23조 제1항 제2호(수용방식)에 따른 주거환경개선사업의 경우 사업시행자로 예정된 자
⑯ 정비사업의 시행방법
⑰ 기존 건축물의 정비・개량에 관한 계획[36)]
⑱ 정비기반시설의 설치계획
⑲ 건축물의 건축선에 관한 계획
⑳ 홍수 등 재해에 대한 취약요인에 관한 검토결과
㉑ 정비구역 및 주변지역의 주택수급에 관한 사항
㉒ 안전 및 범죄예방에 관한 사항
㉓ 그 밖에 정비사업의 원활한 추진을 위하여 시・도조례로 정하는 사항[37)]

정비계획의 입안권자가 ① 생활권의 설정, 생활권별 기반시설 설치계획 및 주택수급계획, ② 생활권별 주거지의 정비・보전・관리의 방향을 포함하여 기본계획을 수립한 지역에서 정비계획을 입안하는 경우에는 그 정비구역을 포함한 해당 생활권에 대하여 세부 계획을 입안할 수 있다(법 제9조 제3항).

정비계획의 작성기준 및 작성방법은 국토교통부장관이 정하여 고시하는바, 현재 국토교통부장관은 '도시・주거환경 정비계획 수립 지침(국토교통부 훈령 제1872호. 2025. 6. 4.)을 고시하였다.

정비구역에는 원칙적으로 기존 공원이나 녹지를 포함하지 않도록 한다. 다

36) 서울시 조례 제8조 제2항 제2호 : 기존건축물의 정비・개량에 관한 계획은 건축물의 경과연수, 용도, 구조, 규모, 입지, 허가유무 및 노후・불량 정도를 고려하여 존치, 개수, 철거 후 신축, 철거이주 등으로 구분하여 계획하도록 한다.
37) 서울시 조례 제8조 제1항 : ① 가구 또는 획지에 관한 계획, ② 임대주택의 건설에 관한 계획[자치구청장은 대학 주변지역 및 역세권에 위치한 정비구역에 대해서는 대학생 및 청년에게 공급할 수 있는 임대주택 건설계획을 입안할 수 있다], ③ 주민의 소득원 개발에 관한 사항(주거환경개선사업 한정), ④ 환경성 검토결과(「국토계획법 제27조 제2항 준용), ⑤ 기존 수목의 현황 및 활용계획, ⑥ 인구 및 주택의 수용계획, ⑦ 주거환경관리를 위한 주민공동체 활성화 방안(관리형 주거환경개선사업 한정), ⑧ 구역 내 옛길, 옛물길, 「한옥 등 건축자산의 진흥에 관한 법률」 제2조의 건축자산 및 한옥 등 역사・문화자원의 보전 및 활용계획

만, 공원 또는 녹지의 기능을 회복하거나 그 안의 건축물을 정비하기 위하여 필요한 경우와 토지이용의 증진을 위하여 필요한 경우에는 예외로 한다(서울시 조례 제8조 제2항 제1호).

종교부지, 분양대상 복리시설 부지는 필요한 경우 획지로 분할하고 적정한 진입로를 확보하도록 하여야 한다(서울시 조례 제8조 제2항 제3호).

2. 건축물의 용적률 등

(1) 건축물의 주용도 및 용적률 상한 제시

시장·군수는 해당 정비구역 내 건축물의 허용용도를 구체적으로 제시하여 사업시행자가 건축물의 주용도를 선택할 수 있도록 한다.

정비구역의 용도지역·지구 등의 특성을 고려하여 적절한 용도를 지정할 수 있으며, 법상 허용되는 용도라 하더라도 입지특성상 계획 목표에 맞지 않는 경우에는 용도를 제한할 수 있다.

시장·군수는 용도지역, 용도지구 등과 해당 정비사업의 유형에 따라 허용할 수 있는 최대치의 건폐율과 용적률의 상한을 제시하여 사업시행자가 허용범위 내에서 건축계획을 수립할 수 있도록 한다. 이 때 정비기반시설의 설치 등으로 국토계획법 제52조 제1항 및 제3항에 따른 건폐율 및 용적률의 완화가 가능한 경우 이를 고려하여야 한다.

정비계획 입안권자는 정비구역을 2 이상의 구역으로 분할하는 경우 각각의 구역단위로 계획을 수립할 수 있으며 그 계획에 따라 허용 건폐율 및 용적률을 따로 정할 수 있다.

시장·군수는 관계법령에 따른 높이의 제한을 제시하여 사업시행자가 허용범위 내에서 건축계획을 수립할 수 있도록 한다.

(2) 정비사업의 원활한 시행을 위한 용적률 완화

기본계획의 수립권자 또는 정비계획의 입안권자는 정비사업의 원활한 시행을 위하여 기본계획을 수립하거나 정비계획을 입안하려는 경우에는 국토계획법 제36조에 따른 주거지역에 대하여는 국토계획법 제78조에 따라 조례로 정한 용적률에도 불구하고 국토계획법 제78조 및 관계 법률에 따른 용적률의 상한까지 용적률을 정할 수 있다(법 제11조 제1항). 기본계획 또는 정비계획을 변경하려는 경우에도 같다.

구청장등 또는 대도시의 시장이 아닌 시장은 정비계획을 입안하거나 변경입안하려는 경우 기본계획의 변경 또는 변경승인을 특별시장·광역시장·도지사에게 요청할 수 있다(법 제11조 제3항).

기본계획의 수립권자 또는 정비계획의 입안권자는 천재지변, 그 밖의 불가피한 사유로 건축물이 붕괴할 우려가 있어 긴급히 정비사업을 시행할 필요가 있다고 인정하는 경우에는 용도지역의 변경을 통해 용적률을 완화하여 기본계획을 수립하거나 정비계획을 입안할 수 있다. 이 경우 기본계획의 수립권자, 정비계획의 입안권자 및 정비구역의 지정권자는 용도지역의 변경을 이유로 기부채납을 요구하여서는 아니 된다(법 제11조 제2항).

(3) 국민주택규모 주택 건설에 의한 용적률 완화

과밀억제권역에서 시행하는 재개발사업 및 재건축사업의 경우 사업시행자는 정비계획으로 정하여진 용적률에도 불구하고 지방도시계획위원회의 심의를 거쳐 국토계획법 제78조 및 관계 법률에 따른 용적률의 상한(법적상한용적률)까지 건축할 수 있다(법 제54조 제1항).

사업시행자가 정비계획으로 정하여진 용적률을 초과하여 건축하려는 경우에는 국토계획법 제78조에 따라 특별시·광역시·특별자치시·특별자치도·시 또는 군의 조례로 정한 용적률 제한 및 정비계획으로 정한 허용세대수의 제한을 받지 아니한다(법 제54조 제2항).

과밀억제권역에서 시행하는 재개발사업 및 재건축사업에 있어 용적률을 완화받은 경우 사업시행자는 초과용적률의 일정 비율에 해당하는 면적에 주거전용면적 60㎡ 이하의 국민주택규모 주택을 건설하여 인수자에게 공급하여야 한다.

(4) 손실보상의 증액에 의한 용적률 완화

재개발사업 추진시 사회적 약자에 대한 적절한 보호가 수반되도록 하고 세입자문제가 사회적인 문제로 확대되는 것을 예방하기 위해 손실보상의 기준 이상으로 손실을 보상하는 경우에는 용적률을 완화할 수 있다.

사업시행자는 해당 정비구역에 적용되는 용적률의 125% 이하의 범위에서 특별시·광역시·특별자치시·특별자치도·시 또는 군의 조례로 용적률을 완화하여 정할 수 있다(법 제66조).

용적률 125% 이하 범위내에서 완화할 수 있는 경우는 다음과 같다.

① 도시정비법 제65조 제1항 단서에 따라 대통령령으로 정하는 손실보상의 기준 이상으로 세입자에게 주거이전비를 지급하거나 영업의 폐지 또는 휴업에 따른 손실을 보상하는 경우

② 도시정비법 제65조 제1항 단서에 따른 손실보상에 더하여 임대주택을 추가로 건설하거나 임대상가를 건설하는 등 추가적인 세입자 손실보상 대책을 수립하여 시행하는 경우

도시정비법 제66조에 따라 용적률을 완화하여 변경하는 경우 정비계획 변경시 경미한 사항에 해당되어 주민설명회·주민공람 등의 절차를 생략할 수 있다(시행령 제13조 제4항 제9호).

사업시행자가 위와 같은 사유로 완화된 용적률을 적용받으려는 경우에는 사업시행계획인가 신청 전에 ① 정비구역 내 세입자 현황, ② 세입자에 대한 손실보상 계획을 시장·군수등에게 제출하고 사전협의하여야 한다(시행령 제55조 제1항).

시장·군수등은 용적률 완화에 관한 협의 결과를 사업시행자에게 통보하여야 하며, 용적률을 완화받을 수 있다는 통보를 받은 사업시행자는 사업시행계획서 작성 시 세입자에 대한 손실보상 계획을 포함하여야 한다(시행령 제55조 제2항).

3. 주택의 규모 및 건설비율

(1) 주택의 규모 및 건설비율의 제한

정비계획의 입안권자는 주택수급의 안정과 저소득 주민의 입주기회 확대를 위하여 정비사업으로 건설하는 주택에 대하여 국토교통부장관이 정하여 고시하는 임대주택 및 주택규모별 건설비율 등을 정비계획에 반영하여야 한다(법 제10조 제1항, 시행령 제9조).

국토교통부장관은 '정비사업의 임대주택 및 주택규모별 건설비율'(국토교통부 고시 제2024-26호, 개정 2024. 1. 19.)을 제정하여 운영하고 있다.

(2) 재개발사업의 경우

① 85㎡ 이하 규모의 주택 : 건설하는 주택 전체 세대수의 80% 이상. 다만 주태단지 전체를 평균 5층 이하로 건설하는 경우 위 기준 적용 안함.
시·도지사는 필요한 경우 주택규모별 건설비율 이하의 건설비율을 별도로 정하여 공보에 고시할 수 있음.

② 임대주택 : 건설하는 주택 전체 세대수 또는 전체 연면적의 20%
주거전용면적이 40㎡ 이하 규모의 임대주택 : 전체 임대주택 세대수의 30% 이상 또는 건설하는 주택 전체 세대수의 5% 이상
도시정비법 제54조 제4항에 따라 공급되는 임대주택 제외됨

③ 정비구역에서 학교용지 확보 : 시·도지사가 정하는 바에 따라 임대주택 세대수를 50퍼센트 범위 내에서 차감하여 조정할 수 있음.

④ 시·도지사가 임대주택 건설비율을 공보에 고시한 경우
 1) 서울특별시 : 건설하는 주택 전체 세대수의 10% 이상 20% 이하
 (상업지역에서의 임대주택 건설비율 5%까지 완화)
 2) 인천광역시 및 경기도 : 건설하는 주택 전체 세대수의 5% 이상 20% 이하(상업지역에서의 임대주택 건설비율 2.5%까지 완화)
 3) 1) 및 2) 외의 지역 : 건설하는 주택 전체 세대수의 5% 이상 12% 이하(상업지역에서의 임대주택 건설비율 0%까지 완화)

⑤ 임대주택비율의 강화

관할 구역에서 시행된 재개발사업으로 건설하는 주택 전체 세대수에서 '기준일 3개월 전부터 해당 재개발사업을 위한 정비구역 또는 다른 재개발사업을 위한 정비구역에 거주하는 세입자' [시행령 별표 3 제2호 가목 (1)]에 해당하는 세입자가 입주하는 임대주택 세대수가 차지하는 비율이 시·도지사가 정하여 고시한 임대주택 비율보다 높은 경우 또는 관할 구역의 특성상 주택수급안정이 필요한 경우에는 다음 산식에 따라 산정한 임대주택 비율 이하의 범위에서 임대주택 비율을 높일 수 있다.

$$\text{해당 시·도지사가 고시한 임대주택 비율} + \left(\text{건설하는 주택 전체 세대수} \times \frac{10}{100}\right)$$

⑥ 위 ②, ③, ④, ⑤에서 주택 전체 세대수·연면적, 전체 임대주택 세대수 및 임대주택 비율을 산정할 때에는 도시정비법 제54조 제1항, 제66 제3항 또는 제101조의5 제1항에 따라 정비계획으로 정한 용적률을 초과하여 건축함으로써 증가된 세대수, 연면적 및 임대주택은 제외한다.

⑦ 임대주택을 건립하지 않는 경우

1) 건설하는 주택 전체 세대수가 200세대 미만인 경우
2) 도시관리계획 상 자연경관지구 및 최고고도지구 내에서 7층 이하의 층수제한을 받게 되는 경우
3) 일반주거지역 안에서 자연경관·역사문화경관 보호 및 한옥 보존 등을 위하여 7층 이하로 개발계획을 수립한 경우
4) 항공법 및 군사기지 및 군사시설 보호법의 고도제한에 따라 7층 이하의 층수제한을 받게 되는 경우
5) 제1종 일반주거지역에서 용도지역을 변경하지 않고 개발계획을 수립하는 경우

(3) 재건축사업의 경우

과밀억제권역의 재건축사업에 있어: 85㎡ 이하 규모의 주택 : 주택 전체 세대수의 60% 이상

예외) 다음의 요건을 충족하는 경우 위 규정을 적용받지 않음

① 조합원에게 분양하는 주택의 주거전용면적의 합이 종전 주택(재건축하기 전의 주택)의 주거전용면적의 합보다 작거나 30%의 범위에서 클 것

② 조합원 이외의 자에게 분양하는 주택을 모두 85㎡ 이하 규모로 건설할 것

(4) 재개발임대주택의 인수가격

재개발임대주택의 인수 가격은 다음의 금액 또는 가격을 합한 금액으로 한다(시행령 제68조 제2항).

① ‘주택법 제57조 제4항전단에 따른 국토교통부장관이 정하여 고시하는건축비(기본형건축비)의 80퍼센트에 해당하는 금액.

이 경우 기본형건축비는 조합원 외의 자에게 분양하는 경우의 분양 공고일 직전에 고시된 금액으로 한다.

② 부속토지의 가격

③ 다음에 따른 금액의 범위에서 인수자가 정하는 금액을 합산한 금액.

- 기본형건축비에 가산되는 금액으로서 국토교통부령으로 정하는 금액
- ②호에 따른 부속토지의 가격에 가산되는 금액으로서 국토교통부령으로 정하는 금액

이 경우 인수자가 시ㆍ도지사 또는 시장, 군수, 구청장인 경우에는 위 금액의 범위에서 시ㆍ도조례[38]로 정하는 기준에 따라 정한다.

부속토지의 가격은 사업시행계획인가 고시가 있는 날을 기준으로 감정평가법인등 둘 이상이 평가한 금액을 산술평균한 금액으로 한다(시행령 제68조 제2항).

---

38) 서울시 조례 제41조 제2항 : 가산 항목 규정

분양가상한제 적용주택의 기본형건축비 및 가산비용
(국토교통부고시 제2025-93호, 2025. 3. 1.)

(단위 : 천원/㎡)

구분 (주거전용면적기준)		지상층건축비 (주택공급면적기준)
15층 이하 생략		
16층 ~ 25층 이하	40㎡ 이하	2,194
	40㎡ 초과 ~ 50㎡ 이하	2,318
	50㎡ 초과 ~ 60㎡ 이하	2,238
	60㎡ 초과 ~ 85㎡ 이하	2,140
26 ~ 30층 이하	40㎡ 이하	2,228
	40㎡ 초과 ~ 50㎡ 이하	2,354
	50㎡ 초과 ~ 60㎡ 이하	2,274

4. 지구단위계획의 내용에 관한 계획

(1) 용도지역의 세분 또는 변경

시·도지사는 정비계획의 내용에 국토계획법 제52조 제1항 각 호의 사항[39]에 관한 계획을 포함할 수 있으므로(법 제9조 제1항 제11호), 제1종 지구단위계획에 의해 용도지역 또는 용도지구를 세분하거나 변경할 수 있다(국토계획법 제52조 제1항, 같은 법 시행령 제45조 제1항).

지구단위계획으로 주거·상업·공업·녹지지역과 용도지구사이의 용도변경은 할 수 없다. 다만, 주거·상업·공업·녹지지역과 용도지구의 테두리안에서 세분화된 용도지역을 변경하는 것(예, 일반공업지역→준공업지역)과 세분화된 용도지구(고도지구를 제외함)를 변경하는 것(예, 역사문화미관지구→중심지미관지구)은 할 수 있다.

지구단위계획구역안에 일반주거지역이 있는 경우에는 이를 제1종일반주거지역·제2종일반주거지역 또는 제3종일반주거지역으로 세분하여 지정한다.

세분화된 용도지역·용도지구를 변경하고자 하는 경우에는 주변지역의 토지이용실태에 대한 조사를 실시하고 반드시 그 변경사유를 명시하며, 녹지지역과 같이 저밀개발 또는 보전을 위주로 하는 지역의 주변지역이 고밀개발되지 않도록 유의한다.

용도지역·용도지구를 변경하고자 하는 경우에는 건축물의 용도·밀도·높이 등 건축물에 관한 계획과 경관계획 등 다른 부문별계획도 함께 고려하여, 건축계획과 기반시설이 조화를 이루고 시·군 전체의 경관이 향상됨으로써 쾌적한 구역환경에 도움이 되도록 한다.

---

39) ① 용도지역이나 용도지구를 대통령령으로 정하는 범위에서 세분하거나 변경하는 사항, ② 기존의 용도지구를 폐지하고 그 용도지구에서의 건축물이나 그 밖의 시설의 용도、종류 및 규모 등의 제한을 대체하는 사항, ③ 대통령령으로 정하는 기반시설의 배치와 규모, ④ 도로로 둘러싸인 일단의 지역 또는 계획적인 개발、정비를 위하여 구획된 일단의 토지의 규모와 조성계획, ⑤ 건축물의 용도제한, 건축물의 건폐율 또는 용적률, 건축물 높이의 최고한도 또는 최저한도, ⑥ 건축물의 배치、형태、색채 또는 건축선에 관한 계획, ⑦ 환경관리계획 또는 경관계획, ⑧ 교통처리계획, ⑨ 그 밖에 토지 이용의 합리화, 도시나 농、산、어촌의 기능 증진 등에 필요한 사항으로서 대통령령으로 정하는 사항

(2) 용적율 등의 완화

제1종지구단위계획구역 안에서 건축물을 건축하려는 자가 그 대지의 일부를 공공시설 또는 기반시설 중 학교와 해당 시 · 도 또는 대도시의 도시계획조례로 정하는 기반시설의 부지로 제공하거나 공공시설등을 설치하여 제공하는 경우에는 건폐율 · 용적률 및 높이제한을 완화하여 적용할 수 있다(국토계획법 제52조 제3항, 같은 법 시행령 제46조 제1항).

① 건폐율 = (해당 용도지역 건폐율) × [1 + (공공시설부지로 제공하는 면적) / (당초의 대지면적)]이내

② 용적률 = (해당 용도지역 용적률) × [1 + 1.5 × 가중치 × (공공시설부지로 제공하는 면적) / (공공시설부지 제공후 대지면적)]이내

③ 높이 = 건축법 제60조에 따라 제한된 높이 × [1 + (공공시설부지로 제공하는 면적) / (당초의 대지면적)] 이내

건폐율·용적률은 당초의 대지면적에서 제공대지면적을 공제한 나머지 대지면적을 기준으로 하여 계산한다.

사업부지와 공공시설로 제공되는 부지의 용적률이 다를 경우에는 공공시설부지의 용적률과 사업부지의 용적률 비율(가중치)을 감안하여 용적률 완화 범위를 정할 수 있다.

예) 가중치의 산정 및 적용은 다음과 같다.

사업부지(상업지역) 용적률 800%	공공시설 제공부지 (상업지역) 용적률800% 면적 200㎡	공공시설 제공부지 (주거지역) 용적률200% 면적 100㎡

① 공공시설 제공부지의 평균용적률(용적률 적용이 다른 부지 면적으로 가중평균한 용적률) 산정

공공시설 제공부지의 평균용적률 =

(800% × 200㎡ + 200% × 100㎡) ÷ (200㎡ + 100㎡) = 600%

② 가중치 산정

가중치 = (공공시설 제공부지의 평균용적률 / 사업부지 용적률)

= 600%/800% = 3/4 = 0.75

(3) 현금납부와 공공시설 설치제공

용적률이 완화되는 경우로서 사업시행자가 정비구역에 있는 대지의 가액 일부에 해당하는 금액을 현금으로 납부한 경우에는 국토계획법 제46조 제1항에서 정하는 공공시설 또는 기반시설(공공시설등)의 부지를 제공하거나 공공시설등을 설치하여 제공한 것으로 본다(법 제17조 제4항, 시행령 제14조 제1항).

사업시행자는 용적률 완화를 위해 현금납부를 하려는 경우에는 토지등소유자(조합을 설립한 경우에는 조합원을 말함) 과반수의 동의를 받아야 한다. 이 경우 현금으로 납부하는 토지의 기부면적은 전체 기부면적의 2분의 1을 넘을 수 없다(시행령 제14조 제2항).

현금납부액은 시장·군수등이 지정한 둘 이상의 감정평가업자가 해당 기부토지에 대하여 평가한 금액을 산술평균하여 산정한다(시행령 제14조 제3항).

현금납부액 산정기준일은 현금납부에 관한 정비계획이 반영된 최초의 사업시행계획인가 고시일로 한다. 다만, 산정기준일로부터 3년이 되는 날까지 관리처분계획인가를 신청하지 아니한 경우에는 다시 산정하여야 한다(시행령 제14조 제4항).

사업시행자는 착공일부터 준공검사일까지 현금납부액을 특별시장, 광역시장, 특별자치시장, 특별자치도지사, 시장 또는 군수에게 납부하여야 한다(시행령 제14조 제5항).

특별시장 또는 광역시장은 사업시행자로부터 납부 받은 금액을 사용하는 경우에는 해당 정비사업을 관할하는 자치구의 구청장 또는 광역시의 군수의 의견을 들어야 한다(시행령 제14조 제6항).

V. 정비계획의 수립절차

1. 정비계획의 입안권자와 지정권자

정비계획의 입안권자는 특별자치시장, 특별자치도지사, 시장, 군수 또는 구청장등이고, 정비구역의 지정권자는 특별시장·광역시장·특별자치시장·특별자치도지사·시장 또는 군수(광역시의 군수는 제외함)이다.

자치구의 구청장 또는 광역시의 군수(구청장등)는 정비계획을 입안하여 특별시장·광역시장에게 정비구역 지정을 신청하여야 한다(법 제8조 제5항).

정비구역의 지정권자는 정비구역 지정을 위하여 직접 정비계획을 입안할 수 있다(법 제8조 제4항).

정비구역의 지정권자는 '기본계획에 적합한 범위'에서 정비계획 수립대상구역에 대하여 정비계획을 결정하여 정비구역을 지정(변경지정 포함)할 수 있다(법 제8조 제1항).

구청장등 또는 대도시의 시장이 아닌 시장은 용적률 완화를 내용으로 한 정비계획을 입안하거나 변경입안하려는 경우 기본계획의 변경 또는 변경승인을 특별시장·광역시장·도지사에게 요청할 수 있다(법 제11조 제3항).

"천재지변, 재난 및 안전관리 기본법 제27조 또는 시설물의 안전 및 유지관리에 관한 특별법 제23조에 따른 사용제한·사용금지, 그 밖의 불가피한 사유로 긴급하게 정비사업을 시행할 필요가 있다고 인정하는 때"에 해당되어 정비사업을 시행하려는 경우에는 기본계획을 수립하거나 변경하지 아니하고 정비구역을 지정할 수 있다(법 제8조 제2항).

정비구역의 지정권자는 정비구역의 진입로 설치를 위하여 필요한 경우에는 진입로 지역과 그 인접지역을 포함하여 정비구역을 지정할 수 있다(법 제8조 제3항).

2. 정비계획의 입안 요청

(1) 정비계획의 입안 요청제도

토지등소유자 또는 추진위원회는 일정한 요건이 충족된 경우 정비계획의 입안권자에게 정비구역의 지정을 위한 정비계획의 입안을 요청할 수 있다. 위 정비계획의 입안 요청제도는 2023. 7. 18. 도입되었다.

(2) 정비계획의 입안 요청을 할 수 있는 경우

토지등소유자 또는 추진위원회는 다음의 어느 하나에 해당하는 경우에는 정비계획의 입안권자에게 정비구역의 지정을 위한 정비계획의 입안을 요청할 수 있다(법 제13조의2 제1항, 시행령 11조의2 제1항, 제2항).

① 기본계획을 수립하지 아니한 지역으로서 시행령 별표 1.의 요건을 충족하는 경우

② 단계별 정비사업 추진계획상 정비예정구역별 정비계획의 입안시기가 지났음에도 불구하고 정비계획이 입안되지 아니한 경우

③ 기본계획에 정비예정구역의 개략적 범위 및 단계별 정비사업 추진계획 사항을 생략한 경우

④ 1) 천재지변, 2) 특정관리대상지역으로 지정된 경우, 3) '시설물의 안전 및 유지관리에 관한 특별법' 제23조 제1항에 따른 안전조치를 해야 하는 경우

(3) 정비계획의 입안 요청 방법

토지등소유자 또는 추진위원회는 정비계획의 입안권자에게 정비구역의 지정을 위한 정비계획의 입안을 요청하려는 경우에는 토지등소유자의 2분의 1 이하의 범위에서 시·도조례로 정하는 비율[40] 이상의 동의를 받은 후 시·도조례로 정하는 요청서 서식[41]에 정비계획의 입안을 요청하는 구역의 범위 및 해

40) 서울시 조례 제9조의2 제1항 : 30%

41) 서울시 조례 제9조의2 제2항 : 정비계획의 입안요청서에 전체 토지등소유자 명부, 토지등소유자 동의서, 구역계 첨부함

당 구역에 위치한 건축물 현황에 관한 서류를 첨부하여 정비계획의 입안권자에게 제출해야 한다(시행령 제11조의2 제3항).

토지등소유자의 동의자 수 산정 방법에 관하여는 제33조를 준용한다(시행령 제11조의2 제6항).

(4) 정비계획의 입안 여부 결정

정비계획의 입안권자는 정비계획의 입안 요청이 있는 경우에는 요청일부터 4개월 이내에 정비계획의 입안 여부를 결정하여 토지등소유자 및 정비구역의 지정권자에게 알려야 한다. 다만, 정비계획의 입안권자는 정비계획의 입안 여부의 결정 기한을 2개월의 범위에서 한 차례만 연장할 수 있다(법 제13조의2 제2항).

(5) 정비계획 기본방향의 제시

정비구역의 지정권자는 토지이용, 주택건설 및 기반시설의 설치 등에 관한 기본방향을 작성하여야 한다(법 제13조의2 제3항).

정비구역의 지정권자는 다음의 어느 하나에 해당하는 경우 정비계획의 기본방향을 제시하여야 한다(법 제13조의2 제3항, 시행령 제11조의2 제4항, 제5항).

① 정비계획의 입안권자가 토지등소유자에게 정비계획을 입안하기로 통지한 경우

② 단계별 정비사업 추진계획에 따라 정비계획의 입안권자가 요청하는 경우

③ 정비계획의 입안권자가 토지등소유자의 2분의 1 이하의 범위에서 시 · 도조례로 정하는 비율 이상의 동의[42]를 받아 정비구역지정권자에게 요청하는 경우

④ 도시정비법 제54조, 법 제66조 제2항부터 제5항까지, 법 제101조의5 또는 법 제101조의6에 따른 용적률 완화를 위하여 정비계획을 변경하는 경우로서 정비계획의 입안권자가 토지등소유자의 2분의 1 이하의 범위에서 시 · 도조례로 정하는 비율 이상의 동의[43]를 받아 정비구역지정권자에게

42) 서울시 조례 제9조의2 제1항 : 30%
43) 서울시 조례 제9조의2 제1항 : 30%

요청하는 경우

토지등소유자의 동의자 수 산정 방법에 관하여는 제33조를 준용한다(시행령 제11조의2 제6항).

(6) 정비계획 기본방향의 내용

정비계획의 기본방향에는 다음의 사항이 포함되어야 한다(시행령 제11조의2 제7항).

① 용적률, 건폐율, 높이 및 용도지역 등 개발밀도에 관한 사항

② 지형, 지역적 특성, 경관, 보행자의 보행 편의 등을 고려한 건축 기준에 관한 사항

③ 정비기반시설, 공동이용시설, 기반시설 및 공공임대주택, 공공필요성이 인정된 시설의 설치가 필요한 경우 그 설치에 관한 사항

④ 정비계획을 변경하는 경우로서 정비계획의 변경을 위한 지방도시계획위원회 심의를 사업시행계획인가와 관련된 심의와 함께 통합하여 검토 및 심의하려는 경우에는 공동이용시설 설치계획, 건축물의 주용도·건폐율·용적률·높이에 관한 계획, 정비구역 주변의 교육환경 보호에 관한 계획 및 정비기반시설의 설치계획에 관한 사항

(7) 정비계획 기본방향의 통지

정비계획의 입안권자는 정비구역지정권자가 정비계획의 기본방향을 해당 정비계획의 입안을 요청한 토지등소유자에게 통지해야 한다(시행령 제11조의2 제8항).

3. 정비계획의 입안 제안

(1) 정비계획의 입안 요청 및 입안 제안의 취지

토지등소유자가 정비계획의 입안권자에게 정비구역지정의 입안을 제안할 수 있도록 한 취지는 종래 정비구역지정이 관할관청의 독자적 판단에 맡겨져 있음에 따라 관할관청이 정비구역지정을 고려하지 않는 경우에는 주민들이 정비사업의 시행을 원하더라도 그러한 의견을 공식적으로 개진할 수 있는 제도가 마련되어 있지 않았던 사정을 고려하여 주민들이 관할관청에 정비사업의 시행을 바라는 의견을 개진하고 정비구역지정 여부에 관한 관할관청의 판단에 필요한 자료를 제공할 수 있도록 하기 위함이다.

(2) 입안 제안의 구속력

추진위원회 또는 조합의 정비구역지정 및 정비계획 수립이나 그 변경에 관한 제안은 입안권자인 시장 또는 구청장 등을 구속하지 않아 추진위원회 등이 토지등소유자의 동의 없이 정비구역지정 및 정비계획의 수립 또는 그 변경을 제안하였는지 등은 정비구역지정 또는 변경 처분의 효력에 아무런 영향을 미치지 않는다[44]

도시정비법상 정비계획의 입안은 입안권자의 권한에 속하고, 정비구역의 지정신청을 위하여 주민공람, 지방의회의 의견청취 등의 절차를 거칠 것을 요건으로 정하고 있을 뿐, 토지등소유자에게 정비구역지정 신청권을 부여하거나 입안권자가 정비구역 지정 신청을 하기 위하여 토지등소유자로부터 입안 제안을 받을 것을 요건으로 정하고 있지 않다.

따라서 토지등소유자의 정비구역 입안제안은 정비구역지정 신청권자인 시장·군수에 대하여 정비구역지정 신청을 촉구하는 의미일 뿐이다. 위 입안제안은 시장·군수에 대한 구속력을 가지지 않고, 시장·군수가 정비구역지정 신청을 하기 위하여 거쳐야 하는 필수적 요건에 해당하지 않는다.[45]

---

44) 대법원 2013. 3. 14. 선고 2011두21713 판결, 수원지방법원 2023. 3. 30.선고 2022구합61664 판결

45) 서울행정법원 2009. 4. 30. 선고 2007구합26278 판결(대법원 확정)

(3) 입안제안의 신청권 인정여부

현행 도시정비법상 정비기본계획이 수립된 지역 내의 거주자 또는 그 사업 시행예정구역에서 주택재개발정비사업을 추진하기 위하여 설립된 조합설립추진위원회는 시장·군수에게 정비구역의 입안을 제안할 수 있는 권한이 있을 뿐 정비구역의 지정 및 정비계획 수립을 위한 절차를 이행하도록 요구할 수 있는 법규상·조리상의 신청권이 있다고 볼 수 없다.[46]

승인권자인 시장·군수가 정비구역의 지정의 입안제안신청을 받아들이지 아니하였다고 하여 항고소송의 대상인 위법한 부작위에 해당하지 않는다.[47]

토지등소유자 또는 추진위원회는 정비구역의 분할을 청구할 수 있는 권한이 없다.[48]

(4) 토지등소유자의 재정비촉진계획에 관한 입안 제안

재정비촉진계획의 결정에 이해관계가 있는 재정비촉진구역 안의 토지등소유자는 재정비촉진계획의 입안권자 내지 수립권자에게 도시재정비 촉진을 위한 법 제3조 제2항, 도시정비법 제14조 제1항 제6호에 따라 재정비촉진계획 변경의 입안을 제안할 수 있으므로 도시정비법상 정비계획에 관한 사항이 포함된 재정비촉진계획의 변경을 요구할 법규상 또는 조리상 신청권이 인정되고, 이러한 신청에 대한 거부행위는 항고소송의 대상이 되는 행정처분에 해당한다.[49]

(5) 정비계획의 입안을 제안할 수 있는 경우

토지등소유자 또는 추진위원회는 다음의 어느 하나에 해당하는 경우에는 정비계획의 입안권자에게 정비계획의 입안을 제안할 수 있다(법 제14조 제1항).

---

46) 대법원 2007. 6. 14. 2005두4397 판결, 대법원 2003. 9. 26. 선고 2003두5075 판결, 대법원 1998. 7. 10. 선고 96누14036 판결, 대법원 1995. 4. 28. 선고 95누627 판결

47) 광주지방법원 2009. 8. 13. 선고 2009구합874 판결

48) 대법원 1999. 8. 24. 선고 97누7004 판결

49) 대법원 2024. 10. 31. 선고 2021두41204 판결

① 단계별 정비사업 추진계획상 정비예정구역별 정비계획의 입안시기가 지났음에도 불구하고 정비계획이 입안되지 아니하거나 정비예정구역별 정비계획의 수립시기를 정하고 있지 아니한 경우

② 도시정비법 제26조 제1항 제7호 및 제8호[50]에 따라 토지등소유자가 토지주택공사등을 사업시행자로 지정 요청하려는 경우

③ 대도시가 아닌 시 또는 군으로서 시·도조례로 정하는 경우

④ 정비사업을 통하여 공공지원민간임대주택을 공급하거나 임대할 목적으로 주택을 주택임대관리업자에게 위탁하려는 경우로서 도시정비법 제9조 제1항 제10호 각 목을 포함하는 정비계획의 입안을 요청하려는 경우

⑤ “천재지변, 재난 및 안전관리 기본법 제27조 또는 시설물의 안전 및 유지관리에 관한 특별법 제23조에 따른 사용제한·사용금지, 그 밖의 불가피한 사유로 긴급하게 정비사업을 시행할 필요가 있다고 인정하는 때”(법 제26조 제1항 제1호 및 제27조 제1항 제1호)에 해당되어 정비사업을 시행하려는 경우[51]

⑥ 토지등소유자(조합이 설립된 경우에는 조합원을 말함)가 3분의 2 이상의 동의로 정비계획의 변경을 요청하는 경우.[52] 다만, 경미한 사항을 변경하는 경우에는 토지등소유자의 동의절차를 거치지 아니한다.

⑦ 토지등소유자가 공공재개발사업 또는 공공재건축사업을 추진하려는 경우

토지등소유자가 정비계획의 입안 제안에 대해 동의한 후 정비계획의 입안권자에게 제안서를 제출하기 전에 제3자에게 토지 또는 건축물을 양도한 경우, 양도인은 정비계획 입안 제안서 제출 당시의 토지등소유자에 해당하지 않으므로, 도시정비법 시행령 제12조제1항에 따른 동의 요건 충족 여부를 판단할 때 정비계획 입안 제안에 대한 종전 토지등소유자의 동의를 새로운 토지등소유자의 동의로 볼 수 없다.[53]

---

50) ① 국.공유지 면적 또는 국.공유지와 토지주택공사등이 소유한 토지를 합한 면적이 전체 토지면적의 2분의 1 이상, ② 토지면적 1/2 이상의 토지소유자와 토지등소유자의 2/3 이상에 해당하는 자

51) 이 경우 정비계획 입안 제안자는 사업시행자가 되려는 자를 말함.

52) 서울시 조례 제10조 제4항 : 총회(주민총회 포함)에서 토지등소유자(조합의 경우 조합원)의 3분의 2이상 찬성으로 의결로 동의서 갈음

53) 법제처 2022. 5. 4. 회신 22-0038호 사례

법정된 방식에 따라 작성된 서면에 의하여 토지등소유자의 동의 철회 여부를 확인하여 이해관계인간의 분쟁을 방지할 필요가 있고, 행정청은 법정된 방식에 따라 철회 여부를 검토하여 행정력 소모를 막기 위한 점에 비추어 정비계획 입안 제안 동의서의 철회는 입안권자에게 정비계획의 입안 제안 신청 전까지만 허용된다.[54]

(6) 정비계획의 입안제안서의 처리 등

토지등소유자가 입안권자에게 정비계획의 입안을 제안하려는 때에는 시·도 조례로 정하는 바에 따라 토지등소유자의 동의[55]를 받은 후 제안서에 정비계획도서, 계획설명서, 그 밖의 필요한 서류[56]를 첨부하여 입안권자에게 제출하여야 한다(법 제14조 제2항, 시행령 제12조 제1항).

입안권자는 토지등소유자의 정비계획 입안제안이 있는 경우에는 제안일부터 60일 이내에 정비계획에의 반영여부를 제안자에게 통보하여야 한다. 다만, 부득이한 사정이 있는 경우에는 한 차례만 30일을 연장할 수 있다(시행령 제12조 제2항).

입안권자는 토지등소유자의 정비계획 입안제안을 정비계획에 반영하는 경우에는 제안서에 첨부된 정비계획도서와 계획설명서를 정비계획의 입안에 활용할 수 있다(시행령 제12조 제3항).

---

54) 서울고등법원 2019. 7. 10. 선고 2018누69914 판결

55) 서울시 조례 제10조 제1항 : 법 제14조 제1항 1호부터 5호까지 및 제7호의 경우 토지등소유자의 50% 이상 + 토지면적의 2분의 1 이상 동의

56) 서울시 조례 제10조 제3항 : 입안 제안 신청서에 정비계획도서, 계획설명서, 정비계획 입안 시 조사내용 및 그 밖의 필요한 서류 첨부

4. 기초조사의 내용과 방법

정비계획 입안권자는 주민 또는 산업의 현황 등을 조사하여 정비계획 수립 대상구역의 요건에 적합한지 여부를 확인하여야 하며, 정비계획을 변경하고자 하는 경우에는 변경내용에 해당하는 사항을 조사・확인하여야 한다(시행령 제7조 제2항).

정비계획 입안권자가 조사할 사항은 다음과 같다(시행령 제7조 제2항).

① 주민 또는 산업의 현황

② 토지 및 건축물의 이용과 소유현황

③ 도시・군계획시설 및 정비기반시설의 설치현황

④ 정비구역 및 주변지역의 교통상황

⑤ 토지 및 건축물의 가격과 임대차 현황

⑥ 정비사업의 시행계획 및 시행방법 등에 대한 주민의 의견

⑦ 그 밖에 시・도조례로 정하는 사항[57)]

정비계획 입안권자는 사업시행자(사업시행자가 둘 이상인 경우에는 그 대표자를 말함)로 하여금 위 사항들에 관한 조사를 하게 할 수 있다(시행령 제7조 제3항).

기초조사를 거치지 않고 정비구역을 지정한 경우 그 구역지정은 절차적 하자 있는 위법한 처분이 되나, 다만 기초조사 절차를 적법하게 거치지 아니한 절차상의 하자는 취소사유일 뿐 당연무효사유는 아니다.[58)]

57) 서울시 조례 제7조 참조
58) 대법원 1990. 6. 12. 선고 90누2178 판결

5. 주민의견 청취 절차

정비계획의 입안권자는 정비계획을 입안하거나 변경하려면 주민에게 서면으로 통보한 후 주민설명회 및 30일 이상 주민에게 공람하여 의견을 들어야 한다(법 제15조 제1항).

주민공람의 취지는 다수 이해관계자의 이익을 합리적으로 조정하여 국민의 권리에 대한 부당한 침해를 방지하고 행정의 민주화와 신뢰를 확보하기 위하여 국민의 의사를 그 과정에 반영시키는데 있다.[59]

일반적으로 정비계획단계의 주민참가는 주민에게 의견 제출권만을 주는 것일 뿐 구역지정에 대한 동의권까지 부여하는 것은 아니다.[60] 다만, 주민공람 절차를 거치지 않고 수립된 정비계획은 절차상의 하자로 취소사유가 될 수 있다.[61]

도시정비법령상 주민설명회 개최에 관한 규정의 형식과 내용, 주민설명회 개최의 의의 등에 비추어 볼 때, 정비계획의 입안권자로 하여금 주민에게 서면으로 통보하도록 규율하고 있는 대상은 '입안하거나 변경하려는 정비계획'이고, '주민설명회 개최에 관한 사항'은 포함되지 않는다.[62]

정비계획 입안권자는 미리 공람의 요지 및 공람장소를 해당 지방자치단체의 공보등에 공고하고, 공람장소에 관계 서류를 비치하여야 한다. 주민은 공람기간 이내에 시장·군수등에게 서면으로 의견을 제출할 수 있다. 시장·군수등은 주민이 제출한 의견을 심사하여 채택할 필요가 있다고 인정하는 때에는 이를 채택하고, 그러하지 아니한 경우에는 의견을 제출한 자에게 그 사유를 알려주어야 한다(시행령 제13조 제1항, 제2항, 제3항).

정비계획 입안권자는 주민이 제시한 의견이 타당하다고 인정되면 주민의 제안의견을 정비계획에 반영하여야 한다(법 제15조 제1항).

경미한 사항을 변경하는 경우 주민에 대한 서면통보, 주민설명회, 주민공람 절차는 생략된다(법 제15조 제3항).

---

59) 대법원 2015. 1. 29. 선고 2012두11164 판결 등 참조
60) 대법원 1993. 10. 8. 선고 93누10569 판결
61) 인천지방법원 2011. 12. 1. 선고 2011구합604 판결
62) 대법원 2025. 1. 23. 선고 2024두55006 판결

6. 지방의회의 의견 및 국·공유재산의 관리청 협의 등

정비계획의 입안권자는 주민공람과 함께 지방의회의 의견을 들어야 한다. 이 경우 지방의회는 정비계획의 입안권자가 정비계획을 통지한 날부터 60일 이내에 의견을 제시하여야 하며, 의견제시 없이 60일이 지난 경우 이의가 없는 것으로 본다(법 제15조 제2항). 경미한 사항을 변경하는 경우 지방의회의 의견청취 절차는 생략된다(법 제15조 제3항).

정비계획의 입안권자는 정비기반시설 및 국유·공유재산의 귀속 및 처분에 관한 사항이 포함된 정비계획을 입안하려면 미리 해당 정비기반시설 및 국유·공유재산의 관리청의 의견을 들어야 한다(법 제15조 제4항).

특별시장·광역시장이 관계 행정기관의 협의 등을 반영하여 신청받은 당초의 정비계획안을 변경하고자 하는 경우에는 그 내용이 중요한 사항인 때에는 다른 특별한 사정이 없는 한 그 내용을 자치구의 구청장 또는 광역시의 군수에게 송부하여 주민의 의견을 청취하는 절차를 거쳐야 한다.[63)]

주민공람 이후 지방의회의 의견청취나 도시계획위원회의 의결과정에서 중요한 사항이 아닌 일부 내용만 변경될 경우 그에 따라 다시 기초조사, 공람절차, 주민의견청취절차를 거칠 필요는 없다[64)].

7. 정비구역의 지정 및 고시

정비구역의 지정권자는 정비구역을 지정하거나 변경지정하려면 지방도시계획위원회의 심의를 거쳐야 한다(법 제16조 제1항).

정비구역의 지정권자는 정비구역을 지정(변경지정 포함)하거나 정비계획을 결정(변경결정 포함)한 때에는 정비계획을 포함한 정비구역 지정의 내용을 해당 지방자치단체의 공보에 고시하여야 한다(법 제16조 제2항).

정비구역의 고시는 효력발생요건으로서 관보에 고시되지 않을 경우 대외적

---

63) 대법원 2015. 1. 29. 선고 2012두11164 판결
64) 대구고등법원 1997. 7. 25. 선고 96구4863 판결

인 효력이 없다.[65] 정비계획(안)의 내용을 일간신문에 공고함에 있어서는 정비계획의 기본적인 사항만을 밝히고 구체적인 사항은 공람절차에서 이를 보충하면 충분하다.[66]

정비구역의 지정고시만으로는 정비사업구역의 구체적인 범위를 특정할 수 없고, 지형도면의 고시에 의하여 정비구역의 구체적, 개별적인 범위를 확정할 수 있다.[67] 시·도지사는 토지이용규제기본법 제8조에 따라 주택재건축 정비구역의 지형도면을 고시하고 있다. 지적승인을 고시함에 있어 승인된 도면의 누락에 관한 하자는 위법사유에 해당할 뿐 무효사유에 해당하지 않는다.[68]

정비구역의 지정권자는 정비계획을 포함한 정비구역을 지정 · 고시한 때에는 국토교통부장관에게 그 지정의 내용을 보고하여야 한다(법 제16조 제3항).

정비구역 지정권자는 정비구역 지정 관계 서류를 일반인이 열람할 수 있도록 하여야 한다(법 제16조 제3항). 그러나, 정비구역 지정권자는 토지등소유자들에게 정비구역 고시내용을 통보할 의무를 부담하지 않는다.[69]

8. 경미한 사항의 변경

정비계획 입안권자는 경미한 사항을 변경하는 경우 ① 주민에 대한 서면통보, ② 주민설명회, ③ 주민공람 및 ④ 지방의회의 의견청취 절차를 거치지 아니하며(법 제15조 제3항), ⑤ 지방도시계획위원회의 심의절차도 생략할 수 있다(법 제16조 제1항

경미한 사항의 변경은 다음의 어느 하나에 해당하는 경우를 말한다(시행령 제13조 제4항).

① 정비구역면적의 10% 미만의 변경인 경우(정비구역을 분할, 통합 또는 결

---

65) 대법원 1985. 12. 10. 선고 85누186 판결, 대법원 1990. 1. 25. 선고 89누2936 판결
66) 대법원 1990. 4. 13. 선고 88누11247 판결
67) 대법원 2000. 3. 23. 선고 99두11851 판결
68) 대법원 1990. 1. 25. 선고 89누2936 판결
69) 대법원 1991. 1. 11. 선고 90누1717 판결

합하는 경우를 제외함)

② 토지등소유자 유형별 분담금 추산액 및 산출근거를 변경하는 경우

③ 정비기반시설의 위치를 변경하는 경우와 정비기반시설 규모의 10% 미만의 변경인 경우

④ 공동이용시설 설치계획의 변경인 경우

⑤ 재난방지에 관한 계획의 변경인 경우

⑥ 정비사업 시행예정시기를 3년의 범위에서 조정하는 경우

⑦ 건축법 시행령 별표 1 각 호의 용도범위에서의 건축물의 주용도의 변경인 경우. 주용도란 해당 건축물의 가장 넓은 바닥면적을 차지하는 용도를 말한다.

⑧ 건축물의 건폐율 또는 용적률을 축소하거나 10% 미만의 범위에서 확대하는 경우

⑨ 건축물의 최고 높이를 변경하는 경우

⑩ 도시정비법 제66조에 따라 용적률을 완화하여 변경하는 경우

⑪ 국토계획법 제2조 제3호 및 제4호에 따른 도시·군관리계획 또는 기본계획의 변경에 따라 정비계획을 변경하는 경우

⑫ 교통영향평가 등 관계법령에 의한 심의결과에 따른 변경인 경우

⑬ 그 밖에 ①부터 ⑨까지, ⑪ 및 ⑫와 유사한 사항으로서 시·도조례로 정하는 사항의 변경인 경우[70]

---

70) 서울시 조례 제11조 참조

VI. 정비구역 지정의 효과

1. 도시관리계획으로서의 효력

(1) 지구단위계획과 정비계획과의 관계

정비구역의 지정·고시가 있는 경우 해당 정비구역 및 정비계획 중 국토계획법 제52조(지구단위계획의 내용) 제1항 각 호의 어느 하나에 해당하는 사항[71]은 지구단위계획구역 및 지구단위계획으로 결정·고시된 것으로 본다(법 제17조 제1항).

정비계획을 수립을 국토계획법에 의한 지구단위계획으로 간주한 취지는 정비계획과 지구단위계획의 중복 수립으로 인한 행정낭비를 방지하기 위한 것이다.

국토계획법에 따른 지구단위계획구역에 대하여 도시정비법 제9조 제1항 각 호의 사항을 모두 포함한 지구단위계획을 결정·고시(변경 결정·고시하는 경우를 포함함)하는 경우 해당 지구단위계획구역은 정비구역으로 지정·고시된 것으로 본다(법 제17조 제2항).

정비계획을 통한 토지의 효율적 활용을 위하여 국토계획법 제52조제3항에 따른 건폐율·용적률 등의 완화규정[72]은 도시정비법 제9조제1항에 따른 정비계획에 준용한다. 이 경우 "지구단위계획구역"은 "정비구역"으로, "지구단위계획"은 "정비계획"으로 본다(법 제17조 제3항).

(2) 현금납부와 공공시설 설치제공 간주

용적률이 완화되는 경우로서 사업시행자가 정비구역에 있는 대지의 가액 일

---

71) ① 용도지역이나 용도지구를 세분하거나 변경하는 사항, ② 건축물의 용도제한, 건축물의 건폐율 또는 용적률, 건축물 높이의 최고한도 또는 최저한도 등

72) 국토계획법(지구단위계획의 내용) 제52조 제3항 : ③ 지구단위계획구역에서는 제76조부터 제78조까지의 규정과 건축법 제42조、제43조、제44조、제60조 및 제61조, 주차장법 제19조 및 제19조의2를 대통령령으로 정하는 범위에서 지구단위계획으로 정하는 바에 따라 완화하여 적용할 수 있다.

부에 해당하는 금액을 현금으로 납부한 경우에는 국토계획법 제46조 제1항에서 정하는 공공시설 또는 기반시설(공공시설등)의 부지를 제공하거나 공공시설등을 설치하여 제공한 것으로 본다(법 제17조 제4항, 시행령 제14조 제1항).

2. 정비구역의 지정과 행위제한

(1) 행위제한의 취지

정비구역에서 건축물의 건축 등 일정한 행위를 하려는 자는 시장・군수등의 허가를 받아야 한다. 허가받은 사항을 변경하려는 때에도 또한 같다(법 제19조 제1항).

도시정비법에 행위제한제도를 도입한 취지는 정비구역으로 지정된 지역에서 정비계획에 적합하지 아니한 건축물이나 공작물의 설치를 제한함으로써 정비계획에 맞는 정비구역 관리와 사업시행시 건축물의 철거로 인해 발생할 수 있는 주민의 불이익을 예방하기 위한 것이다.

(2) 시장・군수등의 허가를 받아야 하는 행위

시장・군수로부터 허가를 받아야 하는 행위는 다음과 같다(법 제19조).

① 건축물(가설건축물 포함)의 건축, 용도변경

② 공작물의 설치 : 인공을 가하여 제작한 시설물(건축법 제2조 제1항 제2호에 따른 건축물을 제외함)의 설치

③ 토지의 형질변경 : 절토(땅깎기)・성토(흙쌓기)・정지(땅고르기)・포장 등의 방법으로 토지의 형상을 변경하는 행위, 토지의 굴착 또는 공유수면의 매립

④ 토석의 채취 : 흙・모래・자갈・바위 등의 토석을 채취하는 행위

⑤ 토지분할

⑥ 물건을 쌓아 놓는 행위 : 이동이 쉽지 아니한 물건을 1개월 이상 쌓아 놓는 행위

⑦ 죽목의 벌채 및 식재

(3) 행위허가절차 등

시장·군수등은 개발행위허가를 하고자 하는 경우로서 시행자가 있는 경우에는 미리 그 시행자의 의견을 들어야 한다(시행령 제15조 제2항).

일정한 행위에 관하여 시장·군수등으로부터 허가를 받은 경우에는 국토계획법 제56조(개발행위허가)의 규정에 따라 허가를 받은 것으로 본다(법 제19조 제6항).

시장·군수등은 행위허가를 위반한 자에게 원상회복을 명할 수 있다. 이 경우 명령을 받은 자가 그 의무를 이행하지 아니하는 때에는 시장·군수등은 행정대집행법에 따라 대집행할 수 있다(법 제19조 제4항).

시장·군수등의 허가절차는 국토계획법 제57조 내지 제60조 및 제62조의 규정을 준용한다(법 제19조 제5항).

정비구역의 지정에 따른 행위제한은 시행자가 사업시행인가를 받아 그 사업계획에 따라 사업을 시행함으로써 시행자의 경우에 한하여 해제되고, 시장이 재개발사업계획을 결정고시한 것만으로 위 행위제한이 해제되는 것이 아니다.[73)]

매수인이 건축물을 신축하기 위해 토지를 매입하였으나 정비구역의 지정으로 인하여 건축물을 신축할 수 없게 된 경우 매수인은 위 토지매매계약을 해제할 수 없다.[74)]

(4) 시장·군수의 허가를 받지 않아도 되는 행위

다음의 행위는 시장·군수의 허가를 받지 아니하고 할 수 있다(법 제19조 제2항, 시행령 15조 제3항).

① 재해복구 또는 재난수습에 필요한 응급조치를 위한 행위

② 기존 건축물의 붕괴 등 안전사고의 우려가 있는 경우 해당 건축물에 대한 안전조치를 위한 행위

③ 간이공작물의 설치 등[75)])

---

73) 대법원 1992. 10. 27. 선고 91누11810 판결

74) 대구지방법원 2006. 12. 1. 선고 2006가단23081 판결

75) ① 농림수산물의 생산에 직접 이용되는 것으로서 국토교통부령으로 정하는 간이공작

시장・군수의 허가를 받지 않아도 되는 행위는 국토계획법 제56조에 따른 개발행위허가의 대상이 아니어야 한다(시행령 제15조 제3항).

(5) 정비구역 지정・고시 이전 행위허가를 받은 경우

정비구역의 지정에 따라 허가를 받아야 하는 행위로서 정비구역의 지정 및 고시 당시 이미 관계 법령에 따라 행위허가를 받았거나 허가를 받을 필요가 없는 행위에 관하여 그 공사 또는 사업에 착수한 자는 시장・군수등에게 신고한 후 이를 계속 시행할 수 있다(법 제19조 제3항).

신고하여야 하는 자는 정비구역이 지정・고시된 날부터 30일 이내에 그 공사 또는 사업의 진행상황과 시행계획을 첨부하여 관할 시장・군수등에게 신고하여야 한다(시행령 15조 제4항).

3. 주택조합 조합원 모집 금지 등

(1) 지역주택조합의 조합원 모집 금지

정비예정구역 또는 정비구역에서는 지역주택조합의 조합원을 모집해서는 아니 된다(법 제19조 제8항).[76)]

(2) 국유・공유재산의 처분제한

정비구역의 국유・공유재산은 정비사업 외의 목적으로 매각되거나 양도될 수 없다(법 제98조 제3항).

물의 설치, ② 경작을 위한 토지의 형질변경, ③ 정비구역의 개발에 지장을 주지 아니하고 자연경관을 손상하지 아니하는 범위 안에서의 토석의 채취, ④ 정비구역에 존치하기로 결정된 대지 안에서 물건을 쌓아놓는 행위, ⑤ 관상용 죽목의 임시식재(경작지에서의 임시식재를 제외한다)

76) 헌법재판소 2024. 1. 25. 선고 2020헌바370 결정은 정비구역내 지역주택조합의 조합원 모집 금지를 합헌으로 판단하였음.

4. 정비구역의 지정전 행위제한

(1) 정비구역 지정전 행위제한

정비예정구역 또는 정비계획 수립중인 지역에 대한 행위제한의 취지는 조합원 수의 급격한 증가로 인한 주택정비사업의 사업성 악화를 방지하고, 신축건물 철거에 따라 발생되는 사회적 자원낭비를 방지하기 위한 것이다. 즉 비경제적인 건축행위 및 투기 수요의 유입을 방지하기 위함이다.

2009. 2. 6. 도시정비법 개정전에는 정비예정구역내 건축허가신청의 반려처분이 적법한지 여부가 문제되었으나[77], 현재는 정비예정구역내에서도 건축허가를 제한할 수 있도록 도시정비법이 개정됨으로서, 입법적으로 해결되었다.

국토교통부장관, 시・도지사, 시장, 군수 또는 구청장은 기본계획을 공람 중인 정비예정구역 또는 정비계획을 수립 중인 지역에 대하여 ① 건축물의 건축, ② 토지의 분할, ③ 건축물대장 중 일반건축물대장을 집합건물대장으로 전환, ④ 건축물대장 중 집합건물대장의 전유부분 분할[78]을 제한할 수 있다(법 제19조 제7항).

행위를 제한할 수 있는 기간은 3년 이내의 기간으로 하되, 1년 범위에서 한 차례만 연장할 수 있다.

(2) 행위제한 절차

국토교통부장관, 시・도지사, 시장, 군수 또는 구청장(자치구의 구청장을 말함)이 행위를 제한하려는 때에는 제한지역・제한사유・제한대상행위 및 제한기간을 미리 고시하여야 한다(시행령 제16조 제1항).

국토교통부장관이 고시를 하는 경우에는 관보에, 시・도지사, 시장, 군수 또는 구청장이 하는 경우에는 해당 지방자치단체의 공보에 게재하는 방법으로

---

77) 위법하다고 판시한 사례 : 대법원 2009. 9. 24. 선고 2009두8946 판결,
적법하다고 판시한 사례 : 대법원 2012. 7. 12. 선고 2010두4957 판결, 서울고등법원 2010. 9. 3. 선고 2010누5112 판결, 서울행정법원 2007. 10. 5. 선고 2007구합17601 판결

78) 2024. 1. 30. 개정법에 따라 상가를 단독 소유한 자가 전유부분의 분할에 의해 조합원 수를 증가시키는 행위를 방지함.

한다(시행령 제16조 제4항).

건축물의 건축 등 행위를 제한하려는 자가 국토교통부장관인 경우에는 중앙도시계획위원회의 심의를 거쳐야 하며, 시·도지사, 시장, 군수 또는 구청장인 경우에는 해당 지방자치단체에 설치된 지방도시계획위원회의 심의를 거쳐야 한다(시행령 제16조 제2항).

건축물의 건축 등 행위를 제한하려는 자가 국토교통부장관 또는 시·도지사인 경우에는 중앙도시계획위원회 또는 지방도시계획위원회의 심의 전에 미리 제한하려는 지역을 관할하는 시장·군수등의 의견을 들어야 한다(시행령 제16조 제3항).

(3) 행위 허가 등

건축물의 건축 등 행위가 제한된 지역에서 건축물의 건축 등의 행위를 하려는 자는 시장·군수등의 허가를 받아야 한다(시행령 제16조 제5항).

Ⅶ. 정비구역의 해제 등

1. 기속적 정비구역 해제

(1) 기속적 정비구역 해제 사유

정비구역의 지정권자는 일정한 사유가 있는 경우 정비예정구역 또는 정비구역을 해제하여야 한다(법 제20조 제1항).

정비예정구역 또는 정비구역 해제사유는 다음과 같다(법 제20조 제1항).

① 정비예정구역에 대하여 기본계획에서 정한 정비구역 지정 예정일부터 3년이 되는 날까지 특별자치시장, 특별자치도지사, 시장 또는 군수가 정비구역을 지정하지 아니하거나 구청장등이 정비구역의 지정을 신청하지 아니하는 경우

② 조합이 시행하는 재개발사업・재건축사업이 다음의 어느 하나에 해당하는 경우

- 추진위원회를 구성하는 경우 : 토지등소유자가 정비구역으로 지정・고시된 날부터 2년이 되는 날까지 추진위원회의 승인을 신청하지 아니하는 경우
- 추진위원회를 구성하지 아니하는 경우 : 토지등소유자가 정비구역으로 지정・고시된 날부터 3년이 되는 날까지 조합설립인가를 신청하지 아니하는 경우
- 추진위원회가 추진위원회 승인일부터 2년이 되는 날까지 조합설립인가를 신청하지 아니하는 경우.
- 정비구역 지정전 추진위원회 승인을 받은 경우(법 제31조 제2항 제2호) 정비구역 지정·고시일로부터 2년이 되는 날까지 조합설립인가를 신청하지 아니하는 경우
- 조합이 조합설립인가를 받은 날부터 3년이 되는 날까지 사업시행계획인가를 신청하지 아니하는 경우

③ 토지등소유자가 시행하는 재개발사업으로서 토지등소유자가 정비구역으

로 지정·고시된 날부터 5년이 되는 날까지 사업시행계획인가를 신청하지 아니하는 경우

(2) 기속적 정비구역등 해제 절차

정비구역 해제사유가 발생한 경우 정비구역 지정권자는 정비구역등을 해제하여야 하고, 구청장등은 특별시장·광역시장에게 정비구역등의 해제를 요청하여야 한다(법 제20조 제1항, 제2항).

① 정비구역 지정권자가 정비구역등을 해제하는 경우, ② 구청장등이 정비구역등의 해제를 요청하는 경우 특별자치시장, 특별자치도지사, 시장, 군수 또는 구청장등은 30일 이상 주민에게 공람하여 의견을 들어야 한다(법 제20조 제3항).

시장, 군수 등은 주민의견 청취절차 이외에 지방의회의 의견도 들어야 한다. 이 경우 지방의회는 특별자치시장, 특별자치도지사, 시장, 군수 또는 구청장등이 정비구역등의 해제에 관한 계획을 통지한 날부터 60일 이내에 의견을 제시하여야 하며, 의견제시 없이 60일이 지난 경우 이의가 없는 것으로 본다(법 제20조 제4항).

정비구역의 지정권자는 정비구역등의 해제를 요청받거나 정비구역등을 해제하려면 지방도시계획위원회의 심의를 거쳐야 한다. 다만, 재정비촉진지구에서는 도시재정비위원회의 심의를 거쳐 정비구역등을 해제하여야 한다(법 제20조 제5항).

정비구역의 지정권자는 정비구역등을 해제하는 경우에는 ① 그 사실을 해당 지방자치단체의 공보에 고시하고, ② 국토교통부장관에게 통보하여야 하며, ③ 관계 서류를 일반인이 열람할 수 있도록 하여야 한다(법 제20조 제7항).

(3) 정비구역 해제의 연장

정비구역의 지정권자는 다음의 어느 하나에 해당하는 경우에는 해당 기간을 2년의 범위에서 연장하여 정비구역등을 해제하지 아니할 수 있다(법 제20조 제6항).

① 정비구역등의 토지등소유자(조합원)가 30% 이상의 동의로 해당 기간이

도래하기 전까지 연장을 요청하는 경우

② 정비사업의 추진 상황으로 보아 주거환경의 계획적 정비 등을 위하여 정비구역등의 존치가 필요하다고 인정하는 경우

정비구역등 해제의 연장요청방법은 서면동의서에 토지등소유자가 성명을 적고 지장을 날인하는 방법으로 하며, 신분증명서의 사본을 첨부하여야 한다(법 제36조 제1항 제1호).

정비구역의 지정권자는 정비구역을 해제하지 아니한 경우 ① 그 사실을 해당 지방자치단체의 공보에 고시하고, ② 국토교통부장관에게 통보하여야 하며, ③ 관계 서류를 일반인이 열람할 수 있도록 하여야 한다(법 제20조 제7항).

2. 정비구역등의 직권해제

(1) 도시정비법상 정비구역등의 직권해제사유

정비구역의 지정권자는 직권으로 다음의 사유에 해당하는 경우 정비구역을 해제할 수 있다(법 제21조 제1항).

① 정비사업의 시행으로 토지등소유자에게 과도한 부담이 발생할 것으로 예상되는 경우

② 정비구역등의 추진 상황으로 보아 지정 목적을 달성할 수 없다고 인정되는 경우

③ 추진위원회가 구성되지 아니한 구역 : 토지등소유자의 30% 이상이 정비구역등의 해제를 요청하는 경우

④ 주택개량방법으로 시행 중인 주거환경개선사업의 정비구역이 지정·고시된 날부터 10년 이상 지나고, 추진 상황으로 보아 지정 목적을 달성할 수 없다고 인정되는 경우로서 토지등소유자의 과반수가 정비구역의 해제에 동의하는 경우

⑤ 사업시행계획인가를 신청하지 아니한 경우 : 추진위원회 구성 또는 조합설립에 동의한 토지등소유자의 2분의 1 이상 3분의 2 이하의 범위에서

시·도조례로 정하는 비율 이상의 동의로 정비구역의 해제를 요청하는 경우[79]

⑥ 추진위원회가 구성되거나 조합이 설립된 정비구역으로 사업시행계획인가를 신청하지 아니한 경우 : 토지등소유자 과반수의 동의로 정비구역의 해제를 요청하는 경우

(2) 정비구역의 해제에 관한 동의 또는 요청

④항(주택개량방법의 주거환경개선사업)에 의한 정비구역의 해제 동의는 서면동의서에 토지등소유자가 성명을 적고 지장을 날인하는 방법으로 하며, 신분증명서의 사본을 첨부하여야 한다(법 제36조 제1항 제2호). 위 ④항에 의한 정비구역의 해제 동의는 최초로 동의한 날부터 30일까지만 철회할 수 있다(시행령 제33조 제2항 제2호 가목).

서울시는 위 ③항, ⑤항, ⑥항에 의거 정비구역의 해제를 요청하는 자는 서울시 조례 별지 제7호 서식의 정비구역등의 해제 요청서에 ① 토지등소유자 명부, ② 정비구역등의 해제에 동의한 토지등소유자의 명부, ③ 정비구역등의 해제 동의서를 첨부하여 구청장에게 제출하여야 한다(서울시 조례 제14조 제5항).

정비구역 해제동의에 있어서 수인의 공유에 속하는 토지의 경우 공유자를 대표할 1인을 선정해야 하고, 대표자가 선정되지 않은 상태에서 공유자 일부만이 동의서를 제출한 경우 동의자에서 제외된다.[80]

정비구역 해제요청에 관한 동의요건 판단시점은 해제요청서 제출시점으로 보아야 하고, 이후 제출된 해제동의 철회는 그 효력이 없다.[81]

(3) 토지등소유자의 과도한 부담

서울시의 경우 "정비사업의 시행으로 토지등소유자에게 과도한 부담이 발생할 것으로 예상되는 경우"란 다음의 요건이 모두 충족되는 경우를 말한다

79) 서울시 조례 제14조 제5항 : 추진위원회 구성에 동의한 토지등소유자의 2분의 1 이상, 조합설립에 동의한 토지등소유자의 3분의 2 이상

80) 수원지방법원 2018. 8. 16. 선고 2017구합70145 판결

81) 수원지방법원 2018. 8. 16. 선고 2017구합70145 판결

(서울시 조례 제14조 제2항).

① 추진위원장이나 조합임원 또는 신탁업자가 입력한 정비계획 등으로 산정된 추정비례율(표준값)이 80% 미만인 경우

② 토지등소유자의 의견을 조사하여 사업찬성자가 50% 미만인 경우

시장은 구청장에게 해제대상 정비구역의 명칭, 위치, 해제 이유 및 근거를 통보하여야 하고, 구청장은 30일 이상 주민에게 공람하여 의견을 듣고, 구의회의 의견을 들은 후 이를 첨부하여 시장에게 제출하여야 한다(서울시 조례 제14조 제6항).

구청장은 해당 정비구역등의 토지등소유자의 의견을 조사하여 그 결과를 시장에게 통보하여야 한다. 주민의견조사를 실시한 구역의 추정비례율이 주민의견조사 당시 대비 10% 이상 하락하는 경우에는 재조사할 수 있다(서울시 조례 제14조 제7항).

(4) 정비구역 지정 목적 달성 불가

서울시의 경우 "정비구역등의 추진 상황으로 보아 지정 목적을 달성할 수 없다고 인정되는 경우"란 다음의 어느 하나에 해당하는 경우를 말한다(서울시 조례 제14조 제3항).

① 정비예정구역으로서 다음의 어느 하나에 해당하는 경우
- 정비구역 지정요건이 충족되지 않은 경우
- 관계 법령에 따른 행위제한이 해제되거나 기한이 만료되어 사실상 정비구역 지정이 어려운 경우

② 추진위원장 또는 조합장이 장기간 부득이한 사유로 직무를 수행할 수 없거나 주민 갈등 또는 정비사업비 부족으로 추진위원회 또는 조합 운영이 사실상 중단되는 등 정비사업 추진이 어렵다고 인정되는 경우

③ 자연경관지구, 최고고도지구, 국가유산보호구역, 역사문화환경 보존지역 등이 포함된 구역으로서 다음의 어느 하나에 해당되는 경우
- 추진위원회가 추진위원회 승인일(최초 승인일)부터 3년이 되는 날까지 조합 설립인가를 신청하지 않는 경우

  조합 설립인가 신청은 첨부 서류를 모두 갖춘 신청으로 한정함

- 사업시행자가 조합설립인가(최초 설립인가)를 받은 날 또는 사업시행자 지정을 받은 날이나 공동으로 정비사업을 시행하기로 한 날부터 4년이 되는 날까지 사업시행계획인가를 신청하지 않는 경우
  사업시행인가신청은 첨부 서류를 모두 갖춘 신청으로 한정함
- 사업시행자가 사업시행계획인가(최초 인가)를 받은 날부터 4년이 되는 날까지 관리처분계획인가를 신청하지 않는 경우
  관리처분인가신청은 첨부 서류를 모두 갖춘 신청으로 한정함
- 추진위원회 또는 조합이 총회를 2년 이상 개최하지 않는 경우
  위 총회는 의사정족수를 갖춘 경우로 한정함.

④ 도시정비법 제20조 제2항에 따라 구청장이 정비구역등의 해제를 요청하지 않는 경우

(5) 정비구역등의 해제절차

정비구역등의 해제의 절차는 기속적 정비구역 해제절차와 동일하다(법 제21조 제2항). 정비구역의 해제연장에 관한 조항은 준용되지 않는다.

(6) 정비구역 해제와 효력정지가처분

시장이 도시환경정비구역을 지정하였다가 해당구역 및 주변지역의 역사·문화적 가치 보전이 필요하다는 이유로 정비구역을 해제하고 개발행위를 제한하는 내용을 고시함에 따라 사업시행예정구역에서 설립 및 사업시행인가를 받았던 갑 도시환경정비사업조합에 대하여 구청장이 조합설립인가를 취소하자, 갑 조합이 해제 고시의 무효확인과 인가취소처분의 취소를 구하는 소를 제기하고 판결 선고 시까지 각 처분의 효력 정지를 신청한 사안에서, 각 처분의 효력을 정지하지 않을 경우 갑 조합에 특별한 귀책사유가 없는데도 정비사업의 진행이 법적으로 불가능해져 갑 조합에 회복하기 어려운 손해가 발생할 우려가 있으므로 이러한 손해를 예방하기 위하여 각 처분의 효력을 정지할 긴급한 필요가 있다고 한 사례가 있다.[82]

82) 대법원 2018. 7. 12.자 2018무600 결정

3. 정비구역 해제의 효과 등

(1) 정비구역 해제의 효과

정비구역등이 해제된 경우에는 정비계획으로 변경된 용도지역, 정비기반시설 등은 정비구역 지정 이전의 상태로 환원된 것으로 본다.

주택개량방법에 의한 주거환경정비사업에 있어 정비구역 지정·고시된 날부터 10년이 경과하고 토지등소유자 3분의 2이상이 정비구역의 해제에 동의(법 제21조 제1항 제4호)함으로써 정비구역이 해제되는 경우 정비구역의 지정권자는 정비기반시설의 설치 등 해당 정비사업의 추진 상황에 따라 환원되는 범위를 제한할 수 있다(법 제22조 제1항).

재개발사업 및 재건축사업을 시행하려는 정비구역등이 해제된 경우 정비구역의 지정권자는 해제된 정비구역등을 주택개량의 방법으로 시행하는 주거환경개선구역으로 지정할 수 있다. 이 경우 주거환경개선구역으로 지정된 구역은 기본계획에 반영된 것으로 본다(법 제22조 제2항).

정비구역등이 해제·고시된 경우 추진위원회 구성승인 또는 조합설립인가는 취소된 것으로 보고, 시장·군수등은 해당 지방자치단체의 공보에 그 내용을 고시하여야 한다(법 제22조 제3항).

(2) 도시재생선도지역 지정 요청

정비구역등이 해제된 경우 정비구역의 지정권자는 해제된 정비구역등을 도시재생 활성화 및 지원에 관한 특별법에 따른 도시재생선도지역으로 지정하도록 국토교통부장관에게 요청할 수 있다(법 제21조의2).

(3) 정비구역등의 직권해제에 따른 비용의 일부 보조

도시정비법 제21조 제1항에 따라 정비구역등을 해제하여 추진위원회 구성승인 또는 조합설립인가가 취소되는 경우 정비구역의 지정권자는 해당 추진위원회 또는 조합이 사용한 비용의 일부를 시·도조례로 정하는 바에 따라 보조할 수 있다(법 제21조 제3항).[83]

---

83) 서울시 조례 제15조(추진위원회 및 조합 비용의 보조비율 및 보조방법 등), 정비사업

도시정비법 제20조 제1항에 따라 정비구역이 해제되는 경우 비용의 일부 보조 조항은 적용되지 않는다.

보조할 수 있는 추진위원회 및 조합의 비용은 다음과 같다(시행령 제17조).

① 정비사업전문관리 용역비

② 설계 용역비

③ 감정평가비용

④ 그 밖에 해당 추진위원회 및 조합이 도시정비법 제32조(추진위원회의 기능), 제44조(조합의 소집) 및 제45조(총회의 의결)에 따른 업무를 수행하기 위하여 사용한 비용으로서 시・도조례로 정하는 비용

(4) 보조금 지급기준의 해석・적용

보조금 교부는 수익적 행정행위로서 교부대상의 선정과 취소, 그 기준과 범위 등에 관하여 행정청에 상당히 폭넓은 재량이 부여되어 있으므로, 행정청이 상위법령의 위임 범위 내에서 보조금 교부에 관한 기준을 설정한 경우 그 기준이 객관적으로 합리적이지 않다거나 타당하지 않다고 볼 만한 특별한 사정이 없는 한 행정청의 의사는 가능한 한 존중되어야 한다.

그 보조금 지급기준의 해석・적용에 관해서도 문언의 한계를 벗어나거나, 객관적 합리성을 결여하였다는 등의 특별한 사정이 없는 한 그 기준을 마련한 행정청의 해석이 존중되어야 한다.[84]

보조금 결정 통보 후의 지급신청절차에 관한 규정들은 추진위원회의 이해관계인을 보호하기 위한 것으로서, 추진위원회가 이 사건 보조기준에서 정한 20일의 기한 내에 이러한 지급신청절차를 준수하지 않은 채 피고 부천시를 상대로 결정된 보조금액의 지급을 청구하는 것은 허용되지 않는다고 판시한 사례가 있다.[85]

추진주체 사용비용 보조 업무처리기준(2016. 11. 10. 서울특별시고시 제2016 - 358호) 참조

84) 대법원 2019. 1. 10. 선고 2017두43319 판결

85) 대법원 2019. 10. 31. 선고 2017두62600 판결

(5) 조합설립인가 등의 취소에 따른 채권의 손해액 산입

시공자·설계자 또는 정비사업전문관리업자 등(시공자등)은 해당 추진위원회 또는 조합(연대보증인 포함)에 대한 채권의 전부 또는 일부를 포기하고 이를 조세특례제한법 제104조의26에 따라 손금에 산입할 수 있다(법 제133조).

시공사등은 해당 조합등과 합의하여 다음의 사항을 포함한 채권확인서를 시장·군수등에게 제출하여야 한다(법 제133조).

① 채권의 금액 및 그 증빙 자료

② 채권의 포기에 관한 합의서 및 이후의 처리 계획

③ 그 밖에 채권의 포기 등에 관하여 시·도조례로 정하는 사항

조합등이 시공자등과 합의하여 이미 상환하였거나 상환할 예정인 채권은 손해액에 산입할 수 있는 채권에서 제외한다.

제3편 추진위원회 및 조합의 운영

제1절 추진위원회의 승인 및 운영

I. 추진위원회의 법적 성격과 쟁송

1. 추진위원회의 의의

재개발사업 또는 재건축사업은 조합이 시행하거나 조합이 조합원 과반수의 동의를 받아 건설업자등과 공동으로 시행할 수 있다. 시장·군수등, 토지주택공사등 또는 지정개발자가 아닌 자가 재개발사업 또는 재건축사업을 시행하는 경우 토지등소유자로 구성된 조합을 설립하여야 한다. 조합을 설립하려는 경우 정비구역 지정·고시 후 토지등소유자 과반수의 동의를 받아 조합설립을 위한 추진위원회를 구성하여 시장·군수등의 승인을 받아야 한다.

도시정비법 제정이전 조합설립추진위원회는 개별법상 법적 근거를 가진 것이 아니었고 단지 정비사업을 추진하기 위해 일부 토지등소유자들이 결성한 사실상의 집합체였기 때문에 동시에 여러 추진위원회가 구성되어 대립하거나 추진위원회에 반대하는 자들이 이른바 비상대책위원회를 구성하여 분쟁을 야기하고, 추진위원회 등의 시공사 선정등과 관련하여 각종 비리가 발생하였다.

이에 사업초기 단계에서 발생되는 각종 비리 및 주민간 갈등을 해소하기 위하여 도시정비법 제정 당시 조합설립추진위원회를 제도화하였고, 재개발·재건축 사업을 위한 추진위원회의 난립을 방지하고자 1개 정비구역에 1개의 추진위원회만을 구성토록 하였다.

추진위원회 승인시 토지등소유자 과반수의 동의가 필요하므로, 하나의 정비구역 안에서는 하나의 추진위원회만 승인이 되고, 복수로 승인되지 않는다.[1)]

1) 승인받은 추진위원회가 있음에도 불구하고 임의로 추진위원회를 구성하여 도시정비법에 따른 정비사업을 추진한 자는 2년 이하의 징역 또는 2천만원 이하의 벌금에 처함(법 제137조 제4호).

추진위원회는 조합설립인가의 신청권을 가지고, 추진위원회가 행한 업무와 관련된 권리와 의무는 조합에 포괄승계된다. 이와 같이 도시정비법은 추진위원회에 특별한 법적 지위를 인정하고 있다.

추진위원회는 정비사업을 추진하고자 하는 토지등소유자들이 결성하는 단체로서 조합의 설립인가가 이루어지면 그 목적을 달성하고 해산하게 되는 한시적 기구이다.[2)]

추진위원회는 주무관청인 시장·군수로부터 추진위원회 승인을 받은 날부터 20일 이내에 사업자등록을 하여야 한다.

2. 승인된 추진위원회의 법적 성격

(1) 비법인 사단

도시정비법상 추진위원회는 추진위원장 등 대표기관이 구성되고, 운영규정을 마련하여 신고하여야 하는 등 사단성 또는 단체성을 갖는다. 다만 법인설립등기를 하지 않으므로, 비법인 사단의 성격을 가지게 된다.[3)].

운영규정안 제37조 제1항은 "추진위원회에 관하여는 법에 규정된 것을 제외하고는 민법의 규정 중 사단법인에 관한 규정을 준용한다." 라고 명시하고 있다.[4)]

민법은 재산귀속관계를 총유로 한다는 규정을 두고 있을 뿐이고(민법 제275조), 그 밖에는 아무런 규정을 두고 있지 않다. 통설은 권리능력없는 사단에 관하여는 사단법인에 관한 규정 가운데서 법인격을 전제로 하는 것(예 : 법인등기)을 제외하고는 모두 유추적용되어야 하고, 민법상 조합에 관한 규정을 준용할 것이 아니라고 한다.[5)]

---

2) 조합이 설립되었는데도 불구하고 추진위원회를 계속 운영한 자는 2년 이하의 징역 또는 2천만원 이하의 벌금에 처함(법 제137조 제5호).
3) 대법원 2009. 1. 30. 선고 2008두14869 판결, 대전고등법원 2008. 7. 24. 선고 2008누387 판결
4) 대법원 1996. 10. 25. 선고 95다56866 판결
5) 대법원 1992. 10. 9. 선고 92다23087 판결

비법인 사단의 내부관계는 민법의 사단법인에 관한 규정이 유추적용되는바, 1차적으로 그 추진위원회의 내부규정 즉 추진위원회 운영규정(안)이 정하는 바에 따르고, 2차적으로 민법의 사단법인의 내부관계에 관한 규정이 유추적용된다.

비법인 사단인 추진위원회는 그 대표자인 위원장이 소송상의 당사자능력을 가지며, 제3자는 추진위원회에 대한 채무명의로 추진위원회의 재산에 대하여 강제집행을 할 수 있다.

(2) 재산귀속관계

민법은 법인 아닌 사단(비법인 사단)의 사원이 집합체로서 물건을 소유할 때에는 총유로 한다고 규정하고 있다(민법 제275조 제1항). 재산의 관리 및 처분은 추진위원회의 운영규정에 의하고, 그 정함이 없는 경우 민법의 총유에 관한 규정(민법 제275조 내지 제277조)이 보충적으로 적용된다.

운영규정에 정함이 없을 경우 재산의 관리 및 처분은 주민총회의 결의에 의하고(민법 제276조 제1항), 각 토지등소유자는 운영규정 기타의 규약에 따라 총유물을 사용, 수익할 수 있다(민법 제276조 제2항).

총유물의 관리 및 처분에 관하여 정관이나 규약에서 정한 바가 없다면 사원총회의 결의에 의하여야 하는바, 사원총회의 결의 없이 한 총유물의 관리·처분행위는 무효이다.[6)]

비법인 사단이 준총유관계에 속하는 비법인 사단의 채권·채무관계에 관한 소를 제기하기 위하여는 달리 특별한 사정이 없는 한 민법 제276조 제1항이 정하는 총회의 결의를 거쳐야 한다.[7)]

총유재산에 관한 소송은 '법인 아닌 사단'이 그 명의로 사원총회의 결의를 거쳐 하거나 또는 그 구성원 전원이 당사자가 되어 필수적 공동소송의 형태로 할 수 있다. 따라서 사단의 '구성원'은 설령 그가 사단의 대표자라거나 사원총회의 결의를 거쳤다 하더라도 그 소송의 당사자가 될 수 없다.[8)]

---

6) 대법원 2007. 4. 19. 선고 2004다60072, 60089 판결
7) 대법원 1996. 10. 25. 선고 95다56866 판결, 수원지방법원 2025. 1. 7. 선고 2024가단507018 판결
8) 대법원 2005. 9. 15. 선고 2004다44971 전원합의체 판결

추진위원회가 제3자와 체결하는 용역계약 등은 단순 채무부담행위에 불과할 뿐 총유물의 관리 및 처분행위에 해당하지 않으므로 사원총회의 결의가 필요하지 않다.[9]

총유물에 관한 토지등소유자의 권리의무는 토지등소유자의 지위를 취득·상실함으로써 취득·상실된다(민법 제277조).

재산귀속관계의 공시방법에 관해서는, 부동산에 한하여 부동산등기법에 특별규정이 있다. 부동산등기법 제30조 제1항은 종중·문중 기타 대표자나 관리인이 있는 법인 기타 사단이나 재단에 속하는 부동산의 등기에 관하여서는 그 사단 또는 재단을 등기권리자 또는 등기의무자로 한다고 하고, 동조 제2항에서는 전항의 등기는 그 사단 또는 재단의 명의로 그 대표자 또는 관리인이 이를 신청한다고 규정하고 있다. 따라서 추진위원회도 추진위원회의 명의로 등기를 할 수 있다.

그러나 그 밖의 재산(동산·채권 등)에 대한 공시방법에 관하여는 규정이 없다. 예금채권 등에 관하여는 대표자의 성명에 추진위원회 위원장임을 표시하거나 동산에 관하여는 추진위원회의 위원장이 점유하는 수 밖에 없을 것이다.

추진위원회가 대외적으로 부담한 채무에 관해서는 추진위원회 자체의 재산이 집행의 대상이 되며, 이 경우 그 구성원인 토지등소유자는 책임을 부담하지 않는다.[10] 즉 각 토지등소유자는 연대보증인이 되어 있는 경우가 아니라면 경비 기타 부담금 외에는 개인적으로 따로 대외적인 책임을 부담하지 않는다.

---

9) 대법원 2003. 7. 22. 선고 2002다64780 판결, 대법원 2012. 4. 12. 선고 2011다107900 판결

10) 인천지방법원 2008. 4. 25. 선고 2007가합 12926 판결

3. 승인전 추진위원회의 법률문제

(1) 민법상 조합 또는 비법인 사단의 구별

추진위원회를 구성하였으나, 시장・군수로부터 승인을 받지 못한 경우 위 추진위원회를 비법인사단으로 볼 것인지 민법상 조합으로 볼 것인지가 문제된다.

민법상의 조합(민법 제703조)과 비법인 사단의 구별은 일반적으로 그 단체성의 강약을 기준으로 판단한다.

비법인 사단은 법인격을 부여받지는 못하였다 하더라도 사단으로서의 실체를 갖추어야 한다. 즉 단체로서의 조직을 갖추고, 구성원의 변경에 관계없이 단체가 존속하며, 그 조직에 있어서 다수결의 원칙, 대표의 방법, 총회의 운영, 재산의 관리 등 주요한 점이 갖추어져 있을 것을 요한다.[11] 위와 같이 사단으로서의 실체를 갖추지 못한 경우 민법상 조합에 해당한다.

승인전 추진위원회가 사단으로서의 실체(단체성)를 갖추고 있을 경우(위원장, 감사 구성 및 운영규정 작성) 승인전 추진위원회의 채권・채무는 추진위원회에 귀속되나, 단체성이 없을 경우(위원장은 있으나 운영규정이 작성되지 않은 경우) 승인전 추진위원회의 채권・채무는 개인들에게 귀속된다.

갑 아파트의 일부 구분소유자들이 '재건축추진준비위원회'라는 명칭으로 갑 아파트 재건축 추진을 위하여 활동하여 왔는데, 위 준비위원회가 사단의 실체를 갖춘 비법인사단으로서 당사자능력이 있는지 문제 된 사안에서, 위 준비위원회는 회원 가입 절차를 거치지 않아 구성원을 특정할 수 없고, 유효한 규약이 존재하지 않으며, 규약에 기초하여 의사결정기관 및 대표자를 선임하는 등의 조직행위가 이루어진 사실도 없어 사단의 실체를 갖춘 비법인사단이라고 볼 수 없으므로 당사자능력이 없다고 한 사례가 있다.[12]

---

11) 대법원 1999. 4. 23. 선고 99다4504 판결

12) 서울고등법원 2021. 1. 20. 선고 2020나2014107, 2020나2014114 판결, 비법인 사단을 인정한 예 : 부산고등법원 2024. 7. 25. 선고 2023나54658 판결

(2) 승인전 추진위원회 업무의 승계 여부

추진위원회 승인 이전에 사용한 비용(사무실 운영비 등)이 추진위원회 승인을 위해 사용한 것이라면 위 비용은 승인된 추진위원회에 승계된다.[13]

실무상 승인된 추진위원회는 추진위원회 의결 또는 주민총회의 의결로 승인전 추진위원회의 업무 및 재산을 추인 또는 승인하고 있으며, 추인 또는 승인된 범위내에서 승인전 추진위원회의 권리의무는 승인된 추진위원회에 승계된다.[14]

(3) 승인전 추진위원회와 승인된 추진위원회의 동일성 여부

승인전 추진위원회의 업무 또는 계약이 승인된 추진위원회로 승계되기 위해서는 승인전 추진위원회와 승인된 추진위원회의 동일성이 인정되어져야 한다.

법인격이 동일한 것인지의 여부는 단순히 추진위원회 명칭을 동일하게 사용하고 있다는 점이나 위원장이 동일하다는 점만으로 동일성을 인정할 수 없는 것으로서, 결국 승인전 추진위원회와 승인된 추진위원회 사이의 추진위원들의 인적 구성, 대표자, 운영규정의 내용, 동의자 현황, 사무실의 사용관계, 예정구역 등을 종합적으로 고려하여 법인격의 동일성 여부를 판단할 수밖에 없다.

2개의 추진위원회가 경쟁하다가 통합에 관한 합의가 이루어져서 그간 징구한 추진위원회설립동의서를 취합하여 하나의 추진위원회로 설립승인을 받았는데, 2개의 추진위원회 중 하나의 행정용역계약을 체결한 회사가 설립승인을 받은 추진위원회를 상대로 용역대금의 지급을 청구한 사안에서 통합전 추진위원회와 승인된 추진위원회의 동일성이 인정되지 않아 행정용역업체는 승인된 추진위원회에게 용역비를 청구할 수 없다고 판시한 사례가 있다.[15]

갑 업체는 다 (가칭) 추진위원회와 용역계약을 체결한 후 동의서 징구 등의 업무를 수행하였으나, 가 (가칭)추진위원회가 먼저 추진위원회 승인을 받았는데, 갑 업체가 가 추진위원회에게 용역비를 청구한 사안에서 갑 업체의 업무수행으로 인하여 가 추진위원회가 이득을 얻었다고 볼 수 없으므로 갑 업체의

---

13) 대법원 1996. 3. 12. 선고 94다56401 판결
14) 유사취지 : 대법원 2021. 12. 10. 선고 2021다253598 판결, 부산고등법원 2024. 7. 25. 선고 2023나54658 판결
15) 서울중앙지방법원 2006. 10. 13. 선고 2006가합7957 판결

부당이득반환청구를 기각한 사례가 있다.[16)]

(4) 승인전 추진위원회의 운영과 벌칙규정

추진위원회의 승인을 얻지 아니하고 추진위원회의 업무(정비사업전문관리업자의 선정, 설계자의 선정 및 변경, 조합의 설립인가를 받기 위한 준비업무 등)를 수행한 자는 2년 이하의 징역 또는 2천만원 이하의 벌금에 처한다(법 제137조 제3호).

승인전 추진위원회가 주민총회를 개최하여 시공사를 선정한 사안에서 법원은 승인전 추진위원회의 위원장에게 도시정비법 제85조 제3호(현 제137조 제3호)를 적용하여 벌금 50만원을 부과한 바 있다.[17)]

추진위원회설립동의서 징구행위 또는 정비계획 입안을 제안하기 위한 토지등소유자의 동의서 징구행위는 추진위원회의 업무에 해당되지 않아 처벌대상에 해당하지 않는다.

현실적으로 토지등소유자가 자발적으로 구성한 승인전 추진위원회는 업무 또는 자금을 지원받기 위해 정비사업전문관리업자를 선정하고, 정비계획의 입안을 제안하기 위해 건축사사무소 또는 정비계획 수립업체를 선정하고 있는 바, 위와 같은 승인전 추진위원회의 행위는 현실적인 필요성에도 불구하고 도시정비법 제137조 제3호에 해당될 가능성이 있다.

---

16) 의정부지방법원 남양주지원 2024. 7. 5. 선고 2022가합50766 판결
17) 대전지방법원 2006. 4. 11. 선고 2006고약6661 결정

4. 추진위원회 승인처분과 쟁송방법

(1) 추진위원회 승인의 법적 성격

추진위원회 구성승인은 조합의 설립을 위한 주체인 추진위원회의 구성행위를 보충하여 효력을 부여하는 처분이다.[18] 시장・군수의 추진위원회 승인처분은 행정처분으로서의 성격을 가지며, 추진위원회 승인에 대한 쟁송은 항고소송의 대상이 된다.

토지등소유자 과반수의 동의를 얻었는지 여부는 추진위원회 설립승인권자가 그 승인 여부를 결정함에 있어 반드시 확인해야 되는 사항이다. 위 동의요건을 갖추지 못하였음에도 추진위원회 승인처분이 이루어졌을 경우에는 그 인가처분에 고유한 위법이 있는 것이 된다.[19]

토지등소유자의 동의에 하자가 있다는 주장은 추진위원회의 설립 자체에 관한 하자의 주장임과 동시에 추진위원회 승인처분에 관한 하자의 주장으로 볼 수 있다.[20]

(2) 추진위원회 승인 취소소송의 원고적격

정비구역내 추진위원회의 구성에 동의하지 아니한 토지등 소유자는 조합설립추진위원회 설립승인처분에 대하여 도시정비법에 의하여 보호되는 직접적이고 구체적인 이익을 향유하므로 그 설립승인처분의 취소소송을 제기할 원고적격이 있다.[21]

비법인사단(교회)의 대표자가 위 사단의 명의가 아닌 개인 명의로 추진위원회의 취소소송을 제기할 경우 위 대표자 개인은 토지등소유자에 해당되지 않아 원고적격이 인정되지 않는다.[22]

토지등소유자가 아닌 세입자는 추진위원회의 승인처분에 의한 직접적이고

18) 대법원 2013. 1. 31. 선고 2011두11112,2011두11129 판결, 대법원 2014. 2. 27. 선고 2011두2248 판결
19) 서울고등법원 2008. 1. 8. 선고 2007누15904 판결, 수원지방법원 2008. 1. 16. 선고 2007구합1584 판결, 서울행정법원 2009. 9. 25. 선고 2009구합9192 판결
20) 대법원 2009. 6. 25. 선고 2008두13132 판결
21) 대법원 2007. 1. 25. 선고 2006두12289 판결
22) 서울행정법원 2010. 5. 26. 선고 2010구합184 판결

구체적인 이익을 침해받았다고 볼 수 없어 원고적격이 인정되지 않는다.

(3) 추진위원회 승인 취소소송의 법원 심리

행정소송에서 행정처분의 위법 여부는 '행정처분이 행하여졌을 때'의 법령과 사실상태를 기준으로 하여 판단하여야 하고, 처분 후 법령의 개폐나 사실상태의 변동에 의하여 영향을 받지는 않는다.[23]

법원은 행정처분 당시 행정청이 알고 있었던 자료뿐만 아니라 사실심 변론종결 당시까지 제출된 모든 자료를 종합하여 처분 당시 존재하였던 객관적 사실을 확정하고 그 사실에 기초하여 처분의 위법 여부를 판단할 수 있다.[24]

시장·군수의 추진위원회 승인처분 당시 토지등소유자 정수 산정이나 동의자수 계산에 일부 오류가 있다 하더라도, 실제로 추진위원회의 승인신청이 토지등소유자 과반수의 동의를 얻은 것이 맞다면, 시장·군수의 추진위원회 승인처분은 결과적으로 적법하다.

법원은 우선 추진위원회승인처분에 원고가 주장하는 구체적인 하자 사유들이 존재하는지 여부를 판단한 후 추진위원회승인처분에 관하여 적용되어야 할 적법한 기준에 비추어 추진위원회의 승인신청이 과반수 동의 요건을 갖춘 것인지를 다시 판단하게 된다.[25]

추진위원회의 동의율 산정의 기준시점은 '추진위원회 승인신청 시점'이고, 추진위원회 승인신청 시점을 기준으로 전체 토지등소유자 수 및 동의자 수를 확정해야 한다.[26] 따라서 승인신청 이후 토지등소유자가 된 사람을 동의율 산정을 위한 정족수에 포함시켜서는 아니 되고, 승인신청 이후 동의자도 동의율에서 제외하여야 한다.

하자 있는 행정행위의 치유는 행정행위의 성질이나 법치주의의 관점에서 볼 때 원칙적으로 허용될 수 없는 것이고, 예외적으로 행정행위의 무용한 반복을

23) 대법원 1993. 5. 27. 선고 92누19033 판결, 2002. 7. 9. 선고 2001두10684 판결, 대법원 2007. 5. 11. 선고 2007두1811 판결, 대법원 2008. 3. 13. 선고 2006두2954 판결
24) 대법원 2014. 10. 30. 선고 2012두25125 판결
25) 서울고등법원 2008. 1. 8. 선고 2007누15904 판결, 서울행정법원 2009. 9. 25. 선고 2009구합9192 판결
26) 대법원 2014. 4. 24. 선고 2012두21437 판결

피하고 당사자의 법적 안정성을 위해 이를 허용하는 때에도 국민의 권리나 이익을 침해하지 않는 범위에서 구체적 사정에 따라 합목적적으로 인정하여야 한다.[27] 실무상 추진위원회 승인의 하자치유는 허용되지 않는다.[28]

(4) 추진위원회 승인과 적용법령

행정처분은 원칙적으로 '처분시의 법령'에 근거하여 행해져야 하므로, 당해 행정작용이 행정처분에 해당하는지 여부도 특단의 사정이 없는 한 그 행정작용이 행하여질 당시 시행되던 법령에 따라 판단되어야 하며, 법령의 개정으로 행정처분의 기준이 변경된 경우에도 달리 특별한 정함이 없는 한 처분시의 개정법령에서 규정하고 있는 기준이 적용되어야 한다.[29]

(5) 추진위원회설립동의의 철회와 추진위원회의 승인 취소

도시정비법 제35조에서는 조합설립인가에 필요한 요건을 강화하고 있을 뿐 그 사이에 일단 승인을 받은 추진위원회가 계속 정족수 요건을 구비하고 있는지 여부에 대하여 관계기관으로 하여금 이를 감독하고, 통제할 아무런 법적 근거를 마련해 두지 않고 있다.

추진위원회가 승인을 받은 이후에도 토지등소유자의 조합설립에 관한 동의가 철회되어 설립인가시까지 강화된 동의율이 충족되지 않으면 결국 조합설립인가가 자동적으로 불가능하게 된다.

위와 같은 점에 비추어보면, 도시정비법 제31조 제1항에서 정한 동의율 요건(토지등소유자 과반수 동의)은 추진위원회의 승인요건에 불과할 뿐 승인 이후 조합설립인가시까지도 계속 유지되어야 할 요건이라고 보기는 어렵다.[30]

---

27) 대법원 2002. 7. 9. 선고 2001두10684 판결, 대법원 2010. 8. 26. 선고 2010두2579 판결
28) 서울행정법원 2007. 11. 14. 선고 2007구합1767 판결
29) 대법원 1984. 5. 22. 선고 84누77 판결, 대법원 2001. 3. 15. 선고 99두4594 전원합의체 판결, 대법원 2008. 3. 13. 선고 2006두2954 판결
30) 서울고등법원 2005. 6. 24. 선고 2005누885 판결

(6) 추진위원회 변경승인과 기존 추진위원회 승인의 취소 쟁송

추진위원회 변경승인이 최초 추진위원회의 승인처분을 그대로 둔 채 승인된 토지등소유자와 동의자를 초과하는 부분에 해하여만 단순히 변경승인을 한 경우라면 토지등소유자는 최초 추진위원회 처분의 하자를 다툴 수 있다.

추진위원회 변경승인처분이 기존의 정비(예정)구역의 인접 토지를 새로이 편입함으로서 정비(예정)구역 범위의 본질적인 변경을 초래하고, 확정된 사업구역에 대하여 새로이 토지등소유자들로부터 징구한 동의서에 터잡아 이루어진 경우 위 변경승인처분은 추진위원회 설립승인의 주요 부분을 변경한 실질적인 새로운 추진위원회 설립승인에 해당한다.

실질적인 새로운 설립승인에 해당하는 추진위원회 변경승인은 기존의 설립승인 처분을 그대로 둔 채 기존의 토지등소유자와 동의자를 각 초과하는 부분에 대하여만 변경승인을 한 것이 아니라 새로운 추진위원회 설립승인에 해당한다. 따라서 기존의 설립승인 처분은 위 변경승인처분에 흡수되어 더 이상 존재하지 않은 것으로 보아야 한다.[31)]

이 경우 추진위원회 변경승인 이후에도 토지등소유자가 최초 추진위원회 승인처분의 취소 또는 무효를 다투게 된다면 이는 과거의 법률관계를 다투는 것으로서 소의 이익이 없어 각하될 것이다[32)].

(7) 조합설립인가시 추진위원회의 취소를 다툴 수 있는지

추진위원회 구성승인처분은 조합의 설립을 위한 주체인 추진위원회의 구성행위를 보충하여 그 효력을 부여하는 처분으로서 조합설립이라는 종국적 목적을 달성하기 위한 중간단계의 처분에 해당한다.

그렇지만 추진위원회 구성승인처분의 법률요건이나 효과가 조합설립인가처분의 그것과는 다른 독립적인 처분이기 때문에, 추진위원회 구성승인처분에 대한 취소 또는 무효확인 판결의 확정만으로는 이미 조합설립인가를 받은 조합에 의한 정비사업의 진행을 저지할 수 없다.

---

31) 대법원 2012. 9. 27. 선고 2011두17400 판결, 서울고등법원 2010. 12. 16. 선고 2010누4638 판결, 서울고등법원 2011. 3. 29. 선고 2010누38105 판결

32) 대법원 2012. 9. 27. 선고 2011두17400 판결, 서울고등법원 2010. 12. 16. 선고 2010누4638 판결, 서울고등법원 2011. 3. 29. 선고 2010누38105 판결

따라서 추진위원회 구성승인처분을 다투는 소송 계속 중에 조합설립인가처분이 이루어진 경우에는, 추진위원회 구성승인처분에 위법이 존재하여 조합설립인가 신청행위가 무효라는 점 등을 들어 직접 조합설립인가처분을 다툼으로써 정비사업의 진행을 저지하여야 하고, 이와는 별도로 추진위원회 구성승인처분에 대하여 취소 또는 무효확인을 구할 법률상의 이익은 없다.[33)]

(8) 조합설립인가의 취소와 추진위원회의 지위 회복

조합설립인가처분이 취소된 경우 추진위원회가 그 지위를 회복한다고 보더라도, 정비사업의 계속 추진에 반대하는 토지 등 소유자로서는 추진위원회가 다시 조합설립인가신청을 하기 이전까지 법령이 정한 바에 따라 동의를 철회할 수 있으므로, 토지 등 소유자의 권익 보호에 중대한 지장을 초래하지 않는다.

조합설립인가처분이 법원의 판결에 의하여 취소된 경우에는 조합설립인가처분이 소급하여 효력을 상실한다. 이러한 경우 추진위원회가 그 존립목적을 달성하였다고 보기 어렵다.

따라서 조합설립인가처분이 법원의 판결에 의하여 취소된 경우에는 추진위원회가 지위를 회복하여 다시 조합설립인가신청을 하는 등 조합설립추진 업무를 계속 수행할 수 있다.[34)]

---

33) 대법원 2013. 1. 31. 선고 2011두11112 판결, 대법원 2013. 1. 31.자 2011아73 결정

34) 대법원 2016. 12. 15. 선고 2013두17473 판결

Ⅱ. 추진위원회 승인절차

1. 추진위원회의 구성

(1) 추진위원회를 구성하는 경우

시장·군수 또는 주택공사 등이 아닌 자가 정비사업을 시행하고자 하는 경우에는 토지등소유자로 구성된 조합을 설립하여야 하고, 위 조합을 설립하고자 하는 경우에는 토지등소유자 과반수의 동의를 얻어 조합설립추진위원회를 구성하여야 한다(법 제31조 제1항, 제2항, 제35조 제1항).

추진위원은 위원장을 포함한 5명 이상이어야 한다(법 제31조 제1항 제1호). 운영규정상 추진위원의 수는 토지등소유자 10분의 1 이상으로 하되, 5인 이하인 경우에는 5인으로 하며, 100인을 초과하는 경우에는 토지등소유자의 10분의 1 범위안에서 100인 이상으로 할 수 있다(운영규정 제2조 제2항 제3호).

정비사업조합설립추진위원회 운영규정은 도시정비법 제34조에 의하여 추진위원회의 운영에 관한 수권을 받아 규정한 것일 뿐 추진위원회 설립승인요건 관련한 규정은 아니다. 운영규정 제2조 제2항 제3호(위원의 수는 토지등소유자의 10분의 1 이상으로 함)는 단지 추진위원회의 구성을 정하는 일응의 기준 규정에 불과하므로 법규명령으로 볼 수 없다.[35] 따라서 추진위원회 승인당시 추진위원이 토지등소유자의 10분의 1에 미달되더라도 추진위원이 5인 이상이라면 추진위원회 승인에 하자가 있다고 볼 수 없다.[36]

아파트와 단독주택이 혼재된 지역에서 아파트 또는 단독주택 중 어느 한쪽의 소유자들이 대부분 추진위원이거나 여러 동으로 구성된 아파트 단지에서 어느 동의 소유자들이 대부분 추진위원일 경우 대의기관인 추진위원회가 전체 토지등소유자를 대표하기보다 일부 특정 토지등소유자의 이익을 대변할 수 있다. 따라서 추진위원의 선임방법은 추진위원회에서 정하되, 동별·가구별 세대수 및 시설의 종류를 고려하여야 한다(운영규정안 제15조 제6항).

35) 울산지방법원 2007. 6. 27. 선고 2006구합 2897 판결
36) 대법원 2008. 7. 24. 선고 2007두12996 판결

(2) 추진위원회 구성이 가능한 지역

추진위원회는 다음의 어느 하나에 해당하는 지역을 대상으로 구성한다(법 제31조 제2항, 시행령 제25조 제2항).

① 정비구역으로 지정·고시된 지역

② 정비구역으로 지정·고시되지 아니한 지역으로서 다음의 어느 하나에 해당하는 지역[37]

1) 기본계획을 수립하지 아니한 지역 또는 기본계획에 법 제5조 제1항 제9호(정비예정구역의 개략적 범위) 및 제10호(단계별 정비사업 추진계획)의 사항을 생략한 지역 + 시행령 별표 1.에 해당하는 지역
  - 지구단위계획구역으로서 향후 정비사업을 추진하기에 적합하도록 지구단위계획이 수립되어 있는 지역
  - 재건축 대상인 것으로 재건축진단 판정 결과가 통보된 재건축사업 예정 지역
  - 그 밖에 시 · 도조례로 정하는 기준에 적합한 지역

2) 기본계획에 정비예정구역이 설정된 지역

3) 정비계획의 입안 요청 및 입안 제안에 따라 정비계획의 입안을 결정한 지역

4) 정비계획의 입안을 위하여 주민에게 공람한 지역

(3) 추진위원회 구성 생략(공공지원에 의한 조합설립)

정비사업에 대하여 공공지원을 시행하려는 경우에는 추진위원회를 구성하지 아니할 수 있다(법 제31조 제7항).

공공지원 방식으로 시행하는 정비사업중 추진위원회를 구성하지 않는 경우에는 ① 토지등소유자의 동의서 접수, ② 창립총회의 개최, ③ 조합정관의 초안 작성에 필요한 사항을 시·도 조례에 정할 수 있다(시행령 제27조 제6항).

서울특별시장은 추진위원회를 구성하지 아니하는 경우에 조합설립 방법 및

---

37) 2024. 12. 3. 개정법에 따라 정비구역으로 지정된 지역 이외 정비예정구역에서도 추진위원회 구성이 가능해 졌음.

절차 등에 필요한 사항을 고시하여야 한다. 고시내용에는 다음의 사항이 포함된다(서울시 조례 제82조 제1항).

① 토지등소유자의 대표자 등 주민협의체 구성을 위한 선출방법

② 참여주체별 역할

③ 조합설립 단계별 업무처리 기준

④ 그 밖에 조합설립 업무지원을 위하여 필요한 사항

구청장은 토지등소유자의 과반수가 추진위원회 구성 단계 생략을 원할 경우 위 방법에 따라 조합을 설립하여야 한다(서울시 조례 제82조 제2항).

서울시는 '조합설립 지원을 위한 업무기준(서울특별시 고시 2016 11. 10. 제2016- 354호)' 를 제정하여 고시하였다.

서울시의 '조합설립 지원을 위한 업무기준' 주요내용

- 공공지원자의 조합설립계획 및 공고
- 공공지원자의 정비사업전문관리업자 선정
- 주민협의체 구성(부위원장 포함 토지등소유자의 20분의 1 이상, 20분의 1 이상 범위안에서 50인 이상, 최소인원 10명 이상, 공공지원자가 선임함)
- 위원장은 공공지원자, 변호사 등의 전문가로 공공지원자가 위촉함.
- 부위원장은 선거를 통해 당선된 주민대표자로 선임함(전체 토지등소유자 과반 참여).
- 주민협의체의 업무는 ① 개략적 추정분담금 산정, ② 조합정관(안) 작성, ③ 조합의 행정업무, ④ 예산·회계, 선거관리규정(안) 등의 작성, ⑤ 조합설립동의서 징구, ⑥ 선거관리위원회 구성, ⑦ 그 밖에 필요한 사항임.
- 부위원장은 공공지원 창립총회 소집권한을 가짐.
- 창립총회 의결사항은 ① 조합정관의 확정, ② 조합의 행정업무규정의 확정, ③ 조합의 예산·회계규정의 확정, ④ 조합선거관리규정의 확정, ⑤ 조합임원의 선임, ⑥ 대의원의 선임, ⑦ 그 밖에 필요한 사항으로서 주민협의체 의결을 거친 사항 등임.

2. 추진위원회 구성을 위한 공공지원

(1) 추진위원회 구성을 위한 공공지원제도

공공지원제도는 정비사업의 투명성 강화와 효율성 제고를 위해 시장·군수가 사업시행 과정을 지원하는 제도를 말한다. 정부는 공공지원자가 재개발·재건축조합에 전문성 부족의 부분을 지원하고, 조합원들이 사업 추진사항을 명확하게 알고 의사결정을 할 수 있도록 하기 위해 2010. 4. 15. 공공지원제도를 도입하게 되었다.

서울시의 경우 조합이 시행하거나 조합이 건설업자 또는 등록사업자와 공동으로 시행하는 정비사업에 대해 공공지원의 대상사업으로 정하고 있다. 다만 정비구역지정·고시가 있은 날의 토지등소유자의 수가 100명 미만으로서 주거용 건축물의 건설비율이 50% 미만이고, 주거용 건축물의 건설비율이 50% 미만인 도시정비형 재개발사업은 제외한다(서울시 조례 제73조).

시장·군수 및 위탁관리자는 추진위원회의 구성을 위한 업무를 지원하며(법 제118조 제2항 제1호), 서울시는 '추진위원회 구성을 위한 위원 선출업무의 선거관리위원회 위탁' 업무를 지원업무로 정하고 있다(서울시 조례 제75조 제1호).

시장은 추진위원회 위원, 조합임원 또는 토지등소유자의 대표자 선출을 위하여 ① 선거관리위원회의 업무위탁에 관한 사항, ② 주민설명회 개최에 관한 사항, ③ 입·후보자 등록공고 및 등록에 관한 사항, ④ 합동연설회 개최에 관한 사항, ⑤ 주민선거 실시에 관한 사항, ⑥ 그 밖에 선거관리를 위하여 필요한 사항의 내용을 포함한 선거관리기준을 정할 수 있다(서울시 조례 제76조).

서울시의 경우 '공공관리 추진위원회 구성 선거관리기준'(서울특별시 고시 2011. 6. 2. 제2011-140호)에 따라 예비추진위원장과 예비감사를 선임한 후 위 예비추진위원장이 추진위원을 선정하도록 지원하고 있다.

(2) 서울시의 선거관리위탁등

공공지원자가 추진위원회 구성을 위한 선거를 할 경우에는 선거관리위원회의 위탁선거관리규칙에 따라 위탁하여야 한다. 공공지원자는 선거를 위탁할 경우 관할위원회와 협약서를 작성하여야 한다.

공직선거 등으로 선거실시제한 기간에 해당하여 관할위원회가 선거일을 정할 수 없는 경우에는 공공지원자가 직접 선거를 주관하여 실시할 수 있다.

공공지원자가 선거인명부를 작성하거나 선거인명부를 확정한 경우에는 즉시 선거인명부 등본을 선거관리규칙이 정하는 바에 따라 관할위원회에 송부하여야 한다.

공공지원자는 관할위원회에 송부한 선거인명부에 오기가 있는 때, 선거권이 없는 자나 사망자가 있는 때 또는 정당한 선거권자의 누락이 발견된 때에는 선거인명부확정 후 지체없이 선거관리규칙이 정하는 바에 따라 관할위원회에 그 사실을 통보하여야 한다.

구청장은 추진위원회 구성을 위한 선거관리위원회 위탁비용을 부담하고(서울시 조례 제74조 제1항), 시장은 추진위원회 구성을 위한 소요비용의 70% 범위내에서 '서울특별시 지방보조금 관리조례' 제4조에 따라 자치구 재정력을 감안하여 구청장에게 지원할 수 있다(서울시 조례 제84조).

(3) 토지등소유자 명부 작성 및 관리

선거인은 선거가 실시되는 정비사업구역내 토지등소유자를 말한다. 선거권은 선거인명부 확정일 기준 당해 구역 토지등소유자로서 선거인명부에 등재된 자에게 있다.

공공지원자는 선거인명부를 작성하고 선거인명부 확정공고 14일전까지 열람공고하여야 한다. 이 경우 토지등소유자 또는 선거인명부에 기재된 자는 자신의 정보에 한하여 열람할 수 있다.

공공지원자는 선거인명부를 선거일 10일부터 14일전까지 확정하여야 하며, 클린업시스템에 선거인명부 확정사실을 공고한다. 공공지원자가 확정공고한 선거인명부는 당해구역의 선거에 한하여 효력을 가진다.

(4) 후보자 등록

후보자가 되고자 하는 자는 후보자 추천서에 의거 선거권자의 추천을 받아야 한다. 당해구역 토지등소유자가 300인 이상 1000인 미만인 경우에는 예비추진위원장, 예비감사 후보는 30인 이상의 추천을 받아야 한다.

공공지원자는 예비추진위원장 및 예비감사의 후보자를 등록받고자 하는 경우에는 클린업시스템에 후보자 등록공고를 하여야 한다. 후보자등록은 공고일 이후 7일이 경과한 날부터 기산하여 2일 이상의 후보자등록기간을 정하여야 한다.

공공지원자는 후보자의 자격을 확인한 후 즉시 후보자를 확정하고 후보자등록명부에 작성하여야 하며, 클린업시스템에 확정 공고해야 한다. 공공지원자는 후보자등록 후에 후보자의 피선거권이 없는 것이 발견된 때에는 후보자등록을 무효로 하고, 당해 후보자에게 그 사유를 지체 없이 통보한다.

(5) 예비추진위원장 및 예비감사 선거

공공지원자는 입후보자의 홍보를 위하여 선거운동 기간내 합동연설회를 개최할 수 있다. 입후보자는 특별한 사유가 없는 한 합동연설회에서 홍보를 위한 연설을 하여야 하고, 입후보자 연설순서는 추진위원장, 감사 순이며, 배정된 기호순으로 한다.

공공지원자가 선거통지를 하는 경우에는 선거일시, 투표시간, 투표장소, 약도, 유의사항 등이 기재된 투표안내문과 후보자의 사진, 성명, 기호, 경력·학력 및 정견 등 후보자별 홍보물을 포함하여 통지하여야 한다.

선거는 기표방법으로 투표하며, 선거인명부에 기재된 토지등소유자 1인이 1표로 직접 선거한다.

예비추진위원장, 예비감사는 선거에서 다수의 유효투표를 얻은 자를 선임하고, 단 투표결과 유효투표가 동수일 경우에는 연장자를 당선자로 한다. 단독 입후보자는 예비추진위원장, 예비감사에 당선된 것으로 본다.

공공지원자는 선거일로부터 3일 이내에 선거결과 및 당선자를 공고한다. 당선자는 당선자공고로서 그 지위를 득한다. 당선자는 추진위원회 승인전까지 예비추진위원장 또는 예비감사의 지위를 갖는다. 추진위원장, 감사의 임기는 추진위원회 승인을 받는 날부터 개시한다.

(6) 예비추진위원 선정

예비추진위원의 추천은 예비추진위원장 당선자가 통별, 가구수, 세대수 및 시설의 종류와 운영규정 제2조 제3항을 고려하여 110% 이상 추천해야 한다. 이 경우 선거의 낙선자는 거부의사를 표시하지 않는 한 당연직 예비추진위원으로 추천하여야 한다.

공공지원자는 예비추진위원을 추천받아 추진위원회 설립동의서에 연번을 부여하여 제공하여야 한다.

(7) 서울시 예비추진위원장 및 예비감사 선거절차도

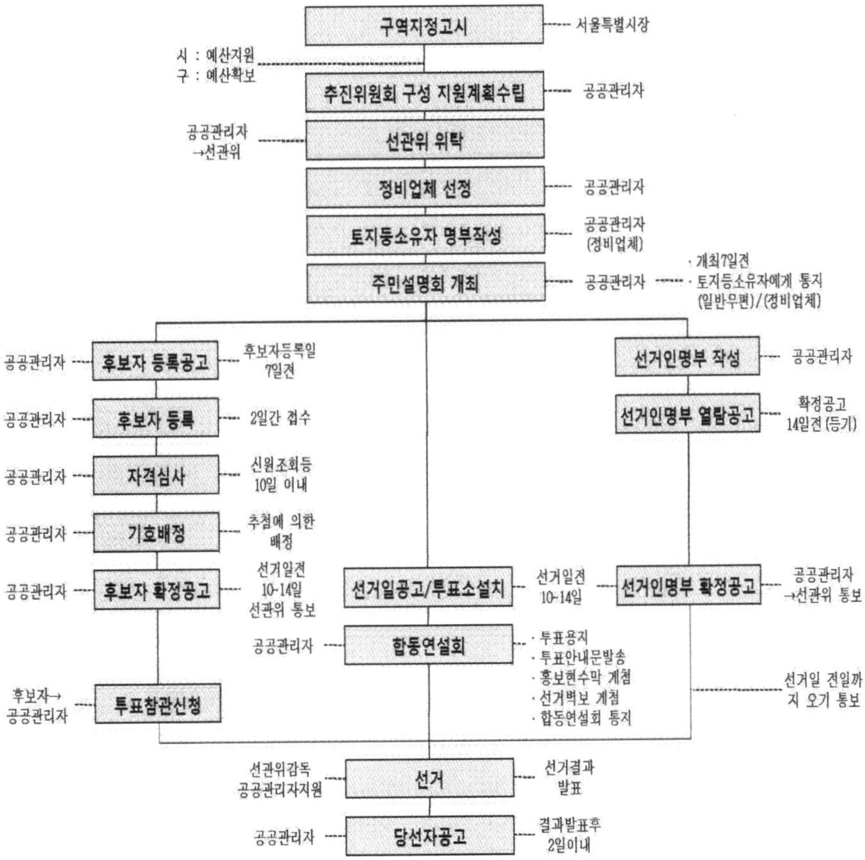

3. 운영규정 작성

(1) 운영규정의 동의

조합을 설립하고자 하는 경우 추진위원 및 운영규정에 대하여 토지등소유자 과반수 동의를 받아야 한다(법 제31조 제1항). 2009. 2. 6. 이전에는 추진위원회 구성과 운영규정을 분리하여 동의를 각각 받았을 수 있었으나, 현재는 추진위원회 구성과 운영규정에 관한 동의를 동시에 받아야 한다.

국토교통부장관은 추진위원회의 공정한 운영을 위하여 ① 추진위원의 선임방법 및 변경, ② 추진위원의 권리 · 의무, ③ 추진위원회의 업무범위, ④ 추진위원회의 운영방법, ⑤ 토지등소유자의 운영경비 납부, ⑥ 추진위원회 운영자금의 차입, ⑦ 추진위원회 운영경비의 회계에 관한 사항, ⑧ 정비사업전문관리업자의 선정에 관한 사항을 포함한 추진위원회의 운영규정을 정하여 고시하여야 한다(법 제34조 제1항, 시행령 제28조).

국토교통부장관은 '정비사업 조합설립추진위원회 운영규정'을 고시하였다(국토교통부 고시 제2025-283호, 개정 2025. 6. 4.).

(가칭) 추진위원회가 작성한 운영규정안이 도시정비법, 관계법령 및 관련행정기관의 처분에 위배되는 경우에는 효력을 갖지 아니한다(운영규정 제3조 제3항).

(2) 국토교통부장관이 고시한 운영규정의 법적 성격

운영규정은 국토교통부장관 고시의 형태로 발령되었으나 도시정비법에서 위임받은 사항, 즉 추진위원회의 공정한 운영을 위하여 추진위원회의 구성, 업무범위, 운영방법, 위원의 권리·의무 등에 관한 사항을 구체적으로 규정한 것으로서 법규명령으로 볼 수 있다[38].

그러나 운영규정이 법규명령으로서의 효력을 가지는 것은 상위법인 도시정비법이 위임한 사항의 범위 내로 한정된다고 할 것인바, '별표 ○○정비사업 조합설립추진위원회 운영규정' 부분이나 별지 대표소유자 선임동의서 양식은

38) 대법원 2011. 9. 8. 선고 2009두23822 판결, 부산고등법원 2009. 4. 16. 선고 2008나16905 판결, 서울서부지방법원 2009. 8. 14. 선고 2009가합3227 판결

하나의 예시로서 들고 있는 것에 불과할 뿐 법규명령으로서의 효력을 가진다고 볼 수 없다.[39]

(3) 운영규정의 변경

운영규정의 변경은 토지등소유자 4분의 1 이상 또는 추진위원회 의결로 발의한다. 운영규정이 변경된 경우에는 추진위원회는 시장·군수에게 이를 신고하여야 한다(운영규정안 제10조).

운영규정이 법령의 개정으로 변경되어야 할 경우 운영규정의 개정절차에 관계없이 변경되는 것으로 본다. 다만 관계법령의 내용이 임의규정인 경우 주민총회의 의결에 따라 운영규정을 변경하여야 한다(운영규정안 제37조 제3항).

4. 추진위원회 구성동의서 작성 등

(1) 구성동의서의 작성

토지등소유자의 동의를 받으려는 자는 국토교통부령으로 정하는 동의서에 조합설립추진위원회의 위원장, 위원, 추진위원회의 업무 및 운영규정을 미리 쓴 후 토지등소유자로부터 동의를 받아야 한다(시행령 제25조 제1항).

도시정비법 시행규칙 별지 제4호서식은 '정비사업 조합설립추진위원회 구성동의서' 양식이다(시행규칙 제7조 제2항).

전자서면동의서는 2024. 12. 3. 개정법에 의해 도입되었다.

추진위원회 구성동의서에는 '행정기관에서 부여한 연번범위'가 있다. 이는 추진위원회 동의서를 징구하는 과정에서 동의서를 매매하는 행위를 방지하기 위한 것이다.

추진위원회 구성동의서에는 위원장, 감사, 부위원장, 추진위원을 기재하도록 되어 있다. 위 추진위원란을 공란으로 받은 동의서는 무효가 된다.

39) 부산고등법원 2009. 4. 16. 선고 2008나16905 판결

(2) 설명·고지의무 및 동의방법

토지등소유자의 동의를 받으려는 자는 추진위원회 동의자를 조합설립에 동의한 것으로 간주하는 것과 관련 ① 동의를 받으려는 사항 및 목적, ② 동의로 인하여 의제되는 사항, ③ 동의의 철회 또는 반대의사 표시의 절차 및 방법을 설명·고지하여야 한다(법 제31조 제6항, 시행령 제25조 제4항).

조합설립을 위한 추진위원회를 구성하는 경우 동의는 서면동의서에 토지등소유자가 성명을 적고 지장을 날인하는 방법으로 하며, 주민등록증, 여권 등 신원을 확인할 수 있는 신분증명서의 사본을 첨부하여야 한다(법 제36조 제1항 제6호).

토지등소유자가 해외에 장기체류하거나 법인인 경우 등 불가피한 사유가 있다고 시장·군수등이 인정하는 경우에는 토지등소유자의 인감도장을 찍은 서면동의서에 해당 인감증명서를 첨부하는 방법으로 할 수 있다(법 제36조 제2항).

(3) 서면동의서와 검인

추진위원회 구성에 관한 서면동의서 또는 전자서명동의서를 작성하는 경우 시장·군수로부터 검인 또는 확인한 동의서를 사용하여야 하며, 검인 또는 확인을 받지 아니한 동의서는 그 효력이 발생하지 아니한다(법 제36조 제3항).

서면동의서에 검인(檢印)을 받으려는 자는 ㅅ면동의서에 기재할 사항을 기재한 후 관련 서류를 첨부하여 시장·군수등에게 검인을 신청하여야 하고, 시장·군수등은 서면동의서 기재사항의 기재 여부 등 형식적인 사항을 확인하고 해당 서면동의서에 연번(連番)을 부여한 후 검인을 하여야 한다. 시장·군수등은 신청일부터 20일 이내에 신청인에게 검인한 서면동의서를 내주어야 한다(시행령 제34조 제1항 내지 제3항).

(4) 전자서면동의서와 검인

전자서면동의서의 확인을 받으려는 자는 시장·군수등에게 다음의 사항에 대한 확인을 신청해야 한다(시행령 제34조 제4항).

① 전자서명동의서의 보관 및 위조 · 변조 방지에 관한 사항

② 전자서명동의서를 다음의 어느 하나에 해당하는 방법에 따라 작성한 사실
- 서면동의서를 정보처리시스템에 의하여 전자적 형태로 변환하는 방법
- 정보처리시스템에 의하여 전자적 형태로 작성하는 방법

③ 전자적 형태로 작성하는 방법으로 작성된 전자서명동의서의 경우 동의서에 기재할 사항의 기재 여부 등 형식적인 사항을 갖추었다는 사실

시장 · 군수등은 신청일부터 20일 이내에 신청인에게 전자서명동의서의 확인 결과를 알려주어야 한다. 이 경우 시장 · 군수등은 전자적 형태로 작성하는 방법으로 작성된 전자서명동의서에 대해 연번을 부여해야 한다(시행령 제34조 제5항).

전자서명동의서의 본인확인은 전자서명인증사업자가 제공하는 본인확인의 방법을 따라야 한다(시행령 제34조 제6항).

(5) 추진위원회 구성동의서의 연번부여 거부사례

압구정지구 지구단위계획 구역지정시 갑 아파트, 을 아파트가 소재한 지역을 '특별계획구역'으로 결정하였고, 위 특별계획구역에 통합추진위원회의 구성을 승인하였다. 위 특별계획구역의 지형도면에 의하면 갑 아파트와 을 아파트의 '특별계획구역 분할 가능성'이 존재한다. 갑 아파트 소유자들은 분리 재건축을 추진하면서 시장에게 추진위원회 설립을 위한 동의서 검인 및 연번부여를 신청하였으나, 시장은 위 신청을 거부하였다.

위 사안에서 특별계획구역을 실제로 분할하는 별도의 정비구역 변경 지정이 없는 한, '특별계획구역 분할 가능선'이 존재한다는 이유만으로 특별계획구역에 각각 별개의 추진위원회를 구성하거나 특별계획구역 중 일부 지역의 토지등소유자의 과반수의 동의를 얻어서 추진위원회를 구성할 수도 없다.[40)]

재정비촉진구역의 지정·고시에 의하여 확정된 사업구역 면적은 약 89%, 토지등소유자 수는 약 106% 증가한 사안에서 추진위원회는 승인처분이 실효되지 않는 한 변경승인 절차를 밟아 그 업무를 수행할 수 있는바, 일부 토지등소유자들의 추진위원회 구성동의서 제공신청을 반려한 것은 적법하다.[41)]

---

40) 서울행정법원 2024. 12. 13. 선고 2024구합55167 판결

5. 추진위원회 승인

(1) 추진위원회의 승인신청 및 시장·군수의 심사

추진위원회의 구성승인을 얻으려는 자는 추진위원회 승인신청서에 ① 토지등소유자의 명부, ② 토지등소유자의 동의서, ③ 위원장 및 위원의 주소 및 성명, ④ 위원선정을 증명하는 서류를 첨부하여 시장·군수등에게 제출하여야 한다(시행규칙 제7조 제1항).

추진위원회를 구성함에 있어 서면동의서를 제출토록 한 취지는, 서면에 의한 토지등소유자 등의 동의 여부를 명확하게 함으로써 동의 여부에 관하여 발생할 수 있는 관련자들 사이의 분쟁을 미연에 방지하고 나아가 행정청으로 하여금 추진위원회 승인 신청시에 제출된 동의서에 의하여서만 동의 요건의 충족 여부를 심사하도록 함으로써 동의 여부의 확인에 불필요하게 행정력이 소모되는 것을 막기 위한 데 있다[42].

시장·군수는 토지등소유자 과반수의 동의여부를 서면심사의 방법에 의하며, 서면심사는 동의서에 토지등소유자의 지장이 날인되어 있는지, 자필로 서명이 있는지, 신분증명서의 사본이 첨부되어 있는지 여부를 심사하는 방법으로 한다.[43]

추진위원회의 설립 승인요건을 판단함에 있어 토지등소유자 및 그 동의의사는 처분시점이 아닌 '승인신청 당시를 기준'으로 하여야 할 것이다.[44] 따라서 추진위원회 인가신청 후에 토지등소유자가 된 사람 또는 동의자를 위 동의율 산정을 위한 정족수에 포함시켜서는 아니 된다.[45]

행정청이 추진위원회의 설립승인 심사에서 위법한 행정처분을 한 선례가 있다고 하여 그러한 기준을 따라야 할 의무가 없는 점 등에 비추어, 평등의 원

41) 서울고등법원 2014. 3. 27. 선고 2013누28109 판결

42) 대법원 2010. 1. 28. 선고 2009두4845 판결

43) 2012. 7. 31. 이전에는 인감도장날인과 인감증명서를 첨부하도록 되어 있었으므로, 시장·군수는 인감증명서의 인영과 동의서의 인영이 동일한지 여부를 심사하였다.

44) 대법원 2014. 4. 24. 선고 2012두21437 판결, 서울고등법원 2008. 1. 8. 선고 2007누15904 판결, 부산고등법원 2007. 7. 6. 선고 2006누3841 판결

45) 대법원 2014. 4. 24. 선고 2012두21437 판결

칙이나 신뢰보호의 원칙 또는 자기구속의 원칙 등에 위배되고 재량권을 일탈・남용하여 자의적으로 조합설립추진위원회 승인처분을 한 것으로 볼 수 없다.[46]

(2) 서류의 보완요구

시장·군수는 구비서류의 미비 등 흠이 있는 경우에는 보완에 필요한 상당한 기간을 정하여 지체없이 신청인에게 보완을 요구하여야 하고, 신청인이 보완기간 내에 보완을 하지 아니한 때에 그 이유를 명시하여 접수된 신청을 되돌려 보낼 수 있다(행정절차법 제17조 제5항). 그 과정에서 승인요건을 충족하지 못하는 하자를 발견하면 보완을 명하고, 보완이 이루어지지 아니하면 승인신청을 반려하여야 할 것이다[47].

보완요구의 대상이 되는 사항은 원칙적으로 신청에 필요한 기본적 사항으로서 그 서식과 기재사항 또는 관련 구비서류의 제출 등과 같이 보완 가능한 형식적・절차적 사항에 한정되고, 신청의 주요 실체적 내용에 대한 사항이나 그 변경에 대한 사항까지 대상이 되는 것은 아니다.[48]

토지등소유자 과반수 동의요건의 미달은 보완요구의 대상이 아니며, 추진위원회 승인신청 이후 추가 동의서를 제출한다 해도 위 동의서를 동의에 포함해서는 안 된다.[49] 다만, 시장・군수는 신청자에게 변개된 동의서가 해당 토지등소유자의 의사에 의하여 작성된 것인지 확인하고 이에 대한 보완을 명하여야 한다.[50]

(3) 복수의 추진위원회 승인 신청과 관련

동일구역내 복수의 추진위원회 승인 신청이 있을 경우 시장·군수는 접수순서에 따라 처리하여야 한다. 선 접수된 추진위원회 승인신청이 추진위원회 승인요건을 미비하였을 경우 시장·군수는 위 승인신청을 반려하여야 하나, 다만

46) 대법원 2009. 6. 25. 선고 2008두13132 판결
47) 서울고등법원 2008. 1. 8. 선고 2007누15904 판결
48) 대법원 2004. 10. 15. 선고 2003두6573 판결
49) 대법원 2014. 4. 2. 선고 2012두21437 판결
50) 서울행정법원 2007. 11. 14. 선고 2007구합1767 판결

서류상 경미한 하자로 치유될 수 있는 경우에는 시장·군수는 보완에 필요한 상당한 기간을 정하여 지체없이 신청인에게 보완을 요구하여야 하며, 신청인이 보완 기간 내에 보완하지 않을 경우 그 이유를 명시하여 신청을 반려할 수 있다[51].

2개의 가칭 추진위원회에 대한 중복동의한 경우 중복동의자의 기본적인 의사는 자신들의 중복동의를 각각 유효한 것으로 처리하여 복수의 추진위원회중 어느 것이라도 추진위원회로부터 설립을 위한 승인을 받아도 무방하다는 것으로 해석함이 상당하다. 다만 일방의 추진위원회 설립이 적법하게 승인된 경우에는 아직 승인을 받지 못한 다른 추진위원회에 대한 동의는 무효로 처리하는 것이 타당하다.[52]

(4) 추진위원회 승인처분 등

시장·군수는 추진위원회 설립승인신청이 법적 요건을 갖추었다고 판단될 경우 추진위원회의 설립을 승인하여야 한다.[53] 법원은 행정청의 기속행위로 보고 있다. 서울시는 추진위원회의 설립을 승인할 경우 '조합설립추진위원회승인서'를 교부하고 있다.

시장 · 군수등은 승인 이후 ① 추진위원회가 승인된 구역경계의 위치 및 구역 면적, ② 추진위원회 위원장 및 위원의 성명 및 주소, ③ 토지등소유자의 수를 해당 지방자치단체 공보에 고시하여야 한다(법 제31조 제1항, 시행규칙 제7조 제3항).

순환정비방식에 의한 재개발사업구역에서 시장 · 군수를 사업시행자로 정할 수 있음을 이유로 추진위원회의 승인신청을 반려한 것이 적법하다고 판시한 사례가 있다.[54]

---

51) 서울고등법원 2008. 1. 8. 선고 2007누15904 판결
52) 서울고등법원 2008. 1. 8. 선고 2007누15904 판결
53) 대법원 2009. 6. 25. 선고 2008두13132 판결
54) 서울고등법원 2006. 4. 28. 선고 2005누13072 판결

6. 추진위원회의 변경승인

(1) 추진위원회 변경승인의 필요성

추진위원회가 설립승인을 받은 후 정비구역의 변경 지정·고시에 따라 사업시행예정구역이 확대되고, 토지등소유자의 수가 증가됨에 따라 종전의 추진위원회설립승인에 대한 변경을 위하여 추진위원회의 변경승인이 필요하다. 시장·군수의 추진위원회 승인처분에는 당연히 그 변경사항을 승인할 수 있는 권한도 포함되어 있다.[55]

(2) 정비구역의 확장과 기존 추진위원회의 효력

처분의 적법 여부 및 효력 유무의 판단은 원칙적으로 처분시를 기준으로 하여야 하므로, 정비구역의 변경 등이 있다고 하더라도 기존의 추진위원회에 대한 승인처분이 당연히 위법·무효로 된다고 볼 수 없다.[56] 또한 기존의 추진위원회 승인처분의 효력이 소멸한다고 볼 수도 없다.

다만, 정비예정구역과 정비구역의 각 위치, 면적, 토지등소유자 및 동의자 수의 비교, 정비사업계획이 변경되는 내용과 정도, 정비구역 지정 경위 등을 종합적으로 고려하여 당초 승인처분의 대상인 추진위원회가 새로운 정비구역에서 정비사업을 계속 추진하는 것이 도저히 어렵다고 보여 그 추진위원회의 목적 달성이 사실상 불가능하다고 인정되는 경우에 한하여 추진위원회 승인의 효력이 소멸될 수 있다.[57]

(3) 추진위원회 변경동의서의 징구 대상

사업시행예정구역 면적이 경미하게 증가되어 면적 변경 전후로 정비사업의 동일성이 인정되는 경우 확장된 정비구역을 대상으로 추진위원회 설립동의서를 징구하면 된다.

사업시행예정구역이 동일성을 인정할 수 없을 만큼 변경된 경우 기존 동의

---

55) 대법원 2014. 2. 27. 선고 2011두2248 판결
56) 대법원 2013. 10. 24. 선고 2011두28455 판결, 서울행정법원 2024. 12. 13. 선고 2024구합55167 판결
57) 대법원 2013. 9. 12. 선고 2011두31284 판결

자들을 포함한 '토지등소유자 전체를 상대'로 하여 새로 받은 동의서가 제출된 상태에서 조합설립추진위원회 변경승인처분이 이루어져야 한다.[58] 다만, 추가된 범위내에서만 동의서를 징구한 후 추진위원회의 변경승인을 받았을 경우 위 추진위원회 변경승인이 당연 무효사유에 해당하지 않는다.[59]

(4) 정비예정구역 면적과 정비구역 면적의 차이가 10% 이상인 경우

정비예정구역 등에서 추진위원회를 구성하여 승인 받은 후 승인 당시의 정비예정구역과 정비구역의 면적 차이가 10% 이상인 경우 추진위원회는 변경승인을 받아야 한다(법 제31조 제4항, 시행령 제25조 제3항).

추진위원회는 ① 추진위원, ② 운영규정에 대하여 토지등소유자 과반수의 동의를 받아야 하고, 토지등소유자의 동의를 받으려는 자는 ① 동의를 받으려는 사항 및 목적, ② 동의로 인하여 의제되는 사항, ③ 동의의 철회 또는 반대의사 표시의 절차 및 방법을 설명·고지하여야 한다(법 제31조 제4항, 제6항, 시행령 제25조 제4항).

종전 추진위원회 구성에 동의한 자는 정비구역 지정 · 고시 이후 1개월 이내에 동의를 철회하지 아니하는 경우 추진위원회 변경에 동의한 것으로 본다(법 제31조 제4항).

추진위원회 변경승인이 있는 경우 기존의 추진위원회의 업무와 관련된 권리 · 의무는 승인받은 추진위원회가 포괄승계한 것으로 본다(법 제31조 제5항).

58) 서울고등법원 2011. 4. 13. 선고 2010누26034 판결 등
59) 대법원 2013. 11. 28. 선고 2012두15777 판결, 서울고등법원 2011. 4. 13. 선고 2010누26034 판결

Ⅲ. 추진위원장 및 추진위원

1. 추진위원의 수 등

(1) 추진위원의 수

추진위원회는 추진위원회를 대표하는 위원장 1인과 감사를 두어야 하며(법 제33조 제1항), 부위원장은 임의로 둘 수 있다(운영규정 제2조 제2항 제2호). 도시정비법은 위원장을 포함한 5인 이상의 위원으로 추진위원회를 구성하도록 규정하고 있다(법 제31조 제1항).

운영규정에 의하면 위원의 수는 토지등소유자의 10분의 1 이상으로 하되, 5인 이하인 경우에는 5인으로 하며, 100인을 초과하는 경우에는 토지등소유자의 10분의 1 범위안에서 100인 이상으로 할 수 있다(운영규정 제2조 제2항 제3호).

재적위원의 수는 추진위원회 승인 당시의 추진위원 수를 기준으로 한다. 이후 사임, 토지등소유자 자격 상실, 추진위원 자격 상실, 사망 등에 해당하는 자는 재적위원 수에서 제외된다.[60]

추진위원회의 위원이 임기 중 궐위되어 위원 수가 이 운영규정 본문 제2조 제2항에서 정한 최소 위원의 수(토지등소유자의 10% 이상)에 미달되게 된 경우 재적위원의 수는 이 운영규정 본문 제2조 제2항에서 정한 최소 위원의 수(토지등소유자 10%)로 본다(운영규정안 제15조 제3항).

(2) 추진위원의 자격

위원장, 부위원장, 추진위원은 추진위원회 설립에 동의한 자 중에서 선출하며(운영규정안 제15조 제2항), 추진위원회 설립에 동의하지 않은 자는 위원의 피선임권·피선출권을 갖지 못한다(운영규정안 제13조 제1항). 추진위원에 입후

60) 서울북부지방법원 2010. 12. 22.자 2010카합1287 결정 : 최초 100명의 추진위원으로 구성되었으나, 사임등의 사유로 회의 당시 추진위원 수가 62명인 경우 재적위원을 62명으로 산정함.

보하고자 하는 자는 피선출일 이전까지 추진위원회 설립동의서를 제출하여야 한다.[61]

위원장, 부위원장 또는 감사는 다음 어느 하나에 해당하는 자이어야 한다(운영규정안 제15조 제2항).

① 피선출일 현재 사업시행구역 안에서 3년 이내에 1년 이상 거주(또는 영업)하고 있는 자

② 피선출일 현재 사업시행구역 안에서 5년 이상 토지 또는 건축물을 소유한 자, 주택재건축사업의 경우 토지 및 건축물 모두를 소유한 자이어야 함

위원장, 부위원장 또는 감사의 후보자에게 일정기간의 거주 또는 소유 등의 제한을 두는 것은 외부 투기세력을 차단하고, 정비사업구역내 주민들이 주체가 되어 사업을 추진할 수 있도록 하기 위함이다.

위원장, 부위원장 또는 감사를 제외한 추진위원은 토지등소유자로서 추진위원회 설립에 동의한 자중에서 선임되며 별도로 자격을 제한하고 있지 않다.

법인인 토지등소유자가 대리인을 지정한 경우 법인의 대리인은 권한을 대리할 수 있고, 이 경우 법인의 대리인은 추진위원으로 선임될 수 있다(운영규정안 제13조 제2항 제3호).

(3) 추진위원의 결격사유

다음의 사항에 해당하는 자는 추진위원회의 위원이 될 수 없다(법 제33조 제5항, 제43조 제1항).

① 미성년자·피성년후견인 또는 피한정후견인

② 파산선고를 받고 복권되지 아니한 자

③ 금고 이상의 실형을 선고받고 그 집행이 종료(종료된 것으로 보는 경우 포함)되거나 집행이 면제된 날부터 2년이 경과되지 아니한 자

④ 금고 이상의 형의 집행유예를 받고 그 유예기간 중에 있는 자

⑤ 도시정비법을 위반하여 벌금 100만원 이상의 형을 선고받고 10년이 지나지 아니한 자

---

61) 서울북부지방법원 2010. 7. 30.자 2010카합866결정

⑥ 조합설립 인가권자에 해당하는 지방자치단체의 장, 지방의회 의원 또는 그 배우자·직계존속·직계비속

운영규정(안) 제16조 제1항 제5호는 "법 또는 관련 법률에 의한 징계에 의하여 면직의 처분을 받은 날부터 2년이 경과되지 아니한 자"에 대해서도 위원의 결격사유로 정하고 있다.

현행 도시정비법, 시행령, 시행규칙에는 추진위원회 위원에 대한 징계규정이 없다. 다만 자체 운영규정에 징계규정을 두고 있다면 자체 운영규정에 의한 징계는 위 규정상의 '법 또는 법률에 의한 징계'에 해당한다고 볼 수도 있다. 즉 '법 또는 법률'에는 자치법규도 포함된다고 보아야 할 것이다.[62]

추진위원장의 결격사유에 관하여 도시정비법 제41조 제1항이 준용되지 않으므로, 추진위원장은 선임일부터 관리처분계획인가일 까지 해당 정비구역에 거주하지 않아도 된다.

(4) 당연 퇴임사유

위원의 당연퇴임사유는 다음과 같다(법 제33조 제5항, 제43조 제2항).

① 위원의 결격사유(도시정비법 제43조 제1항 각호)에 해당하게 되거나 선임 당시 그에 해당하는 자이었음이 밝혀진 경우

② 위원장·부위원장 및 감사가 선임자격요건(운영규정안 제15조 제2항의 거주요건 등)을 갖추지 못한 경우

당연 퇴임한 위원은 해임 절차 없이 선고받은 날부터 그 자격을 상실한다(운영규정안 제18조 제2항). 이 경우 퇴임된 위원이 퇴임 전에 관여한 행위는 그 효력을 잃지 아니한다(법 제33조 제5항, 제43조 제3항).

62) 수원지방법원 안양지원 2010. 10. 22.자 2010카합139 결정은 '추진위원장 해임을 법 또는 법률에 의한 징계에 의하여 면직의 처분을 받은 경우에 해당하는 것으로 볼 수 없다.'고 판시하였다.

2. 추진위원(위원장, 감사 포함)의 선임 등

(1) 추진위원회 승인 이후 위원장·감사의 선임 등

추진위원회 승인 '이후' 위원장·감사의 선임·변경·보궐선임·연임은 주민총회의 의결을 거쳐야 한다(운영규정안 제21조 제1호). 추진위원회 승인 '이전' 위원장·감사의 선임방법은 별도로 규정된 바가 없으므로, (가칭) 추진위원회(또는 승인전 추진위원회)에서 자율적으로 정하면 된다.

임기가 만료된 위원장·감사의 후임자는 임기만료 2개월 이내에 선임하여야 한다. 위 기한 내에 후임자를 선임하지 않을 경우 토지등소유자 5분의 1 이상이 시장·군수등의 승인을 얻어 주민총회를 소집하여 위원장·감사를 선임할 수 있다(운영규정안 제15조 제4항).

토지등소유자 5분의 1이상은 주민총회 개최 14일 전부터 회의목적·안건·일시 및 장소 등을 게시판에 게시하여야 하며, 토지등소유자들에게 회의개최 10일 전까지 등기우편으로 발송·통지하여야 한다. 주민총회는 통지한 안건에 대하여만 의결할 수 있다(운영규정안 제15조 제4항, 제20조 제5항, 제6항).

위원장·감사의 선임은 주민총회에서 추진위원회 구성에 동의한 토지등소유자 과반수 출석으로 개의하고 출석한 토지등소유자의 과반수 찬성으로 의결한다(운영규정안 제22조 제1항). 출석한 토지등소유자에는 미동의자도 포함된다.

운영규정안을 개정하여 추진위원 선임결의를 다득표로 정할 수도 있다.

서울시의 경우 '서울특별시 정비사업 표준선거관리규정(서울특별시 고시 제2017-243호, 2017. 7. 6.)'을 제정 및 고시하였다.

추진위원회는 주민총회 의결을 거쳐 추진위원의 선출에 관한 선거관리를 선거관리위원회법 제3조에 따라 선거관리위원회에 위탁할 수 있다(법 제33조 제2항, 제41조 제3항).

(2) 추진위원(위원장·감사 제외)의 선임

추진위원의 선임방법은 추진위원회에서 정하되, 동별·가구별 세대수 및 시설의 종류를 고려하여야 한다(운영규정안 제15조 제6항). 따라서 동별·가구별 세대수 및 시설의 종류를 고려하여 추진위원을 어떻게 구성할 것인지는 추진

위원회의 내부결정에 따라야 할 것이다.[63]

운영규정안 제15조 제4항의 해석상 위원장·감사를 제외한 임기만료된 추진위원은 추진위원회 또는 주민총회에서 선임될 수 있다.

추진위원회에서는 임기가 만료된 위원의 후임자를 임기만료 전 2개월 이내에 선임하여야 한다(운영규정안 제15조 제4항).

토지등소유자 10분의 1 이상 또는 재적 추진위원 3분의 1 이상이 추진위원회의 소집을 청구한 경우로서 위원장이 14일 이내에 정당한 이유없이 추진위원회를 소집하지 아니한 때에는 감사가 지체없이 이를 소집하여야 한다. 감사가 추진위원회를 소집하는 경우 의장은 부위원장, 추진위원 중 연장자가 된다(운영규정안 제15조 제4항, 제17조 제6항, 제24조 제2항). 감사가 소집하지 아니하는 때에는 소집을 청구한 자의 공동명의로 추진위원회를 소집하며 이 경우 의장은 발의자 대표의 임시사회로 선출된 자가 그 의장이 된다(운영규정안 제15조 제4항, 제24조 제2항).

토지등소유자 10분의 1 이상 또는 재적 추진위원 3분의 1 이상이 소집한 추진위원회에서 추진위원을 선임할 수 있다.

임기만료 전 2개월 이내 추진위원회에서 후임자를 선임하지 않을 경우 토지등소유자 5분의 1이상이 시장 · 군수등의 승인을 얻어 주민총회를 소집하여 위원을 선임할 수 있다(운영규정안 제15조 제4항).

(3) 추진위원회 위원 선출시 금품 수수등 금지

누구든지 추진위원회 위원선출과 관련하여 ① 금품, 향응 또는 그 밖의 재산상 이익을 제공하거나 제공의사를 표시하거나 제공을 약속하는 행위, ② 금품, 향응 또는 그 밖의 재산상 이익을 제공받거나 제공 의사표시를 승낙하는 행위, ③ 제3자를 통하여 ① 또는 ②에 해당하는 행위를 하는 행위를 할 수 없다(법 제132조 제1항).

도시정비법 제132조 제1항에서 말하는 '추진위원회 위원의 선출'에는 추진위원회의 일반 위원인 추진위원의 선출뿐만 아니라 위원장을 포함한 임원(부위원장, 감사)인 위원의 선출도 당연히 포함된다.[64]

63) 울산지방법원 2007. 6. 27. 선고 2006구합2897 판결

(4) 추진위원의 임기

위원장, 부위원장, 감사를 포함한 위원의 임기는 선임된 날부터 2년까지이다(운영규정안 제15조 제3항). 추진위원회 승인 당시의 위원의 임기개시시점은 추진위원회의 승인시점이다.

임기가 만료된 위원은 그 후임자가 선임될 때까지 그 직무를 수행할 수 있다(운영규정안 제15조 제4항). 즉, 임기가 만료된 위원장, 위원은 운영규정에 별도의 규정이 없는 한 종전 위원장, 위원의 직무를 동일하게 수행할 수 있다(임기만료된 위원장의 총회소집권한 등).

(5) 추진위원의 보궐선임

위원이 자의로 사임하거나 해임되는 경우에는 지체없이 새로운 위원을 선출하여야 한다(운영규정안 제18조 제3항).

위원장, 감사의 보궐선임은 주민총회의 의결에 의한다(운영규정안 제15조 제5항, 제21조 제1호).

위원장·감사를 제외한 위원이 임기 중 궐위된 경우에는 추진위원회에서 재적위원 과반수 출석과 출석위원 3분의 2 이상의 찬성으로 이를 보궐선임할 수 있다(운영규정안 제15조 제5항).

추진위원의 재적위원 수는 추진위원회 회의 당시 적법한 추진위원을 기준으로 한다. 즉 추진위원이 토지등소유자 자격을 상실하거나 사망한 경우 추진위원 수에서 제외된다. 추진위원회의 위원이 임기 중 궐위되어 위원 수가 운영규정 본문 제2조 제2항에서 정한 최소 위원의 수에 미달되게 된 경우 재적위원의 수는 이 운영규정 본문 제2조 제2항에서 정한 최소 위원의 수(토지등소유자의 10분의 1 이상)로 본다(운영규정안 제15조 제3항).

보궐선임된 위원(위원장, 감사 포함)의 임기는 전임자의 잔임기간으로 한다(운영규정안 제15조 제5항).

---

64) 대법원 2019. 2. 14. 선고 2016도6497 판결

(6) 추진위원의 연임

위원장·감사는 주민총회의 의결로 연임할 수 있다(운영규정안 제15조 제3항, 제21조 제1호).

위원장이나 감사의 임기가 만료한 경우에 선임 또는 연임의 결정은 주민총회의 의결을 거쳐야 하지만, 추진위원회가 새로운 입후보자등록공고 등의 절차를 밟아 주민총회에 위원장, 감사의 선임 안건을 상정하든지, 그렇지 아니하고 주민총회에 위원장, 감사의 연임 안건을 상정할 것인지를 선택할 수 있다고 해석된다.

추진위원회가 주민총회에 임기가 만료된 위원장이나 감사를 연임하는 안건을 상정하는 때에는 새로운 입후보자가 등록하는 것이 아니므로 입후보자등록공고 등의 절차를 거치지 않았다고 하더라도 그것이 토지 소유자들의 위원장이나 감사에 대한 선출권 내지 피선출권을 침해하였다고 볼 수 없다.[65]

추진위원회의 위원장이 위원장 등의 연임이나 선임을 위한 주민총회를 개최할 수 있는 시기를 임기만료 전 2개월 이내로 한정되지 않는다.[66] 토지등소유자들이 관할 관청에 대하여 추진위원 등의 선임을 위한 총회소집요구권을 행사하였을 때 기존의 위원장이 주민총회 소집권한을 상실한다고 볼 수 없다.[67]

위원장·감사를 제외한 위원은 추진위원회에서 재적위원 과반수의 출석과 출석위원 3분의 2 이상의 찬성으로 연임할 수 있다.

재적위원 수와 관련 추진위원회의 위원이 임기 중 궐위되어 위원 수가 운영규정 본문 제2조 제2항에서 정한 최소 위원의 수에 미달되게 된 경우 재적위원의 수는 운영규정 본문 제2조 제2항에서 정한 최소 위원의 수(토지등소유자 10% 이상)로 재적위원으로 본다(운영규정안 제15조 제3항).

(7) 전문조합관리인 선정

추진위원장이 사임, 해임, 임기만료, 그 밖에 불가피한 사유 등으로 직무를 수행할 수 없는 때부터 6개월 이상 선임되지 아니한 경우 시장·군수등은 전문

65) 대법원 2010. 11. 11. 선고 2009다89337 판결, 서울동부지방법원 2010. 5. 7. 선고 2009가합22585 판결도 동일취지
66) 대법원 2010. 11. 11. 선고 2009다89337 판결
67) 서울동부지방법원 2010. 5. 7. 선고 2009가합22585 판결

조합관리인으로 하여금 추진위원장의 업무를 대행하게 할 수 있다(법 제33조 제3항, 제41조 제5항 단서).

(8) 위원장 및 감사의 변경과 시장·군수의 승인

추진위원회는 추진위원회 설립승인 후에 위원장 및 감사를 변경하고자 하는 경우 시장·군수의 승인을 얻어야 하며, 그 밖의 경우(추진위원의 변경) 시장·군수에게 신고하여야 한다(운영규정 제4조 제2항). 위원의 선임과 관련된 의사록을 관할 시장·군수에게 송부하고자 할 때에는 위원의 명부와 그 피선자격을 증명하는 서류를 첨부하여야 한다(운영규정안 제27조 제2항).

새로 선임된 위원의 자격은 위원장 및 감사의 경우 시장·군수의 승인이 있은 후에, 그 밖의 위원의 경우 시장·군수에게 변경신고를 한 후에 대외적으로 효력이 발생한다(운영규정안 제18조 제3항).

(9) 위원장 선임에 관한 다툼과 직무집행정지가처분

민법상 법인의 이사 선임 결의에 하자가 있는 경우에는 당해 이사 개인을 상대로 한 직무집행정지 가처분을 통해 권리 구제를 꾀하여야 하고, 법인을 상대로 한 선임결의의 효력정지가처분은 허용되지 않는다.[68]

그러나 추진위원회는 비법인 사단이고, 위원장 및 감사는 등기의 대상이 아니므로, 위원장 및 감사를 상대로 한 직무집행정지가처분만 허용될 뿐만 아니라 추진위원회를 상대로 한 선임결의의 효력정지가처분이 허용된다.

68) 서울고등법원 2010. 6. 21. 자 2009라2534 결정

3. 위원의 해임 등

(1) 토지등소유자의 해임요구

토지등소유자는 추진위원회의 운영규정에 따라 추진위원회에 추진위원의 교체 및 해임을 요구할 수 있다(법 제33조 제3항). 추진위원의 교체 · 해임절차 등에 관한 구체적인 사항은 운영규정이 정하는 바에 의한다(법 제33조 제4항).

(2) 추진위원의 해임사유

위원의 해임사유는 ① 직무유기 및 태만 또는 관계법령 및 이 운영규정에 위반하여야 하고, ② 위 위반행위로 인하여 토지등소유자에게 부당한 손실을 초래한 경우이다(운영규정안 제18조 제1항).

만약 해임사유가 없음에도 불구하고 해임결의가 있는 경우 위 해임결의는 유효하고, 다만 잔여임기 동안의 임금 상당의 손해배상만이 인정된다.

(3) 추진위원회에서의 추진위원 해임

추진위원 또는 위원장·감사에 대한 해임은 추진위원회에서 결의할 수 있다.(운영규정안 제18조 제4항).

토지등소유자의 해임요구가 있는 경우 재적위원 3분의 1 이상은 위원의 해임을 위한 추진위원회를 소집할 수 있다(운영규정안 제18조 제4항). 발의자 대표의 임시사회로 선출된 자는 추진위원회의 소집 및 진행에 있어 추진위원장의 권한을 대행한다(운영규정안 제18조 제4항).

해임대상이 된 위원은 해당 추진위원회에 참석하여 소명할 수 있다.

추진위원은 위원정수의 과반수 출석과 출석위원 3분의 2 이상의 찬성으로 해임된다. 이때 '위원정수'는 운영규정 제15조에 따라 확정된 위원의 수를 말한다(운영규정안 제18조 제4항). 해임대상이 된 위원은 위원정수에서 제외된다(운영규정안 제18조 제5항).

주민총회 의결사항에 '위원장의 변경'이 규정되어 있다는 것만으로 위원장 해임이 주민총회 의결사항이라고 볼 수 없고, 운영규정(안) 제18조 제4항의 '위원'에는 위원장도 포함된다할 것이므로, 추진위원회에서도 위원장을 해

임할 수 있다.[69)]

(4) 주민총회에서의 추진위원 해임

토지등소유자 10분의 1 이상은 위원의 해임을 위한 주민총회를 소집할 수 있다(운영규정안 제18조 제4항). 이 경우 시장·군수의 승인은 필요하지 않다.

발의자 대표의 임시사회로 선출된 자는 해임총회의 소집 및 진행에 있어 추진위원장의 권한을 대행한다(운영규정안 제18조 제5항).

해임대상이 된 위원은 주민총회에 참석하여 소명할 수 있다.

추진위원은 주민총회에서 토지등소유자의 과반수 출석과 출석 토지등소유자의 과반수 찬성으로 해임된다(운영규정안 제18조 제4항).

토지등소유자 10분의 1 이상이 발의한 주민총회에서 의사정족수인 '토지등소유자의 과반수 출석'에는 추진위원회 구성에 동의하지 않은 토지등소유자도 포함된다. 추진위원장이 소집하는 주민총회에서 위원을 해임하는 경우 일반 주민총회와 같이 의사정족수는 '추진위원회 구성에 동의'한 토지등소유자 과반수이다.

위원의 전원을 해임할 경우 주민총회에서 토지등소유자의 과반수의 찬성으로 해임할 수 있다(운영규정안 제18조 제4항 단서).

해임절차가 진행되거나 해임이 결의된 위원은 추진위원회의 의결로 직무가 정지되지 않는 한 새로운 위원이 선출되어 취임할 때까지 직무를 수행할 수 있다.

4. 추진위원의 직무정지와 직무대행자

(1) 추진위원회의 추진위원에 대한 직무수행 정지결의

추진위원이 직무와 관련한 형사사건으로 기소된 경우에는 기소내용에 따라 확정판결이 있을 때까지 추진위원회 의결에 따라 그의 직무수행을 정지할 수

69) 서울서부지방법원 2009. 11. 11. 선고 2009가합4848 판결, 수원지방법원 안양지원 2010. 1. 20. 자 2009카합103 결정 등

있다(운영규정안 제16조 제4항, 제18조 제6항).

추진위원이 직무와 관련한 형사사건으로 받은 확정판결내용이 도시정비법 제135조 내지 제138조 벌칙규정에 의한 100만원 미만[70]의 벌금형에 해당하는 경우에는 추진위원회에서 신임여부를 의결하여 자격상실여부를 결정한다(운영규정안 제16조 제4항).

사임 또는 해임절차가 진행 중인 위원이 새로운 위원이 선출되어 취임할 때까지 직무를 수행하는 것이 적합하지 아니하다고 인정될 때에는 추진위원회 의결에 따라 그의 직무수행을 정지할 수 있다(운영규정안 제18조 제6항).

직무수행정지는 추진위원회에서 재적위원 과반수 출석과 출석위원 과반수 찬성으로 의결한다(운영규정안 제26조 제1항).

(2) 직무대행자 선임 및 직무대행자의 직무범위

추진위원이 추진위원회의 의결에 따라 직무수행이 정지된 경우 위원장은 위원의 직무를 수행할 자를 임시로 선임할 수 있다. 다만 위원장이 직무가 정지된 경우 부위원장, 추진위원 중 연장자 순으로 위원장의 직무를 수행한다(운영규정안 제16조 제4항, 제17조 제6항, 제18조 제6항).

법원의 가처분명령에 의하여 선임된 직무대행자가 통상사무에 속하지 아니한 행위를 하고자 하는 경우 법원에 허가를 얻어야 한다(민법 제60조의2).

그러나 법인 내부의 규약에 의하여 직무대행자가 된 자는 법원의 허가 없이 대표자로서의 직무를 수행할 수 있다고 보일 뿐, 그에 대한 법원의 허가를 구할 법률상 근거가 없다.[71] 따라서 운영규정에 의한 직무대행자는 통상사무에 속하지 아니한 행위도 할 수 있다.

---

70) 도시정비법을 위반하여 벌금 100만원 이상의 형을 선고(확정)받게 되면 추진위원은 당연 자격을 상실하게 됨.

71) 서울남부지방법원 2010. 7. 23.자 2010비합73 결정

5. 추진위원의 직무

(1) 위원장 등의 직무

위원장은 추진위원회를 대표하고 추진위원회의 사무를 총괄하며 주민총회 및 추진위원회의 의장이 된다(운영규정안 제17조 제1항).

부위원장·추진위원은 위원장을 보좌하고, 추진위원회 회의에 부의된 사항을 심의·의결한다(운영규정안 제17조 제5항).

서울특별시가 고시한 '서울특별시 정비사업 조합 등 표준 행정업무규정'(서울특별시 고시 제2015-163호, 2015. 6. 18.)에는 ① 인사규정, ② 보수규정, ③ 업무관리규정, ④ 문서관리규정, ⑤ 복무규정이 포함되어 있다.

(2) 감사의 직무

감사는 추진위원회의 사무 및 재산상태와 회계에 관하여 감사하며, 주민총회 및 추진위원회에 감사결과보고서를 제출하여야 하고 토지등소유자 5분의1 이상의 요청이 있을 때에는 공인회계사에게 회계감사를 의뢰하여야 한다(운영규정안 제17조 제2항).

감사는 추진위원회의 재산관리 또는 업무집행이 공정하지 못하거나 부정이 있음을 발견하였을 때에는 추진위원회에 보고하기 위하여 위원장에게 추진위원회 소집을 요구하여야 한다. 이 경우 감사의 요구에도 불구하고 위원장이 회의를 소집하지 아니하는 경우에는 감사가 직접 추진위원회를 소집할 수 있다(운영규정안 제17조 제3항).

감사는 직무위배행위로 인해 감사가 필요한 경우 추진위원 또는 외부전문가로 구성된 감사위원회를 구성할 수 있다. 이 경우 감사는 감사위원회의 의장이 된다(운영규정안 제17조 제4항).

(3) 추진위원의 겸직금지의무

위원은 동일한 목적의 사업을 시행하는 다른 조합·추진위원회 또는 정비사업전문관리업자 등 관련단체의 임원·위원 또는 직원을 겸할 수 없다(운영규정안 제17조 제8항).

(4) 사무국 설치 또는 운영위원회 구성

추진위원회는 그 사무를 집행하기 위하여 필요하다고 인정되는 때에는 추진위원회 사무국을 둘 수 있으며, 사무국에 상근하는 유급직원을 둘 수 있다. 이 경우 사무국의 운영규정을 따로 정하여 주민총회의 인준을 받아야 한다(운영규정안 제17조 제7항).

실무상 일부 추진위원회에서는 위원장, 부위원장, 일부 추진위원으로 운영위원회를 구성하고 있으며, 위 '운영위원회'가 추진위원회로부터 업무를 위임받아 수행한 후 수행업무에 대해 추인을 받고 있다. 이 경우 운영규정을 개정하여 운영위원회의 구성에 관한 근거규정을 두는 것이 바람직하다.

6. 추진위원의 보수 등

상근하는 위원을 두는 경우 추진위원회의 의결을 거쳐야 하고(운영규정안 제15조 제1항), 추진위원회는 상근하지 아니하는 위원 등에 대하여는 보수를 지급하지 아니하며, 다만, 위원의 직무수행으로 발생되는 경비는 지급할 수 있다(운영규정안 제19조 제1항).

추진위원회는 상근위원 및 유급직원에 대하여 별도의 보수규정을 따로 정하여 보수를 지급하여야 한다. 이 경우 보수규정은 주민총회의 인준을 받아야 한다(운영규정안 제19조 제2항).

추진위원회와 위원장의 관계는 민법상 위임관계라 할 것이고, 민법상 위임계약은 무상계약으로서 당사자 사이의 보수의 약정이 없는 한 수임인은 위임인에 대하여 보수의 지급을 구할 수 없다.[72)]

72) 부산지방법원 2008. 5. 13. 선고 2007가단145895 판결

Ⅳ. 주민총회

1. 주민총회의 구성의무 등

(1) 주민총회의 구성의무

토지등소유자 전원으로 주민총회를 구성한다(운영규정안 제20조 제1항). 따라서 추진위원회 설립에 동의한 자 뿐만 아니라 동의하지 않은 자도 주민총회의 구성원이 된다. 주민총회의 구성의무는 도시정비법상 명문의 규정이 없고 단지 추진위원회 운영규정(안)에 규정되어 있다.[73]

(2) 온라인총회 및 전자투표

2024. 12. 3. 개정된 도시정비법에 의하면 조합원총회와 관련 온라인 총회(법 제44조의2)와 전자적 방법에 의한 의결권 행사방법(법 제45조 제6항)을 도입하였다.

향후 운영규정안의 변경에 의해 주민총회에서도 온라인 총회와 전자투표가 허용될 수 있을 것이다.

2. 주민총회의 소집권자

위원장은 필요하다고 인정하는 경우 주민총회를 개최한다. ① 토지등소유자 5분의 1 이상이 주민총회의 목적사항을 제시하여 청구하거나, ② 추진위원 3분의 2 이상으로부터 주민총회의 개최요구가 있는 때에는 위원장은 해당 일부터 2월 이내에 주민총회를 개최하여야 한다(운영규정안 제20조 제2항).

주민총회의 개최를 청구 또는 요구가 있는 경우로서 위원장이 2개월 이내에 정당한 이유 없이 주민총회를 소집하지 아니하는 때에는 감사가 지체 없이 주

73) 도시정비법 제124조 제1항 제3호 : '주민총회' 의사록

민총회를 소집하여야 한다.

감사가 2인 이상인 경우 1인의 감사가 나머지 감사와 공동하지 않은 채 단독으로 총회를 소집하였다 하더라도 특단의 사정이 없는 한 그 총회의 결의가 부존재라거나 무효라고 할 정도의 중대한 하자라고 볼 수는 없다.[74)]

주민총회의 소집청구에 따라 감사가 총회를 소집하는 경우 감사가 의장 업무를 수행하거나 총회장에서 별도로 의장을 선임할 수 있다. 이에 반해 추진위원회의 소집청구에 따라 감사가 추진위원회를 소집하는 경우 의장은 부위원장, 추진위원중 연장자 순이다(운영규정안 제24조 제2항, 제17조 제6항).

위원장 또는 감사가 총회를 소집하지 아니하는 때에는 소집을 청구한 자의 대표가 '시장·군수의 승인'을 얻어 이를 소집한다(운영규정안 제20조 제3항).

'토지등소유자 10분의 1 이상이 추진위원을 해임'하기 위해 주민총회를 소집하는 경우 위원장에 대한 주민총회 개최요구 또는 시장·군수의 승인을 요하지 않는다(운영규정안 제18조 제4항).

3. 주민총회의 소집절차 및 운영 등

(1) 주민총회의 소집절차

주민총회를 개최하거나 일시를 변경하는 경우에는 주민총회의 목적·안건·일시·장소·변경사유 등에 관하여 미리 추진위원회의 의결을 거쳐야 한다(운영규정안 제20조 제4항).

주민총회는 추진위원회의 사전 의결을 요하고 있으므로, 추진위원회의 사전 의결 없이 주민총회에서 안건을 의결한 경우 위 총회결의는 무효가 될 수 있다.

주민총회의 개최를 청구 또는 요구에 의하여 주민총회를 소집하는 경우에는 추진위원회의 의결을 거치지 않아도 된다(운영규정안 제20조 제4항).

주민총회를 소집하는 경우에는 회의개최 14일전부터 회의목적·안건·일시 및

---

74) 대법원 1999. 6. 25. 선고 99다10363 판결 유사취지

장소 등을 게시판에 게시하여야 하며, 토지등소유자에게는 회의개최 10일전까지 등기우편으로 이를 발송·통지하여야 한다. 이 경우 등기우편이 반송된 경우 지체없이 1회에 한하여 추가 발송한다(운영규정안 제20조 제5항).

(2) 주민총회의 운영 등

서울특별시는 2017. 2.부터 '서울특별시 정비사업 의사진행 표준운영규정'을 보급하고 있다.

주민총회의 운영은 이 운영규정 및 의사진행의 일반적인 규칙에 따른다. 의장은 주민총회의 안건내용 등을 고려하여 ① 추진위원회 사무국 직원, ② 정비사업전문관리업자, 건축사 등 용역업체 관계자, ③ 그 밖에 위원장이 주민총회운영을 위하여 필요하다고 인정하는 자 중 토지등소유자가 아닌 자를 주민총회에 참석하여 발언하도록 할 수 있다.

의장은 주민총회의 질서를 유지하고 의사를 정리하며, 고의로 의사진행을 방해하는 발언·행동 등으로 주민총회질서를 문란하게 하는 자에 대하여 그 발언의 정지·제한 또는 퇴장을 명할 수 있다. 추진위원회는 주민총회의 의사규칙을 정하여 운영할 수 있다.

4. 주민총회의 의결사항

(1) 주민총회의 의결사항

주민총회는 다음 사항에 대한 의결권한을 가진다(운영규정안 제21조).

① 추진위원회의 승인 이후 위원장·감사의 선임·변경·보궐선임·연임
② 운영규정의 변경
③ 정비사업전문관리업자 및 설계자의 선정 및 변경
④ 개략적인 사업시행계획서의 변경
⑤ 감사인의 선정
⑥ 조합설립추진과 관련하여 추진위원회에서 주민총회의 의결이 필요하다고 결정하는 사항

(2) 공공지원자가 선정한 정비사업전문관리업자

정비사업을 지원하는 시장·군수등은 정비사업전문관리업자를 선정할 수 있고(법 제118조 제2항 제2호), 시장·군수등이 선정한 정비사업전문관리업자는 추진위원회 설립에 필요한 동의서 제출의 접수, 운영규정 작성 지원 업무를 수행한다(법 제102조 제1항 제7호).

추진위원회가 공공지원자가 선정한 정비사업전문관리업자를 선정하는 경우 경쟁입찰의 방법으로 선정하지 않아도 된다(법 제118조 제5항, 제32조 제2항).

따라서 추진위원회는 경쟁입찰 없이 주민총회에서 공공지원자가 선정한 정비사업전문관리업자를 추진위원회의 정비업체로 선정할 수 있다.

(3) 주민총회의 의결없이 체결된 용역계약

추진위원회는 '주민총회 의결로 정한 예산의 범위 내에서의 용역계약등'을 의결할 수 있는바(운영규정안 제25조 제1항 제4호), '예산의 범위에 포함되지 않는 용역계약등'은 주민총회의 의결을 거쳐야 한다고 해석된다.

추진위원회가 주민총회의 의결없이 용역업체(정비구역지정업체 등)와 계약을 체결한 경우 해당 용역계약은 단순한 채무부담행위에 불과할 뿐 총유물 그 자체에 대한 관리 및 처분행위라고 볼 수 없어 유효하다.[75]

추진위원장이 추진위원회의 의결없이 또는 주민총회의 의결없이 용역업체와 계약을 체결한 경우 해당 용역계약은 원칙적으로 유효하며, 다만 그 거래 상대방이 무효임을 알았거나 알 수 있었을 경우에 한해서 해당 용역계약이 무효로 된다. 거래 상대방이 무효임을 알았거나 알 수 있었음에 대한 입증책임은 추진위원회가 부담한다.[76]

최근 주택법 관련 중요 판례가 나왔는바, 이는 주민총회에도 적용될 소지가 많다. 주택법 시행령 제20조 제3항 및 주택법 시행규칙 제7조 제5항에서 정한 총회결의사항은 단순히 비법인사단의 자율적·내부적인 대표권 제한의 문제가 아니라 법률행위의 상대방인 제3자와의 계약 해석에 있어서도 그 제3자의 귀

75) 대법원 2003. 7. 22. 선고 2002다64780 판결
76) 대법원 2003. 7. 22. 선고 2002다64780 판결

책을 물을 수 없는 예외적인 경우가 아닌 한 원칙적으로 그 조항의 효력이 미치도록 하려는 것으로 볼 수 있다. 따라서 주택법 등 관련 법령과 이에 근거한 조합규약에 정한 총회의결 없이 이루어진 법률행위의 상대방은 그 절차적 요건의 흠결을 과실 없이 알지 못하였다는 등의 특별한 사정을 밝히지 못하는 한 절차적 요건의 충족을 전제로 하는 계약의 효력을 주장할 수 없다.[77]

(4) 주민총회 결의 없이 정비업체 또는 설계자의 선정 등

정비업체 또는 설계자의 선정은 주민총회의 의결사항이고, 정비업체 또는 설계자는 업무의 성격상 총회의결사항임을 당연히 알았다고 추정된다할 것이므로, 추진위원장이 주민총회 의결없이 정비업체 또는 설계자와 용역계약을 체결한 경우 해당 정비용역계약 또는 설계용역계약은 원칙적으로 무효라고 할 것이다.

정비업체의 변경은 해지와 선임을 함께 하는 경우를 의미하는바, 추진위원회가 정비업체와의 계약을 해지한 것일 뿐 새로운 정비업자를 선정한 것이 아니므로, 추진위원회의 정비업체에 대한 계약해지는 주민총회의 의결사항이 아니다.[78]

(5) 추진위원회의 주민총회 갈음

주민총회 소집결과 정족수에 미달되는 때에는 재소집하여야 하며, 재소집의 경우에도 정족수에 미달되는 때에는 추진위원회 회의로 주민총회를 갈음할 수 있다(운영규정안 제22조 제5항). 주민총회의 의결을 대신하는 의결사항은 재적위원 3분의 2 이상의 출석과 출석위원 3분의 2 이상의 찬성으로 의결한다(운영규정안 제26조 제1항 단서).

77) 대법원 2022. 12. 15. 선고 2022다275212판결, 대법원 2022. 8. 25. 선고 2021다231734 판결

78) 대전지방법원 2023. 6. 22. 선고 2022가단145899 판결, 서울남부지방법원 2018. 6. 29. 선고 2017가합108173 판결

5. 주민총회의 의결방법

(1) 의사정족수 및 의결정족수

의사정족수는 도시정비법 및 운영규정이 특별히 정한 경우를 제외하고 추진위원회 구성에 동의한 토지등소유자 과반수이다. 의사정족수에는 추진위원회 구성에 찬성하지 아니한 토지등소유자의 수는 제외된다.[79]

'토지등소유자 10분의 1 이상의 위원해임발의'에 의해 소집된 주민총회의 경우 위원은 주민총회에서 토지등소유자의 과반수 출석과 출석 과반수의 찬성으로 해임되는바(운영규정안 제18조 제4항), 의사정족수인 과반수 출석에는 추진위원회 구성에 찬성하지 아니한 토지등소유자도 포함된다.

의결정족수는 도시정비법 및 운영규정이 특별히 정한 경우를 제외하고 출석한 토지등소유자의 과반수이며, 의결정족수에는 추진위원회의 구성에 동의하지 않은 토지등소유자도 포함된다.

주민총회는 통지한 안건에 대하여만 의결할 수 있다(운영규정안 제20조 제6항).

(2) 서면에 의한 권한행사

토지등소유자는 서면으로 의결권을 행사할 수 있고, 서면에 의한 의결권 행사는 주민총회에 출석한 것으로 본다. 이 경우 안건내용에 대한 의사를 표시하여 주민총회 전일까지 추진위원회에 도착되도록 하여야 한다(운영규정안 제22조 제2항, 제3항).

서면결의서에 의한 의결권 행사시 운영규정상 인감증명서를 첨부할 것을 요구하는 규정이 없는 한 인감증명서가 첨부되지 않은 서면결의서도 유효하다.[80]

(3) 대리인에 의한 권한행사

① 토지등소유자가 권한을 행사할 수 없어 배우자·직계존비속·형제자매 중

79) 광주고등법원 2008. 10. 29. 선고 2008나5317 판결
80) 광주고등법원 2008. 10. 29. 선고 2008나5317 판결

에서 성년자를 대리인으로 정하여 위임장을 제출하는 경우, ② 해외거주자가 대리인을 지정한 경우 ③ 법인인 토지등소유자가 대리인을 지정한 경우 토지등소유자는 대리인을 통하여 의결권을 행사할 수 있다(운영규정안 제22조 제2항, 제13조 제2항).

토지등소유자는 출석을 대리인으로 하고자 하는 경우에는 위임장 및 대리인 관계를 증명하는 서류를 추진위원회에 제출하여야 한다(운영규정안 제22조 제4항).

6. 의사록의 작성 및 관리

주민총회의 의사록에는 위원장·부위원장 및 감사가 기명날인하여야 한다. 위원의 선임과 관련된 의사록을 관할 시장·군수에게 송부하고자 할 때에는 위원의 명부와 그 피선자격을 증명하는 서류를 첨부하여야 한다(운영규정안 제27조).

추진위원장은 주민총회 의사록 및 관련 자료가 작성된 후 15일 이내에 이를 토지등소유자가 알 수 있도록 인터넷과 그 밖의 방법을 병행하여 공개하여야 한다(법 제124조 제1항 제3호). 토지등소유자의 열람·복사요청이 있는 경우 위원장은 15일 이내 그 요청에 따라야 한다.[81] 복사에 필요한 비용은 실비의 범위에서 청구인이 부담한다(법 제124조 제4항, 제5항).

위원장은 매분기가 끝나는 달의 다음 달 15일까지 주민총회 의사록, 개략적인 내용, 공개장소, 열람·복사 방법 등을 토지등소유자에게 서면으로 통지하여야 한다(법 제124조 제2항, 시행령 제94조).

위원장 및 정비사업전문관리업자는 주민총회의 속기록, 녹음 또는 영상자료를 만들어 청산시까지 보관하여야 한다(제125조 제1항).[82]

---

81) 정비사업시행과 관련한 서류 및 자료를 인터넷과 그 밖의 방법을 병행하여 공개하지 아니하거나 조합원 또는 토지등소유자의 열람·복사 요청에 응하지 아니한 추진위원장은 1년 이하의 징역 또는 1천만원 이하의 벌금에 처함(법 제138조 제6호).

82) 속기록 등을 만들지 아니하거나 관련 자료를 청산시까지 보관하지 아니한 추진위원장은 1년 이하의 징역 또는 1천만원 이하의 벌금에 처함(법 제138조 제7호).

V. 추진위원회의 회의

1. 추진위원회 회의의 소집권자

위원장은 필요하다고 인정하는 때에 추진위원회를 소집한다. 다만 ① 토지등소유자의 10분의 1 이상이 추진위원회의 목적사항을 제시하여 소집을 청구하는 때, ② 재적추진위원 3분의 1 이상이 회의의 목적사항을 제시하여 청구하는 때에는 위원장은 해당 일부터 14일 이내에 추진위원회를 소집하여야 한다(운영규정안 제24조 제1항).

소집청구가 있는 경우로서 위원장이 14일 이내에 정당한 이유 없이 추진위원회를 소집하지 아니한 때에는 감사가 지체 없이 이를 소집하여야 하며 이 경우 추진위원회의 의장은 부위원장, 추진위원중 연장자순으로 된다(운영규정안 제24조 제2항, 제17조 제6항).

감사가 소집하지 아니하는 때에는 소집을 청구한 자의 공동명의로 소집하며, 이 경우 의장은 발의자 대표의 임시사회로 선출된 자가 그 의장이 된다(운영규정안 제24조 제2항).

감사는 추진위원회의 재산관리 또는 업무집행이 공정하지 못하거나 부정이 있음을 발견하였을 때에는 추진위원회에 보고하기 위하여 위원장에게 추진위원회 소집을 요구하여야 한다. 이 경우 감사의 요구에도 불구하고 위원장이 회의를 소집하지 아니하는 경우에는 감사가 직접 추진위원회를 소집할 수 있다(운영규정안 제17조 제3항).

2. 추진위원회의 소집절차 및 운영

(1) 추진위원회의 소집

추진위원회의 소집은 회의개최 7일 전까지 회의목적·안건·일시 및 장소를 기재한 통지서를 추진위원에게 송부하고, 게시판에 게시하여야 한다.

사업추진상 시급히 추진위원회의 의결을 요하는 사안이 발생하는 경우에는 회의 개최 3일 전에 이를 통지하고 추진위원회 회의에서 안건상정여부를 묻고 의결할 수 있다. 이 경우 출석위원 3분의 2 이상의 찬성으로 의결할 수 있다(운영규정안 제24조 제3항).

(2) 추진위원회의 운영

주민총회운영은 추진위원회 회의에 준용할 수 있다(운영규정안 제26조 제4항). 추진위원회의 운영은 이 운영규정 및 의사진행의 일반적인 규칙에 따른다. 의장은 추진위원회의 안건내용 등을 고려하여 추진위원회 사무국 직원 등에게 추진위원회에 참석하여 발언하도록 할 수 있다.

의장은 추진위원회의 질서를 유지하고 의사를 정리하며, 고의로 의사진행을 방해하는 발언·행동 등으로 주민총회질서를 문란하게 하는 자에 대하여 그 발언의 정지·제한 또는 퇴장을 명할 수 있다.

3. 추진위원회의 의결사항

추진위원회는 이 운영규정에서 따로 정하는 사항과 다음의 사항을 의결한다(운영규정안 제25조 제1항).

① 위원(위원장·감사를 제외함)의 보궐선임

② 예산 및 결산의 승인에 관한 방법

③ 주민총회 부의안건의 사전심의 및 주민총회로부터 위임받은 사항

④ 주민총회 의결로 정한 예산의 범위 내에서의 용역계약 등

⑤ 그 밖에 추진위원회 운영을 위하여 필요한 사항

정족수의 미달로 재소집한 주민총회가 정족수의 미달로 무산된 경우 추진위원회는 주민총회의 안건을 의결할 수 있다.

4. 추진위원회의 의결방법

(1) 의사정족수 및 의결정족수

운영규정에서 특별히 정한 경우를 제외하고는 추진위원의 의사정족수는 재적위원 과반수이다(운영규정안 제26조 제1항).

추진위원에서 사임한 자의 경우 그 의사에 반하여 추진위원직의 수행을 강요할 수 없다. 사업구역내 부동산을 매각하여 토지등소유자가 아닌 자는 추진위원의 자격도 상실한다. 따라서 사임한 자와 부동산을 매각한 자는 재적위원에서 제외된다.

추진위원이 임기중 궐위되어 위원 수가 운영규정 본문 제2조 제2항에서 정한 최소 위원의 수(토지등소유자 10% 이상)에 미달되게 된 경우 재적위원의 수는 운영규정 본문 제2조 제2항에서 정한 최소 위원의 수(토지등소유자 10%)로 본다(운영규정안 제15조 제3항).

추진위원의 다수가 궐위되었음에도 불구하고 고의적으로 보궐선임을 해태하여 잔존 추진위원만으로는 토지등소유자의 이익을 제대로 대변할 수 없게 되는 등의 사정이 있어 대의기관으로서의 추진위원회의 역할과 기능을 상실하였다고 볼 만한 특별한 사정이 있는 경우 그러한 상태에서 이루어진 추진위원회의 결의는 무효라고 할 것이다.[83]

운영규정에서 특별히 정한 경우를 제외하고는 추진위원회의 의결정족수는 출석위원 과반수이다(운영규정안 제26조 제1항).

사업추진상 시급히 추진위원회의 의결을 요하는 사안으로서 회의개최 3일 전에 통지한 안건의 경우 출석위원 3분의 2이상의 찬성으로 의결할 수 있다(운영규정안 제24조 제3항).

(2) 주민총회 갈음하는 경우

정족수의 미달로 재소집한 주민총회가 정족수의 미달로 무산된 경우 추진위원회 회의로 주민총회를 갈음할 수 있으며, 이 경우 재적위원 3분의 2 이상의 출석과 출석위원 3분의 2 이상의 찬성으로 의결한다(운영규정안 제26조 제1항

---

83) 서울북부지방법원 2010. 12. 22. 선고 2010카합1287 결정

단서).

(3) 기타

위원은 대리인을 통한 출석을 할 수 없다(운영규정안 제26조 제2항).

위원은 서면으로 추진위원회 회의에 출석하거나 의결권을 행사할 수 있으며, 이 경우 출석으로 본다(운영규정안 제26조 제2항).

감사는 재적위원에는 포함하되 의결권을 행사할 수 없다(운영규정안 제26조 제3항). 감사는 감독기관으로서 추진위원회와 독립된 기관이므로, 감사를 추진위원의 재적위원에 포함시킨 것은 법리적으로 문제가 있다.

추진위원회는 통지한 사항에 관하여만 의결할 수 있다(운영규정안 제25조 제2항). 추진위원회가 통지하지 아니한 안건을 의결할 경우 위 추진위원회의 결의는 무효이다.

위원은 자신과 관련된 해임·계약 및 소송 등에 대하여 의결권을 행사할 수 없다(운영규정안 제25조 제3항, 민법 제74조). 즉 위원과의 관계사항을 의결하는 경우 그 위원은 의사정족수(참석자)에 포함되나 의결정족수에서 제외된다.[84)]

---

84) 대법원 1991. 5. 28. 선고 90다20084 판결

5. 의사록의 작성 및 관리

추진위원회의 의사록에는 위원장·부위원장 및 감사가 기명날인하여야 하며, 위원의 선임과 관련된 의사록을 관할 시장·군수에게 송부하고자 할 때에는 위원의 명부와 그 피선자격을 증명하는 서류를 첨부하여야 한다(운영규정안 제27조).

추진위원장은 추진위원회 의사록 및 관련 자료가 작성된 후 15일 이내에 이를 토지등소유자가 알 수 있도록 인터넷과 그 밖의 방법을 병행하여 공개하여야 한다(법 제124조 제1항 제3호). 토지등소유자의 열람·복사요청이 있는 경우 위원장은 15일 이내 그 요청에 따라야 한다.[85] 복사에 필요한 비용은 실비의 범위에서 청구인이 부담한다(법 제124조 제4항, 제5항).

위원장은 매분기가 끝나는 달의 다음 달 15일까지 추진위원회 의사록, 개략적인 내용, 공개장소, 열람·복사 방법 등을 토지등소유자에게 서면으로 통지하여야 한다(법 제124조 제2항, 시행령 제94조). 위원장 및 정비사업전문관리업자는 추진위원회 의사록을 청산시까지 보관하여야 한다(제125조 제1항).[86]

---

85) 이를 위반한 경우 추진위원장은 1년 이하의 징역 또는 1천만원 이하의 벌금에 처함(법 제138조 제6호).

86) 이를 위반한 경우 추진위원장은 1년 이하의 징역 또는 1천만원 이하의 벌금에 처함(법 제138조 제7호).

Ⅵ. 추진위원회의 운영

1. 토지등소유자의 권리 · 의무

(1) 토지등소유자의 명부 등

추진위원회는 토지등소유자의 명부와 추진위원회 구성에 동의한 토지등소유자의 명부('동의자 명부')를 작성하여 관리하여야 한다(운영규정안 제12조 제1항). 즉 추진위원회는 토지등소유자의 명부와 동의자 명부를 각각 작성하여 관리하여야 한다. 위 동의자 명부는 주민총회가 동의자 과반수의 출석으로 개의되었는지 여부를 판단하는데 중요한 근거가 된다.

추진위원회 구성에 동의하지 아니한 자를 동의자 명부에 기재하기 위하여는 추진위원회동의서를 징구하여야 한다(운영규정안 제12조 제2항). 따라서 추진위원회는 동의서를 제출하지 않고 구두로 또는 다른 방법으로 추진위원회에 동의한 자를 동의자 명부에 기재하여서는 아니된다.

(2) 토지등소유자의 권리 · 의무

토지등소유자의 권한은 평등하다(운영규정안 제13조 제2항). 따라서 부동산을 여러 필지 가지고 있거나 해당 부동산이 고액이라 하더라도 토지등소유자 1인은 1개의 의결권만 행사할 수 있다.

추진위원회 구성에 동의한 토지등소유자는 ① 주민총회의 출석권·발언권 및 의결권, ② 추진위원회 위원의 선임·선출권, ③ 추진위원회 위원의 피선임·피선출권, ④ 추진위원회 운영경비 및 그 연체료의 납부의무, ⑤ 그 밖에 관계법령 및 이 운영규정, 주민총회 등의 의결사항 준수의무를 갖는다(법 제34조 제2항, 운영규정안 제13조 제1항).

추진위원회 구성에 동의하지 아니한 자는 ① 주민총회의 출석권·발언권 및 의결권, ② 추진위원회 위원의 선임·선출권만을 갖는다(운영규정안 제13조 제1항).

신규로 추진위원회 구성에 동의한 토지등소유자는 추진위원회 구성에 동의한 다른 토지등소유자가 납부한 운영경비의 동일한 금액과 그 금액의 지연납부에 따른 이자를 납부하여야 한다(운영규정안 제12조 제2항).

토지등소유자는 공개대상 자료에 대하여 공람을 요청할 수 있고, 열람·복사를 청구할 수 있다(운영규정안 제35조 제1항, 제3항).

(3) 토지등소유자의 권리 양도와 권리 · 의무 승계

토지등소유자가 그 권리를 양도하였을 경우에는 그 양수자는 그 행위의 종료일부터 14일 이내에 추진위원회에 그 변경내용을 신고하여야 한다. 이 경우 신고하지 아니하여 발생되는 불이익 등에 대하여 해당 토지등소유자는 추진위원회에 이의를 제기할 수 없다(운영규정안 제13조 제3항). 토지등소유자의 주소 또는 인감을 변경한 경우에도 동일한다.

양도·상속·증여 및 판결 등으로 토지등소유자가 된 자는 종전의 토지등소유자가 행하였거나 추진위원회가 종전의 권리자에게 행한 처분 및 권리·의무 등을 포괄 승계한다(운영규정안 제11조).

토지등소유자가 주택 또는 토지의 소유권을 이전하였을 때에는 그 자격을 즉시 상실한다(운영규정안 제14조).

(4) 서류제출의무

토지등소유자로서 추진위원회 구성에 동의한 자는 추진위원회가 사업시행에 필요한 서류를 요구하는 경우 이를 제출할 의무가 있으며 추진위원회의 승낙이 없는 한 이를 회수할 수 없다. 이 경우 추진위원회는 요구서류에 대한 용도와 수량을 명확히 하여야 하며, 추진위원회의 승낙이 없는 한 회수할 수 없다는 것을 미리 고지하여야 한다(운영규정안 제13조 제4항).

(5) 공유자의 대표조합원 선임

소유권을 수인이 공동 소유하는 경우에는 그 수인은 대표자 1인을 대표소유자로 지정하고 대표소유자선임동의서를 작성하여 추진위원회에 신고하여야 한다. 이 경우 소유자로서의 법률행위는 그 대표소유자가 행한다(운영규정안 제13조 제5항).

2. 추진위원회의 업무범위 등

(1) 추진위원회의 업무범위

추진위원회는 법·관계법령, 제3조의 운영규정 및 관련행정기관의 처분을 준수하여 운영되어야 하며, 그 업무를 추진함에 있어 사업시행구역안의 토지등소유자의 의견을 충분히 수렴하여야 한다(운영규정 제4조 제1항).

서울시는 추진위원회 운영과정에서 방만한 행정운영을 방지하고 내부 통제기능 강화 등 명확하고 체계적인 운영 기준을 마련하기 위해 '서울특별시 정비사업 조합 등 표준 행정업무규정(서울특별시 고시 제2015-163호, 2015. 6. 18.)'을 제정 및 고시하였다.

추진위원회는 다음의 업무를 수행할 수 있다(법 제32조 제1항, 시행령 제26조).

① 정비사업전문관리업자의 선정 및 변경

② 설계자의 선정 및 변경

③ 개략적인 정비사업 시행계획서의 작성

④ 조합설립인가를 받기 위한 준비업무

⑤ 추진위원회 운영규정 작성

⑥ 토지등소유자의 동의서의 접수

⑦ 조합의 설립을 위한 창립총회의 개최

⑧ 조합정관의 초안 작성

⑨ 그 밖에 추진위원회 운영규정이 정하는 사항

(2) 조합설립동의서의 소유권

토지등소유자는 조합설립을 목적으로 추진위원회에 조합설립동의서를 작성하여 제출한 것이므로, 조합설립동의서의 소유권은 추진위원회에게 있다.

일부 토지등소유자가 조합설립동의서를 보관하고 있는 경우 위 토지등소유자는 추진위원회에게 조합설립동의서를 반환할 의무가 있다. 이를 거부한 경우 토지등소유자는 횡령죄로 처벌될 수 있다.

(3) 비용부담 수반 업무에 관한 토지등소유자의 동의

추진위원회는 토지등소유자의 비용부담을 수반하거나 권리·의무에 변동을 발생시키는 경우로서 대통령령으로 정하는 사항에 대하여는 그 업무를 수행하기 전에 대통령령으로 정하는 비율 이상의 토지등소유자의 동의를 받아야 한다(법 제32조 제4항).

토지등소유자의 동의방법은 서면동의서에 토지등소유자의 지장(指章)을 날인하고 자필로 서명하는 서면동의의 방법으로 하며, 주민등록증, 여권 등 신원을 확인할 수 있는 신분증명서의 사본을 첨부하여야 한다(법 제32조 제4항, 제36조 제1항 제7호).

현행 도시정비법 시행령에서는 토지등소유자의 동의를 받아야 하는 사항을 별도로 규정하고 있지 않다.

추진위원회가 자신의 의무를 위반하여 운영규정에 '토지등소유자의 비용부담을 수반하는 것이거나 권리와 의무에 변동을 발생시키는 것'에 대한 구체적인 동의 비율을 규정하지 않았을 경우, 추진위원회가 토지등소유자의 동의를 받지 않은 채 토지등소유자의 비용부담을 수반하는 것이거나 권리와 의무에 변동을 발생시키는 행위를 하면, 그 행위는 효력이 없다.

3. 추진위원회의 운영에 관한 자료 공개

(1) 추진위원회의 운영자료 공개

추진위원회는 다음의 사항을 토지등소유자가 쉽게 접할 수 있는 일정한 장소에 게시하거나 인터넷 등을 통하여 공개하여야 한다(법 제34조 제5항, 시행령 제29조).

① 재건축진단 결과

② 정비사업전문관리업자의 선정에 관한 사항

③ 토지등소유자의 부담액 범위를 포함한 개략적인 사업시행계획서

④ 추진위원회 임원의 선정에 관한 사항
⑤ 토지등소유자의 비용부담을 수반하거나 권리·의무에 변동을 일으킬 수 있는 사항
⑥ 추진위원회의 업무에 관한 사항
⑦ 창립총회 개최의 방법 및 절차
⑧ 조합설립에 대한 동의철회(도시정비법 제31조 제3항 단서에 따른 반대의 의사표시 포함) 및 방법
⑨ 조합설립 동의서에 포함되는 사항

추진위원회는 추진위원회의 지출내역서를 매분기별로 토지등소유자가 쉽게 접할 수 있는 일정한 장소에 게시하거나 인터넷 등을 통하여 공개하고, 토지등소유자가 열람할 수 있도록 하여야 한다(시행령 제29조 제2항).

(2) 토지등소유자 과반수 동의전 공개의무

추진위원장을 포함하여 5명 이상의 추진위원을 선정하여 토지등소유자 과반수의 동의를 받기 전에는 추진위원회가 구성되지 않는바, 추진위원회 구성을 위한 토지등소유자 과반수의 동의를 받기 전에 최초로 추진위원을 선정하는 단계에서는 추진위원회에 의무를 부여하고 있는 도시정비법 제34조 제5항 및 시행령 제29조 제1항 제4호가 적용되지 않는다.[87)]

(3) 추진위원회 운영 자료의 통지

필요한 경우 추진위원회는 토지등소유자에게 추진위원회의 운영에 관한 자료를 서면으로 통지하여야 한다(시행령 제29조 제1항).

공개·통지방법은 이 운영규정에서 따로 정하는 경우를 제외하고는 다음의 방법에 따른다(운영규정안 제9조 제2항).

① 토지등소유자에게 등기우편으로 개별 통지하여야 하며, 등기우편이 주소불명, 수취거절 등의 사유로 반송되는 경우에는 1회에 한하여 일반우편으로 추가 발송한다.
② 토지등소유자가 쉽게 접할 수 있는 일정한 장소의 게시판에 14일 이상

87) 법제처 2020. 9. 28. 회신 20-0449호 사례

공고하고 게시판에 게시한 날부터 3월 이상 추진위원회 사무소에 관련 서류와 도면 등을 비치하여 토지등소유자가 열람할 수 있도록 한다.

③ 인터넷 홈페이지가 있는 경우 홈페이지에도 공개하여야 한다. 다만, 특정인의 권리에 관계되거나 외부에 공개하는 것이 곤란한 경우에는 그 요지만을 공개할 수 있다.

④ ①의 등기우편이 발송되고 ②의 게시판에 공고가 있는 날부터 공개·통지된 것으로 본다.

4. 정비사업의 시행에 관한 서류 공개 등

(1) 정비사업의 시행관련 서류 공개

추진위원장의 공개대상 자료는 정비사업의 시행에 관한 다음의 서류 및 관련 자료이다(법 제124조 제1항).

① 추진위원회 운영규정

② 설계자 및 정비사업전문관리업자 등 용역업체의 선정계약서

③ 추진위원회 · 주민총회의 의사록

④ 해당 정비사업의 시행에 관한 공문서

⑤ 회계감사보고서

⑥ 월별 자금의 입금 · 출금 세부내역

⑦ 추진위원회가 자금을 차입한 후 시장·군수에게 신고한 자금차입에 관한 사항

⑧ 결산보고서

⑨ 연간 자금운용 계획에 관한 사항

⑩ 설계자·정비사업전문관리업자 등 용역업체와의 세부 계약 변경에 관한 사항

공개시기는 정비사업 관련 자료가 작성되거나 변경된 후 15일 이내이어야 하고, 공개방법은 조합원, 토지등소유자 또는 세입자가 알 수 있도록 인터넷과 그 밖의 방법을 병행하여야 한다(법 제124조 제1항).[88]

정보공개의무를 정한 취지는 도시정비사업의 투명성을 강화하여 조합임원 등의 윤리의식을 고취시킴과 동시에 사업의 합리성을 도모하고, 주민들의 알 권리 충족을 위함이다[89].

주민총회의 참석자 명부와 서면결의서도 공개의 대상이 된다. 이 경우 참석자 명부 및 서면결의서에 나와 있는 개인정보를 일부 제외하고 공개하는 방법에 의한다.[90]

주민들의 이해관계와 관련 있는 용역업체의 선정계약서도 공개의 대상이 된다.[91]

(2) 공개대상 서류의 분기별 목록 통지 및 열람 · 복사

정비사업의 시행관련 자료로서 공개의 대상이 되는 서류 및 관련 자료의 경우 분기별로 공개대상의 목록, 개략적인 내용, 공개장소, 열람 · 복사 방법 등을 조합원 또는 토지등소유자에게 서면으로 통지하여야 한다(법 제124조 제2항, 시행령 제94조 제2항).

추진위원장은 정비사업의 시행관련 자료의 공개 및 열람 · 복사 등을 하는 경우에는 주민등록번호를 제외하고 공개하여야 한다(법 제124조 제3항).

토지등소유자가 ① 정비사업의 시행관련 서류, ② 토지등소유자 명부에 대하여 열람 · 복사 요청을 한 경우 추진위원장이나 사업시행자는 15일 이내에 그 요청에 따라야 한다.[92] 복사에 필요한 비용은 실비의 범위에서 청구인이 부담한다(법 제124조 제4항, 제5항).

토지등소유자의 열람 · 복사 요청은 사용목적 등을 기재한 서면 또는 전자문

---

88) 공개대상 서류 및 관련 자료를 거짓으로 공개한 추진위원장은 2년 이하의 징역 또는 2천만원 이하의 벌금에 처함(법 제137조 제12호).
정비사업시행과 관련한 서류 및 자료를 인터넷과 그 밖의 방법을 병행하여 공개하지 아니한 추진위원장은 1년 이하의 징역 또는 1천만원 이하의 벌금에 처함(법 제138조 제6호).

89) 서울동부지방법원 2010. 9. 10. 선고 2010노838 판결

90) 부산지방법원 2010. 7. 2. 선고 2010노267, 844(병합) 판결

91) 서울동부지방법원 2010. 9. 10. 선고 2010노838 판결

92) 열람·복사 요청에 허위의 사실이 포함된 자료를 열람·복사해 준 추진위원장은 2년 이하의 징역 또는 2천만원 이하의 벌금에 처함(법 제137조 제13호).
토지등소유자의 열람·복사 요청에 응하지 아니한 추진위원장은 1년 이하의 징역 또는 1천만원 이하의 벌금에 처함(법 제138조 제6호).

서로 하여야 하고(시행규칙 제23조 제2항), 열람·복사를 요청한 사람은 제공받은 서류와 자료를 사용목적 외의 용도로 이용·활용하여서는 아니 된다(법 제124조 제4항, 제5항, 제6항).

(3) 정비사업관련 자료의 작성·보관 및 인계

추진위원장·정비사업전문관리업자는 정비사업의 시행관련 서류(법 제124조 제1항에 따른 서류) 및 관련 자료와 총회가 있은 때에는 속기록·녹음 또는 영상자료를 만들어 청산 시까지 보관하여야 한다(법 제125조 제1항).[93]

추진위원회는 정비사업을 완료하거나 폐지한 때에는 시·도조례로 정하는 바에 따라 관계 서류를 시장·군수등에게 인계하여야 한다(법 제125조 제2항).

5. 추진위원회의 회계 등

(1) 추진위원회의 예산·회계규정

서울시는 추진위원회의 운영과정에서 낭비적 자금처리 요인을 제거하고 효율적인 자금통제 장치를 마련하기 위하여 '서울특별시 정비사업 조합 등 표준 예산·회계규정(서울특별시 고시 제2018-248호, 2018. 8. 9.)'를 제정 및 고시하였다.

추진위원회의 회계는 매년 1월 1일부터 12월 31까지로 하고, 설립승인을 받은 당해 연도의 경우에는 승인일부터 12월 31일까지로 한다(운영규정안 제31조 제1항).

추진위원회의 예산·회계는 기업회계원칙에 따르되, 추진위원회는 필요하다고 인정하는 때에는 다음의 사항에 관하여 별도의 회계규정을 정하여 운영할 수 있다(운영규정안 제31조 제2항).

① 예산의 편성과 집행기준에 관한 사항

② 세입·세출예산서 및 결산보고서의 작성에 관한 사항

---

93) 이를 위반한 경우 추진위원장은 1년 이하의 징역 또는 1천만원 이하의 벌금에 처함(법 제138조 제7호).

③ 수입의 관리·징수방법 및 수납기관 등에 관한 사항
④ 지출의 관리 및 지급 등에 관한 사항
⑤ 계약 및 채무관리에 관한 사항
⑥ 그 밖에 회계문서와 장부에 관한 사항

(2) 지출내역서 및 결산보고서

추진위원회는 추진위원회의 지출내역서를 매분기별로 토지등소유자가 쉽게 접할 수 있는 일정한 장소에 게시하거나 인터넷 등을 통하여 공개하고, 토지등소유자가 열람할 수 있도록 하여야 한다(시행령 제29조 제2항).

추진위원회는 매 회계년도 종료일부터 30일내에 결산보고서를 작성한 후 감사의 의견서를 첨부하여 추진위원회에 제출하여 의결을 거쳐야 하며, 추진위원회 의결을 거친 결산보고서를 주민총회 또는 토지등소유자에게 서면으로 보고하고 추진위원회 사무소에 3월 이상 비치하여 토지등소유자들이 열람할 수 있도록 하여야 한다(운영규정안 제31조 제4항).

(3) 국가계약법 준용

추진위원회는 사업시행상 조력을 얻기 위하여 (회계관련)용역업자와 계약을 체결하고자 하는 경우에는 국가를 당사자로 하는 계약에 관한 법률을 준용할 수 있다(운영규정안 제31조 제7항).

(4) 외부회계감사

추진위원회에서 조합으로 인계되기 전까지 납부 또는 지출된 금액과 계약 등을 통해 지출될 것이 확정된 금액[94]의 합이 3억 5천만원 이상인 경우 추진위원회는 조합으로 인계되기 전 7일 이내 시장·군수에게 회계감사기관의 선정·계약을 요청하여야 한다(법 제112조 제1항 제1호, 시행령 제88조 제1호).

추진위원회는 회계감사기관의 선정・계약을 요청하려는 경우 시장・군수등에게 회계감사에 필요한 비용을 미리 예치하여야 한다. 시장・군수등은 회계감사가 끝난 경우 예치된 금액에서 회계감사비용을 직접 지불한 후 나머지 비

94) 대구지방법원 2017. 6. 15. 선고 2017고단1887 판결

용은 사업시행자와 정산하여야 한다(법 제112조 제4항).

추진위원회로부터 회계감사기관의 선정 · 계약을 요청받은 경우 시장 · 군수등은 즉시 회계감사기관을 선정하여 회계감사가 이루어지도록 하여야 한다. 회계감사기관을 선정 · 계약한 경우 시장 · 군수등은 공정한 회계감사를 위하여 선정된 회계감사기관을 감독하여야 하며, 필요한 처분이나 조치를 명할 수 있다(법 제112조 제2항, 제3항).

추진위원회는 감사인의 감사결과를 회계감사가 종료된 날부터 15일 이내에 시장 · 군수등에 보고하고 토지등소유자가 공람할 수 있도록 하여야 한다(법 제112조 제1항).

(5) 추진위원회의 운영비용 부담

추진위원회의 운영 및 사업시행을 위한 자금은 ① 토지등소유자가 납부하는 경비, ② 금융기관 및 정비사업전문관리업자 등으로부터의 차입금, ③ 지방자치단체의 장이 융자하는 융자금으로 조달한다(운영규정안 제32조).

추진위원회는 조합설립을 추진하기 위한 비용을 충당하기 위하여 토지등소유자에게 운영경비를 부과·징수할 수 있다(운영규정안 제33조 제1항).

운영경비는 '추진위원회의 의결'을 거쳐 부과할 수 있으며, 토지등소유자의 토지 및 건축물 등의 위치·면적·이용상황·환경 등 제반여건을 종합적으로 고려하여 공평하게 부과하여야 한다(운영규정안 제33조 제2항).

추진위원회 구성에 동의한 자는 추진위원회의 운영경비 및 그 연체료의 납부의무를 부담하고(운영규정안 제13조 제1항 제4호), 토지등소유자는 추진위원회의 운영에 필요한 경비를 운영규정이 정하는 바에 따라 납부하여야 한다(법 제34조 제2항).

추진위원회는 납부기한내에 운영경비를 납부하지 아니한 토지등소유자에 대하여는 금융기관에서 적용하는 연체금리의 범위내에서 연체료를 부과할 수 있다(운영규정안 제33조 제3항).

추진위원회 승인 이후 추진위원회에 동의한 토지등소유자는 추진위원회 구성에 동의한 토지등소유자가 납부한 운영경비의 동일한 금액과 그 금액의 지연납부에 따른 이자를 납부하여야 한다(운영규정안 제12조 제2항).

추진위원회 구성에 찬성하지 않은 자는 운영경비 납부의무 및 연체료 납부의무를 부담하지 않는다(운영규정안 제13조 제1항, 제33조 제3항).

(6) 자금차입에 관한 신고

추진위원회는 자금을 차입한 때에는 차입한 날부터 30일 이내에 자금을 대여한 상대방, 차입일, 차입액, 이자율, 상환기한 및 상환방법을 기재한 자금차입계약서의 사본을 관할 시장·군수등에게 제출하여야 한다(법 제111조의2, 시행령 제87조의2).

6. 행정관청의 감독

(1) 자료의 제출명령 및 업무조사

국토교통부장관, 시・도지사, 시장, 군수 또는 구청장은 정비사업의 원활한 시행을 감독하기 위하여 필요한 경우에는 추진위원회・정비사업전문관리업자・설계자 등 도시정비법에 따른 업무를 하는 자에게 보고 또는 자료의 제출을 명할 수 있으며 소속 공무원에게 그 업무에 관한 사항을 조사하게 할 수 있다(법 제111조 제2항).

국토교통부장관 등은 다음의 경우 자료제출 명령 등을 할 수 있다.

① 도시정비법의 위반 여부를 확인할 필요가 있는 경우

② 토지등소유자, 조합원, 그 밖에 정비사업과 관련한 이해관계인 사이에 분쟁이 발생된 경우

③ 그 밖에 시·도 조례로 정하는 경우

업무에 관한 사항의 보고, 자료의 제출, 조사 또는 검사에 관하여는 도시정비법 제107조 제2항부터 제5항까지의 규정을 준용한다(법 제111조 제3항).

(2) 처분의 취소·변경 또는 정지 등

국토교통부장관은 시・도지사, 시장, 군수, 구청장, 추진위원회 또는 정비사업전문관리업자에게 정비사업의 시행이 도시정비법 또는 도시정비법에 따른

명령・처분에 위반되었다고 인정되는 때에는 정비사업의 적정한 시행을 위하여 필요한 범위에서 처분의 취소・변경 또는 정지, 그 밖의 필요한 조치를 취할 수 있다(법 제113조 제1항)

특별시장, 광역시장 또는 도지사는 시장, 군수, 구청장, 추진위원회 또는 정비사업전문관리업자에게 처분의 취소・변경 또는 정지, 그 밖의 필요한 조치를 취할 수 있다(법 제113조 제1항).

시장・군수는 추진위원회 또는 정비사업전문관리업자에게 처분의 취소・변경 또는 정지, 그 밖의 필요한 조치를 취할 수 있다(법 제113조 제1항).

시장·군수등이 도시정비법 제113조에 의거 추진위원회 승인의 취소를 하는 경우 청문을 하여야 한다(법 제121조 제3호).

(3) 점검반 구성 및 활동

국토교통부장관, 시・도지사, 시장, 군수 또는 구청장은 도시정비법에 따른 정비사업의 원활한 시행을 위하여 관계 공무원 및 전문가로 구성된 점검반을 구성하여 정비사업 현장조사를 통하여 분쟁의 조정, 위법사항의 시정요구 또는 수사기관에 고발 등 필요한 조치를 할 수 있다. 이 경우 관할 지방자치단체의 장과 조합 등은 자료의 제공 등 점검반의 활동에 적극 협조하여야 한다(법 제113조 제2항).

Ⅶ. 추진위원회의 해산

1. 조합설립인가 이전 추진위원회의 해산

(1) 민법의 해산규정 준용 및 해산사유

도시정비법은 추진위원회의 해산과 관련하여 별도의 규정을 두고 있지 않다. 도시정비법 제15조 제2항의 위임에 따라 제정된 정비사업조합설립추진위원회 운영규정 제5조는 추진위원회의 해산에 관하여 규정하고 있다.

운영규정안 제37조는 추진위원회에 관하여는 도시정비법에 규정된 것을 제외하고는 민법의 규정 중 사단법인에 관한 규정을 준용한다고 규정하고 있으므로, 사단법인의 해산을 규정한 민법 제77조 내지 제96조는 추진위원회의 해산에 준용된다.

민법 제77조 제1항은 "법인은 존립기간의 만료, 법인의 목적의 달성 또는 달성의 불능, 기타 정관에 정한 해산사유 발생, 파산 또는 설립허가의 취소로 해산한다." 라고 규정하고 있다. 따라서 추진위원회는 목적의 달성(조합설립인가)으로 인한 경우, 시장 · 군수의 추진위원회승인취소처분, 법원의 추진위원회 승인취소 또는 무효판결의 확정 등의 사유로 해산된다.

추진위원회는 주민총회의 결의로도 해산할 수 있고(민법 제77조 제2항), 추진위원회는 총사원 4분의 3이상의 동의로 해산을 결의할 수 있다. 그러나 운영규정에 다른 규정이 있는 때에는 해산결의 정족수를 완화하거나 강화할 수 있다(민법 제78조).

(2) 정비구역등의 해제로 인한 추진위원회 취소 간주

도시정비법 제20조 제7항 및 제21조 제2항에 따라 정비구역등이 해제·고시된 경우 추진위원회 구성승인은 취소된 것으로 보고, 시장·군수등은 해당 지방자치단체의 공보에 그 내용을 고시하여야 한다(법 제22조 제3항).

(3) 운영규정에 의한 추진위원회 해산[95)]

운영규정 제5조 제3항은 "추진위원회는 조합설립인가 전 추진위원회를 해산하고자 하는 경우 추진위원회 동의자 3분의 2 이상 또는 토지등소유자의 과반수 동의를 받아 시장·군수등에게 신고하여 해산할 수 있다."라고 규정하고 있다.

운영규정 제5조 제3항의 취지는 토지 등 소유자의 동의에 의한 추진위원회 해산규정을 둠으로써 파행적으로 운영되는 추진위원회를 해산시키고 토지 등 소유자의 대표성을 가지는 추진위원회를 구성할 수 있도록 하기 위한 것이다.

운영규정 제5조 제3항에 의하면 조합설립인가전 추진위원회의 해산의 신고는 추진위원회 뿐만 아니라 토지등소유자 과반수의 대표자도 가능하다.[96)]

해산신고 동의의 의사표시를 철회할 수 있는 시한은 행정청에 해산신고 수리를 신청하기 전까지이다.[97)]

운영규정 제5조 제3항은 '시장·군수에게 신고함으로써 해산할 수 있다'고 규정함으로서, 해산을 위해 추진위원회의 시장·군수에 대한 해산신고를 의무화하고 있다.

토지등소유자가 추진위원회의 해산을 결의하면 바로 추진위원회의 해산이라는 공법상 효력이 발생하는 것으로는 볼 수 없다. 운영규정 제5조 제3항에 의한 추진위원회 해산신고를 접수한 시장·군수가 위 규정에 의한 요건을 갖추었는지 여부를 심사하여 그 요건을 갖춘 경우에 그 신고를 수리하면 비로소 추진위원회의 해산이라는 법률효과가 발생한다.

따라서 운영규정 제5조 제3항에 기하여 해산신고를 수리하는 행위[98)] 또는 거부하는 행위[99)]는 항고소송의 대상인 행정처분[100)]에 해당한다. 즉 하급심 판결은 해산신고의 법적 성격을 '자기완결적 신고'가 아니라 '수리를 요하는 신고'로 보고 있다.

---

95) 2012. 8. 2. 개정전 운영규정도 동일하였음.
96) 대법원 2009. 1. 30. 선고 2008두14869 판결
97) 부산지방법원 2009. 6. 26. 선고 2009구합646 판결
98) 서울행정법원 2010. 8. 26. 선고 2009구합48234 판결
99) 서울고등법원 2009. 9. 1. 선고 2008누34629 판결
100) 행정청의 행위가 행정처분인지 여부의 판단기준은 대법원 2007. 6. 14. 선고 2005두4397 판결 참조

추진위원회 해산신고수리처분은 당해 처분의 성질상 처분의 사전통지 및 의견청취가 명백히 불필요하다.[101]

운영규정 제5조 제3항에 의한 추진위원회 해산신고의 경우 비용의 일부 보조(법 제21조 제3항)는 적용되지 않는다.

(4) 시장 · 군수의 직권에 의한 추진위원회 승인취소

국토교통부장관, 특별시장, 광역시장, 도지사, 또는 시장 · 군수는 추진위원회에게 정비사업의 시행이 도시정비법 또는 도시정비법에 따른 명령 · 처분에 위반되었다고 인정되는 때에는 정비사업의 적정한 시행을 위하여 필요한 범위에서 처분의 취소 · 변경 또는 정지, 그 밖의 필요한 조치를 취할 수 있다(법 제113조 제1항).

시장 · 군수는 정비사업의 계속시행이 현저히 공익을 해할 우려가 있다고 인정하는 때에는 추진위원회의 승인을 취소할 수 있다.[102]

시공사를 선정할 권한이 없는 추진위원회가 시공사를 선정한 경우 위 사유를 이유로 한 시장 · 군수의 추진위원회 승인취소는 적법하다고 판시한 사례가 있다.[103]

(5) 청문절차

국토교통부장관, 시 · 도지사, 시장, 군수 또는 구청장은 도시정비법 제113조 제1항에 의거 추진위원회 승인의 취소처분을 하려는 경우에는 청문을 하여야 한다(법 제121조 제3호). 운영규정 제5조 제3항에 의한 추진위원회 해산신고의 경우 청문절차가 적용되지 않는다.

행정절차법 제22조 제1항 제1호는, 행정청이 처분을 할 때에는 다른 법령 등에서 청문을 실시하도록 규정하고 있는 경우 청문을 실시한다고 규정하고 있다. 이러한 청문제도는 행정처분의 사유에 대하여 당사자에게 변명과 유리한 자료를 제출할 기회를 부여함으로써 위법사유의 시정가능성을 고려하고,

---

101) 서울행정법원 2010. 8. 26. 선고 2009구합48234 판결, 서울행정법원 2010. 8. 13. 선고 2009구합52165 판결

102) 대법원 1995. 12. 12. 선고 94누12302 판결

103) 춘천지방법원 2009. 12. 24. 선고 2008구합1106 판결

처분의 신중과 적정을 기하려는 데 그 취지가 있다.

행정청이 특히 침해적 행정처분을 할 때 그 처분의 근거 법령 등에서 청문을 실시하도록 규정하고 있다면, 행정절차법 등 관련 법령상 청문을 실시하지 않아도 되는 예외적인 경우에 해당하지 않는 한, 반드시 청문을 실시하여야 하는 것이며, 그러한 절차를 결여한 처분은 위법한 처분으로서 취소사유에 해당한다.[104]

2. 청산업무(조합설립인가 이전 추진위원회 해산)

(1) 청산인 선임 및 직무

조합설립인가전 추진위원회를 해산하는 경우 위원장, 부위원장, 감사가 청산인이 된다(민법 제82조 본문). 그러나 추진위원회 운영규정 또는 추진위원회(주민총회)의 결의로 달리 정한 바가 있으면 그에 의한다(민법 제82조 단서). 청산인이 될 자가 없거나 또는 청산인이 결원으로 인하여 손해가 생길 염려가 있는 때에는 법원은 직권 또는 이해관계인이나 검사의 청구에 의하여 청산인을 선임할 수 있다(민법 제83조).

청산인은 사임, 사망, 파산 또는 금치산, 총회에서의 해임결의 등에 의해 해임된다. 중요한 사유가 있는 때에는 법원은 직권 또는 이해관계인이나 검사의 청구에 의하여 청산인을 해임할 수 있다(민법 제84조).

추진위원회가 해산하면 위원장, 부위원장에 갈음하여 청산인이 청산법인의 집행기관이 된다. 따라서 청산인은 청산법인의 능력의 범위 내에서 대외적으로 청산법인을 대표하고, 대내적으로는 청산사무를 집행한다(민법 제87조 제2항).

청산인의 직무는 현존사무의 종결, 채권의 추심 및 채무의 변제, 잔여재산의 인도 이다. 청산인은 청산 관련 직무를 행하기 위하여 필요한 모든 행위를 할 수 있다(민법 제87조).

---

104) 대법원 2004. 7. 8. 선고 2002두8350 판결, 대법원 2007. 11. 16. 선고 2005두15700 판결등

(2) 채권·채무의 부담주체

시장·군수로부터 승인받은 추진위원회는 비법인사단의 실체를 갖추었다할 것인바, 조합설립인가 전 추진위원회가 해산되는 경우 채권자는 추진위원회에 책임을 묻는 것을 별론으로 하고 추진위원 또는 추진위원회 구성에 동의한 토지등소유자에게 직접 책임을 물을 수 없다.[105)]

그러나 용역계약 등에 연대보증을 한 위원장 또는 추진위원은 연대보증에 따른 책임을 부담하여야 할 것이다.

(3) 운영경비에 의한 채무변제

추진위원회는 추진위원회의 의결을 거쳐 추진위원회 구성에 동의한 토지등소유자들에게 운영경비를 부과할 수 있고, 추진위원회는 위 운영경비로 채권자들의 채무를 변제할 수 있다.

(4) 운영규정 등 자료의 보관

추진위원회 또는 정비사업전문관리업자는 주민총회 또는 추진위원회가 있은 때에는 운영규정안 제35조 제1항에 따른 서류 및 관련 자료와 속기록 · 녹음 또는 영상자료를 만들어야 하고, 청산업무가 종료할 때까지 이를 보관하여야 한다(운영규정안 제35조 제2항).

3. 조합설립인가로 인한 추진위원회 해산

(1) 당연 해산

추진위원회는 원래 조합설립을 목적으로 하는 비법인사단이어서 조합설립이 인가됨으로써 그 목적이 달성된 때에는 당연히 해산되는바(민법 제77조 제1항), 추진위원회는 조합설립인가일까지 업무를 수행할 수 있으며, 조합이 설립되면 모든 업무와 자산을 조합에 인계하고 추진위원회는 해산한다(운영규정

105) 인천지방법원 2008. 4. 25. 선고 2007가합12926판결

제5조 제1항).

(2) 회계장부 등 조합인계

추진위원회는 사용경비를 기재한 회계장부 및 관련서류를 조합 설립의 인가일부터 30일 이내에 조합에 인계하여야 한다(법 제34조 제4항).[106] 추진위원회 또는 정비사업전문관리업자는 주민총회 또는 추진위원회가 있은 때에는 공개의 대상이 되는 서류 및 관련 자료와 속기록, 녹음 또는 영상자료를 만들어 이를 조합설립 인가일부터 30일 이내에 조합에 인계하여야 하여야 한다(운영규정안 제35조 제2항).

업무의 인수·인계절차는 추진위원회의 대표자인 추진위원장과 조합의 대표자인 조합장이 ① 추진위원회 업무, 자산, 회계장부 등을 확인하고, ② 인수할 업무, 자산, 회계장부 등의 목록을 작성한 후 ③ 목록상의 업무, 자료 등을 인수·인계한다는 취지의 확인서를 작성하면 될 것이다.

실무적으로 추진위원회의 추진위원장이 조합의 조합장으로 선임된 경우 조합장이 추진위원회의 사무실을 계속 사용함으로서 관련 자료 등도 함께 인계받게 되므로, 별도의 인수·인계절차를 생략하고 있다.

(3) 총회의 보고

추진위원회는 자신이 행한 업무를 조합원 총회에 보고하여야 한다(법 제34조 제3항, 운영규정 제5조 제2항 전문).

추진위원회가 창립총회에서 그 동안의 정비사업에 관한 '경과보고' 및 추진위원회의 업무를 보고하고, 총회 안건으로 ① 결산보고, ② 협력업체 계약체결 추인의 건, ③ 추진위원회의 수행업무 추인의 건 등을 상정하여 의결하고 있다. 실무적으로 조합설립인가 후 별도의 보고절차를 거치고 있지 않다.

추진위원회가 행한 업무는 조합원 총회에 보고하는 것일 뿐 별도의 조합원 총회의 의결이 필요한 것은 아니다.

---

106) 이를 위반한 경우 추진위원장은 1년 이하의 징역 또는 1천만원 이하의 벌금에 처함(법 제138조 제1호).

(4) 추진위원회 업무종료 등

추진위원회는 조합설립인가일까지 업무를 수행할 수 있으므로(운영규정 제5조 제1항 전문), 추진위원회의 업무는 조합설립인가시에 종료된다.[107] 추진위원회는 조합 설립의 인가일부터 30일 이내에 인계업무를 수행한다(운영규정안 제35조 제2항, 제36조 제1항).

(5) 포괄승계의 원칙 및 제한

추진위원회가 행한 업무와 관련된 권리와 의무는 조합이 포괄승계한다(법 제34조 제3항).

운영규정이 정하는 추진위원회 업무범위를 초과하는 업무나 계약, 용역업체의 선정 등은 조합에 승계되지 아니한다(운영규정 제6조).

시공자, 감정평가업자 등 조합의 업무에 속하는 부분은 추진위원회의 업무범위에 포함되지 아니하므로, 추진위원회에서 선정한 시공자, 감정평가업자는 조합으로 승계되지 아니한다(운영규정안 제5조 제4항).

다만 추진위원회가 조합설립 동의를 위하여 추정분담금을 산정하기 위해 선정한 감정평가업자는 승계대상에 포함된다(운영규정안 제5조 제4항).

정비사업전문관리업자와의 용역계약 승계여부는 제3편 제9절 V. 정비사업전문관리업 제도에서 설명하기로 한다.

---

107) 조합이 설립되었는데도 불구하고 추진위원회를 계속 운영한 자는 2년 이하의 징역 또는 2천만원 이하의 벌금에 처함(법 제137조 제5호).

제2절 조합설립인가와 쟁송방법

I. 재개발·재건축조합의 의의 및 법적 지위

1. 재개발·재건축조합의 의의

(1) 조합의 설립 목적

시장·군수 등, 토지주택공사 등 또는 지정개발자가 아닌 자가 정비사업을 시행하려는 경우에는 토지등소유자로 구성된 조합을 설립하여야 한다(법 제35조 제1항).

재개발·재건축조합이란 정비구역안에서 정비기반시설을 정비하고 주택 등 건축물을 개량하거나 건설하는 사업을 시행하기 위해 토지등소유자가 설립한 단체를 말한다. 조합은 도시기능의 회복이 필요하거나 주거환경이 불량한 지역을 계획적으로 정비하고, 노후·불량건축물을 효율적으로 개량하기 위한 목적으로 설립된다.

(2) 조합의 법인등기 및 건설사업 등록 간주

조합은 법인으로 하고, 조합설립인가를 받은 날부터 30일 이내에 주된 사무소의 소재지에서 등기하는 때 성립한다(법 제38조 제1항, 제2항). 조합에 관하여는 도시정비법에 규정된 것을 제외하고는 민법중 사단법인에 관한 규정을 준용한다(법 제49조). 따라서 조합의 운영은 도시정비법 및 조합정관에 따르며, 보충적으로 민법중 사단법인의 규정을 준용한다.

조합은 그 명칭에 '정비사업조합'이라는 문자를 사용하여야 하며(법 제38조 제3항), 이는 주택법상 직장조합, 지역조합 또는 다른 사업의 시행자와 혼동을 방지하기 위하여 규정한 것이다.

조합은 주택법상 사업주체로 보며, 조합설립인가일부터 주택법상 주택건설사업 등의 등록을 한 것으로 본다(법 제35조 제8항).

(3) 조합의 주소

법인의 주소는 그 주된 사무소의 소재지에 있는 것으로 한다(민법 제36조). 주된 사무소란 수개의 사무소 중에서 법인의 최고 수뇌부가 존재하는 장소를 말한다. 주된 사무소의 소재지는 사업시행구역이 소재하는 구의 관할구역 안에 두는 것을 원칙으로 한다(서울시 조례 제20조 제1항 제1호).

조합의 주된 사무소는 서울특별시 ○○구 ○○로 ○○ (○○동, ○○빌딩)에 둔다. 조합사무소는 이사회 의결을 거쳐 이전할 수 있으며, 사전에 조합원에게 조합사무소의 이전시기·주소 등을 명확히 알 수 있도록 통지하여야 한다(서울시 재개발표준정관 제5조).

주된 사무소가 변경되는 경우 조합은 시장・군수에게 사무소의 소재지를 신고하여야 한다(시행령 제39조 제1호).

2. 조합의 권리능력 등

(1) 권리능력

조합은 법인으로 하므로(법 제38조 제1항), 조합은 법인성이 인정된다.

조합은 법률의 규정에 좇아 정관으로 정한 목적의 범위내에서 권리와 의무의 주체가 될 수 있고(민법 제34조), 각종의 재산을 보유할 수 있으며, 또 그 대표기관이 한 의사표시에 의하여 재산에 관한 권리와 의무를 가지게 된다. 다만 조합의 권리능력은 법률과 목적에 의하여 제한을 받으며, 자연인을 전제로 한 생명권, 친권 등의 권리를 가지지 못한다.

(2) 행위능력

조합은 권리능력의 범위내에서 행위능력을 가지며, 조합은 제3자와 거래 등을 통해 권리와 의무를 갖게 된다. 조합의 행위는 대표기관인 조합장을 통해서 하고, 이 대표기관의 행위는 곧바로 조합의 행위로 평가된다.

조합장은 조합을 대표하나(민법 제59조 제1항, 법 제42조 제1항), 실질적으로 대리관계와 비슷하므로, 민법은 "법인의 대표에 관하여는 대리에 관한 규정을 준용한다." 고 규정하고 있다(민법 제59조 제2항). 자연인에 있어서의 행위무능력자제도는 법인의 경우에는 없다.

조합은 정비사업을 시행함에 있어서 금융기관 또는 시공사로부터 자금을 차입하고, 정비사업전문관리업자·시공자·설계자 등 협력업체와 용역계약을 체결하며, 일반인들과 주택에 관한 일반분양계약을 체결하는 등 많은 거래행위를 한다(서울시 재개발표준정관 제12조 내지 제14조).

조합은 정비구역안의 국·공유재산을 우선하여 수의계약으로 매수할 수 있고(법 제98조 제4항), 국·공유재산은 사업시행인가의 고시가 있은 날부터 종전의 용도가 폐지된 것으로 보며(제98조 제5항), 국·공유재산의 평가는 사업시행인가의 고시가 있는 날을 기준으로 한다(제98조 제6항).

(3) 불법행위능력

조합은 조합장 기타 이사가 그 직무에 관하여 타인에게 가한 손해를 배상할 책임이 있다. 즉 대표기관이 직무에 관하여 제3자에게 가한 불법행위에 대하여 법인 스스로가 그 배상책임을 진다(민법 제35조 제1항).

여기서 "직무에 관하여" 라 함은, 행위의 외형상 기관의 직무수행행위라고 볼 수 있는 행위 및 직무행위와 사회관념상 관련성을 가지는 행위를 말한다.[108]

아파트 재건축조합이 재건축사업에 반대하는 조합원들을 임의로 재산가치가 적은 1 ~ 2층에 배정한 경우 조합의 손해배상책임이 인정되고[109], 조합의 이중분양에 대한 조합의 손해배상책임은 인정되나[110], 조합원은 조합을 상대로 간접손해에 대한 손해배상을 청구할 수 없다.[111]

탈퇴자에 대한 명도단행가처분 결정에 의한 건물의 철거행위는 형법 제20조에 정한 업무로 인한 정당행위에 해당한다고 판시한 사례가 있다.[112]

---

108) 대법원 2004. 2. 27. 선고 2003다15280 판결
109) 대법원 2007. 6. 15. 선고 2005다45605판결
110) 대법원 2003. 7. 25. 선고 2002다27088 판결
111) 대법원 1999. 7. 27. 선고 99다19384 판결

3. 목적의 비영리성

조합은 도시정비법과 정관이 정하는 바에 따라 사업시행구역안의 건축물을 철거하고 그 토지 위에 새로운 건축물을 건설하여 도시 및 주거환경을 개선하고 조합원의 주거안정 및 주거생활의 질적 향상에 이바지함을 목적으로 하므로, 비영리법인으로서의 성격을 가진다.[113)]

조합은 정비사업의 시행과정에서 조합원 분양분 이외에 체비시설이나 보류시설을 조합원이 아닌 사람들에게 일반 분양을 하는 등 일종을 수익사업을 하게 되며, 이때 일반분양(수익사업부분)은 영리성이 인정되어 영리사업인 과세사업으로 본다.

현재 세법상 조합의 사업업태는 주택건설업이고, 종목은 주택신축판매업(상가포함)자이며, 수익사업을 영위하는 비영리법인의 수익사업(일반분양)과 비수익사업(조합원 분양)을 구분하여 경리하고 있다(법인세법 제113조 제1항).

4. 행정주체 및 사경제주체로서의 조합

도시정비법상 정비사업조합은 관할 행정청의 감독 아래 정비구역 안에서 도시정비법상의 '주택정비사업'을 시행하는 목적 범위 내에서 법령이 정하는 바에 따라 일정한 행정작용을 행하는 행정주체로서의 지위를 갖는다.

조합은 특수한 존립목적을 부여받은 특수한 행정주체로서 국가의 감독하에 그 존립목적인 특정한 공공사무를 행하는 범위내에서는 법률상 부여받은 행정작용 권한을 행사하는 것이다. 따라서 재개발조합은 공공사무를 행하는 범위내에서는 조합원에 대한 관계에 있어서 공법상의 권리의무관계에 있다.[114)]

---

112) 대법원 1998. 2. 13. 선고 97도2877 판결

113) 대법원 2005. 5. 27. 선고 2004두7214 판결, 서울고등법원 2024. 4. 24. 선고 2023누35359 판결

조합과 조합원 사이의 공법관계를 나타내는 특별한 규정을 두고 있는 경우에는 행정소송으로 다투어야 하며, 민사소송으로 다투는 것은 허용되지 않는다.

관리처분계획은 조합이 행정주체의 지위에서 행하는 행정처분이므로, 행정소송으로 다투어야 한다.[115] 또한 조합원 자격의 인정여부에 관한 다툼은 공법상 당사자 소송에 의하여야 하므로 민사소송으로 수분양권의 확인을 구할 수 없다.[116]

조합은 행정주체로서의 지위를 가지고 있을 뿐만 아니라 민법상 법인으로서의 지위도 갖고 있다. 따라서 조합이 사경제주체로서의 행위 또는 의사결정절차(대의원회 또는 총회)의 하자에 대해서는 민사법의 규율을 받으며, 이에 대한 분쟁은 민사소송으로 다투어야 한다.

주택재개발·재건축조합의 조합장 또는 조합임원 사이의 선임·해임등을 둘러싼 법률관계는 사법상의 법률관계로서 그 조합장 또는 조합임원의 지위를 다투는 소송은 민사소송에 의하여야 한다.[117]

5. 추진위원회 업무의 승계

추진위원회는 추진위원회가 행한 업무를 총회에 보고하여야 하며, 추진위원회가 행한 업무와 관련된 권리와 의무는 조합이 포괄승계한다(법 제34조 제3항). 조합설립인가일 전에 조합의 설립과 사업시행에 관하여 추진위원회가 행한 행위는 도시정비법령 및 정관이 정하는 범위 안에서 조합이 이를 승계한다.

운영규정이 정하는 추진위원회 업무범위를 초과하는 업무나 계약, 용역업체의 선정 등은 조합에 승계되지 아니한다(운영규정 제6조).

시공자, 감정평가업자 등 조합의 업무에 속하는 부분은 추진위원회의 업무

114) 대법원 2002. 12. 10. 선고 2001두6333 판결
115) 대법원 2009. 9. 17. 선고 2007다2428 전원합의체 판결
116) 대법원 1996. 2. 15. 선고 94다31235 판결
117) 대법원 2009. 9. 24.자 2009마168, 169 결정

범위에 포함되지 아니하므로, 추진위원회에서 선정한 시공자, 감정평가업자는 조합으로 승계되지 아니한다(운영규정안 제5조 제4항).

다만 추진위원회가 조합설립 동의를 위하여 추정분담금을 산정하기 위해 선정한 감정평가업자는 승계대상에 포함된다(운영규정안 제5조 제4항).

정비사업과 관련하여 토지 등 소유자에 대한 구체적인 보상방법을 정하는 업무는 추진위원회의 업무범위에 해당하지 않는바, 추진위원회가 토지 등 소유자에게 현금이나 현물 보상을 약정하는 것은 법령에 정한 추진위원회의 권한 범위에 속하지 않는 것이어서 조합에는 효력이 없다.[118]

정비사업전문관리업자와의 용역계약 승계여부는 제3편 제9절 V. 정비사업전문관리업 제도에서 설명하기로 한다.

118) 대법원 2024. 12. 12. 선고 2024다260405, 2024다260412 판결, 광주지방법원 2024. 9. 26. 선고 2023가합58331 판결

Ⅱ. 조합설립인가처분의 쟁송방법

1. 조합설립인가와 취소소송

(1) 설권적 처분과 항고소송

행정청의 조합설립인가처분은 단순히 사인들의 조합설립행위에 대한 보충행위로서의 성질을 갖는 것에 그치는 것이 아니라 법령상 요건을 갖출 경우 도시정비법상 정비사업을 시행할 수 있는 권한을 갖는 행정주체(공법인)로서의 지위를 부여하는 일종의 설권적 처분의 성격을 갖는다.[1] 따라서 토지등소유자는 시장・군수(인가권자)를 상대로 행정법원에 항고소송인 조합설립인가처분에 대한 취소 또는 무효확인을 구하여야 한다.[2]

토지등소유자는 시장・군수의 조합설립인가처분이 있음을 안 날부터 90일 이내에 조합설립인가취소소송을 제기하여야 한다.[3] 조합은 조합설립인가를 받은 때에는 토지등소유자에게 그 내용을 통지하여야 하는바(시행령 제30조 제3항), 제소기간은 위 조합설립통지서가 도달된 날부터 기산된다.

토지등소유자는 시장・군수의 조합설립인가처분이 있은 날부터 1년이 경과하면 조합설립인가취소소송을 제기하지 못한다(행정소송법 제20조 제1항, 제2항).[4]

위 제소기간이 경과된 경우 토지등소유자는 조합설립인가처분의 무효소송을 제기할 수 있고, 토지등소유자는 인가처분의 하자가 중대·명백하다는 것을 입증하여야 한다.

(2) 동의자의 원고적격

현행 도시정비법하에서 재건축조합의 조합원은 정비구역내 토지 및 건축물

---

1) 대법원 2009. 9. 24. 선고 2008다60568 판결
2) 대법원 2010. 8. 26. 선고 2010두2579 판결 등 참조
3) 서울행정법원 2010. 3. 25. 선고 2009구합42946 판결
4) 서울행정법원 2010. 9. 9. 선고 2009구합46481 판결

의 소유자로서 적법한 재건축조합에 의해 정비사업이 적법하고 원활하게 수행되는 데 도시정비법이 보호하는 직접적이고 구체적인 법률상 이익이 있다고 보아야 하므로, 미동의자 뿐만 아니라 동의한 조합원도 조합설립인가처분취소소송에 있어 원고적격이 있다.[5)]

(3) 조합설립동의의 무효확인 여부

조합설립동의(결의)는 조합설립인가처분이라는 행정처분을 하는 데 필요한 요건 중 하나에 불과하므로, 직접 항고소송의 방법으로 조합설립인가처분의 취소 또는 무효확인을 구할 수 있을 뿐 조합설립동의의 무효확인을 구할 수 없다.[6)]

(4) 이전고시와 조합설립인가취소소송

조합설립인가처분의 취소나 무효확인 판결이 확정되기 전에 이전고시의 효력이 발생하였다면 더 이상 정비사업 결과를 원상으로 되돌리는 것은 허용될 수 없으므로 이전고시의 효력이 발생한 후에는 원칙적으로 조합설립인가처분의 취소 또는 무효확인를 청구할 수 없다.[7)]

2. 법원의 판단기준

항고소송에서 행정처분의 적법 여부는 특별한 사정이 없는 한 '행정처분 당시'를 기준으로 하여 판단해야 한다. 행정처분의 위법 여부를 판단할 때 처분 후 법령의 개폐나 사실상태의 변동에 영향을 받지 않는다.[8)]

처분 당시의 사실상태 등에 관한 증명은 사실심 변론종결 당시까지 할 수 있고, 법원은 행정처분 당시 행정청이 알고 있었던 자료뿐만 아니라 사실심 변론종결 당시까지 제출된 모든 자료를 종합하여 처분 당시 존재하였던 객관

5) 서울고등법원 2019. 5. 30. 선고 2018누52060 판결
6) 대법원 2009. 9. 24. 선고 2008다60568 판결
7) 대법원 2014. 9. 25. 선고 2011두20680 판결
8) 대법원 2007. 5. 11. 선고 2007두1811 판결

적 사실을 확정하고 그 사실에 기초하여 처분의 위법 여부를 판단할 수 있다.[9]

시장·군수의 조합설립인가처분 당시 토지등소유자 정수 산정이나 동의자수 계산에 일부 오류가 있다 하더라도, 실제로 조합설립인가신청이 도시정비법상 동의율을 충족한다면, 시장·군수의 조합설립인가처분은 결과적으로 적법하다.

법원은 우선 조합설립인가처분에 원고가 주장하는 구체적인 하자 사유들이 존재하는지 여부를 판단한 후 조합설립인가처분에 관하여 적용되어야 할 적법한 기준에 비추어 조합설립인가신청이 도시정비법상 동의율을 충족한 것인지를 다시 판단하게 된다.[10]

조합설립인가를 위한 동의 정족수는 조합설립인가 처분시점이 아니라 '조합설립인가신청 시점'을 기준으로 판단하여야 한다. 따라서 조합설립인가신청 이후 토지등소유자가 된 자 또는 추가로 동의한 자는 정족수에 포함시켜서는 아니 된다.[11]

3. 조합설립인가처분과 하자 사유

(1) 추진위원회 승인 또는 변경승인의 하자

조합설립인가처분은 추진위원회구성승인처분이 적법·유효할 것을 전제로 한다고 볼 것은 아니므로, 도시정비법령이 정한 동의요건을 갖추고 창립총회를 거쳐 주택재개발조합이 성립한 이상, 이미 소멸한 추진위원회구성승인처분의 하자를 들어 조합설립인가처분이 위법하다고 볼 수 없다.[12]

다만, 추진위원회 제도의 입법취지를 형해화할 정도에 이르는 경우 조합설립인가처분의 효력을 다툴 수 있다.[13]

9) 대법원 2014. 10. 30. 선고 2012두25125 판결
10) 서울고등법원 2008. 1. 8. 선고 2007누15904 판결, 서울행정법원 2009. 9. 25. 선고 2009구합9192 판결
11) 대법원 2014. 4. 24. 선고 2012두21437 판결
12) 대법원 2012. 12. 27. 선고 2010다85379 판결

추진위원회 승인 이후 정비구역이 동일성이 인정되지 않을 정도로 확장된 경우 추진위원회의 변경승인을 받아야 하고, 추진위원회의 변경승인 없이 종전 추진위원회에 대한 조합설립인가처분은 위법하다고 볼 소지가 있다.[14)]

(2) 조합설립동의서와 하자

도시정비법 시행규칙 별지 제6호서식 조합설립동의서에 기재된 사업비용의 분담기준이나 사업완료 후 소유권 귀속에 관한 사항은 적법하다.[15)]

조합 설립에 대한 토지등소유자의 동의는 조합설립인가 처분이라는 행정처분을 하는 데 필요한 절차적 요건 중 하나에 불과하므로, 조합설립동의에 흠이 있다 하더라도 그 흠이 중대·명백하지 않다면 조합설립인가처분이 당연무효라고 할 수 없다.[16)]

동의서를 징구하는 과정에서 동의서의 내용이 변경되었으나 구 동의서와 신 동의서 중 비용의 분담기준이나 신축건축물의 구분소유권 귀속에 관한 배분기준이 실질적으로 변경되지 않았다면 동의자 산정시 구 동의서 제출자와 신 동의서 제출자를 합산하여야 한다.[17)]

조합설립동의서에 신축 건축물의 설계개요, 건축물 철거 및 신축비용의 개산액에 관한 사항이 누락된 상태에서 조합설립인가처분이 있었다면 위 조합설립인가처분의 하자는 중대하고 명백하여 무효다.[18)]

(3) 사업구역의 변경으로 인한 동의서의 재징구 여부

사업구역의 확대 또는 축소로 인하여 종전 사업구역과 확정된 사업구역에 대한 동일성을 인정할 수 없다면 추진위원회는 확정된 사업구역을 기준으로

---

13) 대법원 2013. 12. 26. 선고 2011두8291 판결
14) 대법원 2014. 5. 29. 선고 2012두6650 판결, 서울행정법원 2010. 10. 8. 선고 2010구합160판결, 서울행정법원 2010. 2. 17. 선고 2009구합16749 판결 : 위 판결들은 항소심에서 추진위원회의 하자가 중대·명백하지 않다고 판시되었음.
15) 대법원 2010. 4. 8. 선고 2009다10881 판결, 대법원 2014. 5. 29. 선고 2012두18677 판결
16) 대법원 2010. 12. 23. 선고 2010두16578 판결, 대법원 2011. 4. 14. 선고 2010두14282 판결, 대법원 2013. 11. 28. 선고 2012두5626 판결
17) 서울고등법원 2011. 4. 13. 선고 2010누26034 판결
18) 대법원 2011. 11. 10. 선고 2011두14883 판결

한 설계개요 및 정비사업비의 개략적인 금액을 정한 조합설립동의서를 새로이 징구하여야 한다.

시장·군수가 종전 사업구역을 기준으로 한 조합설립동의서에 기하여 조합설립인가처분을 한 경우 시장·군수는 인가신청서 및 그 첨부서류인 위치도, 신청부지현황, 조합정관, 신축건물 계획안 등과 조합설립동의서를 비교함으로서 재건축동의의 주요 내용이 되는 사항이 서로 일치하지 아니하고 현저하게 다름을 쉽게 알 수 있었을 것이므로, 위 조합설립인가처분은 중대·명백하여 무효이다.[19]

(4) 토지분할로 인한 사업구역의 변경

도시정비법 제67조 제3항에 의거 토지분할청구소송을 제기하고, 도시정비법 제67조 제4항 각호의 요건을 갖추었다면 특별한 사정이 없는 한 토지분할을 전제로 한 새로운 조합설립동의서나 특별결의, 정관변경 등이 요구되는 것은 아니다.[20]

조합설립인가처분 이후 사후적으로 위 토지분할청구소송이 당사자적격의 흠결을 이유로 부적법 각하되었다는 사정만으로 위 조합설립인가처분이 소급하여 무효라고 볼 수 없다.[21]

(5) 정관 또는 사업시행계획서의 첨부 등

조합설립동의서의 '정관에 관한 사항 부분'은 조합의 운영과 활동에 관한 자치규범으로서 정관을 마련하고 그 규율에 따르겠다는 데에 대한 동의를 얻기 위한 취지인바, 추진위원회가 조합의 정관 또는 정관 초안을 첨부하지 아니한 채 법정동의서와 같은 서식에 따른 동의서에 의하여 조합설립에 관한 동의를 받는 것은 적법하다.[22]

조합설립인가 신청시 제출된 동의서에 포함된 '조합정관'의 사항에 변경이 있다고 하더라도 조합설립의 인가에 동의하였던 토지 등 소유자가 도시정

19) 서울고등법원 2010. 8. 18. 선고 2010누6313 판결
20) 대법원 2013. 12. 12. 선고 2011두12900 판결
21) 서울고등법원 2016. 4. 5. 선고 2015누64246 판결
22) 대법원 2013. 12. 26. 선고 2011두8291 판결

비법 시행령 제33조 제2항 및 제4항에서 정한 동의 철회의 시기와 방법 등 절차에 따라 동의를 철회하지 아니하는 한 그 동의서의 효력은 그대로 유지된다.[23)]

도시정비법 시행령 제31조 제2항에 의하면 토지등소유자의 동의서에 기재할 사항 중에 '개략적인 사업시행계획서'는 포함되어 있지 않으므로, 동의서를 받기 전에 개략적인 사업시행계획서를 배부하거나 첨부하지 아니하였다고 하여 그 동의서가 무효라고 할 수 없다.[24)]

(6) 고의적으로 토지등소유자 수를 증가시킨 경우

오로지 재개발조합설립을 위한 동의정족수를 충족하게 하거나 재개발사업 진행 과정에서 주도적 지위를 차지하기 위한 목적으로 형식적인 증여, 매매 등을 원인으로 하여 밀접한 관계에 있는 사람 등의 명의로 과소지분에 관한 소유권이전등기를 마치는 방식을 통하여 인위적으로 토지 등 소유자 수를 늘리고 그들로 하여금 조합설립에 동의하는 의사표시를 하도록 하는 것은 조합설립을 위한 동의정족수 및 동의자 수 산정 방법을 엄격히 규정하고 있는 도시정비법령의 적용을 배제하거나 잠탈하기 위한 탈법행위에 해당한다.

따라서 위와 같이 늘어난 토지 등 소유자들은 동의정족수를 산정함에 있어서 전체 토지 등 소유자 및 동의자 수에서 제외되어야 할 것이다.[25)]

---

23) 대법원 2014. 1. 16. 선고 2011두12801 판결, 대법원 2013. 1. 10. 선고 2010두16394 판결
24) 대법원 2014. 5. 29. 선고 2012두18677 판결
25) 대법원 2023. 8. 18. 선고 2022두51901 판결

4. 조합설립변경인가와 취소소송

(1) 변경인가가 새로운 조합설립처분에 해당하는 경우

조합이 종전의 조합설립인가처분에 대한 무효확인소송 또는 취소소송이 진행되고 있는 등으로 그 효력 유무 또는 위법 여부 등이 확정되지 않은 상태에서 새로 조합설립인가처분을 받는 것과 동일한 요건과 절차로 조합설립변경인가처분을 받은 경우, 그 조합설립변경인가처분은 새로운 조합설립인가처분으로서의 효력을 가진다.[26] 조합은 위 조합설립변경인가처분의 효력에 의하여 정비사업을 계속 진행할 수 있다.[27]

조합설립변경인가처분이 새로운 조합설립인가처분의 요건을 갖추었다고 보기 위하여는, 다른 특별한 사정이 없는 한 조합설립변경인가의 신청 전에 총회를 새로 개최하여 조합정관의 확정・조합임원의 선임 등에 관한 결의를 하는 등의 절차적 요건을 구비하여야 한다. 다만 이 경우 새로 개최된 총회의 의사결정은 종전의 조합설립인가의 신청 전에 이루어진 창립총회의 결의를 추인하는 결의를 하거나 총회의 진행 경과 등에 비추어 그러한 추인의 취지가 포함된 것으로 볼 수 있다.[28]

협의취득에 의하여 소유권을 상실하였던 토지 등 소유자는 새로운 조합설립변경인가처분을 위한 동의의 대상에서 제외되고,[29] 만약 법령의 개정으로 인하여 조합설립인가 당시의 동의율이 완화된 경우 새로이 징구하는 조합설립(변경)동의서의 동의율은 개정된 법령에 따른 동의율을 충족하면 될 것이다.[30]

(2) 후속행위가 있는 경우

당초 조합설립인가처분의 유효를 전제로 당해 재건축조합이 매도청구권 행사, 시공자 선정에 관한 총회 결의, 사업시행계획의 수립, 관리처분계획의 수

---

26) 대법원 2016. 12. 15. 선고 2015두51309 판결, 서울고등법원 2011. 7. 26. 선고 2010누29835 판결, 서울고등법원 2011. 7. 29. 선고 2010누25338 판결
27) 대법원 2014. 5. 29. 선고 2011다46128 판결
28) 대법원 2014. 5. 29. 선고 2013두18773 판결
29) 대법원 2014. 5. 29. 선고 2013두18773 판결
30) 서울고등법원 2010. 4. 16. 선고 2009나34124 판결

립 등과 같은 후속 행위를 하였다면 당초 조합설립인가처분이 무효로 확인되거나 취소될 경우 그것이 유효하게 존재하는 것을 전제로 이루어진 위와 같은 후속 행위 역시 소급하여 효력을 상실하게 된다.[31]

따라서 특별한 사정이 없는 한 위와 같은 형태의 조합설립변경인가가 있다고 하여 당초 조합설립인가처분의 무효확인을 구할 소의 이익이 소멸된다고 볼 수는 없다.[32] 후속행위로 토지등 소유자의 권리·의무에 영향을 미칠 정도의 공법상의 법률관계를 형성시키는 외관이 만들어졌는지 또는 존속되고 있는지 등을 개별적으로 따져 보아야 한다.[33]

조합설립변경인가 이전에 사업시행계획인가를 받고, 분양신청 절차까지 진행한 경우 원고들에게 소의 이익이 있다고 판단한 사례가 있다.[34]

조합설립변경인가 이후 총회에서 신탁사 선정을 추인하고, 사업시행변경인가를 득하였으며, 조합설립변경인가에 기하여 매도청구권을 새로이 행사한 경우 종전 조합설립인가처분의 무효를 다툴 소의 이익이 없다고 판단한 사례가 있다.[35]

(3) 조합설립인가처분과 무효 여부

① 조합설립인가 신청 당시 동의율은 74.68%로서 동의율 75%에 불과 약 0.32% 미달된 사실, ② 2개 동의서의 하자를 알아내기 어려운 점 등에 비추어 동의율 미충족 하자는 그 하자가 중대·명백하다고 보기 어려워 조합설립인가처분의 무효사유가 아니라고 판시한 사례가 있다.[36]

(4) 조합설립변경인가(경미한 사항)과 소의 이익

조합설립변경인가처분은 토지 등 건축물의 매매 등으로 인하여 조합원의 권리가 이전되거나 추가 동의서가 제출되어 동의자 수가 변경되었음을 이유로 하는 것으로서 도시정비법 시행령 제31조 제3호가 정하는 경미한 사항의 변경

---

31) 대법원 2012. 3. 29. 선고 2008다95885 판결 참조
32) 대법원 2012. 10. 25. 선고 2010두25107 판결, 대법원 2013. 10. 24. 선고 2012두12853 판결, 대법원 2014. 5. 16. 선고 2011두27094 판결
33) 대법원 2013. 11. 28. 선고 2011두30199 판결
34) 서울고등법원 2022. 12. 21. 선고 2021누65646 판결
35) 의정부지방법원 2025. 1. 14. 선고 2024구합11124 판결
36) 서울고등법원 2022. 12. 21. 선고 2021누65646 판결

에 대한 신고를 수리하는 의미에 불과하다.[37] 경미한 사항의 변경에 대하여 행정청이 조합설립의 변경인가라는 형식으로 처분을 하였다고 하더라도, 그 성질은 경미한 사항의 변경에 대한 신고를 수리하는 의미에 불과하다.

경미한 사항의 변경에 대한 신고를 수리하는 의미에 불과한 변경인가처분이 있다고 하더라도 설권적 처분인 조합설립인가처분을 다툴 소의 이익이 소멸된다고 볼 수는 없다.[38]

5. 토지등소유자의 동의서 재사용 특례

(1) 동의서 재사용 특례

조합설립인가(변경인가 포함)를 받은 후에 동의서 위조, 동의 철회, 동의율 미달 또는 동의자 수 산정방법에 관한 하자 등으로 다툼이 있는 경우 조합 또는 추진위원회는 동의서의 유효성에 다툼이 없는 토지등소유자의 동의서를 다시 사용할 수 있다(법 제37조 제1항).

(2) 조합설립인가의 무효 또는 취소소송중인 경우

조합설립인가의 무효 또는 취소소송 중에 일부 동의서를 추가 또는 보완하여 조합설립변경인가를 신청하는 때 조합이 토지등소유자의 동의서를 다시 사용하려면 다음의 요건을 충족하여야 한다(법 제37조 제1항 제1호, 제2항 제1호, 시행령 제35조 제1호).

① 토지등소유자에게 기존 동의서를 다시 사용할 수 있다는 취지와 반대 의사표시의 절차 및 방법을 설명·고지할 것

② 60일 이상의 반대의사 표시기간을 ①의 서면에 명백히 적어 부여할 것

(3) 조합설립인가의 무효 또는 취소가 확정된 경우

조합설립인가처분이 법원의 판결에 의하여 취소된 경우에는 추진위원회가

37) 대법원 2010. 12. 9. 선고 2009두4555 판결
38) 대법원 2012. 10. 25. 선고 2010두25107 판결

지위를 회복하여 다시 조합설립인가신청을 하는 등 조합설립추진 업무를 계속 수행할 수 있다.[39)]

추진위원회가 토지등소유자의 동의서를 다시 사용하려면 다음의 요건을 충족하여야 한다(법 제37조 제1항 제2호, 제2항 제2호, 시행령 제35조 제2호).

① 조합설립인가의 무효 또는 취소가 확정된 조합과 새롭게 설립하려는 조합이 추진하려는 정비사업의 목적과 방식이 동일할 것

② 조합설립의 무효 또는 취소가 확정된 날부터 3년 내에 새로운 조합을 설립하기 위한 창립총회를 개최할 것

③ 토지등소유자에게 기존 동의서를 다시 사용할 수 있다는 취지와 반대의사 표시의 절차 및 방법을 서면으로 설명·고지할 것

④ 90일 이상의 반대의사 표시기간을 ③의 서면에 명백히 적어 부여할 것

⑤ 정비구역, 조합정관, 정비사업비, 개인별 추정분담금, 신축되는 건축물의 연면적 등 정비사업의 변경내용을 ③의 서면에 포함할 것

⑥ 다음의 변경의 범위가 모두 100분의 10 미만일 것

1) 정비구역 면적의 변경

2) 정비사업비의 증가(생산자물가상승률분 및 현금청산 금액 제외)

3) 신축되는 건축물의 연면적 변경

39) 대법원 2016. 12. 15. 선고 2013두17473 판결

6. 조합설립인가취소의 확정과 청산

조합설립인가처분이 법원의 재판에 의하여 취소된 경우 그 조합설립인가처분은 소급하여 효력을 상실하고, 이에 따라 당해 조합 역시 조합설립인가처분 당시로 소급하여 도시정비법상 정비사업을 시행할 수 있는 행정주체인 공법인으로서의 지위를 상실한다.

당해 조합이 조합설립인가처분 취소 전에 도시정비법상 적법한 행정주체 또는 사업시행자로서 한 결의 등 처분은 달리 특별한 사정이 없는 한 소급하여 효력을 상실한다.[40)]

조합에 대한 설립인가처분이 무효인 경우라도 사인들의 조합설립행위를 통해 만들어진 단체로서의 실체까지도 부정되는 것이 아니므로, 민법상 법인으로 존속하게 된다.[41)]

조합은 조합설립인가 취소의 효력상실로 인한 잔존사무의 처리와 같은 업무를 여전히 수행할 수 있다.

조합설립인가처분이 취소되어 추진위원회의 지위가 회복된 경우 위 추진위원회의 업무는 조합설립인가 신청을 하는 등의 업무에 한정되고, 시공사에 대한 보증금 반환사무는 인가취소된 조합의 청산업무에 해당한다. [42)]

---

40) 대법원 2012. 3. 29. 선고 2008다95885 판결은 갑 조합의 조합설립인가처분 취소 전에 이루어진 결의는 소급하여 효력을 상실하였고, 추진위원회의 시공사 선정 결의도 무효라고 판시함. 대법원 2012. 11. 29. 선고 2011두518 판결

41) 서울중앙지방법원 2011. 4. 21. 선고 2009가합99469 판결 유사취지

42) 서울서부지방법원 2021. 9. 17. 선고 2020가합39856 판결

Ⅲ. 토지등소유자의 동의자수 산정방법 등

1. 토지등소유자 수 산정방법

(1) 등기사항전부증명서 기준

토지등소유자는 정비구역안에 소재한 토지 또는 건축물의 소유자 또는 지상권자이다. 토지등소유자에 해당하는지 여부는 당해 정비구역내 토지 등에 대한 소유권 유무를 기준으로 판단하여야 한다.

종전 토지를 기준으로 한 토지등소유자와 환지예정지를 기준으로 한 토지등소유자가 모두 동일하고, 환지처분이 있었다고 볼 수 있을 경우 환지예정지 소유자는 토지등소유자에 포함된다.[43)]

소유권이전등기가 경료되지 않은 분양지 지정자들은 토지등소유자 수 산정에서 제외된다.[44)]

동의서 작성 당시 소유권이 없었으나 인가신청 이전 소유권을 취득한 경우 위 동의자의 하자가 치유되었다고 판시한 사례가 있다.[45)]

(2) 다수 필지 소유자

주거환경개선사업, 재개발사업의 경우 1인이 다수 필지의 토지 또는 다수의 건축물을 소유하고 있는 경우에는 필지나 건축물의 수에 관계없이 토지등소유자를 1인으로 산정한다(시행령 제33조 제1항 제1호 다목).

재건축사업의 경우 1인이 둘 이상의 소유권 또는 구분소유권을 소유하고 있는 경우에는 소유권 또는 구분소유권의 수에 관계없이 토지등소유자를 1명으로 산정한다(시행령 제33조 제1항 제2호 나목).[46)]

---

43) 서울고등법원 2011. 6. 9. 선고 2010누17061 판결, 도시개발법 제42조 제4항
44) 서울고등법원 2011. 4. 13. 선고 2010누26034 판결
45) 서울행정법원 2010. 9. 9. 선고 2009구합46481 판결
46) 대법원 2013. 11. 14. 선고 2011두5759 판결

(3) 1세대와 토지등소유자 산정

조합설립인가 이후 수인의 토지등소유자가 1세대에 속하는 경우 그 수인을 대표하는 1인을 조합원으로 산정하나, 이는 조합원의 자격에 관한 규정일 뿐 토지등소유자 동의자 수 산정방법에 어떠한 영향을 미치는 것은 아니다. 따라서 토지등소유자 산정방법에 있어 1세대에 속하는 수인의 토지등소유자를 그 수만큼 산정하여야 한다.[47]

(4) 신탁부동산과 위탁자

신탁업자가 사업시행자로 지정된 경우 토지등소유자가 정비사업을 목적으로 신탁업자에게 신탁한 토지 또는 건축물에 대하여는 위탁자를 토지등소유자로 본다(법 제2조 제9호).

주택재건축사업과 관련하여 부동산에 관하여 담보신탁 또는 처분신탁 등이 이루어진 경우 토지등소유자는 수탁자가 아니라 위탁자로 해석함이 타당하며, 토지등소유자의 자격 및 동의자 수를 산정할 때에는 위탁자를 기준으로 한다.[48]

(5) 비법인사단(종중, 교회, 사찰)의 동의방법

교회(사찰 포함)은 일반적으로 권리능력 없는 사단이고, 그 재산의 귀속형태는 총유로 본다. 따라서 교회재산의 관리와 처분은 그 교회의 정관 기타 규약에 의하되 그것이 없는 경우에는 그 소속교회 교인들 총회의 과반수 결의에 의하여야 한다. 토지나 건축물을 소유한 교회가 재개발조합의 설립 및 사업시행에 대하여 동의를 하는 경우 정관 기타 규약이 없으면 교인들 총회의 과반수 결의에 의하여야 한다.[49]

이에 반해 권리능력 없는 사단은 인감증명을 발급받을 수 있는 제도가 마련되어 있지 아니하므로, 권리능력 없는 사단의 조합설립동의는 도시정비법 제36조 제2항에 규정된 방법에 의할 수는 없고, 권리능력 없는 사단의 대표자가 그 대표자 자격 및 대표자 본인이 작성하였음을 증명하는 개인 인감증명 등의

---

47) 서울행정법원 2010. 6. 10. 선고 2009구합45433 판결
48) 대법원 2015. 6. 23. 선고 2014두6784, 2014두6791 판결
49) 대법원 2001. 6. 15. 선고 99두5566 판결

서류를 첨부하거나 권리능력 없는 사단의 직인을 날인하고 그 직인의 진정 성립을 증명하는 서류를 첨부하는 등 적절한 방법으로 권리능력 없는 사단을 대표하여 조합설립동의를 하면 된다고 해석한 사례도 있다.[50)]

도시정비법 제36조 제2항이 규정한 서면동의 방법의 입법취지 등을 고려하면, 권리능력 없는 사단이 위와 같은 서면동의의 요건을 갖추어 동의서를 제출한 경우에 그 대표자의 조합설립 동의서 제출 경위, 동의서 제출 전후 권리능력 없는 사단 구성원들의 재건축 추진에 대한 의견, 동의서 제출 이후의 구체적인 정황 등 제반 사정에 비추어 권리능력 없는 사단 구성원들의 총의가 반영되어 동의가 이루어진 것으로 인정될 수 있다면 그 동의를 유효하다.[51)]

행정관청은 비법인단체 명의의 동의서와 인감증명서의 첨부여부 또는 인영의 동일여부만을 심사하면 될 뿐 비법인단체의 총회결의 여부까지 심사하는 것이 아니므로, 비법인단체의 대표자가 총회의 결의 없이 제출한 동의서도 유효하다고 판시한 하급심사례가 있다.[52)]

시장·군수는 법정동의서 외에도 종중 등이 내부적으로 적법한 총회결의를 거쳤는지까지 심사할 의무를 부담하지 않으므로, 종중의 총회결의에 하자가 있더라도 종중 명의 동의서는 유효한다.[53)]

(6) 지상권 설정된 토지

주거환경개선사업, 재개발사업에 있어 토지에 지상권이 설정되어 있는 경우 토지의 소유자와 해당 토지의 지상권자를 대표하는 1인을 토지등소유자로 산정한다(시행령 제33조 제1항 제1호 나목). 위 규정은 지상권자에게 동의 여부에 관한 대표자 선정에 참여할 권한을 부여함으로써 이해관계자를 보호하기 위함이다.

금융기관이 설정한 소위 담보지상권은 민법에서 예정한 진정한 지상권이 아니지만 법상 토지등 소유자 산정시 담보지상권자도 포함하여야 한다.[54)]

---

50) 서울고등법원 2022. 12. 21. 선고 2021누65646 판결
51) 대법원 2014. 5. 29. 선고 2011다46128, 2013다69057 판결
52) 서울고등법원 2010. 10. 14. 선고 2009누37205 판결, 대전고등법원 2009. 2. 12. 선고 2007누2355 판결
53) 서울고등법원 2023. 2. 1. 선고 2021누77717 판결
54) 부산고등법원 2007. 7. 6. 선고 2006누3841 판결

주택재건축사업에 있어 토지에 지상권이 설정되어 있다하더라도 토지 소유자의 동의만으로 족하고, 지상권자와의 대표자선임동의서는 필요하지 않다.[55]

동일인 소유인 토지와 그 지상의 건축물 중 토지에 관하여 지상권이 설정되어 있다 하더라도 토지등소유자 수의 산정에 있어서는 지상권자를 토지의 공유자와 동일하게 취급할 수 없고, 해당 토지와 그 지상 건축물에 관하여 1인의 토지등소유자가 있는 것으로 산정한다.[56]

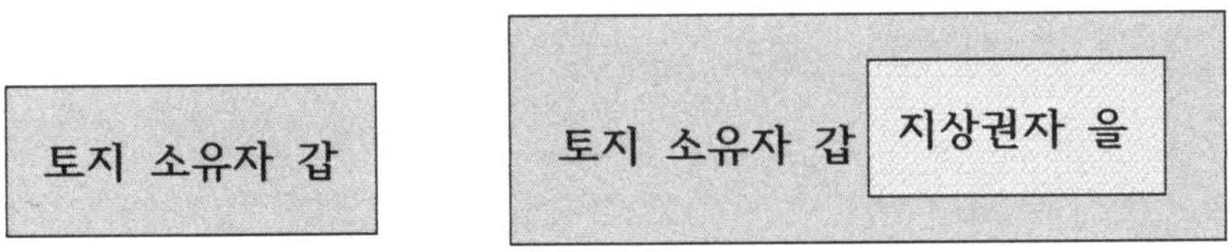

1인이 소유하는 수필의 토지 전부 또는 일부에 지상권이 설정된 경우 토지등소유자 1인으로 산정한다.

갑이 소유한 토지에 을이 지상권을 설정하였고, 병이 그 지상 건축물을 소유한 경우 토지등소유자 수는 (갑 +을), (병) 2명으로 산정한다.

---

55) 대전지방법원 2010. 11. 3. 선고 2009구합3837 판결
56) 대법원 2015. 3. 20. 선고 2012두23242 판결

(7) 동의대상 건축물

도시정비법 제2조 제9호 가목 및 제39조 제1항에 의하여 소유자에게 조합원의 자격이 부여되는 건축물이라 함은 원칙적으로 적법한 건축물을 의미한다.[57]

장기간 사용승인을 받지 못한 건축물은 무허가건축물의 소유자와 크게 다르지 않고, 재개발조합의 정관에서 미사용승인 건축물의 소유주를 조합원으로 인정하는 조항을 두고 있더라도 이는 조합이 적법하게 설립된 이후에야 미사용승인 건축물의 소유주를 조합원으로 인정할 수 있다는 것이므로, 조합설립을 위한 동의자를 계산함에 있어 미사용승인 건축물의 소유자는 토지등소유자에서 제외된다.[58]

건축물대장에 등록되기 전에 등기관이 집행법원의 등기촉탁에 의하여 미등기건물에 관하여 소유권 처분제한의 등기를 하면서 구분건물의 표시에 관한 등기를 할 경우 그 등기된 시점에 구분소유권이 성립된다. 이러한 경우 토지등소유자로 산정된다.

건축물관리대장은 존재하지만 미등기건축물인 경우 위 건축물은 토지등소유자에 포함되어야 한다.

무허가 건물소유자는 토지등소유자의 수에서 제외된다.[59]

건축물관리대장 또는 건물등기부등본에 실제하는 건물로 기재되어 있으나, 현재 멸실되어 위 토지상에 건물이 존재하지 않은 경우 해당 건물은 토지등소유자의 수에서 제외된다.[60]

(8) 소재불명자

소재불명자는 토지등소유자의 수 또는 공유자 수에서 제외한다(시행령 제33조 제1항 제4호). 소재불명자가 소유한 토지면적은 동의 대상 토지면적(정비

57) 대법원 2009. 10. 29. 선고 2009두12228 판결, 대법원 2012. 12. 13. 선고 2011두21218 판결
58) 서울고등법원 2023. 2. 1. 선고 2021누77717 판결
59) 대법원 2009. 10. 29. 선고 2009두12228 판결, 대법원 2012. 12. 13. 선고 2011두21218 판결, 서울고등법원 2011. 4. 13. 선고 2010누26034 판결
60) 서울고등법원 2010. 10. 14. 선고 2009누37205 판결, 부산고등법원 2007. 7. 6. 선고 2006누3841 판결

구역 면적)에서 제외된다.[61)]

소재불명자를 토지등소유자에서 제외하는 취지는 조합설립 등의 동의 여부에 관한 확인이 어려워 소유자들의 의사를 배제하여 정비사업의 진행을 원활하게 하기 위함이다.[62)]

소재불명자의 요건은 ① 토지등기부등본 등 공부상 소유자로 등재될 당시 주민등록번호의 기재가 없고, ② 공부에 기재된 주소가 현재 주소와 상이하며, ③ 소재가 확인되지 않아야 한다.[63)]

소재불명자의 확인절차는 도시정비법상 명문의 규정이 없으므로, 공부상 주소와 현재 주소가 상이하면 일응 소재불명자로 볼 수 있다. 또한 시장·군수가 토지소유자에게 소재가 확인되지 않아 종합토지세를 부과하지 못하고 있다면 해당 토지소유자는 소재불명자로 추정될 수 있다.[64)]

추진위원회가 해당 토지소유자에게 추진위원회설립동의서를 포함한 우편물을 내용증명우편으로 발송한 후 수취인 불명 등의 사유로 반송되었다면 추진위원회는 해당 토지소유자가 소재불명자임을 증빙하였다고 볼 수 있다.[65)]

토지등소유자가 사망한 후 상속등기가 이루어지지 않았다면 사망자의 주민등록번호를 알고 있다하더라도 상속인들의 주민등록번호와 주소, 소재를 파악하기 곤란할 것이다. 또한 추진위원회는 상속인들의 주민등록번호와 주소, 소재를 탐색적으로 조사할 의무를 부담한다고 볼 수 없다. 따라서 사망자의 주민등록번호를 알고 있다 하더라도 상속인들의 주소, 소재를 파악할 수 없다면 위 사망자를 토지등소유자에서 제외하는 것이 타당하다.[66)]

토지소유자 A + B + C + D(소재불명)

61) 서울고등법원 2011. 5. 18. 선고 2010누20654 판결
62) 대법원 2017. 2. 3. 선고 2015두50283 판결
63) 서울고등법원 2011. 7. 22. 선고 2010누30231 판결
64) 서울고등법원 2008. 1. 8. 선고 2007누15904 판결
65) 부산고등법원 2007. 7. 6. 선고 2006누3841 판결
66) 대법원 2014. 5. 29. 선고 2012두11041 판결, 서울고등법원 2017. 3. 31. 선고 2016누68832 판결, 서울고등법원 2010. 12. 10. 선고 2010누9572 판결

여러 명의 공유에 속하는 토지의 공유자 중 일부가 소재불명자이면 유효한 조합설립 동의를 할 수 없다는 점에서 토지의 단독소유자가 소재불명자인 경우와 다르지 아니하므로, 공유자 중 일부가 소재불명자인 경우도 단독소유자가 소재불명인 경우와 마찬가지로 조합설립 동의 대상이 되는 토지 또는 건축물 소유자의 수에서 제외하여야 한다.[67]

(9) 국·공유지

국・공유지에 대해서는 그 재산관리청 각각을 토지등소유자로 산정한다. 이 경우 재산관리청은 동의 요청을 받은 날부터 30일 이내에 동의 여부를 표시하지 않으면 동의한 것으로 본다(시행령 제33조 제1항 제5호).[68]

종전 대법원 판례에 의하면 별도 반대의사표시가 없는 한 국가 또는 지방자치단체는 동의한 것으로 간주하였다.[69]

토지대장에는 등재되어 있으나, 등기부에는 등재되지 아니하였고, 토지대장상 그 소유자도 기재되어 있지 않은 경우 위 토지는 소유자를 확인할 수 없는 무주의 부동산이라 할 것이다. 위 무주부동산은 이는 국유재산법에 따라 국유재산의 취득대상이 되므로 국・공유지와 같이 토지소유자 총수 및 동의자 수에 포함되어야 한다.

무주의 부동산이 국・공유지로 편입되기 이전인 경우 소재불명자와 같이 토지등소유자의 수에서 제외할 수 있다.[70]

한국토지주택공사 또는 한국전력 등 공기업이 소유한 토지는 각각 토지등소유자의 수로 산정하되, 동의서를 제출한 경우에 한해서 동의자로 산정한다.[71]

67) 대법원 2017. 2. 3. 선고 2015두50283 판결
68) 2024. 12. 17. 개정된 법에 따라 동의요청제도가 도입되었음.
69) 대법원 2014. 4. 14. 선고 2012두1419 전원합의체 판결
70) 부산고등법원 2007. 7. 6. 선고 2006누3841 판결
71) 서울고등법원 2023. 2. 1. 선고 2021누77717 판결

(10) 다수 부동산 소유자의 양도

① 추진위원회 승인신청 이전 토지소유자의 수 증감

A토지와 B토지를 소유하고 있던 갑(추진위원회 구성에 동의함)이 추진위원회 승인 신청 이전 A토지를 을에게, B토지를 병에게 각각 매도한 경우 토지등소유자의 수는 을과 병 2인으로 산정하고, 동의자의 수는 승인신청 전 동의철회가 없다면 을과 병 2인으로 산정한다.

② 추진위원회 승인신청 이후 토지등소유자의 수 증감

추진위원회 또는 조합의 정족수 판단은 처분시점이 아닌 '승인신청 당시'를 기준으로 한다.[72] 추진위원회 승인신청 후 처분(승인) 사이의 기간에 토지등 소유자는 언제든지 자신의 토지 및 건축물 등의 처분 등이 가능한데, 추진위원회 신청의 경우 행정청이 처분일을 기준으로 다시 일일이 소유관계를 확인하여 정족수를 판단하기는 현실적으로 어렵기 때문이다.

A토지와 B토지를 소유하고 있던 갑이 추진위원회 승인 신청 이후 A토지를 을에게 매도한 경우 '승인신청 당시'를 기준으로 갑 1인을 토지등소유자로 산정한다.

(11) 동의의 승계

추진위원회의 구성에 동의한 자로부터 토지 또는 건축물을 취득한 자는 추진위원회 구성에 동의한 것으로 본다(시행령 제33조 제1항 제3호). 다만 토지 또는 건축물을 취득한 자는 추진위원회 '승인 신청전까지' 추진위원회 구성 동의를 철회할 수 있고(시행령 제33조 제2항 제1호), 이 경우 철회자는 동의자 수에서 제외된다.

조합의 설립에 동의한 자로부터 토지 또는 건축물을 취득한 자는 조합의 설립에 동의한 것으로 본다(시행령 제33조 제1항 제3호). 토지 또는 건축물을 취득한 자는 종전 소유자가 '최초로 동의한 날부터 30일 이전(또는 창립총회 이전)까지' 조합설립동의를 철회할 수 있고(시행령 제33조 제2항 제2호), 이

72) 대법원 2014. 4. 24. 선고 2012두21437 판결

경우 철회자는 동의자 수에서 제외된다.

추진위원회 승인 또는 조합설립인가 당시 토지소유권이 변동되었다 해도 신소유자의 동의서가 아닌 구 토지소유자의 동의서를 제출하였다 해도 구 토지등소유자의 동의는 동의자 수에서 포함된다.[73]

2. 공유자의 산정방법

(1) 공유자의 산정방법

주거환경개선사업, 재개발사업의 경우 1필지의 토지 또는 하나의 건축물을 여럿이서 공유하는 경우에는 해당 토지 또는 건축물의 토지등소유자의 '4분의 3 이상의 동의'를 받아 이를 대표하는 1인을 토지등소유자로 산정한다(시행령 제33조 제1항 제1호 가목).[74]

재건축사업의 경우 소유권 또는 구분소유권이 여러 명의 공유에 속하는 경우에는 그 여러 명을 대표하는 1인을 토지등소유자로 산정한다(시행령 제33조 제1항 제2호 가목).

(2) 둘 이상 토지의 공유자가 동일한 경우 등

주거환경개선사업, 재개발사업의 경우 둘 이상의 토지 또는 건축물을 소유한 '공유자가 동일한 경우'에는 그 공유자 수인을 대표하는 1인을 토지등소유자로 산정한다(시행령 제33조 제1항 제1호 라목). '공유자가 동일하지 않은 경우'에는 토지 또는 건축물별 대표하는 1인을 토지등소유자로 산정한다.[75]

재건축사업의 경우 둘 이상의 소유권 또는 구분소유권을 소유한 공유자가 동일한 경우에는 그 공유자 수인을 대표하는 1인을 토지등소유자로 한다(시행령 제33조 제1항 제2호 다목). 공유자가 동일하지 않은 경우에는 소유권 또는 구분소유권별 대표하는 1인을 토지등소유자로 산정한다.

---

73) 부산고등법원 2007. 7. 6. 선고 2006누3841 판결

74) 2024. 3. 19. 법 개정에 따라 재개발사업에 있어 공유자 4분의 3 이상의 동의를 받아 대표조합원을 선정함.

75) 대법원 2010. 1. 14. 선고 2009두15852 판결

동일 수인이 2필지 이상 토지 또는 2개 이상의 건축물을 공유한 경우 부동산별로 대표자를 동일하게 하거나 다르게 선임하는 것과 관계없이 토지등소유자는 1인으로 산정하여야 한다.[76]

A, B, C가 1필지의 토지를 공유하고, A, B, C, D, E,가 다른 필지의 토지를 공유하고 있는 경우와 같이 수인이 다수 필지의 토지 또는 다수 건축물을 공유하고 있는 경우에는 A, B, C의 공유관계와 A, B, C, D, E의 공유관계는 그 소유형태를 달리하므로 그 소유형태에 따라 토지등소유자의 수를 산정하여야 할 것이다.[77]

(3) 공유자의 동의방법

소유권을 수인이 공동 소유하는 경우에는 그 수인은 대표자 1인을 대표소유자로 지정하고, 대표소유자선임동의서를 작성하여 추진위원회에 신고하여야 한다(운영규정안 제13조 제5항). 조합의 경우에도 대표조합원 선임동의서를 작성하여 조합에 신고하여야 한다(서울시 재개발 표준정관 제10조 제4항).

1필지의 토지 또는 하나의 건축물을 여러 명이 공유하고 있는 경우 ① 공유자 전원의 동의로 선임된 대표자가 조합설립에 동의한 경우, ② 대표자의 선임 없이 공유자 전원이 조합설립에 동의한 경우 ③ 공유자 중 일부만이 대표자를 선정하여 조합설립에 동의하고 나머지 공유자들은 개별적으로 동의한 경우 1인의 토지등소유자가 동의한 것으로 본다.[78]

공유자중 일부만 조합설립에 관하여 동의한 경우에는 유효한 조합설립 동의가 있다고 볼 수 없다.[79] 대표자가 선정되지 않은 상태에서 공유자 일부만이 동의서를 제출하였다면 공유 부동산은 동의면적 산정에서 전부 제외된다.[80]

2024. 3. 19.이후 재개발사업의 경우 공유자 4분의 3 이상이 대표조합원을 선정한 후 위 대표조합원이 조합설립동의서를 제출하면 동의자 수에 포함된다.

---

76) 대법원 2014. 5. 29. 선고 2012두18677 판결
77) 대법원 2014. 5. 29. 선고 2012두18677 판결
78) 대법원 2017. 2. 3. 선고 2015두50283 판결
79) 대법원 2017. 2. 3. 선고 2015두50283 판결
80) 수원지방법원 2018. 8. 16. 선고 2017구합70145 판결

(4) 다가구주택과 토지등소유자 수 산정

다가구주택은 단독주택이고, 소유형태가 공유이다. 비록 구분소유 부분이 독립된 주거생활을 할 수 있는 구조로 명확히 구별되어 있고 가구별 지분 또는 구분소유등기가 마쳐져 있다고 하더라도, 다가구주택의 구분소유자들은 수인의 공유에 속한다.

서울시 조례의 부칙 제7조에서 다가구주택의 구분소유자들에게 분양대상자로서의 지위를 인정한다 하더라도 다가구주택은 공유자로서 그 수인을 대표하는 1인만을 조합원으로 보아야 한다.[81]

(5) 공유의 여러 형태

① 1개 토지의 단독소유 및 다른 토지를 공유한 경우(2명 산정)[82]

토지소유자 갑	토지소유자 갑 + 을

② 1개의 필지 토지와 다른 토지의 지상 위 건축물 소유자가 각각 다른 경우(2명 산정)

토지 소유자 갑	토지 소유자 갑 / 건물 소유자 을

81) 서울행정법원 2010. 6. 10. 선고 2009구합45433판결
82) 서울고등법원 2010. 12. 16. 선고 2010누18378 판결

③ 1개 필지 토지와 그 지상 위 건물 형태에서 토지는 갑과 을이 공유하고, 건축물은 갑이 단독 소유한 경우(2명 산정)[83]

토지 소유자 갑 + 을	건물 소유자 갑

④ 1개 필지 토지 지상위에 갑과 을의 독립된 건물이 각각 있고 토지는 건물소유자 갑과 을을 포함한 병, 정, 무가 공동소유한 경우(3명 산정)

토지소유자 갑+을+병+정+무	건물 갑 건물 을

토지의 필지별 또는 토지·건물의 소유자, 공유자가 서로 다를 경우에는 각 부동산별로 1인이 토지등소유자로 산정되어야 하는바,[84] 공유의 여러 형태중 소유형태가 동일하지 않은 경우 각 필지를 별도의 토지등소유자로 산정하여야 한다.

A 부동산은 갑이, B 부동산은 을이, C 부동산은 갑과 을이 공유하는 경우 토지등소유자 2명만 인정한다 해도 갑과 을의 토지등소유자 지위에 아무런 불이익이 없으므로, 이 경우 토지등소유자는 2명으로 산정한다.[85]

갑 단독소유	을 단독소유	갑과 을 공유

83) 대법원 2015. 3. 20. 선고 2012두23242 판결
84) 대법원 2010. 1. 14. 선고 2009두15852 판결
85) 광주고등법원 2021. 10. 28. 선고 2020누12215 판결, 서울고등법원 2010. 12. 16. 선고 2010누18378 판결, 서울행정법원 2009구합9192 판결, 2006누3841 판결

3. 1동 건물에 대한 구분소유권

(1) 1동 건물에 대한 구분소유의 성립에 판단기준

1동의 건물에 대한 구분소유의 성립요건은 ① 객관적·물리적인 측면에서 1동의 건물이 존재하고, ② 구분된 건물부분이 구조상·이용상 독립성을 갖추어야 하며, ③ 1동의 건물 중 물리적으로 구획된 건물부분을 각각 구분소유권의 객체로 하려는 구분행위가 있어야 한다.[86]

구분건물이 물리적으로 완성되기 전에도 건축허가신청이나 분양계약 등을 통하여 장래 신축되는 건물을 구분건물로 하겠다는 구분의사가 객관적으로 표시되면 구분행위의 존재를 인정할 수 있다.

1동의 건물 및 그 구분행위에 상응하는 구분건물이 객관적·물리적으로 완성되면 아직 그 건물이 집합건축물대장에 등록되거나 구분건물로서 등기부에 등기되지 않았더라도 그 시점에서 구분소유가 성립한다.[87]

(2) 상가건물의 구분소유권의 인정 요건

1동의 건물이 여러 개의 건물부분으로 이용상 구분된 경우 그 건물부분(구분점포)는 집합건물법에서 정하는 바에 따라 각각 소유권을 목적으로 할 수 있다(집합건물법 제1조의2 제1항).

각각의 구분소유권이 인정되는 구분점포의 요건은 아래와 같다.

① 판매시설 및 운수시설(집배송시설 제외)일 것,

② 1동의 건물 중 구분점포를 포함하여 판매시설 등의 용도에 해당하는 바닥면적의 합계가 1천㎡ 이상일 것,

③ 경계를 명확하게 알아볼 수 있는 표지를 바닥에 견고하게 설치할 것,

④ 구분점포별로 부여된 건물번호표지를 견고하게 붙일 것

위와 같은 구분점포의 경우에는 각각 구분소유권이 인정되므로, 각각의 구분점포 소유자는 각각 조합원이 될 수 있다.

---

86) 대법원 2016. 6. 28. 선고 2016다1854, 1861 판결

87) 대법원 2019. 11. 15. 선고 2019두46763 판결, 구분소유가 인정된 예 : 서울고등법원 2024. 7. 25. 선고 2023누52934 판결

경계를 명확하게 식별할 수 있는 표지를 바닥에 견고하게 설치하고 구분점포별로 부여된 건물번호표지를 견고하게 부착함으로써 구분소유권의 객체가 될 수 있다.[88)]

(3) 구분소유와 등기

1동의 건물에 대한 구분소유의 성립요건이 충족된 경우 공동주택 등이 등기부에 구분건물로 등기되지 않았더라도 구분소유가 성립한다. 공동주택 등이 구분건물이 아닌 일반건물로 등기되어 있는 관계로 구분소유자들이 구분등기를 마치지 못하고 '형식상 공유등기'를 마쳤더라도 '구분소유의 성립이 인정'된다.[89)]

이 경우 구분소유자들은 구조상·이용상 독립성을 갖춘 별개의 부동산을 각각 소유한 것이므로, 토지등소유자 수는 공유자 1인이 아니라 구분소유자 모두를 개별로 산정하여야 한다.

(4) 구분건물의 독립성을 상실한 경우

1동의 건물 중 구조상 구분된 수개의 부분이 독립한 건물로서 구분소유권의 목적이 되었으나 그 구분건물들 사이의 격벽이 제거되는 등의 방법으로 각 구분건물이 건물로서의 독립성을 상실하여 일체화되고 이러한 일체화 후의 구획을 전유부분으로 하는 1개의 건물이 되었다면 기존 구분건물에 대한 등기는 합동으로 인하여 생겨난 새로운 건물 중에서 위 구분건물이 차지하는 비율에 상응하는 공유지분 등기로서의 효력만 인정된다.

구조상의 구분에 의하여 구분소유권의 객체 범위를 확정할 수 없는 경우에는 구조상의 독립성이 있다고 할 수 없고, 구분소유권의 객체로서 적합한 요건을 갖추지 못한 건물의 일부는 그에 관한 구분소유권이 성립할 수 없으므로, 건축물관리대장상 독립한 별개의 구분건물로 등재되고 등기부상에도 구분소유권의 목적으로 등기되어 있더라도, 그 등기는 그 자체로 무효이다.[90)]

이 경우 추진위원회는 위 구분소유자들이 공유자에 해당되어 토지등소유자

---

88) 대법원 2010. 1. 14.자 2009마1449 결정, 대법원 2018. 3. 30. 자 2017마1291 결정
89) 대법원 2019. 11. 15. 선고 2019두46763 판결
90) 대법원 2020. 2. 27. 선고 2018다232898 판결

를 1인으로 보아야 할 것이다.

(5) 상가건물에 관한 구분소유권이 인정되지 않은 경우

집합건물법상 구분점포의 요건에 해당하지 않고, 구조상·이용상 독립됨이 없이 구획만 정하여 구분소유권으로 이용하는 이른바 상가의 평면매장(예 쇼핑매장 등)의 경우 설사 구분건물로 등기되어 있다하더라도 실질상은 구분건물의 요건을 갖추지 못하고 있으므로, 집합건물법상 구분건물로 행사할 수 없고, 건물부분이 포함된 1동 건물 전체에 대하여 실질관계에 따라 공유관계로 존재하게 된다(상호신탁관계).

이와 같이 구분건물의 요건을 갖추지 못한 평면매장의 각 소유자는 1동 전체의 소유자를 1인의 조합원으로 취급받게 되고, 상호 불가분적 관계로 재건축결의나 매도청구권 행사가 이루어지게 되는 것이 원칙이다.

따라서 이들이 현실적으로 각자 구조상·이용상 독립성을 가지고 있다 하더라도 법률적으로는 1개의 구분소유권에 대한 공유자로 취급되는 것이어서 공유자 전원이 1조합원으로 상가를 공급하게 된다. 따라서 공유자들은 하나의 상가를 공급받은 후에 수개로 나누어 각자 소유하는 방법을 택하여야 할 것이다.

(6) 공용부분과 구분소유권

공동주택의 공용부분인 지하대피소 또는 관리소 등은 본래의 용도가 공용부분으로 제공되는 것이므로 소유권의 객체가 될 수 없고, 집합건물법 제15조에 의한 공용부분의 용도 폐지 결의가 없는 한 공용부분을 주거용으로 개조하였다 해도 소유권의 객체가 될 수 없어 토지등소유자의 수에서 제외된다.[91]

91) 대법원 1992. 4. 10. 선고 91다46151 판결

4. 추진위원회 동의자의 조합설립 동의 간주

(1) 조합설립 동의 간주

추진위원회 동의자는 조합의 설립에 동의한 것으로 본다(법 제31조 제3항). 추진위원회의 구성에 동의한 자로부터 토지 또는 건축물을 취득한 자는 추진위원회의 구성에 동의한 것으로 간주되는바(시행령 제33조 제1항 제3호), 위 양수인도 조합의 설립에 동의한 것으로 간주된다.

추진위원회 구성을 위해 토지등소유자의 동의를 받으려는 자는 ① 동의를 받으려는 사항 및 목적, ② 동의로 인하여 의제되는 사항, ③ 반대의사 표시의 절차 및 방법을 설명·고지하여야 한다(법 제31조 제6항, 시행령 제25조 제4항).[92)]

추진위원회는 조합설립인가 신청일 60일 전까지 ① 조합설립에 대한 동의철회(반대의 의사표시 포함) 및 방법, ② 조합설립 동의서에 포함되는 사항을 추진위원회 구성에 동의한 토지등소유자에게 등기우편으로 통지하여야 한다(시행령 제29조 제1항 단서).

(2) 반대 의사표시의 시기제한

조합설립인가 신청전에 시장·군수등 및 추진위원회에 조합설립에 대한 반대의 의사표시를 한 추진위원회 동의자는 조합설립동의자 수에서 제외한다(법 제31조 제3항 단서).

반대의 의사표시는 조합설립동의에 따른 조합설립인가 신청하기 전까지 할 수 있다(시행령 제33조 제2항 제1호). 따라서 조합설립인가 신청 이후 반대 의사표시는 그 효력이 없고, 위 반대 의사표시를 한 토지등소유자는 동의자 수에 포함된다.

(3) 반대의 의사표시의 방법 및 효력발생시기

반대의 의사표시를 하려는 토지등소유자는 동의의 상대방 및 시장·군수등에게 철회서에 토지등소유자의 지장(指章)을 날인하고 자필로 성명을 적은 후

---

92) 서울행정법원 2011. 4. 1. 선고 2010구합33603 판결

주민등록증 및 여권 등 신원을 확인할 수 있는 신분증명서 사본을 첨부하여 내용증명의 방법으로 발송하여야 한다. 이 경우 시장·군수등이 철회서를 받은 때에는 지체 없이 동의의 상대방에게 철회서가 접수된 사실을 통지하여야 한다(시행령 제33조 제3항).

반대의 의사표시는 철회서가 동의의 상대방에게 도달한 때 또는 시장·군수등이 동의의 상대방에게 철회서가 접수된 사실을 통지한 때 중 빠른 때에 효력이 발생한다(시행령 제33조 제4항).

주택정비사업의 절차적 안정을 위하여 토지등소유자의 동의 및 동의철회의 의사가 명확하게 표시되어야 하므로, 만약 ① 토지등소유자의 지장을 날인하고 자필로 서명하지 않은 경우, ② 신분증명서 사본을 첨부하지 않은 경우, ③ 내용증명우편의 방법이 아닌 경우 토지등소유자의 반대의 의사표시는 효력이 없다.[93]

5. 동의의 철회

(1) 동의철회의 제한 취지

동의의 철회시기를 제한한 취지는 조합설립인가신청 후 일부 조합원의 동의철회로 그 동안 진행해 왔던 절차가 무용화되는 것을 막고 조합설립절차가 원활하게 진행되도록 하기 위함이다.

동의의 철회를 서면으로 한 취지는 토지등소유자의 동의철회 여부를 명확하게 함으로써 동의철회 여부에 관하여 발생할 수 있는 관련자들 사이의 분쟁을 미연에 방지하기 위함이다. 또한 행정청으로 하여금 조합설립인가신청 전에 제출된 동의철회서에 의하여서만 동의철회 여부를 심사하도록 함으로써 동의여부의 확인에 불필요하게 행정력이 소모되는 것을 막기 위한 데 있다.[94]

---

93) 서울고등법원 2010. 12. 16. 선고 2010누18378 판결(인감증명서 미첨부로 철회 효력 없음)

94) 대법원 2014. 3. 13. 선고 2012두14095 판결, 대법원 2012. 9. 27. 선고 2010두28649 판결, 대법원 2012. 12. 13. 선고 2011두21218 판결, 대전지방법원 2011. 7. 21. 선고 2010누2874 판결

(2) 동의철회의 시기제한

추진위원회 구성에 동의한 자는 추진위원회 승인 신청 전까지 동의의 철회를 할 수 있다(시행령 제33조 제2항 제1호).

조합설립에 관한 동의는 최초로 동의한 날부터 30일까지만 철회할 수 있다. 조합설립동의서의 내용이 변경되지 아니한 경우 조합설립동의 후 30일이 지나지 않았어도 창립총회 후에는 철회할 수 없다(시행령 제33조 제2항 제2호).

(3) 조합설립동의 사항의 변경된 경우

조합설립에 대한 동의 후 ① 건설되는 건축물의 설계의 개요, ② 정비사업비, ③ 정비사업비의 분담기준, ④ 사업 완료 후 소유권의 귀속에 관한 사항, ⑤ 조합정관이 변경된 경우 조합설립 동의자는 조합설립인가를 신청하기 전까지 철회할 수 있다(시행령 제33조 제2항 제2호 나목).

도시정비법 시행령 제30조 제2항 각호의 사항에 변경이 없다고 인정된다면 토지등소유자가 동의서를 제출한 후에 동의철회서를 다시 제출한 경우에도 위 토지등소유자는 동의자 수에 포함된다.[95)]

도시정비법 시행령 제30조 제2항 각호 사항의 변경이 있었는지 여부는 토지등소유자가 '동의철회서를 제출한 시점'을 기준으로 판단한다. 만약 토지등소유자가 동의철회서를 제출한 이후 동의내용이 변경되었다면 위 동의의 철회는 효력이 없으므로, 위 토지등소유자도 동의자 수에 포함하여야 한다.[96)]

(4) 조합설립동의 사항의 변경 여부 판단

동의서 포함 사항의 내용이 일부 변경되었다고 하더라도 사회통념상 종전의 동의서 포함 사항과의 동일성이 인정되는 경우에는, 여전히 종전의 동의서에 의한 동의는 변경된 내용에 따른 조합설립인가에 대한 동의로서 유효하다고 할 것이고, 토지등소유자는 그 동의서에 의한 동의를 철회할 수 없다.[97)]

---

95) 대법원 2012. 12. 13. 선고 2011두21218 판결, 대법원 2014. 10. 30. 선고 2012두25125 판결
96) 대법원 2012. 12. 13. 선고 2011두21218 판결
97) 대법원 2014. 3. 13. 선고 2012두14095 판결

조합설립동의서에 기재된 설계의 내용(개요)이 정비구역으로 고시된 설계의 내용과 상이하나, 그 차이가 도시정비법 시행령 제13조 제4항의 경미한 사항에 해당되어 실질적인 변경이 아니라면 동의의 철회가 인정되지 않는다.[98]

도시정비법 시행령 제30조 각호의 사항이 변동되었다 하더라도 중요사항의 변경이 없는 경우에는 그 동의철회자를 조합설립인가를 위한 동의자 수에서 제외할 수 없다.[99]

창립총회에서 의결된 조합정관(안)이 조합설립동의서 징구당시 배포한 조합정관(안)과 상이하다 하더라도, 변경된 내용이 도시정비법의 개정에 따른 것이고, 조합원들의 조합설립동의에 영향을 미치는 내용이 아니라면 동의의 철회는 인정되지 않는다.[100]

(5) 철회의 방법 및 효력발생시기

동의를 철회하려는 토지등소유자는 동의의 상대방 및 시장·군수등에게 철회서에 토지등소유자의 지장(指章)을 날인하고 자필로 성명을 적은 후 주민등록증 및 여권 등 신원을 확인할 수 있는 신분증명서 사본을 첨부하여 내용증명의 방법으로 발송하여야 한다. 이 경우 시장·군수등이 철회서를 받은 때에는 지체 없이 동의의 상대방에게 철회서가 접수된 사실을 통지하여야 한다(시행령 제33조 제3항).

시장·군수는 조합설립인가 처분권자임에 비추어 조합설립 동의 철회의 상대방은 추진위원회 뿐만 아니라 행정청도 될 수 있다.[101] 현재 철회자는 동의의 상대방(추진위원회)과 시장·군수등 모두에게 철회서를 보내야 한다.

동의의 철회는 철회서가 동의의 상대방에게 도달한 때 또는 시장·군수등이 동의의 상대방에게 철회서가 접수된 사실을 통지한 때 중 빠른 때에 효력이 발생한다(시행령 제33조 제4항).

정비사업의 절차적 안정을 위하여 토지등소유자의 동의 및 동의철회의 의사가 명확하게 표시되어야 하므로, 만약 ① 토지등소유자의 지장을 날인하고 자

98) 서울고등법원 2010. 12. 10. 선고 2010누9572 판결
99) 대전지방법원 2011. 7. 21. 선고 2010누2874 판결
100) 대법원 2012. 12. 13. 선고 2011두21218 판결,
101) 대법원 2010. 7. 8. 선고 2009두4449 판결

필로 서명하지 않은 경우, ② 신분증명서 사본을 첨부하지 않은 경우, ③ 내용증명우편의 방법이 아닌 경우 토지등소유자의 철회는 효력이 없다고 할 것이다.[102]

또한 토지등소유자의 동의의 철회는 동의철회서 원본에 의하여 이루어져야 한다.[103]

102) 서울고등법원 2010. 12. 16. 선고 2010누18378 판결(인감증명서 미첨부로 철회 효력 없음)

103) 서울고등법원 2010. 12. 10. 선고 2010누9572 판결, 의정부지방법원 2008. 8. 26. 선고 2008구합1134 판결

제3절 조합설립인가절차

조합설립인가 절차도

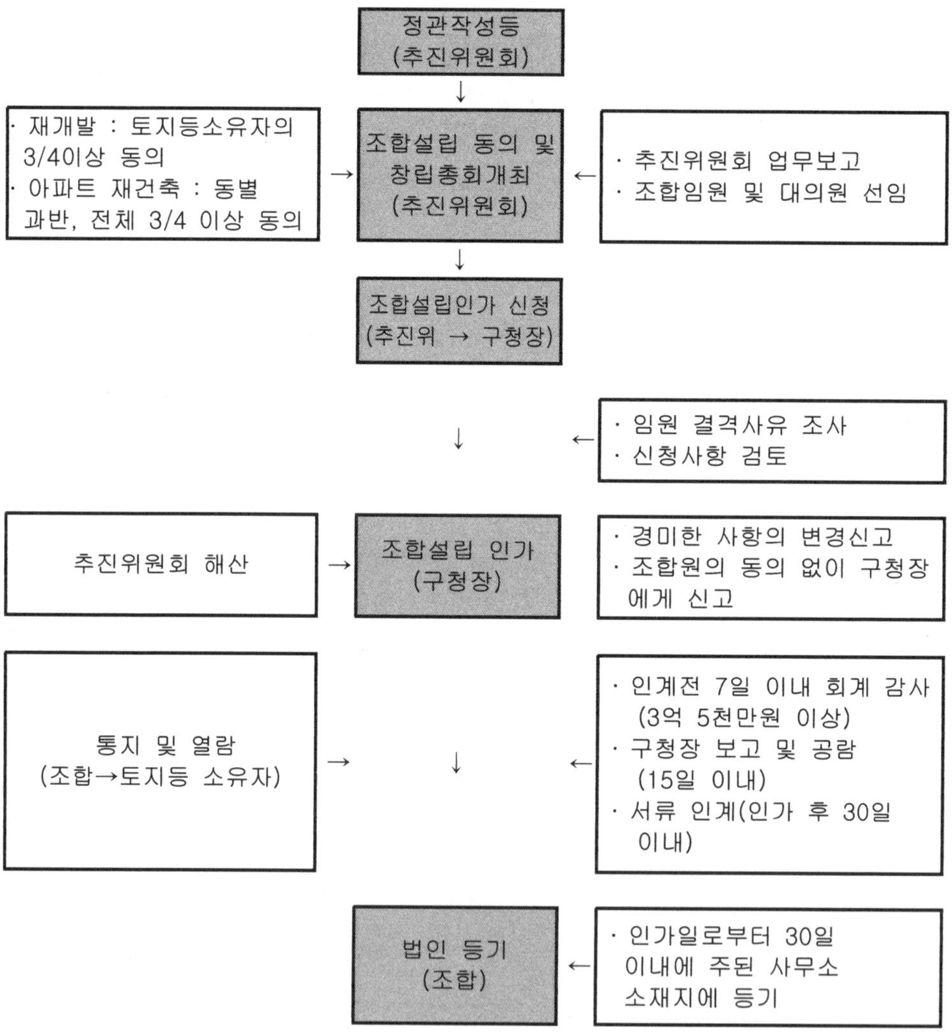

I. 조합정관의 확정

1. 조합정관의 작성 및 확정

(1) 설립행위(정관작성)의 성격

민법상 비영리사단법인을 설립하려면, 2인 이상의 설립자가 법인의 내부조직에 관한 근본규칙(정관)을 정하여 서면에 기재하고 기명날인하여야 하며(민법 제40조), 이것이 없는 정관은 무효이다. 이러한 정관의 작성은 다름 아닌 사단법인의 설립행위이다.

정관은 단체자치에 관한 규율로서, 정관이 사원을 구속하는 것은 사원의 자기결정에서 연유되는 것이다. 법인은 기본적으로 정관에 의하여 운영된다.

토지등소유자들은 재건축정비사업조합이라는 법인의 구성원이 되는 지위에 있기 때문에 그 법인의 구성과 조직, 기능, 운영, 의사결정방법, 조합원의 자격과 지위 등의 사항에 관한 근본규칙이 되는 조합정관을 제정할 수 있고, 그 조합정관에 따라 조합을 운영하게 된다.

(2) 필요적 기재사항 및 임의적 기재사항

정관에 반드시 기재하여야 할 사항을 필요적 기재사항이라고 하는데 필요적 기재사항중 어느 한 사항이라도 빠진 경우에는 정관은 무효가 된다. 정관에는 위의 필요적 기재사항 이외에도 조합의 근본규칙이 될 수 있는 사항을 기재할 수 있다. 이러한 사항을 임의적 기재사항이라 하며, 이에 관해서는 특별한 제한은 없다. 그러나 임의적 기재사항도 일단 정관에 기재되면 필요적 기재사항과 동일한 효력이 생기고, 그 변경에는 정관변경의 절차를 밟아야 한다(민법 제42조).

도시정비법 제40조 제1항과 시행령 제38조에서 정관에 기재할 필요적 기재사항을 정하고 있다. 서울시 도시정비조례 제22조에서 필요적 기재사항을 정하고 있다.

(3) 정관의 작성

시·도지사는 필요적 기재사항의 내용이 포함된 표준정관을 작성하여 보급할 수 있다(법 제40조 제2항). 서울특별시는 2024. 11. 7. '서울특별시 공공지원 정비사업조합 표준정관'을 제정 및 보급하고 있다.

위 표준정관은 하나의 예시로 법적 구속력은 없다. 따라서 조합은 조합의 특징과 여건에 따라 관련 조항을 추가, 삭제, 수정하여 달리 규정할 수 있다. 다만 조합원의 권익과 관계되는 사항에 대한 규정완화 등은 치밀한 검토와 전체적인 합의절차 등을 거쳐 신중하게 하는 것이 바람직하며 관계법령에 위반하게 하여서는 아니된다.

서울특별시의 경우 정관은 표준정관을 준용하여 작성함을 원칙으로 한다(서울시 조례 제20조 제1항 제4호). 위 표준정관은 단지 조합이 설립시 정관을 제정함에 있어 참고로 사용하기 위하여 만들어진 것일 뿐 개별 조합이 표준정관과 다른 내용으로 작성한다 해도 그러한 정관 규정의 효력을 부정할 수 없다.

조합은 도시정비법의 강행규정에 위배되지 않거나 선량한 풍속 기타 사회질서에 위반되는 등 사회관념상 현저히 타당성을 잃은 것이 아닌 한 표준정관상의 임원 또는 대의원의 자격요건을 강화[104] 또는 완화[105]할 수 있다.

추진위원회는 조합설립동의서에 "조합정관 간인은 임원 및 감사 날인으로 대체하는 것에 동의함"이란 문구를 삽입하여 조합정관에 조합원의 날인을 생략하고 있으며, 조합설립인가신청시 첨부하는 조합정관에는 임원 및 감사의 날인으로 대체하고 있다.

(4) 창립총회의 조합정관(안) 의결

토지등소유자는 조합정관의 내용을 어느 정도 숙지한 후에 정관에 대하여 동의를 할 수 있을 것이므로, 추진위원회는 토지등소유자에게 조합설립동의서

---

104) 서울서부지방법원 2009. 9. 25.자 2009카합1983 결정, 수원지방법원 안양지원 2010. 10. 22.자 2010카합139 결정

105) 서울고등법원 2010. 11. 23. 선고 2010누18880 판결

를 징구하기 이전 또는 동의서 징구시 조합정관을 제공하여야 한다.

추진위원회는 조합설립인가를 신청하기 전에 조합설립을 위한 창립총회를 개최하여야 하고(법 제32조 제3항), 창립총회의 안건으로 조합정관의 확정을 처리하여야 한다(시행령 제27조 제4항).

창립총회의 안건중 '조합정관의 확정의 건'은 토지등소유자의 과반수 출석과 출석한 토지등소유자 과반수 찬성으로 결의한다. 재건축사업에 있어 토지등소유자는 조합설립에 동의한 자로 한정한다(시행령 제27조 제5항).[106]

철회의 의사표시를 하지 아니한 상태에서 창립총회에서 변경 후 정관안이 조합정관으로 확정되었다면 당초 동의서를 제출하였던 토지 등 소유자들은 조합설립인가 신청시 정관안이 인가관청에 제출되는 것을 예견하였다고 할 것이어서 위 동의자는 변경 후 정관안의 효력을 인정한다는 의사를 표시한 것으로 볼 수 있다.[107]

2. 정관의 효력

(1) 정관의 일반적 효력

조합정관은 조합의 근본규칙을 정한 것으로 그 규정은 내부의 규범으로서 조합원을 구속한다. 현재 대법원은 정관의 법적 성질을 계약이 아니라 자치법규로 보고 있다.[108]

법인의 정관이나 그에 따른 세부사업을 위한 규정 등 단체내부의 규정은 특별한 사정이 없는 한 유효하다. 다만, 그것이 선량한 풍속 기타 사회질서에 위반되는 등 사회관념상 현저히 타당성을 잃은 것이거나 결정절차가 현저히 정의에 어긋난 것으로 인정되는 경우해당 조항은 효력이 없다.[109]

법령의 규정이 강행규정인 경우 정관으로 달리 변경하여 규정할 수는 없다.

---

106) 서울고등법원 2011. 6. 10. 선고 2010누30231 판결, 서울고등법원 2011. 3. 29. 선고 2010누38105 판결
107) 대법원 2014. 1. 16. 선고 2011두12801 판결
108) 대법원 2019. 10. 31. 선고 2017다282438 판결
109) 대법원 2009. 10. 15. 선고 2008다85345 판결

조합정관의 일부 규정이 법령의 강행규정을 위반한 경우에는 그 정관의 규정은 무효이다.[110] 다만 일부 규정에 무효사유가 존재하는 경우에는 정관 자체가 무효로 되는 것은 아니다.

법령의 규정이 임의규정인 경우 조합은 사회관념상 현저히 타당성을 잃은 것이 아니라면 임의규정과 달리 규정할 수 있다.[111] 이 경우 법령의 임의규정보다 조합정관이 우선적으로 적용된다.

시장·군수가 조합에게 정관을 포함하여 조합설립인가를 한 경우 정관은 인가시부터 효력을 발생하며, 총회의 의결이 있었던 때로 소급하지 않는다.[112]

(2) 정관의 효력을 다투는 방법

정관 그 자체의 효력을 다투는 쟁송은 당사자 사이의 구체적인 권리 또는 법률관계의 존부확인을 구하는 것이 아니므로, 사법쟁송의 대상은 아니며, 정관의 규정에 따라 조합원이 어떠한 처분이나 불이익을 받은 경우 해당 정관조문의 무효를 주장하면서 그 처분의 무효를 주장하는 방법으로 권리구제를 받게 된다.

시장·군수의 정관개정에 대한 변경인가는 그 대상이 되는 기본행위를 보충하여 법률상 효력을 완성시키는 행위로서, 이러한 인가를 받지 못한 경우 변경된 정관은 효력이 없다.[113] 즉 정관변경절차 자체에 하자가 있는 경우 정관변경절차 자체를 다투어야지, 정관변경에 대한 인가처분을 대상으로 다툴 수 없다.

정관은 객관적인 기준에 따라 그 규범적인 의미 내용을 확정하는 법규해석의 방법으로 해석되어야 한다. 작성자의 주관이나 해석 당시의 사원의 다수결에 의한 방법으로 자의적으로 해석될 수는 없다. 따라서 어느 시점의 조합원들이 정관의 규범적인 의미 내용과 다른 해석을 조합원총회의 결의라는 방법으로 표명하였다 하더라도 그 결의에 의한 해석은 그 조합의 구성원인 조합원들이나 법원을 구속하는 효력이 없다.[114]

---

110) 대법원 1994. 10. 25. 선고 93다50635 판결
111) 대법원 2007. 7. 24. 자 2006마635 결정
112) 대법원 2014. 7. 10. 선고 2013도11532 판결
113) 대법원 2007. 7. 24.자 2006마635 결정

(3) 조합의 정관위반과 협력업체의 손해배상청구

주택재개발 정비사업조합의 단체 내부를 규율하는 자치법규인 정관에서 정한 사항은 원칙적으로 해당 조합과 조합원을 위한 규정이고, 조합 외부의 제3자를 보호하거나 제3자를 위한 규정이라고 볼 수 없다.

조합이 정관 규정을 위반하였다고 하더라도 특별한 사정이 없는 한 그 정관 위반행위만으로 바로 조합 외부의 제3자에 대한 불법행위책임을 물을 수는 없다.[115)]

114) 대법원 2000. 11. 24. 선고 99다12437 판결
115) 대법원 2019. 10. 31. 선고 2017다282438 판결

Ⅱ. 조합설립동의서의 작성 및 징구

1. 서면동의서 등

서면동의서에 의한 동의사항은 아래의 표와 같다(법 제36조 제1항).

추 진 절 차	법 적 근 거
정비구역등 해제의 연장 요청	법 제20조제6항제1호
정비구역의 해제에 동의	법 제21조제1항제4호
주거환경개선사업의 시행자를 토지주택공사등으로 지정	법 제24조제1항
토지등소유자의 재개발사업 시행	법 제25조제1항제2호
재개발사업·재건축사업의 공공시행자 또는 지정개발자 지정	법 제26조 또는 제27조
추진위원회 구성	법 제31조제1항
추진위원회의 업무가 토지등소유자의 비용부담을 수반하거나 권리·의무에 변동	법 제32조제4항
조합 설립	법 제35조제2항부터 제5항
주민대표회의 구성	법 제47조제3항
토지등소유자의 사업시행계획인가신청	법 제50조 제6항
사업시행자의 사업시행계획서 작성	법 제58조제3항
동의한 사항의 철회	법 제36조 제1항
반대의 의사표시	법 제36조 제1항, 제26조 제1항제8호 단서, 제31조 제3항 단서 및 제47조 제4항 단서

2. 조합설립동의서의 작성

(1) 서면동의 또는 전자서명동의

조합설립동의는 서면동의서 또는 전자서명동의서를 제출하는 방법으로 한다. 전자서면동의서는 '전자문서 및 전자거래 기본법' 제2조 제1호에 따른 전자문서에 '전자서명법' 제2조 제2호에 따른 전자서명을 한 동의서를 말한다(법 제36조 제1항). 전자서면동의서는 2024. 12. 3. 도입되었다.

도시정비법 시행규칙 별지 제6호 서식 조합설립동의서(재개발사업, 재건축사업)에서 동의서 양식을 정하고 있다(시행규칙 제8조 제3항).

조합설립에 대한 동의를 서면동의서에 의하도록 한 취지는 서면에 의한 토지등소유자 등의 동의 여부를 명확하게 함으로써 동의 여부에 관하여 발생할 수 있는 관련자들 사이의 분쟁을 미연에 방지하고 나아가 행정청으로 하여금 조합설립인가 신청시에 제출된 동의서에 의하여서만 동의 요건의 충족 여부를 심사하도록 함으로써 동의 여부의 확인에 불필요하게 행정력이 소모되는 것을 막기 위한 데 있다.[116)]

(2) 동의내용

조합설립에 대한 동의는 국토교통부령으로 정하는 동의서에 동의를 받는 방법에 따르며(시행령 제30조 제1항), 조합설립동의서에는 ① 건설되는 건축물의 설계의 개요, ② 정비사업비, ③ 정비사업비의 분담기준, ④ 사업 완료 후 소유권의 귀속에 관한 사항, ⑤ 조합정관이 포함되어야 한다(시행령 제30조 제2항).

조합설립동의서상 '건설되는 건축물의 설계의 개요'는 정비계획의 내용에 따라 기재한다. 신축건축물의 설계는 조합원의 선호 평형의 변경, 법령의 개정, 주택시장의 변화 등 내·외부적인 사정에 의해 변동되므로, 조합설립동의 당시에는 설계의 개요만을 적시하면 된다.

---

116) 대법원 2010. 1. 28. 선고 2009두4845 판결, 대법원 2011. 11. 10. 선고 2011두14883 판결, 대법원 2012. 12. 27. 선고 2010다85379 판결

조합설립동의서상 '정비사업비'는 토지등소유자가 조합설립의 동의 여부에 지장이 없을 정도의 범위 내에서 추진위원회가 예상 가능한 비용을 검토한 후 개략적으로 정하면 될 것이다.

조합설립동의서상 정비사업비 산정의 구체적인 근거까지 포함되도록 정하지 않고 있는바, 조합설립동의서에 기재된 건축물의 철거 및 신축에 소요되는 비용의 개략적인 금액을 산정함에 있어 일부 비용항목이 누락되었거나 하자가 있다 하더라도 조합설립인가처분의 위법사유에 해당한다고 볼 수 없다.[117]

정비사업비가 사정변경에 따라 장래 어느 정도 증감되어도 조합설립동의의 효력에는 영향이 없다.[118]

조합설립동의서상 정비사업비의 분담기준에 관한 예시는 다음과 같다.

분양대상자별 분담금 추산방법(예시)

분양대상자별 분담금 추산액 = 분양예정인 대지 및 건축물의 추산액 - (분양대상자별 종전의 토지 및 건축물의 가격 × 비례율*)

* 비례율 = (사업완료 후의 대지 및 건축물의 총 수입 - 총사업비) / 종전의 토지 및 건축물의 총 가액

조합설립동의서상 '사업 완료 후 소유권 귀속에 관한 사항'은 신건물의 각 전유부분을 조합원에게 어떠한 방법으로 귀속(배정)시킬 것인가에 관한 사항이다. 위 소유권 귀속사항은 구체적으로 결정되어야 할 필요는 없고, 장래 신건물을 어떻게 확정하여 귀속시킬 것인가에 관한 기준을 정하면 족하다.

신축 건축물의 배정은 토지소유자의 의사가 최대한 반영되도록 하되, 같은 면적의 주택 분양에 경합이 있는 경우에는 종전 토지 및 건축물의 가격 등을 고려하여 우선 순위를 정하거나 추첨에 따르는 등 구체적인 배정방법을 정하

117) 서울고등법원 2011. 6. 10. 선고 2010누30231 판결
118) 부산고등법원 2009. 1. 23. 선고 2008누3883 판결

여 향후 관리처분계획을 수립할 때 분양면적별 배분의 기준이 되도록 정하여야 한다.

위 동의서 양식의 '정비사업비의 분담기준' 및 '사업 완료 후 소유권 귀속에 관한 사항'의 내용은 적법하다.[119] 즉 추진위원회가 법정동의서에 의하여 토지등소유자로부터 조합설립 동의를 받았다면 그 조합설립 동의는 도시정비법령에서 정한 절차와 방식을 따른 것으로서 적법·유효하다.[120]

3. 추정분담금의 제공

(1) 추정분담금 자료 제공

추진위원회는 조합설립에 필요한 동의를 받기 전에 ① 토지등소유자별 분담금 추산액 및 산출근거, ② 그 밖에 추정 분담금의 산출 등과 관련하여 시·도 조례로 정하는 정보를 토지등소유자에게 제공하여야 한다(법 제35조 제10항, 시행령 제32조).

추정분담금의 제공취지는 토지등소유자가 조합설립에 동의할 때 표준동의서에 기재된 내용만으로는 정비사업 참여에 따른 개략적인 비용분담액을 예측하는 데에 어려움이 있고, 사업시행인가 또는 관리처분계획인가를 할 때 조합원 비용분담액이 원래보다 크게 증가하는 등의 문제가 발생하므로, 토지등소유자가 정비사업으로 부담하게 될 비용을 보다 정확하게 예측할 수 있도록 하려는 것이다.

서울시의 경우 추진위원장 또는 조합임원은 조합설립 동의 시부터 최초로 관리처분계획을 수립하는 때까지 사업비에 관한 주민 동의를 받고자 하는 경우에는 분담금 추정 프로그램에 정비계획 등 필요한 사항을 입력하고, 토지등소유자가 개략적인 분담금 등을 확인할 수 있도록 하여야 하며, 토지등소유자에게 개별 통보하여야 한다. 추진위원장 또는 조합임원은 토지등소유자에게

119) 대법원 2010. 2. 25. 선고 2009다66686 판결, 대법원 2010. 4. 8. 선고 2009다10881 판결, 대법원 2010. 7. 15. 선고 2009다63380 판결
120) 대법원 2020. 9. 7. 선고 2020두38744 판결

동의를 받고자 하는 사업비의 내용과 부합하게 자료를 입력하여야 한다.[121]

(2) 추정분담금 산정의 적정성

추진위원회가 토지 등 소유자별 분담금 추산액이나 비례율에 관하여 어떤 구체적인 수치나 자료를 제시한다고 하더라도 그것은 예측·전망치일 뿐이고, 그러한 예측·전망이 합리적이고 타당한지를 행정청이나 법원이 심사하는 것은 적절하지도 않다.

토지등소유자별 분담금 추산액을 산정함에 있어 일부 비용항목이 누락되었거나 하자가 있다하더라도 추정분담금 제공의무 위반으로 인한 조합설립인가 처분의 위법사유에 해당한다고 볼 수 없다.

(3) 추정분담금과 조합설립동의서

조합설립동의서 양식에 토지 등 소유자별로 구체적인 분담금 추산액이 기재되지 않았다거나 추진위원회가 그 서식 외에 토지 등 소유자별로 분담금 추산액 산출에 필요한 구체적인 정보나 자료를 충분히 제공하지 않았다는 사정만으로 개별 토지 등 소유자의 조합설립 동의를 무효라고 볼 수는 없다.[122]

조합설립에 동의한 것으로 의제되는 추진위원회 동의자가 추진위원회로부터 추정분담금 등에 관한 정보를 제공받았고, 조합설립인가를 신청하기 전까지 반대의 의사표시를 하지 않았을 경우 동의한 것으로 의제되는 사항에 변동이 있다 하더라도 추진위원회는 위 조합설립 동의 의제자로부터 별도로 조합설립동의서를 징구하지 않아도 된다.

이에 반해 법제처는 동의한 것으로 의제되는 사항에 변동이 생기거나 중요한 내용이 추가된 경우 조합설립 동의 의제자로부터 다시 조합설립에 필요한 동의를 받도록 하고 있다.[123]

---

121) 서울시 조례 제80조
122) 대법원 2020. 9. 7. 선고 2020두38744 판결, 대법원 2014. 4. 24. 선고 2012두29004 판결, 서울고등법원 2023. 2. 1. 선고 2021누77717 판결
123) 법제처 2017. 6. 22. 회신 17-0123호 사례

4. 조합설립동의서와 검인

(1) 서면동의서(조합설립동의서)와 검인

조합설립동의에 관한 서면동의서 또는 전자서명동의서를 작성하는 경우 시장・군수로부터 검인 또는 확인한 동의서를 사용하여야 한다(법 제36조 제3항).[124)]

서면동의서(조합설립동의서)에 검인(檢印)을 받으려는 자는 조합설립동의서에 ① 건설되는 건축물의 설계의 개요, ② 정비사업비, ③ 정비사업비의 분담기준, ④ 사업 완료 후 소유권의 귀속에 관한 사항, ⑤ 조합정관을 기재한 후 관련 서류를 첨부하여 시장・군수등에게 검인을 신청하여야 한다(시행령 제34조 제1항).

시장・군수등은 서면동의서 기재사항의 기재 여부 등 형식적인 사항을 확인하고 해당 서면동의서에 연번(連番)을 부여한 후 검인을 하여야 한다. 시장・군수등은 신청일부터 20일 이내에 신청인에게 검인한 서면동의서를 내주어야 한다(시행령 제34조 제2항, 제3항).

연번 부여 제도의 취지는 동의서 발행매수를 제한함으로서 동의서를 임의적으로 사용하는 것을 방지하기 위함이다.[125)]

(2) 지장날인 및 신분증명서 사본 첨부

서면동의서(조합설립동의서)에 토지등소유자가 성명을 적고 지장을 날인하는 방법으로 하며, 주민등록증, 여권 등 신원을 확인할 수 있는 신분증명서의 사본을 첨부하여야 한다(법 제36조 제1항).

토지등소유자가 해외에 장기체류하거나 법인인 경우 등 불가피한 사유가 있다고 시장・군수등이 인정하는 경우에는 토지등소유자의 인감도장을 찍은 서

---

124) 부칙(2017. 2. 8.) 제8조 제1항 : 2016년 7월 28일 후 최초로 정비계획을 수립하는 경우부터 적용함.
제2항 : 제35조제2항부터 제5항까지의 개정규정에 해당하는 때에는 2016년 7월 28일 후 제31조제1항의 개정규정에 따라 최초로 추진위원회 승인을 받은 경우부터 적용함. 이 경우 종전의 규정에 따른 추진위원회 동의자의 서면동의서는 제31조제2항의 개정규정에 따라 유효한 것으로 봄.

125) 서울행정법원 2020. 10. 30. 선고 2020구합51631 판결

면동의서에 해당 인감증명서를 첨부하는 방법으로 할 수 있다(법 제36조 제2항).

(3) 전자서면동의서와 검인

전자서면동의서의 확인을 받으려는 자는 시장·군수등에게 다음의 사항에 대한 확인을 신청해야 한다(시행령 제34조 제4항).

① 전자서명동의서의 보관 및 위조 · 변조 방지에 관한 사항

② 전자서명동의서를 다음의 어느 하나에 해당하는 방법에 따라 작성한 사실

- 서면동의서를 정보처리시스템에 의하여 전자적 형태로 변환하는 방법
- 정보처리시스템에 의하여 전자적 형태로 작성하는 방법

③ 전자적 형태로 작성하는 방법으로 작성된 전자서명동의서의 경우 동의서에 기재할 사항의 기재 여부 등 형식적인 사항을 갖추었다는 사실

시장 · 군수등은 신청일부터 20일 이내에 신청인에게 전자서명동의서의 확인결과를 알려주어야 한다. 이 경우 시장 · 군수등은 전자적 형태로 작성하는 방법으로 작성된 전자서명동의서에 대해 연번을 부여해야 한다(시행령 제34조 제5항).

전자서명동의서의 본인확인은 전자서명인증사업자가 제공하는 본인확인의 방법을 따라야 한다(시행령 제34조 제6항).

(4) 검인 없는 동의서 효력

추진위원회 구성 동의서 및 조합설립동의서에 검인 또는 확인을 받지 아니한 동의서는 그 효력이 발생하지 아니한다(법 제36조 제3항).

5. 재개발 · 재건축조합의 동의요건

(1) 주택단지의 범위

도시정비법 제2조 제7호는 주택법 제2조 제6호와 달리 주택단지에 대하여 별도로 규정하고 있다.

도시정비법상 주택단지는 주택 및 부대시설 · 복리시설을 건설하거나 대지로 조성되는 일단의 토지로서 다음의 어느 하나에 해당하는 일단의 토지를 말한다(법 제2조 제7호).

① 주택법 제15조에 따른 사업계획승인을 받아 주택 및 부대시설 · 복리시설을 건설한 일단의 토지

② ①에 따른 일단의 토지 중 도시 · 군계획시설인 도로나 그 밖에 이와 유사한 시설로 분리되어 따로 관리되고 있는 각각의 토지

③ ①에 따른 일단의 토지 둘 이상이 공동으로 관리되고 있는 경우 그 전체 토지

④ 도시정비법 제67조에 따라 분할된 토지 또는 분할되어 나가는 토지

⑤ 건축법 제11조에 따라 건축허가를 받아 아파트 또는 연립주택을 건설한 일단의 토지

'주택법 제16조의 규정에 의하여 사업계획승인을 얻어 주택과 부대·복리시설을 건설한 일단의 토지' 와 관련 1981. 8. 24. 이전 50세대 이상의 공동주택은 주택단지에 포함되고, 1981. 8. 24. - 2014. 6. 11. 20세대 이상, 2014. 6. 11. 이후 30세대의 공동주택이 주택단지에 포함될 것이다.

도시정비법상 하나의 주택단지에 해당하는지 여부는 당해 주택의 건설사업 또는 당해 주택이 건립된 부지의 대지조성사업을 할 당시 하나의 사업계획으로 승인받아 주택이 건설되거나 대지가 조성되었는지 여부에 의해 결정된다.[126]

도시정비법 제2조 제7호 마목과 관련 건축법 제2조 제2항 제2호, 건축법 시행령(2009. 4. 21. 대통령령 제21445호로 개정되기 전의 것) 제3조의4 [별표1]

---

126) 대법원 2005. 6. 24. 선고 2003다55455 판결, 대법원 2010. 4. 8. 선고 2009다10881 판결, 대법원 2024. 9. 27.선고 2024다244762 판결

2. 나.에 의하면 연립주택은 주택으로 쓰는 1개 동의 바닥면적 합계가 660㎡를 초과하고, 층수가 4개층 이하인 주택을 말한다.[127)]

도시정비법 제2조 제7호 가목과 다목에 따른 주택단지에 각각 해당하는 경우, 사업시행자는 사업시행 대상 정비구역을 다목에 따른 주택단지로 정할 것인지 또는 가목에 따른 주택단지로 정할 것인지 여부를 토지등소유자들의 의사에 따라 자유롭게 선택할 수 있다.[128)]

재건축조합이 사업구역 내 토지들의 소유자인 교회를 상대로 매도청구권을 행사하였는데, 교회가 도시정비법 제35조 제4항에 따른 '주택단지가 아닌 지역' 안의 토지소유자의 동의를 얻지 아니한 조합에 대한 조합설립인가처분이 무효라고 주장한 사안에서, 위 토지들이 '주택단지가 아닌 지역'에 해당할 여지가 있더라도 조합설립인가처분 당시를 기준으로 위 토지들이 하나의 사업계획으로 승인받아 개발되었는지에 관한 사실관계나 도시정비법 제35조 제4항에 따른 동의요건을 갖추지 아니한 하자가 있음이 객관적으로 명백하였다고 보기 어렵다고 한 사례가 있다.[129)]

(2) 재건축조합의 동의요건

주택단지내 공동주택의 재건축조합 동의요건은 ① 각 동별 구분소유자의 과반수 동의와 ② 주택단지의 전체 구분소유자의 70% 이상 및 토지면적의 70% 이상[130)]의 토지소유자의 동의이다(법 제35조 제3항).

구분소유자의 토지면적은 전체 대지면적에 집합건물의 전유부분의 총면적(즉 공용부분을 제외한 나머지 면적의 합계)분의 구분소유자 개개인의 전유부분의 면적의 비율을 곱하여 산정한다.

다세대주택 등 집합건물의 대지의 경우 조합설립에 동의한 구분소유자 각자의 대지사용권에 해당하는 면적은 동의한 토지면적으로 산정된다.[131)]

---

127) 대법원 2014. 5. 16. 선고 2011두27094 판결, 서울행정법원 2010. 7. 1. 선고 2010구합5134 판결, 수원지방법원 2010. 10. 28. 선고 2009구합13345 판결
128) 서울고등법원 2022. 5. 11. 선고 2020누59200 판결
129) 대법원 2024. 9. 27.선고 2024다244762 판결
130) 2025. 1. 31. 법 개정으로 주택단지 전체의 동의율은 70%임(시행일 2025. 5. 1.)
종전 : 주택단지 전체 구분소유자의 3/4 이상 + 토지면적의 3/4 이상의 토지소유자
131) 서울행정법원 2010. 9. 9. 선고 2009구합46481 판결

동별 동의요건과 관련 복리시설의 경우에는 주택단지의 복리시설 전체를 하나의 동으로 보는바(법 제35조 제3항), 주택단지내 여러 개의 상가동, 유치원, 교회 등 복리시설이 있는 경우 전체의 복리시설을 하나의 동으로 보아 동별 구분소유자의 과반수 이상의 동의만 얻으면 된다.

공동주택의 각 동별 구분소유자가 5 이하인 경우는 해당 동의 과반수 동의요건이 제외된다(법 제35조 제3항).

(3) 복리시설의 구분소유자 증가와 1/3 이상 동의

기본계획의 수립·고시일[132) 이후로서 시·도지사가 따로 정하는 날[133)의 다음날부터 조합설립인가 신청일까지 복리시설의 구분소유자가 증가한 경우 해당 복리시설의 동의율은 3분의 1 이상이다(법 제35조 제3항, 시행령 제30조 제3항).

다음의 요건을 모두 갖춘 경우에는 구분소유자가 증가한 경우로 보지 않으므로, 복리시설의 과반수 동의가 필요하다(시행령 제30조 제3항 단서).

① 영업 등 해당 복리시설의 용도로 사용하기 위해 집합건물법 제2조 제3호에 따른 전유부분을 분할하였을 것

② ①호에 따라 분할된 전유부분을 조합설립인가 신청일까지 영업 등 해당 복리시설의 용도로 사용하고 있을 것

(4) 단독주택지 포함된 재건축사업

주택단지가 아닌 지역이 재건축정비구역에 포함된 때에는 주택단지가 아닌 지역의 토지 또는 건축물 소유자의 4분의 3 이상 및 토지면적의 3분의 2 이상의 토지소유자의 동의를 받아야 한다(법 제35조 제4항).

주택단지와 주택단지가 아닌 지역이 하나의 정비구역으로 지정된 경우 주택단지에 대해 도시정비법 제35조 제3항의 요건과 주택단지가 아닌 지역에 대해

132) ① 노후계획도시정비사업의 경우에는 노후계획도시정비기본계획의 수립、고시일
② 도시재정비특별법에 따라 기본계획의 수립이 의제되는 경우에는 재정비촉진계획의 결정、고시일

133) ① 따로 정하는 날이 없는 경우에는 정비구역의 지정、고시일
② 정비구역의 지정이 의제되는 노후계획도시특별정비구역의 지정、고시일
③ 정비구역의 지정이 의제되는 재정비촉진계획의 결정、고시일

도시정비법 제35조 제4항의 요건을 모두 충족하여야 할 것이다.[134)]

도시정비법 제35조 제4항 소정의 '토지 또는 건축물 소유자'는 정비구역 안의 토지 및 건축물의 소유자뿐만 아니라 토지만을 소유한 자, 건축물만을 소유한 자 모두를 포함하는 의미이다.[135)]

(5) 정비구역내 일부 주택단지만 있고 대부분 단독주택지인 경우

단독주택지 재건축정비구역내 주택단지가 다수 존재할 경우 개별 주택단지별로 동의율을 판단하는 것이 아니라, 일정한 정비구역 안에 존재하는 주택단지들 전체를 일괄하여 그 모든 주택단지에 대한 동의율을 판단한다.[136)]

정비구역이 '대부분 주택단지가 아닌 지역이고 일부만이 주택단지로 구성된 경우'에 해당하는 경우 조합설립인가처분을 함에 있어서 도시정비법 제35조 제4항에 규정된 정비구역 전체 '토지 또는 건축물 소유자의 4분의 3 이상 및 토지면적의 3분의 2 이상의 동의' 요건을 구비하면 되고 별도로 도시정비법 제35조 제3항의 규정에 따른 동의요건을 구비해야 한다고 볼 수는 없다.[137)]

(6) 토지분할과 조합설립동의요건

도시정비법 제67조에 따라 주택단지 안의 일부 토지(예 상가부지)를 분할하려는 경우 정비구역에서 제외된 부분에 위치한 상가의 구분소유자도 조합설립에 동의권을 가지고 있고, 위 상가소유자에 대한 동의 없이 조합설립동의 요건을 충족하지 못한 경우 해당 조합설립인가는 무효이다.[138)]

다만, 도시정비법 제67조 제4항에 따라 추진위원회가 법원에 토지분할을 청구하고, 건축위원회의 심의를 거쳐 조합설립인가를 하였다면 해당 조합설립인가처분은 적법하다.

---

134) 대법원 2012. 10. 25. 선고 2010두25107, 대법원 2014. 5. 16. 선고 2011두27094 판결
135) 대법원 2012. 10. 25. 선고 2010두25107 판결
136) 서울고등법원 2019. 7. 9. 선고 2018누69525 판결 (대법원 상고기각)
137) 대전고등법원 2011. 7. 14. 선고 2010누2645, 2010누2782 판결
138) 서울고등법원 2019누47218 판결

(7) 존치구역, 2 이상 주택단지

정비구역내 존치지역이 있을 경우 도시정비법 제35조 제4항의 동의요건을 판단함에 있어 존치지역의 면적도 포함하여야 하며, 임의로 위 존치지역의 면적을 제외하여서는 아니 된다.139)

재건축사업 정비구역 내에 둘 이상의 주택단지가 있고, 각 주택단지에 복리시설이 있는 경우, 도시정비법 제35조 제3항의 각 동별 동의 요건과 관련하여 해당 정비구역 내 전체 복리시설을 하나의 동으로 보고 그 전체 구분소유자의 과반수 동의를 받아야 한다.140)

(8) 재개발조합의 동의요건

재개발조합의 동의요건은 토지등소유자의 4분의 3 이상 및 토지면적의 2분의 1 이상의 토지소유자의 동의이다(법 제35조 제2항).

'토지등소유자'는 토지 또는 건축물의 소유자 또는 그 지상권자이므로, 토지 또는 건축물 전체의 소유자의 4분의 3 이상의 동의를 받아야 한다.

(9) 도시정비법의 동의율 개정과 적용법령

행정처분은 원칙적으로 처분시의 법령에 근거하여 행하여져야 하고, 법령의 개정으로 그 기준이 변경된 경우에는 달리 특별한 정함이 없는 한 처분시의 개정법령에서 규정하고 있는 기준이 적용되어야 한다.

조합설립인가신청후 조합설립인가전 조합설립인가의 동의율이 변경된 경우 조합설립인가의 동의율은 조합설립인가 처분 당시의 법령에 따라야 한다.141)

---

139) 대법원 2014. 5. 16. 선고 2011두27094 판결

140) 법제처 2022. 9. 30. 회신 22-0376호 사례

141) 대법원 2008. 3. 13. 선고 2006두2954 판결, 대법원 2001. 3. 15. 선고 99두4594 판결, 대법원 2000. 3. 10. 선고 97누13818 판결

Ⅲ. 창립총회의 준비 및 개최

1. 창립총회의 법적 근거 등

창립총회는 단체의 조직을 형성하기 위하여 소집되는 총회로서, 추진위원회가 조합설립인가를 신청하기 전에 조합설립을 위한 창립총회를 개최하여야 한다. 추진위원회를 구성하지 않는 경우 토지등소유자가 창립총회를 개최한다(법 제32조 제3항).

창립총회에서 결의된 사항은 조합의 총회결의에 해당하지 않고, 추진위원회의 주민총회의 결의에 해당한다.[142] 이에 반해 하급심에서는 창립총회도 조합의 조합원 총회로 볼 수 있다고 판시한 사례가 있다.[143]

추진위원회 또는 토지등소유자는 조합설립에 대한 동의요건을 충족한 이후에 창립총회를 개최할 수 있으므로(시행령 제27조 제1항), 위 동의요건을 충족하기 이전에 개최된 창립총회는 조합설립인가처분의 하자사유가 될 수 있다.[144]

창립총회 개최 당시 조합설립을 위한 동의요건에 미달된 경우, 조합설립에 대한 토지등소유자의 동의요건에 미달한 수가 극히 소수에 불과하고, 추진위원회가 통상적인 방법에 따라 토지등소유자를 산정하여 동의요건을 충족하였다는 판단하에 창립총회를 개최한 경우로서 다시 창립총회를 개최하는 것이 지극히 불합리하다고 판단되는 등의 특별한 사정이 있는 경우에는 창립총회를 다시 개최하지 않아도 된다.[145]

---

142) 대법원 2012. 4. 12. 선고 2010다10986 판결
143) 서울중앙지방법원 2008. 12. 18. 선고 2008가합69140 판결
144) 서울고등법원 2023. 2. 1. 선고 2021누77717 판결
145) 법제처 2011. 24.자 '도시 및 주거환경정비법 시행령 제22조의2 제1항'관련 유권해석

2. 창립총회의 소집

추진위원장은 직권으로 창립총회를 소집한다. 토지등소유자 5분의 1 이상의 요구시 추진위원장은 창립총회를 소집하여야 한다.

토지등소유자 5분의 1 이상의 소집요구에도 불구하고 추진위원장 또는 토지등소유자의 대표자가 2주 이상 소집요구에 응하지 아니하는 경우 소집요구한 자의 대표가 소집할 수 있다(시행령 제27조 제3항 단서). 이 경우 시장·군수의 승인을 요하지 않는다.

임기가 만료되었거나 연임결의가 없었던 추진위원장도 창립총회를 개최할 수 있다.[146] 추진위원장 '직무대행자'가 토지등소유자 5분의 1 이상의 요청으로 창립총회를 개최한 경우 해당 창립총회는 적법하다.[147]

추진위원회를 구성하지 아니하는 경우에는 토지등소유자의 대표자가 직권 또는 토지등소유자 5분의 1 이상의 요구로 창립총회를 소집한다(시행령 제27조 제3항).

추진위원회 또는 토지등소유자의 대표자는 창립총회 14일 전까지 회의목적 · 안건 · 일시 · 장소 · 참석자격 및 구비사항 등을 인터넷 홈페이지를 통해 공개하고, 토지등소유자에게 등기우편으로 발송 · 통지하여야 한다(시행령 제27조 제2항).

추진위원회 동의자가 조합설립에 동의한 것으로 간주되는 경우 추진위원회는 추진위원회 구성에 동의한 토지등소유자에게 조합설립인가 신청일 60일 전까지 ① 조합설립에 대한 동의철회(반대의 의사표시 포함) 및 방법, ② 조합설립 동의서에 포함되는 사항을 등기우편으로 통지하여야 한다(시행령 제29조 제1항 단서).

146) 서울고등법원 2011. 8. 19. 선고 2010누30323 판결,
147) 서울행정법원 2018. 2. 2. 선고 2017구합6808 판결

3. 창립총회 상정 안건 등

(1) 상정 안건과 참석대상자 등

추진위원회 또는 토지등소유자의 대표자는 창립총회에서 ① 조합정관의 확정, ② 조합임원의 선임, ③ 대의원의 선임, ④ 그 밖에 필요한 사항으로서 사전에 통지한 사항을 처리하여야 한다(시행령 제27조 제4항).

창립총회의 경우 조합원 20% 이상이 직접 참석하여야 한다(법 제45조 제10항 단서).[148]

재개발사업의 경우 조합설립에 동의하지 않은 자도 창립총회에 참석하여 의결권을 행사할 수 있으나, 재건축사업의 경우 조합설립에 동의한 자만이 조합원으로서 창립총회에 참석하여 의결권을 행사할 수 있다(시행령 제27조 제5항).[149]

(2) 의결정족수

조합의 정관은 창립총회에서 ① 토지등소유자의 과반수 출석과 출석한 토지등소유자 과반수 찬성(재개발사업) 또는 ② 조합설립에 동의한 토지등소유자의 과반수 출석과 출석한 토지등소유자 과반수 찬성(재건축사업)으로 결의하여야 한다(시행령 제27조 제5항).

추진위원회가 작성한 정관 초안의 내용이 창립총회에서 변경되었다 하더라도 조합설립인가처분이 위법하지 않다.[150]

조합임원의 선임과 대의원의 선임은 창립총회에서 확정된 조합정관의 규정에 따른다(시행령 제27조 제5항 단서).[151] 즉 정관에서 임원 또는 대의원 선임의 의결정족수를 다수결로 정한 경우 다득표 순으로 임원 등을 선임한다.

사전에 통지한 사항의 의결방법은 창립총회에서 확정된 조합정관의 규정에 따르면 될 것이다.

---

148) 2012. 2. 1. 도시정비법 개정시 도입되었음.
149) 대법원 2006. 2. 23. 선고 2005다19552, 19569 판결
150) 대법원 2014. 1. 16. 선고 2011두12801 판결
151) 원칙적으로 창립총회에서 확정된 정관은 조합설립인가시부터 효력이 있는바, 창립총회에서의 임원 및 대의원 선임과 관련 위 특별규정을 두게 되었음.

(3) 임원선거 하자와 조합설립인가

조합의 임원이나 대의원을 반드시 창립총회에서 선임할 필요는 없는바, 창립총회에서 조합장 등 조합 임원 선임의 결의가 부결되었다고 하더라도 이 때문에 창립총회가 무효라고 볼 수는 없다.[152] 따라서 창립총회에서 조합정관만 확정한 후 다음 총회에서 임원 및 대의원을 선임할 수 있다.

4. 창립총회 의사록 및 공증

추진위원회장 또는 토지등소유자의 대표자는 창립총회의 의사록을 위 의사록 작성일로부터 15일 이내에 인터넷과 그 밖의 방법을 병행하여 공개하여야 한다(법 제124조 제1항). 추진위원장 또는 조합장은 창립총회의 속기록・녹음 또는 영상자료를 만들어 청산 시까지 보관하여야 한다(법 제125조 제1항).

창립총회의 의사록에는 의사의 경과, 주요 논의내용 및 결과를 기재하고 의장 및 출석한 이사 및 감사가 서명하여야 한다(서울시 재개발 표준정관 제32조 제2항 제1호).

추진위원회가 조합설립인가를 받은 후 등기소에 조합의 설립등기를 신청할 경우 창립총회 의사록을 첨부하여 제출하여야 한다.

임원 등기를 위해 창립총회 의사록은 공증인법 제66조의2에 의거 공증인의 인증을 받아야 한다. 따라서 창립총회 또는 임원선임을 위한 총회시 공증사무실의 공증담당 변호사가 총회에 참석하여 결의절차와 내용을 검사하는 것이 바람직하다.

152) 대법원 2014. 10. 30. 선고 2012두25125 판결

Ⅳ. 조합설립인가 및 등기

1. 조합설립인가 처분

(1) 조합설립인가 신청

추진위원회 또는 토지등소유자는 조합설립(변경) 인가신청서에 조합정관, 조합원 명부 등[153]의 서류를 첨부하여 시장 · 군수등에게 조합설립인가를 신청하여야 한다(시행규칙 제8조 제1항).

(2) 행정청의 심사방법

시장 · 군수는 조합설립인가의 요건인 토지 등 소유자의 동의 여부를 심사함에 있어서 무엇보다도 동의의 내용에 관하여는 동의서에 도시정비법 시행령 제30조 제2항 각 호의 법정사항이 모두 포함되어 있는지를 기준으로 도시정비법 제36조 제1항에 의한 동의방법에 의한 것인지를 각 심사하여야 한다. 그리고 위 기준 중 어느 하나라도 충족하지 못하는 동의서에 대하여는 이를 무효로 처리하여야 하고, 임의로 이를 유효한 동의로 처리할 수는 없다.[154]

조합 설립인가 신청을 받은 행정청은 ① 추진위원회가 법정동의서에 의하여 토지 등 소유자의 동의를 받았는지(시행령 제30조 제1항), ② 토지 등 소유자가 성명을 적고 지장을 날인한 경우에는 신분증명서 사본이 첨부되었는지(법 제36조 제1항), 토지 등 소유자의 인감증명서를 첨부한 경우에는 그 동의서에

153) ① 조합정관, ② 조합원 명부(조합원자격을 증명하는 서류 첨부), ③ 토지등소유자의 조합설립동의서 및 동의사항을 증명하는 서류, ④ 창립총회 회의록(총회참석자 연명부 포함), ⑤ 토지 · 건축물 또는 지상권이 수인의 공유에 속하는 경우에는 그 대표자의 선임 동의서, ⑥ 창립총회에서 임원 · 대의원을 선임한 때에는 선임된 자의 자격을 증명하는 서류, ⑦ 주택건설예정세대수, 주택건설예정지의 지번 · 지목 및 등기명의자, 도시 · 군관리계획상의 용도지역, 대지 및 주변현황을 기재한 사업계획서, ⑧ 건축계획, 건축예정지의 지번 · 지목 및 등기명의자, 도시 · 군관리계획상의 용도지역, 대지 및 주변현황을 기재한 사업계획서(재개발사업의 경우에 한함), ⑨ 대도시의 시·도조례로 정하는 서류

154) 대법원 2010. 1. 28. 선고 2009두4845 판결, 대법원 2011. 11. 10. 선고 2011두14883 판결, 대법원 2013. 11. 14. 선고 2011두5759 판결

날인된 인영과 인감증명서의 인영이 동일한지(법 제36조 제2항)를 확인하고, ③ 법 제36조 제4항, 시행령 제33조에 의하여 동의자 수를 산정함으로써 도시정비법 제35조 제2항에서 정한 토지 등 소유자 동의 요건이 충족되었는지를 심사하여야 한다.155)

또한, 추진위원회가 법정동의서에 의하여 토지 등 소유자로부터 조합설립 동의를 받았다면 그 조합설립 동의는 도시정비법령에서 정한 절차와 방식을 따른 것으로서 적법·유효한 것이라고 보아야 한다.

시장·군수는 조합설립동의서에 기재된 '건축물철거 및 신축비용 개산액'이 적정한지 여부를 구체적으로 심사할 의무를 부담하지 않는다.156)

(3) 첨부서류의 보완

시장·군수는 구비서류의 미비 등 흠이 있는 경우에는 보완에 필요한 상당한 기간을 정하여 지체없이 신청인에게 보완을 요구하여야 하고, 신청인이 보완기간 내에 보완을 하지 아니한 때에 그 이유를 명시하여 접수된 신청을 되돌려 보낼 수 있다(행정절차법 제17조 제5항).

조합설립동의서 중 일부의 동의서에 하자가 있는 경우 시장·군수는 상당한 기간을 정하여 동의서의 하자보완을 요청할 수 있고157), 신청인도 조합설립인가처분(반려)시까지 이미 제출된 동의서의 흠결을 보완할 수 있다.

동의자수 판단시점은 '조합설립인가 신청시'를 기준으로 하며, 추가 동의자는 동의율 산정에 포함시킬 수 없으므로,158) 추가 동의서제출은 보완사항이 아니다. 이 경우 조합설립인가를 반려 받은 후 추가로 받은 동의서를 첨부하여 조합설립인가신청을 재접수하여야 한다.

---

155) 대법원 2020. 9. 7. 선고 2020두38744 판결
156) 서울행정법원 2010. 8. 20. 선고 2009구합56044판결
157) 변개된 동의서와 관련 서울행정법원 2007. 11. 14. 선고 2007구합1767 판결은 "피고로서는 이 사건 인가처분 이전에 마땅히 위 변개된 동의서들이 해당 조합원들의 의사에 의하여 작성된 것인지 확인하고 이에 대한 보완을 명하였어야 한다."라고 판시하였다.
158) 대법원 2014. 4. 24. 선고 2012두21437 판결

(4) 조건부 조합설립인가처분

조합설립인가처분을 함에 있어 일부 요건이 미비된 경우 시장·군수가 조건부로 설립인가처분을 할 수 있는지 문제된다. 이에 대해 조합설립인가가 재량행위인 이상 부관의 하나인 조건을 붙일 수 있다는 견해와 도시정비법에 조합설립요건 및 조합설립인가에 대한 명문의 규정을 두고 있으므로 시장·군수는 조건을 붙일 수 없다는 견해가 있다.

추진위원회가 창립총회에서 토지등소유자 10분의 1 미만의 대의원을 선정하였으나, 시장·군수로부터 대의원 수를 추가로 선임할 것을 조건으로 조합설립인가를 받은 후, 차기 총회에서 대의원을 추가로 선임함으로서, 대의원 수가 토지등소유자 10분의 1 이상이라면 최초 조건부 조합설립인가처분에 하자가 있다고 보지 않은 사례도 있다.[159]

향후 변경된 정관에 관하여 조합총회결의를 받을 것을 조건으로 조합설립인가를 하더라도 위법하지 않다고 판시한 사례가 있다.[160]

조합설립인가시 '사업시행계획 인가 신청전까지 상가 동과 공유물분할을 완료할 것'이라는 조건을 부과한 경우 위 조건은 부담부 행정행위에 해당한다.[161]

(5) 토지등소유자에 대한 조합설립인가 내용 통지

조합설립인가를 받은 때 조합은 정관이 정하는 바에 따라 토지등소유자에게 그 내용을 통지하고, 이해관계인이 열람할 수 있도록 하여야 한다(시행령 제30조 제4항).

---

159) 서울행정법원 2010. 8. 12. 선고 2010구합13838 판결
160) 서울고등법원 2011. 7. 22. 선고 2010누30231 판결
161) 서울행정법원 2017. 6. 30. 선고 2015구합80345 판결

2. 조합설립등기

(1) 조합의 성립시기

법인은 외형을 가지고 있지 않으므로, 일반 제3자가 용이하게 법인의 존재 여부를 알 수 없으며, 거래의 안전을 위해 법인의 조직이나 내용을 공시하는 것이 법인등기이다.

조합은 조합설립의 인가를 받은 날부터 30일 이내에 주된 사무소의 소재지에서 법이 정한 사항을 등기함으로써 성립한다(법 제38조).

법인설립의 등기는 법인격을 취득하기 위한 '성립요건'이다. 조합의 설립과 같이 다수의 이해관계인이 관여하는 경우에 개별적으로 그 선의, 악의 또는 대항력의 유무를 판단한다는 것은 원활한 거래에 장애가 되는 것이므로, 권리관계를 획일적으로 확정하기 위하여 조합설립등기에 권리설정적 효력 또는 창설적 효력을 부여하고 있다. 조합설립등기 이외의 등기는 제3자에 대한 '대항요건'이다.

(2) 조합설립등기 절차

도시정비법 제38조 이외 조합설립등기절차에 관한 특별규정이 없고, 조합에 관하여 민법중 사단법인에 관한 규정이 준용되는바, '비송사건절차법'과 '법인 등의 등기사항에 관한 특별법', '민법법인 및 특수법인 등기처리규칙' 등이 정한 바에 따라 법정의 서면을 제출하는 방식에 의하여 등기를 신청하고 실행하여야 한다.

조합은 조합설립의 인가를 받은 날부터 30일 이내에 주된 사무소의 소재지에서 ① 설립목적, ② 조합의 명칭, ③ 주된 사무소의 소재지, ④ 설립인가일, ⑤ 임원의 성명 및 주소, ⑥ 임원의 대표권을 제한하는 경우에는 그 내용, ⑦ 전문조합관리인을 등기하여야 한다(법 제38조 제2항, 시행령 제36조).

등기사항에 변경이 있는 때에는 3주간내에 변경등기를 하여야 하며(민법 제52조), 등기할 사항으로 관청의 허가를 요하는 것은 그 허가서가 도착한 날로부터 등기의 기간을 기산한다(민법 제53조).

(3) 임·대의원의 임기 및 권한

조합은 설립등기시부터 법인격을 부여받게 되므로, 창립총회에서 선출된 임·대의원은 조합설립등기시부터 임기가 개시된다. 조합임·대의원은 조합설립등기시부터 그 권한을 행사할 수 있으며, 설립등기전에 이사회 또는 대의원회의 결의사항은 조합에 아무런 효력이 없다. 물론 설립등기전 결의사항을 설립등기 후에 추인하는 것은 가능하다. 조합설립등기시까지 창립총회에서 선출된 임·대의원은 조합의 당선자로서의 지위만을 가질 뿐이다.

조합장 또는 상근임원은 총회의 별도 결의가 없는 한 조합설립등기시부터 조합장 또는 임원의 보수를 받을 수 있다.

(4) 조합설립등기 이전까지 업무추진 주체

조합설립등기가 경료되기 이전까지 조합은 법인격을 부여받지 못하므로, 설립등기시까지 추진위원회만이 해당 정비사업을 추진할 권한이 있다. 즉 설립등기이전에는 추진위원회의 명의로 소식지나 공문등을 발송할 수 있을 뿐 조합의 명의로 발송할 수 없다.

V. 조합설립변경인가 및 변경신고

1. 변경인가의 법적 성격

(1) 강학상 인가

시장·군수의 조합설립변경인가는 법률행위의 효력을 보충해 주는 것으로서 '강학상 인가'에 해당한다. 정관의 변경인가도 정관변경에 관한 법률행위의 효력을 보충해 주는 것으로서 '강학상 인가'에 해당한다.

시장·군수등이 변경된 정관을 인가한 경우 변경된 정관은 인가시부터 효력을 발생하며, 총회의 의결이 있었던 때로 소급하지 않는다.[162)]

시장·군수로부터 조합설립변경인가를 받지 못한 경우 조합설립변경인가사항은 효력이 없고,[163)] 정관변경인가를 받지 못한 경우 정관변경의 효력이 없다.[164)]

조합설립변경인가 또는 정관변경인가는 기본행위에 대한 보충적 행위에 그치므로, 기본적 법률행위가 불성립 또는 무효인 경우에는 조합설립변경인가가 있다 하여 그 법률행위가 유효로 되는 것은 아니다.[165)]

조합설립변경인가처분은 당초 조합설립인가처분에서 이미 인가받은 사항의 일부를 수정 또는 취소·철회하거나 새로운 사항을 추가하는 것으로서 유효한 당초 조합설립인가처분에 근거하여 설권적 효력의 내용이나 범위를 변경하는 성질을 가진다.[166)]

---

162) 대법원 2014. 7. 10. 선고 2013도11532 판결
163) 대법원 2007. 7. 24. 자 2006마635 결정, 대법원 2014. 7. 10. 선고 2013도11532 판결
164) 대법원 1992. 7. 6.자 92마54 결정, 대법원 2007. 7. 24. 자 2006마635 결정
165) 대법원 1987. 8. 18. 선고 86누152 판결, 대법원 1995. 12. 12. 선고 95누7338 판결, 대법원 2005. 10. 14. 선고 2005두1046 판결
166) 대법원 2014. 5. 29. 선고 2011다46128 판결

(2) 기본행위의 하자 또는 인가처분 자체의 하자

기본행위인 조합설립변경인가사항 또는 정관변경이 적법유효하고, 보충행위인 인가처분 자체에만 하자가 있다면 그 인가처분의 무효나 취소를 주장할 수 있다. 조합설립변경인가사항 또는 정관의 변경인가처분에 대한 그 고유의 하자를 다투는 경우에는 조합원은 시장·군수를 상대로 행정소송으로 변경인가처분취소 또는 무효소송을 제기할 수 있다.

그러나 인가처분에 하자가 없다면 기본행위인 조합설립변경인가사항 또는 정관변경에 하자가 있다 하더라도 따로 그 기본행위의 하자를 다투는 것은 별론으로 하고 기본행위의 무효를 내세워 바로 그에 대한 행정청의 인가처분의 취소 또는 무효확인을 소구할 법률상의 이익이 없다.[167)]

따라서 기본행위인 조합설립변경인가사항 및 정관의 변경을 위한 총회의 하자를 다투는 경우에는 조합원은 조합을 상대로 민사소송으로 그 총회결의무효확인소송을 제기하여야 한다.[168)]

(3) 변경인가와 내부적 사법관계

조합의 총회가 조합의 최고의사결정기관이고, 정관 변경은 조합의 총회결의를 통해서 결정된 후 감독청의 인가를 받아야 하며, 여기에서 감독청의 인가는 기본행위인 총회결의의 효력을 완성시키는 보충행위일 뿐 정관의 내용 형성은 기본행위인 총회결의에서 이루어 진다.

따라서 총회결의로서 유효하게 성립하였고 정관 변경을 위한 실질적인 의결정족수를 갖췄다면 적어도 조합 내부적으로 업무집행기관을 구속하는 규범으로서의 효력은 가진다.[169)]

인가의 유무에 따라 정관개정의 효력이 문제되는 것은 도시정비법과 관련한 공법상의 관계에서이지 조합과 조합원, 또는 조합원들 사이의 내부적인 사법관계에까지 영향을 미치는 것은 아니다.[170)]

조합이 임시총회에서 동·호수에 관한 정관의 조항을 개정하기로 의결하였

167) 대법원 1994. 10. 14. 선고 93누22753 판결
168) 대법원 1992. 7. 6.자 92마54, 대법원 2007. 7. 24.자 2006마635 결정, 서울행정법원 2011. 1. 27. 선고 2010구합30444 판결
169) 대법원 2018. 3. 13. 선고 2016두35281 판결
170) 대법원 2002. 3. 11.자 2002그12 결정

다면 위 개정된 정관은 의결시부터 효력이 있다할 것이고, 조합이 시장·군수로부터 개정된 정관안에 대한 변경인가를 득하기 이전 위 개정된 정관에 따라 동·호수 추첨을 하였다해도, 위 동·호수 배정절차는 적법하다고 판시한 사례가 있다.[171)]

2. 변경신고의 법적 성격

(1) 조합설립변경신고

시장·군수 등은 조합설립변경신고를 받은 날부터 20일 내에 신고수리 여부를 신고인에게 통지하여야 하고, 위 기간내에 신고수리 여부를 통지하지 아니하면 그 기간이 끝나는 날의 다음날에 신고를 수리한 것으로 본다(법 제35조 제6항, 제7항). 정관의 경미한 변경사항을 신고하는 경우에도 동일하다(법 제40조 제5항, 제6항).

조합설립변경신고 또는 정관변경신고는 행정청의 심사가 필요한 '수리를 요하는 신고'에 해당한다.[172)]

(2) 신고의 효력발생시기

시장·군수의 정관변경신고 유무에 따라 기본행위의 효력이 문제되는 것은 공법상의 관계에서이지 조합과 조합원 또는 조합원들 사이의 내부적인 사법관계에까지 영향을 미치지 않는다.[173)]

행정절차법 제40조 제2항의 취지는 신고의무의 이행시기를 접수기관에 도달한 때로 보아 신고의 불수리로 인한 불이익을 가하지 않겠다는 것으로, 사인의 법률행위에 관하여 신고의무를 규정한 경우에 그 사인의 법률행위가 신고가 된 때에 효력이 발생한다는 의미는 아니다.

따라서 경미한 사항의 정관개정은 행정절차법 제40조 제2항과 상관없이 총

---

171) 대법원 2010. 1. 28. 선고 2008다90347 판결
172) 서울고등법원 2011. 11. 10. 선고 2011누23865 판결
173) 대법원 2010. 1. 28. 선고 2008다90347 판결

회에서 의결된 때 효력이 발생한다.[174]

(3) 신고사항의 변경을 변경인가 형식으로 한 경우

행정청이 신고사항을 변경하면서 신고절차가 아닌 변경인가 형식으로 처분을 한 경우, 그 성질은 위 신고사항을 변경하는 내용의 신고를 수리하는 의미에 불과하다.

따라서 위 행정청의 처분의 적법 여부는 변경인가의 절차 및 요건의 구비 여부가 아니라 신고 수리에 필요한 절차 및 요건을 구비하였는지 여부에 따라 판단하여야 한다.[175]

3. 조합설립변경인가 사항

(1) 조합설립변경인가 사항

조합이 인가받은 사항을 변경하고자 하는 때에는 총회에서 조합원의 3분의 2 이상의 찬성으로 의결한 후 시장・군수의 인가를 받아야 한다(법 제35조 제5항).

조합설립 변경인가대상은 다음과 같다.

① 정비사업비의 분담기준 변경

② 사업완료후 소유권의 귀속에 관한 사항

③ 정비구역 면적이 10% 이상 변경되는 정비구역 또는 정비계획의 변경

조합설립동의서상 '건설되는 건축물의 설계의 개요'와 '공사비 등 정비사업비용에 드는 비용'은 경미한 변경에 해당한다.

조합정관의 변경에 관하여는 도시정비법 제40조 제3항 및 제4항에서 별도로 규정하고 있으므로, 도시정비법 제35조 제5항의 조합설립변경인가절차가 적용되지 않는다.

174) 서울고등법원 2011. 11. 10. 선고 2011누23865 판결
175) 대법원 2012. 10. 25. 선고 2010두25107 판결

시장이 조합임원에 대한 조합설립변경인가시 '조합장 선임절차를 3개월 이내 진행하라' 는 조건을 부가한 경우 조합장 연임에 따른 조합설립변경인가는 기속행위이므로 부관을 부가할 수 없다고 판시한 사례가 있다.[176]

(2) 정비구역의 확대와 조합설립변경인가

사업구역의 위치를 변경하고 그 면적을 확대하는 조합설립변경인가의 경우에도, 조합원 3분의 2 이상(10% 미만시 총회 생략)의 찬성 의결 뿐만아니라 종전 구역과 추가된 구역을 합한 전체 구역을 대상으로 하여 법정 동의 요건을 갖추어야 한다.[177]

정비구역 면적이 10% 이내로 변경된 것이 도시정비법 제16조의 규정에 의한 정비구역 변경에 따라 이루어지는 경우 도시정비법 시행령 제31조 제8호에 의하면 이는 경미한 사항에 해당하므로, 달리 특별한 사정이 없는 이상 기존의 조합설립에 동의한 조합원들에 대하여는 새로이 동의를 받을 필요가 없고 종전 사업구역에 대한 동의는 변경된 사업구역에 대한 동의로도 유효하다.

어느 구분소유자 등이 처음에는 조합설립에 동의하지 아니하였다가 설립인가 후에 의사를 바꾸어 조합설립에 동의함으로써 조합에 추가로 가입한 경우에, 이는 도시정비법 시행령 제31조 제3호(신규가입)에 해당하므로 그들의 추가 동의 내역도 조합설립변경인가의 법정 동의율 충족 여부를 판단할 때에 반영함이 타당하다.[178]

176) 서울행정법원 2018. 4. 6. 선고 2017구합81359 판결
177) 법제처 2025. 1. 23. 회신 24-0998 사례, 법제처 2023. 11. 3. 회신 23-0769
178) 대법원 2014. 7. 24. 선고 2012두13764 판결

4. 조합설립변경내용중 신고사항

조합은 조합설립변경내용중 경미한 사항을 총회의 결의없이 시장·군수등에게 신고함으로써 변경할 수 있다(법 제35조 제5항 단서).

조합설립변경사항중 경미한 사항은 다음과 같다(법 제35조 제5항 단서, 시행령 31조).

① 조합의 명칭 및 주된 사무소의 소재지와 조합장의 주소 및 성명
(조합장의 변경이 없는 경우로 한정)

② 토지 또는 건축물의 매매 등으로 인하여 조합원의 권리가 이전된 경우의 조합원의 교체 또는 신규가입

③ 조합임원 또는 대의원의 변경
(총회의 의결 또는 대의원회 의결을 거친 경우로 한정)

④ 건설되는 건축물의 설계 개요의 변경

⑤ 정비사업비의 변경[179]

⑥ 현금청산으로 인하여 조합원이 변경되는 경우[180]

⑦ 정비구역 면적이 10% 미만 변경되는 경우 정비구역 또는 정비계획의 변경에 따라 변경되어야 하는 사항

⑧ 그 밖에 시·도조례로 정하는 사항

재건축조합의 토지등소유자는 분양신청기간 만료일 이전까지 재건축조합에 조합설립동의를 함으로써 조합원으로 가입할 수 있다. 토지등소유자가 재건축조합에 조합설립동의서를 제출함으로서 조합원으로 가입하였다면, 위 조합원은 시장·군수에게 조합원변경신고를 하기 이전이라도 조합원으로서의 권리를 행사할 수 있다.[181]

---

179) 법 제45조 제4항 : 사업시행계획서 작성 및 변경, 관리처분계획의 수립 및 변경시 총회에서 조합원 과반수의 찬성으로 의결하여야 함. 정비사업비가 10% 이상 늘어나는 경우 총회에서 조합원 2/3 이상의 찬성으로 의결하여야 함.

180) 제명, 탈퇴로 인한 현금청산자도 경미한 사항에 해당함.

181) 대법원 2002. 3. 11. 자 2002그12 결정

5. 정관의 변경인가 사항

(1) 조합원 3분의 2 이상의 동의사항

정관변경인가시 총회에서 조합원 3분의 2이상의 찬성을 받아야 하는 사항은 다음과 같다(법 제40조 제3항 단서).

① 조합원의 자격
② 조합원의 제명·탈퇴 및 교체
③ 정비구역의 위치 및 면적
④ 조합의 비용부담 및 조합의 회계
⑤ 정비사업비의 부담시기 및 절차
⑥ 시공자·설계자의 선정 및 계약서에 포함될 내용

상가조합원들의 비용부담이 최초 정관보다 불리한 내용으로 정관을 변경하는 경우 전체 조합원 3분의 2 동의가 필요하다.[182]

(2) 조합원 과반수 동의사항

조합이 정관변경시 총회에서 조합원 과반수의 찬성을 받아야 할 사항은 다음과 같다(법 제40조 제3항).

① 조합임원의 권리 · 의무 · 보수 · 선임방법 · 변경 및 해임
② 대의원의 수, 선임방법, 선임절차 및 대의원회의 의결방법
③ 정비사업의 시행연도 및 시행방법
④ 총회의 개최 및 조합원의 총회소집 요구
⑤ 현금청산자에 대한 이자 지급
⑥ 정비사업이 종결된 때의 청산절차
⑦ 청산금의 징수 · 지급의 방법 및 절차
⑧ 정관의 변경절차
⑨ 정비사업의 종류 및 명칭

182) 대법원 2013. 10. 24. 선고 2012두12853 판결, 대법원 2020. 6. 25. 선고 2018두34732 판결

⑩ 정비사업의 공동시행에 관한 사항
⑪ 정비사업의 시행에 따른 회계 및 계약에 관한 사항
⑫ 정비기반시설 및 공동이용시설의 부담에 관한 개략적인 사항
⑬ 토지 및 건축물 등에 관한 권리의 평가방법에 관한 사항
⑭ 관리처분계획 및 청산(분할징수 또는 납입에 관한 사항 포함)에 관한 사항
⑮ 사업시행계획서의 변경에 관한 사항
⑯ 조합의 합병 또는 해산에 관한 사항
⑰ 조합원의 권리·의무에 관한 사항

(3) 정관변경 전·후 비교표 공개

정관 변경과 관련하여 조합총회 또는 대의원회의 소집을 요구하는 사람의 대표자는 소집요구서(변경 전 · 후 비교표 및 변경사유를 기재한 서면)를 작성하여 조합장에게 제출하여야 한다. 조합장은 소집요구 제출일로부터 ○일 이내에 정관변경(안)에 대한 안건 처리를 위한 총회 또는 대의원회 소집계획과 그 내용을 정비사업 정보몽땅 및 게시판에 게시하여야 한다(서울시 재개발 표준정관 제9조 제3항).

조합은 정관변경에 대한 조합설립변경인가를 받거나 경미한 변경신고 수리가 완료되면 지체없이 그 사실을 게시판에 공고하고, 변경전 · 후 비교표 및 변경된 정관 개정 전문을 정비사업 정보몽땅에 공개하여야 한다(서울시 재개발 표준정관 제9조 제4항).

(4) 정관 변경을 위한 총회결의의 적법요건

조합의 총회는 새로운 총회결의로써 종전 총회결의의 내용을 철회하거나 변경할 수 있는 자율성과 형성의 재량을 가진다.

정관변경을 위한 총회결의는 다음의 기준들을 충족하여야 한다.[183]

① 총회결의가 상위법령 및 정관에서 정한 절차와 의결정족수를 갖추어야 한다.

② 총회결의의 내용이 상위법령 및 정관에 위배되지 않아야 한다.[184]

183) 대법원 2018. 3. 13. 선고 2016두35281 판결
184) 대법원 1994. 10. 25. 선고 93다50635 판결, 서울고등법원 2010. 7. 14.자 2009라

③ 정관 규정의 변경을 통해 달성하려는 이익이 종전 정관 규정의 존속을 신뢰한 조합원들의 이익보다 우월하여야 한다.

일단 내부 규범이 정립되면 조합원들은 특별한 사정이 없는 한 그것이 존속하리라는 신뢰를 가지게 된다. 정관을 변경하는 총회결의가 신뢰보호원칙에 위반되는지를 판단하기 위해서는, 한편으로는 침해받은 이익의 보호가치, 침해의 중한 정도, 신뢰가 손상된 정도, 신뢰침해의 방법 등과 다른 한편으로는 조합 내부 규범의 변경을 통해 실현하고자 하는 공익적 목적을 종합적으로 비교・형량하여야 한다.

(5) 정관변경시 조항별 의결정족수가 상이한 경우

조합 정관의 변경 관련하여 정관 조항의 구체적 내용에 따라 총회에서의 의결 방법을 달리 정하고 있다. 구체적으로 조합원 3분의 2 이상의 동의를 필요로 하는 사항, 조합원 과반수의 동의를 필요로 하는 사항, 통상적인 총회 의결 방법에 따라 변경할 수 있는 사항으로 나누어진다.

조합이 총회에서 가결 요건이 다른 여러 정관 조항을 변경하려 할 때에는 사전에 조합원들에게 각 조항별로 변경에 필요한 의결정족수에 관하여 설명하여야 하고, 의결정족수가 동일한 조항별로 나누어서 표결이 이루어지도록 하는 등의 방법으로 각 조항별 가결 여부를 명확히 알 수 있도록 하여야 한다.

정관의 조항별 가결 요건에 대한 사전설명도 없이 의결정족수가 다른 여러 조항을 구분하지 않고 일괄하여 표결하도록 한 경우, 만약 그 표결 결과 일부 조항에 대해서는 변경에 필요한 의결정족수를 채우지 못하였다면, 특별한 사정이 없는 한 정관 개정안 전체가 부결되었다고 보아야 한다. 조합은 의결정족수가 충족된 조항만 따로 분리하여 그 부분만 가결되었다고 볼 수는 없다.[185]

(6) 도시정비법 등의 개정과 정관변경

서울시 재개발 표준정관 제71조 제3항은 "이 정관이 도시정비법 기타 관계법령 및 도시정비법 제118조에 따라 서울특별시가 제정하여 운용중인 공공지

2485 결정

185) 대법원 2019. 1. 31. 선고 2018다227520 판결

원 관련 규정의 개정으로 변경하여야 할 경우 정관의 변경절차에 관계없이 변경되는 것으로 본다. 그러나 관계법령의 내용이 임의규정인 경우에는 그러하지 아니하다." 라고 규정되어 있다.

도시정비법 등이 개정된 경우 종전 정관규정은 강행규정에 위배되지 않는 한 적법하게 인가변경될 때까지 그 효력을 가진다.[186] 그러나, 도시정비법의 개정으로 인하여 강행규정과 상치되는 종전 정관규정은 효력이 없다.

(7) 정관변경 동의요건 준용

재개발조합 정관의 '조합의 비용부담'에 관한 사항이 재개발조합 설립인가 당시와 비교하여 조합원들의 이해관계에 중대한 영향을 미칠 정도로 실질적으로 변경된 경우, 그 동의에 필요한 의결정족수(조합원 3분의 2 이상)에 못 미치는 동의로 가결될 수 있도록 정한 정관 규정은 무효이다.[187]

조합 정관의 필요적 기재사항이자 엄격한 정관 변경 절차를 거쳐야 하는 '시공자와의 계약서에 포함될 내용'에 관한 안건을 총회에 상정하여 의결하는 경우 그 계약서에 포함될 내용이 당초의 조합설립동의시 채택한 조합원의 비용분담 조건을 변경하는 것인 때에는 비록 그것이 정관 변경에 대한 절차가 아니라 할지라도 특별다수의 동의요건을 규정하여 조합원들의 이익을 보호하려는 도시정비법 제40조 제3항, 제1항 제16호의 규정을 유추적용하여 조합원의 3분의 2 이상의 동의를 요한다.[188]

186) 대법원 1989. 4. 11. 선고 87다카131 판결, 서울서부지방법원 2009. 6. 26.자 2009카합1261 결정
187) 대법원 2013. 10. 24. 선고 2012두12853 판결
188) 대법원 2009. 1. 30. 선고 2007다31884판결, 대법원 2018. 3. 13. 선고 2016두35281 판결

6. 정관변경내용중 신고사항

조합은 정관변경내용중 경미한 사항을 도시정비법 또는 정관으로 정하는 방법에 따라 변경하고 시장·군수에게 신고하여야 한다(법 제40조 제4항). 도시정비법에 경미한 사항의 변경절차를 별도로 정하고 있지 않다. 정관에서 경미한 사항을 총회결의 또는 대의원회 결의로 변경할 수 있다고 정할 수 있다.

서울시 재개발 표준정관 제9조 제2항에 의하면 정관의 경미한 사항은 대의원회의 의결로 변경할 수 있다.

정관변경내용중 경미한 사항은 다음과 같다(시행령 제39조).

① 조합의 명칭 및 사무소의 소재지에 관한 사항
② 조합의 임원의 수 및 업무의 범위에 관한 사항
③ 총회의 소집 절차·시기 및 의결방법에 관한 사항
④ 임원의 임기, 업무의 분담 및 대행 등에 관한 사항
⑤ 대의원회의 구성, 개회와 기능, 의결권의 행사방법, 그 밖에 회의의 운영에 관한 사항
⑥ 정비사업전문관리업자에 관한 사항
⑦ 공고·공람 및 통지의 방법에 관한 사항
⑧ 임대주택의 건설 및 처분에 관한 사항
⑨ 총회의 의결을 거쳐야 할 사항의 범위에 관한 사항
⑩ 조합직원의 채용 및 임원 중 상근임원의 지정에 관한 사항과 직원 및 상근임원의 보수에 관한 사항
⑪ 착오·오기 또는 누락임이 명백한 사항
⑫ 정비구역 또는 정비계획의 변경에 따라 변경되어야 하는 사항
⑬ 그 밖에 시·도조례로 정하는 사항

조합의 정관에 '총회에서 조합원 과반수 참석과 참석 조합원의 과반수 찬성으로 정관의 경미한 사항을 변경한다.' 라고 정한 경우 조합은 정관변경을 위해 총회의 의결절차를 거쳐야 하며, 토지등소유자 4분의 3 이상으로부터 조합설립변경동의서를 징구하여 위 총회를 갈음할 수 없다.[189]

---

189) 대법원 2013. 10. 24. 선고 2012두12853 판결

제4절 조합과 조합원

I. 조합원 자격 등

1. 조합원 자격 의의

(1) 조합원 자격에 관한 규정의 법적 성격

조합원자격에 관한 도시정비법의 규정은 당사자의 의사에 의하여 그 적용을 배제할 수 있는 임의규정이 아닌 강행규정이다.[190]

도시정비법 및 조합정관의 조합원 자격 내지 범위에 관한 각 규정은 강행규정으로 해석되고, 조합원이었던 사람이 소유권을 상실한 경우에는 별도의 절차 없이 조합원의 지위가 자동적으로 소멸된다.

시장이 시행하는 도로 확장공사 구역에 포함된 토지소유자가 토지수용절차에 따라 보상금을 수령한 후 반환한 적이 없으므로, 위 토지소유자는 조합원 지위를 자동적으로 상실하였는바, 총회에서 이들의 조합원 자격을 유지하기로 하는 의결을 하였다 하더라도 아무런 효력이 없다.[191]

정관에 도시정비법에서 정한 조합원 자격요건 이외 자격요건을 추가할 수 있고[192], 조합원 지위를 상실한 현금청산자에게 총회 결의에 의해 조합원 지위를 부여하면서 권리를 제한할 수 있다.[193]

(2) 조합원의 확정 여부와 추가가입

재개발사업의 경우 조합원의 강제가입제를 채택하고 있으므로, 재개발조합

190) 대법원 1993. 7. 27. 선고 92다49027 판결
191) 춘천지방법원 2019. 10. 1. 선고 2017구합242 판결
192) 대법원 2007. 2. 8. 선고 2005다15376 판결, 대법원 1993. 9. 14. 선고 92다55299 판결 동일취지
193) 대법원 2014. 8. 20. 선고 2012두5572 판결 : 현금청산 종료전임.

의 조합원은 조합설립인가시를 기준으로 하여 정관의 규정에 의하여 확정되고, 그 후 조합원의 지위에 양도 등의 사유가 발생한 경우에는 정관이 정하는 바에 따라 그 범위 내에서만 조합원의 변경이 가능하다.[194]

재건축사업의 경우 조합원의 임의가입제를 채택하고 있으므로, 재건축조합의 조합원은 조합설립인가시를 기준으로 확정되지 않는다. 재건축사업구역내 미동의자는 분양신청기간 만료일까지 재건축조합에 조합설립동의서를 제출함으로써 조합원으로 가입할 수 있다(서울시 재건축 표준정관 제10조 제1항).

재건축사업구역내 미동의자는 분양신청기간 만료일 이후에는 재건축조합의 조합원으로 가입할 수 없다. 분양신청기간 만료일(분양대상 조합원 판정의 기준일)의 임의 연장(변경)은 재건축사업의 진행의 현저한 저해 및 조합원들의 권리관계에 큰 혼란을 초래할 수 있으므로, 총회의 결의에 의해 위 만료일을 변경하였다 해도 그 총회결의는 효력이 없다.[195]

(3) 재건축조합의 조합원 권리행사시점

재개발조합의 토지등소유자는 조합설립인가 시점에 조합원으로 강제로 가입되므로, 조합설립인가 시점부터 조합원으로서의 권리・의무를 갖는다.

조합원의 지위는 조합정관에서 정하는 바에 의하여 결정되는 것이고, 조합의 감독관청인 지방자치단체의 의사표명에 의하여 조합원의 지위가 좌우되는 것은 아니다.[196]

재건축조합의 토지등소유자는 조합설립동의서를 제출함으로서 조합원으로 가입할 수 있고, 조합원의 신규가입은 경미한 사항의 변경으로서 신고대상이다(시행령 제31조 제3호).

조합원 가입신고는 도시정비법과 관련한 공법상의 관계에서 문제될 뿐 조합과 조합원, 또는 조합원들 사이의 내부적인 사법관계에까지 영향을 미치는 않는바,[197] 조합설립에 동의한 재건축조합의 조합원은 재건축조합에게 조합설립동의서를 제출한 시점부터 조합원으로서의 권리・의무를 갖는다.[198]

---

194) 대법원 1998. 3. 27. 선고 97누17094 판결
195) 대법원 2002. 1. 22. 선고 2000두604 판결
196) 대법원 1994. 6. 28. 선고 94다5830 판결
197) 대법원 2010. 1. 28. 선고 2008다90347 판결

(4) 토지등소유자와 조합원 구분

토지등소유자, 즉 조합원자격과 조합원은 유사한 개념이지만 토지등소유자는 조합원이 될 수 있는 추상적인 요건이고, 조합원은 조합의 구성원이라는 점에서 양자는 구별되는 개념이다.

주거환경개선사업 또는 재개발사업의 경우 "토지등소유자"는 정비구역에 위치한 토지 또는 건축물의 소유자 또는 그 지상권자이다(법 제2조 제9호 가목). 즉 재개발사업에 있어 토지 또는 건축물 중 하나만을 가지고 있어도 조합원의 자격이 인정되며, 위 조합원의 자격을 갖추고 있는 자는 조합설립에 동의를 하거나 가입의 의사표시를 하지 않아도 조합이 결성이 되면 당연히 조합원이 된다.

재건축사업의 경우 "토지등소유자"는 정비구역에 위치한 건축물 및 그 부속토지의 소유자이다(법 제2조 제9호 나목). 재건축사업에 있어 건축물과 그 부속토지를 모두 소유한 자만이 조합원 자격을 갖게 되며, 조합원자격을 갖추고 있는 자중 재건축사업에 동의한 자만이 조합원이 될 수 있다.

즉, 강제가입제가 채택된 주거환경개선사업 또는 재개발사업의 경우 토지등소유자와 조합원의 범위는 동일하지만, 임의가입제를 채택한 재건축사업의 경우 토지등소유자와 조합원의 범위가 다르다.

(5) 조합원과 분양대상자의 구분

조합원은 조합의 구성원으로서 조합정관에서 정한 권리와 의무를 가지며, 분양대상자는 조합원의 권리중 하나인 분양권을 받을 수 있는 자를 말한다. 도시정비법은 조합의 구성원인 조합원과 신축 건축물에 대한 분양대상자를 구분하여 사용하고 있다.

공유자는 1인의 조합원으로 보지만, 시·도조례로 정하는 바에 따라 수개의 주택을 공급할 수 있다. 서울시의 경우 다가구주택 또는 협동주택에 대한 특례조항을 규정하고, 조합원은 1인이지만 주택은 가구별로 각각 공급된다.

무허가건축물 소유자는 도시정비법 제2조 제9호 가목에서 정하는 토지등소

---

198) 대법원 2002. 3. 11.자 2002그12 결정

유자(건축물)에 해당하지 않아 조합원 자격을 가지고 있지 않으나, 시·도조례 및 정관에서 정한 무허가건축물에 한하여 조합원 자격이 인정되고 분양권도 인정된다.[199]

종전토지의 총면적이 90㎡ 미만이거나 종전토지의 권리가액이 최소규모 공동주택 1가구의 추산액 미만인 토지등소유자는 조합원으로 인정되나 공동주택의 분양대상에서 제외될 수 있다.

(6) 현금청산자에 대한 조합원 지위 부여

사업시행자는 ① 사업시행계획인가의 변경(경미한 사항의 변경 제외)으로 세대수 또는 주택규모가 달라지고, ② 정관으로 정하고 있거나, 총회의 의결을 거친 경우 현금청산대상자들에게 분양신청을 다시 하게 할 수 있다(법 제72조 제4항, 제5항).

총회의 의결정족수는 통상 안건과 같이 조합원 과반수 출석과 출석조합원의 과반수 찬성으로 할 수 있다.[200] 현금청산자는 위 총회 의결권자에서 제외된다.

조합원 자격에 관한 정관의 변경은 총회에서 조합원 3분의 2 이상의 찬성을 받아야 하므로, 현금청산자에 대한 분양신청권 부여도 총회에서 3분의 2 이상의 찬성을 요한다는 견해가 있을 수 있다.

현금청산자에 대해 총회 결의에 의해 조합원 지위를 다시 부여하는 경우 해당 조합원의 권리내용을 제한할 수 있다.[201]

199) 대법원 2009. 10. 29. 선고 2009두12228 판결
200) 부산고등법원 2025. 1. 17. 선고 2024누21553 판결
201) 대법원 2014. 8. 20. 선고 2012두5572 판결

2. 재개발조합의 조합원 자격

(1) 토지 또는 건축물 소유자

재개발사업에 있어 토지등소유자는 정비구역에 위치한 토지 또는 건축물의 소유자 또는 그 지상권이고(법 제2조 제9호 가목), 강제가입제로 인해 토지등소유자는 조합설립인가 후 조합원이 된다. 즉 재개발구역내 건축물만 소유하거나 토지만 소유한 자도 조합원의 자격을 가진다.

등기관에게 형식적 심사권만 있다는 점을 노려 다가구주택이 아니면서도 구분등기하는 방식으로 재개발 조합원수를 늘리는 경우 재건축 건물의 각 호실마다 구분소유권등기가 됐다 하더라도 구조상 독립성이 없다면 조합원지위를 인정할 수 없다.

(2) 미사용승인 건축물

"미사용승인건축물"이란 관계 법령에 따라 건축허가 등을 받았으나 사용승인·준공인가 등을 받지 못한 건축물로서 사실상 준공된 건축물을 말한다.

미사용승인건축물 소유자에 대해 조합원 자격을 적극적으로 제한하는 취지의 정관 규정이 있지 않은 경우 미사용승인 건축물 소유자에게도 조합원 자격이 인정된다.[202] 다만, 건축허가와 다르게 건축되어 실질적으로 건축허가를 받은 것으로 볼 수 없는 경우 위 미사용승인 건축물 소유자는 조합원 자격이 인정되지 않는다.[203]

(3) 무허가건축물 소유자

도시정비법 제2조 제9호 가목의 '건축물' 이라 함은 행정관청의 허가를 받아 신축한 건물을 의미하는 것이며, 무허가 건축물은 관계 법령에 의하여 철거되어야 할 것이다. 따라서 무허가건축물 소유자는 원칙적으로 조합원으로 인정되지 않는다. 다만 예외적으로 정관에서 정한 요건을 충족하는 무허가건

---

202) 서울행정법원 2020. 6. 5. 선고 2019구합51437, 서울행정법원 2019. 5. 24. 선고 2018구합78107

203) 부산지방법원 2018. 4. 19. 선고 2017구합22450

축물 소유자에게 조합원 자격을 부여할 수 있다.[204)]

재개발조합의 정관에서 '기존무허가건축물' 또는 '특정무허가건축물' 소유자에 대해 조합원 자격을 인정하는 경우에 한하여 위 무허가건축물 소유자는 조합원자격을 취득할 수 있다.

서울시의 경우 2011. 5. 26. 이전 정비구역 지정을 위해 주민공람을 한 재개발사업구역은 '기존무허가건축물'에 한해 조합원 자격이 인정된다(2011. 5. 26. 개정전 서울시 조례 제2조 제1호).

2011. 5. 26. 이후 최초로 정비구역 지정을 위해 주민공람을 한 주택재개발사업구역의 경우 특정무허가건축물 소유자에 대해 조합원 자격을 인정한다.[205)] 이 경우 특정무허가건축물이란 1989년 1월 24일 당시의 무허가건축물 등을 말한다[서울시 조례 제2조 제1호, 부칙 (2011. 5. 26.) 제2조, 부칙(2018. 7. 19.) 제7조].

(4) 다가구주택 소유자의 단독조합원 인정여부

협동주택의 건물 및 토지의 공유자들이 주택재개발정비사업조합을 상대로 각자가 단독조합원의 지위에 있음의 확인을 구하는 사안에서, ① 위 건물 지하층의 각 가구는 건축단계부터 가구별로 독립적인 주거생활을 영위할 수 있는 구조를 갖추고 실제로 독립된 주거로 이용되어 왔고, ② 다가구주택제도 도입 이전에 가구별로 지분등기가 이루어져 각 해당 가구를 그 지분등기 이전의 방법으로 양수받은 점, ③ 해당 재개발정비사업조합의 정관이 조합원의 자격에 관하여 도시정비법 제39조와 같은 내용을 규정하고 있을 뿐 달리 협동주택의 공유자들에게 단독 조합원의 자격을 부여하고 있지는 않은 점 등을 보면, 건물 지하층의 각 해당 가구를 실질적으로 구분소유하고 있는 위 공유자들은 서울특별시 도시 및 주거환경 정비조례 부칙(2003. 12. 30.)(2005. 11. 10. 서울특별시조례 제4330호로 개정된 것) 제7조에서 정한 사실상의 다가구주택의 공유자들로서 가구별로 분양대상자격을 가진다.

---

204) 대법원 1999. 7. 27. 선고 97누4975 판결, 대법원 2009. 10. 29. 선고 2009두12228 판결, 대법원 2012. 12. 13. 선고 2011두21218 판결

205) 대법원 1997. 11. 28. 선고 95다43594 판결, 대법원 1998. 3. 27. 선고 97누17094 판결

그러나, 다가구주택 또는 협동주택의 소유권 형태는 각 건물의 공유자들에 불과한 이상 다른 공유자들과 함께 그 전원이 1인의 조합원으로 될 뿐 각자 단독 조합원의 지위에 있는 것은 아니다.206)

(5) 소재불명자

토지를 소유한 자는 재개발조합의 조합원으로 강제가입되고, 토지소유자가 행방불명이 되었다는 사유만으로 조합원 자격을 상실하는 것이 아닌바, 소재불명자는 도시정비법 제71조 제1항 또는 토지수용으로 인한 토지소유권 상실 이전 조합원 수에 포함되어야 한다.

이에 반해 소재불명자는 도시정비법 시행령 제33조 제1항 제4호에 의거 토지등소유자 수에서 제외되므로, 조합원 수에서도 제외되어야 한다는 견해도 있다.207)

(6) 국·공유지

국·공유지는 그 재산관리청 각각을 토지등소유자로 산정하고, 국가나 지방자치단체의 조합원 자격에 관하여 특별한 예외규정을 두고 있지 않은바, 정비구역안에 여리 필지의 국·공유지가 있는 경우 국가 또는 지방자치단체별로 조합원 수를 산정하여야 한다.208)

(7) 존치·리모델링 건축물 소유자

조합은 일부 건축물의 존치 또는 리모델링에 관한 내용이 포함된 사업시행계획서를 작성하여 사업시행계획인가를 신청할 수 있다(법 제58조 제1항). 위 존치 또는 리모델링 대상인 건축물 소유자도 조합원 총수에 포함된다.

---

206) 대법원 2011. 3. 10. 선고 2010두4377 판결, 대법원 2011. 3. 10. 선고 2010두12361 판결

207) 서울고등법원 2013. 6. 20. 선고 2012나55695 판결, 서울행정법원 2014. 10. 30. 선고 2014구합53933 판결

208) 서울행정법원 2014. 10. 30. 선고 2014구합53933 판결

(8) 지상권자

재개발사업에 있어 토지 소유권자와 지상권자는 그 여러 명을 대표하는 1명을 조합원으로 본다(법 제39조 제1항 제1호). 지상권자는 분양대상에서는 제외된다(시행령 제63조 제1항 제3호).

3. 재건축조합의 조합원 자격

(1) 건축물 및 그 부속토지의 소유자

재건축사업에 있어 토지등소유자는 정비구역에 위치한 건축물 및 그 부속토지의 소유자를 의미하고(법 제2조 제9호 나목), 위 토지등소유자가 조합설립에 동의함으로써 재건축조합의 조합원이 될 수 있다.

재건축조합의 조합원은 건축물과 그 부속토지를 모두 소유하여야 한다. 따라서 재건축정비구역안에 건축물 또는 토지만 소유한 자는 재건축조합의 조합원 자격이 인정되지 않는다.

건축물의 부속토지임에 비추어 토지는 건축물의 대지이어야 하는바, 건축물을 소유하고 있으나, 토지가 건축물의 대지가 아닌 경우 재건축조합의 조합원 자격이 인정되지 않는다.

(2) 공동주택의 공용부분

공용부분이란 복도, 계단, 지하대피소, 지하주차장, 관리소 등과 같이 구조상·이용상 구분소유자의 전원 또는 그 일부의 공용에 제공되는 건물부분을 말한다.

실무에서 소유권의 객체가 될 수 없는 공용부분으로 추정되는 건물에 대하여 최초의 건축주 명의로 등기가 되어 있거나 또는 용도가 변경되어 매매되는 사례가 있다.

집합건물법 제3조 제1항, 제10조 제1항 및 제13조 등 제 규정에 의하여 집합건물 중 구조상 구분소유자의 전원 또는 일부의 공용에 제공되는 건물부분은 구분소유자 전원의 공유에 속할 뿐 구분소유의 목적으로 할 수 없고, 공유자는 그가 가지는 전유부분과 분리하여 공용부분에 대한 지분을 처분할 수 없다.

따라서 공동주택의 공용부분은 구분소유의 목적으로 할 수 없고, 공용부분에 대한 등기는 특별한 사정이 없는 한 원칙적으로 무효이므로, 위 공용부분을 소유한 자 또는 이를 매수한 자도 조합원이 될 수 없다. 또한 용도를 주거용으로 개조하였다 해도 조합원자격을 취득할 수 없다.[209]

4. 공동 소유자

(1) 1인의 조합원 간주

토지 또는 건축물의 소유권이 여러 명의 공유에 속하는 때에는 그 여러 명을 대표하는 1명을 조합원으로 본다(법 제39조 제1항 제1호).

도시정비법 제39조 제1항 제1호는 강행법규적 성격을 가지는 규정이므로, 위 규정에 위배하여 공유자 각자에게 조합원 자격을 인정하는 내용으로 정관을 변경하는 것은 강행법규에 위반되어 무효이다.[210]

(2) 대표조합원의 지정 등

공유자인 수인은 대표조합원 선임동의서를 작성하여 조합에 신고하여야 한다(서울시 재개발 표준정관 제10조 제4항).

대표조합원 신고 취지는 공유자 전원을 1인의 조합원으로 보되 공유자 전원을 대리할 대표조합원 1인을 선출하여 그 1인을 조합에 등록하도록 함으로써 조합 운영의 절차적 편의를 도모함과 아울러, 조합정관이나 조합원총회 결의 등에서 달리 정함이 없는 한 공유자 전원을 1인의 조합원으로 취급하여 그에 따른 권리분배 등의 범위를 정하겠다는 의미로 보아야 한다.[211]

---

209) 대법원 1992. 4. 10. 선고 91다46151 판결, 서울지방법원 1994. 11. 3. 선고 94가합37573 판결(공용부분인 지하실을 주거용으로 개조한 경우 조합원 자격 없음).
210) 서울지방법원 북부지원 2002. 10. 2. 선고 2002카합982호 결정
211) 대법원 2009. 2. 12. 선고 2006다53245 판결

즉 대표조합원으로 지정되지 않은 조합원들은 여전히 분양청구권 등 조합원으로서의 권리와 의무를 가지되, 조합을 상대로 총회에서 의사표시를 하는 경우 대표조합원을 통해 하나의 출석권·발언권 및 의결권을 가진다.[212)]

(3) 공유자의 권리행사방법

조합원으로서의 법률행위는 공유자들이 선임한 대표조합원이 하고, 조합의 처분, 법률행위 기타 행위는 그 대표조합원에게 한다(서울시 재개발 표준정관 제10조 제4항).

공유자들이 총회에서 의결권을 행사하기 위해서는 ① 대표조합원이 의결권을 행사하거나 ② 공유자들 전부가 총회에 참석하여 동일한 내용의 의결권을 행사하거나 ③ 공유자들 전부가 동일한 내용의 서면결의서를 제출할 수 있다. 공유자 일부의 의결권 행사는 적법하지 않다.[213)]

5. 1인 또는 1인 간주 조합원

(1) 1인이 다주택을 소유한 경우

1인이 다수 필지의 토지 또는 건축물을 소유하고 있는 경우에는 필지나 건축물의 수에 관계없이 토지등소유자를 1인으로 산정한다(시행령 제33보 제1항 제1호 다목, 2호 나목). 따라서 조합원 수도 1인으로 산정한다.[214)]

다수의 건축물을 소유한 자(공무원연금관리공단 등)가 재건축조합설립에 동의함에 있어 조합원 총회에서 소유한 주택 수만큼 의결권의 행사를 원하는 경우도 있다. 민법 제73조 제3항은 의결권은 평등하나 정관에 다른 규정을 둘 수 있다고 규정하고 있으므로, 만약 조합정관에 보유한 주택 수만큼 의결권을 행사할 수 있도록 규정하였다면 다주택소유자는 주택 수만큼 의결권을 행사할 수 있다.

---

212) 서울고등법원 2024. 12. 26. 선고 2024누33770 판결
213) 대법원 2021. 9. 30. 선고 2021다230144 판결
214) 서울시 재개발 표준정관 제10조 제3항

(2) 1세대에 속하는 때

1세대를 1조합원으로 간주하는 것은 투기세력의 유입 차단, 부동산 가격을 안정시켜 정비사업의 시행을 원활하게 하기 위해 정비사업구역 내의 토지(건축물)에 관한 조합원의 자격 인정 범위를 제한하기 위한 것이다.

여러 명의 토지등소유자가 1세대에 속하는 때에는 그 여러 명을 대표하는 1명을 조합원으로 본다(법 제39조 제1항 제2호).

동일한 세대별 주민등록표 상에 등재되어 있지 아니한 배우자 및 미혼인 19세 미만의 직계비속은 1세대로 본다. 1세대로 구성된 여러 명의 토지등소유자가 조합설립인가 후 세대를 분리하여 동일한 세대에 속하지 아니하는 때에도 1세대로 본다.

이혼 및 19세 이상 자녀의 분가인 경우에는 1세대에 해당하지 않고, 각자 단독 조합원 지위가 인정된다. 자녀의 분가는 세대별 주민등록을 달리하고, 실거주지를 분가한 경우로 한정한다.

1세대를 구성하는 수인은 대표조합원 선임동의서를 작성하여 조합에 신고하여야 하며, 조합원으로서의 법률행위는 그 대표조합원이 하고, 조합의 처분, 법률행위 기타 행위는 그 대표조합원에게 한다(서울시 재개발 표준정관 제10조 제3항).

(3) 조합설립인가 후 수개의 부동산 양도로 수인이 소유한 경우

조합설립인가 후 1명의 토지등소유자로부터 토지 또는 건축물의 소유권이나 지상권을 양수하여 여러 명이 소유하게 된 때 그 여러 명을 대표하는 1명을 조합원으로 본다(법 제39조 제1항 제3호).[215]

위 규정의 입법취지는 조합설립 이후 토지 또는 건축물의 양수로 인한 조합원의 증가 및 사업성 저하를 방지함으로서 기존 조합원의 재산권을 보호하기 위함이다.

도시정비법 제39조 제1항 제3호에서 "여러 명"의 범위는 조합설립 인가

---

215) 부칙(2017. 2. 8.) 제31조 참조 : 2011년 1월 1일 전에 토지 또는 건축물 양수한 경우 단독 조합원 인정

후 토지 또는 건축물의 소유권을 양도한 원래의 조합원을 제외하는 개념이 아니다. 만약 조합원이 정비구역 내에 있는 본인 소유의 건축물 일부만을 제3자에게 양도하여 그 양도 이후에도 여전히 해당 정비구역 내에 본인 소유의 건축물을 소유하고 있는 경우에는 도시정비법 제39조 제1항 제3호에서 규정하는 "여러 명"의 범위에 조합원으로부터 건축물을 양수한 제3자 외에 원래의 조합원인 양도인도 포함된다.[216)]

양도인과 양수인은 대표조합원 선임동의서를 작성하여 조합에 신고하여야 하며, 조합원으로서의 법률행위는 그 대표조합원이 하고, 조합의 처분, 법률행위 기타 행위는 그 대표조합원에게 한다(서울시 재개발 표준정관 제10조 제3항).

216) 2필지 토지를 소유한 재개발조합원 갑이 조합설립인가 이후 1필지를 을에게 양도한 경우 원래의 조합원 갑도 여러 명에 포함되므로, 갑과 을은 1명이 조합원으로 간주됨.

Ⅱ. 조합원 지위의 양도, 상실 등

1. 조합원 지위의 양도 등

(1) 조합원 지위의 변동

조합설립인가 후 양도·상속·증여 및 판결 등으로 건축물 또는 토지의 소유권이나 입주자로 선정된 지위 등이 이전된 때에는 조합원이 변경된 것으로 본다(법 제129조, 서울시 재개발 표준정관 제10조 제5항).

조합원의 권리를 이전받은 자는 해당 부동산의 소유권이전등기 완료시 조합원의 지위를 취득한다.[217] 다만 조합원이 사망한 경우 상속인들은 상속등기 여부와 관계없이 피상속인의 사망시에 상속재산을 취득하므로, 상속인들은 피상속인의 사망시에 조합원의 지위를 취득한다.

재건축조합의 경우 재건축사업에 동의한 자만 조합원이므로, 조합원으로부터 부동산을 양수한 자는 당연히 조합원으로 인정되나, 미동의자로부터 부동산을 양수한 자는 분양신청기한까지 별도의 조합가입동의서를 제출함으로써 조합원이 될 수 있다.

(2) 양수인의 신고의무

조합원이 변경된 경우 새로운 조합원은 부동산 등기사항증명서 등 증빙서류를 첨부하여 조합원변경 신고서를 제출하여 조합에 신고하여야 한다. 이 경우 신고하지 아니하여 발생되는 불이익 등에 대하여는 해당 조합원은 조합에 대항하거나 이의를 제기할 수 없다(서울시 재개발 표준정관 제11조 제3항).

새로운 조합원은 변경신고와 무관하게 소유권이전등기 완료시(사망의 경우 피상속인 사망시) 조합원의 지위를 취득하고, 다만 조합원으로서의 권리를 행사하기 위해 그 변경내용을 신고하는 것이다.

조합원의 교체 또는 신규가입은 경미한 사항의 변경에 해당되므로(시행령

217) 대법원 1996. 9. 24. 선고 96다25548 판결

제31조 제3호), 조합은 시장·군수에게 조합원의 변동사항을 신고하여야 한다.

(3) 조합원 변경의 효과

조합원이 토지 또는 건축물의 소유권 또는 지상권이나 입주자로 선정된 지위 등을 양도하였을 때에는 조합원의 자격을 즉시 상실한다(서울시 재개발 표준정관 제10조 제7항).

새로운 조합원은 종전 조합원이 행하였거나 조합이 종전 조합원에게 행한 처분, 조합청산 시 권리·의무에 관한 범위 등을 포괄승계한다(법 제129조, 서울시 재개발 표준정관 제10조 제5항, 제7항).

양수인은 양도인의 권리와 의무를 포괄 승계하는바, 전 소유자가 분양신청을 하였고, 양수인이 관리처분계획에서 현금청산대상자로 되었다면, 위 양수인은 별도의 분양신청없이도 위 관리처분계획의 효력에 대해 다툴 수 있다.[218]

조합원이 최초 추가 이주비를 수령한 후 부동산을 제3자에게 양도한 경우 양수인은 위 추가 이주비에 대한 채무도 승계한다.[219]

(4) 조합의 개별적 통지의무

조합이 조합원과 제3자 사이에 체결된 계약의 구체적 이행내용까지 파악하여 매수인의 권리보호를 위하여 매수인에게 개별적 통지 등의 조치를 취하여야 할 의무가 있는 것은 아니다.

조합이 매도인에게 분양신청을 안내하였다면 매수인(조합원)이 조합에 권리변동신고를 할 당시 조합이 매수인(조합원)에게 분양신청에 관한 별도의 추가적 안내를 하지 않았다고 하더라도 위법하다 볼 수 없다.[220]

(5) 이전고시 이전 분양권에 관한 매매계약만을 체결한 경우

갑이 이전고시 이전 망인(을)과 사이에 아파트 분양권에 관한 매매계약을 체결하였을 뿐 망인(을)의 조합원 지위의 근거가 된 '종전토지'에 관한 망인

---

218) 대법원 1999. 4. 13. 선고 98두19230 판결
219) 서울고등법원 2018. 5. 31. 선고 2017나2075966 판결
220) 서울행정법원 2019. 12. 13. 선고 2018구합78626 판결

(을)의 공유지분을 양수하지 않은 경우 갑은 망인(을)의 조합원 지위를 승계하지 못하고, 망인(을)의 상속인들이 망인(을)의 조합원 지위를 승계한다.[221]

(6) 이전고시와 조합원 지위의 승계여부

이전고시 이후 조합은 조합원들과 청산금의 청산을 완결하는 등의 업무를 수행하고, 조합원의 지위 역시 그 한도에서 계속 유지되는 것이므로, 이전고시 이후에는 반드시 조합원 지위와 분양받은 대지 또는 건축시설의 소유권이 결부되어야 할 필연성이 없다. 따라서 이전고시 이후에는 양수인은 당연히 조합원의 지위를 취득하지 않는다.

이전고시 이후 조합원 지위를 취득하기 위해서는 정관에 특별한 정함이 없는 한 ① 종전 조합원과 제3자 사이에 조합원의 지위승계에 관한 개별특약을 하고, ② 제3자가 조합에 조합원으로서의 지위를 승계한 사실을 신고하여야 한다.[222]

2. 조합원 자격 취득 제한

(1) 조합원 자격 취득 제한

투기과열지구로 지정된 지역에서 재개발·재건축사업을 시행하는 경우 일정 시점 이후에 건축물 또는 토지를 양수한 자는 조합원이 될 수 없고, 현금청산을 받아야 한다(법 제39조 제2항).[223] 이를 위반한 경우 형사처벌을 받을 수 있다.[224]

조합원 자격 취득 제한은 재개발·재건축사업에 대한 투기수요를 차단하여 주택시장을 안정화시키기 위한 것이다. 헌법재판소는 조합원 자격 취득 제한

221) 서울행정법원 2018. 11. 23. 선고 2018구합58714 판결
222) 대법원 2024. 4. 25. 선고 2022두52874 판결, 대법원 2003. 9. 26. 선고 2001다64479 판결, 서울남부지방법원 2012. 12. 14. 선고 2012가단57891 판결
223) 조합원 자격 취득 제한과 관련 재건축사업은 2003. 12. 31.에, 재개발사업은 2017. 10. 24.에 각각 도입되었음.
224) 법 제136조 제6호, 제7호

에 관한 규정을 합헌으로 결정한 바 있다.[225]

(2) 투기과열지구의 지정 또는 해제

조합원 자격 취득 제한은 '투기과열지구'로 지정된 지역에서 시행되는 재개발·재건축 사업에 한하여 적용된다.

투기과열지구와 조정대상지역으로 나누어진 하나의 정비구역에서 재개발사업을 시행하는 경우로서 관리처분계획 인가 후 정비구역 중 조정대상지역에서 해당 정비사업의 건축물 또는 토지를 양수한 자에 대해서도 도시정비법 제39조 제2항 본문이 적용되어 해당 양수인은 조합원이 될 수 없다.[226]

투기과열지구의 지정이 해제되는 경우에는 조합원 자격 취득 제한조치도 해제된다. 그러나 투기과열지구 해제 이전에 주택 또는 토지를 구입하여 현금청산대상자가 된 경우는 투기과열지구의 해제와 무관하게 현금청산대상이다.[227]

(3) 양수의 범위 또는 매매계약의 해제

재건축사업은 조합설립인가 후, 재개발사업은 관리처분계획의 인가 후 조합원 지위의 이전이 제한된다.

조합원 자격 취득 제한이 적용되는 양수의 범위에는 매매·증여, 그 밖의 권리의 변동을 수반하는 일체의 행위를 포함한다.

조합설립인가일과 양도·양수일의 선후를 판단함에 있어 양도·양수일의 기준일은 매매계약 체결 후 잔금청산일과 소유권이전등기신청일 중 빠른 날이다. 잔금청산일은 매매계약서상의 잔금청산 예정일로 판단하는 것이 아니라 실제 잔금청산일로 판단하는 것이므로 조합원 변경신고를 하는 경우 청산사실을 입증할 수 있는 금융거래 자료를 첨부해야 한다.

투기과열지구에서 증여를 철회하거나 매매계약을 해제한 경우 양수인은 이미 조합원 자격을 상실하였으므로, 증여의 철회 또는 매매계약의 해제에도 불구하고 양도인은 조합원 지위를 회복할 수 없다.[228]

---

225) 헌법재판소 2008. 9. 25. 자 2004헌마155, 237 결정
226) 법제처 2022. 6. 30. 회신 22-0395호 사례
227) 법제처 2022. 12. 7. 회신 22-0628호 해석례, 서울행정법원 2024. 7. 26. 선고 2023구합80593 판결

(4) 조합원 자격 취득 제한과 현금청산

조합은 도시정비법 제39조 제2항에 따라 조합원의 자격을 취득할 수 없는 자에게 손실보상을 하여야 한다(법 제39조 제3항).

사업시행자는 관리처분계획이 인가·고시된 다음 날부터 90일 이내에 토지 또는 건축물을 취득한 자와 토지, 건축물 또는 그 밖의 권리의 손실보상에 관한 협의를 하여야 한다. 사업시행자는 분양신청기간 종료일의 다음날부터 협의를 시작할 수 있다.

협의가 성립되지 아니한 경우 사업시행자는 협의기간의 만료일 다음 날부터 60일 이내에 수용재결을 신청하거나 매도청구소송을 제기하여야 한다.

사업시행자가 수용재결 신청기간 등을 넘겨서 수용재결을 신청하거나 매도청구소송을 제기한 경우에는 해당 토지등소유자에게 지연일수에 따른 이자를 지급하여야 한다(법 제39조 제3항, 법 제73조).

손실보상대상자에 대한 손실금 지급의무가 발생하는 시기 또는 매도청구권 행사로 그 성립이 의제되는 매매계약의 매매대금 산정 기준시기는 해당 건축물 또는 토지를 양수함으로써 조합원 자격을 취득할 수 없는 날이다.[229)]

도시정비법 제39조 제2항이 투기과열지구 안에서 재건축 대상 부동산의 양수인에 대하여 조합원 지위를 원칙적으로 인정하지 아니한 것은 투기수요를 차단하기 위해서인바, 입주권을 포함하여 대상 부동산의 가액을 산정하게 되면 위와 같은 입법취지를 훼손시킬 수 있어 타당하지 않으므로, 입주권이 없는 상태로 당해 부동산의 매매가격을 정할 수 있다.[230)]

(5) 조합 명의 신탁과 이전고시

양수인이 도시정비법 제39조 제2항에 의거 조합원 자격을 취득할 수 없음에도 불구하고 재건축조합이 양수인으로부터 해당 부동산을 신탁을 원인으로 한 소유권이전등기를 경료받은 경우 재건축조합은 신탁받은 부동산의 소유권을 취득하기 위해 새로이 매도청구권을 행사할 필요가 없다.[231)]

---

228) 서울행정법원 2023. 5. 26. 선고 2022구합72939 판결
229) 서울중앙지방법원 2021. 5. 27. 선고 2020가합569628 판결
230) 서울중앙지방법원 2021. 5. 27. 선고 2020가합569628 판결

조합원 자격을 취득할 수 없음을 간과하고 해당 양수인에게 대지 또는 건축물을 분양하는 것을 내용으로 하는 관리처분계획의 변경 및 이전고시가 이루어지고, 해당 양수인이 그에 따른 권리를 취득하기에 이른 경우라면, 그러한 관리처분계획 또는 이전고시의 효력을 다투는 것은 별론으로 하고, 해당 양수인이 취득한 대지 등에 대하여 도시정비법 제73조 제2항에 기해 매도청구를 하는 것은 재건축사업의 시행과 무관하여 허용되지 않는다.[232]

3. 조합원 자격 취득 제한의 예외

(1) 상속・이혼으로 인한 양도・양수

상속・이혼으로 인한 양도・양수의 경우 양수인은 조합원이 될 수 있다. 이는 투기수요와 무관한 불가피한 사정으로 인한 것이고, 가족법상의 법률관계 범위 내에서 관계인의 의사를 존중하여 해당 가족 공동체의 재산권을 보호하기 위함이다.

(2) 조합원 자격 취득 제한이 허용되는 경우

양도인이 다음의 어느 하나에 해당하는 경우 그 양도인으로부터 그 건축물 또는 토지를 양수한 자는 조합원 자격을 취득할 수 있다(법 제39조 제2항 단서, 시행령 제37조 제2항, 제3항).

① 세대원의 근무상 또는 생업상의 사정이나 질병치료・취학・결혼으로 세대원이 모두 해당 사업구역에 위치하지 아니한 특별시・광역시・특별자치시・특별자치도・시 또는 군으로 이전하는 경우. 세대원은 세대주가 포함된 세대의 구성원을 말하고, 질병치료는 의료법 제3조에 따른 의료기관의 장이 1년 이상의 치료나 요양이 필요하다고 인정하는 경우로 한정한다.

세대원이 모두 이전하는 경우 주택 또는 토지의 양도·양수 후 양도자의

231) 대법원 2023. 11. 2.선고 2022다290327, 290334 판결
232) 대법원 2023. 11. 2.선고 2022다290327, 290334 판결

이전사유와 이전사실을 증명하는 서류(재직증명서, 재학증명서, 진단서, 납세증명서 등)를 제출하여 조합원 변경신고를 하여야 한다.

도시정비법 제39조 제2항 제1호는 '조합설립인가 후' 세대원 전부가 이전하는 경우를 전제로 하므로, '조합설립인가 이전'에 세대원 전부가 이전하고, 위 조합원으로부터 주택을 매수한 자는 조합원이 될 수 없다.[233)]

② 상속으로 취득한 주택으로 세대원 모두 이전하는 경우

조합원이 당해 재개발·재건축 사업구역이 아닌 지역의 주택을 상속받고, 상속받은 주택으로 실제로 이전하는 경우에 적용이 가능하다. 상속사실과 이전사실을 증명하는 서류를 제출하여 조합원 변경신고를 하여야 한다.

③ 세대원 모두 해외로 이주하거나 세대원 모두 2년 이상 해외에 체류하려는 경우

④ 지분형주택을 공급받기 위하여 건축물 또는 토지를 토지주택공사등과 공유하려는 경우

⑤ 공공임대주택, 공공분양주택의 공급 및 공공재개발사업 시행자가 상가를 임대하는 사업을 목적으로 건축물 또는 토지를 양수하려는 공공재개발사업 시행자에게 양도하려는 경우

⑥ 조합설립인가일부터 3년 이상 사업시행인가 신청이 없는 주택재건축사업의 건축물을 3년 이상 계속하여 소유하고 있는 자가 사업시행인가 신청전에 양도하는 경우.

⑦ 사업시행인가일부터 3년 이내에 착공하지 못한 재건축사업의 토지 또는 건축물을 3년 이상 계속하여 소유하고 있는 자가 착공 전에 양도하는 경우

⑧ 착공일부터 3년 이상 준공되지 아니한 재개발사업·주택재건축사업의 토지를 3년 이상 계속하여 소유하고 있는 경우

양도인이 착공일부터 3년 이상 재건축사업의 토지를 계속하여 소유하고 있는지를 판단하는 경우 계약이행이 완료되어 권리가 변동되는 날을 기

233) 법제처 2022. 3. 31. 회신 21-0888호 사례

준으로 한다. 계약체결일을 기준으로 하여서는 아니된다.[234)]

⑨ 2003. 12. 31. 전에 건축물 또는 토지를 취득한 토지등소유자로부터 상속·이혼으로 인하여 토지 또는 건축물을 소유한 자

⑩ 국가·지방자치단체 및 금융기관에 대한 채무를 이행하지 못하여 재개발사업·재건축사업의 토지 또는 건축물이 경매[235)] 또는 공매되는 경우

⑪ 투기과열지구로 지정되기 전에 건축물 또는 토지를 양도하기 위한 계약을 체결하고, 투기과열지구로 지정된 날부터 60일 이내에 부동산 거래의 신고를 한 경우. 양도계약은 계약금 지급 내역 등으로 계약일을 확인할 수 있는 경우로 한정한다.

⑥항, ⑦항, ⑧항과 관련 소유기간을 산정할 때 소유자가 피상속인으로부터 상속받아 소유권을 취득한 경우에는 피상속인의 소유기간을 합산한다.

'근무상 또는 생업상의 사정이나 질병치료 등으로 인한 이주', '1세대 1주택자로서 장기간 보유 및 거주한 경우'와 관련 양도인이 '법인'인 경우에 해당하는 예외규정을 별도로 두지 않았다 해도 과잉금지원칙 위반에 해당되지 않는다.[236)]

(3) 1세대 1주택자의 양도

1세대 1주택자로서 양도하는 주택에 대한 소유기간 10년 및 거주기간 5년 이상인 경우 양수인은 조합원 자격을 취득한다(법 제39조 제2항 제4호).

'소유기간 및 거주기간'에 의한 전매허용은 조합원이 1세대 1주택자로서 장기간 소유하고 거주하는 주택을 양도하는 경우 그 양수인에게 조합원 자격을 인정하여 투기 목적 없이 실제 거주지를 이전할 목적으로 정비사업 대상 부동산을 양도하고 새로운 주택을 양수하는 것에 어려움이 없도록 하기 위함이다.

1세대는 동일한 세대별 주민등록표 상에 등재되어 있지 아니한 배우자 및 미혼인 19세 미만의 직계비속을 포함한다. 또한 세대를 분리하여 동일한 세대

234) 법제처 2021. 9. 29. 회신 21-0408 사례
235) 서울행정법원 2007. 7. 4. 선고 2007구합1033 판결
236) 헌법재판소 2025. 1. 23. 선고 2021헌마653 결정

에 속하지 아니하는 때에도 1세대로 본다. 다만 이혼 및 19세 이상 자녀의 분가인 경우에는 1세대로 보지 아니한다. 자녀의 분가는 세대별 주민등록을 달리하고, 실거주지를 분가한 경우로 한정한다(법 제39조 제2항 제4호, 제1항 제2호).

주택의 보유 여부 판정기준은 주택공급에 관한 규칙 제53조를 준용하여 판단하는바, 분양권을 갖고 있거나 주택 또는 분양권등의 공유지분을 소유하고 있는 경우에는 주택을 소유하고 있는 것으로 본다.

세대주 또는 세대원중 한명이 분양권을 가지고 있거나, 분양권의 공유지분을 가지고 있는 경우 1주택을 소유한 것으로 보고, 당해 재개발·재건축내 주택을 포함하면 2주택자가 되는바, 위 세대로부터 주택을 양수한 자는 조합원 자격을 취득하지 못한다.

조합원이 다른 주택의 일부 지분을 상속받은 경우 3개월 이내 상속받은 다른 주택의 일부 지분을 매각하였다 하더라도 1주택자에 해당되지 않으므로, 양수인은 조합원이 될 수 없다.

거주기간은 주민등록표를 기준으로 하며, 소유자가 거주하지 않고 소유자의 직계 존비속 또는 배우자가 해당 주택에 거주한 경우 그 기간을 합산한다.

소유자가 피상속인으로부터 상속받아 소유권을 취득한 경우에는 피상속인의 소유기간 및 거주기간을 합산하여 해당 소유자의 소유기간 및 거주기간을 산정한다.

소유기간 및 거주기간은 조합설립인가일로부터 기산하는 것이 아니라 건물등기부등본 또는 주민등록표에 따라 소유기간 또는 거주기간을 판단한다.[237]

(4) 공유자중 일부만 소유기간 및 거주기간을 충족한 경우

여러 명이 주택을 공유하고 있고, 일부 공유자(갑)는 소유기간 및 거주기간을 충족하나, 나머지 공유자(을)는 소유기간 및 거주기간을 충족하지 못한 경우 위 공유자 전부로부터 공유지분 전부를 양수한 자는 소유기간 및 거주기간을 충족한 지분(갑)에 한하여 조합원 지위를 승계받게 된다.[238]

---

237) 서울행정법원 2019. 12. 3. 선고 2019구합61700 판결

238) 서울고등법원 2022. 3. 17. 선고 2021나2019406 판결
법제처 2022. 11. 25. 회신 22-0544호 사례에서도 "투기과열지구 내 재건축 정비

(5) 일부 지분만을 증여한 경우

갑 부동산을 A가 소유하던 중 조합설립인가 이후에 갑 부동산의 일부 지분을 B에게 증여한 경우 A와 B는 공유자로서 조합원 자격을 유지한다. 이 경우 도시정비법 제39조 제2항이 적용되지 않는다.[239)]

이에 반해 투기과열지구 재건축구역에서 아버지와 아들이 각각 1/2지분을 소유하던 중 조합설립인가 후 아버지가 아들에게 자신의 1/2지분을 증여함으로서 아들이 100% 지분을 취득한 사안에서 증여받은 1/2지분은 현금청산대상이라고 판시한 사례가 있다.[240)]

(6) 대표조합원의 변경

갑과 을이 A부동산을 공유하고, 갑을 대표조합원으로 선임하였고, 이후 갑과 합의에 의해 을을 대표조합원으로 선임한 경우 위 대표조합원 선임행위는 유효하고, 도시정비법 제39조 제2항이 적용되지 않는다.

구역에서 조합설립인가 후 대표조합원의 건축물에 대한 지분 전부를 양수한 양수인에게 조합원 자격 취득이 제한되는 사정이 존재한다고 하더라도 해당 건축물의 다른 공유자들은 공유자대표조합원을 새롭게 선임하여 재건축 사업에 조합원으로서 계속 참여할 수 있다."고 해석함.

239) 법제처 2021. 3. 19. 회신 20-0622호 사례

240) 서울고등법원 2016. 1. 29. 선고 2015나18888 판결

4. 계약상대방에 대한 설명 · 고지 의무

(1) 설명 · 고지의무

토지등소유자는 자신이 소유하는 정비구역 내 토지 또는 건축물에 대하여 매매 · 전세 · 임대차 또는 지상권 설정 등 부동산 거래를 위한 계약을 체결하게 된다.

토지등소유자가 부동산 거래계약을 하는 경우 다음의 사항을 거래 상대방에게 설명 · 고지하여야 한다(법 제122조 제1항, 시행령 제92조).

① 해당 정비사업의 추진단계

② 퇴거예정시기(건축물의 경우 철거예정시기를 포함함)

③ 도시정비법 제19조에 따른 행위제한

④ 조합원의 자격

⑤ 관리처분계획의 인가 후 민법 등의 임대차계약기간 등이 적용되지 아니하는 내용

⑥ 주택 등 건축물을 분양받을 권리의 산정 기준일

⑦ 도시정비법 제35조 제3항에 따른 재건축사업의 조합설립을 위한 동의요건 중 복리시설에 대한 동의요건 완화에 관한 사항(복리시설의 거래를 위한 계약을 체결하는 경우 한정)

⑧ 분양대상자별 분담금의 추산액

⑨ 정비사업비의 추산액 및 그에 따른 조합원 분담규모 및 분담시기, (재건축사업의 경우에는 재건축부담금에 관한 사항

토지등소유자는 거래계약서에 설명·고지내용을 기재 후 서명·날인하여야 한다.

조합원이 조합원의 자격이나 지위, 입주자로 선정된 지위 등을 양도하는 경우에는 양수자에게 권리·의무의 포괄승계에 관한 내용을 설명 · 고지하여 명확히 하여야 한다(서울시 재개발 표준정관 제52조 제1항).

(2) 중개업자의 설명의무

거래 상대방에 대한 설명·고지의 사항은 '공인중개사의 업무 및 부동산 거래신고에 관한 법률' 제25조 제1항 제2호의 "법령의 규정에 의한 거래 또는 이용제한사항"으로 본다(법 제122조 제2항).

중개업자는 중개를 의뢰받은 경우에는 중개가 완성되기 전에 '법령의 규정에 의한 거래 또는 이용제한사항'을 확인하여 이를 당해 중개대상물에 관한 권리를 취득하고자 하는 중개의뢰인에게 성실·정확하게 설명하고, 토지대장·등기부등본등 설명의 근거자료를 제시하여야 한다('공인중개사의 업무 및 부동산 거래신고에 관한 법률' 제25조 제1항 제2호).

시·도지사는 설명·고지의무를 위반한 공인중개사에게 6월의 범위 안에서 기간을 정하여 그 자격을 정지할 수 있고(같은 법 제36조 제1항 제3호), 등록관청은 설명·고지의무를 위반한 중개업자에게 6월의 범위 안에서 기간을 정하여 업무의 정지를 명할 수 있다(같은 법 제39조 제1항 제5호).

5. 조합원의 제명(재건축조합)

(1) 제명의 의의

제명이란 조합원의 권리를 행사하지 아니하거나 의무를 이행하지 아니한 경우 기타 재건축사업 수행상 불가피한 경우 등 조합정관이 정하는 제명사유에 해당하는 경우 이를 이유로 조합원 자격을 박탈시키는 것이다.

조합원 제명은 재건축사업에서만 허용되고, 재건축조합은 정관에 조합원의 제명에 관한 사항을 기재하여야 한다(법 제40조 제1항 제3호). 강제가입제가 도입된 재개발사업에서는 조합원 제명이 허용되지 않는다.

(2) 제명요건

조합원이 고의에 의한 불법행위를 저지르거나 법 또는 이 정관에 따른 의무를 고의로 이행하지 아니하여 조합 또는 조합원에게 막대한 재산상 손해를 입힌 경우에는 총회의 의결에 따라 해당 조합원을 제명할 수 있다(서울시 재건축 표준정관 제10조 제9항).

재건축조합이 조합원을 제명하기 위해서는 그 조합원을 제명하지 않으면 재건축사업의 시행이 불가능해지거나 현저히 곤란해지는 등의 불가피한 사유가 있는 경우에 최종적인 수단으로서만 인정된다.[241] 정관에 제명사유가 규정되어 있다고 하더라도 위 제명규정은 엄격히 해석되어져야 한다.[242]

구체적인 제명사유로는 ① 무자격자로 판명이 되는 경우[243], ② 조합원이 권리를 행사하지 아니하거나 의무를 이행하지 아니하여 재건축사업에 현저한 지장을 주는 경우[244], ③ 명확히 확인하지도 않고 마치 사실인 것처럼 허위사실을 유포하여 조합 또는 임원 및 대의원의 명예를 현저히 훼손한 경우, ④ 합리적인 방법에 의하여 총회가 개최되고 가결되거나 부결되었으면 승복하여 조합의 민주적 운영에 협조하여야 함에도 이를 불법적으로 저지하여 조합 집

---

241) 대법원 2004. 6. 10. 선고 2004다11032 판결, 대법원 2004. 11. 12. 선고 2003다69942 판결, 대법원 2013. 12. 12. 선고 2013다66553 판결
242) 대전고등법원 2008. 5. 15. 선고 2007나7834 판결
243) 대법원 1993. 7. 27. 선고 93다2926 판결
244) 대법원 1997. 7. 25. 선고 96다29816 판결

행부를 분란시키고, 사업시행에 지연 내지 손해를 끼친 경우, ⑤ 조합의 조직을 파괴하거나 적대적인 행위를 하여 조합원으로서 도저히 포용할 수 없는 경우[245] 등이다.

① 분양계약 체결일자까지 총회에서 결의된 추가 분담금을 지급할 수 없다고 주장하면서 분양계약 체결을 거부한 조합원에 대하여 조합이 총회 결의를 통하여 제명을 결의한 사안[246], ② 조합의 감사가 조합 총회에서 조합장의 명예를 훼손하는 허위사실을 유포하고, 이사회에서 다른 조합 임원에게 상해를 가하는 등의 여러 가지 이유로 조합원에서 제명 결의된 사안[247]에서 제명사유가 인정되었다.

조합원들이 비대위를 결성하여 집행부를 비판하는 내용의 소식지 등을 배포하고 카카오톡 단체대화방에서 집행부를 비판하는 내용의 의견을 교환하는 등 악의적인 목적으로 조합원들을 규합하는 등 조합의 사업 추진에 손해를 입혔다는 이유로 총회 결의를 거쳐 해당 조합원들을 제명한 사례[248]에서는 제명사유가 인정되지 않았다.

조합이 출자의무를 불이행하는 조합원을 제명하는 경우 조합은 해당 조합원에게 상당한 기간을 정하여 출자의무의 이행을 최고할 필요는 없다.[249]

(3) 제명결의방법

재건축조합은 제명 전에 해당 조합원에 대해 청문등 소명기회를 부여하여야 하며, 청문등 소명기회를 부여하였음에도 이에 응하지 아니한 경우에는 소명기회를 부여한 것으로 본다(서울시 재건축 표준정관 제10조 제9항).

조합원의 제명은 총회에서 조합원 과반수 출석에 출석 조합원 과반수의 찬성으로 의결할 수 있다.[250]

제명대상 조합원은 의결기관(총회)에 출석하여 변명할 기회를 보장받아야 할 것이므로, 당해 조합원은 총회의 성원에 필요한 출석 조합원 수에는 포함

245) 제주지방법원 1998. 9. 17. 선고 97가합3930 판결
246) 서울고등법원 2012. 4. 27. 선고 2011나71201 판결
247) 대구고등법원 2021. 12. 22. 선고 2021나23293 판결
248) 전주지방법원 2024. 5. 22. 선고 2023가합11513 판결
249) 대법원 1997. 7. 25. 선고 96다29816 판결
250) 전주지방법원 2024. 5. 22. 선고 2023가합11513 판결

되나 자신의 제명결의에 있어서의 의결정족수 계산에서는 제외된다.[251]

조합원 2명 이상을 제명하는 경우에는 그 의결에 있어서 2명 이상의 조합원 전부를 동시에 제명할 수는 없고, 각 조합원에 따라 개별적으로 의결하여야 한다.

조합원 과반수를 제명하는 것은 재건축조합의 조합원총회 결의로도 불가능하므로, 조합원총회의 일부 의사결정을 대신하는 기관인 재건축조합 대의원회 등의 결의에 의하여 조합원 과반수를 제명할 수는 없다.[252]

(4) 불복절차

제명처분을 한 의결기관의 소집절차상 하자, 제명사유의 부존재 또는 제명권 남용 등 결의내용이 현저한 중대성이 있는 경우에는 법원에 소를 제기하여 구제받을 수 있다.[253]

재개발조합은 정비사업인 공공사무를 행하는 범위내에서 행정작용 권한을 행사하는 것이고, 조합원의 제명결의 또는 조합원 자격의 확인은 행정소송(당사자소송)의 관할에 속한다고 볼 수 있다. 실무상 조합원 제명사건을 행정사건에서 심리한 있다.[254]

(5) 위법한 제명과 손해배상

조합임원 또는 조합장이 정관 소정의 제명사유가 없음에도 불구하고 일부 조합원의 제명을 안건으로 하는 임시총회를 소집하고 위 임시총회에서 제명결의를 성립시킨 경우에는 위 조합임원 또는 조합장은 위 조합원에 대해 손해를 배상할 책임을 져야 한다.[255]

조합원이 조합으로부터 위법하게 제명됨으로 인하여 입은 손해는 조합원의 지위에서 향유할 수 있었던 수분양권의 상실이라 할 것이고, 그 구체적 가액은 조합원들이 분양을 신청할 평형 아파트의 수분양권의 거래가(분양가에 소

251) 서울행정법원 1998. 5. 1. 선고 98구1863 판결
252) 대법원 2009. 9. 10. 선고 2008다37414 판결
253) 대법원 1994. 5. 10. 선고 93다21750 판결
254) 서울고등법원 2014. 5. 28. 선고 2013누21061 판결
255) 대법원 1997. 9. 5. 선고 96다30298 판결

위 프리미엄이 가산된 금액)에서 제명결의가 없었더라면 제명된 조합원들이 부담하였을 분담금을 공제한 차액이다.[256]

(6) 출자재산 청산절차

조합원이 재건축조합에서 제명되거나 탈퇴하는 등 후발적인 사정으로 그 지위를 상실하는 경우에도 처음부터 분양신청을 하지 아니하거나 철회하는 경우와 마찬가지로 현금청산 대상자가 된다.

재건축조합은 제명자를 상대로 도시정비법 제73조를 준용하여 현금청산하여야 한다.[257] 이 경우 최고절차는 필요 없다. 현금청산금 산정의 기준시점은 조합원이 분양대상자의 지위를 상실하는 때인 제명결의일이다.[258]

제명된 조합원 소유 부동산에 근저당권 등이 설정된 경우 조합은 제명된 조합원에게 매매대금 중에서 권리제한등기를 말소하는 데 필요한 금액을 공제한 나머지 금액을 먼저 지급할 수 있다. 이 경우 제명된 조합원은 동시이행항변권을 행사할 수 없다.[259]

(7) 조합원 소유 부동산이 재건축조합 명의로 신탁된 경우

조합원이 그 소유의 토지 등에 관하여 재건축조합 앞으로 신탁을 원인으로 한 소유권이전등기를 마친 후 조합원의 지위를 상실함으로써 신탁관계가 그 목적 달성 불능을 이유로 종료된 경우 재건축조합은 제명자에게 현금으로 청산할 의무를 부담할 뿐 제명자가 출자한 현물의 반환의무를 부담하지 않는다.[260]

즉, 조합원이 그 소유 토지 등에 관하여 이미 조합 앞으로 신탁을 원인으로 한 소유권이전등기를 마친 경우에는 제명자는 청산금을 지급받기 위하여 별도로 소유권을 이전할 의무를 부담하지 아니한다.[261]

---

256) 대전고등법원 2008. 5. 15. 선고 2007나7834 판결
257) 대법원 2013. 11. 28. 선고 2012다110477, 110484 판결, 대법원 1999. 12. 10. 선고 98다36344 판결
258) 대구지방법원 서부지원 2023. 1. 19. 선고 2019가합53215 판결
259) 대법원 2008. 10. 9. 선고 2008다37780 판결
260) 대법원 2013. 11. 28. 선고 2012다110477, 110484 판결
261) 대법원 2008. 10. 9. 선고 2008다37780 판결

조합원이 제명됨으로서 조합에 대한 신탁관계가 종료되었다면 그 신탁재산이었던 조합원의 토지의 소유권은 조합에게 귀속된다, 조합은 이미 자신 명의로 신탁을 원인으로 한 소유권이전등기가 마쳐진 위 토지에 관하여 신탁법 제31조 제1항 단서의 규정에 따라 수탁자의 고유재산으로 하는 법원의 허가를 얻어 조합의 고유재산으로 된 취지의 등기와 신탁등기의 말소등기를 할 수 있다.

따라서 조합원은 조합으로부터 위 신탁재산에 관하여 신탁재산의 귀속을 원인으로 한 신탁등기의 말소등기 및 소유권이전등기의 신청절차를 인수하고, 다시 조합에게 현금청산을 원인으로 하는 소유권이전등기절차를 이행할 의무를 부담하지 않는다.262)

262) 대법원 2010. 9. 9. 선고 2010다19204 판결

6. 임의탈퇴(재건축조합)

조합원 탈퇴에 관한 사항은 정관의 필요적 기재사항이다(법 제40조 제1항 제3호).

사단법인의 구성원의 가입과 탈퇴는 법률의 규정이나 단체의 특성상 제한되기는 하나, 원칙적으로는 그 구성원의 자유의사에 따라 결정되어 진다. 재건축 조합과 조합원은 부득이한 사유가 없는 한 조합의 사업목적이 달성되어 조합이 해산될 때까지 조합 목적 달성에 협력할 의무가 있으며, 이 경우 재건축조합에 가입하여 기존의 주택을 철거하고 그 대지 위에 주택을 건설하기로 한 조합원이 임의 탈퇴한다면 재건축사업의 시행이 불가능하거나 현저히 곤란하게 될 수 있다. 따라서 조합원의 임의탈퇴를 제한할 수 있다.[263)]

서울시가 보급하고 있는 재건축 표준정관에는 조합원의 임의탈퇴에 관한 규정이 없다.

건설교통부가 보급한 재건축 표준정관 제11조 제4항에 의하면 "조합원은 임의로 탈퇴할 수 없다. 다만 부득이한 사유가 발생한 경우 총회 또는 대의원회의 의결에 따라 탈퇴할 수 있다."

부득이한 경우의 판단은 조합원 일신상의 주관적인 사유 및 조합원 개개인의 이익뿐만 아니라 단체로서의 조합의 성격과 조합원 전체의 이익 등을 종합적으로 고려하여야 한다.[264)]

임의탈퇴의 의결기관에 대해서는 당해 조합의 조합원수, 단지규모, 탈퇴가 조합에 미치는 영향 등을 감안하여 조합의 정관에서 총회 또는 대의원회로 정하면 될 것이다.

조합원 탈퇴시 현금청산절차는 제명의 현금청산절차와 동일하다.

---

263) 대법원 1997. 5. 30. 선고 96다23887 판결
264) 대법원 1997. 1. 24. 선고 96다26305 판결

Ⅲ. 조합원의 권리

1. 분양청구권

(1) 분양청구권

분양청구권은 조합원의 가장 본질적인 권리라고 할 수 있다. 조합원은 기존의 주택과 토지를 신탁목적으로 조합에 이전할 의무 등을 부담하고, 이에 대응하는 새로운 주택을 분양받을 권리를 가진다.[265)]

조합원의 가장 본질적인 권리인 분양청구권을 과도하게 제한하거나 박탈하는 총회의 결의 또는 대의원회의 결의는 무효가 된다.[266)]

조합의 위법한 동·호수 배정에 관한 조합원(갑)의 재산상 손해는 조합원(갑)의 위 손해발생시를 기준으로 신축아파트 중 조합원(갑)이 배정받을 수 있었던 110세대 아파트의 각 시가와 각 분양가를 고려하여 산정한 평균 기대 수익에서 조합원(갑)이 취득한 아파트의 시가와 그 분양가를 고려하여 산정한 실제 수익을 뺀 차액이라고 판시한 사례가 있다.[267)]

(2) 분양권의 취득시기

도시정비법 제정이전 소득세법 시행령 제155조 제16항은 재건축·재개발시 부동산을 취득할 수 있는 권리(입주권)의 취득시기를 재건축사업의 경우 사업시행인가일, 재개발사업의 경우 관리처분계획인가일로 보았었다. 하지만 도시정비법에서 재개발·재건축 사업의 절차가 통합·규정됨에 따라 2005. 5. 31. 소득세법시행령 155조 제16항을 개정해 취득시기를 관리처분계획인가일로 통일하였다.[268)]

---

265) 대법원 1999. 4. 27. 선고 99다5149 판결, 대법원 2010. 1. 28. 선고 2008다90347 판결

266) 대법원 1999. 3. 9. 선고 98다60118 판결, 대법원 2007. 6. 15. 선고 2005다45606 판결

267) 대법원 2007. 6. 15. 선고 2005다45605 판결, 대법원 2014. 7. 10. 선고 2013다65710 판결

(3) 입주권의 주택간주

정부는 2005. 12. 31. 조합원입주권을 매개로 한 부동산 투기를 억제하는 한편, 실수요 목적으로 입주권을 취득한 1세대 1주택 소유자의 주거생활 안정에 기여하기 위하여 양도소득세가 비과세되는 1세대 1주택의 요건에 해당하더라도 주택양도 당시 재건축·재개발사업의 조합원입주권을 소유하고 있는 경우에는 1세대 1주택 양도소득세 비과세 규정의 적용을 배제토록 하였다.

소득세법 제89조 제2항은 조합원 입주권이 주택수에 포함되는 근거규정을 두고, 소득세법 시행령 제156조의2는 주택과 조합원입주권을 보유한 1세대가 주택을 양도할 때 양도소득세가 비과세되는 경우를 구체적으로 명시하였다.

2. 총회의 의결권 등

모든 조합원은 조합원의 고유권으로서, 총회의 출석권, 발언권 및 의결권을 가지며, 총회의 결의로도 의결권을 완전히 박탈하거나 제한하지 못한다.

의결권이란 총회에 출석하여 총회의 결의에 참가하는 권리를 말하며, 조합원은 조합의 구성원으로서 의결권 행사를 통하여 조합의 의사결정에 참가한다. 이 의결권은 조합원의 개인적인 이익만이 아니라 조합 전체의 이익을 위하여 조합원에게 주어지는 것으로서 절대적으로 보장되는 권리이다.

조합원은 총회에 출석하여 발언권을 자유로이 행사할 수 있다. 다만 의장은 모든 조합원에게 고르게 발언할 기회를 주기 위하여 조합원에 대한 발언권을 제한할 수 있다. 또한 의안과 관련성이 없거나 타인의 명예를 손상시키는 등의 경우에는 조합원의 발언권은 제한될 수 있다.

그러나 의사진행의 일반원칙이 사회통념상 용인될 수 없는 상태로 조합원의 출석권, 발언권, 의결권이 부당히 제한되면서 총회가 운영될 경우 그 총회결의는 무효를 면치 못할 것이다.[269)]

---

268) 대법원 1996. 8. 23. 선고 95누6618 판결, 대법원 2004. 4. 28. 선고 2003두4515 판결

3. 임원·대의원의 선임권 또는 피선임권

조합원은 조합의 임원 또는 대의원을 선출할 권한이 있고, 조합의 임원 또는 대의원의 피선임권도 가진다(법 제41조 제1항). 조합원이 조합의 임원(조합장, 이사, 감사)으로 선출되면 뇌물수수관련 형사처벌에 있어 공무원으로 의제된다(법 제134조).

4. 열람·복사청구권 등

조합원은 조합으로부터 감사결과를 공람할 수 있다(법 제112조 제1항).

조합원, 토지등소유자 또는 세입자는 인터넷 등에 의한 방법을 통해 공개된 정비사업시행에 관한 서류와 관련 자료의 열람·복사를 요청할 수 있다(법 제124조 제1항, 제4항).

조합원 등 이해관계인들은 시장에게 사업시행계획인가신청과 관련 서면으로 의견을 제출할 권리가 있으며(법 제56조), 조합원은 조합에게 관리처분계획에 관한 의견을 제시할 수 있다(법 제78조 제1항).

서류 열람 등에 관한 정보접근권이 인정되는 경우에도 다른 조합원의 사생활의 비밀과 자유보장을 위해 또는 주택정비사업의 지장 초래를 막기 위해 조합이 정하는 바에 따라 주택정비사업에 관한 서류의 열람이 어느 정도 제한된다.[270]

임시총회소집발의 대표자는 시장·군수 또는 조합에게 조합원명부중 주민등록번호를 제외한 나머지 부분에 대한 정보공개를 요청할 수 있다[271]

269) 광주지방법원 2004. 3. 25. 선고 2003고합380 판결
270) 대법원 1997. 5. 23. 선고 96누2439 판결
271) 서울행정법원 2009. 8. 21. 선고 2009구합18257 판결

5. 재개발조합원의 국·공유지 점유·사용 연고권

정비구역의 국 · 공유지를 점유 · 사용하고 있는 건축물소유자는 국가 또는 지방자치단체로부터 국·공유지를 우선 매수할 수 있다. 다만 조합 정관에 따라 조합원 자격이 인정되지 않은 자와 신발생무허가건축물 소유자는 국·공유지 우선 매수권이 없다(서울시 조례 제55조 제1항).

국 · 공유지 우선매수권은 다음과 기준에 의한다.

① 매각면적은 200㎡를 초과할 수 없다.

② 점유 · 사용인정 면적은 건축물이 담장 등으로 경계가 구분되어 실제사용하고 있는 면적으로 하고, 경계의 구분이 어려운 경우에는 처마 끝 수직선을 경계로 한다.

③ 건축물이 사유지와 국 · 공유지를 점유 · 사용하고 있는 경우에 매각면적은 구역 내 사유지면적과 국 · 공유지 면적을 포함하여야 한다.

국 · 공유지를 점유 · 사용하고 있는 자로서 우선 매수하고자 하는 자는 관리처분계획인가신청을 하는 때까지 해당 국 · 공유지의 관리청과 매매계약을 체결하여야 한다(서울시 조례 제55조 제3항).

6. 손실보상청구권 등

(1) 조합원의 손실보상청구권(영업보상)

조합원은 기존의 주택과 토지를 재건축조합에 출자하면서 이에 대한 손실보상을 받는 것이 아니라 새로운 주택을 분양받을 권리를 취득하는 것이고, 사업시행자에 준하는 지위에 있으므로, 재건축조합에 대하여 기존의 주택과 토지에 대한 보상금을 구할 수 없다.[272] 즉 조합원은 조합에게 영업보상을 청구할 수 없다.[273]

---

272) 대법원 1999. 4. 27. 선고 99다5149 판결, 대법원 2004. 7. 9. 선고 2003다46758 판결

273) 대구지방법원 2022. 4. 6. 선고 2023구합21271 판결, 인천지방법원 2018. 11. 22.

조합원은 조합을 상대로 영업보상을 청구할 수 없으나, 재건축사업을 원활하게 진행하기 위해 법령과 정관에 어긋나지 않는 범위에서 일부 조합원들에게 영업보상을 지급하기로 한 총회 결의는 적법하다.[274]

일부 조합원에 대한 영업손실보상은 다른 조합원의 이익·손실에 영향을 미치므로, 도시정비법 제40조 제3항을 유추적용하여 정관변경의 정족수(3분의2)를 만족시키는 총회결의가 필요하다.[275]

(2) 간접손해에 대한 손해배상청구권

민법 제35조의 '손해'는 조합의 임원이 직무상의 불법행위로 인하여 당해 조합원이 직접 손해를 입은 경우와 같은 직접적인 손해를 말하는 것이지, 주택정비사업의 시행과정에서 조합임원의 직무행위로 인하여 조합이 손해를 보아서 결과적으로 조합원의 경제적 이익이 침해되는 손해와 같은 간접적인 손해를 말하는 것은 아니다.

조합원이 조합장(대표기관)의 직무상의 불법행위로 인하여 직접 손해를 입은 경우에는 도시정비법 제49조, 민법 제35조에 의하여 조합에 대하여 그 손해배상을 청구할 수 있다.

그러나, 조합의 대표기관의 직무상 불법행위로 조합에게 과다한 채무를 부담하게 함으로써 조합이 손해를 입고 결과적으로 조합원의 경제적 이익이 침해된 경우 조합원은 조합에 대해 민법 제35조에 의하여 손해배상을 청구할 수 없다.[276]

(3) 일반분양 수입금 분배요구 인정여부

정비사업의 경우 조합원들은 재건축조합에 그 소유의 토지나 주택을 출자하고, 조합은 조합원에게 신축아파트를 제공하며, 조합원의 추가부담금 및 일반분양 수입금을 공사비에 충당하고 있다.

재건축결의시 일반분양 수입금을 공사비에 충당함으로서 조합원들의 부담금

선고 2018구합702 판결

274) 수원지방법원 2021. 11. 11. 선고 2020구합66641 판결

275) 유사판례 서울남부지방법원 2013. 11. 19. 선고 2012가합23819 판결

276) 대법원 1999. 7. 27. 선고 99다19384 판결

을 경감하기로 결의하였다면 재건축조합이 그 조합원들로부터 대지 등을 출자받아 아파트와 상가를 건축한 다음 조합원들에게 우선분양하고 남은 아파트와 상가를 일반분양함으로써 얻게 되는 수입금은 건축비에 충당되어야 하므로, 특별한 사정이 없는 한 조합원이 그 재건축조합에 대하여 위 일반분양으로 인한 수입금의 분배를 요구할 수 없다.[277)]

(4) 조합과 제3자간 체결된 계약의 무효확인여부

조합원은 조합의 운영에 이해관계를 가지고 있으나, 이는 단순히 일반적이고 사실적인 것에 불과할 뿐 구체적인 이해관계를 가진다고 할 수 없으므로, 조합원이 직접 또는 조합을 대위하여 조합과 제3자와의 거래관계에 개입하여 조합의 대표기관이 체결한 계약의 무효를 주장할 수 없다.[278)]

조합이 시공사와 체결한 도급계약의 효력이 조합에게 미치는지 여부에 대하여 조합원들은 일정한 이해관계를 가지고 있다고 할 것이나, 조합원들의 이러한 이해관계는 단순히 일반적이고 사실적인 것에 불과할 뿐 구체적인 법률상의 이익에는 해당하지 아니하고, 조합원들은 직접 조합을 상대로 도급계약의 무효 및 도급계약에 따른 조합의 채무부존재를 주장할 수 없다.[279)]

277) 대법원 2008. 5. 15. 선고 2006다21453 판결
278) 대법원 2005. 4. 29. 선고 2005다9463 판결
279) 대법원 2010. 2. 25. 선고 2009다93299 판결

Ⅳ. 조합원의 의무

1. 현물출자의무(재건축조합)

재건축조합원은 다른 특별한 사정이 없는 한 조합 정관이 정하는 바에 따라 조합원 소유의 토지와 건물 등의 현물출자 의무를 부담한다(서울시 재건축 표준정관 제6조 제1항). 재건축조합의 조합원은 조합정관에 정한 현물출자 약정의 이행으로 재건축조합에게 그 소유 부동산에 관하여 신탁을 원인으로 한 소유권이전등기절차를 이행할 의무를 부담한다.[280] 즉, 재건축조합의 조합원은 새로운 주택을 분양받을 권리에 대응하여 현물출자의무를 부담하게 된다.[281]

재건축결의가 무효라 하더라도 재건축결의에 동의한 자는 재건축조합의 조합원으로서 정관에서 정한 신탁등기의무를 부담한다.[282]

재개발조합의 조합원은 대지 또는 건축물로 현물보상을 받고자 하는 경우 조합에 자신의 토지 또는 건물 등을 제공하여야 한다(법 제65조 제4항).

2. 정비사업비, 청산금 등 납부의무

(1) 비용납부의무

조합원은 정비사업비, 청산금, 부과금과 이에 대한 연체료 및 지연손실금등의 비용납부의무를 부담한다. 지연손실금에는 이주지연, 계약지연, 조합원 분쟁으로 인한 지연 등으로 인한 손실금도 포함된다(서울시 재개발 표준정관 제11조 제1항 제6호).

---

280) 대법원 1997. 5. 30. 선고 96다23887 판결
281) 대법원 2010. 1. 28. 선고 2008다90347 판결
282) 대법원 2010. 7. 22. 선고 2009다37183판결

(2) 정비사업비 납부의무

정비사업비란 조합이 사업시행에 필요한 공사비 등 주택사업에 소요되는 비용을 말하고(시행령 제30조 제2항 제2호), 정비사업비는 도시정비법 또는 다른 법령에 특별한 규정이 있는 경우를 제외하고는 사업시행자가 부담하며(법 제92조 제1항), 사업시행자는 토지등소유자로부터 정비사업비를 부과·징수할 수 있다(법 제93조 제1항).

조합은 정관에 정비사업비의 부담시기 및 절차를 규정하여야 하고(법 제40조 제1항 제13호), 정비사업비의 부담시기 및 절차의 규정에 대한 변경은 조합원 3분의 2 이상의 동의를 얻어 시장·군수의 인가를 받아야 하며(법 제40조 제3항 단서), 조합은 정비사업비의 추산액 및 그에 따른 조합원 부담규모 및 부담시기를 포함하여 관리처분계획을 수립한다(법 제74조 제1항 제6호).

정비사업비는 총회 의결을 거쳐 부과할 수 있으며, 추후 사업시행구역안의 토지 및 건축물 등의 위치·면적·이용상황·환경 등 제반여건을 종합적으로 고려하여 관리처분계획에 따라 공평하게 금액을 조정하여야 한다(서울시 재개발 표준정관 제35조 제2항).

조합은 납부기한 내에 정비사업비를 납부하지 아니한 조합원에 대하여는 금융기관에서 적용하는 연체금리의 범위 내에서 연체료를 부과할 수 있으며 도시정비법 제93조 제4항에 따라 ○○구청장에게 정비사업비의 징수를 위탁할 수 있다(서울시 재개발 표준정관 제35조 제3항).

(3) 청산금 납부의무

청산금이란 대지 또는 건축물을 분양받은 자가 종전에 소유하고 있던 토지 또는 건축물의 가격과 분양받은 대지 또는 건축물의 가격차이에 상당하는 금액을 말한다(법 제89조 제1항).

조합은 이전고시가 있은 후에 청산금을 분양받은 자로부터 징수하거나 분양받은 자에게 지급하여야 하고, 청산금을 산정함에 있어 종전에 소유하고 있던 토지 또는 건축물의 가격과 분양받은 대지 또는 건축물의 가격은 그 토지 또는 건축물의 규모, 위치, 용도, 이용상황, 정비사업비 등을 참작하여 평가하여야 한다(법 제89조).

청산금을 지급받을 권리 또는 이를 징수할 권리는 이전의 고시일 다음 날부터 5년간 이를 행사하지 아니하면 소멸한다(법 제90조 제3항).

조합의 청산금에 관한 처분은 청산금교부청구권 및 납부의무를 형성하고 범위를 확정하는 것으로서 항고소송의 대상인 처분에 해당한다.

3. 사업시행계획에 의한 철거 및 이주의무

재개발·재건축사업은 기존 건축물을 철거하고 새로운 건축물을 건설하여 조합원에게 신축건물을 공급하는 것이므로, 조합원은 사업시행계획에 의한 철거 및 이주의무를 부담한다.

토지보상법 제43조에 의하면 토지소유자 및 관계인 그 밖에 토지소유자나 관계인에 포함되지 않는 자로서 수용 또는 사용할 토지나 그 토지에 있는 물건에 관하여 권리를 가진 자는 수용 또는 사용의 개시일까지 당해 토지나 물건을 사업시행자에게 인도하거나 이전하여야 한다.

조합원이 잘못된 법률적 판단으로 부동산 인도의무가 없다고 믿고 의무의 이행을 거부한 것이라 하더라도 인도의무 불이행에 관한 손해배상책임을 부담하여야 한다.[283]

재개발사업에 있어 조합원의 건물인도의무는 강제적으로 실현하면서 직접적인 실력행사가 필요한 것이지 대체적 작위의무라고 볼 수 없으므로 재개발조합은 조합원을 상대로 민사소송인 건물인도청구소송을 제기하여야 하고, 행정대집행에 의해 건물인도를 구할 수 없다.[284]

283) 대법원 2013. 12. 26. 선고 2011다85352 판결
284) 대법원 2005. 8. 19. 선고 2004다2809 판결

4. 조합원의 협력의무 등

(1) 조합원의 협력의무

재건축조합의 재건축결의가 무효라 하더라도 구분소유자들을 조합원으로 하는 재건축조합의 설립행위까지 무효로 되는 것은 아니다.[285] 따라서 재건축결의가 무효라 하더라도 조합원들은 조합원으로서 조합의 정관상의 협력의무를 부담한다.[286]

조합원의 조합 업무수행에 관한 문제 제기를 하는 과정에서 객관적인 사실에 대하여 법률적 평가를 잘못 내리거나 다소 과장된 표현을 사용하여 일부 오류가 있는 문건을 작성·배포하는 정도를 넘어 명백히 객관적 사실에 반하는 허위사실을 기재한다거나 명예훼손의 가능성이 있는 추측사실을 기재한 문건을 작성·배포하는 경우까지 결사 및 표현 자유의 보호 범위에 속한다고 보기 어렵다.[287]

재개발조합원은 토지의 소유권을 이전할 의무를 부담하므로, 신축 건물의 철거 및 토지의 인도를 구할 수 없다.[288]

(2) 변경내용 신고의무

① 조합원이 변경된 경우, ② 대표조합원, 대리인 또는 조합원의 성명·주민등록번호·주소·연락처·인감 등이 변경된 경우 조합원은 조합에게 그 변경내용을 기재한 조합원변경신고서를 제출하여야 한다. 이 경우 신고하지 아니하여 발생되는 불이익 등에 대하여는 해당 조합원은 조합에 대항하거나 이의를 제기할 수 없다(서울시 재개발 표준정관 제11조 제3항).

주소변경 신고를 하지 아니하여 총회소집통지, 분양신청통지, 관리처분계획통지 등 조합에서 통지하는 사항에 대하여 조합이 변경전의 주소로 통지하였

285) 대법원 2006. 2. 23. 선고 2005다19552, 19569 판결
286) 대전고등법원 2006. 4. 12. 선고 2005나9287 판결은 "기존 집합건물이 철거되고 새로운 집합건물의 건축이 거의 끝난 시점에 당초 재건축에 동의하였던 선정자들이 재건축결의의 하자를 주장하여 그 재건축공사의 중지나 금지를 구할 수 있는 권리를 갖는다고 할 수는 없다."라고 판시하였다.
287) 서울북부지방법원 2010. 4. 23. 선고 2009가합10908 판결
288) 대법원 1997. 1. 24. 선고 95다33566 판결

다 하여 이를 이유로 조합에 대항할 수 없다.

조합원이 자신 소유 재산을 제3자에게 양도하여 더 이상 조합원으로서의 자격을 상실한 경우 조합원 변경신고를 하지 않았다고 하더라도 자신 소유 재산을 양도한 종전 조합원은 조합원으로서의 권리를 행사할 수 없다.[289]

(3) 자료제출의무

조합원은 도시정비법 및 주택정비사업 관련 법령, 정관, 총회 등의 의결사항을 준수할 의무를 부담한다.

조합원은 조합이 사업시행에 필요한 서류를 요구하는 경우 이를 제출할 의무가 있으며 조합의 승낙이 없는 한 이를 회수할 수 없다. 이 경우 조합은 요구서류에 대한 용도와 수량을 명확히 하여야 하며, 조합의 승낙이 없는 한 회수할 수 없다는 것을 미리 고지하여야 한다(서울시 재개발 표준정관 제11조 제4항).

289) 서울행정법원 2010. 12. 2. 선고 2010구합337 판결

V. 조합과 조합원간 분쟁

1. 분쟁의 법적 성격

조합과 조합원과의 관계는 기본적으로 사단과 사원과의 관계이므로, 조합에 관하여는 도시정비법에 규정된 것을 제외하고는 민법중 사단법인에 관한 규정을 준용한다(법 제49조). 따라서 소유권이전등기청구사건, 손해배상청구사건, 조합원총회 결의의 효력을 다투는 사건 등은 통상의 민사소송에 의하여야 할 것이다.

조합의 설립목적 및 취급업무의 성질, 권한 및 의무, 재건축·재개발사업의 성질 및 내용 등에 비추어 볼 때 조합은 적어도 특수한 존립목적을 부여받은 특수한 행정주체이다. 국가의 감독하에 그 존립목적인 특정한 공공사무를 행하고 있다고 볼 수 있는 범위내에서는 법률상 부여받은 행정작용 권한을 행사하는 것이다. 따라서 행정작용 권한을 행사하는 범위내에서는 조합은 조합원에 대한 관계에 있어서 공법상의 권리의무관계에 있다.

조합과 조합원간 공법상 권리의무관계가 발생하는 경우 조합이 행한 처분 기타 공권력의 행사에 해당하는 행위에 대하여는 항고소송(행정소송)을 제기할 수 있다. 조합과 조합원 사이의 공법관계를 나타내는 특별한 규정을 두고 있는 경우에는 행정소송으로 다투어야 하며, 민사소송으로 다투는 것은 허용되지 않는다.

2. 분쟁의 유형

(1) 귀속(歸屬)형

귀속형이란 조합원의 지위 및 관리처분계획상 정하여진 권리의 귀속 주체에 대하여 다툼이 있는 경우를 말한다. 즉 조합이 재개발구역내 토지 또는 건축물의 소유자에 대하여 조합원지위를 인정하고 있으나, 그 토지 또는 건축물의 소유자가 누구인지에 대하여 다툼이 있는 경우를 말한다.

주택정비사업을 수행하는 (재개발)조합이 무허가건물대장에 등재된 무허가건물의 사실상 소유자에게 조합원 자격을 부여함에 있어서, 무허가건물에 관한 사실상 소유권의 귀속에 관하여 다툼이 있는 경우에 (재개발)조합으로서는 일단 무허가건물대장상의 소유명의자에게 무허가건물에 대한 사실상 소유권 또는 조합원의 지위가 귀속되는 것으로 처리하고 후에 판결 등에 의하여 권리귀속관계가 확정되면 그에 따라 시정할 수밖에 없다.[290]

즉 권리의 귀속여부에 관한 다툼은 원칙적으로 다툼의 상대방에 대한 민사소송으로 문제를 해결하여야 하고, 이전고시 전 단계에서는 조합은 그 판결결과에 따라 조합원지위를 인정하거나 관리처분계획을 변경하게 된다.

(2) 존부(存否)형

존부형이란 조합원지위가 있는지 여부 및 관리처분계획의 내용에 대하여 다툼이 있는 경우를 말한다. 존부형으로 ① 재개발구역 내의 무허가건축물이 조합 정관에서 그 소유자에게 조합원자격을 부여하도록 하고 있는 무허가 건축물에 해당하는지 여부에 대하여 다툼이 있는 경우, ② 관리처분계획상 현금청산 대상인 조합원이 현금청산을 할 것이 아니라 아파트를 분양해 주어야 한다고 다투는 경우, ③ 33평형 아파트의 분양 대상인 조합원이 33평이 아니라 44평을 분양해 주어야 한다고 다투는 경우가 있다.

이 경우 조합으로부터 조합원지위를 부정당하고 있는 자 또는 조합원지위는 인정받고 있으나 관리처분계획의 내용에 대하여 불만이 있는 자가 조합을 상대로 조합원지위확인소송 또는 관리처분계획 취소소송을 제기하여야 한다.

---

290) 대법원 2003. 2. 14. 선고 2002다23451 판결

3. 개인과 개인간의 분쟁

(1) 관리처분계획 이전의 단계

관리처분계획 이전의 단계에서는 분양받을 대지 또는 건축시설에 대한 공사가 완료되지 않았을 뿐만 아니라 그 분양할 대지 또는 건축시설에 대한 주택정비조합의 어떤 처분도 이루어지기 전으로서 그 분양받을 대지 또는 건축시설의 소유권 등에 관한 분쟁은 있을 수 없으므로, 오로지 종전의 토지 또는 건축물에 대한 소유권 등의 존부나 그 귀속에 관한 것이 분쟁의 대상이 될 것이다.

종전의 토지나 건축물에 대한 소유권 등에 관하여 소유권확인, 말소등기, 이전등기, 무허가건물대장상의 명의변경 등을 구하는 민사소송이 제기될 수 있다.

(2) 관리처분계획 이후 이전고시 이전까지

권리 내지 지위의 귀속에 관하여 개인 간에 다툼이 있는 경우에 권리자가 채택할 수 있는 가장 유효하고도 적절한 분쟁해결 수단은 아래와 같다.[291)]

① 재개발조합이 아닌 분쟁의 직접 당사자를 상대로 하여 무허가건물에 대한 사실상 소유권의 확인을 구하는 방법

② 관리처분계획의 인가・고시에 의하여 무허가건물의 사실상 소유권이 이에 해당하는 아파트 등을 분양받을 조합원의 지위로 잠정적으로 바뀐 후에는 그 아파트 등을 분양받을 권리로서의 조합원지위의 확인을 구하는 방법

③ 분양받을 권리나 지위에 기하여 조합원명부상의 명의변경을 구하는 방법[292)]

---

291) 대법원 2003. 2. 14. 선고 2002다23451 판결

292) 대법원 1994. 1. 25. 선고 93다32316 판결, 부산고등법원 2003. 10. 17. 선고 2003나6521,6538 판결

(3) 이전고시 이후

① 소송형태

이전고시가 있은 후에는, 종전의 무허가건물에 대한 사실상의 소유권은 소멸하고 분양받은 아파트에 대한 소유권만이 남게 되는 이전고시의 법적 성격에 비추어, 권리자로서는 바로 새로운 아파트에 대한 권리관계의 확인이나 등기의 말소 또는 이전등기에 관한 소송을 제기하여야 한다.[293]

이전고시 이후 단계에서는 무허가건물의 소유권 확인, 조합원지위의 확인 또는 조합원명부의 명의변경의 소는 부적법하다.[294]

② 등기명의인과 진정소유자가 다른 경우

재개발사업 시행자가 소유자를 오인하여 종전의 토지 또는 건축물의 소유자가 아닌 다른 사람에게 이전고시를 한 경우 그러한 이전고시가 있었다고 하여 그 다른 사람이 권리를 취득하게 되는 것은 아니며, 종전의 토지 또는 건축물의 진정한 소유자가 분양된 대지 또는 건축시설의 소유권을 취득하고 이를 행사할 수 있다.[295]

- 분양된 대지 또는 건축시설이 조합명의로 보존등기된 후 수분양자 앞으로 소유권이전등기가 이루어진 경우 : 진정소유자는 등기명의자를 상대로 등기말소를 함과 동시에 조합을 상대로 진정한 등기명의의 회복을 원인으로 한 이전등기절차의 이행을 구함.
- 수분양자 앞으로 보전등기가 이루어진 경우 : 등기명의자를 상대로 하여 진정한 등기명의의 회복을 원인으로 한 이전등기절차의 이행을 구함(진정소유자의 권리가 지분에 불과할 경우 수분양자를 상대로 하여 지분등기의 말소를 명하는 판결을 받아 말소등기에 갈음하는 경정등기를 할 수 있을 것임).

---

293) 대법원 2003. 2. 14. 선고 2002다23451 판결
294) 대법원 2003. 2. 14. 선고 2002다23451 판결
295) 대법원 1995. 6. 30. 선고 95다10570 판결

③ 종전의 토지 또는 건축물에 대하여 소유권이전등기청구구권을 가진 채 미등기 상태로 있는 경우

부동산을 매수하고도 사정에 의하여 아직 등기를 못한 경우에는 매수인은 분양받은 대지 또는 건축시설의 등기명의인을 상대로 하여 소유권이전등기절차의 이행을 구할 수 있다.

(4) 명의신탁관계의 종료

'부동산 실권리자명의 등기에 관한 법률' 제4조 제3항에 따르면 명의수탁자가 신탁부동산을 임의로 처분하거나 강제수용이나 공공용지 협의취득 등을 원인으로 제3취득자 명의로 이전등기가 마쳐진 경우, 특별한 사정이 없는 한 그 제3취득자는 유효하게 소유권을 취득한다.[296)]

이 경우 명의신탁관계는 당사자의 의사표시 등을 기다릴 필요 없이 당연히 종료되었다고 볼 것이지, 주택재개발정비사업으로 인해 분양받게 될 대지 또는 건축시설물에 대해서도 명의신탁관계가 그대로 존속한다고 볼 수 없다.

원고와 피고 사이에 이 사건 구 주택에 관한 3자간 등기명의신탁약정이 있었음을 인정할 수 있고, 이후 재개발정비사업의 시행으로 피고가 사업시행자에게 제공한 이 사건 구 주택이 철거·멸실됨으로써 위 명의신탁관계는 종료되었다. 따라서 당사자 간 별도의 명시적 계약이나 묵시적 합의가 있었다는 등의 특별한 사정이 인정되지 않는 한 이 사건 아파트에 관하여 당연히 명의신탁관계가 발생하였다거나 존재하는 것으로 볼 수는 없다.[297)]

296) 대법원 2011. 9. 8. 선고 2009다49193, 49209 판결
297) 대법원 2021. 7. 8. 선고 2021다209225, 209232 판결

4. 조합과 개인간의 분쟁

(1) 조합원의 지위를 다투는 소송

조합원지위확인소송이란 조합에 의하여 조합원의 지위를 부정당하고 있는 자가 조합을 상대로 자신이 조합원의 지위에 있음의 확인을 구하는 소송이다.

조합과 조합원에 대한 법률관계는 공법상의 권리의무 관계에 있고, 조합원의 자격 인정 여부에 관하여 다툼이 있는 경우에는 '공법상의 당사자소송'에 의하여 그 조합원 자격의 확인을 구하여야 한다.[298] 따라서 민사소송으로 '조합원지위확인' 내지 '수분양권확인'을 구해서는 아니된다.

재개발조합의 설립인가시 조합원이 확정되므로, 조합을 상대로 하는 조합원 지위 확인청구는 조합설립인가시부터 가능하다. 또한 관리처분계획은 이전고시가 이루어지기 전까지 변경될 수 있으므로, 관리처분계획이 확정되었다고 하여 조합원지위의 확인을 구할 소의 이익이 없어지지는 않는다.

조합원지위확인소송은 이전고시(분양처분)의 효력이 발생할 때까지 가능하고, 그 이후로는 손해배상소송만이 가능하다. .

(2) 관리처분계획의 취소(수분양권확인)

수분양권확인소송이란 조합원 등이 조합에 대하여 자신이 아파트 등을 분양받을 수 있는 권리가 있음을 확인을 구하는 소송이다.

재개발사업에 따른 아파트 분양권은 '부동산을 취득할 수 있는 권리'로, '관리처분계획의 인가, 고시가 있은 때' 비로소 이를 취득하는 것이다.[299] 신축건물에 대한 수분양권 범위에 관하여 다툼이 있는 경우 조합원은 관리처분계획(안)에 대한 총회의 의결을 기다려 그 결의 내용이 현저하게 불공정한 경우에 항고소송에 의하여 관리처분계획 또는 그 내용인 분양거부처분 등의 취소를 소구하여 승소판결을 받고 다시 공정한 내용의 총회의 결의를 받도록 유도함으로써 그 권리를 구제받을 수 있다.

---

298) 대법원 2019. 12. 13. 선고 2019두39277 판결, 대법원 1996. 2. 15. 선고 94다31235 전원합의체 판결

299) 대법원 1996. 8. 23. 선고 95누6618 판결

조합이 관리처분계획(안)에 의해 조합원의 수분양권에 관한 결의를 전혀 하지 아니하는 경우에는 정관이 정한 절차에 따라 총회를 소집하여 그 결의를 받는 방법 등으로 그 권리를 구제받을 수 있을 뿐이다.[300] 조합의 총회의 결의도 없이 각 조합원이 직접 조합을 상대로 스스로 공정하다고 주장하는 무상 수분양권 범위의 확인을 구할 수는 없다.[301]

다만 예외적으로 관리처분계획 내용상 분양대상자로 결정되었는데, 그 후 조합이 관리처분계획의 적법한 변경 없이 분양대상자로서의 지위 내지 분양평수에 관하여 다툴 경우에는 수분양권확인소송이 가능할 것이다.[302]

---

300) 대법원 1996. 2. 15. 선고 94다31235 전원합의체 판결, 대법원 1996. 3. 26. 선고 95다35579, 35586 판결, 대법원 1997. 11. 28. 선고 95다43594 판결

301) 대법원 1996. 2. 15. 선고 94다31235 전원합의체 판결, 대법원 1996. 3. 26. 선고 95다35579, 35586 판결, 대법원 2009. 2. 12. 선고 2006다53245 판결, 대법원 2019. 12. 13. 선고 2019두39277 판결

302) 서울고등법원 1998. 6. 11. 선고 97구34091 판결

제5절 조합임원

I. 조합임원 또는 전문조합관리인

1. 의의

민법상 법인의 기관은 '사원총회'(의사결정기관), '이사'(업무집행기관), '감사'(감독기관)의 3가지가 있다. 도시정비법상 조합은 의사결정기관으로서 총회와 대의원회를 두고 있으며, 정비사업의 원활한 추진을 도모하기 위해 총회의 권한 일부를 대의원회에 위임하고 있다. 조합은 업무집행기관으로서 조합장과 이사를, 감독기관으로서 감사를 두고 있다.

조합은 조합장 1인, 이사, 감사로 구성된 임원을 둔다(법 제41조 제1항). 조합임원은 조합의 의사결정, 업무집행 및 감독업무를 수행한다.

조합장은 대외적으로 조합을 대표하고(법 제42조 제1항), 대내적으로 업무를 집행하는 권한을 가진 조합의 필요적 상설기관이다. 조합장은 총회 또는 대의원회의 의장이 된다(법 제42조 제1항). 조합장이 대의원회의 의장이 되는 경우에는 대의원으로 본다(법 제42조 제2항).

민법상 사단법인은 이사도 대외적인 대표권을 가지나, 조합은 조합장만이 대외적인 대표권을 가지며, 이사는 대표권을 가지지 못한다.

이사는 조합장을 보좌하고, 이사회에 부의된 사항을 심의·의결하며, 조합의 사무를 분장하는 상설적 필요기관이다(업무집행기관).

2. 조합임원의 수

주식회사는 수인의 대표이사가 공동으로 회사를 대표하도록 정할 수 있으나, 조합은 조합장 1명만이 조합을 대표하도록 규정함으로써 공동 조합장 제도를 인정하고 있지 않다(법 제41조 제1항). 추진위원회도 1명의 위원장만이 추진위원회를 대표하도록 규정하고 있다(법 제33조 제1항).

이사는 원칙적으로 3명 이상어야 한다. 다만 토지등소유자가 100명을 초과하는 조합의 경우에는 5명 이상의 이사를 두어야 한다(시행령 제40조). 실무상 이사의 수를 '3인' 또는 '5인' 등 특정한 수로 규정하지 않고, 정관에서 '5인 이상 8인 이하'의 형식으로 규정하는 예도 있다.

감사의 수는 1명 이상 3명 이후로 한다.

3. 임원의 임기 및 연임

(1) 임원의 임기

조합임원의 임기는 3년 이하의 범위에서 정관으로 정한다(법 제41조 제4항).[1)]

조합설립등기는 성립요건이고, 조합설립등기시에 법인격을 부여받게 되므로, 창립총회에서 선임된 임원의 임기 기산점은 조합설립등기시점이다.[2)]

조합임원의 임기만료 이전 새로이 선임된 임원은 전임 임원의 임기만료시부터 임기가 기산된다. 만약 전임 임원이 임기만료된 후에 선임된 임원은 취임을 승낙한 때, 즉 총회일로부터 임기가 기산된다. 전임 임원의 사임 또는 해임등으로 인하여 새로이 선임된 임원은 선임된 때부터 임기가 시작된다.

도시정비법상 임원의 조합설립변경인가·신고는 공법상 관계에서만 문제될 뿐이고, 조합장으로 선임된 자는 조합과 조합원들 사이의 관계에서 시장·군

---

1) 부칙(2017. 2. 8.) 제33조 : 2016. 1. 19. 전에 조합임원을 선출(연임 포함함)한 경우에는 종전의 규정에 따름.

2) 서울동부지방법원 2011. 8. 26. 선고 2010가합4910 판결

수의 인가 여부와 관계없이 정당하게 조합을 대표할 권한이 있으므로, 임원은 조합설립변경인가·신고와 관계없이 임기가 기산된다.[3)]

조합과 같은 단체의 임원선출에 있어서 개표 후 당선공고나 발표가 있어야 비로소 당선의 효력이 생긴다는 명문의 규정이 없는 한, 개표가 완료되어 정관 등에서 정하고 있는 이상의 득표를 하였으면 당연히 그 후보가 임원으로 선출되는 것이라고 보아야 한다.[4)]

(2) 임원의 보궐선임

조합장이 임기중에 궐위된 경우 총회에서 조합장을 선임하여야 한다. 이사, 감사가 임기중에 궐위된 경우 대의원회에서 이사, 감사를 보궐선임할 수 있다.

대의원회의 이사 및 감를 보궐권한은 조합이 신속하고 효율적인 의사결정 및 비용절감 등을 위하여 원칙적으로 총회의 결의사항에 해당하는 것을 편의상 대의원회에 그 권한을 부여한 것이다.

보궐선임된 임원은 전임자의 잔임기간으로 한다.[5)] 보궐선임된 임원의 임기에 관하여 정관에서 별도로 정하지 않은 경우 총회에서 총회에서 보권선임 임원의 임기를 정할 수 있을 것이다.

대의원회에서 보궐선임된 임원의 임기는 잔여임기로 하나, 총회에서 선임된 임원의 임기는 선임일로부터 2년이라고 판시한 사례가 있다.[6)]

(3) 임원의 연임

조합 임원은 연임할 수 있다(법 제41조 제4항). 위 연임규정은 기존에 직무를 수행한 임원들에게 그 동안의 경험을 존중하고 업무수행의 연속성을 도모하기 위하여 예외적으로 타 후보와의 경쟁 없이 찬반투표만으로 조합임원으로 재선임될 수 있도록 한 것이다.

---

3) 서울고등법원 2011. 11. 10. 선고 2011누23865 판결
4) 대법원 1995. 4. 14. 선고 94다52225 판결
5) 서울시 재개발 표준정관 제15조 제4항 단서 : 보궐선임된 임원(조합장은 제외한다)의 임기는 그 선임된 날부터 전임자의 잔임기간으로 한다.
6) 서울동부지방법원 2015. 9. 18.자 2015카합625 결정

조합원들의 임원 선임권 내지 피선임권은 총회에서 임기가 만료된 임원을 연임하는 안건에 관하여 이를 부결하는 내용의 반대 결의가 이루어진 다음에 임원을 선임하는 결의를 하는 경우에 보장하면 충분하다.

임원의 연임하는 안건을 상정하는 때에는 새로운 입후보자가 등록하는 것이 아니므로 선거관리위원회 구성, 입후보자등록공고 등의 절차를 거칠 필요가 없다.[7)]

임원들의 임기가 만료된 이후에도 조합은 총회에서 연임결의를 할 수 있다.[8)]

이에 반해 "연임"의 사전적 의미는 '원래 정해진 임기를 다 마친 뒤에 다시 계속하여 그 직위에 머무름'으로, 임기를 마친 뒤에 연속하여 그 직을 유지하는 것을 의미하는바, 임기가 만료된 이사에게 이사의 지위가 당연히 인정되지 않으며, 임기 만료된 임원은 연임할 수 있는 임원의 지위에 있지 않으므로, 위 임원에 대한 연임 결의는 무효이다라고 판시한 사례가 있다.[9)]

총회결의시 투표용지 또는 서면결의서에서 '임원 개별로' 연임 여부에 대한 찬반의 의사표시를 하는 것이 아니라 임원들의 일괄 연임 여부에 대한 찬반의 의사표시를 하도록 정하였다면 조합원들의 의사가 왜곡될 가능성이 있고, 조합원들의 선거권을 중대하게 침해한 위법이 있다고 판시한 사례가 있다.[10)]

서울시 재개발 표준정관 제15조 제6항은 "조합은 안정적인 조합 운영 및 조합업무의 연속성 확보를 위하여 조합임원의 임기만료 전 새로운 임원의 선임 또는 연임 절차를 마쳐야 한다. 다만, 부득이한 사정으로 임기 만료 전 임원 선임 또는 연임 절차가 완료되지 않은 경우에 기존 조합임원은 그 후임자가 선임될 때까지 그 직무를 수행하여야 한다."라고 규정하고 있다.

---

7) 대법원 2010. 11. 11. 선고 2009다89337 판결
8) 의정부지방법원 2021. 2. 18.자 2021카합5059 결정
9) 광주고등법원 2020. 1. 22. 선고 2019나23632 판결
10) 서울남부지방법원 2024. 6. 21.자 2024카합20249 결정

4. 임원의 변경신고 등

(1) 임원의 변경신고

총회 또는 대의원회에서 선임된 조합임원 및 대의원의 변경은 경미한 변경사항에 해당하므로(시행령 제31조 제4호), 조합은 시장·군수에게 임원 및 대의원의 변경을 신고하여야 한다(법 제35조 제5항).

조합은 조합설립(변경)인가신청서에 총회 또는 대의원회의 회의록, 참석자 연명부, 선임된 자의 자격을 증명하는 서류를 첨부하여 임원 및 대의원의 변경신고를 하여야 한다(시행규칙 제8조 제2항).

(2) 임원의 변경등기

새로 선임된 임원은 시장·군수의 조합설립변경신고 및 법인의 임원변경등기를 하여야 대외적으로 효력이 발생한다.

임원변경이 있을 경우 3주간내에 변경등기를 하여야 하고, 등기할 사항으로 관청의 허가를 요하는 것은 그 허가서가 도착한 날로부터 등기의 기간을 기산하며, 이를 위반한 경우 이사는 500만원 이하의 과태료에 처한다(민법 제52조, 제53조, 제97조 제1호).

이사의 "성명과 주소"는 등기사항인바, 이사의 선임이나 해임, 퇴임이 있음에도 이를 등기하지 않은 때에는 제3자에게 대항할 수 없다(민법 제54조 제1항). 그 결과 그러한 등기가 있기 전에 전직이사가 한 직무행위에 관하여는 조합이 그 책임을 부담하게 된다.

법원이 임시총회의 개최를 금지한다는 가처분 결정을 하였음에도 불구하고 이를 위배하여 개최된 임시총회의 결의는 무효이다. 따라서 등기공무원은 법인변경등기신청을 각하하여야 한다.[11]

(3) 임원의 선임과 공증

조합이 등기소에 임원선임 변경에 관한 등기를 신청할 경우 조합은 총회의 의사록을 첨부하여야 하고, 이때 위 총회 의사록은 공증인법 제66조의2에 의

11) 서울지방법원 북부지원 2002. 11. 8. 자 2002비단5 결정

거 공증인의 인증을 받아야 한다.

공증인은 그 총회등의 결의절차와 내용이 진실에 부합하는가 여부를 확인하여야 하며, 이때 진실부합여부 확인방법으로 ① 공증인이 당해 법인의 의결장소에 참석하여 결의절차와 내용을 검사하거나 ② 당해 의결을 한 자 중 그 의결에 필요한 정족수이상의 자 또는 ③ 그 대리인의 촉탁을 받아 그 촉탁인으로부터 의사록의 내용이 진실에 부합하는가 여부에 관하여 진술을 듣고 촉탁인으로 하여금 공증인의 앞에서 의사록의 서명 또는 기명날인을 확인하게 한 후 그 사실을 기재한다(공증인법 제66조의2).

②의 방법 및 ③의 방법은 본인들이 직접 공증사무실에 출석하거나, 위임장에 인감증명서를 첨부하는 방법으로서, 그 절차가 매우 복잡하므로, 공증사무실의 공증담당 변호사가 창립총회에 참석하여 결의절차와 내용을 검사하는 ①의 방법을 실무상 많이 이용하고 있다.

5. 전문조합관리인

현행 도시정비법은 조합임원의 업무를 대행할 수 있는 전문조합관리인제도를 운영하고 있다(법 제41조 제5항 단서).[12] 전문조합관리인 제도의 취지는 장기간 임원이 선임되지 않음으로 인한 재개발·재건축사업의 지연을 방지하기 위함이다.

시장·군수등은 다음의 사유가 있을 때 전문조합관리인을 선정할 수 있다(법 제41조 제5항).

① 조합임원이 사임, 해임, 임기만료, 그 밖에 불가피한 사유 등으로 직무를 수행할 수 없는 때부터 6개월 이상 선임되지 아니한 경우

② 총회에서 조합원 과반수의 출석과 출석 조합원 과반수의 동의로 전문조합관리인의 선정을 요청하는 경우

시장·군수등은 전문조합관리인의 선정이 필요하다고 인정하거나 조합원 3분의 1 이상이 전문조합관리인의 선정을 요청하면 공개모집을 통하여 전문조

12) 2016. 1. 27. 도시정비법 개정시 도입되었음.

합관리인을 선정할 수 있다. 이 경우 시장·군수등은 조합의 의견을 들어야 한다(시행령 제41조 제2항).

전문조합관리인은 변호사·회계사·기술사 등 일정요건을 갖추어야 한다. 전문조합관리인은 선임 후 6개월 이내에 도시 및 주택 정비사업에 관한 교육을 60시간 이상 받아야 한다. 전문조합관리인의 임기는 3년으로 한다(시행령 제41조 제3항, 제4항).

총회에서 조합원 과반수의 출석과 출석 조합원 과반수의 동의로 전문조합관리인의 선정을 요청하고, 이에 시장·군수등이 전문조합관리인을 선정한 경우 전문조합관리인이 업무를 대행할 임원은 당연 퇴임한다(법 제43조 제5항).

Ⅱ. 임원의 자격제한 및 결격사유

1. 임원의 자격 일반

(1) 조합원

조합임원의 자격은 조합원이어야 한다(법 제41조 제1항).

재개발 정비구역에 위치한 건축물 또는 토지를 소유한 자는 토지등소유자에 해당하고, 재개발조합이 인가된 경우 재개발사업에 동의하지 않은 토지등소유자도 조합원으로 강제가입되는바, 미동의자도 재개발조합의 임원 피선임자격을 가진다.

이에 반해 재건축 정비구역에 위치한 건축물과 그 부속토지를 소유한 자중 조합설립에 동의한 자만이 재건축조합의 조합원이 되는바, 조합설립에 동의한 자만이 재건축조합의 임원 피선임자격을 가진다.

분양계약체결기간내 분양계약을 체결하지 않은 자는 분양계약체결기간 만료일 다음날 조합원 자격을 상실하므로, 임원의 자격도 상실한다. 분양계약체결기간 이후에 분양계약을 체결하였다 해도 총회의 의결에 따라 조합원 지위를 회복하지 않는 한 임원의 자격이 없다.[13)]

법인의 대리인은 조합의 임원 또는 대의원으로 선임될 수 있다(법 제45조 제5항 제3호).[14)] 비법인 사단인 교회의 경우 교회의 대리인이 임원으로 선임될 수 없다고 판시한 사례도 있다.

신규 부동산에 대한 임원 명의 소유권이전등기와 종전 부동산에 대한 제3자의 소유권이전등기가 같은 날 이루어진 경우 해당 임원이 일시적으로 2개의 부동산을 소유하게 되는 현상이 발생한다 하더라도 도시정비법 제39조 제1항 제3호가 적용되지 않는다. 즉 이 경우 임원과 제3자는 1명의로 간주되지 않고, 대표조합원을 선임하지 않아도 된다.

---

13) 서울중앙지방법원 2023. 5. 18.자 2023카합20259 결정
14) 대법원 2001. 1. 16. 선고 2000다45020호 판결

(2) 공유인 경우

공유자는 대표조합원 선임절차를 거쳐야 조합원으로서의 법률행위를 할 수 있는바, 대표조합원으로 선임되지 않은 자는 임원의 피선임권도 행사할 수 없다.[15)]

하나의 건축물 또는 토지의 소유권을 다른 사람과 공유한 경우에는 가장 많은 지분을 소유한 사람만이 임원의 자격을 가진다. 2인 이상의 공유자가 가장 많은 지분을 소유한 경우도 가장 많은 지분 소유에 포함된다(법 제41조 제1항).

부부가 1개의 부동산을 1/2씩 각각 공유하는 경우 지분 변경 없이 공유자 중 조합원인 한명은 임원의 자격이 있다.[16)]

(3) 대표조합원 변경과 조합임원 유지

조합장 및 이사는 조합원들이 부여한 신임에 의하여 그 지위가 인정되는바, 조합원의 신임은 이사로 선임될 당시의 당해 조합원의 지위에 기초하는 것이다.

신임의 기초가 되는 조합원의 지위에 사정변경이 발생하여 이사인 조합원에게 부여되었던 조합원들의 신임이 더 이상 유지되고 있다고 보기 어렵게 된 경우는 다시 이사로 선임되거나 이사에 대한 재신임 결의가 없는 이상 기존 이사의 지위가 계속하여 유지된다고 보기 어렵다.

공유자중 대표조합원이 임원으로 선정된 후 공유자 일부가 변경되었으나, 대표조합원이 선정되지 못하였다면 위 임원의 지위가 유지될 수 없다.

---

15) 광주고등법원 2020. 1. 22. 선고 2019나23632 판결
16) 서울서부지방법원 2024. 6. 11.자 2024카합50241 결정

2. 임원의 자격제한

(1) 조합 임원의 자격제한

조합 임원의 자격은 다음과 같다(법 제41조 제1항).

① 정비구역에 위치한 건축물 또는 토지를 5년 이상 소유할 것

② 정비구역에서 거주(영업)하고 있는 자로서 선임일 직전 3년 동안 정비구역에서 1년 이상 거주(영업)할 것

임원의 피선임자격중 ①항의 '소유'는 임원 후보자의 소유기간을 의미하고, 소유자 외에 소유자와 동일한 세대를 이뤄 같은 이해관계를 가지는 자인 배우자의 소유기간은 포함되지 않는다.[17]

'거주기간' 요건은 것은 정비구역내 거주자라면 해당 지역의 현황을 누구보다도 잘 알고 있을 뿐만 아니라 열심히 일할 것이라는 점을 고려한 것이다.

조합장의 자격은 선임일로부터 관리처분계획인가를 받을 때까지 정비구역에서 거주(영업)하여야 하는바, 조합장은 선임일 당시 정비구역내 거주요건을 충족하여야 한다.

조합장을 제외한 다른 임원도 선임일 당시 정비구역내에서 거주중이어야 한다.[18]

피선출일 현재 사업시행구역 안에서 3년 이내에 거주한 기간의 합이 1년 이상이면 임원 자격을 갖춘 것으로 본다.[19] 위 '거주기간'는 임원후보자 본인의 거주기간의 의미하고, 배우자 또는 직계존비속의 거주기간은 제외된다.

거주는 일정한 곳에 생활의 근거를 두고 머물러 사는 것을 의미한다. 정비구역내 전입신고 뿐만 아니라 수도, 전기, 가스 사용량 등에 의해 실제 거주사실이 입증되어야 할 것이다.

조합장의 해당 정비구역 내 거주의무를 '해당 정비구역을 유일하고도 단일한 주소지로 하여 거주할 것'으로 해석되지 않는다. 조합장이 정비구역 내에 생활의 근거가 되는 곳을 두고 거주하여 왔다면 그 외에 다른 곳에도 주소를

---

17) 서울중앙지방법원 2022. 1. 13. 선고 2020가합607612 판결, 법제처 2022. 6. 2. 회신 22-0161호 사례

18) 서울고등법원 2022. 5. 26. 선고 2022나2005329 판결

19) 서울중앙지방법원 2012. 1. 12. 선고 2011가합72436 판결

두고 있더라도 도시정비법 제41조 제1항의 자격요건을 갖춘 것으로 인정된다.[20)]

조합장이 정비구역내에서만 거주하지 않고 다른 곳에 주소지를 두고 있더라도 정비구역 내 마련된 주소지에서 어느 정도 거주하면서 조합업무를 수행하였다면 계속 거주요건을 충족한 것으로 본다.[21)] 그러나 조합장이 전입신고만 마쳤을 뿐 실제로 정비구역내에서 거주하지 않았다면 계속 요건을 충족하지 못해 당연 퇴임된다.[22)]

임원의 피선임자격중 ②항의 요건에 거주(영업)기간 이외 '소유' 기간을 규정하고 있지 않으므로, 임원 후보자는 거주(영업)기간을 충족한 후 임원 후보 등록일까지 정비구역내 부동산을 취득하면 될 뿐 소유기간과는 무관하다.

임원 후보가 정비구역내 갑 부동산을 소유하면서 같은 정비구역내 을 부동산에서 거주 또는 영업을 하고, 선임일 직전 3년 이내 1년 이상 거주 또는 영업을 하였다면 임원의 자격요건을 충족한다. 즉 동일한 부동산에서 소유 및 거주(영업)를 요하지 않는다.

(2) 정관에 의한 임원의 자격제한 추가

조합임원의 선출방법은 정관으로 정하여야 하는바(법 제41조 제5항), 조합임원의 선출방법에는 선출을 위한 기준이나 요건으로서의 '자격요건'도 포함된다. 조합임원의 결격사유도 조합임원의 자격요건에 해당하므로, 조합은 정관에서 조합임원의 결격사유를 추가로 규정할 수 있다.[23)]

조합원들이 의사형성의 과정을 거쳐 도시정비법과 조합의 목적에 반하지 않는 범위 내에서 조합임원의 자격요건을 제한하는 규정을 의결하였고 그러한 규정이 합리적인 제한의 범위 내에 있다면, 그러한 경우에는 도시정비법상의 조합임원 자격요건을 강화함으로써 조합임원의 피선임권을 일정 부분 제한하는 것도 허용된다.[24)]

---

20) 대전지방법원 2025. 1. 23. 선고 2024가합200360 판결
21) 창원지방법원 마산지원 2021. 7. 7. 선고 2020가합101447 판결 : 수도, 전기사용량 등을 통해 정비구역내 거주사실이 입증된 사안임.
22) 서울남부지방법원 2022. 7. 13.자 2022카합20212 결정
23) 법제처 2016. 11. 7. 16-0394 해설례
24) 서울서부지방법원 2009. 11. 11. 선고 2009가합4848 판결, 서울행정법원 2010. 5.

원칙적으로 해임된 임원도 차기 임원 선출을 위한 총회에서 임원 입후보 자격을 가진다.[25] 다만 정관을 개정하여 해임된 임원에 대하여 임원 입후보자격을 제한하는 규정을 신설할 수 있다.

"정비사업 목적의 다른 조합의 조합장 또는 정비사업전문관리업의 대표직을 역임한 적이 있는 조합원은 조합장으로 입후보할 수 없다."는 정관 규정도 가능하다.

재개발조합의 임원 입후보자 자격을 조합설립에 동의한 조합원으로 제한할 정관 등의 규정은 조합원들에게 평등하게 부여되어야 할 피선거권을 합리적 사유없이 제한한 것이어서 무효이다.[26]

(3) 후보자추천인 제도

실무상 후보자의 난립을 저지함으로써, 선거관리의 효율성을 꾀하고 조합업무의 민주성과 능률성을 도모하기 위하여 일정한 수의 추천인을 받은 자에 한하여 조합임원의 후보자격을 인정하고 있다.

서울특별시 정비사업 표준선거관리규정(서울특별시 고시 제2017-243호, 2017. 7. 6.)의 별표 선거관리규정 제24조에서 후보자추천제도를 규정하고 있다.

조합임원의 선임에 관한 사항은 원칙적으로 총회의 의결사항인바, 조합 임원 입후보 등록시 일정 수 이상의 추천인을 요하는 요건은 조합원들의 피선임권과 동시에 선임권을 제한하는 내용으로서 조합임원의 선임에 관한 사항에 해당한다. 따라서 후보자 추천제도는 조합 정관의 내용에 포함하거나 선거관리규정을 정하여 총회의 의결을 한 경우에만 유효하다.[27]

재개발조합의 선거관리규정에 조합임원 후보자에 대한 추천권을 조합설립에 동의한 토지등소유자에게만 부여한 것은 토지등소유자들에게 평등하게 부여되어야 할 조합임원 선출권을 합리적 사유 없이 제한하는 것이어서 무효이다.[28]

---

27. 선고 2010구합1514 판결

25) 부산고등법원(창원) 2018. 2. 21. 자 2018라10009 결정

26) 대법원 2018. 6. 15. 선고 2018다212498 판결

27) 서울서부지방법원 2008. 7. 18. 선고 2008가합283 판결(항소취하 확정), 서울남부지방법원 2010. 3. 26. 선고 2008가합22093 판결(대법원 확정)

28) 대법원 2011. 4. 28. 선고 2010다106269 판결

다만, 재건축조합의 경우 후보추천권을 동의한 자로 제한할 수 있을 것이다.

후보자의 난립을 방지하기 위해 임원의 후보자에게 총 조합원 10% 미만의 추천을 받도록 하는 것은 합리적인 제한이라고 볼 수 있으나,[29] 총 조합원 10% 이상의 추천을 받도록 하는 것은 조합원의 피선임권을 과도하게 제한하는 것이다.[30]

3. 조합임원의 결격사유

(1) 조합임원의 결격사유

조합의 임원은 조합을 대표하면서 막대한 사업자금의 운영 및 조합원의 부담이 되는 계약을 체결하는 등 권한이 주어져 있다. 임원의 결격사유는 조합임원의 자격을 제한하여 사전에 전과자 등 불건전한 세력의 개입을 차단하여 조합이 건전하게 운영될 수 있도록 하기 위한 제도이다.

도시정비법에 정한 임원의 결격사유는 다음과 같다(법 제43조 제1항).

① 미성년자·피성년후견인 또는 피한정후견인

② 파산선고를 받고 복권되지 아니한 자

③ 금고 이상의 실형을 선고받고 그 집행이 종료(종료된 것으로 보는 경우를 포함함)되거나 집행이 면제된 날부터 2년이 경과되지 아니한 자

④ 금고 이상의 형의 집행유예를 받고 그 유예기간 중에 있는 자

⑤ 도시정비법을 위반하여 벌금 100만원 이상의 형을 선고받고 10년이 지나지 아니한 자

⑥ 조합설립 인가권자에 해당하는 지방자치단체의 장, 지방의회의원 또는 그 배우자·직계존속·직계비속

자격상실 내지 자격정지의 형을 받은 자는 조합임원이 될 수 없다(형법 제43조).

금고이상의 실형은 모든 형사사건을 의미하며, 직무위배행위로 인한 형사사

29) 대법원 1992. 3. 31. 선고 91다14413 판결
30) 대법원 2011. 4. 28. 선고 2010다106269 판결

건에 국한되지 않는다. 실형의 선고는 형사사건의 확정판결이 있었을 때를 의미하므로[31], 1심에서 실형이 선고된 후 항소하여 아직 판결이 확정되지 않았다면 1심의 실형 선고만으로는 결격사유에 해당된다고 볼 수 없다. 금고이상의 실형이어야 하므로, 벌금형의 선고는 결격사유에 해당되지 않는다.

조합은 선량한 풍속 기타 사회질서에 위반되는 등 사회관념상 현저히 타당성을 잃은 것이 아닌 한 정관으로 임원의 결격사유를 추가할 수 있다.[32]

(2) 다른 조합의 임원 겸직 여부

조합임원은 같은 목적의 정비사업을 하는 다른 조합의 임원 또는 직원을 겸할 수 없다(법 제42조 제4항).

서울시 재개발 표준정관 제16조 제12항에 의하면 "조합임원은 법 제42조 제4항에 따라 같은 목적의 정비사업을 시행하는 다른 조합·추진위원회의 임원 또는 직원을 겸할 수 없으며, 사업과 관련된 시공자·설계자·정비사업전문관리업자 등 관련단체의 임원·위원 또는 직원을 겸할 수 없다."라고 규정하고 있다.[33]

임원의 겸직금지는 다수의 이해관계자가 얽혀있는 재개발조합의 특성, 조합운영의 실무를 담당하는 임원들이 조합원 전체의 이익을 위해 맡은바 임무를 충실히 수행할 수 있도록 하고, 동일한 사업 목적을 가지는 다른 조합의 사무를 처리하는 과정에서 발생할 수 있는 이익충돌 상황을 회피함으로써 조합원의 이익을 보호하기 위함이다.

임원의 겸직금지조항을 조합임원의 결격사유로 보는 견해[34]가 있다. 이 경우 후보자는 후보자 등록 전까지 다른 조합의 임원 또는 직원에서 사임 또는 사퇴해야만 피선거권을 가진다.

갑이 다른 조합의 이사 지위를 사임의 사유로 상실한 다음에 당해 조합의 조합장 지위를 취득하였다면 위 갑은 두 조합의 임원 지위에 동시에 있었던

31) 대법원 2007. 6. 14. 선고 2005다57684 판결
32) 수원지방법원 안양지원 2010. 10. 22.자 2010카합139 결정
33) 부산지방법원 동부지원 2021. 3. 31.자 2020카합100575 결정
34) 서울특별시 정비사업 표준선거관리규정 제6조 제2항 제7호에서 다른 조합 등을 겸직한 자에 대해 피선거권이 제한됨.

적은 없으므로 겸직금지의무를 위반한 것으로 볼 수 없다.[35]

임원이 임기중 다른 조합의 임원으로 재직하는 경우 조합은 대의원회의 의결에 따라 해당 임원의 직무를 정지시키고, 새로이 임원을 선출하여야 한다.

표준정관 제16조 제8항의 '시공자'는 경쟁입찰이나 수의계약으로 조합의 협력업체 지위에 있는 건설사를 의미하는바, 조합과 계약관계가 없는 일반 건설회사의 임원은 조합임원 입후보자격의 제한을 받지 않는다. [36]

4. 조합임원의 당연 퇴임사유

조합임원의 당연 퇴임사유는 다음과 같다(법 제43조 제2항).

① 조합임원이 도시정비법 제43조 제1항 각호의 결격사유에 해당하게 되거나 선임당시 그에 해당하는 자이었음이 밝혀진 경우

② 조합임원이 도시정비법 제41조 제1항의 자격요건을 갖추지 못한 경우

총회에서 조합원 과반수 출석과 출석 조합원 과반수의 동의로 전문조합관리인의 선정을 요청하는 경우 시장・군수등은 전문조합관리인을 선정할 수 있다(법 제41조 제5항 제2호). 이 경우 전문조합관리인이 업무를 대행할 임원은 당연 퇴임한다(제43조 제5항).

업무의 영속성과 법적 안정성을 위하여 퇴임된 임원이 퇴임전에 관여한 행위에 관하여는 퇴임 임원이 한 행위라고 하더라도 그 효력을 잃지 아니한다(법 제43조 제3항). 그러나 퇴임전에 행위가 도시정비법이나 기타 관련법령에 의하여 허용될 수 없는 것일 경우에는 그에 따라 그 효력을 잃는다.

---

35) 서울서부지방법원 2019. 2. 21. 선고 2018가합38355 판결
36) 서울서부지방법원 2024. 6. 11.자 2024카합50241 결정

Ⅲ. 조합임원의 선임

1. 선임기관 등

(1) 임원의 선임기관

조합임원의 선임 및 해임은 총회의 의결을 거쳐야 하므로(법 제45조 제1항 제7호), 조합임원의 선출기관은 원칙적으로 총회라 할 것이다. 조합장의 보궐선임은 대의원회가 대행할 수 없으므로, 조합장의 보궐선임기관은 총회이다.

임기중 궐위된 이사, 감사의 보궐선임은 대의원회가 대행할 수 있으므로(시행령 제43조 제6호), 이사, 감사의 보궐선임기관은 대의원회이다.

조합임원의 선임(보궐선임 제외)은 총회의 고유한 권한이다. 만약 정관에 대의원회에서 조합임원의 선임을 한다고 규정하고 있더라도, 위 정관의 규정은 도시정비법을 위배하는 것으로서 무효이다. 정관이나 총회의 결의에 의하여도 조합임원의 선임을 타에 위임할 수 없다. 또 이사의 후보를 특정 조합원이 지명하는 자로 제한하는 것과 같이 이사선임을 특정인의 의사에 연계시키는 것도 허용될 수 없다.[37]

(2) 임원선임을 위한 총회 소집권자

조합장은 직권으로 조합임원을 선임하기 위한 총회를 소집할 수 있다. 조합원 5분의 1 이상 또는 대의원 3분의 2 이상의 총회 소집요구가 있을 경우 조합장이 총회를 소집한다(법 제44조 제2항).

조합장 또는 감사가 2월 이내 총회를 소집하지 아니하는 경우 소집을 요구한 자의 대표자가 구청장의 승인을 얻어 이를 소집한다(서울시 재개발 표준정관 제20조 제5항). 이 경우 구청장의 승인이 필요하다.

선거관리위원회는 조합 임원 선임 총회에서 선거 업무를 수행하고 기존 집행부로부터 독립된 기관으로서 선임 총회의 진행 업무에 관한 권한을 가진다.

37) 대법원 2009. 3. 12. 선고 2008도10826 판결

그러나 총회의 소집권한은 조합장에게 전속되고, 선거관리위원장은 임원 선임을 위한 총회의 소집권한이 없다.[38]

(3) 임원 전원 해임된 경우 총회 소집

조합장을 포함한 임원 전원이 해임된 경우 조합원은 법원에 임시조합장의 선임을 청구할 수 있고, 조합원 5분의 1 이상은 법원에 의하여 선임된 임시조합장을 상대로 임시총회의 소집을 청구할 수 있다.[39]

이에 반해 조합장과 감사가 없는 경우 소집을 청구한 사람의 대표가 바로 구청장을 승인을 얻어 총회를 소집할 수 있다고 해석한 사례도 있다.[40]

서울시 재개발 표준정관 제16조 제9항은 "조합장의 직무를 대행할 조합임원이 사임·해임·당연퇴임 등으로 부재한 경우에는 조합원 5분의 1 이상의 요구로 법원의 허가를 얻어 조합장 및 조합임원 선임을 위한 총회를 소집할 수 있다. 이 경우에는 요구자 대표로 선출된 자가 총회의 소집 및 진행에 있어 조합장의 권한을 대행한다." 라고 규정하고 있다.

(4) 임원선임시 금품수수 금지

누구든지 추진위원, 조합임원의 선임과 관련하여 다음의 행위를 하여서는 아니 된다(법 제132조 제1항).[41]

① 금품, 향응 또는 그 밖의 재산상 이익을 제공하거나 제공의사를 표시하거나 제공을 약속하는 행위

② 금품, 향응 또는 그 밖의 재산상 이익을 제공받거나 제공의사 표시를 승낙하는 행위

③ 제3자를 통하여 ① 또는 ②에 해당하는 행위를 하는 행위

---

38) 서울서부지방법원 2021. 10. 7.자 2021카합50583 결정
39) 인천지방법원 2023. 8. 25.자 2023카합10294 결정
40) 서울고등법원 2023. 8. 22.자 2023라20932 결정
41) 이를 위반한 자는 5년 이하의 징역 또는 5천만원 이하의 벌금에 처함(법 제135조 제2호).

2. 선거관리규정 등

(1) 선거관리규정의 제정

도시정비법 또는 하위규정에서 조합임원의 선출을 위한 선거관리규정에 관한 규정을 두고 있지 않다.

서울시는 '서울특별시 정비사업 표준선거관리규정(서울특별시 고시 제2017-243호, 2017. 7. 6.)' 을 제정하여 운영하고 있다.

조합은 그 내부 운영에 있어서 조합 정관 및 다수결에 의한 자치가 보장되고, 조합이 자체적으로 마련한 선거관리규정은 조합 민주주의를 실현하기 위한 강행법규에 적합한 범위 내에서는 일종의 자치적 법규범으로서 국가법질서 내에서 법적 효력을 가진다.[42]

정관의 규정이 조합원의 권리를 과도하게 침해 내지 제한하거나 소수 조합원의 권리를 해할 우려가 있는 정도에 이른 경우 해당 규정은 무효이다.[43]

(2) 선거관리위원회의 구성 및 운영

조합은 임원의 임기만료 60일전까지 조합 선거관리위원회 구성을 위해 선거관리위원 후보자 등록을 조합 홈페이지에 공고하고, 대의원회에서 후보자를 등록받아 대의원회 의결을 통해 선거관리위원을 선임한다. 선거관리위원회는 5인 이상 9인 이내의 선관위원으로 구성한다. 선거관리위원의 임기는 당선자 공고와 동시에 종료된다.

선거관리원장은 조합 선거관리위원회를 대표하고, 총회 등의 임시 의장이 된다. 선거관리위원회는 ① 선거관리계획의 수립, ② 선거인 명부 작성, ③ 후보자 등록 접수·자격심사 및 확정공고, ④ 투표용지 작성, ⑤ 투표 및 개표관리, ⑥ 투표지의 유·무효 심사, ⑦ 당선자 공고, ⑧ 선거 위반사항에 대한 조사, 심사 등의 업무를 수행한다.

조합 또는 조합과 계약된 모든 업체는 선거와 관련된 업무를 할 수 없다. 다만 선거에 미치는 영향이 없다고 인정되는 범위 안에서 조합 선거관리위원

42) 대법원 2009. 3. 26. 선고 2008도10138 판결
43) 대법원 2011. 4. 28. 선고 2010다106269 판결

회 요청에 따라 대의원회 의결을 거친 사항에 한하여 사무국 및 정비업체 등에 업무 지원을 요청할 수 있다(OS 홍보요원 등 불공정한 개입 불허).

재개발설립에 동의하지 않은 조합원은 사업자체를 반대하거나 조합의 운영에 무관심한 경우가 많으므로, 선거관리위원회를 구성함에 있어 조합설립에 동의한 자로 제한한는 것은 적법하다.

(3) 선거관리위원회 구성의 하자

선거관리위원회의 임기는 당해 선거업무가 끝남과 동시에 종료되는바, 조합이 대의원회에서 새로운 선거관리위원회를 구성하지 않고, 임기가 만료된 선거관리위원들로 구성된 선거관리위원회로 하여금 선거업무를 수행토록 한 경우 선거관리위원회 구성의 하자 및 임원선임총회의 하자가 된다.[44]

대의원회 최소 정족수를 충족하지 못한 대의원회에서 선거관리위원을 선출하였고, 위 선거관리위원이 선거를 집행하고 관리하였다 하더라도 조합원들의 임원 선출에 관한 자유로운 판단에 의한 투표가 방해되지 않았다면 해당 임원 선출을 위한 총회결의는 유효하다.[45]

장기간 임원선출이 지연되고, 대의원회가 소집이 되지 않아 선거관리위원회가 구성되지 못하며, 현 집행부가 고의적으로 선거관리위원회의 구성을 방해하는 경우 조합원 5분의 1 이상의 발의에 의한 총회에서 임의로 구성된 선거관리위원회에 의해 임원선출결의가 있었다면 위 총회의 결의는 유효하다.[46]

(4) 입후보 등록사항의 고지

서울시 재개발 표준정관 제8조에서 임원 피선임권과 같은 조합원의 권리에 관한 사항은 조합원들에게 등기우편으로 개별적으로 고지하고, 만약 등기우편이 반송되는 경우에는 일반우편으로 추가 발송한다. 그 외에도 조합은 조합원들이 쉽게 접할 수 있는 장소의 게시판에 14일 이상 공고하여야 한다.

인터넷 홈페이지 또는 카페에 게시하도록 한 취지는, 임원 피선임권이 조합원의 중요한 권리 중의 하나이므로 개개 조합원들에게 이에 관한 정보를 제공

44) 대법원 2014. 12. 11. 선고 2013다204690 판결
45) 서울고등법원 2017. 5. 18. 선고 2016나2084598 판결
46) 부산지방법원 2007. 7. 26.자 2007카합491 결정

받을 기회를 가능한 한 확실히 보장하기 위한 것이다.

임원 입후보자 등록공고시 조합원들에게 등기우편으로 개별 고지까지 하여야 한다는 견해[47]와 홈페이지 공고 이외 개별 고지는 필요하지 않다는 견해[48]가 있다.

후보자등록시 조합원 추천을 요하는 경우 후보자가 입후보 자격 요건을 구비하기 위하여 상당한 시간이 소요되기 때문에 입후보등록기간은 공고일 이후 7일이 경과한 날부터 기산하여 5일 이상으로 정하는 것이 타당하다.[49]

후보자 등록기간을 7일로 정한 것은 조합임원 및 대의원 입후보를 원하는 토지등 소유자들이 후보자 등록을 준비할 충분한 시간을 갖지 못하게 하여 사실상 피선출권을 제한한 것이라고 판시한 사례가 있다.[50]

(5) 선거관리위원회의 선거진행 관련 결정

① 선거관리위원회의 해석 내용이 선거의 기본원칙 및 정의의 관념에 부합할 뿐만 아니라 ② 해석의 대상이 된 당해 규정의 문자적 의미에 명백히 반하지 아니하며, ③ 그 해석에 따른 무효사유를 투표 실시 전에 조합원들에게 주지시켰다면 선거관리위원회는 사전에 정한 해석 내용에 따라 투표의 유효 여부를 판정할 수 있다.[51]

총회에서 선출된 임원에게 정관 또는 선거관리규정에서 정한 당선취소사유가 존재할 경우 선거관리위원회는 선거관리규정의 절차와 방법에 따라 당선취소결정을 할 수 있는바, 특별한 사정이 없는 한 법원은 위 선거관리위원회의 결정 및 유권해석을 존중하여야 한다.

선거관리위원회의 임원 당선자 취소결정이 정관 또는 선거관리규정이 정한 절차와 방법에 따라 이루어지지 않았다거나 선거관리위원회가 당선자 취소결정을 할 권한이나 근거 없이 취소결정을 한 경우라면, 법원은 선거관리위원회의 취소결정에 불구하고 총회 결의의 효력이나 당선의 취소 여부를 판단할 수

---

47) 수원지방법원 안양지원 2021. 6. 18.자 2021카합10070 결정
48) 서울서부지방법원 2019. 12. 5. 선고 2019가합34534 판결
49) 서울특별시 정비사업 표준선거관리규정 제23조 제1항은 후보자등록 기간을 후보자등록 공고일 다음날부터 5일 이상(공휴일 제외)으로 하고 있음.
50) 서울남부지방법원 2010. 3. 26. 선고 2008가합22093 판결
51) 대법원 1998. 2. 27. 선고 97다43567 판결

있다.[52)]

선거관리규정에서 '후보자 당선무효는 5일 이하의 기간내에 조합 선관위의 의결을 통하여 결정한다.' 고 규정되어 있는 경우 선거관리위원회는 당선공고일로부터 5일 이내에만 당선무효를 결정할 수 있다.[53)]

3. 임원의 선출방법

(1) 의안으로서의 임원 선출

하나의 직에 정원이 1명일 경우(예 : 조합장)도 있고, 정원이 여러 명일 경우(예 : 감사, 이사)도 있다. 1명일 경우에 그 1명을 선출하는 것이 하나의 의안이다. 여러 명일 경우에도 그 중 1명씩 선출하는 것이 각각 하나의 의안이다. 주식회사 또는 조합은 정원이 여러 명일 경우 원만하고 신속한 처리를 위하여 일거에 여러 명을 선출하고 있다. 이것은 의안의 병합이라 한다.

(2) 조합장과 같이 정원이 1명인 경우

조합장과 같이 정원이 1명일 경우에 1명의 후보만이 등록하였다면 그 1명을 단일후보 가부표결에 부쳐 그 선임 여부를 결정한다. 단일후보 가부표결이란 단일후보를 대상으로 가부표결(찬반표결)로 회의체의 의사를 결정하는 것을 말하며, 가부표결을 거수 또는 기립에 의할 때에 진행순서는 먼저 찬성을 물은 다음 반대를 묻는 순으로 한다.

후보자가 여러 명일 경우 그 여러 명을 놓고 복수후보 택일표결로 그 중 1명의 조합장을 선출한다. 택일표결은 대부분 투표지에 의한 표결에 의하며, 표결시에 각 조합원은 복수후보 중 한 사람에게 찬성표를 던진다.[54)]

정관에서 조합장의 선임을 출석 조합원의 다득표로 정한 경우 후보자중 다득표를 얻은 자를 조합장으로 선출하게 된다.

---

52) 서울중앙지방법원 2012. 1. 12. 선고 2011가합72436 판결
53) 서울중앙지방법원 2023. 4. 6.자 2023카합20189 결정
54) 서울특별시 정비사업 표준선거관리규정 제34조 : 선거는 기표방법으로 하며, 무기명 비밀투표로 함.

만약 정관에서 조합장의 선임을 출석 조합원 과반수 동의로 정한 경우 후보자중 출석 조합원의 과반수 동의를 얻은 자를 조합장으로 선출하되[55], 1차 표결에서 어느 한 사람도 참석 조합원의 과반수 찬성을 얻지 못한 경우 상위 2명을 놓고 결선투표에 부쳐 그 중 한 사람을 선출한다.[56]

결선투표 당시 총 투표자의 과반수 또는 결의 당시 회의장에 남아 있던 조합원의 과반수(무효 또는 기권표 포함)[57]의 동의를 받은 후보자를 당선자로 인정되며, 무효표 또는 기권표를 제외한 총 유효 투표수의 과반수를 득표한 후보자를 당선자로 해서는 아니된다.[58]

(3) 감사 또는 이사와 같이 정원이 여러 명인 경우

여러 명의 임원을 동시에 선임할 경우 일괄기입투표제(一括記入投票制)에 의하여 정수의 임원을 선출한다. 일괄기입투표제란 조합이 5명의 이사를 선출할 경우에 조합원들에게 5명의 후보자를 투표지에 기입하도록 한다. 투표지에 정수(5명)보다 적은 수를 기재한 것은 유효하다. 반면 정수보다 많은 수를 기재한 것은 무효로 처리한다.

5명의 임원 선임에 5명의 후보자가 있는 경우에도 후보자 전원에 대해 찬·반을 물어서는 아니 되고 각 후보자별로 찬반표를 실시하여야 한다.[59] 이는 조합원들로 하여금 각 후보에 대한 개별적인 찬성, 반대의 의사를 표시할 수 있는 기회를 주기 위함이다.

정관에서 조합임원의 선임을 출석 조합원의 다득표로 정한 경우 후보자중 정관상 임원의 정수에 해당하는 다득표를 얻은 자(예 5명)를 조합 임원으로 선출하게 된다.[60]

---

55) 대법원 1994. 11. 22. 선고 93다40089 판결

56) 서울특별시 정비사업 표준선거관리규정 제34조 제4항에서 정관이 정하는 바에 따라 결선투표를 통하여 임원을 선임할 수 있도록 함.
결선투표 시 결선투표 대상인 후보자에게 투표한 우편 투표권은 결선투표를 한 것으로 인정하며, 기타 후보자에게 투표한 우편 투표권은 기권표로 한다. 이 경우 결선투표 개시 전 총회 성원여부를 확인하여야 함.

57) 대법원 2010. 4. 29. 선고 2008두5568 판결

58) 대법원 1995. 8. 29. 자 95마645 결정

59) 수원지방법원 2013. 2. 15.자 2013카합40 결정, 서울서부지방법원 2008. 7. 18. 선고 2008가합283 판결, 의정부지방법원 2011. 5. 18.자 2011카합317 결정

만약 정관에서 조합임원의 선임을 조합원 과반수 출석과 출석 조합원 과반수 동의로 정한 경우 임원의 정수가 5명인데, 1차 표결결과 3명의 후보자만이 과반수 찬성을 받았다면 위 3명은 임원으로 선임되나, 추가로 2명의 임원을 선출하여야 한다.

추가 2명의 임원선임은 ① 떨어진 후보자를 상대로 2차 투표를 실시하는 방법과 ② 떨어진 후보자중 다득표자 순으로 표결에 부치는 방법이 있다. ①의 방법은 절차의 복잡성 및 총회의 장기화를 초래하므로, 실무에서는 ②의 방법이 선호되고 있다.

(4) 무투표 당선

선거관리규정에 후보자 수가 정수와 같은 경우 무투표 당선으로 결정할 수 있다고 규정하는 사례도 있다.[61] 이 경우 가·부 투표 또는 최소득표수 이상으로 사전에 당선인 결정기준을 정할 수 있다.

정관에서 선거에 관하여 선거관리규정에 위임하는 규정을 두고, 선거관리규정에서 임원 선거와 관련 무투표 당선을 규정한 경우 위 선거관리규정은 정관이 위임 범위를 벗어났다거나 정관에 반한다고 볼 수 없다.[62]

선거관리규정에서 후보자의 수가 정수 범위내인 경우 무투표 당선으로 결정하도록 정하였고, 이사 및 대의원 후보자가 정수 범위 이내이었다. 이에 조합은 이사 및 대의원 후보자 모두 무투표 당선으로 보고, 다만 총회에서 후보자에 대한 개별 투표가 아닌 일괄 투표방식(당선자 전체에 대한 찬,반 투표)으로 의결하였다. 위 일괄투표방식은 토지등소유자들의 의결권, 선출권을 중대하게 침해하여 위법하다고 볼 수 없다.[63]

무투표 당선규정은 유효한 입후보자가 복수임을 전제로 한다. 임원을 1명

---

60) 서울시 재개발 표준정관 제15조 제3항 : 조합장 - 출석 조합원 과반수 찬성
이사, 감사 - 입후보자가 선임하려는 임원 수를 초과하는 경우에는 임원 수에 이르기까지 다득표순으로 선임함.

61) 서울시 재개발 표준정관 제15조 제3항 : 이사, 감사의 입후보자가 선임되려는 수 이하인 경우에는 득표수에 상관없이 모두 선임된 것으로 본다.
서울특별시 정비사업 표준선거관리규정 제34조 제5항

62) 부산고등법원 2020. 2. 6. 선고 2019나52761 판결 : 대의원의 선임에 관하여 무투표당선에 관한 명시적인 규정이 없어 대의원 선임은 무투표당선이 적용되지 않는다.

63) 수원지방법원 2023. 5. 17. 선고 2022구합72510 판결, 2022구합76475 판결

선임함에 있어 2명이 입후보하였으나 1명이 조합원 자격을 상실함으로써 후보자와 선임 예정 임원 수가 동일한 경우 나머지 후보는 정관에 정한 절차 및 정족수를 갖춘 경우에만 당선될 수 있다. 즉 무투표 당선규정을 적용할 수 없다.

(5) 사전투표[64)]

선거관리위원회는 선거인의 투표율 제고를 위해 선거일 이전 사전투표를 할 수 있다. 사전투표 장소는 당해 사업시행구역 내 일정한 장소나 인접지역의 적당한 장소에 투표소를 설치하여 운영하여야 한다. 사전투표 기간은 조합 총회 개최 공고일(선거일 공고)부터 선거일 7일전까지 1일 이상의 기간을 따로 정하여 시행한다.

사전투표한 선거인은 선거인명부에 사전투표자로 표시한다. 사전투표함은 선거관리위원회가 제작한 투표함으로 하되, 후보자 또는 참관인들이 확인한 후 시건・봉인한다. 사전투표함의 개봉은 투표일 선거시간이 종료되고 개표가 개시된 이후 개봉한다.

4. 임원선거와 투표용지・서면결의서

조합원은 서면에 의해 의결권을 행사할 수 있다(법 제45조 제5항). 도시정비법은 2024. 12. 3. 전자적 방법에 의한 의결권 행사방법(전자투표)을 허용하였다(법 제45조 제5항).

임원 또는 대의원의 선임시 후보자 각각에 대한 찬반을 묻지 않고, 전원에 대해 찬성과 반대만을 하도록 하거나,[65)] 총회 참석자의 의결에 따르도록 양식을 정하였다면 위 서면결의서는 조합원의 선임권을 부당하게 제한한 것으로서 무효이다.[66)] 따라서 임원 입후보자 전원에 대한 찬성과 반대를 표시할 수 있

64) 서울특별시 정비사업 표준선거관리규정 제39조 내지 제44조
65) 서울서부지방법원 2008. 7. 18. 선고 2008가합283판결, 수원지방법원 안양지원 2011. 5. 11.자 2011카합61 결정
66) 인천지방법원 2009. 5. 27.자 2009카합464 결정, 의정부지방법원 2011. 5. 18.자

을 뿐만 아니라 입원 입후보자 각각에 대해 찬성과 반대를 표시할 수 있도록 서면결의서를 작성하여야 한다.

서면결의서 또는 투표용지에 선거관리위원회의 직인이 날인되어 있지 않거나 위·변조를 방지하기 위한 별도의 기술적 조치가 없다면 위 서면결의서 또는 투표용지는 무효이다.[67)]

서면결의서를 작성함에 있어 임원선거 안건과 다른 안건이 동시에 있을 경우 서면결의서의 작성인란에 의해 무기명 비밀투표가 보장되지 않으므로, 임원선출과 관련된 안건은 별도의 용지로 작성하여야 한다.

문자메세지 전송방식으로 서면결의서를 제출하거나 팩스 또는 전자메일에 의한 서면결의서 제출은 비밀투표의 원칙에 반하여 무효이다.[68)]

선거관리규정에서 우편접수 또는 직접 접수만을 정하고 있고, 홍보요원의 직무범위에 서면결의서의 징구가 포함되지 않은 경우 홍보요원이 징구한 서면결의서는 절차적 정당성을 갖추지 못하여 위법하다.[69)]

선거관리규정에서 조합원은 조합이 선정한 선거관리보조요원을 통해서만 서면결의서를 제출할 수 있도록 정한 경우 제3자가 조합원으로부터 서면결의서를 전달받아 이를 우편으로 제출하는 것은 특별한 사정이 없는 한 선거의 공정성을 담보하려는 선거관리규정의 취지에 반하여 허용되지 않는다.[70)]

임원선거관련 서면결의서는 선거의 공정성의 위해 총회장에서 공개한 후 개표하는 것이 바람직하다. 예외적으로 경찰 및 감사 등의 참관인이 참석한 상태에서 서면결의서 개봉에 관한 전체 과정을 비디오로 촬영하였다면 서면결의서의 위조·변조의 가능성이 없으므로, 총회 이전 개봉한 서면결의서도 유효하다고 한 사례가 있다.

선거관리위원이 직접적으로 서면결의서를 검열하지 않았으나, 선거의 공정성과 투명성이 침해된 것으로 볼 수 없다면 해당 임원 선출결의는 무효라고 보기 어렵다.[71)]

2011카합317 결정, 서울서부지방법원 2010. 7. 28.자 2010카합1137 결정

67) 광주지방법원 2019. 12. 6.자 2019카합50597 결정(서면결의서는 3장으로 구성되었고, 2번째 장과 3번째 장에 직인이 누락된 사안임)

68) 서울중앙지방법원 2022. 11. 10.자 2022카합21313 결정

69) 부산고등법원 2019. 4. 18. 선고 2018나52825 판결

70) 서울남부지방법원 2010. 7. 7.자 2010카합445결정

조합장의 후보자인 추진위원장이 창립총회의 개최를 위하여 조합원들에게 서면결의서를 송부하고, 이를 송달받는 것은 위원장의 고유의 직무범위 내에 포함되고, 선거절차의 공정성을 위배하는 것이라고 볼 수 없다.72)

무기명 비밀투표에 관한 선거관리규정 제34조 제1항은 직접 총회에 참석하여 현장에서 이루어지는 투표에 대해 적용되는 규정이라 할 것이고, 총회의 조합장 선거에서 이루어진 우편투표는 관련 규정에 따라 선거관리위원회가 정한 기명 투표의 방식으로 이루어진 것으로 적법하다. 우편 투표용지에 투표자의 기명과 자필서명 또는 무인이 이루어지도록 하는 것은 중복 투표나 위조투표가 이루어질 개연성을 미리 방지하고 투표자의 신원 확인 방안이 된다는 점에서 선거절차의 공정성과 투명성에 기여할 수 있으므로, 현장투표, 사전투표와 달리 우편투표의 경우 기명 투표에 의하도록 하는 것도 합리적인 선거방법이 될 수 있다.73)

5. 임원선출의 하자를 다투는 방법

(1) 총회결의무효소송(민사소송)

조합과 조합장 또는 조합임원 사이의 선임ㆍ해임 등을 둘러싼 법률관계가 공법상의 법률관계에 해당한다거나 그 조합장 또는 조합임원의 지위를 다투는 소송이 공법상 당사자소송에 해당한다고 볼 수 없다. 따라서 조합과 조합장 또는 조합임원 사이의 선임·해임 등을 둘러싼 법률관계는 사법상의 법률관계로서 그 조합장 또는 조합임원의 지위를 다투는 소송은 민사소송에 의하여야 한다.74)

(2) 임원선임의 총회결의와 피고적격

임원의 선임절차에 하자가 있는 경우 조합원은 조합을 상대로 총회결의무효

71) 대법원 2012. 10. 25. 선고 2010다102533 판결
72) 서울행정법원 2010. 5. 27. 선고 2009구합50428 판결
73) 서울행정법원 2020. 6. 23. 선고 2019구합80206 판결
74) 대법원 2009. 9. 24.자 2009마168, 169 결정

확인소송을 제기할 수 있으나, 총회에서 선임된 이사 개인을 상대로 총회결의 무효확인소송을 제기할 수 없다.75) 총회에서의 해임결의의 효력을 다투는 경우에도 조합을 상대로 해임결의무효를 다투어야 한다.76)

조합의 이사선임 결의가 무효임을 주장하여 그 결의의 무효확인을 구하는 소송에서 조합을 대표할 자는 현재 조합장으로 등기되어 그 직무를 행하는 자이다. 조합장이 무효확인청구의 대상이 된 결의에 의하여 선임된 조합장이라고 할지라도 그 소송에서 조합을 대표할 수 있는 자라 할 것이다.77)

또한 시장·군수로부터 변경인가를 받기 이전의 조합장도 대표권이 있으므로, 조합장선임결의무효소송의 피고의 대표자는 문제가 된 총회에서 선임된 조합장이다.78)

(3) 총회에서의 재결의와 소의 이익

당초 조합 총회에서 임원선임결의가 있은 후 다시 개최된 총회에서 위 종전 결의를 그대로 인준하는 결의를 한 경우에는 설사 당초의 임원선임결의가 무효라고 할지라도 새로운 총회결의가 하자로 인하여 부존재 또는 무효임이 인정되거나 그 결의가 취소되는 등의 특별한 사정이 없는 한 종전 총회결의의 무효에 대한 확인을 구하는 것은 과거의 법률관계 내지 권리관계의 확인을 구하는 것에 불과하여 권리보호의 요건을 결여한 것이다.79)

다만, 후임 임원의 선임 결의가 절차상 또는 내용상의 하자로 인하여 부존재 또는 무효임이 인정되거나 취소되는 등의 특별한 사정이 있는 경우에 한하여만 당초의 임원선임 결의의 무효 확인 등의 확인을 구할 법률상의 이익이 있다.80)

총회의 임원선임결의의 부존재나 무효확인 또는 그 결의의 취소를 구하는

75) 대법원 2010. 10. 28. 선고 2010다30676, 30683 판결, 서울동부지방법원 2011. 1. 28. 선고 2010가합11017 판결
76) 부산지방법원 2007. 11. 9. 선고 2007가합8757 판결
77) 대법원 1983. 3. 22. 선고 82다카1810 판결
78) 서울고등법원 2011. 11. 10. 선고 2011누23865 판결
79) 대법원 2003. 9. 26. 선고 2001다64479 판결, 대법원 2007. 3. 30. 선고 2005다45698 판결
80) 대법원 2002. 11. 13. 선고 2002다25310 판결

소에 있어서 그 결의에 의하여 선임된 임원들이 모두 그 직에 취임하지 아니하거나 사임하고 그 후 새로운 총회 결의에 의하여 후임임원이 선출되어 그 선임등기까지 마쳐진 경우라면 그 새로운 총회의 결의가 무권리자에 의하여 소집된 총회라는 하자 이외의 다른 절차상, 내용상의 하자로 인하여 부존재 또는 무효임이 인정되거나 그 결의가 취소되는 등의 특별한 사정이 없는 한 설사 당초의 임원선임결의에 어떠한 하자가 있었다고 할지라도 그 결의의 부존재나 무효확인 또는 그 결의의 취소를 구할 소의 이익은 없다.[81]

조합장 선임결의의 하자는 그 하자가 사소한 것에 불과한 것이 아니라 선거의 결과에 영향을 미쳤다고 인정되는 정도의 것으로 볼 수 있고, 그 선거에서 조합장으로 당선된 자가 개최한 정기총회에서 '찬/반'의 형식으로 추인하였다고 하여 당초 선거 절차에서의 중대한 하자가 치유된다고 보기 어렵다. 이에 선임과정에서 하자 있는 조합장이 총회 선임결의의 추인을 받아도 무효라고 판시한 사례가 있다.[82]

(4) 임원선임 하자와 직무집행정지가처분

민법상 법인의 이사 선임 결의에 하자가 있는 경우에는 '당해 이사 개인'을 상대로 한 '직무집행정지 가처분'을 신청하여야 한다. 조합을 상대로 한 선임결의의 효력정지가처분은 허용되지 않는다.[83]

(5) 임원선출의 무효사유

선거의 절차에서 선거관리규정에 위반한 사유가 있는 경우 그 사정만으로 당해 선거가 무효가 되는 것은 아니다. 선거관리규정의 위배사유로 인하여 선거인들의 자유로운 판단에 의한 투표를 방해하여 선거의 기본이념인 선거의 자유와 공정을 현저히 침해하고 그로 인하여 선거의 결과에 영향을 미쳤다고 인정될 때에만 그 선거가 무효이다.[84]

81) 대법원 1995. 2. 24. 선고 94다50427 판결
82) 서울서부지방법원 2024. 1. 17.자 2024카합50003 결정
83) 서울고등법원 2010. 6. 21.자 2009라2534 결정
84) 대법원 2010. 7. 15. 선고 2009다100258 판결, 대법원 2018. 6. 15. 선고 2018다212498판결, 대법원 2021. 5. 27. 선고 2021다209621 판결

무기명 비밀투표는 자유로운 선거권의 행사를 실질적으로 보장하기 위하여 선거인이 누구에게 투표하였는가를 제3자가 알지 못하도록 하는 상태로 투표하는 것을 말한다. 만약 무기명 비밀투표에 반하여 선거절차가 진행된 경우 해당 총회의 임원선임결의는 무효이다.85)

조합에 선거관리규정이 있을 경우 선거관리위원회를 구성하지 않고, 입후보자의 자격을 제한하면서 선착순으로 입후보자의 수를 제한한 경우 투표의 자유와 공정을 현저히 침해하고 선출결의의 결과에 영향을 미쳤으므로, 당해 총회의 이사선임결의는 무효이다.86)

학력을 포함한 후보자의 과거 주요경력사항은 선거인들이 선거에 임하여 후보자에 관하여 알아야 할 최소한의 기본적 사항으로서 그 진실성이 절대적으로 요청되는 것인 점에 비추어 선거인의 후보자 선택에 관한 중요한 참고자료가 되는 후보자의 학력 및 경력을 허위로 표시하는 행위는 비난가능성이 크다 할 것이므로, 허위학력 기재 후보자에 대한 후보자격 박탈 또는 당선무효결정은 적법하다.87)

조합장 후보자등록신청서에 최종학력으로 '대학원 수료'라고 기재하였으나, 실제로는 정규 대학원 과정을 수료한 것이 아니라 'S대학교 행정대학원 고위정책과정'과 같이 단기과정만을 수료했던 사안88), 조합장 후보자등록 신청서상 학력 및 경력란에 '부동산중개업'으로 기재하였으나 실제로는 공인중개사사무소에서 중개보조원으로 근무한 사안,89) 조합장 후보자등록 신청서상 학력 및 경력 사항란에 '경남 밀양 밀성고등학교'라고 기재하였으나 실제로는 일학년 과정만 수료한 사안90)에서 허위학력기재를 무효사유로 판단하지 않았다.

조합장 후보자등록신청서상 경력으로 'E 박물관 근무'라고 기재하였으나 실제로는 E 박물관의 서무과에서 임시고용원으로 근무하였고, 학력으로 D 고등학교를 졸업한 것으로 기재하였으나 실제로는 중퇴한 사안에서 경력 부분

85) 대법원 2021. 5. 27. 선고 2021다209621 판결
86) 대법원 2014. 12. 11. 선고 2013다204690 판결
87) 서울고등법원 2012. 5. 31. 선고 2011나92871 판결
88) 서울고등법원 2014. 4. 25. 선고 2013나2015201 판결
89) 대구지방법원 2020. 9. 24. 선고 2020가합203613 판결
90) 부산지방법원 2015.3. 25. 선고 2014가합14873 판결

기재는 임원 선임 결의 무효사유가 아니나 학력 부분 기재로 인해 임원 선임 결의가 무효라고 판시하였다.[91]

당선을 목적으로 허위사실을 공표하는 등의 행위가 선거의 영향을 미쳐 해당 선거가 무효라고 판시한 사례[92]와 상대후보의 비방이 선거의 영향에 미치지 않아 해당 선거가 유효하다고 판시한 사례[93]가 있다.

91) 인천지방법원 2004.10.20. 선고 2004가합2256 판결
92) 대법원 2003. 12. 26. 선고 2003다11837 판결
93) 대법원 2000. 7. 6. 자 2000마1029 결정

Ⅳ. 조합임원의 종임

1. 임기만료

임원은 임기가 만료된 후 당연 퇴임한다. 그러나 임기가 만료된 임원은 그 후임자가 선임될 때까지 그 직무를 수행할 수 있다(서울시 재개발 표준정관 제15조 제6항).[94]

조합과 임원과의 관계는 위임자와 수임자의 법률관계와 같은 것으로서 임원의 임기가 만료되면 일단 그 위임관계는 종료되는 것이 원칙이다. 그러나, 후임 임원 선임시까지 임원이 존재하지 않는다면 이사회에 의하여 행위를 할 수 밖에 없는 조합으로서 당장 정상적인 활동을 중단하지 않을 수 없는 상태에 처하게 된다.

따라서 구 임원으로 하여금 조합의 업무를 수행케 함이 부적당하다고 인정할 만한 특별한 사정이 없고, 종전의 직무를 구 임원으로 하여금 처리하게 할 필요가 있는 경우에 정관의 규정에 따라 또는 민법 제691조의 규정을 유추하여 후임 임원이 선임될 때까지 임기만료된 구 임원에게 임원의 직무를 수행할 수 있는 업무수행권이 인정된다.[95] 따라서 임기만료된 구 조합장이 총회를 소집하여 조합장 및 이사를 선임하는 행위는 적법하다.[96]

---

94) 대법원 1982. 3. 9. 선고 81다614 판결

95) 대법원 2010. 6. 24. 선고 2010다2107 판결, 대법원 2010. 9. 30. 선고 2010다43580 판결, 대법원 2007. 7. 26. 선고 2005도4072 판결, 대법원 2007. 7. 19. 선고 2006두19297 전원합의체판결

96) 유사사례 수원지방법원 2013. 6. 13. 선고 2011구합12192 판결 (임기만료 위원장의 창립총회 소집 적법), 서울행정법원 2018. 2. 2. 선고 2017구합6808 판결 (임기만료 위원장의 창립총회 소집 적법)

2. 임원의 사임

(1) 사임의 의사표시

조합과 임원의 관계는 위임계약관계이므로, 수임자인 임원은 언제든지 사임할 수 있다(민법 제689조 제1항). 사임은 조합에 대한 일방적인 의사표시로서 그 효력이 발생하고, 조합의 승낙을 요하지 않는다.

이사의 사임의 의사표시는 수령권한 있는 조합장에게 도달됨으로써 바로 효력을 발생하는 것이며, 그 효력발생을 위하여 법인의 승낙, 이사회의 결의나 관할관청의 승인이 있어야 하는 것은 아니다.[97] 조합장은 정관으로 정한 직무대행자(상근이사중 연장자 순)에게 사임의 의사표시를 한 때 사임의 효력이 발생한다.[98]

서울시 재개발 표준정관 제18조 제4항에 의하면 이사, 감사가 자의로 사임하고자 하는 경우 조합장에게 의사를 서면으로 표시하여야 하며, 조합장은 이를 이사회에 상정하여야 하도록 정하고 있다. 만약 조합이사 전원이 사임하고자 하는 경우에는 조합장은 이사회의 개최없이 대의원회를 소집하여 이사 전원의 사임을 의결할 수 있다.

(2) 사임의 철회 여부

사임행위는 의사표시가 대표자에게 도달함과 동시에 효력을 발생하고, 의사표시가 효력을 발생한 이후에는 특별한 사정이 없는 한 철회할 수 없다.[99] 다만, 수령권한 있는 조합장에게 사표의 처리를 위임한 경우에는 사임 의사표시의 효과발생여부를 조합장의 의사에 따르도록 한 것이므로, 조합장이 사표를 수리함으로써 사임의 효과가 생긴다.[100]

사임서 제시 당시 즉각적인 철회권유로 사임서 제출을 미루거나, 대표자에게 사표의 처리를 일임하거나, 사임서의 작성일자를 제출일 이후로 기재한 경우 등 사임의사가 즉각적이라고 볼 수 없는 특별한 사정이 있을 경우에는 별

97) 대법원 2010. 9. 30. 선고 2010다43580 판결
98) 대법원 2007. 5. 10. 선고 2007다7256 판결
99) 대법원 1991. 5. 10. 선고 90다10247 판결
100) 대법원 1998. 4. 28. 선고 98다8615 판결

도의 사임서 제출이나 대표자의 수리행위 등이 있어야 사임의 효력이 발생하고, 그 이전에 사임의사를 철회할 수 있다.[101]

(3) 사임한 임원의 직무수행 여부

조합장이 사임으로 인하여 궐위된 경우 상근이사 중 연장자 순으로 그 직무를 수행한다. 사임한 조합장은 원칙적으로 직무수행권한이 없다.

이사, 감사가 사임의사를 표시한 경우 해당 이사, 감사는 사임에 대한 이사회 의결이 있거나 후임 임원이 선임될 때까지 그 임기가 유지되는 것으로 본다(서울시 재개발 표준정관 제18조 제4항).

새로운 임원이 선임, 취임할 때까지 사임한 임원이 직무를 수행하는 것이 적합하지 아니하다고 인정될 때에는 이사회 또는 대의원회 의결에 따라 그의 직무수행을 정지하고 조합장이 임원의 직무를 수행할 자를 임시로 선임할 수 있다.[102]

3. 임원의 해임

(1) 조합정관에 따른 임원해임

서울시 재개발 표준정관 제18조 제1항은 “임원이 직무유기, 업무태만 또는 관계법령 및 이 정관을 위반하여 조합에 부당한 손해를 초래한 경우에는 법 또는 이 정관에서 정한 바에 따라 해임할 수 있다.” 고 규정하고 있다.

조합임원은 신뢰관계에 기초한 조합의 수임인의 지위에 있음에 비추어 임원의 해임사유는 반드시 위법한 행위만을 의미하는 것이 아니고, 그 직무 수행과정에 수임인으로서 선량한 관리자의 주의의무에 위반하는 부적당한 점이 있거나 그 밖의 다른 사유로 조합원들의 신뢰를 잃게 된 경우도 포함된다.[103]

임원에 대한 해임사유는 그 임원의 해임을 위한 임시총회 소집요구단계에서

101) 대법원 2008. 9. 25. 선고 2007다17109 판결
102) 대법원 1997. 1. 24. 선고 96다39721 판결 유사취지
103) 서울북부지방법원 2010. 12. 17. 선고 2010가합4435 판결

부터 의문의 여지 없이 명백하여야 한다고 해석할 수는 없고, 그러한 사유가 있을 수 있다는 개연성이 있는 정도만 소명되면 족하다.[104]

(2) 소수조합원의 임원해임총회 허용 취지

조합원 10분의 1 이상은 총회에서 조합원 과반수의 출석과 출석 조합원 과반수의 동의를 받아 조합임원을 해임할 수 있다(법 제43조 제4항). 위 규정의 취지는 조합임원의 활동에 대하여 조합원들의 건전한 비판을 실효성 있게 하고, 그에 따라 임원들의 업무집행에 있어 보다 신중을 기하도록 함으로써 조합운영의 투명성과 공정성을 확보하기 위한 것이다.

정관에서 임원해임발의자 수를 조합원 10분의 1 이상으로 정한 경우(예 조합원 과반수 또는 3분의2 이상) 해당 정관의 규정은 무효이다.[105]

조합임원 해임발의는 일의적으로 확정할 수 있는 정도이면 충분하다.[106] 임원해임 발의서가 그 안건, 내용 등에서 실질적으로 동일하다고 볼 수 없는 경우 기존 발의서를 재사용할 수 없다.[107]

(3) 조합원 발의 임원해임총회의 성격

조합원 10분의 1 이상이 임원해임을 위한 임시총회를 소집한 경우 이는 조합의 기관으로서 소집하는 것으로 보아야 한다. 조합장은 위 조합원발의에 의한 총회의 기일과 같은 기일에 다른 임시총회를 소집할 권한이 없다.[108]

조합원 10분의 1 이상이 임원해임을 위한 임시총회를 소집하였는데, 조합장이 해임총회 하루 전일을 총회일로 정하여 정기총회를 소집한 사안에서 조합장이 소집한 총회의 안건이 사전에 이사회에서 심의가 있었고, 조합장의 총회소집이 해임총회에서 조합원들의 의결권 행사에 방해가 되지 않는다고 판시한 사례가 있다.[109]

---

104) 부산지방법원 2006. 11. 21. 자 2006카합2660 결정(소수조합원에 의한 조합임원 해임을 위한 임시총회 소집시 해임사유의 소명정도)
105) 수원지방법원 안양지원 2020비합10023, 전주지방법원 2015비합4
106) 의정부지방법원 2020. 8. 14.자 2020비합112 결정
107) 부산지방법원 서부지원 2022. 7. 29.자 2022카합100142 결정
108) 대법원 1993. 10. 12. 선고 92다50799 판결
109) 서울남부지방법원 2023. 8. 18. 자 2023카합20323 결정

조합원 발의 임원해임총회에 소요된 비용은 발의자가 아닌 조합이 부담하는바, 임원해임을 위한 총회에서 총회관련 비용을 예산(안)으로 결의할 수 있다.[110]

조합임원에 대한 신뢰관계 파탄 등을 이유로 조합원 10분의 1 이상의 발의에 의하여 소집된 임시총회의 소집 및 절차에 총회 소집 발의자 정족수 미달 등의 중대한 하자가 아닌 일부 절차적, 실체적 하자가 있는 것에 불과한 경우 조합은 임원해임을 위한 총회 비용을 상환할 의무가 있다. 다만 비상대책위원회의 활동비, 총회 발의 및 서면결의서 징구를 위한 용역비는 제외한 사례가 있다.[111]

(4) 소수조합원의 임원해임총회 소집 등

조합원 10분의 1 이상의 대표로 선출된 자는 조합장의 권한을 대행하여 조합임원 해임 총회의 소집 및 진행할 수 있다(법 제43조 제4항). 즉 조합원 10분의 1 이상으로 총회를 소집하는 경우 조합장에게 총회의 소집을 요청할 필요가 없다.[112]

임원해임발의자인 '조합원 10분의 1 이상'은 해임총회의 개최시까지 유지되어야 하고, 해임발의철회 등으로 조합원 10분의 1 미만이 된 경우 임원해임총회를 개최할 수 없다.

조합 정관에서 조합원 10분의 1 이상의 요구에 의한 임원해임총회시 임원의 해임사유를 제한할 경우 위 정관은 강행규정인 도시정비법 제43조 제4항에 반하여 무효인바, 조합원은 그 해임사유의 여하를 불문하고 조합 임원들을 해임할 수 있다.[113]

소수조합원의 발의에 의한 임원해임을 위한 임시총회는 사전에 법원으로부터 소집 허가를 요하지 않는다.[114]

---

110) 서울북부지방법원 2016. 8. 29.자 2016카합20200 결정
111) 수원지방법원 안양지원 2018. 5. 11. 선고 2017가합102452, 2017가합1207 판결
112) 서울서부지방법원 2009카합1020 결정, 인천지방법원 부천지원 2010카합26 결정
113) 서울고등법원 2010. 7. 14. 자 2009라2485 결정, 서울중앙지방법원 2011. 11. 8.자 2011카합2688 결정, 광주고등법원 2020. 2. 26.자 2019라1074 결정
114) 서울고등법원 2012. 2. 23. 서고 2011나38952 판결, 서울고등법원 2011. 12. 14.자 2011라856 결정, 서울중앙지방법원 2011. 11. 8.자 2011카합2688 결정, 인천지방법

도시정비법 43조 제4항은 제44조 제2항만을 배제하고 있으므로, 조합원 10분의 1 이상의 요구로 소집되는 임원해임총회에는 조합원 10% 직접 출석하여야 한다.[115)]

상당수 하급심 판례들은 임원 해임 총회시 청문 또는 소명기회 부여하지 않았다 하더라도 총회결의 무효사유로 보지 않고 있다.[116)]

조합장 및 조합임원 전원에 대한 해임총회를 개최할 경우 해임되는 임원 별로 각 해임사유를 묻고 임원별로 해임을 결의하여야 한다.[117)]

소수조합원이 임원해임총회를 소집함에 있어 '해임총회 소집에 동의한 조합원 명단'을 첨부해야 한다는 견해도 있다.

(5) 해임된 임원의 직무정지에 관한 안건 상정여부

정관에서 해임되는 임원의 직무집행 정지에 관하여 이사회 또는 대의원회에서 결의할 수 있다고 규정하고 있다 하더라도 그와 같은 결의는 확인적 의미를 가질 뿐이어서 반드시 이사회 또는 대의원회의 결의로만 할 수 있는 것은 아니다. 임원 해임을 위해 조합원 1/10 이상의 발의로 소집된 임시총회에서 임원 해임 안건에 부수하여 해임되는 임원의 직무정지에 관한 내용을 안건으로 상정할 수 있다.[118)]

이에 반해 해임되는 임원의 직무정지에 관한 총회 안건은 민법 제70조의 규정에 따라 조합원 1/5이상의 조합장에 대한 총회 소집요구 및 법원으로부터의 총회 소집허가 절차를 거쳐야 한다는 견해도 있다.[119)]

원 2004. 12. 17. 선고 2004가합3150 판결

115) 서울고등법원 2021. 6. 22.자 2021라20389 결정

116) 수원지방법원 2011. 5. 3. 선고 2010가합6362 판결, 서울고등법원 2012. 2. 23. 선고 2011나38952 판결, 대구지방법원 2014. 6. 19. 선고 2013가합7107 판결, 의정부지방법원 2016. 4. 29.자 2016카합5107 결정

117) 서울서부지방법원 2009. 5. 25. 자 2009카합1020 결정

118) 서울중앙지방법원 2019. 5. 13.자 2019카합20283 결정, 서울북부지방법원 2016. 8. 29. 자 2016카합20200 결정, 서울북부지방법원 2017. 8. 7.자 2017비합1011 결정, 의정부지방법원 2016. 11. 23.자 2016카합5303 결정

119) 서울서부지방법원 2016. 11. 5. 자 2015카합50540 결정

(6) 소수 조합원 임원해임총회와 직무대행자 선임결의 등

총회의 소집권한은 원칙적으로 조합장에게 있고, 예외적으로 소수 조합원에게 인정되는 것이므로, 소수 조합원이 소집하는 총회에서 의결할 수 있는 안건은 법 규정에 명시된 사유인 그 안건 자체 및 그 안건을 위해 필수적인 부수 안건으로 한정되어야 한다.[120]

현재 법원 실무상 소수 조합원이 소집하는 총회에서는 조합장의 직무대행자를 선임하는 안건을 허용하지 않고 있다.[121]

해임된 임원은 그 권한을 행사할 수 없고, 이사회 또는 대의원회의 해임된 임원에 대한 직무수행정지 결의는 확인적 의미에 불과하므로,[122] 해임된 임원이 권한을 행사할 경우 조합원은 법원에 임원의 직무정지 및 임시조합장 또는 직무대행자 등의 선임을 신청할 수 있다.

(7) 해임절차 진행중인 임원에 대한 대의원회의 직무정지결의

해임절차가 진행중인 이사, 감사가 해임절차가 완료될 때까지 직무를 수행하는 것이 적합하지 아니하다고 인정될 때에는 대의원회의 의결에 따라 해당 이사, 감사의 직무수행을 정지하고 조합장이 이사, 감사의 직무를 수행할 자를 임시로 선임할 수 있다.

조합장이 해임되는 경우에는 상근이사중 연장자가 조합장 직무를 대행하고, 위 조합장 직무대행자가 대의원회를 소집하여 조합장의 직무수행 정지 여부를 의결할 수 있다(서울시 재개발 표준정관 제18조 제3항).

---

120) 대법원 1993. 10. 12. 선고 92다50799 판결

121) 서울서부지방법원 2009. 5. 25.자 2009카합1020 결정, 인천지방법원 부천지원 2010카합26 결정,

122) 광주지방법원 2021. 10. 28. 선고 2020가합55959 판결, 서울서부지방법원 2020. 1. 17.자 2019카합50618 결정

4. 임원해임에 관한 법률분쟁

조합원 발의에 의한 임원해임총회결의에 관하여 다툼이 있는 경우 해임된 임원은 '조합을 상대'로 총회결의무효확인소송을 제기하여야 하며, 조합원 발의자를 상대로 총회결의무효소송을 제기할 수 없다.[123]

조합의 이사가 자기를 위하여 조합을 상대로 소를 제기하는 경우 그 소송에 관하여는 감사가 조합을 대표하므로(법 제42조 제3항), 해임된 조합장이 조합을 상대로 해임총회무효확인소송을 제기할 경우 피고 조합의 대표자는 '감사'로 하여야 한다.[124] 이 경우 조합에 감사가 있을 때에는 조합 또는 법원은 특별대리인을 선임할 수 없다.

조합장과 감사가 모두 해임된 경우 해임된 조합장은 법원에 민사소송법 제62조, 제64조에 의거 특별대리인의 선임을 신청하여야 한다.

당초 조합의 총회에서 조합장 및 이사의 해임결의가 있은 후 다시 개최된 총회에서 위 종전 결의를 그대로 인준하거나 재차 해임결의를 한 경우에는, 설사 당초의 해임결의가 무효라고 할지라도 다시 개최된 위 총회의 결의가 하자로 인하여 무효라고 인정되는 등의 특별한 사정이 없는 한 종전 해임결의의 무효확인을 구하는 것은 과거의 법률관계 내지 권리관계의 확인을 구하는 것에 불과하여 권리보호의 요건을 결여한 것이다.

새로운 총회가 무효인 당초의 해임결의 후 새로 소집권한을 부여받은 조합장 또는 직무대행자에 의하여 소집된 것이어서 무권리자에 의하여 소집된 총회라는 사유는 원칙적으로 독립된 무효사유로 볼 수 없다. 만일 이를 무효사유로 본다면 당초의 해임결의의 무효로 인하여 연쇄적으로 그 후의 결의가 모두 무효로 되는 결과가 되어 법률관계의 혼란을 초래하고 법적안정성을 현저히 해하게 되기 때문이다.[125]

123) 부산지방법원 2007. 11. 9. 선고 2007가합8757 판결
124) 대법원 2015. 4. 9. 선고 2013다89372 판결
125) 대법원 2010. 10. 28. 선고 2009다63694 판결 동일취지

V. 사무집행 및 보수

1. 조합장 및 이사의 사무집행

조합장은 조합의 사무를 총괄하며(법 제42조 제1항), 이사는 상근여부를 불문하고 조합장을 보좌하고, 이사회에 상정된 사항을 심의·의결하며, 정관 및 이사회의 의결로 정한 바에 따라 조합의 사무를 분장한다.

사무집행이란 조합의 목적을 달성하기 위하여 필요한 직접 또는 간접으로 관련되는 모든 사무의 처리를 말한다. 그러므로 사무집행에는 법률행위로서 예컨대 계약의 체결, 소송의 수행, 사용인의 채용뿐만 아니라 사실행위로서 장부의 작성, 사용인의 지휘 및 감독 등도 포함된다.

이사가 수인인 경우에는 정관에 다른 규정이 없으면 이사의 과반수로써 결정한다(민법 제58조 제2항). 조합장과 이사로 구성된 이사회를 두며, 이사회는 구성원 과반수 출석으로 개의하고, 출석 구성원 과반수 찬성으로 의결토록 하고 있다.

조합의 사무 중에는 성질에 따라서 이사전원의 동의를 필요로 하는 것이 있는가 하면 일상적인 사무의 집행으로서 이사의 과반수의 결의가 필요 없는 것도 있기 때문에 조합의 합리적인 사무집행을 위하여 정관규정에 별도의 규정을 둘 수 있을 것이다.

서울시의 경우 조합은 행정업무처리규정을 정하여 운영하여야 하고, 행정업무처리규정에는 ① 상근임(위)·직원의 내부인사, ② 보수 및 회의수당 등 지급기준, ③ 내무업무 및 물품처리 등, ④ 문서의 보존 및 관리 등, ⑤ 상근임(위)·직원의 복무기준, ⑥ 그 밖에 행정업무 처리에 필요한 사항이 포함되어야 한다.[126]

---

126) '서울특별시 정비사업 조합 등 표준 행정업무규정'(서울특별시 고시 제2015-163호, 2015. 6. 18.) 참조

2. 이사의 손해배상의무 등

(1) 법인의 불법행위

조합은 이사 기타 대표자가 그 직무에 관하여 타인에게 가한 손해를 배상할 책임이 있다. 이사 기타 대표자는 이로 인하여 자기의 손해배상책임을 면하지 못한다(민법 제35조 제1항).

조합의 대표자인 조합장이 직무에 관하여 타인에게 손해를 가한 경우 조합은 민법 제35조 제1항의 유추적용에 의하여 그 손해를 배상할 책임이 있다. 조합장의 행위가 조합장 개인의 사리를 도모하기 위한 것이었거나 혹은 법령의 규정에 위배된 것이었다 하더라도 외관상, 객관적으로 직무에 관한 행위라고 인정할 수 있다면 민법 제35조 제1항의 직무에 관한 행위에 해당한다.

한편 조합장의 행위가 직무에 관한 행위에 해당하지 아니함을 피해자 자신이 알았거나 또는 중대한 과실로 인하여 알지 못한 경우에는 조합에게 손해배상책임을 물을 수 없다. 여기서 중대한 과실이라 함은, 거래의 상대방이 조금만 주의를 기울였더라면 조합장의 행위가 그 직무권한 내에서 적법하게 행하여진 것이 아니라는 사정을 알 수 있었음에도 만연히 이를 직무권한 내의 행위라고 믿음으로써 일반인에게 요구되는 주의의무에 현저히 위반하는 것으로 거의 고의에 가까운 정도의 주의를 결여하고, 공평의 관점에서 상대방을 구태여 보호할 필요가 없다고 봄이 상당하다고 인정되는 상태를 말한다.[127)]

법인의 목적범위외의 행위로 인하여 타인에게 손해를 가한 때에는 그 사항의 결의에 찬성하거나 그 의결을 집행한 사원, 이사 및 기타 대표자가 연대하여 배상하여야 한다(민법 제35조 제2항).

(2) 이사의 임무해태

조합장 및 이사는 선량한 관리자의 주의로 그 직무를 행하여야 하고(민법 제61조), 이사가 그 임무를 해태한 때에는 그 이사는 조합에 대하여 연대하여 손해배상책임을 진다(민법 제65조). 이는 임무를 해태한 수인의 이사에게 보다

127) 대법원 2008. 1. 18. 선고 2005다34711 판결, 대법원 2003. 7. 25. 선고 2002다27088 판결

무거운 배상책임을 부과함으로써 이사 각자의 책임의식을 높여 충실하고도 적절한 임무수행을 하게 하여 법인의 이익을 보호하려는 취지에 따른 것이다.

이사가 사무를 집행하면서 선관주의의무에 위반하여 법인에게 손해를 끼친 경우에는 법인에 대하여 손해배상책임을 진다. 그리고 그 임무를 해태한 이사가 여럿인 때에는 이들은 연대하여 책임을 진다. 수인의 이사중 일부만이 임무를 해태한 때에는 그 이사들만이 연대하여 배상책임을 진다.

임무를 해태한 수인의 이사들이 법인에 대하여 지는 손해배상책임은 법률의 규정에 의하여 성립하되는 연대채무이다.

정관에서 상근 임원을 따로 두고 있는 경우, 비상근 또는 업무집행을 직접 담당하지 아니하는 이사도 단지 이사회에 상정된 의안에 대하여 찬부의 의사표시를 하는 데에 그치지 않고 상근 임원의 전반적인 업무집행을 감시할 의무가 있는 것이므로, 상근 임원의 업무집행이 위법하다고 의심할 만한 사유가 있음에도 불구하고 감시의무를 위반하여 이를 방치한 때에는 이로 말미암아 법인이 입은 손해에 대하여 배상책임을 면할 수 없다.128)

손해배상의 범위를 정함에 있어서는, 당해 사업의 내용과 성격, 당해 이사의 임무 위반의 경위 및 임무위반행위의 태양, 법인의 손해 발생 및 확대에 관여된 객관적인 사정이나 그 정도, 평소 이사의 법인에 대한 공헌도, 임무위반행위로 인한 당해 이사의 이득 유무, 법인의 조직체계의 흠결 유무나 위험관리체제의 구축 여부 등 제반 사정을 참작하여 손해분담의 공평이라는 손해배상제도의 이념에 비추어 그 손해배상액을 제한할 수 있다.129)

법무사 수수료액에 대해 조사하지 않고 용역계약을 체결한 조합장에 대해 업무상 배임죄를 인정한 사례도 있다.130)

소수 조합원이 조합장 해임을 위한 총회를 소집하였음에도 불구하고 조합장이 위 소수 조합원이 소집한 총회를 방어하기 위하여 별도의 총회를 소집한 경우 조합장은 별도 총회 관련 비용 중 일부에 관하여 손해배상책임을 부담하여야 한다.131)

---

128) 대법원 2016. 8. 18. 선고 2016다200088 판결
129) 대법원 2016. 8. 18. 선고 2016다200088 판결
130) 대법원 1997. 6. 13. 선고 97도618 판결
131) 대구고등법원 2020. 12. 23. 선고 2019나26589 판결

3. 조합장 및 이사의 보수

(1) 임원의 보수

조합은 상근임원에 한해서만 보수를 지급한다. 따라서 상근임원 이외 임원은 보수를 청구할 수 없고, 단지 직무수행으로 발생한 경비만을 청구할 수 있다.

상근임원의 '보수' 라 함은 월급, 상여금, 연봉 등 명칭 여하를 불문하고 법인의 직무수행에 대한 보상으로 지급되는 일체의 대가를 뜻하며, 정기적이든 부정기적이든 불문한다.

흔히 이사의 퇴직시에 일시금으로 퇴직위로금을 지급하는데 이 역시 재직중의 직무수행의 대가이므로 이사의 보수이다. 조합장은 조합의 근로자에 해당되지 않는바,[132] 조합장은 보수규정에서 별도로 정하거나 총회결의가 없는 한 조합에게 퇴직금을 청구할 수 없다.

조합장의 퇴직금 적립금이 포함된 예산안이 총회에서 승인되었다 하더라도 예산안에 퇴직금 항목이 존재한다는 것만으로 조합장에 대한 퇴직금 지급의 구체적인 근거가 될 수 없다고 판시한 사례도 있다.[133]

추진위원회에서 직원으로 근무하던 중 조합의 조합장으로 선임된 경우 직원으로 근무한 기간만을 기준으로 퇴직금을 산정하여야 한다.[134]

(2) 조합업무규정의 제정

조합은 그 사무를 집행하기 위하여 필요하다고 인정하는 때에는 상근하는 임원을 둘 수 있다. 이 경우 상근임원의 선임, 업무, 보수 등에 관한 사항은 조합 업무규정으로 정한다(서울시 재개발 표준정관 제16조 제11항).

조합은 조합에 상근하는 유급직원을 둘 수 있으며, 그 수, 채용방법, 보수 등 근무조건 기타 유급직원에 관하여 필요한 사항은 조합 업무규정으로 정한다(서울시 재개발 표준정관 제19조 제2항).

---

132) 서울북부지방법원 2017. 10. 18. 선고 2016가단129094, 2016가단135976 판결
133) 부산지방법원 동부지원 2023. 1. 31. 선고 2022가단104091 판결
134) 서울서부지방법원 2015. 12. 18. 선고 2014가단46382 판결

갑 조합의 조합장 을이 갑 조합의 이사회에서 임원 급여 지급규정을 제정하고 그에 따른 보수를 지급받았는데, 갑 조합이 을을 상대로 을이 보수규정이나 총회 결의 없이 임의로 보수를 지급받았다고 주장하면서 부당이득반환을 구한 사안에서, 갑 조합의 보수 지급에는 법률상 원인이 없는데도 을이 이를 수령함으로써 이익을 얻어 이로 인하여 갑 조합이 보수 상당의 손해를 입었고, 갑 조합이 을에게 위 보수를 지급한 것을 도의관념에 적합한 비채변제라고 볼 수 없다고 한 사례가 있다.[135]

(3) 임원에 대한 성과급 지급기준

임원의 보수 특히 인센티브(성과급)의 지급은 정비사업의 수행에 대한 신뢰성이나 공정성의 문제와도 밀접하게 연관되어 있고 여러 가지 부작용과 문제점을 불러일으킬 수 있으므로 단순히 사적 자치에 따른 단체의 의사결정에만 맡겨둘 수는 없는 특성을 가진다.

조합 임원들에게 인센티브를 지급하기로 한 총회결의의 내용이 부당하게 과다하여 신의성실의 원칙이나 형평의 관념에 반한다고 볼 만한 특별한 사정이 있는 때에는 인센티브 지급에 대한 결의는 적당하다고 인정되는 범위내에서만 유효하다.

인센티브의 내용이 부당하게 과다한지 여부는 조합 임원들이 업무를 수행한 기간, 업무수행 경과와 난이도, 실제 기울인 노력의 정도, 조합원들이 재건축사업의 결과로 얻게 되는 이익의 규모, 재건축사업으로 손실이 발생할 경우 조합 임원들이 보상액을 지급하기로 하였다면 그 손실보상액의 한도, 총회 결의 이후 재건축사업 진행 경과에 따라 조합원들이 예상할 수 없는 사정변경이 있었는지 여부, 그 밖에 변론에 나타난 여러 사정을 종합적으로 고려하여 판단하여야 한다.[136]

---

135) 대법원 2024. 10. 8. 선고 2024다257362 판결

136) 대법원 2020. 9. 3. 선고 2017다218987, 218994 판결, 파기환송심인 서울고등법원 2022. 5. 19. 선고 2020나2029505 판결은 청구한 이익금의 20%중 이익금의 7%만을 인정하였음

VI. 조합의 대표권

1. 대표권의 의의

(1) 의의

조합장은 조합을 대표하고 그 사무를 총괄한다(법 제42조 제1항). 따라서 조합장은 조합의 업무에 관하여 재판상·재판외의 모든 행위를 할 권한이 있으며, 조합장의 대표권은 조합의 권리능력의 범위와 일치한다. 대표는 대리와 달리 사실행위나 불법행위에도 미친다.

조합의 대표에 관하여는 대리에 관한 규정이 준용된다(민법 제59조제2항). 따라서 조합장이 조합을 대표함에 있어서는 조합을 위한 것임을 표시(예 : A 조합의 조합장 갑)하여야 한다(민법 제115조 참조).

조합장은 스스로 조합을 대표하여 시공사를 상대로 소송을 제기하는 등의 소송행위는 적법하게 할 수 있고, 조합의 조합장에게 그러한 소송행위를 할 수 있는 권한이 있는 한 무권대리인인 법무법인의 소송행위를 유효하게 추인하는 데에도 아무런 장애가 없다.[137]

(2) 조합장의 유고와 대표권 행사

조합장이 사임 · 해임 · 당연퇴임 등으로 인하여 궐위된 경우 상근이사 중 연장자(궐위 등으로 상근이사가 없는 경우 이사 중 연장자), 법원에서 파견된 직무대행자 순으로 그 직무를 대행한다(서울시 재개발 표준정관 제16조 제8항).

위 직무대행사유로 조합장이 유고 등으로 인하여 그 직무를 수행할 수 없는 경우도 포함된다.

"유고시"란 조합장의 임기가 만료하기 전에 조합장이 사망, 질병 등 기타 부득이한 사정으로 그 직무를 집행할 수 없는 경우를 말한다.[138] 이사회의 의장이 될 조합장이 적법한 소집통지를 받고도 이사회에 출석하지 아니한 이상

137) 대법원 2012. 3. 15. 선고 2011다95779 판결
138) 대법원 2008. 12. 11. 선고 2006다57131 판결

조합장이 이사회의 의장으로서 회의를 진행할 수 없는 것이므로, 정관에 규정한 조합장유고시에 해당한다.[139] 법원이 조합장에 대한 직무집행정지가처분결정을 한 경우에도 유고시로 보아야 한다.[140]

(3) 형사사건 기소시 조합장의 직무정지와 조합의 대표자

조합임원으로 선임된 후 그 직무와 관련하여 형사사건으로 기소된 경우에는 그 내용에 따라 직무를 수행하는 것이 적합하지 아니하다고 인정될 때에는 ○○까지 대의원회의 의결에 따라 그 자격과 직무수행을 정지할 수 있다(서울시 재개발 표준정관 제17조 제4항, 제18조 제3항). 조합장의 직무가 정지된 경우 상근 이사중에서 연장자 순으로 조합장의 직무를 대행한다(제16조 제8항).

직무와 관련한 형사사건은 직무집행정지가 정당화될 수 있을 정도로 조합에 미치는 위해가 현저하게 급박한 경우만을 의미한다.[141]

(4) 정관에 의해 선임된 직무대행자의 직무범위

법원의 가처분명령에 의하여 선임된 직무대행자가 통상사무에 속하지 아니한 행위를 하고자 하는 경우 법원에 허가를 얻어야 한다(민법 제60조의2).

이에 반해 법원에 의하여 선임되지 아니하고 법인 내부의 규약에 의하여 직무대행자가 된 자는 법원의 허가 없이 대표자로서의 직무(통상사무 이외의 업무 포함)를 수행할 수 있다. 즉 정관에 따른 직무대행자는 법원의 허가 없이 시공사 선정, 관리처분계획 등을 위한 총회 소집을 할 수 있다.[142]

139) 대법원 1984. 2. 28. 선고 83다651 판결
140) 대법원 2008. 12. 11. 선고 2006다57131 판결
141) 서울고등법원 2005. 7. 7. 선고 2004다86373 판결, 서울중앙지방법원 2006. 9. 7.자 2006카합2450 결정
142) 대법원 2019. 9. 10. 선고 2017다254266 판결, 서울고등법원 2015. 10. 23. 선고 2015나17274 판결, 서울남부지방법원 2010. 7. 23.자 2010비합73 결정,

2. 조합장의 대표권 제한

조합장의 대표권은 법률·정관·이사회규칙·총회의 결의 등에 의하여 제한을 받는다.

(1) 법률에 의한 제한

조합장 또는 이사가 자기를 위하여 조합과 계약이나 소송을 할 때에는 감사가 조합을 대표한다(법 제42조 제3항). 위 규정은 계약상의 조건이나 소송행위에서 동등한 원칙이 배제되고 특별한 이익을 받을 수 있는 여지가 있기 때문에 이를 차단하고 이익 상반되는 사항에 대하여 객관성과 공정성을 기하기 위한 취지이다.

조합장 또는 이사가 조합을 상대로 소송을 제기하는 경우 감사가 조합을 대표하므로, 조합은 위 소송과 관련 특별대리인을 선임할 수 없다.[143]

조합과 조합장의 이익이 상반되는 사항(예 : A법인이 그 법인의 대표이사 갑의 토지를 매수하는 경우)에 관하여는 감사가 조합을 대표하므로 조합장의 대표권은 제한된다.[144] 조합장이 이에 위반하여 법률행위를 하였을 때에는 무권대리행위가 된다(민법 제130조 참조).

조합의 임원을 선출하는 경우에 그 후보로 나온 사람은 개인적인 입장에서 조합과의 이해관계를 가지는 것이 아니라 조합의 구성원인 조합원으로서의 입장에서 이해관계를 가진다. 따라서 위 조합장 선출행위는 위 정관규정에서 규정하고 있는 자기계약이나 소송에 관한 사항에 해당되지 아니한다.[145]

(2) 정관에 의한 제한

조합장의 대표권은 정관으로 제한할 수 있다(민법 제59조제1항 단서). 이러한 제한은 정관에 기재하여야 효력이 있고(민법 제41조), 또 그 등기가 있어야만 제3자에게 대항할 수 있다(민법 제60조). 등기를 하지 않은 한, 제3자가 악

---

143) 대법원 2015. 4. 9. 선고 2013다89372 판결
144) 대법원 2008. 2. 28. 선고 2005다77091 판결
145) 서울고등법원 1990. 9. 21. 선고 89나48309판결

의라 하더라도 대항하지 못한다.[146)]

(3) 총회의 의결에 의한 제한

총회의 의결로 조합장의 대표권을 제한할 수 있으나(민법 제59조제1항), 이 경우에는 정관변경절차를 밟아야 하고, 또한 이를 등기하여야 제3자에게 대항할 수 있다(민법 제60조).

(4) 대표권 제한을 위반한 행위

조합 임원회의의 결의 등을 거치도록 한 조합정관은 조합장의 대표권을 제한하는 규정에 해당하는 것이므로, 거래 상대방이 그와 같은 대표권 제한 및 그 위반 사실을 알았거나 과실로 인하여 이를 알지 못한 때에는 그 거래행위가 무효로 된다. 이 경우 그 거래 상대방이 대표권 제한 및 그 위반 사실을 알았거나 알지 못한 데에 과실이 있다는 사정은 그 거래의 무효를 주장하는 측이 이를 주장·입증하여야 한다.[147)]

3. 대표권 남용

대표권의 남용이란 외관상으로는 조합장의 권한 내의 적법한 행위이지만 주관적으로는 자기 또는 제3자의 이익을 위해서 하는 행위로서 조합에 손실을 끼치는 것을 말한다.

조합의 조합장이 그 대표권의 범위 내에서 한 행위는 설사 조합장이 조합의 사업목적과 관계없이 자기 또는 제3자의 이익을 도모할 목적으로 그 권한을 남용한 것이라 할지라도 일단 재건축조합의 행위로서 유효하다. 다만 그 행위의 상대방이 조합장의 진의를 알았거나 알 수 있었을 때에는 조합에 대하여 무효가 된다.[148)]

146) 대법원 1992. 2. 14. 선고 91다24564 판결
147) 대법원 2007. 4. 19. 선고 2004다60072,60089 판결
148) 대법원 2003. 7. 25. 선고 2002다27088 판결, 대법원 2008. 2. 1. 선고 2007다63416 판결

4. 대표자 업무의 포괄적 위임 여부

이사는 정관 또는 총회의 결의로 금지하지 아니한 사항에 한하여 타인으로 하여금 특정한 행위를 대리하게 할 수 있다(민법 제62조).

민법 제62조의 규정에 비추어 보면 사단의 대표자는 정관 또는 총회의 결의로 금지하지 아니한 사항에 한하여 타인으로 하여금 특정한 행위를 대리하게 할 수 있을 뿐 사단의 제반 업무처리를 포괄적으로 위임할 수는 없다.

조합의 대표자가 행한 타인에 대한 업무의 포괄적 위임과 그에 따른 포괄적 수임인의 대행행위는 민법 제62조의 규정에 위반된 것이어서 조합에 대하여는 그 효력이 미치지 아니한다.[149]

149) 대법원 1996. 9. 6. 선고 94다18522 판결

Ⅶ. 이사회

1. 이사회 구성 등

(1) 이사회의 구성

민법 및 도시정비법상 이사회의 설치가 의무화 되어 있지 않으나, 다만 표준정관에서 조합의 사무를 집행하기 위하여 조합장과 이사로 구성하는 이사회를 두도록 하고 있다. 조합은 정관에 따라 조합장과 이사들로 구성된 이사회를 설치하고, 조합의 사무집행을 위 이사회의 결의에 의하고 있다.

조합은 이사회의 의사록을 공개하여야 한다(법 제124조 제1항 제3호). 서울시의 경우 이사회의 설치 및 소집, 사무, 의결방법 등 이사회 운영에 관한 사항을 정관에 정하도록 하고 있다(서울시 조례 제22조 제1호).

(2) 이사회의 권한

이사회는 다음의 사무를 집행한다(서울시 재개발 표준정관 제29조).

① 조합의 예산 및 통상업무의 집행에 관한 사항

② 총회 및 대의원회의 상정안건의 심의에 관한 사항

③ 조합 업무규정 등의 제정 및 개정안 작성에 관한 사항

④ 총회 또는 대의원회로부터 위임받은 사항의 집행 및 의결

⑤ 관리처분계획(안)에 대한 공람의견 심사

⑥ 주된 사무소의 변경에 관한 사항 등 이 정관에서 이사회의 사무로 정한 사항

⑦ 그 밖에 조합의 운영 및 사업시행에 관하여 필요한 사항

이사회는 집행사무에 관하여 구체적인 범위를 정하여 의장인 조합장에게 위임할 수 있다.

이사회는 조합의 사무집행기관으로서 그 권한도 조합사무의 집행에 한정되고 집행행위에 해당하지 않는 사무는 조합의 의사결정기관인 총회 또는 대의원회로부터 위임받아야 할 수 있다.

대의원회가 대표성, 구성원의 수, 기능 등에 있어 이사회보다 우위에 있다고 보이므로, 이사회가 대의원들의 의사결정에 관하여 대의원회의 의결 결과와 다른 내용으로 대의원회 개최 여부를 결정할 권한은 없다.[150)]

2. 이사회의 소집 및 의결

(1) 이사회의 소집권자

이사회는 조합장이 소집한다.

조합정관에 이사회 소집권자인 조합장이 이사회의 소집을 기피하여 이사회를 소집할 수 없을 때 어떠한 절차를 거쳐 이사회를 소집할 것인지에 관하여 아무런 규정도 두고 있지 않다. 이러한 경우 이사회의 소집은 특별한 사정이 없는 한, 조합장의 정관 위반을 이유로 법원으로부터 조합장에 대한 직무집행정지 가처분 및 직무대행자 선임재판을 받은 다음 그 직무대행자가 하여야 한다.[151)] 또는 과반수 이사가 민법 등에 기초하여 이사회를 소집할 수 있다.[152)]

(2) 이사회의 소집통지

이사회를 소집하려면 회의개최 ○일전에 회의목적·안건·일시 및 장소를 기재한 서면으로 이사에 통지하고, 게시판 및 정비사업 정보몽땅에 공고하여야 한다. 다만, 사업추진상 시급한 경우에는 회의 개최 1일 전에 통지하고 이사회를 개최할 수 있다(서울시 재개발 표준정관 제28조 제2항).

'서울특별시 정비사업 의사진행 표준운영규정'에 의하면 이사회 소집권자는 각 이사에게 회의 개최 7일 전에 회의안건 및 회의자료를 등기우편으로 발송·통지하도록 되어 있다(제10조 제1호). 위 등기우편 이외 문자, 이메일, 직접 수령 등의 방법으로 소집통지할 수 있도록 정하는 것이 바람직하다.

---

150) 서울북부지방법원 2010. 7. 23. 선고 2010카합843 결정
151) 대법원 2003. 4. 22. 선고 2002두10483 판결
152) 대법원 2017. 12. 1.자 2017그661 결정

(3) 이사회 소집통지 내용

이사회 소집통지를 할 때에는, 회사의 정관에 이사들에게 회의의 목적사항을 함께 통지하도록 정하고 있거나 회의의 목적사항을 함께 통지하지 아니하면 이사회에서의 심의·의결에 현저한 지장을 초래하는 등의 특별한 사정이 없는 한, 총회 소집통지의 경우와 달리 회의의 목적사항을 함께 통지할 필요는 없다.[153]

(4) 이사회 소집통지의 지연

이사회 소집통지에 관한 규정은 이사들로 하여금 사전에 회의의 목적 사항을 알 수 있게 함으로써 이사회 참석 여부를 결정하거나 적정한 심의권 행사를 위하여 필요한 준비를 할 수 있도록 하는 데 그 취지가 있다.[154]

만약 이사회 소집통지 기간을 1일이나 2일 지연하였을 뿐이고 이사들이 이사회의 목적 사항을 충분히 숙지한 상태에서 이의 없이 해당 이사회에 참석하여 의결에 참여한 경우 등 이사들의 출석권과 의결권의 적정한 행사가 방해받지 않았다고 볼 만한 특별한 사정이 있을 경우에는 그 이사회 결의는 유효하다.[155]

(5) 이사회 소집통지의 하자

이사회는 조합에 필수적이면서 유일한 심의·의결기관으로 소수의 이사들이 참여하여 결의가 이루어지므로, 조합장은 모든 이사들에게 회의의 목적을 명시하여 적어도 정관에서 정한 날짜 이전까지 정관에서 정한 방법에 따라 이사회소집을 통지하여야 한다. 이사회 소집절차를 거치지 않은 채 이루어진 이사회 결의는 특별한 사정이 없는 한 무효이다.

조합장이 특정 이사에게 적법한 소집통지를 하지 아니하여 그 이사가 출석하지 아니한 채 개최되었다면 그 결과가 설령 적법한 소집통지를 받지 못한 이사가 출석하여 반대의 표결을 하였던들 이사회 결의의 성립에 영향이 없었

---

153) 대법원 2011. 6. 24. 선고 2009다35033 판결, 대법원 2012. 1. 27. 선고 2011두9164 판결, 대법원 2015. 11. 27. 선고 2014다44451 판결

154) 대법원 2012. 1. 27. 선고 2011두9164 판결

155) 대법원 2015. 11. 27. 선고 2014다44451 판결,

다고 하더라도 그 이사회 결의는 당연무효이다.156)

(6) 이사회의 결의요건

이사회는 구성원 과반수 출석으로 개의하고, 출석 구성원 과반수 찬성으로 의결한다(서울시 재개발 표준정관 제30조 제1항). 이사회에서의 의결권은 이사 1인에 대해 1개씩 주어진다. 정관에 의해서도 이에 대한 예외를 둘 수 없다.

이사회는 과반수의 출석을 요구하므로, 예컨대 6인의 이사 중 3인이 출석하여 전원 찬성하더라도 성립정족수의 미달이므로 무효이다.157)

이사회의 출석정족수는 이사회의 개회시뿐만 아니라 회의의 전과정에서 유지되어야 한다. 출석정족수는 재임이사의 과반수를 말한다.158)

정관으로 의사정족수 및 의결정족수를 가중할 수 있으나, 완화할 수 없다고 본다. 따라서 이사전원의 과반수로 하거나 또는 3분의 2 이상의 다수로 할 수 있다.

(7) 안건에 관하여 특별한 이해관계가 있는 이사

이사회의 결의에 관하여 특별한 이해관계가 있는 이사는 의결권을 행사하지 못한다(서울시 재개발 표준정관 제30조 제2항).

이해관계 있는 이사는 이사회에서 의결권을 행사할 수는 없으나, 의사정족수 산정의 기초가 되는 이사의 수에는 포함되고, 다만 결의성립에 필요한 출석이사(의결정족수)에는 산입되지 아니한다.159)

이사회 결의요건을 충족하는지 여부는 '이사회 결의 당시'를 기준으로 판단하여야 하고, 그 결의의 대상인 행위(연대보증 등)가 실제로 이루어진 날을 기준으로 판단할 것은 아니다.160)

이사의 해임이 이사회의 의결사항인 경우에 이사의 해임결의에서 당해 이사

---

156) 대법원 2012. 4. 13. 선고 2010다51352 판결. 대법원 2015. 11. 27. 선고 2014다44451 판결

157) 대법원 1995. 4. 11. 선고 94다33903 판결

158) 대법원 1961. 12. 3. 자 61마500 결정

159) 대법원 1991. 5. 28. 선고 90다20084 판결, 대법원 2009. 4. 9. 선고 2008다1521 판결

160) 대법원 2003. 1. 24. 선고 2000다20670 판결

는 특별이해관계인이라고 볼 수 없다.

(8) 서면 또는 대리행사

이사회는 여러 가지 변환이 가능한 의안을 놓고 상호 의견을 교환함으로써 최적의 결론을 내야 하는 집단적 의사결정의 방식을 취하므로, 이사회의 결의는 서면에 의한 의결권의 행사가 허용되지 않는다는 견해가 있다. 이에 대해 이사회 결의는 정관에서 반드시 회의를 통해서만 가능하다고 정하지 않은 이상 서면결의도 가능하다는 견해도 있다.

서울시 재개발 표준정관 제30조 제2항의 주석은 이사회에 서면으로 출석할 수 있도록 정할 수 있다.

이사는 그의 직책상 스스로 회의에 출석하여 토의하고 결의하여야 하므로 의결권의 대리행사는 허용되지 않는다.[161] 표준정관도 이사는 대리인을 통한 출석을 할 수 없도록 규정하고 있다(서울시 재개발 표준정관 제30조 제1항).

이사회결의 방법 중 서면결의 방식에 의한 이사회결의는 이사회결의를 요하는 사항에 관하여 이사회를 개최하지 않고 이사들에게 개별적으로 결의사항의 내용을 설명하고 동의를 받은 후 미리 작성한 '이사회 회의록에 날인받는 방식'을 의미한다. 위와 같은 서면결의 방식에 의한 이사회결의도 허용된다.[162]

(9) 감사의 의견진술권

감사는 이사회에 출석하여 의견을 진술할 수 있다(서울시 재개발 표준정관 제31조 제1항). 그러나 감사는 이사회의 구성원이 아니므로 결의에 참가하지 못한다.

161) 대법원 1982. 7. 13.선고 80다2441 판결

162) 대법원 2005. 6. 9. 선고 2005다2554 판결, 수원지방법원 안양지원 2015. 5. 14. 선고 2014가합105467 판결

3. 이사회결의의 하자 등

(1) 이사회 결의 하자

이사회의 결의에 하자가 있는 때에는 그 하자의 종류를 구별함이 없이 일반원칙에 의하여 그 무효를 주장할 수 있다. 즉 이사회의 결의에 하자가 있는 때에는 이해관계인은 그 무효를 언제든지 항변으로나 결의무효확인의 소로 주장할 수 있다.163)

조합의 이사회결의가 법령 또는 정관이 정하는 바에 따른 '정당한 소집권자가 아닌 자'에 의하여 소집되고, '적법한 소집절차'도 없이 개최되어 한 것이라면 그 결과가 설사 '적법한 소집통지를 받지 못한 이사'가 출석하여 반대의 표결을 하였던들 이사회결의의 성립에 영향이 없었다고 하더라도 그 이사회결의는 당연무효라 할 것이다.164)

결의의 방법에 하자가 있더라도 결의의 성립에 전혀 영향이 없었던 것이 명백한 때에는 그 결의는 무효가 되지 않는다. 예컨대 결의에 관하여 특별이해관계를 가지는 이사가 의결권을 행사하였거나, 또는 일부의 이사가 전화로써 의결권을 행사한 경우에도 그 이사를 제외한 나머지 이사의 수가 이사 전원의 과반수를 초과하고 결의요건을 충족한 때에는 그 결의는 유효하다.

(2) 이사회결의의 하자와 후속행위

후속행위의 효력을 별도로 다투는 소가 인정될 경우에는 이사회결의의 하자 또는 결여는 그 행위의 하자로 흡수되어 그 행위 자체의 효력이 다투어지게 된다. 예컨대 하자 있는 이사회결의에 의해 소집된 총회의 결의의 경우 그 총회결의의 무효확인소송에 의해 그 효력이 다투어진다.

후속행위는 이사의 업무분담과 같이 순수하게 내부적인 문제에 그치는 경우는 무효이나, 제3자와의 계약과 같이 대외적인 거래는 상대방이 악의 또는 과실인 경우에 한하여 무효이다.165)

---

163) 대법원 1982. 7. 13. 선고 80다2441 판결
164) 대법원 1987. 3. 24. 선고 85누973 판결
165) 대법원 1995. 4. 11. 선고 94다33903 판결

4. 의사록의 작성

이사회의사록에는 의사의 경과, 주요 논의내용 및 결과를 기재하고 의장 및 출석한 이사 및 감사가 서명하여야 한다. 공인속기사가 작성한 속기록 또는 의사록은 이사회의사록으로 본다(서울시 재개발 표준정관 제32조 제2항).

'경과, 요령' 이란 개회, 의안의 상정과 토의 및 표결 그리고 폐회에 이르는 절차의 진행과정을 말하며, '결과' 란 결의의 결과 즉 상정한 안의 가결 여부를 말한다.

이사회 의사록에 기재하여야 할 '의사의 경과, 요령 및 결과' 의 문언적 의미를 고려하면 결국 이사회 의사록에는 회의의 진행 과정, 회의의 가장 핵심적인 내용(要領) 및 회의의 결론을 기재하면 되는 것이고, 그 문언적 해석 범위를 확장하여 참석자들의 세세한 발언 요지까지 기재할 것을 요구하는 것은 아니다.[166)]

조합은 이사회를 개최한 경우 이사회 의사록 및 관련 자료를 청산시까지 보관하여야 한다. ① 용역(변경)계약 및 업체 선정과 관련된 이사회, ② 조합임원 · 대의원의 선임 · 해임 · 징계 및 조합원 자격에 관한 이사회의 경우 위 대의원회의 속기록·녹음 또는 영상자료를 만들어 청산시까지 보관하여야 한다(법 제125조 제1항, 시행령 제94조 제3항).

조합임원은 이사회의 의사록을 조합원이 알 수 있도록 인터넷과 그 밖의 방법을 병행하여 공개하여야 하며, 조합원 또는 토지등소유자의 열람 · 등사 요청이 있는 경우 15일 이내에 그 요청에 따라야 한다. 이 경우 등사에 필요한 비용은 실비의 범위 안에서 청구인의 부담으로 한다(법 제124조 제1항, 제3항).

---

166) 부산지방법원 2024. 11. 14. 선고 2024노1839 판결, 부산지방법원 동부지원 2024. 5. 30. 선고 2024고정16 판결

Ⅷ. 감사

1. 감사제도

조합은 임원으로 감사를 두어야 하고(법 제41조 제1항), 감사의 수는 1명 이상 3명 이하이어야 한다(시행령 제40조). 감사는 조합장 및 이사의 직무수행에 대한 감독기관으로서 조합의 필요적 상설기관이다.

조합장 또는 이사가 자기를 위하여 조합과 계약이나 소송을 할 때에는 감사가 조합을 대표한다(법 제42조 제3항, 서울시 재개발 표준정관 제16조 제7항)).

감사는 이사회에 출석하여 의견을 진술할 수 있다. 다만 의결권은 가지지 아니한다(서울시 재개발 표준정관 제31조 제1항).

2. 감사의 선임과 종임

감사의 선임방법, 선임행위의 성질, 자격, 원수, 임기 그리고 해임, 퇴임 등은 원칙적으로 이사의 경우와 같다.

3. 감사의 직무

(1) 민법 제67조의 취지

감사는 감독기관으로서 그 직무의 수행을 위하여 필요한 여러 가지의 직무를 가진다. 민법 제67조에 규정된 감사의 직무는 감사의 중요한 직무를 열거한 것에 불과할 뿐 제한적으로 열거한 것이 아니므로, 감사의 직무는 정관에 의하여 또는 총회의 결의에 의하여 그 확대가 가능하다. 그리하여 조합과 이사의 이익이 상반하는 경우에는 감사가 법인의 대표권을 갖는다는 정관의 규정은 유효하다.

조합의 경우에도 감사는 조합의 사무 및 재산상태와 회계에 관한 사항을 감사한다.

(2) 법인의 재산상황을 감사하는 일

감사는 조합의 재산상황을 감사하기 위하여 법인의 회계장부, 서류를 열람할 수 있을 뿐만 아니라 조합의 재산에 영향을 미치는 자산 기타 채권, 채무의 상황에 대하여 직접 검사할 수 있고, 필요한 경우에는 조합장 및 이사에 대하여 재산의 상황에 대한 보고를 요구할 수 있다. 감사는 필요한 경우에 전문적 지식을 겸비한 보조자를 사용할 수 있으나 이는 구체적으로 필요한 사항에 국한하여 인정된다고 할 것이다.

감사는 조합의 사무 및 재산상태와 회계에 관하여 감사하고 정기총회에 감사결과보고서를 제출하여야 한다(서울시 재개발 표준정관 제16조 제4항).

조합은 조합 예산·회계규정 별표 2의 회계처리규정 세칙에 따라 결산보고서를 작성하여 매 회계년도 종료일부터 3개월 이내에 대의원회 의결을 거쳐 총회에 보고하거나 조합원에게 서면보고 하여야 한다. 대의원회 의결을 받은 결산보고서는 의결 후 15일 이내에 정비사업 정보몽땅에 공개하여야 하며, 3개월 이상 조합사무소에 비치하여 조합원들이 열람할 수 있도록 하여야 한다(서울시 재개발 표준정관 제33조 제3항).

감사는 조합원 5분의 1 이상의 요청이 있을 때에는 공인회계사에게 회계감사를 의뢰하여 공인회계사가 작성한 감사보고서를 총회 또는 대의원회에 제출하여야 한다(서울시 재개발 표준정관 제16조 제4항).

조합회계 등 감사의 업무에 관하여 의혹이 있을 경우 공인회계사에게 회계감사를 의뢰토록 하여 의혹을 해소할 수 있도록 한 것이다.

(3) 이사의 업무집행의 상황을 감사하는 일

감사는 조합장 및 이사의 직무집행에 관하여 단순히 대내적인 업무집행사항뿐만 아니라 대외적인 업무집행이라고 할 수 있는 조합장의 대표행위에 대하여도 감사를 하여야 한다. 감사를 함에 있어서 감사는 조합장 및 이사의 업무집행에 대한 형식적인 적법성뿐만 아니라 실질적으로 조합장 및 이사의 업무집행이 조합의 목적에 비추어 합당한가 하는 타당성도 감사하여야 한다.

감사는 조합의 사무에 관하여 감사하며, 정기총회에 감사결과보고서를 제출하여야 한다(서울시 재개발 표준정관 제16조 제4항).

감사는 임원의 직무위배행위 등으로 인해 감사가 필요한 경우 조합임원 또는 외부전문가로 구성된 감사위원회를 구성할 수 있다. 이 경우 감사는 감사위원회의 의장이 된다(서울시 재개발 표준정관 제16조 제6항).

(4) 부정 등에 대한 총회 보고 등

감사가 재산상황 또는 업무집행에 관하여 부정, 불비를 발견한 경우에 정기총회에서 이에 관한 보고를 하는 것은 감사가 조합장 및 이사의 직무집행에 관한 감독기관이므로 당연하다. 다만 조합은 주무관청의 감독을 받기 때문에 주무관청에도 보고하여야 하는 것이 상법상 주식회사와 다른 점이다.

감사가 보고하여야 할 부정한 사실을 발견하고 이를 총회 또는 주무관청에 보고하지 않거나 사실 아닌 보고를 하거나 부정사실을 은폐한 때에는 과태료에 처한다(민법 제97조 제4호).

감사는 조합의 재산관리 또는 업무집행이 공정하지 못하거나 부정이 있음을 발견하였을 때에는 대의원회 또는 총회에 보고하여야 한다(서울시 재개발 표준정관 제16조 제5항).

(5) 부정 등을 보고하기 위한 총회 소집

감사가 재산상황 또는 업무집행에 관하여 부정, 불비를 발견한 경우에 그 사실을 보고하기 위하여 총회를 소집할 수 있다.

다만 감사가 부정, 불비한 사실을 발견하였더라도 그 내용이 경미하여 정기총회의 개최를 기다려 보고하여도 조합의 이익을 해하지 않는 경우에는 임시총회를 소집할 필요가 없다. 즉 임시총회의 소집은 부정, 불비한 사실로 인하여 조합의 이익이 현저하게 해할 것으로 우려되고 조속한 조치가 필요한 경우에 소집하여야 한다.

감사가 조합장에게 조합의 재산관리 또는 조합의 업무집행이 공정하지 못하거나 부정이 있는 사실을 보고하기 위해 대의원회 또는 총회의 소집을 요구할 수 있다. 이 경우 감사의 요구에도 조합장이 소집하지 아니하는 경우에는 감사가 직접 대의원회를 소집할 수 있으며 대의원회 의결에 의하여 총회를 소집할 수 있다. 이 경우 감사가 대의원회와 총회의 소집 및 진행을 할 때에는 조합장의 권한을 대행한다(서울시 재개발 표준정관 제16조 제5항).

IX. 법원의 결정에 의한 임원의 직무정지

1. 임시의 지위를 정하기 위한 가처분

당사자간에 현재 다툼이 있는 권리 또는 법률관계가 존재하고, 그에 대한 확정판결이 있기까지 현상의 진행을 그대로 방치한다면 권리자가 현저한 손해를 입거나 급박한 위험에 처하는 등 소송의 목적을 달성하기 어려운 경우에 그로 인한 위험을 방지하기 위해 잠정적으로 권리 또는 법률관계에 관하여 임시의 지위를 정하는 보전처분이 '임시의 지위를 정하기 위한 가처분'이다(민사집행법 제300조 제2항).[167)]

임시의 지위를 정하는 가처분은 권리관계에 다툼이 있는 경우에 권리자가 당하는 위험을 제거하거나 방지하기 위한 잠정적이고 임시적인 조치로서 그 분쟁의 종국적인 판단을 받을 때까지 잠정적으로 법적 평화를 유지하기 위한 비상수단이다.

임시의 지위를 정하기 위한 가처분에서 채무자가 될 수 있는 자는 채권자가 주장하는 법률상 지위와 정면으로 저촉되는 지위에 있는 자에 한정되므로, 단체의 대표자 선임 결의의 하자를 이유로 한 직무집행정지 가처분에 있어서는 대표자 개인(조합장, 이사)만이 채무자가 되고, 단체(조합)는 당사자 적격을 갖지 못한다.[168)]

조합은 조합 경비에서 당해 직무집행정지가처분 사건의 피신청인인 조합장의 소송비용을 지급하더라도 이는 조합의 업무수행을 위하여 필요한 비용을 지급한 것에 해당하고, 조합의 경비를 횡령한 것이라고는 볼 수 없다.[169)]

법인 이사의 직무집행을 정지하는 가처분을 하거나 그 가처분을 변경·취소하는 경우에는 주 사무소와 분사무소가 있는 곳의 등기소에서 이를 등기하여야 한다(민법 제52조의 2).

---

167) 대법원 2007. 1. 25. 선고 2005다11626 판결
168) 대법원 1997. 7. 25. 선고 96다15916 판결 등 참조
169) 대법원 2003. 5. 30. 선고 2003도1174 판결

법원사무관등은 법원이 법인의 대표자 그 밖의 임원으로 등기된 사람에 대하여 직무의 집행을 정지하는 가처분을 하거나 그 가처분을 변경·취소한 때에는 법인의 주사무소 및 분사무소 또는 본점 및 지점이 있는 곳의 등기소에 그 등기를 촉탁하여야 한다(민사집행법 제306조).

2. 피보전권리와 본안소송

(1) 조합임원에 대한 직무집행정지가처분

① 조합임원 선임절차의 하자, ② 조합임원의 조합원의 자격상실, ③ 조합임원의 정관에 의한 자격정지사유의 발생, ④ 조합임원의 도시정비법 제43조 제1항의 결격사유의 발생, ⑤ 해임절차에 의한 조합임원의 해임이라는 사유 등이 있는 경우 조합원은 법원에 총회결의 무효확인소송 등을 제기하면서 해당 임원에 대한 직무집행정지가처분을 신청할 수 있다.[170]

그러나, 조합임원의 직무집행과정에서의 무능력과 비위사실 등은 직무집행정지가처분의 사유로 인정되기 어렵다.

(2) 임원선임결의 하자와 직무집행정지가처분

민법상 법인의 이사 직무집행정지 및 직무대행자선임 가처분이 발령되면 법원의 촉탁에 의해 그 사항이 법인등기부에 등재되어 외부에 공시됨으로써 제3자에 대한 대항력을 갖추게 되고(민법 제52조의2, 제54조 제1항, 민사집행법 제306조) 이로써 거래 안전의 보호를 도모할 수 있다.

이에 반해, 이사 선임결의의 효력정지가처분에 관해서는 그에 대응하는 등기절차가 법문에 규정되어 있지 아니하여 이를 법인등기부에 공시할 수 없고, 따라서 법인과 거래하는 제3자의 안전을 해할 가능성이 높아지게 된다.

따라서, 민법상 법인의 이사 선임 결의에 하자가 있는 경우에는 당해 이사 개인을 상대로 한 '직무집행정지 가처분'을 통해 권리 구제를 받을 수 있

170) 대법원 2000. 2. 11. 선고 99다30039판결

고, 만연히 법인을 상대로 한 선임결의의 효력정지가처분은 허용되지 않는다.[171]

(3) 임원의 지위 부존재 확인을 본안으로 한 직무집행정지가처분

임원이 임기중에 사임하였거나 임기가 만료된 경우, 정관 소정의 자격을 상실한 경우, 임원의 지위에서 해임되었음에도 이를 부정하면서 임원의 권한을 행사하고 있는 경우에 새로운 임원이 선임되었다면 그 임원(대표자인 경우 단체가 직접)이 직접 종전 임원을 상대로 직무수행방해금지 등의 가처분을 구할 수 있다.

임기만료나 사임사실에 관하여는 다툼이 없으나, 후임 임원의 선임절차를 밟지 않고 퇴임임원으로서의 업무수행권을 내세워 불법적으로 또는 부당하게 업무를 수행하는 경우에는 퇴임 임원으로 하여금 법인 등의 업무를 수행케 함이 부적당하다고 인정할 만한 특별한 사정이 있다고 보아, 직무집행정지가처분이 가능하다.[172]

조합원이 임기가 만료된 조합장의 직무수행금지를 소구할 경우 법원은 단지 민법 제691조 만을 근거로 이를 배척할 수 없다.[173]

(4) 해임청구권에 의한 직무집행정지 가처분신청

형성의 소는 기존 법률관계의 변경, 형성의 효과를 발생함을 목적으로 하는 것으로서, 법률에 특별한 규정이 있는 경우에 한하여 허용된다. 대표자의 불법행위를 이유로 그 해임을 청구하는 소송은 형성의 소에 해당한다. 민법상 법인의 이사 등의 경우에는 행임청구권에 관한 명문의 규정이 없으므로, 조합장의 의 부정행위(또는 해임청구)를 피보전권리로 하는 직무집행정지가처분은 허용되지 않는다.[174]

단체의 규약이나 정관 등에 단체임원의 해임을 청구할 수 있는 근거규정이

---

171) 서울고등법원 2010. 6. 21. 자 2009라2534 결정
172) 대법원 1996. 12. 10. 선고 96다37206 판결
173) 대법원 2003. 7. 8. 선고 2002다74817 판결
174) 대법원 2001. 1. 16. 선고 2000다45020 판결, 대법원 2020. 4. 24.자 2019마6918 결정

있는 경우에는 직무정지가처분이 허용되어야 한다는 소수견해도 있으나, 법원의 실무는 부정설에 따라 해임청구권 보전을 위한 직무집행정지가처분을 받아들이지 않고 있다.[175]

3. 보전의 필요성

(1) 의의

보전처분은 소송에 의하여 권리의 존부가 확정되기 전에 그 집행을 보전하여 주고자 하는 제도이므로, 채무자에게 큰 불편을 주게 된다. 그러므로 보전처분은 채무자에게 그와 같은 불편을 감수시키더라도 집행을 보전하기 위하여 미리 보전처분을 하여야 함이 꼭 필요하다고 하는 경우가 아니면 함부로 발령해서는 안 된다.

(2) 보전의 필요성 사유

민사집행법 제300조 제2항은 임시의 지위를 정하기 위한 가처분의 필요성에 관하여 "현저한 손해를 피하거나 급박한 위험을 막기 위하여 또는 그 밖의 필요한 이유가 있을 경우에 하여야 한다." 라고 규정하여 현재의 위험방지가 주목적임을 밝히고 있다.

현저한 손해는 본안판결의 확정까지 기다리게 하는 것이 가혹하다고 생각되는 정도의 불이익 또는 고통을 말하고, 이는 직접 및 간접의 재산적 손해뿐만 아니라 명예, 신용 그 밖의 정신적인 손해와 공익적인 손해를 포함한다.[176] 손해가 현저하다고 하기 위해서는 가처분에 의하여 채무자가 입는 손해 내지 불이익에 비하여 채권자가 얻는 이익이 현저하게 클 것을 요한다.

급박한 위험은 현재의 권리관계를 곤란하게 하거나 무익하게 할 정도의 강박·폭행을 말한다. 그 밖의 필요한 이유는 현저한 손해를 피하거나 급박한 위험을 막는 것에 준하는 정도의 이유를 말한다.[177]

---

175) 서울중앙지방법원 2008. 4. 1. 자 2008카합524 결정 등
176) 대법원 1967. 7. 4. 선고 67마424 결정

(3) 판단기준

임시의 지위를 정하기 위한 가처분이 필요한지 여부는 당해 가처분 신청의 인용 여부에 따른 당사자 쌍방의 이해득실관계, 본안소송에 있어서의 장래의 승패의 예상, 그 밖의 제반 사정을 고려하여 합목적적으로 결정하여야 할 것이다.[178]

단체의 대표자 선임 결의의 하자를 원인으로 직무집행을 정지하는 가처분에 있어서는 장차 신청인이 본안소송에서 승소하여 적법한 선임 결의가 다시 행하여질 경우에 피신청인이 다시 대표자로 선임될 개연성은 없는지의 여부도 참작하여야 한다.[179]

본안소송인 총회결의무효확인소송에서 가처분채권자가 패소한 경우 법원은 사정변경을 이유로 가처분 결정을 취소할 수 있다.[180]

(4) 법원의 심리

임시의 지위를 정하기 위한 가처분은 본안판결 전에 채권자에게 만족을 주는 경우도 있으므로, 채무자의 고통 또한 크다 할 것이므로, 원칙적으로 변론기일 또는 채무자가 참석할 수 있는 심문기일을 열어야 한다(민사집행법 제304조).

가압류 또는 다툼의 대상에 관한 가처분에서는 채무불이행 등의 사유만 소명되면 보전의 필요성이 인정되나, 임시의 지위를 정하기 위한 가처분에서는 그 보존의 필요성을 인정할 만한 특별한 사정의 소명이 없는 한 가처분신청을 배척하는 예가 많다.

---

177) 대법원 1967. 7. 4. 선고 67마424 결정
178) 대법원 2007. 1. 25. 선고 2005다11626 판결
179) 대법원 1997. 10. 14. 선고 97마1473 결정, 대법원 1993. 2. 12. 선고 92다40563 판결
180) 대법원 2008. 11. 27. 자 2007마1470 결정

4. 직무대행자의 선임 등

(1) 임시조합장 등의 선임 청구

조합임원의 선임을 위한 총회결의무효확인소송이 확정되고, 새로운 임원이 없을 경우 이해관계인은 민법 제63조에 근거하여 임시 조합장 또는 조합임원의 선임을 법원에 청구할 수 있다.

민법 제63조에서 임시이사의 선임을 신청할 수 있는 '이해관계인'이라 함은 임시이사가 선임되는 것에 관하여 법률상의 이해관계가 있는 자로서 그 법인의 다른 이사, 사원 및 채권자 등을 포함한다.

민법 제63조에서 임시이사 선임의 요건으로 정하고 있는 '이사가 없거나 결원이 있는 경우'라 함은 이사가 전혀 없거나 정관에서 정한 인원수에 부족이 있는 경우를 말하고, '이로 인하여 손해가 생길 염려가 있는 때'라 함은 통상의 이사선임절차에 따라 이사가 선임되기를 기다릴 때에 법인이나 제3자에게 손해가 생길 우려가 있는 것을 의미한다.[181]

(2) 직무대행자의 선임

대표자의 직무집행이 정지되어 대표자의 직무를 행할 자가 없다든가 이사의 직무집행을 정지하여 정족수에 미달되게 된 경우에 직무대행자를 선임하게 된다. 법원은 직무대행자의 지정권을 가지며, 법원의 자유재량에 의하여 적당한 자를 직무대행자로 선임한다. 법원은 다툼이 있는 자들과 무관한 중립적인 사람을 직무대행자로 선임하고 있다.

임시조합장 선임신청사건은 비송사건으로서 일단 효력이 생긴 비송사건의 결정이 사후에 취소되더라도 권리관계의 형성을 목적으로 하는 비송사건 본래의 성질에 비추어 특별한 사정이 없는 한 소급효는 인정되지 아니한다. 따라서 법원의 선임결정에 의하여 선임된 임시조합장이 그 선임결정이 취소되기 전에 개최한 총회에서의 결의는 그 후에 법원의 선임결정이 취소되었다고 하여 당연 무효가 된다고 볼 수 없다.[182]

---

181) 대법원 2009. 11. 19. 자 2008마699 전원합의체 결정
182) 서울고등법원 2001. 7. 14.자 2009라2485 결정

직무대행자를 선임하는 가처분결정이 있는 경우 주 사무소와 분사무소가 있는 곳의 등기소에 이를 등기하여야 한다(민법 제52조의2, 민사집행법 제306조).

당사자는 직무대행자의 변경 내지 개임신청권이 인정되지 않으므로, 당사자의 직무대행자 개임청구는 법원의 직권발동을 촉구하는 것에 불과하다.

(3) 직무집행정지결정시 본안소송의 대표자

단체의 대표자에 대해 직무집행정지 및 직무대행자선임 가처분이 된 경우에는, 그 가처분에 특별한 정함이 없는 한 그 대표자는 그 본안소송에서 그 단체를 대표할 권한을 포함한 일체의 직무집행에서 배제되고 직무대행자로 선임된 자가 대표자의 직무를 대행하게 된다. 따라서 본안소송에서 그 단체를 대표할 자도 직무집행을 정지당한 대표자가 아니라 대표자 직무대행자로 보아야 한다.[183]

5. 법원이 선임한 직무대행자의 직무범위

직무대행자의 직무범위는 조합의 통상업무에 속하는 범위 내에 한정된다.[184] 다만 법원의 허가를 얻은 경우에 한하여 통상업무 이외의 업무(직무대행자의 보증, 조합 임원의 변경 등)를 할 수 있다(민법 제60조의2). 직무집행정지가처분을 발령한 법원은 통상사무를 벗어난 직무대행자의 권한행사를 허용할 것인지를 후견적 입장에서 상무외 행위허가 여부를 결정하게 된다.

법원은 직권으로 가처분신청의 목적을 달성함에 필요한 처분을 할 수 있으므로 가처분법원은 직무대행자의 직무권한의 범위에 관하여 가처분의 목적달성에 필요한 제한을 가할 수 있다.[185]

법원이 당해 상무외 행위를 허가할 것인지 여부는 일반적으로 당해 상무외

---

183) 대법원 1995. 12. 12. 선고 95다31348 판결
184) 대법원 2000. 2. 11. 선고 99두2949 판결, 대법원 1995. 4. 14. 선고 94다12371 판결
185) 대법원 1982. 12. 14. 선고 81다카1085 판결

행위의 필요성과 조합의 경영과 업무 및 재산에 미치는 영향 등을 종합적으로 고려하여 결정하여야 한다.[186]

직무대행자가 법원의 허가없이 통상사무 이외의 사무를 한 경우에도 조합은 선의의 제3자에 대하여 책임을 진다(민법 제60조의2 제2항).

① 인가를 받았던 사업시행계획을 변경하는 것, ② 임원 선임에 관한 정관 및 선거관리규정을 변경하는 것 등은 '정비사업조합을 종전과 같이 그대로 유지하면서 관리하는 한도 내의 통상업무에 속하는 사무'라고 볼 수 없다.[187]

다만 ① 기존의 정관 및 선거관리규정에 따라 새로운 조합장을 선출하는 것, ② 조합원 총회에 2008년도 결산을 보고하고 2009년도 예산안의 승인을 얻는 것은 통상업무에 속하는 사무라 할 것이다.

재건축조합이 이주를 거부하는 사업구역 내의 아파트 소유자 등과 사이에 해당 아파트를 감정가에 의하여 매수하기로 한 합의가 조합장 직무대행자가 할 수 있는 조합의 통상업무 범위 내에 속하는 행위라고 판시한 사례[188]도 있다.

직무대행자가 관리처분계획안 수립 승인을 위한 조합원총회를 소집함에 있어 법원의 허가를 받아 진행한 사례가 있다.

6. 직무대행자의 대행기간 등

(1) 직무대행자의 직무대행기간

가처분재판에 의하여 법인 등 대표자의 직무대행자가 선임된 경우 위 직무대행자는 사정변경 등을 이유로 가처분결정이 취소되기 전까지 직무대행권한을 가진다.

재건축조합의 조합장에 대하여 직무집행을 정지하고 직무대행자를 선임하는

186) 대법원 2008. 4. 14. 자 2008마277 결정
187) 서울서부지방법원 2009. 7. 6.자 2009카합1347 결정
188) 대법원 2000. 2. 22. 선고 99다62890 판결

가처분결정이 있은 후 그 직무대행자에 의하여 소집된 임시총회에서 직무집행이 정지된 종전 조합장이 다시 조합장으로 선임되었다 하더라도 위 가처분결정이 취소되지 아니한 이상 직무대행자만이 적법하게 조합을 대표할 수 있고, 다시 조합장으로 선임된 종전 조합장은 그 선임결의의 적법 여부에 관계없이 대표권을 가지지 못한다.[189]

가처분에 의하여 직무 집행이 정지된 대표자 등은 사정변경을 이유로 그 가처분의 취소신청을 할 수 있고, 법원의 가처분취소결정이 있은 이후부터 직무집행이 정지된 조합장 또는 새로 선임된 조합장은 대표권을 가진다.[190] 다만 가처분 사건의 당사자가 될 수 없는 법인 등은 그 가처분취소신청을 할 수 없다.[191]

(2) 본안소송의 확정과 직무대행자의 임기 종료

본안소송인 총회결의무효소송에서 가처분채권자가 승소하여 그 판결이 확정된 경우 법원이 선정한 직무대행자는 직무집행 정지 기간의 정함이 없는 경우에도 본안승소판결의 확정과 동시에 당연히 효력을 상실한다.[192]

본안판결의 확정으로 직무집행정지 가처분결정의 종기가 도래하여 직무대행자가 그 권한을 행사할 수 없게 되는 경우에는 사전에 발령된 상무외 행위허가를 기초로 하여 직무대행자의 권한행사도 더 이상 허용될 수 없다.

직무대행자가 법인 등 단체의 임원으로서의 직무를 행사할 수 있는 것은 해당 단체와의 위임 관계에 기초한 것이 아니라 강제력을 갖는 법원의 직무대행자 선임결정에 의한 것이므로 직무집행정지 가처분결정의 효력 상실로 인해 직무대행자의 권한이 소멸한 이후에 위임관계 종료 시의 긴급처리를 규정한 민법 제691조를 근거로 새로운 임원 선임 시까지 직무대행자가 그 직무를 집행할 수 있다고 보기는 어렵다.

---

189) 대법원 2000. 2. 22. 선고 99다62890 판결, 대법원 1995. 12. 12. 선고 95다31348 판결, 대법원 2004. 7. 22. 선고 2004다13694 판결, 대법원 2010. 2. 11. 선고 2009다70395 판결 등

190) 대법원 1995. 3. 10. 선고 94다56708 판결

191) 대법원 1997. 10. 10. 선고 97다27404 판결

192) 대법원 1989. 5. 23. 선고 88다카9883 판결, 서울고등법원 2010. 8. 16.자 2010라1056 결정

7. 직무정지된 조합장이 체결한 계약의 효력 등

(1) 직무정지된 조합장의 법률행위

법원의 직무집행정지 가처분결정에 의해 대표권이 정지된 조합장은 가처분 취소시까지 가처분명령에 특별히 정함이 없는 한 대외적 및 대내적으로 법률적 및 사실적 직무집행의 권한이 절대적으로 금지된다.[193] 그리하여 이러한 가처분명령에 위반하여 한 행위는 무효이고, 후에 가처분이 취소·변경되었다 하어도 그 효력이 새로이 생기는 것은 아니다.

직무집행정지가처분결정에 의해 회사를 대표할 권한이 정지된 대표이사가 그 정지기간중에 체결한 계약은 절대적으로 무효이고, 그후 가처분 신청의 취하에 의하여 보전집행이 취소되었다고 하더라도 집행의 효력은 장래를 향하여 소멸할 뿐 소급적으로 소멸하는 것은 아니다. 즉 가처분신청이 취하되었다하여 무효인 계약이 유효하게 되지는 않는다.[194]

(2) 직무대행자선임결정 취소전 새로 선임된 조합장의 법률행위

조합장의 직무집행정지 및 직무대행자선임의 가처분이 이루어진 이상 그 후 조합장이 해임되고 새로운 조합장이 선임되었다 하더라도 가처분결정이 취소되지 아니하는 한 직무대행자의 권한은 유효하게 존속한다. 반면 새로이 선임된 조합장은 그 선임결의의 적법여부에 관계없이 조합장으로서의 권한을 가지지 못한다.

이 경우 위 가처분은 그 성질상 당사자 사이에서 뿐만 아니라 제3자에게도 효력이 미치므로, 새로이 선임된 조합장이 위 가처분에 위반하여 조합의 대표자의 자격에서 한 법률행위는 결국 제3자에 대한 관계에서도 무효이다. 또한 위 가처분에 위반하여 대표권 없이 대표이사와 법률행위를 한 거래상대방은 자신이 선의였음을 들어 위 법률행위의 유효를 주장할 수 없다.[195]

---

193) 대법원 2008. 8. 21. 선고 2007다79480 판결
194) 대법원 2008. 5. 29. 선고 2008다4537 판결
195) 대법원 2000. 2. 22. 선고 99다62890 판결

제6절 대의원회와 총회

I. 대의원회의 구성 및 운영

1. 대의원회 구성

대의원회를 구성하도록 한 취지는 대의원들로 하여금 조합의 업무집행에 대한 감시 및 견제 기능을 수행하도록 하여 조합 업무를 추진하는데 있어 조합원들의 이해와 요구를 반영하고, 조합업무의 적정성과 공정성을 담보하려는 것이다. 또한 대의원회에서 총회 부의안건에 대한 충분한 토론 및 심의를 거쳐, 조합원들에게 결의를 위한 정보를 제공하는데 그 목적이 있다.

조합원의 수가 100명 이상인 조합은 대의원회를 두어야 하며(법 제46조 제1항), 대의원회는 조합원의 10분의 1 이상으로 하되 조합원의 10분의 1이 100명을 넘는 경우에는 조합원의 10분의 1 범위 안에서 100명 이상으로 구성할 수 있다(법 제46조 제2항). 대의원 수는 도시정비법 제46조 제2항에서 정한 범위안에서 정관이 정하는 바에 의한다(시행령 제44조 제3항).

조합장은 조합을 대표하고 대의원회의 의장이 되며, 조합장이 대의원회의 의장이 되는 경우에는 대의원으로 본다(법 제42조 제1항, 제2항).

2. 대의원의 선임 등

(1) 대의원의 피선임자격

대의원의 피선임자격은 조합원이어야 하고, 조합장을 제외한 조합임원은 대의원 피선임자격이 제한된다(법 제46조 제3항, 시행령 제44조 제1항).

조합은 정관에서 대의원의 피선임자격 또는 결격사유를 추가로 규정할 수

있고, 표준정관과 다른 내용으로 대의원의 자격에 관한 정관규정을 작성할 수 있다.[196]

서울시 재개발 표준정관 제24조 제4항은 "대의원은 후보자 등록 공고일 현재 사업시행구역내 토지 또는 건축물을 ○년 이상 소유한 조합원 중에서 선임한다."라고 규정하고 있다.

정관 또는 선거관리규정에 따라 대의원 선임시 선거인 ○○인 이상의 추천을 요구하거나 대의원 보궐선임시 대의원 ○○인 이상의 추천을 요구할 수 있다.

(2) 대의원의 선임기관

대의원 수는 동별 또는 단지규모 등을 고려하여 조합원의 10분의 1 이상으로 하며, 동별로 고루 선출하되, 단독주택지의 경우에는 가구별로 균형있게 선출한다.[197]

대의원 자격이 없는 경우, 당연 퇴임하는 경우, 대의원이 자의로 사임한 경우, 대의원이 해임된 경우에는 도시정비법, 정관 및 조합 선거관리규정에 따라 지체없이 새로운 대의원을 선출하여야 한다(제24조 제9항, 제5항, 제7항, 제8항, 제18조 제2항).

대의원의 선임은 총회의 전속적 권한사항이다(시행령 제42조 제1항 제2호). 이에 반해 대의원회에서 대의원의 보궐선임을 할 수 있다(새행령 제24조 제6호).

대의원의 선임 및 보궐선임시 조합은 시장・군수에게 신고하여야 한다(시행령 제31조 제4호).

(3) 대의원 (보궐)선임방법

대의원은 총회에서 조합원 과반수 출석으로 개의하고 출석 조합원 과반수 찬성으로 선임된다. 또는 대의원은 대의원회에서 대의원 과반수 출석으로 개의하고 출석 대의원 과반수의 찬성으로 보궐선임된다.

196) 서울고등법원 2010. 11. 23. 선고 2010누18880 판결
197) 서울동부지방법원 2005. 11. 10. 선고 2004가합10174 판결

정관에 "대의원의 입후보자가 선임 또는 보궐선임하려는 대의원 수를 초과하는 경우 선임 또는 보궐선임하려는 임원 수에 이르기까지 다득표순으로 선임할 수 있다." 고 정할 수 있다.

정관에 "대의원의 입후보자가 선임 또는 보궐선임하려는 대의원 수 이하인 경우에는 득표수에 상관없이 모두 선임 또는 보궐선임된 것으로 본다." 라고 정할 수 있다.[198]

서면결의서(투표용지)에 전체 대의원 후보에 대한 찬성과 반대를 표시하도록 하는 것 이외 조합원들로 하여금 각 대의원 후보에 대한 개별적인 찬성, 반대의 의사를 표시할 수 있는 기회를 주는 것이 타당하다.[199]

대의원의 선임시 조합원이 서면에 의하여 의사표시를 함에 있어 대의원 후보자 각각에 대한 찬반을 묻지 않고, 전원에 대해 찬성과 반대만을 하도록 하거나, 총회 참석자의 의결에 따르도록 양식을 정하였다면 위 서면결의서는 조합원의 선임권을 부당하게 제한한 것으로서 무효라고 볼 수 있다.[200]

(4) 대의원의 임기 및 연임

서울시 재개발 표준정관 제24조 제6항에 의하면 대의원의 임기를 임원의 임기와 동일하게 정하고 있다.

조합설립을 위한 창립총회에서 선임된 대의원의 임기는 조합설립등기일로부터 개시하고, 그 후임자의 임기는 선임된 날의 다음날부터 개시한다. 다만, 보궐선임된 대의원의 임기는 그 선임된 날부터 전임자의 잔임기간으로 한다(서울시 재개발 표준정관 제24조 제6항, 제15조 제5항).

건설교통부가 보급한 표준정관은 대의원의 임기에 관하여 별도의 규정을 두고 있지 않다. 위 표준정관은 각 조합이 정관을 제·개정함에 있어 일응의 표준이 되는 것이어서 위 표준정관에서 대의원의 임기를 정하지 않았다 하더라도 조합은 적법한 정관변경의 절차를 거쳐 대의원의 임기를 정할 수 있다.[201]

---

198) 서울특별시 정비사업 표준선거관리규정 제34조 제5항

199) 서울서부지방법원 2008. 7. 18. 선고 2008가합283판결, 수원지방법원 안양지원 2011. 5. 11.자 2011카합61 결정

200) 인천지방법원 2009. 5. 27.자 2009카합464 결정, 의정부지방법원 2011. 5. 18.자 2011카합317 결정, 서울서부지방법원 2010. 7. 28.자 2010카합1137 결정, 수원지방법원 2013. 2. 15.자 2013카합40 결정

대의원의 임기를 정한 경우 대의원의 연임에 관한 내용도 정할 수 있다

대의원회에서 대의원 연임 안건을 총회에 상정하기로 결의한 것은 자신들의 연임을 스스로 의결하는 것이 아니라 연임 안건을 총회에 상정하여 총회로 하여금 연임 여부에 관한 의결을 받는 것인바, 도시정비법 시행령 제44조 제10항의 '이해와 관련된 사항'에 해당되지 않는다.

3. 대의원의 사임 또는 해임 등

(1) 대의원의 사임

대의원이 자의로 사임하고자 하는 경우 조합장에게 그 의사를 서면으로 표시하여야 하며, 조합장은 이를 이사회에 상정하여야 한다. 사임의사를 표명한 대의원은 사임에 대한 이사회 의결이 있거나 후임 대의원이 선임될 때까지 그 임기가 유지되는 것으로 본다(서울시 재개발 표준정관 제24조 제7항).

(2) 대의원의 해임

대의원의 해임은 총회의 의결을 거쳐야 한다(시행령 제42조 제2호). 대의원의 해임을 총회의 의결을 거치도록 한 규정은 정비사업의 시행과정에서 사업의 추진과 관련된 이견(異見)을 보유한 자들 사이에 발생하는 분쟁을 총회라는 공적인 절차를 거쳐 해결하도록 하여 절차적 정당성을 확보하도록 함으로서 분쟁의 발생을 막고, 결과적으로 성공적인 사업시행을 통한 조합원의 이익을 도모하기 위한 것이다.[202]

조합임원이 총회의 결의 없이 대의원회의 결의만으로 대의원을 해임한 경우 조합임원은 도시정비법 제137조 제5호에 의하여 처벌받게 된다.[203]

조합원 5분이 1 이상 또는 대의원 3분의 2 이상의 요구로 조합장이 소집한 총회에서 대의원을 해임할 수 있다. 그러나, 조합원 10분의 1 이상은 총회를

201) 서울서부지방법원 2023. 4. 4.자 2023카합50041 결정
202) 서울중앙지방법원 2010. 9. 17. 선고 2010고정2621 판결
203) 서울중앙지방법원 2010. 12. 2. 선고 2010노3748 판결

소집해서 대의원을 해임할 수 없다.

대의원이 특별한 사유 없이 3회 이상 연속으로 대의원회에 참석하지 않거나 관계법령 및 이 정관에 위반하여 조합에 부당한 손실을 초래한 경우에는 해임할 수 있다(서울시 재개발 표준정관 제24조 제8항).

대의원 해임시 해당 대의원에게 총회의 청문 등 소명기회를 부여하여야 하며, 청문 등 소명기회를 부여하였음에도 이에 응하지 아니한 경우에는 소명기회를 부여한 것으로 본다(서울시 재개발 표준정관 제24조 제8항, 제18조 제1항).

(3) 당연 퇴임

대의원 자격을 갖추지 못한 자, 대의원의 결격사유가 있는 자는 별도의 해임절차 없이 그 즉시 당연퇴임한다. 퇴임된 대의원이 퇴임 전에 관여한 행위는 그 효력을 잃지 아니한다(서울시 재개발 표준정관 제24조 제5항, 제17조 제1항, 제2항, 제3항).

대의원이 정비구역내 자신의 부동산을 을에게 매도하고, 정비구역내 또 다른 부동산을 병으로부터 매수하였으며, 같은 날 부동산 매도등기와 매수등기가 이루어진 경우 해당 대의원은 조합원 자격을 유지하므로 대의원 자격도 유지한다.[204)]

4. 대의원회의 권한

(1) 대의원회의 총회 권한 대행

총회의 권한 중 대의원회가 대행할 수 있도록 정한 취지는 조합과 그 조합원을 위하여 일정 부분 총회의 권한을 대행하는 대의원회의 의결을 통하여 대의원 다수의 뜻을 모아 신중하게 결정, 처리하기 위한 것이다.[205)]

총회의 권한이나 대의원회가 대행할 수 있는 사항은 다음과 같다(법 제45조

204) 대구지방법원 2019. 9. 5. 선고 2019가합203051 판결
205) 대법원 2019. 10. 31. 선고 2017다282438 판결

제1항, 시행령 제43조).

① 정관의 변경에 관한 사항중 경미한 사항의 변경의 경우 (법 또는 정관에서 총회의결사항으로 정한 경우 제외)
② 정비사업비의 세부 항목별 사용계획이 포함된 예산안 및 예산의 사용내역
③ 정비사업비의 조합원별 분담내역
④ 사업시행계획 및 관리처분계획 중 경미한 변경
⑤ 이전고시에 따른 조합의 해산과 조합 해산 시의 회계보고
⑥ 청산금이 징수 · 지급(분할징수 · 분할지급 포함)
⑦ 도시정비법 제93조에 따른 비용의 금액과 징수방법
⑧ 이사, 감사, 대의원의 보궐선임
⑨ 총회 의결로 정한 예산 범위내에서의 용역 계약

(2) 대의원회 의결사항

대의원회는 다음의 사항을 의결할 수 있다(표준정관 제25조 제1항).

① 예산 및 결산의 승인에 관한 방법
② 총회 부의안건의 사전심의 및 총회로부터 위임받은 사항
③ 조합 업무규정의 개정(서울시)
④ 준공인가 후 소송 제기에 관한 사항

조합의 정관이 총회 부의 안건에 대한 사전심의를 대의원회의 권한으로 정한 취지는 대의원회에서 안건의 적정성 등을 사전에 심사하여 불필요한 안건이 총회에 상정되는 등으로 인한 절차의 낭비를 막고 총회에서 실질적으로 결의가 필요한 안건에 한하여 심의가 이루어지도록 하여 조합원들의 토의권과 결의권 행사를 실질적으로 보장하도록 하기 위한 것이다.[206]

206) 부산지방법원 2015. 10. 15.자 2015카합850 결정

5. 대의원회의 소집 및 운영

(1) 대의원회 소집권자

대의원회는 조합장이 필요하다고 인정하는 때에 소집한다(시행령 제44조 제4항).

정관이 정하는 바에 따라 소집청구가 있거나[207] 대의원의 3분의 1 이상이 회의의 목적사항을 제시하여 청구하는 경우 조합장은 해당일부터 14일 이내에 대의원회를 소집하여야 한다(시행령 제44조 제4항). 대의원의 3분의 1 이상의 정수는 정관에서 달리 정할 수 있다(시행령 제44조 제4항 제2호).

조합원 또는 대의원의 요구로 대의원회를 소집하는 경우 조합은 도시정비법 제44조제2항 및 시행령 제41조의2에서 정하는 기준에 따라 소집을 요구한 자가 본인인지 확인하여야 한다(서울시 재개발 표준정관 제25조 제2항, 제20조 제9항).

소집청구가 있는 경우로서 조합장이 해당일로부터 14일 이내에 정당한 이유 없이 대의원회를 소집하지 아니한 때에는 감사가 지체없이 이를 소집하여야 한다. 감사가 대의원회를 소집하지 아니하는 때에는 소집을 청구한 자의 대표가 미리 '시장·군수의 승인'을 얻어 대의원회를 소집한다(시행령 제44조 제5항).

감사 또는 대의원회 소집청구 대표자가 대의원회를 소집하는 경우에는 감사 또는 대의원회 소집청구 대표자가 의장의 직무를 대행한다(시행령 제44조 제6항).

소집요구에 따른 대의원회가 개의 정족수를 갖추지 못하였거나 요구 안건이 부결된 때에는 당해 조합원의 소집요구서 및 해당 대의원회에 제출된 서면의 결서 등의 효력은 상실된다(서울시 재개발 표준정관 제25조 제2항, 제20조 제9항).

---

207) 서울시 재개발 표준정관 제25조 제1항 제1호 : 조합원 10분의 1 이상이 대의원회의 목적사항을 제시하여 소집을 청구하는 때

(2) 대의원회 소집통지

대의원회의 소집은 집회 7일전까지 그 회의의 목적 · 안건 · 일시 및 장소를 기재한 서면을 대의원에게 통지하는 방법에 의한다. 이 경우 정관이 정하는 바에 따라 대의원회의 소집내용을 공고하여야 한다(시행령 제44조 제7항).

사업추진상 시급히 대의원회 의결을 요하는 사안이 발생하는 경우에는 회의 개최 3일 전에 통지하고 대의원회에서 안건상정 여부를 묻고 의결할 수 있다(서울시 재개발 표준정관 제25조 제4항 단서).

(3) 대의원회의 운영

정관 제23조(총회의 운영 등)는 대의원회에 이를 준용한다(서울시 재개발 표준정관 제27조 제5항).

대의원회는 이 정관 및 의사진행의 일반적인 규칙에 따라 운영하며, 의장은 대의원회의 안건의 내용 등을 고려하여 ① 조합직원, ② 정비사업전문관리업자·시공자 또는 설계자, ③ 그 밖에 의장이 총회운영을 위하여 필요하다고 인정하는 자등 조합원이 아닌 자를 총회에 참석하여 발언하도록 할 수 있다.

의장은 대의원회의 질서를 유지하고 의사를 정리하며, 고의로 의사진행을 방해하는 발언·행동 등으로 총회질서를 문란하게 하는 자에 대하여 그 발언의 정지·제한 또는 퇴장을 명할 수 있다.

이사·감사는 대의원회에 참석하여 의견을 진술할 수 있다(서울시 재개발 표준정관 제27조 제5항).

6. 대의원회 의결방법

(1) 대의원회의 의결방법

대의원회는 사전에 통지한 안건에 관하여만 의결할 수 있다(시행령 제44조 제9항). 회의 개최 3일 전에 통지한 안건에 관하여 대의원회에서 안건상정 여부를 묻고 의결할 수 있다(서울시 재개발 표준정관 제25조 제4항 단서).

사전에 통지하지 아니한 안건으로서 대의원회 회의에서 정관으로 정하는 바에 따라 채택된 안건은 의결할 수 있다(시행령 제44조 제9항). 서울시의 경우 통지하지 아니한 안건에 관하여 재적대의원 과반수가 '직접' 참석하고 직접 참석한 대의원 과반수가 그 채택에 동의하여야 한다(서울시 재개발 표준정관 제25조 제5항).[208]

대의원회는 재적대의원 과반수의 출석과 출석대의원 과반수의 찬성으로 의결한다. 다만, 그 이상의 범위에서 정관이 달리 정하는 경우에는 그에 따른다(시행령 제44조 제8항). 반면 대의원회 결의 요건을 완화할 수 없다.

대의원은 대리인을 통한 출석을 할 수 없다. 다만, 서면으로 대의원회에 출석하거나 의결권을 행사할 수 있으며, 출석으로 본다(서울시 재개발 표준정관 제27조 제3항).

특정한 대의원의 이해와 관련된 사항에 대하여는 그 대의원은 의결권을 행사할 수 없으며(시행령 제44조 제10항), 의결정족수에서 제외된다.

(2) 재적 대의원 수가 법정 최소 대의원 수에 미달된 경우

대의원회는 총회의 의결사항 중 일정한 사항에 대하여 총회를 대신하여 결의할 수 있는 대표기관이자 권한대행기관이다. 관계 법령은 이러한 대의원회의 대표성을 확보·강화하기 위하여 대의원의 최소 인원수를 정하고, 그 대의원의 선임 및 해임에 관해 총회의 의결을 거치도록 정하고 있다.

최소 인원수에 미치지 못하는 대의원으로 구성된 대의원회는 총회의 권한을 대행하여 적법한 결의를 할 수 없다. 법정 최소 인원수에 미달하는 대의원회는 특별한 사정이 없는 한 대의원회에서 대의원을 보궐 선임할 수 없고, 총회의 결의를 통해 선임할 수 있을 뿐이다.[209] 정족수 미달된 대의원회에서 '총회의 권한을 대행하는 안건'(이사의 보궐선임 등)에 관하여 결의하였다면 그 대의원회의 결의는 무효이다.[210]

---

208) 수원지방법원 안양지원 2015. 12. 18. 선고 2013가합102317 판결 : 통지하지 않은 안건에 대한 찬반 표시에는 '안건 상정에 대한 동의'의 의사표시도 포함된 것으로 봄

209) 대법원 2023. 1. 12. 선고 2018다275307, 2018다275314 판결

210) 대구고등법원 2012. 1. 13. 선고 2011나4224 판결, 서울북부지방법원 2018. 9. 18. 선고 2017나39069, 39076 판결(정족수 미달된 대의원회에서 선임된 3인의 대의원 무효 → 위 무효인 3인이 참석한 대의원회의 청산인 9인 선임 결의 무효 → 9인의 청산인회의 대표청산인 선임결의도 무효)

대의원이 사망하면 당연히 대의원 자격을 상실하게 되고, 사망한 당해 대의원은 재적 대의원 수에서 제외된다[211]. 만약 사망한 대의원으로 인하여 법정 대의원 수가 미달하게 되었다면 위 대의원회는 총회결의사항을 대행할 수 없다.

재적 대의원의 수가 도시정비법 제46조 제2항에서 정한 최소 대의원 수에 미달되더라도 법정 최소 대의원 수의 4분의 3 이상인 경우에는 '총회상정을 위한 안건의 사전심의'에 한하여 법정 최소 대의원 수의 과반수 출석으로 개의하고 출석대의원 과반수의 찬성으로 의결할 수 있다(서울시 재개발 표준정관 제27조 제2항)

정족수 미달된 대의원회는 총회의 권한을 대행하는 것이 아닌 안건(선거관리위원회의 구성, 총회 부의안건 심의 등)에 대해서는 의결할 수 있다.[212]

(3) 대의원회 결의로 총회 결의 갈음

총회 소집결과 개의정족수에 미달되는 때에는 재소집하여야 하며, 재소집의 경우에도 개의정족수에 미달되는 때에는 대의원회로 총회를 갈음할 수 있다(서울시 재개발 표준정관 제22조 제9항).

대의원회 결의로 총회를 갈음할 수 있는 사항은 총회의 결의사항중 도시정비법 시행령 제43조의 각 사항은 제외된다(시행령 제43조, 서울시 재개발 표준정관 제22조 제9항).

대의원회가 총회의 의결을 대행하는 경우에는 재적 대의원 3분의 2 이상의 출석과 출석대의원 3분의 2 이상의 동의를 얻어야 한다(서울시 재개발 표준정관 제27조 제1항 단서).

7. 의사록의 작성

---

211) 서울서부지방법원 2016. 1. 21. 선고 2015가합34291 판결

212) 부산지방법원 2015. 10. 15.자 2015카합850 결정, 유사사례 서울고등법원 2013. 5. 30. 선고 2012나3403 판결

대의원회를 개최하는 경우 다음의 기준에 따라 의사록을 작성하고 관리하여야 한다(서울시 재개발 표준정관 제32조 제2항).

① 의사록에는 의사의 경과, 주요 논의내용 및 결과를 기재하고 의장 및 출석한 대의원이 서명하여야 한다.

② 의사록은 회의개최일로부터 15일 이내에 정비사업 정보몽땅에 게시하고 조합사무소에 비치하여 조합원등이 항시 열람할 수 있도록 하여야 한다.

공인속기사가 작성한 속기록 또는 의사록은 의사록으로 보며, 의장 및 출석한 이사 및 감사의 서명을 요하지 않는다.

조합은 대의원회를 개최한 경우 대의원회 의사록 및 관련 자료를 청산시까지 보관하여야 한다. ① 용역(변경)계약 및 업체 선정과 관련된 대의원회, ② 조합임원·대의원의 선임·해임·징계 및 조합원 자격에 관한 대의원회의 경우 위 대의원회의 속기록·녹음 또는 영상자료를 만들어 청산시까지 보관하여야 한다(법 제125조 제1항, 시행령 제94조 제3항).

조합임원은 대의원회의 의사록을 조합원이 알 수 있도록 인터넷과 그 밖의 방법을 병행하여 공개하여야 하며, 조합원 또는 토지등소유자의 열람·등사 요청이 있는 경우 15일 이내 이에 응하여야 한다. 이 경우 등사에 필요한 비용은 실비의 범위 안에서 청구인의 부담으로 한다(법 제124조 제1항, 제4항).

Ⅱ. 총회의 의의 및 권한

1. 조합원 총회

조합에는 의사결정기관으로서 총회가 있다. 총회는 전 조합원으로 구성되는 의결기관이며(법 제44조 제1항), 반드시 두어야 하는 필요기관이므로, 정관의 규정에 의하여서도 폐지할 수 없다.

총회는 정관의 변경, 법인의 해산 등을 비롯하여, 조합에 관한 중요한 사항에 대하여 의사를 결정하는 기관이며, 정관으로 이사 또는 기타 임원에게 위임한 사항을 제외한 모든 사항에 대한 결정권한이 있다는 점에서 최고의 의사결정기관이라 할 수 있다.

총회는 정기총회와 임시총회로 구분된다(서울시 재개발 표준정관 제20조 제2항).

정기총회는 매년 1회, 당해 회계연도 종료일 전에 개최하여 다음 회계연도의 정비사업비의 세부 항목별 사용계획이 포함된 예산안을 의결하여야 한다. 다만, 부득이한 사정이 있는 경우에는 대의원회 의결을 거쳐 ○월 이내의 범위안에서 그 사유와 기간을 명시하여 변경할 수 있다(서울시 재개발 표준정관 제20조 제3항).

'서울특별시 정비사업 조합 등 표준 예산·회계규정' 제19조 제1항은 "조합등은 부득이한 사유로 회계연도 개시 전까지 당해 연도 예산이 성립되지 아니한 때에는 전년도 동기간 예산에 준하여 집행할 수 있다"고 규정하고 있다. 즉 당해 연도 예산은 회계연도 개시 전에 성립되는 것을 전제로 하고 있다.

그런데 조합예산을 위한 임시총회를 잘 개최하지 않는 현실에서 정기총회마저 새 회계연도에 개최하도록 함으로써, 정기총회에서 예산이 의결될 때까지는 준예산을 집행해야 하는 문제가 매번 발생한다.

따라서 대한민국국회처럼 매번 개최하여야 하는 정기총회를 회계연도 개시 전에 개최하도록 하여 그때 예산에 대한 의결이 이루어질 수 있도록 하고, 그럼에도 부득이 해를 넘기는 경우에는 대의원회 의결로 준예산을 집행하도록 하는 것이 바람직하다.

임시총회는 조합장이 필요하다고 인정하는 경우에 개최한다. 다만, ① 조합원 1/5 이상의 소집요구, ② 대의원 2/3 이상 소집 요구 등의 경우 조합장은 해당일로부터 2월 이내에 총회를 소집하여야 한다(서울시 재개발 표준정관 제20조 제4항).

2. 총회의 권한

총회는 정관으로 이사 또는 기타 임원에게 위임한 사항을 제외하고는 조합의 직무에 속하는 모든 사항에 관하여 결정권을 갖는다(민법 제68조). 총회는 조합의 최고의사결정기관으로서 조합과 관련된 업무에 관하여 폭넓은 범위에서 의결할 수 있는 자율성과 형성의 재량을 가진다.

그러나 이러한 자율성과 재량이 무제한적인 것일 수는 없다.[213] 강행규정에 위반하는 사항, 사회질서에 반하는 사항, 법인의 본질에 반하는 사항을 결의할 권한은 없다.

총회는 조합원의 고유권을 박탈하는 결의를 할 수 없는바, 재건축조합의 정기총회에서 재건축사업에 반대한 조합원에게 신축아파트 추첨권을 주지 않기로 한 결의는 무효이다.[214]

총회는 조합의 의사결정을 위하여 결의를 할 수 있을 뿐이고 집행기관은 아니므로, 총회 의결의 집행은 대표기관인 조합장 또는 집행기관인 이사 등이 하여야 한다. 즉, 총회는 대외적인 대표권이나 내부적인 업무집행권을 갖지 않는다.

법률 또는 정관에 의해 총회의 권한으로 되어 있는 것은 반드시 총회에서 결의하여야 하며, 다른 기관이나 개인에게 위임할 수 없다. 예컨대 정관변경(민법 제42조)과 임의해산(민법 제77조 제2항)은 조합의 최고기관인 총회의 법정전속사항이므로, 정관에 의하여도 다른 기관의 권한으로 하지 못하며, 이러

213) 대법원 2018. 3. 13. 선고 2016두35281 판결
214) 대법원 1999. 3. 9. 선고 98다60118 판결

한 권한은 정관으로도 박탈할 수 없다.

3. 총회 의결사항

(1) 도시정비법상 총회 전속의결사항

총회의 의결을 거쳐야 하는 사항으로서 대의원회가 총회의 권한을 대행할 수 없는 사항은 다음과 같다(법 제45조 제1항, 시행령 제42조 제1항).

① 정관의 변경
(경미한 사항의 변경은 법 또는 정관에서 총회의결사항으로 정한 경우)

② 자금의 차입과 그 방법 · 이자율 및 상환방법

③ 정비사업비의 세부 항목별 사용계획이 포함된 예산안 및 예산의 사용내역

④ 예산으로 정한 사항 외에 조합원에게 부담이 되는 계약

⑤ 시공자 · 설계자 또는 감정평가업자 등의 선정 및 변경에 관한 사항
시장·군수등이 선정·계약하는 가정평가법인등은 제외함.
감정법가법인등 선정 및 변경은 총회의 의결을 거쳐 시장 · 군수등에게 위탁할 수 있음.

⑥ 정비사업전문관리업자의 선정 및 변경[215)]

⑦ 조합임원의 선임 및 해임

⑧ 정비사업비의 조합원별 분담내역

⑨ 사업시행계획서의 작성 및 변경

⑩ 관리처분계획의 수립 및 변경

⑪ 이전고시에 따른 조합의 해산과 조합 해산시의 회계보고

⑫ 청산금의 징수 · 지급(분할징수 · 분할지급 포함)

⑬ 도시정비법 제93조에 따른 비용의 금액 및 징수방법

---

215) 부산고등법원 2010. 4. 6. 선고 2009나16810 판결 : '시공자와의 청산 및 청산금의 지급·배분 등'을 자문내용으로 한 용역계약은 정비사업전문관리업의 업무에 해당하고, 총회의 결의없이 정비사업전문관리업자를 선정한 행위는 도시정비법의 위반행위에 해당함.

⑭ 조합의 합병 또는 해산에 관한 사항
⑮ 대의원의 선임 및 해임에 관한 사항
⑯ 건설되는 건축물의 설계 개요의 변경
⑰ 정비사업비의 변경
⑱ 도시정비법 또는 정관에 따라 총회에 상정하여야 하는 사항
⑲ 도시정비법 또는 정관에 따라 조합원의 동의가 필요한 사항[216]

(2) 표준정관상 총회 의결사항

'서울특별시 정비사업 조합 등 표준 행정업무규정', '서울특별시 정비사업 조합 등 표준 예산·회계규정', '서울특별시 정비사업 조합 등 표준 선거관리규정', '서울특별시 정비사업 의사진행 표준운영규정'은 총회에서 조합원의 의결로 제정한다(서울시 재개발 표준정관 제3조).

조합원이 변상할 손해금액과 징수방법 등은 총회의 의결을 얻어 해당 조합원에게 부과한다(서울시 재개발 표준정관 제36조 제6항).

재건축조합은 조합에 막대한 손해를 입힌 조합원을 제명할 수 있고, 위 제명은 총회의 의결을 거쳐야 한다(서울시 재건축 표준정관 제10조 제9항).

4. 총회결의 위반과 계약의 효력

(1) 총회 사전의결의 원칙

도시정비법 제45조 제1항에서 총회의 의결 사항으로 규정한 취지는 조합원들의 권리・의무에 직접적인 영향을 미치는 사항이어서 조합원들의 의사가 반영될 수 있도록 절차적 보장을 하기 위한 것이고 이를 위하여 도시정비법 제137조 제6호에 벌칙 조항을 둔 것이다.

총회의 사전 의결 없이 계약이 체결되어 이행된 경우 원상회복이 어려울 뿐

216) 법 제45조 제2항, 법 제58조 제3항(존치 또는 리모델링시 건축물 소유자의 동의), 법 제118조 제7항(건설업자와 공동시행을 위한 조합원 과반수 동의), 법 제123조 제2항(사업시행방식 전환과 관리처분계획)

만 아니라 법률관계의 혼란을 초래하고 이러한 상황이 조합원들의 자유로운 의사결정에 방해가 될 수 있다. 따라서 도시정비법 제137조 제6호의 '총회의 의결'은 원칙적으로 사전 의결을 의미한다.[217)]

(2) 총회결의사항의 위반행위 효력

조합의 대표자가 도시정비법 제45조 제1항에 정한 강행규정에 위반하여 적법한 총회의 결의 없이 계약을 체결한 경우에는 상대방이 그러한 법적 제한이 있다는 사실을 몰랐다거나 총회결의가 유효하기 위한 정족수 또는 유효한 총회결의가 있었는지에 관하여 잘못 알았다고 하더라도 그 계약은 무효이다.[218)]

총회결의의 정족수에 관하여 강행규정에서 직접 규정하고 있지 않지만 강행규정이 유추적용되어 과반수보다 가중된 정족수에 의한 결의가 필요하다고 인정되는 경우 가중된 정족수에 의한 총회 결의 없이 체결된 계약은 무효이다. 이 경우 비진의표시 또는 표현대리의 법리가 유추적용될 수 없다.[219)]

재개발조합이 특정 조합원과 사이에, 청산금 지급에 따라 그 조합원에게 부과될 양도소득세와 주민세를 조합에서 부담하기로 하는 약정을 체결하는 경우, 그 약정이 도시정비법 제45조 제1항 제4호 소정의 '예산으로 정한 사항 이외에 조합원의 부담이 될 계약'에 해당되고, 총회의 의결이 없는 한 위 약정은 무효이다.[220)]

조합원 총회의 의결을 거치지 아니하고 상가인테리어공사 도급계약을 체결한 경우 조합임원은 도시정비법 위반으로 처벌받게 되고, 해당 도급계약도 무효이다.[221)]

조합장이 제3자에게 이자채무에 관한 약정을 하였다 하더라도 위 이자채무 약정은 조합의 예산으로 정해진 항목과 범위에 포함되지 않고, 총회결의도 없

217) 대법원 2010. 6. 24. 선고 2009도14296 판결, 대법원 2010. 9. 9. 선고 2010도8179 판결, 대법원 2015. 4. 23. 선고 2014도4454 판결
218) 대법원 2011. 4. 28. 선고 2010다105112 판결, 대법원 2013. 5. 23. 선고 2010다64112 판결, 대법원 2016. 5. 12. 선고 2013다49381 판결
219) 대법원 2016. 5. 12. 선고 2013다49381 판결은 '시공자와의 계약에 포함될 내용'의 총회 의결시 도시정비법 제20조 제3항, 제1항 제15호의 규정을 유추적용하여 조합원 3분의 2 이상의 동의를 요한다고 판시한 사안임.
220) 대법원 2001. 3. 23. 선고 2000다61008 판결
221) 대법원 2010. 6. 24. 선고 2009도14296 판결

어 무효이며, 소멸시효이익의 포기도 인정하지 않은 사례가 있다.222)

(3) 사후 추인

'예산으로 정한 사항 외에 조합원의 부담이 될 계약'으로서 조합원 총회의 사전결의가 필요함에도 그 결의 없이 체결되어 무효인 계약이더라도 이후 조합원 총회를 개최하여 이를 사후적으로 추인하는 것은 가능하다.223)

변경계약으로 증액된 공사대금이 사업비 예산안을 초과하는 경우 위 변경계약은 '예산으로 정한 사항 외에 조합원의 부담이 될 계약'에 해당하고, 총회의 의결없이 대의원회 의결만 있는 상태에서 체결된 것이므로, 위 변경계약은 일응 무효이다. 다만 변경계약 이후 총회의 의결을 거쳤다면 위 변경계약은 사후적 추인으로 이낳여 유효하게 된다.224)

(4) 자금의 차입에 관한 사항

조합이 자금을 차입하려는 경우에는 사전에 총회에서 ① 차입의 목적과 차입금의 액수 · 이율 · 차입기간 등 차입의 내용을 구체적으로 밝히고 그에 관하여 총회의 의결을 거치거나, ② 조합원들이 자금 차입으로 인해 조합이 부담하게 될 부담의 정도를 예측하고 그에 대한 찬성 · 반대의 의사를 표시할 수 있을 정도로 개략적으로 그 차입에 대해서 밝히고 그에 관하여 총회의 의결을 거쳐야만 한다.225)

구체적인 금원의 차용 규모나 그 방법·이율 및 상환방법을 정하지 않고 포괄적이고 추상적인 내용으로 자금 차입에 관한 총회 결의를 하였다면 자금차입에 관한 총회 결의가 있었다고 볼 수 없다.226)

이사회 또는 대의원회에서 추후 자유롭게 그 차입의 내용을 결정한 후 그에 따라 자금을 차입할 수 있도록 함으로써 그 차입의 내용에 대해 총회의 의결을 거치지 않아도 되도록 하는 것은, 비록 총회 스스로 그와 같은 내용을 의

---

222) 울산지방법원 2020. 10. 20. 선고 2017가단63865 판결
223) 대법원 2014. 5. 29. 선고 2013다38961 판결
224) 서울중앙지방법원 2023. 4. 13. 선고 2021가합549171, 2022가합521798 판결
225) 대법원 2010. 6. 24. 선고 2009도14296 판결
226) 의정부지방법원 2022. 9. 6. 선고 2021노1866 판결

결하였다고 하더라도 허용될 수 없다.

따라서 조합이 자금을 차입할 때 그 자금의 차입에 관한 사항을 이사회 또는 대의원회에서 자유롭게 결정할 수 있다는 내용으로 총회에서 의결을 하였더라도 조합은 이사회 또는 대의원회의 의결을 거치는 것만으로는 자금을 차입할 수 없다.[227)]

조합이 자금차입의 방법으로서 타인의 채무에 관하여 연대보증을 하기 위하여도 조합원총회의 의결을 거쳐야 하는바, 조합원총회의 의결을 거쳐야 할 사항에 관하여 그 의결을 거치지 아니한 채 한 대표자의 행위는 그 효력이 없다.[228)]

조합이 자금을 차입한 때에는 자금을 차입한 날부터 30일 이내에 자금을 대여한 상대방, 차입일, 차입액, 이자율, 상환기한 및 상환방법을 기재한 자금차입계약서의 사본을 관할 시장·군수등에게 제출하여야 한다(법 제111조의2, 시행령 제87조의2).

(5) 자금차입관련 사전 총회결의를 인정한 사례

조합은 2014. 12. 30.자 및 2015. 4. 2.자 총회에서 장차 이주비의 차입을 위한 소비대차계약을 체결할 것과 그 금액의 한도는 금융비용이 CD금리 + 3% 이내의 연 이율로 총 201억 원을 넘지 않는 범위 내에서 이루어질 것이라는 점을 밝혀 조합원은 이주비 대출로 인하여 201억 원 범위 내에서 금융비용을 부담하게 될 것임을 충분히 예상할 수 있었다.

그런데 피고인이 비록 이 사건 소비대차계약에서 기존 총회에서 예정한 1,170억 원보다 264억 원을 초과한 총 1,434억 원의 이주비를 대출받는 것으로 약정하였더라도 그로 인한 총 이자가 총회에서 의결한 이주비의 금융비용 201억 원을 넘지 않음은 계산상 명백하다.

오히려 피고인이 총회에서 의결한 예상 이율보다 훨씬 낮은 연 이율 2.98%로 이주비를 대출받음에 따라 그로 인한 이주비의 총 금융비용 역시 총회에서 예상한 금액보다 감소한 것으로 보일 뿐이다.

---

227) 법제처 2016. 10. 13. 16-0238 해석례
228) 대법원 2002. 3. 26. 선고 2001다83197 판결

따라서 이주비의 대출금액이 얼마이든 그로 인한 조합의 부담은 이자에 국한되고, 그 이자의 총액과 이율의 한도를 이미 총회에서 의결한 후 그 이자와 이율의 한도를 넘지 않는 범위 내에서 이주비를 차용한 이상, 피고인으로서는 조합원의 부담이 될 이 사건 소비대차계약을 체결하기 전에 이미 도시정비법 제137조 제6호에서 정한 총회의 사전 의결을 거쳤다고 볼 여지가 충분하다.[229]

(6) 보류시설 처분

보류지를 분양받을 대상자 중 우선매수 청구권자와 도시정비법, 시행령, 서울시 조례에 따른 토지등소유자의 자격기준에 합당한 자를 제외하고는 사업시행자는 총회의 의결을 거쳐 분양받을 대상자를 결정하여야 한다(서울시 조례 제44조 제2항). 따라서 총회의 의결없이 보류건축시설의 처분은 그 효력이 없고,[230] 이를 추진한 조합임원은 형사처벌을 받게 된다.

조합원총회의 결의내용이 보류건축시설의 처분방법을 구체적으로 특정하지 아니하고 조합장에게 그 처분방법을 개괄적으로 위임하는 등 추상적이고 개괄적이라고 하여 이를 당연무효로 볼 것은 아니다.[231]

5. 예산으로 정한 사항 이외 조합원의 부담이 될 계약

229) 대법원 2018. 6. 15. 선고 2018도1202 판결

230) 대법원 1995. 2. 24. 선고 94다31242 판결, 대법원 2001. 3. 23. 선고 2000다72671 판결, 대법원 2009. 6. 25. 선고 2007다28642 판결

231) 대법원 1992. 4. 14. 선고 91도2469 판결

(1) 도시정비법 제45조 제1항 제4호의 의미

'예산으로 정한 사항 이외에 조합원에게 부담이 되는 계약'은 총회의 의결을 거치도록 한 취지는 정비사업과 관련하여 종종 조합 임원들이 협력업체들과 결탁하여 임의로 정비사업과 관련된 계약을 체결함으로써 조합원들의 권익을 침해하여 온 기존의 관행을 타파하고 정비사업과 관련된 이익을 조합원들에게 귀속시키기 위함이다.

도시정비법 제45조 제1항 제4호에서 규정하는 '예산'이란 '조합의 정관에서 정한 1회계연도의 수입·지출 계획'을 의미한다. '1회계연도내' 정비사업비 예산안에 관하여 총회의결이 없었다면 조합이 정비사업을 추진하는 과정에서 '1회계연도 이전'에 정비사업비의 지출예정액에 관하여 사업비 예산이라는 명목으로 총회의 의결을 거친 적이 있다고 하더라도, 이를 두고 도시정비법 제45조 제1항 제4호에서 규정하는 '예산'이라고 볼 수는 없다.[232)]

예산으로 정한 사항 외의 조합원의 부담이 될 계약이라면 그 계약에 따른 채무의 효력이 1회계연도에 한정되고, 그 회계연도 내에 채무의 변제가 완료되는 것이라도 총회의 의결사항에 해당한다.

(2) 총회에서의 안건 의결 정도

정비사업의 성격상 조합이 추진하는 모든 업무의 구체적 내용을 총회에서 사전에 의결하기 어렵다. 위와 같은 점을 고려할 때 사전 총회의 의결시 ① 추진하려는 계약의 목적과 내용, ② 그로 인하여 조합원들이 부담하게 될 부담의 정도를 개략적으로 밝히면 될 것이다.[233)]

총회에서 목욕탕 매입계약에 관한 주요 내용을 정한 후 세부내용을 대의원회에 위임하여 시행하기로 의결된 경우 조합장이 대의원회의 의결에 따라 매입계약을 체결한 것은 도시정비법 위반이 되지 않는다.[234)]

총회에서 용역금액의 증액사유와 증액금액의 최대한도를 의결한 후 조합이

---

232) 대법원 2015. 5. 14. 선고 2014도8096 판결

233) 대법원 2010. 6. 24. 선고 2009도14296 판결, 대법원 2015. 4. 23. 선고 2014도4454 판결

234) 대법원 2008. 1. 10. 선고 2005도8426 판결

용역업체와 총회에서 의결된 최대한도의 범위내에서 용역대금을 증액하는 계약을 체결한 경우 위 용역변경계약은 총회의 사전결의를 거친 것으로 볼 수 있다.[235)]

(3) 예산의 항목 및 범위내 집행

'예산으로 정한 사항 이외에 조합원에게 부담이 되는 계약'이라 함은 조합의 예산으로 정해진 '항목'과 '범위'를 벗어나서 금원을 지출하거나 채무를 짐으로써 조합원에게 그 비용에 대한 부담이 되는 계약을 의미한다.

총회에서 '예산으로 정한 사항'은 총회의 의결을 거치지 않고, 대의원회의 의결에 따라 계약을 체결할 수 있으나, '예산상 정해진 항목이 아닌 것'을 위하여 조합 예산을 지출하는 것은 그것이 정당한 예비비의 지출로 인정되지 않는 한 원칙적으로 조합원 총회의 의결을 거쳐야 한다.

(4) 입찰 업체의 입찰가격이 예산을 초과하는 경우

입찰한 각 업체들 입찰 가격이 모두 조합이 기존 예산으로 정한 금액을 초과하는 경우, 총회에서 먼저 이주관리업체 관련 예산을 증액하는 의결을 한 후 다시 대의원회 의결을 거쳐 이주관리업체를 선정할 수 있다.

또한 총회에서 곧바로 기존 예산을 초과하는 가격으로 입찰한 이주관리업체를 선정하는 의결을 하는 방법도 가능하다. 이 경우 그 결의는 예산안 증액 결의 및 이주관리업체 선정 결의를 한꺼번에 한 것이다.[236)]

(5) 예비비의 사용

조합원 총회 의결을 통하여 정비사업과 관련한 예상하지 못한 사업경비로 예비비를 운용하고, 사업진행에 있어서 필요하고 경미한 집행은 정비사업 전체를 종합하여 일정 금액 한도 내에서 대의원회에 그 권한을 위임할 수 있다.[237)]

예비비 항목의 금원 지출의 경우에도 예산으로 정해진 범위를 벗어나는 금

---

235) 대법원 2020. 1. 9. 선고 2018다299211 판결
236) 서울고등법원 2023. 6. 20.자 2023라20417 결정
237) 대법원 2009. 3. 12. 선고 2008도10826 판결

원 지출이나 채무 부담 역시 '예산으로 정한 사항 이외에 조합원에게 부담이 되는 계약'에 해당하여 조합원 총회의 의결을 거쳐야 한다.

따라서 통상적으로 예비비 항목의 예산으로 지출되어 온 업무에 대한 금원 지출 내지 계약 체결이라는 이유만으로 총회 의결 없이 예산으로 정해진 예비비의 범위를 벗어나서 집행할 수 있는 것은 아니다.[238]

변호사 선임비용은 조합의 긴급한 업무수행을 위하여 총회에서 의결된 예산의 범위 내에서 구체적으로 예산을 집행한 것에 불과하고, 예산의 용도가 엄격하게 제한되어 있지 않아 그 항목을 전용하여 지출하는 것도 허용된다.[239]

6. 총회결의의 위반과 형사처벌

(1) 총회의 추인과 형사책임

조합의 임원이 총회의 사전 의결을 거치지 아니하고 도시정비법 제45조 제1항에 해당하는 업무를 수행하였다면 그로써 도시정비법 제137조 제6호에 위반한 범행이 성립된다.

범행 성립시기가 추후에 이루어지는 총회에서 추인 의결이 부결된 때라거나 추후 총회에서 추인 의결이 이루어진다고 해서 그 범행이 소급적으로 불성립하게 된다고 볼 수 없다.[240]

무효인 총회 결의에 의해 설계자를 선정한 것은 총회의 의결을 거치지 아니하고 설계자 선정 사업을 임의로 추진한 행위에 해당하고, 추후 총회의 추인을 받았다 하더라도 달리 볼 수 없다.[241]

(2) 임원 또는 대의원의 선임(보궐선임 제외) 및 해임

---

238) 대법원 2011. 4. 28. 선고 2010다105112 판결
239) 대법원 2010. 10. 28. 선고 2009도13620 판결
240) 대법원 2010. 6. 24. 선고 2009도14296 판결, 대법원 2010. 9. 9. 선고 2010도8179 판결, 대법원 2015. 4. 23. 선고 2014도4454 판결
241) 대법원 2014. 7. 10. 선고 2013도11532 판결

조합임원 또는 대의원의 선임 및 해임을 총회의결사항으로 정한 취지는 정비사업의 시행과정에서 사업의 추진과 관련된 이견을 보유한 자들 사이에 발생하는 분쟁을 총회라는 공적인 절차를 거쳐 해결하도록 하여 절차적 정당성을 확보하도록 함으로써 분쟁의 발생을 막고 결과적으로 성공적인 사업시행을 통한 조합원의 이익을 도모하기 위함이다.[242]

형식적으로 총회의 의결을 거쳐 조합임원을 선임·해임하였다 하더라도 그 총회의 결의에 부존재 또는 무효의 하자가 있는 경우에는 특별한 사정이 없는 한, 그 조합임원의 선임·해임은 총회의 의결을 거치지 아니한 것에 해당한다. 따라서 위 총회의 소집을 주체한 임원은 형사처벌을 받게 된다.[243]

(3) 정지조건부계약 또는 용역금액의 증가

총회의 사후의결을 정지조건으로 한 정지조건부계약은 사실상 사전의결을 거치지 아니할 것을 예정하고 있고, 조합원들의 절차참여권을 보장을 침해하는 것인바, 정지조건부계약의 경우에도 도시정비법 위반죄의 성립에는 아무런 지장을 초래하지 않는다.[244]

설계용역변경계약 당시 ㎡당 단가는 11,500원으로 동일하나 산정기준을 연면적에서 설계면적으로 변경한 사안에서 설계면적이 크게 증가함으로써 설계용역계약 당시 조합원들이 예상하였던 금액보다 상당히 증가한 점에 비추어 총회결의가 필요하다. 따라서 조합 임원이 총회 결의 없이 임의로 설계용역변경계약을 체결한 것은 도시정비법 위반에 해당한다.[245]

(4) 조합설립인가의 취소와 형사처벌

조합설립인가처분이 무효이어서 '처음부터 조합이 성립되었다고 할 수 없는 경우'에 그 성립되지 아니한 조합의 조합장, 이사 또는 감사는 도시정비법 제137조 제6호 위반죄의 주체인 조합임원에 해당하지 않는다.[246]

---

242) 서울중앙지방법원 2010. 9. 17. 선고 2010고정2621 판결, 서울중앙지방법원 2010. 12. 2. 선고 2010노3748 판결
243) 대법원 2009. 3. 12. 선고 2008도10826 판결
244) 부산지방법원 2018. 2. 21. 선고 2017고합68, 2017고합125 판결
245) 서울북부지방법원 2023. 6. 7. 선고 2022고정667 판결
246) 대법원 2014. 5. 22. 선고 2012도7190 전원합의체 판결

'조합설립인가 당시의 위법 또는 부당한 하자'로 조합설립인가처분이 행정청에 의해 직권으로 취소되거나 법원의 판결로 취소된 경우 조합설립인가 당시로 소급해 인가처분이 효력을 상실하는바, 이 경우 조합장은 공무원으로 의제되지 않는다.[247]

조합설립인가의 취소는 강학상 '철회'에 해당되어 조합설립인가가 장래에 향해 소멸된다. 적법한 조합설립인가 이후 '사후적인 사유'로 조합설립인가가 취소된 경우 조합설립인가 취소 이전 총회의 결의를 거치지 않은 조합임원의 행위는 도시정비법 제137조 제6호 위반죄에 해당된다.[248]

조합 총회의 의결을 거쳐 조합임원으로 선임되었으나, 임원선임을 위한 총회 결의가 무효가 된 경우 해당 임원도 형사처벌 대상이 된다.[249]

Ⅲ. 총회의 소집

247) 부산고등법원 2014. 12. 18. 선고 2014노578 판결
248) 대법원 2016. 6. 10. 선고 2015도576 판결
249) 대법원 2024. 9. 13. 선고 2023도16588 판결

1. 온라인 총회

(1) 온라인총회의 도입

온라인 총회란 '정보통신망 이용촉진 및 정보보호 등에 관한 법률' 제2조 제1항 제1호에 따른 정보통신망을 이용한 총회를 의미한다. 조합은 오프라인 총회와 동시에 온라인 총회를 개최할 수 있고, 재난의 발생 등의 경우에는 온란인총회를 단독으로 개최할 수 있다.

온라인총회시 조합원은 직첩 총회장소에 가지 않고도 조합 집행부에게 질문을 할 수 있고, 전자적 방법에 의한 의결권을 행사할 수 있다. 온라인총회의 도입으로 인하여 조합원들은 총회의 참석권 뿐만 아니라 의결권 보장에 도움이 될 것으로 예상된다.

(2) (현장)총회와 온라인 총회의 병행

조합은 총회의 의결을 거쳐 총회와 병행하여 온라인총회를 개최하여 조합원이 참석하게 할 수 있다(법 제44조의2 제1항)..

(3) 온라인총회의 단독 개최

다음의 사유가 발생하여 시장 · 군수등이 조합원의 직접 출석이 어렵다고 인정하는 경우 조합은 온라인총회를 단독으로 개최할 수 있다(법 제44조의2 제1항 단서, 시행령 제41조의3 제1항).

① '재난 및 안전관리 기본법' 제3조 제1호에 따른 재난

② '감염병의 예방 및 관리에 관한 법률' 제49조 제1항 제2호에 따른 집합 제한 또는 금지 조치

(4) 온라인총회의 요건

온라인총회는 다음의 요건을 모두 갖추어 개최하여야 한다(법 제44조의2 제2항, 시행령 제41조의3 제2항).

① 온라인총회에 참석한 조합원이 본인인지 여부를 확인할 수 있을 것
② 온라인총회에 참석한 조합원의 접속 기록 등이 보관되어 실제 참석 여부를 확인 · 관리할 수 있을 것
③ 온라인총회에 참석하는 조합원이 본인 여부의 확인이 가능하도록 다음의 어느 하나에 해당하는 방법에 따른 본인확인 절차를 마련할 것
- '전자서명법' 제8조 제1항에 따른 운영기준 준수사실의 인정을 받은 전자서명인증사업자가 제공하는 본인확인의 방법
- '정보통신망 이용촉진 및 정보보호 등에 관한 법률' 제23조의3에 따른 본인확인기관에서 제공하는 본인확인의 방법
④ 다음의 체계를 모두 갖추어 온라인총회를 개최할 것
- 온라인총회에 참석하는 조합원이 원하는 경우 안건 등에 관하여 의견제시 및 질의응답을 진행할 수 있는 체계
- 온라인총회의 개최부터 종료까지 조합원이 접속한 기록 및 제시한 의견 내용 등을 확인하고 정관으로 정하는 기간까지 보관할 수 있는 체계
- 온라인총회가 중단 없이 진행될 수 있도록 기술적 보호조치를 확보한 체계
- 총회에 참석한 조합원과 온라인총회에 참석한 조합원을 구분하여 관리할 수 있는 체계

온라인총회의 요건을 모두 충족한 경우 정족수를 산정할 때에는 직접 출석한 것으로 본다.

(5) 온라인총회의 소집통지

조합은 온라인총회를 개최하려는 경우에는 총회의 소집을 통지할 때 다음의 사항을 함께 통지해야 한다.

① 온라인총회의 개최 여부
② 온라인총회에 접속하는 방법

2. 조합장의 총회 소집

(1) 이사회의 총회소집결의

조합장은 총회를 직권으로 소집할 수 있다(법 제44조 제2항).

조합장이 총회를 개최하거나 일시를 변경하는 경우 총회의 목적, 안건, 일시, 장소, 변경사유 등에 관하여 미리 이사회의 의결을 거쳐야 한다(서울시 재개발 표준정관 제20조 제6항). 이사회의 결의없이 조합장이 독단적으로 총회를 소집하는 경우에는 총회결의무효의 원인이 될 수 있다.

(2) 대의원회의 심의

이사회는 조합의 사무집행기관으로서 그 권한도 조합사무의 집행에 한정되고 집행행위에 해당하지 않는 사무는 조합의 의사결정기관인 총회 또는 대의원회로부터 위임받아야 할 수 있음이 원칙이다.

만약 이사회 결의내용이 대의원회에서 내려야 할 의사결정을 갈음하는 내용일 경우 대의원회의 대표성, 구성원의 수, 기능 등에 있어 이사회보다 우위에 있음에 비추어 이사회가 대의원들의 의사결정에 관하여 대의원회의 의결결과와 다른 내용으로 대의원회 또는 총회 개최 여부를 결정할 권한이 없다.[250]

대의원회의 총회 부의안건 심의권한은 총회에서 조합장 및 임원들을 견제하고 총회가 실질적으로 기능할 수 있도록 보장하기 위한 것이다. 따라서 조합이 이사회의 의결만으로 대의원회의 심의없이 총회에 안건을 상정하여 의결할 경우 위 총회결의는 무효의 원인이 될 소지가 많다.[251]

(3) 대의원회의 결의를 요하지 않는다고 판단한 사례

재건축조합에 있어서 총회는 최고의사결정기관으로 총회의 다수결은 모든 조합원을 구속하는 반면 위와 같은 대의원회 및 이사회의 심의·의결은 단체 내부의 의사결정에 불과하므로, 총회 상정안건에 관한 대의원회의 및 이사회의 심의·의결을 거치지 않은 것이 총회의 결의를 무효로 할 만한 중대한 절차상의 하자라고 보기 어렵다고 판시한 사례도 있다[252].

250) 서울북부지방법원 2010. 7. 23.자 2010카합843 결정
251) 인천지방법원 부천지원 2011. 12. 1. 자 2011카합1009결정은 대의원회의 심의가 없음을 이유로 총회금지가처분신청을 인용하였음.

조합 최고 의사결정기관인 총회에서는 도시정비법 및 같은 법 시행령에서 총회 전속의결사항으로 정한 사항뿐만 아니라 대의원회에서 의결이 가능한 사항도 당연히 의결할 수 있다. 조합 정관은 총회 개최 시 그 안건에 관하여 이사회 의결을 거치도록 요구하고 있을 뿐, 총회에 상정하는 안건에 대하여 대의원회 의결을 거쳐야 한다는 규정을 두고 있지도 아니하다.

대의원회에서 부결된 안건을 총회에 상정하였다는 사정만으로 법령이나 정관 등에서 정하는 총회 소집절차에서 더 나아가 해당 안건이 대의원회에서 부결되었던 이유 또는 대의원회에서 부결되었는데도 총회에서 다시 의결하여야 할 이유를 알리는 등 추가적인 절차를 더 갖추어야만 한다고 볼 수 없다.[253)]

3. 소수 조합원 또는 대의원의 총회소집청구

(1) 소수 조합원 또는 대의원의 총회소집청구

임시총회의 소집요청권은 모든 조합원 각자에게 인정하는 것이 바람직하지만 이를 인정하게 되면 소집요청권의 남용으로 인하여 오히려 조합의 이익과 다른 조합원의 이익도 해하는 결과가 될 것이다.

조합원 5분의 1 이상 또는 대의원 3분의 2 이상에게만 임시총회의 소집요청권을 인정하고 있다. 조합원 10분의 1 이상은 정관의 기재사항 중 조합임원의 권리 · 의무 · 보수 · 선임방법 · 변경 및 해임에 관한 사항을 변경하기 위한 총회의 소집을 요청할 수 있다(법 제44조 제2항).

조합원 5분의 1 이상을 조합원 2/3 이상 또는 조합원 과반수 이상으로 정관을 변경할 경우 소수 조합원의 총회소집청구권을 부당하게 제한하는 것으로서 무효가 될 수 있다.[254)]

---

252) 서울고등법원 2007. 6. 7. 선고 2006나38842 판결은 대의원회에서 안건에 관한 심의 결과 의안 자체는 부결되었으나, 일정한 조건을 붙여 일단 총회의 안건으로 상정하기로 의결한 사안임

253) 서울고등법원 2023. 6. 20.자 2023라20417 결정

254) 광주지방법원 2021. 1. 21.자 2020비합5047 결정, 대전지방법원 2021. 8. 27.자 2021비합50024 결정

조합원 10분의 1 이상의 발의로 조합임원의 해임을 위한 총회를 소집하는 경우 발의자 대표로 선출된 자가 소집권자가 되므로(법 제43조 제4항), 별도로 조합장에게 총회의 소집을 요청하지 않아도 된다.

'조합원 5분의 1 이상' 또는 '대의원 3분의 2 이상'의 소집요구는 임시총회 소집잘차 개시의 요건이므로, 소집공고나 통지로 그 소집절차가 개시되기 전까지는 그 요건이 계속 유지되어야 한다. 임시총회 소집요구자는 총회 소집절차가 개시되기 전까지 소집요구에 관한 의사표시를 철회할 수 있다.[255)]

(2) 소집청구의 방식 및 소집요구서 재사용 여부

5분의 1 이상의 조합원 또는 3분의 2 이상의 대의원은 조합장에게 총회의 '목적사항'을 제시하여 임시총회의 소집을 청구하여야 한다(서울시 재개발 표준정관 제20조 제4항). 총회소집 요구자는 회의의 목적사항만을 제시하면 되는바, 조합장은 그 목적사항이 타당하지 않거나 조합의 이익에 합치되는지 않는다는 이유로 그 청구를 거절할 수 없다.

임시총회소집청구권의 남용과 소집청구에 관한 분쟁의 방지를 위해 총회소집을 요구하는 자는 총회소집을 '서면'으로 청구하여야 한다.

총회소집발의가 총회의 개최로 그 목적이 달성되었고, 종전 총회소집발의서의 안건과 개최 예정인 총회의 안건이 실질적을 동일하다고 볼 수 없는 경우 종전 총회소집발의서를 재사용할 수 없다.[256)]

서울시 재개발 표준정관 제20조 제9항에 의하면 "소집요구에 따른 총회가 개의 정족수를 갖추지 못하였거나 요구 안건이 부결된 때에는 당해 조합원의 소집요구서 및 해당 총회에 제출된 서면의결서 등의 효력은 상실된다."고 정하고 있다.

(3) 총회소집 발의자 본인 확인

조합원 또는 대의원의 요구로 총회를 소집하는 경우 조합은 소집을 요구하는 자가 본인인지 여부를 확인하여야 한다.

---

255) 인천지방법원 2019. 11. 1.자 2019카합10278 결정
256) 부산지방법원 서부지원 2022. 7. 29.자 2022카합100142 결정

본인확인 여부는 다음의 기준에 따라 정관으로 정하는 방법으로 한다(법 제44조 제2항, 시행령 제41조의2).

① 총회의 소집을 요구하는 조합원 또는 대의원은 요구서에 성명을 적고 서명 또는 지장날인을 하며, 주민등록증, 여권 등 신원을 확인할 수 있는 신분증명서의 사본을 첨부할 것

② ①호에도 불구하고 총회의 소집을 요구하는 조합원 또는 대의원이 해외에 장기체류하는 등 불가피한 사유가 있다고 인정되는 경우에는 해당 조합원 또는 대의원의 인감도장을 찍은 요구서에 해당 인감증명서를 첨부할 것

(4) 감사에 의한 소집

소수조합원의 총회소집청구 또는 대의원의 총회소집요구가 있는 경우로서 조합장이 2월 이내에 정당한 이유 없이 총회를 소집하지 아니한 때에는 감사가 지체없이 총회를 소집하여야 한다(서울시 재개발 표준정관 제20조 제5항).

감사가 2인 이상인 경우 1인의 감사가 나머지 감사와 공동하지 않은 채 단독으로 총회를 소집하였다 하더라도 특단의 사정이 없는 한 그 총회의 결의가 부존재라거나 무효라고 할 정도의 중대한 하자라고 볼 수는 없다.[257]

(5) 공동명의자의 총회 소집

소수조합원 또는 대의원의 총회소집청구가 있는 경우로서 조합장이 2월 이내 총회를 소집하지 않고, 감사도 총회를 소집하지 않을 경우 총회소집을 청구한 자의 공동명의로 총회를 소집한다.

서울시 재개발 표준정관 제20조 제5항에 의하면 소집을 요구한 자의 대표자가 총회소집에 관한 ○○구청장의 승인을 요구하고 있는바, ○○구청장은 조합원 5분의 1 이상 또는 대의원 3분의 2 이상이 총회를 소집하는 것인지 여부를 확인하여야 한다.

조합장이 아닌 공동명의로 총회를 소집하는 경우에는 이사회의 의결을 거치지 않아도 된다(서울시 재개발 표준정관 제20조 제6항 단서). 또한 공동명의

257) 대법원 1999. 6. 25. 선고 99다10363 판결 유사취지

총회 소집시 대의원회의 심의도 필요없다.[258)]

(6) 소수조합원의 총회소집과 조합장의 총회소집

조합원 5분의 1 이상 또는 대의원 3분의 2 이상이 임시총회를 소집할 경우 위 소수조합원 또는 대의원은 조합의 기관으로서 임시총회를 소집하는 것으로 보아야 한다. 따라서 조합장은 위 조합원발의에 의한 총회의 기일과 같은 기일에 다른 임시총회를 소집할 권한이 없다.[259)]

만일 조합장이 동일의안에 관하여 총회를 소집하여 결의를 한다면 소집권한 없는 자에 의한 소집으로서 그 결의는 부존재의 사유로 될 수 있다.

소수 조합원이 총회를 소집하였음에도 불구하고 조합장이 소수 조합원이 소집한 총회개최를 방해할 목적으로 그 전날 총회를 개최한 경우 조합장에게 손해배상책임을 인정한 사례가 있다.[260)]

(7) 조합임원의 전원 해임된 경우

조합장을 포함한 임원 전원이 해임된 경우 조합원은 법원에 임시조합장의 선임을 청구할 수 있고, 조합원 5분의 1 이상은 법원에 의하여 선임된 임시조합장을 상대로 임시총회의 소집을 청구할 수 있다.[261)]

이에 반해 조합장과 감사가 없는 경우 소집을 청구한 사람의 대표가 바로 구청장을 승인을 얻어 총회를 소집할 수 있다고 해석한 사례도 있다.[262)]

서울시 재개발 표준정관 제16조 제9항은 "조합장의 직무를 대행할 조합임원이 사임·해임·당연퇴임 등으로 부재한 경우에는 조합원 5분의 1 이상의 요구로 법원의 허가를 얻어 조합장 및 조합임원 선임을 위한 총회를 소집할 수 있다. 이 경우에는 요구자 대표로 선출된 자가 총회의 소집 및 진행에 있어 조합장의 권한을 대행한다." 라고 규정하고 있다.

4. 시장·군수 또는 전문조합관리인의 총회 소집

---

258) 서울동부지방법원 2013. 10. 11. 선고 2013가합8418 판결
259) 대법원 1993. 10. 12. 선고 92다50799 판결
260) 대구고등법원 2020. 12. 23. 선고 2019나26589 판결
261) 인천지방법원 2023. 8. 25.자 2023카합10294 결정
262) 서울고등법원 2023. 8. 22.자 2023라20932 결정

조합임원의 사임, 해임 또는 임기만료 후 6개월 이상 조합임원이 선임되지 아니한 경우에는 시장・군수등이 조합임원 선출을 위한 총회를 소집할 수 있다(법 제44조 제3항). 시장・군수는 임원의 선출에 한하여 총회를 소집할 수 있고, 임원의 해임 또는 일반 안건에 관한 총회 소집권을 가지지 않는다.

조합임원이 사임, 해임, 임기만료, 그 밖에 불가피한 사유 등으로 직무를 수행할 수 없는 때부터 6개월 이상 선임되지 아니한 경우 시장·군수 등은 전문조합관리인을 선정할 수 있다(법 제41조 제5항 제1호). 전문조합관리인이 선정된 경우 전문조합관리인이 업무를 대행할 임원은 당연 퇴임한다(법 제42조 제5항). 전문조합관리인이 조합장의 업무를 대행할 경우 위 전문조합관리인은 총회를 소집할 수 있다.

5. 소집의 시기·장소

총회는 정기총회와 임시총회로 구분되고, 정기총회는 매년 1회 개최되며, 임시총회는 조합장의 직권 또는 소수조합원의 발의 등에 의해 개최된다.

서울시 재개발 표준정관 제20조 제3항에 의하면 정기총회의 소집시기를 '당해 회계연도 종료일 전'으로 정하고 있다. 이에 반해 건설교통부가 보급한 표준정관 제20조 제3항에 의하면 '회계연도 종료일로부터 2월 이내'로 정하고 있다.[263)]

소집장소에 대하여는 특별한 규정이 없고, 정관으로 이를 정할 수 있다. 정관에 소집장소에 관한 정함이 없는 경우에는 이사회 또는 소집권한이 있는 자가 선량한 관리자의 주의로써 총회장소를 정하여야 한다. 즉 모든 조합원을 수용할 수 있고 의안에 관하여 토의와 표결이 가능한 장소이어야 한다.

소집의 통지 또는 공고에 기재한 소집장소에서 총회를 개최하는 것이 불가능 또는 부적당하여 총회의 장소를 변경하여야 할 필요가 생긴 때에는 새로이

---

263) 부산광역시 재개발정비사업조합 표준정관 : 매년 1회, 3월 15일 이전 개최, 부득이 한 사정이 있는 경우 4월 말까지 개최 가능.

소집절차를 밟지 않고 총회의 장소를 변경할 수 있다. 다만 이 경우에 변경 후의 장소를 총회에 출석하려고 하는 조합원들에게 알리고 또 변경된 장소까지 조합원들을 유도하기 위하여 적절한 조치를 취하여야 한다.[264)]

일부 조합원이 정기총회의 연기를 선언한 의장의 결정에 반대하여 사전에 '정기총회의 장소로 지정된 적이 없는 곳'에서 별도로 개최한 정기총회는 적법한 장소가 아닌 곳에서 개최된 것으로 위법하다.[265)]

사회자가 부득이한 사정에 의해 당초의 소집장소에서 총회를 진행할 수 없어 산회를 선언하였음에도 불구하고 일부 조합원들이 '별도의 장소'에 모여 결의를 하였다면 이는 다른 조합원들의 참석, 토의, 의결권행사의 기회를 전혀 배제하고 총회의 소집절차를 무시한 것으로서 위 일부 조합원들만의 결의는 무효이다.[266)]

6. 소집통지 및 게시

(1) 총회소집의 게시 및 통지기간

총회를 소집하는 경우에는 총회소집권자는 회의개최 14일 전까지 회의목적·안건·일시·장소 및 서면의결권 행사에 필요한 사항 등을 정비사업 정보몽땅 및 게시판에 게시하여야 한다(서울시 재개발 표준정관 제20조 제7항).

총회소집권자는 각 조합원에게 회의목적·안건·일시·장소 및 서면의결권 행사에 필요한 사항 등을 '회의개최 7일전'까지 등기우편등의 방법으로 통지하여야 한다(서울시 재개발 표준정관 제20조 제7항).

관리처분계획의 수립 및 변경을 위한 총회의 경우 총회소집권자는 각 조원들에게 '회의개최 1개월 전'에 종전자산 종후자산, 정비사업부 추산액 등을 통지하여야 한다(법 제74조 제5항).

예컨대 5월 10일에 총회를 열려면, 기간의 초일은 산입하지 않으므로 5월 9

---

264) 대법원 2003. 7. 11. 선고 2001다45584 판결
265) 대법원 2001. 10. 12. 선고 2001다24082 판결
266) 대법원 1993. 10. 12. 선고 92다28235, 28242 판결

일부터 기산하여 1주일이 되는 5월 3일 오전 영시(즉 2일 오후 12시)에 기간이 만료하기 때문에 2일 중에는 총회의 소집통지를 발송하여야 한다(민법 제157조 유추적용).

1주간 전에 통지를 하도록 한 입법취지는 원래 조합원에게 회의의 목적인 사항에 관한 조사와 검토를 할 수 있는 시간적 여유를 주기 위한 것이다. 총회의 통지기간은 정관에 의하여 연장 또는 단축할 수 있으나, 조합원의 총회 참가를 불가능하게 하거나 곤란하게 하는 단축은 인정되지 않는다.

소집통지기간은 조합원의 토의권과 의결권의 행사를 보장하기 위한 것으로서 조합원들이 사전에 회의의 목적사항을 알고 있었다면 통지기간이 1일이나 2일 지연되었다 해도 조합원들의 토의권 및 결의권의 적정한 행사에 방해가 되지 않으므로, 해당 총회결의는 유효하다.[267)]

(2) 통지방법 및 발신주의

총회소집권자는 각 조합원에게 등기우편등이 방법으로 개별 통지하여야 한다. 등기우편등에는 등기우편, 기타 발송이 증명되는 우편, 우체국택배 등 우편물의 안전한 송달을 보증할 수 있는 방법을 포함한다(서울시 재개발 표준정관 제8조 제2항 제1호).

조합원이 통지내용물을 직접 수령하기를 원하는 경우 해당 조합원에게 직접 전달하고 해당 조합원으로부터 그 수령을 확인하는 서면을 받는 방법으로 통지할 수 있다(서울시 재개발 표준정관 제8조 제2항 제1호).

등기우편등이 반송되는 경우에는 총회소집권자는 1회에 한하여 일반우편으로 추가 발송하여야 한다(서울시 재개발 표준정관 제8조 제2항 제1호).

등기우편등이 발송되고, 게시판에 공고가 있는 날부터 조합원에게 통지·공고된 것으로 간주된다(서울시 재개발 표준정관 제8조 제3항). 민법은 총회소집과 관련 발신주의를 취하고 있으므로 특별한 규정이 없는 한 사원(조합원)에게 반드시 도달하여야 하는 것은 아니다.[268)]

소집권자가 과실없이 조합원의 소재를 알 수 없는 경우에도 위 통지절차를

267) 대법원 1999. 6. 25. 선고 99다10363 판결, 대법원 2015. 11. 17. 선고 2014다44451 판결

268) 서울고등법원 1990. 9. 21. 선고 89나48309 판결

생략할 수 없다. 다만 일부사원들(일부조합원들)이 이사, 주소불명 등의 사유로 총회개최통지를 받지 못하였다고 하더라도 총회 소집권자가 우편으로 발송하였다면 소집통지를 다한 것이 된다.

2명에게 총회소집의 통지를 누락하였으나, 통지누락에 고의성이 없어 조합의 총회소집이 적법하다고 판시한 사례가 있다.[269)]

(3) 통지의 내용

통지의 내용중 '그 회의의 목적사항'이란 의안 또는 의사일정을 의미한다. 회의의 목적사항을 기재하도록 하는 취지는 조합원이 결의를 할 사항이 사전에 무엇인가를 알아 회의에의 참석 여부나 결의사항에 대한 찬반의사를 미리 준비하게 하는 데 있다. 따라서 회의의 목적사항은 '조합원이 의안이 무엇인가를 알기에 족한 정도'로 구체적으로 기재하면 족하다(예컨대 이사선임의 건).[270)]

관리처분계획 수립을 위한 총회개최시 총회소집권자는 조합원별로 자신이 부담하게 될 부담금의 내역을 확인하고 관리처분계획에 대한 동의 여부를 결정하기에 충분한 정보만 제공하면 될 뿐 이에 더 나아가 관리처분계획에 포함될 모든 사항 및 그 당부를 판단하기 위한 자료까지 사전에 통지되어야 하는 것은 아니다.[271)]

결의사항이 정관의 변경 기타 중요한 사항일 때에는 의안의 요령도 이를 기재하여야 한다. 예컨대 정관의 일부변경의 건이라고 하는 것이 의안이고, 정관 제 몇 조를 어떻게 개정한다고 하는 요지가 의안의 요령이다.

총회는 통지한 안건에 대해서만 의결할 수 있다(서울시 재개발 표준정관 제20조 제8항). 조합이 총회소집통지를 함에 있어서 회의의 목적사항을 열거한 다음 '기타 사항'이라고 기재한 경우, '기타 사항'이란 회의의 기본적인 목적사항과 관계가 되는 사항과 일상적인 운영을 위하여 필요한 사항에 국한된다.[272)]

---

269) 서울행정법원 2018. 8. 17. 선고 2017구합5430 판결
270) 대법원 1993. 10. 12. 선고 92다50799 판결, 대법원 2012. 1. 27. 선고 2011두9164 판결, 대법원 2015. 11. 27. 선고 2014다44451 판결
271) 서울행정법원 2015. 10. 8. 선고 2015구합53992 판결

(4) 소집의 철회·변경

조합은 소집된 총회가 개최되기 전에 당초 그 총회의 소집이 필요하거나 가능하였던 기초 사정에 변경이 생겼을 경우에는, 특별한 사정이 없는 한 그 소집권자는 소집된 총회의 개최를 연기하거나 소집을 철회 · 취소할 수 있다.

총회의 소집권자가 총회의 소집을 철회 · 취소하는 경우에는 반드시 총회의 소집과 동일한 방식으로 그 철회 · 취소를 조합원들에게 통지하여야 할 필요는 없고, 조합원들에게 소집의 철회 · 취소결정이 있었음이 알려질 수 있는 적절한 조치가 취하여지는 것으로써 그 소집 철회 · 취소의 효력이 발생한다.[273)]

이사회의 결의로 총회를 소집한 경우에 이사회는 소집통지서에 기재된 의안이라도 이를 철회할 수 있다. 이사회의 결의로 철회하기로 정하고 의장이 총회 당일 그 뜻을 말하면 된다. 의안의 철회 시한은 그 의안에 대한 최종 표결 전까지이다.

(5) 정족수 미달로 인한 총회의 재소집

조합은 총회 소집결과 정족수에 미달되는 때에는 재소집을 하여야 하며, 재소집의 경우에도 정족수에 미달되는 때에는 대의원회 대행가능한 사항에 대해서만 대의원회로 총회를 갈음할 수 있다(서울시 재개발 표준정관 제22조 제9항).

의사정족수가 충족되지 못하였음에도 총회가 개회되어 결의가 성립된 경우 소수조합원의 대표자는 총회가 부존재하게 된 것을 전제로 기존의 총회소집청구권에 기하여 총회를 재소집할 수 없다.[274)]

7. 총회의 연기 또는 속행

272) 대법원 1996. 10. 25. 선고 95다56866 판결, 대법원 2006. 7. 13. 선고 2004다7408 판결

273) 대법원 2007. 4. 12. 선고 2006다77593 판결, 대법원 2011. 6. 24. 선고 2009다35033 판결

274) 서울서부지방법원 2008. 6. 24. 자 2008카합1048 결정

(1) 의의

총회에서는 회의의 연기 또는 속행의 결의를 할 수 있다. 연기는 총회의 성립 후 의사에 들어가지 않고 회일을 후일로 변경하는 것이고, 속행은 의사에 들어간 후 시간의 부족 기타 사정에 의하여 심의를 끝내지 못하고 남은 의사를 후일에 계속하는 것이다.

(2) 소집절차

연기와 속행의 결의는 의안 그 자체에 관한 결의는 아니고 일종의 의사진행에 관한 결의이다. 따라서 소집통지서에 의제로 기재되어 있지 않더라도 연기 또는 속행의 결의를 할 수 있다. 연기와 속행의 결의는 보통결의의 방법으로 가능하다.

연기회(延期會)와 계속회(繼續會)는 먼저 개최한 총회와 동일성이 있는 것이므로, 다시 소집의 통지와 공고를 할 필요가 없다.[275] 동일성이 유지되기 위하여 연기회 또는 계속회는 먼저 총회가 종료한 때로부터 상당한 기간 내에 개최되어야 한다.

총회의 연기 또는 속행의 결의가 행하여진 뒤에 소집권자가 연기회 또는 계속회의 일시, 장소는 부득이한 사정이 발생하여 당초 예정된 시간과 장소에서 회의장 변경의 결의를 할 수 없는 경우에 조합원으로 하여금 새 일시·장소에 모일 수 있도록 조합이 상당한 주지 방법과 만전의 조치를 취한다면 그 변경은 가능하다.

(3) 연기회 또는 계속회의 운영

연기회 또는 계속회에서 결의할 수 있는 사항은 최초의 소집통지서에 기재되어 있는 사항에 한한다.

연기회 또는 계속회는 최초의 개최된 총회의 계속이므로, 이 총회와 합쳐서 1개의 총회를 구성한다. 따라서 의결권자는 당초의 총회에 출석할 수 있었던

---

275) 대법원 1989. 2. 14. 선고 87다카3200 판결

조합원에 한정된다. 만일 최초에 총회에 출석하지 못한 조합원이 있더라도 그는 연기회 또는 계속회에 출석할 수 있다.

연기회 또는 계속회에서 성립한 결의는 실제로 결의된 날에 성립한 것으로 평가되며, 최초의 총회일에 성립한 것이 아니다. 최초의 총회의 소집절차에 관한 하자는 연기회 또는 계속회의 하자가 될 수 있다.

8. 법원의 총회개최금지가처분

(1) 총회개최금지가처분의 심리

조합이 법령, 정관에 위반하였거나, 법령·정관에 위반하는 사항을 결의사항으로 하는 총회를 소집하는 경우 조합원은 총회결의무효의 소로써 사후에 구제받기 앞서 아예 총회의 개최 또는 특정사항의 결의를 가처분으로 금지할 필요가 있다. 또한 일단 총회의 결의가 있은 후에도 그 효력발생을 총회결의무효의 소 본안판결시까지 정지시킬 필요가 있다.

총회개최금지가처분은 총회소집통지가 행해진 후에 급박하게 신청되기 때문에 충실한 심리에 어려움이 많다. 따라서 특별기일을 지정하여 심문기일을 열거나 심문기일을 지정하지 않고 신청서를 특별송달하여 답변서를 제출받는 방법을 취하는 것이 일반적이다.

하자 있는 총회에 대하여 그 효력이 없음을 주장하는 당사자는 본안소송에 의하여 그 결의의 효력을 다투는 것이 가능함은 물론 가처분으로 그 총회의 효력정지를 구할 수 있는 등 사후적인 권리구제방법이 마련되어 있다. 이에 반해 총회개최금지자는 가처분을 발령하는 경우에는 총회를 개최하고자 한 주체는 사실상 그 가처분 결정에 대하여 불복할 기회 자체를 잃을 수 있다.

따라서 총회금지가처분을 발령하기 위해서는 그 총회의 개최가 위법함이 명백하고 그로 인하여 또 다른 법률적 분쟁이 초래될 염려가 있는 등 그 피보전권리 및 보전의 필요성에 대한 고도의 소명이 필요하다. 총회개최금지가분은 당사자 상방의 이해득실관계, 본안소송에 대한 승패의 예상, 기타 여러 사정을 고려하여 법원의 재량에 따라 합목적적으로 결정하여야 한다.[276)]

조합원은 총회에서 이루어진 결의 자체의 집행 또는 효력정지를 구할 수 있을 뿐 조합 또는 제3자의 별도의 거래행위에 직접 개입하여 이를 금지할 권리를 가지지 않는다.[277]

(2) 총회개최금지가처분의 결정례

실무상 총회개최금지가처분은 그 총회의 개최가 위법함이 명백한 경우에 한하여 인정된다.

총회개최금지가처분결정에 위반하여 개최된 총회는 그 효력이 없다.[278] 다만 총회개최금지가처분결정이 법령의 잘못 해석으로 무효인 경우 위 가처분결정은 실질적으로 효력이 없고, 위 가처분결정에 위배하여 개최된 임시총회의 결의도 유효하다.[279]

이사회의 결의없이 대의원회의 심의만을 거쳐 소집된 총회에 관하여 이사들이 업무를 협력하지 않아 이사회를 개최하지 못했고, 정기총회임을 고려하여 총회개최금지가처분을 기각한 사례가 있다.[280]

서울중앙지방법원의 경우 총회개최금지가처분 신청에는 그 결의 효력정지를 구하는 취지가 포함되어 있다고 보아 "피신청인이 000. 0. 0. 개최 예정인 총회에서 별지 목록 기재 안건을 통과시키는 결의가 이루어지는 경우, 그 각 결의의 효력을 정지한다."는 형식으로 주문을 변경하여 가처분을 발령하고 있다.

---

276) 대법원 2022. 2. 8.자 2021마6668 결정, 대전지방법원 2021. 8. 12.자 2021카합50558 결정, 서울서부지방법원 2017. 3. 10. 선고 2017카합50100 결정

277) 대법원 2011. 2. 28.자 2000마7839 결정

278) 서울지방법원 북부지원 2002. 11. 8. 자 2002비단5 결정

279) 서울동부지방법원 2011. 1. 28. 선고 2010가합11017 판결

280) 서울서부지방법원 2017. 3. 10. 선고 2017카합50100 결정

Ⅳ. 총회의 운영

1. 총회장 준비

(1) 총회장 입구에서 준비

총회장 입구에 접수대를 설치하고 출석할 수 있는 조합원인지 확인함과 아울러 출석조합원의 수를 집계한다. 출석하는 조합원으로부터 참석증을 받아두고, 대리인이 출석하는 경우에는 위임장까지 받아두고 출석명부에 서명 또는 날인을 받아 둔다.

참석증을 지참하지 않았다 하여 입장을 거부하여서는 아니되고, 재교부를 하여 주어야 한다.

대리인이 총회에 참석하는 경우 위임장이 조합 소정의 양식이 아니라 하여 입장을 거부하여서는 아니되고 위임장의 요건을 갖추어 졌으면 인정하여 주어야 한다. 그러나 위임장은 위조나 변조여부를 쉽게 식별할 수 있는 '원본' 이어야 함으로 사본을 지참하는 경우에는 입장시킬 수 없다.

(2) 총회장 내에서 준비

의장(조합장 또는 소집권자)과 이사, 감사는 직무상 출석의무가 있다. 일반적으로 초청인사와 속기사가 출석하고 있으나, 법률고문도 참석시키는 것이 좋다. 의사진행을 함에 있어 특히 수정동의와 조건부 결의에 있어 그 내용의 법률적 조언이 필요한 경우가 있기 때문이다. 법률적 판단과 해석이 부족하여 하자있는 결의로 총회가 끝난다면 큰 혼란에 빠지는 경우가 있으므로, 이를 사전에 방지하자는 목적에서다.

2. 의장의 권한 등

(1) 의장의 선출

조합의 경우 총회의 의장은 조합장이 된다(법 제42조 제1항).

조합원 5분의 1 이상 또는 대의원 3분의 2 이상의 발의로 소집된 총회의 경우 발의자 대표자가 임시의장으로서 총회를 열어 그 총회에서 먼저 의장을 선출하는 것이 순서이다.

조합임원의 해임을 위해 조합원 10분의 1 이상의 발의로 소집된 총회의 경우에는 그 발의자 대표로 선출된 자가 조합장의 권한을 대행하므로, 의장은 발의자 대표로 선출된 자이다(법 제43조 제4항).

의장이 어느 의안에 대하여 특별한 이해관계를 가지고 있는 경우 의장은 공정한 의사진행을 위해 스스로 그 의안의 심의를 다른 사람(다음 순위의 의장 등)에게 맡기는 것이 좋을 것이다(조합장 선임 또는 해임안건, 조합장의 퇴직위로금결의안).

(2) 의장의 권한

의장은 ① 의사정족수에 해당하는 조합원이 출석하면 총회를 개회하고, ② 이어 회순에 따라 총회의 목적사항을 회의에 상정하여 그 심의를 구하며, ③ 그 심의의 과정에서 조합원들의 의사가 공정하고 원만하게 반영되도록 의사진행을 하여야 한다. 또한 의장은 ④ 장내의 질서를 유지하고, ⑤ 이를 위해 회의장을 혼란시키는 조합원의 퇴장을 명할 수 있으며, ⑥ 질서유지를 위해 경찰력을 빌릴 수도 있다.[281]

의장은 ⑦ 의사진행의 도중에 잠시 휴게를 선언할 수 있고, ⑧ 충분한 토론을 거친 후 총회의 의안에 대하여 가부를 물어 그 결과를 발표하며, ⑨ 심의를 모두 마치고 나면 폐회를 선언하며, ⑩ 의사록을 작성하고 이에 기명날인한다.

의장은 회의체 운영의 일반원칙에 따라 의사를 진행하고 회의장의 질서를 유지하여야 한다.

---

3. 의사진행의 일반원칙

(1) 비공개 원칙

평회의체의 회의는 비공개가 원칙이며 일반에게 공개하여야 할 이유가 없다. 따라서 비조합원은 회의진행상의 필요로 의장으로부터 허가를 받은 경우에 한하여 입장할 수 있다.

(2) 일동의의 원칙

회의체가 일시에 심의할 수 있는 동의는 하나에 한한다. 이를 일동의의 원칙이라 한다. 두 가지 이상의 동의(안건)를 동시에 심의하면 회의진행이 아무래도 산만하여지고 좋은 결정을 이끌어내기 힘들기 때문이다.

(3) 일사부재의의 원칙

회의체는 한 회기 중에 최종적으로 처리된 것과 동일한 내용의 의안을 다시 제출받아 심의할 수 없다. 이를 일사부재의의 원칙이라 한다. 일단 이루어진 결의를 존중하고, 소수쪽의 회의진행 방해를 억제하기 위하여 회의규칙상 이런 원칙이 세워졌다.

(4) 토론자유의 원칙

모든 조합원들의 진정한 의견이 그 하나에 반영되도록 하려면 모든 회원에게 토론의 자유를 보장하여 주어야 한다. 이것이 토론 자유의 원칙이다. 이 자유권을 함부로 제약할 수는 없지만 이의 남용도 허용되지 아니한다.

(5) 조합원 평등의 원칙

모든 조합원은 회의에서 동등한 권리를 가지고 의무를 부담한다. 이것이 조합원 평등의 원칙이다. 이 원칙에 따라 이루어진 의사결정이라야 민주적인 회의체의 의사결정이다.

조합원은 평등한 결의권을 가진다(민법 제73조 제1항). 즉 각 조합원은 조합원평등의 원칙에 의하여 1개의 결의권을 갖는다(1조합원 1의결권의 원칙). 1세대 또는 동일인이 2개 이상의 주택 등을 소유하는 경우에는 그 주택등의 수에 관계없이 1인의 조합원으로 보므로(법 제39조 제1항), 1개의 의결권만 행사할 수 있다.

의결권 평등의 원칙은 정관에 의하여 변경할 수 있다(민법 제73조 제3항). 조합은 표준정관과 달리 2개 이상의 주택을 소유한 자에 대해 주택수 만큼 의결권을 부여하도록 정관을 변경할 수 있을 것이다.

(6) 다수결의 원칙

회의체의 의사결정은 의사정족수의 출석으로 이루어진 회의에서 출석회원 과반수의 찬성으로 이루어져야 한다. 이것이 다수결의 원칙이다. 과반수란 출석한 조합원이 100명일 때에 51명 이상을 말한다.

다수결의 원칙은 소수의 존재를 필연으로 예상하므로, 소수에게 그들의 의견을 발표할 기회를 주어, 다수가 소수의 의견을 듣고 그 중 수렴할 만한 것인지 여부를 살필 것이 먼저 요구된다.

대부분의 회의체는 중요한 사항에 관하여 그 결의요건을 강화하고 있으며, 그 결의에 가중과반수를 요구하고 있다.

4. 의사진행 순서[282)]

(1) 개회선언

개의정족수(성원요건)가 갖추어 지면 의장은 개회를 선언한다. 개회선언에 앞서 사회자로부터 성원보고를 받은 후에 선언하게 된다. 그 다음 국민의례, 내빈소개, 경과보고 등 의안상정 이전의 일반적인 절차를 취하게 된다.

의사정족수(조합원의 과반)가 충족되지 않았을 경우 의장은 개회를 선언하여서는 아니된다. 의사정족수가 충족되지 않았음에도 불구하고 개회를 선언한 경우 의사정족수가 충족된 때 개회선언을 다시 하는 것이 바람직하다.

---

282) '서울특별시 정비사업 의사진행 표준운용규정'(서울특별시 고시 제2017-45호, 2017. 2. 16.) 참조

(2) 의안의 상정

의사진행은 의장의 직무권한에 속하는 것으로서 의안의 상정여부를 조합원에게 물어서 상정해야 하는 것은 아니다. 의안심의에 있어서 의안 자체를 철회할 수 없기 때문이다.

소집통지서에 기재된 순서에 따라 의안을 상정한다. 회의진행상 상당한 이유가 있는 때에는 이유를 고지하고 순서를 바꾸어 상정할 수도 있다.

의안의 산정은 1의안씩 상정하거나 1개의 의안을 분할하여 상정할 수 있다. 다만 효율적인 의안의 심의를 위하여 일괄하여 상정한 후 각 안건별도 별도로 심의할 수 있다.[283] 안건을 일괄 상정하고, 사전 투표를 개시한 이후에 총회 장소를 이탈한 조합원은 의결정족수에 포함되고, 기권표로 해석된다.

정관에 특별한 규정이 없는 한 총회의 목적사항으로 미리 정하여 소집통지서에 기재하여 놓은 의안에 한하여 심의결의할 수 있으므로, 회의 당일에 '긴급안건' 이란 명목으로 새로운 의안을 발의하여 제청받아 처리할 수 없다. 만약 긴급안건으로 처리하였다면 하자있는 결의로서 무효의 대상이 된다.

(3) 제안설명 및 질의응답

의안의 제출자에게 먼저 제안설명의 기회를 준다. 이사회가 제안한 의안에 대한 제안설명은 의장이나 담당이사가 직접 할 수도 있고, 담당 직원으로 하여금 대신하도록 할 수도 있다.

의장은 의안에 대하여 질의할 조합원이 있는지 여부를 물어 질의할 조합원이 있으면 그 기회를 주어야 한다. 질의응답의 방법으로는 일문일답식에 의하거나 질의를 전부 듣고 한데 묶어 답변하는 방법에 의할 수도 있다.

(4) 토론과 동의

찬반토론은 의안 심의에 있어서 핵심적 요소이며, 회의체의 모든 구성원은 회의의 진행중에 자유롭게 토론할 수 있다. 제출된 의안은 동의, 질의 찬성,

---

283) 서울고등법원 2007. 6. 7. 선고 2006나38842 판결, 대구지방법원 2017. 12. 22. 선고 2017구합20844 판결

반대의견 등이 이루어지며, 동의란 회의체의 의사로 삼자는 제안이다. 동의를 제출하는 것을 발의라고 한다. 동의의 성립에는 대체로 재청이 필요로 한다.

(5) 원안동의, 수정동의

조합이 의결을 구할 내용을 제시하고 이에 대하여 조합원의 동의를 구하는 것이다.

수정동의란 원안에 원칙적으로 찬성하면서 그 내용의 일부를 수정하자는 동의이다. 개의(改議)라고도 한다.

수정동의는 원안과 관련성이 있어야 한다(관련성의 원칙). 수정할 수 있는 범위도 성질상 일반적으로 예견할 수 있는 범위에서만 가능하다. 수정의 방법으로는 내용에 어떤 문구를 삽입 또는 첨가, 삭제, 삭제와 삽입 등으로 이루어진다.

대안(代案)이란 것이 있다. 대안이란 원안의 내용을 전반적으로 수정하는 것이다. 수정동의는 원안의 일부분을 변경하는 것이고, 대안은 원안의 전반에 대하여 변경을 가하는 것이다.

총회의 결의로 의제를 삭제하거나 동일성을 해하지 않는 범위 내에서 수정할 수는 있으나, 새로운 의안을 추가할 수 없다.[284)]

(6) 조건부 또는 기한부

회의체의 사정에 따라 어떤 결의를 하면서 그 결의의 효력의 발생에 법령이나 규약에 저촉되지 않는 한 어떤 조건이나 기한을 붙일 수도 있다. 이런 조건부 또는 기한부의 결의가 이루어지게 되면 그 결의는 조건이 성취될 때 또는 그 기한이 도래할 때에 현실적으로 효력이 발생한다.

주무관청이 아닌 제3자의 동의 또는 승낙을 필요로 하는 경우와 같이 법령이나 규약에 근거가 없고, 조합의 본질에 반하는 조건은 그 조건의 내용에 따라 조건이 없는 경우로 취급되거나 결의자체가 무효로 된다.

---

284) 대법원 1969. 2. 4. 선고 68다2284 판결

5. 발언권의 부여와 토론의 제한

회의가 질서있게, 그리고 공정하고 원만하게 진행될 수 있도록 총회에서 발언을 하고자 하는 조합원은 누구나 의장에게 요청하여 그로부터 발언권을 얻은 후 발언하여야 한다. 발언신청을 하는 조합원은 그 성명과 조합원번호를 밝혀야 한다.

의장은 모든 조합원에게 고르게 발언할 기회를 주어야 하며, 발언권을 지나치게 막거나 그 기회를 불공평하게 주면 총회결의의 무효사유가 될 수도 있다.

동시에 2인 이상이 발언권을 요청한 경우 의장은 ① 상정된 의안에 대하여 아직 제안자가 발언을 하지 않았을 때에는 그 제안자, ② 아직 한번도 발언을 하지 않은 자, ③ 바로 직전에 발언을 한 자와 반대의 의견을 가진 자의 순위로 발언권을 줄 수 있다.

발언은 당연히 의안에 관한 것이어야 한다. 의장은 구성원이 의안과 관련성이 없는 발언을 하거나 회의체의 명예를 손상시키는 발언을 할 때에는 이를 제한할 수 있다.

의장은 총회를 진행함에 있어 조합원의 발언시간과 횟수를 제한할 수 있다. 제한의 방법으로 ① 찬반의 토론을 각 2인씩으로 하거나, ② 한 의제에 대하여 1인의 발언회수는 1회로 하거나, ③ 1회의 발언시간은 5분 이내로 하는 것 들을 생각해 볼 수 있다. 그러나 총회에서 위 제한방법과 다른 결의를 한 경우, 예컨대 그 이상의 토론을 하기로 결정한 경우에는 그 결의에 따른다.

의장은 고의로 의사진행을 방해하기 위한 발언, 행동을 하는 등 현저히 질서를 문란하게 하는 자에 대하여 그 발언의 정지 또는 퇴장을 명할 수 있다. 그러나 의장의 조치가 불가피한 것으로 볼 수 없고 부당한 때에는 조합원은 총회결의무효 확인의 소를 제기할 수 있다.

재건축조합의 조합장이 조합의 임시총회에서 회의 시작 초기에 발언권을 요청한 조합원에 대하여 그가 이전 임시총회에서도 회의를 방해한 사실이 있고 위 임시총회에서 필히 시공사를 선정할 필요가 있다고 하더라도, 발언권을 달라고 하였을 뿐 위 임시총회를 방해하는 행위를 하지 아니한 조합원을 물리적

힘을 동원하여 강제로 총회장 밖으로 끌어내고, 나아가 총회장으로 다시 들어오려는 조합원을 막게 한 행위가 강요죄에 해당한다고 한 사례가 있다.[285]

서울시 재개발 표준정관 제23조 제3항은 "의장은 총회의 질서를 유지하고 의사를 정리하며, 고의로 의사진행을 방해하는 발언·행동 등으로 총회질서를 문란하게 하는 자에 대하여 그 발언의 정지·제한 또는 퇴장을 명할 수 있다." 고 규정하고 있다.

6. 폐회 선언

상정 의안의 심의가 모두 끝나고 나면 폐회를 선언한다. 심의가 계속되고 있는 동안 의장이 일방적으로 폐회선언을 할 수 없다. 다만 조합원들이 총회장을 다 빠져나가 정족수에 달하지 못하고 있거나 문란하여 질서를 회복할 수 없는 상태라면 폐회선언은 가능하다.

만약, 정상적인 상태에서 심의가 계속되고 있는 동안 의장이 일방적으로 폐회선언을 하더라도 그 효력은 없다. 이 경우에는 임시의장을 선출하여 회의를 계속할 수 있고 의결된 결의는 유효하다.[286]

총회에 상정되었던 의안으로써 심의되지 아니한 의안은 자동 폐기된다. 다음 총회로 자동 이월되어 심의하는 것은 아니다.

285) 광주지방법원 2004. 3. 25. 선고 2003고합380 판결
286) 대법원 1983. 3. 23. 선고 83도748 판결

7. 의사록의 작성 및 비치

(1) 의사록의 효력 및 증명력

의사록이란 총회가 어떠한 과정을 거쳐 어떤 의사결정을 하였는지 기록한 문서이다. 총회의 결의는 그 의결권만으로 효력이 발생하고, 의사록이 작성되어야 발생하는 것은 아니다. 단지 의사에 관한 사실을 기록하는 문서의 하나로 증거방법일 뿐이다.

법인의 총회 또는 이사회 등의 의사에는 의사록을 작성하여야 하고 의사록에는 의사의 경과, 요령 및 결과 등을 기재하고 이와 같은 의사의 경과요령 및 결과 등은 의사록을 작성하지 못하였다든가 또는 이를 분실하였다는 등의 특단의 사정이 없는 한 이 의사록에 의하여서만 증명된다.[287]

(2) 작성의무자 및 기명·날인

정관에 특별한 규정이 없으면 의장이 작성의무자가 된다. 통상 조합장이 회의록의 작성의무를 지나, 조합장이 아닌 다른 사람이 의장을 보았다면 그 의장이 작성의무를 지게 된다.

의장 및 회의에 참석한 이사가 기명 날인하여야 한다(민법 제76조 제2항). 의장은 필요적인 날인의무가 있다.

(3) 의사록에 기재할 사항

우선적으로 총회의 구성에 관한 사항으로 총회의 명칭, 일시와 장소, 출석조합원수(직접출석과 서면출석을 구분), 이사와 감사의 출석상황 등을 기재한다.

총회의 의사에 관하여는 의사의 경과, 요령 및 결과를 기재하여야 한다(민법 제76조, 표준정관 제31조 제1항). 경과요령이란 개회, 보고, 의안설명, 토론의 요지, 표결의 방법과 그 결과, 폐회 등을 기재하면 되고, 속기록과 같이 상세하게 내용 모두를 기재할 필요는 없다.[288]

---

287) 대법원 1984. 5. 15. 선고 83다카1565 판결, 대법원 2010. 4. 29. 선고 2008두5568 판결

하지만 표결의 방법과 결과는 어느 정도 세부적이어야 한다. 어떠한 방법으로 표결에 붙였고, 그 결과는 어떻게 되어 원안대로 가결되었다던가 수정 또는 부결되었다고 기재하여야 하고, 또한 보통 결의인가 특별결의인가에 따라 그 의결요건에 충족되었는지를 분명하게 기재하여야 한다.

(4) 의사록의 비치의무와 열람

조합임원은 총회의 의사록과 속기록·녹음 또는 영상자료를 만들어 이를 청산시까지 보관하여야 한다. 조합임원은 분기별로 회의록, 개략적인 내용, 공개장소, 열람·복사방법 등을 조합원들에게 서면으로 통지하여야 한다(법 제124조 제2항, 제125조 제1항).

조합임원은 총회의 의사록 및 관련 자료를 조합원이 알 수 있도록 인터넷과 그 밖의 방법을 병행하여 공개하여야 한다. 조합임원은 조합원의 열람·등사요청이 있는 경우 15일 이내 이에 응하여야 한다(법 제124조 제1항, 제4항). 이 경우 등사에 필요한 비용은 실비의 범위 안에서 청구인의 부담으로 한다.

총회의 '참석자 명부'와 '서면결의서'는 총회의 성원 및 결의 여부를 판단하는 데 반드시 필요한 자료로서 의사록의 일부이거나 최소한 관련 자료에 해당한다고 할 것이어서 공개대상 자료에 해당한다. 따라서 조합원의 등사요청시 조합임원은 총회의 참석자 명부 및 서면결의서에 나와 있는 개인정보를 일부 제외하고 공개하여야 할 것이다[289].

(5) 속기록에 의한 방법

일반적으로 총회나 대의원회 개최시 속기사를 출석시켜 속기록을 작성한다. 이러한 속기록에 대하여 말미에 의장 및 회의에 참석한 이사가 기명·날인하는 경우 의사록으로서 효력을 가진다.

그리고 녹음만 보관하는 경우도 있는데, 녹음테이프를 의사록으로 간주할 수는 없고 이를 풀어 녹취록으로 만들어서 보관하여야 한다.

---

288) 부산지방법원 2024. 11. 14. 선고 2024노1839 판결, 부산지방법원 동부지원 2024. 5. 30. 선고 2024고정16 판결

289) 대법원 1997. 5. 23. 선고 96누2439 판결, 부산지방법원 2010. 7. 2. 선고 2010노267, 844(병합) 판결

(6) 서울시 재개발 표준정관상 회의록의 작성방법

총회를 개최하는 경우 다음의 기준에 따라 의사록을 작성하고 관리하여야 한다(서울시 재개발 표준정관 제32조 제2항).

① 의사록에는 의사의 경과, 주요 논의내용 및 결과를 기재하고 의장 및 출석한 대의원 또는 이사 및 감사가 서명하여야 한다.

② 의사록은 회의개최일로부터 15일 이내에 정비사업 정보몽땅에 게시하고 조합사무소에 비치하여 조합원등이 항시 열람할 수 있도록 하여야 한다.

공인속기사가 작성한 속기록 또는 의사록은 의사록으로 보며, 의장 및 출석한 이사 및 감사의 서명을 요하지 않는다.

(7) 임원·대의원 변경과 회의록

임원·대의원을 총회에서 선정하는 경우 조합장은 시장·군수로부터 조합설립변경인가를 얻어야 하고, 이사, 감사 및 대의원은 시장·군수에게 조합설립변경신고를 하여야 한다.

조합이 임원·대의원 변경에 따라 조합설립변경인가를 신청하거나 조합설립변경을 신고할 때 임시총회의 의사록 및 참석자연명부, 선임된 임원 및 대의원의 자격을 증명하는 서류를 첨부하여야 한다.

임원선임을 위한 총회의 경우 공증인을 참석시키는 사례가 많으며, 이 경우 공증인은 총회의 의사록에 인증을 한다.

V. 총회의 결의

1. 의결권의 의의

의결권이란 조합의 조합원이 조합원총회에 출석하여 조합의 의사형성에 참석할 수 있는 권리를 말한다. 즉 조합원은 의결권에 의하여 조합원총회의 의사를 결정하는 결의에서 찬부의 의사를 표시하여 조합의 의사결정에 참여함으로써, 조합의 운영에 대한 참가권을 갖는다.

결의의 형식을 통해 조합원들은 각자 자신의 의사표시(의결권 행사)를 하고, 이에 다수결의 원칙을 적용하여 조합원들의 집단적 의사에 도달하게 되며, 이 의사는 조합의 대내적인 규범이 되고, 조합의 대외적 행동을 구속한다. 그러므로 결의는 조합원 개개인의 의사와는 관계없이 조합원 전원을 구속함은 물론 조합의 각 기관 등 관계자 전원을 구속한다. 결의 이후에 조합원이 된 자나 임원이 된 자에게도 같다.

결의에는 가결(可決)과 부결(否決)이 있다. 이것들은 별개의 절차를 요하는 것이 아니고, 의안에 대해 찬성하는 의결권의 수가 출석한 조합원의 과반수 또는 조합원 총수의 과반수에 달하면 가결, 미달하면 부결되는 것이다.

조합과 어느 조합원과의 관계사항을 의결하는 경우에는 그 조합원은 결의권이 없다(민법 제74조).

의결권은 가장 중요한 조합원의 권리라고 할 수 있다. 이러한 조합원의 의결권의 제한은 가능하나, 완전히 박탈할 수는 없는 권리이다.

2. 의사정족수 등

(1) 의사정족수

총회의 결의가 성립하려면 우선 일정한 수의 조합원이 출석하여 회의가 성립되어야 하는바, 이를 의사정족수라 한다. 의사정족수는 도시정비법 또는 정관에 다른 규정이 없으면 '조합원 과반수 출석'으로 한다(법 제45조 제3항).

의사정족수는 총회의 성립요건이며, 조합원은 총회 개회시부터 총회 종료시까지 계속하여 자리에 있어야 하므로, 의사정족수는 계속요건이라고 한다.

총회 도중에 의사정족수를 결하면 의장은 잠시 회의를 정회하고 다시 성원이 될 때를 기다려 속회하여야 한다. 실무상 총회 진행중에 일시 그 요건을 결하더라도 이를 문제로 삼는 사람이 없으면 그대로 회의를 계속하다가 결의를 할 때에 성원이 되도록 조합원을 모으는 예도 있다.

총회 진행중에 의사정족수를 결하고 상당한 시간을 기다려도 성원이 될 가망성이 없으면 그날의 회의를 부득이 폐회할 수 밖에 없다.

의결정족수는 총 조합원의 과반수의 출석을 전제로 한 것이므로 과반수의 출석이 있기 전까지는 안건의 의결이 불가능하다.

총회 당시 조합원연명부를 관리한 현장 접수요원들이 총회에 참석하려는 조합원들의 이름과 신분증을 확인하고 조합원연명부에 날인 또는 무인을 받았다면 인감도장이 아닌 지장이 찍혀 있다는 이유만으로 조합원연명부에 본인이 참석한 것으로 표시된 조합원을 참석자 수에서 제외할 수는 없다.[290]

(2) 일정수 이상 조합원의 직접 참석

일정 수 이상 조합원을 총회에 직접 참석하도록 정한 취지는 총회 의결시 조합원의 의사를 명확하게 반영하기 위한 것이고, 조합정관에 서면결의서를 제출한 경우 총회에 출석한 것으로 의제하는 규정이 있다는 것을 이용해 조합이 조합원들로부터 서면결의서만을 제출받고 실제로 총회를 개최하지 아니한 채 총회 운영을 형식적으로 진행해 온 종전의 폐해를 방지하여 총회의 현실적 개최를 유도하기 위한 것이다.

조합원 10분의 1 이상은 총회에 직접 출석하여야 한다(법 제45조 제10항).

다음의 안건에 관한 총회는 조합원 100분의 20 이상이 직접 출석하여야 한다(법 제45조 제10항 단서, 시행령 제42조 제3항).

① 창립총회

---

290) 서울고등법원 2010. 7. 14.자 2009라2485 결정

② 시공자 선정 취소를 위한 총회

③ 사업시행계획서의 작성 및 변경을 위하여 개회하는 총회

④ 관리처분계획의 수립 및 변경을 위하여 개최하는 총회

⑤ 정비사업비의 사용 및 변경을 위하여 개최하는 총회

'조합 예산안'은 정비사업비의 사용 및 변경에 해당되어 조합원 20% 이상이 총회에 직접 참석하여야 한다.[291]

'시공사 선정을 위한 총회'는 조합원 과반수 이상이 직접 참석하여 의결권을 행사하여야 한다(법 제45조 제10항).

(3) 직접 출석으로 보는 경우

대리인을 통하여 의결권을 행사하는 경우 직접 출석한 것으로 본다(법 제45조 제9항).

재난, 집합제한 또는 금지 조치 등의 사유로 '온라인총회를 단독으로 개최'하는 경우에는 전자적 방법만으로 의결권을 행사할 수 있고, 이 경우 전자적 방법에 의한 의결권 행사는 '직접' 출석한 것으로 본다(법 제45조 제10항, 제8항).

총회에 병행하는 온라인총회에 참석한 조합원은 '직접' 참석한 것으로 보고(법 제44조의2 제2항), 위 조합원은 전자적 방법으로 의결권을 행사할 수 있다.

① 서면으로 의결권을 행사한 자 또는 ② 총회와 병행하는 온라인총회에서 참석하지 않고 전자적 방법으로 의결권만을 행사한 자는 총회에 출석한 것으로 보지만 '직접' 출석한 것으로 보지 않는다.

서면결의서를 제출하고 총회에 직접 참석한 경우 해당 참석한 조합원은 별도의 의결권을 행사하지 않았다 하더라도 '직접 출석'한 조합원에 포함된다.[292]

그러나, '시공사 선정'을 위한 총회의 경우 조합원 총수의 과반수 이상이 직접 참석하여 의결하여야 하므로, 서면결의서(전자의결 포함)를 철회하고 의

---

291) 법제처 2021. 11. 11. 회신 21-0690호 사례

292) 광주지방법원 2023. 1. 19. 선고 2022가합51500 판결, 서울행정법원 2010. 12. 16. 선고 2010구합35050 판결, 서울행정법원 2012. 9. 6. 선고 2010구합47763 판결

결권을 행사하지 않는 한 해당 조합원은 직접 참석 또는 의결권을 행사한 것으로 보지 않는다(계약업무 처리기준 제35조 제2항).

3. 의결정족수 등

(1) 의결정족수

안건이 통과되기 위해서는 총회에 출석한 조합원의 의결권 가운데 일정수 이상의 찬성을 얻어야 하는 바, 이를 의결정족수라고 한다.

총회의 의결은 도시정비법 또는 정관에 다른 규정이 없으면 조합원 과반수의 출석과 출석 조합원 과반수 찬성으로 한다(법 제45조 제3항). 이때의 과반수라 함은 1/2을 넘어서는 것을 의미한다.[293)]

총회에서의 표결의 결과 가부동수(可否同數)가 된 경우에는 당연히 부결이다. 이는 과반수의 찬성을 요하는 법문의 취지에서도 분명하지만 단체의사결정에 일반적으로 통용되는 조리라고 할 수 있다.

간혹 정관에서 가부동수인 때에는 의장이 결정한다는 규정을 두는 예가 있다. 이는 단체결의의 조리에도 반하고, 조합원 평등의 원칙에도 반하므로 역시 무효이다.

(2) 출석 조합원의 산정

출석 조합원의 과반수 찬성이란 기권표나 무효표를 모두 합한 투표수의 과반수이고, 투표자 중 유효투표수의 과반수를 의미하지 않는다. [294)] 기권자도 출석 조합원(의결정족수)에 포함된다.[295)]

의결정족수를 정하는 기준이 되는 출석조합원은 당초 총회에 참석한 모든 조합원을 의미하는 것이 아니라 '문제가 된 결의 당시' 회의장에 남아 있던 조합원만을 의미하고, 회의 도중 스스로 회의장에서 퇴장한 조합원은 이에 포

293) 대법원 1994. 11. 22. 선고 93다40089 판결
294) 대법원 1995. 8. 29. 자 95마645 결정
295) 서울지방법원 1997. 10. 29. 선고 97노5108 판결

함되지 않는다.[296)]

(3) 서면결의서와 부재자투표용지를 달리 사용한 경우

임원 선출결의는 다른 안건과 달리 서면결의서와 별도로 배부된 부재자투표용지에 미리 기표하여 제출하거나 조합원이 직접 총회에 출석하여 투표하는 방식으로 진행한 경우 조합임원 선출결의와 나머지 안건에 관한 결의는 그 결의방식을 달리하는 별개의 결의이다.

의결정족수는 문제가 된 조합임원 결의를 기준으로 산정하여야 하는바, 조합원들이 다른 안건에 관한 서면결의서를 제출하였으나, 부재자투표용지를 제출하지 않았다면 해당 조합원은 조합임원 선출투표에 참석한 것으로 볼 수 없다.[297)] 즉 부재자투표용지를 제출하지 않은 자는 출석 조합원 수에서 제외된다.

(4) 안건과 관계사항이 있는 조합원

사단법인과 어느 사원과의 관계사항을 의결하는 경우에는 그 사원은 결의권이 없다(민법 제74조). 당해 사원의 의결권 제한 취지는 법인과 어느 사원과의 관계사항에 관한 의결에 있어서 그 공정성을 담보하는 데에 있다.

당해 사원은 의결권을 행사할 수 없으나, 총회에 출석하여 변명할 기회를 보장받아야 하는바, 총회에 참석한 제명대상 조합원은 의사정족수에 포함되나, 의결정족수 계산에서 제외된다.[298)]

조합이 구성원 2명 이상에 대하여 제명 결의를 하는 경우에는 그 의결에 있어서 2명 이상의 구성원 전부를 동시에 배제할 수는 없고, 각 구성원에 따라 개별적으로 의결하되 그 구성원에 대해서만 의결에서 배제된다.[299)] 위와 같이 해석하지 않는다면 소수의 구성원만으로도 다수의 구성원에 대한 제명 의결이 가능하게 되는 등의 불합리한 결과가 초래될 수 있기 때문이다.

---

296) 대법원 2001. 7. 27. 선고 2000다56037 판결, 대법원 2010. 4. 29. 선고 2008두5568 판결, 대법원 2011. 4. 28. 선고 2010다106269 판결
297) 대법원 2011. 4. 28. 선고 2010다106269 판결
298) 대법원 1991. 5. 28. 선고 90다20084 판결
299) 서울지방법원 2003. 6. 10. 선고 2002가합85577 판결

(5) 조합원 과반수 또는 3분의 2 이상의 동의

사업시행계획서 및 관리처분계획에 관한 총회의 의결정족수는 조합원의 과반수 또는 3분의 2 이상의 찬성을 요하는바, 이는 조합설립인가 신청 시의 정비사업비가 사업시행 과정에서 과다하게 상승하는 경우에 소송 등 주민갈등이 야기되어 사업추진에 혼란이 있으므로, 주민갈등을 예방하고 주민의 권리를 보호하기 위한 것이다.

사업시행계획서의 작성 및 변경과 관리처분계획의 수립 및 변경은 조합원 과반수의 찬성으로 의결하여야 한다. 다만 정비사업비가 10% 이상 늘어나는 경우에는 조합원 3분의 2 이상의 찬성으로 의결하여야 한다. 이때 정비사업비 산정시 생산자물가상승률분, 현금청산자에 대한 손실보상 금액은 제외한다(법 제45조 제4항).

조합이 정관을 변경하려는 경우에는 총회를 개최하여 조합원 과반수의 찬성으로 의결하여야 하고, 조합원 자격 등의 정관변경은 조합원 3분의 2 이상의 찬성으로 의결하여야 한다(법 제40조 제3항).

상가독립장산제를 변경하는 사안[300]과 지분제방식을 도급제방식으로 변경하는 사안[301]에서 조합원 3분의 2 이상의 동의를 요한다고 판시한 사례가 있다.

4. 표결의 방법 및 효력

(1) 표결의 방법

총회의 각 의안에 대한 설명과 토의가 종료하면 표결을 하여야 한다. 표결은 의장의 표결개시 선포로 시작된다.

조합정관에 특별한 제약이 있는 경우를 제외하고는 구두, 거수, 기립, 호명, 투표지에 의한 표결, 전자투표 등 의장의 재량으로 어느 하나에 의하여 표결할 수 있다. 박수로 가결하는 예도 종종 있으며, 박수도 유효한 표결의 방법

300) 대법원 2018. 3. 13. 선고 2016두35281 판결
301) 대법원 2015. 11. 9. 선고 2014다72203 판결

이다.[302)]

실무상 구두 또는 호명은 총회 참석 조합원의 수가 많음에 비추어 찬성 또는 반대의 수를 산정하기 어렵고, 거수나 기립은 조합원이 아닌 자가 총회에 참석하여 의결권을 행사하는 사례가 발생할 수 있으므로, 향후 법적 분쟁을 방지하기 위해 투표지에 의한 표결로 하는 것이 바람직하다.

(2) 아무런 의사표시를 하지 않은 자를 찬성으로 볼 수 있는지

총회의 표결이란 의안에 찬성하는 의결권의 수를 확인하는 것이다. 조합원의 의사는 '찬성'과 '반대'로만 양단되는 것이 아니라, 미결정이라는 형태도 있을 수 있으므로, 반대하지 않는다고 해서 반드시 찬성으로 의제할 수는 없다. 따라서 표결에 있어 단순히 반대자만 묻고 원안대로 통과시킬 수 없다. 나머지가 모두 찬성하였다고 단정할 수 없기 때문이다. 이 경우 꼭 찬성하는 자까지도 물어 보아야 한다.[303)]

반대하는 조합원들의 수만 확인하였으나, 찬성하는 조합원의 수를 확인하지 않고 의안의 가결을 선포한 경우 위 결의행위는 조합원들의 의사를 왜곡하는 표결방식의 하자가 인정되고, 위 하자는 결의취소사유에 해당한다고 판시한 사례[304)]가 있다. 조합원들이 아무런 이의를 제기하지 않은 경우 박수로써 의안을 통과한 것도 적법하다고 판시한 사례가 있다.[305)]

실무상 의장이 '이의 없습니까 ?' 하는 물음에 아무도 발언이나 이의하는 사람도 없을 때 어떻게 할지 머뭇거리는 예도 있는데, 이런 때에는 한번 더 물은 뒤에 '이의 없으면 박수를 쳐주시기 바랍니다.' 라고 한 뒤 만장일치로 통과하였음을 선포하면 된다.

(3) 형식적으로 부결된 안건의 효력

조합원 총회의 결의는 조합원들이 결의사항에 대하여 찬부를 표명함으로써

---

302) 대법원 2006. 2. 23. 선고 2005다19552,19569 판결, 대법원 2011. 10. 27. 선고 2010다88682 판결
303) 서울고등법원 1994. 11. 21.자 94라109 결정
304) 대법원 2001. 12. 28. 선고 2001다49111 판결
305) 서울지방법원 2003. 11. 20. 선고 2001가합18662, 61253 판결

행하여지는 것으로서, 총회에 상정된 안건이 출석 조합원의 과반수 찬성을 얻지 못한 경우 형식적으로는 부결된 것이다.

차후 위 찬, 반 투표의 유·무효 검토결과 부결된 안건의 반대표에 무효표가 다수 존재하여 위 부결이 부존재 또는 무효임이 입증된다 하더라도 바로 총회에서 해당 안건이 의결되었다고 볼 수 없다.[306)]

(4) 표결을 하지 않거나 결의성립을 선언하지 않은 경우

토의과정에서 표결결과가 명약관화하다고 하더라도 그 자체를 가지고 결의에 대신할 수 없고, 반드시 출석조합원 전원의 의사를 '동시에' 묻는 표결과정을 거쳐야 한다.

만약 총회의 안건에 관하여 토의과정에서 조합원들의 찬성 또는 반대의 의사표시에 의하여 안건이 어떻게 의결된 것이지 명확하다고 하더라도 해당 안건에 관한 의결을 하지 않았다면 해당 안건에 관한 가부의 결의가 있었던 것으로 볼 수 없다.[307)]

재건축조합의 총회의 결의는 의사결정기관인 총회의 의사를 결정하는 법률행위로서, 소정의 절차에 따라 결의의 성립이 선언됨으로써 관계자에 대하여 구속력을 가지는 결의가 외형적으로 존재하게 되고, 그와 같이 결의의 존재를 인정할 수 있는 어떤 외관적인 징표가 있어야만 그 결의의 효력 유무의 확인을 구할 수 있다.

재건축조합의 조합해산안에 대한 임시총회 결의절차에서 의장이 일부 서면결의서의 하자 유무의 확인을 이유로 결의 성립의 선언을 보류한 채 폐회선언을 한 경우, 결의의 존재를 인정할 외관적 징표가 없으므로 그 결의가 존재함을 전제로 한 임시총회의 해산결의 존재확인의 소는 확인의 이익이 없어 부적법하다고 한 사례가 있다.[308)]

---

306) 서울고등법원 2007. 8. 21. 선고 2006나86322 판결
307) 대법원 1989. 2. 14. 선고 87다카3200 판결
308) 대법원 2008. 2. 14. 선고 2007다62437 판결

5. 전자적 방법에 의한 의결권 행사(전자의결)

(1) 전자적 방법에 의한 의결권 행사(전자의결)

전자적 방법에 의한 의결권 행사는 2021. 8. 10. 도시정비법의 개정시 재난 등의 사유에 한하여 인정되었고, 2024. 12. 3. 도시정비법의 개정으로 모든 총회에서 허용되었다. 2024. 12. 3. 도시정비법 개정이전에도 전자투표를 정관에 규정한 경우 위 전자투표는 적법하다고 판시한 사례가 있다.[309]

조합원은 다음의 요건을 모두 충족한 경우 전자적 방법으로 의결권을 행사할 수 있다(법 제45조 제6항, 시행령 제42조 제2항).

① 조합원이 전자적 방법 외에 대리인 또는 서면의 방법으로도 의결권을 행사할 수 있게 할 것

② 의결권의 행사 방법에 따른 결과가 각각 구분되어 확인 · 관리할 수 있을 것

③ 도시정비법 시행령 제42조 제2항에서 정한 통지절차, 본인확인절차, 전자의결 결과 관리절차를 모두 충족할 것

전자적 방법이란 '전자문서 및 전자거래 기본법' 제2조 제2호에 따른 정보처리시스템을 사용하거나 그 밖의 정보통신기술을 이용하는 방법을 말한다.

전자적 방법으로 의결권을 행사한 경우 정족수를 산정할 때에 출석한 것으로 본다(법 제45조 제6항).

총회와 온라인총회를 병행하는 경우 전자적 방법으로 의결권을 행사한 자는 '직접' 출석한 것으로 보지 않는다. 전자적 방법으로 의결권 행사한 자가 조합원 과반 이상인 경우에도 총회에 직접 참석한 자가 10% 또는 20% 미만인 경우 해당 총회의 결의는 무효이다.[310]

조합은 조합원의 참여를 확대하기 위하여 조합원이 전자적 방법을 우선적으로 이용하도록 노력하여야 한다(법 제45조 제7항).

---

309) 부산지방법원 2021카합10379 결정, 서울서부지방법원 2022. 7. 28.자 2022카합50377 결정

310) 수원지방법원 2021. 10. 29.자 2021카합10396 결정, 수원고등법원 2022. 2. 17.자 2021라10261 결정

(2) 전자의결과 통지사항

총회를 소집하려는 자가 총회의 소집통지를 할 때 전자적 방법을 통한 의결권의 행사(전자의결)와 관련한 다음의 사항을 함께 통지하여야 한다(시행령 제42조 제2항 제1호).

① 전자의결을 하는 방법

② 전자의결 기간

③ 그 밖에 전자의결의 실시에 필요한 사항

(3) 전자의결과 본인 확인

조합은 전자적 방법으로 의결권을 행사하는 자가 본인인지를 확인하여야 하고, 전자적 방법에 따른 의결권 행사 및 본인확인방법 등에 필요한 사항은 정관으로 정한다(법 제45조 제9항, 제11항).

전자의결을 할 때 조합은 다음의 어느 하나에 해당하는 방법으로 본인임을 확인하여야 한다(시행령 제42조 제2항 제2호).

① '전자서명법' 제8조 제1항에 따른 운영기준 준수사실의 인정을 받은 전자서명인증사업자가 제공하는 본인확인의 방법

② '정보통신망 이용촉진 및 정보보호 등에 관한 법률' 제23조의3에 따른 본인확인기관에서 제공하는 본인확인의 방법

주택법상 지역주택조합의 총회와 관련 전자투표 시스템에 접속하는 조합원별 고유의 URL이 포함된 문자메세지를 보내 전자투표를 하도록 한 경우 이름만 입력하고 투표를 할 수 있고, 이 과정에서 전자서명 인증을 위한 본인확인 과정이 이루어지지 않았다면 위 전자투표는 위법하다고 판시한 사례가 있다.[311)]

(4) 전자의결 결과 관리

조합은 다음과 같이 전자의결 결과를 관리할 수 있는 체계를 갖추어야 한다(시행령 제42조 제2항 제3호).

① 총회에서 개표하기 전까지 전자의결의 집계 결과를 알 수 없도록 할 것

② 정비사업의 완료 또는 폐지 시점까지 전자의결 결과를 보관할 것. 다만,

---

311) 의정부지방법원 2022. 3. 7.자 2022카합5011 결정

본문에 따른 기간 이후로서 정관에서 전자의결 결과의 보관 기간을 달리 정한 경우에는 그에 따른다.

전자적 결의 방법으로 의결권을 행사한 조합원들의 결의서가 조합에 의해 일부 수정되었다면 전자문서법 제4조의2 제2호의 요건을 갖추지 못하였다할 것이므로, 전자문서법에 의한 서면으로 볼 수 없다.[312)]

(5) 온라인총회 단독 개최시

재난, 집합 제한 또는 금지 조치로 인하여 온라인총회를 단독 개최하는 경우 조합원은 '전자적 방법만'으로 의결권을 행사할 수 있다(법 제44조의2 제1항 단서, 제45조 제8항). 이 경우 전자적 방법으로 의결권을 행사한 자는 '직접' 출석한 것으로 본다(법 제45조 제10항).

온라인총회 단독 개최시 전자의결 이외 서면결의서에 의한 의결권 행사는 허용되지 않는다(서울시 재개발 표준정관 제22조 제8항).[313)]

(6) 전자투표의 철회

전자투표에 의한 경우 철회는 전자투표에 의한 방법이 아닌 철회서를 제출하는 방법에 의할 수도 있다.[314)] 조합원이 전자투표의 철회를 신청할 경우 조합은 조합원의 본인 확인을 거친 다음 철회서를 제출받을 수 있다.

(7) 임원선거와 전자투표(사전투표)

임원선거와 관련 조합 선관위는 선거인의 투표율 제고를 위해 선거일 이전 사전투표를 할 수 있다. 이 경우 선거일 14일전까지 사전투표의 방법과 장소·시기·절차 등 필요한 사항을 공고해야 한다.[315)]

서울특별시의 경우 임원선거와 관련한 전자투표제도를 마련하고 있다.[316)]

---

312) 부산고등법원 2021. 10. 26.자 2021라5130 결정

313) 수원고등법원 2022. 2. 17.자 2021라10261 결정, 수원지방법원 2021.10.29.자 2021카합10396 결정

314) 서울서부지방법원 2022. 7. 28.자 2022카합50377 결정

315) '서울특별시 정비사업 표준선거관리규정'(서울특별시 고시 제2017-243호, 2017. 7. 6.) 제39조 내지 제44조

316) '서울특별시 정비사업 표준선거관리규정'(서울특별시 고시 제2017-243호, 2017. 7.

6. 대리인에 의한 의결권 행사

(1) 대리인에 의한 의결권 행사

총회는 원칙적으로 회의체기관이므로 모든 조합원이 직접 출석하여 회의를 통하여 의사를 결정하는 것이 바람직하지만, 이러한 원칙을 관철하게 되면, 총회에 참가할 수 없는 사원이 많은 경우에는 총회의 정족수의 미달 등으로 유회가 되는 현상이 초래되어 조합의 운영에 지장을 가져오게 될 것이다.[317) 이에 도시정비법은 일정한 요건에 해당하는 대리인의 의결권 행사를 허용하고 있다.

도시정비법상 대리인의 자격은 다음과 같다(법 제45조 제5항).

① 조합원이 권한을 행사할 수 없어 배우자, 직계존비속 또는 형제자매 중에서 성년자를 대리인으로 정하여 위임장을 제출하는 경우

② 해외에 거주하는 조합원이 대리인을 지정하는 경우

③ 법인인 토지등소유자가 대리인을 지정하는 경우

대리인을 통하여 의결권을 행사하는 경우 '직접' 출석한 것으로 본다(법 제45조 제10항).

대리권은 총회가 있을 때마다 개별적으로 수여할 수도 있고, 수개의 총회에 관한 대리권을 일괄하여 수여할 수 있다(포괄적 수여).[318)]

(2) 대리행사시 대리권한 증명

대리인에 의하여 의결권을 행사하는 경우에 대리인은 대리권을 증명하는 서면(위임장)을 총회에 제출하여야 한다. 위임장의 제출은 대리권의 존부에 관한 법률관계를 명확히 하여 총회 결의의 성립을 원활하게 하기 위함이다.

서울시 재개발 표준정관은 '별지 제4-1호 서식 해외거주 조합원의 대리인 지정서', '별지 4-2호 서식 법인인 조합원의 대리인 지정서', '별지 제4-3호 서식 총회 출석 위임장' 양식을 마련하고 있다.

6.) 제46조

317) 서울고등법원 1986. 10. 20. 선고 85나3035 판결

318) 수원지방법원 안양지원 2015. 4. 23. 선고 2014가합101694 판결

총회 개회 당시 의장이나 그 직무대행자 등 집행부의 자의적인 판단에 따라 조합원의 의결권 대리행사 가부를 가릴 수 있다고 보게 되면 당사자들이 유불리에 따라 총회 결의의 결과를 좌우할 수 있도록 허용하는 것이 되어 불필요한 법적 분쟁이 야기할 수 있다. 이는 단체법적 법률관계에서 중시되는 객관성, 명확성, 안정성의 측면에서 바람직하지 아니하다. 따라서 조합원이 도시정비법과 정관에서 규정하고 있는 대로 위임장을 제출하지 아니하면 대리인을 통해 의결권을 행사할 수 없으며, 조합도 이를 허용해서는 아니된다.[319]

위임장은 '원본'을 제출하여야 하는 것이 원칙이며,[320] 위임장의 위조·변조등을 고려하여 팩스, 전자메일 또는 문자메세지에 의한 위임장 제출은 허용되지 않는다.

대리인은 위임장을 총회개최전 또는 의결권행사 이전에 제출하여야 한다.[321]

조합정관에서 대리인은 위임장에 인감증명서를 첨부하도록 규정되어 있으나, 대리인이 위임장에 인감증명서를 첨부하지 않은 경우 위임장에 날인되어 있는 인영이 조합원 본인의 인감도장에 의하여 현출되었다는 것을 총회 당시에 또는 그 이후에 제출된 인감증명서에 의하여 확인할 수 있는 경우에는 조합원 본인의 의사에 의하여 적법하게 대리권이 수여된 것으로 볼 수 있다.[322]

조합원 본인이 사전에 대리인에게 총회참석을 위임하여 그 자격을 소명할 수 있는 위임장을 작성해 주고 대리인이 총회에 출석하여 그 위임장을 제출한 이상 본인의 인감증명서가 뒤늦게 제출되었다는 사정만으로 대리인의 참석을 무효라고 할 수 없다.[323]

(3) 대리권의 철회

조합원은 대리인에게 의결권을 부여하였다해도 조합원의 의결권 행사권한이

---

319) 대법원 2021. 9. 30. 선고 2021다230144 판결, 대법원 2021. 9. 30. 선고 2021다227759 판결

320) 대법원 2009. 4. 23. 선고 2005다22701,22718 판결, 대법원 2004. 4. 27. 선고 2003다29616 판결

321) 대법원 2001. 12. 28. 선고 2001다49111 판결

322) 서울고등법원 2010. 7. 14.자 2009라2485 결정

323) 대법원 2007. 7. 26. 선고 2007도3453 판결

소멸되는 것은 아니다. 따라서 대리인에게 의결권을 부여한 조합원도 총회에 직접 참석하여 의결권을 행사할 수 있다. 이때 조합원의 의사표시가 대리인의 의사표시에 우선한다.

조합원의 대리권철회는 일반원칙에 의하여 할 수 있다. 그러므로 어떠한 방법으로든지 총회의 의장에게 대리권을 철회한다는 것을 통지함으로서 족하다.

대리인이 조합원의 명시된 의사에 반하여 의결권을 행사한 경우에 조합원은 대리인에게 손해배상을 청구할 수 있을 뿐 결의의 효력에는 영향이 없다.

7. 서면에 의한 의결권 행사

(1) 서면결의서 제도의 취지

서면에 의한 의결권 행사라 함은 본인이 직접 조합원 총회 또는 대의원회에 출석하지 아니하고 당해 회의의 안건에 대해 자신의 의사표시를 서면으로 하는 것을 말한다.

서면으로 의결권을 행사할 수 있다는 것은 총회의 소집을 전제로 하여 총회에 결석한 조합원만이 할 수 있는 표결방법이라는 것이다. 총회를 소집하지 않고 서면만으로 표결하는 결의와는 다르다(조합설립동의).

조합원은 서면으로 의결권을 행사할 수 있고, 이 경우 정족수 산정에 관하여 출석한 것으로 본다(법 제45조 제5항). 다만 서면결의서 제출한 자가 총회에 참석하지 않는 한 '직접 출석'한 것으로는 보지 않는다.

(2) 서면결의서의 작성

서면결의서에는 총회의 의안별 결의사항에 대하여 찬부(찬성·반대)의 표시를 분명히 기재할 수 있도록 하여야 한다. 총회 안건 전체에 대하여 일괄적으로 찬성과 반대만을 표시하도록 한 서면결의서는 조합원으로 하여금 각 안건별로 의사표시를 할 수 있는 기회를 제한한 것으로서 위법하다.

서면결의서 양식이 '다수결로 처리된 의안에 동의함' 하는 방식(가결되면 가결된 의안에, 부결되면 부결된 의안에 따르겠다는 취지)으로 정하는 경우 위 서면결의서도 조합원들의 진정한 의사를 반영하지 못하므로, 위 서면결의서는 무효이다.

(3) 서면결의서의 송부

총회를 소집하려는 자는 총회가 개최되기 7일 전까지 서면의결권의 행사기간 및 장소 등 서면의결권 행사에 필요한 사항을 정하여 조합원에게 통지하여야 한다(법 제44조 제4항). 조합은 조합원들에게 서면으로 의결권을 행사하는 데 필요한 서면(서면결의서)과 참고자료를 송부하여야 한다.

서면의결권 행사에 필요한 사항은 ① 서면의결권의 행사기간, ② 서면결의서 제출장소 및 제출방법, ③ 서면결의서 서식을 포함한 작성방법 및 첨부서류 안내이다(서울시 재개발 표준정관 제22조 제6항).

(4) 본인확인의무

조합은 서면으로 의결권을 행사하는 자가 본인인지를 확인하여야 하고, 서면의결권 행사 및 본인확인 방법은 정관으로 정하여야 한다(법 제45조 제9항, 제11항). 서면결의서의 본인확인 의무제도는 단체법적 법률관계의 객관성, 명확성, 안정성을 위하여 불필요한 법적 분쟁을 방지하기 위한 것이다.

조합원은 서면의결권을 행사하는 자가 본인임을 확인할 수 있도록 서면결의서에 주민등록증, 여권 등 신원을 확인할 수 있는 신분증명서의 사본을 첨부하여 제출하여야 한다(서울시 재개발 표준정관 제22조 제6항).

신분증명서의 사본이 첨부되지 않아 서면결의서 제출자가 본인임을 확인할 수 없는 경우 조합은 조합원의 서면의결권 행사를 허용하지 않거나 그 효력을 인정하지 않더라도 이의를 제기할 수 없다(서울시 재개발 표준정관 제22조 제6항).

정관에서 구체적인 본인확인 방법을 정하지 않았다 하더라도 총회의 의장은 적당한 방법으로 서면결의권을 행사하는 자가 본인인지 여부를 확인하여야 한다.[324]

서면결의서의 제출 또는 징구시 본인확인절차를 거쳤다면 서면결의서에 본

---

324) 서울중앙지방법원 2022. 3. 21.자 2021카합22041 결정

인확인란의 일부가 누락되었거나, 서명란에 이름이 생략되었더라도 찬성·반대란에 조합원의 (인감)도장이 날인되어 조합원이 누구인지 알 수 있는 경우에는 위 서면결의서는 유효하다.[325)]

투표용지에 무인 내지 지장을 날인하게 하는 방식은 그 자체로 본인확인이 가능하지 않고 진위 여부 확인을 위한 추가적 절차가 필요한 것으로 도시정비법이 본인확인의무를 규정한 취지와 맞지 않고, 정관에서 이러한 방식을 허용하는 명시적 근거가 없는 한 본인확인의무를 다했다고 보기 어렵다.[326)]

서면결의서 제출자 372명중 135명이 서면결의서가 위조되었다는 취지의 사실확인서를 제출하였고, 서면결의서와 사실확인서의 필적이 서로 다르며, 서면결의서에 신분증사본 등 본인인지 여부를 확인할 수 있는 자료가 첨부되어 있지 않은 사정에 비추어 위 135명의 서면결의서를 총회 참석자 수에서 제외되어야 한다고 판단하였다.[327)]

(5) 직접, 우편, 대리인에 의한 서면결의서의 제출

조합은 조합원에게 서면결의권의 행사기간을 통지하고 있는바, 위 행사기간 이전에 제출하거나 행사기간 만료 이후에 제출된 서면결의서는 효력이 없다. 또한 총회 소집을 통지하기 전에 제출 또는 징구한 서면결의서는 무효이다.[328)]

조합원이 조합에 우편으로 서면결의서를 제출하는 경우 '총회 전일까지' 서면결의서가 도착되도록 하여야 한다(서울시 재개발 표준정관 제22조 제7항). 의결권행사 서면의 제출에는 도달주의가 적용되므로, 의결권 행사서면의 불도달에 관해서는 당해 조합원이 위험을 부담한다. 총회 당일에 도착한 서면결의서는 의사정족수 및 의결정족수에서 제외된다.

조합원은 조합이 통지하는 방법으로 서면결의서를 제출할 수 있고, 실무상 제출방법은 조합원 직접 제출방법 또는 우편제출방법이 있다. 따라서 조합원

325) 부산지방법원 2009. 4. 22. 선고 2008가합10313 판결, 서울서부지방법원 2010. 11. 12. 선고 2010가합9023 판결
326) 서울중앙지방법원 2022. 11. 10. 자 2022카합21313 결정
327) 서울중앙지방법원 2022. 3. 21.자 2021카합22041 결정
328) 수원지방법원 성남지원 2017가합402290 판결, 창원지방법원 2016가합53411 판결

은 서면결의서 제출장소를 방문하여 직접 서면결의서를 제출할 수 있고,[329] 우편으로 조합이 지정한 장소로 서면결의서를 제출할 수 있다.

조합원은 대리인으로 하여금 서면결의서를 제출할 수 있다.[330] 대리인이 서면결의서를 제출할 경우 조합은 신분증 또는 위임장 등을 통해 조합원 본인 또는 대리인 권한 등을 확인하여야 한다.

조합정관에 특별한 규정이 없는 한 조합원은 '조합이 배포'한 서면결의서에 의해 의사표시를 할 수 있을 뿐만 아니라 '자신이 직접 작성'한 서면결의서에 의해 의사표시를 할 수 있다.

서면결의서의 위조·변조 가능성에 비추어 '원본'만이 허용되고, 팩스, 이메일, 문자 또는 사본은 허용되지 않는다.[331] 이에 반해 조합이 팩스로 서면결의서를 제출할 수 있다고 고지한 경우 위 팩스로 제출된 서면결의서도 유효하다고 판시한 사례가 있다.

조합원이 서면결의서의 본인확인란에 도장을 날인하도록 정하였음에도 불구하고 조합합원이 본인확인란에 서명이나 무인으로 작성한 경우 그 서면결의서가 작성명의자의 진정한 의사에 반하여 작성되었다고 볼 만한 사정이 없다면 그 서면결의서는 유효하다.[332]

(6) 시공사 선정과 서면결의서 제출

시공사 선정을 위한 총회의 경우 조합원은 조합이 지정한 기간·시간 및 장소에서 서면결의서를 배부받아 제출하여야 한다(계약업무 처리기준 제35조 제3항). 이는 시공사 선정에 있어 입찰자들이 과도하게 홍보를 하면서 조합원들에 대한 서면결의서의 매수행위를 방지하기 위한 것이다.

조합원은 조합이 지정된 장소에서 서면결의서를 배부받아야 하므로, 우편에 의한 서면결의서 제출 또는 홍보요원에 의한 서면결의서 징구는 허용되지 않는다.

329) 정관 또는 선거관리규정에 아무런 제한이 없다면 우체국 소인이 없는 서면결의서도 조합원이 직접 제출했음을 전제로 유효하다고 한 사례도 있다.
330) 대전지방법원 천안지원 2006. 4. 6. 선고 2006비합3 결정
331) 서울중앙지방법원 2022. 11. 10.자 2022카합21313 결정
332) 서울중앙지방법원 2010. 6. 17. 선고 2009가합141452 판결, 2009가합133116 판결

(7) 서면결의서의 징구방법

조합의 직원 또는 정비사업전문관리업자가 서면결의서를 징구할 수 있고, 정비사업전문관리업자가 아닌 자는 서면결의서를 징구할 수 없다.[333)]

조합직원 또는 정비사업전문관리업자는 조합원으로부터 서면결의서를 징구함에 있어 신분증사본 등 본인인지 여부를 확인할 수 있는 자료를 첨부하여야 한다.[334)]

총회에서 의결된 선거관리규정에서 서면투표방법으로 '우송' 또는 '직접방문제출' 만을 규정한 경우 조합이 홍보요원으로 하여금 조합원을 방문하게 하여 홍보요원이 조합원으로부터 서면결의서를 건네받아 조합에게 접수하는 것은 ① 2011. 8. 20. 정기총회 개정선거관리규정 제21조 제3항의 "우송" 또는 "직접방문제출"에 해당하지 아니하고, ② 홍보요원이 조합원으로부터 서면결의서를 받는 과정에서 그 역할이나 활동의 공정성을 담보하기 어려운 홍보요원이 조합원을 직접 대면함으로써 조합원의 의사결정에 영향을 미쳤을 가능성도 상당하며, ③ 홍보요원이 피고에게 접수한 서면결의서는 조합원이 조합에게 우송하여 제출하거나 조합을 직접 방문하여 제출한 서면결의서가 담보하는 절차적 정당성을 갖추지 아니하였으므로 허용되어서는 아니된다라고 판시한 사례가 있다.[335)]

홍보요원이 조합원들로부터 단순히 서면결의서를 수거하는 정도에 불과하다면 도시정비법 위반에 해당되지 않는다.[336)]

(8) 서면결의서 제출방법 등의 제한

조합은 정관에서 서면에 의한 의결권 행사를 제한할 수 있으나, 위 서면에 의한 의결권 행사를 제한하는 정관의 규정이 합리적이고도 납득할 만한 상당한 이유가 있어야 한다.

서면결의서 제한의 내용이 서면에 의한 의결권 행사에 관한 본질적인 내용

---

333) 대법원 2022. 12. 29. 선고 2022도1486 판결
334) 서울중앙지방법원 2022. 3. 21.자 2021카합22041 결정
335) 부산고등법원 2019. 4. 18. 선고 2018나52825 판결
336) 서울중앙지방법원 2024. 11. 27. 선고 2023노1850 판결

을 제한하거나 선량한 풍속 기타 사회질서에 위반되는 등 사회관념상 현저히 타당성을 잃은 것이라면 위 정관의 효력은 무효이다.

조합이 배포한 서면결의서만 유효로 한다고 정하거나 선거관리위원장의 날인이 있는 서면결의서(부재자투표용지)만 유효로 정할 수 있다.

서면결의서의 제출방법 관련 조합원 본인 또는 대리인의 직접 제출과 우편제출만 허용하고, 홍보요원에 의한 징구를 금지할 수 있다.

서면결의서의 철회와 관련 본인이 철회서를 직접 제출한 것만 허용하고, 대리인 또는 우편에 의한 철회서를 허용하지 않을 수 있다.

정관에서 인감도장을 날인한 서면결의서만 유효로 한다고 정한 경우 또는 인감증명서를 첨부하도록 정한 경우 이는 조합원 본인에 의하여 적법하게 작성되었는지 여부를 담보하기 위한 것으로 보아야 하는바, 조합이 본인확인절차를 거쳤다면 인감도장이 날인되지 않은 서면결의서 또는 인감증명서가 첨부되지 않은 서면결의서도 유효하다.[337)]

(9) 서면결의서의 개봉

서면결의서는 봉투에 밀봉된 상태로 제출되고, 조합은 투표함에 서면결의서를 보관하며, 총회에서 안건을 상정한 후 투표함에 보관한 서면결의서를 개봉하고 있다.

일부 조합이 사전에 서면결의서의 제출자를 확인할 목적으로 투표함 또는 서면결의서를 개봉한 사례에서 조합이 총회 이전에 표결집계 등의 원활한 업무처리를 위하여 서면결의서를 미리 개봉하였으나, 그 개표결과가 대외적으로 유출되지 않은 점에 비추어 위 서면결의서 개봉행위가 위법하지 않다고 판시한 사례가 있다.[338)]

조합원의 중복투표를 방지하기 위해 서면결의서가 밀봉된 봉투의 겉면에 기재된 인적 사항을 확인한 후 서면결의서를 투표함에 다시 넣은 후 봉인한 경우 위 투표함 개봉행위는 위법하지 않다고 판시한 사례가 있다.[339)]

---

337) 수원지방법원 안산지원 2022. 4. 21. 선고 2020가합11817 판결, 서울고등법원 2010. 7. 14.자 2009라2485 결정, 서울행정법원 2009. 12. 31. 선고 2009구합27824 판결

338) 서울북부지방법원 2020. 9. 10. 선고 2018가합27267 판결

임원선거와 관련 홍보요원이 서면결의서를 개봉하여 내용을 확인한 행위는 무기명 비밀투표 원칙에 위배되고, 조합원들의 의사를 왜곡시킬 여지도 상당하므로, 해당 총회의 결의가 무효라고 판시한 사례가 있다.[340)]

(10) 서면결의서와 찬·반 표시

조합원은 조합이 보낸 서면결의서에 찬반의 의사를 표기하여 조합에 제출하여야 한다. 조합원이 서면결의서에 의해 의결권을 행사하면 그 조합원의 의결권은 출석한 의결권으로 가산되고, 의사표시의 내용대로 찬성 혹은 반대에 가산된다.

서면에 조합원의 의사표시가 없이 백지로 제출된 경우에는 결의에 찬성하지 않은 것으로 간주해야 한다. 서면결의서의 찬성 및 반대란에 모두 기재된 경우 해당 서면결의서는 무효로 되어 찬성표 수에 산입되지 않는다.

만약 서면결의서의 찬성란에 "○" 또는 " √" 가 아닌 "X"로 기재된 경우 통상 "X"는 부정의 의미를 포함하고 있으므로 찬성란에 "X"로 기재되어 있다고 해도 반대표로 해석하여야 할 것이다.

서면결의서의 '찬성 및 반대란에 모두 기재' 되어 무효로 된 경우 위 서면결의서는 적어도 의사정족수의 계산에 있어서는 이를 포함하는 것이 타당하다.[341)]

정관이나 선거관리규정에서 '조합원이 찬·반의 의사표시가 상이한 서면결의서를 중복 제출한 경우 위 서면결의서 모두 무효처리한다.' 는 규정을 두지 않은 경우 위 '중복 제출된 서면결의서' 를 무효로 처리하더라도 적어도 의사정족수의 계산에 있어서는 포함할 수 있다.[342)]

다수인이 모인 회의체에서 하나의 의결을 구함에 있어 많은 토론이 이어지면서 원안동의, 수정동의 등이 있을 수 밖에 없다. 수정안은 원안 관련성 원칙에 따라 동일성이 유지되는 것이고, 누구나 수정발언 동의를 예견할 수 있는 것이므로 서면결의서의 찬성에는 수정안에 대한 동의도 포함된다.

---

339) 수원지방법원 안산지원 2015. 12. 18. 선고 2013가합102317 판결
340) 부산지방법원 동부지원 2020. 10. 8. 선고 2019가합103514 판결
341) 부산지방법원 2009. 4. 22. 선고 2008가합10313 판결
342) 부산지방법원 2009. 4. 22. 선고 2008가합10313 판결

(11) 서면결의서의 유효 여부

토지 등의 공유자들은 대표조합원을 지정하여 조합에 대표조합원 선임동의서를 서면으로 제출한 후 조합 총회에서 의결권을 행사할 수 있는바, 대표조합원 선임동의서가 제출되지 않은 상황에서 일부 공유자가 제출한 서면결의서는 무효이다.[343)]

서면결의서의 작성·제출이 부당한 방법으로 유도되거나 강요되는 등 서면에 의하여 의결권을 행사한 조합원들의 의결권이 박탈되었다고 볼 수 있을 정도의 사정이 인정된다면 조합원들의 총회 결의에 관한 공정하고 자유로운 의결권 행사가 침해된 것으로 보아 서면결의서의 효력이 부인된다.[344)]

서면결의서 제출에 따른 부당한 대가로 밥솥이 제공된 이상 조합원들의 의사가 왜곡됐다고 볼 수밖에 없으므로, 총회 결의는 모두 효력이 없다고 판시한 사례가 있다.[345)]

(12) 서면결의의 철회·수정 허용

조합원이 서면결의서로 의결권을 행사하거나 총회 참석하여 직접 투표용지로 의결권을 행사할 것인지는 조합원 본인이 결정할 사안이다. 총회에 직접 참석하여 의사를 표시하는 것이 서면결의서보다 조합원의 진정한 의사를 반영한다고 볼 수 있는바, 조합원이 총회에 출석하여 서면결의서를 철회하거나 번복하는 것은 당연히 인정된다.

정관에서 서면결의서의 철회방법에 관하여 별도로 정하지 않는 이상 조합원은 조합에 서면으로 서면결의서를 철회할 수도 있다(서면결의의 철회서). 만약 정관에서 서면결의서의 철회방법 및 철회시기를 제한한 경우 위 정관에 따라 서면결의서를 철회하여야 한다.[346)]

서울시 재개발 표준정관 제22조 제7항은 "서면결의서를 제출한 조합원은

---

343) 대법원 2021. 9. 30. 선고 2021다230144 판결, 대법원 2021. 9. 30. 선고 2021다227759 판결
344) 서울중앙지방법원 2011. 8. 25. 선고 2010가합132690 판결
345) 사당동지역주택조합사례(2011. 9. 25.)
346) 서울중앙지방법원 2020. 12. 4.자 2020카합20994 결정

총회 당일에 현장출석하여 투표개시 선언이 이루어지기 전까지 직접 또는 제5항에 따른 대리인을 통하여 서면결의서에 의한 의결권행사를 철회하고 직접 투표할 수 있다." 라고 정하고 있다.

서면결의서는 직접(인편)으로 제출할 수 있도록 함으로써 사자(使者)를 통한 서면결의서의 제출을 허용하고 있으므로, 같은 방식으로 철회서를 제출하는 것도 허용된다할 것인바, 철회서 제출사무의 위임여부와 상관없이 사자(使者)가 제출한 철회서도 유효하다고 판시한 사례가 있다.[347]

서면결의서를 제출한 조합원이 총회에 참석하여 의결권을 행사하려고 할 경우 오로지 총회의 진행을 방해하려는 목적에 의한 것이라는 등의 특별한 경우가 아니라면 이를 제한해서는 아니된다. 만약 이를 위반하여 부당하게 서면결의서 철회 및 현장 투표를 방해한 경우 총회 결의의 무효사유가 된다.[348]

총회 현장에서 직접 철회서를 제출하려 하였으나, 철회서 제출을 거부당한 경우 해당 서면결의서 철회서 숫자만큼 의결정족수 산정에서 제외된다.[349]

(13) 서면결의서 철회 시점

정관에 다른 정함이 없다면 조합원은 투표개시 선언이 이루어지기 전까지 서면결의서를 철회할 수 있다.[350]

안건을 일괄 상정한 후 사전 투표개시를 선언한 경우 의사정족수 충족 여부는 '안건심의와 동시에 진행된 사전 투표개시 시점'을 기준으로 하므로,[351] 조합원은 위 사전 투표개시 이전에 서면결의서를 철회하여야 한다.

조합이 투표개시 이후 서면결의서 철회를 불허하는 것은 투표 과정의 공정성을 담보하고 진행의 혼란을 막기 위한 부득이한 조치이다. 따라서 조합원은 (사전) 투표 개시 이후에는 서면결의서를 철회할 수 없다.[352]

---

347) 전주지방법원 2023. 12. 28.자 2023카합10088 결정
348) 서울중앙지방법원 2011. 8. 25. 선고 2010가합132690 판결
349) 수원지방법원 안산지원 2015. 5. 29.자 2015카합10024 결정
350) 대법원 2008. 8. 21. 선고 2007다83533 판결, 서울고등법원 2021. 7. 27.자 2021라20701 결정, 서울북부지방법원 2017. 7. 20. 선고 2015가합2229 판결, 수원지방법원 안산지원 2022. 1. 27. 선고 2021가합9972 판결, 광주지방법원 2017. 9. 14.자 2017카합50283 결정
351) 수원지방법원 2016. 6. 16. 선고 2015가합2099 판결
352) 서울북부지방법원 2011. 7. 8. 선고 2010가합7236 판결

조합은 '총회 개최 전일 18시까지' 철회서를 본인이 직접 철회할 것을 고지하였으나, 일부 조합원이 총회 개최 당일에 위임장 없이 신분증 사본만을 첨부한 서면결의철회서 44장을 제출한 사안에서 위 서면결의 철회를 인정하지 않은 사례가 있다.[353]

(14) 서면결의서의 철회서에 대한 재철회

조합원이 서면결의서를 제출하고, 철회서를 제출한 후 최종적으로 철회서를 철회한 경우(재철회서) 조합원의 마지막 의사표시가 존중되어야 함을 근거로 최초 서면결의서를 유효로 본 사례가 있다.[354]

이에 반해 철회서는 민법 제111조 제1항에 의거 상대방에게 도달한 때 그 효력이 발생하고, 이로 인해 서면결의서의 효력도 상실하므로, 재철회서를 제출한다 해도 서면결의서는 다시 효력을 발생하지 않는다고 판시한 사례가 있다.[355]

(15) 총회연기와 서면결의서 재사용

연기 전 총회와 연기 후 새로 개최되는 총회의 안건이 같고 단지 개최 일자만 연기된 것일 경우 당초 서면결의서를 제출하여 의사를 표시한 조합원들이 그 의사를 철회하지 아니하는 한 그 서면결의서는 연기 후 새로 개최되는 총회에서도 유효하다.

서면결의서에 "법원의 가처분결정, 정족수 미달 등 기타 부득이한 사유로 기일 또는 장소를 변경하는 경우 이 총회의 목적사항에 대한 본인의 의사표시 내용에는 변경이 없으므로 이 서면결의서를 재사용하는데 동의합니다."라고 기재되었고, 위 서면결의서를 연기된 총회에서 사용한 것이 위법하지 않다고 판시한 사례가 있다.[356] 이 경우 연기후 개최되는 총회의 안건은 연기 전 총회의 안건과 동일성이 유지되어야 한다.[357]

---

353) 서울서부지방법원 2020. 5. 6.자 2020카합50125 결정
354) 서울북부지방법원 2016카합20316 결정
355) 광주지방법원 2021카합50370 결정
356) 서울북부지방법원 2017. 8. 7.자 2017비합1011 결정, 서울서부지방법원 2020. 5. 6. 자 2020카합50126 결정
357) 서울동부지방법원 2022. 8. 31. 자 2022카합10142 결정

연기된 총회와 종전 총회의 목적사항이 동일한 경우 연기된 총회전일까지 징구된 서면결의서 역시 종전 서면결의서와 합산하여 집계할 수 있다고 판시한 사례도 있다.[358]

(16) 서면결의서의 공개

참석자명부와 서면결의서는 도시정비법 제124조 제1항 제3호 의사록의 관련자료에 포함되어 공개대상이다.[359] 조합은 개인정보 유출이나 비밀투표의 효력을 유지하기 위해 참석자 명부 및 서면결의서에 나와 있는 개인정보를 일부 제외하고 공개하여야 한다.[360]

358) 서울고등법원 2019. 4. 19.자 2018라21523 결정
359) 대법원 2012. 2. 23. 선고 2010도8981 판결
360) 대법원 2009. 12. 10. 선고 2009두12785 판결

VI. 총회 결의의 하자

1. 소집절차상 하자

(1) 소집절차 하자의 판단기준

조합장이 총회 소집 과정에서 위 정관 규정을 위반한 경우, 그 총회 결의가 무효인지 여부는, ① 총회 소집, 개최 시 이사회 의결을 거치도록 정한 정관 규정을 위반하게 된 경위, ② 구체적인 위반 내용, ③ 이사회 의결에 존재하는 하자의 내용과 정도, ④ 총회 소집과 관련하여 대의원회 등 조합 내부 다른 기관의 사전심의나 의결 등이 존재하는지 여부, ⑤ 위 정관 규정을 위반한 하자가 전체 조합원들의 총회 참여기회나 의결권 행사 등에 미친 영향, ⑥ 조합 내부의 기관으로 두고 있는 총회, 대의원회 등과 이사회의 관계 및 각 기관의 기능, 역할과 성격, ⑦ 총회의 소집 주체, 목적과 경위 및 ⑧ 총회 참석 조합원들의 결의 과정과 내용 등 여러 사정을 종합적으로 고려하여, 위 정관 규정을 위반한 하자가 총회 결의의 효력을 무효로 할 만한 중대한 소집절차상의 하자라고 볼 수 있는지에 따라 판단하여야 한다.[361]

총회에 소집공고 등 절차상 하자가 있다 하더라도 구성원들의 총회 참여에 어떠한 지장도 없었다면 그와 같은 절차상 하자는 경미한 것이어서 총회결의는 유효하다.[362]

(2) 총회 소집과 이사회 결의 또는 대의원회 심의

조합의 이사회가 법령 또는 정관이 정하는 바에 따른 정당한 소집권자 아닌 자에 의하여 소집되고, 그 이사 가운데 일부만이 참석하여 결의를 하였다면, 그 이사회의 결의는 부적법한 결의로서 효력이 없다.[363] 따라서 위 무효인 이

361) 대법원 2020. 11. 5. 선고 2020다210679 판결

362) 대법원 1992. 3. 27. 선고 91다29071 판결, 대법원 2020. 6. 25. 선고 2018두34732 판결

363) 대법원 2000. 2. 11. 선고 99두2949 판결, 대법원 1987. 3. 24. 선고 85누973 판결

사회의 결의에 기한 총회의 소집은 하자가 있다.

일부 이사가 참석하지 않은 상태에서 소집통지서에 회의의 목적사항으로 명시한 바 없는 안건에 관하여 이사회가 결의하였다면, 적어도 그 안건과 관련하여서는 불출석한 이사에 대하여는 정관에서 규정한 바대로의 적법한 소집통지가 없었던 것과 다를 바 없으므로 그 결의 역시 무효라 할 것이다.[364)]

총회는 최고의사결정기관으로 총회의 다수결은 모든 조합원을 구속하는 반면, 대의원회 및 이사회의 심의·의결은 단체 내부의 의사결정에 불과하므로, 대의원회의 및 이사회의 심의·의결을 거치지 않은 하자는 총회 결의를 무효로 할 만한 중대한 절차상의 하자로 보기 어렵다고 판시한 사례가 있다.[365)]

조합 정관은 총회 개최 시 그 안건에 관하여 이사회 의결을 거치도록 요구하고 있을 뿐, 총회에 상정하는 안건에 대하여 대의원회 의결을 거쳐야 한다는 규정을 두고 있지도 아니하다. 대의원회에서 부결된 안건을 총회에 상정하였다는 사정만으로 법령이나 정관 등에서 정하는 총회 소집절차에서 더 나아가 해당 안건이 대의원회에서 부결되었던 이유 또는 대의원회에서 부결되었는데도 총회에서 다시 의결하여야 할 이유를 알리는 등 추가적인 절차를 더 갖추어야만 한다고 볼 수 없다.[366)]

(3) 총회 소집권자의 하자

총회의 결의가 유효하기 위하여는 총회가 적법한 소집권자에 의하여 소집되었을 것을 요한다.[367)] 따라서 소집권한 없는 자가 소집한 총회에서 이루어진 결의는 무효이다.[368)]

조합장이 사임한 경우 조합장이 유고 등으로 인하여 그 직무를 수행할 수 없거나 조합장의 직무수행을 정지하는 대의원회의 결의가 없다면 사임한 조합장은 후임 조합장의 선임시까지 조합의 대표자라 할 것이어서, 정관상의 소집

---

364) 대법원 2005. 5. 18.자 2004마916 결정

365) 대법원 2020. 11. 5. 선고 2020다210679 판결, 서울고등법원 2007. 6. 7. 선고 2006나38842 판결, 서울동부지방법원 2005. 11. 10. 선고 2004가합10174 판결, 서울북부지방법원 2012. 5. 18.자 2012카합359 결정, 부산지방법원 2015. 10. 15.자 2015카합850 결정

366) 서울고등법원 2023. 6. 20.자 2023라20417 결정

367) 대법원 1992. 11. 27. 선고 92다34124 판결

368) 대법원 2010. 6. 24. 선고 2010다13541 판결

절차에 따라 행한 총회소집은 적법하다.[369]

(4) 총회소집 통지의 하자

조합이 총회안건을 조합원에게 개별적으로 통지하도록 한 취지는 조합원 각자가 회의와 토의 및 의결에 참가할 수 있는 기회를 주기 위함이고, 일부 조합원에 대하여 통지를 결여한 총회의 의결은 효력이 없다.[370]

조합이 각 조합원들에게 회의개최 7일 전까지 총회의 안건을 발송, 통지하지 않은 경우 그 총회의 결의는 조합원들의 토의권과 의결권의 행사를 침해한 것으로서 무효라 할 것이다.[371] 다만 1일 또는 2일 정도의 지연은 무효사유로 보지 않은 예도 있다.[372]

2. 회의의 진행상 하자

부당하게 조합원의 발언을 제한하거나 퇴장시키는 경우, 조합원과 관계없는 사람들을 동원하는 등 불안정한 분위기를 조성하여 결의하는 경우, 결의에 반대가 예상되는 조합원의 출석을 지연시키고 이를 틈타 안건을 가결시킨 경우[373], 그 총회의 결의는 무효이다.

총회의 개회시각과 관련 '회의 개회시각'이 부득이한 사정으로 당초 소집통지된 시각보다 지연되는 경우에도 사회통념에 비추어 볼 때 정각에 출석한 조합원들의 입장에서 변경된 개회시각까지 기다려 참석하는 것이 곤란하지 않을 정도라면 절차상의 하자가 되지 않는다.

그러나, 개회시각의 지연 정도가 개회시각을 사실상 부정확하게 만들고, 소집통지된 시각에 출석한 조합원들이 변경된 개회시각에 참석하기 어렵게 되었

369) 대법원 1996. 10. 25. 선고 95다56866 판결
370) 대법원 1987. 3. 24. 선고 85누973 판결, 대법원 1991. 12. 24. 선고 91다22315 판결, 대법원 2009. 12. 24. 선고 2009다26367 판결,
371) 서울고등법원 2010. 8. 16.자 2010라1056 결정
372) 대법원 1999. 6. 25. 선고 99다10363 판결, 대법원 2015. 11. 27. 선고 2014다44451 판결, 대전지방법원 2021. 8. 12.자 2021카합50558 결정
373) 대법원 1996. 12. 20. 선고 96다39998 판결

다면 이는 조합원들의 참석권을 침해한 것으로서 총회의 소집절차가 현저히 불공정하게 된다.[374)]

총회의 의장인 조합장이 부득이한 사유로 총회에 출석하지 않은 경우 조합장 유고시로 보아 직무대행자가 총회의 의장이 되어 회의를 진행할 수 있다.[375)]

의장인 조합장이 총회에서 의안에 대한 심사를 마치지 아니한 채 자진하여 퇴장한 경우 퇴장 당시 회의장에 남아 있던 조합원들이 임시의장을 선출하여 진행한 총회의 결의도 적법하다.[376)]

정당한 의장을 제지하고 조합원 중 1인이 스스로 의장이 되어 총회 진행한 경우에는 무효사유가 되나,[377)] 특별한 사정이 있어 정관상의 의장이 아닌 임원이 의장이 되어 회의를 진행한 경우에는 적법하다.[378)]

3. 결의절차상 하자

총회는 소집의 통지·공고에 기재한 회의의 목적사항에 한하여 심의·결의할 수 있다(서울시 재개발 표준정관 제20조 제8항). 이에 위배하여 목적사항 이외의 안건을 부의하여 결의하였다면 특별한 사정이 없는 한 총회의 소집절차 또는 결의방법이 법령에 위반한 것으로 보아야 한다.[379)]

소집통지 당시 회의의 목적사항으로 기재된 바 있는 '기타사항'은 회의의 기본적인 목적사항과 관계가 있거나 일상적인 운영을 위하여 필요한 사항에 국한된다고 할 것이므로, 소집통지서에 '기타사항'이 회의의 목적사항으로 기재된 바 있다고 하더라도 대표이사의 자격을 박탈하는 사항이 위 '기타사항'에 포함된다고 할 수는 없다[380)].

---

374) 대법원 2003. 7. 11. 선고 2001다45584 판결
375) 대법원 1984. 2. 28. 선고 83다651 판결
376) 대법원 2001. 5. 15. 선고 2001다12973 판결, 대법원 1983. 8. 23. 선고 83도748 판결
377) 대법원 1977. 9. 28. 선고 76다2386 판결
378) 서울고등법원 1964. 2. 7. 선고 63나480 판결
379) 대법원 1979. 3. 27. 선고 79다19 판결

법원으로부터 '신임 이사의 선임'을 회의 목적으로 하는 임시주주총회의 소집을 허가받았음에도 위 임시주주총회에서 이사회결의나 법원의 소집허가 없이 이루어진 감사선임결의 부분은 소집절차에 하자가 있어 부적법하다.[381]

조합 총회의 결의에 자격 없는 자가 참여한 흠이 있다 하더라도 그 의사진행의 경과, 자격 없는 자의 표결을 제외하더라도 그 결의에 필요한 의결정족수를 충족하는 점 등 여러 가지 사정에 비추어 그와 같은 흠이 총회결의의 결과에 영향을 미치지 않았다고 인정되는 때에는 그 총회결의는 유효하다.[382]

가중다수결의(3분의 2)를 하여야 함에도 보통결의(과반수)로 가결한 경우, 정족수·의결권의 계산이 위법한 경우 그 총회 결의는 무효라 할 것이다.[383]

4. 결의내용상 하자

총회의 결의내용이 도시정비법 또는 관련 법령에 위반한 경우 해당 결의는 당연히 무효사유이다. 조합의 정관은 조합의 조직, 활동, 조합원의 권리의무관계 등 단체법적 법률관계를 규율하는 것으로서 조합과 그 조합원에 대하여 구속력을 가지는 자치법규이므로, 이에 위반하는 총회의 결의는 원칙적으로 허용되지 않는다.[384]

결의내용이 정관에 위반한 예로서는, 조합원 자격이 없는 자에게 조합원 지위를 부여하는 결의[385], 정관이 정하는 정수를 초과하여 이사를 선임하는 결의 등이 있다.

회의체의 의사는 다수결에 의하여 정하여지는 것이 원칙이나, 다수결 원리

---

380) 대법원 2005. 5. 18. 자 2004마916 결정, 대법원 1996. 10. 25. 선고 95다56866 판결
381) 서울고등법원 2008. 7. 30. 선고 2007나66271 판결
382) 대법원 2021. 2. 10. 선고 2020두48031 판결, 대법원 1983. 8. 23. 선고 83도748 판결, 대법원 1997. 5. 30. 선고 96다23375 판결
383) 대법원 1996. 12. 23. 선고 96다32768 판결, 대법원 2009. 1. 30. 선고 2007다31884 판결
384) 대법원 2016. 5. 12. 선고 2013다49381 판결
385) 대법원 1992. 12. 11. 선고 92다30153 판결

에 의하여 일부 구성원을 특별히 유리하게 취급하거나 불리하게 취급하여 권리를 제한하거나 의무를 부과하는 등의 결의내용이 현저하게 불공정한 경우에는 그 결의는 무효가 된다.

따라서 다수결의 이전에 결의 내용이 합리성과 형평성을 요구되는 것을 전제하고 있으므로 이를 위반하여 결의내용이 현저하게 불공정한 경우에는 다수결 원리는 배제되어 결의효력은 발생하지 않고 무효가 된다.

개별 조합원의 국공유지 매수지연으로 인하여 조합에 부과된 변상금을 전체 조합원이 부담하도록 한 결의는 국공유지 매수 의무가 없는 조합원에게 현저하게 불공정한 것이므로, 위 결의는 무효이다.[386]

조합이 정기총회에서 정비사업에 반대한 조합원들에게 신축아파트 추첨권을 주지 않기로 한 결의는 무효이다. 또한 신축아파트를 배정함에 있어 정비사업에 반대한 조합원들을 배제한 채 나머지 조합원들만이 입주를 희망하는 아파트의 동, 층, 호수를 임의로 선택하여 지정하도록 한 결의는 조합원의 기본적 권리를 침해한 것으로서 무효이다.[387]

5. 하자 있는 종전 총회의 결의를 추인하는 경우

소집절차에 하자가 있어 그 효력을 인정할 수 없는 총회의 결의라도 후에 적법하게 소집된 총회에서 이를 추인하면 유효로 된다.[388]

그러나, 불출석한 조합원이 총회 결의 이후에 서면으로 임원 선출 결의의 내용을 추인하였다고 하더라도 그러한 사정만으로 임원선출의 의결 정족수에 관한 하자가 치유되었다고 볼 수 없다.[389]

B가 사임하고 B가 2차 총회를 소집하여 새로운 조합장 C를 선출한 경우에는, '당초 하자있는 1차 총회에서 선임된 조합장 B가 2차 총회를 소집하였으므로, 2차 총회는 무권리자에 의하여 소집된 총회라는 사유'는 2차 총회의

386) 대법원 2001. 9. 7. 선고 2001다32717 판결
387) 대법원 1999. 3. 9. 선고 98다60118 판결
388) 대법원 1995. 6. 16. 선고 94다53563 판결
389) 대법원 2007. 2. 8. 선고 2005다15376 판결

무효사유로 볼 수 없다.[390] 만약 이를 무효사유로 본다면 최초의 임원선임결의의 무효로 인하여 연쇄적으로 그 후의 결의가 모두 무효로 되는 결과가 되어 법률관계의 혼란을 초래하고, 법적 안정성을 현저히 해하게 되기 때문이다.

당초 재개발조합 총회에서 임원을 선임한 결의에 대하여 그 후에 다시 개최된 총회에서 위 종전 결의를 그대로 재인준하는 결의를 한 경우[391], 2차 총회에서 B가 조합장으로 선출된 경우[392]에는 설사 당초의 임원선임결의가 부존재 혹은 무효라고 할지라도 새로운 총회가 당초 임원선임결의에 의하여 선임된 임원에 의하여 소집된 총회이므로 무권리자에 의하여 소집된 총회라는 사유는 이를 독립된 무효사유로 볼 수 없다.

390) 대법원 1998. 12. 22. 선고 98다35754 판결
391) 대법원 2003. 9. 26. 선고 2001다64479 판결
392) 대법원 1995. 7. 28. 선고 93다61338판결

제7절 정보공개와 회계

I. 정비사업 관련 서류의 공개

1. 정보공개의무자

정보공개의무자는 추진위원장 또는 사업시행자이다. 사업시행자가 조합인 경우 조합임원과 청산인이고, 토지등소유자가 단독으로 시행하는 경우 그 대표자를 말한다. 전문조합관리인, 지정개발자의 대표자도 정보공개의무자에 해당된다(법 제138조 제7호).

'추진위원장'은 토지등소유자 과반수의 동의를 얻은 후 시장·군수로부터 승인을 받은 조합설립추진위원회의 위원장을 의미한다.

죄형법정주의의 원칙상 추진위원회의 부위원장이나 추진위원이었다가 추진위원회 위원장의 유고 등을 이유로 운영규정에 따라 연장자 순으로 추진위원회 위원장 직무대행자가 된 자는 도시정비법 제138조 제7호에서 규정한 '추진위원장'에 해당하지 않는다.[393)]

조합 총회의 의결을 거쳐 조합임원으로 선임되었으나, 임원선임을 위한 총회 결의가 무효가 된 경우 해당 임원도 정보공개의무자로서 형사처벌 대상이 된다.[394)]

법원에 의하여 선임된 조합임원 직무대행자[395)] 및 임시이사[396)]는 도시정비법 제124조 및 제138조 제7호의 임원에 해당한다.

'조합설립인가처분이 무효'인 경우 무효인 조합의 조합장, 이사 또는 감

393) 대법원 2015. 3. 12. 선고 2014도10612 판결
394) 대법원 2024. 9. 13. 선고 2023도16588 판결
395) 대법원 2017. 6. 15. 선고 2017도2532 판결
396) 대법원 2016. 10. 27. 선고 2016도138 판결

사로 선임된 자는 형사처벌의 대상에서 제외된다.[397] 그러나, 조합설립인가 이후 사후적인 사유로 조합설립인가처분이 취소된 경우 취소된 조합의 조합임원은 형사처벌의 대상이 된다.[398]

2. 공개 또는 열람·복사 대상

(1) 공개대상 또는 열람·복사 대상

도시정비법 제124조의 정보공개제도는 재개발·재건축사업의 투명성을 강화하여 조합임원 등의 윤리의식을 고취시킴과 동시에 사업의 합리성을 도모하고, 주민들의 알 권리 충족을 위한 취지이다.[399]

추진위원장 또는 사업시행자가 공개해야 하는 서류는 다음과 같다(법 제124조 제1항, 시행령 제94조 제1항).

① 추진위원회 운영규정 및 정관등
② 설계자·시공자·철거업자 및 정비사업전문관리업자 등 용역업체의 선정계약서
③ 추진위원회·주민총회·조합총회 및 조합의 이사회·대의원회의 의사록
④ 사업시행계획서
⑤ 관리처분계획서
⑥ 해당 정비사업의 시행에 관한 공문서
⑦ 회계감사보고서
⑧ 월별 자금의 입금·출금 세부내역
⑨ 도시정비법 제111조의2에 따라 신고한 자금차입에 관한 사항
⑩ 결산보고서
⑪ 청산인의 업무 처리 현황
⑫ 분양공고 및 분양신청에 관한 사항

397) 대법원 2014. 5. 22. 선고 2012도7190 전원합의체 판결
398) 대법원 2016. 6. 10. 선고 2015도576 판결
399) 서울동부지방법원 2010. 9. 10. 선고 2010노838 판결

⑬ 연간 자금운용 계획에 관한 사항

⑭ 정비사업의 월별 공사 진행에 관한 사항

⑮ 설계자 · 시공자 · 정비사업전문관리업자 등 용역업체와의 세부 계약 변경에 관한 사항

⑯ 정비사업비 변경에 관한 사항

토지등소유자 명부 및 조합원 명부는 공개대상 및 열람 · 복사대상이다(법 제124조 제4항).

'해당 정비사업의 시행에 관한 공문서' 에서 '공문서' 는 공무원이 그 직무에 관하여 작성한 문서를 의미하고, 조합이 작성하였거나 협력업체가 작성한 문서는 공문서에 해당하지 않는다. 또한 공개대상인 공문서는 공무원이 작성한 문서로서 조합에 정식으로 통지한 문서를 의미하고, 조합이 수신인이 아닌 행정청이 내부용도로 작성한 공문서는 그 목적이 행정청 내부의 의사교환이나 결정에 있는 것이어서 위에서 정한 공문서에 해당하지 않는다.[400]

열람·복사의 대상은 요청 당시 현존하는 서류나 자료인바, '현존하지 않는 서류나 자료' 에 대한 열람·복사 요청에 응하지 않은 경우 해당 임원은 형사처벌의 대상이 되지 않는다. 열람·복사 요청 당시 현존하는 서류나 자료가 없었다면 열람·복사 요청 이후 15일의 시한이 경과하기 전에 해당 서류나 자료가 작성된 경우에도 해당 임원은 형사처벌의 대상이 되지 않는다.[401]

조합장이 이사회를 소집하였으나 과반 이상이 참석하지 않아 무산되었고, 조합은 '무산된 이사회의 의사록' 을 작성한 경우 조합장은 무산된 이사회 의사록을 공개되어야 한다고 판시한 사례가 있다. 그러나 이사회가 무산되어 그 성립자체가 없으므로, 공개대상에 포함되지 않는다고 보아야 한다.

설계자 · 시공자 · 철거업자 및 정비사업전문관리업자와의 용역계약뿐만 아니라 정비사업 시행 및 주민들의 이해관계와 관련 있는 용역업체의 선정계약서라면 공개대상에 포함된다.[402]

---

400) 서울북부지방법원 2023. 3. 2.자 2022고정870 판결

401) 대법원 2024. 9. 13. 선고 2023도16588 판결, 대법원 2024. 9. 12. 선고 2021도14485 판결

402) 서울동부지방법원 2010. 9. 10. 선고 2010노838 판결

토지등소유자가 단독으로 시행하는 재개발사업에서 토지등소유자가 자체적으로 개최한 회의의 의사록은 도시정비법 제124조 제1항 제3호의 의사록에 해당하지 않아 형사처벌의 대상이 되지 않는다.

(2) '관련 자료'의 해석방법

도시정비법은 공개대상이 되는 서류를 각호에서 구체적으로 열거하면서도 '관련 자료'의 판단 기준에 관하여는 별도로 규정하고 있지 않다. 다만, 그 밖에 공개가 필요한 서류 및 관련 자료는 대통령령에 위임하여 이를 추가할 수 있는 근거 규정을 두고 있다.

따라서 도시정비법 혹은 그 위임에 따른 시행령에 명문의 근거 규정 없이 정비사업의 투명성·공공성 확보 내지 조합원의 알권리 보장 등 규제의 목적만을 앞세워 각호에 명시된 서류의 '관련 자료'의 범위를 지나치게 확장하여 인정하는 것은 죄형법정주의가 요구하는 형벌법규 해석원칙에 어긋난다.[403)]

'조합원별 신축건물 동·호수 배정 결과'는 공개대상이다.[404)] 하급심에서 '청산자 명단', '분양계약 미체결자 명부', '청산금 지급총액'을 공개대상이라고 판시한 사례가 있다.

'참석자명부'와 '서면결의서'는 의사록의 관련 자료에 포함되어 열람·복사 대상인바,[405)] 조합은 조합원들에게 참석자 명부 및 서면결의서의 개인정보부분을 제외하고 나머지 부분을 공개하여야 한다.

이사회 또는 대의원회에서 '회의록에 첨부된 자료 또는 배포한 자료'가 있다면 해당 첨부된 자료도 공개의 대상이 된다.[406)]

(3) 공개대상 사례

'월별 자금의 입금·출금 세부내역'이 진정하게 작성되었는지를 판단하기

403) 대법원 2022. 1. 27. 선고 2021도15334 판결, 대법원 2024. 9. 12.선고 2021도14485 판결
404) 대법원 2021. 2. 10. 선고 2019도18700 판결
405) 대법원 2012. 2. 23. 선고 2010도8981 판결
406) 대법원 2016. 2. 18. 선고 2015도10976 판결, 의정부지방법원 2012. 9. 12. 선고 2012고정302 판결

위해서는 월별 자금의 입금・출금 세부내역 뿐만 아니라 그 근거자료인 각종 영수증 역시 위 세부내역의 관련 자료로서 확인할 필요가 있다고 할 것이다. 즉 '각종 영수증 등'도 '월별 자금의 입금·출금에 관한 자료'로서 공개대상이다.[407]

위원장인 피고인이 토지 등 소유자인 갑이 이메일로 발송한 '법무사 입찰업체의 정관제안서 비교자료'의 열람・복사 신청서를 수신하였음에도 15일 이내에 열람・복사 요청에 따르지 않았다는 공소사실로 기소된 사안에서, 위 자료가 도시정비법 제124조 제4항에서 말하는 '정비사업 시행에 관한 서류와 관련 자료'에 해당하는 것이 명백하다는 이유로, 공소사실을 유죄로 인정한 사례가 있다.[408]

조합이 총회 홍보를 위하여 개개인의 근로자들과 개별적으로 작성한 '근로계약서'는 용역업체의 선정계약서에 포함된다.[409]

속기록 또는 자금수지보고서는 '관련 자료'에 포함되지 않아 공개대상이 아니다.[410]

총회 등의 녹음자료 등은 도시정비법 제124조 제1항에서 정한 서류 및 관련 자료에 해당하지 않는다.[411]

'조합총회 소집을 위한 발의서'는 정보공개대상이 아니다.

(4) 공공기관의 정보공개에 관한 법률 적용 여부

도시정비법 관련 규정은 조합이나 추진위원회가 정비사업 시행에 관하여 작성하거나 취득하는 등으로 보관하고 있는 서류와 자료 모두를 잠정적 공개대상으로 정하고 있다.

토지 등 소유자 등의 열람・복사 요청에 대하여는 '공공기관의 정보공개에

407) 의정부지방법원 2017. 7. 19. 선고 2017노992 판결
408) 대법원 2024. 9. 12. 선고 2021도14485 판결
409) 유죄를 인정한 사례 : 수원지방법원 안양지원 2021. 4. 29. 선고 2020고정503 판결, 서울북부지방법원 2023. 6. 23. 선고 2022노1663 판결,
무죄를 인정한 사례 : 전주지방법원 2024. 2. 1. 선고 2023노772 판결
410) 대법원 2022. 1. 27. 선고 2021도15334 판결
411) 서울중앙지방법원 2015. 5. 21. 선고 2015노499 판결, 법제처 2024. 7. 2. 24-0347 회신

관한 법률' 이 적용되지 않으므로, 열람 · 복사 대상인 서류나 관련 자료가 위 법률이 정한 비공개 대상에 해당하는 경우에도 조합이나 추진위원회는 15일 이내에 정보를 공개하여야 한다.[412)]

3. 공개정보의 열람 · 등사 청구

(1) 정보공개청구권자

정보공개 대상자는 조합원, 토지등소유자 또는 세입자이다. 열람 · 복사 청구권자는 조합원과 토지등소유자에 한정된다. 세입자는 정보공개 대상자에 포함되나, 열람 · 복사 청구권자에서는 제외된다.

임시총회소집발의 대표자는 시장 · 군수 또는 조합에게 조합원명부중 주민등록번호를 제외한 나머지 부분에 대한 정보공개를 요청할 수 있다.[413)]

소유권을 상실하지 않은 현금청산자는 사업시행자에게 정비사업관련 자료의 열람 · 등사를 요청할 권한이 있다.[414)]

재건축사업의 미동의자는 조합원이 아니지만 토지등소유자에 해당하므로, 정비사업 시행과 관련한 자료에 대한 열람 · 등사를 요청할 권한이 있다.

(2) 조합원의 열람 · 복사 요청

조합원의 열람 · 복사 요청은 사용목적 등을 기재한 서면 또는 전자문서로 하여야 한다(시행규칙 제22조).

조합원은 열람 · 복사를 요청함에 있어 그 열람대상과 범위를 특정하여야 한다. 만약 조합원이 열람대상과 범위를 불분명하게 특정한 경우 조합임원은 사용용도에 따라 대상 자료를 파악하거나, 자료목록의 제시를 통해 열람대상 및 범위를 특정하는 등의 조치를 취해야 한다.[415)]

복사에 필요한 비용은 실비의 범위에서 청구인이 부담한다(법 제124조 제5

---

412) 대법원 2024. 9. 12.선고 2021도14485 판결
413) 서울행정법원 2009. 8. 21. 선고 2009구합18257 판결
414) 대법원 2012. 7. 26. 선고 2011도8267 판결
415) 창원지방법원 2021. 10. 21. 선고 2021노1011 판결

항).[416] 비용납부는 정보공개청구의 요건이 아니므로, 비용을 예치하지 않았다는 사유는 열람·복사의 거부사유가 될 수 없다.

(3) 조합의 공개 또는 열람방법

추진위원장 또는 사업시행자는 정비사업 시행에 관한 서류 및 관련 자료가 작성되거나 변경된 후 15일 이내에 공개하여야 한다.

정보공개방법은 인터넷과 그 밖의 방법을 병행하여야 한다. 서울시의 경우 조합임원은 도시정비법 제124조의 정비사업관련 자료를 클린업시스템을 통하여 공개하고 있다(서울시 조례 제69조 제4항).

추진위원장 또는 사업시행자는 조합원, 토지등소유자의 열람·복사 요청일로부터 15일 이내에 정비사업 사항에 관한 서류와 관련 자료를 열람·복사해 주어야 한다(법 제124조 제4항).

열람·복사 방법은 개별 조합에서 구체적으로 정할 수 있고, 만약 개별 조합의 정관에서 열람·복사의 방법을 특정하지 않았다면 조합임원은 조합원에게 '현장교부' 외에도 통상의 방법인 '우편', '팩스' 또는 '정보통신망(이메일)' 중 어느 하나의 방법을 이용하여 열람·복사 요청에 응하여야 한다. 조합임원은 조합원에게 조합사무실에서만 열람할 수 있도록 제한할 수 없다.[417]

(4) 정보공개의 범위

추진위원장 또는 사업시행자는 주민등록번호를 제외하고 공개하여야 한다.[418]

주민등록번호가 공개될 경우 부정사용될 가능성을 배제할 수 없고, 그 결과 개인의 사생활이나 사회생활에 있어서의 재산·신용에 심각한 위해가 발생할 우려가 있다. 이에 주민등록번호는 공개대상에서 제외되어 있다.

---

416) 서울시 조례 제87조 제1항 : 조합원은 정보공개 요청에 대하여 통지한 날부터 10일 이내 수수료 현금 납부함
별표 4 : 원본의 사본 A3 이상 1장 300원, 1장 초과마다 100원임.
417) 대법원 2018. 4. 26. 선고 2016도13811 판결
418) 서울행정법원 2009. 8. 21. 선고 2009구합18257 판결

서류 열람 등에 관한 정보접근권이 인정되는 경우에도 다른 조합원의 사생활의 비밀과 자유보장을 위해 또는 주택정비사업의 지장 초래를 막기 위해 조합이 정하는 바에 따라 서류의 열람이 어느 정도 제한된다.[419]

현금청산자 또는 재건축사업의 미동의자는 조합원이 아니므로, 일부 자료에 대한 열람·복사권이 제한될 수 있다.

조합원의 전화번호는 정비사업의 추진과 관련한 조합 구성원의 의견수렴과 의사소통에 꼭 필요한 정보인바, 조합원명부중 '전화번호'는 열람·복사의 대상이다.[420]

(5) 사용목적외 사용금지

열람·복사를 요청한 사람은 제공받은 서류와 자료를 사용목적 외의 용도로 이용·활용하여서는 아니된다(법 제124조 제6항).

재개발조합의 조합원인 피고인이 조합 임원 9명에 대한 해임안건이 담긴 해임 총회 개최사실을 알릴 목적으로 갑이 이전에 개최된 주민총회의 적정성을 검토하기 위해 제공받은 토지등소유자 명부 등을 바탕으로 작성하여 보관 중이던 조합원 명단을 제공받음으로써 부정한 목적으로 개인정보를 제공받았다는 이유로 개인정보 보호법 위반으로 기소된 사안에서, 피고인은 도시정비법에 따라 해임 총회의 요구자 대표로서 조합장 권한을 대행하여 해임 총회를 소집하기 위하여 개인정보인 조합원 명단을 제공받았다고 볼 여지가 있고, 개인정보인 조합원 명단의 내용과 성격, 조합원들이 조합에 개인정보를 제공한 원래의 목적, 피고인이 갑으로부터 조합원 명단을 제공받게 된 경위와 방법 등 제반 사정을 종합하면, '해임 총회 개최사실을 알릴 목적'이 사회통념상 부정하다고 단정하기 어렵다.[421]

419) 대법원 1997. 5. 23. 선고 96누2439 판결
420) 대법원 2021. 2. 10. 선고 2019도18700 판결
421) 대법원 2022. 6. 16. 선고 2022도1676 판결

4. 공개목록 통지 및 자료의 보관

(1) 공개목록 통지

추진위원장 및 사업시행자는 도시정비법 제124조 제1항에 따라 공개의 대상이 되는 서류 및 관련 자료에 관한 목록 등을 매 분기가 끝나는 달의 다음 달 15일까지[422] 조합원 또는 토지등소유자에게 서면으로 통지하여야 한다(법 제124조 제2항, 시행령 제94조 제2항).

통지사항에는 ① 공개 대상의 목록, ② 공개 자료의 개략적인 내용, ③ 공개 장소, ④ 대상자별 정보공개의 범위, ⑤ 열람·복사 방법, ⑥ 등사에 필요한 비용을 포함하여야 한다(시행령 제94조 제2항).

서류 및 관련 자료의 공개는 공개 대상의 서면 통지 전에 이루어져야 하는 것으로 봄이 상당하다. 따라서 늦어도 매 분기가 끝나는 달의 다음 달 15일까지는 위 서류 및 관련 자료를 공개하여야 한다.

(2) 자료의 보관

추진위원장·정비사업전문관리업자 또는 사업시행자는 도시정비법 제124조 제1항에 따른 서류 및 관련 자료를 청산 시까지 보관하여야 한다. 자료보관 의무자인 사업시행자는 청산인을 포함한 조합임원, 토지등소유자가 단독으로 시행하는 재개발사업의 경우에는 그 대표자이다.

총회 또는 중요한 회의가 있은 때에는 속기록·녹음 또는 영상자료를 만들어 청산 시까지 보관하여야 한다(법 제125조 제1항). 여기서 중요한 회의는 ① 용역 (변경)계약 및 업체 선정과 관련된 대의원회 · 이사회, ② 조합임원 · 대의원의 선임 · 해임 · 징계 및 토지등소유자(조합원) 자격에 관한 대의원회 · 이사회를 말한다(시행령 제94조 제3항).

422) 1/4분기의 경우 4월 15일 까지임.

5. 자료의 인계 및 보관

조합은 정비사업을 완료하거나 폐지한 때에는 시·도조례가 정하는 바에 따라 관계서류를 시장·군수에게 인계하여야 하고, 관계서류를 인계받은 시장·군수는 당해 정비사업의 관계서류를 5년간 보관하여야 한다(법 제125조 제2항, 제3항).

서울시의 경우 인계자료는 ① 이전고시 관계서류, ② 확정측량 관계서류, ③ 청산관계 서류, ④ 등기신청 관계서류, ⑤ 감정평가 관계서류, ⑥ 손실보상 및 수용 관계서류, ⑦ 공동구설치 비용부담 관계서류, ⑧ 회계 및 계약 관계서류, ⑨ 회계감사 관계서류, ⑩ 총회, 대의원회, 이사회 및 감사의 감사 관계서류, ⑪ 보류지 및 체비시설의 처분에 대한 분양 관계서류이다(서울시 조례 제88조 제1항).

서류의 인계는 이전고시일부터 3개월 또는 정비사업이 폐지되는 경우 폐지일부터 2개월 이내에 하여야 한다. 다만, 구청장이 부득이한 사정이 있다고 인정하는 때에는 사업시행자의 신청에 따라 연기할 수 있다(서울시 조례 제88조 제2항).

Ⅱ. 조합의 회계 및 회계감사 등

1. 조합의 회계 및 재원

(1) 조합의 회계

조합의 예산·회계는 기업회계의 원칙에 따르되, 조합은 필요하다고 인정하는 때에는 미리 총회의 인준을 받아 별도의 회계규정을 운영할 수 있다.

서울시의 경우 추진위원회 또는 조합은 예산회계처리규정을 정하여 운영하여야 한다. 예산회계처리규정에는 ① 예산의 편성과 집행, ② 세입・세출예산서 및 결산보고서 작성, ③ 수입의 관리・징수방법 및 수납 기관 등, ④ 지출의 관리 및 지급 등, ⑤ 계약 및 채무관리, ⑥ 그 밖에 회계문서와 장부에 관한 사항이 포함되어야 한다(서울시 조례 제83조 제1항).[423]

(2) 결산보고서 보고

조합의 회계는 매년 1월 1일 부터 12월 말일까지로 한다. 조합설립인가를 받은 당해연도는 조합설립등기일부터 12월 말일까지로 한다.

조합은 '조합 예산・회계규정' 별표 2의 회계처리규정 세칙에 따라 결산보고서를 작성하여 매 회계년도 종료일부터 3개월 이내에 대의원회 의결을 거쳐 총회에 보고하거나 조합원에게 서면보고 하여야 한다.

대의원회 의결을 받은 결산보고서는 의결 후 15일 이내에 정비사업 정보몽땅에 공개하여야 하며, 3개월 이상 조합사무소에 비치하여 조합원들이 열람할 수 있도록 하여야 한다.

(3) 재원의 조달

조합의 운영 및 사업시행을 위한 자금은 다음에 의하여 조달한다(서울시 재개발 표준정관 제34조).

---

423) '서울특별시 정비사업 조합 등 표준 예산·회계규정'(서울특별시 고시 2018-248호, 2018. 8. 9.) 참조

① 조합원이 현물로 출자한 토지 및 건축물
② 조합원이 납부하는 정비사업비 등 부과금
③ 건축물 및 부대·복리시설의 분양 수입금
④ 조합이 금융기관 및 시공자 등으로부터 조달하는 차입금
⑤ 서울특별시장, 주택도시보증공사 등으로부터 조달하는 융자금
⑥ 대여금의 이자 및 연체료 등 수입금
⑦ 청산금
⑧ 그 밖에 조합재산의 사용수익 또는 처분에 의한 수익금

(4) 정비사업비의 차입신고

추진위원회 또는 조합은 자금을 차입한 때에는 자금을 차입한 날부터 30일 이내에 자금을 대여한 상대방, 차입일, 차입액, 이자율, 상환기한 및 상환방법을 기재한 자금차입계약서의 사본을 관할 시장·군수등에게 제출하여야 한다(법 제111조의2, 시행령 제87조의2).

(5) 서울시로부터 사업비 융자절차

추진위원회 및 조합의 운영자금 및 용역비 등 융자 비목에 따라 대출이율을 차등 적용할 수 있고, 사업시행자는 정비사업의 준공인가 신청 전에 융자금을 상환하여야 한다(서울시 조례 제53조 제3항).

조합이 도시정비법 제95조 제3항 및 조례 제53조에 따라 서울특별시로부터 사업비를 융자받고자 하는 경우 총회 의결을 거쳐 시장에게 신청하여야 하며, 융자기간·상환방법·이율 등은 융자금 신청 당시의 '서울특별시 융자계획 공고'에 따른다(서울시 재개발 표준정관 제34조 제3항 내지 5항).

서울시로부터 사업비를 융자를 받은 후 조합장이 변경될 경우 새로운 조합장은 융자신청 당시 융자원리금의 상환과 관련하여 연대보증하거나 담보 등을 제공한 전 조합장의 지위를 일괄 승계한다. 다만, 조합설립추진위원장에 대해서는 최초로 선임된 조합장이 이를 일괄 승계한다.

서울시로부터 사업비를 융자를 받은 후 사업이 추진되지 못하는 경우 조합의 융자원리금 상환채무는 그 당시 조합원이 도시정비법 제74조 제1항 제5호

에서 정한 가격에 대한 도시정비법법 제74조 제4항 제1호에 따른 평가액(도시정비법 제74조 제4항 제1호에 따른 감정평가가 실시되지 않은 경우에는 최종 추정분담금 검증 후 통지된 평가액)의 비율에 따라 이를 인수한다.

영대보증 또는 담보 등을 제공함에 따라 융자원리금을 지급한 조합장은 조합원들에게 그 인수비율에 따라 구상할 수 있다.

(6) 정비사업비의 부과 · 징수

정비사업비는 건축물의 철거 및 새 건축무르이 건설에 드는 공사비 등 정비사업에 드는 비용을 의미한다(법 제27조 제4항 제2호). 정비사업비는 도시정비법 또는 다른 법령에 특별한 규정이 있는 경우를 제외하고는 사업시행자가 부담한다(법 제92조 제1항).

조합은 사업시행에 필요한 비용을 충당하기 위하여 조합원에게 공사비 등 사업에 소요되는 정비사업비를 부과·징수할 수 있다(서울시 재개발 표준정관 제35조 제1항 내지 3항).

정비사업비는 총회 의결을 거쳐 부과할 수 있으며, 추후 사업시행구역안의 토지 및 건축물 등의 위치·면적·이용상황·환경 등 제반여건을 종합적으로 고려하여 관리처분계획에 따라 공평하게 금액을 조정하여야 한다.

조합은 납부기한 내에 정비사업비를 납부하지 아니한 조합원에 대하여는 금융기관에서 적용하는 연체금리의 범위 내에서 연체료를 부과할 수 있으며 도시정비법 제93조제4항에 따라 ○○구청장에게 정비사업비의 징수를 위탁할 수 있다.

(7) 예산의 전용[424)]

사업비 및 운영비 지출은 예산을 초과하여 지출하거나 예산으로 정한 목적 외에 이를 사용할 수 없다.

지출예산의 전용이 필요한 경우 총회에서 승인된 총 지출예산 범위 내에서 대의원회의 의결을 거쳐 사용할 수 있다. 다만 운영비 예산은 부득이한 경우 동일 항 내의 목간에 예산의 과부족이 있을 때에는 상호 전용할 수 있다.

---

424) 서울특별시 정비사업조합 등 표준 예산·회계규정 제18조 참조

운영비예산을 전용할 때에는 회계책임자는 그 사유를 기재하여 이사회에 전용한 예산을 보고하여야 한다.

(8) 예산의 불성립시 예산집행[425)]

조합은 부득이한 사유로 회계연도 개시전까지 당해연도 예산이 성립되지 아니한 때에는 전년도 동기간 예산에 준하여 집행할 수 있다. 준예산 적용기간은 1년으로 한정하며 이 기간을 초과하여 예산을 집행할 수 없다.

준예산 적용기간을 초과하여 예산을 집행하는 경우 사무실 운영을 위한 제세·공과금, 임차료, 수도광열비 등 불가피한 경비와 예산편성을 위한 총회비용의 집행은 할 수 있다. 예산편성을 위한 총회비용중 총회 전에 소요된 비용은 당해 총회에서 추인을, 총회 이후에 소요될 비용은 당해 총회에서 승인을 받아야 한다.

집행된 예산은 당해 연도 예산이 성립되면 그 성립한 예산에 의하여 집행된 것으로 본다.

조합은 전년도 예산에 준하여 집행할 사유가 생긴 때에는 사전에 대의원회의 의결을 거쳐 집행하여야 한다.

425) 서울특별시 정비사업조합 등 표준 예산·회계규정 제19조 참조

2. 회계감사

(1) 감사인의 회계감사 대상

추진위원회, 조합 또는 지정개발자는 다음의 어느 하나에 해당하는 경우 감사인의 회계감사를 받아야 한다(법 제112조, 시행령 제88조).

① 추진위원회에서 사업시행자로 인계되기 전까지 납부 또는 지출된 금액과 계약 등으로 지출될 것이 확정된 금액의 합이 3억 5천만원 이상인 경우

② 사업시행계획인가 고시일 전까지 납부 또는 지출된 금액이 7억원 이상인 경우

③ 준공인가 신청일까지 납부 또는 지출된 금액이 14억원 이상인 경우

회계감사 대상 금액에는 실제 지출된 금액뿐만 아니라 '계약 등으로 지출될 것이 확정된 금액'도 포함된다. 추진위원회는 제3자와 용역계약을 체결하면서 "용역대금은 추진위원회(조합)가 시공사 선정 및 계약 후 시공사로부터 자금을 대여 받아 지급한다."라는 특약을 추가하였다. 위 특약조항은 용역업체가 추진위원회에 대금 지급시기와 방법에 관한 편의를 제공한 것에 불과하므로 용역계약 체결 당시 이미 추진위원회의 용역대금지급채무는 성립되었다. 따라서 지출금액과 지출이 확정된 금액이 위 용역업체의 용역대금을 포함하여 3억 5천만원 이상인 경우 추진위원회는 회계감사를 받아야 한다.[426]

(2) 감사인의 회계감사 대상 및 시기

추진위원회, 조합 또는 지정개발자는 다음의 시기에 감사인의 회계감사를 받아야 한다(법 제112조 제1항).

① 추진위원회에서 조합으로 인계되기 전 7일 이내

② 사업시행계획인가의 고시일부터 20일 이내

③ 준공인가의 신청일부터 7일 이내

(3) 조합원 1/5의 회계감사 요청

감사는 조합원 5분의 1 이상의 요청이 있을 때에는 공인회계사에게 회계감

426) 대구지방법원 2017. 6. 15. 선고 2017고단1887 판결

사를 의뢰하여 공인회계사가 작성한 감사보고서를 총회 또는 대의원회에 제출하여야 한다(서울시 재개발 표준정관 법 제16조 제4항).

(4) 회계감사기관의 선정

사업시행자는 시장・군수등에게 회계감사기관의 선정・계약을 요청하여야 하고(법 제112조 제1항), 회계감사에 필요한 비용을 미리 예치하여야 한다. 시장・군수등은 회계감사가 끝난 경우 예치된 금액에서 회계감사비용을 직접 지불한 후 나머지 비용은 사업시행자와 정산하여야 한다(법 제112조 제4항).

시장・군수등은 사업시행자로부터 회계감사기관의 선정・계약의 요청이 있는 경우 즉시 회계감사기관을 선정하여 회계감사가 이루어지도록 하여야 한다(법 제112조 제2항). 시장・군수등은 공정한 회계감사를 위하여 선정된 회계감사기관을 감독하여야 하며, 필요한 처분이나 조치를 명할 수 있다(법 제112조 제3항).

(5) 회계감사 결과보고서의 공람

사업시행자는 회계감사가 종료된 날부터 15일 이내에 감사결과를 시장・군수 등에 보고하고, 조합원이 공람할 수 있도록 하여야 한다(법 제112조 제1항).

조합은 제4항에 의하여 실시한 회계감사 결과보고서는 제출받은 날로부터 15일 이내에 정비사업 정보몽땅에 공개하고, 3개월 이상 조합사무소에 비치하여 조합원들이 열람할 수 있도록 하여야 한다(서울시 재개발 표준정관 제33조 제5항).

제8절 조합의 해산

I. 조합의 해산 및 청산

1. 조합의 해산 및 청산의 의의

해산(解散)이라 함은 조합의 법인격을 소멸시키는 법률요건 내지 그 원인인 요건사실 또는 청산절차를 여는 법률요건을 의미한다. 해산사유가 파산인 경우를 제외하고는 해산조합은 여전히 청산의 목적 범위 내에서 존속하고, 청산이 종결되어야만 비로소 그 법인격이 소멸한다(민법 제81조).

청산(清算)이라 함은 조합이 해산한 후 그 잔여 법률관계를 처리하는 것 혹은 그 절차를 의미한다. 청산이 종결됨으로써 비로소 조합은 법인격을 상실하고 법의 세계에서 퇴장하게 된다.

청산조합의 법적 성격에 대하여는 이를 해산전의 조합과 동일하게 본다. 청산조합은 여전히 권리능력, 당사자능력, 부동산등기능력, 상인자격을 가지며, 그 조합원들도 원칙적으로 조합원으로서의 권리의무를 계속 유지한다.

청산절차는 제3자의 이해관계에 중대한 영향을 미치기 때문에 양자 모두 강행규정이고 정관에 다른 규정을 두더라도 그것은 무효이다.[427]

법인의 해산사유로는 존립기간의 만료 기타 정관에 정한 해산사유의 발생(민법 제40조 제7호, 제43조), 법인의 목적달성 또는 달성불능, 파산(민법 제79조)[428], 설립허가의 취소(민법 제38조), 사원이 없게 된 때(민법 제77조 제2항), 총회의 결의(민법 제77조 제2항) 등이 있다.

조합은 정관에 정비사업이 종결된 때의 청산절차를 포함하여야 하고(법 제40조 제1항 제14호), 조합의 합병 또는 해산에 관한 사항은 총회의 의결을 거

---

427) 대법원 2000. 12. 8. 선고 98두5279 판결

428) 유사 사업의 파산예 : 서울회생법원 2015하합33, 부산지방법원 2020하합1085

쳐야 하며(시행령 제42조 제1항 제1호), 사업완료로 인한 해산의 경우에는 대의원회가 총회의 결의를 대행할 수 있다(시행령 제43조 제10호).

2. 사업완료와 해산결의

(1) 해산결의

조합의 해산은 총회의 의결사항이며, 다만 사업완료로 인한 해산의 경우 해산에 관한 총회의 권한을 대의원회가 대행할 수 있다(시행령 제42조 제1항, 제1호, 제43조 제10호 단서).[429)]

조합은 총 조합원 4분의 3 이상의 동의로 해산을 결의할 수 있으며, 다만 정관에서 결의요건을 달리 정할 수 있다(민법 제78조).

조합의 정관의 제정 또는 변경시 사업완료로 인하여 조합을 해산하고자 하는 경우 조합원 과반수 출석과 출석 조합원 과반수 동의(총회의 경우) 또는 대의원 과반수 출석과 출석 대의원 과반수 동의(대의원회의 경우)를 얻어 해산을 의결할 수 있도록 정관에 명시하는 것이 바람직하다.[430)]

(2) 조합원 1/5 요구로 인한 해산총회

조합장은 이전고시가 있은 날부터 1년 이내에 조합 해산을 위한 총회를 소집하여야 한다.

조합장이 이전고시 후 1면 이내 총회를 소집하지 아니한 경우 조합원 5분의 1 이상이 해산총회를 소집할 수 있다. 조합원 5분의 1 이상의 대표자로 선출된 자는 조합 해산을 위한 총회의 소집 및 진행에 관하여 조합장의 권한을 대행한다(법 제86조의2).

조합원 5분의 1 이상의 요구로 소집되는 해산총회의 경우 조합원 과반수 출석과 출석 과반수의 동의로 해산을 의결할 수 있다(법 제86조의2 제2항).

---

429) 대법원 2007. 1. 11. 선고 2005다63542 판결
430) 대법원 2007. 7. 24. 자 2006마635 결정

(3) 해산총회(대의원회)와 참석자

해산총회에 참석할 조합원은 이전고시 당시의 조합원이고, 이전고시 이후 조합원으로부터 신축 건축물을 취득한 자는 특별한 사정이 없는 한 조합원 지위를 승계받지 못한다.

'이전고시 이전'에는 사업구역내 토지 또는 건축물의 소유권과 조합원의 지위가 동시에 이전되나, '이전고시 이후'에는 도시정비법 및 정관에서 특별한 정함이 없는 이상 조합원의 지위 역시 당연히 제3자에게 자동승계되지 않는다.

이전고시 이후 종전 조합원이 제3자에게 아파트를 양도하였을 경우 양수인이 종전 조합원과 조합원의 지위승계에 관한 개별특약을 하고, 이를 조합에 신고한 경우에 한해서만 조합은 위 양수인을 조합원으로 본다. 조합원 지위승계에 관한 개별특약이 없거나 조합원 승계사실이 조합에 신고되지 않은 경우 조합은 종전 조합원을 해산총회에 참석할 자격이 있는 조합원으로 보아야 한다.[431]

대의원회에 참석할 대의원도 이전고시 당시의 대의원이고, 해당 대의원이 이전고시 이후 신축 건축물을 양도하였다해도 대의원의 지위를 유지한다.

대의원이 이전고시 이후 분양아파트를 제3자에게 양도하였다 하더라도 제3자와 조합원 지위 승계에 관한 개별특약을 하지 않았다면 해당 대의원은 조합원 지위 및 대의원 지위도 유지된다. 따라서 당해 대의원도 해산을 위한 대의원회에 참석할 수 있다.[432]

(4) 해산결의의 효력

조합은 해산결의에 의하여 그 목적이 변경된다. 즉 본래의 조합의 목적은 청산의 목적으로 바뀌며, 청산조합은 청산의 목적범위 내에서만 권리가 있고 의무를 부담한다(민법 제81조). 그리고 조합의 권리능력은 완전히 상실되지는 않고 청산의 목적범위내로 축소될 뿐이므로, 청산조합은 해산전의 조합과 동일한 조합으로 본다.

---

431) 대법원 2003. 9. 26. 선고 2001다64479 판결
432) 서울서부지방법원 2004. 12. 28. 2004카합1124호 결정

(5) 조합설립인가 취소

시장ㆍ군수등은 조합이 정당한 사유 없이 이전고시 이후 1년 이내에 해산을 의결하지 아니하는 경우에는 조합설립인가를 취소할 수 있다(법 제86조의2 제3항). 이 경우 시장·군수등은 조합설립인가의 취소 전에 청문을 하여야 한다(법 제121조 제1호).

해산하는 조합에 청산인이 될 자가 없는 경우에는 민법 제83조에도 불구하고 시장ㆍ군수등은 법원에 청산인의 선임을 청구할 수 있다(법 제86조의2 제4항).

조합설립인가가 취소된 경우 청산인은 지체 없이 청산의 목적범위에서 성실하게 청산인의 직무를 수행하여야 한다(법 제86조의2 제5항).

Ⅱ. 청산인 선임 및 직무범위 등

1. 청산인의 선임 및 해임

(1) 청산인의 선임

조합이 해산을 의결한 때에는 해산의결 당시 조합장이 대표청산인이 되고, 해산의결 당시의 이사는 청산인이 된다(서울시 재개발 표준정관 제61조 제3항, 민법 제82조 본문). 그러나 정관 또는 총회의 결의로 달리 정한 바가 있으면 그에 의한다(민법 제82조 단서).

해산 총회에서 ○○구청장에게 대표청산인이 될 전문조합관리인의 선정을 요청하기로 의결한 경우 ○○구청장이 선정한 전문조합관리인을 대표청산인으로 할 수 있다(서울시 재개발 표준정관 제61조 제3항).

청산인은 1인이라도 무방하다. 청산인이 수인일 경우 대표청산인을 선임할 수 있고, 대표청산인은 청산중인 조합의 대표기관이다.

이전고시 이후 조합원이 분양아파트를 제3자에게 양도하였다고 하더라도 양수인과의 특약에 따라 조합원의 지위까지 이전한 것이 아니라면 당해 조합원은 조합원 지위를 계속 유지하는바, 이전고시 이후 정기총회에서 분양아파트를 양도한 조합원을 감사로 선임한 것은 적법하다.[433]

(2) 법원에 의한 청산인 선임 등

청산인이 될 자가 없거나 또는 청산인이 결원으로 인하여 손해가 생길 염려가 있는 때에는 법원은 직권 또는 이해관계인이나 검사의 청구에 의하여 청산인을 선임할 수 있다(민법 제83조).

해산하는 조합에 청산인이 될 자가 없는 경우에는 민법 제83조에도 불구하고 시장·군수등은 법원에 청산인의 선임을 청구할 수 있다(법 제86조의2 제4항).

433) 대법원 2003. 9. 26. 선고 2001다64479 판결

정관으로 정한 청산인 : 취임승락을 요함
조합원 총회 또는 대의원회의 선임 청산인 : 보통결의 및 취임승낙 요
법정청산인 : 조합장 및 이사가 청산인이 됨, 취임승낙 불요
법원선임 청산인 : 이해관계인, 시장·군수의 청구에 의해 법원이 선임
(비송사건절차법 제36조)

(3) 청산인의 자격상실 및 해임

청산인은 도시정비법 및 정관에서 정한 조합 임원의 결격사유가 유추적용되지 않으며, 반드시 조합의 임원과 동일한 자격이 요구되지 않는바,[434] 청산인이 도시정비법 위반으로 벌금 100만원 이상의 형이 확정되었다 하더라도, 곧바로 청산인 자격이 상실되지 않는다.

청산인은 사임, 사망, 파산 또는 금치산, 총회에서의 해임결의 등에 의해 해임된다. 중요한 사유가 있는 때에는 법원은 직권 또는 이해관계인이나 검사의 청구에 의하여 청산인을 해임할 수 있다(민법 제84조, 서울시 재개발 표준정관 제62조 제4항).

민법 제84조 '중요한 사유' 의 의미는 "청산인이 직권을 남용하거나 부정행위를 행하거나 이해관계인에게 현저히 불공평하게 업무를 처리하는 것 또는 청산인으로서 선량한 관리자의 의무를 현저히 위반하는 등과 같이 청산인의 지위에 그대로 있게 해서는 안 될 중대한 사유가 있는 것을 말하는 것으로, 그러한 사유의 유무는 제반사정을 종합하여 합리적 재량의 범위 내에서 법원이 적절히 판단하여야 한다.[435]

도시정비법 제43조 제4항은 조합원 1/10 이상의 발의로 발의자 대표가 조합임원 해임을 의결하기 위한 임시총회를 소집할 수 있다고 규정하고 있는바,

434) 서울북부지방법원 2020. 5. 7. 선고 2019가합23200 판결, 서울북부지방법원 2017. 8. 22.자 2017비합1008 결정
435) 서울북부지방법원 2017. 8. 22.자 2017비합1008 결정

조합이 해산되더라도 그 전후의 동일성이 유지되고, 청산인이 이사와 유사한 지위에서 조합의 청산업무를 수행하게 된다는 점 등에 비추어 보면, 조합이 청산절차에 들어간 이후에도 위 규정이 적용된다. 조합원 1/10 이상의 동의를 얻어 발의자 대표로서 소집한 총회에 별도로 정관에서 정한 총회 소집 절차나 법원의 허가는 불필요하다.[436]

조합원 10분의 1 이상의 발의에 의한 청산인 해임총회는 민법 제84조에 따른 법원에 의한 청산인 해임 규정을 위반하지도 않는다.[437]

(4) 청산위원회의 구성

청산인 전원으로 청산위원회를 구성한다.

청산위원회는 다음의 업무를 의결할 수 있다.

① 현존하는 조합의 사무종결

② 채권의 추심 및 채무의 변제

③ 잔여재산의 처분

④ 민법 제85조부터 제86조 규정에 따른 해산등기 및 해산신고

⑤ 민법 제94조 규정에 따른 청산종결의 등기 및 신고

⑥ 그 밖에 청산에 필요한 사항

청산위원회는 구체적인 범위를 정하여 대표청산인에게 이를 위임할 수 있다(서울시 재개발 표준정관 제62조 제2항).

(5) 청산인의 보수 등

청산인의 권리·의무·보수 기타 청산인에 관하여 필요한 사항 및 청산위원회의 운영에 필요한 사항(청산위원회 의결사항 및 의결방법 등 포함)은 해산총회에서 미리 의결하여야 한다(서울시 재개발 표준정관 제62조 제3항).

---

436) 서울북부지방법원 2011. 12. 2.자 2011카합963 결정

437) 서울북부지방법원 2014. 7. 22.자 2013카합330-2 결정

2. 청산인의 직무범위

(1) 청산인의 직무 일반

법인이 해산하면 이사에 갈음하여 청산인이 청산법인의 집행기관이 된다. 따라서 청산인은 청산법인의 능력의 범위 내에서 대외적으로 청산법인을 대표하고, 대내적으로는 청산사무를 집행한다(민법 제87조 제2항).

이사의 사무집행방법(민법 제58조 제2항), 대표권(민법 제59조), 대표권에 대한 제한의 대항력(민법 제60조), 주의의무(민법 제61조), 대리인선임(민법 제62조), 특별대리인의 선임(민법 제64조), 임무해태(민법 제65조), 임시총회의 소집(민법 제70조), 등에 관한 규정은 모두 청산인에 준용된다(민법 제96조).

청산인의 직무는 현존사무의 종결, 채권의 추심 및 채무의 변제, 잔여재산의 인도이다. 청산인은 청산 관련 직무를 행하기 위하여 필요한 모든 행위를 할 수 있다(민법 제87조).

조합이 해산을 의결한 경우 청산인은 지체 없이 청산의 목적범위에서 성실하게 청산인의 직무를 수행하여야 한다(법 제86조의2 제5항).

(2) 현존사무의 종결

현존사무의 종결이란 법인의 해산전부터 계속되고 있는 완결되지 않은 모든 사무의 종결을 의미한다. 이를 위하여는 청산인은 새로운 법률행위를 할 수 있다. 또한 현존사무에는 법인의 해산전에 그 목적인 사업으로서 행하였던 행위에 의한 법률관계에 관한 사무뿐만 아니라 그 업무의 집행상 부대하여 행하였던 행위에 의한 법률관계에 관한 사항도 포함하고, 그 법률관계가 사법관계이든, 공법관계이든지는 이를 불문한다.

(3) 채권의 추심

채권 추심의 범위에는 대물변제의 수령이나 상당한 대가의 취득을 위한 채권양도, 화해계약의 체결 등도 포함된다. 그리고 변제기가 도래하지 않은 채권이나 조건부 채권과 같이 즉시 추심할 수 없는 채권은 청산을 위하여 필요한 경우에는 환가처분을 하고(민사집행법 제241조), 청산을 위하여 그 필요가 없는 때에는 잔여재산중에 포함시켜도 될 것이다. 추심이 불가능하거나 사실상 곤란한 채권은 이를 포기할 수 있다.

(4) 채무의 변제

청산인은 취임한 날로부터 2월내에 3회 이상의 공고로 채권자에 대하여 일정한 기간 내에 그 채권을 신고할 것을 최고하여야 하고, 그 기간(신고기간)은 2월 이상이어야 한다(민법 제88조 제1항). 이 공고에는 채권자가 기간 내에 신고하지 아니하면 청산으로부터 제외된다는 것을 표시하여야 한다(민법 제88조 제2항). 그리고 공고는 법원의 등기사항의 공고와 동일한 방법으로 하여야 한다(민법 제88조 제3항).

청산인이 채권신고의 공고를 해태하거나 부정한 공고를 한 때에는 청산인은 500만원 이하의 과태료에 처한다(민법 제97조 제7호).

청산인이 알고 있는 채권자에 대해서는 채권을 신고할 것을 개별적으로 최고하여야 한다(민법 제89조 전단).

청산인은 위 채권신고의 공고기간 내에는 채권자에게 변제하지 못한다(민법 제90조 본문). 그러나 그로 인한 지연손해에 대해서는 채권자에게 이를 배상하여야 한다(민법 제90조 본문).

변제기에 이르지 아니한 채권에 대해서도 변제할 수 있다(민법 제91조 제1항). 한편 조건 있는 채권, 존속기간이 불확정한 채권, 가액이 불확정한 채권에 관하여는 법원이 선임한 감정인의 평가에 의하여 변제하여야 한다(민법 제91조 제2항).

청산으로부터 제외된 채권자는 법인의 채무를 완제한 후 귀속권리자에게 인도하지 아니한 재산에 대해서만 변제를 청구할 수 있다(민법 제92조).

청산인이 알고 있는 채권자에 대하여서는 비록 그가 신고하지 않았더라도 청산에서 제외하지 못하며 꼭 변제하여야 한다(민법 제89조 후단). 만일에 변제를 할 수 없으면 이를 공탁하여야 한다(민법 제487조 이하).

(5) 잔여재산의 인도 및 잔여재산 귀속자

잔여재산은 채무의 변제를 완료한 다음에 남은 적극재산을 말한다. 청산인은 잔여재산 귀속자에게 동산은 인도, 부동산은 등기, 지시채권은 배서와 증서의 교부, 무기명채권은 증서의 교부를 하여야 된다. 잔여재산의 인도는 원칙적으로 원상대로 하여야 하는 것이지만 원상대로의 인도가 불가능하거나 사실상 곤란한 때에는 이를 금전으로 환가하여 인도할 수 있다.

변제하여야 할 채무의 존부에 대하여 다툼이 있는 때에는 그 채무의 변제를 함에 있어서 필요한 적극재산을 공제하고 그 이외의 부분의 재산을 권리귀속자에게 인도하여야 한다.

해산한 법인의 재산은 정관으로 지정한 자에게 귀속되는바(민법 제80조 제1항), 해산의결 당시의 조합원이 잔여재산을 분배받을 권리가 있다(서울시 재개발 표준정관 제63조).

해산한 법인이 잔여재산의 귀속자에 관한 정관 규정에 반하여 잔여재산을 달리 처분할 경우 그 처분행위는 청산법인의 목적범위 외의 행위로서 특단의 사정이 없는 한 무효이다.[438]

청산 종결 후 조합의 채무 및 잔여재산이 있을 때에는 이 정관이나 관리처분계획 또는 해산총회 의결로 달리 정한 경우를 제외하고는 해산의결 당시의 조합원에게 분양받은 토지 또는 건축물의 부담비용 등을 종합적으로 고려하여 형평성이 유지되도록 공정하게 배분하여야 한다(서울시 재개발 표준정관 제63조).

3. 재산목록 및 대차대조표의 작성 등

(1) 청산재산보고의무 및 청산대차대조표 등의 제출

주식회사의 경우 청산인은 취임후 지체없이 회사의 재산상태를 조사하여 재산목록과 대차대조표를 작성하고, 이를 주주총회에서 제출하여 승인을 얻어야 하고, 승인을 얻은 후 지체없이 법원에 제출하여야 한다(상법 제533조).

청산인은 정기총회일로부터 4주간 전에 대차대조표 및 그 부속명세서와 사무보고서를 작성하여 감사에게 제출하여야 한다. 감사는 이 서류에 관한 감사

438) 대법원 2000. 12. 8. 선고 98두5279 판결

보고서를 정기총회일 1주간 전에 청산인에게 제출하여야 한다. 청산인은 대차대조표 및 사무보고서를 정기총회에 제출하여 그 승인을 요구하여야 한다(상법 제534조).

법원은 청산조합을 검사 및 감독하며(민법 제95조), 법원은 청산인에게 재산목록과 대차대조표의 제출을 요청할 것이므로, 청산인은 사전에 재산목록과 대차대조표를 작성하여 총회의 의결을 받아두는 것이 바람직하다.

(2) 결산보고서 작성 및 신고

주식회사의 경우 청산사무가 종결된 때에는 청산인은 지체없이 결산보고서를 작성하고, 이를 주주총회에 제출하여 승인을 얻어야 한다(상법 제540조 제1항). 총회의 승인을 얻은 때에는 부정행위에 관련된 부분을 제외하고는 회사가 청산인의 책임을 해제한 것으로 본다(상법 제540조 제2항).

조합도 상법의 규정을 준용하여 결산보고서를 작성한 후 이를 조합원 총회에서 승인을 얻어야 청산이 종결된다할 것이다.

청산인은 소재지 지방법원에 결산보고서(자산목록 및 대차대조표)를 신고하여야 한다.

(3) 외부회계감사보고서

조합은 준공인가의 신청일로부터 7일 이내 비용의 납부 및 지출내역에 관하여 주식회사의 외부감사에 관한 법률 제3조의 규정에 의한 감사인의 회계감사를 받아야 한다. 조합은 그 감사결과를 회계감사가 종료된 날부터 15일 이내에 시장·군수에게 보고하고, 조합원이 공람할 수 있도록 하여야 한다.

외부회계감사보고서는 해산결의 이전에 작성되므로, 청산인의 직무범위에 속하지는 않으나, 청산인은 외부회계감사보고서를 청산대차대조표 작성시 참고하거나 해산신고시에 첨부하여야 한다.

4. 기타 청산에 필요한 업무

(1) 4대 보험 납부

조합의 상근임원 및 직원은 국민연금(국민연금공단), 건강보험(국민건강보험공단), 고용보험(근로복지공단), 산재보험(근로복지공단)에 가입하여야 하며, 조합이 해산할 경우 위 4대 보험의 보험료를 납부하여야 한다.

(2) 폐업신고

사업자등록을 한 조합은 해산결의에 의해 폐업하게 된 때에는 지체없이 '폐업신고서' 에 사업자등록증을 첨부하여 사업장 관할세무서장에게 제출하여야 한다(부가가치세법 제5조). 다만, 조합이 부가가치세확정신고서에 폐업연월일 및 폐업사유를 기재하고 사업자등록증을 첨부하여 제출한 경우에는 폐업신고서를 제출한 것으로 본다. 폐업일의 기준은 사업을 실질적으로 폐업한 날로부터 25일 이내에 신고하여 승인을 얻은 경우에 한하여 잔여재산가액 확정일(해산일로부터 365일 이내)로 한다.

5. 해산 및 청산과정에서의 분쟁

(1) 관리처분계획의 가청산금과 채권양도

조합이 정관 또는 조합원 총회의 결의를 거쳐 시장·군수로부터 인가받은 관리처분계획에서 가청산에 관한 사항을 정하고 있고, 이를 조합이 조합원들에게 통지한 경우 조합원들은 조합에 관리처분계획에 따라 가청산금을 지급할 의무를 부담한다.[439)]

가청산금 채권은 양도금지사유가 있는 경우에 해당하지 않아 조합은 가청산금 채권을 양도할 수 있는바, 조합이 시공사에게 공사대금채무의 변제를 위하여 조합의 조합원들에 대한 가청산금채권을 양도한 경우 시공사는 조합원들에

---

439) 대법원 2007. 9. 21. 선고 2005다67896 판결

게 직접 가청산금의 지급을 청구할 수 있다.

(2) 잔여재산의 분배와 불법행위

갑 회사가 을 조합을 상대로 제기한 공사대금 청구소송에서 승소판결을 받아 판결이 확정되었는데, 을 조합이 위 소송 진행 중 실시한 해산 및 청산절차에서 갑 회사에 대한 공사대금 채무를 변제하지 않고 조합원들에게 잔여재산을 분배하여 무자력이 되자, 갑 회사가 위 해산 및 청산절차에서 잔여재산을 분배받은 을 조합의 조합원들 중 일부인 병 등을 상대로 불법행위에 기한 손해배상을 구한 사안이다.

을 조합이 잔여재산을 분배한 행위는 그러한 재산 분배가 갑 회사의 채권을 해한다는 사실을 알면서도 책임재산을 현저하게 감소시킴으로써 갑 회사로 하여금 채권의 실행과 만족을 곤란하게 한 것으로서 갑 회사에 대한 불법행위를 구성하고, 병 등 역시 잔여재산을 분배하면 을 조합이 채권을 변제할 수 없게 돼 갑 회사의 채권이 침해된다는 사실을 알았음에도 불구하고 잔여재산 분배결의에 참여하고 잔여재산을 분배받음으로써 을 조합의 행위에 적극 가담하였는데, 이와 같은 병 등의 행위는 을 조합과 함께 갑 회사에 대한 불법행위를 구성한다고 한 다음, 을 조합은 잔여재산 분배 결의 당시 갑 회사에 대한 채무 외에는 다액의 채무를 부담하고 있지 않았고 갑 회사의 채권을 변제하기에 충분한 잔여재산을 가지고 있었으며, 잔여재산의 분배가 없었더라면 갑 회사가 을 조합으로부터 자신의 채권을 충분히 회수할 수 있었을 것으로 보이므로, 병 등은 위 공사대금에 대하여 각자의 지분비율로 계산한 돈과 그 지연손해금을 지급할 의무가 있다.[440]

440) 서울고등법원 2023. 5. 25. 선고 2022나2035665 판결

Ⅲ. 해산·청산종결의 등기와 신고

1. 해산등기 및 해산신고

해산등기는 조합을 대표하는 청산인이 신청하여야 한다. 청산인은 파산의 경우를 제외하고는 그 취임 후 3주간 내에 해산의 사유 및 연월일, 청산인의 성명 및 주소, 청산인의 대표권을 제한한 때에는 그 제한을 주된 사무소 및 분사무소 소재지에서 등기하여야 한다(민법 제85조 제1항). 한편 청산중에 해산등기사항에 변경이 생기면 3주간 내에 변경등기를 하여야 한다(민법 제85조 제2항, 제52조).

청산인은 그 취임 후 3주간 내에 해산의 사유 및 연월일, 청산인의 성명 및 주소, 청산인의 대표권을 제한한 때에는 그 제한을 주무관청에 신고하여야 한다. 청산중에 취임한 청산인은 그 성명 및 주소를 신고하면 된다(민법 제86조).

청산인이 신고를 함에 있어서 주무관청에 대하여 사실 아닌 신고를 하거나 사실을 은폐한 때에는 과태료의 제제를 받는다(민법 제97조 제4호).

2. 청산종결등기 및 청산종결신고

청산이 종결한 때에는 청산인은 3주간 내에 이를 등기하여야 한다(민법 제94조). 청산종결의 등기를 해태한 때에는 과태료의 처분을 받는다(민법 제97조 제1호). 청산이 종결한 때라는 것은 청산인이 그의 직무인 현존사무의 종결, 채권의 추심 및 채무의 변제 그리고 잔여재산의 인도 등을 완료한 것을 말한다.

청산법인은 청산의 종결에 의하여 소멸하고 그 권리능력도 상실하게 된다. 청산종결의 등기에 의해서 청산법인이 소멸하는 것은 아니고 다만 등기는 청산종결의 사실을 공시하는 의미가 있을 뿐이다.

청산종결의 등기가 되었더라도 청산사무가 종결되지 않은 때에는 법인은 소멸하지 아니하고 사실상 청산이 종결된 때에 권리능력을 상실하게 된다.[441]

정비사업조합은 시장·군수의 조합설립인가에 의하여 설립되므로, 청산절차가 완결되어 법인이 소멸하면 그 뜻을 주무관청에 신고하여야 하는 것은 당연한 것이다. 청산종결의 신고는 청산인이 직무행위에 속하며 신고는 청산이 종결한 때로부터 3주간 내에 하여야 한다(민법 제94조).

청산인이 고의로 신고를 하지 않거나 청산이 종결되지 않은 것을 알고도 신고를 한 때에는 과태료의 저제를 받는다(민법 제97조 제4호).

주무관청의 청산종결의 신고는 다만 청산종결의 사실을 보고한 것으로서 그 신고에 의하여 청산이 종결되는 것은 아니므로 청산종결의 신고가 있더라도 실제로 청산절차가 종결되지 않는 한 법인격 소멸의 효과는 생기지 않는다. 즉 청산종결의 신고에는 아무런 법률상의 효과도 인정되지 않는다.

441) 대법원 1980. 4. 8. 선고 79다2036 판결, 대법원 1998. 10. 27. 선고 98다18414 판결

Ⅳ. 사업완료 이전 조합해산

1. 정비구역 해제와 조합설립인가취소 간주

(1) 정비구역 해제로 인한 조합설립인가취소 간주

도시정비법 제20조 제7항 및 및 제21조 제2항에 따라 정비구역등이 해제·고시된 경우 추진위원회 구성승인 또는 조합설립인가는 취소된 것으로 본다(법 제22조 제3항).

(2) 비용의 일부 보조

도시정비법 제21조 제1항(정비구역등의 직권해제)에 따라 정비구역등을 해제하여 추진위원회 구성승인 또는 조합설립인가가 취소되는 경우 정비구역의 지정권자는 해당 추진위원회 또는 조합이 사용한 비용의 일부를 시·도조례[442]로 정하는 바에 따라 보조할 수 있다(법 제21조 제3항).[443]

보조할 수 있는 추진위원회 및 조합의 비용은 다음과 같다(시행령 제17조).

① 정비사업전문관리 용역비

② 설계 용역비

③ 감정평가비용

④ 그 밖에 해당 추진위원회 및 조합이 도시정비법 제32조(추진위원회의 기능), 제44조(총회의 소집) 및 제45조(총회의 의결)에 따른 업무를 수행하기 위하여 사용한 비용으로서 시·도조례로 정하는 비용

(3) 손금 산입

시공자·설계자 또는 정비사업전문관리업자 등(시공자등)은 해당 추진위원

---

442) 서울시 조례 제15조(추진위원회 및 조합 비용의 보조비율 및 보조방법 등), 정비사업 추진주체 사용비용 보조 업무처리기준(2016. 11. 10. 서울특별시고시 제2016 - 358호)

443) 도시정비법 제20조 제1항에 따라 정비구역이 해제되는 경우 시용의 일부 보조에 관한 규정이 적용되지 않음.

회 또는 조합(연대보증인을 포함함)에 대한 채권의 전부 또는 일부를 포기하고 이를 조세특례제한법 제104조의26에 따라 손금에 산입할 수 있다(법 제133조).

시공사등은 해당 조합등과 합의한 채권확인서를 시장·군수등에게 제출하여야 한다. 채권합의서에는 다음의 사항이 포함되어야 한다(법 제133조).

① 채권의 금액 및 그 증빙 자료

② 채권의 포기에 관한 합의서 및 이후의 처리 계획

③ 그 밖에 채권의 포기 등에 관하여 시·도조례로 정하는 사항

조합등이 시공자등과 합의하여 이미 상환하였거나 상환할 예정인 채권은 손해액에 산입할 수 있는 채권에서 제외한다.

2. 시장·군수의 조합설립인가취소처분

(1) 조합설립인가취소

조합의 정비사업이 도시정비법 또는 도시정비법에 따른 명령·처분이나 사업시행계획서 또는 관리처분계획에 위반되었다고 인정되는 경우 국토교통부장관, 특별시장, 광역시장, 도지사, 또는 시장·군수등은 조합에게 필요한 조치로서 조합설립인가를 취소할 수 있다(법 제113조 제1항, 제121조 제3호).

조합이 정당한 사유 없이 이전고시가 있은 날부터 1년 이내 해산을 의결하지 아니한 경우 시장·군수 등은 조합설립인가를 취소할 수 있다(법 제86조의2 제3항).

(2) 청문절차

국토교통부장관, 특별시장, 광역시장, 도지사, 또는 시장·군수등은 도시정비법 제86조의2 제3항 또는 제113조 제1항에 의거 조합설립인가의 취소처분을 하려는 경우에는 청문을 하여야 한다(법 제121조 제1호, 제3호).

청문제도는 행정처분의 사유에 대하여 당사자에게 변명과 유리한 자료를 제출할 기회를 부여함으로써 위법사유의 시정가능성을 고려하고, 처분의 신중과

적정을 기하려는 데 그 취지가 있다.[444)]

행정청이 특히 침해적 행정처분을 할 때 그 처분의 근거 법령 등에서 청문을 실시하도록 규정하고 있다면, 행정절차법 등 관련 법령상 청문을 실시하지 않아도 되는 예외적인 경우에 해당하지 않는 한, 반드시 청문을 실시하여야 하는 것이며, 그러한 절차를 결여한 처분은 위법한 처분으로서 취소사유에 해당한다.[445)]

(3) '취소'의 법적 성격

도시정비법 제86조의2 제3항 또는 제113조 제1항에 의한 조합설립인가의 '취소'는 조합 설립인가 당시에 위법 또는 부당한 하자가 있음을 이유로 한 것이 아니라 처분 이후 발생한 후발적 사정을 이유로 하는 것이므로, 조합 설립인가의 효력을 소급적으로 상실시키는 행정행위의 '취소'가 아니라 적법요건을 구비하여 완전히 효력을 발하고 있는 추진위원회 승인 또는 조합 설립인가의 효력을 장래에 향해 소멸시키는 행정행위의 '철회'라고 봄이 상당하다.[446)]

3. 조합채무의 부담주체 등

(1) 채무의 부담주체

조합은 민법상 법인으로서 제3자에 대한 채무의 부담주체이고, 조합의 구성원인 조합장, 조합임원 또는 조합원은 제3자에 대해 직접 채무를 부담하지 않는다[447)]. 즉 조합의 채권자는 조합을 상대로 채무의 변제 또는 손해배상을 청구할 수 있으나, 조합임원 또는 조합원들을 상대로 직접 채무의 변제 또는 손

444) 대법원 2007. 11. 16. 선고 2005두15700 판결, 대법원 2001. 4. 13. 선고 2000두3337 판결, 서울행정법원 2010. 11. 12. 선고 2010구합35043 판결

445) 대법원 2001. 4. 13. 선고 2000두3337 판결, 대법원 2004. 7. 8. 선고 2002두8350 판결, 대법원 2007. 11. 16. 선고 2005두15700 판결 등

446) 대법원 2016. 6. 10. 선고 2015도576 판결 : 조합설립인가 취소 이전 조합장의 금품수수는 공무원의제에 따라 뇌물죄로 처벌됨.

447) 대법원 2000. 7. 7. 선고 2000다18271 판결

해배상을 청구할 수 없다.

조합정관에 "조합이 시공자 또는 정비업자와 체결한 약정은 이 정관이 정하는 범위안에서 조합원에게 효력을 갖는다." 고 규정한 경우 조합정관은 조합내부의 규율을 위한 것일 뿐 직접 시공사 등에게 효력을 미치지 않으며, 대여금 약정서나 공사도급계약서에 날인하지 않은 조합원에게는 위 계약의 효력이 미치지 않으므로, 시공사는 일반 조합원을 상대로 대여금 반환 또는 손해배상을 청구할 수 없다.

(2) 임원의 연대보증

조합은 시공사 또는 정비업체로부터 재건축사업에 필요한 비용(안전진단비용, 설계비, 조합운영비 등)을 차용하고 있으며, 이때 위 대여금 약정서에 조합의 임원(추진위원회의 경우 위원장, 부위원장, 추진위원)이 연대보증하는 사례가 많다.

위 대여금 약정서에 연대보증한 조합의 임원은 조합의 채권자에게 위 연대보증에 따라 해당 채무를 변제할 책임을 부담하며, 조합의 채권자는 연대보증한 임원에 대해 채무의 변제를 청구할 수 있다. 연대보증 임원들이 시공사에 대해 대여금 상환 또는 손해배상을 한 경우 변제한 조합임원은 조합에 대하여 자신이 변제한 금액을 청구할 수 있다(구상권 행사).

조합의 이사라는 지위에서 부득이 조합의 제3자에 대한 계속적 거래로 인한 채무에 대하여 연대보증인이 된 자가 그 후 '퇴사' 하여 이사의 지위를 떠난 때에는 보증계약 성립 당시의 사정에 현저한 변경이 생긴 경우에 해당하므로 이를 이유로 보증계약을 해지할 수 있다. 연대보증 해지의 의사표시는 반드시 서면에 의하여야 하는 것은 아니나, 채권자가 연대보증인의 퇴사 사실을 인식하고 있다 하여 연대보증인의 채권자에 대한 해지의 의사표시 없이 보증계약이 당연히 해지되는 것은 아니다.[448]

조합의 이사 등이 조합의 제3자에 대한 계속적 거래로 인한 채무를 연대보증한 경우 이사 등에게 조합의 거래에 대하여 '재직 중에 생긴 채무만' 을 책임지우기 위하여는 ① 그가 이사의 지위 때문에 부득이 조합의 계속적 거래

448) 대법원 1996. 10. 29. 선고 95다17533 판결

로 인하여 생기는 채무를 연대보증하게 된 것이고, ② 또 조합의 거래 상대방이 거래할 때마다 그 거래 당시에 조합에 재직하고 있던 이사 등의 연대보증을 새로이 받아오는 등의 특별한 사정이 있을 것임을 요한다. 그러한 사정이 없는 경우의 연대보증에까지 그 책임한도가 재직 중 생긴 채무로 제한되는 것으로 해석할 수는 없다.[449)]

공사도급계약서에 '연대보증인들은 조합의 계약의무 불이행에 따른 채무에 관하여 조합과 연대하여 책임을 진다.' 라고 규정되어 있을 뿐 시공사의 계약의무 불이행에 따른 채무에 대하여 연대하여 책임을 진다는 내용이 없을 경우 연대보증인들은 '시공사의 채무불이행' 으로 인한 계약해제에 따른 원상회복의무를 부담하지 않는다고 판시한 사례가 있다.[450)]

(3) 대여금 등의 반환시기

조합과 채권자간에 체결된 대여금 약정서에 상환시기가 명시된 경우 조합은 채권자에게 계약서상 상환시기에 대여금을 변제하여야 한다. 그러나 계약서상 상환시기를 명시하지 않은 경우 또는 "대여금을 조합원의 청산대금, 일반분양 수입금 등으로 충당한다." 고 규정한 경우 사업중단으로 인한 조합해산시위 대여금의 반환시기는 불확정기한을 정한 것으로 본다.

민법상 불확정기한을 정한 경우, 기한의 도래가 객관적으로 불가능한 경우에는 기한이 도래한 것으로 간주한다. 시공사와 재건축조합 사이의 공사도급계약이 해제된 경우에는 일반분양 수익금이 발생할 여지가 없으므로, 불확정기한이 도래한 것이므로, 즉시 대여금을 반환하여야 한다.[451)]

도시정비법상 조합의 조합설립인가처분이 법원의 재판에 의하여 취소된 경우 그 조합설립인가처분은 소급하여 효력을 상실하고, 이에 따라 당해 재개발조합 역시 조합설립인가처분 당시로 소급하여 도시정비법상 재개발사업을 시행할 수 있는 행정주체인 공법인으로서의 지위를 상실한다. 당해 재개발조합이 조합설립인가처분 취소 전에 도시정비법상 적법한 행정주체 또는 사업시행

---

449) 대법원 1996. 10. 29. 선고 95다17533 판결

450) 대구고등법원 2012. 11. 7. 선고 2012나2935 판결, 서울고등법원 2015. 8. 26. 선고 2014나38595 판결, 대법원 2012. 9. 27. 선고 2012다45795 판결

451) 서울지방법원 2000. 8. 22. 선고 99가합82653 판결

자로서 한 결의 등 처분은 달리 특별한 사정이 없는 한 소급하여 효력을 상실한다.452)

따라서 법원의 판결에 의해 조합설립인가가 취소된 경우 조합과 시공사간 공사도급계약 또는 소비대차계약은 소급하여 무효가 되고, 대여금에 관한 부당이득 반환시기는 위 '판결확정시'로 보아야 한다.

4. 조합원에 대한 분담금 청구

(1) 조합원의 분담금 납부의무

조합원은 조합의 채무에 대하여 직접 책임을 부담하지는 않으나, 민법 및 조합정관에 따라 조합채무에 대하여 각각의 지분에 해당하는 조합원 부담금을 납부할 의무를 부담하므로, 조합은 개별 조합원에게 분담금을 산정하여 징수할 수 있다.

재건축조합의 채권자(구상권을 취득한 조합임원)는 총회결의로 조합원들의 부담금이 확정된 후에 채권자 대위권을 행사하여 직접 조합원을 상대로 총회에서 결의된 비용분담금을 납부하라는 취지의 소송을 제기할 수 있으며, 판결확정후 개별조합원에 대한 분담금 채권에 대하여 채권압류 및 추심 등 강제집행을 할 수 있다.

(2) 총회결의와 조합원 분담금

주택조합에 부과된 개발부담금을 조합원들에게 어떻게 분담하게 하는가는 정관 기타 규약에 따라 조합원총회 등에서 조합의 자산과 부채를 정산하여 조합원들이 납부하여야 할 금액을 결정하고 이를 조합원에게 분담시키는 결의를 하였을 때 비로소 확정적으로 발생하는 것이다.453)

총회결의로 조합원들의 분담금이 확정되기 전까지는 조합의 채권자는 개별 조합원들의 분담금을 임의로 확정하여 이를 청구할 수 없다.454)

---

452) 대법원 2012. 3. 29. 선고 2008다95885 판결
453) 대법원 2021. 12. 30. 선고 2017다203299 판결

(3) 관리처분계획 이전 조합설립인가 취소

도시정비법 제89조에 의한 청산금부과는 조합이 관리처분계획상 종후자산을 분양받을 자에게종전자산과의 차액에 대한 납부를 명하는 행정처분이다. 관리처분계획 단계에 이르지 않은 상황에서 정비구역이 해제된 경우 도시정비법 제89조는 토지등소유자에게 적용될 수 없다.

도시정비법 제93조 제1항의 토지등소유자는 관리처분계획 당시 분양을 받은 수분양자로서 조합원인 토지등소유자를 의미하므로, 관리처분계획의 단계에 이르지 않은 상태에서 조합설립인가가 취소되는 경우에는 위 규정을 적용할 수 없다.[455)]

관리처분계획 이전 조합설립인가가 취소된 경우 조합은 조합원들에게 도시정비법 제89조 또는 93조에 의거 청산금 또는 부과금을 청구할 수 없고, 조합의 채권자도 조합을 대위하여 조합원들에게 청산금 또는 부과금을 청구할 수 없다.

(4) 정관에 조합원의 분담금 부담비율이 정해진 경우

정관에 '조합이 해산결의 또는 청산종료 후 채무 및 자산을 각 조합원의 출자가액에 비례하여 이를 분배한다.' (또는 1/조합원 수)라고 규정되어 있는 경우 조합의 채권자는 조합원들을 상대로 분담금 상당액에 관하여 미리 청구할 필요가 있다.

조합의 채권자가 조합원에게 '장래 청산이 종결될 경우 조합원들이 배분받게 될 조합의 채무(또는 분담금)' 를 청구할 경우 이는 장래확인의 소에 해당한다. 아직 해산결의나 청산절차를 거치지 아니한 상태에서 청산종결 후의 잔여재산과 잔존채무가 모두 확정되었다고 보기 어렵고, 조합원들의 분담금에 대한 사항이 달라질 수도 있다. 따라서 조합의 채권자는 조합원을 상대로 장래이행의 소를 제기할 수 있을 뿐 확인의 소를 제기할 수 없다.[456)]

---

454) 대법원 1998. 10. 27. 선고 98다18414 판결, 대법원 1997. 11. 14. 선고 95다28991 판결, 서울고등법원 2017. 5. 19. 선고 2016누35504 판결

455) 대법원 2019. 8. 14. 선고 2017다201361 판결

456) 대법원 2014. 11. 13. 선고 2009다38155 판결

(5) 채권자의 조합원에 대한 부당이득반환청구 여부

계약상 급부가 계약의 상대방뿐만 아니라 제3자의 이익으로 된 경우에 급부를 한 계약당사자가 계약 상대방에 대하여 계약상의 반대급부를 청구할 수 있는 이외에 그 제3자에 대하여 직접 부당이득반환청구를 할 수 있다고 보면, 자기 책임하에 체결된 계약에 따른 위험부담을 제3자에게 전가시키는 것이 되어 계약법의 기본원리에 반하는 결과를 초래할 수 있다. 또한 채권자인 계약당사자가 채무자인 계약 상대방의 일반채권자에 비하여 우대받는 결과가 되어 일반채권자의 이익을 해치게 되고, 수익자인 제3자가 계약 상대방에 대하여 가지는 항변권 등을 침해하게 되어 부당하다. 위와 같은 경우 계약상 급부를 한 계약당사자는 이익의 귀속 주체인 제3자에 대하여 직접 부당이득반환을 청구할 수는 없다.[457)]

즉, 조합의 채권자가 조합에 사업자금을 투자하였고, 조합이 그 자금으로 조합 사업을 수행하여 그 조합원들이 결과적으로 이익을 얻었다고 하더라도 위 채권자는 조합이 아닌 조합원들에게 직접 부당이득반환을 청구할 수 없다.[458)]

457) 대법원 2010. 6. 24. 선고 2010다9269 판결
458) 수원지방법원 안양지원 2010. 12. 17. 선고 2009가합8296 판결

제9절 협력업체 선정

I. 경쟁입찰 등

1. 계약업무 처리기준 등

(1) 계약업무 처리기준의 법적 성격

정비사업 추진 과정에서 조합임원이 용역업체 선정의 대가로 금품, 향응을 받는 등의 비리행위가 발생하고 정비사업의 수행과정에서 제한경쟁이나 수의계약으로 업체를 선정하여 업체 간 공정한 경쟁이 어려워지는 문제가 발생함에 따라 정비사업과 관련된 계약의 공정성 및 투명성을 확보하기 위해 계약방법에 관해 규제를 강화하였다.

협력업체 선정을 조합의 고유한 권한으로 규정한 도시정비법 제29조의 관련 규정은 조합이 주체가 된 공정하고 투명한 재개발·재건축사업의 추진을 통해 주거환경을 개선하고 주거생활의 질을 향상하는 정비사업의 목적에 비추어 볼 때, 조합의 임원들과 협력업체의 유착 문제를 해결하고 협력업체 선정절차를 투명하게 하기 위해 마련한 '강행규정'이라고 할 것이다.[459]

국토교통부장관은 추진위원회 또는 사업시행자가 계약을 체결함에 있어 정비사업의 투명성을 개선하기 위해 '정비사업 계약업무 처리기준'(국토교통부장관 고시 제2025-290호, 2025. 6. 4.)[460]을 제정하여 고시하였다.[461]

서울특별시는 '공공관리 정비사업전문관리업자 선정기준'(서울특별시 개정고시 제2018-249호. 2018. 8. 9), '공공관리 설계자 선정기준'(서울특별시

459) 대법원 2017. 5. 30. 선고 2014다61340 판결, 대법원 2016. 6. 23. 선고 2013다58613 판결, 서울동부지방법원 2010. 6. 16.자 2010카합1129 결정

460) 이하 인용법령을 표시할 경우 "계약업무 처리기준"이라 함

461) 헌법재판소 2016. 3. 31.자 2014헌바382 결정 : 도시정비법 제29조 제1항 및 제4항은 헌법에 위반되지 않음.

개정고시 제2018-247호. 2018. 8. 9.), '공공관리 시공자 선정기준'(서울특별시 고시 제2019-159호, 2019. 5. 30.)을 고시하였다.

일반적으로 행정 각부의 장이 정하는 고시라 하더라도 그것이 특히 법령의 규정에서 특정 행정기관에게 법령 내용의 구체적 사항을 정할 수 있는 권한을 부여함으로써 그 법령 내용을 보충하는 기능을 가질 경우에는 그 형식과 상관없이 근거 법령 규정과 결합하여 대외적으로 구속력이 있는 법규명령으로서의 효력을 가진다.[462]

국토교통부가 고시한 계약업무 처리기준은 고시의 형태로 발령되었으나, 도시정비법 제29조 제1항에서 위임받은 사항에 관한 사항을 구체적으로 규정한 것으로서 법규명령으로 볼 수 있다.

(2) 입찰의 공정성 유지 의무

사업시행자등 및 입찰에 관계된 자는 입찰에 관한 업무가 자신의 재산상 이해와 관련되어 공정성을 잃지 않도록 이해 충돌의 방지에 노력하여야 한다. 임원 및 대의원은 입찰에 관한 업무를 수행함에 있어 직무의 적정성을 확보하여 조합원의 이익을 우선으로 성실히 직무를 수행하여야 한다(계약업무 처리기준 제4조 제1항, 제2항).

공정하고 투명한 재개발·재건축사업의 추진을 통해 주거환경을 개선하고 조합원의 주거안정 및 주거생활의 질적 향상을 목적으로 하는 재개발·재건축사업의 목적에 비추어 볼 때, '계약업무 처리기준'은 그 핵심에 해당한다. 협력업체의 선정과 관련된 이해관계인이 많을 뿐만 아니라 그 과정에서 불공정한 행위로 인해 재개발·재건축사업이 지연되거나 무산되는 등의 결과가 발생할 경우 종국적으로 그 피해가 조합원들에게 돌아갈 수밖에 없다. 따라서 '계약업무 처리기준'에 따라 입찰을 진행함에 있어 공정성·적정성을 전제로 한 엄격한 관계 법령의 준수가 요구된다.

또한, 이러한 협력업체 선정을 위한 입찰절차에 있어서 '공정성'이란 적어도 입찰참여 대상자에게 동일한 기준을 적용하고 동일한 정보를 제공함으로

---

462) 대법원 1999. 11. 26. 선고 97누13474 판결, 대법원 2003. 9. 26. 선고 2003두2274 판결, 대법원 2004. 4. 9. 선고 2003두1592 판결

써 실제로 입찰에 참여할 의사결정의 기회를 동등하게 부여하였는지 여부를 기준으로 판단하여야 한다.463)

조합이 스스로 마련한 규정에 의하여 담보되는 절차의 공정성의 요청과 목적사업에 가장 적합한 낙찰자 선정이라는 합목적성의 요청을 어떻게 적절하게 비교형량할 것인가 하는 것이 입찰절차를 둘러싼 문제의 핵심이라 할 것이다.

2. 협력업체 선정과 관리·감독

(1) 도시정비법 제29조 위반과 임원의 형사처벌

추진위원장, 전문조합관리인 또는 조합임원이 도시정비법 제29조 제1항에 따른 계약의 방법을 위반하여 계약을 체결한 경우 3년 이하의 징역 또는 3천만원 이하의 벌금에 처한다. 조합의 청산인 및 토지등소유자가 시행하는 재개발사업의 경우에는 그 대표자, 지정개발자가 사업시행자인 경우 그 대표자도 처벌대상이 된다(법 제136조 제1호).

형식적으로는 일반경쟁의 방법에 따라 계약을 체결하더라도 실질적으로 위법이 일반경쟁에 의하여 계약을 체결하도록 한 취지를 잠탈하는 경우에도 도시정비법 제29조를 위반한 것으로 볼 수 있다.464)

(2) 계약체결과정에서의 행위제한과 형사처벌

누구든지 계약 체결과 관련하여 다음의 행위를 하여서는 아니 된다(법 제132조 제1항).

① 금품, 향응 또는 그 밖의 재산상 이익을 제공하거나 제공의사를 표시하거나 제공을 약속하는 행위

② 금품, 향응 또는 그 밖의 재산상 이익을 제공받거나 제공의사 표시를 승낙하는 행위

③ 제3자를 통하여 ① 또는 ②에 해당하는 행위를 하는 행위

---

463) 서울동부지방법원 2010. 7. 2.자 2010카합1471 결정
464) 대법원 2017. 5. 30. 선고 2014다61340 판결

도시정비법 제132조 제1항 각 호의 어느 하나를 위반하여 금품, 향응 또는 그 밖의 재산상 이익을 제공하거나 제공의사를 표시하거나 제공을 약속하는 행위를 하거나 제공을 받거나 제공의사 표시를 승낙한 자는 5년 이하의 징역 또는 5천만원 이하의 벌금에 처한다(법 제135조 제2호).

행위주체는 '누구든지' 이므로, 조합임원 뿐만 아니라 조합원도 처벌대상이 된다.

조합임원은 도시정비법에 의해 공무원으로 의제되므로, 건설업자들이 조합임원에게 직무와 관련하여 금전을 제공하였다면 별도의 부정한 청탁이 존재하지 않더라도 뇌물공여죄가 성립한다.[465] 즉 조합장의 뇌물공여죄 성립에 있어 부정한 청탁은 필요하지 않다.

(3) 신고센터 설치

시·도지사, 시장, 군수 또는 구청장은 도시정비법 제132조 제1항 제2항의 행위에 대한 신고의 접수·처리 등의 업무를 수행하기 위하여 신고센터를 설치·운영할 수 있다(법 제132조 제3항).

신고센터의 장은 해당 시·도 또는 시·군·구의 정비사업 업무를 총괄하는 부서의 장으로 하고, 구성원은 정비사업과 관련된 업무를 담당하는 공무원으로 한다(시행규칙 제23조 제2항).

시·도지사, 시장·군수 또는 구청장은 소속 신고센터가 제출받은 신고사항에 대한 사실관계 확인 및 조사 개시 여부를 결정해야 하며, 해당 신고센터는 사실관계 확인 및 조사를 완료한 날부터 30일 이내에 그 내용을 신고인에게 알려야 한다. 이 경우 시장, 군수 또는 구청장이 설치·운영하는 신고센터의 장은 사실관계 확인 및 조사를 완료 후 지체 없이 그 내용을 시·도지사에게 보고해야 한다(시행규칙 제23조 제4항).

(4) 자수자에 대한 특례, 신고포상금

도시정비법 제132조 제1항 각호의 어느 하나를 위반하여 금품, 향응 또는 그 밖의 재산상 이익을 제공하거나 제공의사를 표시하거나 제공을 약속하는

465) 대법원 2008. 1. 24. 선고 2006도5711 판결

행위를 하거나 제공을 받거나 제공의사 표시를 승낙한 자가 자수하였을 때에는 그 형벌을 감경 또는 면제한다(법 제141조).

시・도지사 또는 대도시의 시장은 도시정비법 제132조 제1항 각호의 행위사실을 신고한 자에게 시・도조례로 정하는 바에 따라 포상금을 지급할 수 있다(법 제142조).

서울시 조례 제91조에 의하면 포상금의 지급한도액은 2억원 이하이다.

(5) 부정당업자의 입찰 참가자격 제한

사업시행자는 대의원회의 의결을 거쳐 부정당업자에 대하여 입찰참가자격을 제한할 수 있다(계약업무 처리기준 제12조).

부정당업자의 입찰 참가자격 제한사유는 다음과 같다.

① 금품, 향응 또는 그 밖의 재산상 이익을 제공하거나 제공의사를 표시하거나 제공을 약속하여 처벌을 받았거나, 입찰 또는 선정이 무효 또는 취소된 자(소속 임직원 포함)

② 입찰신청서류가 거짓 또는 부정한 방법으로 작성되어 선정 또는 계약이 취소된 자

입찰참가자격 제한 사유가 발생한 날로부터 2년이 경과한 경우에는 제한할 수 없다.

3. 경쟁입찰 또는 수의계약

(1) 일반경쟁입찰

일반경쟁입찰은 관보, 일간신문, 게시판 등에 게재 또는 게시하는 방법으로 공고하여 일정한 자격을 가진 불특정 다수의 희망자를 경쟁입찰에 참가하도록 한 후 그 중에서 가장 유리한 조건을 제시한 자를 선정하는 방법이다.

일반경쟁입찰의 장점은 공개적으로 집행하므로 공정하고, 다수의 희망자를 입찰에 참가시킬 수 있으므로, 보다 유리한 조건을 제시한 자와 계약을 할 수 있다. 단점으로는 기술・자본・경험 등이 풍부하지 못한 업체가 참가함으로써

최상의 계약목적물 확보에 차질을 가져올 수 있고, 덤핑으로 인한 부실우려가 높으며, 입찰에 참가하는 인원이 너무 많아 입찰집행이 어렵고 비효율적이다.

국가계약법 제7조 제1항 본문에서는 계약담당자들의 부정·비리의 소지를 차단하고, 더 많은 경제 주체들에게 공평한 경제활동의 기회를 부여하기 위한 취지에서 원칙적으로 일반경쟁에 부치도록 규정하고 있다.[466]

사업시행자등이 정비사업 과정에서 계약을 체결하는 경우 '일반경쟁입찰'에 부쳐야 한다(계약업무 처리기준 제6조 제1항). 일반경쟁입찰을 하는 경우 2인 이상의 유효한 입찰참가 신청이 있어야 한다.

현행 도시정비법은 일반경쟁입찰과 지명경쟁입찰만을 허용하고 있고, 제한경쟁입찰을 허용하고 있지 않다.

(2) 지명경쟁입찰

지명경쟁입찰은 계약의 성질 또는 목적에 비추어 특수한 설비·기술·자재·물품이나 실적이 있는 자가 아니면 계약목적을 달성하기 곤란한 경우 등에 자력, 신용 등이 적당하다고 인정하는 특정다수의 경쟁참가자를 지명하여 입찰방법에 의하여 낙찰자를 결정한 후 계약을 체결하는 방법이다.

지명경쟁입찰의 장점은 불성실하거나 신용이 없는 자의 입찰 참가를 제한할 수 있으나, 단점으로 지명이 특정인으로 한정됨으로써 특혜의 의혹을 불러일으킬 수 있다.

추진위원장 또는 사업시행자는 다음의 경우 입찰 참가자를 지명하여 경쟁에 부칠 수 있다(법 제29조 제1항 단서, 시행령 제24조 제1항 제1호).

① 계약의 성질 또는 목적에 비추어 특수한 설비·기술·자재·물품 또는 실적이 있는 자가 아니면 계약의 목적을 달성하기 곤란한 경우로서 입찰대상자가 10인 이내인 경우

② 건설산업기본법에 따른 건설공사(전문공사 제외)로서 추정가격이 3억원 이하인 공사인 경우

③ 건설산업기본법에 따른 전문공사로서 추정가격이 1억원 이하인 공사인 경우

---

466) 대전고등법원 2000. 5. 29. 선고 2000라88 결정

④ 공사관련 법령(건설산업기본법 제외)에 따른 공사로서 추정가격이 1억원 이하인 공사인 경우
⑤ 추정가격 1억원 이하의 물품 제조·구매, 용역, 그 밖의 계약인 경우

사업시행자등이 지명경쟁에 의한 입찰을 하고자 할 때에는 대의원회의 의결을 거쳐 4인 이상의 입찰대상자를 지명하여야 하고, 3인 이상의 입찰참가 신청이 있어야 한다(계약업무 처리기준 제7조).

(3) 수의계약

수의계약은 일반경쟁입찰 또는 지명경쟁입찰이 성립되지 않거나 경쟁입찰방식으로 선정하기 곤란한 사유가 있는 경우 등 특별한 경우에 입찰 등의 방법에 의하지 않고 발주자가 사업시행에 적합하다고 인정되는 상대방을 임의로 선택하여 맺는 계약을 말한다.

추진위원장 또는 사업시행자는 다음의 경우 수의계약으로 할 수 있다(법 제29조 제1항 단서, 시행령 제24조 제1항 제2호).

① 건설산업기본법에 따른 건설공사로서 추정가격이 2억원 이하인 공사인 경우
② 건설산업기본법에 따른 전문공사로서 추정가격이 1억원 이하인 공사인 경우
③ 공사관련 법령(건설산업기본법 제외)에 따른 공사로서 추정가격이 8천만원 이하인 공사인 경우
④ 추정가격 5천만원 이하인 물품의 제조·구매, 용역, 그 밖의 계약인 경우
⑤ 소송, 재난복구 등 예측하지 못한 긴급한 상황에 대응하기 위하여 경쟁에 부칠 여유가 없는 경우
⑥ 일반경쟁입찰이 입찰자가 없거나 단독 응찰의 사유로 2회 이상 유찰된 경우

(4) 2회 이상 유찰과 관련

수의계약을 하는 경우 보증금과 보증기한을 제외하고는 최초 입찰 공고에서 정한 가격 및 기타 조건을 변경할 수 없다(계약업무 처리기준 제8조).

재정비촉진계획이 변경되었으나 본질적인 부분이 변경되었다고 볼 수 없고, 선정공고시 사업내용이 일부 변경될 수 있음을 명시한 경우 입찰내용의 중대한 변경이 있다고 보기 어렵다고 판시한 사례가 있다.[467]

'2회 이상 유찰'은 동일성이 인정되는 입찰이 2회 이상 유찰된 경우에 한하여 사업시행의 공백을 방지하기 위해 예외적으로 수의계약을 허용하여야 한다.[468] '미응찰 등의 사유로 2회 이상 유찰'은 경쟁입찰에 부쳤으나 시공업체들이 응찰하지 않거나, 응찰자가 있더라도 자격이 없어 응찰자가 없는 경우와 동일시할 수 있을 정도의 사유로 유찰되어 시공자를 선정할 수 없는 경우만을 의미한다.[469]

4. 입찰절차

(1) 입찰의 공고

사업시행자는 전자조달시스템 또는 1회 이상 일간신문에 입찰을 공고하여야 한다. 일간신문은 전국 또는 해당 지방을 주된 보급지역으로 하는 일간신문을 말한다(계약업무 처리기준 제9조 제1항).

사업시행자는 일반경쟁입찰을 위하여 입찰서 제출마감일 7일 전까지 입찰을 공고하여야 한다. 현장설명회를 개최하는 경우 사업시행자는 현장설명회 개최일 7일 전까지 입찰을 공고하여야 한다(계약업무 처리기준 제9조 제1항, 제2항).

건설공사 및 전문공사 입찰의 경우로서 현장설명회를 실시하지 아니하는 경우에는 입찰서 제출마감일로부터 다음에서 정한 기간 전에 공고하여야 한다

467) 인천지방법원 부천지원 2018. 7. 19.자 2018카합10196 결정
468) 법제처 2015. 6. 17. 회신 15-0330 해석례
469) 서울고등법원 2012. 5. 25. 선고 2011나33605 판결

(계약업무 처리기준 제9조 제3항).

① 추정가격이 10억원 이상 50억원 미만인 경우 : 15일

② 추정가격이 50억원 이상인 경우 : 40일

재입찰을 하거나 긴급한 재해예방 · 복구 등을 위하여 필요한 경우에는 입찰서 제출마감일 5일 전까지 공고할 수 있다(계약업무 처리기준 제9조 제4항).

사업시행자등은 업무추진의 효율성을 제고하기 위해 분리발주를 최소화하여야 한다(계약업무 처리기준 제4조 제4항).

(2) 지명경쟁입찰과 통지

지명경쟁에 의한 입찰의 경우 사업시행자는 입찰서 제출마감일 7일 전까지 내용증명우편으로 입찰대상자에게 통지(도달)하여야 한다(계약업무 처리기준 제9조 제1항 단서).

현장설명회를 개최하는 경우 사업시행자는 현장설명회 개최일 7일 전까지 내용증명우편으로 입찰대상자에게 통지(도달)하여야 한다(계약업무 처리기준 제9조 제2항 단서).

(3) 입찰공고 내용

입찰 공고에는 다음의 사항을 명시하여야 한다(계약업무 처리기준 제10조).

① 사업계획의 개요(공사규모, 면적 등)

② 입찰의 일시 및 장소

③ 입찰의 방법(경쟁입찰 방법, 공동참여 여부 등)

④ 현장설명회 일시 및 장소(현장설명회를 개최하는 경우에 한함)

⑤ 부정당업자의 입찰 참가자격 제한에 관한 사항

⑥ 입찰참가에 따른 준수사항 및 위반시 자격 박탈에 관한 사항

⑦ 그 밖에 사업시행자등이 정하는 사항

조합은 의결기관인 대의원회에서 입찰공고에 관한 내용(입찰지침서 포함)을 확정하여야 한다. 만약 대의원회 의결 없이 이사회가 일방적으로 입찰공고 내용을 확정한 후 입찰을 공고할 경우 입찰공고에 관한 분쟁이 발생할 수 있다.

(4) 입찰보증금

사업시행자는 입찰에 참가하려는 자에게 입찰보증금을 내도록 할 수 있다. 입찰보증금은 현금 또는 '국가를 당사자로 하는 계약에 관한 법률' 또는 '지방자치단체를 당사자로 하는 계약에 관한 법률'에서 정하는 보증서로 납부하게 할 수 있다. 현금에는 체신관서 또는 은행이 발행한 자기앞수표를 포함한다.

사업시행자는 입찰에 참가하려는 자에게 입찰 마감일부터 5일 이전까지 입찰보증금을 납부하도록 요구하여서는 아니 된다(계약업무 처리기준 제10조의 2).

(5) 현장설명회

현장설명은 협력업체의 선정을 위한 입찰에 있어 입찰전에 과업설명서, 과업내용서, 입찰서 작성지침, 입찰서 평가기준 등에 대하여 설명하고 이를 열람시키거나 또는 교부함으로써 입찰에 참가하고자 하는 자가 원활한 견적을 통한 입찰참가여부, 입찰금액 등을 결정하도록 하기 위한 것이다.

사업시행자등이 현장설명회를 개최할 경우 현장설명에는 다음의 사항이 포함되어야 한다(계약업무 처리기준 제11조).

① 정비구역 현황

② 입찰서 작성방법 · 제출서류 · 접수방법 및 입찰유의사항

③ 계약대상자 선정 방법

④ 계약에 관한 사항

⑤ 그 밖에 입찰에 관하여 필요한 사항

(6) 입찰서의 접수 및 개봉

사업시행자등은 밀봉된 상태로 입찰서(사업 참여제안서 포함)를 접수하여야 한다(계약업무 처리기준 제13조).

사업시행자등이 입찰서를 개봉하고자 할 때에는 입찰서를 제출한 입찰참여자의 대표와 사업시행자등의 임원등 관련자, 그 밖에 이해관계자 각 1인이 참

여한 공개된 장소에서 개봉하여야 한다. 입찰참여자가 대리인을 지정한 경우에는 그 대리인이 참여할 수 있고, 사업시행자등의 임원에는 이사회 구성원 및 감사를 말한다.

입찰서 개봉 시 사업시행자등은 입찰참여자에게 일시와 장소를 통지하여야 한다.

5. 홍보 및 협력업체의 선정

(1) 입찰참여자의 홍보 등

조합이 설계업자 · 정비사업전문관리업자 등을 선정할 경우 조합은 조합원이 쉽게 접할 수 있는 일정한 장소의 게시판에 7일 이상 공고하고 인터넷 등에 병행하여 공개하여야 한다(계약업무 처리기준 제14조).

사업시행자등은 필요한 경우 설계업자 · 정비사업전문관리업자 등의 합동홍보설명회를 개최할 수 있다. 합동홍보설명회를 개최하는 경우 사업시행자등은 조합원에게 개최 7일 전에 일시 및 장소를 통지하여야 한다.

입찰에 참여한 자는 조합원을 상대로 개별적인 홍보를 할 수 없으며, 홍보를 목적으로 조합원에게 사은품 등 물품 · 금품 · 재산상의 이익을 제공하거나 제공을 약속하여서는 아니 된다.

금지된 개별적인 홍보에는 ① 홍보관 · 쉼터 설치, ② 홍보책자 배부, ③ 세대별 방문, ④ 개인에 대한 정보통신망을 통한 부호 · 문언 · 음향 · 영상 송신행위 등을 포함된다.

일반에 공개되는 인터넷 홈페이지 홍보는 허용된다.

(2) 총회에 상정할 입찰자의 선정

조합은 ① 예산으로 정한 사항 외에 조합원에게 부담이 되는 계약, ② 시공자 · 설계자 또는 감정평가법인의 선정 및 변경, ③ 정비사업전문관리업자의 선정 및 변경에 관하여 총회의 의결을 거쳐야 한다(법 제45조 제1항 제4호, 제5호, 제6호).

총회의 의결을 거쳐야 하는 경우 대의원회에서 총회에 상정할 4인 이상의 건설업자등을 선정하여야 한다. 다만 입찰에 참가한 건설업자 등이 4인 미만인 때에는 모두 총회에 상정하여야 한다(계약업무 처리기준 제15조 제2항).

대의원회에서 총회 상정 4인 이상 회사를 선정함에 있어 건설업자등의 경우 대의원 재적의원 과반수가 직접 참석하여야 하나 건설업자등을 제외한 업체(정비사업전문관리업체, 설계자, 감정평가법인 등)의 경우 대의원 재적의원 과반수의 직접 참석을 요하지 않는다.

대의원회에서 총회에 상정할 업체를 선정함에 있어 ① 입찰가격과 ② 신용평가등급, ③ 해당 공사 · 용역과 같은 종류의 실적을 감안할 수 있다.

총회상정업체의 선정은 대의원회의 권한이다. 다만 대의원회가 심사기준을 확정한 후 대의원 일부로 구성된 심사평가단에게 총회상정업체의 선정권한을 위임한 경우 위 심사평가단의 총회상정업체의 선정할 수 있다고 판시한 사례가 있다.[470]

조합은 대의원회의 의결에 따라 예산으로 정한 사항에 관한 업체(시공자, 정비업자, 감정평가법인 제외)를 선정할 수 있다(계약업무 처리기준 제15조 제1항).

(3) 입찰 무효 등

입찰참여자가 토지등소유자 등을 상대로 하는 개별적인 홍보를 하고, 위 개별홍보 적발건수의 합이 3회 이상인 경우 해당 입찰은 무효로 본다. 해당 입찰이 무효로 됨에 따라 단독 응찰이 된 경우에는 유효한 경쟁입찰로 본다(계약업무 처리기준 제16조).

(4) 계약의 체결

모든 계약은 계약서를 작성하여야 한다. 계약서에는 계약의 목적, 이행기간, 지체상금, 실비정산방법, 기타 필요한 사유 등을 기재한 계약서를 작성하여 사업시행자등과 선정기관에서 선정된 자가 기명날인하여야 한다.

사업시행자등은 선정기관에서 선정된 자가 정당한 이유 없이 3개월 이내에

---

470) 서울서부지방법원 2010. 7. 28.자 2010카합1137 결정

계약을 체결하지 아니하는 경우에는 총회 또는 대의원회의 의결을 거쳐 해당 선정을 무효로 할 수 있다(계약업무 처리기준 제17조).

6. 전자입찰 계약

(1) 전자입찰 대상계약

일반경쟁의 방법으로 계약을 체결하는 경우 국가종합전자조달시스템(전자조달시스템)을 이용하여야 한다(법 제29조 제2항).

전자조달시스템을 이용해야 하는 계약의 규모는 다음과 같다(시행령 제24조 제2항).

① 건설산업기본법에 따른 건설공사로서 추정가격이 6억원 초과 공사계약

② 건설산업기본법에 따른 전문공사로서 추정가격이 2억원 초과 공사계약

③ 공사관련 법령(건설산업기본법 제외)에 따른 공사로서 추정가격이 2억원 초과 공사계약

④ 추정가격이 2억원을 초과하는 물품 제조·구매, 용역, 그 밖의 계약

(2) 계약대상자 선정방법 등

전자입찰은 일반경쟁의 방법으로 입찰을 부쳐야 한다(계약업무 처리기준 제19조 제1항).

전자입찰을 통한 계약대상자의 선정 방법은 다음과 같다(계약업무 처리기준 제19조 제2항).

① 투찰 및 개찰 후 최저가로 입찰한 자를 선정하는 최저가방식

② 입찰가격과 실적·재무상태·신인도 등 비가격요소 등을 종합적으로 심사하여 선정하는 적격심사방식

③ 입찰가격과 사업참여제안서 등을 평가하여 선정하는 제안서평가방식

도시정비법 시행령 제24조 제1항 제1호가목에 해당하는 경우 지명경쟁의 방법으로 입찰을 부칠 수 있다(계약업무 처리기준 제19조 제1항).

(3) 전자입찰 공고

사업시행자등이 전자입찰을 하는 경우에는 입찰서 제출마감일 7일 전까지 전자조달시스템에 입찰을 공고하여야 한다. 다만, 입찰서 제출 전에 현장설명회를 개최하는 경우에는 현장설명회 개최일 7일 전까지 공고하여야 한다(계약업무 처리기준 제20조 제1항).

'계약의 성질 또는 목적에 비추어 특수한 설비·기술·자재·물품 또는 실적이 있는 자가 아니면 계약의 목적을 달성하기 곤란한 경우로서 입찰대상자가 10인 이내인 경우' 지명경쟁입찰을 실시할 수 있고, 위와 같은 사유로 지명경쟁에 의한 입찰의 경우에는 현장설명회 개최일 7일 전까지 내용증명우편으로 입찰대상자에게 통지하여야 한다(계약업무 처리기준 제20조 제2항, 제9조 제2항).

사업시행자는 전자조달시스템에 다음의 사항을 공고하여야 한다(계약업무 처리기준 제21조 제1항).

① 사업계획의 개요(공사규모, 면적 등)
② 입찰의 일시 및 장소
③ 입찰의 방법(경쟁입찰 방법, 공동참여 여부 등)
④ 현장설명회 일시 및 장소(현장설명회를 개최하는 경우에 한함)
⑤ 부정당업자의 입찰 참가자격 제한에 관한 사항
⑥ 입찰참가에 따른 준수사항 및 위반시 자격 박탈에 관한 사항
⑦ 그 밖에 사업시행자등이 정하는 사항

계약대상자를 선정하는 경우 평가항목별 배점표를 작성하여 입찰 공고 시 이를 공개하여야 한다(계약업무 처리기준 제21조 제2항).

(4) 입찰서의 접수 및 개봉

사업시행자등은 전자조달시스템을 통해 입찰서를 접수하여야 한다.

전자조달시스템에 접수한 입찰서 이외의 입찰 부속서류는 밀봉된 상태로 접수하여야 한다.

입찰 부속서류를 개봉하고자 하는 경우에는 부속서류를 제출한 입찰참여자의 대표와 사업시행자등의 임원등 관련자, 그 밖에 이해관계자 각 1인이 참여

한 공개된 장소에서 개봉하여야 한다. 입찰참여자가 대리인을 지정한 경우에는 그 대리인이 참여할 수 있다. 입찰 부속서류 개봉 시 사업시행자등은 입찰참여자에게 일시와 장소를 통지하여야 한다(계약업무 처리기준 제22조 제3항, 제4항).

(5) 계약의 체결

사업시행자등은 전자입찰을 통해 계약대상자가 선정될 경우 전자조달시스템에 따라 계약을 체결하여야 한다. 전자입찰을 통해 계약된 사항에 대해서는 전자조달시스템에서 그 결과를 공개하여야 한다(계약업무 처리기준 제23조).

(6) 일반 계약 처리기준의 준용

전자입찰에 있어 계약업무 처리기준 제11조(현장설명회), 제12조(부정당업자의 입찰 참가자격 제한), 제14조(입찰참여자의 홍보등), 제15조(계약체결 대상의 선정), 제16조(입찰무효등), 제17(계약의 체결) 규정을 준용한다(계약업무 처리기준 제24조).

7. 입찰관련 법적 분쟁

(1) 입찰과 재판상 권리구제

조합이 공법인의 성격을 가지고 있다하더라도 입찰절차는 사경제 주체로서의 지위에서 행하는 계약체결을 위한 행위이다. 당해 입찰절차에서 목적사업의 수행에 가장 적합한 업체를 선정하기 위하여 합목적적인 범위 내에서 재량권을 행사할 수 있다. 만약 조합의 재량권이 금지된다면 조합 등이 사인과의 사이에서 계약관계를 공정하면서도 합리적·효율적으로 처리할 수 있도록 한 입찰제도 본래의 목적에 반하고, 절차의 지연으로 인하여 막대한 경제적 손실이 초래될 수 있다.

따라서 재판상의 권리구제는 낙찰자 선정의 내용과 그에 이르기까지의 절차가 객관적으로 보아 위법하거나 재량권을 일탈함으로써 입찰절차의 공공성과

공정성이 현저히 침해되었다고 인정되는 경우에 한하여 허용된다.471)

(2) 공정성이 침해되었다고 판단한 사례

특정 입찰참가자에 대해 입찰보증금의 납부를 면제하는 것은 입찰절차의 공공성과 공정성이 현저히 침해된다.472)

정관의 규정상 입찰마감일의 연기 결정 위한 권한은 집행기관에 불과한 이사회에게 있는 것이 아니라 의결기관인 대의원회에 있으므로, 대의원회의 사전 결의 없이 긴급 이사회 결의만으로 입찰마감일을 연기한 것은 위법하다.473)

입찰이 마감된 후 대의원회에서 입찰참여규정을 변경하여 입찰참여 자격이 없는 특정 업체에게 입찰참여 자격을 사후에 부여한 것은 다른 업체들과 사이에서 입찰참여의 정보와 그 기회가 공정하게 부여된 것이라고 볼 수 없다.474)

(3) 컨소시엄 구성 금지

입찰참여규정에서 '공동참여(컨소시엄) 구성시 2009년 국토교통부 발표 시공능력 평가액 순위 1, 2위 업체는 동일 공동사업단을 구성할 수 없다.' 고 규정한 경우, 위 규정은 시공능력평가 1, 2위업체가 하나의 컨소시엄을 구성하여 경쟁입찰이 무의미해지는 것을 막기 위한 것이므로 적법하다.475)

(4) 종전 업체의 총회개최금지가처분

조합과 시공사간 체결된 약정서가 건축사업의 규모, 시행방법 등에 관해 추상적으로 정한 것에 불과할 뿐 정식 도급계약서라 볼 수 없을 경우 시공사는 조합의 시공자로서의 완전한 지위를 취득하였다거나 조합이 다른 업체를 시공자로 선정하는 것을 금지시킬 지위에 있다고 볼 수 없다.476)

용역계약은 조합과 협력업체가 동등한 지위에서 체결하는 사인간의 계약이

471) 대법원 2001. 12. 11. 선고 2001다33604 판결
472) 서울고등법원 2012. 5. 25. 선고 2011나33605 판결
473) 서울동부지방법원 2010. 7. 2.자 2010카합1471 결정
474) 서울동부지방법원 2010. 7. 2.자 2010카합1471 결정
475) 서울동부지방법원 2010. 8. 27.자 2010카합1903 결정
476) 수원지방법원 2005. 6. 9.자 2005카합383 결정

므로 사적 자치와 계약 자유의 원칙이 적용되는 것이고, 특별한 사정이 없는 한 계약 일방 당사자에게 계약의 유지를 강제할 가처분의 필요성이 있다고 할 수 없다. 법원 실무상 계약이 해제된 협력업체가 조합을 상대로 한 총회개최금지가처분은 인용되지 않고 있다.[477]

(5) 종전 용역업체에게 제3자의 업무를 추가하는 방식의 변경계약

조합이 일반 경쟁입찰에 부치지 않고 종전 설계업체와 설계변경계약을 체결하면서 그 변경계약 내용에 제3의 업체의 연구용역 및 위 연구용역결과를 반영한 설계도면의 변경을 포함한 사안에서 도시정비법 제29조 제1항을 회피하고 잠탈하는 것에 해당되어 위법하다고 판단하였다.[478]

시공업무에 포함되지 않는 용역(이주관리, 수용재결 등)에 대한 계약을 체결하여야 할 경우에 재개발사업에서의 시공자의 역할이나 업무의 효율성 등을 이유로 시공자와 추가 또는 변경계약을 체결하는 방식으로 대체할 수 있다고 본다면, 이는 재개발정비조합 등이 공사, 용역, 물품구매 및 제조 등 정비사업의 시행과 관련된 계약을 체결함에 있어서는 법령에서 규정하고 있는 예외에 해당하지 않는 한 모두 일반경쟁에 부쳐야 한다고 엄격히 정하고 있는 도시정비법 제29조 제1항을 회피하고 잠탈하는 것으로 허용될 수 없다.[479]

추가공사 도급계약이 기존 공사업자와 체결된 점, 최초 계약상의 공사대금 변경약정을 이용한 점, 구청 담당자와 실무협의과정에서 늘어난 부담이 추가된 점 등을 고려해 볼 때 수의계약인 추가공사 도급계약은 도시정비법 제29조 제1항을 회피하고 잠탈한 것으로 볼 수 없다고 판시한 사례가 있다.[480]

---

477) 서울중앙지방법원 2022카합20926 결정, 서울북부지방법원 2019카합20270 결정, 부산지방법원 2019카합10679 결정 등
478) 부산지방법원 2021. 9. 27. 선고 2021고정542 판결
479) 서울서부지방법원 2024. 6. 13. 선고 2023노1173 판결
480) 서울북부지방법원 2022. 5. 12. 선고 2022노90 판결, 의정부지방법원 2023. 2. 16. 선고 2021가합59915 판결

Ⅱ. 시공자의 선정

1. 시공자 선정방법

(1) 조합 또는 토지등소유자의 시공자 선정

조합은 조합설립인가를 받은 후 조합총회에서 경쟁입찰(일반경쟁, 지명경쟁) 또는 수의계약의 방법으로 건설업자 또는 등록사업자를 시공자로 선정하여야 한다(법 제29조 제4항).

조합은 조합원의 과반수 동의를 받아 건설업자와 공동으로 정비사업을 시행할 수 있고, 조합과 건설업자는 공동사업시행협약서를 체결한다. 이 경우 조합은 조합원 과반수 동의를 받아 도시정비법 제29조 제4항에 따라 시공자를 선정할 수 있다. 이 경우 해당 건설업자를 시공자로 본다(법 제25조, 제118조 제7항 제1호).

조합원이 100명 이하인 정비사업의 경우에는 조합총회에서 정관으로 정하는 바에 따라 건설업자 또는 등록사업자를 시공자로 선정할 수 있다(법 제29조 제4항 단서, 시행령 제24조 제3항).

토지등소유자가 20인 미만으로서 토지등소유자가 재개발사업을 시행하는 경우에는 사업시행계획인가를 받은 후 규약에 따라 건설업자 또는 등록사업자를 시공자로 선정하여야 한다(법 제29조 제5항).

토지등소유자 시행방식의 경우 반드시 입찰 절차를 거칠 필요 없이 규약에서 정한 바에 따라 선정할 수 있는 자는 ‘시공자’에 한정되므로, ‘시공자를 제외한 나머지 용역업체’를 선정하기 위해서는 원칙적으로 도시정비법 제29조 제2항에 따라 입찰절차를 거쳐야 한다.[481]

(2) 공공시행자의 시공자 선정

시장·군수등이 직접 재개발·재건축사업을 시행하거나 토지주택공사등 또

481) 법제처 2024. 9. 3. 회신 24-0632

는 지정개발자를 사업시행자로 지정한 경우 사업시행자는 사업시행자 지정·고시 후 경쟁입찰(일반경쟁, 지명경쟁) 또는 수의계약의 방법으로 건설업자 또는 등록사업자를 시공자로 선정하여야 한다(법 제29조 제6항).

공공시행자가 시공자를 선정하거나 관리처분계획의 방법으로 시행하는 주거환경개선사업의 사업시행자가 시공자를 선정하는 경우 주민대표회의는 경쟁입찰 또는 수의계약의 방법으로 시공자를 추천할 수 있다(법 제29조 제7항).

주민대표회의의 시공자 추천방법은 다음과 같다(시행령 제24조 제4항).

① 일반경쟁입찰·제한경쟁입찰 또는 지명경쟁입찰중 하나일 것
② 해당 지역에서 발간되는 일간신문에 1회 이상 ①호의 입찰을 위한 공고를 하고, 입찰 참가자를 대상으로 현장 설명회를 개최할 것
③ 해당 지역 주민을 대상으로 합동설명회를 개최할 것
④ 토지등소유자를 대상으로 제출된 입찰서에 대한 투표를 실시하고 그 결과를 반영할 것

주민대표회의가 시공자를 추천한 경우 사업시행자는 추천받은 자를 시공자로 선정하여야 한다. 이 경우 시공자와의 계약에 관해서는 지방자치단체를 당사자로 하는 계약에 관한 법률 제9조 또는 공공기관의 운영에 관한 법률 제39조를 적용하지 아니한다(법 제29조 제10항).

(3) 신탁업자의 시공자 선정

지정개발자중 신탁업자는 사업시행자 지정·고시 후 경쟁입찰(일반경쟁, 지명경쟁) 또는 수의계약의 방법으로 건설업자 또는 등록사업자를 시공자로 선정하여야 한다(법 제29조 제6항).

신탁업자가 시공자를 선정하는 경우 토지등소유자 전체회의는 경쟁입찰 또는 수의계약의 방법으로 시공자를 추천할 수 있다(법 제29조 제7항). 토지등소유자 전체회의의 시공자 추천방법은 주민대표회의의 시공자 추천방법과 동일하다.

토지등소유자 전체회의가 시공자를 추천한 경우 사업시행자는 추천받은 자를 시공자로 선정하여야 한다(법 제29조 제10항).

(4) 사업대행자의 시공자 선정

사업대행자가 정비사업을 시행하는 경우 토지등소유자 또는 조합원의 과반수 동의를 받아 도시정비법 제29조 제4항(총회에서 경쟁입찰 또는 수의계약의 방법)에 따라 시공자를 선정할 수 있다(법 제118조 제7항 제2호).

(5) 시공자 선정시기

조합은 조합설립인가를 받은 후 조합총회에서 시공자를 선정할 수 있다(법 제29조 제4항). 시공자 선정시기 등에 필요한 사항은 시·도 조례로 정할 수 있다(법 제118조 제6항).

시공자 선정은 조합 총회의 고유권한으로서 추진위원회가 개최한 주민총회의 권한범위에 속하지 않으므로, 추진위원회가 개최한 주민총회에서 시공자를 선정하기로 한 결의는 무효이다.[482)]

2. 시공자 선정과 관리·감독

(1) 시공자 선정 취소 명령 또는 과징금 부과

해당 정비사업을 관할하는 시·도지사는 사업시행자에게 시공자 선정을 취소할 것을 명하거나 그 건설업자 또는 등록사업자에게 과징금을 부과할 수 있다(법 제113조의2 제1항).

시공자 선정취소 명령 또는 과징금 부과 사유는 아래와 같다.

① 건설업자 또는 등록사업자가 도시정비법 제132조 제1항 또는 제2항[483)]

---

482) 대법원 2008. 6. 12. 선고 2008다6298 판결

483) 제132조(조합임원 등의 선임·선정 및 계약 체결 시 행위제한 등) ① 누구든지 추진위원, 조합임원의 선임 또는 제29조에 따른 계약 체결과 관련하여 다음 각 호의 행위를 하여서는 아니 된다.
1. 금품, 향응 또는 그 밖의 재산상 이익을 제공하거나 제공의사를 표시하거나 제공을 약속하는 행위
2. 금품, 향응 또는 그 밖의 재산상 이익을 제공받거나 제공의사 표시를 승낙하는 행위
3. 제3자를 통하여 제1호 또는 제2호에 해당하는 행위를 하는 행위

② 건설업자와 등록사업자는 제29조에 따른 계약의 체결과 관련하여 시공과 관련 없

을 위반한 경우

② 건설업자 또는 등록사업자가 도시정비법 제132조의2를 위반하여 관리·감독 등 필요한 조치를 하지 아니한 경우로서 용역업체의 임직원(건설업자가 고용한 개인을 포함함)이 제132조 제1항[484]을 위반한 경우

시·도지사는 시공자 선정 취소 또는 과징금 부과처분을 하려는 경우에는 청문을 하여야 한다(법 제121조 4호).

시·도지사로부터 시공자 선정 취소의 명을 받은 경우 사업시행자는 시공자 선정을 취소하여야 한다.

과징금 부과기준 및 과징금 금액은 도시정비법 시행령 별표 5의2에서 구체적으로 정하고 있다.

(2) 건설업자의 입찰참가 제한

시·도지사는 다음의 사유가 있는 건설업자 또는 등록사업자에 대해 정비사업의 입찰참가를 제한하여야 한다(법 제113조의3 제1항, 제113조의2 제1항).[485]

① 건설업자 또는 등록사업자가 도시정비법 제132조 제1항 또는 제2항을 위반한 경우

② 건설업자 또는 등록사업자가 도시정비법 제132조의2를 위반하여 관리·감독 등 필요한 조치를 하지 아니한 경우로서 용역업체의 임직원(건설업자가 고용한 개인을 포함함)이 제132조 제1항을 위반한 경우

입찰참가자격 제한기간은 2년 이내로 하되, 위반행위별 입찰참가 제한기간

는 사항으로서 다음 각 호의 어느 하나에 해당하는 사항을 제안하여서는 아니 된다.
1. 이사비, 이주비, 이주촉진비, 그 밖에 시공과 관련 없는 사항에 대한 금전이나 재산상 이익을 제공하는 것으로서 대통령령으로 정하는 사항
2. 「재건축초과이익 환수에 관한 법률」에 따른 재건축부담금의 대납 등 이 법 또는 다른 법률을 위반하는 방법으로 정비사업을 수행하는 것으로서 대통령령으로 정하는 사항

484) 제132조의2(건설업자와 등록사업자의 관리·감독 의무) 건설업자와 등록사업자는 시공자 선정과 관련하여 홍보 등을 위하여 계약한 용역업체의 임직원이 제132조제1항을 위반하지 아니하도록 교육, 용역비 집행 점검, 용역업체 관리·감독 등 필요한 조치를 하여야 한다.

485) 2024. 1. 30. 도시정비법 개정시 입찰참가 제한이 의무사항으로 변경됨.

은 시행령 별표 5의3에서 정하고 있다(시행령 제89조의3 제1항).

시・도지사는 입찰참가 제한처분을 하려는 경우에는 청문을 하여야 한다(법 제121조 제5호).

시・도지사가 건설업자 또는 등록사업자에 대한 정비사업의 입찰참가를 제한하려는 경우에는 ① 업체(상호)명, 성명(법인인 경우 대표자의 성명) 및 사업자등록번호(법인의 경우 법인등록번호), ② 입찰참가자격 제한기간, ③ 입찰참가자격을 제한하는 구체적인 사유, ④ 입찰참가자격 제한처분이 집행정지된 경우 그 집행정지 또는 집행정지의 해제사실을 지체없이 지방자치단체의 공보에 게재하고 일반인이 해당 내용을 열람할 수 있도록 인터넷 홈페이지에 입찰참가 제한기간 동안 게시해야 한다(법 제113조의3 제2항, 시행령 제89조의3 제2항).

시·도지사는 입찰제한과 관련된 내용을 지체 없이 '관할 구역'의 시장, 군수 또는 구청장 및 사업시행자에게 통보해야 한다(법 제113조의3 제2항, 시행령 제89조의3 제4항).

정비사업의 입찰참가를 제한하려는 해당 건설업자 또는 등록사업자가 입찰참가자격을 제한받은 사실이 있는 경우에는 시·도지사가 입찰참가 제한과 관련된 내용을 '전국'의 시장, 군수 또는 구청장에게 통보하여야 하고, 통보를 받은 시장, 군수 또는 구청장은 관할 구역의 사업시행자에게 관련된 내용을 다시 통보하여야 한다(법 제113조의3 제2항 단서).

시·도지사는 공보에 게재한 날부터 1개월 이내에 정비사업관리시스템에 등록해야 한다(법 제113조의3 제4항, 시행령 제89조의3 제5항).

입찰자격 제한과 관련된 내용을 통보받은 사업시행자는 해당 건설업자 또는 등록사업자의 입찰 참가자격을 제한하여야 한다. 이 경우 사업시행자는 전단에 따라 입찰참가를 제한받은 건설업자 또는 등록사업자와 계약(수의계약 포함)을 체결하여서는 아니 된다(법 제113조의3 제3항).

시·도지사는 일정한 위반행위에 대하여는 1회에 한하여 과징금으로 입찰참가 제한을 갈음할 수 있다(법 제113조의3 제5항). 입찰참가 제한을 갈음하는 과징금을 부과하는 위반행위의 종류와 위반 정도 등에 따른 과징금의 금액 등 과징금의 부과기준은 시행령 별표 5의3과 같다(시행령 제89조의3 제6항).

3. 입찰의 방법 등

(1) 경쟁입찰방법

경쟁입찰의 방법에는 일반경쟁입찰, 제한경쟁입찰, 지명경쟁입찰이 있다. 도시정비법 제29조 제4항은 '경쟁입찰'에 의해 시공자를 선정하나, 현행 계약업무 처리기준 제26조에서는 일반경쟁입찰과 지명경쟁입찰만을 허용할 뿐 제한경쟁입찰을 허용하고 있지 않다(주민대표회의 또는 토지등소유자 전체회의의 시공자 추천시 제한경쟁입찰 허용).

현재 건설공사로서 추정가격이 3억원 이하인 공사인 경우에 한해서만 지명경쟁이 가능하므로(시행령 제24조 제1항 제1호 나목), 실무상 거의 대부분 조합은 일반경쟁입찰에 의해 시공자를 선정하여야 한다.

사업시행자등은 지명경쟁에 의한 입찰에 부치고자 할 때에는 5인 이상의 입찰대상자를 지명하여 3인 이상의 입찰참가 신청이 있어야 한다. 지명경쟁에 의한 입찰을 하고자 하는 경우에는 대의원회의 의결을 거쳐야 한다(계약업무 처리기준 제27조).

(2) 수의계약

일반경쟁입찰이 미 응찰 또는 단독 응찰의 사유로 2회 이상 유찰된 경우에는 총회의 의결을 거쳐 수의계약의 방법으로 건설업자등을 시공자로 선정할 수 있다(법 제29조 제4항, 계약업무 처리기준 제26조 제2항).

'미응찰 등의 사유로 2회 이상 유찰'은 경쟁입찰에 부쳤으나 시공업체들이 응찰하지 않거나, 응찰자가 있더라도 자격이 없어 응찰자가 없는 경우와 동일시할 수 있을 정도의 사유로 유찰되어 시공자를 선정할 수 없는 경우만을 의미한다.[486)]

---

486) 서울고등법원 2012. 5. 25. 선고 2011나33605 판결

(3) 공사대금 지급방법(현금 또는 현물)

조합과 시공사 사이의 공사계약 체결방식은 시공사의 참여방식 및 공사대금의 지급방법에 따라 도급제와 지분제로 구분된다.

도급제의 경우 시공사는 일반적인 공사도급계약의 수급인과 마찬가지로 건축공사를 시공하고, 조합으로부터 이에 대한 공사비를 지급받는다. 반면, 지분제의 경우 시공사는 조합원이 제공하는 토지 면적에 대한 무상지분율만큼의 아파트 면적을 조합원에게 무상으로 제공하고, 나머지 면적에 대해 조합원들이 납부하는 부담금과 잔여 아파트 및 상가를 일반에 분양하여 얻는 분양수입금으로 공사비와 사업경비를 충당하게 되는 것이다.

조합은 시공자 선정계획안을 작성함에 있어 공사대금 지급방법을 현금으로 할 것인지 현물로 할 것인지를 확정하여야 할 것이다.

조합이 시공자와 공사대금을 대물지불방식(지분제 방식)으로 계약을 체결하고자 하는 경우에는 입찰참여자가 제시하는 대물변제면적이 확정 또는 변동인지, 그리고 변동인 경우 그 조건을 명확히 제시하도록 하여야 한다. 또한 조합은 입찰참여자가 제시하는 대물변제면적이 객관적 비교가 될 수 있도록 산정기준이 되는 요소 중 '주택규모별 조합원 분양가, 조합원 분양주택의 규모별 세대수, 공사비 외의 운영비 등 사업비' 등의 기준을 정하여야 한다.

시공자 선정 흐름도

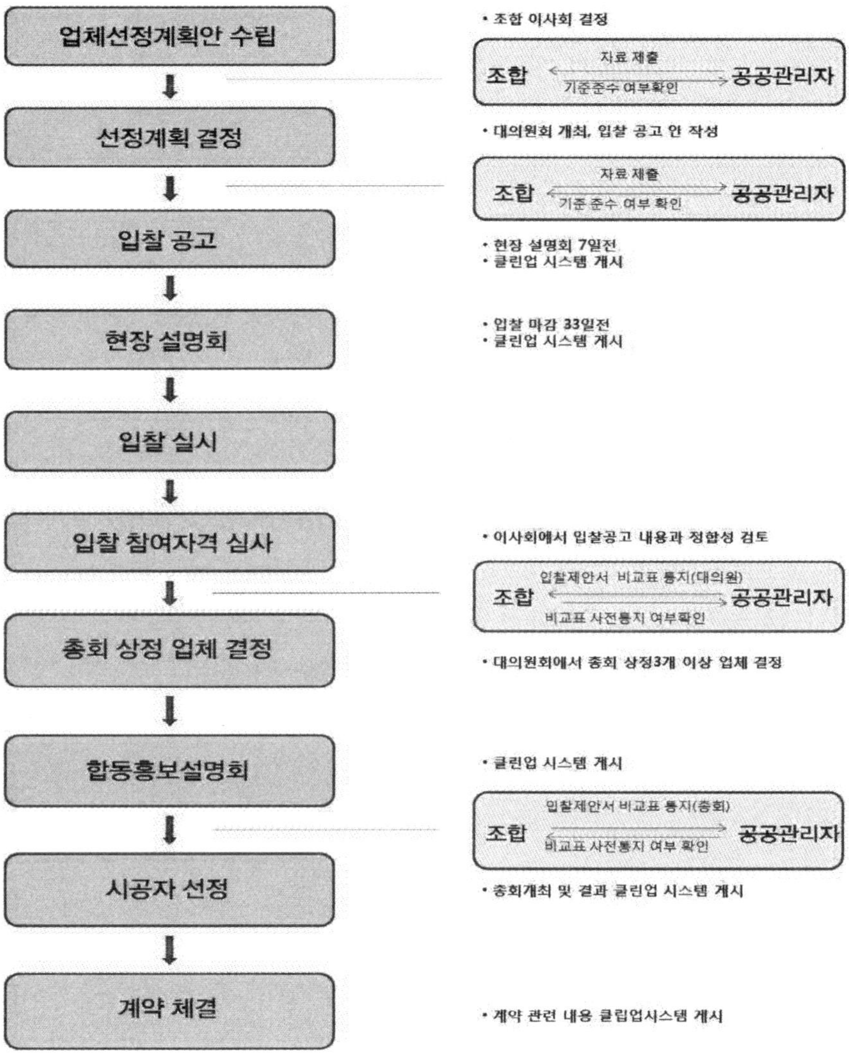
업체선정계획안 수립
• 조합 이사회 결정
조합
자료 제출
기준준수 여부확인
공공관리자
선정계획 결정
• 대의원회 개최, 입찰 공고 안 작성
조합
자료 제출
기준 준수 여부 확인
공공관리자
입찰 공고
• 현장 설명회 7일전
• 클린업 시스템 게시
현장 설명회
• 입찰 마감 33일전
• 클린업 시스템 게시
입찰 실시
입찰 참여자격 심사
• 이사회에서 입찰공고 내용과 정합성 검토
조합
입찰제안서 비교표 통지(대의원)
비교표 사전통지 여부확인
공공관리자
총회 상정 업체 결정
• 대의원회에서 총회 상정3개 이상 업체 결정
합동홍보설명회
• 클린업 시스템 게시
조합
입찰제안서 비교표 통지(총회)
비교표 사전통지 여부 확인
공공관리자
시공자 선정
• 총회개최 및 결과 클린업 시스템 게시
계약 체결
• 계약 관련 내용 클린업시스템 게시

Ⅲ. 시공자 선정절차

1. 시공자 선정계획 결정

조합은 시공자를 선정함에 있어 ① 입찰참여자격, ② 입찰방법에 관한 사항, ③ 시공자 선정방법 및 일정에 관한 사항, ④ 합동홍보설명회 개최 및 개별 홍보 등에 관한 사항, ⑤ 입찰기준 등 위반자에 대한 입찰 무효 또는 시공자 선정 취소에 관한 사항, ⑥ 기타 시공자 선정에 관하여 필요한 사항을 포함한 선정계획안을 작성하여야 한다(서울시 선정기준[487] 제7조).

조합은 이사회 개최 전에 공사입찰에 필요한 설계도서를 작성하고 공사원가를 산출하여야 한다. 조합은 설계도서 및 공사원가가 산정된 경우 입찰공고 30일 전까지 서울특별시 계약심사부서, 검증기관, 전문기관에 공사원가에 대하여 자문할 수 있다(서울시 선정기준 제4조 제1항, 제5조 제1항).

조합은 스스로 원가계산을 하기 곤란한 경우 기획재정부장관이 정한 요건을 갖춘 원가계산용역기관에 원가계산을 의뢰할 수 있고,[488] 설계사 또는 원가계산용역기관은 「예정가격작성기준」(회계예규 2200. 04-160-7, 2010. 4. 15) 및 관련 법령에 따라 예정공사비를 산정하여야 한다.

조합은 입찰참여 안내서를 작성하여야 한다. 서울시가 고시한 '공공지원 시공자 선정기준'(서울특별시 고시 제2019-159호)의 별지 제4호 서식 '입찰참여 안내서'는 ① 일반사항, ② 시공자 선정 입찰규정, ③ 정비구역 현황, ④ 입찰제안서 작성기준으로 구성되어 있고, 첨부된 서식으로 ① 입찰제안서, ② 이행각서, ③ 입찰참여안내서에 대한 공람확인서, ④ 입찰참여견적서(밀봉), ⑤ 시공자 홍보 지침 및 준수 서약서가 있다.

조합은 현장설명회에서 배포할 공사도급계약서(안), 공사도급계약조건 및 특수조건(안), 공사도급 계약금액의 조정에 관한 사항, 기타 공사도급 계약조건

487) 서울시는 '공공지원 시공자 선정기준'(서울특별시 고시 2019. 5. 30. 제2019-159호)'를 고시하였는바, 이하에서는 서울시 선정기준이라 약칭함.
488) 원가계산용역기관 관련 협회 : 한국원가관리협회(http://www.kcaa.or.kr/)

에 관한 사항 등을 정하여야 한다.

입찰지침서 및 적격심사표 등은 대의원회의 의결로 정하여야 하고, 이사회에서 위임하여 이사회의 의결만으로 정하는 것은 적절하지 않다.

2. 입찰절차 등

(1) 입찰참가자격

경쟁입찰의 입찰참여자격은 ① 건설산업기본법상 토목공사업과 건축공사업 면허를 가져야 하고, ② 현장설명회에 참석하여야 하며, ③ 입찰보증금을 납부한 자이어야 한다. 경쟁입찰의 입찰참여자격은 일반경쟁입찰, 지명경쟁입찰 모두에 적용된다.

서울시의 입찰참여자격 예
① 입찰보증금 원을 입찰마감 전까지 납부한 업체
② 현장설명회에 참석하여 조합이 배부한 입찰참여안내서를 수령한 업체
③ 입찰서를 입찰마감 전까지 제출한 업체
④ 면허에 관한 사항
1) 건설산업기본법에 따른 토목공사업과 건축공사업 면허를 겸유하거나 토목건축공사업 면허를 보유하고,
2) 건설산업기본법에 따른 조경공사업 면허, 소방시설공사업법에 따른 전문소방시설공사업 면허, 전기공사업법에 따른 전기공사업 면허, 정보통신공사업법에 따른 정보통신공사업 면허를 겸유한 업체
3) 1)에 해당하는 자가 2)의 면허 보완을 위해 공동도급 가능
4) 각각의 면허를 만족하는 업체간 공동도급 가능
⑤ 개별홍보 등 입찰참여 규정을 위반한 업체는 입찰참여 자격이 박탈됨.

시·도지사는 도시정비법 제113조의2(시공자 선정 취소 명령 또는 과징금) 제1항 각 호의 사유에 해당하는 건설업자 또는 등록사업자에 대해서는 정비사업의 입찰참가를 제한할 수 있다(법 제113조의3 제1항). 정비사업의 입찰참가 제한기준 및 제한기간은 도시정비법 시행령 별표 5의2에서 구체적으로 정하고 있다.

(2) 입찰공고

사업시행자는 현장설명회 개최일로부터 7일 전까지 전자조달시스템 또는 1회 이상 일간신문에 공고하여야 한다(계약업무 처리기준 제28조). 일간신문은 전국 또는 해당 지방을 주된 보급지역으로 하는 일간신문을 말한다.

지명경쟁입찰의 경우에는 전자조달시스템과 일간신문에 공고하는 것 외에 현장설명회 개최일로부터 7일 전까지 내용증명우편으로 통지하여야 한다(계약업무 처리기준 제28조).

입찰공고에는 ① 사업계획의 개요(공사규모, 면적 등), ② 입찰의 일시 및 장소, ③ 현장설명회의 일시 및 장소(현장설명회를 개최하는 경우에 한함), ④ 부정당업자의 입찰 참가자격 제한에 관한 사항, ⑤ 입찰참가에 따른 준수사항 및 위반(건설업자등의 홍보규정을 위반하는 경우 포함)시 자격 박탈에 관한 사항, ⑥ 그 밖에 사업시행자등이 정하는 사항을 명시하여야 한다(계약업무 처리기준 제29조 제1항).

(3) 현장설명회

현장설명회는 입찰참가자로 하여금 공사현장상황, 기술적인 시공여건, 능력 등을 판단하여 견적의 정확성을 제고하자는데 그 목적을 가지고 입찰 또는 개찰 전에 발주기관에서 실시하는 계약체결을 위한 전단계 절차행위를 말한다.

시공자 선정을 위한 현장설명회의 경우 사업시행자등은 입찰서 제출마감일 20일 전까지 현장설명회를 개최하여야 한다. 다만, 비용산출내역서 및 물량산출내역서 등을 제출해야 하는 내역입찰의 경우에는 입찰서 제출마감일 45일 전까지 현장설명회를 개최하여야 한다(계약업무 처리기준 제31조제1항).

현장설명에는 ① 설계도서(사업시행인가를 받은 경우 사업시행인가서를 포함함), ② 입찰서 작성방법 · 제출서류 · 접수방법 및 입찰유의사항 등, ③ 건설업자등의 공동홍보방법, ④ 시공자 결정방법, ⑤ 계약에 관한 사항, ⑥ 기타 입찰에 관하여 필요한 사항이 포함되어야 한다(계약업무 처리기준 제31조 제2항).[489]

(4) 사업시행자의 재산상 이익 요청 금지

사업시행자등은 건설업자등에게 이사비, 이주비, 이주촉진비, 재건축부담금, 그 밖에 시공과 관련이 없는 사항에 대한 금전이나 재산상 이익을 요청하여서는 아니 된다(계약업무 처리기준 제29조 제2항).

(5) 입찰참여자의 제안이 금지되는 사항

건설업자와 등록사업자는 시공과 관련 없는 사항으로서 다음 각 호의 어느 하나에 해당하는 사항을 제안하여서는 아니 된다(법 제132조 제2항, 시행령 제96조의2).[490]

① 이사비, 이주비, 이주촉진비 및 그 밖에 시공과 관련 없는 금전이나 재산상 이익을 '무상'으로 제공하는 것

② 이사비, 이주비, 이주촉진비, 그 밖에 시공과 관련 없는 금전이나 재산상 이익을 '무이자'나 제안 시점에 은행법에 따라 설립된 은행 중 전국을 영업구역으로 하는 은행이 적용하는 대출금리 중 가장 낮은 금리보다 더 '낮은 금리'로 대여하는 것

③ '재건축초과이익 환수에 관한 법률'에 따른 재건축부담금의 대납

건설업자등은 금융기관의 '이주비 대출에 대한 이자'를 사업시행자등에 대여하는 것을 제안할 수 있다. 건설업자등은 금융기관으로부터 조달하는 금리 수준으로 '추가 이주'비를 사업시행자등에 대여하는 것을 제안할 수 있

489) 서울시의 경우 현장설명회 자료에 물량내역, 산출내역서 작성방법, 입찰보증금 납부, 공사도급계약서 작성 등에 관한 사항을 포함하고 있음(서울시 선정기준 제11조 제1항).

490) 이를 위반한 경우 시공자 선정취소 또는 과징금 부과 대상이고(법 제113조의2 제1항 제1호), 입찰참가 제한사유에 해당함(법 제113조의3 제1항).

다. 추가이주비는 종전 토지 또는 건축물을 담보로 한 금융기관의 이주비 대출 이외의 이주비를 말한다(계약업무 처리기분 제30조 제2항, 제3항).

(6) 건설업자등의 대안 설계 제안

서울시의 입찰참여 안내서에 의하면 대안설계를 조합이 작성한 원안설계와 비교하여 동등 이상의 기능 및 효과가 있고, 공기단축 또는 비용절감이 가능한 설계로 정의하고 있다.

사업시행자등은 건설업자등이 설계를 제안하는 경우 제출하는 입찰서에 포함된 설계도서, 공사비 명세서, 물량산출 근거, 시공방법, 자재사용서 등 시공 내역의 적정성을 검토해야 한다(계약업무 처리기준 제29조 제3항).

서울시의 경우 건설업자 등은 사업시행계획의 경미한 변경의 범위에서 대안설계를 제안할 수 있도록 정하고 있다. 건설업자는 대안설계의 설계도서, 공사비 명세서, 물량산출 근거 등 뿐만 아니라 조합이 작성한 원안설계와 비교할 수 있도록 원안 공사비 내역서를 함께 제출하여야 한다. 건설업자등이 제안한 대안설계에 따라 후속절차가 이행되는 과정에서 기간연장, 공사비 증액 등으로 추가 발생하는 비용은 건설업자등이 부담하여야 한다(서울시 선정기준 제9조).

(7) 입찰서의 접수 및 개봉

사업시행자등은 전자조달시스템을 통해 입찰서를 접수하여야 한다. 전자조달시스템에 접수한 입찰서 이외의 입찰 부속서류는 밀봉된 상태로 접수하여야 한다(계약업무 처리기준, 제32조, 제22조).

입찰 부속서류를 개봉하고자 하는 경우 사업시행자등은 입찰참여자에게 일시와 장소를 통지하여야 하고, 사업시행자등은 부속서류를 제출한 입찰참여자의 대표(대리인을 지정한 경우에는 그 대리인을 말함)와 사업시행자등의 임원, 그 밖에 이해관계자 각 1인이 참여한 공개된 장소에서 개봉하여야 한다.

조합이 건설업자등에게 입찰시 입찰보증금을 미리 납입하게 한 경우 입찰참여자는 입찰참여자격에서 정한 현금 또는 보증서 등으로 입찰보증금을 납부하여야 한다(서울시 선정기준 제17조).

3. 총회상정 회사 선정 등

(1) 총회상정 회사의 선정(대의원회)

조합은 제출된 입찰서를 모두 대의원회에 상정하여야 한다(계약업무 처리기준 제33조 제1항). 조합은 대의원회 개최 전에 입찰제안서 비교표를 대의원에게 미리 통지하여야 한다.

이사회가 대의원회에 상정할 입찰서에는 입찰참가자격이 없는 입찰서도 포함된다. 조합의 이사회는 입찰참여자격 등의 심사결과를 대의원회에 보고하고, 입찰참여자격이 없거나 입찰참여제안서 유의사항을 준수하지 않은 입찰참여자에 대해 대의원회의 의결로 입찰자격을 박탈할 수 있을 것이다.[491)]

조합은 대의원회의 의결에 따라 총회에 상정할 6인 이상의 건설업자등을 선정하여야 한다(계약업무 처리기준 제33조 제2항).

건설업자등의 선정은 대의원회 재적의원 과반수가 '직접' 참여한 회의에서 '비밀투표의 방법'으로 의결하여야 한다. 이 경우 서면 또는 대리인을 통한 투표는 인정하지 아니한다(계약업무 처리기준 제33조 제3항).

입찰에 참가한 건설업자등이 6인 미만인 때에는 모두 총회에 상정하여야 하는바(계약업무 처리기준 제33조 제2항 단서), 이 경우 대의원회는 총회 상정여부만을 의결하게 되므로, 서면에 의한 의결권 행사가 허용되고, 대의원 과반수가 직접 참석하지 않아도 된다.[492)]

(2) 입찰의 연기

조합은 ① 입찰자의 설명 요구사항의 내용이 중대하여 연기가 불가피한 경우, ② 기타 불가피한 사유로 인하여 지정된 일시에 현장설명회 또는 입찰을 실시하지 못하는 경우에는 입찰공고(내용증명) 또는 입찰참여안내서에 기재된 입찰제안서 제출마감 일시를 연기할 수 있다(서울시 입찰참여 안내서 제6조).

조합은 입찰의 연기사유와 기간을 포함하여 재공고 또는 서면통지하여야 한

---

491) 이사회에서 입찰자의 입찰자격을 박탈한 사안에서 입찰참자가격 대상자의 선정 및 그 자격 박탈에 관한 사항은 대의원회의 권한임을 이유로 총회개최금지가처분신청을 인용한 사례가 있다.

492) 수원지방법원 안양지원 2015. 12. 18. 선고 2013가합102317 판결

다.

입찰마감일의 연기 결정을 위한 권한은 의결기관인 '대의원회'에 있다. 이사회는 대의원회의 의결에 따른 집행기관에 불과하므로, 이사회 결의만으로 입찰마감일을 연기할 수 없다. 대의원회의 사전 결의 없이 긴급 이사회의 결의만으로 입찰마감일의 연기를 결정한 것은 무효이다.

입찰참여지침서에서 입찰마감일 연기사유를 '기타 불가피한 사유로 인하여 지정된 일시에 입찰을 실시하지 못하는 경우'라고 정한 경우 위 연기사유는 입찰방해 기타 소란 행위 등 조합 측의 사정으로 인하여 입찰참여 대상업체로 하여금 사실상 입찰의 기회를 부여할 수 없었거나 이에 준하는 사유로 인하여 실제로 입찰을 실시할 수 없는 특별한 사정을 의미하는 것이지, 입찰마감일까지 입찰조건에 따른 입찰자가 없는 사정까지 포함한다고 볼 수 없으므로, 위 입찰마감일 연기 결정이 무효이다.[493]

(3) 재입찰 공고

조합은 ① 입찰자가 없는 경우, ② 발주자가 제시한 입찰참여조건과 입찰자의 제안내용이 현격한 차이가 있어 재입찰이 불가피한 경우에는 재입찰을 하여야 한다(서울시 입찰참여 안내서 제6조).

재입찰 공고시 입찰방법을 변경하거나 입찰조건을 변경하고자 하는 경우 조합은 대의원회에서 입찰방법 및 입찰조건을 변경한 후 재입찰 공고를 하여야 할 것이다.

4. 건설업자등의 홍보

(1) 입찰제안서 비교표의 통지 및 게시

사업시행자등은 총회에 상정하는 건설업자등이 제출한 입찰제안서에 대하여 시공능력, 공사비 등이 포함되는 객관적인 비교표를 작성하여 한다(계약업무 처리기준 제34조 제1항).

493) 서울동부지방법원 2010. 7. 2.자 2010카합1471 결정

조합은 입찰제안서 비교표를 어느 건설업체가 유리한 조건인지 명확하고, 객관적 비교가 될 수 있도록 작성하여야 한다. 평가항목별 배점표를 작성・공고하지 않았다 하더라도 총회안내 책자를 통해 입찰참가업체에 관한 정보를 제공받았다면 해당 입찰(총회)이 무효가 되지 않는다.[494]

사업시행자는 토지등소유자에게 입찰제안서 비교표를 제공하여야 하고, 건설업자등이 제출한 입찰제안서 사본을 토지등소유자가 확인할 수 있도록 전자적 방식을 통해 게시할 수 있다(계약업무 처리기준 제34조 제1항).

(2) 합동설명회

조합은 시공자 선정을 위한 입찰에 참가하는 건설업자 또는 등록사업자가 토지등소유자에게 시공에 관한 정보를 제공할 수 있도록 합동설명회를 개최하여야 한다(법 제29조 제8항).

조합은 합동설명회를 경쟁입찰의 공고에 따른 입찰마감일 다음날부터 시공자 선정을 위한 조합총회 개최일까지의 기간 동안 2회 이상 개최해야 한다. 조합은 합동설명회를 개최하려는 때에는 합동설명회가 개최되기 7일 전까지 합동설명회의 일시 및 장소 등을 정하여 조합원에게 통지해야 한다(시행규칙 제6조의2 제1항, 제2항).

입찰참여자는 조합이 지정한 날까지 조합에 홍보물을 제출하여야 하고, 입찰참여자는 합동설명회 전까지 조합에 신고된 홍보물에 한하여 홍보할 수 있으며, 입찰참여자가 임의로 홍보물을 변경하는 경우 조합은 해당 입찰참여자의 입찰자격을 박탁하고 입찰보증금을 몰수할 수 있다.

(3) 개별홍보 금지

건설업자등의 임직원, 시공자 선정과 관련하여 홍보 등을 위해 계약한 용역업체의 임직원 등은 토지등소유자 등을 상대로 개별적인 홍보를 할 수 없다(계약업무 처리기준 제34조 제3항).

금지된 개별적인 홍보에는 ① 홍보관·쉼터 설치, ② 홍보책자 배부, ③ 세대별 방문, ④ 개인에 대한 정보통신망을 통한 부호·문언·음향·영상 송신

494) 서울중앙지방법원 2022카합26 결정

행위 등이 포함된다. 일반에 공개되는 인터넷 홈페이지 홍보는 허용된다.

(4) 홍보공간 제공 또는 지정

사업시행자등은 최초 합동홍보설명회 개최 이후 건설업자등의 신청을 받아 정비구역 내 또는 인근에 개방된 형태의 홍보공간을 1개소 제공할 수 있다.

건설업자등은 한시적으로 홍보를 제공하고자 하는 공간 1개소를 공동으로 마련할 수 있고, 사업시행자등은 건설업자등이 공동으로 공간 1개소를 홍보공간으로 지정할 수 있다.

건설업자등은 토지등소유자 등을 대상으로 사업시행자등이 제공하거나 지정하는 홍보공간에서 홍보할 수 있다(계약업무 처리기준 제34조 제4항).

(5) 홍보직원의 등록 및 관리·감독

건설업자등은 미리 홍보를 수행할 직원(홍보직원)의 명단을 사업시행자등에 등록하여야 한다. 홍보직원에는 건설업자등의 직원도 포함된다. 사업시행자등은 등록된 홍보직원의 명단을 토지등소유자에게 알릴 수 있다(계약업무 처리기준 제34조 제5항).

건설업자등은 홍보직원의 명단을 등록하기 이전에 홍보를 하거나, 등록하지 않은 홍보직원이 홍보를 하여서는 아니 된다.

건설업자등의 임직원, 용역업체의 임직원 등은 홍보를 목적으로 토지등소유자 또는 정비사업전문관리업자 등에게 사은품 등 물품·금품·재산상의 이익을 제공하거나 제공을 약속하여서는 아니 된다(법 제132조 제1항, 계약업무 처리기준 제34조 제3항).

건설업자와 등록사업자는 시공자 선정과 관련하여 홍보 등을 위하여 계약한 용역업체의 임직원이 도시정비법 제132조 제1항(금품수수 등)을 위반하지 아니하도록 교육, 용역비 집행 점검, 용역업체 관리·감독 등 필요한 조치를 하여야 한다(법 제132조의2).[495]

---

495) 이를 위반한 경우 시공자 선정취소 또는 과징금 부과 대상이고(법 제113조의2 제1항 제1호), 입찰참가 제한사유에 해당함(법 제113조의3 제1항).

(6) 허위 · 과장된 정보제공 등의 금지

건설업자, 등록사업자 및 정비사업전문관리업자는 토지등소유자에게 정비사업에 관한 정보를 제공함에 있어 ① 사실과 다르게 정보를 제공하거나 사실을 부풀려 정보를 제공하는 행위, ② 사실을 숨기거나 축소하는 방법으로 정보를 제공하는 행위를 할 수 없다(법 제132조의3 제1항).

'사실과 다르게 정보를 제공하거나 사실을 부풀려 정보를 제공하는 행위는 다음과 같다(시행령 제96조의3 제1항).

① 정비사업 방식에 따른 용적률, 기부채납 비율, 임대주택 건설비율, 임대주택 인수가격, 건축물 높이 제한, 건축물 층수 제한 및 분양가격에 대한 정보를 사실과 다르게 제공하는 행위

② 객관적인 근거 없이 정비사업 추진에 따른 예상수익 정보를 과장하여 제공하는 행위

'사실을 숨기거나 축소하는 방법으로 정보를 제공하는 행위' 는 다음과 같다(시행령 제96조의3 제2항).

① 정비사업 방식에 따른 용적률, 기부채납 비율, 임대주택 건설비율, 임대주택 인수가격, 건축물 높이 제한, 건축물 층수 제한 및 분양가격에 대한 정보를 숨기는 행위

② 객관적인 근거 없이 정비사업 추진에 따른 분담금 추산액 및 예상손실에 대한 정보를 축소하여 제공하는 행위

건설업자, 등록사업자 및 정비사업전문관리업자는 도시정비법 제132조의3 제1항 위반함으로써 피해를 입은 자가 있는 경우에는 그 피해자에 대하여 손해배상의 책임을 진다. 손해가 발생된 사실은 인정되나 그 손해액을 증명하는 것이 사안의 성질상 곤란한 경우 법원은 변론 전체의 취지와 증거조사의 결과에 기초하여 상당한 손해액을 인정할 수 있다. (법 제132조의3 제3항, 제4항).

(7) 서울시 입찰참여 안내서의 홍보지침

서울시가 작성한 입찰참여 안내서에 첨부된 '시공자 홍보 지침 및 준수 서약서' 에는 홍보관련 준수사항 및 위반시 제재조치가 명시되어 있다.

연번	구분	준수사항	제재조치
1	합동 설명회	· 1차 : 20 년 0월 0일 오후 0시 · 2차 : 20 년 0월 0일 오후 0시 · 회사소개 및 홍보동영상 : 20분 이내 · 홍보인원 : 회사별 5명 이내 (해당 명단과 증명사진을 조합에 제출)	·합동설명회 이외 개별홍보 활동 일체 금지 ·조합에 등록된 인원 외의 홍보자 적발시 입찰자격 또는 시공자 자격 박탈 - 입찰보증금 조합 귀속
2	시공사 선정 총회일	각사 화환 설치 불가 총회 당일 전단지·홍보물 배포 및 현수막 설치 금지 무대·파라솔·천막 및 가설물 등 설치 일체 금지	·임원, 공공지원자등 감시단 통제에 불응할 경우, 입찰자격 박탈 - 입찰보증금 조합 귀속
3	홍보물	·홍보물(카다로그) 1종 : 40쪽 이내 (표지포함) ·전단지 1종 : 국전 양면 ·크기 : A4 규격(반드시 준수) ·수량 : 400매(조합원 우편물 발송용) ·합동설명회 및 총회시 A.V 시스템은 각사 준비	·홍보물은 조합이 지정한 날까지 조합에 제출하여야 하며, ·합동설명회 전까지 조합에 신고된 것만 인정하고, 임의 변경시 입찰자격 박탈 - 입찰보증금 조합 귀속
4	현수막 설치	·현수막 설치 및 홍보물 부착 일체 금지	·적발시 입찰무효 및 선정자격 박탈 - 입찰보증금 조합 귀속
5	허위 과장 홍보 및 상호비방 허위사실 유포금지	·사실과 다른 내용의 홍보물 제작 금지 ·경쟁사를 비방하는 행위 금지 ·타사를 가장하는 홍보활동 금지	·타사를 가장하여 고의로 자격박탈 요건에 해당하는 행위를 한 경우 입찰 참여 및 시공자 자격 박탈 - 입찰보증금 조합 귀속
6	부정행위	·금포살포 및 이권약속 금지 ·조합원의 정당한 권리행사를 방해하는 일체 행위 금지	·적발시 입찰무효 및 선정자격 박탈 - 입찰 보증금 조합 귀속
7	기타	·모델하우스, 무대, 파라솔, 천막 및 가설물 등 설치 일체 금지(조합이 제공하는 개방된 형태의 홍보공간 1개소는 예외로 함)	·적발시 입찰무효 및 선정 자격 박찰 - 입찰 보증금 조합 귀속
8	공통사항	· 홍보활동과 관련한 문의할 내용이 있을 경우, 반드시 서면으로만 할 수 있음 ·타사의 위반행위를 적발하여 본 조합에 제재조치를 요구하고자 할 경우, 서면의 방법으로 하되, 반드시 증거자료(사진, 녹취, 동영상 촬영 등)를 첨부해야 함 · 조합은 제출된 위반행위 증거자료를 바탕으로 해당 시공자의 자격을 박탈할 수 있는 중요자료로 활용할 수 있음.	

5. 시공자 선정을 위한 총회

(1) 의사정족수와 의결정족수

시공자의 선정을 위한 총회의 경우 총회의 의사정족수는 '조합원의 과반수'이고, 위 조합원 과반수가 '직접' 참석하여야 한다(법 제45조 제10항).

시공사 선정시 조합원 과반수가 직접 출석하도록 한 취지는 건설회사들간 과열된 수주경쟁으로 인한 서면결의서의 매표행위를 방지하고, 건설회사와 조합임원간 유착관계를 단절하며, 조합원들의 진정한 의사의 반영을 위한 것이다.

대리인을 통하여 의결권을 행사한 경우 직접 출석한 것으로 본다(법 제45조 제10항). 이에 반해 서면 또는 전자적 방법으로 의결권 행사한 자는 직접 출석한 것으로 보지 않는다(계약업무 처리기준 제35조 제2항).

정관에 시공자 선정의 의결정족수에 관한 별도의 규정이 없다면 시공자 선정의 의결정족수는 '출석 조합원의 과반수 찬성'이다(법 제45조 제3항). 1차 투표에서 출석 조합원 과반수의 찬성을 얻은 업체가 없을 것을 대비하여 조합은 결선투표 또는 2차 투표방법을 사전에 정할 수 있다.

정관에 시공자 선정을 '총회 참석한 조합원의 다득표자'로 정한 경우 조합은 총회에서 다득표를 얻은 건설업자를 시공자로 선정할 수 있다.

도시정비법 제45조 제4항 단서는 사업시행계획서 작성단계와 관리처분 수립단계에서만 적용되는바, 사업시행계획서 수립 전 시공자를 선정하려는 경우로서 그 선정계약에 따라 정비사업비가 조합설립인가 시의 정비사업비보다 10% 이상 늘어나는 경우, 시공자 선정총회에서 조합원 3분의 2 이상의 동의를 받아야 하는 것은 아니다.[496)]

(2) 서면결의서 또는 전자의결

조합원은 서면 또는 전자적 방법으로 의결권을 행사할 수 있다.

사업시행자등은 조합원의 서면의결권 행사를 위해 대상 조합원 수 등을 고려하여 서면결의서 제출기간 · 시간 및 장소를 정하여 운영하여야 하고, 시공

---

496) 법제처 2016. 6. 2. 회신 15-0865 해석례

자 선정을 위한 총회 개최 안내시 서면결의서 제출요령을 충분히 고지하여야 한다(계약업무 처리기준 제35조 제4항).

조합원은 사업시행자등이 지정한 기간 · 시간 및 장소에서 서면결의서를 배부받아 서면의결권 및 전자의결권을 제출하여야 한다(계약업무 처리기준 제35조 제3항).

서면결의서 제출방법을 제한한 취지는 시공사 선정에 있어 입찰자들이 과도하게 홍보를 하면서 조합원들에 대한 서면결의서의 매수행위를 방지하기 위함이다.

조합원이 서면결의서 또는 전자적 방법에 따른 결의서를 '철회' 하고 시공자선정 총회등에 '직접 출석' 하여 '의결' 하지 않는 한 의사정족수 산정시 직접 참석자에는 포함되지 않는다(계약업무 처리기준 제35조 제2항).

(3) 총회의 투표전 홍보

사업시행자등은 총회에서 시공자 선정을 위한 투표 전에 각 건설업자등별로 조합원들에게 설명할 수 있는 기회를 부여하여야 한다(계약업무 처리기준 제35조 제5항).

각 입찰자의 설명내용이 입찰서류와 상이하거나 타 입찰자를 비방하는 등의 경우 조합은 설명회 중이라도 설명회를 중단시키는 등의 제재조치를 취할 수 있다.

(4) 시공사 선정 입찰지침서 인준 및 계약체결 위임의 건

실무에서는 조합은 총회의 안건으로 '시공사 선정의 건' 과 '시공사 계약체결 위임의 건' 을 상정하고 있다.

대의원회는 공사도급계약을 체결할 권한을 총회로부터 위임받을 수 없으나, 위 총회의 '시공사 계약체결 위임의 건' 은 대의원회가 계약내용을 협의한 후 총회에서 계약 체결에 대한 결의가 이루어질 경우 대의원회에서 그에 따라 계약을 체결하도록 하는 내용이므로, 명백히 도시정비법 및 정관에 위배되었다고 보기 어렵다.[497]

---

497) 서울동부지방법원 2010. 8. 27.자 2010카합1903결정

6. 입찰의 무효 등

(1) 입찰의 무효[498]

입찰참여자가 토지등소유자 등을 상대로 하는 개별적인 홍보를 하는 행위하고, 위 개별홍보 적발건수의 합이 3회 이상인 경우 해당 입찰은 무효로 본다.

해당 입찰이 무효로 됨에 따라 단독 응찰이 된 경우에는 유효한 경쟁입찰로 본다(계약업무 처리기준 제16조).

(2) 총회 선정 시공자의 경품제공 등

총회에서 선정된 시공사가 조합원들에 대한 경품비용을 부담하기로 정한 경우 그 경품제공자가 사전에 특정되지 않았다고 하더라도, 이는 조합원들에 대한 금품제공금지규정을 위반한 것이다. 시공자가 비용을 부담하는 물품 제공으로 인하여 총회에 참석할 조합원의 수가 증가할 가능성이 크며, 이는 개최 정족수에 직접적으로 영향을 미치는 것일 뿐만 아니라 의결 정족수에 영향을 미칠 개연성도 배제할 수 없어 이로 인하여 조합원의 시공자 선정에 대한 의사결정권('시공자 선정권')이 침해된다고 판시한 하급심 사례가 있다.[499]

---

498) 서울시 입찰참여 안내서 제5조 입찰의 무효

1. 입찰제안서 제출 마감일시까지 소정 장소에 도착하지 아니한 때
2. 예정가격 이상으로 입찰금액을 제시한 업체
3. 현장설명회 후 개별 홍보 등 관련 규정을 위반한 때
4. 입찰제안서의 중요한 부분이 불분명하거나 정정한 후 날인을 누락한 업체
5. 담합·타사의 참여 방해 또는 조합의 입찰 업무집행을 방해한 자가 속한 업체
6. 이행각서의 내용을 위반한 때
7. 입찰참여안내서에 따른 참여규정(제한사항) 및 제반 조건을 위반한 때
8. 현장설명회에 참여하지 않았거나 입찰참여안내서를 미수령한 업체
9. 우편 또는 FAX로 접수한 입찰제안서
10. 허위 사실을 기재하였거나 구비서류가 누락된 입찰 제안서
11. 2개 이상의 상이한 입찰제안서를 제출한 회사
12. 입찰제안서 제출후 제안내용과다르게 홍보한 업체
13. 국토교통부 고시 '계약업무 처리기준' 제30조 제1항 규정을 위반하여 시공과 관련이 없는 사항에 대한 금전이나 재산상 이익 제공을 제안한 업체

499) 서울북부지방법원 2009. 11. 20.자 2009카합1402 결정

(3) 조합원에 대한 금품제공과 총회 시공사 선정결의 무효

도시정비법 제29조의 내용과 입법 취지, 이 규정을 위반한 행위를 유효로 한다면 정비사업의 핵심적 절차인 시공자 선정에 관한 조합원 간의 분쟁을 유발하고 그 선정과정의 투명성·공정성이 침해됨으로써 조합원들의 이익을 심각하게 침해할 것으로 보이는 점, 도시정비법 제136조 제1호, 제2호에서 위 규정을 위반한 경우에 형사처벌을 하고 있는 점 등을 종합하면, 도시정비법 제29조는 강행규정으로서 이를 위반하여 경쟁입찰의 방법이 아닌 방법으로 이루어진 입찰과 시공자 선정결의는 당연히 무효이다.

나아가 형식적으로는 경쟁입찰의 방법에 따라 조합총회에서 시공자의 선정 결의를 하였다고 하더라도 실질적으로 도시정비법 제29조에서 경쟁입찰에 의하여 시공사를 정하도록 한 취지를 잠탈하는 경우에도 위 규정을 위반한 것으로 볼 수 있다.

가령 조합이나 입찰 참가업체가 시공자 선정과정에서 조합원들에게 금품을 제공하여 시공자 선정동의서를 매수하는 등 시공자 선정 기준, 조합의 정관, 입찰참여지침서나 홍보지침서 등에서 정한 절차나 금지사항을 위반하는 부정한 행위를 하였고, 이러한 부정행위가 시공자 선정에 관한 총회결의 결과에 영향을 미쳤다고 볼 수 있는 경우를 들 수 있다.[500]

시공사가 조합원들에게 모델하우스를 방문하기 위한 경비를 지급하였는데, 형사재판에서 위 경비지급이 향응제공으로 인정되었다. 또한 일부 직원이 뇌물 수수로 유죄판결을 선고받았다. 위 사안에서 시공사의 부정한 행위가 시공사 선정에 관한 조합의 총회결과에 영향을 미쳤음을 이유로 시공사 선정총회 결의가 무효라고 판시한 사례가 있다.[501]

(4) 입찰참여지침의 위반

조합은 정비계획시 설계에 따른 용적율은 230%임에도 임의로 작성한 262% 용적율에 근거하여 설계를 제시하였다. ○○○이 제시한 사업참여제안서에는 이러한 점에 기초하여 조합이 제시한 설계와 다른 설계를 제안하고 있으며,

---

500) 대법원 2016. 8. 29. 선고 2013다50466 판결, 대법원 2016. 11. 24. 선고 2013다37494 판결, 대법원 2017. 5. 30. 선고 2014다61340 판결

501) 서울고등법원 2023. 4. 13. 선고 2022나2041233 판결

'추가부담금 없는 확정지분제', '최저무상지분율 160% 이상'이라는 입찰 참여원칙과 다른 조건을 기재하고 있다.

채무자 입찰참여지침 제27조 제5항에서 추후 설계도서가 변경될 수 있음을 예정하고 있는 점, 채무자 조합이 추진하는 재건축 사업에 이미 임대주택아파트 건축이 포함되어 있는 점, 사업참여제안서의 내용이 곧바로 계약의 내용으로 편입되는 것이 아니라 세부조건에 관하여는 종전에 제시했던 조건에 수정을 가하거나 경우에 따라서는 별도의 합의가 필요한 경우도 있으며 채무자의 입찰참여지침에도 이러한 점을 명시하고 있는 점, 계약 체결여부에 대하여 별도로 총회의결절차를 마련해 두고 있는 점 등을 고려할 때, 기록상 제출된 자료만으로 ○○○이 제시한 사업참여제안서가 채무자의 입찰참여지침을 명백히 위반하여 입찰을 무효로 돌릴 사유에 해당한다고 단정키 어렵다고 판시한 사례가 있다.[502)]

(5) 공사수주 목적 대여금과 부당이득

시공사가 재건축 공사의 수주에 도움을 받기 위하여 정비업체에게 9억 원을 대여한 것이 건설공사의 수주 및 시공과 관련하여 금품을 수수하는 것을 금지하는 도시정비법이나 건설산업기본법의 입법취지와 시공사 선정의 공정성, 염결성, 투명성이 훼손될 수 있다는 점에서 반사회적 요소가 있다.

그러나 시공사는 정비업체에게 9억 원을 반환받을 의사 없이 무상으로 교부한 것이 아니라 반환받을 의사로 대여한 것이고, 다만 '무이자로 대여'함으로써 피고 회사에게 '이자 상당의 금융이익'을 제공한 것이어서, 위 9억 원에 대한 금융이익 상당액만을 뇌물로 볼 수 있을 뿐, 9억 원 전액(원금)을 뇌물이나 부정한 청탁과 관련한 재물로 볼 수 없다.

따라서 대여금 9억 원의 지급을 선량한 풍속 기타 사회질서에 위반되는 민법 제746조 소정의 불법원인급여에 해당한다고 볼 수 없다고 판시한 사례가 있다.[503)]

이 경우 공사수주를 목적으로 정비업체에게 자금을 대여한 건설업자의 입찰

---

502) 서울동부지방법원 2010. 8. 27.자 2010카합1903결정
503) 대법원 2011. 1. 13. 선고 2010다77477 판결

은 무효이나, 조합 또는 정비업체는 해당 건설업자에게 대여금을 상환하여야 한다.

7. 입찰보증금의 예입조치 등

(1) 입찰보증금의 법적 성격

입찰보증금은 손해배상액 예정으로 추정되므로,[504] 조합은 입찰보증금의 몰수 사유만을 입증하면 손해의 발생 및 그 금액을 증명하지 않고서 예정배상액을 청구할 수 있다.

입찰보증금이 몰수되는 입찰자는 채무불이행이 그에게 책임이 없는 사유로 발생한 사실, 손해가 전혀 없다는 사실, 또는 실제의 손해액이 예정액보다 적다는 것을 입증하더라도 책임을 면하거나 감액을 청구하지 못한다. 또한 조합도 실제의 손해액이 예정액보다도 크다는 것을 입증하여도 증액을 청구하지 못한다.

손해배상의 예정액이 부당히 과다한 경우에는 법원은 적당히 감액할 수 있다(민법 제398조 제2항).

(2) 입찰보증금 납부방법

조합은 입찰참가자에게 입찰보증금을 내도록 할 수 있다. 조합은 입찰 마감일부터 5일 이전까지 입찰보증금을 납부하도록 요구하여서는 아니 된다(계약업무 처리기준 제10조의2).

입찰보증금은 현금 또는 '국가를 당사자로 하는 계약에 관한 법률' 또는 '지방자치단체를 당사자로 하는 계약에 관한 법률'에서 정하는 보증서로 납부하게 할 수 있다. 이때 현금에는 체신관서 또는 은행이 발행한 자기앞수표도 포함된다.

입찰자로 하여금 입찰금액의 100분의 5 이상을 입찰보증금으로 납부하게 하고, 낙찰자가 계약을 체결하지 아니한 때에는 당해 입찰보증금을 몰수하도록

504) 대법원 1997. 3. 28. 선고 95다48117 판결

정한 약관조항이 유효하다고 판시한 사례가 있다.[505)]

입찰보증금은 입찰에 따른 계약체결을 담보하기 위한 수단이다. 그러나 입찰보증금이 경쟁입찰의 취지를 잠탈하여 부당하게 입찰을 제한할 경우 과도한 보증금은 실질적으로 도시정비법 제29조를 위반한 것이다.

추진위원회가 입찰공고시 입찰보증금을 용역비의 27%에 해당하는 12억원으로 명시하였고, 이에 1개의 업체만 입찰에 참여하게 되었으며, 추진위원회가 위 1개의 업체를 주민총회에서 수의계약하기로 결의한 경우 위 주민총회의 결의는 무효라고 판시한 사례가 있다.

(3) 입찰보증금의 환급(서울시의 경우)

조합은 해당 건설업자등에게 다음에 따라 입찰보증금을 환급하여야 한다(서울시 선정기준 제18조 제3항).

① 총회 상정할 업체 결정에서 제외된 건설업자등 : 대의원회 개최일부터 14일 이내

② 총회에서 시공자로 선정된 건설업자등 : 계약일부터 14일 이내(단, 조합이 시공자와 협의한 경우 대여금으로 전환이 가능하다.)

③ ①와 ② 외의 건설업자등 : 총회 개최일부터 14일 이내

입찰참여제안서에서 조합이 입찰보증금을 환급하는 경우 예치기간중 발생한 이자는 조합에 귀속된다고 규정할 수 있다.

입찰참여자의 사업 참여제안서에 없는 이주비의 연대보증에 관하여 조합과 시공자간 합의가 이루어지지 않아 공사도급계약 체결을 전제로 한 예약의 효력이 상실되었고, 이 경우 조합은 시공자에게 입찰보증금을 반환하여야 한다고 판시한 사례가 있다.[506)]

(4) 입찰보증금의 몰수(서울시의 경우)

조합장은 총회에서 선정된 건설업자등이 정당한 사유없이 계약을 체결하지 아니하거나 입찰참여 규정 등을 위반하여 조합에 손해가 발생한 경우 해당 건

---

505) 대법원 1997. 3. 28. 선고 95다48117 판결

506) 대전지방법원 천안지원 2016. 12. 16. 선고 2016가합102156, 2016가합102163 판결

설업자등의 입찰보증금을 해당 조합에 귀속시킬 수 있다. 이 경우 조합은 미리 그 뜻을 해당 건설업자등에게 통지하여야 한다(서울시 선정기준 제18조 제1항).

입찰보증금의 예입조치 사유가 발생한 때에는 지체없이 그 뜻을 해당 금융기관 또는 보증기관 등에게 통지하고 당해 입찰보증금을 현금으로 징수하게 하거나 조합 소유 유가증권으로 전환하게 할 수 있다(서울시 선정기준 제18조 제2항).

총회에서 시공자 선정이 무효로 된 경우에는 입찰보증금을 조합에 귀속시킬 수 있다.

(5) 입찰보증금의 미납부와 선정취소

조합의 시공사선정 입찰규정 제3조 제5호에 "입찰자가 입찰보증금 30억 원을 전액 현금으로 납부하거나, 10억 원을 현금으로 납부하고 나머지 20억 원에 관하여는 입찰 보증금 지불 각서를 제출할 수 있다."고 규정하였다.

시공사선정 입찰규정 및 입찰참자자격에서 입찰보증금을 공사도급계약 체결 시 조합에 대한 무이자 대여금으로 전환될 것을 예정하고 있는 점 등에 비추어 조합은 조기에 30억 원을 현금으로 지급할 수 있는 능력이 있는 회사를 시공자로 선정하고자 하였음을 알 수 있다. 따라서 시공사 선정 입찰규정 제9조 제1항은 낙찰자로 선정된 자가 입찰보증금 지불각서를 제출한 경우에는 낙찰일로부터 5일 이내에 현금으로 조합 예금 계좌에 나머지 20억 원을 지급할 것을 정하고 있는 것이라고 보아야 한다.

시공사가 총회에서 수급인으로 선정된 후 공사도급계약의 체결을 지연하면서 위 입찰보증금을 납부하지 않았으며, 이에 조합이 위 시공사에게 낙찰자자 선정을 취소한 사안에서 조합의 시공사에 대한 낙찰자 선정 취소 및 입찰보증금 몰수는 적법하다고 판시한 사례가 있다.[507)]

---

507) 서울중앙지방법원 2019. 9. 26. 선고 2018가합593901 판결, 서울남부지방법원 2015. 10. 29. 선고 2014가합115750 판결

Ⅳ. 공사도급계약의 체결 등

1. 공사도급계약의 체결

(1) 표준공사계약서의 보급

국토교통부는 2024. 1. 23.부터 '정비사업 표준공사계약서'를 보급하고 있으며, '정비사업 표준공사계약서'의 주요 변경사항은 다음 표와 같다.

구분	주요 개선사항	조항
공사비 산출근거	**공사비 총액 명시** + **산출내역서*(또는 품질사양서) 첨부** * 세부품목별 물량·수량·단가 등 명시 ☞ **공사비 총액을 구성하고 있는 세부 내역을 명확화**	第6조 第1항·第2항
	시공사의 이행 범위와 조합의 이행 범위를 명확화	第6조 第3항
공사비 조정 (설계변경)	**설계변경 시 추가되는 품목이** ❶ **기존품목의 단순 증감인 경우** → 기존 내역서상 단가 적용 ❷ **기존품목이나 규격 등이 상이** → 기존 단가의 범위에서 협의 ❸ **신규품목이 추가되는 경우** → 가격정보지 상 설계변경 시점 단가에 낙찰률 적용 등	第23조 第1항
	조합의 요구 등 시공사 귀책 無 → 신규품목 추가되는 경우(❸)에 준하여 공사비 조정 등	第23조 第2항
공사비 조정 (물가변동)	**지수조정률 방식*으로 물가 반영** (합의 시 건설공사비지수** 적용) * 국가계약법에 따른 관급공사 물가 반영 방식 ** 건기연에서 매월 발표하는 건설공사물가지수	第24조 第1항

	착공 이후에도 일부 자재* 가격이 급등하는 경우는 물가 반영 허용 * 공사비의 일정 비율 이상 차지하는 주요 자재	제24조 제3항
공사비 검증	**일정 비율 이상 증액되는 경우 공사비 검증** 받도록 하고, 검증 결과를 **총회에서 공개**한 후 **증액 계약 체결**하도록 규정	제8조 제7항·제8항
분쟁 자구해결	분쟁 발생 시 **도시분쟁조정위** 또는 **대한상사중재원**에 조정·중재 신청	제60조 제2항·제3항

국토교통부장관은 위 '정비사업 표준공사계약서' 이외 건설교통부장관은 2000. 6. '재건축사업 공사표준계약서(도급제방식)', '재건축사업 공사표준계약서(지분제방식)', '주택재개발사업 공사표준계약서'를 보급하였다. 서울시는 2011. 10.부터 '정비사업 공사표준계약서'를 보급하고 있다.

국토교통부장관 및 서울시가 보급하고 있는 '정비사업 표준공사계약서'는 조합이 시공사와 공사도급계약을 체결함에 있어, 주택정비사업의 구체적인 추진절차 및 쌍방간의 권리·의무관계, 채권·채무관계 등에 관한 계약체결상의 방법을 예시하는 하나의 가이드라인으로 법적 구속력은 없으며, 조합·시공사·사업지역의 특징과 여건에 따라 각자에게 적합한 계약서를 작성할 수 있도록 한 것이다.

(2) 공사비 등 검토 및 계약 체결

사업시행자등은 계약체결전 계약서 중 다음의 사항에 대하여 정비사업지원기구에 검토를 요청 할 수 있다(계약업무 처리기준 제36조 제2항).

① 계약서에 포함된 도서의 종류

② ①호에 따른 도서간 우선순위에 관한 사항

③ 공사비 산출 근거에 관한 사항

④ 공사비 및 공사기간 변경 등에 관한 사항

⑤ 공사비 검증을 포함한 분쟁 해결에 관한 사항

사업시행자등은 총회에서 선정된 시공자와 계약을 체결하는 경우 계약의 목적, 이행기간, 지체상금, 실비정산방법, 기타 필요한 사유 등을 기재한 계약서를 작성하여 기명날인하여야 한다(계약업무 처리기준 제36조 제1항).

사업시행자(사업대행자 포함)는 시공자와 공사에 관한 계약을 체결할 때에는 기존 건축물의 철거 공사에 관한 사항을 포함시켜야 한다. 철거공사에는 석면안전관리법에 따른 석면 조사 · 해체 · 제거를 포함한다(법 제29조 제11항).

(3) 공사도급계약서에 관한 총회 의결

건설교통부 표준정관 제12조 제2항에 의하면 조합은 시공자와 그 업무범위 및 관련 사업비의 부담 등 사업시행 전반에 대한 내용을 협의한 후 미리 총회의 의결을 거쳐 별도의 계약을 체결하여야 한다. 서울시 재개발 표준정관 제12조 제2항에서도 선정된 시공자와 체결하는 공사도급계약은 법 제45조에 따라 총회의 의결을 받아야 한다. 즉 총회의 사전 의결 이후에 공사도급계약을 체결하도록 정하고 있다.

선정된 시공자와의 계약 체결은 총회에만 그 권한이 부여된 것이고, 조합정관은 계약체결 전 총회의 사전 의결을 거칠 것을 요하고 있으므로, 대의원회에 공사도급계약체결 즉시 효력이 발생하는 본계약을 체결할 권한을 부여하는 것은 허용되지 않는다.

그러나 시공사 선정을 위한 총회에서 공사도급계약체결의 대의원회 위임의 안건은 대의원회가 계약내용을 협의한 후 총회에서 계약 체결에 대한 결의가 이루어질 경우 대의원회에서 그에 따라 계약을 체결하도록 하는 내용으로 보아야 할 것이다.[508]

(4) 공사도급계약에 관한 총회 의결이 있다고 본 사례

① 조합원들에게 배포한 총회자료집에는 공사도급 조건, 공사금액에 포함되는 사항 등 시공업무의 범위 및 사업비 부담에 관한 상세한 내용이 포함되어 있었고, ② 입찰참여자의 사업제안서를 항목별로 비교한 표를 함께 제공하였으며, ③ 사업참여제안서를 시공사 선정시 계약의 일부를 구성하는 것으로 하였으며, ④ 시공자 선정총회에서 시공자와의 계약체결을 대의원회에 위임하기

---

508) 서울동부지방법원 2010. 8. 27.자 2010카합1903 결정

로 결의하였으며, ⑤ 사업제안서 내용을 기초로 계약의 세부적인 내용을 확정한 후 대의원회의 의결을 거쳐 시공계약을 체결한 점에 비추어 보면, '시공자의 업무범위 및 관련 사업비의 부담 등 사업시행 전반에 관한 내용'에 대하여 피고의 유효한 사전 총회의결이 있었다고 판시한 사례가 있다.

시공자 선정총회에서 '시공자 선정'과 '시공계약 체결 위임'이라는 두 가지 안건을 함께 상정하여, 당일 선정되는 시공자의 사업제안서 내용이 그대로 시공계약의 내용이 되도록 절차를 단축한 것일 뿐, 시공계약 체결에 관한 총회의결을 생략한 것이 아니다.[509]

(5) 전기, 통신, 가스, 수도 등 지장물 철거공사

전기, 통신 가스, 수도 등 지장물 철거에 관한 공사계약은 정비구역 내 거주자들이 이주를 마칠 때 발생하는 빈집의 누전, 누수, 가스폭발 및 화재 등 안전사고를 예방하기 위해 실시하는 것이다.

전기, 통신 가스, 수도 등 지장물 철거공사는 ① 지장물의 사전 현황조사, ② 도로상의 각 공급지점에서 이주를 마친 각 거주자 소유의 토지경계 또는 건물 외벽(공동주택 등의 경우) 사이에 있는 차단시설 부분의 흙을 파내고 공급을 차단한 후 다시 메워 원상태대로 도로를 포장하는 공사, ③ 기타 관리권자와(한국전력공사, 수도사업소, 한국도시가스 등) 업무협의 등의 공사로서, 기존 건축물 철거를 위한 사전적 공정에 해당한다.

조합은 시공사가 아닌 제3자에게 전기, 통신, 가스, 수도 등 지장물 철거공사를 도급할 수 있다.[510]

(6) 정당한 이유없이 3월이내 계약체결을 하지 않은 경우

사업시행자등은 총회에서 선정된 시공자가 정당한 이유 없이 3개월 이내에 계약을 체결하지 아니하는 경우에는 총회의 의결을 거쳐 해당 선정을 무효로 할 수 있다(계약업무 처리기준 제36조 제3항).

시공자 선정 무효를 위한 총회 의결은 정관에 특별한 규정이 없는 한 조합

509) 서울고등법원 2014. 12. 12. 선고 2014누61714 판결
510) 서울고등법원 2018, 12, 13,자 2018라20991 결정, 서울중앙지방법원 2023. 4. 13. 선고 2021가합549171, 2022가합521798 판결

원 과반수 출석 및 출석 조합원 과반수 찬성으로 의결한다.

도시정비법상 시공자 선정 취소를 위한 총회개최시 조합원 20% 직접 출석을 요구하고 있으나, 시공자 선정무효를 위한 총회개최시 조합원 20% 직접 출석하여야 한다는 규정이 없다. 서울시 재개발 표준정관 제12조 제4항에 의하면 조합원 20% 직접 출석을 규정하고 있다.

시공자가 정당한 이유없이 3월 이내 계약을 체결하지 않는 경우 조합은 낙찰자의 입찰보증금을 몰수할 수 있다.

(7) 조합의 본계약 체결 거부

공사도급계약의 도급인이 될 자가 수급인을 선정하기 위해 입찰절차를 거쳐 낙찰자를 결정한 경우 입찰을 실시한 자와 낙찰자 사이에는 도급계약의 본계약체결의무를 내용으로 하는 '예약의 계약관계'가 성립하고, 어느 일방이 정당한 이유 없이 본계약의 체결을 거절하는 경우 상대방은 예약채무불이행을 이유로 한 손해배상을 청구할 수 있다.[511]

계약의 주요한 내용과 조건은 입찰 공고 및 총회자료 등에 의해 이미 확정되었음에도 불구하고 조합이 계약의 세부적인 사항을 조정하는 정도를 넘어서 계약의 주요한 내용 또는 조건의 변경을 요구하거나 새로운 조건을 추가하는 경우에는 이미 성립된 예약에 대한 조합의 승낙의무에 반하는 것으로 특별한 사정이 없는 한 허용될 수 없다.[512]

(8) 조합의 본계약 체결거절과 손해배상범위

손해배상의 범위는 원칙적으로 예약채무불이행으로 인한 통상의 손해를 한도로 하는데, 만일 입찰을 실시한 자가 정당한 이유 없이 낙찰자에 대하여 본계약의 체결을 거절하는 경우라면 낙찰자가 본계약의 체결 및 이행을 통하여 얻을 수 있었던 이익, 즉 '이행이익' 상실의 손해는 통상의 손해에 해당한다고 볼 것이므로 입찰을 실시한 자는 낙찰자에 대하여 이를 배상할 책임이 있다.

---

511) 대법원 2011. 11. 10. 선고 2011다41659 판결, 대법원 2006. 6. 29. 선고 2005다41603 판결

512) 서울서부지방법원 2022. 11. 3. 선고 2020가합35076 판결

낙찰자가 본계약의 체결 및 이행을 통하여 얻을 수 있었던 이익은 일단 본계약에 따라 타방 당사자에게서 지급받을 수 있었던 급부인 낙찰금액이다.

본계약의 체결과 이행에 이르지 않음으로써 낙찰자가 지출을 면하게 된 직·간접적 비용은 그가 배상받을 손해액에서 당연히 공제되어야 한다.

손해의 공평·타당한 분담을 지도원리로 하는 손해배상제도의 취지상, 법원은 본계약 체결의 거절로 인하여 낙찰자가 이행과정에서 기울여야 할 노력이나 이에 수반하여 불가피하게 인수하여야 할 사업상 위험을 면하게 된 점 등 여러 사정을 두루 고려하여야 한다.[513)]

(9) 시공사의 자금인출 미동의와 손해배상

상가 분양사업의 시행사인 갑 주식회사가 분양수입금 관리계좌에 입금된 수입금을 인출하기 위하여는 시공사인 을 주식회사의 동의서를 첨부하여야 한다는 사업약정에 따라 병과의 분양계약 해제에 따른 해약금 인출에 대한 동의를 을 회사에 요청하였으나, 을 회사가 인출에 동의하지 않은 채 관리계좌에서 자신의 공사대금을 변제받고자 우선적으로 금원을 인출함으로써 관리계좌의 잔고가 부족하게 되어 병이 해약금을 반환받지 못하였다.

위 사안에서, 을 회사는 병의 해약금 반환채권이 자신의 행위로 침해됨을 알면서도 병에 대한 관계에서 법률상 우선변제권이 인정되지 않는 자신의 공사대금을 우선적으로 추심하기 위하여 금원을 인출하였고, 을 회사의 이러한 행위는 부동산 선분양 개발사업 시장에서 거래의 공정성과 건전성을 침해하고 사회통념상 요구되는 경제질서를 위반하는 위법한 행위로서, 병은 을 회사의 위와 같은 위법행위로 말미암아 갑 회사로부터 해약금을 반환받지 못하는 손해를 입었으므로, 을 회사는 병에게 그 손해를 배상할 책임이 있다.[514)]

(10) 조합설립무효와 공사도급계약

재개발조합의 조합설립인가처분이 법원의 재판에 의하여 취소된 경우 그 조합설립인가처분은 소급하여 효력을 상실하고, 당해 재개발조합이 조합설립인

513) 대법원 2011. 11. 10. 선고 2011다41659 판결, 서울고등법원 2020. 5. 28. 선고 2019나204575 판결
514) 대법원 2021. 6. 30. 선고 2016다10827 판결

가처분의 취소 전에 사업시행자로서 한 결의 등 처분은 달리 특별한 사정이 없는 한 소급하여 효력을 상실한다. 따라서 조합총회에서의 시공자 선정결의 및 조합과 시공사간 공사도급계약도 효력을 상실한다.[515)]

(11) 조합원의 공사도급계약 무효 주장

조합이 창립총회를 개최하여 시공사를 선정하는 결의를 하고, 공사도급계약을 체결한 경우 조합이 시공사와 체결한 공사도급계약의 효력이 조합에게 미치는지 여부에 대하여 조합원들은 일정한 이해관계를 가지고 있다고 할 것이나, 이러한 이해관계는 단순히 일반적이고 사실적인 것에 불과할 뿐 구체적인 법률상의 이익에는 해당하지 아니한다. 따라서 조합원들은 직접 조합을 상대로 공사도급계약의 무효를 주장할 수 없다.[516)]

2. 공사비의 검증

(1) 공사비 검증제도의 도입취지

정부는 2019. 4. 23. 도시정비법을 개정하면서 공사비 검증제도를 도입하였다. 공사비 검증제도는 조합원들의 이해관계에 영향을 미치는 공사비 증액에 관하여 제3자인 검증기관에 의한 객관적 검증절차를 거치게 함으로써 조합원들의 이익을 보호하고 투명하고 합리적인 정비사업을 추진하기 위함이다. 공사비 검증절차는 적정 공사비 규모에 관한 객관적인 자료를 제공하고 조합원들의 합리적인 의사결정에 도움을 주어 궁극적으로는 조합원들의 재산권 등을 보호함과 아울러 조합의 임원과 시공사가 부정한 결탁으로 정비사업의 공사비를 과도하게 부풀리는 불법을 방지하는 순기능을 발휘하게 된다.

(2) 공사비 검증사유

사업시행자는 공사비 검증사유가 발생한 경우 토지주택공사등 또는 한국부

---

515) 대법원 2012. 3. 29. 선고 2008다95885 판결
516) 대법원 2010. 2. 25. 선고 2009다93299 판결

동산원에 공사비 검증을 요청하여야 한다(법 제29조의2 제1항).

공사비의 검증요청 사유는 다음과 같다.

① 토지등소유자 또는 조합원 5분의 1 이상이 사업시행자에게 검증 의뢰를 요청하는 경우

② 공사비의 증액 비율이 다음의 어느 하나에 해당하는 경우. 증액비율에서 당초 계약금액 대비 누적 증액 규모의 비율로서 생산자물가상승률은 제외함.

- 사업시행계획인가 이전에 시공자를 선정한 경우: 100분의 10 이상
- 사업시행계획인가 이후에 시공자를 선정한 경우: 100분의 5 이상

③ ① 또는 ②에 따른 공사비 검증이 완료된 이후 공사비의 증액 비율이 100분의 3 이상인 경우. 증액비율에서 검증 당시 계약금액 대비 누적 증액 규모의 비율로서 생산자물가상승률은 제외함.

도시정비법 제29조의2 제1항 제3호는 제1호 또는 제2호에 따른 공사비 검증이 완료된 후 공사도급변경계약이 체결된 경우에만 적용이 가능하다.[517)]

국토교통부장관은 한국부동산원, 한국토지주택공사, 지방공사에게 공사비 검증업무를 대행하게 할 수 있다(법 제114조 제6호).

국토교통부는 '정비사업 공사비 검증기준'(국토교통부 고시 제2024-468호. 2024. 9. 5.)을 고시하였다.

시장·군수등 또는 토지주택공사등이 단독 또는 공동으로 정비사업을 시행하는 경우는 공사비 검증이 적용되지 않는다.

(3) 공사비 검증과 공사도급변경계약

도시정비법 제29조의2는 정비사업의 공사비를 과도하게 부풀리는 행위 방지에 있고, 위 규정을 위반한 자에 대한 형사처벌 규정이 존재하지 않으며, 위 규정에서 공사비 검증을 요청해야 하는 종기 등을 특정하지 않은 점 등을 이유로 공사비변경계약이 도시정비법 제29조의2 제1항에서 정한 공사비 검증 요청을 거치지 않고 체결되었다고 하더라도 무효라고 할 수 없다.[518)]

---

517) 서울행정법원 2024. 8. 22. 선고 2023구합74727 판결

518) 서울고등법원 2025. 1. 8. 선고 2024나2029879 판결, 부산지방법원 2023. 5. 17. 선고 2021가합49693 판결

3. 공사도급변경계약

(1) 공사도급변경과 총회의 의결정족수

물가변동 등 건축 경기의 상황변화, 정부정책의 변경 기타 예측하지 못한 상황이 발생함으로써 공사비가 증액될 경우 조합은 시공사와 공사비의 증액에 관한 합의를 한 후 총회에서 공사비 증액에 관한 안건을 의결할 것이다. 이때 정관에서 특별히 정한 경우가 아니라면 '조합원 과반수 참석'에 '참석 조합원 과반수 찬성'으로 의결하게 된다.

2012. 2. 1. 도시정비법 제45조 제4항이 신설되어 정비사업비가 10% 이상 증액되는 경우 조합원 3분의 2 이상의 찬성으로 의결하여야 한다. 2013. 12. 24. 개정을 통해 '현금청산 금액은 제외한다'는 문언이 추가되었다. 현재는 정비사업비 10% 산정시 생산자물가상승률분도 제외한다.

정비사업비의 일부를 이루는 공사비 증액과 관련된 총회 결의가 별도로 이루어지고 그것이 '조합원의 이해관계에 중대한 영향을 미칠 정도로 실질적으로 변경된 경우'에 해당하는지 여부가 다투어지는 경우 이를 판단함에 있어서는 당해 정비사업의 특성, 정비사업의 진행 경과 및 공사비 증액에 미치는 영향, 공사비 증액에 이르기까지의 경위와 그 구체적 내용과 함께 도시정비법 제45조 제4항의 입법 경위와 규정취지 등도 충분히 고려될 필요가 있다.

공사비 증액에 이르기까지의 협의 과정, 조합원들 다수는 지연손해금이나 금융비용 등 공사비 외의 부분을 포함하여 최종 변경계약에 관한 결의와 함께 관리처분계획을 신속하게 마련하는 것이 조합원들 전체의 이익에 부합하는 것으로 판단한 점 등을 고려해 볼 때 공사비 증액에 관한 총회 결의가 '조합원의 이해관계에 중대한 영향을 미칠 정도로 실질적으로 변경된 경우'에 해당되지 않으므로, 조합원 3분의 2 이상의 결의가 필요하지 않다고 판시한 사례가 있다.[519]

종전 많은 대법원 판례는 '시공자와의 계약서에 포함될 내용'(공사도급변경계약)이 당초의 조합설립동의시 채택한 조합원의 비용분담 조건을 변경하는

519) 서울고등법원 2025. 1. 8. 선고 2024나2029879 판결

것인 때에는 비록 그것이 정관 변경에 대한 절차가 아니라 할지라도 특별다수의 동의요건을 규정하여 조합원들의 이익을 보호하려는 도시정비법 제40조 제1항 제16호, 제3항의 규정을 유추적용하여 조합원의 3분의 2 이상의 동의를 요한다고 판시하였다.[520] 조합이 조합원 3분의 2 이상의 동의를 거치지 아니하고 시공자와 공사도급변경계약을 체결한 경우 그 변경계약은 효력이 없고,[521] 이 경우 민법 제107조의 비진의표시의 법리 또는 표현대리 법리가 적용되지 않는다.[522]

(2) 건설산업기본법 제22조 제5항의 불공정 사유

건설공사 도급계약의 내용이 당사자 일방에게 현저하게 불공정한 경우로서 다음의 어느 하나에 해당하는 경우에는 그 부분에 한정하여 무효로 한다.

① 계약체결 이후 설계변경, 경제상황의 변동에 따라 발생하는 계약금액의 변경을 상당한 이유 없이 인정하지 아니하거나 그 부담을 상대방에게 떠넘기는 경우

② 계약체결 이후 공사내용의 변경에 따른 계약기간의 변경을 상당한 이유 없이 인정하지 아니하거나 그 부담을 상대방에게 떠넘기는 경우

③ 도급계약의 형태, 건설공사의 내용 등 관련된 모든 사정에 비추어 계약체결 당시 예상하기 어려운 내용에 대하여 상대방에게 책임을 떠넘기는 경우

④ 계약내용에 대하여 구체적인 정함이 없거나 당사자 간 이견이 있을 경우 계약내용을 일방의 의사에 따라 정함으로써 상대방의 정당한 이익을 침해한 경우

⑤ 계약불이행에 따른 당사자의 손해배상책임을 과도하게 경감하거나 가중하여 정함으로써 상대방의 정당한 이익을 침해한 경우

건설산업기본법 제22조 제5항은 강행규정이고, 이를 위반한 계약조항은 무

520) 대법원 2009. 1. 30. 선고 2007다31884 판결, 대법원 2009. 6. 25. 선고 2007다31822, 31839 판결, 대법원 2009. 11. 26. 선고 2008다41383 판결, 대법원 2013. 6. 14. 선고 2012두5022 판결, 대법원 2013. 11. 14. 선고 2011다22085 판결

521) 대법원 2011. 4. 28. 선고 2010다105112 판결, 대법원 2011. 4. 28. 선고 2011다5448, 5455(반소), 대법원 2016. 5. 12. 선고 2013다49381 판결

522) 대법원 2016. 5. 12. 선고 2013다49381 판결

효이다.

(3) 설계변경과 계약금액의 조정

국토교통부의 '정비사업 표준공사계약서' 제22조 제1항에 의하면 설계변경 사유는 다음과 같다.

① 설계서의 내용이 불분명하거나 누락 · 오류 또는 상호 모순되는 점이 있을 경우

② 새로운 기술 · 공법사용으로 공사비의 절감 및 시공기간의 단축 등의 효과가 현저할 경우

③ 기타 "도급인"이 설계서를 변경할 필요가 있다고 인정할 경우 등

국토교통부의 '정비사업 표준공사계약서' 제23조 제1항에 의하면 설계변경으로 인한 계약금액의 조정은 다음과 같다.

① 증감된 공사량의 단가는 계약단가로 한다.

② 산출내역서에 있는 품목으로 규격이 상이하거나 시공 부위 · 방법 · 형태 · 조건 등이 상이한 경우 산출내역서상의 품목 단가를 기준으로 하여 계약금액을 조정한다. 이 경우 재료비 단가는 "도급인"과 "수급인"이 협의하여 면적이나 중량의 비율을 적용하여 산정하고, 인건비와 장비비 등은 시공의 난이도를 고려하여 적정 할증율을 협의하여 결정한다.

③ 산출내역서에 없는 품목 또는 비목의 단가(이하 "신규비목"이라 한다)는 설계변경 당시(설계도면의 변경을 요하는 경우에는 변경도면을 "도급인"이 확정한 때, 설계도면의 변경을 요하지 않는 경우에는 계약당사자간에 설계변경을 문서에 의하여 합의한 때, 제22조제3항에 의하여 우선시공을 한 경우에는 그 우선시공을 하게 한 때를 말한다. 이하 같다)를 기준으로 국내에서 발행되는 가격정보지(조달청 발행 가격정보를 포함한다. 이하 같다) 3개 이상을 조사한 단가 중 가장 낮은 자재단가에 ○○%를 곱하여 정하고, 노무비 및 경비는 산출내역서의 해당 품목 혹은 유사 품목의 노무비, 경비를 기준으로 한다. 다만, 특수자재 또는 독과점으로 납품업체가 3개 이하인 경우 "도급인"과 "수급인"이 합의한 1개 업체의 자재단가를 기준으로 ○○%를 곱하여 단가를 정할 수 있

다.

④ ③호에도 불구하고 국내에서 발행되는 가격정보지에 신규품목 단가가 없는 경우에는 “도급인”과 “수급인”의 합의하여 선정한 해당 공종 납품업체 3개 이상의 견적단가 중 가장 저렴한 단가를 기준으로 산정한다.

(4) 물가변동 배제특약

국토교통부의 ‘정비사업 표준공사계약서’ 제24조 제1항 단서에 의하면 “다만, 실착공 이후에는 물가변동으로 인한 계약금액의 조정은 없는 것으로 한다.”라고, 같은 조 제3항에 의하면 “제1항의 단서 규정에도 불구하고 해당 공사비를 구성하는 재료비, 노무비, 경비 합계액의 1천분의 ○를 초과하는 특정규격의 자재 가격이 실착공일로부터 100분의 ○○ 이상 증감된 경우에는 “도급인”과 “수급인”이 합의하여 계약금액을 조정할 수 있다.”[523]라고 규정하고 있다.

조합은 시공사와 물가변동에 따른 계약금액 조정 조항의 적용을 배제하기로 합의할 수 있다.[524] ‘계약체결 당시에 물가변동이나 계약기간 연장 등으로 인한 계약금액의 조정은 일체 인정하지 않는다’라고 계약조건이 있는 경우 조합은 물가변동으로 인한 계약금액 조정 의무를 부담하지 않는다.[525]

발주자의 귀책사유로 공사의 착공이 지연되었고, 그동안 철근 가격이 2배가량 상승하였음에도 불구하고 계약금액의 변경을 허용하지 않는다면 이는 수급인에게 현저히 불공정한 경우에 해당한다. 위와 같은 사례에서 물가상승 등으로 도급금액을 증액할 수 없다고 정한 특약사항은 건설산업기본법 제22조 제5항에 의거 무효라고 판시한 사례도 있다.[526]

---

523) 국가계약법 시행령 제64조 제6항은 해당 공사비를 구성하는 재료비, 노무비, 경비 합계액의 ‘1천분의 5를 초과하는 자재의 가격’이 계약체결일로부터 ‘100분의 15 이상 증감’된 경우 계약금액을 조정하도록 규정하고 있음

524) 대법원 2017. 12. 21. 선고 2012다74076 전원합의체 판결

525) 서울중앙지방법원 2024. 10. 16. 선고 2022가합508672 판결, 수원지방법원 2024. 11. 28. 선고 2021가합29811 판결

526) 부산고등법원 2023. 11. 29. 선고 2023나50434 판결

(5) 공사비 증액 협상과 중도파기

어느 일방이 교섭단계에서 계약이 확실하게 체결되리라는 정당한 기대 내지 신뢰를 부여하여 상대방이 그 신뢰에 따라 행동하였음에도 상당한 이유 없이 계약의 체결을 거부하여 손해를 입혔다면 이는 신의성실의 원칙에 비추어 볼 때 계약자유원칙의 한계를 넘는 위법한 행위로서 불법행위를 구성한다.[527]

피고가 국회의 예산승인 후 국방부로부터 승인된 예산 범위 내에서 사업별·과제별 예산을 조정하라는 지시에 따라 스스로 사업별·과제별 예산을 조정할 수 있게 된 때에 이미 추가예산을 확보하였다고 보아야 할 것임에도 불구하고, 피고는 정당한 이유 없이 단지 구체적인 예산집행계획이 수립되지 않았다는 등의 주장을 내세워 위 추가 공사비용을 확정하여 지급하기 위한 협상 내지 조정에 전혀 응하지 아니하였는바, 이는 신의성실의 원칙에 비추어 볼 때 계약자유원칙의 한계를 넘은 위법한 행위로서 불법행위를 구성한다고 판시한 사례가 있다.[528]

(6) 공사지연과 면책사유

국토교통부의 '정비사업 표준공사계약서' 제48조 제3항 제1호에 의하면 '불가항력의 사유로 인하여 공사이행에 직접적인 영향을 미친 경우로서 계약당사자 누구의 책임에도 속하지 아니하는 경우' 그 해당일수를 지체일수에 산입하지 않는다.

천재지변이나 이에 준하는 경제사정의 급격한 변동 등 불가항력으로 인하여 목적물의 준공이 지연된 경우에는 수급인은 지체상금을 지급할 의무가 없다. ① 이른바, IMF 사태 및 그로 인한 자재 수급의 차질 등은 그와 같은 불가항력적인 사정이라고 볼 수 없고, ② 일반적으로 수급인이 공사도급계약상 공사기간을 약정함에 있어서는 통상 비가 와서 정상적으로 작업을 하지 못하는 것까지 감안하고 이를 계약에 반영하는 점에 비추어 볼 때 천재지변에 준하는 이례적인 강우가 아니라면 지체상금의 면책사유로 삼을 수 없다고 판시한 사례가 있다.[529]

---

527) 대법원 2003. 4. 11. 선고 2001다53059 판결
528) 대법원 2004. 5. 28. 선고 2002다32301 판결
529) 대법원 2002. 9. 4. 선고 2001다1386 판결

(7) 공동수급체의 구성원 변경

시공사가 공동수급체(컨소시엄)를 결성하여 공사를 공동으로 수급하는 경우가 있고, 이때 공동이행방식의 건설공동수급체는 민법상 조합의 성질을 가진다.[530)]

2인으로 된 조합관계(공동수급체)에 있어 그 중 1인이 탈퇴하면 조합관계는 종료되나, 특별한 사정이 없는 한 조합이 해산 또는 청산절차를 밟지 않는다. 조합원의 합유에 속한 조합재산은 남은 조합원의 단독소유에 속하며, 탈퇴자와 남은 자 사이에는 탈퇴로 인한 계산만이 남는다.[531)]

2개 시공사로 구성된 공동수급체가 조합과 공사도급계약을 체결한 후 공동수급체 중 하나의 시공사가 부득이한 사유로 공동수급체에서 탈퇴할 경우 해당 조합에 대한 시공권은 남은 시공사에게 단독으로 귀속되고, 남은 시공사와 조합간 공사도급변경계약을 체결함에 있어 별도로 도시정비법 제29조에 의한 시공사선정절차를 거치지 않아도 된다.[532)]

이에 반해 갑, 을 시공사로 구성된 공동수급체중에서 '갑회사가 탈퇴의사를 표시하지 않았음'에도 불구하고 조합이 총회에서 을회사를 단독 시공사로 선정하는 결의를 할 경우 위 총회는 경쟁입찰을 거치지 않아 무효이다.[533)]

공동수급체 구성원의 참여비율을 변경하는 것은 도시정비법 제45조 제1항 4호에 해당되지 않아 총회 의결이 필요하지 않다.[534)]

---

530) 대법원 2000. 12. 12. 선고 99다49620 판결
531) 대법원 1987. 11. 24. 선고 86다카2484 판결, 대법원 2006. 3. 9. 선고 2004다49693, 49709 판결 대법원, 2013. 5. 23. 선고 2010다102816,102823 판결
532) 서울북부지방법원 2023. 2. 17.자 2022카합20250 결정
533) 서울고등법원 2012. 5. 25. 선고 2011나33605 판결
534) 서울고등법원 2023. 3. 29. 선고 2022나2031960 판결

4. 공사도급계약의 해제·해지 등

(1) 시공자 선정취소와 총회결의

시공자의 선정 및 변경은 총회의 의결을 거쳐야 하고(법 제45조 제1항 제5호), 시공자 선정 취소를 위한 총회의 경우에는 조합원의 20% 이상이 직접 출석하여야 한다(법 제45조 제10항).

총회와 병행하여 온라인총회를 개최하는 경우 온라인총회에 참석한 자는 '직접' 출석한 것으로 보고(법 제44조의2 제2항), 전자적 방법으로 의결권을 행사할 수 있다(법 제45조 제6항).

시공자 선정 취소 또는 공사도급계약의 해제는 정관에 특별한 정함이 없는 한 출석 조합원 과반수 출석으로 개의하고, 출석 조합원 과반수 찬성으로 의결한다.

시공사의 선정·변경에 조합총회의 의결이 필요하다고 하여 반드시 조합총회의 시공사 변경에 관한 의결이 있은 후에야 시공사 선정 변경을 위한 즈러차를 진행할 수 있다고 볼 수 없다. 조합은 시공사 선정 변경을 위한 사전준비를 모두 마친 후 조합총회의 의결을 얻어 시공사 선정·변경을 정할 수도 있다.[535] 즉 동일한 총회에서 종전 시공사의 공사도급계약 해제의 안건을 의결한 후 새로운 시공사의 선정 안건을 의결할 수 있다.

(2) '정비사업 표준공사계약서'의 도급인 계약해제사유

국토교통부의 '정비사업 표준공사계약서' 제41조 제1항에 의하면 도급인의 계약해제 및 해지사유는 다음과 같다.

① 정당한 이유 없이 제7조 제2항에 따른 착공시일을 경과하고도 공사에 착수하지 아니할 경우

② "수급인"의 책임 있는 사유로 인하여 준공기일내에 공사를 완공할 가능성이 없음이 명백한 경우

③ 제48조 제1항의 규정에 의한 지체상금이 계약보증금 상당액에 달한 경우로서, 공사기간을 연장하여도 공사를 완공할 가능성이 없다고 판단되는

---

535) 광주지방법원 2017. 4. 27.자 2017카합50155 결정

경우
④ 「정비사업 계약업무 처리기준」을 위반하거나 입찰에 관한 서류 등을 허위 또는 부정한 방법으로 제출하여 계약이 체결된 경우
⑤ "수급인"의 부도·파산·해산·영업정지·등록말소 등으로 인하여 계약이행이 곤란하다고 판단되는 경우
⑥ 기타 "수급인"이 계약상의 의무를 이행하지 아니한 경우

(3) 시공사의 부도와 계약해지

시공사에게 계약기간 중에 부도가 발생하였다는 사실만으로 당해 계약의 이행이 그의 귀책사유로 불가능하게 되었다고 단정할 수는 없다. 시공사의 부도 발생 전후의 계약의 이행정도, 부도에 이르게 된 원인, 부도 발생 후의 영업의 계속 혹은 재개 여부, 당해 계약을 이행할 자금사정 기타 여건 등 제반 사정을 종합하여 계약의 이행불능 여부를 판단하여야 한다.[536]

따라서 시공사에게 부도가 발생하였다는 사정만으로 조합은 공사도급계약을 해제할 수 없고, 제반 사정을 종합하여 시공사가 계약의 이행이 불능하다고 판단되는 경우에 한하여 공사도급계약을 해제할 수 있다.

(4) 시공사의 귀책사유로 인한 계약해제와 보수청구권

도급계약에서 정한 일의 완성 이전에 계약이 해제된 경우 수급인으로서는 도급인에게 보수를 청구할 수 없음이 원칙이다. 다만 예외적으로 이미 완성된 부분에 대한 수급인의 보수청구권이 인정될 수 있다.[537]

건축공사도급계약이 수급인의 채무불이행을 이유로 해제될 당시 공사가 상당한 정도로 진척되어 이를 원상회복하는 것이 중대한 사회적·경제적 손실을 초래하고 완성된 부분이 도급인에게 이익이 된다면, 해당 도급계약은 미완성 부분에 대하여만 실효되어 수급인은 해제한 상태 그대로 건물을 도급인에게 인도하고 도급인은 특별한 사정이 없는 한 인도받은 미완성 건물에 대한 보수를 지급하여야 하는 권리의무관계가 성립한다.

---

536) 대법원 2006. 4. 28. 선고 2004다16976 판결
537) 대법원 2023. 3. 30. 선고 2022다289174 판결

이와 같은 경우 도급인이 지급하여야 할 미완성 건물에 대한 보수는 특별한 사정이 없는 한 당사자 사이에 약정한 총공사비에 기성고 비율을 적용한 금액이 되는 것이지, 수급인이 실제로 지출한 비용을 기준으로 할 것은 아니다.

기성고 비율은 공사대금 지급의무가 발생한 시점, 즉 수급인이 공사를 중단할 당시를 기준으로 이미 완성된 부분에 들어간 공사비에다 미시공 부분을 완성하는 데 들어갈 공사비를 합친 전체 공사비 가운데 완성된 부분에 들어간 비용이 차지하는 비율을 산정하여 확정하여야 한다. 다만 당사자 사이에 기성고 비율 산정에 관하여 특약이 있는 등 특별한 사정이 인정되는 경우라면 그와 달리 산정할 수 있다.[538)]

시공사 등이 일정한 용적률을 약속하여 이를 전제로 공사 도급계약을 체결하였는데, 시공사가 약정한 용적률대로 사업승인을 받지 못하여 재건축조합이 재건축 사업을 포기한 것이라면 재건축조합은 기투입비용을 반환할 책임이 없다.[539)]

(5) 민법 제673조에 의한 계약해제

수급인이 일을 완성하기 전에는 도급인은 손해를 배상하고 계약을 해제할 수 있는바(민법 제673조), 조합은 시공사의 채무불이행 사유가 없다 하더라도 민법 제673조를 근거로 공사도급계약을 해제할 수 있다.

민법 제673조에 의하면 도급인의 일방적인 의사에 기한 도급계약 해제를 인정하는 대신, 도급인의 일방적인 계약해제로 인하여 수급인이 입게 될 손해, 즉 수급인이 이미 지출한 비용과 일을 완성하였더라면 얻었을 이익을 합한 금액을 전부 배상하게 하는 것이므로, 조합이 민법 제673조에 따라 공사도급계약을 해제하게 될 경우 손해배상금을 부담할 수밖에 없어 그에 따른 정비사업비의 변경이 수반된다. 따라서 조합이 민법 제673조에 따라 공사도급계약을 유효하게 해제하기 위해서는 그 해제 및 그로 인한 손해배상에 관하여 총회의결을 얻어야 한다.[540)]

---

538) 대법원 2019. 12. 19. 선고 2016다24284 전원합의체 판결

539) 서울고등법원 1998. 5. 15. 선고 96나48192 판결

540) 서울고등법원 2025. 1. 22. 선고 2024나2025204 판결, 수원고등법원 2024. 4. 18. 선고 2023나22237 판결, 대구지방법원 2021. 7. 14.자 2021카합10222 결정, 서울중

이에 반해 조합이 민법 제673조에 따라 공사도급계약을 해제함에 있어 손해배상에 관한 총회 의결이 필요하지 않다는 견해도 있다.

(6) 도급인의 채무불이행 주장과 임의해제 의사 포함 여부

도급인이 수급인의 채무불이행을 이유로 도급계약을 해제하면 수급인에게 손해배상을 청구할 수 있다. 이에 반하여 민법 제673조에 기하여 도급인이 도급계약을 해제하면 오히려 수급인에게 손해배상을 해주어야 하는 처지가 된다. 도급인으로서는 자신이 손해배상을 받을 수 있다고 생각하였으나 이제는 자신이 손해배상을 하여야 하는 결과가 된다면 이는 도급인의 의사에 반할 뿐 아니라 의사표시의 일반적인 해석의 원칙에도 반한다.

따라서 도급인이 수급인의 채무불이행을 이유로 도급계약 해제의 의사표시를 하였으나 실제로는 채무불이행의 요건을 갖추지 못한 것으로 밝혀진 경우, 도급계약의 당사자 사이에 분쟁이 있었다고 하여 그러한 사정만으로 위 의사표시에 민법 제673조에 따른 임의해제의 의사가 포함되어 있다고 볼 수는 없다.[541]

(7) 공사도급계약서의 계약해제 조항과 민법 제673조의 적용배제

공사도급계약 제34조(계약해제)는 상대방의 채무불이행을 원인으로 한 계약해제에 관한 내용이고 민법 제673조는 상대방의 채무불이행과 관계없이 도급인의 해제권을 규정하고 있어 공사도급계약 제34조에 의하여 민법 제673조의 적용이 배제된다고 할 수 없다.[542]

이에 반해 민법 제673조는 임의규정에 불과하므로 당사자의 약정에 의하여 위 규정의 적용을 배제하거나 내용을 달리 정할 수 있는바, 공사도급계약 제36조(계약해제)는 민법 제673조와 다른 내용으로 해제·해지 사유 및 절차, 정산, 손해배상책임 등을 정한 것으로 볼 여지가 있으며, 공사도급계약에서 정

양지방법원 2020. 2. 26.자 2020카합20255 결정

541) 대법원 2022. 10. 14. 선고 2022다246757 판결, 대법원 2025. 5. 15. 선고 2024다282177 판결

542) 서울고등법원 2025. 1. 22. 선고 2024나2025204 판결, 의정부지방법원 남양주지원 2023. 11. 1.자 2023카합5088 결정

한 계약해제 사유 이외에 별도로 조합이 민법 제673조에 따른 공사도급계약 해제 주장을 할 수 없다는 취지로 판시한 사례도 있다.543)

(8) 표준사업약정과 도급계약 해제

조합이 사업비 또는 이주비 대여금 등의 보증을 위해 주택도시보증공사(HUG)의 보증을 받게 되고, 금융기관, 조합, 시공사, 주택도시보증공사는 표준사업약정을 체결하게 된다. 표준사업약정서에는 시공권의 양도 및 승계시공사 선정 등에 관한 규정을 두고 있다.

공사도급계약서에는 대주단 등의 동의가 있어야만 해지 또는 해제할 수 있다는 별도의 약정내용을 포함하고 있지 않다. 따라서 조합이 공사도급계약을 해지 또는 해제하면서 대주단 등의 동의를 받지 아니하였다고 하더라도 이는 조합이 대주단 등과 체결한 약정서에서의 의무위반 사유가 될 가능성이 있을 뿐 조합과 시공사 사이에는 공사도급계약의 해지 또는 해제가 효력을 발생하는 데 장애 사유가 되지 않는다.544)

이에 반해 표준사업약정서를 근거로 조합의 해제・요건이 충족되지 않았음을 이유로 입찰절차를 중지한 사례가 있다.545)

(9) 조합의 일방적 계약해제와 손해배상의 범위

조합의 귀책사유로 인하여 공사도급계약이 해제된 경우 시공사는 조합에 대해 손해배상을 청구할 수 있으며, 손해배상액은 수급인이 이미 지출한 비용(기투입비용)과 일을 완성하였더라면 얻었을 이익(향후 발생할 이익금액)을 합한 금액 상당이다.546)

민법 제673조에 의하여 도급계약이 해제된 경우 그 해제로 인하여 수급인이

---

543) 서울중앙지방법원 2020. 2. 26.자 2020카합20255 결정, 대구지방법원 2019. 7. 1.자 2019카합10218 결정, 정비사업전문관리업자의 계약해지와 관련 약정에서 정한 해지사유 및 절차에 의하지 않고 민법 제689조에 의거 일방적으로 해제할 수 없다고 판시한 사례가 있음(대법원 2019. 5. 30. 선고 2017다53265 판결)

544) 서울고등법원 2020. 3. 26.자 2019라21271 결정

545) 의정부지방법원 2020. 5. 27.자 2020카합5099 결정

546) 대법원 2002. 5. 10. 선고 2000다37296, 37302판결, 대법원 2013. 5. 24. 선고 2012다39769 판결 동일취지

그 일의 완성을 위하여 들이지 않게 된 자신의 노력을 타에 사용하여 소득을 얻었거나 또는 얻을 수 있었음에도 불구하고, 태만이나 과실로 인하여 얻지 못한 소득 및 일의 완성을 위하여 준비하여 둔 재료를 사용하지 아니하게 되어 타에 사용 또는 처분하여 얻을 수 있는 대가 상당액은 당연히 손해액을 산정함에 있어서 공제되어야 한다.547)

하급심에서 시공사가 조합의 사업구역에서 공사를 하지 않고 다른 공사현장에서 인력과 장비를 투입해 공사를 시행할 수 있으므로, 이행이익 상당의 손해액 중 20%만 인정한 사례가 있다.548)

손해배상청구소송에서 재산적 손해의 발생 사실은 인정되나 구체적인 손해의 액수를 증명하는 것이 사안의 성질상 곤란한 경우, 법원은 증거조사의 결과와 변론 전체의 취지에 의하여 밝혀진 당사자들 사이의 관계, 손해가 발생하게 된 경위, 손해의 성격, 손해가 발생한 이후의 여러 정황 등 관련된 모든 간접사실들을 종합하여 손해의 액수를 판단할 수 있다.549)

손해배상책임이 인정되는 때에는 손해액에 관한 증명이 없거나 부족하다고 하더라도 그 청구를 배척할 것이 아니라 석명권을 행사하여 손해액을 심리·판단하여야 한다. 특히 장래의 얻을 수 있었던 이익에 관한 증명에 있어서는 그 증명도를 과거사실에 대한 증명에 있어서의 증명도보다 경감하여 채권자가 현실적으로 얻을 수 있는 구체적이고 확실한 이익의 증명이 아니라 합리성과 객관성을 잃지 않는 범위 내에서의 상당한 개연성이 있는 이익의 증명으로서 족하다.550)

구체적 손해액을 판단할 때에는 손해액 산정의 근거가 되는 간접사실들의 탐색에 최선의 노력을 다해야 하고, 그와 같이 탐색해 낸 간접사실들을 합리적으로 평가하여 객관적으로 수긍할 수 있는 손해액을 산정하여야 한다.551)

---

547) 대법원 2002. 5. 10. 선고 2000다37296, 37302 판결, 서울고등법원 2020. 5. 28. 선고 2019나2045075 판결

548) 서울중앙지방법원 2019. 8. 29. 선고 2017가합532954 판결

549) 대법원 2004. 6. 24. 선고 2002다6951, 6968 판결, 대법원 2013. 5. 24. 선고 2012다39769 판결

550) 대법원 1992. 4. 28. 선고 91다29972 판결, 대법원 2013. 5. 24. 선고 2012다39769 판결

551) 대법원 2023. 10. 12.선고 2020다246999, 247008 판결, 대법원 2007. 11. 29. 선고 2006다3561 판결 , 대법원 2009. 9. 10. 선고 2006다64627 판결

IMF 당시 시공사가 사업추진을 중단하자 재개발조합이 공사도급계약(1차 도급계약)을 해제하고 새로운 시공사를 다시 선정하여 다시 도급계약(2차 도급계약)을 체결하였다. 재개발조합이 2차 도급계약금액과 1차 도급계약금액의 차액을 손해라고 주장하면서 손해배상을 청구한 사안에서 손해배상청구를 인용한 사례도 있다.[552)]

시공이익의 32%인 130억원을 인정한 사례[553)], 시공이익의 70%인 70억원을 인정한 사례[554)], 시공이익의 60%인 60억원을 인정한 사례[555)] 등이 있다.

(10) 공사도급계약과 연대보증

실무상 조합의 임원은 공사도급계약에 연대보증을 하는 사례가 많다.

임원의 지위에서 보증인이 되었다가 임기종료, 중도 사직 또는 해임되어 임원의 지위를 떠난 때에는 보증계약 성립당시 사정에 현저한 변화가 생긴 경우로 인정되어 보증계약을 해지할 수 있다.[556)] 이 경우 임원은 보증계약 해지 의사표시 이전에 발생한 채무에 대해 연대보증책임을 부담하고, 보증계약 해지 이후 발생할 채무에 대한 채무를 부담하지 않는다.

'조합의 귀책사유'로 인하여 공사도급계약이 해제된 경우 공사도급계약서에 연대보증한 조합임원들은 계약해제에 따른 원상회복채무 또는 손해배상채무도 부담한다. 따라서 조합임원들의 대여금반환책임이 인정된 사례가 있다.

'공사도급계약'이 강행법규에 위배되어 '무효'가 된 경우라 하더라도 공사도급계약에 포함된 '소비대차약정이 유효'한 경우 임원은 연대보증인으로서 소비대차약정의 대여금을 상환할 의무가 있다.[557)]

'시공사의 귀책사유'로 인하여 공사도급계약이 해제된 경우 또는 공사도급계약이 강행법규 위반으로 무효되거나 취소된 경우 보증채무의 부종성의 원

---

552) 서울지방법원 2001. 4. 12. 선고 99가합108982 판결
553) 서울고등법원 2025. 2. 6.자 2023나2048323 화해권고결정
554) 서울서부지방법원 2022. 11. 3. 선고 2020가합35076 판결
555) 서울고등법원 2023. 8. 23. 선고 2022나2049824 판결, 서울고등법원 2024. 10. 14.자 2023나2046655 화해권고결정은 525억원을 손해배상금으로 인정함.
556) 대법원 1996. 12. 10. 선고 96다27858 판결
557) 서울고등법원 2022. 8. 26. 선고 2019나2021017 판결 : 추진위원회와 시공사간 공사도급계약이 무효이더라도 소비대차계약은 유효함. 연대보증인 임원의 대여금 상환 의무 인정함.

칙상 해제로 인한 원상회복의무에는 보증채무가 미치지 않게 된다. 연대보증의 내용 역시 조합의 계약의무불이행에 따라 발생하게 되는 시공사에 대한 채무를 조합임원들이 연대하여 책임지겠다는 내용으로 보아야 한다. 따라서 임원들은 대여금반환채무에 대해 책임을 부담하지 않는다고 판시한 사례가 있다.[558)]

임원들이 재건축조합의 연대보증인으로서 부담하여야 할 보증채무인 '계약의무의 불이행에 따른 채무'에는 계약의 '합의해제'로 인한 원상회복의무는 포함되지 않는다.[559)]

(11) 계약 해제 · 해지의 효력정지 가처분

계약 해제·해지의 효력정지 가처분에서 계약 해제 등의 효력이 없음이 본안 판결에 의하여 확정된다고 하더라도 채권자는 손해배상의 방법으로 구제받을 수 있기 때문에 그 효력정지 가처분에 대한 보전의 필요성 판단에 신중을 기해야 한다.

특히 계약위반으로 인하여 채권자가 입은 손해가 금전에 의한 손해배상으로 전보될 수 있고, 달리 금전적 손해배상의 방법으로는 그 손해를 회복하기 어려운 특별한 사정이 없는 반면, 상대방의 협력 없이 그 계약의 이행 자체를 강제적으로 관철하기 어려운 성질의 계약인 경우에는 그 계약위반 및 이로 인한 손해를 주장·입증하여 손해배상의 권리구제를 받는 것은 별론으로 하고, 계약의 이행을 전제로 하는 가처분에 대한 보전의 필요성을 인정함에는 한층 신중을 기할 필요가 있다.[560)]

시공자가 이미 투자한 돈이나 채무자의 일방적 계약해제로 입게 되는 손해는 부당이득반환청구권이나 손해배상청구권의 행사를 통하여 보전받아야 할 성질의 것이고, 도급계약의 성격상 조합에게 시공자의 의사에 반하여 공사의 완성 전에 도급계약의 지속을 요구할 권리를 인정하기 어렵다.[561)]

---

558) 서울고등법원 2015. 8. 26. 선고 2014나38595 판결, 대구고등법원 2012. 11. 7. 선고 2012나2935 판결, 대법원 2012. 9. 27. 선고 2012다45795 판결
559) 대법원 2012. 9. 27. 선고 2012다45795 판결
560) 대법원 2022. 2. 8.자 2021마6668 결정
561) 광주지방법원 2017. 4. 27.자 2017카합50155 결정

해지통보의 효력이 정지되더라도 제3자와 새롭게 체결한 공사도급계약의 효력을 부정할 수 있는 지위가 채권자(시공사)에게 인정되지 아니하고, 이 사건 공사도급계약의 불이행에 대비하여 금전적 손해배상 이외에 그 의무의 이행을 강제할 방법이 없다는 이유로 효력정지가처분을 인정하지 않고 있다.

5. 시공사의 사업비 대출

(1) 공사도급계약과 소비대차약정

조합은 총회에서 시공자를 선정하여야 하고, 이를 위반하여 조합이 총회결의없이 시공사와 공사도급계약을 체결하였다면 당해 공사도급계약은 무효이다. 추진위원회는 시공사를 선정할 권한이 없으므로 주민총회에서 선정한 시공사와 체결한 공사도급계약도 무효이다.

추진위원회 또는 조합이 시공사와 공사도급계약을 체결하면서 자금을 대여하는 내용의 소비대차약정을 포함시키거나 별도로 금전소비대차계약을 체결한 경우 위 소비대차약정 또는 금전소비대차계약의 효력이 문제된다.

추진위원회 또는 조합이 시공자와 공사도급계약과 소비대차약정을 체결할 당시 공사도급계약이 무효로 된다고 하더라도 소비대차약정을 체결, 유지하려는 의사가 있었다고 볼 여지가 있었다면 공사도급계약의 무효와 상관없이 소비대차약정은 유효하다.[562]

(2) 수주 목적 무이자 대여

갑이 재건축 공사의 수주에 도움을 받기 위하여 을 회사에게 돈을 무이자로 대여한 사안에서, 도시정비법이나 건설산업기본법의 입법취지와 시공사 선정의 공정성 등이 훼손될 수 있다는 점에서 반사회적 요소가 있다고 하더라도, 대여금의 지급을 선량한 풍속 기타 사회질서에 위반되는 민법 제746조에서 정한 불법원인급여에 해당한다고 볼 수 없다고 한 사례가 있다.[563] 즉 조합은

562) 대법원 2023. 2. 2. 선고 2019다232277 판결
563) 대법원 2011. 1. 13. 선고 2010다77477 판결

시공사에게 대여금 상당의 금원을 부당이득으로 반환하여야 한다.

(3) 사업비의 대여의무

조합운영비, 설계비 및 행정용역비를 제외한 사업추진경비(사업추진경비)의 경우에 공사도급가계약과 소비대차계약의 체결 경위 및 그 내용, 이후 시공사가 재개발조합에 사업추진경비를 대여한 경위 등을 종합하면, 시공사는 공사도급가계약 및 소비대차계약에 따라 재개발조합이 대의원회 또는 임원회의 회의록을 첨부하여 대여를 요청하는 경우에 당해 사업추진경비에 대하여 확정적인 대여의무를 부담한다.

조합운영비의 경우에는 공사도급가계약 제16조 제2항에서 대여금액, 대여시기, 대여기간을 명확히 정하고, 이후 시공사가 재개발조합에 조합운영비를 대여할 때 재개발조합으로부터 별도의 대여 요청 없이 계약상 정해진 일자에 정해진 금액을 지급한 점 등을 종합하면, 시공사는 공사도급가계약의 체결만으로 조합운영비에 대하여 확정적인 대여의무를 부담한다.

설계비 및 행정용역비의 경우에는 공사도급가계약 제16조 제9항에 따라 재개발조합과 시공사 사이의 협의가 있을 때에 비로소 피고들이 확정적인 대여의무를 부담한다.[564)]

(4) 시공사의 사업비 대여 거절사유

일반적으로 재개발조합의 경우 조합원들 개인의 자산 이외에 특별한 자산을 보유하지 않고 있음에도 불구하고 시공자가 재개발조합에 거액의 사업추진경비를 대여하는 것은 재개발조합이 정상적으로 운영되어 재개발사업이 원활하게 진행될 것을 전제로 한다.

시공사가 2012. 5. 2. 대여요청을 거절할 당시부터 이미 재개발사업이 원활히 진행되지 않고 무위로 돌아갈 위험이 있어 시공사가 재개발조합에 사업추진경비나 조합운영비를 대여하더라도 장차 대여금반환청구권을 행사하는 것이 위태롭게 되는 등의 사정변경이 발생하였다고 봄이 타당하다. 이 경우 시공사로 하여금 당초의 계약내용에 따른 대여의무를 이행케 하는 것은 공평과 신의

564) 대법원 2021. 10. 28. 선고 2017다224302 판결

칙에 반한다고 볼 수 있으므로, 시공사는 재개발조합에 대하여 사업추진경비 및 조합운영비 대여의무의 이행을 거절할 수 있다.[565)]

(5) 대여금의 상환시기

공사도급계약에 포함된 소비대차약정에서 대여금의 상환시기를 입주지정기간 만료일까지로 정한 경우 위 규정은 공사계약의 효력이 존속하는 경우 대여금의 변제기가 입주지정기간 만료일로 정한 것이고, 공사계약이 중도에 해제된 경우에는 계약해제일에 그 변제기가 도래한다.[566)]

금전소비대차계약에서 대여원리금 전액을 입주지정기간 만료일까지 상환하도록 정한 경우 위 대여금바환채무는 이행기가 불확정기한으로 정해진 채무이고, 조합의 계약해지통지로 인하여 입주지간 지정이 불가능하게 되었다면 위 조합의 계약해지통지링에 대여금 반환의무의 변제기가 도래한 것이다.[567)]

565) 대법원 2021. 10. 28. 선고 2017다224302 판결
566) 대구고등법원 2020. 9. 2. 선고 2020나20570 판결
567) 서울고등법원 2025. 1. 22. 선고 2024나2025204 판결

V. 정비사업전문관리업 제도

1. 정비사업전문관리업의 도입

재개발·재건축사업은 사업기간이 장기이고, 행정절차가 복잡·다양하다. 조합의 임원은 재개발·재건축사업에 관한 전문지식이 부족하고, 사업비 조달능력이 없다.

도시정비법 제정이전 조합은 사업계획 작성이나 사업비 조달을 전적으로 시공자에 의존하였고, 정비사업의 상당부분을 시공사에 의존함으로써 조합 또는 조합원의 입장에서 업무를 처리하기에는 구조적으로 어려움이 있었다.

조합의 행정업무를 지원하였던 기존의 컨설팅사도 영세하고 자격기준이 없어 다른 법에 의해 등록한 용역업체 등에 의해 정비사업과 관련한 컨설팅업무를 수행함에 따라 많은 문제를 낳게 되었다.

조합의 시공사 의존 및 컨설팅사의 부실한 자문 등의 문제를 해결하기 위해 도시정비법은 정비사업전문관리업자의 설립요건을 일정 자본금 및 인력을 확보하고 시·도지사에게 등록하도록 하여 기존의 컨설팅사 등을 제도권으로 흡수하였다.

추진위원회 단계에서도 정비사업전문관리업자를 선정할 수 있도록 하여 전문지식이 부족한 추진위원회에 대해 자문 및 업무를 지원하고 대행하면서 조합원, 조합집행부, 행정청, 시공자 등 다양한 이해관계를 조정하여 갈등의 해소 및 각종 민원을 최소화 하는 등 원활한 사업추진이 이루어질 수 있도록 하고 있다.[568]

568) 대법원 2019. 9. 25. 선고 2016도1306 판결 유사취지

2. 등록의무 등

(1) 정비사업전문관리업 등록 의무

정비사업전문관리업자는 도시정비법 및 시행령에서 정하는 자본・기술인력 등의 기준을 갖춰 시・도지사에게 등록 또는 변경(경미한 사항의 변경 제외) 등록하여야 한다(법 제102조 제1항). 다만 한국토지주택공사, 한국부동산원은 등록의무를 부담하지 아니한다(법 제102조 제1항, 시행령 제81조 제3항).

정비사업전문관리업의 등록기준은 ① 자본금(자산총액에서 부채총액을 차감한 금액)이 10억원 이상, 법인인 경우에는 5억원 이상이어야 하고, ② 도시정비법 시행령 별표 4에서 정한 인력확보기준에 적합한 상근인력 5인 이상을 확보하여야 하며, ③ 소재지 기준 사무실은 건축법 및 그 밖의 법령에 적합한 건물이어야 한다. 상근인력은 다른 직무를 겸하지 않는 인력을 말한다(시행령 제81조 제1항).

시・도지사는 정비사업전문관리업의 등록 또는 변경등록한 현황, 정비사업전문관리업의 등록취소 또는 업무정지를 명한 현황을 국토교통부장관에게 보고하여야 한다(법 제102조 제3항).

등록기준중 자본금 요건은 정비사업전문관리업무를 적정하게 수행하지 못할 우려가 있는 부실업자를 제재함으로써 정비사업전문관리업체의 건전한 운영을 확보하고 조합이나 주민에게 손해를 끼칠 위험을 방지하기 위함이다. 자본금이 등록기준에 미달하는지 여부는 단순히 표준재무상태표의 형식적 기재만을 기준으로 할 것이 아니라, 미수금 채권 등을 포함한 실제 자본금을 기준으로 살펴보아야 한다.[569]

(2) 정비사업전문관리업자의 결격사유

결격사유에 해당하는 자는 정비사업전문관리업의 등록을 신청할 수 없으며, 정비사업전문관리업자의 업무를 대표 또는 보조하는 임직원이 될 수 없다(법 제105조 제1항).

정비사업전문관리업자의 결격사유는 다음과 같다(법 제105조 제1항)

569) 서울행정법원 2024. 5. 17. 선고 2023구합53348 판결

① 미성년자(대표 또는 임원이 되는 경우로 한정함)·피성년후견인 또는 피한정후견인
② 파산선고를 받은 자로서 복권되지 아니한 자
③ 정비사업의 시행과 관련한 범죄행위로 인하여 금고 이상의 실형의 선고를 받고 그 집행이 종료(종료된 것으로 보는 경우 포함)되거나 집행이 면제된 날부터 2년이 경과되지 아니한 자
④ 정비사업의 시행과 관련한 범죄행위로 인하여 금고 이상의 형의 집행유예를 받고 그 유예기간 중에 있는 자
⑤ 도시정비법을 위반하여 벌금형 이상의 선고를 받고 2년이 경과되지 아니한 자
⑥ 정비사업전문관리업 등록이 취소된 후 2년이 경과되지 아니한 자(법인인 경우 그 대표자를 말함)
⑦ 법인의 업무를 대표 또는 보조하는 임직원 중 ①부터 ⑥까지 중 어느 하나에 해당하는 자가 있는 법인

정비사업전문관리업자의 업무를 대표 또는 보조하는 임직원이 결격사유에 해당하게 되거나 선임 당시 그에 해당하는 자이었음이 판명된 때에는 당연 퇴직하고(법 제105조 제2항), 퇴직한 임직원이 퇴직 전에 관여한 행위는 효력을 잃지 아니한다(법 제105조 제3항).

3. 정비사업전문관리업자의 업무 등

(1) 정비사업전문관리업자의 고유업무

정비사업전문관리업자는 사업시행자로부터 다음의 업무를 위탁받거나 이와 관련한 자문을 할 수 있다(법 제102조 제1항).

① 조합설립의 동의 및 정비사업의 동의에 관한 업무의 대행
② 조합설립인가의 신청에 관한 업무의 대행
③ 사업성 검토 및 정비사업의 시행계획서의 작성
④ 설계자 및 시공자 선정에 관한 업무의 지원

⑤ 사업시행계획인가의 신청에 관한 업무의 대행

⑥ 관리처분계획의 수립에 관한 업무의 대행

2009. 2. 6. 도시정비법 개정시 ① 분양업무 대행, ② 설계도서의 검토 및 공사비 변동내역의 검토, ③ 조합의 업무중 조합이 요청하는 것을 정비사업전문관리업자의 고유업무에서 삭제하였는바, 정비사업전문관리업의 등록을 하지 않은 자도 위 분양업무 대행 등을 할 수 있다.

(2) 미등록 업체와 형사처벌

정비사업전문관리업의 등록을 하지 아니하고 도시정비법 제102조 제1항 각호의 업무를 위탁받은 자는 2년 이하의 징역 또는 2년 이하의 벌금에 처한다(법 제137조 제9호).

'정비사업의 동의에 관한 업무'는 조합설립 또는 정비사업의 시행 여부에 한정되는 것이 아니라 이를 포함하여 정비사업의 시행 과정에서 조합원 등의 권리·의무·법적 지위에 영향을 미치는 사항에 관한 동의 또는 총회 의결과 관련된 전반적인 업무를 의미한다. 총회관련 서면결의서의 징구업무도 '정비사업의 동의에 관한 업무'에 포함된다.[570]

홍보요원이 조합원들로부터 단순히 서면결의서를 수거하는 정도에 불과하다면 도시정비법 위반에 해당되지 않는다.[571]

"관리처분계획의 수립"에는 경미한 사항이 아닌 관리처분계획의 주요 부분을 실질적으로 변경하는 것이 포함된다.[572]

(3) 시장·군수가 선정한 정비사업전문관리업자의 업무

시장·군수 등은 정비사업의 공공지원 업무로서 정비사업전문관리업자의 선정업무를 수행한다(법 제118조 제2항 제2호).

시장·군수등이 선정한 정비사업전문관리업자는 다음의 업무를 수행한다(법 제102조 제1항 제7호).

① 동의서 제출의 접수

---

570) 대법원 2022. 12. 29. 선고 2022도1486 판결
571) 서울중앙지방법원 2024. 11. 27. 선고 2023노1850 판결
572) 대법원 2019. 9. 25. 선고 2016도1306 판결

② 운영규정 작성 지원
③ 그 밖에 조례로 정하는 사항

(4) 정비사업전문관리업자의 업무제한

정비사업전문관리업자는 동일한 정비사업에 대하여 다음의 업무를 병행하여 수행할 수 없다(법 제103조, 시행령 제83조 제2항).

① 건축물의 철거
② 정비사업의 설계
③ 정비사업의 시공
④ 정비사업의 회계감사
⑤ 재건축진단업무

① 정비사업전문관리업자가 법인인 경우에는 독점규제 및 공정거래에 관한 법률 제2조 제3호의 규정에 의한 계열사의 관계에 있는 자, ② 정비사업전문관리업자와 상호 출자한 관계에 있는 자는 당해 정비사업전문관리업자와 같은 자로 간주된다(시행령 제83조 제1항). 위 계열사 또는 상호 출자관계에 있는 자는 당해 정비사업전문관리업자가 수행중인 추진위원회 또는 조합의 철거, 설계, 시공 등의 업무를 수행할 수 없다.

하급심 판결례에서 도시정비법 제103조는 정비업체가 직접 설계를 하는 것 뿐만 아니라 정비업체가 계약당사자가 되어 제3자로 하여금 설계를 하도록 계약체결을 대행하는 것까지 금지하는 강행규정으로 해석한 사례가 있다.

4. 정비사업전문관리업자 선정 등

(1) 정비업자 선정방법

추진위원회가 정비사업전문관리업자를 선정하려는 경우 추진위원회 승인을 받은 후 국토교통부장관이 정하는 경쟁입찰 또는 수의계약의 방법으로 선정하여야 한다(법 제32조 제2항).

시장·군수등의 '추진위원회 승인을 받지 아니하고' 정비사업전문관리업자를 선정한 자, '경쟁입찰의 방법'을 위반하여 정비사업전문관리업자를 선정한 추진위원장은 3년 이하의 징역 또는 3천만원 이하의 벌금에 처한다(법 제136조 제3호, 제4호).

추진위원회 또는 조합은 국토교통부가 고시한 '정비사업 계약업무 처리기준' 및 서울시의 '공공지원 정비사업전문관리업자 선정기준'에 따라 정비사업전문관리업자를 선정하여야 한다.

추진위원회가 시장·군수등이 선정한 정비사업전문관리업자를 선정하는 경우에는 도시정비법 제32조 제2항에 의거 경쟁입찰에 의하지 않아도 된다(법 제118조 제5항).

(2) 정비업자 용역계약의 승계 여부

추진위원회가 선정한 정비업체는 조합설립인가 후 포괄승계규정에 의해 조합으로 승계된다.[573] 추진위원회에서 선정한 정비업자에 대한 '조합원 총회'의 추인은 적법하다.[574]

이에 반해 최근 하급심에서는 추진위원회와 조합의 업무는 준별되므로 조합이 자신의 업무를 위탁할 정비사업전문관리업자를 선정하고 그 위탁 범위를 결정하는 것은 조합의 업무이고, 이것이 추진위원회의 업무에 속한다고 보기 어렵다는 이유로 추진위원회가 선정한 정비업체는 조합으로 승계되지 않는다고 판시한 사례가 있다. 창립총회는 추진위원회가 소집한 주민총회에 불과하므로, 창립총회에서 정비업자의 선정을 추인하였다고 해도 위 창립총회의 결의는 조합을 구속하지 않는다고 판시한 사례가 있다.[575]

추진위원회에서 체결된 정비업자 용역계약이 조합에 승계되지 않음에도 불구하고 정비업자가 조합에 행정용역업무를 제공한 경우 조합은 정비업자에게

573) 전주지방법원 2021. 5. 27. 선고 2020구합2827 판결

574) 대구지방법원 2024. 9. 5. 선고 2024가합200131 판결, 대전지방법원 2020. 7. 17. 선고 2020카합68 결정, 대법원 2023. 10. 12. 선고 2023다245454 판결(지역주택조합 사례), 대구고등법원 2023. 8. 9. 선고 2022나26268 판결(가로주택정비사업 사례)

575) 대구고등법원 2023. 11. 15. 선고 2022나25821 판결, 서울고등법원 2022. 6. 22. 선고 2021나2043911 판결, 서울고등법원 2021. 1. 29. 선고 2020나2015551 판결, 대구지방법원 서부지원 2022. 7. 14. 선고 2021가합51496 판결

조합설립인가를 받은 후부터 계약해지 통지시까지 기간동안 정비업자로부터 제공받은 용역 가치 상당 금원을 부당이득으로 반환하여야 한다.[576)]

서울시 재개발 표준정관 제14조 제2항 및 제13조 제1항 단서에 의하면 추진위원회가 정비사업 계약업무 처리기준에 따라 적법하게 선정하고 계약을 체결한 정비사업전문관리업자는 정관에 의해 선정하고 계약을 체결한 정비사업전문관리업자로 본다.

(3) 민법상 위임규정 준용

추진위원회(또는 조합)와 정비사업전문관리업자의 관계에 관하여 도시정비법에 규정된 사항을 제외하고는 민법 중 위임에 관한 규정을 준용한다(법 제104조). 이는 조합과 정비사업전문관리업자간 계약의 성격이 위임계약임에 기인하기 때문이다.

민법상 위임은 당사자 일방(위임인)이 상대방(수임인)에 대하여 사무의 처리를 위탁하고, 상대방이 승낙함으로써 성립하는 계약이다(민법 제680조). 위임은 타인의 사무를 처리하는 것을 목적으로 하는 것으로서, 위 '사무'에는 법률상 또는 사실상의 모든 행위가 포함된다.

수임인은 위임의 본지에 따라 선량한 관리자의 주의로써 위임사무를 처리하여야 한다. 수임인은 위임인의 청구가 있을 때에는 위임사무의 처리상황을 보고하고, 위임이 종료한 때에는 지체없이 그 전말을 보고하여야 한다. 수임인은 위임사무의 처리로 인하여 받은 금전 기타의 물건 및 그 수취한 과실을 위임인에게 인도하여야 한다. 그리고 수임인이 위임인을 위하여 자기의 명의로 취득한 권리는 위임인에게 이전하여야 한다.

위임은 무상이 원칙이지만 보수의 특약이 있는 때에는 수임인은 위임인에게 보수를 청구할 수 있다. 수임인이 보수를 받을 경우에는 위임사무를 완료한 후가 아니면 이를 청구하지 못하지만 기간으로 보수를 정한 때에는 그 기간이 경과한 후에 이를 청구할 수 있다.

576) 대구고등법원 2023. 11. 15. 선고 2022나25821 판결

(4) 민법 제689조에 의한 계약해지 여부

위임계약은 언제든지 해지할 수 있다. 위임은 대인적 신뢰관계를 기초로 하기 때문에 당사자 상호간에 해지의 자유를 인정한 것이다. 다만 당사자 일방이 부득이한 사유 없이 상대방이 불리한 시기에 계약을 해지한 때에는 그 손해를 배상하여야 한다(민법 제689조). 민법 제689조 제1항, 제2항은 임의규정에 불과하므로 당사자의 약정에 의하여 위 규정의 적용을 배제하거나 내용을 달리 정할 수 있다.

당사자가 위임계약을 체결하면서 민법 제689조 제1항, 제2항에 규정된 바와 다른 내용으로 해지사유 및 절차, 손해배상책임 등을 정하였다면, 민법 제689조 제1항, 제2항이 이러한 약정과는 별개 독립적으로 적용된다고 볼 만한 특별한 사정이 없는 한, 약정에서 정한 해지사유 및 절차에 의하지 않고는 계약을 해지할 수 없다. 또는 손해배상책임에 관한 당사자 간 법률관계도 약정이 정한 바에 의하여 규율된다.[577)]

이 사건 업무대행용역계약 제6조에 의하여 위 업무대행용역계약을 해지할 수 있는 사유가 위 제6조 제1항에 열거된 사유로 제한된다고 보더라도, 이는 원·피의 채무불이행 또는 계약의 이행불능으로 인하여 해지 또는 해제할 수 있는 경우가 위와 같이 한정되는 것으로 해석함이 타당하지, 원·피고의 임의해지권을 포기하는 약정을 한 것이라고 해석하기는 어렵다. 결국 이 사건 업무대행용역계약 제6조를 들어 '당사자가 위임계약의 해지사유 및 절차, 손해배상책임 등에 관하여 민법 제689조 제1항, 제2항과 다른 내용으로 약정을 체결한 경우'에 해당한다고 볼 수 없어 원고와 피고사이에 임의해지권을 포기한 것으로 볼 수 없다고 판시한 사례도 있다.[578)]

577) 대법원 2019. 5. 30. 선고 2017다53265 판결
578) 서울고등법원 2024. 12. 11. 선고 2024나2020841 판결

5. 등록취소 등

(1) 정비사업전문관리업의 등록취소

시・도지사는 정비사업전문관리업자가 다음의 어느 하나에 해당하는 때에는 그 등록을 취소하거나 1년 이내의 기간을 정하여 업무의 전부 또는 일부의 정지를 명할 수 있다(법 제106조 제1항).

① 거짓, 그 밖의 부정한 방법으로 등록을 한 때

② 등록기준에 미달하게 된 때

③ 추진위원회, 사업시행자 또는 시장・군수등의 위탁이나 자문에 관한 계약 없이 도시정비법 제102조제1항 각 호에 따른 업무를 수행한 때

④ 도시정비법 제102조제1항 각 호에 따른 업무를 직접 수행하지 아니한 때

⑤ 고의 또는 과실로 조합에게 계약금액의 3분의 1 이상의 재산상 손실을 끼친 때. 계약금액은 정비사업전문관리업자가 조합과 체결한 총계약금액을 말한다.

⑥ 도시정비법 제107조에 따른 보고・자료제출을 하지 아니하거나 거짓으로 한 때 또는 조사・검사를 거부・방해 또는 기피한 때

⑦ 도시정비법 제111조에 따른 보고・자료제출을 하지 아니하거나 거짓으로 한 때 또는 조사를 거부・방해 또는 기피한 때

⑧ 최근 3년간 2회 이상의 업무정지처분을 받은 자로서 그 정지처분을 받은 기간이 합산하여 12개월을 초과한 때

⑨ 다른 사람에게 자기의 성명 또는 상호를 사용하여 도시정법에서 정한 업무를 수행하게 하거나 등록증을 대여한 때

⑩ 도시정비법을 위반하여 벌금형 이상의 선고를 받은 경우(법인의 경우에는 그 소속 임직원을 포함함)

⑪ 그 밖에 도시정비법 또는 도시정비법에 따른 명령이나 처분을 위반한 때

시・도지사는 정비사업전문관리업자가 ① 거짓, 그 밖의 부정한 방법으로 등록을 한 때, ④ 도시정비법 제102조제1항 각 호에 따른 업무를 직접 수행하지 아니한 때, ⑧ 최근 3년간 2회 이상의 업무정지처분을 받은 자로서 그 정지처분을 받은 기간이 합산하여 12개월을 초과한 때, ⑨ 다른 사람에게 자기

의 성명 또는 상호를 사용하여 이 법에서 정한 업무를 수행하게 하거나 등록증을 대여한 때에 해당하는 경우 그 등록을 취소하여야 한다(법 제106조 제1항 단서). 등록취소는 의무사항이다.

시·도지사는 정비사업전문관리업의 등록취소처분을 하고자 하는 경우에는 청문을 실시하여야 한다(법 제121조 제2호).

(2) 등록취소처분과 업무의 수행 여부

등록취소처분 등을 받은 정비사업전문관리업자와 등록취소처분 등을 명한 시·도지사는 추진위원회 또는 사업시행자에게 해당 내용을 지체 없이 통지하여야 한다(법 제106조 제3항).

정비사업전문관리업자는 시·도지사로부터 등록취소처분 등을 받기 전에 계약을 체결한 업무는 계속하여 수행할 수 있다. 이 경우 정비사업전문관리업자는 해당 업무를 완료할 때까지는 정비사업전문관리업자로 본다(법 제106조 제4항).

정비사업전문관리업자는 다음의 경우 업무를 계속하여 수행할 수 없다(법 제106조 제5항).

① 사업시행자가 등록취소처분사실에 관하여 통지를 받거나 처분사실을 안 날부터 3개월 이내에 총회 또는 대의원회의 의결을 거쳐 해당 업무계약을 해지한 경우

② 정비사업전문관리업자가 등록취소처분 등을 받은 날부터 3개월 이내에 사업시행자로부터 업무의 계속 수행에 대하여 동의를 받지 못한 경우. 이 경우 사업시행자가 동의를 하려는 때에는 총회 또는 대의원회의 의결을 거쳐야 한다.

③ 도시정비법 제106조 제1항 제1호, 제4호, 제8호 및 제9호에 따라 등록이 취소된 경우

6. 정비사업전문관리업자에 대한 감독 등

(1) 정비사업전문관리업자에 대한 조사

국토교통부장관 또는 시・도지사는 정비사업전문관리업자에 대하여 ① 그 업무에 관한 사항을 보고하게 하거나 ② 자료의 제출, ③ 그 밖의 필요한 명령을 할 수 있다(법 제107조 제1항).

국토교통부장관 또는 시・도지사가 정비사업전문관리업자에 대하여 조사할 수 있는 사유는 아래와 같다(법 제107조 제1항).

① 등록요건 또는 결격사유 등 이 법에서 정한 사항의 위반 여부를 확인할 필요가 있는 경우
② 정비사업전문관리업자와 토지등소유자, 조합원, 그 밖에 정비사업과 관련한 이해관계인 사이에 분쟁이 발생한 경우
③ 그 밖에 시・도조례로 정하는 경우

또한 국토교통부장관 또는 시・도지사는 소속 공무원에게 정비사업전문관리업자의 영업소 등에 출입하여 장부・서류 등을 조사 또는 검사하게 할 수 있다(법 제107조 제1항).

국토교통부장관은 도시정비법 제107조에 따른 정비사업전문관리업자에 대한 조사 등의 권한을 시・도지사에게 위임한다(시행령 제96조 제1항).

출입・검사 등을 하는 공무원은 권한을 표시하는 증표를 지니고 관계인에게 내보여야 한다(법 제107조 제2항).

국토교통부장관 또는 시・도지사가 정비사업전문관리업자에게 업무에 관한 사항의 보고, 자료의 제출을 하게 하거나, 소속 공무원에게 조사 또는 검사하게 하려는 경우에는 행정조사기본법 제17조에 따라 사전통지를 하여야 한다(법 제107조 제3항).

업무에 관한 사항의 보고 또는 자료의 제출 명령을 받은 정비사업전문관리업자는 그 명령을 받은 날부터 15일 이내에 이를 보고 또는 제출(전자문서를 이용한 보고 또는 제출 포함)하여야 한다(법 제107조 제4항).

국토교통부장관 또는 시・도지사는 업무에 관한 사항의 보고, 자료의 제출, 조사 또는 검사 등이 완료된 날부터 30일 이내에 그 결과를 통지하여야 한다

(법 제107조 제5항).

(2) 자료의 제출명령 등

국토교통부장관, 시・도지사, 시장, 군수 또는 구청장은 다음 어느 하나에 해당하는 때에는 정비사업전문관리업자에게 보고 또는 자료의 제출을 명할 수 있으며 소속 공무원에게 그 업무에 관한 사항을 조사하게 할 수 있다(법 제111조 제2항).

① 도시정비법의 위반 여부를 확인할 필요가 있는 경우

② 토지등소유자, 조합원, 그 밖에 정비사업과 관련한 이해관계인 사이에 분쟁이 발생된 경우

③ 그 밖에 시・도조례로 정하는 경우

국토교통부장관, 특별시장, 광역시장 또는 도지사, 시장・군수는 정비사업전문관리업자에게 처분의 취소・변경 또는 정지, 그 밖의 필요한 조치를 취할 수 있다(법 제113조 제1항).

(3) 정비사업전문관리업 정보의 종합관리

국토교통부장관은 정비사업전문관리업자의 자본금 · 사업실적 · 경영실태 등에 관한 정보를 종합적이고 체계적으로 관리하고 시 · 도지사, 시장, 군수, 구청장, 추진위원회 또는 사업시행자 등에게 제공하기 위하여 정비사업전문관리업 정보종합체계를 구축 · 운영할 수 있다(법 제108조).

국토교통부장관은 한국부동산원에 정비사업전문관리업 정보종합체계의 구축·운영에 관한 사무를 위탁할 수 있다(시행령 제96조 제2항 제1호).

(4) 교육의 실시

국토교통부장관, 시·도지사, 시장, 군수 또는 구청장은 정비사업전문관리업자의 대표자 및 기술인력에 대하여 교육을 실시할 수 있다(법 제115조 제1항). 교육의 내용에는 ① 주택건설 제도, ② 도시 및 주택 정비사업 관련 제도, ③ 정비사업 관련 회계 및 세무 간련 사항이 포함된다(시행령 제90조).

VI. 시장 · 군수의 정비사업전문관리업자 선정

1. 시장 · 군수의 정비사업전문관리업자의 선정

(1) 추진위원회 설립지원을 위한 정비사업전문관리업자

정비사업을 공공지원하는 시장 · 군수 등은 정비사업전문관리업자의 선정업무를 수행한다(법 제118조 제2항 제2호).

시장 · 군수등이 선정한 정비사업전문관리업자는 추진위원회 설립에 필요한 ① 동의서 제출의 접수, ② 운영규정 작성 지원, ③ 그 밖에 조례로 정하는 사항을 수행할 수 있다(법 제102조 제1항 제7호).

서울시는 '공공지원 정비사업전문관리업자 선정기준(서울특별시 고시 제 2018 - 249호 2018. 8. 9. 개정)'을 고시하였다.

이하에서는 서울시의 '공공지원 정비사업전문관리업자 선정기준'에 따른 공공지원자의 정비사업전문관리업자의 선정절차에 관하여 살펴보기로 한다.

추진위원회가 시장 · 군수등이 선정한 정비사업전문관리업자를 선정하는 경우에는 도시정비법 제32조제2항에 의거 경쟁입찰에 의하지 않아도 된다(법 제118조 제5항).

(2) 협상에 의한 계약[579)]

공공지원자는 자격심사기준에 따라 선정된 정비사업전문관리업자와 계약을 체결하고자 하는 경우에는 '공공지원 정비사업전문관리업자 선정기준' 별표 3 '공공지원자 지원용역 협상에 의한 계약체결기준'을 따르도록 하고 있다.

지방자치단체의 장 또는 계약담당자는 계약이행의 전문성 · 기술성 · 창의성 · 긴급성, 공공시설물의 안전성 등의 이유로 필요하다고 인정되는 경우에는 제안서를 제출받아 평가한 후 협상절차를 통하여 지방자치단체에 가장 유리하다고 인정되는 자와 계약을 체결할 수 있다(지방자치단체를 당사자로 하는 계

---

579) 협상에 의한 계약은 1995. 7. 6. 국가계약법령 제정시 도입되었고, 민간부문에서는 1991년도에 경부고속철도 차량선정사업시 활용되었음.

약에 관한 법률 시행령 제43조).

2. 서울시의 정비업체 선정 방침 수립

(1) 입찰참가자격 결정(입찰보증금 포함)

입찰참가자격은 ① 도시정비법 제102조에 의한 정비사업전문관리업 등록업체이어야 하고, ② 당해 사업에 관한 사업자등록증을 교부받은 자이어야 하며, ③ 현장설명회에 참석한 자이어야 하며, ④ 입찰보증금 지급확약서를 제출한 자이어야 한다. 또한 공고일 기준 국세 및 지방세 체납사실이 없는 자이어야 한다.

입찰보증금은 입찰금액의 100분의 5에 해당하는 금액으로 하고, 입찰참가신청시 입찰보증금 지급확약(지방자치단체를 당사자로 하는 계약에 관한 법률 시행령 제37조 제4항)을 하여야 한다.

2개 이내의 정비사업전문관리업체가 공동이행방식으로 공동도급이 가능하며, 이 경우 공동도급업체의 대표자는 참여지분율이 50% 이상인 업체가 수행하여야 한다.

(2) 입찰방법의 결정

공공지원자가 정비사업정비관리업자를 선정하고자 할 때에는 공개경쟁(일반경쟁, 제한경쟁 또는 지명경쟁) 입찰의 방법으로 선정하여야 한다. 공공지원자는 입찰방법에 있어 일반경쟁, 제한경쟁, 또는 지명경쟁 중 하나를 결정하여야 한다.

제한경쟁에 의한 입찰자격은 ① 추진위원회등과 계약체결 하였던 정비사업실적으로 당해 정비사업의 토지등소유자 수 ② 정비사업전문관리업을 서울특별시에 등록한 자로 제한할 수 있다. 지역제한을 할 경우 공동도급체 2개사 모두 서울시 소재 등록업체이어야 한다.

제한경쟁입찰의 경우 공공지원자는 입찰자격의 제한 사유를 확정하고, 지명경쟁입찰의 경우 공공지원자는 10인 이상의 입찰대상자를 선정하여야 한다.

제한경쟁입찰의 경우 입찰공고 예시안

가. 지방자치단체를 당사자로 하는 계약에 관한 법률 시행령 제13조 및 동법 시행령 제14조에 의한 요건을 갖추고, 공고일 기준 국세 및 지방세 체납 사실이 없는 업체로서 다음 각호에 해당하는 업체 ① 지역제한 예시) '도시 및 주거환경정비법 제69조에 의한 '정비사업전문관리업' 등록업체로서 주된 영업소가 입찰공고일 전일부터 입찰일까지 계속하여 서울특별시에 소재한 업체 ② 실적제한 예시) 정비사업의 조합설립인가, 사업시행인가 및 관리처분계획인가 실적이 각 각 00명 이상인 정비업체 ※ 실적제한은 당해 정비사업의 토지등소유자수를 초과하여 제한할 수 없다. 나. 2개 이내의 정비사업전문관리업체가 공동이행방식으로 공동도급이 가능하며, 이 경우 공동도급업체의 대표자는 참여지분율이 50% 이상인 업체가 수행하여야 함.

(3) 정비사업전문관리용역 제안요청서 작성

공공지원자는 입찰용 안내 자료로서 발주기관, 정비사업전문관리업자 등 계약당사자가 상호 수행하여야 할 조건에 따라 본 용역을 원활하게 수행할 수 있도록 '○○구역 공공지원자 지원 정비사업전문관리용역 제안요청서'를 작성하여야 한다. 위 제안요청서는 ① 제1장 일반사항, ② 제2장 과업설명서, ③ 제3장 과업내용서, ④ 제4장 입찰서 작성지침, ⑤ 제5장 입찰서 평가기준으로 구성되어 있다.

(4) 자격심사기준 결정

제안서 평가를 위한 계약이행능력 심사는 해당 계약을 체결하려는 자의 이행실적, 기술능력, 사업수행계획, 재무상태 및 입찰가격 등을 종합적으로 고려하여 행정안전부장관이 정한 기준에 따라 지방자치단체의 장이 정한 세부심사기준 및 절차에 의하며, 지방자치단체의 장은 계약을 체결하려는 자가 이를 열람할 수 있도록 하여야 한다(지방자치단체를 당사자로 하는 계약에 관한 법률 시행령 제43조).

서울시는 정비사업전문관리업자의 자격심사기준으로 '자격심사 - I' 과 '자격심사 - II'를 규정하고 있고, '자격심사 - I' 은 공공지원자가 공공지원 정비사업의 규모 등을 고려한 객관적 심사기준이며, '자격심사 - II'는 공공지원 정비사업의 규모 등을 고려한 객관적 심사 및 주관적 심사기준을 말한다.

공공지원자는 공공지원 정비사업의 규모, 여건 등을 고려하여 '자격심사 - I' 또는 '자격심사 - II' 중에서 선택하여야 한다.

평가위원회가 주관적 평가의 평가기준 및 평가방법, 배점기준 등을 수정·보완하고자 할 경우 평가 시작 이전에 위원회에서 결정한다.

(5) 추정가격 또는 예정가격 작성

"추정가격"이라 함은 물품 · 공사 · 용역 등의 조달계약을 체결함에 있어서 국제입찰 대상여부를 판단하는 기준 등으로 삼기 위하여 예정가격이 결정되기 전에 산정된 가격을 말한다. 지방자치단체의 장 또는 계약담당자는 예산에 계상된 금액 또는 당해 목적물의 규격서 · 설계서 등에 의하여 산출된 금액 등을 기준으로 하여 관급자재로 공급될 부분의 가격을 제외하고 추정가격을 산정한다.

"예정가격"이라 함은 입찰 또는 계약체결 전에 낙찰자 및 계약금액의 결정기준으로 삼기 위하여 미리 작성 · 비치하여 두는 가액을 말한다.

예정가격은 계약을 체결하고자 하는 사항의 가격의 총액에 대하여 이를 결정하여야 한다. 지방자치단체의 장 또는 계약담당자는 적정한 거래가 형성된 경우에는 행정안전부령으로 정하는 거래실례가격을 기준으로 하여 예정가격을 결정하여야 한다.

지방자치단체의 장 또는 계약담당자는 입찰 또는 수의계약 등에 부칠 사항에 대하여 당해 규격서 및 설계서 등에 의하여 예정가격을 작성하고 이를 밀봉하여 미리 개찰장소 또는 가격협상장소 등에 두어야 하며 예정가격이 누설되지 아니하도록 하여야 한다.

가격제안 평가시 당해 입찰가격이 추정가격 또는 예정가격의 80% 미만인 경우에 당해입찰가격은 추정가격 또는 예정가격의 80%의 가격을 적용하게 되는바, 위 가격평가를 위해 공공지원자는 입찰공고 이전에 추정가격 또는 예정가격을 결정하여야 할 것이다.

3. 입찰서의 제출

(1) 입찰공고

공공지원자가 정비사업전문관리업자 선정을 위한 입찰을 하고자 할 때에는 '지방자치단체를 당사자로 하는 계약에 관한 법률' 의 입찰공고 규정을 준용한다.

일반경쟁 또는 제한경쟁의 입찰공고는 현장설명일의 전일부터 기산하여 7일 전에 1회 이상 서울특별시가 주보급지인 일간 신문에 공고하고 클린업시스템에 공개하여야 한다. 입찰공고내용에는 사업의 개요, 입찰의 일시 및 장소, 현장설명회의 일시 및 장소, 입찰참가 자격에 관한 사항 등이 포함되어야 한다.

지명경쟁의 경우 지방자치단체의 장 또는 계약담당자는 지명된 입찰대상자 10인 이상에게 현장설명일의 전일부터 기산하여 7일 전에 입찰내용을 통지하고, 입찰참가여부를 확인하여야 한다.

(2) 현장설명회

공공지원자는 입찰일로부터 10일 이전에 현장설명회를 개최하여야 한다. 공공지원자는 정비사업전문관리업자가 현장설명회에 참가한 경우에만 입찰에 참여할 수 있도록 하여야 한다.

공공지원자는 현장설명회에서 입찰참여자들에게 ① 공공지원 정비사업전문관리업자 자격심사기준(I, II), ② '○○구역 공공지원자 지원 정비사업전문관리용역 제안요청서', ③ 관련 서식 등을 배포하여야 한다.

(3) 입찰서의 접수 및 개봉

입찰참여자는 공공지원자에게 제출기한까지 밀봉된 상태로 입찰서(사업 참여제안서 포함)를 제출하여야 한다. 공공지원자가 나라장터를 이용하여 입찰서를 제출하게 하는 경우에는 입찰공고에 표시한 절차와 방법으로 입찰서를 접수하여야 한다.

입찰보증금은 입찰참가 신청시 입찰보증금 지급확약(지방자치단체를 당사자로 하는 계약에 관한 법률 시행령 제37조)을 하여야 한다. 낙찰자가 소정의 기한 내에 계약을 체결하지 아니할 경우에는 낙찰자는 입찰금액의 5/100에 해당하는 입찰보증금을 공공지원자에게 납부하여야 하며, 부정당업자로 입찰참가자격 제한 처분을 받게 된다.

공공지원자는 입찰참여자가 제출한 서류에 하자가 있는지 여부를 심사하고, 보완이 필요한 경우 공공지원자는 해당 입찰참여자에게 일정 기간을 정하여 서류의 보완을 요구할 수 있다. 그러나 입찰참가신청서 또는 가격입찰서의 중요한 부분이 불분명하거나 날인이 누락된 경우, 청렴계약이행서약서가 누락된 경우에는 입찰의 무효사유일 뿐 보완대상이 아니다.

공공지원자가 입찰서를 개봉하고자 할 때에는 입찰서를 제출한 정비사업전문관리업자의 대표(대리인을 지정한 경우에는 그 대리인)가 참여한 공개된 장소에서 개봉하여야 한다. 다만, 나라장터를 이용하여 입찰서를 제출하게 하는 경우에는 입찰공고에 표시한 절차와 방법으로 입찰서를 개봉하여야 한다.

(4) 입찰의 무효사유

다음에 해당하는 자는 입찰의 무효사유가 된다.

① 입찰참가신청서 또는 가격입찰서를 제출하지 않은 자

② 입찰참가신청서 또는 가격입찰서에 대표자의 인감이 날인되어 있지 않은 자

③ 제출기한 이후에 입찰참가신청서를 제출한 자

④ 공공지원자가 배부한 양식이 아닌 입찰참가신청서 또는 가격입찰서

⑤ 청렴계약이행서약서를 제출하지 않거나 거부한 자
⑥ 입찰보증금 지급확약서를 제출하지 않은 자
⑦ 현장설명회에 참석하지 아니한 자
⑧ 입찰서를 밀봉하지 않거나 우편으로 접수한 자
⑨ 업체현황평가에 필요한 서류를 위조, 변조, 허위 등 부정한 방법으로 작성한 자
⑩ 기술제안서에 회사식별이 가능한 표기를 한 경우

(5) 입찰의 성립

입찰참가자격은 정비사업전문관리업을 등록한 자, 한국토지주택공사, 한국감정원이며, 당해 정비사업의 위탁관리자는 정비업체로 입찰을 할 수 없다.

공공지원자는 일반경쟁에 의한 입찰을 하고자 하는 때에는 입찰참가자격이 있는 자 2인 이상의 입찰참가신청이 있어야 한다. 이 경우 공동참여의 경우에는 1인으로 본다.

제한경쟁에 의한 입찰의 경우 5인 이상이 입찰참가 신청을 하여야 하고, 공동참여의 경우에는 1인으로 본다.

지명경쟁에 의한 입찰의 경우 10인 이상의 입찰대상자를 지명하여 5인 이상의 입찰참가 신청이 있어야 한다.

현장설명회에 참석하지 아니한 자, 입찰보증금을 납인하지 아니한 자 등 입찰의 무효사유에 해당하는 자는 입찰참가신청자 수에서 제외되어야 한다.

4. 자격심사기준

(1) 자격심사(Ⅰ)에 의한 선정

지방자치단체의 장 또는 계약담당자는 자격심사기준 및 항목별 평가방법에 따라 입찰자들의 자격을 심사한 후 협상적격자를 선정한다.

① 업체현황 평가(객관적 평가) : 20 ~ 30%
 · 기술인력 보유상태(40점), 유사용역 수행실적(20점), 경영상태(40점)

② 가격제안 평가 : 70 ~ 80%

(2) 자격심사(Ⅱ)에 의한 선정(평가위원회)

제안서의 평가를 위하여 지방자치단체에 제안서평가위원회를 설치하여야 하고, 지방자치단체의 장 또는 계약담당자는 위원회의 심의를 거쳐야 한다(지방자치단체를 당사자로 하는 계약에 관한 법률 시행령 제43조).

① 업체현황 평가(객관적 평가) : 20%
- 기술인력 보유 상태(40점), 유사용역 수행실적(20점), 경영상태(40점)

② 기술제안 평가(주관적 평가) : 60%
- 과업내용의 이해도(20점), 과업수행 조직구성(20점), 과업수행 세부계획(40점), 과업수행 지원체계(20점)

③ 가격제안 평가 : 20%

주관적 평가는 최고점수와 최저점수를 준 위원을 제외하고 나머지 위원의 평가점수를 합산하여 산술평균한 점수로 한다. 다만, 최고·최저 점수가 둘 이상인 경우는 하나만 제외한다.

(3) 입찰서의 가격평가점수 산정('자격심사 - Ⅰ' 과 '자격심사 - Ⅱ')

입찰서의 가격평가점수는 아래와 같이 산정한다.

평점 = 입찰가격평가 배점한도 × (최저입찰가격 / 당해입찰가격)

① 당해입찰가격이 추정가격의 100분의 80 이상인 경우에 당해입찰가격은 추정가격의 100분의 80 이상인 가격 적용(당해 입찰가격 적용)

② 당해입찰가격이 추정가격의 100분의 80 미만일 경우에는 당해입찰가격은 추정가격의 100분의 80인 가격 적용

③ 최저입찰가격은 입찰에 참가한 업체의 입찰가격 중 최저가격으로 함(단, 최저입찰가격이 추정가격의 100분의 80미만인 경우에는 100분의 80인 가격 적용)

④ 예정가격을 작성한 경우에는 추정가격을 예정가격으로 적용

(4) 가격평가점수 산정례

토지등소유자 500명 미만의 정비구역의 경우 가격평가 점수는 50점임

추정가격(예정가격)이 100원이고, 입찰가격은 갑이 70원, 을이 80원, 병이 90원임

최저입찰가격은 갑의 입찰가격인 70원이나, 추정가격의 80% 미만이므로, 가격평가의 최저입찰가격은 추정가격(예정가격)의 80%에 해당하는 80원을 적용함

갑의 당해입찰가격을 적용함에 있어 갑의 입찰가격은 70원이나, 추정가격(예정가격)의 80% 미만이므로, 갑의 당해입찰가격은 80원을 적용함

갑의 점수는 50점임[50점 × (80원/80원)]

을의 점수는 50점임[50점 × (80원/80원)]

병의 점수는 44.4점임[50점 × (80원/90원)]

5. 적격심사방식과 가격평가점수 산정 사례

(1) 예정가격의 산출

입찰서의 가격평가점수는 아래와 같이 산정한다.

$$\text{예정가격 (입찰자의 평균가격)} = \frac{\text{입찰참가업체의 제안가격 합계}}{\text{입찰참가 업체수}}$$

※ 최고금액과 최저금액은 예정가격 산출에서 제외함. 다만, 입찰참가자가 5개업체 미만인 경우에는 포함

(2) 입찰가격에 따른 점수산정

$$\cdot\ \text{가격 점수} = \text{가격배점} \times \left(1 - \left| 1 - \frac{\text{입찰가격}}{\text{예정가격}} \right| \right)$$

※ l l는 절대값 표시, 예정가격을 기준으로 상·하 점수 감점

※ 당해입찰가격이 예정가격보다 2배를 초과할 경우에는 2배에 해당하는 입찰가격 적용[최저 0점까지만 평가, 마이너스(-) 점수 배제]

(3) 가격평가점수 산정례

가격항목점수가 80점이고, 가격항목 이외 점수가 20점으로 정함.
A가 110원을, B가 100원을, C가 90원을, D가 80원을 각각 입찰함.
입찰참가자가 5개 업체 미만이므로, 4개업체 가격 모두 합산
예정가격은 95원[(110 + 100 + 90 + 80) ÷ 4]임.

A의 점수 : 80 × [1 - │1 - 110/95│] = 67.20점
B의 점수 : 80 × [1 - │1 - 100/95│] = 76.00점
C의 점수 : 80 × [1 - │1 - 90/95│] = 75.79점
D의 점수 : 80 × [1 - │1 - 80/95│] = 67.37점

6. 협상절차, 계약 및 용역 착수

(1) 협상적격자 및 협상순위의 선정

제안서 평가결과 기술 및 가격 평가점수의 합산점수가 80점 이상인 자를 협상적격자로 선정한다. 단, 80점 이상인 정비사업관리용역업자가 3개사 미만인 경우 상위 3개사를 협상적격자로 선정하며 60점 미만인 업체는 제외한다.

협상순서는 합산점수의 고득점순에 의하여 결정하되, 합산점수가 동일한 제안자가 2인 이상일 경우에는 기술 평가점수가 높은 제안자를 선순위자로 하고, 기술 평가점수도 동일한 경우에는 기술평가의 평가항목 중 배점이 큰 항목에서 높은 점수를 얻은 자를 선순위자로 한다. 단, 기술평가점수가 배점이 큰 항목에서도 모두 동일한 경우에는 제안서 평가위원회에서 결정한다.

협상적격자와 협상순위가 결정된 경우에는 협상적격자에게 협상순위와 협상일정을 통보한다.

(2) 협상절차 및 협상범위

협상순위에 따라 결정된 협상대상자와 협상을 하며, 협상이 성립된 때에는 다른 협상적격자와 협상을 실시하지 아니한다. 협상대상자와의 협상이 성립되지 않으면 동일한 기준과 절차에 따라 순차적으로 차순위 협상적격자와 협상을 실시한다. 모든 협상적격자와의 협상이 결렬될 경우 협상조건 및 내용을 수정하여 처음의 협상순서에 따라 재협상을 실시할 수 있다.

협상대상자가 제안한 기술제안 내용 및 제안서 평가위원회에서 권유한 내용을 대상으로 협상을 실시하며 협상대상자와 협상을 통해 그 내용의 일부를 조정할 수 있다.

협상대상자와의 가격협상 시 기준가격은 당해 사업예산(예정가격을 작성한 경우에는 예정가격)이하로서 협상대상자가 제안한 가격으로 한다.

협상대상자가 제안한 내용을 가감하는 경우에는 그 가감되는 내용에 상당하는 금액을 당해 사업예산(예정가격을 작성한 경우에는 예정가격) 범위 내에서 조정할 수 있다.

협상기간은 협상개시를 통보한 날로부터 10일 이내로 하되, 당해 사업의 규모, 특수성, 난이도 등에 따라 협상대상자와의 협의에 의하여 3일의 범위 내에서 조정할 수 있다.

(3) 계약의 체결

협상이 성립되면 그 결과를 당해 협상대상자에게 서면으로 통보한다.

협상이 성립된 후 10일 이내에 계약을 체결하여야 한다. 계약의 체결 및 이행에 관하여는 서면통보한 협상결과와 계약의 일반조건, 특수조건, 입찰유의서 및 일반원칙에 따른다.

낙찰자가 소정의 기한내에 계약을 체결하지 아니할 경우에는 낙찰자는 공공지원자에게 입찰금액의 100분의 5 에 해당하는 입찰보증금을 납부(귀속)하여야 하며, 부정당업자로 입찰참가자격 제한의 처분을 받게 된다.

(4) 책임 또는 보조사업관리자의 배치

정비사업전문관리업자는 입찰서의 책임 또는 보조사업관리자를 공공지원 정비사업에 배치하여야 한다. 이 경우 책임사업관리자는 공공지원 정비사업에서 수행중인 용역 중 관리처분계획인가를 기준으로 3건을 초과하여 다른 공공지원 정비사업의 책임사업관리자로 중복하여 배치할 수 없다.

평가서에 기재된 참여 사업관리자가 당해 용역에 참여하지 아니하는 경우, 그 사업관리자에 대한 평가가 업체선정의 중요한 요소인 경우에는 계약해제 또는 해지의 사유가 될 수 있다.

정비사업전문관리업자는 다음의 1에 해당하는 경우에는 책임 또는 보조사업관리자를 교체할 수 있다. 이 경우 교체할 책임 또는 보조사업관리자는 입찰서의 책임 또는 보조사업관리자와 동등이상(단, 책임사업관리자는 자격 및 경력이 동등이상인 자를 말함)의 자격을 갖춘 자로 하여야 한다.

① 입대·이민·3월 이상의 요양을 요하는 부상 또는 질병이 있는 경우

② 퇴사 등 공공지원자 또는 추진위원회등이 부득이하다고 인정하는 경우

정비사업전문관리업자는 책임 또는 보조사업관리자를 교체하고자 하는 경우에는 공공지원자로부터 미리 승인을 얻어야 한다.

제10절 행정관청의 감독 등

I. 공공지원제도 등

1. 공공지원제도

(1) 공공지원 업무

시장 · 군수는 정비사업의 투명성 강화 및 효율성 제고를 위하여 시 · 도조례로 정하는 정비사업[580]에 대하여 사업시행 과정을 지원(공공지원)하거나 토지주택공사등, 신탁업자, 주택도시보증공사 또는 한국부동산원에 공공지원을 위탁할 수 있다(법 제118조의 제1항).

정비사업을 공공지원하는 시장 · 군수 및 공공지원을 위탁받은 자(위탁관리자)는 다음의 업무를 수행한다(법 제118조 제2항).

① 추진위원회 또는 주민대표회의 구성

② 정비사업전문관리업자의 선정(위탁지원자는 선정을 위한 지원으로 한정)

③ 설계자 및 시공자 선정 방법 등

④ 세입자의 주거 및 이주 대책수립(이주 거부에 따른 협의 대책 포함)

⑤ 관리처분계획 수립

⑥ 그 밖에 시 · 도조례로 정하는 사항[581]

---

580) 서울시 조례 제73조 : 조합 시행, 조합과 건설업자 공동시행 적용. 도시정비형 재개발사업(100인 미만 + 주거용 50% 미만) 제외

581) 서울시의 경우 공공지원자의 업무범위는 아래와 같다(서울시 조례 제75조)
① 추진위원회 구성을 위한 위원 선출업무의 선거관리위원회 위탁
② 건설사업관리자 등 그 밖의 용역업체 선정 방법 등에 관한 업무의 지원
③ 조합설립 준비업무에 관한 지원
④ 추진위원회 또는 조합의 운영 및 정보공개 업무의 지원
⑤ 법 제52조제1항 제4호에 따른 세입자의 주거 및 이주 대책 수립에 관한 지원
⑥ 관리처분계획 수립에 관한 지원
⑦ 법 제31조제4항에 따라 추진위원회 구성 단계를 생략하는 정비사업의 조합설립에

(2) 공공지원을 위한 자료의 제출 및 조사 등

시장·군수등은 위탁지원자의 공정한 업무수행을 위하여 관련 자료의 제출 및 조사, 현장점검 등 필요한 조치를 할 수 있다. 이 경우 위탁지원자의 행위에 대한 대외적인 책임은 시장·군수등에게 있다(법 제118조 제3항).

공공지원에 필요한 비용은 시장·군수등이 부담하되, 특별시장, 광역시장 또는 도지사는 관할 구역의 시장, 군수 또는 구청장에게 특별시·광역시 또는 도의 조례로 정하는 바에 따라 그 비용의 일부를 지원할 수 있다(법 제118조 제4항).

추진위원회가 시장·군수등이 선정한 정비사업전문관리업자를 선정하는 경우에는 도시정비법 제32조제2항(국토교통부장관이 정하는 경쟁입찰방법에 의해 정비업체를 선정함)을 적용하지 아니한다(법 제118조 제5항).

2. 정비사업 지원기구

국토교통부장관 또는 시·도지사는 다음의 업무를 수행하기 위하여 정비사업 지원기구를 설치할 수 있다(법 제114조).

① 정비사업 상담지원업무

② 정비사업전문관리제도의 지원

③ 전문조합관리인의 교육 및 운영지원

④ 소규모 영세사업장 등의 사업시행계획 및 관리처분계획 수립지원

⑤ 정비사업을 통한 공공지원민간임대주택 공급 업무 지원

⑥ 공사비 검증업무

⑦ 공공재개발사업 및 공공재건축사업의 지원

⑧ 그 밖에 국토교통부장관이 정하는 업무

필요한 토지등소유자의 대표자 선출 등 지원

⑧ 법 제118조제7항제1호에 따른 건설업자의 선정방법 등에 관한 업무 지원

⑨ 법 제87조에 따른 권리의 확정, 법 제88조에 따른 등기 절차, 법 제89조에 따른 청산금 등의 징수 및 지급, 조합 해산 준비업무에 관한 지원

국토교통부장관은 한국부동산원 또는 한국토지주택공사에게 정비사업 지원기구의 업무를 대행하게 할 수 있다. 시·도지사는 주택사업을 수행하기 위하여 설립된 지방공사에게 정비사업지원기구의 업무를 대행하게 할 수 있다(법 제114조).

3. 정비사업관리시스템의 구축

국토교통부장관 또는 시·도지사는 정비사업의 효율적이고 투명한 관리를 위하여 정비사업관리시스템을 구축하여 운영할 수 있다.[582]

국토교통부장관은 한국부동산원에게 정비사업관리시스템의 구축·운영에 관한 사무를 위탁할 수 있다(시행령 제96조 제2항 제3호).

국토교통부장관 또는 위탁받은 한국부동산원은 시·도지사에게 정비사업관리시스템의 구축 등에 필요한 자료의 제출 등 협조를 요청할 수 있다. 이 경우 자료의 제출 등 협조를 요청받은 시·도지사는 정당한 사유가 없으면 이에 따라야 한다(법 제119조 제2항).

국토교통부장관 또는 위탁받은 한국부동산원이 요청하는 자료는 다음과 같다(법 제119조 제3항, 시행규칙 제21조의2 제1항).

① 정비계획 관계 서류
② 사업시행계획서
③ 관리처분계획서
④ 정비구역의 지정, 사업시행자의 지정 또는 조합설립인가, 사업시행계획인가, 관리처분계획인가및정비사업완료의 실적

한국부동산원은 정비사업관리시스템 구축·운영을 위하여 다음의 업무를 수행할 수 있다(시행규칙 제21조의2 제2항).

① 정비사업관리시스템의 구축·운영에 관한 각종 연구개발 및 기술 지원
② 정비사업관리시스템의 구축을 위한 관련 기관과의 공동사업 시행

---

582) 서울특별시 조례 제69조 참조

③ 정비사업관리시스템을 이용한 정보의 공동활용 촉진

4. 시장·군수의 감독 등

(1) 시장·군수등의 보고 및 자료제출

시・도지사는 ① 정비구역의 지정, ② 사업시행자의 지정 또는 조합설립인가, ③ 사업시행계획인가, ④ 관리처분계획인가 및 ⑤ 정비사업완료의 실적을 매분기가 끝나는 날부터 15일 이내에 국토교통부장관에게 보고하여야 한다(법 제111조 제1항, 시행규칙 제21조 제1항).

시장, 군수 또는 구청장은 시・도조례로 정하는 바에 따라 정비사업의 추진실적을 특별시장・광역시장 또는 도지사에게 보고하여야 한다(법 제111조 제1항).

정비사업의 원활한 시행을 위하여 감독상 필요한 때에는 국토교통부장관, 시・도지사, 시장, 군수 또는 구청장은 추진위원회・사업시행자・정비사업전문관리업자・철거업자・설계자 및 시공자 등 도시정비법에 따른 업무를 하는 자에게 보고 또는 자료의 제출을 명할 수 있다.

국토교통부장관, 시 · 도지사 또는 시장 · 군수등으로부터 정비사업과 관련하여 보고 또는 자료의 제출을 요청받은 자는 그 요청을 받은 날부터 15일 이내에 보고하거나 자료를 제출하여야 한다(시행규칙 제21조 제2항).

국토교통부장관, 시 · 도지사 또는 시장 · 군수등은 소속공무원으로 하여금 사업시행자 등의 업무를 조사하게 할 수 있고, 이 경우 담당공무원은 업무조사를 받을 자에게 조사 3일전까지 조사의 일시 · 목적 등을 서면으로 통지하여야 한다(법 제111조 제2항, 제3항, 시행규칙 제21조 제3항). 사업시행자 등의 업무를 조사하는 공무원은 그 권한을 나타내는 조사공무원증표를 지니고 이를 관계인에게 보여주어야 한다(시행규칙 제21조 제4항).

(2). 시장·군수의 처분 취소·변경 등

정비사업의 시행이 도시정비법 또는 도시정비법에 따른 명령・처분이나 사업시행계획서 또는 관리처분계획에 위반되었다고 인정되는 때에는 국토교통부장관 등은 사업시행자 등에게 정비사업의 적정한 시행을 위하여 필요한 범위에서 필요한 조치를 취할 수 있다(법 제113조 제1항).

정비사업에는 도시정비법 제86조의2에 따라 해산한 조합의 청산업무를 포함한다.

국토교통부장관은 시·도지사, 시장, 군수, 구청장, 추진위원회, 주민대표회의, 사업시행자(청산인) 또는 정비사업전문관리업자에게 처분의 취소·변경 또는 정지, 공사의 중지·변경, 임원의 개선 권고, 그 밖의 필요한 조치를 취할 수 있다,

특별시장, 광역시장 또는 도지사는 시장, 군수, 구청장, 추진위원회, 주민대표회의, 사업시행자(청산인) 또는 정비사업전문관리업자에게 처분의 취소·변경 또는 정지, 공사의 중지·변경, 임원의 개선 권고, 그 밖의 필요한 조치를 취할 수 있다,

시장·군수는 추진위원회, 주민대표회의, 사업시행자(청산인) 또는 정비사업전문관리업자에게 처분의 취소·변경 또는 정지, 공사의 중지·변경, 임원의 개선 권고, 그 밖의 필요한 조치를 취할 수 있다.

도시정비법 제113조 제1항의 규정에 따른 처분의 취소·변경 또는 정지, 그 공사의 중지 및 변경에 관한 명령을 받은 사업시행자 및 정비사업 전문관리업자가 이를 위반한 경우, 그로 인하여 법 제137조 제11호에 정한 처벌을 하기 위하여는 그 '명령이 적법'한 것이어야 한다. 처분의 취소 등 명령이 위법한 처분으로 인정되는 한 도시정비법 제137조 제11호 위반죄가 성립할 수 없다.

시장·군수가 사업시행자가 아닌 정비사업 전문관리업자를 상대로 '처분의 취소·변경 또는 정지, 그 공사의 중지 및 변경에 관한 명령'을 할 수 있는 것은 그 명령이 해당 정비사업 전문관리업자가 추진위원회 또는 조합으로부터 위탁받은 사항에 관련된 경우에 한정되고, 이와는 달리 그 명령이 해당 정비사업 전문관리업자가 수행할 수 없는 업무, 예컨대 건축물의 철거에 관련된 것인 경우에는 정비사업 전문관리업자를 상대로 '그 공사의 중지 및 변경'에 관한 명령을 할 수 없다.[583]

(3) 점검반의 활동

도시정비법에 따른 정비사업의 원활한 시행을 위하여 국토교통부장관, 시·도지사, 시장, 군수 또는 구청장은 관계 공무원 및 전문가로 구성된 점검반을 구성하여 정비사업 현장조사를 통하여 분쟁의 조정, 위법사항의 시정요구 또는 수사기관에 고발 등 필요한 조치를 할 수 있다(법 제113조 제2항).

관할 지방자치단체의 장과 조합 등은 점검반에게 아래의 자료 등을 제공하여야 한다(법 제113조 제2항, 시행령 제89조).

① 토지등소유자의 동의서

② 총회의 의사록

③ 정비사업과 관련된 계약관련 서류

④ 사업시행계획서·관리처분계획서 및 회계감사보고서를 포함한 회계관련 서류

⑤ 정비사업의 추진과 관련하여 분쟁이 발생한 경우에는 해당 분쟁과 관련된 서류의 제공 등

정비사업 현장조사를 하는 공무원은 권한을 표시하는 증표를 지니고 관계인에게 내보여야 한다. 국토교통부장관 또는 시·도지사가 소속 공무원에게 조사 또는 검사하게 하려는 경우에는 '행정조사기본법' 제17조에 따라 사전통지를 하여야 한다. 국토교통부장관 또는 시·도지사는 조사 또는 검사 등이 완료된 날부터 30일 이내에 그 결과를 통지하여야 한다(법 제113조 제3항, 제107조 제2항, 제3항, 제5항).

583) 대법원 2008. 2. 29. 선고 2006도7689 판결

5. 시장·군수의 정보공개

시장 · 군수등은 정비사업의 투명성 강화를 위하여 조합이 시행하는 정비사업에 관한 사항을 매년 1회 이상 인터넷과 그 밖의 방법을 병행하여 공개하여야 한다. 이 경우 공개의 방법 및 시기 등 필요한 사항은 시 · 도조례[584]로 정한다(법 제120조).

시장 · 군수등의 정비사업 정보공개대상은 다음과 같다.

① 관리처분계획의 인가(변경인가 포함)를 받은 사항 중 도시정비법 제29조(시공자의 선정 등)에 따른 계약금액

② 관리처분계획의 인가를 받은 사항 중 정비사업에서 발생한 이자

③ 그 밖에 시 · 도조례로 정하는 사항[585]

---

584) 서울시의 경우 구청장은 다음의 사항을 회계연도 종료일부터 90일 이내에 클린업 시스템에 공개하여야 한다(서울시 조례 제70조).
① 관리처분계획의 인가(변경인가 포함)를 받은 사항 중 시공자의 공사비
② 관리처분계획의 인가를 받은 사항 중 정비사업에서 발생한 이자

585) 서울시의 경우 공공지원자 및 위탁관리자는 다음 각 호의 관련 자료를 인터넷과 그 밖의 방법을 병행하여 일반에 공개하여야 한다(서울시 조례 제85조).
① 법 제118조제1항에 따른 위탁관리자의 지정 및 계약에 관한 사항
② 법 제118조제2항제2호에 따른 정비사업전문관리업자 선정 및 계약에 관한 사항
③ 추진위원회 구성을 위한 위원 선출 및 조합설립(추진위원회 구성 단계를 생략하는 경우)에 필요한 토지등소유자의 대표자 선출에 관한 사항
④ 추진위원회 위원 및 조합 임원의 선거관리에 관한 사항

Ⅱ. 정비사업관련 제도

1. 도시분쟁조정위원회

(1) 도시분쟁조정위원회의 구성 등

정비사업의 시행으로 발생한 분쟁을 조정하기 위하여 정비구역이 지정된 특별자치시, 특별자치도, 또는 시・군・구(자치구)에 도시분쟁조정위원회(조정위원회)를 둔다(법 제116조 제1항).[586]

'시장・군수등을 당사자' 로 하여 발생한 정비사업의 시행과 관련된 분쟁 등의 조정을 위하여 필요한 경우에는 시・도에 조정위원회를 둘 수 있다(법 제116조 제1항 단서).

조정위원회는 부시장・부지사・부구청장 또는 부군수를 위원장으로 한 10명 이내의 위원으로 구성하고, 조정위원회 위원은 정비사업에 대한 학식과 경험이 풍부한 사람으로서 일정한 요건을 갖춘 사람 중에서 시장・군수등이 임명 또는 위촉한다(법 제116조 제2항, 제3항).

조정위원회에는 위원 3명으로 구성된 분과위원회를 두며, 분과위원회에는 5급 이상 공무원 및 판사 등의 직에 5년 이상 재직한 사람이 각 1명 이상 포함되어야 한다(법 제116조 제4항).

(2) 조정위원회의 심의대상

조정위원회는 정비사업의 시행과 관련하여 다음의 어느 하나에 해당하는 분쟁 사항을 심사・조정한다(법 제117조 제1항, 시행령 제91조).

① 매도청구권 행사 시 감정가액에 대한 분쟁

② 공동주택 평형 배정방법에 대한 분쟁

③ 건축물 또는 토지 명도에 관한 분쟁

④ 손실보상 협의에서 발생하는 분쟁

586) 서울시 조례 제64조 내지 제66조 참조

⑤ 총회 의결사항에 대한 분쟁

⑥ 그 밖에 시·도조례로 정하는 사항

주택법, 토지보상법, 그 밖의 관계 법률에 따라 설치된 위원회의 심사대상에 포함되는 사항은 제외할 수 있다(법 제117조 제1항 단서).

(3) 조정위원회의 심의

시장·군수등은 다음의 어느 하나에 해당하는 경우 조정위원회를 개최할 수 있다(법 제117조 제2항).

① 분쟁당사자가 정비사업의 시행으로 인하여 발생한 분쟁의 조정을 신청하는 경우

② 시장·군수등이 조정위원회의 조정이 필요하다고 인정하는 경우

조정위원회는 조정신청을 받은 날부터 60일 이내에 조정절차를 마쳐야 한다. 다만, 조정기간 내에 조정절차를 마칠 수 없는 정당한 사유가 있다고 판단되는 경우에는 조정위원회의 의결로 한 차례만 조정기간을 30일 이내로 연장할 수 있다(법 제117조 제2항).

조정위원회의 위원장은 조정위원회의 심사에 앞서 분과위원회에서 사전 심사를 담당하게 할 수 있다. 다만, 분과위원회의 위원 전원이 일치된 의견으로 조정위원회의 심사가 필요없다고 인정하는 경우에는 조정위원회에 회부하지 아니하고 분과위원회의 심사로 조정절차를 마칠 수 있다(법 제117조 제3항).

(4) 조정안의 통보 및 조정서의 효력

조정위원회 또는 분과위원회는 조정절차를 마친 경우 조정안을 작성하여 지체 없이 각 당사자에게 제시하여야 한다. 이 경우 조정안을 제시받은 각 당사자는 제시받은 날부터 15일 이내에 수락 여부를 조정위원회 또는 분과위원회에 통보하여야 한다(법 제117조 제4항).

당사자가 조정안을 수락한 경우 조정위원회는 즉시 조정서를 작성한 후, 위원장 및 각 당사자는 조정서에 서명·날인하여야 한다(법 제117조 제5항).

당사자가 강제집행을 승낙하는 취지의 내용이 기재된 조정서에 서명·날인한 경우 조정서의 정본은 민사집행법 제56조에도 불구하고 집행력 있는 집행

권원과 같은 효력을 가진다. 다만, 청구에 관한 이의의 주장에 대하여는 민사집행법 제44조제2항을 적용하지 아니한다(법 제117조 제6항).

2. 협의체의 운영

시장 · 군수등은 정비사업과 관련하여 발생하는 문제를 협의하기 위하여 조정위원회의 조정신청을 받기 전에 사업시행자, 관계 공무원 및 전문가, 그 밖에 이해관계가 있는 자 등으로 구성된 협의체를 구성 · 운영할 수 있다(법 제117조의2 제1항).

특별시장 · 광역시장 또는 도지사는 협의체의 구성 · 운영에 드는 비용의 전부 또는 일부를 보조할 수 있다(법 제117조의2 제2항).

③ 제1항에 따른 협의체의 구성 · 운영 시기, 협의 대상 · 방법 및 제2항에 따른 비용 보조 등에 관하여 필요한 사항은 시 · 도조례로 정한다.

서울시의 경우 협의체는 분양신청기간 종료일의 다음 날부터 구성하며, 협의가 이루어지지 않는 경우에는 관리처분계획 수립을 위한 총회 전까지 3회 이상 운영한다(서울시 조례 제67조 제2항).

협의·조정대상은 다음과 같다(서울시 조례 제67조 제5항).

① 주거세입자에 대한 손실보상액 등

② 상가세입자에 대한 영업손실보상액 등

③ 도시정비법 제73조제1항 및 영 제60조에 따라 분양신청을 하지 않은 자 등에 대한 손실보상 협의 금액(토지 · 건축물 또는 그 밖의 권리에 대한 금액) 등

④ 그 밖에 구청장이 필요하다고 인정하는 사항

협의체가 3회 이상 운영되었음에도 불구하고 합의가 이루어지지 않은 경우 구청장은 조정위원회를 개최하여 심사·조정할 수 있다(서울시 조례 제67조 제6항).

3. 도시 · 주거환경정비기금

(1) 도시 · 주거환경정비기금의 설치

기본계획을 수립하거나 승인하는 특별시장 · 광역시장 · 특별자치시장 · 도지사 · 특별자치도지사 또는 시장은 정비사업의 원활한 수행을 위하여 도시 · 주거환경정비기금(정비기금)을 설치하여야 한다(법 제126조 제1항).

기본계획을 수립하지 아니하는 시장 및 군수도 필요한 경우에는 정비기금을 설치할 수 있다(법 제126조 제1항).

(2) 정비기금의 재원

정비기금은 다음의 어느 하나에 해당하는 금액을 재원으로 조성한다(법 제126조 제2항, 시행령 제95조).'

① 법 제17조제4항에 따라 사업시행자가 현금으로 납부한 금액

② 법 제55조 제1항, 제101조의5 제2 및 제101조의6 제2항에 따라 시 · 도지사, 시장, 군수 또는 구청장에게 공급된 주택의 임대보증금 및 임대료

③ 법 제94조에 따른 부담금 및 정비사업으로 발생한 개발이익 환수에 관한 법률에 따른 개발부담금 중 지방자치단체 귀속분의 일부

④ 법 제98조에 따른 정비구역(재건축구역 제외) 안의 국 · 공유지 매각대금 중 일정 비율(국유지 : 20%, 공유지 : 30%)이상의 금액

⑤ 법 제113조의2에 따른 과징금

⑥ 재건축초과이익 환수에 관한 법률에 따른 재건축부담금 중 같은 법 제4조제3항 및 제4항에 따른 지방자치단체 귀속분

⑦ 지방세법 제69조에 따라 부과 · 징수되는 지방소비세 또는 같은 법 제112조(같은 조 제1항제1호는 제외함)에 따라 부과 · 징수되는 재산세 중 일정 비율 이상의 금액(지방소비세 : 3%, 재산세 : 10%)

⑧ 그 밖에 시 · 도조례로 정하는 재원

개발부담금의 지방자치단체의 귀속분 중 정비기금으로 적립되는 비율 등에 필요한 사항은 시 · 도조례[587]로 정한다(법 제126조 제4항).

---

587) 서울시 조례 제89조 제2항 : ① 정비구역 내 공유지 매각대금의 30%, ② 개발부담

(3) 정비기금의 사용용도

정비기금은 다음의 어느 하나의 용도 이외의 목적으로 사용하여서는 아니 된다(법 제126조 제3항).

① 도시정비법에 따른 정비사업으로서 다음의 어느 하나에 해당하는 사항

1) 기본계획의 수립

2) 재건축진단 및 정비계획의 수립

3) 추진위원회의 운영자금 대여

4) 그 밖에 도시정비법과 시·도조례로 정하는 사항[588)]

② 임대주택의 건설·관리

③ 임차인의 주거안정 지원

④ 재건축초과이익 환수에 관한 법률에 따른 재건축부담금의 부과·징수

⑤ 주택개량의 지원

⑥ 정비구역등이 해제된 지역에서의 정비기반시설의 설치 지원

⑦ 빈집 및 소규모주택 정비에 관한 특례법 제44조에 따른 빈집정비사업 및 소규모주택정비사업에 대한 지원

⑧ 주택법 제68조에 따른 증축형 리모델링의 안전진단 지원

⑨ 도시정비법 제142조에 따른 신고포상금의 지급

정비기금의 관리·운용 등에 필요한 사항은 시·도조례로 정한다(법 제126조 제4항).

서울시는 도시·주거환경정비기금을 서울특별시 주택사업특별회계에 포함하여 운영·관리하고 있다(서울시 조례 제89조 제1항).

금 중 지방자치단체 귀속분의 50%, ③ 재산세 징수 총액의 10%

588) 서울시 조례 제89조 제3항 : ① 추진위원회·조합의 운영경비, 설계비 등 용역비, 세입자 대책비, 조합원 이주비, ② 관리형 주거환경개선구역의 신축비용, 주민공동체 활성화를 위한 조직 운영비 및 사업비, ③ 제52조제8항에 따라 지원하는 주택개량비용, ④ 도시정비형 재개발사업의 건축비용, ⑤ 추진위원회 및 조합 사용비용 보조금, ⑥ 정비구역(전면철거방식이 아닌 정비사업으로 한정한다) 내 범죄예방 등 안전한 주거환경 조성비, ⑦ 주택정비형 재개발구역 중 옛길, 옛물길 및 한옥 보전 등에 따른 사업비용

4. 교육의 실시

국토교통부장관, 시 · 도지사, 시장, 군수 또는 구청장은 ① 추진위원장 및 감사, ② 조합임원, ③ 전문조합관리인, ④ 정비사업전문관리업자의 대표자 및 기술인력, ⑤ 토지등소유자 등에 대하여 정비사업 관련 교육을 실시할 수 있다(법 제115조 제1항).

교육의 내용에는 ① 주택건설제도, ② 도시 및 주택 정비사업 관련 제도, ③ 정비사업 관련 회계 및 세무 관련 사항, ④ 그 밖에 국토교통부장관이 정하는 사항이 포함되어야 한다(시행령 제90조).

국토교통부장관, 시 · 도지사, 시장, 군수 또는 구청장은 조합임원등에게 추진위원회 또는 조합의 운영과 관련하여 필요한 교육 및 윤리교육을 실시하여야 한다. 이 경우 조합임원등은 그 직으로 선임(연임 포함) 또는 선정된 날부터 6개월 이내에 그 교육을 이수하여야 한다(법 제115조 제2항).

국토교통부장관, 시 · 도지사, 시장, 군수 또는 구청장은 정비사업전문관리업자단체(협회)에게 교육의 실시에 관한 사무를 위탁할 수 있다(시행령 제96조 제2항 제2호).

교육의 사무를 위탁받은 협회는 교육을 실시하기 전에 교육과정, 교육 대상자, 교육시간 및 교육비 등 교육실시에 필요한 세부 사항을 정하여 국토교통부장관의 승인을 받아야 한다(시행령 제96조 제3항).

Ⅲ. 벌칙규정

1. 벌칙적용에 있어서의 공무원 의제

(1) 조합임원 등의 공무원 의제 취지

재건축・재개발 정비사업은 노후・불량 건축물이 밀집하여 주거환경이 불량한 지역을 계획적으로 정비하고 개량하여 주거생활의 질을 높이기 위한 공공적 성격을 띤 사업이다. 또한 정비구역 내 주민들이나 토지 등 소유자들의 재산권 행사에 중대한 영향을 미친다. 이러한 점을 고려할 때 정비사업을 진행하는 조합의 임원뿐만 아니라 정비사업전문관리업자의 임・직원의 직무수행의 공정성과 청렴성을 확보하여야 한다. 이에 도시정비법은 조합의 임원 및 정비사업전문관리업자의 임・직원에 대한 뇌물죄 관련 공무원 의제규정을 두고 있다.[589] 헌법재판소는 도시정비법 제134조를 합헌으로 결정한 바 있다.[590]

① 추진위원장, ② 조합임원, ③ 청산인, ④ 전문조합관리인, ⑤ 정비업자의 대표자(법인인 경우 임원을 말함)・직원, ⑥ 위탁지원자는 형법 제129조부터 제132조까지의 규정을 적용할 때에는 공무원으로 본다(법 제134조).[591]

추진위원장 및 조합임원은 정비사업과 관련하여 직무상 금품 등을 받을 경우에는 민간인이 아닌 공무원으로 의제되어 형법 제129조 내지 제132조에 의한 공무원의 직무에 관한 죄로서 처벌을 받게 된다.

금품수수의 정도가 3,000만원 이상일 경우에는 '특정범죄가중처벌등에관한법률' 위반에 해당되어 형사상 가중을 받게 된다.[592] 뇌물죄의 경우 어떤 경우에나 벌금형이 필요적으로 병과된다.

---

589) 대법원 2010. 5. 13. 선고 2008도5506 판결
590) 헌법재판소 2007. 10. 25. 자 2006헌마30, 2007헌바12,14,38(병합) 결정
591) 대법원 2007. 4. 27. 선고 2007도694 판결, 대법원 2016. 1. 14. 선고 2015도15251 판결, 헌법재판소 2015. 2. 26. 선고 2013헌바200, 272(병합) 전원재판부 결정 등
592) 대법원 2010. 12. 23. 선고 2010도13584 판결

조합임원이 공무원으로 의제되어 처벌되는 범죄

형법조문	행 위 태 양
제129조 제1항 (수뢰죄)	① 공무원 또는 중재인이 그 직무에 관하여 뇌물을 수수, 요구 또는 약속한 때
제129조 제2항 (사전수뢰)	② 공무원 또는 중재인이 될 자가 그 담당할 직무에 관하여 청탁을 받고 뇌물을 수수, 요구 또는 약속한 후 공무원 또는 중재인이 된 때
제130조 (제3자뇌물 제공죄)	공무원 또는 중재인이 그 직무에 관하여 부정한 청탁을 받고 제3자에게 뇌물을 공여하게 하거나 공여를 요구 또는 약속한 때
제131조 제1항 제2항(수뢰후 부정처사죄)	① 공무원 또는 중재인이 전2조의 죄를 범하여 부정한 행위를 한 때 ② 공무원 또는 중재인이 그 직무상 부정한 행위를 한 후 뇌물을 수수, 요구 또는 약속하거나 제3자에게 이를 공여하게 하거나 공여를 요구 또는 약속한 때
제131조 제3항 (사후수뢰죄)	③ 공무원 또는 중재인이었던 자가 그 재직중에 청탁을 받고 직무상 부정한 행위를 한 후 뇌물을 수수, 요구 또는 약속한 때
제132조 (알선수뢰죄)	공무원이 그 지위를 이용하여 다른 공무원의 직무에 속한 사항의 알선에 관하여 뇌물을 수수, 요구 또는 약속한 때

(2) 추진위원장 또는 조합임원 등

추진위원장은 공무원 의제규정에 해당하고, 이때 위원장은 시장·군수로부터 추진위원회의 승인을 받은 추진위원회의 위원장을 말한다.

조합임원도 공무원 의제규정에 해당하고, 위 임원은 조합설립인가 후 그 등기를 마친 임원을 의미한다.[593] 청산인과 전문조합관리인도 공무원 의제규정이 적용된다. 법원에 의하여 선임된 조합임원 직무대행자 및 임시이사도 위 임원에 해당된다.[594]

구 주택건설촉진법에 의하여 설립인가를 받아 도시정비법 부칙(2002. 12. 30.) 제10조에 의하여 법인 등기를 마친 재건축조합의 조합장도 도시정비법 제134조에 의한 공무원 의제조항이 적용된다.[595]

전임 조합장의 직무대행자가 선임된 상태에서 적법하게 소집된 총회의 결의에 의하여 후임 조합장으로 선임된 자가 직무대행자로부터 조합 사무를 인계받아 실질적으로 조합장 직무를 수행하였다면, 비록 대표권을 가지지 못한다고 하더라도, 형법 제129조 내지 제132조의 적용에서 공무원으로 의제되는 조합의 임원으로 보아야 한다.[596]

조합의 임원이 조합 임원의 지위를 상실하거나 직무수행권을 상실한 후에도 조합 임원으로 등기되어 있는 상태에서 계속하여 실질적으로 조합 임원으로서 직무를 수행하여 온 경우, 그 조합 임원을 도시정비법 제134조에 따라 형법상 뇌물죄의 적용에서 '공무원'으로 보아야 한다.[597]

구 도시정비법(2017. 2. 8. 개정되기 전의 것) 제16조의2에 의한 조합설립인가의 취소는 강학상 '철회'에 해당되어 조합설립인가가 장래에 향해 소멸되는 것이므로, 구 도시정비법 제16조의2에 의거 조합설립인가 취소 이전 조합장의 금품수수는 공무원의제에 따라 뇌물죄로 처벌된다.[598]

위탁지원자인 토지주택공사등, 신탁업자, 주택도시보증공사, 한국토지주택공사, 한국부동산원은 시장·군수로부터 공공지원을 위탁받게 되는바, 위 위탁지원자의 직원 중 위탁관리업무에 종사하는 직원은 공무원 의제규정에 해당된다.

추진위원회의 부위원장이나 추진위원이었다가 추진위원회 위원장의 유고 등

593) 대법원 2006. 5. 25. 선고 2006도1146 판결
594) 대법원 2017. 6. 15. 선고 2017도2532 판결, 대법원 2016. 10. 27. 선고 2016도138 판결
595) 대법원 2006. 5. 25. 선고 2006도1146 판결
596) 대법원 2010. 12. 23. 선고 2010도13584 판결
597) 대법원 2016. 1. 14. 선고 2015도15798 판결
598) 대법원 2016. 6. 10. 선고 2015도576 판결

을 이유로 운영규정에 따라 연장자 순으로 추진위원회 위원장 직무대행자가 된 자는 도시정비법 제138조 제6호에서 규정한 '추진위원장'에 해당하지 않는바,[599] 위 부위원장 또는 직무대행자는 도시정비법 제134조에 의거 공무원으로 의제되지 않는다.

'조합설립인가처분이 무효'이어서 처음부터 조합이 성립되었다고 할 수 없는 경우에 그 성립되지 아니한 조합의 조합장, 이사 또는 감사는 도시정비법 제137조 제6호 위반죄 및 제138조 제6호 위반죄의 주체인 조합임원에 해당하지 않는바, 법원의 판결에 의해 조합설립인가가 취소된 조합의 조합임원은 뇌물죄와 관련 공무원으로 의제되지 않는다.[600]

조합의 직원이나 주민대표회의의 위원장은 공무원 의제의 대상이 아니며, 형법상 배임수재에 해당한다. 토지등소유자가 20인 미만인 경우 토지등소유자가 시행하는 재개발사업(도시환경정비사업)에 있어 그 대표자는 공무원으로 의제받지 않는다.

(3) 정비업자의 대표자 또는 직원 등

정비업자의 경우 대표자는 물론 직원도 공무원으로 의제되고, 공무원의제시기는 정비관리업자로 등록하고 인가받은 시점부터이며, 직원의 경우 상시근로자로서 고용보험이나 의료보험 등의 적용을 받은 시점부터이다.

공무원으로 의제되는 정비업자의 임·직원이 직무에 관하여 자신이 아닌 정비업자에 뇌물을 공여하게 하는 경우, 위 임·직원이 법인인 정비업자를 사실상 1인 회사로서 개인기업과 같이 운영하거나, 사회통념상 정비업자에 뇌물을 공여한 것이 곧 그 임·직원에게 공여한 것과 같다고 볼 수 있을 정도로 경제적·실질적 이해관계를 같이하는 것으로 평가되는 경우에 한하여 형법 제129조 제1항의 뇌물수수죄가 성립한다.[601]

정비업자가 추진위원회와 정식으로 계약을 맺기 전이라도 그 직무에 관해 뇌물을 수수하면 공무원으로 의제된다고 판시한 사례가 있다.[602]

---

599) 대법원 2011. 5. 26. 선고 2010도17145 판결, 대법원 2015. 3. 12. 선고 2014도10612 판결

600) 대법원 2014. 5. 22. 선고 2012도7190 전원합의체 판결

601) 대법원 2008. 9. 25. 선고 2008도2590 판결

(4) 뇌물죄의 직무관련성

뇌물죄는 직무집행의 공정과 이에 대한 사회의 신뢰에 기하여 직무수행의 불가매수성을 직접적인 보호법익으로 하고 있다. 따라서 공무원의 직무와 금원의 수수가 전체적으로 대가관계에 있으면 뇌물수수죄가 성립하고, 특별히 청탁의 유무, 개개의 직무행위의 대가적 관계를 고려할 필요는 없으며, 또한 그 직무행위가 특정된 것일 필요도 없다.

한편 뇌물죄에 있어서 직무에는 공무원이 법령상 관장하는 직무 그 자체뿐만 아니라 그 직무와 밀접한 관계가 있는 행위 또는 관례상이나 사실상 소관하는 직무행위, 결정권자를 보좌하거나 영향을 줄 수 있는 직무행위도 포함된다.[603)]

공무원으로 의제되는 조합임원이 얻는 어떤 이익이 직무와 대가관계가 있는 부당한 이익으로서 뇌물에 해당하는지 여부는 ① 당해 공무원의 직무의 내용, ② 직무와 이익제공자와의 관계, ③ 쌍방 간에 특수한 사적인 친분관계가 존재하는지의 여부, ④ 이익의 다과, ⑤ 이익을 수수한 경위와 시기 등의 제반 사정을 참작하여 결정하여야 한다.[604)]

직무집행의 공정과 이에 대한 사회의 신뢰 및 직무행위의 불가매수성을 보호법익으로 하고 있는 점에 비추어 볼 때, 공무원이 이익을 수수하는 것으로 인하여 사회일반으로부터 직무집행의 공정성을 의심받게 되는지 여부도 뇌물죄의 성립 여부를 판단할 때에 기준이 된다.[605)]

조합임원 및 정비업자의 임・직원의 경우도 동일한 기준이 적용된다.[606)]

정비업자의 대표자 및 임・직원은 그 취급하는 업무의 성격상 뇌물죄의 적용에서 공무원으로 의제되나, 도시정비법 제102조에서 정한 직무 이외의 영업에 관해서는 사경제주체로서 활동할 수 있으므로, 도시정비법 제102조에서 정한 직무와 관련 없이 이루어진 금품 등의 수수에 대해서까지 뇌물죄로 처벌할

602) 대법원 2008. 9. 25. 선고 2008도2590 판결
603) 대법원 2014. 10. 15. 선고 2014도8113 판결
604) 대법원 2011. 11. 24. 선고 2011도9585 판결
605) 대법원 2011. 3. 24. 선고 2010도17797 판결
606) 대법원 2014. 10. 15. 선고 2014도8113 판결, 대법원 2011. 11. 24. 선고 2011도9585 판결

수 없다.607)

(5) 뇌물 등 몰수 · 추징

범인 또는 정을 아는 제3자가 받은 뇌물 또는 뇌물에 공할 금품은 몰수한다. 그를 몰수하기 불능한 때에는 그 가액을 추징한다(형법 제134조).

금품의 무상차용을 통하여 위법한 재산상 이익을 취득한 경우 범인이 받은 부정한 이익은 그로 인한 금융이익 상당액이므로 추징의 대상이 되는 것은 무상으로 대여받은 금품 그 자체가 아니라 위 금융이익 상당액이다.608)

여기에서 추징의 대상이 되는 금융이익 상당액은 객관적으로 산정되어야 할 것인데, 범인이 금융기관으로부터 대출받는 등 통상적인 방법으로 자금을 차용하였을 경우 부담하게 될 대출이율을 기준으로 하거나, 그 대출이율을 알 수 없는 경우에는 금품을 제공받은 범인의 지위에 따라 민법 또는 상법에서 규정하고 있는 법정이율을 기준으로 하여, 변제기나 지연손해금에 관한 약정이 가장되어 무효라고 볼 만한 사정이 없는 한, 금품수수일로부터 약정된 변제기까지 금품을 무이자로 차용으로 얻은 금융이익의 수액을 산정한 뒤 이를 추징하여야 한다.

갑 생명보험 주식회사의 보험설계사이자 도시 및 주거환경정비법상 재건축정비사업조합의 조합장인 피고인이, 을에게서 시공사 선정 등에 도움을 달라는 청탁을 받고 을로 하여금 갑 회사 보험상품에 대한 보험계약을 체결하게 한 후 그에 대한 보험계약 모집수수료를 교부받음으로써 직무에 관하여 뇌물을 수수하였다는 내용으로 기소된 사안에서, 피고인이 을에게서 제공받은 뇌물은 '보험계약 체결에 따라 모집수수료 등을 지급받을 수 있는 지위 또는 기회'이고, 재산적 가치는 적어도 보험계약 모집수수료 상당이라고 판시한 사례가 있다.609)

---

607) 대전고등법원 2008. 8. 8. 선고 2008노42 판결
608) 대법원 2008. 9. 25. 선고 2008도2590 판결
609) 대법원 2014. 10. 15. 선고 2014도8113 판결

2. 5년 이하의 징역 또는 5천만원 이하의 벌금

다음의 어느 하나에 해당하는 자는 5년 이하의 징역 또는 5천만원 이하의 벌금에 처한다(법 제135조).

① 도시정비법 제36조에 따른 토지등소유자의 서면동의서 또는 전자서명동의서를 위조한 자

第36조(토지등소유자의 동의방법 등) ①

1. 제20조제6항제1호에 따라 정비구역등 해제의 연장을 요청하는 경우
2. 제21조제1항제4호에 따라 정비구역의 해제에 동의하는 경우
3. 제24조제1항에 따라 주거환경개선사업의 시행자를 토지주택공사등으로 지정하는 경우
4. 제25조제1항제2호에 따라 토지등소유자가 재개발사업을 시행하려는 경우
5. 제26조 또는 제27조에 따라 재개발사업·재건축사업의 공공시행자 또는 지정개발자를 지정하는 경우
6. 제31조제1항에 따라 조합설립을 위한 추진위원회를 구성하는 경우
7. 제32조제4항에 따라 추진위원회의 업무가 토지등소유자의 비용부담을 수반하거나 권리·의무에 변동을 가져오는 경우
8. 제35조제2항부터 제5항까지의 규정에 따라 조합을 설립하는 경우
9. 제47조제3항에 따라 주민대표회의를 구성하는 경우
10. 제50조제4항에 따라 사업시행계획인가를 신청하는 경우
11. 제58조제3항에 따라 사업시행자가 사업시행계획서를 작성하려는 경우

② 도시정비법 제132조 제1항 각 호의 어느 하나를 위반하여 금품, 향응 또는 그 밖의 재산상 이익을 제공하거나 제공의사를 표시하거나 제공을 약속하는 행위를 하거나 제공을 받거나 제공의사 표시를 승낙한 자[610)]

제132조(조합임원 등의 선임·선정 시 행위제한) ①

1. 금품, 향응 또는 그 밖의 재산상 이익을 제공하거나 제공의사를 표시하거나 제공을 약속하는 행위
2. 금품, 향응 또는 그 밖의 재산상 이익을 제공받거나 제공의사 표시를 승낙하는 행위
3. 제3자를 통하여 제1호 또는 제2호에 해당하는 행위를 하는 행위

3. 3년 이하의 징역 또는 3천만원 이하의 벌금

다음의 어느 하나에 해당하는 자는 3년 이하의 징역 또는 3천만원 이하의 벌금에 처한다(법 제136조).

① 도시정비법 제29조제1항에 따른 계약의 방법을 위반하여 계약을 체결한 추진위원장, 전문조합관리인 또는 조합임원(조합의 청산인 및 토지등소유자가 시행하는 재개발사업의 경우에는 그 대표자, 지정개발자가 사업시행자인 경우 그 대표자를 말함)

② 도시정비법 제29조제4항부터 제7항까지 및 제10항을 위반하여 시공자를 선정한 자 및 시공자로 선정된 자

③ 도시정비법 제29조 제11항을 위반하여 시공자와 공사에 관한 계약을 체결한 자

- 시공자와 공사계약을 체결할 때 건축물의 철거공사(석면조사・해체・제거 포함)에 관한 사항이 포함됨.

④ 시장・군수등의 추진위원회 승인을 받지 아니하고 정비사업전문관리업자

610) 대법원 2016. 10. 27. 선고 2016도9954 판결 "(도시정비법 제135조의 처벌규정은) 조합 임원에 대한 공무원 의제 규정인 도시정비법 제134조가 이미 존재하는 상태에서 2012. 2. 1. 법률이 개정되어 신설된 것으로서, 기존 도시정비법 제134조의 입법취지, 적용대상, 법정형 등과 비교해 보면 시공자의 선정 등과 관련한 부정행위에 대하여 조합 임원이 아닌 사람에 대해서까지 처벌 범위를 확장한 것일 뿐 조합 임원을 형법상의 수뢰죄 또는 특정범죄가중법 위반죄로 처벌하는 것이 너무 과중하여 부당하다는 반성적 고려에서 그 형을 가볍게 한 것이라고는 인정되지 아니한다."

를 선정한 자

- (가칭) 추진위원회를 구성해 위원장이나 위원으로 활동하는 자 중에서 추진위원회 승인전에 정비업체와 가계약 등을 체결하고 동의서를 징구하는 행위가 이에 해당됨.
- 추진위원회가 시장·군수의 승인을 받은 이후 동일한 정비업체와 재계약을 하였는지 여부에 따라 달라지지 않음.[611]

⑤ 도시정비법 제32조제2항에 따른 계약의 방법을 위반하여 정비사업전문관리업자를 선정한 추진위원장(전문조합관리인 포함)

- 처벌대상을 추진위원장에 한정한 것은 위원장이 정비업체 선정에 강력한 영향력을 행사하는 현실을 반영한 것임.

⑥ 도시정비법 제36조에 따른 토지등소유자의 서면동의서 또는 전자서명동의서를 매도하거나 매수한 자

- 공동사업시행자 동의서 또는 조합설립동의서를 징구하는 과정에서 금품의 수수를 처벌하기 위한 것임.
- 시공사 선정을 위한 서면결의서 징구시 금품수수는 도시정비법 제135조제2호에 해당됨.

⑦ 거짓 또는 부정한 방법으로 도시정비법 제39조제2항을 위반하여 조합원 자격을 취득한 자와 조합원 자격을 취득하게 하여준 토지등소유자 및 조합의 임직원(전문조합관리인 포함)

⑧ 도시정비법 제39조제2항을 회피하여 분양주택을 이전 또는 공급받을 목적으로 건축물 또는 토지의 양도·양수 사실을 은폐한 자

⑨ 도시정비법 제76조제1항 제7호 라목 단서를 위반하여 주택을 전매하거나 전매를 알선한 자

- 조합원은 가격의 범위 또는 종전주택의 주거전용면적의 범위에서 2주택을 공급받게 되고, 추가 공급된 주거전용면적 60㎡ 이하 주택에 대하여 이전고시일 다음날부터 3년이 지나기 전에는 전매를 할 수 없도록 제한하고 있는바, 이를 위반한 경우에 처벌하는 조항임.

---

611) 대법원 2008. 11. 27. 선고 2008도6286 판결

4. 2년 이하의 징역 또는 2천만원 이하의 벌금

다음의 어느 하나에 해당하는 자는 2년 이하의 징역 또는 2천만원 이하의 벌금에 처한다(법 제137조).

① 재건축진단 결과보고서를 거짓으로 작성한 자

- 재건축진단 결과보고서의 작성자는 안전진단전문기관, 한국시설안전공단, 한국건설기술연구원임.

② 도시정비법 제19조제1항을 위반하여 허가 또는 변경허가를 받지 아니하거나 거짓, 그 밖의 부정한 방법으로 허가 또는 변경허가를 받아 행위를 한 자

- 정비구역 안에서 건축물의 건축, 공작물의 설치, 토지의 형질변경, 토석의 채취, 토지분할을 하고자 하는 자는 시장·군수의 허가를 받아야 하고, 이를 위반한 경우 처벌하는 규정임.

③ 추진위원회 또는 주민대표회의의 승인을 받지 아니하고 추진위원회의 업무를 수행하거나 주민대표회의를 구성·운영한 자

- 추진위원회가 승인받기 전에 실질적인 업무수행을 해야 처벌할 수 있고, 승인받지 않고 추진위원회만 구성하는 것은 처벌대상이 아님.
- 그러나 주민대표회의는 승인받지 않고 구성만 한 경우에도 처벌이 가능함.
- 시공자 선정업무는 추진위원회의 업무에 포함되지 않고, 조합의 업무에 해당하므로, 비상대책위원회가 시공사 선정에 영향력을 행사할 목적으로 비상대책위원회를 구성하여 활동하였더라도 위 규정에 위반되는 것은 아님.[612]
- 추진위원회 승인신청을 하였다가 반려된 상태에서 정비업체를 선정한 것은 위 규정에 위반되는 것임[613]

④ 승인받은 추진위원회 또는 주민대표회의가 구성되어 있음에도 불구하고 임의로 추진위원회 또는 주민대표회의를 구성하여 도시정비법에 따른

612) 대법원 2007. 8. 23. 선고 2007도989 판결
613) 대법원 2008. 11. 27. 선고 2008도6286 판결

정비사업을 추진한 자

- 본 호는 이미 승인받은 추진위원회 또는 주민대표회의가 있는 경우에 한해 승인받지 않은 추진위원회 또는 주민대표회의가 정비사업을 추진하는 자를 처벌하는 것임(법 제137조 제3호와 구분).
- 승인받지 않은 추진위원회가 조합설립동의서를 징구하거나 정비업체의 선정행위를 할 경우 처벌대상이 되며, 승인된 추진위원회의 활동에 반대행위를 하는 것은 처벌대상이 아님.

⑤ 조합이 설립되었는데도 불구하고 추진위원회를 계속 운영한 자

- 조합설립인가를 받은 이후에 추진위원회의 모든 업무와 자산을 조합에 인계하여야 하는데 이미 승인받은 추진위원회를 해산하지 않고 운영한 자가 처벌대상임.

⑥ 총회의 의결을 거치지 아니하고 도시정비법 제45조 제1항 각 호의 사업(같은 항 제13호 중 정관으로 정하는 사항은 제외함)을 임의로 추진한 조합임원(전문조합관리인 포함)

⑦ 사업시행계획인가를 받지 아니하고 정비사업을 시행한 자와 같은 사업시행계획서를 위반하여 건축물을 건축한 자

⑧ 관리처분계획인가를 받지 아니하고 도시정비법 제86조(이전고시)에 따른 이전을 한 자

⑨ 도시정비법 제102조제1항을 위반하여 등록을 하지 아니하고 이 법에 따른 정비사업을 위탁받은 자 또는 거짓, 그 밖의 부정한 방법으로 등록을 한 정비사업전문관리업자

도시정비법 제102조(정비사업전문관리업의 등록) ①
1. 조합설립의 동의 및 정비사업의 동의에 관한 업무의 대행
2. 조합설립인가의 신청에 관한 업무의 대행
3. 사업성 검토 및 정비사업의 시행계획서의 작성
4. 설계자 및 시공자 선정에 관한 업무의 지원
5. 사업시행계획인가의 신청에 관한 업무의 대행
6. 관리처분계획의 수립에 관한 업무의 대행

> 7. 제118조제2항제2호에 따라 시장·군수등이 정비사업전문관리업자를 선정한 경우에는 추진위원회 설립에 필요한 다음 각 목의 업무
>   가. 동의서 제출의 접수
>   나. 운영규정 작성 지원
>   다. 그 밖에 시·도조례로 정하는 사항

⑩ 도시정비법 제106조제1항 각 호 외의 부분 단서에 따라 등록이 취소되었음에도 불구하고 영업을 하는 자

> **도시정비법 제106조(정비사업전문관리업의 등록취소 등)** ①"다만, 제1호·제4호·제8호 및 제9호에 해당하는 때에는 그 등록을 취소하여야 한다."
> 1. 거짓, 그 밖의 부정한 방법으로 등록을 한 때
> 4. 제102조제1항 각 호에 따른 업무를 직접 수행하지 아니한 때
> 8. 최근 3년간 2회 이상의 업무정지처분을 받은 자로서 그 정지처분을 받은 기간이 합산하여 12개월을 초과한 때
> 9. 다른 사람에게 자기의 성명 또는 상호를 사용하여 이 법에서 정한 업무를 수행하게 하거나 등록증을 대여한 때

⑪ 도시정비법 제113조제1항부터 제3항까지의 규정에 따른 처분의 취소·변경 또는 정지, 그 공사의 중지 및 변경에 관한 명령을 받고도 이에 응하지 아니한 추진위원회, 사업시행자, 주민대표회의 및 정비사업전문관리업자

⑫ 도시정비법 제124조제1항에 따른 서류 및 관련 자료를 거짓으로 공개한 추진위원장 또는 조합임원(토지등소유자가 시행하는 재개발사업의 경우 그 대표자)

⑬ 도시정비법 제124조제4항에 따른 열람·복사 요청에 허위의 사실이 포함된 자료를 열람·복사해 준 추진위원장 또는 조합임원(토지등소유자가 시행하는 재개발사업의 경우 그 대표자)

소규모재건축조합의 조합 임원을 도시정비법 제137조를 적용하여 처벌할 수는 없다.[614]

5. 1년 이하의 징역 또는 1천만원 이하 벌금

다음의 어느 하나에 해당하는 자는 1년 이하의 징역 또는 1천만원 이하의 벌금에 처한다(법 제138조 제1항).

① 도시정비법 제19조 제8항을 위반하여 주택법 제2조 제11호 가목에 따른 지역주택조합의 조합원을 모집한 자

② 추진위원회의 회계장부 및 관계 서류를 조합에 인계하지 아니한 추진위원장(전문조합관리인 포함)

③ 준공인가를 받지 아니하고 건축물 등을 사용한 자와 시장・군수등의 사용허가를 받지 아니하고 건축물을 사용한 자

④ 다른 사람에게 자기의 성명 또는 상호를 사용하여 도시정비법에서 정한 업무를 수행하게 하거나 등록증을 대여한 정비사업전문관리업자

⑤ 도시정비법 제102조제1항 각 호에 따른 업무를 다른 용역업체 및 그 직원에게 수행하도록 한 정비사업전문관리업자

⑥ 도시정비법 제112조제1항에 따른 회계감사를 요청하지 아니한 추진위원장, 전문조합관리인 또는 조합임원(토지등소유자가 시행하는 재개발사업 또는 제27조에 따라 지정개발자가 시행하는 정비사업의 경우에는 그 대표자를 말함)

⑦ 도시정비법 제124조 제1항을 위반하여 정비사업시행과 관련한 서류 및 자료를 인터넷과 그 밖의 방법을 병행하여 공개하지 아니하거나 조합원 또는 토지등소유자의 열람・복사 요청에 응하지 아니하는 추진위원장, 전문조합관리인 또는 조합임원(조합의 청산인 및 토지등소유자가 시행하는 재개발사업의 경우에는 그 대표자, 제27조에 따른 지정개발자가 사업

---

614) 대법원 2024. 1. 25. 선고 2023도9906 판결

시행자인 경우 그 대표자를 말함)

⑧ 도시정비법 제125조제1항을 위반하여 속기록 등을 만들지 아니하거나 관련 자료를 청산 시까지 보관하지 아니한 추진위원장, 전문조합관리인 또는 조합임원(조합의 청산인 및 토지등소유자가 시행하는 재개발사업의 경우에는 그 대표자, 제27조에 따른 지정개발자가 사업시행자인 경우 그 대표자를 말함)

건설업자 또는 등록사업자가 도시정비법 제132조의2에 따른 조치를 소홀히 하여 용역업체의 임직원이 도시정비법 제132조 제1항 각 호의 어느 하나를 위반한 경우 그 건설업자 또는 등록사업자는 5천만원 이하의 벌금에 처한다(법 제138조 제2항).

6. 과태료에 처하는 경우

다음의 어느 하나에 해당하는 자에게는 1천만원의 과태료를 부과한다(법 제140조 제1항).

① 점검반의 현장조사를 거부 · 기피 또는 방해한 자

② 도시정비법 제132조 제2항을 위반하여 도시정비법 제29조에 따른 계약의 체결과 관련하여 시공과 관련 없는 사항을 제안한 자

③ 도시정비법 제132조의3 제1항을 위반하여 사실과 다른 정보 또는 부풀려진 정보를 제공하거나, 사실을 숨기거나 축소하여 정보를 제공한 자

다음의 어느 하나에 해당하는 자에게는 500만원 이하의 과태료를 부과한다(법 제140조 제2항).

① 도시정비법 제29조 제2항을 위반하여 전자조달시스템을 이용하지 아니하고 계약을 체결한 자

② 도시정비법 제78조 제5항 또는 제86조 제1항에 따른 통지를 태만히 한 자

③ 도시정비법 제107조 제1항 및 제111조 제2항에 따른 보고 또는 자료의

제출을 태만히 한 자

④ 도시정비법 111조의2를 위반하여 자금차입에 관한 사항을 신고하지 아니하거나 거짓으로 신고한 자

⑤ 도시정비법 제115조 제2항에 따른 교육을 기간 내에 이수하지 아니한 자

⑥ 도시정비법 제125조 제2항에 따른 관계 서류의 인계를 게을리한 자

7. 형법상 업무상 횡령죄

(1) 횡령죄 횡령죄 성립

업무에 위배하여 타인의 재물을 보관하는 자가 그 재물을 횡령하거나 그 반환을 거부한 경우 형법 제356조의 업무상배임죄에 해당되고, 이득액이 5억원이 넘으면 특정경제범죄 가중처벌 등에 관한 법률 위반죄에 해당된다.

원칙적으로 단체의 비용으로 지출할 수 있는 변호사 선임료는 단체 자체가 소송당사자가 된 경우에 한하므로 단체의 대표자 개인이 당사자가 된 민·형사사건의 변호사 비용은 단체의 비용으로 지출할 수 없다.

(2) 형사사건의 변호사 수임료

재건축조합 조합장이 조합장 개인을 위하여 자신의 위법행위에 관한 형사사건의 변호인을 선임하는 것을 재건축조합의 업무라고 볼 수 없으므로, 그가 재건축조합의 자금으로 자신의 변호사 비용을 지출하였다면 이는 횡령에 해당한다. 위 형사사건의 변호사 선임료를 지출함에 있어 이사 및 대의원회의 승인을 받았다 하여도 재건축조합의 업무집행과 무관한 조합장 개인의 형사사건을 위하여 변호사 선임료를 지출하는 것이 위법한 이상 위 승인은 내재적 한계를 벗어나는 것으로서 횡령죄의 성립에 영향을 미치지 아니한다.[615]

단체의 비용으로 개인의 변호사 선임비를 지출할 수 있는 부분이 일부 포함되어 있더라도 그럴 수 없는 부분까지 포함하여 지출한 경우에는 전액을 횡령

---

615) 대법원 2006. 10. 26. 선고 2004도6280 판결, 대법원 2009. 9. 10. 선고 2009도4987 판결, 대법원 2011. 9. 29. 선고 2011도4677 판결

한 것으로 본다.[616] 일부 불기소, 일부 무죄판결이 선고되었으나, 일부 유죄판결이 선고되었다면 위 변호사 선임료 전부는 횡령죄에 해당한다.

(3) 업무상 횡령죄가 되지 않는 경우

만약 ① 분쟁에 대한 실질적인 이해관계는 단체에게 있으나 법적인 이유로 그 대표자의 지위에 있는 개인이 소송 기타 법적 절차의 당사자가 되었다거나 ② 대표자로서 단체를 위해 적법하게 행한 직무행위 또는 대표자의 지위에 있음으로 말미암아 의무적으로 행한 행위 등과 관련하여 분쟁이 발생한 경우와 같이, 당해 법적 분쟁이 단체와 업무적인 관련이 깊고 당시의 제반 사정에 비추어 단체의 이익을 위하여 소송을 수행하거나 고소에 대응하여야 할 특별한 필요성이 있는 경우에 한하여 단체의 비용으로 변호사 선임료를 지출할 수 있다.[617]

법인의 이사를 상대로 한 이사직무집행정지 가처분이 결정된 경우, 당해 법인의 업무를 수행하는 이사의 직무집행이 정지당함으로써 사실상 법인의 업무수행에 지장을 받게 될 것은 명백하므로, 법인으로서는 그 이사 자격의 부존재가 객관적으로 명백하여 항쟁의 여지가 없는 경우가 아닌 한, 위 가처분에 대항하여 항쟁할 필요가 있다. 이와 같이 필요한 한도 내에서 법인의 대표자가 법인 경비에서 당해 가처분 사건의 피신청인인 이사에게 그 사건에 관한 소송비용을 지급하였다면, 이는 법인의 업무수행을 위하여 필요한 비용을 지급한 것에 해당하고, 법인의 경비를 횡령한 것이라고 볼 수는 없다.[618]

616) 대법원 2013. 4. 11. 선고 2011도9315 판결
617) 대법원 2006. 10. 26. 선고 2004도6280 판결, 부산지방법원 서부지원 2011. 9. 29. 선고 2011도4677 판결
618) 대법원 2009. 3. 12. 선고 2008도10826 판결, 대법원 2003. 5. 30. 선고 2003도1174 판결

제4편 사업시행계획인가단계

제1절 사업시행계획인가 일반

I. 사업시행계획(인가)의 의의

1. 사업시행계획의 의의

사업시행계획은 토지이용계획, 건축물의 높이 및 용적률에 관한 건축계획, 정비기반시설 등 설치계획, 이주대책 등 정비사업을 위한 포괄적이고 구체적인 계획이며, 행정청의 인가를 통해 그 효력이 발생한다.

시장·군수를 제외한 사업시행자는 사업시행계획서에 정관, 총회의 의결서 사본 등의 서류를 첨부하여 시장·군수에게 제출하고, 사업시행인가를 받아야 한다. 인가받은 내용을 변경하거나 정비사업을 중지 또는 폐지하는 경우에도 사업시행계획변경(중지 또는 폐지)인가를 받아야 한다. 다만 경미한 사항을 변경하고자 하는 때에는 시장·군수에게 신고하여야 한다.

시장·군수를 제외한 사업시행자는 사업시행인가를 신청하기 전에 미리 총회을 개최하여 조합원동의를 얻어야 한다. 인가받은 내용을 변경하거나 정비사업을 중지 또는 폐지하고자 하는 경우에도 조합원 동의절차를 거쳐야 한다. 조합원 동의는 총회에서 과반수 또는 2/3 이상의 동의를 받아야 하고, 조합원의 20% 이상이 직접 참석하여야 한다.

2. 사업시행계획 또는 인가의 법적 성격

(1) 행정처분

조합은 관할 행정청의 감독 아래 도시정비법상 정비사업을 시행하는 공법인으로서, 그 목적 범위 내에서 법령이 정하는 바에 따라 일정한 행정작용을 행하는 행정주체의 지위를 가진다. 따라서 조합이 이러한 행정주체의 지위에서 도시정비법에 기초하여 수립한 '사업시행계획'은 인가·고시를 통해 확정되면 이해관계인에 대한 구속적 행정계획으로서 독립된 행정처분에 해당한다.[1)]

'사업시행인가'는 사업시행자가 사업시행계획의 내용과 관할 관청에서 정한 조건 등에 따라 정비사업을 시행할 수 있는 권리를 관할관청으로부터 부여받는 행정처분이다.

사업시행계획 및 인가의 관계는 기본행위와 보충행위의 관계에 있다고 할 것이므로, 사업시행계획의 위법에 대하여는 조합을 상대로 행정소송을 제기하여야 하고, 인가처분에 대하여는 인가처분 고유의 위법이 있는 경우에 한하여 인가청을 상대로 행정소송을 제기할 수 있다.

(2) 행정계획과 재량행위

도시정비법에 의한 사업시행계획은 조합이 법령의 범위 내에서 도시의 건전한 발전과 공공복리의 증진을 위한 도시정책상의 전문적, 기술적 판단을 기초로 하여 그 재량에 의하여 이루어지는 것이므로, 재량권의 일탈·남용이 없는 한 그 처분을 위법하다고 할 수 없다.[2)]

재량행위에 대한 법원의 사법심사는 당해 행위가 사실오인, 비례·평등의 원칙 위배, 당해 행위의 목적 위반이나 부정한 동기 등에 근거하여 이루어짐으로써 재량권의 일탈·남용이 있는지 여부만을 심사하는 것이다. 여기서 비례의 원칙이란 어떤 행정목적을 달성하기 위한 수단은 그 목적달성에 유효·적절하고 또한 가능한 한 최소침해를 가져오는 것이어야 하며, 아울러 그 수단의 도입으로 인한 침해가 의도하는 공익을 능가하여서는 아니된다는 헌법상의 원칙을 말하는 것이다.

---

1) 대법원 2009. 11. 2. 자 2009마596 결정, 대법원 2010. 12. 9. 선고 2009두4913 판결

2) 대법원 1993. 10. 8. 선고 93누10569 판결, 대법원 1997. 9. 26. 선고 96누10096 판결

Ⅱ. 사업시행계획(인가)에 관한 쟁송방법

1. 사업시행계획에 관한 취소소송

(1) 행정소송법상 항고소송(취소소송)

사업시행계획의 하자에 관하여 다툼이 있는 경우 조합원은 항고소송의 방법(행정소송법상 당사자소송)으로 사업시행계획의 취소 또는 무효확인을 구하여야 한다. 항고소송의 대상이 되는 사업시행계획의 효력이나 집행 혹은 절차속행 등의 정지를 구하는 신청은 행정소송법상 집행정지신청의 방법으로서만 가능할 뿐 민사소송법상 가처분의 방법으로는 허용될 수 없다.[3)]

조합원이 민사소송으로 사업시행계획에 관한 총회결의 무효를 확인하는 소를 제기할 수 없다.[4)] 원고가 민사소송으로 총회결의무효확인소송을 제기하였다면 법원은 행정법원으로 당해 소송을 이송하게 된다.[5)]

(2) 원고적격, 제소기간 등

정비구역내 토지등소유자는 원고적격을 가진다. 그러나 정비구역내 토지등소유자가 아닌 임차인은 사업시행인가를 다툴 원고적격이 없다.[6)]

재건축사업에 있어 조합설립에 동의한 조합원도 원고적격을 가진다.[7)]

재개발·재건축사업에 대한 사업시행계획에 '당연무효인 하자'가 있는 경우에는 조합은 사업시행계획을 새로이 수립하여 관할관청으로부터 인가를 받은 후 다시 분양신청을 받아 관리처분계획을 수립하여야 하므로, 현금청산자

---

3) 대법원 2009. 11. 2. 자 2009마596 결정
4) 대법원 2009. 11. 2. 자 2009마596 결정, 대법원 2010. 10. 28. 선고 2009다63694 판결, 대법원 2012. 4. 12. 선고 2010다10986 판결, 대법원 2016. 10. 13. 선고 2012두24481 판결
5) 대법원 2009. 10. 15. 선고 2008다93001 판결
6) 부산지방법원 2007. 7. 5. 선고 2006구합3583 판결
7) 서울행정법원 2006. 11. 28. 선고 2006구합10849 판결→상급심인 대법원 2008. 1. 10. 선고 2007두16691 판결은 재건축조합의 조합원이 원고적격이 있음을 전제로 본안판단함

도 사업시행계획의 무효 또는 취소를 구할 법률상 이익이 있다.[8)]

사업시행계획에 대한 취소소송은 처분 등이 있음을 안 날로부터 90일 이내에 제기하여야 하는바, 사업시행계획에 대한 제소기간은 시장·군수의 사업시행계획에 대한 인가 및 그 고시가 있은 후 5일이 경과한 날부터 진행한다.[9)]

제소기간이 경과된 경우 소를 제기하려는 자는 조합을 상대로 사업시행계획처분의 중대·명백한 사유를 이유로 무효소송을 제기할 수 있다.

정비사업의 공익적·단체법적 성격과 이전고시에 따라 이미 형성된 법률관계를 유지하여 법적 안정성을 보호할 필요성이 현저하다. 이에 '이전고시'의 효력이 발생한 후에는 사업시행계획의 취소 또는 무효확인을 구할 법률상 이익이 없다.[10)]

(3) 사업시행계획의 위법성 판단

사인의 공법상 행위가 명문으로 금지되거나 성질상 불가능한 경우가 아닌 한 그에 의거한 행정행위가 행하여질 때까지 보정이 가능하다고 보아야 할 것이다. 또한 사업시행인가신청 후 인가처분이 행하여질 때까지 상당한 기간이 소요될 수 있는데 그 사이 권리변동이나 사정변경이 생긴 경우 권리자의 의사를 가능한 한 존중하는 것이 정비사업의 원활한 수행이라는 법의 취지에 부합한다할 것이다. 따라서 사업시행인가의 적법여부는 인가신청시가 아니라 '인가처분시를 기준'으로 하여야 한다.[11)]

하자 있는 행정처분의 치유는 행정처분의 성질이나 법치주의의 관점에서 볼 때 원칙적으로 허용될 수 없는 것이고, 예외적으로 행정처분의 무용한 반복을 피하고 당사자의 법적 안정성을 위해 이를 허용하는 때에도 국민의 권리나 이익을 침해하지 않는 범위에서 구체적 사정에 따라 합목적적으로 인정하여야 할 것이다.[12)]

---

8) 대법원 2011. 12. 8. 선고 2008두18342 판결, 대법원 2014. 2. 27. 선고 2011두25173 판결
9) 대법원 2010. 12. 9. 선고 2009두4913 판결, 대법원 2012. 9. 27. 선고 2011두17882 판결, 의정부지방법원 2009. 10. 20. 선고 2008구합2199 판결
10) 대법원 2022. 1. 13. 선고 2021두50772 판결, 대법원 2014. 9. 25. 선고 2011두20680 판결, 대법원 2012. 3. 22. 선고 2011두6400 판결
11) 대법원 2005. 3. 11. 선고 2004두138 판결

무효인 행정처분은 그 하자가 중대하고도 명백한 것으로 처음부터 어떠한 효력도 발생하지 아니하는 것이므로, 무효인 행정처분의 하자의 치유는 인정되지 아니한다.[13)]

실무상 사업시행계획의 취소에 관한 하자치유 또는 사정판결은 거의 인정되지 않는다.

(4) 경미한 사항의 변경과 소의 이익

인가받은 사업시행계획의 내용 중 경미한 사항을 변경하여 이를 신고한 경우는 물론, 그 밖의 사항을 변경하여 그 인가를 받은 경우에도 종전에 인가받은 사업시행계획 중 변경되지 아니한 부분은 여전히 존재하여 그 효력을 유지함이 원칙이다.[14)]

사업시행인가처분과 동일한 요건과 절차가 요구되지 아니하는 경미한 사항의 변경에 대하여 행정청이 사업시행변경인가라는 형식으로 처분을 하였다고 하더라도, 그 성질은 당초의 사업시행인가처분과는 별개로 경미한 사항의 변경에 대한 신고를 수리하는 의미에 불과하다. 따라서 토지등소유자는 최초 사업시행계획 또는 인가의 취소 또는 무효를 다툴 수 있다.[15)]

(5) 사업시행변경인가와 소의 이익

조합이 당초 사업시행계획의 흠을 바로 잡기 위하여 당초 사업시행계획과 동일한 요건, 절차를 거쳐 새로운 사업시행계획을 수립하여 시장·군수로부터 인가받은 경우 또는 당초 사업시행계획의 '주요 부분을 실질적으로 변경'하는 내용으로 새로운 사업시행계획을 수립하여 시장·군수의 인가를 받음으로써 새로운 사업시행계획이 당초 사업시행계획을 '대체'하였다고 평가할 수 있는 경우에는 당초 사업시행계획의 효력을 상실한다.[16)]

---

12) 대법원 2002. 7. 9. 선고 2001두10684 판결, 대법원 2010. 8. 26. 선고 2010두2579 판결, 대법원 2012. 8. 23. 선고 2010두13463 판결
13) 대법원 1988. 3. 22. 선고 87누986 판결, 대법원 1997. 5. 28. 선고 96누5308 판결, 대법원 2012. 8. 23. 선고 2010두13463 판결
14) 대법원 2014. 2. 27. 선고 2011두25173 판결
15) 대법원 2012. 10. 25. 선고 2010두25107 판결, 대법원 2010. 12. 9. 선고 2009두4555 판결 참조

당초 사업시행계획의 '주요 부분을 실질적으로 변경' 하는 내용의 새로운 사업시행계획을 수립하여 당초 사업시행계획을 대체하였는지 여부는, 사업시행계획 중 변경된 내용, 변경의 원인 및 그 정도, 당초 사업시행계획과 변경 사업시행계획 사이의 기간, 당초 사업시행계획의 유효를 전제로 이루어진 후속행위의 내용 및 그 진행 정도 등을 종합적으로 고려하여 판단하여야 할 것이다.[17]

사업시행계획의 경우 그 인가처분의 유효를 전제로 '분양공고 및 분양신청 절차', 분양신청을 하지 않은 조합원에 대한 '수용절차', 관리처분계획의 수립 및 그에 대한 인가 등 후속 행위가 있었다면, 당초 사업시행계획이 무효로 확인되거나 취소될 경우 그것이 유효하게 존재하는 것을 전제로 이루어진 위와 같은 일련의 후속 행위 역시 소급하여 효력을 상실하게 된다. 당초 사업시행계획을 실질적으로 변경하는 내용으로 새로운 사업시행계획이 수립되어 시장·군수로부터 인가를 받았다는 사정만으로 일률적으로 당초 사업시행계획의 무효확인을 구할 소의 이익이 소멸된다고 볼 수는 없다.[18]

위와 같은 후속 행위로 토지 등 소유자의 권리·의무에 영향을 미칠 정도의 공법상의 법률관계를 형성시키는 외관이 만들어졌는지 또는 존속되고 있는지 등을 개별적으로 따져 보아야 한다.[19]

사업시행인가, 제1차 사업시행변경인가, 제2차 사업시행변경인가가 있었는데, 제2차 사업시행변경계획은 주요 부분의 실질적 변경에 해당되어 이전 사업시행인가와 제1차 사업시행변경계획을 대체한 것으로 볼 수 있으며, 조합이 제2차 사업시행변경인가에 따라 후속 절차를 다시 진행한 사안에서 최초 사업시행인가에 따른 후속절차중 일부를 무효로 인정하였으나, 제1차 사업시행변경계획에 대한 무효확인의 소는 각하한 사례가 있다.[20]

---

16) 대법원 2014. 2. 27. 선고 2011두25173 판결, 관리처분계획과 관련 대법원 2012. 3. 22. 선고 2011두6400 판결 유사취지, 서울고등법원 2010. 8. 20. 선고 2009누27031 판결, 서울고등법원 2010. 12. 22. 선고 2009누34336 판결
17) 대법원 2014. 2. 27. 선고 2011두25173 판결
18) 대법원 2014. 2. 27. 선고 2011두25173 판결
19) 대법원 2013. 11. 28. 선고 2011두30199 판결, 창원지방법원 2019. 10. 31. 선고 2018구합53212 판결
20) 창원지방법원 2019. 10. 31. 선고 2018구합53212 판결

(6) 일조권 침해와 사업시행계획 취소

사업시행변경계획은 성당에 거주하거나 이를 이용하는 사람들의 환경권 등 생활이익을 전혀 고려하지 않은 채 존치된 건축물 소유자를 제외한 나머지 조합원들의 편익만을 고려함으로써 공익과 사익의 이익형량이 정당성과 객관성을 결여하였고, 사업시행변경계획에 따라 성당에 거주하거나 이를 이용하는 사람들의 환경권 등 생활이익이 지나치게 침해되었다고 할 것이다. 따라서 이 사건 사업시행변경계획은 재량권을 일탈 · 남용한 것으로 위법하여 취소되어야 한다라고 판시한 사례가 있다.[21]

2. 사업시행계획인가에 관한 취소소송

(1) 인가처분에 관한 취소소송

사업시행계획을 '인가' 하는 행정청의 행위는 처분성이 인정되고,[22] 조합의 사업시행계획에 대한 법률상의 효력을 완성시키는 보충행위에 해당한다.[23]

'인가' 는 법률상의 효력을 완성시키는 보충행위이고, 그 법률행위의 하자를 치유하는 효력이 없는바,[24] 원고는 시장 · 군수를 상대로 '인가행위 자체의 하자' 를 이유로 사업시행계획인가의 취소 또는 무효소송을 제기할 수 있을 뿐, 사업시행계획의 하자를 이유로 사업시행계획인가의 취소 또는 무효소송을 제기할 수 없다.[25] '사업시행계획의 하자' 를 다툴 경우 원고는 조합을 상대로 사업시행계획취소소송 또는 무효소송을 제기해야 한다.

---

21) 서울고등법원 2024. 12. 18. 선고 2024누48161 판결
22) 대법원 1993. 3. 9. 선고 92누16287 판결
23) 대법원 2008. 1. 10. 선고 2007두16691 판결, 대법원 2010. 12. 9. 선고 2010두1248 판결, 대법원 2010. 12. 9. 선고 2009두4913 판결, 대법원 2014. 2. 27. 선고 2011두25173 판결
24) 대법원 1987. 8. 18. 선고 86누152 판결
25) 대법원 2021. 2. 10. 선고 2020두48031 판결, 대법원 1994. 10. 14. 선고 93누22753 판결, 대법원 2008. 1. 10. 선고 2007두16691 판결, 대법원 2001. 12. 11. 선고 2001두7541 판결, 대법원 2010. 12. 9. 선고 2010두1248 판결, 대법원 2010. 12. 9. 선고 2009두4913 판결, 대법원 2014. 2. 27. 선고 2011두25173 판결

취소소송은 처분 등이 있음을 안 날로부터 90일 이내에 제기하여야 하는바, 사업시행인가처분의 취소를 구하는 소의 제소기간은 사업시행인가 고시가 있은 후 5일이 경과한 날부터 기산된다.[26]

(2) 사업시행인가의 재량성

사업시행인가는 상대방(정비사업조합)에 대하여 권리나 이익을 부여하는 효과를 수반하는 수익적 행정처분으로서 법령에 그 요건에 관하여 일의적으로 규정되어 있지 아니한 이상 인가권자인 행정청의 재량행위에 속한다.[27]

재량행위에 대한 사법심사는 행정청의 재량에 의한 공익판단의 여지를 감안하여 원칙적으로 재량권의 일탈이나 남용이 있는지 여부만을 대상으로 하고, 재량권의 일탈·남용 여부에 대한 심사는 사실오인, 비례·평등의 원칙 위반 등을 그 판단 대상으로 한다.[28]

사업시행인가를 할 것인지의 여부는 행정청이 주거수요, 환경문제 등을 고려하여 종합적으로 판단하여야 할 것이고, 인가권자는 그 인가에 있어 법령에 근거가 없는 입지심의 등의 절차를 거치게 하거나 법령에 근거가 없는 사유를 들어서도 거부할 수 있다.[29]

구 주택건설촉진법상 대지조성사업계획 승인처분이 재량행위에 속하고, 주거지역 내에 위치한 토지에 대한 대지조성사업계획의 승인을 신청한 경우, 미확정 상태인 도시계획을 이유로 위 사업계획의 승인을 거부할 수 있다고 판시한 사례가 있다.[30]

(3) 인가권자의 상가협의회와의 협의완료 요구

시장이 조합에게 보완을 요구한 사항, 즉 사업시행계획인가 전 이 사건 상가 소유자들과 협의를 완료하라는 것은 애초 조합 스스로 이 사건 상가를 이

---

26) 대법원 2010. 12. 9. 선고 2009두4913 판결, 의정부지방법원 2009. 10. 20. 선고 2008구합2199 판결

27) 대법원 2007. 7. 12. 선고 2007두6663 판결, 대법원 2005. 4. 15. 선고 2004두10883 판결

28) 대법원 2012. 12. 13. 선고 2011두29205 판결

29) 대법원 1996. 10. 11. 선고 95누9020 판결

30) 대법원 1997. 12. 9. 선고 97누4999 판결

사건 정비구역에 편입시키기 위하여 확약한 사항일 뿐이고, 시장은 사업시행계획인가 전에 그 확약의 이행을 요구한 것에 불과하다.

사업시행계획인가 및 고시가 이루어지면 조합에게 토지 등을 수용할 권한이 생겨(도시정비법 제65조 제2항, 토지보상법 제20조 제1항) 이 사건 상가 소유자들이 조합과 대등한 지위에서 협의하기가 어려워질 수 있다는 점까지 아울러 고려하면 시장이 사업시행계획인가 전에 조합에게 스스로 확약한 사항을 이행하도록 요구한 것이 부당결부금지원칙을 위반한 것이라거나 비례의 원칙을 위반한 것이라고 보기는 어렵다.[31]

3. 사업시행계획인가와 부관

(1) 조건 또는 부관의 부과

행정행위의 부관은 행정행위의 일반적인 효력이나 효과를 제한하기 위하여 의사표시의 주된 내용에 부가되는 종된 의사표시이지 그 자체로서 직접 법적 효과를 발생하는 독립된 처분이 아니다.

수익적 행정처분인 사업시행인가는 법령에 행정처분의 요건에 관하여 일의적으로 규정되어 있지 아니한 이상 행정청의 재량행위에 속하므로 법령상의 제한에 근거한 것이 아니라 하더라도 공익상 필요 등에 의하여 필요한 범위 내에서 여러 조건(부담)을 부과할 수 있다.[32]

시장·군수는 사업시행인가처분을 하면서 조건(부담)을 일방적으로 부가할 수도 있지만 부담을 부가하기 이전에 상대방과 협의하여 부담의 내용을 협약의 형식으로 미리 정한 다음 행정처분을 하면서 이를 부가할 수도 있다.

행정처분에 이미 부담이 부가되어 있는 상태에서 그 의무의 범위 또는 내용 등을 변경하는 부관의 사후변경은, 법률에 명문의 규정이 있거나 그 변경이 미리 유보되어 있는 경우 또는 상대방의 동의가 있는 경우에 한하여 허용되는 것이 원칙이다. 다만, 사정변경으로 인하여 당초에 부담을 부가한 목적을 달

31) 수원고등법원 2021. 2. 3. 선고 2020누12885 판결
32) 대법원 2007. 7. 12. 선고 2007두6663 판결

성할 수 없게 된 경우에도 그 목적달성에 필요한 범위 내에서 예외적으로 허용된다.[33)]

(2) 부관의 행정쟁송 대상

행정행위의 부관 중에서도 행정행위에 부수하여 그 행정행위의 상대방에게 일정한 의무를 부과하는 행정청의 의사표시인 부담의 경우에는 다른 부관과는 달리 행정행위의 불가분적인 요소가 아니고 그 존속이 본체인 행정행위의 존재를 전제로 하는 것일 뿐이므로 부담 그 자체로서 행정쟁송의 대상이 될 수 있다.[34)]

관계법령에서 사업시행자의 부관에 대한 변경신청권을 인정하는 아무런 규정이 없으므로, 사업시행자의 변경신청에 대한 거부처분은 항고소송의 대상이 아니다.[35)]

(3) 부관의 한계

사업시행인가의 부관의 내용이 이행 가능하고 비례의 원칙 및 평등의 원칙에 적합하며 행정처분의 본질적 효력을 저해하지 아니하는 이상 위법하다고 할 수 없다.[36)]

그러나 위 조건(부담)이 부당결부금지원칙에 위반된 경우에는 위법한 처분이 된다. 부당결부금지의 원칙이란 행정주체가 행정작용을 함에 있어서 상대방에게 이와 실질적인 관련이 없는 의무를 부과하거나 그 이행을 강제하여서는 아니 된다는 원칙을 말한다.

행정청이 수익적 행정처분을 하면서 부가한 부담의 위법 여부는 처분 당시 법령을 기준으로 판단하여야 하고, 부담이 처분 당시 법령을 기준으로 적법하다면 처분 후 부담의 전제가 된 주된 행정처분의 근거 법령이 개정됨으로써 행정청이 더 이상 부관을 붙일 수 없게 되었다 하더라도 곧바로 위법하게 되거나 그 효력이 소멸하게 되는 것은 아니다.[37)]

---

33) 대법원 1997. 5. 30. 선고 97누2627 판결
34) 대법원 1992. 1. 21. 선고 91누1264 판결
35) 대법원 2007. 4. 26. 선고 2005두11104 판결
36) 대법원 2009. 10. 29. 선고 2008두9829 판결

(4) 사전협의체 구성의 부관

인가권자는 조합에게 사업시행인가를 하면서 '서울시 방침에 따라, 강제철거 예방대책으로 관리처분인가 신청 제출 전 사전협의체 구성 완료하고 운영계획서 제출하여 주시기 바랍니다'라는 부관을 추가하였다.

행정행위에 부가된 부관이 조건인지 부담인지 명백하지 아니한 경우에는 비례원칙에 의하여 상대방에게 덜 불이익한 '부담'으로 보는 것이 타당하다.

사업시행인가에 추가된 부관에 비록 '조건'이라는 표현을 사용하고 있지만 그 인가조건을 준수하지 아니할 경우 사업시행인가가 당연히 실효된다는 내용이 명시적으로 기재되어 있지 않으므로, 위 부관의 불이행을 사업시행인가에 대한 해제조건으로 정한 것이라고 선뜻 단정할 수는 없다. 위와 같은 부관을 '부담'으로 해석한 하급심 판례가 있다.[38]

(5) 부관이 위법하나 무효사유가 아니라고 판시한 예

지방자치단체장이 사업자에게 주택사업계획승인을 하면서 그 주택사업과는 아무런 관련이 없는 토지를 기부채납하도록 하는 부관을 주택사업계획승인에 붙인 경우, 그 부관은 부당결부금지의 원칙에 위반되어 위법하지만, 지방자치단체장이 승인한 사업자의 주택사업계획은 상당히 큰 규모의 사업임에 반하여, 사업자가 기부채납한 토지 가액은 그 100분의 1 상당의 금액에 불과한데다가, 사업자가 그 동안 그 부관에 대하여 아무런 이의를 제기하지 아니하다가 지방자치단체장이 업무착오로 기부채납한 토지에 대하여 보상협조요청서를 보내자 그 때서야 비로소 부관의 하자를 들고 나온 사정에 비추어 볼 때 부관의 하자가 중대하고 명백하여 당연무효라고는 볼 수 없다고 한 사례가 있다.[39]

65세대의 공동주택을 건설하려는 사업주체(지역주택조합)에게 주택건설촉진법 제33조에 의한 주택건설사업계획의 승인처분을 함에 있어 그 주택단지의 진입도로 부지의 소유권을 확보하여 진입도로 등 간선시설을 설치하고 그 부

---

37) 대법원 2009. 2. 12. 선고 2005다65500 판결
38) 서울행정법원 2019. 8. 23. 선고 2018구합82007 판결
39) 대법원 1997. 3. 11. 선고 96다49650 판결

지 소유권 등을 기부채납하며 그 주택건설사업 시행에 따라 폐쇄되는 인근 주민들의 기존 통행로를 대체하는 통행로를 설치하고 그 부지 일부를 기부채납하도록 조건을 붙인 경우, 주택건설촉진법과 같은법시행령 및 주택건설기준등에관한규정 등 관련 법령의 관계 규정에 의하면 그와 같은 조건을 붙였다 하여도 다른 특별한 사정이 없는 한 필요한 범위를 넘어 과중한 부담을 지우는 것으로서 형평의 원칙 등에 위배되는 위법한 부관이라 할 수 없다고 본 사례가 있다.[40]

행정청이 내부규정에 근거하여 토지형질변경 허가처분을 함에 있어서 도로 등 도시계획시설에 저촉되거나 도로로 정비할 필요성이 있는 부분을 기부채납하도록 부관을 붙였다면, 그 내용이 이행가능하고 비례의 원칙 및 평등의 원칙에 적합함과 아울러 그 행정처분의 본질적 효력을 해하지 않는 한 적법하다고 판시한 사례가 있다.[41]

정비구역 밖에 설치하는 도로는 원고의 이 사건 주택재건축사업의 시행으로 교통량이 증가함에 따라 신설할 필요가 생겼을 뿐 아니라 인접한 △△아파트 재건축조합 조합원들 못지않게 원고 조합원들의 이용상 편익도 크게 증진될 것으로 보이는 점, 사업시행인가조건에서 위 도로의 설치비용을 사후 정산해 주는 것으로 정하고 있어서 비록 조합이 위 도로의 설치를 위해 금전적 부담을 안게 되더라도 그 상당 부분은 보전될 것이 예정되어 있는 점 등을 종합하여 보면, 인가권자가 사업시행인가조건으로 조합에게 정비구역 밖에 도로의 설치의무를 부과한 것이 부당결부금지의 원칙이나 비례의 원칙에 반한다고 할 수 없다.[42]

40) 대법원 1997. 3. 14. 선고 96누16698 판결
41) 대법원 1999. 5. 25. 선고 98다53134 판결
42) 대법원 2014. 2. 21. 선고 2012다78818 판결

Ⅲ. 사업시행계획인가와 선행·후행 절차와의 관계

1. 행정행위의 불가쟁력과 선행처분 하자의 승계 여부

행정행위는 공정력과 불가쟁력의 효력이 있어 설혹 행정행위에 하자가 있는 경우에도 그 하자가 중대하고 명백하여 당연 무효로 보아야 할 사유가 있는 경우 이외에는 그 행정행위가 행정소송이나 다른 행정행위에 의하여 적법하게 취소될 때까지는 단순히 취소할 수 있는 사유가 있는 것만으로는 누구나 그 효력을 부인할 수는 없고 법령에 의한 불복기간이 경과한 경우에는 당사자는 그 행정처분의 효력을 다툴 수 없다.[43)]

두 개 이상의 행정처분이 연속하여 행하여지는 경우에 그 각각의 처분이 서로 독립하여 별개의 법률효과를 목적으로 하는 때에는, 그 선행의 처분에 대하여 공정력 및 불가쟁력으로 인하여 그 효력을 다툴 수 없게 되었다면 선행처분의 하자가 중대하고도 명백하여 당연 무효인 경우를 제외하고 선행처분의 하자를 이유로 후행처분의 효력을 다툴 수 없다.[44)]

2. 사업시행계획인가와 선행절차

(1) 정비구역 지정처분과 사업시행인가

정비구역 지정의 처분과 사업시행인가의 처분은 서로 독립하여 별개의 법률효과를 목적으로 하는 독립한 행정처분이므로, 이미 선행행위인 구역지정행위에 대하여 불가쟁력이 발생한 이상, 선행행위인 구역지정행위에 위법사유가 있더라도 그것이 당연무효사유가 아닌 한 그 하자가 후행처분인 이 사건 처분에 승계된다고 할 수 없다.[45)] 따라서 정비구역의 하자가 당연 무효가 아닌

43) 대법원 1991. 4. 23. 선고 90누8756 판결
44) 대법원 1991. 4. 23. 선고 90누8756 판결 등, 대법원 1994. 1. 25. 선고 93누8542 판결, 대법원 1996. 3. 22. 선고 95누10075 판결 등

한, 토지등소유자는 정비구역의 하자를 이유로 사업시행인가의 취소를 구할 수 없다.

정비구역 지정 및 정비계획수립을 위한 도시·건축공동위원회의 심의시 "정비구역 밖까지 특정 도로를 일정구간 동일 폭으로 유지할 것"이라는 고건부 심의 의결하였다. 관할 구청장은 해당 조합에게 조합설립인가시 "정비구역 밖까지 도로의 동일폭을 확보하기 위해 예정부지 토지 등 소유자의 동의를 얻은 후 사업시행인가를 신청하라."는 부관을 부과하였다. 관할 구청장은 조합에게 "관리처분계획 인가 신청전까지 조건을 이행하라."는 부관을 붙여 사업시행인가를 하였다. 일부 조합원은 사업시행계획에 정비구역 밖 도로에 관한 내용이 포함되어 있지 않아 사업시행계획의 무효를 주장하였다. 이에 대해 하급심 판결은 사업시행계획에 정비구역 밖 도로의 일부 구역 동일폭 확보에 관한 조건이 포함되어 있지 않다고 하더라도 이러한 조합의 사업시행계획 수립이나 그에 대한 구청장의 인가처분에 하자가 없다고 판시하였다.[46]

(2) 조합설립인가처분과 사업시행인가

조합설립인가처분의 하자가 당연 무효가 아닌 한 토지등소유자는 조합설립인가의 하자를 이유로 사업시행인가의 취소를 구할 수 없다.

재개발조합의 조합설립인가처분이 법원의 재판에 의하여 취소된 경우 그 조합설립인가처분은 소급하여 효력을 상실하고, 이에 따라 당해 재개발조합 역시 조합설립인가처분 당시로 소급하여 도시정비법상 재개발사업을 시행할 수 있는 행정주체인 공법인으로서의 지위를 상실하므로, 당해 재개발조합이 조합설립인가처분의 취소 전에 도시정비법상 적법한 행정주체 또는 사업시행자로서 한 결의 등 처분은 달리 특별한 사정이 없는 한 소급하여 효력을 상실한다.[47]

따라서 재개발조합이 조합설립인가처분의 취소 전에 도시정비법상 적법한 사업시행자임을 전제로 사업시행인가를 받았다하더라도 위 사업시행인가처분

45) 서울고등법원 2010. 12. 22. 선고 2009누34336 판결, 서울행정법원 2009. 9. 13. 2008구합35699 판결
46) 서울행정법원 2018. 6. 29. 선고 2017구합80493 판결
47) 대법원 2012. 3. 29. 선고 2008다95885 판결

은 효력을 상실한다.[48)]

최초 조합설립인가처분에 대한 무효확인 판결 및 제1차 조합설립변경인가처분에 대한 취소 판결이 선고되어 확정되었으므로 위 각 인가처분에 기초하여 이루어진 후속행위인 종전 사업시행계획 등은 모두 소급하여 효력을 상실하였고, 그 후 제3차 사업시행변경계획이 수립·인가되고 종전 사업시행계획 등을 추인하는 조합총회의 결의가 있었다 하더라도 무효인 하자가 치유된다고 할 수 없다.[49)]

제3차 사업시행변경계획은 최초 조합설립인가처분 및 제1차 조합설립변경인가처분의 하자를 보완한 제2차 조합설립변경인가처분에 따라 적법하게 설립된 재개발조합에 의하여 수립되었으므로 종전 사업시행계획 등을 대체하는 새로운 사업시행계획으로 평가할 수 있으며, 따라서 제3차 사업시행변경계획 및 이에 기초하여 수립된 제4, 5차 사업시행변경계획은 적법하다고 판시한 사례가 있다.[50)]

(3) 건축심의 결과를 다툴 수 있는지

시장의 조합에 대한 '조건부 의결' 건축심의 결과 통지는 시행자가 사업시행계획 및 관리처분계획에 이르기 위해 거쳐야 하는 중간단계의 행위로서 행정청인 시장의 관념상 통지 내지 사실상의 통지에 불과하다. 위 건축심의 자체만으로 상대방인 사업시행자이나 토지등소유자들의 권리를 설정하거나 의무를 부담하게 하는 등 토지등소유자들의 법률상 지위에 직접적인 법률적 변동을 초래한다고 할 수 없다.

건축심의 결과 통지로 인하여 이해관계인에게 어떠한 법적인 불이익이 부과되지 아니하고, 후속 절차가 강제되는 것도 아니어서 해소하여야 할 법적 불안이 존재한다거나 권리구제의 필요성이 있는 경우라고 보기도 어렵다.

따라서 '건축심의 결과 통지'는 항고소송의 대상이 되는 행정처분에 해당한다고 볼 수 없다. [51)]

---

48) 대법원 2016. 12. 15. 선고 2015두51309 판결 유사취지
49) 대법원 2016. 12. 1. 선고 2016두34905 판결
50) 대법원 2016. 12. 1. 선고 2016두34905 판결
51) 수원지방법원 2023. 8. 30. 선고 2022구합68252 판결, 대법원 2000.3.14. 선고 98두

3. 사업시행계획인가와 후행절차

(1) 사업시행인가와 분양신청(관리처분)

사업시행계획은 행정소송이나 다른 행정행위에 의하여 적법하게 취소되지 아니하는 한 사업시행계획의 위법사유가 있다는 것만으로 누구도 사업시행계획의 하자를 다툴 수 없다. 사업시행계획의 하자가 취소사유에 불과하고 법령상의 불복기간이 도과되었다면 토지등소유자는 사업시행인가의 하자를 이유로 분양신청 및 관리처분에 하자가 있다고 주장할 수 없다.

분양신청절차 및 관리처분절차는 적법한 사업시행인가를 전제로 하므로, 만약 사업시행계획에 '당연무효인 하자'가 있는 경우에는 조합은 그 사업시행계획을 새로이 수립하여 시장·군수로부터 인가를 받은 후 다시 분양신청을 받아 관리처분계획을 수립하여야 한다.[52)]

(2) 사업시행인가와 준공인가

사업시행인가는 준공인가를 받기 위한 전제조건이다. 따라서 준공인가를 받기 위해서는 인가받은 사업계획에 부합하는 사업을 시행하여야 하고, 만일 인가받은 사업계획에 대하여 변경인가를 얻어야 할 사정이 있을 경우에는 그러한 내용의 변경인가를 얻지 않은 한 재개발·재건축사업으로 인한 건축물에 대한 준공인가신청은 받아들일 수 없다.[53)]

주택건설사업에 대한 사업계획승인시 '진입도로 설치 후 기부채납, 인근주민의 기존 통행로 폐쇄에 따른 대체 통행로 설치 후 그 부지 일부 기부채납'을 조건으로 붙인 것이 위법한 부관에 해당하지 않고, 위 진입도로 등의 미설치를 이유로 한 사용검사 거부처분이 적법하다고 판시한 사례가 있다.[54)]

4658 판결

52) 대법원 2011. 12. 8. 선고 2008두18342 판결

53) 대법원 1993. 9. 28. 선고 93누9132 판결, 대법원 1994. 5. 24. 선고 93누21767 판결

54) 대법원 1997. 3. 14. 선고 96누16698 판결

4. 사업시행계획인가와 토지수용절차

(1) 사업시행인가처분의 하자와 토지수용

사업시행인가는 그 후 일정한 절차를 거칠 것을 조건으로 하여 일정한 내용의 '수용권을 설정'하여 주는 행정처분의 성격을 띠는 것으로서 그 사업시행인가를 받음으로써 수용할 목적물의 범위가 확정되고 목적물에 관한 현재 및 장래의 권리자에게 대항할 수 있는 일종의 공법상의 권리로서의 효력이 발생한다.[55)]

사업시행인가는 행정처분으로서 독립하여 행정쟁송의 대상이 되므로 이 선행처분에 대한 쟁송기간이 지난 후의 수용재결단계에서는 재개발사업시행인가가 당연무효라고 볼만한 특별한 사정이 없는 한 그 선행처분의 위법을 이유로 수용재결의 취소를 구할 수 없다.[56)]

(2) 사업시행기간 도과로 인한 사업시행인가의 실효

조합에 의하여 수립된 사업시행계획에서 정한 사업시행기간이 도과하였다 하더라도, 유효하게 수립된 사업시행계획 및 그에 기초하여 사업시행기간 내에 이루어진 토지의 매수·수용을 비롯한 사업시행의 법적 효과가 소급하여 그 효력을 상실하여 무효로 된다고 할 수 없다.[57)]

시행자가 그 사업시행기간 내에 토지에 대한 수용재결 신청을 하였다면 그 신청은 사업시행기간이 경과하였다 하더라도 여전히 유효하므로, 토지수용위원회는 사업시행기간이 경과한 이후에도 위 신청에 따른 수용재결을 할 수 있다.[58)]

---

55) 대법원 1989. 6. 27. 선고 87누743 판결, 대법원 1991. 11. 26. 선고 90누9971 판결

56) 대법원 1993. 3. 9. 선고 92누16287 판결, 대법원 2000. 10. 13. 선고 2000두5142 판결

57) 대법원 2016. 12. 1. 선고 2016두34905 판결, 대법원 2020. 1. 30. 선고 2018두66067 판결

58) 대법원 2007. 1. 11. 선고 2004두8538 판결, 대법원 2015. 8. 13. 선고 2015누38155 판결

(3) 사업시행변경인가와 종전 사업시행인가에 기한 토지수용

사업시행변경인가가 실질적으로 새로운 사업시행인가에 해당한다고 하더라도 종전의 사업시행인가가 당초부터 무효인 것이 아니고, 수용권이 소급하여 소멸되지는 아니하므로, 재개발조합은 사업시행변경인가 이후에도 종전의 수용권을 유효하게 보유한다고 볼 수 있다.[59]

(4) 사업시행변경인가에 의한 토지수용

재개발조합이 당초 사업시행계획의 주요 부분을 실질적으로 변경하는 내용으로 새로운 사업시행계획을 수립하여 시장·군수의 인가를 받은 경우 새로운 사업시행계획(변경계획)이 당초 사업시행계획을 대체하였다고 평가할 수 있는 경우라면 위 사업시행변경인가가 새로운 인가로 볼 수 있다.

사업시행변경인가도 시행자에게 재개발사업을 실시할 수 있는 권한을 설정하여 주는 처분인 점에서는 당초의 인가와 다를 바 없고, 사업시행변경인가가 새로운 인가로서의 요건을 갖춘 경우에는 그에 따른 효과가 있다.[60] 따라서 최초 사업시행인가가 사업시행기간이 경과되어 실효되었다 해도 사업시행자는 위 사업변경인가처분에 기해 토지수용권을 행사할 수 있다.[61]

(5) 분양신청의 하자와 수용재결

분양신청기간의 통지 등 절차는 재개발구역 내의 토지 등의 소유자에게 분양신청의 기회를 보장해 주기 위한 것이다. 분양신청절차는 토지수용을 하기 위하여 반드시 거쳐야 할 필요적 절차이고, 또한 그 통지를 함에 있어서는 분양신청기간과 그 기간 내에 분양신청을 할 수 있다는 취지를 명백히 표시하여야 한다. 분양신청통지 등의 절차를 제대로 거치지 않고 이루어진 수용재결은 위법하다.[62]

---

59) 서울행정법원 2010. 7. 16. 선고 2009구합8205 판결
60) 대법원 1991. 11. 26. 선고 90누9971 판결, 대법원 2005. 7. 28. 선고 2003두9312 판결
61) 서울고등법원 2004. 5. 14. 선고 2003누6100 판결
62) 대법원 2007. 3. 29. 선고 2004두6235 판결

(6) 사업시행자 지정의 무효와 토지수용

토지보상법 제85조에 따른 보상금증감소송은 실질적으로 수용재결에서 정한 보상금에 대해 불복하되 재결청을 피고로 하지 않고 사업시행자를 상대로 하여 보상금의 증액 및 그 이행판결을 구하는 형식적 당사자 소송에 해당하므로, 수용재결이 유효하게 존재하는 경우에 한하여 제기할 수 있다.

주거환경개선사업구역에서 사업시행자 지정처분 및 사업시행인가 모두 무효로 된 경우 그 이후에 이루어진 모든 후행 절차들이 효력을 상실하였으므로, 사업시행자의 수용재결 역시 무효라 할 것이다.[63]

63) 광주지방법원 2019. 4. 25. 선고 2017구합11732 판결

제2절 사업시행계획인가 등

I. 사업시행계획의 인가절차

1. 사업시행계획서의 작성

사업시행자는 정비계획에 따라 사업시행계획서를 작성하여야 한다.

사업시행계획서에 포함될 사항은 다음과 같다(법 제52조 제1항).

① 토지이용계획(건축물배치계획 포함)

② 정비기반시설 및 공동이용시설의 설치계획

③ 임시수용시설을 포함한 주민이주대책

④ 세입자의 주거 및 이주 대책[64]

⑤ 사업시행기간 동안의 정비구역 내 가로등 설치, 폐쇄회로 텔레비전 설치 등 범죄예방대책

⑥ 임대주택의 건설계획(재건축사업 제외)[65]

⑦ 도시정비법 제54조 제4항, 제101조의5 및 제101조의6에 따른 국민주택규모 주택의 건설계획(주거환경개선사업 제외)

⑧ 기업형임대주택 또는 임대관리 위탁주택의 건설계획(필요한 경우)

⑨ 건축물의 높이 및 용적률 등에 관한 건축계획

⑩ 정비사업의 시행과정에서 발생하는 폐기물의 처리계획

⑪ 교육시설의 교육환경 보호에 관한 계획(정비구역으로부터 200미터 이내에 교육시설이 설치되어 있는 경우에 한함)

---

64) 시장·군수 또는 위탁지원자는 세입자의 주거 및 이주대책(이주 거부에 따른 협의 대책 포함) 수립업무를 수행함(법 제118조 제1항 제4호).

65) 서울시조례 제27조 제1항 : 임대주택의 부지확보 및 대지조성계획 포함. 임대주택 입주대상자 명부 첨부

⑫ 정비사업비

도시정비법 시행령에서 정하는 바에 따라 시·도조례로 정할 수 있는 사항은 다음과 같다(시행령 제47조 제1항).

① 정비사업의 종류·명칭 및 시행기간
② 정비구역의 위치 및 면적
③ 사업시행자의 성명 및 주소
④ 설계도서
⑤ 자금계획
⑥ 철거할 필요는 없으나 개보수할 필요가 있다고 인정되는 건축물의 명세 및 개보수계획
⑦ 정비사업의 시행에 지장이 있다고 인정되는 정비구역안의 건축물 또는 공작물등의 명세
⑧ 토지 또는 건축물 등에 관한 권리자 및 그 권리의 명세
⑨ 공동구의 설치에 관한 사항
⑩ 용도가 폐지되는 정비기반시설의 조서 및 도면과 정비사업에 의하여 새로 설치되는 정비기반시설의 조서 및 도면(토지주택공사등이 사업시행자인 경우에 한함)
⑪ 정비사업의 시행으로 용도가 폐지되는 정비기반시설의 조서·도면 및 그 정비기반시설에 대한 둘 이상의 감정평가법인등의 감정평가서와 새로 설치할 정비기반시설의 조서·도면 및 그 설치비용 계산서
⑫ 사업시행자에게 무상으로 양여되는 국·공유지의 조서
⑬ 토지등소유자가 자치적으로 정하여 운영하는 규약
⑭ 빗물처리계획
⑮ 기존주택의 철거계획서(석면을 함유한 건축자재가 사용된 경우에는 그 현황과 해당 자재의 철거 및 처리계획을 포함함)[66]
⑯ 정비사업 완료 후 상가세입자에 대한 우선 분양 등에 관한 사항

66) 서울시 조례 제26조 : 기존주택의 철거계획서에는 주택 및 상가 등 빈집 관리에 관한 사항, 비산먼지·소음·진동 등 방지대책 및 공사장 주변 안전관리 대책에 관한 사항을 포함함

사업시행자가 사업시행계획서에 공공주택 특별법 제2조제1호에 따른 공공주택 건설계획을 포함하는 경우에는 공공주택의 구조·기능 및 설비에 관한 기준과 부대시설·복리시설의 범위, 설치기준 등에 필요한 사항은 공공주택 특별법 제37조에 따른다.

사업시행기간은 사업시행계획의 본질적이고 중요한 요소라고 볼 수 없고, 사업시행기간이 도과되었다고 하여 사업시행변경계획 자체가 무효로 되지 않는다.[67)]

2. 조합과 총회의 의결

(1) 조합원 과반수 동의

사업시행자는 사업시행계획인가를 신청하기 전에 미리 총회의 의결을 거쳐야 한다. 사업시행자는 인가받은 사항을 변경하거나 정비사업을 중지 또는 폐지하려는 경우에도 총회의 의결을 거쳐야 한다(법 제50조 제5항).

사업시행계획에 관하여 총회의 의결을 거치도록 한 것은 조합원들이 총회에 참석하여 사업시행계획의 내용을 숙지하고 다양한 의견을 제시하고 충분한 토론을 거치게 하기 위한 것이다.

'시장·군수등 또는 토지주택공사등'이 사업시행계획을 수립하는 경우에는 총회의 의결을 거치지 않으며, '경미한 사항의 변경'의 경우에도 사업시행자는 총회의 의결을 거치지 않아도 된다.

조합은 총회에서 사업시행계획(안)을 조합원 과반수 이상의 찬성으로 의결하여야 하고, 조합원의 의사를 명확하게 반영하기 위하여 총회에서 의결을 하는 경우 조합원의 100분의 20 이상이 직접 출석하여야 한다(법 제45조 제4항, 제7항). 총회와 병행하여 온라인총회를 개최하는 경우 온라인총회에 참석한 조합원도 직접 출석한 것으로 본다(법 제44조의2 제2항).

조합원 100분의 20 이상의 직접 출석과 관련 미리 서면결의서를 제출하였더

67) 서울고등법원 2017. 5. 26. 선고 2016누82081 판결

라도 '총회에 참석한 조합원'은 별도의 의결권을 행사하지 않았다 하더라도 '직접 출석' 한 조합원에 포함된다.[68]

(2) 조합원 과반수 3분의2 이상 동의

조합의 설립 이후 관리처분계획인가 단계에 이르기까지 주택정비사업 관련 규제의 변동, 건축비의 증가, 물가상승 등으로 인하여 어느 정도의 설계개요의 변경이나 조합원 분담금의 증감이 당연히 예상된다. 그러나, 변경된 사업시행계획이 조합설립 당시에 정한 동의내용(건축계획)에 대한 본질적인 변경에 해당한다면 사업시행계획에 관한 총회 의결정족수를 강화할 필요성이 있다.

정비사업비가 생산자물가상승률분과 현금청산 금액을 제외하고 100분의 10 이상 늘어나는 경우 조합은 총회에서 사업시행계획(안)을 조합원 3분의 2 이상의 찬성으로 의결하여야 한다(법 제45조 제4항). 이 경우 조합원 20% 이상이 직접 출석하여야 한다.

다른 안건에 관한 결의 등을 통하여 사업시행계획 또는 사업시행변경계획에 관하여 특별다수에 의한 결의(조합원 3분의2)에 준하는 조합원의 총의가 확인된 경우 등과 같은 특별한 사정이 있는 때에는 법령 또는 정관의 규정상 해당 사업시행계획 또는 사업시행변경계획의 결의에 필요한 의결정족수(조합원 과반수 동의)를 충족하면 된다.[69]

(3) 정비사업비 10% 증액의 판단

정비사업은 조합의 설립, 사업시행계획, 관리처분계획 등의 단계를 거쳐 순차 진행되고, 각 단계에서 조합설립인가, 사업시행인가, 관리처분계획인가 등의 선행 행정처분이 이루어짐에 따라 다음 절차가 진행되는 정비사업의 특성을 가지고 있다. 또한 관리처분계획인가 이후에도 사업시행계획의 변경, 관리처분변경의 절차가 진행되기도 한다.

---

68) 광주지방법원 2023. 1. 19. 선고 2022가합51500 판결, 서울행정법원 2010. 12. 16. 선고 2010구합35050 판결, 서울행정법원 2012. 9. 6. 선고 2010구합47763 판결
69) 대법원 2014. 8. 20. 선고 2012두5572 판결

최초 사업시행계획의 경우 정비사업비 10% 이상 증액 여부는 사업시행계획의 정비사업비와 조합설립동의서상 정비사업비를 비교하여 판단한다.

관리처분인가 이후 사업시행변경인가를 득한 경우 정비사업비 10% 이상 증액 여부는 사업시행변경계획의 정비사업비와 관리처분계획의 정비사업비를 비교하여 판단한다.

즉, 사업시행변경계획의 정비사업비와 사업시행계획의 정비사업비를 비교하거나 사업시행변경계획의 정비사업비와 조합설립동의서상 정비사업비를 비교해서는 아니된다.[70)]

(4) 사업시행계획 관련 통지할 사항

일반적으로 회의체를 소집함에 있어서 그 소집통지에 포함될 회의의 목적사항은 구성원들의 회의참석에 관한 의사결정이나 준비를 가능하게 할 정도이면 충분하고, 달리 법령이나 정관 등에서 특별한 규정을 두고 있지 않는 한, 상정될 안건의 구체적 내용이나 그에 관한 판단자료까지 반드시 소집통지에 포함해야 하는 것은 아니다.[71)]

사업시행인가신청을 위한 총회 개최시 조합이 조합원들에게 사업시행계획의 일부 내용을 누락하였다 해도 조합원들의 의사결정에 충분할 정도의 자료를 제공하였다면 해당 총회의 결의는 적법하다.[72)]

조합이 사업시행계획 변경을 위한 총회 전에 배포한 자료를 통하여 설계개요의 변경 및 그 사유, 그에 따라 증가된 사업비가 조합원들에게 고지되었으므로 조합원들로서는 자금계획의 변경 사유를 충분히 알고 의결권을 행사할 수 있었던 점 등의 이유를 들어, 사업시행계획 변경을 위한 총회 결의에 서면결의서 요건 흠결, 서면결의에 의한 총회 절차의 불공정 및 조합원의 의결권 침해 등 위법이 없다고 판시한 사례가 있다.[73)]

---

70) 대법원 2014. 6. 12. 선고 2012두28520 판결, 대법원 2014. 8. 20. 선고 2012두5572 판결

71) 대법원 2014. 2. 13. 선고 2011두21652 판결

72) 서울행정법원 2015. 12. 18. 선고 2015구합54001 판결

73) 대법원 2016. 2. 18. 선고 2015두2048 판결

(5) 총회 이후 사업시행계획내용이 변경된 경우

사업시행인가절차 진행중에 총회에서 의결한 사업시행계획서의 내용이 변경되는 사례가 있으며, 이때 변경된 내용이 경미한 사항의 변경에 해당될 경우 사업시행자는 별도로 총회에서 변경된 사업시행계획서의 내용에 대해 의결하지 않아도 된다.

그러나 사업시행인가절차 진행중에 변경된 사업시행계획서의 내용이 경미하지 아니한 사항 또는 조합원들의 권리·의무에 중대한 영향을 미치는 사항이라면 사업시행자는 변경된 사업시행계획서에 관하여 총회에서 의결을 받은 후 사업시행인가를 신청하여야 한다. [74]

총회에서 "추후 사업시행계획이 변경될 수 있음"을 전제로 사업시행계획에 관한 안건을 의결하였다 하더라도, 변경된 사업시행계획이 경미한 사항이 아니라면 다시 변경된 사업시행계획(안)에 대해 총회의 의결을 받아야 할 것이다.[75]

(6) 현금청산자의 총회 참석

재개발조합의 조합원이 분양신청절차에서 분양신청을 하지 않으면 분양신청기간 종료일 다음 날에 현금청산대상자가 되고, 조합원의 지위를 상실한다.

최초 사업시행계획이 폐지인가를 받아 실효된 후 현금청산대상자들 중 일부가 참여한 총회에서 새로운 사업시행계획이 수립되고 인가받은 사안에서, 총회결의에 조합원 자격이 없는 현금청산대상자들이 참여하였으나 그들을 제외하더라도 사업시행계획 수립을 위한 의결정족수를 넉넉히 충족하여 사업시행계획 수립에 관한 총회결의의 결과에 어떤 실질적인 영향을 미쳤다고 볼 만한 특별한 사정이 없는 이상, 조합원 자격이 없는 현금청산대상자들에게 소집통지가 이루어졌고 그들이 총회결의에 일부 참여하였다는 점만으로 총회결의가 무효라거나 총회결의를 통해 수립된 사업시행계획에 이를 취소하여야 할 정도의 위법사유가 있다고 단정하기는 어렵다.[76]

---

74) 부산고등법원 2010. 1. 29. 선고 2009누2863 판결
75) 부산고등법원 2010. 1. 29. 선고 2009누2863 판결
76) 대법원 2021. 2. 10. 선고 2020두48031 판결

3. 사업시행계획인가의 신청 및 공람

(1) 신청서 및 첨부서류

사업시행자가 사업시행계획인가(변경 · 중지 · 폐지인가 포함)를 신청하려는 경우 신청서는 도시정비법 시행규칙 별지 제8호서식에 따른다.

사업인가계획인가를 신청하는 경우 다음의 서류를 첨부하여야 한다(시행규칙 제10조 제2항).

① 총회의결서 사본.

② 토지등소유자가 재개발사업을 시행하는 경우 또는 지정개발자를 사업시행자로 지정한 경우에는 토지등소유자의 동의서 및 토지등소유자의 명부를 첨부한다.

③ 사업시행계획서

④ 도시정비법 제57조 제3항(인 · 허가등의 의제) 따라 제출하여야 하는 서류

⑤ 수용 또는 사용할 토지 또는 건축물의 명세 및 소유권 외의 권리의 명세서(재건축사업의 경우에는 도시정비법 제26조제1항제1호 및 제27조제1항제1호에 해당하는 사업으로 한정함)

사업인가계획변경 · 중지 또는 폐지인가를 신청하는 경우 다음의 서류를 첨부하여야 한다(시행규칙 제10조 제2항).

① 도시정비법 제57조 제3항(인 · 허가등의 의제) 따라 제출하여야 하는 서류

② 변경 · 중지 또는 폐지의 사유 및 내용을 설명하는 서류

(2) 인 · 허가 의제 관련 서류

사업시행자는 정비사업에 대하여 인 · 허가등의 의제를 받으려는 경우에는 사업시행계획인가를 신청하는 때에 해당 법률이 정하는 관계 서류를 함께 제출하여야 한다. 다만, 사업시행계획인가를 신청한 때에 시공자가 선정되어 있지 아니하여 관계 서류를 제출할 수 없거나 천재지변 등의 사유로 사업시행계획

인가를 하는 경우에는 시장·군수등이 정하는 기한까지 제출할 수 있다(법 제57조 제3항).

(3) 시장·군수등의 공람

시장·군수등이 사업시행계획인가를 하거나 사업시행계획서를 작성하려는 경우 시장·군수등은 그 요지와 공람장소를 해당 지방자치단체의 공보등에 공고하여야 한다(법 제56조 제1항, 시행령 제49조).

시장·군수등은 토지등소유자에게 사업시행계획에 관한 공고내용을 통지하여야 한다(법 제56조 제1항, 시행령 제49조). 시장·군수가 토지등소유자에게 공고내용을 통지하지 않은 경우 사업시행인가처분의 위법사유에 해당한다.[77]

시장·군수는 사업시행계획서등 관계 서류의 사본을 14일 이상 일반인이 공람할 수 있게 하여야 한다(법 제56조 제1항).

사업시행인가의 관계서류 사본을 일반인에게 공람하는 것은 정비사업에 대한 다수의 이해관계인의 의사를 반영하고, 그들 상호간의 이익을 합리적으로 조정하는 데 그 취지가 있다. 따라서 최초의 공람과정에서 이해관계인으로부터 의견이 제시되어 그에 따라 사업시행계획을 수정하여 인가신청을 하고자 할 경우에는 그 전에 다시 수정된 내용에 대한 공람절차를 거쳐야 한다.[78]

경미한 사항을 변경하려는 경우에는 공람절차를 거치지 아니한다(법 제56조 제1항).

(4) 토지등소유자의 의견제출

토지등소유자 또는 조합원, 그 밖에 정비사업과 관련하여 이해관계를 가지는 자는 공람기간 이내에 시장·군수등에게 서면으로 의견을 제출할 수 있다(법 제56조 제2항).

시장·군수등은 토지등소유자 또는 조합원이 제출한 의견을 심사하여 채택할 필요가 있다고 인정하는 때에는 이를 채택하고, 그러하지 아니한 경우에는 의견을 제출한 자에게 그 사유를 알려주어야 한다(법 제56조 제3항).

---

77) 서울행정법원 2009. 9. 13. 2008구합35699 판결
78) 유사판례 대법원 2001. 10. 30. 선고 99두11110 판결

4. 관계 행정기관장과 협의

(1) 관계 행정기관과 협의

시장·군수등은 사업시행계획인가를 하거나 사업시행계획서를 작성하려는 경우 의제되는 인·허가등에 해당하는 사항이 있는 때에는 미리 관계 행정기관의 장과 협의하여야 하고, 협의를 요청받은 관계 행정기관의 장은 요청받은 날부터 30일 이내에 의견을 제출하여야 한다. 이 경우 관계 행정기관의 장이 30일 이내에 의견을 제출하지 아니하면 협의된 것으로 본다(법 제57조 제4항).

시장·군수가 정하는 기한까지 서류를 제출하는 경우 요청받은 날은 서류가 관계 행정기관의 장에게 도달된 날을 말한다.

미리 관계중앙행정기관의 장과 협의를 하라고 규정한 의미는 그의 자문을 구하라는 것이지 그 의견을 따라 처분을 하라는 의미는 아니라 할 것이므로 이러한 협의를 거치지 아니하였다고 하더라도 이는 위 사업시행인가처분을 취소할 수 있는 원인이 되는 하자 정도에 불과하고 위 사업시행인가처분이 당연무효가 되는 하자에 해당하는 것은 아니다.[79]

(2) 교육감 등과 협의

정비구역부터 200미터 이내에 교육시설이 설치되어 있는 경우 사업시행자는 '교육시설의 교육환경 보호에 관한 계획'을 포함하여 사업시행계획서를 작성하여야 한다(법 제52조 제11호).

정비구역부터 200미터 이내에 교육시설이 설치되어 있는 때에는 시장·군수등은 사업시행계획인가 이전에 해당 지방자치단체의 교육감 또는 교육장과 협의하여야 하며, 인가받은 사항을 변경하는 경우에도 교육감 또는 교육장과 협의하려야 한다(법 제57조 제5항).

관할 구청장이 사업구역 인근에 있는 초등학교의 일조환경 및 통학안전을 침해한다는 등의 이유로 건축허가신청을 반려한 사안에서 중대한 공익상의 필요에 의해 건축허가신청을 반려한 처분은 적법하다고 판시한 사례가 있다.[80]

---

79) 대법원 2000. 10. 13. 선고 99두653 판결

(3) 국・공유재산 관리청과 협의

시장・군수등은 사업시행계획 또는 직접 작성하는 사업시행계획서에 국유・공유재산의 처분에 관한 내용이 포함되어 있는 때에는 미리 관리청과 협의하여야 한다. 이 경우 관리청이 불분명한 재산 중 도로・구거(도랑) 등은 국토교통부장관을, 하천은 환경부장관을, 그 외의 재산은 기획재정부장관을 관리청으로 본다(법 제98조 제1항).

협의를 받은 관리청은 20일 이내에 의견을 제시하여야 하고, 정비구역의 국유・공유재산은 정비사업 외의 목적으로 매각되거나 양도될 수 없다.

정비구역의 국유・공유재산은 사업시행자 또는 점유자 및 사용자에게 다른 사람에 우선하여 수의계약으로 매각 또는 임대될 수 있다. 다른 사람에 우선하여 매각 또는 임대될 수 있는 국유・공유재산은 사업시행계획인가의 고시가 있은 날부터 종전의 용도가 폐지된 것으로 본다.

정비사업을 목적으로 우선하여 매각하는 국・공유지는 사업시행계획인가의 고시가 있은 날을 기준으로 평가하며, 주거환경개선사업의 경우 매각가격은 평가금액의 100분의 80으로 한다. 다만, 사업시행계획인가의 고시가 있은 날부터 3년 이내에 매매계약을 체결하지 아니한 국・공유지는 국유재산법 또는 공유재산 및 물품 관리법에서 정한다.

(4) 중앙토지수용위원회와의 협의

도시정비법 제63조에 따라 토지등을 수용할 수 있는 사업(재개발사업)의 인가권자는 사업인정이 의제되는 사업계획승인 등을 하려는 경우 중앙토지수용위원회와 협의하여야 한다(토지보상법 제21조 제2항).

토지보상법 제21조의 규정들은 사업인정 또는 사업인정이 의제되는 지구지정・사업계획승인 등에 있어 사업인정이 의제되는 공익사업의 인가권자 등이 중앙토지수용위원회와 사전에 협의 절차를 이행하도록 하면서 사전협의 시 검토기준을 명시하고, 기간연장・서류 보완요구 등의 근거를 마련하기 위한 것이다.

80) 부산지방법원 2017. 11. 3. 선고 2017구합20515 판결

공익사업인정이 있는 것으로 의제되는 사업시행계획의 인가권자가 중앙토지수용위원회와의 협의를 누락하였다면, 이는 사업시행계획 인가를 함에 있어 토지보상법에 의해 요구되는 협의절차를 누락한 절차적 하자에 해당하므로, 특별한 사정이 없는 한 사업시행계획 인가처분의 위법사유에 해당한다.

피고 성북구청장이 중앙토지수용위원회와의 협의를 거치지 않은 절차적 하자는 최초 사업시행계획 인가처분으로 인해 사업인정이 의제되는 공익사업인정 부분에 한정되는 점, 도시정비법이 당해 법령에서 중앙토지수용위원회와의 협의 절차를 사업시행계획 인가처분의 요건으로 명확히 규정하고 있지는 않은 점 등에 비추어 볼 때, 위와 같은 하자가 사업시행계획 인가처분을 무효로 할 정도의 중대·명백한 하자라고 보기 어렵다라고 판시한 사례가 있다.[81]

(5) 천재지변 또는 불가피한 사유가 있는 경우 관계 행정기관의 협의

시장·군수등은 천재지변이나 그 밖의 불가피한 사유로 긴급히 정비사업을 시행할 필요가 있다고 인정하는 때에는 관계 행정기관의 장 및 교육감 또는 교육장과 협의를 마치기 전에 사업시행계획인가를 할 수 있다. 이 경우 협의를 마칠 때까지는 인·허가등을 받은 것으로 보지 아니한다(법 제57조 제6항).

5. 사업시행계획의 통합심의

정비구역의 지정권자는 사업시행계획인가와 관련된 둘 이상의 심의가 필요한 경우에는 이를 통합하여 검토 및 심의(통합심의)하여야 한다(법 제50조의2 제1항).

통합심의 사항은 다음과 같다(법 제50조의2 제1항).

① 건축법에 따른 건축물의 건축 및 특별건축구역의 지정 등에 관한 사항

② 경관법에 따른 경관 심의에 관한 사항

③ 교육환경 보호에 관한 법률에 따른 교육환경평가

---

81) 서울행정법원 2024. 9. 26. 선고 2023구합69428 판결

④ 국토계획법에 따른 도시 · 군관리계획에 관한 사항
⑤ 도시교통정비 촉진법 따른 교통영향평가에 관한 사항
⑥ 소방시설 설치 및 관리에 관한 법률에 따른 성능위주설계의 평가에 관한 사항
⑦ 자연재해대책법에 따른 재해영향평가에 관한 사항
⑧ 환경영향평가법에 따른 환경영향평가 등에 관한 사항
⑨ 그 밖에 국토교통부장관, 시 · 도지사 또는 시장 · 군수등이 필요하다고 인정하여 통합심의에 부치는 사항

사업시행자가 통합심의를 신청하는 경우에는 통합심의사항과 관련된 서류를 첨부하여야 한다. 이 경우 정비구역의 지정권자는 통합심의를 효율적으로 처리하기 위하여 필요한 경우 제출기한을 정하여 제출하도록 할 수 있다(법 제50조의2 제2항).

정비구역의 지정권자가 통합심의를 하는 경우에는 ① 건축위원회 등에 해당하는 위원회[82]에 속하고 해당 위원회의 위원장의 추천을 받은 위원, ② 정비구역의 지정권자가 속한 지방자치단체 소속 공무원 및 ③ 사업시행계획 인가권자가 속한 지방자치단체 소속 공무원으로 소집된 통합심의위원회를 구성하여 통합심의하여야 한다(법 제50조의2 제3항).

통합심의위원회의 구성, 통합심의의 방법 및 절차에 관한 사항은 도시정비법 시행령 46조의2에서 정하고 있다(법 제50조의2 제3항).[83]

시장 · 군수등은 특별한 사유가 없으면 통합심의 결과를 반영하여 사업시행계획을 인가하여야 한다(법 제50조의2 제4항).

---

82) ① 건축법에 따른 건축위원회, ② 경관법에 따른 경관위원회, ③ 교육환경 보호에 관한 법률에 따른 교육환경보호위원회, ④ 지방도시계획위원회, ⑤ 도시교통정비 촉진법에 따른 교통영향평가심의위원회, ⑥ 도시재정비위원회(정비구역이 재정비촉진지구 내에 있는 경우에 한정한다), ⑦ 소방시설 설치 및 관리에 관한 법률에 따른 성능위주설계평가단 또는 중앙소방기술심의위원회, ⑧ 자연재해대책법에 따른 재해영향평가심의위원회, ⑨ 환경영향평가법에 따른 환경영향평가협의회, ⑩ 도시정비법 제50조의2 제1항 제7호에 대하여 심의권한을 가진 관련 위원회

83) 시행령 제46조의2 : 통합심의위원회는 위원장 1명과 부위원장 1명을 포함하여 24명 이상 150명 이하의 위원으로 구성됨.
통합심의위원회의 회의는 참여가 확정된 위원 과반수의 출석으로 개의하고, 출석위원 과반수의 찬성으로 의결함.

통합심의를 거친 경우에는 제1항 각 호의 사항에 대한 검토 · 심의 · 조사 · 협의 · 조정 또는 재정을 거친 것으로 본다(법 제50조의2 제5항).

6. 정비계획 변경 및 사업시행인가의 심의 특례

정비구역의 지정권자는 사업시행계획인가(인가받은 사항의 변경 포함)에 앞서 정비계획의 변경(정비구역의 변경 포함)이 필요한 경우 정비계획의 변경을 위한 지방도시계획위원회 심의를 사업시행계획인가와 관련된 심의와 함께 통합하여 검토 및 심의할 수 있다(법 제50조의3 제1항).

정비구역의 지정권자가 심의를 통합하여 실시하는 경우 사업시행자는 하나의 총회에서 도시정비법 제45조 제1항 제8호(정비사업비의 조합원별 분담내역) 및 제9호(사업시행계획서의 작성 및 변경)에 관한 사항을 의결하여야 한다(법 제50조의3 제2항).

7. 사업시행인가 시기의 조정

(1) 특별시장 · 광역시장 또는 도지사의 시기 조정 요청

특별시장 · 광역시장 또는 도지사는 정비사업의 시행으로 정비구역 주변 지역에 주택이 현저하게 부족하거나 주택시장이 불안정하게 되는 등 특별시 · 광역시 또는 도의 조례로 정하는 사유가 발생하는 경우에는 주거기본법 제9조에 따른 시 · 도 주거정책심의위원회의 심의를 거쳐 사업시행계획인가의 시기를 조정하도록 해당 시장, 군수 또는 구청장에게 요청할 수 있다. 이 경우 요청을 받은 시장, 군수 또는 구청장은 특별한 사유가 없으면 그 요청에 따라야 하며, 사업시행계획인가의 조정 시기는 인가를 신청한 날부터 1년을 넘을 수 없다(법 제75조 제1항).

(2) 특별자치시장 및 특별자치도지사의 시기조정

특별자치시장 및 특별자치도지사는 정비사업의 시행으로 정비구역 주변 지역에 주택이 현저하게 부족하거나 주택시장이 불안정하게 되는 등 특별자치시 및 특별자치도의 조례로 정하는 사유가 발생하는 경우에는 주거기본법 제9조에 따른 시·도 주거정책심의위원회의 심의를 거쳐 사업시행계획인가의 시기를 조정할 수 있다. 이 경우 사업시행계획인가의 조정 시기는 인가를 신청한 날부터 1년을 넘을 수 없다(법 제75조 제2항).

(3) 시기 조정의 방법 및 절차

사업시행계획인가의 시기 조정의 방법 및 절차 등에 필요한 사항은 특별시·광역시·특별자치시·도 또는 특별자치도의 조례로 정한다(법 제75조 제3항).[84]

8. 사업시행계획의 인가와 고시

(1) 시장·군수의 심사범위 등

시장·군수등은 특별한 사유가 없으면 사업시행계획서의 제출이 있은 날부터 60일 이내에 인가 여부를 결정하여 사업시행자에게 통보하여야 한다(법 제50조 제4항).

60일 이내 통지규정은 신청에 따른 사무를 가능한 한 조속히 처리하도록 하기 위한 것으로서, 위 처리기간에 관한 규정은 훈시규정에 불과할 뿐 강행규정이라고 볼 수 없으므로, 위 처리기간이 지나 처분을 하였더라도 이를 처분을 취소할 절차상 하자로 볼 수 없다.[85]

시장·군수는 사업시행계획(안)에 관한 총회의 의결이 적법한지 여부, 사업시행인가 신청서에 첨부된 서류가 적법하게 제출되었는지 여부, 사업시행자가

84) 서울시 조례 제48조 내지 제51조
85) 수원고등법원 2021. 2. 3. 선고 2020누12885 판결, 대법원 2019. 12. 13. 선고 2018두41907 판결

제출한 서류들 중 사업시행계획에 관한 내용이 서로 모순·저촉되는 요소가 없는지 등도 심사하여야 한다.

만약 총회의 의결에 하자가 있거나, 관련 서류의 내용이 서로 모순·저촉되거나, 제출된 위 서류에 하자가 있을 경우에는 보완을 명하거나 인가신청을 반려하여야 하여야 함에도 불구하고 사업시행인가처분을 한 경우 그와 같은 하자는 인가처분 자체의 고유한 하자에 해당된다.[86]

① 사업시행계획인가시 관할 행정청으로 하여금 그 정관의 개정 여부를 비롯하여 적법한 정관변경 절차를 거쳤는지 여부까지 실질적으로 심사하도록 요구하고 있지 아니한 점, ② 도시정비법 시행령 제46조 제10호는 정비구역 또는 정비계획의 변경에 따라 사업시행계획서를 변경하는 경우를 사업시행인가의 경미한 변경의 하나로 규정하면서 시장·군수에게 신고함으로써 변경할 수 있도록 정하고 있는 점, ③ 사업시행면적의 변경은 행정청의 정비구역의 지정·고시에 따른 것일 뿐인 점 등을 종합하면, 이 사건 사업시행계획 인가신청 시 제출된 정관이 그 변경절차를 거치지 않았다고 하더라도 그러한 사정만으로 이 사건 사업시행계획에 대한 인가처분이 무효라거나 관리처분계획이 위법하다고 보기는 어렵다고 판시한 사례가 있다.[87]

(2) 사업시행인가의 고시

시장 · 군수등은 사업시행계획인가를 하거나 그 정비사업을 변경 · 중지 또는 폐지하는 때에는 정비사업의 종류 및 명칭 등을 해당 지방자치단체의 공보에 고시하여야 한다(법 제50조 제9항, 시행규칙 제10조 제3항). 경미한 사항의 변경은 공보에 고시하지 않아도 된다.

시장 · 군수등은 사업시행인가 또는 변경인가에 관한 고시한 내용을 해당 기관의 인터넷 홈페이지에 게재하여야 한다(시행규칙 제10조 제4항).

사업시행인가의 내용이 방대하여 그 명세를 일일이 관보에 게재하는 것이 실무상 적절하지 아니하고, 토지등소유자가 조합사무실 또는 행정관청에서 쉽게 열람할 수 있다면 그 일부 고시내용이 생략된 하자는 당연무효로 할 만큼

86) 서울행정법원 2009. 9. 13. 2008구합35699 판결, 의정부지방법원 2009. 10. 20. 선고 2008구합2199 판결, 서울행정법원 2010. 8. 26. 선고 2009구합34204 판결
87) 대법원 2012. 8. 23. 선고 2010두13463 판결

중대한 하자에 속한다고 할 수는 없다.[88]

사업시행기간 경과 후 사업시행변경인가 고시를 하면서 사업시행기간 등 변경되는 사항을 제외한 나머지 사항들은 '변동 없음'이라고 기재하거나 그 기재를 생략한 경우, 그 변경인가 고시는 새로운 사업시행인가 고시로서 필요한 사항의 고시를 완전히 이행한 것은 아니라고 하겠으나, 변경되는 사항 이외의 부분은 종전의 내용과 같다는 취지에서 '변동 없음'이라고 간략히 기재하거나 생략된 것임을 이해관계인들이 쉽게 알 수 있었다고 보이므로, 이와 같은 정도의 절차상 하자는 변경인가에 의한 새로운 사업시행인가 자체가 무효라고 볼 정도로 중대하고 명백한 것이라 볼 수 없어 취소사유에 지나지 않는다고 할 것이다.[89]

(3) 정비구역에 포함되지 않은 지역이 사업시행인가에 포함된 경우

정비구역고시 및 그 도면에는 특정 토지가 정비구역에 포함되지 않았음에도 재개발사업시행인가시 지적고시도면에 포함되어 있는 경우에는 그 지적승인은 실질적으로 정비구역결정의 변경을 초래한 것이므로, 적법한 정비구역 변경절차를 거치지 않는 한 당연 무효이다.[90]

(4) 사업시행 변경인가

사업시행기간의 종기가 도래한 후 실효된 사업시행인가를 변경인가하여 그 시행기간을 연장하였다고 하여 실효된 사업시행계획의 인가가 효력을 회복하여 소급적으로 유효하게 될 수는 없다.

그러나 사업시행변경인가도 사업시행자에게 정비사업을 실시할 수 있는 권한을 설정하여 주는 처분인 점에서는 당초의 인가와 다를 바 없으므로, 사업시행인가고시에 정해진 사업시행기간 경과 후에 이루어진 변경인가고시도 그것이 '새로운 인가'로서의 요건을 갖춘 경우에는 그에 따른 효과가 있다.[91]

---

88) 대법원 1995. 8. 22. 선고 94누5694 전원합의체 판결
89) 서울고등법원 2004. 5. 14. 선고 2003누6100 판결
90) 대법원 2000. 3. 23. 선고 99두11851 판결
91) 대법원 1991. 11. 26. 선고 90누9971 판결, 2000. 10. 13. 선고 2000두5142 판결, 대법원 2005. 7. 28. 선고 2003두9312 판결

9. 경미한 사항의 변경

(1) 경미한 사항의 변경과 신고

사업시행인가의 내용중 경미한 사항을 변경하고자 하는 때에는 사업시행자는 시장·군수에게 이를 신고하여야 한다(법 제50조 제1항 단서). 시장·군수등은 신고를 받은 날부터 20일 이내 신고수리 여부를 신고인에게 통지하여야 하고, 그 기간 내에 신고수리 여부 또는 민원 처리 관련 법령에 따른 처리기간의 연장을 신고인에게 통지하지 아니하면 그 기간이 끝난 날의 다음 날에 신고를 수리한 것으로 본다(법 제50조 제2항, 제3항).[92]

경미한 사항의 변경은 총회 의결절차, 공람절차 및 고시절차를 생략할 수 있다(법 제50조 제5항 단서, 제6항 단서, 제7항 단서, 제9항 단서, 제56조 제1항 단서).

경미한 사항을 변경하려는 경우 신고만으로 인가를 갈음하도록 한 이유는 정비사업을 효율적으로 추진하기 위한 것이므로 사업시행계획의 변경시 일률적으로 토지등소유자의 동의를 거치도록 하는 것이 불합리하기 때문이다.

(2) 경미한 사항

경미한 사항의 변경은 다음과 같다(시행령 제46조).

① 정비사업비를 10%의 범위에서 변경하거나 관리처분계획의 인가에 따라 변경하는 때. 다만, 주택법 제2조제5호에 따른 국민주택을 건설하는 사업인 경우에는 주택도시기금의 지원금액이 증가되지 아니하는 경우만 해당한다.

② 건축물이 아닌 부대시설·복리시설의 설치규모를 확대하는 때(위치가 변경되는 경우 제외)

③ 대지면적을 10%의 범위안에서 변경하는 때

④ 세대수와 세대당 주거전용면적을 변경하지 아니하고 세대당 주거전용면

92) 대법원 2011. 1. 20. 선고 2010두14954 전원합의체 판결 : 사업시행계획변경의 신고는 자기완결적 신고가 아닌 수리를 요하는 신고에 해당됨

적의 10%의 범위에서 세대 내부구조의 위치 또는 면적을 변경하는 때.

⑤ 내장재료 또는 외장재료를 변경하는 때

⑥ 사업시행계획인가의 조건으로 부과된 사항의 이행에 따라 변경하는 때

⑦ 건축물의 설계와 용도별 위치를 변경하지 아니하는 범위안에서 건축물의 배치 및 주택단지안의 도로선형을 변경하는 때

⑧ 건축법 시행령 제12조제3항 각 호의 어느 하나에 해당하는 사항을 변경하는 때

⑨ 사업시행자의 명칭 또는 사무소 소재지를 변경하는 때

⑩ 정비구역 또는 정비계획의 변경에 따라 사업시행계획서를 변경하는 때

⑪ 조합설립변경 인가에 따라 사업시행계획서를 변경하는 때

⑫ 계산 착오, 오기, 누락이나 이에 준하는 명백한 오류에 해당하는 사항을 정정하는 때

⑬ 사업시행기간을 단축하거나 연장하는 때.
다만, 도시정비법 제73조 제1항에 해당하는 자(현금청산대상자)가 소유하는 토지 또는 건축물(국가나 지방자치단체 소유 토지 또는 건축물 제외)의 취득이 완료되기 전에 사업시행기간을 연장하는 때는 제외한다.

⑭ 그 밖에 시 · 도조례로 정하는 사항을 변경하는 때

(3) 경미한 사항 관련 사례

정비구역 변경지정에 따라 조합의 정비사업 예정구역의 면적이나 정비사업계획 역시 당연히 변경되는 것이므로, 별도의 총회의결이나 사업시행인가 또는 변경인가를 필요로 하지 않는다고 판시한 사례가 있다.[93]

공용부분인 계단실의 면적을 변경하는 경우 세대당 주거전용면적은 동일하더라도 세대당 총 공급면적이 변동될 수 있는바, '세대수와 세대당 주거전용면적을 변경하지 않고 세대당 주거전용면적의 10퍼센트의 범위에서 공용부분인 계단실의 면적을 변경'하는 것은 경미한 사항의 변경에 해당하지 않는다.[94]

---

93) 서울고등법원 2011. 1. 18. 선고 2010누19135 판결
94) 법제처 2021. 12. 29. 회신 21-0686호 사례

10. 사업시행인가의 직권 취소

행정행위의 취소라 함은, 그 성립에 흠이 있음에도 불구하고 일단 유효하게 성립한 행정행위를 그 성립상의 흠의 이유로 권한 있는 기관이 그 효력의 전부 또는 일부를 원칙적으로 기왕에 소급하여 상실시키는 행위를 말한다.

행정행위를 한 처분청은 그 행위에 하자가 있는 경우에 별도의 법적 근거가 없더라도 스스로 이를 취소할 수 있다. 다만 그 행위가 국민에게 권리나 이익을 부여하는 이른바 수익적 행정행위인 때에는 그 행위를 취소하여야 할 공익상 필요와 그 취소로 인하여 당사자가 입을 기득권과 신뢰보호 및 법률생활 안정의 침해 등 불이익을 비교교량한 후 공익상 필요가 당사자의 기득권침해 등 불이익을 정당화할 수 있을 만큼 강한 경우에 한하여 취소할 수 있다.[95]

정비사업의 시행이 도시정비법 또는 도시정비법에 의한 명령·처분이나 사업시행계획서에 위반되었다고 인정되는 때에는 정비사업의 적정한 시행을 위하여 필요한 범위안에서 시장·군수는 사업시행자에게 그 처분의 취소·변경 또는 정지 그 밖의 필요한 조치를 취할 수 있다(법 제113조 제1항). 필요한 조치에는 사업시행계획인가의 취소도 포함된다.

시장·군수는 사업시행인가의 취소 처분을 하고자 하는 경우 청문을 실시하여야 한다(법 제121조 제3호). 행정절차법 등 관련 법령상 청문을 실시하지 않아도 되는 예외적인 경우에 해당하지 않는 한 반드시 청문을 실시하여야 하며, 그러한 절차를 경려한 처분은 위법한 처분으로 취소사유에 해당한다.[96]

95) 대법원 1986. 2. 25. 선고 85누664 판결
96) 대법원 2007. 11. 16. 선고 2005두15700 판결

Ⅱ. 사업시행인가의 효력 등

1. 인·허가 의제

(1) 인·허가 의제 사항

사업시행자가 사업시행계획인가를 받은 때에는 관계 법률에 따른 인가·허가·승인·신고·등록·협의·동의·심사·지정 또는 해제(인·허가등)가 있은 것으로 보며, 사업시행계획인가의 고시가 있은 때에는 관계 법률에 따른 인·허가등의 고시·공고 등이 있은 것으로 본다(법 제57조 제1항).

인·허가 등이 의제되는 사항은 다음과 같다(법 제57조 제1항)

① 주택법 제15조에 따른 사업계획의 승인

② 공공주택 특별법 제35조에 따른 주택건설사업계획의 승인

③ 건축법 제11조에 따른 건축허가, 같은 법 제20조에 따른 가설건축물의 건축허가 또는 축조신고 및 같은 법 제29조에 따른 건축협의

④ 도로법 제36조에 따른 도로관리청이 아닌 자에 대한 도로공사 시행의 허가 및 같은 법 제61조에 따른 도로의 점용 허가

⑤ 사방사업법 제20조에 따른 사방지의 지정해제

⑥ 농지법 제34조에 따른 농지전용의 허가·협의 및 같은 법 제35조에 따른 농지전용신고

⑦ 산지관리법 제14조·제15조에 따른 산지전용허가 및 산지전용신고, 같은 법 제15조의2에 따른 산지일시사용허가·신고와 산림자원의 조성 및 관리에 관한 법률 제36조제1항·제4항에 따른 입목벌채등의 허가·신고 및 산림보호법 제9조제1항 및 같은 조 제2항제1호에 따른 산림보호구역에서의 행위의 허가. 다만, 산림자원의 조성 및 관리에 관한 법률에 따른 채종림·시험림과 산림보호법에 따른 산림유전자원보호구역의 경우는 제외한다.

⑧ 하천법 제30조에 따른 하천공사 시행의 허가 및 하천공사실시계획의 인가, 같은 법 제33조에 따른 하천의 점용허가 및 같은 법 제50조에 따른

하천수의 사용허가

⑨ 수도법 제17조에 따른 일반수도사업의 인가 및 같은 법 제52조 또는 제54조에 따른 전용상수도 또는 전용공업용수도 설치의 인가

⑩ 하수도법 제16조에 따른 공공하수도 사업의 허가 및 같은 법 제34조제2항에 따른 개인하수처리시설의 설치신고

⑪ 공간정보의 구축 및 관리 등에 관한 법률 제15조제3항에 따른 지도등의 간행 심사

⑫ 유통산업발전법 제8조에 따른 대규모점포등의 등록

⑬ 국유재산법 제30조에 따른 사용허가(재개발사업으로 한정함)

⑭ 공유재산 및 물품 관리법 제20조에 따른 사용・수익허가(재개발사업으로 한정함)

⑮ 공간정보의 구축 및 관리 등에 관한 법률 제86조제1항에 따른 사업의 착수・변경의 신고

⑯ 국토계획법 제86조에 따른 도시・군계획시설 사업시행자의 지정 및 같은 법 제88조에 따른 실시계획의 인가

⑰ 전기안전관리법 제8조에 따른 자가용전기설비의 공사계획의 인가 및 신고

⑱ 소방시설 설치 및 관리에 관한 법률 제6조제1항에 따른 건축허가등의 동의, 위험물안전관리법 제6조제1항에 따른 제조소등의 설치의 허가(제조소등은 공장건축물 또는 그 부속시설과 관계있는 것으로 한정함)

⑲ 도시공원 및 녹지 등에 관한 법률 제16조의2에 따른 공원조성계획의 결정

⑳ '장애인・노인・임산부 등의 편의증진 보장에 관한 법률' 제9조의2에 따른 편의시설 설치기준의 적합성 확인

(2) 공장이 포함된 구역의 경우

사업시행자가 공장이 포함된 구역에 대하여 재개발사업의 사업시행계획인가를 받은 때에는 관계 법률에 따른 인・허가등이 있은 것으로 보며, 사업시행계획인가를 고시한 때에는 관계 법률에 따른 인・허가 등의 고시・공고 등이

있은 것으로 본다(법 제57조 제2항).

인·허가가 의제되는 사항은 다음과 같다(법 제57조 제2항)

① 산업집적활성화 및 공장설립에 관한 법률 제13조에 따른 공장설립등의 승인 및 같은 법 제15조에 따른 공장설립등의 완료신고

② 폐기물관리법 제29조제2항에 따른 폐기물처리시설의 설치승인 또는 설치신고(변경승인 또는 변경신고를 포함한다)

③ 대기환경보전법 제23조, 물환경보전법 제33조 및 소음·진동관리법 제8조에 따른 배출시설설치의 허가 및 신고

④ 총포·도검·화약류 등의 안전관리에 관한 법률 제25조제1항에 따른 화약류저장소 설치의 허가

(3) 인·허가 의제의 효력

도시정비법에서 인·허가의제 제도를 둔 취지는 인·허가 의제사항과 관련하여 사업시행인가 또는 사업시행신고의 관할 행정청으로 그 창구를 단일화하고 절차를 간소화하며 비용과 시간을 절감함으로써 국민의 권익을 보호하려는 것이다.97)

관할 행정청은 도시정비법과 인·허가 의제사항 관련 법률은 각기 고유한 목적이 있음에 비추어 인·허가의제사항 관련 법률에 따른 각각의 인·허가 요건에 관하여 일정한 심사를 할 수 있다.

하나의 민원 목적을 실현하기 위하여 관계 법령 등에 의하여 다수 관계기관의 허가·인가·승인·추천·협의·확인 등의 인·허가를 받아야 하는 복합민원에 있어서 필요한 인·허가를 일괄하여 신청하지 아니하고 그 중 어느 하나의 인·허가만을 신청한 경우에도 그 근거 법령에서 다른 법령상의 인·허가에 관한 규정을 원용하고 있거나 그 대상 행위가 다른 법령에 의하여 절대적으로 금지되고 있어 그 실현이 객관적으로 불가능한 것이 명백한 경우에는 이를 고려하여 그 인·허가 여부를 결정할 수 있다.98)

사업시행인가로 인하여 의제되는 인·허가 사항은 제한적인 열거규정이고,

---

97) 대법원 2011. 1. 20. 선고 2010두14954 전원합의체 판결

98) 대법원 2000. 3. 24. 선고 98두8766 판결

예시적인 규정이라고 볼 수 없으므로, 도시정비법 제57조 제1항에 열거되지 않은 인·허가는 의제대상이 아니다.[99]

또한 사업시행인가가 있으면 다른 법률에 의한 인·허가가 있는 것으로 보는 데 그치는 것이고, 그에 더 나아가 다른 법률에 의하여 인·허가를 받았음을 전제로 한 다른 법률의 모든 규정들까지 적용되는 것은 아니다.[100]

2. 인·허가 수수료 등 면제

재개발사업에 있어 관계 법률에 따른 인·허가등을 받은 것으로 보는 경우에는 관계 법률 또는 시·도조례에 따라 해당 인·허가등의 대가로 부과되는 수수료와 해당 국·공유지의 사용 또는 점용에 따른 사용료 또는 점용료를 면제한다(법 제57조 제7항).

'재개발사업'의 경우 국유재산법 제30조에 따른 사용허가 및 공유재산 및 물품관리법 제20조에 따른 사용·수익허가가 의제되므로, 해당 국·공유지의 사용 또는 점용에 따른 사용료 또는 점용료가 면제된다.

이에 반해 '재건축사업'의 경우 재개발사업과 같이 국·공유지에 대한 사용·수익허가가 의제되지 않아 사용료 또는 점용료가 면제되지 않는다.[101]

행정재산이 용도폐지로 일반재산이 된 경우에 용도폐지 되기 이전의 행정재산에 대하여 한 사용허가는 소멸되며 그 사용허가나 공유재산법 제22조를 근거로 하여 사용료를 부과할 수 없다.[102]

도로가 용도폐지로 일반재산이 된 경우에 용도폐지되기 이전에 의제된 점용허가의 효력은 소멸되고, 그때부터 관리청은 구 도로법 제43조를 근거로 점용료를 부과할 수 없다.[103]

---

99) 대법원 1992. 5. 12. 선고 91누7378 판결
100) 대법원 2004. 7. 22. 선고 2004다19715 판결, 대법원 2008. 2. 11. 선고 2007두5271 판결
101) 대법원 2011. 2. 24. 선고 2010두22252 판결, 대법원 2021. 7. 15. 선고 2019다269385 판결
102) 대법원 2015. 2. 26. 선고 2012두6612 판결
103) 대법원 2015. 11. 12. 선고 2014두5903 판결

도로 등 행정재산이 정비사업의 시행으로 용도가 폐지되어 일반재산이 된 경우 대부계약 체결의 대상이 된다.[104] 다만 2018. 2. 9.부터 정비사업의 시행을 용도가 폐지되는 국가 또는 지방자치단체 소유의 정비기반시설의 경우 정비사업의 시행 기간 동안 해당 시설의 대부료는 면제된다(법 제97조 제7항).

3. 사업시행인가에 따른 향후 절차 등

(1) 매도청구권 행사를 위한 최고

재건축사업의 사업시행자는 사업시행계획인가의 고시가 있은 날부터 30일 이내에 미동의자들에게 동의여부를 촉구하여야 한다(법 제64조 제1항). 재건축조합은 사업시행계획인가의 고시 이후에 미동의자들을 상대로 매도청구권을 행사할 수 있다.

(2) 분양신청통지 및 공고

사업시행자는 사업시행계획인가의 고시가 있은 날부터 90일 이내에 분양신청기간 등을 토지등소유자에게 통지하여야 한다. 사업시행계획인가 이후 시공자를 선정한 경우에는 분양신청 통지기간은 시공자와 계약을 체결한 날부터 기산한다(법 제72조 제1항).

(3) 종전토지 등의 평가시점의 기준일

관리처분계획의 수립시 종전의 토지 또는 건축물에 대한 가격의 기준은 사업시행계획인가 고시가 있은 날을 기준으로 감정평가를 시행한다.

(4) 우선매각 국·공유지의 용도폐지

우선 매각하는 국·공유지는 사업시행인가의 고시가 있은 날에 그 용도가 폐지된 것으로 간주하며, 그 매각시 가격평가는 사업시행인가의 고시일을 기준

---

104) 대법원 2021. 12. 30. 선고 2019다250961 판결, 대법원 2021. 12. 30. 선고 2020다204643 판결

으로 한다(법 제98조 제5항, 제6항).

(5) 회계감사

사업시행인가 고시일전까지 납부 또는 지출된 금액이 7억원 이상인 경우 조합은 사업시행인가의 고시일부터 20일 이내 감사인의 회계감사를 받아야 한다. 조합은 그 회계감사가 종료된 날부터 15일 이내에 감사결과를 시장·군수에게 보고하고 조합원이 공람할 수 있도록 하여야 한다.

Ⅲ. 사업시행인가의 특례

1. 일부 건축물의 존치 또는 리모델링

(1) 개념 및 내용

사업시행자는 일부 건축물의 존치 또는 리모델링에 관한 내용이 포함된 사업시행계획서를 작성하여 사업시행인가의 신청을 할 수 있다(법 제58조 제1항 전문). 위 리모델링이란 주택법 제2조 제25호 또는 건축법 제2조 제1항 제10호에 따른 리모델링으로서, 건축물의 노후화 억제 또는 기능향상 등을 위하여 증축 · 개축 또는 대수선을 하는 행위를 말한다.

위 제도는 사업구역 내에 존재하는 건축물 소유자의 동의를 통해 소유자의 권리를 보호함과 동시에 건축물에 대한 철거 등으로 인한 보상 문제로 사업전개에 난항이 초래되지 않도록 건축물을 존치시킬 수 있는 절충안을 마련함으로써 정비사업의 신속하고 적정한 시행을 도모함에 있다.

(2) 건축관련 기준의 예외

시장 · 군수등은 존치 또는 리모델링하는 건축물 및 건축물이 있는 토지가 주택법 및 건축법에 따른 건축 관련 기준에 적합하지 아니하더라도 사업시행계획인가를 할 수 있다(법 제58조 제2항).

건축 관련 기준의 예외대상은 아래와 같다(법 제58조 제2항).

① 주택법 제2조제12호에 따른 주택단지의 범위

② 주택법 제35조제1항제3호 및 제4호에 따른 부대시설 및 복리시설의 설치기준

③ 건축법 제44조에 따른 대지와 도로의 관계

④ 건축법 제46조에 따른 건축선의 지정

⑤ 건축법 제61조에 따른 일조 등의 확보를 위한 건축물의 높이 제한

(3) 일부 건축물의 존치 또는 리모델링의 기준

일부 건축물의 존치 또는 리모델링의 기준은 다음과 같다(시행령 제50조).

① 건축법 제44조에 따른 대지와 도로의 관계는 존치 또는 리모델링되는 건축물의 출입에 지장이 없다고 인정되는 경우 적용하지 아니할 수 있다.

② 건축법 제46조에 따른 건축선의 지정은 존치 또는 리모델링되는 건축물에 대해서는 적용하지 아니할 수 있다.

③ 건축법 제61조에 따른 일조 등의 확보를 위한 건축물의 높이 제한은 리모델링되는 건축물에 대해서는 적용하지 아니할 수 있다.

④ 주택법 제2조제12호에도 불구하고 존치 또는 리모델링되는 건축물도 하나의 주택단지에 있는 것으로 본다.

⑤ 주택법 제35조에 따른 부대시설 · 복리시설의 설치기준은 존치 또는 리모델링되는 건축물을 포함하여 적용할 수 있다.

(4) 동의요건

사업시행자가 일부 건축물의 존치 또는 리모델링에 관한 내용이 포함된 사업시행계획서를 작성하고자 하는 경우 존치 또는 리모델링하는 건축물 소유자의 동의를 받아야 한다. 집합건물법 제2조 제2호에 따른 구분소유자가 있는 경우에는 구분소유자의 3분의 2 이상의 동의와 해당 건축물 연면적의 3분의 2 이상의 구분소유자의 동의로 한다(법 제58조 제3항).

서면동의서에 토지등소유자가 성명을 적고 지장을 날인하는 방법으로 하며, 신분증 사본을 첨부하여야 한다(법 제36조 제1항 제11호).

정비계획에서 존치 또는 리모델링하는 것으로 계획된 경우에는 존치 또는 리모델링 대상 건축물 소유자의 동의를 받지 않아도 된다(법 제58조 제3항).

(5) 정비계획에서 존치지역으로 결정된 경우

건축물이 재정비촉진계획 단계에서 사업시행구역에 해당하였다가 이후 사업시행계획 단계에서 존치구역으로 변경되는 경우 정비사업을 시행하는 사업시행자는 사업시행계획서 또는 사업시행변경계획서를 작성함에 있어 존치되는 건축물 소유자의 동의를 얻어야 한다.

그러나, 건축물이 재정비촉진계획 단계에서 존치지역으로 결정된 경우 사업시행자로서는 사업시행계획서 또는 사업시행변경계획서를 작성함에 있어 존치되는 건축물 소유자의 동의를 얻을 필요는 없다.

성당은 재정비촉진계획 변경결정 및 그 고시를 통하여 정비사업 구역 내에 존치되는 것으로 변경되었고, 조합은 재정비촉진계획 변경결정에 따라 사업시행변경계획을 작성하였다. 그렇다면 조합이 성당의 존치 과정에서 성당의 동의를 얻지 않았다고 하더라도 사업시행변경계획이 위법하다고 볼 수 없다.[105)]

2. 재건축사업의 범위에 관한 특례(토지분할)

(1) 법규정의 취지 및 위헌 여부

2이상의 건축물이 있는 주택단지내 주택재건축사업에 있어 일부 건축물 또는 일부 동의 반대로 단지 전체로서의 재건축동의요건을 충족하지 못하여 재건축사업이 장기간 지연되었다. 이에 재건축사업에 동의하지 않는 토지등소유자 및 그들이 소유한 토지 등을 제외하고 찬성하는 토지등소유자들의 토지만을 사업구역으로 재건축사업을 추진할 수 있도록 하기 위한 것이 재건축사업의 범위에 관한 특례(토지분할)이다.

도시정비법 제67조 규정은 노후·불량건축물을 효율적으로 개량하여 신규주택을 공급함으로써 도시환경을 개선하고 주거환경의 질을 높이기 위한 재건축사업을 추진함에 있어 재건축을 희망하는 다수의 이해관계인의 이익과 재건축에 반대하는 토지등소유자의 이익을 모두 고려하여 재건축사업의 추진을 촉진하기 위하여 마련된 것이다.[106)]

(2) 토지분할 청구의 요건 및 분할요건 등

재건축사업의 토지분할 사유는 다음과 같다(법 제67조 제1항).

① 주택법 제15조제1항에 따라 사업계획승인을 받아 건설한 둘 이상의 건축

105) 서울고등법원 2024. 12. 18. 선고 2024누48161 판결
106) 서울행정법원 2010. 8. 12. 선고 2010구합13838 판결

물이 있는 주택단지에 재건축사업을 하는 경우

② 조합설립의 동의요건을 충족시키기 위하여 필요한 경우

분할되어나갈 토지 및 그 위의 건축물은 다음의 요건을 충족하여야 한다(법 제67조 제4항, 시행령 제56조).

① 해당 토지 및 건축물과 관련된 토지등소유자의 수가 전체의 10분의 1 이하일 것

② 분할되어 나가는 토지 위의 건축물이 분할선 상에 위치하지 아니할 것

③ 분할되어 나가는 토지가 건축법 제44조에 적합할 것[107)]

주택단지안의 일부 토지에 대하여 건축법 제57조[108)]의 규정에 불구하고 분할하고자 하는 토지면적이 동법 동조에서 정하고 있는 면적에 미달되더라도 토지분할을 청구할 수 있다(법 제67조 제1항).

즉, 주거지역 소재 건축물이 있는 대지가 90㎡ 이하이거나(서울시 조례 29조 제1호), 건축법 제55조(건폐율), 제56조(용적률), 제58조(대지안의 공지), 제60조(건축물의 높이제한), 제61조(일조등의 확보를 위한 건축물의 높이제한)의 규정에 의한 기준에 미달되더라도 토지분할을 할 수 있다.

(3) 토지분할 청구

토지분할을 청구할 수 있는 자는 재건축조합 또는 추진위원회이다(법 제67조 제1항). 추진위원회가 법원에 토지분할 청구소송 진행중에 조합설립인가를 득한 경우 재건축조합은 민사소송법 제81조 또는 제82조에 따른 인수참가 또는 승계참가를 하여야 한다.

재건축조합 또는 추진위원회는 토지분할대상이 되는 토지 및 그 위의 건축물과 관련된 토지등소유자와 협의하여야 하고, 토지분할의 협의가 성립되지

---

107) 건축법 제44조 제1항 : 건축물의 대지는 2미터 이상이 도로(자동차만의 통행에 사용되는 도로 제외)에 접하여야 함.
건축법 시행령 제28조 제2항 : 연면적의 합계가 2천㎡ 이상인 건축물의 대지는 너미 6미터 이상의 도로에 4미터 이상 접하여야 함.

108) **건축법 제57조(대지의 분할 제한)** ① 건축물이 있는 대지는 대통령령으로 정하는 범위에서 해당 지방자치단체의 조례로 정하는 면적에 못 미치게 분할할 수 없다.
② 건축물이 있는 대지는 제44조, 제55조, 제56조, 제58조, 제60조 및 제61조에 따른 기준에 못 미치게 분할할 수 없다.

아니한 경우에는 법원에 토지분할을 청구할 수 있다(법 제67조 제2항, 제3항).

협의의 불성립이라 함은, 사업시행자 또는 추진위와 토지분할대상이 되는 토지 및 그 위의 건축물과 관련된 토지등소유자 사이에 분할방법에 관해 협의가 실제로 진행됐으나 협의가 이루어지지 않은 경우뿐만 아니라 위 협의당사자 중 일부가 협의에 응할 의사가 없음을 명백히 했다거나 행방불명된 경우처럼 처음부터 협의가 불가능한 경우를 포함한다.[109]

토지분할 청구의 상대방(피고)은 분할대상 토지의 구분소유자 뿐만 아니라 추진위원회 구성에 부동의한 구분소유자들 전부를 피고로 해야 한다는 견해[110]와 분할되어 나갈 토지부분의 토지등소유자만이라는 견해[111]가 있다. 토지분할소송의 특성 및 그 필요성에 비추어 분할대상 토지의 구분소유자만이 피고로 보아야 한다는 견해가 타당하다고 본다.

(4) 공유물분할의 방법

공유물분할의 방법은 당사자가 구하는 방법에 구애받지 아니하고 법원이 재량에 의하여 공유관계나 그 객체인 물건의 제반 상황에 따라 공유자의 지분비율에 따른 합리적인 분할을 하면 된다.

토지를 분할하는 경우에는 원칙적으로는 각 공유자가 취득하는 토지의 면적이 그 공유지분의 비율과 같도록 하여야 할 것이나, 반드시 그런 방법으로만 분할하여야 하는 것은 아니고, 토지의 형상이나 위치, 그 이용상황이나 경제적 가치가 균등하지 아니할 때에는 이와 같은 제반 사정을 고려하여 경제적 가치가 지분비율에 상응하도록 분할하는 것도 허용된다.

도시정비법 제67조에 의한 토지분할을 함에 있어서는 분할되어 나가는 토지에 관하여 도시정비법 제67조 제4항 각 호의 제한 등을 준수하여야 하고, 분할되는 각 토지가 주택재건축사업의 대상지가 되거나 집합건물의 대지권의 목적인 토지가 되는 경우에는 그러한 사정을 고려하여 분할의 방법을 정하여야 한다.[112]

---

109) 서울서부지방법원 2009. 1. 7. 선고 2006가합5338 판결

110) 서울중앙지방법원 2008. 11. 5. 선고 2006가합77567 판결, 서울동부지방법원 2011. 8. 26. 선고 2010가합4910 판결

111) 서울서부지방법원 2009. 1. 7. 선고 2006가합5338 판결

토지분할은 당사자들의 지분 비율, 토지의 위치, 면적, 용도, 형상, 건물의 위치, 현재의 점유상태, 당사자들의 의사, 불특정 다수인이 통행하는 도로와 인접한지 여부 등을 참작하여야 한다.

(5) 토지분할 청구의 효과

시장·군수는 토지분할이 완료되지 아니하여 조합설립 동의요건에 미달되더라도 건축위원회의 심의를 거쳐 조합 설립의 인가와 사업시행인가를 할 수 있다(법 제67조 제4항).

(6) 토지분할과 조합설립동의서의 재징구 여부

도시정비법 제67조에 의하면 추진위원회는 조합설립의 동의요건을 충족하기 위해 주택단지안의 일부 토지의 분할을 청구할 수 있는바, 토지분할청구에 의해 사업구역이 축소된 경우 추진위원회는 축소된 사업구역을 기준으로 동의서를 작성한 후 토지등소유자로부터 새로이 동의서를 징구하여야 하는지 문제된다.

도시정비법 제67조는 주택단지 안의 일부 토지 및 그 위의 건축물과 관련된 토지 등 소유자의 반대 등으로 조합설립인가나 사업시행인가를 받지 못하여 그 밖에 다수의 토지 등 소유자들에게 피해가 발생하는 것을 방지하고 재건축사업을 원활하게 시행할 수 있도록 하기 위하여 마련된 특별규정이라고 할 것이다.

이러한 입법 취지나 법원에 토지분할을 청구한 상태에서 바로 조합설립인가가 가능하도록 한 점 등에 비추어 보면, 도시정비법 제67조에 따라 조합설립인가를 하는 데 있어서는 그 제3항에 의한 토지분할이 청구되고 분할되어 나갈 토지 및 건축물과 관련된 토지 등 소유자의 수가 전체의 10분의 1 이하일 것 등 제4항이 정한 요건이 갖추어지면 되는 것이고, 특별한 사정이 없는 한 토지분할을 전제로 한 새로운 조합설립동의서나 특별결의, 정관변경 등이 요구되는 것은 아니다.[113)]

112) 대법원 2015. 10. 29. 선고 2013다79016 판결

113) 대법원 2013. 12. 12. 선고 2011두12900 판결, 대법원 2015. 10. 29. 선고 2013다79016 판결

추진위원회가 도시정비법 제67조 제3항에 의거 토지분할청구소송을 제기하고, 도시정비법 제67조 제4항 각호의 요건을 갖추었다면 시장·군수는 도시정비법 제67조 제4항에 따라 조합설립인가처분을 할 수 있다. 위 조합설립인가처분 이후 사후적으로 위 토지분할청구소송이 당사자적격의 흠결을 이유로 부적법 각하되었다는 사정만으로 위 조합설립인가처분이 소급하여 무효라고 볼 수 없다.[114]

(7) 문제점

일부 건축물의 존치 또는 리모델링의 특례와 달리 토지분할의 경우에는 분할되는 대지상의 건물을 하나의 주택단지안에 있는 것으로 보거나 부대시설, 복리시설의 설치기준에 있어서도 분할되는 대지상의 건물을 포함하여 적용한다는 규정이 없다. 따라서 상가를 분할할 경우 기존의 상가외 별도의 상가를 신축해야 하는 문제점이 발생한다.

집합건물의 토지가 대지권으로 등기되지 않은 경우 토지분할로 재건축에 반대하는 특정 동을 배제시킨다 하더라도 공유토지상의 근저당권등 담보권을 모두 말소시키지 않는 한 근저당권 등 담보권은 분할된 뒤의 토지에도 분할전 토지의 지분비율에 따라 존속하게 된다.

3. 소재불명 토지 등

(1) 소재 확인이 현저히 곤란한 토지

건축물 또는 토지의 소유자의 '소재 확인이 현저히 곤란' 한 때에는 사업시행자는 전국적으로 배포되는 둘 이상의 일간신문에 2회 이상 공고하고, 공고한 날부터 30일 이상이 지난 때에는 그 소유자의 해당 건축물 또는 토지의 감정평가액에 해당하는 금액을 법원에 공탁하고 정비사업을 시행할 수 있다(법 제71조 제1항).

일간신문에 공고하는 시기는 다음과 같다(법 제71조 제1항)

114) 서울고등법원 2016. 4. 5. 선고 2015누64246 판결

① 조합이 사업시행자가 되는 경우에는 조합설립인가일
② 토지등소유자가 시행하는 재개발사업의 경우에는 사업시행계획인가일
③ 시장·군수등, 토지주택공사등이 정비사업을 시행하는 경우에는 사업시행자 지정 고시일
④ 지정개발자를 사업시행자로 지정하는 경우에는 지정개발자 지정 고시일

토지 또는 건축물의 감정평가는 감정평가업자가 평가한 금액을 산술평균하여 산정한다(법 제71조 제4항, 제74조 제4항 제1호).

(2) 재건축사업과 조합원 전체의 공동소유 토지

'재건축사업'을 시행하는 경우 조합설립인가일 현재 '조합원 전체의 공동소유'인 토지 또는 건축물은 조합 소유의 토지 또는 건축물로 본다. 이 경우 조합 소유로 보는 토지 또는 건축물의 처분에 관한 사항은 관리처분계획에 명시하여야 한다(법 제71조 제2항, 제3항).

제3절 사업시행계획의 주요내용

I. 주민이주대책

1. 재건축사업의 주민이주대책

재건축조합은 '주민이주대책' 및 '세입자의 주거 및 이주 대책'을 포함하여 사업시행계획서를 작성하여야 한다(법 제52조 제1항 제3호, 제4호).

천재지변 등의 사유로 인한 재건축사업에 있어 공공시행자 또는 지정개발자는 토지수용권이 인정되나, 재건축조합은 토지의 수용권한이 없다. 따라서 재건축사업에 있어 도시정비법 제65조에 따른 토지보상법이 준용되지 않는다. 또한 재개발사업과 재건축사업의 차이로 인하여 재건축사업에 토지보상법 규정이 유추적용된다고 볼 수 없다.[115]

따라서 재건축조합은 재개발조합과 달리 토지보상법 제78조 제1항의 이주대책을 수립할 의무를 부담하지 않으며, 재건축조합은 토지보상법 제78조 제5항에 의한 현금청산자 또는 세입자에 대한 주거이전비의 지급의무를 부담하지 않는다.

재건축조합은 정관의 규정에 따라 토지등소유자에 대한 주민이주대책 또는 세입자의 주거 및 이주대책을 수립하면 된다.

서울시 재건축 표준정관 제36조에 의한 이주대책은 다음과 같다.

① 사업시행으로 주택 등 건축물이 해체되는 조합원은 사업을 시행하는 동안 자신의 부담으로 이주하여야 한다.

② 조합은 이주비의 대출을 희망하는 조합원에게 조합이 직접 금융기관과 약정을 체결하거나, 시공자와 약정을 체결하여 대출을 알선할 수 있다.

115) 대법원 2014. 7. 24. 선고 2012다62561 판결

이 경우 조합원은 사업시행구역 내의 소유 토지 또는 건축물을 담보로 제공하고 자신의 명의로 대출을 받는다.

③ ②항에 의하여 이주비를 대출받은 조합원 또는 그 권리를 승계한 조합원은 대출받은 이주비를 "신축건축물등"(사업시행으로 건설되는 건축물 등을 말함)에 입주 시까지 금융기관 등에 상환하여야 한다.

④ 조합원은 조합이 정하여 통지하는 이주기한 내에 해당 건축물에서 퇴거하여야 하며, 세입자 또는 임시거주자 등이 퇴거하도록 하여야 한다.

⑤ 조합원은 본인 또는 세입자 등이 ④항의 이주기한 내에 해당 건축물에서 퇴거하지 아니하여 기존 주택 등의 해체지연 등 사업시행에 지장을 초래하는 때에는 그에 따라 발생되는 모든 손해에 대하여 변상할 책임을 진다.

⑥ ⑤항에 의하여 조합원이 변상할 손해금액과 징수방법 등은 총회의 의결을 얻어 해당 조합원에게 부과한다. 해당 조합원이 이를 납부하지 아니한 때에는 도시정법 제89조에 따른 해당 조합원의 청산금에 그 부과금과 연체료를 부가하여 징수하거나 공제하여 지급할 수 있다.

⑦ 이주비 지급절차 등에 관한 세부적인 사항은 조합과 시공사 또는 금융기관 등과 정한 약정에 따르며, 이주와 관련한 구체적인 사항은 대의원회에서 정하여 운영한다.

2. 재개발사업의 토지등소유자 이주대책 등

(1) 재개발조합의 주민이주대책

재개발조합은 '임시수용시설을 포함한 주민이주대책' 및 '세입자의 주거 및 이주 대책'을 포함하여 사업시행계획서를 작성하여야 한다(법 제52조 제1항 제3호, 제4호).

재개발조합은 정비구역안에서 정비사업을 시행하기 위하여 필요한 경우 토지보상법에 의한 토지·물건 또는 그 밖의 권리를 수용 또는 사용할 수 있고(법 제63조), 정비구역안에서 토지등을 수용함에 있어 도시정비법에 특별한 규정이 있는 경우를 제외하고 토지보상법을 준용하므로(법 제65조), 재개발사업의 시행을 위한 수용에 있어서도 이주대책 내지 이주정착금에 관한 근거규정인 토지보상법 제78조가 준용된다. 따라서 재개발조합은 토지보상법 제78조 제1항에 따라 주민이주대책을 수립하거나 이주정착금을 지급해야 한다.

(2) 조합원에 대한 이주대책

재개발사업구역내 조합원중 분양신청자는 토지 또는 건축물을 정비사업에 제공하고, 신축 건축물(아파트, 상가)을 분양받으므로, 사업시행자에 준하는 지위에 있다. 또한 주택에 관한 분양계약을 체결한 조합원은 공익사업의 시행으로 인하여 주거용 건축물을 제공함에 따라 생활의 근거를 상실하게 되는 자에 해당하지 않는다. 따라서 재개발조합은 분양신청자(조합원)에 대하여 토지보상법 제78조 제1항의 이주대책을 수립할 의무를 부담하지 않는다.[116]

재개발사업구역내 분양신청을 한 조합원(토지등소유자)은 토지보상법상 이주대책수립의 대상자에서 제외되고, 단지 정관상의 이주대책만이 적용된다.

서울시 재개발 표준정관 제36조에 의한 이주대책은 다음과 같다.

① 사업시행으로 주택 등 건축물이 해체되는 조합원은 사업을 시행하는 동안 자신의 부담으로 이주하여야 한다.

② 조합은 이주비의 대출을 희망하는 조합원에게 조합이 직접 금융기관과 약정을 체결하거나, 시공자와 약정을 체결하여 대출을 알선할 수 있다. 이 경우 조합원은 사업시행구역내의 소유 토지 또는 건축물을 담보로 제공하고 자신의 명의로 대출을 받는다.

③ 제2항에 의하여 이주비를 대출받은 조합원 또는 그 권리를 승계한 조합원은 대출받은 이주비를 "신축건축물등"(사업시행으로 건설되는 건축물등을 말함)에 입주 시까지 금융기관 등에 상환하여야 한다.

④ 조합원은 조합이 정하여 통지하는 이주기한 내에 해당 건축물에서 퇴거하여야 하며, 세입자 또는 임시거주자 등이 퇴거하도록 하여야 한다.

⑤ 조합원은 본인 또는 세입자 등이 ④항의 이주기한 내에 해당 건축물에서

---

116) 대법원 2011. 11. 24. 선고 2009다28394 판결, 대법원 2011. 11. 24. 선고 2010다80749 판결, 대법원 2013. 1. 16. 선고, 2012두34 판결, 대법원 2013. 1. 16. 선고 2011두19185 판결

퇴거하지 아니하여 기존 주택 등의 해체지연 등 사업시행에 지장을 초래하는 때에는 그에 따라 발생되는 모든 손해에 대하여 변상할 책임을 진다.

⑥ ⑤항에 의하여 조합원이 변상할 손해금액과 징수방법 등은 총회의 의결을 얻어 해당 조합원에게 부과한다. 해당 조합원이 이를 납부하지 아니한 때에는 도시정비법 제89조에 따른 해당 조합원의 청산금에 그 부과금과 연체료를 부가하여 징수하거나 공제하여 지급할 수 있다.

⑦ 사업시행으로 해체되는 주택의 세입자는 조례 제27조 및 제46조 등에서 정하는 바에 따라 임대주택을 공급하고, '공익사업을 위한 토지 등의 취득 및 보상에 관한 법률 시행규칙' 제54조제2항 및 제55조제2항 규정의 기준에 해당하는 주거용 건축물의 세입자에 대하여는 동 규칙이 정한 바에 따라 주거이전비 및 이사비를 지급하며, 세부 사항은 관리처분계획기준에 따른다.

⑧ 이주비 지급절차 등에 관한 세부적인 사항은 조합과 시공사 또는 금융기관 등과 정한 약정에 따르며, 이주와 관련한 구체적인 사항은 대의원회에서 정하여 운영한다.

(3) 주민이주대책과 임시거주시설의 설치의 관계

재개발조합은 재개발사업의 시행으로 철거되는 주택의 소유자 또는 세입자에게 해당 정비구역 안과 밖에 위치한 임대주택 등의 시설에 임시로 거주하게 하거나 주택자금의 융자를 알선하는 등 임시거주에 상응하는 조치를 하여야 한다(법 제61조 제1항).

도시정비법 제61조 제1항은 재개발사업으로 인하여 생활근거를 상실하는 자에 대하여 시행하도록 규정하고 있는 이주대책과는 별개의 내용을 규정한 것이므로, 도시정비법 제61조 제1항의 규정과 별개로 재개발조합은 이주대책을 세워야 한다.[117]

117) 대법원 2004. 10. 27. 선고 2003두858 판결, 대법원 1992. 10. 13. 선고 91누10862 판결

(4) 현금청산자에 대한 이주대책

재개발사업구역내 토지등소유자 중 분양신청을 하지 않아 조합원 자격을 상실한 현금청산자는 토지보상법상 이주대책수립의 대상자가 된다.[118]

주민이주대책 대상자는 현금청산자중 주택소유자에 한정되고(건축물의 용도가 주거용인 건물), 주택이외 건축물 소유자는 제외된다(시행령 제54조 제1항).

주거용 건축물을 소유한 현금청산자는 주거용 건축물에서 정비구역의 지정을 위한 주민공람공고일로부터 계약체결일 또는 수용재결일까지 계속하여 거주하고 있어야 한다(시행령 제54조 제1항).

허가를 받거나 신고를 하고 건축 또는 용도변경을 하여야 하는 건축물을 허가를 받지 아니하거나 신고를 하지 아니하고 건축 또는 용도변경을 한 건축물의 소유자는 이주대책 대상자에서 제외된다(토지보상법 시행령 제40조 제5항 제1호).

주거용 건물이 아닌 건물이 정비구역지정을 위한 공람공고일 이후 주거용 건물로 용도 변경되었다면 건축 허가를 받았는지 여부에 상관없이 수용재결 내지 협의계약 체결 당시 주거용으로 사용된 건물이라 할지라도 이주대책대상이 되는 주거용 건축물이 될 수 없다.[119]

(5) 이주대책 수립 또는 이주정착금 지급 등

이주대책은 공공사업의 시행에 필요한 토지 등을 제공함으로 인하여 생활의 근거를 상실하게 되는 이주자들을 위하여 사업시행자가 '기본적인 생활시설이 포함된' 택지를 조성하거나 그 지상에 주택을 건설하여 이주자들에게 이를 '그 투입비용 원가만의 부담하에' 개별 공급하는 것으로서, 그 본래의 취지에 있어 이주자들에 대하여 종전의 생활상태를 원상으로 회복시키면서 동시에 인간다운 생활을 보장하여 주기 위한 이른바 생활보상의 일환으로 국가의 적극적이고 정책적인 배려에 의하여 마련된 제도이다.[120]

---

118) 대법원 2013. 1. 16. 선고, 2012두34 판결, 대법원 2013. 1. 16. 선고 2011두19185 판결, 대법원 2004. 10. 27. 선고 2003두858 판결, 서울고등법원 2011. 4. 8. 선고 2010누34523 판결
119) 대법원 2009. 2. 26. 선고 2007두13340 판결
120) 대법원 2003. 7. 25. 선고 2001다57778 판결

재개발조합은 재개발사업의 시행으로 인하여 주거용 건축물을 제공함에 따라 생활의 근거를 상실하는 자를 위하여 이주대책을 수립하여야 하고, 이주대책의 내용에는 주택단지의 조성 및 주택의 건설을 포함된다(토지보상법 제78조 제1항, 시행령 제41조 제1호).

이주대책을 수립하지 않는 경우 재개발조합은 주거용 건축물 소유자들에게 이주정착금을 지급하여야 한다(토지보상법 제78조 제1항). 이주정착금은 보상대상인 주거용 건축물에 대한 평가액의 30%에 해당하는 금액으로 하되, 그 금액이 1천 2백만원 미만인 경우에는 1천 2백만원으로 하고, 2천 4백만원을 초과하는 경우에는 2천 4백만원으로 한다(토지보상법 시행규칙 제53조 제2항).[121]

3. 세입자에 대한 이주대책 등

재개발조합 및 재건축조합은 '세입자의 주거 및 이주대책'을 포함한 사업시행계획서를 작성하여야 한다(법 제52조 제1항 제4호).

타인이 소유하고 있는 건축물에 거주하는 세입자는 이주대책대상자에서 제외된다(토지보상법 시행령 제40조 제5항 제3호). 따라서 재개발조합은 세입자들을 상대로 토지보상법 제78조 제1항에 따른 이주대책의 수립의무를 부담하지 않는다. 다만 재개발조합은 일정 요건을 세입자들에게 주거이전비 및 이사비를 지급한다.

재건축조합은 정관 또는 자율적으로 세입자의 이주대책에 관한 계획을 수립할 수 있다.

시장·군수는 세입자의 주거 및 이주대책(이주 거부에 따른 협의 대책 포함) 수립에 관한 지원업무를 수행한다(법 제118조 제2항 제4호).

121) 서울행정법원 2014. 11. 13. 선고 2014구합1086 판결

4. 임시거주시설 등의 설치

(1) 임시거주시설의 설치

주거환경개선사업 및 재개발사업에 있어 사업시행자는 철거되는 주택의 소유자 또는 세입자에게 해당 정비구역 안과 밖에 위치한 임대주택 등의 시설에 임시로 거주하게 하거나 주택자금의 융자를 알선하는 등 임시거주에 상응하는 조치를 하여야 한다(법 제61조 제1항). 재건축사업은 제외된다.

사업시행자는 당해 정비구역 내·외 소재한 임대주택 등의 시설의 내용이나 수량을 정함에 있어 재량권을 가지므로, 이를 위해 사업시행자가 설정한 기준은 그것이 객관적으로 합리적이 아니라거나 타당하지 않다고 볼 만한 다른 특별한 사정이 없는 한 존중되어야 한다.[122)]

(2) 공공단체 또는 개인의 토지 등 일시사용

임시거주시설의 설치 등을 위하여 필요한 때에는 사업시행자는 국가·지방자치단체, 그 밖의 공공단체 또는 개인의 시설이나 토지를 일시 사용할 수 있다(법 제61조 제2항).

국가 또는 지방자치단체는 사업시행자로부터 임시거주시설에 필요한 건축물이나 토지의 사용신청을 받은 때에는 일정한 사유가 없으면 이를 거절하지 못한다. 이 경우 사용료 또는 대부료는 면제한다(법 제61조 제3항).

국가 또는 지방자치단체가 건축물이나 토지의 사용신청을 거절할 수 있는 사유는 다음과 같다(시행령 제53조).

① 임시거주시설의 설치를 위하여 필요한 건축물이나 토지에 대하여 제3자와 이미 매매계약을 체결한 경우

② 사용신청 이전에 임시거주시설의 설치를 위하여 필요한 건축물이나 토지에 대한 사용계획이 확정된 경우

③ 제3자에게 이미 임시거주시설의 설치를 위하여 필요한 건축물이나 토지에 대한 사용허가를 한 경우

---

122) 대법원 2009. 3. 12. 선고 2008두12610 판결

(3) 손실보상

사업시행자는 공공단체(지방자치단체 제외) 또는 개인의 시설이나 토지를 일시 사용함으로써 손실을 입은 자가 있는 경우에는 손실을 보상하여야 하며, 손실을 보상하는 경우에는 손실을 입은 자와 협의하여야 한다(법 제62조 제1항).

사업시행자 또는 손실을 입은 자는 손실보상에 관한 협의가 성립되지 아니하거나 협의할 수 없는 경우에는 토지보상법 제49조에 따라 설치되는 관할 토지수용위원회에 재결을 신청할 수 있다(법 제62조 제2항).

손실보상은 도시정비법에 규정된 사항을 제외하고는 토지보상법을 준용한다(법 제62조 제3항).

(4) 원상회복

사업시행자는 정비사업의 공사를 완료한 때에는 완료한 날부터 30일 이내에 임시거주시설을 철거하고, 사용한 건축물이나 토지를 원상회복하여야 한다(법 제61조 제4항).

(5) 임시상가의 설치

재개발사업의 사업시행자는 사업시행으로 이주하는 상가세입자가 사용할 수 있도록 정비구역 또는 정비구역 인근에 임시상가를 설치할 수 있다(법 제61조 제5항).

Ⅱ. 국민주택규모 주택 건설계획 등

1. 용적률 완화와 국민주택규모 주택의 건설

(1) 용적률완화 규정

사업시행자는 과밀억제권역에서 시행하는 재개발사업 및 재건축사업 등에 있어 정비계획으로 정하여진 용적률에도 불구하고 지방도시계획위원회의 심의를 거쳐 국토계획법 제78조 및 관계 법률에 따른 용적률의 상한(법적상한용적률)까지 건축할 수 있다(법 제54조 제1항).

(2) 적용범위

용적률이 완화되는 사업은 아래와 같다(법 제54조 제1항, 시행령 제47조의 2).

① 과밀억제권역에서 시행하는 재개발사업 및 재건축사업
(주거지역 및 준공업지역으로 한정함)

② ① 외의 경우 시・도조례로 정하는 지역에서 시행하는 재개발사업 및 재건축사업

도시재정비 촉진을 위한 특별법 제2조제1호에 따른 재정비촉진지구에서 시행되는 재개발사업 및 재건축사업은 용적률 완화규정에서 제외된다.

사업시행자는 개별 사업의 여건을 고려하여 법적상한용적률까지 건축할 것인지, 정비계획상 용적률까지 건축할 것인지, 또는 정비계획상 용적률을 초과하되 법적상한용적률 이하로 건축할 것인지 등을 선택할 수 있다.

(3) 사업시행계획서 반영

재개발조합 및 재건축조합은 국민주택규모 주택의 건설계획이 포함된 사업시행계획서를 작성하여야 하며(법 제52조 제1항 제7호), 정비계획상 용적률을 초과하여 건축하고자 하는 경우 사업시행자는 사업시행인가를 신청하기 전에 미리 국민주택규모 주택에 관한 사항을 인수자와 협의하여 사업시행계획서에

반영하여야 한다(법 제55조 제3항).

주거환경개선사업은 사업시행계획서에 국민주택규모 주택의 건설계획을 포함하지 않는다.

2. 용적률의 완화

(1) 정비계획 용적률 및 법적상한용적률

정비계획상 용적률이라 함은 정비계획으로 고시된 건축가능 용적률을 말하고, 도시정비법에 따라 정비계획으로 의제되는 지구단위계획, 아파트개발기본계획 등에서 정한 건축가능 용적률은 정비계획상 용적률로 본다.

법적상한용적률이라 함은 국토계획법, 건축법 등 건축 관계법령의 제한에 따른 건축 가능 용적률을 말한다. 관계법령에 따른 제한은 용적률에 대한 직접적인 제한뿐만 아니라 건축행위에 대한 법령상 제한으로 인해 사실상 용적률이 제한되는 경우를 포함한다.

관계 법률에 따른 용적률의 상한은 다음의 어느 하나에 해당하여 건축행위가 제한되는 경우 건축이 가능한 용적률을 말한다(법 제54조 제3항).

① 국토계획법 제76조에 따른 건축물의 층수제한

② 건축법 제60조에 따른 높이제한

③ 건축법 제61조에 따른 일조 등의 확보를 위한 건축물의 높이제한

④ 공항시설법 제34조에 따른 장애물 제한표면구역 내 건축물의 높이제한

⑤ 군사기지 및 군사시설 보호법 제10조에 따른 비행안전구역 내 건축물의 높이제한

⑥ 문화유산의 보존 및 활용에 관한 법률 제12조에 따른 건설공사 시 문화재보호를 위한 건축제한

⑦ 자연유산의 보존 및 활용에 관한 법률 제9조에 따른 건설공사 시 천연기념물등의 보호를 위한 건축제한

⑧ 그 밖에 시장·군수등이 건축 관계 법률의 건축제한으로 용적률의 완화가 불가능하다고 근거를 제시하고, 지방도시계획위원회 또는 시·도에

두는 건축위원회가 심의를 거쳐 용적률 완화가 불가능하다고 인정한 경우

(2) 도시계획위원회 또는 건축위원회의 심의

정비계획 수립시 도시계획위원회 심의를 통해 예정 법적상한용적률을 정하고, 사업시행인가시 건축위원회 심의를 통해 법적상한용적률을 최종 확정한다. 건축위원회에서 별도의 의견이 없는 경우 정비계획에 반영된 예정 법적상한용적률을 법적상한용적률로 최종 확정한다.

도시계획위원회 또는 건축위원회는 법적상한용적률을 확정함에 있어 법령상의 명시적 근거 또는 명확한 제한 사유를 제시함이 없이 임의적으로 용적률을 제한 할 수 없으며, 용적률을 제한하는 경우 시장·군수는 사업시행자에게 용적률 제한의 법적 근거를 제시하여야 한다.

법적상한용적률까지 건축 허용시 국민주택규모 주택 공급의무 이외에 용적률 완화와 결부하여 정비기반시설, 공공시설의 기부채납 등 부담이 되는 조건을 부과할 수 없다. 다만, 정비계획에서 확정된 기반시설 설치의무 등은 유지된다.

(3) 조례로 정한 용적률 제한의 예외

사업시행자가 정비계획으로 정하여진 용적률을 초과하여 건축하려는 경우에는 국토계획법 제78조에 따라 특별시 · 광역시 · 특별자치시 · 특별자치도 · 시 또는 군의 조례로 정한 용적률 제한 및 정비계획으로 정한 허용세대수의 제한을 받지 아니한다(법 제54조 제2항).

3. 국민주택규모 주택의 건설 및 공급

(1) 국민주택규모 주택 건설 등

사업시행자는 법적상한용적률에서 정비계획으로 정하여진 용적률을 뺀 용적률(초과용적률)의 다음에 따른 비율에 해당하는 면적에 국민주택규모 주택을 건설하여야 한다(법 제54조 제4항).

① 과밀억제권역에서 시행하는 재건축사업은 초과용적률의 30% 이상 50% 이하로서 시·도조례로 정하는 비율[123)]

② 과밀억제권역에서 시행하는 재개발사업은 초과용적률의 50% 이상 75% 이하로서 시·도조례로 정하는 비율

③ 과밀억제권역 외의 지역에서 시행하는 재건축사업은 초과용적률의 50% 이하로서 시·도조례로 정하는 비율

④ 과밀억제권역 외의 지역에서 시행하는 재개발사업은 초과용적률의 75% 이하로서 시·도조례로 정하는 비율

도시정비법 제24조 제4항, 제26조제1항제1호 및 제27조제1항제1호에 따른 정비사업을 시행하는 경우에는 국민주택규모 주택을 건설하지 않는다.

(2) 국민주택규모 주택의 공급방법 등

사업시행자는 공개추첨의 방법에 의하여 국민주택규모 주택을 선정하여야 하며, 그 선정결과를 지체 없이 인수자에게 통보하여야 한다(시행령 제48조 제1항).

2018. 2. 9. 개정전 도시정비법 시행령 제41조의2 제1항에서 인수대상 주택을 '조합원에게 공급되고 남은 주택을 대상'으로 공개추첨하였으나, 현재는 위 규정이 삭제되었다.

국민주택규모 주택의 인수자는 국토교통부장관, 시·도지사, 시장, 군수, 구청장 또는 토지주택공사등이다(법 제55조 제1항). 사업시행자가 국민주택규모 주택을 공급하는 경우에는 시·도지사, 시장·군수등 순으로 우선하여 인수한

123) 서울시 조례 제30조 제1항 : 50%

다.

시 · 도지사 및 시장 · 군수등이 국민주택규모 주택을 인수할 수 없는 경우에는 시 · 도지사는 국토교통부장관에게 인수자 지정을 요청하여야 한다(시행령 제48조 제2항). 이 경우 국토교통부장관은 30일 이내에 인수자를 지정하여 시 · 도지사에게 통보하여야 하며, 시 · 도지사는 지체 없이 이를 시장 · 군수등에게 보내어 그 인수자와 국민주택규모 주택의 공급에 관하여 협의하도록 하여야 한다(시행령 제48조 제3항).

국민주택규모 주택의 공급가격은 공공주택 특별법 제50조의4에 따라 국토교통부장관이 고시하는 '공공건설임대주택의 표준건축비'로 하며, 부속 토지는 인수자에게 기부채납한 것으로 본다(법 제55조 제2항).

(3) 국민주택규모 주택의 활용

인수자는 국민주택규모 주택을 장기공공임대주택으로 활용하거나 임대주택으로 활용할 수 있다(법 제55조 제4항, 시행령 제48조 제4항).

국민주택규모 주택을 임대주택으로 활용하는 경우 임대주택의 인수자는 다음의 가격으로 부속 토지를 인수하여야 한다(법 제55조 제5항, 시행령 제48조 제6항).

① 임대의무기간이 10년 이상인 경우 : 감정평가액의 100분의 30에 해당하는 가격

② 임대의무기간이 10년 미만인 경우: 감정평가액의 100분의 50에 해당하는 가격

감정평가액은 시장 · 군수등이 지정하는 둘 이상의 감정평가법인등이 평가한 금액을 산술평균한 금액을 말한다.

(4) 공공건설임대주택의 표준건축비

국토교통부가 고시한 '공공건설임대주택 표준건축비'(국토교통부 고시 제2023-64호, 2023. 2. 1.)는 아래의 표와 같다(10층 이하는 생략함).

(단위 : 천원/㎡)

구 분 (주거전용면적기준)		건축비 상한가격 (주택공급면적에 적용)
11~20층 이하	40㎡ 이하	1,143.0
	40㎡ 초과 ~ 50㎡ 이하	1,154.1
	50㎡ 초과 ~ 60㎡ 이하	1,119.3
	60㎡ 초과	1,118.8
21층 이상	40㎡ 이하	1,162.6
	40㎡ 초과 ~ 50㎡ 이하	1,173.8
	50㎡ 초과 ~ 60㎡ 이하	1,139.2
	60㎡ 초과	1,138.4

Ⅲ. 정비기반시설 설치

1. 정비기발시설의 범위 등

(1) 정비기반시설의 범위

'정비기반시설' 이라 함은 도로·상하수도·공원·공용주차장·공동구, 녹지, 하천, 공공공지, 광장, 소방용수시설, 비상대피시설, 가스공급시설, 지역난방시설을 말한다(법 제2조 제4호, 시행령 제3조). 공동구는 국토계획법 제2조 제9호에 따른 공동구를 말한다.

주거환경개선사업의 정비구역에 설치하는 공동이용시설로서 사업시행계획서에 해당 특별자치시장·특별자치도지사·시장·군수 또는 자치구의 구청장이 관리하는 것으로 포함된 것은 위 정비기반시설에 포함된다(시행령 제3조 제9호).

'주요 정비기반시설 및 공동이용시설' 이란 정비사업의 정비계획에 따라 설치되는 도시·군계획시설 중 도로, 상하수도, 공원, 공용주차장, 공동구, 녹지, 하천, 공공공지, 광장과 임시수용시설을 말한다(법 제92조 제2항, 시행령 제77조).

'주요 정비기반시설 및 임시수용시설' 에는 소방용수시설, 비상대피시설, 가스공급시설, 지역난방시설이 제외된다.

(2) 사업시행계획서 반영

사업시행자는 ① 정비기반시설 및 공동이용시설의 설치계획(법 제52조 제1항 제2호), ② 공동구의 설치에 관한 사항(시행령 제47조 제1항 제9호), ③ 정비사업의 시행으로 용도폐지되는 정비기반 시설의 조서·도면 및 그 정비기반시설에 대한 2 이상의 감정평가업자의 감정평가서와 새로이 설치할 정비기반시설의 조서·도면 및 그 설치비용 계산서(시행령 제47조 제1항 제11호) 등이 포함된 사업시행계획서를 작성하여야 한다.

사업시행자는 관할 지방자치단체장과의 협의를 거쳐 정비구역 안에 정비기반시설을 설치하여야 한다(법 제96조).

2. 공동구 설치

(1) 공동구 설치의무자의 비용부담

공동구란 지하매설물(전기·가스·수도 등의 공급설비, 통신시설, 하수도시설 등)을 공동수용함으로써 미관의 개선, 도로구조의 보전 및 교통의 원활한 소통을 기하기 위하여 지하에 설치하는 시설물을 말한다(국토계획법 제2조 제9호).

사업시행자는 정비사업을 시행하는 지역에 전기・가스 등의 공급시설을 설치하기 위하여 공동구를 설치하는 경우에는 다른 법령에 의하여 그 공동구에 수용될 시설을 설치할 의무가 있는 자에게 공동구의 설치에 소요되는 비용을 부담시킬 수 있다(법 제94조 제2항).

(2) 공동구 설치비용

공동구의 설치에 소요되는 비용은 다음과 같다(시행규칙 제16조 제1항).

① 설치공사의 비용
② 내부공사의 비용
③ 설치를 위한 측량・설계비용
④ 공동구의 설치로 인한 보상의 필요가 있는 경우에는 그 보상비용
⑤ 공동구 부대시설의 설치비용
⑥ 도시정비법 제95조의 규정에 의한 융자금이 있는 경우에는 그 이자에 해당하는 금액

도시정비법 제95조의 규정에 의한 보조금이 있는 때에는 그 보조금의 금액은 공동구 설치비용에서 공제하여야 한다(시행규칙 제16조 제1항).

(3) 공동구 설치비용 부담비율

공동구에 수용될 전기・가스・수도의 공급시설과 전기통신시설 등의 관리자

(공동구점용예정자)가 부담할 공동구의 설치에 소요되는 비용의 부담비율은 공동구의 점용예정면적비율에 의한다(시행규칙 제16조 제2항).

(4) 공동구 부담금의 납부

시행자는 사업시행인가의 고시가 있은 후 지체없이 공동구점용예정자에게 부담금의 납부를 통지하여야 하며(법 시행규칙 제16조 제3항), 부담금의 납부 통지를 받은 공동구점용예정자는 공동구의 설치공사가 착수되기 전에 부담금액의 3분의 1 이상을 납부하여야 하며, 그 잔액은 공사완료 고시일전까지 이를 납부하여야 한다(시행규칙 제16조 제4항).

(5) 공동구의 관리

공동구는 시장 · 군수가 이를 관리하고, 시장 · 군수는 공동구 관리비용의 일부를 그 공동구를 점용하는 자에게 부담시킬 수 있으며, 그 부담비율은 점용면적비율을 고려하여 시장 · 군수가 정한다. 관리비용은 유지 · 수선비를 말하며, 조명 · 배수 · 통풍 · 방수 · 개축 · 재축 그 밖의 시설비 및 인건비를 포함한다(시행규칙 제17조).

공동구 관리비용은 연도별로 이를 산출하여 부과한다. 공동구 관리비용의 납입기한은 매년 3월 31일까지로 하며, 시장 · 군수는 납입기한 1월 전까지 납입통지서를 발부하여야 한다. 다만, 필요한 경우에는 2회로 분할납부하게 할 수 있으며 이 경우 분할금의 납입기한은 3월 31일과 9월 30일로 한다(시행규칙 제17조).

3. 정비기반시설의 비용부담

(1) 사업시행자의 비용부담

정비사업비는 도시정비법 또는 다른 법령에 특별한 규정이 있는 경우를 제외하고는 사업시행자가 부담한다(법 제92조 제1항).

재개발조합 · 재건축조합이 정비사업을 시행하는 경우 시장 · 군수등은 주요 정비기반시설 및 공동이용시설에 대한 건설비용의 전부 또는 일부를 부담할 수 있다. '주요 정비기반시설 및 공동이용시설'은 도로, 상·하수도, 공원, 공용주차장, 공동구, 녹지, 하천, 공공공지, 광장을 말한다(법 제93조 제2항, 시행령 제77조).

(2) 정비기반시설 관리자의 비용부담

시장·군수등은 자신이 시행하는 정비사업으로 현저한 이익을 받는 정비기반시설의 관리자가 있는 경우에는 해당 정비사업비의 일부를 그 정비기반시설의 관리자와 협의하여 그 관리자에게 부담시킬 수 있다(법 제94조 제1항).

관리자의 부담비용 총액은 해당 정비사업에 소요된 비용의 3분의 1을 초과하여서는 아니된다. 다만, 다른 정비기반시설의 정비가 그 정비사업의 주된 내용이 되는 경우에는 그 부담비용의 총액은 해당 정비사업에 소요된 비용의 2분의 1까지로 할 수 있다(시행령 제78조 제1항).

정비사업 소요비용에는 정비사업의 조사·측량·설계 및 감리에 소요되는 비용을 제외한다(시행령 제76조 제3항 제1호, 제78조 제1항).

시장·군수등은 정비사업비의 일부를 정비기반시설의 관리자에게 부담시키고자 하는 때에는 정비사업에 소요된 비용의 명세와 부담 금액을 명시하여 그 비용을 부담시키고자 하는 자에게 통지하여야 한다(시행령 제78조 제2항).

(3) 사업시행자의 비용 조달

사업시행자는 토지등소유자로부터 주요 정비기반시설의 설치비용과 정비사업의 시행과정에서 발생하는 수입의 차액을 부과금으로 부과·징수할 수 있다. 사업시행자는 토지등소유자가 부과금의 납부를 태만히 한 때에는 연체료를 부과·징수할 수 있다. 부과금 및 연체료의 부과·징수에 관하여 필요한 사항은 정관으로 정한다(법 제93조 제1항 내지 3항).

시장·군수가 아닌 사업시행자는 부과금 또는 연체료를 체납하는 자가 있는 때에는 시장·군수에게 그 부과·징수를 위탁할 수 있다. 시장·군수는 부과·징수를 위탁받은 경우에는 지방체납처분의 예에 의하여 이를 부과·징수할 수 있다. 이 경우 사업시행자는 징수한 금액 100분의 4에 해당하는 금액을 당해 시장·군수에게 교부하여야 한다(법 제93조 제4항, 제5항).

4. 보조 및 융자

(1) 공공시행자에 대한 보조 및 융자

국가 또는 시·도는 시장, 군수, 구청장 또는 토지주택공사등이 시행하는 정비사업에 관한 기초조사 및 정비기반시설, 임시거주시설의 건설에 드는 비용의 일부를 보조하거나 융자할 수 있다(법 제95조 제1항, 시행령 제79조 제1항). 주거환경개선사업의 경우 공동이용시설도 포함된다.

국가 또는 시·도는 다음의 어느 하나에 해당하는 사업에 우선적으로 보조하거나 융자할 수 있다(법 제95조 제1항).

① 시장·군수등 또는 토지주택공사등이 다음의 어느 하나에 해당하는 지역에서 시행하는 주거환경개선사업

1) 해제된 정비구역등

2) 재정비촉진지구가 해제된 지역

② 국가 또는 지방자치단체가 도시영세민을 이주시켜 형성된 낙후지역에서 시장·군수등 또는 토지주택공사등이 단독으로 시행하는 재개발사업[124)]

국가 또는 지방자치단체가 보조하거나 융자할 수 있는 금액은 기초조사비, 정비기반시설 및 임시거주시설의 사업비의 각 80% 이내로 한다. 주택개량방식에 따른 주거환경개선사업을 시행하는 정비구역에서 시·도지사가 시장·군수등에게 보조하거나 융자하는 경우에는 100%이다(시행령 제79조 제3항).

---

124) 도시정비법 시행령 제79조 제2항

도시영세민을 이주시켜 형성된 낙후지역의 재개발구역은 정비구역 지정(변경지정 포함) 당시 다음의 요건에 모두 해당하는 지역을 말한다.

① 토지보상법 제4조에 따른 공익사업의 시행으로 인하여 다른 지역으로 이주하게 된 자가 집단으로 정착한 지역으로서 이주 당시 300세대 이상의 주택을 건설하여 정착한 지역

② 정비구역 전체 건축물 중 준공 후 20년이 지난 건축물의 비율이 100분의 50 이상인 지역

(2) 순환정비방식의 우선 지원 등

국가 또는 지방자치단체는 순환정비방식의 정비사업에 필요한 비용을 우선적으로 지원할 수 있다. 이 경우 순환정비방식의 정비사업의 원활한 시행을 위하여 국가 또는 지방자치단체는 ① 순환용주택의 건설비, ② 순환용주택의 단열보완 및 창호교체 등 에너지 성능 향상과 효율개선을 위한 리모델링 비용, ③ 공가관리비의 일부를 보조 또는 융자할 수 있다(법 제95조 제4항).

국가는 다음의 어느 하나에 해당하는 비용의 전부 또는 일부를 지방자치단체 또는 토지주택공사등에 보조 또는 융자할 수 있다(법 제95조 제5항).

① 토지주택공사등이 보유한 공공임대주택을 순환용주택으로 조합에게 제공하는 경우 그 건설비 및 공가관리비 등의 비용

② 시・도지사, 시장, 군수, 구청장 또는 토지주택공사등이 재개발임대주택을 인수하는 경우 그 인수 비용

국가 또는 지방자치단체는 토지임대부 분양주택을 공급받는 자에게 해당 공급비용의 전부 또는 일부를 보조 또는 융자할 수 있다(법 제95조 제6항).

(3) 토지주택공사등에 대한 보조 및 융자

토지주택공사등이 주거환경개선사업을 시행하는 경우 시장・군수등은 토지주택공사등에게 정비기반시설 및 공동이용시설, 임시거주시설을 건설하는 데 드는 비용의 전부 또는 일부를 보조하여야 한다(법 제95조 제2항).

(4) 조합에 대한 보조 및 융자

국가 또는 지방자치단체는 재개발조합・재건축조합에게 정비사업에 드는 비용의 일부를 보조할 수 있고(법 제95조 제3항), 국가 또는 지방자치단체가 보조할 수 있는 금액은 기초조사비, 정비기반시설 및 임시거주시설의 사업비, 조합 운영경비의 각 50% 이내로 한다(시행령 제79조 제4항).

국가 또는 지방자치단체가 재개발조합・재건축조합에게 80% 이내에서 융자 또는 융자를 알선할 수 있는 비용은 다음과 같다(시행령 제79조 제5항).

① 기초조사비

② 정비기반시설 및 임시거주시설의 사업비

③ 세입자 보상비

④ 주민 이주비

⑤ 그 밖에 시·도조례로 정하는 사항(지방자치단체가 융자하거나 융자를 알선하는 경우만 해당함)

조합이 시장·군수로부터 정비사업에 소요되는 비용의 일부를 보조받기 위하여는 조합은 미리 시장의 승인을 얻는 등 특별한 사정이 없는 한 그 공사 또는 사업시행 이전에 보조금 교부를 신청하여야 한다.[125]

조합이 시장·군수의 사전 승인 없이 사업이 완료된 이후에 보조금을 신청하였다면 시장·군수는 보조금 지급신청의 요건 미충족을 이유로 조합의 보조금신청을 거부할 수 있다.

5. 정비기반시설의 기부채납 기준

사업시행계획을 인가하는 경우 시장·군수등은 사업시행자가 제출하는 사업시행계획에 해당 정비사업과 직접적으로 관련이 없거나 과도한 정비기반시설의 기부채납을 요구하여서는 아니 된다(법 제51조 제1항).

국토교통부장관은 정비기반시설의 기부채납과 관련하여 다음의 사항이 포함된 운영기준을 작성하여 고시할 수 있다(법 제51조 제2항).

① 정비기반시설의 기부채납 부담의 원칙 및 수준

② 정비기반시설의 설치기준 등

시장·군수등은 기부채납 운영기준의 범위에서 지역여건 또는 사업의 특성 등을 고려하여 따로 기준을 정할 수 있으며, 이 경우 사전에 국토교통부장관에게 보고하여야 한다(법 제51조 제3항).

국토교통부가 고시한 주택건설사업 기반시설 기부채납 운영기준(국토교통부 고시 제2017-543호, 2017. 8. 8.)에 의하면 기반시설 기부채납 부담수준은 해당 사업부지 면적의 8% 범위내로 한다.

---

125) 대법원 2015. 7. 9. 선고 2015두35468 판결

Ⅳ. 정비기반시설과 토지 등의 귀속

1. 사업시행자별 정비기반시설의 무상귀속

(1) 공공시행자의 경우

시장·군수등 또는 토지주택공사등이 정비사업의 시행으로 새로 정비기반시설을 설치하거나 기존의 정비기반시설을 대체하는 정비기반시설을 설치한 경우에는 종래의 정비기반시설은 사업시행자에게 무상으로 귀속되고, 새로 설치된 정비기반시설은 그 시설을 관리할 국가 또는 지방자치단체에 무상으로 귀속된다(법 제97조 제1항).

(2) 공공시행자 이외의 사업시행자인 경우

공공시행자 이외의 사업시행자(조합, 토지등소유자)가 정비사업의 시행으로 새로 설치한 정비기반시설은 그 시설을 관리할 국가 또는 지방자치단체에 무상으로 귀속된다. 그리고, 정비사업의 시행으로 용도가 폐지되는 국가 또는 지방자치단체 소유의 정비기반시설은 사업시행자가 새로 설치한 정비기반시설의 설치비용에 상당하는 범위에서 그에게 무상으로 양도된다(법 제97조 제2항).

2. 정비기반시설에 해당하는 도로 등

(1) 정비기반시설 해당 도로

정비기반시설에 해당하는 도로는 다음의 어느 하나에 해당하는 도로를 말한다(법 제97조 제3항).

① 국토계획법 제30조에 따라 도시·군관리계획으로 결정되어 설치된 도로

② 도로법 제23조에 따라 도로관리청이 관리하는 도로

③ 도시개발법 등 다른 법률에 따라 설치된 국가 또는 지방자치단체 소유의 도로

④ 그 밖에 공유재산 및 물품 관리법에 따른 공유재산 중 일반인의 교통을 위하여 제공되고 있는 부지. 이 경우 부지의 사용 형태, 규모, 기능 등 구체적인 기준은 시・도조례[126]로 정할 수 있다.

국토계획법에 정해진 절차에 따라 설치된 도로뿐만 아니라, 도로법상 노선 지정・인정 공고와 도로구역 결정・고시를 거쳐 설치된 '도로법상 도로'는 도시정비법 제97조 제3항에 따라 무상양도의 대상이 되는 '정비기반시설'에 포함된다.[127]

정비구역내 현황도로이나, 도로관리청이 노선 인정 공고 등을 하여 직접 그 토지를 공공용 도로로 사용하지 않았거나 도로로 사용 또는 수용할 토지의 지번 및 소유자 등을 특정하여 도로구역의 결정・고시가 없을 경우 위 현황도로인 국・공유지는 무상양도의 대상이 아니다.[128]

(2) 기존 정비기반시설

무상귀속 정비기반시설의 요건은 ① 국가 또는 지방자치단체 소유이어야 하고, ② 주민이 공동으로 사용하는 시설로서, ③ 시장 또는 구청장의 관리하며, ④ 정비구역 안에 설치된 것이어야 한다.

'사업시행자에게 무상으로 양도되는 국가 또는 지방자치단체 소유의 정비기반시설' (기존 정비기반시설)이란 '정비구역 안에서' 정비사업의 시행으로 인하여 용도가 폐지되는 국가 또는 지방자치단체 소유의 정비기반시설을 의미한다.[129] 따라서 정비구역 밖에 있는 기존 정비기반시설은 무상양도 대상에서 제외된다.[130]

---

126) 서울시 조례 제54조

127) 대법원 2018. 5. 11. 선고 2015다41671 판결,

128) 대법원 2011. 2. 24. 선고 2010두22498 판결, 대법원 2013. 7. 12. 선고 2012두20571 판결, 2013. 7. 12. 선고 2012두27671 판결, 대법원 2015. 10. 29. 선고 2012두19410 판결, 대법원 2019. 6. 27. 선고 2016다241072 판결

129) 대법원 2012. 8. 30. 선고 2010두24951 판결, 대법원 2014. 2. 21. 선고 2012다78818 판결

130) 울산지방법원 2018. 8. 16. 선고 2018가합2073 판결

무상양도 대상인 기존 정비기반시설은 정비사업시행인가 전에 이미 국토계획법에 의하여 '도시관리계획으로 결정'되어 설치된 국가 또는 지방자치단체 소유의 기반시설을 의미한다.[131)]

보행녹도만 조성된 채 기부채납되지 않은 공공보도에 대하여 도시계획위원회의 심의의결, 조합의 사업계획승인 고시가 있었다는 것만으로는 국토계획법상 도시관리계획 결정이 있었다고 볼 수 없으므로, 사업시행자인 조합에 무상으로 양도되는 지방자치단체 소유 정비기반시설 범위에서 공공보도 설치비용에 상당하는 부분은 제외하여야 한다.[132)]

현황이 사실상 공중에 제공되고 있다는 사정만으로 사업시행자에게 무상으로 양도되는 정비기반시설이라고 할 수 없으며, 사업시행자에게 무상으로 양도되는 정비기반시설이라는 사실에 관한 증명책임은 이를 주장하는 사업시행자가 부담한다.[133)]

노외에 위치한 주차장이 도시관리계획으로 결정된 주차장이 아니므로 무상양도 대상이 아니라고 판시한 사례가 있다.[134)]

신규 기반시설의 설치비용이 용도폐지되는 종전 기반시설의 가액을 초과하는 경우에는 종전 기반시설은 그 전부가 사업시행자에게 무상양도되어야 하므로, 사업시행 인가관청이 사업시행인가처분 등을 통하여 그중 일부를 무상양도 대상에서 제외하는 것은 특별한 사정이 없는 한 위법하다.[135)]

(3) 신설 정비기반시설

국가 또는 지방자치단체에 무상으로 귀속되는 정비기반시설은 '정비사업의 시행'으로 인해 새로이 설치된 것이어야 한다.

무상귀속 '정비기반시설'은 도시정비법이 시행되기 전에 다른 법에 근거하여 사업계획승인을 받은 경우에는 국토계획법에 의한 도시관리계획에 따라

---

131) 대법원 2008. 11. 27. 선고 2007두24289 판결, 대법원 2011. 2. 24. 선고 2010두22498 판결, 대법원 2013. 6. 27. 선고 2011두22419 판결, 대법원 2013. 7. 12. 선고 2012두20571 판결, 대법원 2015. 10. 29. 선고 2012두19410 판결

132) 대법원 2011. 7. 14. 선고 2009다97628 판결

133) 대법원 2015. 10. 29. 선고 2012두19410 판결

134) 서울고등법원 2023. 12. 8. 선고 2022누63470 판결

135) 대법원 2014. 2. 21. 선고 2011두20871 판결

기반시설로 결정되어 설치된 시설을, 도시정비법에 근거하여 사업시행인가를 받은 경우에는 도시정비법상 정비계획에 따라 정비기반시설로 결정되어 새로이 설치된 시설을 의미한다.[136]

국가 또는 지방자치단체에 무상으로 귀속되는 정비기반시설(신설 정비기반시설)은 '정비구역 안'에 새로 설치한 정비기반시설만을 의미하므로,[137] 정비구역 밖에 설치한 정비기반시설의 설치비용은 무상 양도 범위에서 제외된다.[138]

정비사업의 시행으로 '정비구역 밖'에 설치하는 정비기반시설이라 하더라도 사업시행 인가관청이 사업시행인가처분을 하면서 인가조건으로 그 시설을 설치하도록 하는 부담을 부과하고 사업시행자가 그 부담의 이행으로써 이를 설치한 때에는, 그 부관이 다른 법률의 규정에 위반되거나 부당결부금지의 원칙이나 비례의 원칙에 반하여 위법하다고 볼 특별한 사정이 없는 한, 그 인가조건의 내용에 따라 당해 정비기반시설은 무상으로 또는 정산을 거쳐 그 시설을 관리할 국가 또는 지방자치단체에 귀속될 수 있다.[139]

(4) 기존 정비기반시설과 신설 정비기반시설의 용도 동일여부

도시정비법 제97조 제2항의 후단 규정은 반드시 용도폐지되는 정비기반시설에 대체되는, 즉 같은 종류의 정비기반시설의 설치비용 범위 내에서 무상양도하라고 한정하고 있지 아니하고, 달리 위 조항의 정비기반시설을 '같은 종류'의 정비기반시설이라고 한정하여 해석할 근거가 없으므로, '용도폐지되는 정비기반시설'(기존 정비기반시설)로서 무상양도되는 범위는 같은 용도로 대체되어 새로 설치되는 정비기반시설(신설 정비기반시설)의 설치비용으로 한정할 수 없다.[140]

따라서 기존 정비기반시설이 도로이고, 신설 정비기반시설이 근린공원, 녹지인 경우에도 기존 정비기반시설인 도로는 신설 정비기반시설인 근린공원,

---

136) 대법원 2011. 7. 14. 선고 2009다97628 판결
137) 대법원 2014. 2. 21. 선고 2012다78818 판결
138) 울산지방법원 2018. 8. 16. 선고 2018가합20732 판결
139) 대법원 2014. 2. 21. 선고 2012다78818 판결
140) 대법원 2007. 7. 12. 선고 2007두6663 판결

녹지의 설치비용 범위내에서 사업시행자에게 무상으로 양도된다.

3. 조합과 무상귀속의 범위

(1) 도시정비법 제97조 제2항 후문(무상귀속)의 법적성격

기존 정비기반시설이 신설 정비기반시설의 설치비용에 상당하는 범위에서 사업시행자에게 무상으로 양도되도록 한 규정의 취지는 민간 사업시행자에 의하여 새로 설치된 정비기반시설이 전단 규정에 따라 관리청에 무상으로 귀속됨으로 인하여 야기되는 사업시행자의 재산상 손실을 고려하여, 그 사업시행자가 새로 설치한 정비기반시설의 설치비용에 상당하는 범위 안에서 정비사업의 시행으로 용도가 폐지되는 국가 또는 지방자치단체 소유의 정비기반시설을 그 사업시행자에게 무상으로 양도되도록 하여 위와 같은 재산상의 손실을 합리적인 범위 안에서 보전해 주고자 하는 데 있다.[141]

도시정비법 제97조 제2항 후단 규정은 사업시행자의 재산상 손실을 합리적인 범위안에서 보전해 주려는 것으로서 강행규정이라 할 것이다.[142]

행정청과 사업시행자 사이에 사업시행자가 정비기반시설을 설치하는 것에 대한 보상으로 용적률 제한의 완화와 같은 다른 이익을 얻는 대신 위 법조항 후단규정을 적용하지 않기로 하는 합의를 하였고 그에 따라 실제 사업시행자가 다른 이익을 얻었다 하더라도, 그러한 사정만으로 위 후단규정의 적용을 배제할 수는 없다.[143]

(2) 기존 정비기반시설의 평가금액

사업시행인가신청시 사업시행자는 '정비사업의 시행으로 용도가 폐지되는 정비기반의 조서·도면 및 그 정비기반시설에 대한 둘 이상의 감정평가법인등

141) 대법원 2008. 12. 11. 선고 2008두815 판결, 대법원 2012. 8. 30. 선고 2010두24951 판결, 대법원 2013. 10. 24. 선고 2011두21157 판결

142) 대법원 2007. 7. 12. 선고 2007두6663 판결, 대법원 2009. 6. 25. 선고 2006다18174 판결

143) 대법원 2008. 12. 11. 선고 2007두14312 판결

의 감정평가서'를 첨부하여야 한다(시행령 제47조 제1항 제11호).

용도가 폐지되는 국가 또는 지방자치단체 소유의 정비기반시설의 매각대금은 사업인가시 인근 표준지(대지, APT 기준)의 공시지가를 기준으로 하되, 평가시까지 연도별 지가상승분 등 가격상승분을 반영한 금액으로 하고 있다. 실무상 국가 또는 지방자치단체는 도로, 공원 등 용도폐지되는 국·공유재산의 매각대금을 '대지'로 평가한 금액으로 하고 있다.

(3) 신설 정비기반시설의 설치비용

사업시행인가신청시 사업시행자는 '새로 설치할 정비기반시설의 조서·도면 및 그 설치비용 계산서'를 첨부하여야 한다(시행령 제47조 제1항 제11호).

새로이 설치한 정비기반시설의 설치비용 중 토지비의 산정은 2인 이상의 감정평가법인의 감정평가금액에 의하고, 공사비는 지방자치단체의 당해연도 일위 대가표 또는 조달청 공사원가계산 제비율 산정기준에 의해 산정한다.

사업시행자가 새로이 설치한 정비기반시설 중 관련법에 따라 당연히 그 설치의무가 인정되는 정비기반시설도 무상양도의 범위에 포함된다.[144]

도시정비법에 따른 재개발 또는 재건축사업의 시행으로 그 사업구역 내에 존재하는 공공하수도의 이전이나 증설 등이 필요하여 기존의 하수도는 용도폐지되고 민간 사업시행자가 새로이 하수도를 설치한 경우에, 무상귀속 및 무상양도되는 재산의 범위와 가액 정산을 함에 있어 위 하수도 설치비용은 새로이 설치한 정비기반시설의 설치비용에 포함시켜야 하고, 위 하수도법 규정을 이유로 그 설치비용에서 제외해서는 아니 된다.[145]

그리고 이는 재건축 등 도시정비사업 시행인가처분의 인가조건에서 하수도 이설 비용 등을 사업시행자가 부담하도록 정한 데 대하여 그 인가조건을 다툴 수 있는 불복기간이 지난 경우라고 하더라도 위 하수도 설치비용은 새로이 설치한 정비기반시설의 설치비용에 포함시켜야 한다.[146]

144) 대법원 2007. 4. 13. 선고 2006두11149 판결
145) 대법원 2007. 4. 13. 선고 2006두11149 판결, 대법원 2014. 2. 21. 선고 2012다82466 판결
146) 대법원 2014. 2. 21. 선고 2012다82466 판결

(4) 중복 정비기반시설의 설치비용

도시정비법 제97조 제2항 후단 규정의 '그가 새로이 설치한 정비기반시설'이란 전단 규정의 '사업시행자가 정비사업의 시행으로 새로이 설치한 정비기반시설'을 가리키는 것으로서 양자는 같은 것으로 보아야 한다.[147)]

정비사업의 시행으로 용도가 폐지되는 국가 또는 지방자치단체 소유의 정비기반시설(기존 정비기반시설)이 사업시행자가 새로이 설치한 정비기반시설(신설 정비기반시설)에 그대로 편입되는 경우가 있다.

이처럼 기존 정비기반시설과 신설 정비기반시설이 겹치는 경우(중복 정비기반시설)에 도시정비법 제97조 제2항 후단 규정의 '사업시행자가 새로이 설치한 정비기반시설의 설치비용'을 계산함에 있어서, 중복 정비기반시설도 후단 규정의 '정비사업의 시행으로 용도가 폐지되는 국가 또는 지방자치단체 소유의 정비기반시설'에 해당하여 사업시행자가 매입할 대상으로 본다면, 사업시행자는 중복 정비기반시설을 매입하여 국가 등에 무상으로 귀속시키게 되므로, 후단 규정의 '사업시행자가 새로이 설치한 정비기반시설의 설치비용'에 중복 정비기반시설의 가액을 포함하여야 한다.[148)]

그와 달리 중복 정비기반시설은 그대로 신설 정비기반시설로 사용될 예정이어서 후단 규정의 '정비사업의 시행으로 용도가 폐지되는 국가 또는 지방자치단체 소유의 정비기반시설'에 해당되지 않아서 사업시행자가 매입할 대상이 아니라고 본다면, 중복 정비기반시설의 가액을 후단 규정의 '사업시행자가 새로이 설치한 정비기반시설의 설치비용'에서 제외하여야 한다.[149)]

147) 대법원 2007. 4. 13. 선고 2006두11149 판결, 대법원 2013. 10. 24. 선고 2011두21157 판결

148) 대법원 2013. 10. 24. 선고 2011두21157 판결

149) 대법원 2013. 10. 24. 선고 2011두21157 판결

4. 정비기반시설의 귀속 등

(1) 관리청의 의견청취 및 통지

시장·군수등은 정비기반시설의 귀속 및 양도에 관한 사항이 포함된 정비사업을 시행하거나 그 시행을 인가하려는 경우에는 미리 그 관리청의 의견을 들어야 한다. 인가받은 사항을 변경하려는 경우에도 미리 그 관리청의 의견을 들어야 한다(법 제97조 제4항).

시장·군수가 관리청으로부터 의견청취절차를 거치지 않았다 해도 무상양도의 대상에는 아무런 영향이 없다.[150)]

사업시행자는 관리청에 귀속될 정비기반시설과 사업시행자에게 귀속 또는 양도될 재산의 종류와 세목을 정비사업의 준공 전에 관리청에 통지하여야 한다(법 제97조 제5항).

(2) 정비기반시설의 귀속

해당 정비기반시설은 그 정비사업이 준공인가되어 관리청에 준공인가통지를 한 때에 국가 또는 지방자치단체에 귀속되거나 사업시행자에게 귀속 또는 양도된 것으로 본다(법 제97조 제5항).

도시계획사업의 시행으로 공공시설이 설치되면 그 사업완료(준공검사)와 동시에 당해 공공시설을 구성하는 토지와 시설물의 소유권이 그 시설을 관리할 국가 또는 지방자치단체에 직접 원시적으로 귀속된다.[151)]

(3) 정비기반시설의 등기

정비기반시설의 등기에 있어서 정비사업의 시행인가서와 준공인가서는 부동산등기법에 따른 등기원인을 증명하는 서류를 갈음한다. 시장·군수등이 직접 정비사업을 시행하는 경우에는 사업시행계획인가의 고시와 공사완료의 고시를 등기원인을 증명하는 서류로 갈음한다(법 제97조 제6항).

국가 또는 지방자치단체로부터 토지를 무상으로 양여받은 사업시행자는 사

150) 대법원 2009. 6. 25. 선고 2006다18174 판결
151) 대법원 1999. 4. 15. 선고 96다24897 전원합의체 판결

업시행인가 고시문 사본을 그 토지의 관리청 또는 지방자치단체의 장에게 제출하여 그 토지에 대한 소유권이전등기절차의 이행을 요청하여야 한다. 이 경우 토지의 관리청 또는 지방자치단체의 장은 '전자정부법' 제36조 제1항에 따른 행정정보의 공동이용을 통하여 그 토지의 토지대장 등본 또는 등기부 등본을 확인하여야 한다.

소유권이전등기절차의 이행을 요청을 받은 관리청 또는 지방자치단체의 장은 즉시 소유권이전등기에 필요한 서류를 사업시행자에게 교부하여야 한다.

사업시행자는 사업시행인가가 취소된 때에는 무상양여된 토지를 원소유자인 국가 또는 지방자치단체에 반환하기 위하여 필요한 조치를 하고, 즉시 관할 등기소에 소유권이전등기를 신청하여야 한다.

(4) 대부료의 면제

정비사업의 시행으로 용도가 폐지되는 국가 또는 지방자치단체 소유의 정비기반시설의 경우 정비사업의 시행 기간 동안 해당 시설의 대부료는 면제된다(법 제97조 제7항).

5. 정비기반시설의 귀속관련 판례

(1) 부관과 사법상 매매계약의 관계

행정처분에 부담인 부관을 붙인 경우 그 부관의 무효화에 의하여 본체인 행정처분 자체의 효력에도 영향이 있게 될 수는 있지만, 그 처분을 받은 사람이 그 부담의 이행으로서 사법상 매매 등의 법률행위를 한 경우에는 그 부관은 특별한 사정이 없는 한 그 법률행위를 하게 된 동기 내지 연유로 작용하였을 뿐이므로 이는 그 법률행위의 취소사유가 될 수 있음은 별론으로 하고 그 법률행위 자체를 당연히 무효화하는 것은 아니다.[152)]

행정처분에 붙은 부담인 부관이 제소기간의 도과로 확정되어 이미 불가쟁력

---

152) 대법원 1995. 6. 13. 선고 94다56883 판결, 대법원 1998. 12. 22. 선고 98다51305 판결

이 생겼다면 그 하자가 중대하고 명백하여 당연 무효로 보아야 할 경우 이외에는 누구나 그 효력을 부인할 수 없을 것이다.

그렇지만, 그 부담의 이행으로서 하게 된 사법상 매매 등의 법률행위는 그 부담을 붙인 행정처분과는 어디까지나 별개의 법률행위이므로 그 부담의 불가쟁력의 문제와는 별도로 그 법률행위가 사회질서 위반이나 강행규정에 위반되는지 여부 등을 따져보아 그 법률행위의 유효 여부를 판단하여야 한다.[153]

(2) 사후부담의 부관

무상양도 대상인 종전 기반시설의 대상과 범위는 보통은 인가관청이 사업시행계획서 등을 심사하여 사업시행인가처분을 하면서 무상양도 대상인 종전 기반시설을 결정하고 그에 해당하지 아니하는 종전 기반시설은 유상매수하도록 하는 부관(부담)을 부가하는 데 따라 결정될 것이지만, 사업시행인가처분 이후 따로 결정할 것을 유보한 경우에는 나중에 사후부담의 부관을 부가하거나 변경처분을 함으로써 달리 정할 수 있다.[154]

(3) 부관의 취소와 제소기간

사업시행자가 사업시행인가처분 및 그 후속의 사후부담 부가처분 또는 변경처분에서 특정한 정비기반시설을 무상양도 대상에서 제외한 부분의 취소를 구하는 소를 제기하는 경우, 그 제소기간은 무상양도 대상에 관한 행정청의 확정적인 제외 의사가 담긴 처분이 있은 때를 기준으로 할 것이다.

그리고 이는 당해 처분서의 이유 기재 등 문언을 통하여 행정청의 의사가 처분의 상대방에게 명확하게 표명되었는지, 그 결과 처분의 상대방이 처분서에 따라 불복의 대상과 범위를 특정할 수 있는지 등 제반 사정을 종합적으로 고려하여 판단하여야 한다.[155]

---

153) 대법원 2009. 6. 25. 선고 2006다18174 판결
154) 대법원 2014. 2. 21. 선고 2011두20871 판결대법원 2019. 6. 27. 선고 2016다241072 판결
155) 대법원 2014. 2. 21. 선고 2011두20871 판결

(4) 무상귀속 규정을 위반한 매매계약의 효력

도시정비법 제97조 제2항 후문은 강행규정이므로, 위 규정을 위반하여 사업시행자와 국가 등 사이에 체결된 매매계약 등은 무효이다.[156]

정비기반시설의 무상양도 및 무상귀속 여부는 도시정비법 제97 제2항에 의하여 결정되는 것인바, 도시정비법 제97조 제4항, 제5항의 절차를 거치지 아니하였다고 하여 용도폐지되는 정비기반시설이 무상양도의 대상이 되지 아니한다고 볼 수는 없다. 또한 도시정비법 제97조 제4항, 제5항의 절차를 거치지 아니하였다는 사정만으로 도시정비법 제97조 제2항을 위반하여 체결된 계약을 유효로 볼 것은 아니다.[157]

매매계약의 목적물과 대금은 반드시 매매계약 체결 당시에 구체적으로 특정할 필요는 없고 이를 사후에라도 구체적으로 특정할 수 있는 방법과 기준이 정해져 있으면 충분하다.[158] 민간 사업시행자에 의하여 새로 설치될 정비기반시설의 설치비용이 매매계약 체결 당시 아직 확정되지 아니하였다 하더라도 이를 추후 특정할 수 있는 방법과 기준을 정하여 매매계약을 체결하면 된다.

민간 사업시행자가 용도가 폐지될 정비기반시설에 대한 점유・사용권의 취득이 필요하다면 향후 설치비용을 특정할 수 있는 방법과 기준을 정하여 그에 상응하는 금액을 매매대금에서 공제하는 방법 등으로 매매계약을 체결하여 점유・사용권을 취득하는 것이 얼마든지 가능하다.

매매계약 체결 당시 새로 설치될 정비기반시설의 설치비용이 '확정' 되지 아니하였다거나 용도가 폐지될 정비기반시설에 대한 '점유・사용권의 취득이 필요' 하다는 사정만으로 민간 사업시행자에게 무상양도되어야 할 용도폐지 정비기반시설을 민간 사업시행자로 하여금 국가나 지방자치단체로부터 유상으로 매수하도록 하는 내용의 매매계약이 유효로 될 수는 없다.[159]

조합이 용적률 제한의 완화라는 이익을 얻기 위해 시장과 매매계약을 체결

---

156) 대법원 2009. 6. 25. 선고 2006다18174 판결, 대법원 2009. 6. 11. 선고 2008다20751 판결

157) 대법원 2007. 6. 28. 선고 2007두1699 판결, 대법원 2009. 6. 25. 선고 2006다18174 판결

158) 대법원 1993. 6. 8. 선고 92다49447 판결, 대법원 2002. 7. 12. 선고 2001다7940 판결

159) 대법원 2009. 6. 25. 선고 2006다18174 판결

하였고 그러한 이익을 얻는 대신 도시정비법 제97조 제2항의 적용을 받지 않겠다는 '합의'를 하였다고 하더라도, 도시정비법 제97조 제2항 후단의 적용을 함부로 배제하여서는 안 된다고 할 것이므로, 무상양도 대상 토지에 관한 매매계약은 무효이다.[160)]

하급심은 현저히 불공정한 법률행위에 해당하거나 강박에 의한 법률행위로서 민법 제110조에 따라 취소할 수 있다고 판시한 사례가 있다.[161)]

(5) 부당이득반환청구

새로 설치한 정비기반시설의 설치비용(100억)이 용도폐지되는 정비기반시설의 평가가액(90억)을 초과함에도 불구하고 사업시행 인가관청이 새로이 설치한 정비기반시설의 설치비용을 산정함에 있어 '그 중 일부를 제외'하는 등으로 사업시행자에게 양도한 용도폐지 정비기반시설의 가액에 미달한다고 보아 '그 차액 상당의 정산금을 부과'하였다면 이는 위 강행규정에 반하는 것으로서 무효라 할 것이므로, 사업시행자는 그 부과처분에 따라 납부한 정산금 상당에 대하여 부당이득반환을 청구할 수 있다.[162)]

갑 재개발조합이 을 지방자치단체와 사업구역 내 토지에 관하여 매매계약을 체결하고 계약 당일 계약보증금을, 그 후 매매잔금을 각각 지급하였는데, 갑 조합이 을 지방자치단체를 상대로 위 토지가 도시정비법 제97조 제2항에 따른 무상양도의 대상이므로 매매계약이 무효라고 주장하면서 매매대금 상당의 부당이득반환을 구한 사안에서, 위 부당이득반환청구권의 소멸시효는 '각 대금지급일'부터 진행하고 달리 그 권리행사에 법률상의 장애사유가 있다고 보기 어렵다고 한 사례가 있다.[163)]

강행법규를 위반한 무효의 약정에 기한 채무의 변제는 민법 제744조의 도의관념에 적합한 비채변제라고 할 수 없다.[164)]

사업시행자가 새로 설치한 정비기반시설은 설치비용의 범위와 무관하게 관

160) 서울고등법원 2022. 6. 8. 선고 2021나2033921 판결
161) 서울고등법원 2009. 11. 19. 선고 2008나115064 판결
162) 대법원 2014. 2. 21. 선고 2012다82466 판결
163) 대법원 2024. 6. 27. 선고 2023다302920 판결
164) 서울고등법원 2022. 6. 8. 선고 2021나2033921 판결

리청에게 소유권이 원시적으로 귀속되므로, 새로 설치한 정비기반시설의 설치비용(100억)이 용도폐지되는 정비기반시설의 평가가액(90억)을 초과하더라도 사업시행자가 사업시행 인가관청이나 관리청을 상대로 그 초과액(10억)을 정산해 줄 것을 요구하거나 이를 부당이득으로 반환해 줄 것을 요구할 권리가 있다고 볼 수 없다.[165)]

(6) 정비기반시설과 하자담보책임

국가 또는 지방자치단체가 정비기반시설을 무상으로 원시취득하도록 인정한 취지는 정비사업과정에서 필수적으로 요구되는 공공시설의 원활한 확보와 그 시설의 효율적인 유지·관리를 위한다는 공법상 목적을 달성하는 데 있다.

이러한 무상의 원시취득으로 형성되는 국가 등과 정비사업 시행자의 관계는 공법관계라고 보아야 하고, 공법관계의 당사자 사이에서는 뚜렷한 법령상 및 계약상 근거 없이 사법상 하자담보책임을 인정할 수는 없다.

따라서 비록 정비사업 시행자가 설치한 공공시설에 시공상 하자나 재료상 하자가 있더라도 공공시설을 무상으로 원시취득한 국가 등은 뚜렷한 법령상 및 계약상 근거가 없는 한 정비사업 시행자에게 사법상 하자담보책임을 물을 수 없다.[166)]

(7) 용도폐지 정비기반시설과 무상 승계취득

사업시행자는 도시정비법 제97조 제2항 후단 규정에 의하여 용도폐지되는 정비기반시설을 국가 등으로부터 무상으로 양도받아 취득할 따름이고 따로 그에 대한 대가를 출연하거나 소유권을 창설적으로 취득한다고 볼 사정도 없다.

사업시행자가 위 정비기반시설을 구성하는 부동산을 취득한 것은 무상의 승계취득에 해당하므로, 그에 따른 과세표준과 지방세법 제11조 제1항 제2호에서 정한 세율(과세표준 × 35/1,000) 등을 적용한 취득세 등을 납부할 의무가 있다.[167)]

---

165) 대법원 2019. 1. 31. 선고 2017다205523 판결
166) 대법원 2011. 12. 27. 선고 2009다56993 판결
167) 대법원 2019. 4. 3. 선고 2017두66824 판결

(8) 무상귀속 관련 소송형태

정비기반시설의 소유권 귀속에 관한 국가 또는 지방자치단체와 정비사업시행자 사이의 법률관계는 공법상의 법률관계로 보아야 한다. 도시정비법 제97조 제2항 후단에 따른 정비기반시설의 소유권 귀속에 관한 소송은 공법상의 법률관계에 관한 소송으로서 '행정소송인 당사자소송'에 해당한다.[168]

(9) 조합설립인가 무효와 사실상 도로의 매매계약

갑 재개발조합이 재개발사업을 시행하기 위해 정비구역 내 도로부지를 소유하고 있던 국가 및 지방자치단체와 정비구역 내 토지에 관한 매매계약을 체결한 후 소유권이전등기를 마쳤는데, 이후 조합설립인가처분의 하자를 이유로 조합설립이 무효가 되었다. 갑 조합이 국가 및 지방자치단체를 상대로 위 매매계약은 갑 조합이 정비사업을 정상적으로 시행하는 것을 정지조건으로 하는 조건부계약인데, 갑 조합에 대한 조합설립인가처분이 취소되어 정지조건이 성취되지 않았으므로 위 매매계약은 무효이고, 위 토지는 도시정비법 제97조 제2항에 따라 갑 조합에 무상양도되어야 하는 것임에도 불구하고 국가 및 지방자치단체가 갑 조합에 위 토지를 매도하였으므로, 위 매매계약은 강행규정인 도시정비법 제97조 제2항을 위반하여 무효이며, 위 매매계약이 유효하다고 하더라도 갑 조합에 대한 조합설립인가처분이 취소되어 더 이상 정비사업을 시행할 수 없게 되었는바, 이는 법률행위의 중요부분에 착오가 있는 때에 해당하므로 이를 취소한다고 주장하며 매매대금의 반환을 구하였다. 위 사안에서, 정지조건 불성취로 인한 무효 주장은 받아들이지 아니하고, 위 토지가 도시정비법 제97조 제2항이 정한 무상양도의 대상이 되는 정비기반시설에 포함된다고 볼 수 없으며, 갑 조합은 조합설립인가처분이 실효되었음을 내세워 착오를 이유로 매매계약을 취소할 수 없다고 한 사례가 있다.[169]

---

168) 대법원 2018. 7. 26. 선고 2015다221569 판결
169) 서울북부지방법원 2023. 8. 10. 선고 2022가합25664 판결

V. 국·공유재산의 처분

1. 국·공유재산의 처분협의 및 수의계약

(1) 국유재산 및 공유재산

국유재산이란 국가의 부담, 기부채납이나 법령 또는 조약에 따라 국가 소유로 된 재산을 말하고(국유재산법 제2조 제1호), 용도에 따라 행정재산(공용재산, 공공용재산, 기업용재산, 보존용재산), 일반재산으로 구분된다(국유재산법 제6조).

공유재산은 그 용도에 따라 행정재산과 일반재산으로 구분되고, 행정재산은 공용재산, 공공용재산, 기업용재산, 보존용재산으로 구분된다(공유재산 및 물품관리법 제5조).

(2) 관리청과의 협의

시장 · 군수는 인가하고자 하는 사업시행계획에 국 · 공유재산의 처분에 관한 내용이 포함되어 있는 때에는 미리 관리청과 협의하여야 한다. 이 경우 관리청이 불분명한 재산 중 도로 · 구거(도랑) 등은 국토교통부장관을, 하천은 환경부장관을, 그 외의 재산은 기획재정부장관을 관리청으로 본다. 협의를 받은 관리청은 20일 이내에 의견을 제시하여야 한다(법 제98조).

(3) 사업시행자 등의 우선 수의계약권

정비구역안의 국 · 공유재산은 정비사업외의 목적으로 매각하거나 양도할 수 없다(법 제98조 제3항).

정비구역안의 국 · 공유재산은 사업시행자 또는 점유자 및 사용자에게 다른 사람에 우선하여 수의계약으로 매각 또는 임대할 수 있다. 이 경우 국유재산법 제9조 또는 공유재산 및 물품관리법 제10조의 규정에 의한 국유재산관리계획 또는 공유재산관리계획과 국유재산법 제43조 및 공유재산 및 물품관리법 제29조의 규정에 의한 계약의 방법이 적용되지 아니한다(법 제98조 제4항).

(4) 서울시 매각기준

정비구역의 국·공유지를 점유·사용하고 있는 건축물소유자는 서울시에게 점유·사용중인 국·공유지의 우선매수를 청구할 수 있다. 건축물소유자에서 조합 정관에 따라 조합원 자격이 인정되지 않은 경우와 신발생무허가건축물을 제외한다(서울시 조례 제55조 제1항).

국·공유지의 우선 매각하는 기준은 다음과 같다(서울시 조례 제55조제1항).

① 점유·사용인정 면적은 건축물이 담장 등으로 경계가 구분되어 실제사용하고 있는 면적으로 하고, 경계의 구분이 어려운 경우에는 처마 끝 수직선을 경계로 한다.

② 건축물이 사유지와 국·공유지를 점유·사용하고 있는 경우에 매각면적은 구역 내 사유지면적과 국·공유지 면적을 포함하여야 한다.

③ 국·공유지 매각면적은 200제곱미터를 초과할 수 없다.

점유·사용 면적의 산정은 공간정보의 구축 및 관리 등에 관한 법률에 따른 지적측량성과에 따른다(서울시 조례 제55조 제2항).

국·공유지를 점유·사용하고 있는 자로서 우선 매수하고자 하는 자는 '관리처분계획인가신청'을 하는 때까지 해당 국·공유지의 관리청과 매매계약을 체결하여야 한다(서울시 조례 제55조 제3항).

정비구역의 국유지를 점유·사용하고 있는 건축물소유자가 국유지에 관하여 매매계약을 체결한 경우 200㎡의 범위 내에서 점유연고권을 인정하여 점유연고권이 인정되는 면적의 국유지를 권리가액 산정에 반영할 수 있도록 하고 있다. 위 200㎡를 초과하는 부분은 권리가액 산정에 반영되지 않는다.[170]

170) 서울행정법원 2024. 4. 12. 선고 2023구합54020 판결

2. 국·공유지의 평가

(1) 용도폐지 간주

다른 사람에 우선하여 매각 또는 임대할 수 있는 국・공유재산은 사업시행인가의 고시가 있은 날부터 종전의 용도가 폐지된 것으로 본다. 이 경우 국유재산법 및 공유재산 및 물품관리법 그 밖에 국・공유지의 관리와 처분에 관하여 규정한 관계 법령이 적용되지 아니한다(법 제98조 제5항).

(2) 국・공유지의 평가

정비사업을 목적으로 우선 매각하는 국・공유지의 평가는 '사업시행인가의 고시가 있은 날'을 기준으로 한다(법 제98조 제6항).

<재건축사업부지내 매각재산가격 평가방법에 대한 질의회신>
[행정안전부 지역경제팀-1684, 06. 4.13]

○ 도정법 제98조 제6항에서는 공유지의 평가를 사업시행인가의 고시가 있은 날을 '기준'으로 행한다고 규정하고 있으며 그 외의 사항에 대하여는 규정하고 있지 않는바, 지방자치단체 소유 공유재산의 경우 공유재산 및 물품관리법시행령 제27조의 규정에 의거 시가를 반영 감정평가를 실시하여야 할 것임.

○ 이 경우 가격시점은 매각계약을 체결하기 위하여 감정평가를 실시하는 시점이라 할 것이며, 감정평가에관한규칙 제17조 제1항에 의거 평가대상토지와 용도지역·이용상황·지목·주변환경 등이 동일 또는 유사한 인근지역에 소재하는 표준지의 공시지가를 기준으로 공시기준일부터 가격시점까지의 지가변동률·생산자물가상승률 및 기타 사항을 종합적으로 참작하여 평가하여야 하는바, 도정법 제98조 제5항에 의거 사업시행인가의 고시가 있은 날부터 종전의 용도가 폐지된 것으로 보기 때문에 사업시행인가일을 기준하여 인근 아파트 부지중 표준지를 선정.기준하여 평가일까지의 가격변동요인을 감안하여 평가하여야 할 것임

※ 위 행정안전부의 질의회신은 재개발 사업 부지내 매각재산 가격 평가에도 적용된다.

주거환경개선사업의 경우 매각가격은 평가금액의 100분의 80으로 한다(법 제98조 제6항).

사업시행인가의 고시가 있은 날부터 3년 이내에 매매계약을 체결하지 아니한 국·공유지는 국유재산법 또는 공유재산 및 물품관리법이 정하는 바에 의한다(법 제98조 제6항 단서).

국·공유재산의 평가는 사업인가시 인근 표준지(대지, APT 기준)의 공시지가를 기준으로 하되, 평가시까지 연도별 지가상승분 등 가격상승분을 반영한 금액으로 하고 있다. 실무상 국가 또는 지방자치단체는 도로, 공원 등 용도폐지되는 국·공유재산의 매각대금을 '대지'로 평가한 금액으로 하고 있다.

도시정비법 제98조 제6항 본문 전단은 수의계약으로 매각하는 토지의 평가기준일자를 규정하는 것이지 그 평가방법까지 규정한 것은 아니므로,[171] 위 규정은 현황이 도로로 사용되는 토지를 평가함에 있어 사실상 도로로 평가해야 하는 근거규정이 될 수 없다.

현재 하급심[172]의 경우 국·공유지의 매매계약은 사업시행인가 고시일 당시의 이용현황인 도로를 기준으로 하지 아니하고 향후 이용될 대지를 기준으로 평가한 감정결과에 의해 체결된 것이 적법하다는 취지로 판시하였다.

3. 매각대금의 분할납부

(1) 사업시행인가시 국유지의 점유자일 경우

재개발사업을 시행하기 위한 정비구역에 있는 토지로서 사유건물로 점유·사용되고 있는 토지를 재개발사업 '시행인가 당시의 점유·사용자'에게 매각하는 경우 매각대금을 20년 이내의 기간에 걸쳐 나누어 내게 할 수 있다(국

171) 대법원 2010. 1. 28. 선고 2009다69548 판결
172) 부산고등법원 2010. 6. 8. 선고 2010나2206 판결

유재산법 시행령 제55조 제4항 제1호).

해당 토지가 정비기반시설의 설치예정지에 해당되어 그 토지의 점유 · 사용자에게 그 정비구역의 '다른 국유지를 매각' 하는 경우에도 매각대금을 20년 이내 기간으로 분할하여 납부하게 할 수 있다(국유재산법 시행령 제55조 제4항 제1호).

매각대금의 분할납부시 매각대금 잔액에 고시이자율을 적용하여 산출한 이자를 붙이고(국유재산법 시행령 제55조 제5항).

(2) 사업시행인가 이후 국유지의 승계자

재개발사업을 시행하기 위한 정비구역에 있는 토지로서 시 · 도지사가 재개발사업의 시행을 위하여 정하는 기준에 해당하는 사유건물로 점유 · 사용되고 있는 토지를 재개발사업 시행인가 당시의 점유 · 사용자로부터 그 '권리 · 의무를 승계한 자' 에게 매각하는 경우 매각대금을 5년 이내의 기간에 걸쳐 나누어 내게 할 수 있다(국유재산법 시행령 제55조 제2항 제4호).

해당 토지가 정비기반시설의 설치예정지에 해당되어 그 토지의 점유 · 사용자로부터 권리 · 의무를 승계한 자에게 그 정비구역의 '다른 국유지' 를 매각하는 경우에도 매각대금을 5년 이내 기간으로 분할하여 납부하게 할 수 있다(국유재산법 시행령 제55조 제2항 제4호).

(3) 국유지의 소유권 이전 등

일반재산을 매각하는 경우 해당 매각재산의 소유권 이전은 매각대금이 완납된 후에 하여야 한다. 다만 재개발사업 구역내 사유건물의 점유 · 사용자로부터 승계한 자(시행령 제55조 제2항 제4호)는 국유지의 매각대금이 완납되기 전에 소유권을 이전받을 수 있다. 이 경우 저당권 설정 등 채권의 확보를 위하여 필요한 조치를 취하여야 한다(국유재산법 제51조, 시행령 제56조).

(4) 시유지

재개발사업 시행을 위한 정비구역 안의 토지를 재개발사업 '시행인가 당시의 점유 · 사용자' 에게 매각할 때 10년 이내의 기간으로 매각대금의 잔액에 행정안전부장관이 정하여 고시하는 이자율의 이자를 붙여 분할납부하게 할 수 있다(서울특별시 공유재산 및 물품 관리조례 제36조 제1항 제8호), 매각대상 시유지는 사유건물로 점유·사용되는 있는 토지에 한한다.

주택재개발사업 시행을 위한 정비구역 안의 토지를 주택재개발사업 시행인가 당시의 점유 · 사용자로부터 그 '권리 · 의무를 승계한 자'에게 매각하는 때에는 5년 이내의 기간으로 매각대금의 잔액에 행정안정부장관이 정하여 고시하는 이자율의 이자를 붙여 분할납부하게 할 수 있다(서울특별시 공유재산 및 물품 관리조례 제36조 제2항 제5호). 매각대상 시유지는 사유건물로 점유·사용되는 있는 토지에 한한다.

4. 국 · 공유지의 무상양여 등

(1) 국 · 공유지 무상양여의 대상사업

국가 또는 지방자치단체가 소유한 토지의 무상양여 대상사업은 아래와 같다(법 제101조 제1항)

① 주거환경개선구역

② 국가 또는 지방자치단체가 도시영세민을 이주시켜 형성된 낙후지역의 재개발구역

'도시영세민을 이주시켜 형성된 낙후지역의 재개발구역'은 정비구역 지정(변경지정 포함) 당시 다음의 요건에 모두 해당하는 지역을 말한다(시행령 제79조 제2항).

① 토지보상법 제4조에 따른 공익사업의 시행으로 인하여 다른 지역으로 이주하게 된 자가 집단으로 정착한 지역으로서 이주 당시 300세대 이상의 주택을 건설하여 정착한 지역

② 정비구역 전체 건축물 중 준공 후 20년이 지난 건축물의 비율이 100분의 50 이상인 지역

(2) 무상양여대상인 국·공유지의 범위

국가 또는 지방자치단체가 소유하는 토지는 사업시행계획인가의 고시가 있은 날부터 종전의 용도가 폐지된 것으로 본다(법 제101조 제1항). 국유재산법, 공유재산 및 물품 관리법 및 그 밖에 국·공유지의 관리 및 처분에 관하여 규정한 관계 법령에도 불구하고 위 주거환경개선사업구역 또는 재개발구역내 국가 또는 지방자치단체가 소유하는 토지는 해당 사업시행자에게 무상으로 양여된다(법 제101조 제1항).

국유재산법 제6조제2항에 따른 행정재산 또는 공유재산 및 물품 관리법 제5조제2항에 따른 행정재산과 국가 또는 지방자치단체가 양도계약을 체결하여 정비구역지정 고시일 현재 대금의 일부를 수령한 토지는 무상양여대상에서 제외된다(법 제101조 제1항 단서).

재개발구역의 경우 무상양여 대상에서 국유지는 제외하고, 공유지는 시장·군수등 또는 토지주택공사등이 단독으로 사업시행자가 되는 경우로 한정한다.

(3) 국·공유지의 소유권 이전등

시장·군수등은 무상양여의 대상이 되는 국·공유지를 소유 또는 관리하고 있는 국가 또는 지방자치단체와 소유권이전등기절차에 관하여 협의를 하여야 한다(법 제101조 제4항).

사업시행자는 무상양여대상 토지의 관리청 또는 지방자치단체의 장에게 사업시행계획인가 고시문 사본을 제출하여 그 토지에 대한 소유권이전등기절차의 이행을 요청하여야 한다. 이 경우 토지의 관리청 또는 지방자치단체의 장은 전자정부법 제36조제1항에 따른 행정정보의 공동이용을 통하여 그 토지의 토지대장 등본 또는 등기부 등본을 확인하여야 한다(시행령 제80조).

무상양여대상 토지의 관리청 또는 지방자치단체의 장은 즉시 소유권이전등기에 필요한 서류를 사업시행자에게 교부하여야 한다(시행령 제80조 제3항).

사업시행계획인가가 취소된 때에는 사업시행자는 무상양여된 토지를 원소유자인 국가 또는 지방자치단체에 반환하기 위하여 필요한 조치를 하고, 즉시 관할 등기소에 소유권이전등기를 신청하여야 한다(시행령 제80조 제4항).

(4) 무상양여대상인 국・공유지의 용도 제한 등

무상양여된 토지의 사용수익 또는 처분으로 발생한 수입은 주거환경개선사업 또는 재개발사업 외의 용도로 사용할 수 없다(법 제101조 제3항).

사업시행자에게 양여된 토지의 관리처분에 필요한 사항은 국토교통부장관의 승인을 받아 해당 시・도조례 또는 토지주택공사등의 시행규정으로 정한다(법 제101조 제5항).

5. 국・공유지의 점용과 점용료부과처분

인가권자는 관리청과의 협의에 따라 사업시행자에게 양도하기로 예정된 '일반재산'에 대하여 소유권이 이전될 때까지의 사용관계에 관하여 여러 조건이나 부담을 정할 수 있다. 인가권자가 일반재산의 사용관계에 관하여 아무런 조건이나 부담을 부과하지 않았다면 인가권자는 사업시행자에게 일반재산의 점유·사용으로 인한 임료 상당의 부당이득반환을 구할 수 있다.

재개발사업의 경우 사업시행인가시 국유재산법 제30조에 따른 사용허가 및 공유재산 및 물품 관리법 제20조에 따른 사용・수익허가를 받은 것으로 보게 되는바(법 제57조 제1항 제13호, 제14호), 재개발조합은 국・공유지 점용에 따른 점용료를 면제받게 된다(법 제57조 제7항).

재개발조합이 사업시행인가시 '기존 공공시설의 점용에 관하여 관리청의 점용료 부과시에는 이를 납부하겠다'는 취지의 각서를 작성하였다고 하더라도 시장・군수의 용도폐지된 도로에 대한 점용료 부과처분은 위법하다.[173]

재건축사업의 사업시행인가시 국유재산법 제30조에 따른 사용허가 및 공유재산 및 물품 관리법 제20조에 따른 사용・수익허가에 관한 사항이 의제되지 않으므로, 재건축조합은 국・공유지에 대한 점용・사용료를 부담해야 한다.[174]

173) 대법원 2000. 1. 18. 선고 97누19267 판결
174) 대법원 2011. 2. 24. 선고 2010두22252 판결

6. 국·공유재산의 무단점유와 변상금

(1) 변상금의 의의

변상금이란 국·공유재산을 대부 또는 사용·수익허가 등을 받지 아니하고 무단점유 사용하였을 경우 정당한 대부료(사용료)의 20%를 가산한 금액을 부과하는 금액을 말한다.

변상금 부과제도는 국유재산의 효율적인 보존 · 관리라는 합리적인 이유가 있으므로 헌법 제11조 제1항의 평등원칙에 반한다고 볼 수 없다. 변상금 부과처분으로 인하여 잃게 되는 무단 점유자의 재산권이라는 사익보다 그로 인하여 얻게 되는 국유재산의 효율적인 관리 · 보존이라는 공익이 크다고 할 것이다. 따라서 변상금 부과제도는 헌법 제23조 제1항 및 제37조 제2항에 위반하여 재산권을 과도하게 침해하였다고 볼 수도 없다.[175)]

행정관청의 변상금부과처분은 행정처분으로서, 위 변상금 부과처분에 관한 다툼은 민사소송이 아닌 행정소송으로 다투어야 할 것이다.[176)]

(2) 변상금 징수기간

무단점유 국·공유지에 대한 변상금은 국가재정법 제96조 제1항에 의하여 '금전의 급부를 목적으로 하는 국가의 권리로서 시효에 관하여 다른 법률에 규정이 없는 것은 5년간 행사하지 아니할 때에는 시효로 인하여 소멸한다' 는 규정에 따라 5년간 소급하여 부과, 징수한다.

(3) 변상금 부과절차

변상금은 연간 사용료 또는 연간 대부료의 100분의 120에 상당하는 금액으로 한다. 이 경우 점유한 기간이 1회계연도를 초과할 때에는 각 회계연도별로 산출한 변상금을 합산한 금액으로 한다(국유재산법 시행령 제71조 제1항).

토지의 재산가액은 사용료 산출을 위한 재산가액 결정 당시의 개별공시지가에 의하고, 연간 사용료는 해당 재산가액에 1천분의 50 이상의 요율을 곱한

---

175) 대법원 2008. 5. 15. 선고 2005두11463 판결

176) 대법원 2000. 11. 24. 선고 2000다28568 판결

금액으로 한다(국유재산법 시행령 제29조).

관리청등은 변상금이 50만원을 초과하는 경우에는 변상금 잔액에 고시이자율을 적용하여 산출한 이자를 붙이는 조건으로 3년 이내의 기간에 걸쳐 나누어 내게 할 수 있다. 이 경우 나누어 낼 변상금의 납부일자와 납부금액을 함께 통지하여야 한다(국유재산법 시행령 제71조 제3항).

(4) 연체료의 부과

관리청등은 변상금(나누어 내는 경우 이자 제외)이 납부기한까지 내지 아니한 경우에는 다음의 구분에 따른 비율로 계산한 연체료를 붙여 15일 이내의 기한을 정하여 납부를 고지하여야 한다(국유재산법 시행령 제72조 제1항).

① 연체기간이 1개월 미만인 경우 : 연 7퍼센트

② 연체기간이 1개월 이상 3개월 미만인 경우 : 연 8퍼센트

③ 연체기간이 3개월 이상 6개월 미만인 경우 : 연 9퍼센트

④ 연체기간이 6개월 이상인 경우 : 연 10퍼센트

이 경우 고지한 기한까지 전단의 금액과 연체료를 내지 아니한 때에는 두 번 이내의 범위에서 다시 납부를 고지하되, 마지막 고지에 의한 납부기한은 전단에 따른 납부고지일부터 3개월 이내가 되도록 하여야 하며, 이후 1년에 한 번 이상 독촉을 하여야 한다.

관리청등이 고지한 납부기한까지 고지한 금액을 내는 경우에는 고지한 날부터 낸 날까지의 연체료는 징수하지 아니한다(국유재산법 시행령 제72조 제2항).

(5) 사업시행인가 전 발생한 변상금을 사업시행자에게 부과한 경우

이 사건 사업시행인가 전까지 이 사건 사업구역 내 국·공유지 점유 및 사용으로 인하여 부과된 변상금의 체납건수는 169건, 체납금액은 314,790,160원인데, 그 점유자 또는 납부의무자가 원고와 무관한 개인 또는 법인으로서 반드시 원고의 조합원이라고 볼 수도 없으므로 원고가 이를 납부할 법률상 의무가 없을 뿐만 아니라 대다수 조합원들의 이익에도 부합하지 않는 것으로 보이는 점에 비추어 사업시행인가 전 변상금을 사업시행자에게 부과한 인가조건은 부

당결부금지원칙 등에 위배되어 위법하다.[177)]

(6) 양도대상 국유지에 대한 변상금 부과처분

사업시행계획상 정비구역에 포함된 '일반재산'이 사업시행자에게 양도되는 것으로 예정되어 있다면, 그 일반재산의 사용관계에 관하여 달리 정해진 내용이 있다는 등의 특별한 사정이 없는 한 사업시행자는 사업시행인가가 이루어진 때부터 그 일반재산의 소유권을 취득하기에 상당한 기간 동안 자신의 사용·수익을 정당화할 법적 지위에 있다. 따라서 사업시행자에 대한 변상금 부과처분은 위법하다.[178)]

아파트 재건축 사업을 추진하면서 구 지방재정법(2005. 8. 4. 법률 제7663조로 전문 개정되기 전의 것)상 공유재산인 도로부지를 사업부지에 포함시켜 구 주택건설촉진법(2003. 5. 29. 법률 제6916호 주택법으로 전문 개정되기 전의 것) 제33조 제1항에 의한 사업계획승인을 받은 경우, 그 도로부지에 대한 점유는 같은 조(제33조) 제4항 제3호에 따라 점용허가를 얻은 것으로 간주되고, 위 도로부지가 용도폐지되어 지목이 대지로 변경되더라도 그 점유권원은 실효 또는 상실되지 않고 토지 취득시까지 유지되므로, 용도폐지 후의 점유에 대한 변상금 부과처분은 그 하자가 명백하여 당연무효이다.[179)]

행정청이 도시환경정비사업 시행자에게 '무상양도되지 않는 구역 내 국유지를 착공신고 전까지 매입'하도록 한 부관을 붙여 사업시행인가를 하였으나 시행자가 국유지를 매수하지 않고 점용한 사안에서, 그 부관은 국유지에 관해 사업시행인가의 효력을 저지하는 조건이 아니라 작위의무를 부과하는 부담이므로, 사업시행인가를 받은 때에 국유지에 대해 국유재산법 제24조의 규정에 의한 사용·수익 허가를 받은 것이어서 같은 법 제51조에 따른 변상금 부과처분은 위법하다.[180)]

---

177) 서울고등법원 2013. 5. 10. 선고 2011누40730 판결
178) 대법원 2024. 10. 8. 선고 2023다210991 판결
179) 대법원 2007. 12. 13. 선고 2007다51536 판결
180) 대법원 2008. 11. 27. 선고 2007두24289 판결

7. 국유 · 공유재산의 임대

지방자치단체 또는 토지주택공사등은 주거환경개선구역 및 재개발구역에서 임대주택을 건설하는 경우에는 국·공유지 관리청과 협의하여 정한 기간 동안 국·공유지를 임대할 수 있다(법 제99조 제1항).

시장·군수등은 임대하는 국·공유지 위에 공동주택, 그 밖의 영구시설물을 축조하게 할 수 있다. 이 경우 해당 시설물의 임대기간이 종료되는 때에는 임대한 국·공유지 관리청에 기부 또는 원상으로 회복하여 반환하거나 국·공유지 관리청으로부터 매입하여야 한다(법 제99조 제2항).

국·공유지의 임대료는 국유재산법 또는 공유재산 및 물품 관리법에서 정한다(법 제99조 제3항).

8. 공동이용시설 사용료의 면제

마을공동체 활성화 등 공익 목적을 위하여 공유재산 및 물품 관리법 제20조에 따라 주거환경개선구역 내 공동이용시설에 대한 사용 허가를 하는 경우 지방자치단체의 장은 사용료를 면제할 수 있다. 공동이용시설 사용료의 면제를 위한 공익 목적의 기준, 사용료 면제 대상 및 그 밖에 필요한 사항은 시·도 조례로 정한다(법 제100조).

VI. 각종 부담금

1. 광역교통시설부담금

(1) 연혁

정부는 개발압력으로 인한 광역교통시설 부족문제에 효율적으로 대처하고자 주택단지 등 개발사업 시행자가 기간교통시설비의 일부를 부담하도록 2001. 1. 29.부터 종전의 '광역전철부담금제'를 '광역교통시설부담금제'로 확대 개편하였다(대도시권 광역교통 관리에 관한 특별법 제11조).

광역교통시설부담금 제도의 취지는 대도시 권역 내의 택지개발사업 등으로 인해 급증하는 교통수요에 대비하여 원인 제공자 내지 수익자에게 교통시설 설치비의 일부를 부담시켜 대도시권의 교통난을 완화하기 위한 광역 교통시설의 건설 및 개량에 소요되는 재원을 확보하고자 함에 있다.

(2) 부과대상지역 및 부과대상사업

광역교통시설부담금은 전국 5개 대도시권중 광역교통계획이 수립·고시된 대도시권에서 부과된다.

재개발사업 · 재건축사업은 광역교통시설부담금의 부과대상이다(대도시권 광역교통 관리에 관한 특별법 제11조).

시 · 도지사는 주택재건축정비사업조합이 사업시행인가를 받은 날부터 60일 이내에 광역교통시설부담금을 부과한다.

(3) 재개발 · 재건축사업의 부담금 산정기준

재개발 · 재건축사업의 부담금은 다음의 계산식으로 계산한 금액으로 한다(대도시권 광역교통 관리에 관한 특별법 제11조의3 제1항 제2호).

[(1㎡당 표준건축비 × 부과율 × 건축연면적) - 공제액]

① 표준건축비

표준건축비는 공공주택 특별법 제50조의3에 따라 공공건설임대주택의 분양전환가격을 산정하는 기준으로 국토교통부장관이 고시하는 표준건축비로 한다(대도시권 광역교통 관리에 관한 특별법 제11조의3 제4항).

국토교통부가 2023. 2. 1. 고시한 '공공건설임대주택 표준건축비'(국토교통부 고시 제2023-64호)에 의하면 표준건축비는 금 1,162,500원 ~ 1,138,400원/㎡(21층 이상)이다.

② 부과율

부과율은 다음과 같다(대도시권 광역교통 관리에 관한 특별법 시행령 제16조의2 제8항 제2호).

부과율 : 수도권 4%, 기타 대도시권 2%

시·도지사는 당해 지방자치단체의 조례로 사업이 시행되는 지구, 구역 또는 사업지역의 위치, 규모, 특성 등에 따라 50/100의 범위안에서 부과율 조정 가능하다(최저 1%, 최고 3%)(대도시권 광역교통 관리에 관한 특별법 제11조의3 제3항).

③ 건축연면적

전체 연면적의 합계에서 다음의 연면적의 합계를 제외한다(대도시권 광역교통 관리에 관한 특별법 시행령 제16조의2 제6항).

1) 지하층(주거용인 경우 제외)과 건축물안의 주차장
2) 공용의 청사와 각급학교
3) 부대시설 및 복리시설
4) 주민공동시설(부대 · 복리시설 제외)
5) 재개발사업, 재건축사업의 경우 해당 사업이 시행되는 구역 내 종전 건축물의 연면적

6) 국민주택 규모 이하인 임대주택의 연면적

④ 공제액

주택정비사업이 시행되는 지구 · 구역 또는 사업지역 밖에서 도로를 설치하거나 그 비용의 전부 또는 일부를 부담하는 경우에는 그 금액을 광역교통시설부담금 산정시 공제한다(대도시권 광역교통 관리에 관한 특별법 시행령 제16조의2 제4항 제2호).

공제되는 도로는 아래와 같다.

1) 도로관계 법령에 의한 고속국도, 자동차전용도로, 일반국도, 특별시도, 광역시도 또는 지방도
2) 광역도로에 해당하는 시 · 군 · 구도
3) 광역교통개선대책에 따라 건설 또는 개량되는 도로
4) 그 밖에 시 · 도지사가 광역교통에 영향을 미친다고 인정하는 도로

실무상 공제대상을 직접 설치한 경우는 실시설계 내역 등을 기초로 산출된 금액을 공사원가계산작성준칙과 비교하여 적정할 경우 그 금액을 반영하고, 원가계산용역기관이 확인한 경우에는 그 금액을 적용하고 있다.

⑤ 광역교통시설부담금의 경감

재개발사업 및 재건축사업은 광역교통시설부담금의 100분의 50이 경감되며, 도시지역에서 시행되는 재개발사업 및 재건축사업은 중복하여 100분의 50[최종 75%]이 경감된다(대도시권 광역교통 관리에 관한 특별법 제11조의2 제2항 제2호, 제3호, 제4호).

(4) 관련 판례

도시정비법에 정한 도시환경정비사업 시행인가를 받아서 건축허가가 있는 것으로 의제되는 경우도 구 대도시 광역교통관리에 관한 특별법 시행령(2007. 4. 20. 대통령령 제20021호로 개정되기 전의 것) 제15조 제2항의 규율대상에 포함된다.[181]

181) 대법원 2007. 10. 26. 선고 2007두9884 판결

주택건설사업 시행자가 확·포장공사비를 부담한 도로는 주택건설기준 등에 관한 규정 제25조의 '진입도로'에 해당하지 않아 그 공사비를 광역교통시설부담금에서 공제하여야 한다. 만약 주택건설사업 시행자가 확·포장공사비를 부담한 도로에 대해 광역교통시설부담금을 공제하지 않고 위 부담금을 부과한 경우 위 광역교통시설부담금 부과처분은 위법하다. 위 부과처분의 위법은 광역교통시설 부과대상의 법률관계나 사실관계를 오인한 것에 지나지 아니하므로 취소사유에 해당할 뿐 당연무효사유에 해당하지 않는다.[182]

주택건설기준등에관한규정 제25조의 규정에 의한 진입도로는 기간도로로부터 당해 주택단지의 출입구에 이르는 도로로서 그 도로의 기능이 오로지 또는 주로 공동주택 입주민들의 교통상의 편의를 위한 것이어야 한다. 비록 대도시권광역교통관리에관한특별법시행령 제16조의2 제3항 제2호 본문 각 목에 해당하는 도로가 주택단지에 인접하여 통과하거나 그 인근에 위치하여 공동주택 입주민들이 그 도로를 이용한다 하더라도 그 기능이 오로지 또는 주로 공동주택 입주민들의 교통상의 편의를 위한 것이 아닌 이상 진입도로에 해당한다고 할 수 없다.[183] 진입도로에 해당하지 않는 도로의 설치비용은 광역교통시설부담금에서 공제되어야 한다.

2. 하수도법상 원인자부담금

(1) 원인자부담금 부과근거

공공하수도관리청은 하루에 10㎥ 이상의 하수를 공공하수도로 유출시킬 수 있는 건축물을 신축하는 자에게 공공하수도 개축비용의 전부 또는 일부를 부담시킬 수 있다(하수도법 제61조 제1항, 시행령 제35조 제1항).

공공하수도관리청은 정비사업의 시행으로 인하여 필요하게 된 공공하수도에 관한 공사에 소요되는 비용의 전부 또는 일부를 재개발·재건축조합에게 부담시키거나 필요한 공사를 시행하게 할 수 있다(하수도법 제61조 제2항, 시행령

182) 대법원 2007. 3. 16. 선고 2006다83802 판결
183) 대법원 2004. 9. 3. 선고 2004두4673 판결

제35조 제2항 제2호).

(2) 서울시 원인자부담금 산정기준

원인자부담금의 산정기준 · 징수방법 그 밖의 필요한 사항은 당해 지방자치단체의 조례로 정하며, 서울특별시는 서울특별시하수도사용조례 제29조 제1항에서 원인자부담금의 산정기준을 정하고 있다.

① 오수발생량은 하수도법 시행령 제24조 제5항에 따라 고시한 오수발생량 산정기준을 적용하여 산정한다.

② 별표 5에 따른 원인자부담금 부과대상 오수발생량의 산정은 다음에 따른다. 다만, 중수도를 설치한 경우는 전체 오수발생량에서 그 설치용량 만큼 공제한다.

- 신축 · 증축 · 용도변경 등 각각의 행정행위로 인한 오수발생량이 10㎥/일 이상인 경우 전체 오수발생량
- 수회에 걸쳐 이루어지는 신축 · 증축 · 용도변경 등의 행정행위로 오수발생량이 10㎥/일 이상인 경우 10㎥/일을 초과하는 양

③ 건축물 등의 오수발생량은 해당 건축물 전체를 기준으로 산정하는 것을 원칙으로 하며, 불가피한 경우 건축물 소유자별로 산정할 수 있다.

④ 오수발생량 1㎥/일에 대한 원인자부담금 단위단가는별표 6의 산정방식에 따라 산정한 금액을 초과하지 않는 범위 내에서 시보 또는 일간신문 등에 매년 2월말까지 공고하여야 한다.

⑤ 원인자부담금의 금액은 ②호에 따라 산정한 원인자부담금 부과대상 오수발생량(㎥/일)에 ④호에 따라 공고한 단위단가(원/㎥/일)를 곱하여 산정한다.

(3) 건축물의 용도별 오수발생량 산정방법

환경부는 2021. 3. 30. '건축물의 용도별 오수발생량 및 정화조 처리대상인원 산정방법'을 고시하였다(환경부 고시 제2021-59호).

건축물등에서 발생되는 오수량 및 오수농도를 사전에 조사·예측한 자료가 없거나, 조사·예측한 자료의 객관성을 입증하기가 곤란한 경우에는 별표「건

축물의 용도별 오수발생량 및 정화조 처리대상인원 산정기준」을 적용할 수 있다.

<table>
<tr><th rowspan="2">분류번호</th><th rowspan="2" colspan="3">건축물 용도</th><th colspan="3">오수발생량</th></tr>
<tr><th>1일 오수 발생량</th><th>BOD농도 (mg/ℓ)</th><th>비고</th></tr>
<tr><td rowspan="3">1</td><td rowspan="3">주거시설</td><td colspan="2">단독주택, 공관, 농업인 주택</td><td>200 L/인</td><td>200</td><td rowspan="2">농업인주택과 읍.면 지역의 1일 오수발생량은 170 L/인을 적용한다.</td></tr>
<tr><td>공동주택</td><td>아파트, 연립주택, 다세대 주택, 다가구 주택</td><td>200 L/인</td><td>200</td></tr>
<tr><td colspan="2">기숙사, 고시원, 다중주택</td><td>7.5 L/인</td><td>200</td><td>개별취사시설이 있을 경우 단독주택용도를 적용한다.</td></tr>
</table>

(4) 원인자부담금 단위단가 공고

서울시는 2025. 2. 25. '하수도 원인자부담금 단위단가'를 공고하였다(서울특별시 공고 제2025-491호).

처리구역	단 위	원인자부담금 단위 단가	
		2014. 3. 1.이후 신청	2014. 2. 28.전 신청
중 랑	천원/㎥	1,032	788
난 지	〃	928	618
탄 천	〃	1,309	1,018
서 남	〃	1,131	846

(5) 관련 판례

개발지역에서의 개발행위로 인한 인구증가 등과 그에 따른 하수발생량의 증가 등에 따라 공공하수도의 신설·증설 등이 필요하게 된 경우에 한하여 원인자부담금을 부과할 수 있다 할 것이고, 이와 달리 개발행위 후 예상되는 하수발생량 전체에 대하여 원인자부담금을 부과하는 것은 위법하다.184)

기존 공공하수도의 처리량이 증가되는 경우도 개발행위로 인한 하수발생량 증가분에 한하여 원인자부담금을 부과하여야 한다.185)

원인자부담금의 부과관청은 ① 정비사업으로 인하여 인구증가가 되었거나 또는 인구증가가 될 것으로 예상되는지, ② 그에 따라 하수발생량이 증가되었는지 또는 하수발생량이 증가할 것으로 예상되는지, ③ 그로 인하여 공공하수도의 신설 증설 등이 필요하게 되거나 기존 공공하수도의 처리량이 증가되는지 등을 확인하여야 한다. 만약 행정관청이 위와 같은 사항을 확인하지 아니한 채 부담금의 산정 및 부과처분은 위법하다.186)

화성시 상수도 원인자부담금 산정 및 부과·징수 등에 관한 조례(이 사건 조례) 제4조 제1항 제2호의 '수돗물을 사용할 자'는 수도법령의 위임 범위 내에서 해석해야 하므로 수도공사를 하는 데에 비용 발생의 원인을 제공한 자로서 주택단지·산업시설 등 수돗물을 많이 쓰는 시설을 설치하여 수도시설의 신설이나 증설 등의 원인을 제공한 자는 '수돗물을 사용할 자'에 포함된다.

원고들은 택지개발사업이나 도심재개발등의 방식으로 이루어지지 않은 이 사건 사업의 사업시행자로서 수도공사를 하는 데에 비용 발생의 원인을 제공한 자에 해당하여 이 사건 조례 제4조 제1항 제2호의 '수돗물을 사용할 자'에 해당한다.187)

184) 대법원 2018. 4. 12.자 2018두30297 판결, 서울고등법원 2017. 11. 22. 선고 2017누50364 판결
185) 대법원 2007. 7. 26. 선고 2005두2612 판결
186) 서울행정법원 2022. 1. 20. 2020구합69519 판결
187) 대법원 2021. 7. 8. 선고 2017두74818 판결

3. 학교용지부담금

(1) 학교용지부담금의 의의

학교용지부담금이란 개발사업에 대하여 특별시장 · 광역시장 · 도지사 또는 특별자치도지사가 학교용지를 확보하거나, 학교용지를 확보할 수 없는 경우 가까운 곳에 있는 학교를 증축하기 위하여 개발사업을 시행하는 자에게 징수하는 경비를 말한다(학교용지 확보 등에 관한 특례법 제2조 제3호)

학교용지부담금은 기본적으로 필요한 학교시설의 확보에 있어서 소요되는 재정을 충당하기 위한 것이고, 부담금을 부과함으로써 택지개발이나 주택공급 등을 제한하거나 금지하기 위한 성격은 매우 희박하므로 '순수한 재정조달목적 부담금'에 해당한다.

(2) 납부의무자 및 부과대상 사업

공동주택을 분양하는 주택재건축조합 및 주택재개발조합은 학교용지부담금을 납부하여야 한다. 다만, 주거환경개선사업은 부과대상에서 제외된다.

2005. 3. 24. 개정되기 전 학교용지 확보 등에 관한 특례법에서는 '공동주택을 분양받는 자' 에게 학교용지부담금을 부과하였으나, 헌법재판소 2005. 3. 31. 선고 2003헌가20결정에서 '공동주택을 분양받는 자' 에 대한 부담금 부과는 위헌이라고 판시하였다.

(3) 학교용지부담금의 면제

학교용지부담금 면제조항은 그 취지가 학교용지부담금의 부과 목적이 이미 달성되었거나 부담금 부과의 필요성을 야기시키지 아니하는 경우에 부담금을 면제하도록 함으로써 국민의 부담을 경감시키고자 함에 있다.[188)]

재개발 · 재건축정비사업의 경우 정비사업 시행결과 '해당 정비구역 내 가구 수가 증가하지 아니한 경우' 부담금 부과대상에서 제외된다.

2015. 1. 20. 개정 이전 학교용지 확보 등에 관한 특례법 제5조 제1항 제5호는 '기존 거주자와 토지 및 건축물의 소유자에게 분양하는 경우' 만을 개발

188) 헌법재판소 2008. 9. 25. 선고 2007헌가9 결정

사업분에서 제외하였으나,[189] 2015. 1. 20. 개정된 법에서는 '정비구역내 가구수[190]가 증가하지 아니하는 경우'를 부담금 면제대상으로 하였다.

학교용지부담금은 사업시행인가 시점을 기준으로 산정하며, '가구 수'를 산정함에 있어 소유자 뿐만 아니라 세입자 세대수도 포함된다.[191]

조합에 대하여 부담금을 부과할 때 조합원분양분뿐만 아니라 현금청산분까지 제외한 후 그 나머지에 대한 학교용지부담금을 부과하여야 한다.[192]

사업시행자가 부담한 학교의 리모델링공사 및 학교발전기금을 고려하지 않고 법에 의해 산정한 학교용지부담금 전액을 부과한 처분은 재량권을 일탈 또는 남용한 것으로서 위법하다고 판시한 사례가 있다.[193]

학교용지 확보 등에 관한 특례법 제5조 제5항 제4호는 "개발사업시행자가 학교용지 또는 학교시설을 시・도 교육비특별회계 소관 공유재산으로 무상공급하는 경우" 부담금을 면제하고 있다. 이 경우 행정관청은 '학교시설의 무상공급에 실제 소요된 비용'을 학교용지부담금에서 감면하여야 한다.[194]

학교용지확보에관한특례법 제5조 제5항 제2호는 '최근 3년 이상 취학 인구가 지속적으로 감소하여 학교 신설의 수요가 없는 지역에서 개발사업을 시행하는 경우' 부담금을 면제할 수 있도록 정하고 있다. 장래에 학교 신설 또는 증축의 수요가 발생하지 않을 것으로 예상됨에도 학교용지부담금을 부과한 것은 부과의 필요성과 상당성이 인정되지 않아 비례의 원칙 등에 어긋나는 것으로서 재량권을 일탈·남용한 것으로서 위법하다고 판시한 사례가 있다.[195]

(4) 학교용지부담금의 부과기준

공동주택인 경우에는 분양가격을 기준으로 부과하고, 아래의 기준에 따라 산정한다.

189) 헌법재판소 2014. 4. 24.자 2013헌가28 결정, 헌법재판소 2013. 7. 25.자 2011헌가32 결정
190) 2020 5. 19. 개정된 법에서는 '세대수'로 변경함.
191) 수원지방법원 2019. 5. 28. 선고 2018구합70753 판결, 대구지방법원 2022. 5. 26. 선고 2021구합24072 판결
192) 대법원 2017. 12. 28. 선고 2017두30122 판결
193) 서울고등법원 2010. 7. 7. 선고 2009누33272 판결
194) 광주고등법원 2020. 10. 21. 선고 2019누1963 판결
195) 인천지방법원 2023. 8. 11. 선고 2021구합56903 판결

공동주택 = 세대별 공동주택 분양가격 × 1천분의 4

(5) 분양자료의 제출 및 부담금의 부과

재개발·재건축조합이 공동주택 등을 분양한 때에는 분양공급계약자 및 분양공급계약내역 등의 분양자료를 분양공급계약체결일로부터 30일 이내에 시·도지사에게 제출하여야 한다. 미분양된 공동주택 등이 최초 분양공급계약체결일부터 60일이 경과하여 추가분양되는 경우에는 매 분기종료후 7일 이내로 한다.

시·도지사는 주택재개발·재건축조합으로부터 분양자료를 받은 때에는 즉시 부담금의 금액·납부기한·납부방법·납부장소 등을 기재한 납부고지서를 주택재개발·재건축조합에게 발부하여야 하며, 부담금의 납부기한은 고지한 날부터 30일로 한다.

(6) 학교용지부담금 부과처분과 재량권의 일탈·남용 판단방법

학교용지부담금의 부과 대상이 되는 개발사업에 대하여 구체적 사정에 따라 학교용지부담금을 부과하는 것이 부담금관리 기본법에서 정한 한계를 넘거나 비례·평등원칙 등에 위배된다고 볼 만한 특별한 사정이 있을 때에 한하여 재량권을 일탈·남용한 것으로서 위법하게 된다.[196]

학교시설 확보의 필요성은 그동안 누적된 수요가 기존 학교시설의 수용 한계를 초과하는 때에 비로소 발현되고, 교육환경에 대한 사회적 인식과 교육정책의 변화 등에 따라 같은 수의 학생을 수용하는 데에 종전보다 더 많은 학교시설이 필요한 경우도 있으며, 종래 취학 인구가 감소하던 지역이더라도 인구유입과 지역적 상황의 변화에 따라 향후 학교 신설의 수요가 발생할 가능성도 있다.

따라서 부담금 부과 당시를 기준으로 사업시행 지역의 취학 인구가 최근 3년 이상 지속적으로 감소하였다거나 개발사업으로 유발된 수요가 기존 학교시설로 충족될 수 있다는 사정만으로 곧바로 학교용지법 제5조 제4항 제2호에서 정한 면제사유에 해당한다고 할 수 없고, 인구유입과 지역적 상황의 변화 가

---

196) 대법원 2010. 9. 30. 선고 2010두12651 판결

능성 및 교육정책적 목적 등을 모두 고려하더라도 장래에 학교 신설의 수요가 없다는 것까지 인정되는 경우에 비로소 위와 같은 면제요건이 충족된다.

나아가 학교용지법 제5조 제4항 제2호에서 정한 면제사유에 해당하는 경우에도 학교용지부담금 부과처분이 위법하다고 보기 위해서는 부담금 부과를 통해 달성하려고 하는 공익과 그로써 처분상대방이 입게 되는 불이익의 내용과 정도를 비교형량하여 부담금을 면제하지 않은 것이 재량권의 일탈·남용에 해당한다고 볼 만한 사정이 인정되어야 한다.[197)]

197) 대법원 2022. 12. 29. 선고 2020두49041 판결

제5편 관리처분계획인가단계

제1절 관리처분계획 수립 준비

I. 감정평가업자의 선정 등

1. 감정평가업자의 선정

정비사업에서 ① 분양대상자별 분양예정인 대지 또는 건축물의 추산액(종후자산 평가금액), ② 분양대상자별 종전의 토지 또는 건축물의 가격(종전자산 평가금액), ③ 세입자별 손실보상 평가액을 평가할 때에는 감정평가법인등 2인이 평가한 금액을 산술평균하여 산정한다(법 제74조 제4항 제1호).

사업시행자는 시장·군수등에게 감정평가법인등의 선정·계약을 요청하고 감정평가에 필요한 비용을 미리 예치하여야 한다. 시장·군수등은 감정평가가 끝난 경우 예치된 금액에서 감정평가 비용을 직접 지불한 후 나머지 비용을 사업시행자와 정산하여야 한다(법 제74조 제4항 제3호).

주거환경개선사업 또는 재개발사업의 경우 시장·군수등이 2인 이상의 감정평가법인등을 선정·계약한다. 재건축사업의 경우 시장·군수등이 1인 이상의 감정평가법인등을 선정·계약하고, 조합총회의 의결로 1인 이상의 감정평가법인등을 선정·계약한다(법 제74조 제4항 제1호).

시장·군수등은 감정평가법인등의 업무수행능력, 소속 감정평가사의 수, 감정평가 실적, 법규 준수 여부, 평가계획의 적정성 등을 고려하여 객관적이고 투명한 절차에 따라 감정평가법인등을 선정하여야 한다. 이 경우 감정평가법인등의 선정·절차 및 방법 등에 필요한 사항은 시·도조례[1]로 정한다(법 제74조 제4항 제2호).

---

1) 서울시 조례 제35조(감정평가업자의 선정기준 등)

관리처분계획을 변경·중지 또는 폐지하려는 경우 분양예정 대상인 대지 또는 건축물의 추산액(종후자산 평가금액)과 종전의 토지 또는 건축물의 가격(종전자산 평가금액)은 사업시행자 및 토지등소유자 전원이 합의하여 산정할 수 있다(법 제74조 제4항 제1호 단서).

2. 감정평가의 성격

부동산의 가격은 정하여진 어떤 하나의 가격만이 존재하는 것이 아니라 상당한 폭을 가지고 일정한 수준으로 형성되며, 이용상황과 법률적 제한·조장에 따라 그리고 시간의 흐름에 따라 계속 변동하는 특징을 갖고 있다.

일반적으로 담보, 경매, 보상목적 등의 감정평가는 쌍방당사자의 이해관계 절충을 위한 목적으로 이루어지며, 쌍방관계의 이해절충을 위한 평가의 경우에는 일반적으로 절대적 가격이 중시된다.

도시정비법상 종전자산의 평가는 각 조합원의 권리변환의 기준이 되는 것으로서 절대적 가격수준의 문제보다는 상대적 가격, 즉 조합원간의 형평성이 더 중시된다.[2)]

따라서 정비구역내 종전자산의 평가에 있어서는 비례율, 실거래 가격수준, 개발이익분배 등이 충분히 고려되어야 하며, 평가대상 물건의 종류별, 규모별, 위치별 간의 적정한 가격균형이 유지되도록 하는 것이 중요하다.

도시정비법에 의한 재건축사업의 관리처분계획을 작성하기 위한 종전자산의 평가는 조합원들 사이에 분양(또는 분배)의 기준이 되는 권리가액의 산정에 주된 목적이 있고, 토지보상법에 의한 평가는 공익사업을 시행함에 있어 수용목적물에 대한 정당한 보상액을 정하는 데에 주된 목적이 있는 것이어서, 양자의 평가 사이에는 '재건축사업 시행결과의 조합원 사이의 공평한 분배'와 '정당한 보상'이라는 목적의 차이가 있다.[3)]

따라서 관리처분계획의 기초가 된 감정평가의 평가방식이 다소 부당하다고

---

2) 대법원 2016. 2. 18. 선고 2015두2048 판결
3) 서울고등법원 2008. 11. 4. 선고 2008누8651 판결

하더라도, 관리처분계획 수립 당시의 종전자산 평가는 조합원들 사이의 형평을 목적으로 한다는 점에서, 그 평가방식의 부당함으로 인하여 바로 관리처분계획이 위법하게 되는 것은 아니고, 그 결과 관리처분계획의 내용이 조합원들 사이의 형평성을 잃게 할 정도로 부당하게 된 경우에 한하여 비로소 관리처분계획이 위법하게 된다.[4]

---

4) 서울행정법원 2010. 7. 15. 선고 2010구합14039 판결

Ⅱ. 종전자산의 평가

1. 종전자산의 평가방법

(1) 종전자산평가의 기준시점

조합원의 종전자산평가의 기준시점은 '사업시행계획인가 고시가 있은 날'을 기준으로 한다. 사업시행계획 인가 전에 철거된 건축물은 시장·군수등에게 허가를 받은 날을 기준으로 한다(법 제74조 제1항 제5호).

최초 사업시행계획의 주요 부분을 실질적으로 변경하는 사업시행계획 변경인가가 있었다고 하더라도 특별한 사정이 없는 한 최초 사업시행계획 인가 고시일을 기준으로 평가한 종전자산가격을 기초로 하여 수립된 관리처분계획은 적법하다.[5)]

분양대상자별 종전자산가격을 평가하여 이를 관리처분계획에 포함시키도록 한 것은 기본적으로 조합원들 사이의 상대적 출자 비율을 정하기 위한 것이기 때문에 모든 조합원들에게 동일한 평가기준일을 적용한다면 그 일자를 언제로 하는지가 조합원들의 권리관계에 별다른 영향을 미치지 않는다. 따라서 재개발조합이 '종전자산가격 평가기준일을 잘못 정'하였다고 하더라도 그 하자가 중대하다고 볼 수 없으므로 재개발조합이 수립한 관리처분계획이 당연무효라고 단정할 수 없다.[6)]

종전자산평가를 최초 사업시행인가시점보다 사업시행변경인가 시점을 기준할 경우 사업시행인가 이후의 지가 상승률, 물가 상승률 등을 종전자산평가에 반영함으로써 더욱 정확하고 적절하게 조합원들의 상대적 출자비율이 정해질 수 있다.

조합이 보다 적절하고 합리적인 기준에 따라 조합원들의 상대적 출자비율을 정할 수 있도록 사업시행변경인가 시점을 종전자산의 감정평가 기준 시점을

---

5) 대법원 2015. 10. 29. 선고 2014두13294 판결, 대법원 2015. 11. 26. 선고 2014두15528 판결, 대법원 2016. 2. 18. 선고 2015두2048 판결, 대법원 2016. 1. 14. 선고 2015두51736 판결

6) 대법원 2016. 12. 15. 선고 2015두51309 판결

정하는 것은 재량권을 일탈남용하거나 법령을 위반한 것으로 볼 수 없다.

따라서 조합이 최초의 사업시행인가시점이 아닌 '사업시행변경인가 시점을 기준'으로 종전자산에 대한 감정평가를 하고 이를 관리처분계획에 반영할 수 있다.[7)]

(2) 종전자산평가시 개발이익의 반영여부

재개발사업의 경우 종전자산의 가격시점이 사업시행인가의 고시가 있은 날을 기준으로 하므로, 사업시행인가 고시일 이전에 고시한 공시지가를 기준으로 평가하여야 하며, 사업시행인가고시로 인한 개발이익은 배제되어야 한다.[8)] 이때 비교표준지는 개발이익을 배제하기 위해 사업구역 외의 비교표준지를 적용한다.[9)]

재건축조합은 미동의자의 토지를 재건축으로 인하여 발생할 것으로 예상되는 개발이익이 포함된 가격으로 매수하여야 한다.[10)] 따라서 재건축사업의 경우 미동의자 소유 부동산에 대한 감정평가와 형평성 차원에서 '조합원의 종전자산평가'는 적정한 개발이익이 포함되어야 하고, 토지의 경우 가격시점의 정확한 시가반영을 위해 비교표준지를 개발이익이 반영된 사업구역내 또는 인접지역에서 선택하여야 한다.

노후·불량 건축물로서 누구나 가까운 시일 내에 재건축될 것임을 충분히 예견하였고, 조합설립인가이전부터 재건축사업이 수년간 추진되어왔다면 해당 부동산의 시가에는 이미 재건축 후의 예상가치에서 재건축비용을 공제한 개발이익까지 포함되어 있다고 할 것이다.[11)]

재건축사업구역내 조합원 소유 토지의 가액을 평가함에 있어서 개발이익을 배제하거나 토지의 사용현황을 기준으로 하였다는 사정만으로, 그에 기초한 관리처분계획이 위법하다고 볼 수는 없다.[12)]

---

7) 서울고등법원 2018. 5. 9. 선고 2016누42533 판결, 서울고등법원 2018. 5. 1. 선고 2017누82361 판결
8) 서울행정법원 2009. 9. 4. 선고 2007구합41895 판결, 대법원 1998. 1. 23. 선고 97누17711 판결
9) 대법원 2010. 4. 29. 선고 2009두17360 판결
10) 대법원 1996. 1. 23. 선고 95다38172 판결
11) 대법원 2008. 2. 1. 선고 2006다32217 판결

2. 종전토지의 평가방법

(1) 종전토지의 평가기준

종전토지의 평가는 가격시점에 있어서 일반적 이용방법에 의한 객관적인 상황을 기준으로 평가하여야 한다. 또한 대상물건의 소유자가 생각하고 있는 주관적인 가치, 대상물건을 특별한 용도에 사용할 것을 전제로 한 이용가치, 일시적인 이용상태, 지적공부상의 지목 등을 고려하지 않고 객관적이며, 일반적인 이용상태에 따라 평가하여야 한다.13)

재개발사업의 경우 종전토지의 비교표준지를 당해 정비구역내에서 선정할 경우 비교표준지공시지가가 공법상 제한을 받고 있는 상태의 가격이므로, 이를 공법상 제한이 없는 상태의 가격으로 정상화하여 적용하여야 한다. 당해 정비구역 외 인근유사지역의 비교표준지 공시지가를 기준으로 평가할 경우 정비구역의 지정으로 인한 공법상 제한을 별도로 보정할 필요가 없으나, 지역 및 개별요인의 비교에 있어 적정한 가격수준과 균형이 유지되도록 요인비교 작업에 신중하여야 한다.14)

정비구역 중 용도지역이 제3종일반주거지역에서 일반상업지역으로 변경된 일부 구역에 관하여 제3종일반주거지역의 표준지를 기준으로 감정평가를 실시한 것은 표준지의 선정에 관하여 종전 용도지역에 따른 것일 뿐 감정평가기준일은 여전히 사업시행인가고시일이다. 종전의 용도지역과 동일한 표준지를 기준으로 감정평가를 실시한 것은 사업의 시행으로 인한 용도지역의 변화 등 가격변동에 미치는 영향을 배제함으로써 정비구역의 종전 자산에 대한 평가가 균형있게 이루어지도록 하기 위한 것으로서 종전 자산 평가에 관한 관리처분계획의 기준에 합치되고 관련 법규상 기준에 위반되지 않는다.15)

종전 자산의 평가가 자산의 가치에 영향을 미치는 각종 요소들을 종합하여 사업시행인가고시일을 기준으로 이루어진 이상 감정평가법인들이 수집한 매매

12) 서울행정법원 2023. 3. 24. 선고 2022구합74850 판결
13) 대법원 1998. 1. 23. 선고 97누17711 판결
14) 대법원 2009. 3. 26. 선고 2008두22129 판결
15) 대법원 2012. 2. 23. 선고 2010두19782 판결

사례 또는 보상선례에 사업시행인가고시일로부터 1년 전의 사례가 일부 포함되어 있다고 하더라도 이를 위법하다고 할 수 없다.[16)]

(2) 도로의 평가

도로의 평가를 함에 있어 인근토지보다 낮게 평가한다고 규정한 취지는 현실 이용상황이 도로로 되었기 때문에 이를 감가한다는 것이 아니라, 도로의 가치가 그 도로로 인하여 보호되고 있는 토지의 효용이 증가됨으로써 보호되고 있는 토지의 가치에 화체되었기 때문에 그 평가액은 당연히 낮아야 한다는 이유를 배경으로 일반토지에 비해 저가평가하고 있다. 즉 도로 자체를 독립하여 그 가치를 평가할 수는 없으나, 주위 토지의 가치를 증가시키는데 기여하였으므로, 주위 토지에 기여한 정도를 파악하여 도로의 가치를 산출할 수 있다는 논리에 근거하고 있다.

도로부지에 대한 평가는 다음의 표와 같다.

도로의 분류	평가기준
사도법상 사도부지	인근토지에 대한 평가금액의 1/5 이내
사실상의 사도부지	인근토지에 대한 평가금액의 1/3 이내
그 외의 도로부지	공도부지 : 공시지가 기준 평가 (미불용지인 경우 미불용지 기준 평가) 기타도로부지 : 공시지가 기준 평가

사실상의 사도라 함은 '사도법' 에 의한 사도외의 도로로서 다음의 1에 해당하는 도로를 말한다.

① 도로개설당시의 토지소유자가 자기 토지의 편익을 위하여 스스로 설치한 도로

② 토지소유자가 그 의사에 의하여 타인의 통행을 제한할 수 없는 도로

③ 건축법 제35조의 규정에 의하여 건축허가권자가 그 위치를 지정 · 공고한

16) 대법원 2012. 2. 23. 선고 2010두19782 판결

도로
④ 도로개설당시의 토지소유자가 대지 또는 공장용지 등을 조성하기 위하여 설치한 도로

'사도법에 의한 사도 외의 도로'가 사실상 도로인 경우 그 도로의 개설 경위, 목적, 주위 환경, 인접 토지의 획지면적, 소유관계, 이용 상태 등의 제반 사정에 비추어 당해 토지 소유자가 자기 토지의 편익을 위하여 스스로 공중의 통행에 제공하는 등 인근 토지에 비하여 낮은 가격으로 보상하여 주어도 될 만한 '객관적인 사유가 인정' 되는 경우에만 인근 토지의 3분의 1 이내에서 평가하고 그러한 사유가 인정되지 아니하는 경우에는 위 규정의 적용에서 제외한다.[17]

'도로개설당시의 토지소유자가 자기 토지의 편익을 위하여 스스로 설치한 도로' 인지 여부는 인접토지의 획지면적, 소유관계, 이용상태 등이나 개설경위, 목적, 주위환경 등에 의하여 객관적으로 판단하여야 한다.

'토지소유자가 그 의사에 의하여 타인의 통행을 제한할 수 없는 도로' 에는 법률상 소유권을 행사하여 통행을 제한할 수 없는 경우뿐만 아니라 사실상 통행을 제한하는 것이 곤란하다고 보이는 경우도 해당한다. 그러나, 적어도 도로로의 이용상황이 고착화되어 당해 토지의 표준적 이용상황으로 원상회복하는 것이 용이하지 않은 상태에 이르러야 할 것이어서 단순히 당해 토지가 불특정 다수인의 통행에 장기간 제공되어 왔고 이를 소유자가 용인하여 왔다는 사정만으로는 사실상의 도로에 해당한다고 할 수 없다.[18]

도로의 감정평가시 "인근토지"라 함은 당해 도로부지가 도로로 이용되지 아니하였을 경우에 예상되는 표준적인 이용상황과 유사한 토지로서 당해 토지와 위치상 가까운 토지를 말한다.

국토계획법에 의한 도시관리계획에 의하여 도로로 결정된 후부터 도로로 사용되고 있는 것은 사실상의 사도부지에서 제외한다.

예정공도부지라 함은 공익계획사업이나 도시계획의 결정·고시 때문에 이

17) 대법원 1997. 4. 25. 선고 96누13651 판결
18) 대법원 2007. 4. 12. 선고 2006두18492 판결

에 저촉된 토지가 현황도로로 이용되고 있지만 공익사업이 실제로 시행되지 않은 상태에서 일반공중의 통행로로 제공되고 있는 상태로서 계획제한과 도시계획시설의 장기미집행상태로 방치되고 있는 도로를 의미한다.

예정공도부지의 경우 보상액을 사실상의 사도를 기준으로 평가한다면 토지가 도시·군 관리계획에 의하여 도로로 결정된 후 곧바로 도로사업이 시행되는 경우의 보상액을 수용 전의 사용현황을 기준으로 산정하는 것과 비교하여 토지소유자에게 지나치게 불리한 결과를 가져온다. 따라서 예정공도부지는 토지보상법 시행규칙 제26조 제2항에서 정한 사실상의 사도에서 제외된다.[19]

(3) 종전토지의 면적 확정

정비구역내 토지의 공부상 면적이 실제 면적과 불일치하는 하는 경우가 있다. 토지등소유자가 국·공유지를 점유·사용함으로서 토지면적이 증가되거나 일필지의 일부가 도로로 이용됨으로서 토지면적이 감소되는 경우에 발생한다. 이 경우 감정평가는 측량결과에 의한 이용상황별 지적에 따라야 한다.

종전 토지의 소유면적은 관리처분계획기준일 현재 '공간정보의 구축 및 관리 등에 관한 법률' 제2조 제19호에 따른 소유토지별 지적공부(사업시행방식전환의 경우에는 환지예정지증명원)에 따른다. 다만, 1필지의 토지를 수인이 공유로 소유하고 있는 경우에는 부동산등기부(사업시행방식전환의 경우에는 환지예정지증명원)의 지분비율을 기준으로 한다(서울시 조례 제34조 제1호).

국·공유지의 점유연고권은 그 경계를 기준으로 실시한 지적측량성과에 따라 관계법령과 정관 등이 정하는 바에 따라 인정한다(서울시 조례 제34조 제2호).

수인이 각기 한 필지의 특정부분을 매수하면서 편의상 공유지분등기를 경료함으로써 각자의 특정부분에 관한 공유지분등기가 상호 명의신탁관계에 있는 경우가 있다(구분소유적 공유관계). 구분소유적 공유관계에 있는 토지에 대한 평가의 경우에도 한 필지의 토지 전체를 기준으로 평가한 다음 이를 공유지분비율에 따라 안분하여 각 공유지분권자에 대한 보상액을 정하여야 한다.[20]

---

19) 대법원 2019. 1. 17. 선고 2018두55753 판결
20) 대법원 1998. 7. 10. 선고 98두6067 판결

3. 종전 건축물의 평가방법

(1) 종전 건축물의 평가기준

둘 이상의 대상물건에 대한 감정평가는 개별평가를 원칙으로 하되, 예외적으로 둘 이상의 대상물건에 거래상 일체성 또는 용도상 불가분의 관계가 인정되는 경우에 일괄평가가 허용된다.[21]

'용도상 불가분의 관계'에 있다는 것은 일단의 토지로 이용되고 있는 상황이 사회적・경제적・행정적 측면에서 합리적이고 그 토지의 가치 형성적 측면에서도 타당하다고 인정되는 관계에 있는 경우를 의미한다.[22]

정비구역내의 건물은 일반적으로 구조・용재・설비 및 현상 등을 종합 참작하여 가격시점 당시 신규로 재생산・재취득하는데 소요되는 재조달원가에 감가수정을 가하여 대상물건의 현재가격을 산정하는 원가법으로 평가한다. 다만 주거용 건물에 있어서는 거래사례비교법에 의하여 평가한 금액이 원가법에 의하여 평가한 금액을 넘는 경우에 한하여 거래사례비교법으로 평가한다.

구분건물은 집합건물법을 적용받는 다세대, 연립주택, 아파트 등으로서, 구분건물과 대지사용권이 일체성을 가지며 일반적으로 구분건물과 토지대지권을 일체로 하여 분양 및 거래된다.

구분건물은 건물과 토지의 소유권 대지권을 일체로 하는 거래사례비교법을 적용하여 평가하되, 인근지역의 방매 및 호가수준과 부동산시장의 동향 등을 참작하여 결정한다.

재개발정비구역내에는 단독주택, 다세대주택, 연립주택, 빌라, 아파트 등이 혼재되어 있고, 각 구분건물간 입지조건과 신축년도, 구조, 사용자재 등의 건물요인과 대지지분의 크기가 각각 상이하다. 이 경우 대표단지를 선정하여 동유형 및 유사 구분건물의 시중시세를 참작하여 기준가격을 결정하고, 각 구분소유건물의 가격형성요인을 비교 분석하여 각 호별 비준가격을 산정한다.

아파트, 연립주택 등과 같은 구분건물과 단독주택이 혼재되어 있는 정비사

---

21) 대법원 2018. 1. 25. 선고 2017두61799 판결

22) 일괄평가 인정 사례 : 서울고등법원 2023. 4. 6.선고 2021누65059 판결, 서울행정법원 2024. 3. 27. 선고 2023가단50632 판결

업의 경우 구분건물과 단독주택의 비교간 적정한 가격균형이 이루어져야 한다.

서울시 조례에서는 무허가건축물을 기존(특정)무허가건축물과 신발생무허가건축물로 구분하고 있다. 기존(특정)무허가건축물은 종전자산 평가의 대상이지만 신발생무허가건축물은 종전자산 평가의 대상에서 제외된다.

(2) 종전건축물의 면적 확정

서울시의 경우 관리처분계획의 수립시 '분양설계'에 '관리처분계획대상물건 조서 및 도면'을 포함하도록 하고 있다(서울시 조례 제33조 제1호 가목).

건축물관리대장에 기재된 건축면적과 실제 측량한 건축면적이 상이한 경우 종전 건축물의 소유면적은 관리처분계획기준일 현재 소유건축물별 건축물 대장을 기준으로 한다(서울시 조례 제34조 제3호). 종전 건물의 소유권은 관리처분계획기준일 현재 건물등기부에 따르며, 소유권 취득일은 부동산등기부상의 접수일자를 기준으로 한다.

기존(특정) 무허가건축물의 경우 무허가건물확인원에 등재되어 있는 면적을 기준으로 평가한다. 기존(특정) 무허가건축물(미사용승인건축물 포함)의 소유권은 관할구청장 또는 동장이 발행한 무허가건축물확인원 또는 소유자임을 입증하는 자료를 기준으로 한다.

관련 법령에 위반하여 건축된 부분의 면적은 종전자산의 감정평가대상에서 제외한다. 다만, 정관 등이 따로 정하는 경우에는 재산세과세대장 또는 측량성과를 기준으로 할 수 있다(서울시 조례 제34조 제3호).

정관 제45조 제2호에서 "다만 건축물 관리대장에 등재되어 있지 아니한 종전 건축물에 대하여는 재산세과세대장 또는 측량성과를 기준으로 할 수 있다."고 정한 경우 위 규정은 건축물관리대장으로 공부상 면적이 확인되는 건축물에 적용되지 않는다할 것이다.[23]

---

23) 서울행정법원 2010. 7. 15. 선고 2010구합14039 판결

4. 감정평가서의 위법 여부

(1) 감정평가서의 기재 정도

토지수용 보상액을 평가함에 있어서는 관계법령에서 들고 있는 모든 가격산정요인들을 구체적, 종합적으로 참작하여 그 각 요인들이 빠짐없이 반영된 적정가격을 산출하여야 하고, 이 경우 감정평가서에는 모든 가격산정요인의 세세한 부분까지 일일이 설시하거나 그 요소가 평가에 미치는 영향을 수치적으로 표현할 수는 없다고 하더라도 적어도 그 가격산정요인들을 특정 명시하고 그 요인들이 어떻게 참작되었는지를 알아볼 수 있는 정도로 기술하여야 한다.[24)]

감정평가가 비교표준지와의 개별요인 등의 품등비교를 함에 있어서 그 격차율의 적정함을 인정할 만한 구체적인 이유 설시를 하여야 함에도 단순히 격차율을 나열하거나 구체적인 이유 설시를 하지 아니하였다면 그 감정평가는 그 기재 내용의 진실성과 정당성을 담보할 수 있을 정도의 합리적인 이유 설시가 없는 것이어서 위법하다.[25)]

감정인이 변론종결에 이르기까지 개별요인 수치산정의 근거가 되는 획지조건 등의 비교요인을 전혀 제시하지 못하고 있는 경우 해당 감정평가는 위법하다고 판시한 사례가 있다.[26)]

(2) 조합원들 사이의 형평성 침해

관리처분계획의 기초가 된 감정평가의 평가방식이 부당하다 하더라도, 관리처분계획 수립 당시의 종전 자산 평가는 조합원들 사이의 형평을 목적으로 한다는 점에서, 그 평가방식의 부당함으로 인하여 바로 관리처분계획이 위법하게 되는 것이 아니고, 그 결과 관리처분계획의 내용이 조합원들 사이의 형평성을 잃게 할 정도로 부당하게 된 경우에 한하여 비로소 관리처분계획이 위법하게 된다.[27)]

---

24) 대법원 1994. 1. 25. 선고 93누11524 판결, 서울고등법원 2008. 11. 4. 선고 2008누8651 판결

25) 서울행정법원 2009. 3. 11. 선고 2008구합41335 판결

26) 서울행정법원 2005. 1. 26. 선고 2004구합12124 판결

(3) 기타

감정평가는 토지 등의 경제적 가치를 판정하여 그 결과를 가액으로 표시하는 작업으로서 그 본질적 속성상 감정평가업자의 주관적 판단이 어느 정도 개재될 수 밖에 없으므로 감정평가액이 반드시 같은 액수로 산출되지 않았다 하더라도 개별 감정평가금액의 산정과정 자체가 적정하게 이루어진 이상 감정평가가 위법하다고 보기 어렵다.[28)]

27) 서울고등법원 2008. 11. 4. 선고 2008누8651 판결
28) 서울행정법원 2009. 9. 4. 선고 2007구합41895 판결

Ⅲ. 종후자산의 평가

1. 종후자산의 평가방법

종후자산(분양예정 대지 또는 건축물)평가는 가격시점 현재 착공전 상태이므로, 종후자산평가는 평가대상 부동산(공동주택, 근린생활시설 등)이 적법하게 완성된 상태를 전제로 하여 행해지는 일종의 조건부평가이다.

종후자산 분양가격은 일반적으로 원가방식, 비교방식, 수익방식 등 3방식으로 구분할 수 있는 데 이러한 각각의 방식으로 구한 가격을 조정하여 최종 분양가격을 결정하게 된다.

원가방식은 부지가격에다 건물의 건축비용, 기타 부대비용 등의 원가를 더하여 산정하는 방식이다. 부지가격은 사업완료 후의 상태를 상정하여 결정하게 되는 데 개발이익을 포함한다. 다만 도로, 공원 등을 제외한 분양택지면적을 기준으로 하여야 한다. 따라서 축대나 옹벽의 설치, 성토 또는 절토 등과 같은 대지조성 공사비가 예상된다면 이들 비용을 모두 포함한 조성 후를 상정한 택지로 부지가격을 산정하는 것이다.

사업완료후의 택지가격은 인근 신축아파트의 공시지가수준과 인근의 지가수준, 거래사례 등을 참작하여 결정한다. 건물은 시공할 설계의 내용에 따라 평당 건축비를 추산한다. 이때 건물에 체화되는 각종 설비 등의 가격이 모두 포함되어야 한다. 판매 및 일반관리비, 제세공과 등의 소요비용도 원가가 된다. 반면 아파트 등 총 분양예정가가 산정을 위한 계산에서는 학교부지 등의 매각으로 인한 수입액은 제외시켜야 한다.

비교방식은 인근의 유사한 물건의 거래가격이나 최근에 분양한 분양가격을 비준하여 분양가격을 산정하는 방식이다. 사례자료는 최근의 것이면서 정상적인 것으로 하여 많이 수집할수록 정확도가 높아지게 된다.

사례와 비교할 요인으로는 아파트의 경우 단지의 규모(세대수) 및 건물평형, 준공년도와 용적률, 건물의 설비상태, 지역난방 등 공급시설의 정도, 단지의 진입도로 상황, 전철역 또는 버스정류장과의 접근성, 생활편의시설과의 접근성, 공원 등 휴식시설과의 접근성, 조망권의 정도, 재해 위험 또는 위험시설의 유무, 시공자의 브랜드, 학군 및 주차시설 등이 있다.

상가의 경우에는 상가 활성화 정도에 초점을 맞추어 비교하되, 아파트단지의 규모(세대수) 및 건물평형, 인근 경쟁 상가의 유무, 상가 내 업종 제한의 유무, 단지 밖의 고객 흡수 정도 등을 고려한다. 이때에도 사업추진 대상 아파트와 상가 등은 건물 준공완료 후를 상정하여 비교하여야 한다.

※ 아파트 총 분양예정가 = (단지 전체의 평균 분양예정가)×(아파트 세대수)

※ 단지 전체의 평균 분양예정가 = (사례아파트 단지의 평균가격) × (단지의 지역격차) × (토지의 개별격차) × (건물의 개별격차)

수익방식은 당해 부동산이 임대 등을 통하여 발생하는 순수익을 환원이율로 환원하여 분양가격을 산정하는 방식이다. 아파트에도 적용이 가능하지만 상가의 경우에는 더욱 유효하다. 인근 유사물건의 수익사례의 순수익을 구한 후 사례물건과 대상물건을 비교하여 대상물건의 순수익을 추정하는 것이다. 그 순수익을 비교하여 추정할 때의 비교요인은 비교방식과 유사하다.

순수익은 연간 단위로 구하고, 총수입에서 총비용을 공제하여 구한다. 임대부동산의 경우 총수입은 실질임료로서 매월의 지불임료 이외에 보증금 운용이익, 실제 관리비를 초과하여 징수하는 금액 그리고 주차장 수입 등 모든 수입을 포함한다. 총비용은 임대물건의 유지관리를 위해 소요되는 제반 경비를 말한다. 감가상각비, 유지관리비, 공실(空室)손실상당액, 화재보험료, 대손준비비, 조세공과 등이 그것이다.

순수익을 환원하는 방법은 여러 가지가 있으나 일반적으로 직접법(수익가격 = 순수입 ÷ 환원이율)을 쓰고 있다. 환원이율은 종합 환원이율로서 금리수준, 부동산의 수익률 등을 고려하여 결정하는 데 일반적으로는 위험률 등을 고려하여 8% - 12%를 사용하고 있다.

2. 분양가격결정 및 건축비·대지비 구분

일반분양시 대지비에 대해서는 부가세가 부과되지 않고, 국민주택규모 초과 주택의 공사비에 한해서만 부가가치세 10%가 부과되므로, 분양가격에서 대지비와 건축비를 별도로 책정할 필요가 있다.

평당 대지단가는 주변 거래시세를 감안하여 결정하고, 대지비는 대지지분에 평당 대지단가를 곱하여 산정한다. 건축비는 분양가격에서 대지비를 공제하여 산정한다.

신축평형	평당 분양단가	대지비(원/세대)	건축비(원/세대)	분양가격 (원/세대)
24평형	8,000,000	112,209,788	79,790,212	192,000,000
32평형	10,000,000	158,325,501	160,674,499	320,000,000
42평형	12,000,000	215,120,424	288,879,576	504,000,000

분양가격 = 분양면적 × 평당 분양단가
대 지 비 = 대지지분 × 평당 대지단가
건 축 비 = 분양가격 - 대지비

$$대지지분 = \frac{전용면적}{전용면적의\ 총합} \times 대지면적$$

3. 기타 고려사항

공동주택을 제외한 상가, 유치원 등은 거래사례비교법에 의하여 평가하고, 원가법에 의하여 평가가격을 검토후 시산가격을 조정한다. 정비구역내 상가등 복리시설의 평가에 있어서 거래사례비교법에 의한 비준가격의 적정여부를 원가법에 의한 복성가격으로 검토할 때에는 순수 복성가격에 어느 정도의 개발이익을 반영할 것인가를 염두에 두고 비교·검토하여야 한다.

원가방식에 의한 공동주택의 추산액 평가는 조성완료후의 주택가격과 건축물의 평가가격을 합산한 금액으로 결정하되, 대지비는 조성전 토지의 소지가격에 택지조성에 소요되는 통상비용 등을 고려한 가격으로, 건축물의 가격은 건축설계도서 등에 의하여 표준적인 건축비와 그 부대비용 등을 산정하여 평가한다. 이 경우 원가방식에 의한 추산액과 거래사례비교법에 의한 평가가격을 비교하여 그 적정성 여부를 검토하는 것이 바람직할 것이다.

재건축사업에 있어 종후자산인 공동주택에 대한 평가는 제반 입지조건, 주위환경, 층별·향별·위치별 효용도와 건물의 구조, 용재, 부대설비, 시공정도, 현상 및 단지내 동류형 아파트의 정상적인 거래가격수준 등을 종합 참작하여 건물과 토지의 소유권 대지권을 일체로 한 거래사례비교법을 적용한다.

공동주택 종후자산 평가에 있어 일조, 조망 등 환경권의 가치가 점점 중시되면서 3차원 영상분석 기법을 통해 일조·조망 등 세대별 주거환경에 대한 분석을 통해 각 세대별 효용격차를 반영하는 것이 일반적이다.

감정평가시 층별 효용지수와 위치별 효용지수를 모두 고려해야 한다. 층별 효용지수란 건물의 층별로 효용의 차이가 발생하는 바, 구분소유건물에서 기준층을 기준으로 전용면적의 단위면적당 효용에 대한 각 층의 효용비를 의미한다. 위치별 효용지수란 동일층 내에서 전용부분의 위치의 효용차이가 발생하는바, 건물의 기준이 되는 전용부분의 단위면적당 효용에 대한 각 전용부분의 효용비를 의미한다.

Ⅳ. 분양신청 통지

1. 분양신청의 통지의무

(1) 분양신청 통지

사업시행자는 사업시행계획인가의 고시가 있은 날부터 90일 이내[29]에 토지등소유자에게 분양신청사항을 통지하여야 한다. 사업시행계획인가 이후 시공자를 선정한 경우에는 분양신청 통지시점은 시공자와 계약을 체결한 날로부터 산정한다(법 제72조 제1항).

재개발사업 중 해당 정비구역이 시·도조례로 정하는 면적 이상인 경우에는 1회에 한정하여 30일의 범위에서 연장할 수 있다(법 제72조 제1항, 시행령 제59조 제1항).

분양신청의 통지기간은 훈시규정인바, 위 통지기간을 위반한 경우 해당 관리처분계획에 절차적 위법이 없다.[30]

토지등소유자 1인이 시행하는 재개발사업의 경우에는 분양신청 통지를 생략할 수 있다(법 제72조 제1항 단서).

(2) 분양신청의 통지 상대방

사업시행자는 '토지등소유자'에게 분양신청을 통지하여야 한다.

재건축조합의 경우 조합설립동의서를 조합에 제출한 조합원에 한해서만 통지대상이다.[31] 이에 반해 문구 해석상 조합원뿐만 아니라 미동의자들에게도 분양신청을 통지하여야 한다는 견해도 있다.

공유자인 경우 조합은 공유자 전원에게 분양신청을 통지해야 한다.[32]

---

29) 부칙(2025. 1. 31.) 제3조 : 2025. 5. 1. 이후 사업시행인가의 고시가 있는 경우부터 적용함.
2025. 4. 30. 이전 사업시행인가의 고시가 있는 사업장은 120일이 적용됨.

30) 광주고등법원 2020. 4. 24. 선고 2019누12530 판결

31) 대법원 2023. 6. 29. 2022두56586 판결은 '조합원인 토지 등 소유자'라는 표현을 사용하고 있음.

토지등소유자 앞으로 발송된 분양신청통지서가 '수령권한 없는 자'에 의해 수령되었거나, '주거지가 아닌 곳'으로 발송된 경우 위 분양신청통지는 적법하게 이루어졌다고 볼 수 없다.[33)]

(3) 분양신청통지와 공사도급계약

분양통지 및 분양공고 이전 조합과 시공사 사이에 공사도급계약에 있어서 필요한 기본적인 사항들을 모두 합의한 상태에서 추가비용에 관한 부분에 대한 협의만이 마무리되지 않은 경우 단순히 시공사와의 계약체결이 분양공고 및 분양신청 후에 이루어졌다는 사정만으로 관리처분계획이 위법하다고 볼 수 없다고 판시한 사례가 있다.[34)]

2. 분양신청 통지방법 등

(1) 분양신청의 통지방법

조합은 조합원에게 등기우편등으로 개별 통지하여야 하며, 등기우편등이 반송되는 경우에는 1회에 한하여 일반우편으로 추가 발송하여야 한다. 등기우편등에는 등기우편 및 기타 발송이 증명되는 우편이나 우체국택배 등 우편물의 안전한 송달을 보증할 수 있는 방법을 포함한다(서울시 재개발 표준정관 제8조 제2항 제1호).

고지・공고방법의 규정은 조합원의 주소지 등 적법한 송달장소로 등기우편에 의하여 조합원의 권리・의무에 관한 사항을 발송하였으나 송달불능된 경우에는 일반우편으로 1회 더 추가로 발송하는 것으로써 해당 고지의 효력을 인정하겠다는 의미이다.[35)]

분양신청 통지는 토지등소유자에게 도달한 때, 즉 그 재배권 내에 들어간

---

32) 서울고등법원 2023. 6. 15. 선고 2022누55493 판결
33) 대법원 2011. 1. 27. 선고 2008두14340 판결, 서울행정법원 2010. 10. 22. 선고 2008구합2569 판결
34) 대법원 2012. 8. 23. 선고 2010두13463 판결
35) 대법원 2014. 11. 13. 선고 2011두2446 판결

때에 효력이 생긴다.[36] 우편물이 등기취급의 방법으로 발송된 경우 그것이 도중에 유실되었거나 반송되었다는 등의 특별한 사정에 대한 반증이 없는 한 그 무렵 수취인에게 배달됐다고 추정할 수 있다.[37]

등기우편이 반송되었음에도 불구하고 1회에 한하여 일반우편으로 추가 발송하지 않은 경우 통지의 하자가 된다.[38]

조합이 등기우편으로 조합원명부에 기재된 조합원의 주소지로 발송한 분양신청 안내문이 반송되자 '위 주소지가 아닌 부동산등기부상 주소지'로 일반우편을 통하여 분양신청 안내문을 발송한 사안에서 조합원 명부상 주소로 일반우편을 보내지 않아 위법하다고 판단한 사례가 있다.[39]

(2) 분양신청기간 연장의 통지

분양신청기간이 연장된 경우 당초 분양신청기간의 통지절차와 같이 토지등소유자에게 분양신청의 기회를 보장하여야 할 필요성은 동일하므로, 분양신청기간의 연장은 조합원의 권리·의무에 관한 사항이 변동된 경우에 해당하므로, 조합의 정관에 따라 조합원들에게 등기우편으로 개별 고지하여야 한다. 즉 '분양신청기간이 연장'된 경우 조합은 미분양신청자들에게 분양기간 연장을 통지하여야 한다.[40]

(3) 조합원의 직접 수령

조합원이 통지내용물을 직접 수령하기를 원하는 경우 해당 조합원에게 직접 전달하고 해당 조합원으로부터 그 수령을 확인하는 서면을 받는 방법으로 통지할 수 있다(서울시 재개발 표준정관 제8조 제2항 제1호 단서).

분양신청 통지를 누락한 경우에도 분양신청기간 중 조합사무실에서 분양신청 안내 책자를 수령한 점 등에 비추어 분양신청기회를 보장하였다고 판시한

---

36) 대법원 1989. 1. 31. 선고 88누940 판결
37) 대법원 2017.3.9. 선고 2016두60577 판결
38) 서울행정법원 2008. 10. 28. 선고 2008구합26398 판결, 광주지방법원 2019. 3. 21. 선고 2018구합11647 판결(1회 추가 발송안함 - 현금청산자 지정은 위법)
39) 서울행정법원 2017. 6. 2. 선고 2015구합11905 판결
40) 수원지방법원 2020. 2. 6. 선고 2019구합63578 판결, 서울행정법원 2020. 4. 24. 선고 2019구합59455 판결

사례가 있다.[41]

(4) 조합원의 주소변경 등

조합원이 대표조합원, 대리인 또는 조합원의 성명・주민등록번호・주소・연락처・인감 등을 변경한 경우에도 조합원은 조합원변경 신고서를 제출하여 조합에 신고하여야 한다. 이 경우 신고하지 아니하여 발생되는 불이익 등에 대하여는 해당 조합원은 조합에 대항하거나 이의를 제기할 수 없다(서울시 재개발 표준정관 제11조 제3항).

1차 분양신청 안내문은 수령하였으나, 조합원이 주소 변경신고 등을 하지 않아 2차 분양신청 안내문을 수령하지 못한 경우 조합의 통지의무를 적법하게 이행하였다고 인정한 사례가 있다.[42]

등기우편이 반송되었다고 해서 조합이 조합원의 신고한 주소가 실제 주소인지 확인하여 다시 고지하거나, 주민등록법 제29조, 같은 법 시행령 제47조 등의 규정에 따라 조합원의 주소지를 관할하는 구청장·동장 등에게 조합원의 주민등록표 열람 또는 등·초본의 교부 등을 요청하여 조합원의 실제 주소를 파악하거나 또는 조합원의 연락처 등을 통해 조합원과 실제로 연락을 취하여야만 비로소 유효한 고지의 효력이 발생한다고 볼 수는 없다.[43]

이에 반해 조합은 조합원이 분양신청권한을 적절하게 행사할 수 있도록 주의의무를 다하여 성실하게 노력하여야 하고,[44] 조합은 동장 등에게 주민등록표 열람 또는 등, 초본의 교부 등을 요청하여 조합원의 주소를 파악하고자 시도하거나 조합원의 주소지를 방문하여 그곳의 이해관계인을 통하여 조합원의 연락처를 파악하는 등의 노력을 하여야 한다고 판시한 사례가 있다.[45]

---

41) 서울고등법원 2023. 6. 15. 선고 2022누55493 판결, 서울고등법원 2019. 11. 28. 선고 2019누42459 판결 : 정관에서 정한 고지, 공고 방법 이외 개별적으로 합리적인 조치를 취한 예(전화 통화, 문자메세지 발송 등), 광주고등법원 2020. 4. 24. 선고 2019누12530 판결(용역직원을 통해 직접 전달)
42) 서울고등법원 2013. 6. 20. 선고 2012누30259 판결
43) 서울고등법원 2022. 10. 19. 선고 2022누34137 판결
44) 서울고등법원 2010. 12. 24. 선고 2010누15683 판결
45) 서울행정법원 2008. 12. 3. 선고 2008구합30588 판결

(5) 조합원이 변경된 경우

조합원이 변경된 경우 새로운 조합원은 부동산 등기사항증명서 등 증빙서류를 첨부하여 별지 제3호서식에 따른 조합원변경 신고서를 제출하여 조합에 신고하여야 한다. 이 경우 신고하지 아니하여 발생되는 불이익 등에 대하여는 해당 조합원은 조합에 대항하거나 이의를 제기할 수 없다(서울시 재개발 표준정관 제11조 제3항).

부동산의 양도·양수후 양수인이 '권리변동신고를 하지 않았다면' 조합이 전 조합원인 양도인에게 분양신청을 통지한 것도 적법하다.

조합원 지위가 승계되었음에도 승계조합원이 아닌 '종전 조합원'에게 발송된 경우 위 분양신청통지는 적법하게 이루어졌다고 볼 수 없다.[46]

정비구역 내 부동산을 매도하는 조합원은 매수인에게 분양신청에 관한 개별통지가 이루어졌는지, 분양신청을 하였는지 여부 등을 고지하여야 할 의무가 있다. 그러나 조합이 조합원과 제3자 사이에 체결된 계약의 구체적 이행내용까지 파악하여 매수인의 권리보호를 위하여 매수인에게 개별적 통지 등의 조치를 취하여야 할 의무가 있는 것은 아니다. 그러므로 매수인이 조합에 권리변동신고를 할 당시 조합이 매수인에게 분양신청에 관한 별도의 추가적 안내를 하지 않았다고 하더라도 위법하다 볼 수 없다.[47]

(6) 해외 거주 조합원에게 국내 주소로 분양신청을 통지한 경우

① 부동산의 등기사항증명서에 조합원의 주소가 조합이 통지한 건물의 주소로 기재되어 있는 점, ② 달리 국내에 위 건물 외에 조합원의 주소 또는 거소가 있다고 볼 만한 사정도 없는 점(조합원은 1996. 6.경 외국으로 이주하기 전까지는 위 건물에 거주하였고 외국으로 이주한 후에는 한국에 장기간 머문 사실이 없어 국내 주소 및 거소가 없음), ③ 재개발조합이 분양신청 통지를 할 당시 위 건물에 조합원의 모친이 거주하였던 점, ④ 조합원의 주소 변경이 항상 발생할 수 있는 상황에서 재개발조합이 일부 조합원의 주소를 적극적으로 조회할 것을 기대하기도 어려운 점 등에 비추어, 조합원으로부터 주소 변경

46) 대법원 2011. 1. 27. 선고 2008두14340 판결, 서울행정법원 2010. 10. 22. 선고 2008구합2569 판결
47) 서울행정법원 2019.12.13. 선고 2018구합78626 판결

사실을 신고받지 못한 재개발조합으로서는 조합원의 마지막 주소인 위 건물을 조합원의 송달장소로 볼 수밖에 없다. 이에 재개발조합이 조합원의 위 건물 주소로 분양신청을 통지한 것은 적법하다.[48]

3. 분양신청 통지 사항

(1) 분양신청 통지 사항

분양신청의 통지사항은 아래와 같다(법 제72조 제1항, 시행령 제59조제2항).

① 분양대상자별 종전의 토지 또는 건축물의 명세 및 사업시행계획인가의 고시가 있은 날을 기준으로 한 가격
사업시행계획인가 전에 철거된 건축물은 시장·군수등에게 허가를 받은 날을 기준으로 한 가격

② 분양대상자별 분담금의 추산액

③ 분양신청기간

④ 사업시행인가의 내용

⑤ 정비사업의 종류 · 명칭 및 정비구역의 위치 · 면적

⑥ 분양신청기간 및 장소

⑦ 분양대상 대지 또는 건축물의 내역

⑧ 분양신청자격

⑨ 분양신청방법

⑩ 토지등소유자외의 권리자의 권리신고방법

⑪ 분양을 신청하지 아니한 자에 대한 조치

⑫ 분양신청서

⑬ 그 밖에 시 · 도조례로 정하는 사항

서울시 조례는 ① 분양신청 안내문, ② 철거 및 이주 예정일을 통지 및 공고사항으로 정하고 있다(서울시 조례 제32조 제2항).

48) 서울행정법원 2024. 8. 23. 선고 2023구합69091 판결

(2) 종잔자산 평가금액의 통지

조합원 분양공고 전에 종전자산평가 결과와 부담금 내역을 조합원에게 통지하고, 조합원은 이를 토대로 분양신청을 하도록 함으로써 조합과 조합원간 분쟁을 방지하고 조합원의 권익을 보호하기 위해 분양신청 이전 사업시행자의 토지등소유자들에 대한 종전자산 평가금액 통지를 의무화하였다.

분양신청시 '분양대상자별' 분담금 추산액은 통지 상대방인 토지등소유자의 분담금 추산액을 의미한다.[49] 이에 반해 전체 조합원의 종전자산 평가금액을 통지해야 한다는 견해가 있다.[50]

(3) 분양대상자별 분담금 추산액

'분양대상자별 분담금의 추산액' 또는 '개략적인 부담금 내역'을 토지등소유자에게 통지하도록 하는 취지는 사업시행자인 조합으로 하여금 분양신청을 앞둔 조합원들에게 상당한 비용을 부담하면서 주택정비사업에 참여할 것인지, 아니면 감정가에 의하여 현금으로 청산받고 주택정비사업에 참여하지 아니할 것인지를 선택할 수 있는 정보를 제공하도록 하기 위한 것이다.[51]

조합원별 부담금은 분양신청이 완료된 후 관리처분계획에 의하여 분양대상자, 청산대상자, 평형배정 등이 결정되어야 비로소 확정될 수 있는 것이다. 따라서 사업시행자는 분양신청에 대한 안내를 하는 단계에서 조합원들에게 분양신청을 할 것인지 현금청산을 받을 것인지 선택할 수 있을 정도의 개략적인 부담금 내역만을 통지하면 된다.

조합이 분양신청 통지를 하면서, ① 단위세대별 평균분양가 및 조합원 분양예정가액, ② 근린생활시설 층별 분양 예정가액, ③ 추정 비례율, ④ 조합원 분양 시 개략적인 부담금 내역(예시) 등이 포함된 '개략적인 부담금 내역'을 통지한 사안에서 위 분양신청통지가 적법하다.[52]

---

49) 서울행정법원 2025. 3. 21. 선고 2023구합85772 판결
50) 서울고등법원 2022. 6. 9. 선고 2021누66434 판결
51) 서울고등법원 2010. 10. 7. 선고 2010누919 판결, 부산고등법원 2009. 11. 20. 선고 2009누2214 판결
52) 대법원 2016. 2. 18. 선고 2015두2048 판결

(4) 최소분양단위 규모 추산액의 통지 여부

조합이 주택을 소유한 조합원들에게 상가의 '최소분양단위 규모 추산액'을 통지하지 않은 경우 이러한 사유가 분양신청 통지의 하자에 해당하는지 문제된다.

① 조합원들 중 주택 등의 소유자는 설령 근생시설에 관한 분양건축물의 최소 분양단위 규모 추산액에 미달하더라도 공동주택을 분양받을 수 있는 점, ② 공동주택과 상가에 대하여 동시에 분양신청을 할 수도 있는 점, ③ 주택 등의 소유자 중 권리가액이 최소분양단위 규모 추산액에 미달하는 경우 근생시설의 분양대상자에서 제외한 것은 종전 건축물의 용도나 권리가액과 동떨어진 무분별한 상가 분양을 최소화 하기 위한 취지로 보이는 점, ④ 재개발 사업에 있어서 근생시설의 공급은 통상적으로 그 규모가 제한적인 점 등을 비추어 보면 주택 등을 소유한 조합원들에게 근생시설에 관한 최소분양단위 규모 추산액이 통지되지 않았다고 하더라도 이것만으로는 분양신청 안내에 중대 명백한 하자가 있다고 볼 수 없다고 판시한 사례가 있다.[53]

4. 분양신청통지의 하자

(1) 분양신청통지의 하자와 관리처분계획

분양신청안내를 통지하는 절차는 조합원의 권리·의무에 관한 사항이고, 조합원에게 분양신청의 기회를 보장해 주기 위한 것으로서 관리처분계획을 수립하기 위해서는 반드시 거쳐야 할 필요적 절차이다.

사업시행자가 분양신청 통지를 함에 있어서는 도시정비법 및 그 위임에 의하여 정해진 조합의 정관 규정에 따라 통지 등 절차가 이루어져야 할 것이므로, 이러한 통지 등 절차를 제대로 거치지 않고 이루어진 관리처분계획은 위법하다.[54]

---

53) 서울행정법원 2018. 8. 17. 선고 2017구합84099 판결

54) 대법원 2011. 1. 27. 선고 2008두14340 판결, 대법원 2014. 11. 13. 선고 2011두2446 판결

조합이 조합원에 대한 분양신청의 통지가 없었거나 하자가 있다면 조합원은 정비사업에 참여할 것인지 여부에 관한 의사를 표시할 기회조차 부여받지 못한 것이므로, 도시정비법과 정관에서 정한 자격 상실 사유인 '분양신청을 하지 아니한 자'에 해당한다고 볼 수 없다. 해당 조합원은 조합원 지위를 유지하므로, 조합이 새로이 통지한 분양신청기간에 분양신청을 할 수 있고, 조합은 위 조합원을 분양자로 포함한 내용으로 관리처분계획을 변경하여야 한다.

(2) 분양신청의 통지 하자와 손해배상

조합이 조합원들에게 분양신청기간 연장을 개별적으로 통지하지 않은 경우 조합은 적법한 분양신청통지의무를 위반한 것으로서 해당 조합원들에게 손해를 배상한 사례가 있다.[55)]

5. 분양공고

사업시행자는 해당 지역에서 발간되는 일간신문에 다음에 관한 사항을 공고하여야 한다(법 제72조 제1항, 시행령 제59조 제1항).

① 사업시행인가의 내용
② 정비사업의 종류 · 명칭 및 정비구역의 위치 · 면적
③ 분양신청기간 및 장소
④ 분양대상 대지 또는 건축물의 내역
⑤ 분양신청자격
⑥ 분양신청방법
⑦ 토지등소유자외의 권리자의 권리신고방법
⑧ 분양을 신청하지 아니한 자에 대한 조치
⑨ 그 밖에 시 · 도조례로 정하는 사항

서울시 조례는 ① 분양신청 안내문, ② 철거 및 이주 예정일을 통지 및 공고사항으로 정하고 있다(서울시 조례 제32조 제2항).

55) 서울서부지방법원 2024. 11. 26. 선고 2023가단216169 판결

V. 분양신청

1. 토지등소유자의 분양신청

(1) 분양신청방법

토지등소유자는 분양신청기간에 사업시행자에게 대지 또는 건축물에 대한 분양신청을 하여야 한다(법 제72조 제3항). 분양신청을 하고자 하는 자는 분양신청서에 소유권의 내역을 명기하고, 그 소유의 토지 및 건축물에 관한 등기부등본 또는 환지예정지증명원을 첨부하여 사업시행자에게 제출하여야 한다(시행령 제59조 제4항).

우편의 방법으로 분양신청을 하는 때에는 분양신청기간내에 발송된 것임을 증명할 수 있는 우편으로 하여야 한다(시행령 제59조 제3항). 분양신청에 있어서의 분양신청 기간 내에 분양신청이 있었느냐의 여부는 도달주의가 아닌 발송주의를 채택하고 있다.

서울시의 경우 첨부서류는 다음과 같다(서울시 조례 제32조 제3항).

① 종전의 토지 또는 건축물에 관한 소유권의 내역

② 분양신청권리를 증명할 수 있는 서류

③ 이 조례 또는 도시정비법 제2조 제11호에 따른 정관 등에서 분양신청자격을 특별히 정한 경우 그 자격을 증명할 수 있는 서류

④ 분양예정 대지 또는 건축물 중 관리처분계획기준의 범위 안에서 희망하는 대상·규모에 관한 의견서

사업시행자는 행정정보의 공동이용을 통하여 첨부서류를 확인할 수 있는 경우에는 그 확인으로 첨부서류를 갈음하여야 한다(시행령 제59조 제6항).

(2) 분양신청기간

분양신청기간은 분양신청을 통지한 날부터 30일 이상 60일 이내로 하여야 한다. 사업시행자는 관리처분계획의 수립에 지장이 없다고 판단되는 경우에는 분양신청기간을 20일의 범위에서 한 차례만 연장할 수 있다(법 제72조 제2항).

분양설계에 관한 계획의 기준일을 임의로 변경할 수 있다면 재개발·재건축 사업의 진행에 현저한 지장을 초래하고 조합원들들의 권리관계에도 큰 혼란을 초래할 우려가 있다. 따라서 위 도시정비법 제76조 제1항 제5호(분양설계기준일 = 분양신청기간 만료일)는 강행규정으로 보아야 한다.[56)]

분양신청기간에 관한 규정은 강행규정이라 할 것인바, 분양신청기간 종료 이후 분양신청자는 분양권을 가지지 못하고, 분양신청기간의 임의 연장 또는 추가분양신청은 그 효력이 없다.

조합이 임의로 분양신청기간 만료일을 정하는 것은 조합원들의 권리관계에 큰 혼란을 초래할 수 있는바, 분양신청기간은 최초 분양신청기간만료일 다음날부터 연장하는 것은 가능하나, 최초 분양신청기간만료일로부터 일정기간 이후에는 분양신청기간을 연장할 수 없다.[57)] 이에 반하여 관리처분계획의 수립에 혼란을 초래하지 않는다면 분양신청기간 만료후 일정 기간 내(1개월 내) 다시 분양신청을 연장하여도 가능하다는 견해도 있다.

분양신청만료일이 토요일이거나 공휴일인 경우 조합은 분양신청기간 만료일을 공휴일 다음날로 정하거나 공휴일 당일로 정할 수 있는바, 만약 조합이 '토요일 또는 공휴일 당일 만료' 되는 것으로 정하였다면 조합은 공휴일 다음날 분양신청한 조합원을 현금청산자로 정할 수 있다고 판시한 사례도 있다.[58)]

분양신청기간을 정하면서 분양신청시간을 '오전 10시부터 오후 6시까지'로 정한 경우 조합이 분양신청 접수업무를 통상적인 업무시간에 수행할 것으로 기대하는 것이 합리적이다. 따라서 조합이 위 분양신청 만료일에 위 시간을 경과하여 분양신청한 자를 현금청산자로 분류한 것은 적법하다라고 판시한 사례가 있다.[59)]

---

56) 대법원 2002. 1. 22. 선고 2000두604 판결, 대구지방법원 2018. 10. 19. 선고 2018구합21738 판결
57) 법제처 2011. 10. 12. 회신 11-0548 해석례, 서울행정법원 2021. 8. 11. 선고 2020구합65418 판결(분양신청기간 연장은 분양신청기간이 경과되기 전에 적법한 절차를 거쳐 분양신청기간 연장결의를 해야 함)
58) 서울고등법원 2018. 11. 16. 선고 2018누52718 판결
59) 서울고등법원 2019. 7. 12. 선고 2019누36164 판결

(3) 재건축사업과 미동의자의 동의

재건축사업에서 조합설립에 동의하지 아니한 토지등소유자는 분양신청기간 종료일까지 조합설립동의서를 조합에 제출하여 조합원이 될 수 있다(서울시 재건축 표준정관 제10조 제1항).

미동의자는 매도청구소송중에 있거나 매도청구소송이 확정되어 부동산소유권이 재건축조합에게 이전되지 안았다면 재건축조합에 조합설립동의서를 제출하고 조합원이 될 수 있다.[60)]

(4) 담보신탁과 분양신청

담보신탁의 경우 위탁자에게 조합원의 지위를 인정하는 것이 타당하고, 조합원으로서 갖는 본질적 권리는 분양신청권이라고 할 것이므로, 위탁자는 토지의 소유자로서 분양신청권을 행사할 수 있다. 또한 사업시행계획 인가 전부터 신탁계약을 해지하여 소유권을 회복한 위탁자는 조합원 지위를 회복하고 단독으로 분양신청권을 갖는다.[61)]

(5) 가처분결정과 분양신청

갑은 을로부터 재개발구역내 부동산을 매수하면서 '매도인이 매수인에게 분양자격을 승계한다'는 특약을 하였다. 을은 재개발조합의 분양신청기간내 분양신청을 하지 않았고, 이에 갑은 법원에 가처분신청을 하였으며, 법원은 '을은 재개발조합에게 분양신청의 의사표시를 이행하라'는 가처분결정을 하였으며, 위 가처분결정문은 재개발조합에게 송달되었다. 분양신청기간이 종료된 후 갑은 해당 부동산에 관한 소유권이전등기를 경료하였다.

위 가처분 결정이 재개발조합이 정한 분양신청기간 내에 재개발조합에게 도달한 이상 을이 재개발조합이 제시하는 분양신청 방법에 의하여 분양신청을 한 것으로 간주된다. 따라서 위 부동산의 소유권을 이전받음으로써 을의 지위를 승계한 갑은 재개발조합의 조합원 지위에 있다.[62)]

---

60) 대법원 2022. 8. 11. 선고 2022다237234, 2022다237241 판결,
61) 서울행정법원 2022. 11. 25. 선고 2021구합77234 판결, 대법원 2015. 6. 23. 선고 2014두6784, 2014두6791 판결
62) 서울행정법원 2025. 1. 10. 선고 2024구합64956 판결

(6) 분양신청 접수거부와 손해배상

도시정비법 제76조 제1항 제7호 라목에 의거 '가격의 범위'에서 2주택을 공급할 수 있는바, 조합원이 25평형 + 54평형의 분양신청을 하였으나, 조합이 25평형 + 54평형 분양신청이 불가함을 이유로 위 분양신청을 거부한 사안에서 조합이 조합원의 평형분양신청 기회를 박탈하여 위법하다고 판시하였다.63)

(7) 분양신청기간내 분쟁이 있는 경우

분양신청기간을 전후하여 재건축조합과 조합원 사이에 분쟁이 있어서 조합원이 분양신청을 할 수 없었던 경우에는 해당 조합원은 조합이 지정한 추가 분양신청기간에 분양신청을 할 수 있다.64)

2. 투기과열지구내 분양신청 제한

(1) 분양신청 제한

투기과열지구의 정비사업에서 관리처분계획에 따라 조합원 분양분 또는 일반 분양분의 분양대상자 및 그 세대에 속한 자는 분양대상자 선정일부터 5년 이내에는 투기과열지구에서 분양신청을 할 수 없다(법 제72조 제6항).65)

조합원 분양분의 분양대상자는 최초 관리처분계획 인가일로부터 5년이내 투기과열지구에서의 분양신청이 제한된다.

---

63) 서울고등법원 2020. 12. 24. 선고 2019누55516 판결

64) 대법원 2013. 9. 26. 선고 2011다16127 판결

65) 부칙(2017. 10. 24.) 제4조 부칙(2017. 2. 8.) 제37조의2 : 2017. 10. 24. 이전에 투기과열지구의 토지등소유자는 종전의 규정에 의함
다만 다음 각호의 어느 하나에 해당하는 경우 개정된 법이 적용됨.
1. 토지등소유자와 그 세대에 속하는 자가 2017. 10. 24. 이후 투기과열지구의 정비사업구역에 소재한 토지 또는 건축물을 취득하여 해당 정비사업의 관리처분계획에 따라 조합원 분양분의 분양대상자로 선정된 경우
2. 토지등소유자와 그 세대에 속하는 자가 2017. 10. 24. 이후 투기과열지구의 정비사업의 관리처분계획에 따라 일반 분양분의 분양대상자로 선정된 경우

판결사례 : 서울행정법원 2020. 10. 16. 선고 2020구합58229 판결

도시정비법 제72조 제6항에 규정된 "그 세대에 속한 자"는 분양대상자와 주거와 생계를 같이하는 사람을 의미한다. 갑은 A건물에서 거주하고, 갑의 아들인 병은 B건물에서 거주하였다. 병은 2020. 7. 1. 재개발조합의 일반분양대상자로 당첨되었고, 갑은 2020. 8. 28. 분양신청을 하였다. 갑의 배우자 을은 2018. 1. 18. B 건물에 전입하여 병과 함께 거주하였고, 2020. 12. 4. A건물로 다시 전입신고한 후 갑과 함께 거주하고 있다. 갑의 분양신청일인 2020. 8. 28. 기준으로 병과 함께 주거 및 생계를 같이하지 않았으므로, 갑은 분양신청을 할 수 있다.[66]

투기과열지구 재개발사업의 정비구역 내 주택을 A와 B가 공유하고 있고, A가 다른 정비사업 분양대상자등에 해당하여 분양신청을 할 수 없는 경우에는 B가 다른 정비사업 분양대상자등에 해당하지 않더라도 도시정비법 제72조 제3항에 따른 분양신청을 할 수 없다.[67]

분양신청제한은 도시정비법에 의한 정비사업의 분양권에 적용되는바, 소규모주택정비법에 따라 분양권을 취득한 경우 도시정비법에 따른 분양권 취득이 제한되지 않는다.

(2) 상속, 결혼, 이혼의 경우

상속, 결혼, 이혼으로 당해 정비구역내 조합원 자격을 취득한 경우에는 분양신청 제한을 받지 않으므로 분양신청을 할 수 있다. '상속, 결혼, 이혼'은 '분양대상자 선정일 이후'에 발생한 것만을 의미한다.[68]

투기과열지구의 A 정비사업의 분양대상자등이 A 정비사업 분양대상자 '선정일 전'에 투기과열지구의 'B 정비사업의 조합원 자격을 상속'으로 취득한 경우, 도시정비법 제72조 제6항 단서를 적용할 수 없으므로, A 정비사업의 분양대상자 선정일부터 5년 이내에 B 정비사업의 분양신청을 할 수 없다.[69]

---

66) 수원고등법원 2023. 6. 21. 선고 2022누13585 판결, 대법원 2025. 3. 27. 선고 2022두50410 판결
67) 법제처 2022. 8. 31. 회신 22-0524호 사례
68) 수원지방법원 2022. 7. 7. 선고 2022구합60494 판결
69) 법제처 2022. 2. 8. 회신 21-0887호 사례

(3) 투기과열지구 해제 또는 합의 해제

관리처분계획 인가 당시 정비구역이 있는 지역이 투기과열지구로 지정·공고된 이후 투기과열지구가 해제된 경우 분양신청 자격이 인정되는지 문제된다. 도시정비법 등이 투기과열지구에서 해제되면 도시정비법 제72조 제6항의 적용을 소급하여 배제하는 규정을 두지 않았으므로, 해당 조합원에게 소급하여 분양신청 자격을 인정할 수도 없다.[70]

갑은 을에게 부동산을 매도하였고, 을이 도시정비법 제72조 제6항에 의거 분양신청을 할 수 없게 되었으며, 이에 갑과 을은 매매계약을 합의해제한 후 갑이 조합에 분양신청을 한 사안에서 갑은 을의 현금청산자의 지위를 승계할 뿐 조합원 지위를 회복할 수 없다고 판시한 사례가 있다.[71]

(4) 분양신청 제한 사례

국토교통부장관은 2017. 8. 3. 서울특별시 전역(25개구)을 투기과열지구로 지정하였고, 도시정비법 제74조 제6항이 2018. 2. 9.부터 시행되었다[부칙(제14943호, 2017. 10. 24) 제1조].

갑은 2014. 5. 30. 병 조합의 재개발구역내 제1주택을 취득하였고, 갑은 2015. 12. 30. 병 조합에게 분양신청을 하였으며, 병 조합은 2018. 5. 10. 관리처분계획인가를 받았다. 갑은 2019. 12. 23. 위 제1주택을 매도하였다.

갑은 2020. 10. 19. 을 조합의 재개발구역내 제2주택을 취득하였고, 2021. 6. 경 을 조합에게 분양신청을 하였으나, 을 조합은 도시정비법 제76조 제6항을 근거로 갑을 현금청산자로 분류하였다.

갑은 도시정비법 제72조 제6항 시행 이후로서 병 재개발구역 사업의 '최초 관리처분계획 인가일' 인 2018. 5. 10.에 병 재개발구역 사업의 분양대상자로 선정된 이상, 그로부터 5년 이내에 분양신청 절차를 개시한 을 재개발사업에 관하여는 분양신청을 할 수 없다.[72]

---

70) 수원고등법원 2023. 7. 21. 선고 2022누12926 판결
71) 서울행정법원 2023. 5. 26. 선고 2022구합72939 판결
72) 서울행정법원 2024. 7. 4. 선고 2022구합71424 판결

(5) 해석상 허용 사례

갑은 1993년 12월 G아파트를 취득하였고, 2020년 4월 자녀인 을에게 증여하였다. 갑의 아내인 병은 1987년 11월 J아파트를 취득하였고, J아파트는 투기과열지구로 지정되었으며, 2018년 7월 병을 분양대상자로 하는 관리처분계획이 인가되었다. G아파트 재건축조합은 2021년 3월 사업시행인가를 득한 후 2021년 11월 분양신청을 통지하였고, 을은 분양신청을 하였다. 을는 혼인 후 분가해 별도 세대를 이루다가 부모 집으로 전입신고를 하여 하나의 세대를 이루고 있다. 위 사안에서 세대 구성원에게 자신이 종래부터 보유하던 부동산 소유권을 이전하여 세대 내에서 분양신청을 할 수 있는 사람이 변경되는 것에 불과할 뿐 단기 투기수요와는 무관하다는 이유로 위 을에게 분양권을 인정한 사례가 있다.[73)]

(6) 현금청산절차

분양신청 제한사유에 해당하는 자는 도시정비법 제73조에 의거 현금청산을 받게 된다(법 제73조 제1항 제3호).

3. 사업시행변경인가와 재분양신청

(1) 현금청산자에 대한 재분양신청

사업시행자는 분양신청이 종료된 이후 사업시행변경인가를 득하였다면 일정한 요건하에 현금청산자들을 대상으로 재분양신청을 할 수 있다.

재분양신청의 요건은 다음과 같다(법 제72조 제4항, 제5항).[74)]

① 분양신청기간 종료 후 사업시행계획인가의 변경으로 세대수 또는 주택규모가 달라지는 경우(경미한 사항의 변경 제외)

② 정관등으로 정하고 있거나 총회의 의결을 거친 경우

재분양절차가 허용되는 현금청산자는 ① 분양신청을 하지 아니한 자, ② 분

73) 서울행정법원 2023. 5. 12. 선고 2022구합84116 판결

74) 2017. 2. 8. 도시정비법 전면개정시 도입되었음.

양신청기간 종료 이전에 분양신청을 철회한 자에 한한다.

(2) 총회의 의결정족수

현금청산자에게 재분양신청기회를 부여한 도시정비법 제72조 제4, 5항은 2017. 2. 8. 도시정비법 개정으로 신설되었고, 이때 의결정족수에 관한 아무런 규정을 두고 있지 않았는바, 현금청산대상자에게 분양신청 기회를 부여하는 총회의 의결은 일반정족수인 '조합원 과반수의 출석과 출석 과반수 찬성' 으로 가능하다.[75]

이에 반해 도시정비법 제40조 제3항 제1호, 제2호 및 제8호의 규정을 유추적용하여 조합원 3분의 2 이상의 동의가 필요하다는 견해도 있다.

현금청산자는 분양신청기간 만료일 다음날 조합원 지위를 상실하였으므로, 현금청산자는 위 총회 의결권자에서 제외된다.

2017. 2. 8. 도시정비법의 개정으로 현금청산자에게 재분양신청기회를 부여하기 이전 대법원은 법령의 해석을 통해 '조합원의 자격에 관한 사항'이나 '조합의 비용부담'이 당초 재건축결의 당시와 비교하여 볼 때 조합원들의 이해관계에 중대한 영향을 미칠 정도로 실질적으로 변경된 경우에는 비록 그것이 정관변경에 대한 절차가 아니라 하더라도 특별다수의 동의요건을 정한 규정을 유추적용하여 조합원 3분의 2 이상의 동의가 있으면 가능하다고 해석하였다.[76]

(3) 조합의 재분양신청에 관한 재량권

최초 사업시행계획의 주요 부분에 해당하는 공동주택의 면적, 세대수 및 세대별 면적 등이 '실질적으로 변경' 되어 최초 사업시행계획이 효력을 상실한다고 하더라도, 이는 사업시행계획 변경시점을 기준으로 최초 사업시행계획이 '장래를 향하여 실효된다' 는 의미일 뿐, 그 이전에 이루어진 종전자산가격

75) 부산고등법원 2025. 1. 17. 선고 2024누21553 판결

76) 대법원 2012. 11. 15. 선고 2010다7430 판결, 대법원 2014. 5. 29. 선고 2011두33051 판결, 대법원 2014. 8. 20. 선고 2012두5572 판결, 대법원 2014. 8. 20. 선고 2012두23686 판결

의 평가 또는 분양신청절차에 어떠한 영향을 미친다고 볼 수 없다.[77] 따라서 사업시행자는 다시 분양공고 및 분양신청절차를 이행할 의무가 없다.

당초 사업시행계획이 뒤에 수립·인가된 사업시행변경계획에 따라 변경되었다고 하더라도 그러한 이유만으로 사업시행자가 조합원 전원을 상대로 반드시 분양공고 및 분양신청 절차를 다시 거쳐야하는 의무를 부담하지는 않는 것이고, 다만, 다시 분양공고 및 분양신청 절차를 거칠 것인지 여부는 사업시행자의 재량에 맡겨져 있는 것으로 해석된다.[78]

(4) 재분양신청기회 부여와 권리 제한

법령에 의하여 조합원 지위가 인정되는 조합원들 사이에 권리의 차등을 두는 내용의 총회 결의는 특별한 사정이 없는 이상 무효이다. 그러나, 정관의 규정에 의하여 비로소 조합원 지위가 인정되는 조합원의 권리 내용에 대해서는 정관에서 이를 제한할 수 있다. 따라서 분양신청을 하지 아니하여 분양신청기간 만료일 다음 날에 조합원 지위를 상실한 사람들에게 조합 총회에서 다시 조합원 지위를 부여하기로 결의하면서 그들의 권리 내용을 제한할 수 있다.

피고 조합이 분양신청기간에 분양신청을 하지 않아 조합원 지위를 상실한 현금청산대상자들에게 잔여분에 대하여 추가분양 신청기회를 부여한 것은 적법하다.[79]

4. 조합원 평형변경 신청

(1) 조합원의 평형변경 신청

조합원이 분양신청기간내 110㎡형 아파트를 분양신청하였으나 분양신청기간 만료일 이후에 84㎡형 아파트로 분양평형을 변경하고자 하는 사례가 많다.

---

77) 대법원 2016. 2. 18. 선고 2015두2048 판결
78) 서울고등법원 2023. 7. 13. 선고 2022누49313 판결, 의정부지방법원 2021. 2. 9. 선고 2020구합195 판결
79) 대법원 2014. 8. 20. 선고 2012두5572 판결

분양신청결과 각 평형별 분양신청자 수가 조합원 공급대상인 평형별 세대수에 미달할 경우(신축 평형 수가 조합원 분양신청 수 보다 많을 경우) 조합이 분양대상 조합원 자격을 갖추고 분양신청기간 내에 분양신청을 함으로써 분양대상 조합원이 된 사람들에 대하여 관리처분계획 수립을 위한 조합 총회 결의 전에 그 '분양신청 내용을 변경' 할 기회를 부여할 수 있다.[80)]

분양평형의 변경은 도시정비법 제72조의 분양신청에 해당하지 않고, 도시정비법상 별도의 규정을 두고 있지 않으므로, 조합은 조합원의 분양평형 변경을 관리처분을 위한 총회 이전까지 접수한 후 위 변경된 평형에 따라 관리처분을 수립하면 될 것이다.

(2) 평형변경 미신청자와 조합원 지위 유지

평형변경신청기간 중에 종전 분양미신청자에게 추가 분양신청 기회를 제공하는 것은 정비사업에서 관례적으로 이루어지고, 이는 호의적 차원에서 허용된다. 따라서 추가분양기회를 부여한 사정만으로는 이 사건 평형(분양)변경신청 공고를 새로운 분양신청 공고로 볼만한 근거가 되지 아니한다.[81)]

평형변경신청 안내서에서 '평형 변경신청기간 내에 신청하지 아니한 조합원은 기존 분양신청 내용에 근접한 평형을 배정할 것이다.' 라고 기재한 경우 조합원의 지위를 그대로 인정하여 기존 분양신청 내용에 근접한 평형을 배정한다고 해석되므로, 평형변경신청을 하지 않은 조합원을 현금청산자로 분류해서는 아니된다.[82)]

(3) 평형변경 신청기간의 임의 연장

총회에서 (재)분양신청기간 또는 평형변경 기간을 35일로 한정하여 결의하였음에도 불구하고 총회나 이사회의 결의 없이 위 기간을 임의로 연장한 것은 위법하다. 평형변경 기간 만료 이후 임의 평형변경은 기존 분양신청자 수가 조합원 공급대상인 평형별 세대수에 미달하는 부분까지만 허용된다할 것인데, 기존의 분양신청자가 1순위로 분양신청한 120㎡형이 아니라 후순위가 되어 59

80) 대법원 2014. 8. 20. 선고 2012두5572 판결
81) 서울고등법원 2015. 5. 26. 선고 2015누31048 판결
82) 서울행정법원 2017. 1. 11. 선고 2016구합78974 판결

㎡형을 분양받게 되는 불이익을 받았다면 위 임의로 연장한 평형변경신청은 위법하다.[83]

(4) 일부 조합원에 대한 평형변경 제한

기존 분양신청기간 동안 분양 신청한 평형에 대하여 평형변경신청을 허용하기로 관리처분계획을 수립하였다면 이는 종전부터 조합원이던 자에 대하여만 평형변경 신청권을 부여함으로써 관리처분계획인가일 이후에 양도 등으로 조합원 자격을 취득한 자의 조합원으로서의 권리를 부당하게 제한하여 도시정비법과 조합 정관의 내용에 반하는 결의이다.[84]

5. 사업시행인가의 무효와 분양신청

(1) 사업시행인가처분의 무효와 분양신청

사업시행계획의 하자가 '취소사유'에 불과하고 법령상의 '불복기간이 도과' 되었다면 토지등소유자는 사업시행인가의 하자를 다툴 수 없으므로, 조합은 사업시행인가의 하자에도 불구하고 새로이 분양신청절차를 진행하지 않아도 된다.

분양신청절차 및 관리처분계획은 적법한 사업시행인가를 전제로 하므로, 만약 사업시행계획에 '당연무효인 하자'가 있는 경우에는 조합은 그 사업시행계획을 새로이 수립하여 시장·군수로부터 인가를 받은 후 다시 분양신청을 받아 관리처분계획을 수립하여야 한다.[85]

(2) 분양절차의 하자와 재분양신청

'분양신청절차의 하자'로 인하여 관리처분계획 또는 인가처분이 취소되거나 무효로 된 경우 사업시행자는 적법한 절차에 따라 다시 분양신청을 받아

83) 서울행정법원 2021. 8. 11. 선고 2020구합65418 판결
84) 수원지방법원 2021. 11. 25. 선고 2021구합68446 판결
85) 대법원 2011. 12. 8. 선고 2008두18342 판결

관리처분계획을 수립하여야 할 것이다.86)

그러나 관리처분계획의 취소사유가 분양신청절차의 하자가 아닌 다른 사유라면 분양신청절차 자체는 적법하므로, 별도로 분양신청절차를 거치지 않아도 된다.

(3) 관리처분계획의 변경과 재분양신청

관리처분인가 이후 관리처분계획의 변경을 수립함에 있어 변경된 관리처분계획이 종전 관리처분계획의 일부 내용을 수정, 보완하는 것이라면 사업시행자는 관리처분변경을 위해 새로이 분양신청절차를 이행하지 않아도 된다.87)

조합은 당초 관리처분계획의 주요 부분을 '실질적으로 변경'하는 내용으로 관리처분계획변경인가를 받았다고 하더라도 도시정비법 제72조에 따라 새로이 분양공고를 하여 조합원들로부터 분양신청을 받아야 한다거나 새로이 조합원들과 분양계약을 체결하여야 한다고 볼 수 없다.

---

86) 서울고등법원 2010. 10. 7. 선고 2010누919 판결

87) 서울고등법원 2010. 4. 29. 선고 2009누18648 판결

제2절 관리처분계획인가 일반

I. 관리처분계획의 의의

1. 관리처분계획의 의의

관리처분계획은 사업시행자가 분양신청의 현황을 기초로 조합원이 출자한 종전 자산에 대한 평가방법, 신축 건축물과 그 대지에 대한 조합원 배분기준, 정비사업비의 추산액, 현금청산방법, 정비기반시설의 귀속방법 등을 정하는 포괄적 행정계획이다.[88)]

관리처분계획에는 분양신청의 현황을 기초로 한 분양설계, 분양대상자의 주소 및 성명, 분양대상자별 분양예정인 대지 또는 건축물의 추산액, 분양대상자별 종전의 토지 또는 건축물의 명세 및 사업시행인가의 고시가 있은 날을 기준으로 한 가격, 정비사업비의 추산액 및 그에 따른 조합원 부담규모 및 부담시기 등의 내용이 포함된다.

관리처분계획은 정비사업조합의 조합원이 출자한 기존의 토지 및 건축물을 평가하고 사업시행 후 분양하는 신축건물과 시공계약 등에 따라 발생한 여러 비용부담 등을 조합원들에게 합리적으로 배분하며, 분양을 원하지 아니하는 조합원에게 정산할 것을 내용으로 한다.

관리처분계획은 그 인가・고시에 따라 토지등소유자의 종전 권리를 분양받을 권리 또는 청산금지급청구권으로 변환시키고, 이전고시에 따라 그 정한대로 권리관계가 실현되는 등 조합원의 권리의무에 막대한 영향을 미치는 처분이다.

관리처분계획은 사실상 토지등소유자(조합원)가 취득한 건축물 및 대지지분

88) 서울고등법원 2004. 5. 14. 선고 2003누6100판결

이 얼마인지, 그리고 정산 받을 금액 또는 납부하여야 할 금액이 얼마인지를 가늠할 수 있는 가장 중요한 기준이 된다.

2. 관리처분계획의 법적 성격

(1) 행정처분적 성격

조합은 조합원에 대한 법률관계에서 적어도 특수한 존립목적을 부여받은 특수한 행정주체로서 국가의 감독하에 그 존립 목적인 특정한 공공사무를 행하고 있다고 볼 수 있는 범위 내에서는 공법상의 권리의무 관계에 있다.

관리처분계획의 내용에 관하여 다툼이 있는 경우에는 그 관리처분계획은 토지 등의 소유자에게 구체적이고 결정적인 영향을 미치는 것으로서 조합이 행한 처분에 해당한다.[89] 따라서 이해관계인들은 조합을 상대로 관리처분계획에 관한 취소소송을 제기할 수 있다.[90]

관리처분계획인가처분에 이르는 절차적 요건 중 하나에 불과한 총회결의 부분만을 따로 떼어내어 효력 유무를 다투는 확인의 소는 특별한 사정이 없는 한 허용되지 않는다.[91]

관리처분계획과 직접 관련이 없는 '조합원 분양계약에 대한 안내서'[92] 또는 '조합원 동·호수 추첨결과 통보 및 분양계약체결 안내'[93] 등은 조합이 행한 행정처분에 해당되지 않는다. 따라서 조합은 위 안내서 등의 하자를 이유로 행정소송을 제기할 수 없다.

---

89) 대법원 2009. 9. 17. 선고 2007다2428 전원합의체 판결, 대법원 2009. 10. 15. 선고 2008다93001 판결

90) 대법원 2022. 7. 14. 선고 2022다206391 판결, 대법원 1996. 2. 15. 선고 94다31235 전원합의체 판결, 대법원 2009. 9. 17. 선고 2007다2428 판결, 대법원 2012. 3. 22. 선고 2011두6400 전원합의체 판결

91) 대법원 2012. 3. 29. 선고 2010두7765 판결

92) 대법원 2002. 12. 27. 선고 2001두2799 판결

93) 대법원 2002. 12. 10. 선고 2001두6333 판결

(2) 관리처분계획의 재량성

관리처분계획은 정비계획, 사업시행계획과 함께 행정계획의 일종이다. 사업시행의 결과 설치되는 대지를 포함한 각종 시설물의 권리귀속에 관한 사항과 그 비용 분담에 관한 사항에 관하여 사업시행자가 작성하는 포괄적인 행정계획이다. 사업시행자는 행정계획인 관리처분계획을 구체적으로 입안·결정함에 있어 이른바 계획재량행위에 해당하여 상당한 재량이 인정된다.[94]

조합원의 지위나 그 구체적인 권리, 의무는 도시정비법 및 조합 정관에 의하여 정하여지고, 조합원의 구체적인 권리, 의무를 확정함에 조합의 재량이 개입될 여지가 적다.[95]

조합은 종전의 토지 또는 건축물의 면적·이용상황·환경 그 밖의 사항을 종합적으로 고려하여 대지 또는 건축물이 균형 있게 분양신청자에게 배분되고 합리적으로 이용되도록 그 재량을 행사해야 한다.[96]

3. 형평성 및 신뢰보호의 원칙

(1) 조합원들간 형평성 유지

주택정비사업은 주거환경이 불량한 지역을 계획적으로 정비하고, 노후·불량건축물을 효율적으로 개량하기 위하여 시행하는 것으로서 다수의 이해관계가 상충되어 토지등소유자들의 개별적이고 구체적인 이익 전부를 만족시킬 수는 없다.

관리처분계획의 내용은 종전의 토지 또는 건축물의 면적·이용상황·환경 그 밖의 사항을 종합적으로 고려하여 대지 또는 건축물이 균형 있게 분양신청자에게 배분되고 합리적으로 이용되어야 한다.

관리처분계획의 내용이 토지등소유자들 사이에 다소 불균형이 초래된다고

94) 대법원 2014. 3. 27. 선고 2011두24057 판결, 대법원 2010. 10. 28. 선고 2009두4029 판결, 대법원 2007. 4. 12. 선고 2005두1893 판결
95) 대법원 1998. 11. 27. 선고 98두12796 판결, 대법원 2010. 10. 28. 선고 2009두4029 판결
96) 대법원 2022. 7. 14. 선고 2022다206391 판결

하더라도 이에 따른 손익관계는 종전자산과 종후자산의 적정한 평가 등을 통하여 청산금을 가감함으로써 조정될 수 있다. 다만 특정 토지등소유자의 재산권을 본질적으로 침해하는 것이 허용되지 않는다.97)

(2) 관리처분계획과 신뢰보호의 원칙

일반적으로 행정상의 법률관계에 있어서 행정청의 행위에 대하여 신뢰보호원칙이 적용되기 위해서는, ① 행정청이 개인에 대하여 신뢰의 대상이 되는 공적인 견해표명을 하여야 하고, ② 행정청의 견해표명이 정당하다고 신뢰한 데에 대하여 그 개인에게 귀책사유가 없어야 하며, ③ 그 개인이 그 견해표명을 신뢰하고 이에 상응하는 어떠한 행위를 하였어야 하고, ④ 행정청이 위 견해표명에 반하는 처분을 함으로써 그 견해표명을 신뢰한 개인의 이익이 침해되는 결과가 초래되어야 하며, ⑤ 위 견해표명에 따른 행정처분을 할 경우 이로 인하여 공익 또는 제3자의 정당한 이익을 현저히 해할 우려가 있는 경우가 아니어야 한다.98)

조합이 개별 조합원과 개별 약정을 한 후 총회에서 위 약정내용을 의결하였다면 위 개별 조합원들에게 신뢰보호의 원칙이 적용되어 위 개별 약정을 위반하여 수립한 관리처분계획이 위법하다고 한 사례가 있다.99)

신뢰보호의 원칙은 행정청이 공적인 견해를 표명할 당시의 사정이 그대로 유지됨을 전제로 적용되는 것이 원칙이므로, 사후에 그와 같은 사정이 변경된 경우에는 그 공적 견해가 더 이상 개인에게 신뢰의 대상이 된다고 보기 어렵다. 따라서 특별한 사정이 없는 한 행정청이 그 견해표명에 반하는 처분을 하더라도 신뢰보호의 원칙에 위반된다고 할 수 없다.100)

---

97) 대법원 2010. 10. 28. 선고 2009두4029 판결, 대법원 2014. 3. 27. 선고 2011두24057 판결, 서울고등법원 2017. 1. 23. 선고 2016누44263 판결

98) 대법원 2001. 9. 28. 선고 2000두8684 판결, 대법원 2006. 2. 24. 선고 2004두13592 판결

99) 울산지방법원 2017. 6. 22. 선고 2016구합5338 판결

100) 대법원 2015. 1. 29. 선고 2014두3839 판결

Ⅱ. 관리처분계획(인가)에 관한 쟁송방법

1. 관리처분계획에 관한 취소소송

(1) 원고 적격

관리처분계획에 의하여 권리의무에 영향을 받는 조합원은 원고적격이 있다.[101] 종전 토지 등의 소유자가 분양신청을 한 이후에 종전 토지 등의 소유권을 취득한 자는 분양신청 없이 바로 그 관리처분계획의 내용에 대하여 다툴 수 있다.[102]

현금청산자는 분양신청기간 만료일 다음날 조합원 지위를 상실하므로, 관리처분계획의 취소를 구할 법률상의 이익이 없다.[103]

사업시행계획에 '당연무효인 하자'가 있는 경우에는 조합은 사업시행계획을 새로이 수립하여 관할관청에게서 인가를 받은 후 다시 분양신청을 받아 관리처분계획을 수립하여야 한다. 따라서 분양신청기간 내에 분양신청을 하지 않거나 분양신청을 철회함으로 인해 조합원의 지위를 상실한 토지 등 소유자(현금청산자)도 그때 분양신청을 함으로써 건축물 등을 분양받을 수 있으므로 관리처분계획의 무효확인 또는 취소를 구할 법률상 이익이 있다.[104]

재개발구역내 토지등소유자에 대한 '수용재결이 확정되지 않았다면' 수용재결이 취소되어 재개발구역내 부동산의 소유권을 회복할 가능성이 있으므로, 수용대상인 토지등소유자는 관리처분계획의 취소를 구할 법률상의 이익이 있다.[105]

그러나, 재개발사업구역내 토지등소유자가 '수용재결이 확정'된 경우 위

101) 서울고등법원 2012. 1. 26. 선고 2011누31620 판결
102) 대법원 1999. 4. 13. 선고 98두19230 판결
103) 대법원 2011. 12. 8. 선고 2008두18342 판결, 수원지방법원 2018. 9. 20. 선고 2018구합63090 판결
104) 대법원 2011. 12. 8. 선고 2008두18342 판결, 대법원 2014. 2. 27. 선고 2011두25173 판결
105) 대법원 2011. 1. 27. 선고 2008두14340 판결

토지등소유자는 관리처분계획상의 권리관계에 관하여 어떠한 영향을 받을 개연성이 없으므로, 관리처분계획의 취소를 구할 법률상의 이익이 없다.[106)]

(2) 관리처분계획인가 이전 소송형태

조합원이 조합을 상대로 관리처분계획(안)을 의결한 총회무효확인 소송을 제기할 경우 이는 행정소송법상의 당사자소송에 해당하고,[107)] 조합원과 조합 간 당사자소송은 관리처분계획에 대한 인가・고시가 있기 전 허용된다.[108)]

관리처분계획인가 이전 조합원이 조합을 상대로 총회결의의 효력을 다투는 소송을 제기한 경우 이를 본안으로 하는 가처분에 대하여는 행정소송법 제8조 제2항에 따라 민사집행법상 가처분에 관한 규정이 준용되어야 한다.[109)]

조합총회결의의 효력을 다투는 소송을 본안으로 하는 (총회효력정지)가처분의 경우 채무자는 가처분신청을 '배척하는 결정'에 대하여는 즉시항고나 이의신청 등으로 불복할 수 없고, 가처분신청을 '인용한 결정'에 대하여는 민사집행법 제283조, 제301조에 의하여 가처분결정을 한 법원에 이의를 신청할 수 있다. 그러나 민사소송법 또는 민사집행법에 의한 즉시항고로는 다툴 수 없다.[110)]

관리처분계획인가 고시가 있을 경우 원고는 총회결의무효확인소송(민사소송)을 관리처분계획의 취소소송으로 소를 변경하여야 한다.

(3) 제소기간

취소소송은 처분 등이 있음을 안 날로부터 90일 이내에 제기하여야 하는바, 관리처분계획에 대한 제소기간은 시장・군수의 관리처분계획에 대한 인가 및 그 고시가 있은 후 5일이 경과한 날부터 진행된다.[111)]

---

106) 대법원 2013. 10. 31. 선고 2012두19007 판결, 대법원 2011. 1. 27. 선고 2008두14340 판결, 서울고법 2023. 7. 13.선고 2022누49313 판결
107) 대법원 2009. 9. 17. 선고 2007다2428 전원합의체 판결, 대법원 2009. 10. 29. 선고 2008다97737 판결, 대법원 2015. 8. 21. 자 2015무26 결정
108) 대법원 2009. 10. 29. 선고 2008다97737 판결
109) 대법원 2015. 8. 21. 자 2015무26 결정
110) 대법원 2015. 8. 21. 자 2015무26 결정
111) 대법원 2010. 12. 9. 선고 2009두4913 판결, 대법원 2012. 9. 27. 선고 2011두17882 판결, 서울고등법원 2008. 11. 4. 선고 2008누8651 판결, 서울고등법원 2010.

관리처분인가의 취소를 구하는 소의 제소기간도 관리처분인가 고시가 있은 후 5일이 경과한 날부터 기산된다.112)

(4) 관리처분계획 취소 또는 무효소송의 종기

관리처분계획처분의 취소나 무효확인 판결이 확정되기 전에 이전고시의 효력이 발생하였다면 더 이상 정비사업 결과를 원상으로 되돌리는 것은 허용될 수 없으므로 '이전고시'의 효력이 발생한 후에는 원칙적으로 관리처분계획의 취소 또는 무효확인을 구할 법률상 이익이 없다.113) 관리처분계획에 대한 인가처분의 취소 또는 무효확인을 구하는 경우에도 이전고시 이후에는 법률상 이익이 없다.114)

2. 관리처분계획의 일부 취소 등

(1) 관리처분계획의 일부 취소

재개발·재건축사업에 있어 이해관계를 달리하는 조합원들간의 대립으로 인하여 관리처분계획에서 정하여진 분양받을 수 있는 권리의 내용, 분담금의 내역 등에 관하여 많은 분쟁이 발생하고 있다.

관리처분계획은 수개의 가분적 처분의 집합인 하나의 종합적인 계획이고, 관리처분계획 전체를 취소하기보다는 당해 조합원에 대한 관리처분계획 부분만을 취소할 필요성도 있으며, 주택정비사업이 완료되어 이전고시가 이루어지기 전에는 관리처분계획의 일부 변경 등이 가능한 것이므로, 관리처분계획 중 일부만에 대한 취소청구도 가능하다.115)

---

8. 26. 선고 2009누39881 판결, 서울행정법원 2010. 9. 9. 선고 2009구합46481 판결, 의정부지방법원 2009. 10. 20. 선고 2008구합2199 판결,

112) 대법원 1995. 8. 22. 선고 94누5694 전원합의체 판결, 대법원 2006. 4. 14. 선고 2004두3847 판결, 대법원 2010. 12. 9. 선고 2009두4913 판결, 의정부지방법원 2009. 10. 20. 선고 2008구합2199 판결

113) 대법원 2022. 1. 13. 선고 2021두50772 판결,, 대법원 2012. 3. 22. 선고 2011두6400 전원합의체 판결, 대법원 2012. 5. 24. 선고 2009두22140 판결

114) 대법원 2012. 5. 24. 선고 2009두22140 판결

일부취소의 청구취지의 예는 다음과 같다.

① “피고가 2007. 11. 30. 서울특별시 중구청장으로부터 인가받은 관리처분계획 중 원고에 대한 청산금 추산액을 금 1억 5천만원으로 정한 부분을 취소한다.”

② “피고가 2008. 6. 28. 서울특별시 000구청장으로부터 인가받은 관리처분계획 중 원고를 현금청산대상자로 정한 부분을 취소한다.”

③ “피고가 2008. 5. 22. 서울특별시 00구청장으로부터 인가받은 관리처분계획 중 원고 신○○, 장○○, 전○○에 대한 부분을 취소한다.”

④ “피고가 2006. 10. 26. 서울특별시 서초구청장으로부터 인가받은 관리처분계획중 원고들에 대한 ‘조합원 권리가액 산출표’의 ‘조합원 권리가액’ 부분, ‘분양대상자의 권리가액 다액순 내역서’의 ‘권리가액’ 부분, ‘관리처분계획 및 분양설계기준’의 제12조 제2호 나목 ‘무상단가’ 부분을 각 취소한다.”

(2) 관리처분계획의 일부 하자가 위 계획의 전부 무효로 되는 경우

관리처분계획의 위법을 이유로 그 취소를 구하는 사람은 자신에 관한 부분만의 취소를 구할 수도 있지만, 그 위법사유가 공통되고 자신에 관한 부분이 취소됨으로써 그 내용이 함께 변경되어야 하는 부분에 대하여도 그 취소를 구할 법률상 이익이 있다.116)

관리처분계획중 상가부분에 관하여 도시정비법 제48조 제1항 소정의 내용들이 포함되어 있지 않아 제대로 관리처분계획이 수립되지 않았고, 이러한 하자는 중대하고 위 관리처분계획 내용 자체로 객관적으로 명백하며, 새로이 상가와 관련한 관리처분계획을 수립할 경우 아파트조합원들에 대한 권리가액비율 및 분담금액도 일부 변경되어야 할 것으로 보이므로, 위와 같은 하자는 관리처분계획 전체에 영향을 미친다할 것이어서, 위 관리처분계획은 그 전부가 무효라 할 것이다.117)

---

115) 대법원 2013. 10. 24. 선고 2012두12853 판결 대법원 1995. 7. 14. 선고 93누9118 판결

116) 대법원 2010. 3. 25. 선고 2009두21277 판결

117) 대법원 2010. 12. 9. 선고 2010두4407 판결

3. 관리처분계획변경(인가)과 소의 이익 등

(1) 경미한 사항의 변경

인가받은 관리처분계획의 내용 중 경미한 사항을 변경하여 이를 신고한 경우는 물론, 그 밖의 사항을 변경하여 그 인가를 받은 경우에도 종전에 인가받은 관리처분계획 중 변경되지 아니한 부분은 여전히 존재하여 그 효력을 유지함이 원칙이다.[118] 경미한 사항의 변경시 당초 관리처분계획 중 변경되는 부분은 장래를 향하여 실효된다.[119]

관리처분인가처분과 동일한 요건과 절차가 요구되지 아니하는 경미한 사항의 변경에 대하여 행정청이 관리처분변경인가라는 형식으로 처분을 하였다고 하더라도, 그 성질은 당초의 관리처분인가처분과는 별개로 경미한 사항의 변경에 대한 신고를 수리하는 의미에 불과하다. 따라서 토지등소유자는 최초 관리처분계획 또는 인가의 취소 또는 무효를 다툴 수 있다.[120]

(2) 종전 관리처분계획의 실질적 변경

당초 관리처분계획의 경미한 사항을 변경하는 경우와는 달리 당초 관리처분계획의 주요 부분을 실질적으로 변경하는 내용으로 새로운 관리처분계획을 수립하여 시장·군수의 인가를 받아 고시된 경우에는 당초 관리처분계획은 그 효력을 상실한다.[121]

또한 당초 관리처분계획의 결의요건에 관한 하자가 있어 이를 보완하는 의미로 다시 조합총회의 결의를 거쳐 당초 관리처분계획에 대하여 시장·군수의

---

118) 대법원 2005. 7. 28. 선고 2003두9312 판결, 대법원 2014. 2. 27. 선고 2011두25173 판결

119) 대법원 2016. 6. 23. 선고 2014다16500 판결

120) 대법원 2012. 10. 25. 선고 2010두25107 판결, 대법원 2010. 12. 9. 선고 2009두4555 판결 참조

121) 대법원 2011. 2. 10. 선고 2010두19799 판결, 대법원 2012. 3. 22. 선고 2010두6400 전원합의체 판결, 대법원 2012. 3. 29. 선고 2010두7765 판결, 대법원 2013. 12. 26. 선고 2012두6674 판결, 대법원 2016. 6. 23. 선고 2014다16500 판결, 대법원 2018. 2. 13. 선고 2017두64224 판결

인가를 받은 경우에도 당초 관리처분계획은 달리 특별한 사정이 없는 한 그 효력을 상실한다.[122]

이때 당초 관리처분계획이 효력을 상실한다는 것은 당초 관리처분계획이 유효하게 존속하다가 변경 시점을 기준으로 장래를 향하여 실효된다는 의미이지 소급적으로 무효가 된다는 의미가 아니다.[123]

절차상 또는 형식상 하자로 무효인 행정처분에 대하여 행정청이 적법한 절차 또는 형식을 갖추어 다시 동일한 행정처분을 하였다면, 종전의 무효인 행정처분에 대한 무효확인 청구는 과거의 법률관계의 효력을 다투는 것에 불과하므로 무효확인을 구할 법률상 이익이 없다.[124]

따라서 관리처분변경계획의 내용이 당초 관리처분계획의 주요 부분을 실질적으로 변경한 것이거나,[125] 관리처분계획의 결의요건에 관한 하자를 보완하기 위해 다시 총회결의를 거쳐 관리처분인가를 받았다면[126] 조합원들은 최초 관리처분계획에 대한 취소 또는 무효확인을 구할 소의 이익이 없다.

4. 취소소송의 기판력 등

(1) 관리처분계획 취소소송의 기판력

판결의 효력 중의 하나인 기판력은 일단 재판이 확정된 때에는 동일한 소송물에 대하여 소송을 제기할 수 없고, 다시 제기된다고 하더라도 상대방은 이미 판결이 있는 사항이라는 항변을 할 수 있으며, 법원도 일사부재리의 원칙에 따라 다시 확정판결과 내용적으로 모순되는 판단을 하지 못하는 효력을 말한다.

---

122) 대법원 2013. 12. 26. 선고 2012두6674 판결

123) 대법원 2015. 11. 26. 선고 2014두15528 판결, 대법원 2016. 6. 23. 선고 2014다16500 판결

124) 대법원 2007. 12. 27. 선고 2006두3933 판결, 대법원 2010. 4. 29. 선고 2009두16879 판결, 대법원 2011. 2. 10. 선고 19799 판결

125) 대법원 2012. 3. 22. 선고 2011두6400 전원합의체 판결, 대법원 2012. 3. 29. 선고 2010두7765 판결, 서울고등법원 2011. 12. 8. 선고 2011누3991 판결

126) 서울고등법원 2011. 11. 10. 선고 2010누28740 판결

재개발조합의 청산금 징수액 산정에 관한 제1차 관리처분계획에 대한 취소판결이 확정된 경우, 그 기판력은 그 후 종전권리가액에 대한 비례율을 달리하여 새로 청산금 징수액을 산정한 제2차 관리처분계획의 효력에 대한 판단에는 미치지 않는다.

그러나, 확정된 취소판결의 주문에서 제1차 관리처분계획 중 청산금 산정의 기준이 되는 특정 조합원의 종전권리가액 결정 부분을 별도로 취소하였다면 이 부분에 기판력이 생기므로, 그 후 소송에서 취소된 종전권리가액을 기초로 해당 조합원의 청산금 징수액을 산정하는 것은 기판력에 반한다.[127)]

(2) 법령 개정시 적용법령

행정기본법 제14조 제2항은 "당사자의 신청에 따른 처분은 법령등에 특별한 규정이 있거나 처분 당시의 법령등을 적용하기 곤란한 특별한 사정이 있는 경우를 제외하고는 처분 당시의 법령등에 따른다." 라고 규정하고 있다.

행정처분의 취소를 구하는 항고소송에 있어서 그 처분의 위법 여부는 '처분 당시를 기준'으로 판단하여야 한다.[128)] 따라서 법령의 개정으로 인하여 그 기준이 변경된 경우에는 달리 특별한 정함이 없는 한 처분시의 개정법령에서 규정하고 있는 기준이 적용되어야 한다.

종전 법률에 의해 관리처분계획인가와 공사완료가 되었으나, 개정된 법률에 의해 청산금 산정·부과처분을 한 경우 위 청산금 산정·부과처분의 근거법률은 개정된 법률이라고 판시한 사례가 있다.[129)]

(3) 조례가 법령에 위반되어 무효인 사례

특정 사안과 관련하여 법률에서 하위 법령에 위임을 한 경우 하위 법령이 위임의 한계를 준수하고 있는지 여부를 판단할 때에는 당해 법률 규정의 입법목적과 규정 내용, 규정의 체계, 다른 규정과의 관계 등을 종합적으로 살펴야 하는바, 위임규정 자체에서 그 의미 내용을 정확하게 알 수 있는 용어를 사용

127) 대법원 2008. 2. 14. 선고 2006다33470,33487 판결
128) 대법원 2005. 4. 15. 선고 2004두10883 판결, 대법원 2008. 3. 13. 선고 2006두2954 판결
129) 대법원 2001. 3. 15. 선고 99두4594 전원합의체 판결

하여 위임의 한계를 분명히 하고 있는 데도 그 문언적 의미의 한계를 벗어났는지 여부나 수권 규정에서 사용하고 있는 용어의 의미를 넘어 그 범위를 확장하거나 축소하여 위임 내용을 구체화하는 단계를 벗어나 새로운 입법을 하였는지 여부 등도 고려되어야 한다.[130]

지방자치단체가 사업시행자가 되어 시행하는 도시재개발사업의 경우, 청산금 산정방식에 관하여 '면적평가방식'을 규정한 조례가 '가격평가방식'을 규정한 도시재개발법령에 위배된다고 판시한 사례가 있다.[131]

도시정비법 시행령 제63조 제1항 제6호는 '1필지의 대지위에 2인 이상에게 분양될 건축물이 설치된 경우에는 건축물의 전용면적의 비율에 의하여 그 대지소유권이 주어지도록 할 것'이라고 정하고 있는바, 건축물의 전용면적 비율에 따라 대지소유권을 부여한다는 기준은 시·도조례로써는 이를 달리 정할 수 없다고 판시한 사례가 있다.[132]

(4) 행정처분 하자의 치유

하자 있는 행정처분의 치유는 행정처분의 성질이나 법치주의의 관점에서 볼 때 원칙적으로 허용될 수 없는 것이고, 예외적으로 행정처분의 무용한 반복을 피하고 당사자의 법적 안정성을 위해 이를 허용하는 때에도 국민의 권리나 이익을 침해하지 않는 범위에서 구체적 사정에 따라 합목적적으로 인정하여야 할 것이다.[133] 무효인 행정처분은 그 하자가 중대하고도 명백한 것으로 처음부터 어떠한 효력도 발생하지 아니하는 것이므로, 무효인 행정처분의 하자의 치유는 인정되지 아니한다.[134]

관리처분변경인가처분에 의해 최초 관리처분인가의 하자가 치유되는지에 관하여 실무상 관리처분계획의 하자의 치유를 부정하고, 사정판결을 인정하지 않고 있다.[135] 일부 하급심에서는 하자의 치유를 인정한 사례도 있다.[136]

---

130) 대법원 2010. 4. 29. 선고 2009두17797 판결
131) 대법원 2001. 3. 15. 선고 99두4594 전원합의체 판결
132) 대법원 2010. 3. 25. 선고 2009두21277 판결
133) 대법원 2002. 7. 9. 선고 2001두10684 판결, 대법원 2010. 8. 26. 선고 2010두2579 판결, 대법원 2012. 8. 23. 선고 2010두13463 판결
134) 대법원 1988. 3. 22. 선고 87누986 판결, 대법원 1997. 5. 28. 선고 96누5308 판결, 대법원 2012. 8. 23. 선고 2010두13463 판결

5. 조합원지위 확인 소송 등

(1) 토지등소유자간 조합원 지위 다툼

조합이 수립한 관리처분계획이란 주택정비사업의 시행으로 조성된 대지 및 설치되는 건축시설 등에 대한 사업완료 후의 분양신청을 미리 정하는 계획을 말한다. 관리처분계획이 수립·확정되었다하더라도 그 자체로는 권리의 귀속에 관하여 아무런 득실변경을 생기게 하는 것이 아니다.

조합이 주택정비사업의 시행으로 건설된 건축물을 인가된 관리처분계획에 따라 토지 등 소유자에게 대지 또는 건축물의 소유권을 이전하는 경우 조합이 종전의 토지 또는 건축물의 소유자를 오인하여 종전의 토지 또는 건축물의 소유자가 아닌 다른 사람에게 재건축사업으로 건설된 대지 또는 건축물의 소유권을 이전하더라도 다른 사람이 권리를 취득하게 되는 것이 아니다.

종전의 토지 또는 건축물의 '진정한 소유자'가 분양된 대지 또는 건축물의 소유권을 취득하게 되는 것이므로, 종전 토지 또는 건물의 소유권 귀속 여부가 불분명하여 조합원의 자격 인정 여부 등 그 권리관계에 관하여 다툼이 생긴 경우에는 그러한 사람을 상대로 그 지위 또는 권리관계의 확인을 구하여야지 관리처분계획의 취소를 구할 수 없다.[137]

(2) 조합원이 조합을 상대로 한 조합원지위 확인소송

조합원지위확인소송이란 조합에 의하여 조합원의 지위를 부정당하고 있는 자가 조합을 상대로 자신이 조합원의 지위에 있음의 확인을 구하는 소송이다.

조합과 조합원에 대한 법률관계는 공법상의 권리의무 관계에 있고, 조합원의 자격 인정 여부에 관하여 다툼이 있는 경우에는 '공법상의 당사자소송'에 의하여 그 조합원 자격의 확인을 구하여야 한다.[138] 따라서 '민사소송'

135) 대법원 2001. 10. 12. 선고 2000두4279 판결

136) 서울고등법원 2009. 6. 3. 선고 2008누35172 판결, 서울고등법원 2010. 4. 29. 선고 2009누18648 판결

137) 서울행정법원 2010. 6. 18. 선고 2010구합6281 판결

138) 대법원 2019. 12. 13. 선고 2019두39277 판결, 대법원 1996. 2. 15. 선고 94다31235 전원합의체 판결

으로 조합원지위확인내지 수분양권확인을 구해서는 아니된다.

재개발조합의 설립인가시 조합원이 확정되므로, 조합을 상대로 하는 조합원지위 확인청구는 조합설립인가시부터 가능하다. 또한 관리처분계획은 이전고시가 이루어지기 전까지 변경될 수 있으므로, 관리처분계획이 확정되었다고 하여 조합원지위의 확인을 구할 소의 이익이 없어지지는 않는다.

조합원지위확인소송은 이전고시(분양처분)의 효력이 발생할 때까지 가능하고, 그 이후로는 손해배상소송만이 가능하다.

(3) 관리처분계획의 취소

수분양권확인소송이란 조합원 등이 조합에 대하여 자신이 아파트 등을 분양받을 수 있는 권리가 있음을 확인을 구하는 소송이다.

관리처분계획에서 토지등소유자를 분양대상에서 제외한 경우 토지등소유자는 조합을 상대로 항고소송에 의하여 관리처분계획의 취소를 구할 수 있다.[139]

재개발사업에 따른 아파트 분양권은 '부동산을 취득할 수 있는 권리'로, '관리처분계획의 인가, 고시가 있은 때' 비로소 이를 취득하는 것이다.[140]

신축건물에 대한 수분양권 범위에 관하여 다툼이 있는 경우 조합원은 '관리처분계획(안)에 대한 총회의 의결'을 기다려 그 결의 내용이 현저하게 불공정한 경우에 항고소송에 의하여 관리처분계획 또는 그 내용인 분양거부처분 등의 취소를 소구하여 승소판결을 받고 다시 공정한 내용의 총회의 결의를 받도록 유도함으로써 그 권리를 구제받을 수 있다.

'이전고시 이후' 관리처분계획에 의해 분양권을 부여받지 못한 자는 아파트 등을 분양받을 권리로서의 조합원지위의 확인 또는 관리처분계획의 일부취소를 다투는 것이 아니라 바로 새로운 아파트에 대한 권리관계의 확인이나 등기의 말소 또는 이전등기에 관한 소송을 제기하여야 할 것이다.[141]

(4) 총회결의와 수분양권 확인

139) 대법원 1996. 2. 15. 선고 94다31235 전원합의체 판결
140) 대법원 1996. 8. 23. 선고 95누6618 판결
141) 대법원 2003. 2. 14. 선고 2002다23451 판결

조합이 관리처분계획(안)에 의해 조합원의 수분양권에 관한 결의를 전혀 하지 아니하는 경우에는 정관이 정한 절차에 따라 총회를 소집하여 그 결의를 받는 방법 등으로 그 권리를 구제받을 수 있을 뿐이다.[142]

조합의 총회의 결의도 없이 각 조합원이 직접 조합을 상대로 스스로 공정하다고 주장하는 무상 수분양권 범위의 확인을 구할 수는 없다.[143]

다만 예외적으로 관리처분계획 내용상 분양대상자로 결정되었는데, 그 후 조합이 관리처분계획의 적법한 변경 없이 분양대상자로서의 지위 내지 분양평수에 관하여 다툴 경우에는 수분양권확인소송이 가능할 것이다.[144]

재건축조합의 권리분배에 관한 결의가 형평에 현저히 반하여 무효인 경우, 공유자들 전체로서 1인의 조합원 지위를 갖고 있는 각 공유자는 그 결의의 무효확인 등을 소구하여 승소판결을 받은 후 새로운 조합원총회에서 공정한 내용으로 다시 결의하도록 함으로써 그 권리를 구제받을 수 있을 뿐, 새로운 조합원총회의 결의도 거치지 않은 채 종전 조합원총회의 결의가 무효라는 사정만으로 곧바로 재건축조합을 상대로 하여 스스로 공정하다고 주장하는 수분양권의 확인 등을 구할 수는 없다.[145]

---

142) 대법원 1996. 2. 15. 선고 94다31235 전원합의체 판결, 대법원 1996. 3. 26. 선고 95다35579, 35586 판결, 대법원 1997. 11. 28. 선고 95다43594 판결

143) 대법원 1996. 2. 15. 선고 94다31235 전원합의체 판결, 대법원 1996. 3. 26. 선고 95다35579, 35586 판결, 대법원 2009. 2. 12. 선고 2006다53245 판결, 대법원 2019. 12. 13. 선고 2019두39277 판결

144) 서울고등법원 1998. 6. 11. 선고 97구34091 판결

145) 대법원 2009. 2. 12. 선고 2006다53245 판결

6. 종교시설 관련 쟁점

(1) 서울시 지침

재개발사업구역 내 종교시설에 관하여 서울특별시는 '뉴타운지구등 종교시설 처리방안'이라는 지침을 두고 있다.

뉴타운지구 등 종교시설 처리방안에서 종교시설은 우선적으로 존치하되 이전이 불가피한 경우 존치에 준하는 이전계획을 수립하여야 하며, 불가피하게 이전해야 하는 경우 ①기존부지와 이전부지는 "대토"를 원칙으로 하고 ②현 종교시설 실제 건물 연면적에 상당하는 건축비용을 조합의 부담으로 하며 해당 건축비용에는 성물 등의 종교물품에 대한 제작 설치비도 포함시켜야 하고 ③사업기간 동안 종교활동에 지장이 없도록 임시장소를 마련하고 수반되는 이전비용 또한 조합이 부담하도록 정하고 있다.

서울특별시가 종교시설과 관련하여 실제 건물 연면적에 상당하는 건축비용과 이전비용, 사업기간 동안의 임시 장소 등을 조합이 부담하는 등의 '뉴타운지구 등 종교시설 처리방안'을 정하고 있다고 하더라도 이는 개별적인 정비사업에 관한 서울특별시의 행정지도에 불과하고 그 자체로 구속력을 가지지 아니하며 종교시설의 특수성만으로 다른 현금청산대상자와 구별되는 협의의무가 발생한다고 해석할 만한 근거가 없다.[146]

'서울시 뉴타운지구 등 종교시설 처리방안'은 재개발사업에 대한 행정지도일뿐 그 자체로 구속력을 가지는 법규라고 볼 수 없다.[147]

(2) 조합의 종교부지 확보의 재량성

조합이 관리처분계획을 수립함에 있어 교회에게 별도의 종교용지 및 종교시설을 배정하지 않고 교회로 하여금 아파트나 상가를 분양받거나 현금청산을 받도록 한 것이 헌법상 정당한 보상원칙에 위반되거나 교회의 종교의 자유 또는 재산권을 침해한다거나 신의성실의 원칙 또는 금반언의 원칙에 위반된다고

146) 대구지방법원 2019. 9. 20. 선고 2018가단142152 판결, 서울행정법원 2019. 10. 1. 선고 2018구합74389 판결

147) 서울행정법원 2019. 10. 1. 선고 2018구합74389 판결

볼 수 없다.

조합은 계획재량에 따라 사업시행계획을 정함에 있어 정비사업비 등을 고려하여 합리적으로 종교용지 분양과 종교시설 건축 여부를 결정할 수 있으므로, 도시정비법에 의하여 곧바로 교회가 조합에게 종교시설을 분양해줄 것을 요구할 수 있는 권리가 인정된다고 보기 어렵다.[148]

사업시행자인 조합은 그에게 주어진 계획재량에 따라 관리처분계획을 정함에 있어 종교단체의 규모와 그가 소유한 토지면적, 해당 사업부지의 규모, 종교단체에 공급할 수 있는 종교용지의 면적 등을 고려하여 합리적으로 종교용지 공급 여부를 결정할 수 있다.[149]

(3) 교회에 대한 분양통지

도시정비법상 분양신청통지 당시 종교시설의 소유자를 주택이나 상가 소유자와 달리 특별 취급하여 분양신청통지를 하여야 한다는 규정이 없는바, 조합은 교회에게 특별시 종교부지를 분양받을 경우에 있어 개략적인 부담금 내역 등을 별도로 알려주어야 할 의무가 없다.[150]

(4) 교회의 분양신청

법인이 아닌 사단의 사원이 집합체로서 물건을 소유할 때에는 총유로 하고, 총유물의 관리 및 처분은 사원총회의 결의에 의한다(민법 제275조 제1항, 제276조 제1항).

분양신청은 조합으로부터 신축 건축물을 분양받기 위해 정비구역 내에 소유한 부동산을 현물출자 하는 것이므로, 부동산의 처분행위에 해당한다. 만약 사원총회의 결의 없이 한 교회의 분양신청은 무효가 될 소지가 있다.[151]

이에 반해 교회의 분양신청 그 자체로 인해 교회의 소유권에 어떠한 제한이 가해지는 것이 아니라는 점에서 분양신청을 처분행위가 아닌 단순한 의사표시

---

148) 인천지방법원 2023. 11. 2. 선고 2021구합53713 판결

149) 인천지방법원 2018. 7. 20. 선고 2017구합54115 판결, 대전지방법원 2019. 2. 14. 선고 2018구합103258 판결, 서울행정법원 2017. 12. 7. 선고 2017구합53132 판결

150) 서울행정법원 2019. 8. 16. 선고 2018구합456 판결

151) 수원지방법원 안양지원 2021. 2. 26. 선고 2020가단118276 판결

로 해석될 수 있다. 이 경우 교회가 분양신청을 함에 있어 사원총회의 결의가 필요없다는 견해도 있다.152)

(5) 종교시설과 관리처분계획의 일부 누락 여부

관리처분인가 당시 교회가 종교시설을 분양받을지 여부는 아직 확정되었다고 보기 어려운바, 교회가 종교시설을 부지를 분양받는 것을 전제로 작성된 관리처분계획은 위법하다고 판시한 사례가 있다.153)

이에 반해 관리처분계획 인가 당시 교회는 이미 종교부지를 분양받지 아니하는 것으로 확정되었고, 관리처분계획상 교회를 현금청산대상자로 분류하였으므로, 위 관리처분계획은 적법하다고 판시한 사례가 있다.154)

(6) 조합과 교회가 대토 합의

A교회는 2007. 10.경 조합과 대토 방식을 통해 교회 부지를 이전하기로 하는 내용의 협약을 체결하였다. 이에 따라 A교회는 종교용지만 분양신청하였고, 각 종전자산 중 토지 면적과 거의 같은 면적의 종교용지를 무상으로 제공받고, 종전자산 전체의 감정가액에 비례율을 곱한 권리가액을 돈으로 지급받기로 조합과 합의하였으며, 향후 조합과 협상을 통해 정해질 보상금을 추가로 받기로 예정되어 있다. 위와 같은 점에 비추어 보면 조합이 수립한 관리처분계획에 어떠한 하자가 있다고 볼 수 없다.155)

---

152) 서울고등법원 2020. 5. 1. 선고 2019나2030998 판결
153) 서울고등법원 2017. 4. 7. 선고 2016누46856 판결
154) 서울행정법원 2019. 8. 16. 선고 2018구합456 판결
155) 인천지방법원 2023. 11. 2. 선고 2021구합53713 판결

Ⅲ. 관리처분계획인가와 다른 절차와의 관계

1. 조합설립인가와 관리처분계획

(1) 조합설립변경인가와 새로운 관리처분계획 수립

조합이 종전의 조합설립인가처분에 대한 무효확인소송 또는 취소소송이 진행되고 있는 등으로 그 효력 유무 또는 위법 여부 등이 확정되지 않은 상태에서 새로 조합설립인가처분을 받는 것과 동일한 요건과 절차로 조합설립변경인가처분을 받은 경우, 그 조합설립변경인가처분은 새로운 조합설립인가처분으로서의 효력을 가진다.

그러나 종전의 조합설립인가처분이 당연무효이거나 취소되는 경우에는 종전의 조합설립인가처분이 유효함을 전제로 수립·인가된 관리처분계획은 소급하여 효력을 잃는다.[156]

따라서 조합은 조합설립변경인가처분을 받기 전에 수립·인가된 종전의 관리처분계획에 따라 정비사업을 진행할 수는 없고, 도시정비법령이 정한 요건과 절차에 따라 관리처분계획을 새롭게 수립하여 인가를 받아야 한다.

(2) 새로운 분양신청 및 관리처분계획 수립

조합은 분양신청 통지·공고 등의 절차를 다시 밟거나 분양신청 대상자들의 분양신청에 관한 의사를 개별적으로 확인하여 그 분양신청 현황을 기초로 관리처분계획을 수립하여야 한다.

분양신청 대상자에는 종전 분양신청 절차에서 분양신청을 한 사람들과 분양신청을 하지 않았지만 조합원 지위를 상실하지 않은 자를 포함한다.

만약 조합이 분양신청절차를 다시 밟지 않거나 분양신청 대상자들의 개별적인 의사를 확인하지 않은 채 종전 분양신청 현황에 따라 관리처분계획을 수립하였다면 그 관리처분계획은 위법하다.[157]

156) 대법원 2012. 12. 13. 선고 2011두21010 판결, 대법원 2012. 12. 27. 선고 2011두19680 판결, 대법원 2014. 5. 16. 선고 2011두27094 판결

종전의 분양신청 현황을 기초로 했다고 하더라도 새로운 관리처분계획 수립 당시 토지 등 소유자의 분양신청 현황을 기초로 관리처분계획을 수립했다고 평가할 수 있는 예외적인 경우, 즉 ① '분양의 대상이 되는 대지 또는 건축물의 내역', '개략적인 분담금의 내역' 등 법령이 분양신청 통지에 포함시키도록 한 사항 등에 관하여 새로운 사업시행계획과 종전 사업시행계획 사이에 실질적으로 변경된 내용이 없고, ② 사업의 성격이나 규모 등에 비추어 두 사업시행계획 인가일 사이의 시간적 간격이 지나치게 크지 않으며, ③ 분양신청 대상자들 중 종전 분양신청을 철회·변경하겠다거나 새롭게 분양신청을 희망한다는 의사를 조합에 밝힌 사람이 실제 있지 않은 경우 등에는, 종전의 분양신청 현황을 기초로 새로운 관리처분계획을 수립하는 것도 허용된다.[158]

2. 사업시행계획과 관리처분계획

사업시행계획과 관리처분계획은 서로 독립하여 별개의 법적 효과를 발생시키는 것으로서 사업시행계획의 수립에 관한 취소사유인 하자가 관리처분계획에 승계되지 아니하므로, 사업시행계획의 취소사유를 들어 관리처분계획의 적법 여부를 다툴 수는 없다.[159]

사업시행계획에 당연 무효인 하자가 있는 경우에 조합은 그 사업시행계획을 새로이 수립하여 관할 관청으로부터 인가받은 후 다시 분양신청을 받아 관리처분을 수립하여야 한다.[160]

---

157) 대법원 2016. 12. 15. 선고 2015두51309 판결, 대법원 2016. 12. 15. 선고 2015두51347 판결

158) 대법원 2016. 12. 15. 선고 2015두51309 판결

159) 대법원 2014. 6. 12. 선고 2012두28520 판결, 대법원 2012. 8. 23. 선고 2010두13463 판결, 서울행정법원 2023. 1. 13. 선고 2020구합50133 판결

160) 대법원 2011. 12. 8. 선고 2008두18342 판결

3. 관리처분계획과 공사도급계약

(1) 관리처분계획과 시공사 도급계약의 병합 심리

관리처분계획은 행정처분이므로, 조합원은 행정법원에 항고소송인 관리처분계획의 취소 또는 무효소송을 제기하여야 한다. '시공사 도급계약'에 관한 총회결의무효소송은 공법상 법률관계에 관한 소송에 해당한다고 볼 수 없고 민사소송에 해당한다.[161]

조합의 동일한 정기총회에서 상정된 '관리처분계획(안)'과 '시공사 공사도급계약(안) 및 약정서 체결의 건'은 모두 하나의 동일한 재개발정비사업의 시행과 관련하여 조합원의 비용분담 조건을 변경하는 것이라는 점에서 위 각 청구의 발생원인은 법률상 또는 사실상 공통된다. 따라서 관리처분계획 취소 사건에서 이 사건 시공사 도급계약 결의 무효확인 청구를 병합하여 함께 심리・판단한 사례가 있다.[162]

공사도급변경계약은 행정처분인 관리처분계획변경의 위법 여부에 직접 영향을 미치는 내용과 무관하고 사법상 법률관계에 관한 것으로 민사소송을 통하여 다투어야 한다고 판시한 사례도 있다.[163]

'관리처분계획의 취소'를 구하는 청구 부분의 소가 부적법하여 '각하'된 이상 이에 관련청구소송으로 병합된 총회결의중 '시공사 공사도급계약 및 약정서(안) 결의의 건' 부분의 무효확인을 구하는 청구 부분의 소도 소송요건을 흠결한 부적법한 것으로서 각하를 면할 수 없다고 판시한 사례가 있다.[164]

(2) 공사도급계약 체결전 분양통지

조합은 분양통지 및 분양공고 이전에 시공사와 사이에 공사도급계약에 있어서 필요한 기본적인 사항들을 모두 합의한 상태에서 추가비용에 관한 부분에

161) 대법원 2011. 4. 14. 선고 2009다62578, 2009다62585(병합) 판결, 대법원 2010. 4. 15. 선고 2009다54591 판결

162) 서울행정법원 2010. 12. 2. 선고 2010구합337 판결, 대법원 2000. 10. 27. 선고 99두561 판결

163) 서울행정법원 2024. 8. 22. 선고 2023구합74727 판결

164) 서울고등법원 2011. 12. 8. 선고 2011누3991 판결, 대법원 2011. 9. 29. 선고 2009두109563 판결, 대법원 2001. 11. 27. 선고 2000두697 판결

대한 협의만이 마무리되지 않게 되자 관리처분계획안을 두 가지로 나누어 임시총회에 상정하여 조합원들의 투표결과를 토대로 시공사와 아파트의 재건축사업에 관한 공사계약을 체결하였다고 할 것이어서, 분양통지 및 분양공고를 함에 있어서 도시정비법 시행령 제59조 제1항에 규정된 사항들은 조합원들에게 충분히 고지되었다.

따라서 단순히 시공사와의 계약체결이 분양공고 및 분양신청 후에 이루어졌다는 사정만을 들어 관리처분계획이 위법하다고 볼 수는 없다.[165]

(3) 시공사 변경과 분양신청절차

시공사의 변경은 장래를 향하여 변경되는 것이지 기존 시공사 선정의 효력까지 상실되는 것이 아닌바, 기존 시공사와의 공사도급계약이 해제되었다는 사정만으로 인가된 사업시행계획에 따라 진행된 분양신청 공고 및 통지와 그에 따른 분양신청절차가 소급하여 위법하게 된다고 볼 수는 없다.

도시정비법에 의한 분양절차를 진행함에 있어서 반드시 시공사의 선정 및 시공사와의 공사도급계약의 체결이 전제되어야 한다는 규정도 찾아볼 수 없다.

분양신청절차가 이루어진 이후에 시공사가 변경되었다고 하더라도, 종전의 분양신청절차가 위법하게 된다거나, 피고가 분양절차를 새로이 진행하지 않았다고 하더라도, 기존의 분양신청절차가 위법하다고 볼 수는 없다.[166]

(4) 공사비 검증과 공사도급계약

도시정비법령에서 정비사업의 사업시행자에게 공사비 검증 요청을 할 의무를 부여하고 있기는 하나, 공사비 검증 요청을 하지 않고는 공사변경계약을 체결할 수 없다거나 공사비 검증을 거치지 않은 경우 조합의 임원 등을 형사처벌하거나 과태료에 처하는 등의 제재규정은 두고 있지 않다. 공사도급변경계약에 관한 총회 결의가 공사비 검증 결과에 구속되는 것은 아니다.

위와 같은 점을 고려해 볼때 공사비 검증 절차는 과도한 공사비 증액이 이

165) 대법원 2012. 8. 23. 선고 2010두13463 판결
166) 수원지방법원 2018. 6. 20. 선고 2017구합71742 판결

루어지지 않도록 조합원들의 의사결정 과정에 객관적인 참고자료를 제공하는 것에 의의가 있는 것일 뿐 관리처분계획의 효력과는 직접적 관련이 없다.[167)]

4. 관리처분계획과 토지수용

분양신청기간의 통지 등 절차는 정비구역내의 조합원들에게 분양신청의 기회를 보장해 주기 위한 것으로서 재개발사업에 의한 토지수용을 하기 위하여 반드시 거쳐야 할 필요적 절차이고, 또한 그 분양통지를 함에 있어서는 분양신청기간과 그 기간 내에 분양신청을 할 수 있다는 취지를 명백히 표시하여야 하므로, 이러한 통지 등의 절차를 제대로 거치지 않고 이루어진 수용재결은 위법하다.[168)]

분양신청을 한 소유자만이 분양대상자로 되는 것이고, '분양신청을 하지 않은 소유자' (법 제73조 제1항 제1호)는 분양대상자로 될 수 없으므로, 관리처분계획의 유무에 따라 수용의 효력이 좌우되는 것은 아니다. 따라서 사업시행계획변경고시 이후 새로운 관리처분계획을 인가받지 못하였다 하더라도 종전 수용재결의 효력에는 영향이 없다.[169)]

'관리처분계획(안)에 의해 분양대상에서 제외' 된 현금청산대상자(법 제73조 제1항 제4호)에 대한 수용재결은 위 관리처분계획(안)에 터잡아 이루어진 것이고, 관리처분계획이 위법하여 취소된다면 위 수용재결처분도 그 존립의 근거를 상실하게 되어 취소를 면할 수 없다.[170)]

토지등소유자가 이의없이 보상금을 수령함으로서 수용절차가 확정된 경우 토지등소유자가 분양신청권을 행사할 수 없다고 판시한 사례가 있다.[171)]

분양신청의 공고 등의 절차가 누락되었다 하더라도 분양신청 통지, 협의 과

167) 서울행정법원 2024. 8. 22. 선고 2023구합74727 판결
168) 대법원 2007. 3. 29. 선고 2004두6235 판결, 대법원 2011. 1. 27. 선고 2008두14340 판결
169) 서울고등법원 2004. 5. 14. 선고 2003누6100 판결
170) 서울고등법원 2011. 6. 14. 선고 2010누40986 판결
171) 대법원 2001. 9. 7. 선고 2000두1485 판결

정 등에 비추어 수용재결이 위법하지 않다고 판시한 사례도 있다.[172]

5. 관리처분인가와 이전고시처분과의 관계

관리처분계획은 재개발사업에서 사업시행자가 작성하는 포괄적 행정계획으로서 사업시행의 결과 설치되는 대지를 포함한 각종 시설물의 권리귀속에 관한 사항과 그 비용 분담에 관한 사항을 정하는 행정처분이다. 이전고시처분은 관리처분계획에서 정한 대로 권리관계를 실현하는 행정처분이다.

관리처분계획은 조합원의 권리·의무를 확정하지만, 그 인가만으로 권리·의무의 직접적인 변동이 초래되는 것은 아니고, 이전고시처분이라는 집행행위를 기다려 비로소 권리의무가 변동된다. 사업시행자는 관리처분계획에서 확정한 권리·의무관계를 이전고시에 의해 집행할 뿐이며, 이전고시를 통해 새롭게 권리의무에 관한 사항을 정할 수 없다.

172) 서울고등법원 2004. 5. 14. 선고 2003누6100 판결

제3절 관리처분계획인가 등

I. 관리처분계획의 인가절차

1. 관리처분계획(안)의 작성

(1) 관리처분계획의 수립권자

관리처분계획의 수립권자는 사업시행자, 즉 조합이고, 관리처분인가의 주체는 시장·군수이다. 시장·군수는 관리처분계획 수립에 관한 지원업무를 수행할 수 있다(법 제118조 제2항 제5호).

관리처분계획의 수립권자인 조합은 분양공고 및 분양신청, 관리처분계획의 작성, 총회의 의결, 관리처분계획의 공람·공고 절차를 수행하며, 시장·군수는 관리처분계획에 대한 인가 및 고시의 절차만 진행한다.

사업시행계획은 시장·군수가 공람·공고절차를 수행함에 반해 관리처분계획은 조합이 공람·공고절차를 수행한다.

(2) 관리처분계획에 포함된 사항

사업시행자는 분양신청기간이 종료된 때에는 분양신청의 현황을 기초로 관리처분계획을 수립하여야 한다.

관리처분계획에 포함될 사항은 다음과 같다(법 제74조 제1항, 시행령 제62조).

① 분양설계

② 분양대상자의 주소 및 성명

③ 분양대상자별 분양예정인 대지 또는 건축물의 추산액(임대관리 위탁주택에 관한 내용 포함)

④ 보류지 등의 명세와 추산액 및 처분방법

1) 일반 분양분
2) 공공지원민간임대주택
3) 임대주택
4) 그 밖에 부대시설·복리시설 등

⑤ 분양대상자별 종전의 토지 또는 건축물 명세 및 사업시행계획인가 고시가 있은 날을 기준으로 한 가격(사업시행계획인가 전에 철거된 건축물은 시장·군수등에게 허가를 받은 날을 기준으로 한 가격)
⑥ 정비사업비의 추산액 및 그에 따른 조합원 분담규모 및 분담시기. 재건축사업의 경우에는 재건축부담금에 관한 사항이 포함되어야 한다.
⑦ 분양대상자의 종전 토지 또는 건축물에 관한 소유권 외의 권리명세
⑧ 세입자별 손실보상을 위한 권리명세 및 그 평가액
⑨ 현금으로 청산하여야 하는 토지등소유자별 기존의 토지·건축물 또는 그 밖의 권리의 명세와 이에 대한 청산방법
⑩ 보류지 등의 명세와 추산가액 및 처분방법
⑪ 도시정비법 시행령 제63조제1항제4호에 따른 비용의 부담비율에 의한 대지 및 건축물의 분양계획과 그 비용부담의 한도·방법 및 시기. 이 경우 비용부담에 의하여 분양받을 수 있는 한도는 정관등에서 따로 정하는 경우를 제외하고는 기존의 토지 또는 건축물의 가격의 비율에 따라 부담할 수 있는 비용의 50%를 기준으로 정한다.
⑫ 정비사업의 시행으로 인하여 새로 설치되는 정비기반시설의 명세와 용도가 폐지되는 정비기반시설의 명세
⑬ 기존 건축물의 철거 예정시기
⑭ 그 밖에 시·도조례로 정하는 사항

서울시 조례상 분양설계에는 다음의 사항이 포함되어야 한다(서울시 조례 제33조 제1호).

① 관리처분계획대상물건 조서 및 도면
② 임대주택의 부지명세와 부지가액·처분방법 및 임대주택공급대상세입자 명부(임대주택을 건설하는 정비구역에 한한다)

③ 환지예정지 도면
④ 종전 토지의 지적 또는 임야도면

(3) 관리처분계획의 일부 내용 누락 등

관리처분계획에는 분양신청의 현황을 기초로 도시정비법 제74조 제1항 각호의 사항들이 반드시 그 내용에 포함되어 있어야 하고, 이러한 내용이 누락된 경우에는 그에 관한 적법한 관리처분계획이 수립된 것으로 볼 수 없다.[173)]

(4) 무자격자의 포함 또는 일부 토지 누락

정비사업을 시행함에 있어 종전자산의 평가액, 분양대상자의 수, 사업비, 종후자산의 평가액 등은 사업 시행에 따른 조합원의 권리·의무, 즉 비례율 및 조합원별 권리액, 분담금 산정에 직접 영향을 미치는 요소이므로 관리처분계획에서 구체적이고 명확하게 정해져야 하고, 이에 관한 사항이 관리처분계획에서 누락되었거나 잘못 산정되었다면 특별한 사정이 없는 한 해당 관리처분계획은 위법하다.

조합원 자격을 당연 상실한 무자격자들까지 분양신청인으로 분류한 오류와 일부 조합원 소유 토지에 대한 평가 및 처분계획의 누락은 조합원들의 권리·의무에 직접 영향을 미치는 것이므로 위법하다.[174)]

(5) 재건축부담금의 기재

재건축부담금은 재건축을 통해 발생한 이익을 기준으로 계산되므로, 개발비용에 해당하는 도시정비법상 정비사업비 추산액이 늘어나면 재건축부담금도 줄어들게 된다. 그런데 정비사업비 추산액에 재건축부담금도 포함시킬 경우 개발비용이 늘어나 재건축부담금이 다시 줄어든다는 순환논리에 빠지게 된다. 따라서 재건축사업의 경우 관리처분계획에 정비사업비 추산액과 재건축부담금을 각각 포함시켜야 한다.[175)]

173) 대법원 2010. 12. 9. 선고 2010두4407 판결
174) 춘천지방법원 2019. 10. 1. 선고 2017구합242 판결
175) 수원지방법원 2021. 11. 11. 선고 2020구합66641 판결

2. 종전·종후 자산평가액 통지 등

(1) 1개월 이전 통지사항

조합은 각 조합원에게 다음의 사항을 통지해야 한다(법 제74조 제5항).

① 분양대상자별 분양예정인 대지 또는 건축물의 추산액

② 보류지 등(일반 분양분)의 명세와 추산액 및 처분방법

③ 분양대상자별 종전의 토지 또는 건축물의 가격

④ 정비사업비의 추산액 및 그에 따른 조합원 분담규모 및 분담시기(재건축 부담금 포함)

종전자산·종후자산을 통지하도록 한 취지는, 개별 조합원들에게 감정평가를 통하여 추산한 자신의 종전자산과 분양예정자산의 가치 및 예상 분담금 액수에 관한 정보를 제공하고, 이를 기초로 관리처분계획에 대한 동의 여부를 결정할 수 있도록 하기 위함이다.

① 관리처분계획서는 정보공개 및 열람·복사의 대상이므로, 조합원은 총회결의 전이라도 다른 조합원의 종전자산 가격 등을 열람할 수 있고, ② 관리처분계획 인가를 신청하기 전에 조합원은 공람 및 의견청취 절차에서 다른 조합원의 종전자산 가격 등을 열람할 수 있는바, 통지대상인 '분양대상자별' 분담금의 추산액 및 종전자산 가격이란 전체 분양대상자가 아닌 통지를 받는 분양대상자의 분양예정자산 추산액 및 종전자산 가격을 의미한다.[176]

이에 반해 전체 조합원(전체 분양대상자)의 종전자산이라고 해석하는 견해도 있다.[177]

(2) 관리처분계획변경과 종전자산 통지

사업시행자가 종전 관리처분계획과 별개의 새로운 관리처분변경계획(안)을 총회에서 의결하는 경우 사업시행자는 조합원들에게 조합원의 종전자산평가, 종후자산평가, 정비사업비의 추산액 등을 다시 송부하여야 한다.[178]

---

176) 서울행정법원 2025. 3. 21. 선고 2023구합85772 판결
177) 서울고등법원 2022. 6. 9. 선고 2021누66434 판결
178) 서울행정법원 2010. 8. 25. 선고 2010구합19164 판결

만약 종전자산 평가금액은 사업시행인가 시점의 평가금액이고, 변동되지 않는다면 조합은 종전자산 평가금액의 통지를 생략할 수 있다.

(3) 분양신청의 통지시 개략적인 분담금과 관리처분계획의 조합원 분담규모가 상이한 경우

분양신청의 통지시 개략적인 분담금의 추산액 등을 포함한 취지는 조합원들에게 상당한 비용을 부담하면서 재개발에 참여할 것인지 여부를 선택할 수 있도록 정보를 제공하기 위한 것이다.

조합원별 분담금은 분양신청이 완료된 후 관리처분계획에 의하여 분양대상자, 청산대상자, 분양평형 등이 결정되어야 비로소 구체적으로 확정될 수 있는 것이고 분양신청 통지 단계에서는 그 때까지의 정보 및 상황을 기초로 예상되는 부담금의 내용을 추정하여 산정할 수밖에 없다.

따라서 분담금 추산액은 분양신청 통지 시까지의 사업진행 현황 등을 기준으로 그 개략적인 비용을 추산할 수 있을 정도로 기재되면 족하다.

분양신청 당시 공고·통지된 총 사업비와 분담예정금이 관리처분계획 및 관리처분계획안과 다르다는 사정만으로 분양신청이나 관리처분계획이 위법하다고 볼 수 없다.[179)]

3. 총회의 소집통지 및 소집대상

(1) 총회 소집통지 등

관리처분계획 수립을 위한 총회는 관리처분계획의 입안에 대하여 조합원의 의사를 반영하고 그들 상호간의 이익을 합리적으로 조정하는 데 있다. 따라서 조합은 모든 조합원들에게 관리처분계획의 수립내용 및 총회일자 등을 통지함으로써 조합원 각자가 회의와 토의 및 의결에 참가할 기회를 주어야 한다.[180)]

일반적으로 회의체를 소집함에 있어서 그 소집통지에 포함될 회의의 목적사

179) 수원지방법원 2024. 12. 5. 선고 2023구합71866 판결
180) 대법원 2012. 5. 24. 선고 2009두22140 판결

항은 구성원들의 회의참석에 관한 의사결정이나 준비를 가능하게 할 정도이면 충분하다. 이와 달리 법령이나 정관 등에서 특별한 규정을 두고 있지 않은 한, 상정될 안건의 구체적 내용이나 그에 관한 판단자료까지 반드시 소집통지에 포함해야 하는 것은 아니다.[181]

관리처분계획 수립을 위한 총회개최시 총회소집권자는 조합원별로 자신이 부담하게 될 부담금의 내역을 확인하고 관리처분계획에 대한 동의 여부를 결정하기에 충분한 정보만 제공하면 될 뿐 이에 더 나아가 관리처분계획에 포함될 모든 사항 및 그 당부를 판단하기 위한 자료까지 사전에 통지되어야 하는 것은 아니다. 즉, 조합은 조합원들에게 관리처분계획에 포함될 모든 사항을 사전에 통지할 의무를 부담하지 않는다.[182]

만약 조합이 일부 조합원들에 대해 소집통지를 하지 않았거나 조합원의 토의권을 부당하게 제한한 경우 해당 총회의 결의는 무효이다.[183]

조합원들이 사전에 관리처분계획의 주요내용 등을 알고 있는 등의 특별한 사정이 있었다면, 조합이 조합원들에게 관리처분계획을 통지하지 않았다하더라도 조합원들의 토의권 및 의결권의 적정한 행사를 방해하였다고 볼 수 없으므로, 해당 총회 결의를 무효로 할 만한 중대한 절차상의 하자가 없다.[184]

(2) 현금청산자의 총회소집대상 제외

분양신청을 하지 아니한 자와 분양신청기간 종료 이전에 분양신청을 철회한 자(법 제73조 제1항 제1호, 제2호)는 분양신청기간 종료일 다음날에 조합원 자격을 상실한다.[185] 위 현금청산자는 분양신청기간이 종료한 후 개최되는 조합원 총회의 의사정족수 산정을 위한 총 조합원 수에서 제외되어야 한다.[186]

---

181) 대법원 2012. 1. 27. 선고 2011두9164 판결, 대법원 2012. 8. 23. 선고 2010두13463 판결, 대법원 2014. 2. 13. 선고 2011두21652 판결

182) 서울행정법원 2015. 10. 8. 선고 2015구합53992 판결, 인천지방법원 2023. 11. 2. 선고 2021구합53713 판결

183) 서울행정법원 2009. 9. 23. 선고 2008구합48145 판결, 인천지방법원 2006. 2. 16. 선고 2005구합2814 판결

184) 서울고등법원 2007. 6. 7. 선고 2006나38842 판결

185) 대법원 2010. 8. 19. 선고 2009다81203 판결, 대법원 2011. 7. 28. 선고 2008다91364 판결

186) 대법원 2012. 3. 29. 선고 2010두7765 판결

관리처분계획에 의하여 분양대상에서 제외된 자(법 제73조 제1항 제4호)는 관리처분계획을 인가받은 날 조합원 자격을 상실하는바, 관리처분인가 이전까지 조합원으로서의 권리·의무를 행사할 수 있으므로, 관리처분계획(안)을 위한 총회에 참석하여 의결권을 행사할 권한이 있다.

또한 '분양계약'을 체결하지 않아 조합원 자격을 상실한 자는 분양계약체결기간 종료 이전까지 조합원 지위를 유지하므로, 분양계약체결기간 종료 이전의 총회에 참석할 수 있다.

(3) 총회의결전 관리처분계획(안)의 변경과 변경(안)의 통지

조합이 조합원들에게 관리처분계획(안)을 통지한 후 일부 내용이 변경되었을 경우 조합은 조합원들에게 총회 7일 이전에 변경된 관리처분계획(안)을 통지하여야 한다. 관리처분계획(안)이 변경되었음에도 조합원들에게 통지하지 않은 경우 조합원들의 토의권 및 의결권을 침해한 것으로서 해당 관리처분계획(안)은 적법하게 의결되었다고 볼 수 없다.[187]

관리처분계획이 변경 전 관리처분계획안에 비하여 유리한지 여부는 총회에서 판단될 사항일 뿐 조합이 자체적으로 판단할 사항이 아니다. 또한 일부 조합원들에게 유리한 사항이 다른 조합원들에게 불리한 사항이 될 수 있다. 따라서 총회 이전 관리처분계획(안)이 유리하게 변경되었다하더라도 조합원들에게 변경된 관리처분계획(안)의 통지가 생략될 수 없다.[188]

4. 관리처분계획에 관한 총회 결의

(1) 총회결의 적법 요건

조합의 총회는 조합의 최고의사결정기관이고, 정관 변경이나 관리처분계획의 수립·변경은 총회의 결의사항인바, 조합은 새로운 총회결의로써 종전 총회결의의 내용을 철회하거나 변경할 수 있는 자율성과 형성의 재량을 가진

187) 서울고등법원 2010. 10. 20. 선고 2009누28461 판결
188) 서울고등법원 2010. 10. 20. 선고 2009누28461 판결

다.[189)]

조합 내부의 규범을 변경하고자 하는 총회결의가 적법하려면 ① 상위법령·정관에서 정한 절차와 의결정족수를 갖추어야 한다. ② 총회결의 내용도 상위법령·정관에 위배되지 않아야 한다.[190)]

(2) 조합원 과반 총회 결의

관리처분계획(변경계획 포함)에 관하여 총회 결의를 거치도록 한 취지는 관리처분계획의 입안에 대하여 조합원의 의사를 반영하고 그들 상호간의 이익을 합리적으로 조정하는 데 있다.

관리처분계획(안)은 조합원의 20% 이상이 직접 출석한 총회에서 조합원 총수의 과반수 이상 동의를 받아야 한다(법 제45조 제4항, 제10항).

20% 직접 출석과 관련 미리 서면결의서를 제출한 후 총회에 참석한 조합원은 별도의 의결권을 행사하지 않았다 하더라도 '직접 출석' 한 조합원에 포함된다.[191)]

총회와 병행하는 온라인총회에 참석한 자는 직접 출석한 것으로 본다(법 제44조의2 제2항).

관리처분계획을 변경할 경우 사업시행자는 관리처분계획 변경(안)에 관하여 총회 의결을 거쳐야 한다(법 제45조 제1항 제10호, 제4항). 다만 경미한 사항의 변경은 총회 의결절차가 필요하지 않다.[192)]

총회의 출석조합원은 당초 총회에 참석한 모든 조합원을 의미하는 것이 아니라 문제가 된 결의 당시 회의장에 남아 있던 조합원만을 의미하고, 퇴장한 조합원은 제외된다.[193)] 다만 관리처분계획(안)을 포함한 모든 안건을 일괄 상정하고, 사전 투표를 개시하였다면 총회장에서 퇴장한 조합원도 출석 조합원에 포함될 것이다.

---

189) 대법원 2018. 3. 13. 선고 2016두35281 판결, 대법원 2020. 6. 25. 선고 2018두34732 판결
190) 대법원 2022. 7. 14. 선고 2022다206391 판결
191) 서울행정법원 2010. 12. 16. 선고 2010구합35050 판결, 서울행정법원 2012. 9. 6. 선고 2010구합47763 판결
192) 서울고등법원 2011. 9. 22. 선고 2010누37171 판결
193) 대법원 2010. 4. 29. 선고 2008두5568 판결

(3) 정비사업비 10% 증액과 2/3 총회결의

정비사업비가 100분의 10 이상 증가하는 경우 사업시행자는 조합원의 20% 이상이 직접 출석한 총회에서 조합원 총수의 2/3 이상의 동의를 받아야 한다(법 제45조 제4항, 제10항). 정비사업비 증액에서 생산자물가상승률분과 현금청산금액은 제외된다.

(4) 종전 총회에서 특별다수에 의한 결의가 있는 경우

종전 총회에서 다른 안건에 관한 결의 등을 통하여 관리처분계획 또는 관리처분변경계획에 관하여 특별다수에 의한 결의(조합원 3분의2)에 준하는 조합원의 총의가 확인된 경우 등과 같은 특별한 사정이 있는 때에는 법령 또는 정관의 규정상 해당 관리처분계획 또는 관리처분변경계획의 결의에 필요한 의결정족수(조합원 과반수 동의)를 충족하면 된다.[194]

(5) 정비사업비 10% 증가의 판단기준

정비사업은 조합의 설립, 사업시행계획, 관리처분계획 등의 단계를 거쳐 순차 진행되고, 각 단계에서 조합설립인가, 사업시행인가, 관리처분계획인가 등의 선행 행정처분이 이루어짐에 따라 다음 절차가 진행되는 정비사업의 특성을 가지고 있다. 또한 관리처분계획인가 이후에도 사업시행계획의 변경, 관리처분변경의 절차가 진행되기도 한다.

최초 사업시행계획의 경우 정비사업비 10% 이상 증액 여부는 사업시행계획의 정비사업비와 조합설립동의서상 정비사업비를 비교하여 판단한다.

사업시행인가 이후 관리처분인가를 득한 경우 정비사업비 10% 이상 증액 여부는 사업시행계획의 정비사업비와 관리처분계획의 정비사업비와 비교하여 판단한다. 즉, 관리처분계획의 정비사업비와 조합설립동의서상 정비사업비를 비교해서는 아니된다.[195]

---

194) 대법원 2014. 8. 20. 선고 2012두5572 판결, 대법원 2012. 11. 15. 선고 2010다7430 판결, 대법원 2014. 5. 29. 선고 2011두33051 판결, 대법원 2014. 8. 20. 선고 2012두5572 판결

195) 대법원 2014. 6. 12. 선고 2012두28520 판결, 대법원 2014. 8. 20. 선고 2012두

(6) 인가전 관리처분계획(안)이 변경된 경우

사업시행자는 총회에서 결의된 관리처분계획을 수정하여 인가신청을 하고자 할 경우에는 그 전에 다시 수정된 내용에 대하여 총회의 결의를 거쳐야 한다.[196)]

(7) 관리처분계획 변경과 배당금 임의 지급

조합이 일반분양 후 조합원들에게 총회결의에 의거 배당금을 지급한 사안에서 위 배당금은 실질이 청산금에 해당하고, 청산금은 이전고시 이후에나 지급이 가능하므로, 위 총회 결의에 따른 배당금 지급은 위법하다. 또한 위 배당금 지급을 위해서는 관리처분변경이 선행되어야 한다.[197)]

5. 내부규범의 변경과 총회결의

(1) 내부규범의 성립

조합이 일부 조합원(예 상가조합원)들과 '조합의 비용부담'에 관한 개별적인 약정을 하고, 위 약정의 내용이 포함된 정관변경(안)에 관하여 총회에서 3분의 2 이상의 동의를 얻은 후 정관변경인가를 받았다면 내부규범의 효력이 있다.[198)]

정관변경절차를 거치지 않았다 하더라도 조합의 총회에서 개인과의 약정내용을 의결하였고, 정관 변경을 위한 실직적인 의결정족수를 갖추었다면 적어도 조합 내부적으로 업무집행기관을 구속하는 규범으로서의 효력을 가진다.[199)]

창립총회는 조합이 소집한 총회가 아니라 추진위원회가 소집한 주민총회에 해당하는바, 창립총회에서 상가조합원과의 개별적인 약정을 의결하였다고 해

5572 판결

196) 대법원 2001. 10. 12. 선고 2000두4279 판결

197) 서울행정법원 2024. 6. 14. 선고 2023구합69954 판결

198) 울산지방법원 2017. 6. 22. 선고 2016구합5338 판결

199) 대법원 2018. 3. 13. 선고 2016두35281 판결

도 조합에 대한 구속력이 인정되지 않는다.

(2) 비용부담에 관한 정관 변경과 의결정족수

조합의 정관이 조합의 비용부담 등에 관한 총회의 소집절차나 의결방법에 대하여 상위법령인 도시정비법이 정한 것보다 더 엄격한 조항을 두지 않은 이상 조합의 비용부담에 관한 정관을 변경하고자 하는 총회결의에는 조합원 3분의 2 이상의 의결정족수가 적용된다.

변경되는 정관의 내용이 상가 소유자 등 특정 집단의 이해관계에 직접적인 영향을 미치는 경우에도 총회결의에는 조합원 3분의 2 이상의 의결정족수가 적용된다. 위 정관변경에 관한 총회의 의결정족수와 관련 도시정비법 제35조 제3항(동별 과반 + 전체 3/4)이 적용되거나 유추적용된다고 볼 수는 없다.[200]

(3) 신뢰보호원칙과 사정의 변경

신뢰보호의 원칙은 행정청이 공적인 견해를 표명할 당시의 사정이 그대로 유지됨을 전제로 적용되는 것이 원칙이므로, 사후에 그와 같은 사정이 변경된 경우에는 그 공적 견해가 더 이상 개인에게 신뢰의 대상이 된다고 보기 어려운 만큼, 특별한 사정이 없는 한 행정청이 그 견해표명에 반하는 처분을 하더라도 신뢰보호의 원칙에 위반된다고 할 수 없다.[201]

(4) 내부규범의 변경과 신뢰보호원칙

일단 내부 규범이 정립되면 조합원들은 특별한 사정이 없는 한 그것이 존속하리라는 신뢰를 가지게 됨에 비추어 내부 규범 변경을 통해 달성하려는 이익이 종전 내부 규범의 존속을 신뢰한 조합원들의 이익보다 우월하여야 한다.

내부 규범 변경으로 인한 이익이 내부 규범을 신뢰한 조합원들의 이익보다 우월한 경우에 한하여 조합은 총회의 2/3 결의로 내부 규범을 변경할 수 있다.

조합 내부 규범을 변경하는 취지의 총회결의가 신뢰보호원칙에 위반되는지

---

200) 대법원 2020. 6. 25. 선고 2018두34732 판결

201) 대법원 2020. 6. 25. 선고 2018두34732 판결, 대법원 2015. 1. 29. 선고 2014두3839 판결

를 판단하기 위해서는, ① 종전 내부 규범의 내용을 변경하여야 할 객관적 사정과 필요가 존재하는지, ② 그로써 조합이 달성하려는 이익은 어떠한 것인지, ③ 내부 규범의 변경에 따라 조합원들이 침해받는 이익은 어느 정도의 보호가치가 있으며 그 침해 정도는 어떠한지, ④ 조합이 종전 내부 규범의 존속에 대한 조합원들의 신뢰 침해를 최소화하기 위하여 어떤 노력을 기울였는지 등과 같은 여러 사정을 종합적으로 비교・형량해야 한다.[202)]

상가소유자와의 합의 내용을 변경할 객관적인 필요성, 상가조합원들이 침해받게 되는 이익의 정도와 보호가치, 조합이 달성하려는 이익 등을 종합적으로 고려하여 기존 상가소유자와의 합의 내용을 변경하는 총회 결의는 신뢰보호에 위반되지 않는다고 판시한 사례가 있다.[203)]

일부 조합원들에게 아파트를 분양받은 외에 상가도 분양받을 수 있는 내용으로 관리처분인가를 받았으나, 총회 결의를 거쳐 아파트만 분양받는 내용으로 관리처분을 변경한 사안에서 신뢰보호의 원칙 위반으로 위법하다고 판시한 사례가 있다.[204)]

(5) 조합과 사인간의 약정

조합이 개별 조합원과 사적으로 '조합의 비용부담'에 관한 약정을 체결한 경우 조합은 개별 조합원 사이의 사법상 약정에 직접적으로 구속되지 않는다. 개별 약정이 조합을 구속하지 못하는 것은 구속적 행정계획으로서 조합이 행하는 독립된 행정처분에 해당하는 관리처분계획의 본질 및 전체 조합원 공동의 이익을 목적으로 하는 조합의 행정주체로서 갖는 공법상 재량권에 기인한다.

조합은 개별 조합원과의 약정의 내용과 취지 등을 감안하여 유효・적법한 관리처분계획 수립의 범위 내에서 그 약정의 취지를 가능한 한 성실하게 반영하기 위한 조치를 취하여야 한다.

그러나 조합은 개별 조합원과의 약정을 절대적으로 반영한 관리처분계획을

---

202) 대법원 2022. 7. 14. 선고 2022다206391 판결, 대법원 2020. 6. 25. 선고 2018두34732 판결, 대법원 2018. 3. 13. 선고 2016두35281 판결
203) 대법원 2022. 5. 26. 선고 2022두30539 판결
204) 수원고등법원 2024. 4. 5. 선고 2023누12589 판결

수립하여야만 하는 구체적인 민사상 의무까지 인정될 수는 없고, 약정의 당사자인 개별 조합원 역시 조합에 대하여 약정 내용대로의 관리처분계획 수립을 강제할 수 있는 민사상 권리를 가진다고 볼 수 없다.[205]

상가소유자는 조합에게 약정위반에 따른 채무불이행 책임을 청구할 수 없고, 신뢰보호위반에 따른 불법행위 책임만을 청구할 수 있다.

6. 공람 및 인가신청

(1) 관련서류의 공람 및 통지

공람절차는 토지등소유자 등의 이해관계인으로 하여금 의견서를 제출할 기회를 주도록 함으로써 다수의 이해관계인의 의사를 반영하고 그들 상호간의 이익을 합리적으로 조절하기 위한 것이다.

사업시행자는 관리처분계획의 인가를 신청하기 전에 관련서류의 사본을 30일 이상 토지등소유자에게 공람하게 하고, 의견을 들어야 한다(법 제78조 제1항). 관리처분계획의 공람권자는 사업시행자이다.

사업시행자가 관리처분계획의 공람을 실시하고자 하는 경우 사업시행자는 미리 토지등소유자에게 공람기간·장소 등 공람계획에 관한 사항과 개략적인 공람사항을 통지하여야 한다(법 제78조 제5항, 시행령 제65조 제1항).

(2) 토지등소유자의 의견 채택 여부

토지등소유자 또는 그 밖에 정비사업과 관련하여 이해관계를 가지는 자는 공람기간 이내에 사업시행자에게 서면으로 의견을 제출할 수 있다. 사업시행자는 이렇게 제출된 의견을 심사하여 채택할 필요가 있다고 인정하는 때에는 이를 채택하고, 그러하지 아니한 경우에는 의견을 제출한 자에게 그 사유를 알려주어야 한다.

이때 채택된 의견에 따라 관리처분계획의 중요한 사항이 변경되는 경우에는 원칙적으로 총회결의 및 공람절차를 다시 반복해야 한다.[206]

---

205) 대법원 2022. 7. 14. 선고 2022다206391 판결

조합가 조합원들에게 공람의견에 대한 조치결과를 정관에서 정한 것보다 더 늦게 답변하였다고 하더라도 이로 인하여 관리처분계획변경의 취소사유에 해당되지 않는다.[207]

(3) 의견 불채택과 항고소송

관계서류의 공람과 이해관계인의 의견제출은 사업시행자가 관리처분계획인가라고 하는 종국적인 처분을 하기 위한 선행적 절차로서 단순히 이해관계인으로 하여금 관계서류를 열람시켜 의견을 제출할 수 있는 기회를 제공함으로써 관할 행정청이 관리처분계획인가에 관한 의사결정을 함에 있어서 참작하려는 것에 지나지 않는다.

관리처분계획인가를 위한 공람은 토지등소유자 등 이해관계인에게 어떠한 구체적인 공법상의 권리의무관계나 법률상의 이익에 직접적인 변동을 생기는 것은 아니다.

제출된 의견을 불채택하는 경우에 의견서를 제출한 자에게 이를 통지하도록 하는 규정은 의견의 채택여부를 당해 제출자에게 신속하게 알려주어 그로 하여금 적절한 구제수단을 강구하도록 하기 위한 것으로서 당해 제출자의 편의를 위한 규정이다.

따라서 사업시행자가 공람기간 내 제출된 조합원의 의견을 채택하지 않았음을 통지한 의견서처리통지는 독립하여 행정소송의 대상이 되는 행정처분이라고 볼 수 없다.[208]

(4) 관리처분총회와 공람의 선후관계

총회와 공람의 선후관계와 관련 총회가 선행되어야 한다는 견해와 공람이 선행되어야 한다는 견해로 나뉘어 있다.

조합에서 최초로 작성한 관리처분계획은 조합총회의 의결로 조합의 관리처분 계획안(案)이 되는 것이고, 이러한 관리처분계획의 안이 공람되어야 하는 것이므로 조합 총회의 의결을 공람절차 이전에 해야 하는 것으로 해석해야 한

206) 대법원 1999. 8. 20. 선고 97누6889 판결
207) 서울행정법원 2024. 8. 22. 선고 2023구합74727 판결
208) 서울행정법원 1998. 6. 26. 선고 98구4091 판결

다고 주장하면서, 총회가 공람에 선행되어야 한다는 견해가 있다.

총회에서 통과된 관리처분계획을 공람과정에서 수렴된 의견을 반영하기 위해 변경총회를 개최하는 것은 현실적으로 어려움 점에 비추어 주민의 의사를 수렴한 관리처분계획안을 총회에서 의결하는 것이 타당하다고 주장하면서, 공람이 총회에 선행될 수 있다는 견해도 있다.

(5) 관리처분계획인가 신청

관리처분계획을 인가받고자 하는 때에는 사업시행자는 관리처분계획인가신청서에 관리처분계획서 및 총회의결서 사본을 첨부하여 시장・군수에게 제출하여야 한다(시행규칙 제12조).

관리처분계획을 변경・중지・폐지의 인가를 받고자 하는 때에는 사업시행자는 관리처분계획(변경・중지・폐지)신청서에 '변경・중지 및 폐지의 사유와 그 내용을 설명하는 서류'를 첨부하여 시장・군수에게 제출하여야 한다(시행규칙 제12조).

서울시의 경우 관리처분계획인가 신청서에 관리처분계획의 총회의결서 사본 및 분양신청서(권리신고사항 포함) 사본, 그 밖의 관리처분계획 내용을 증빙하는 서류를 첨부토록 하고 있다(서울시 조례 제33조 제2호, 3호).

7. 경미한 사항의 변경

(1) 도시정비법상 경미한 사항

관리처분계획의 경미한 사항의 변경은 시장・군수의 인가가 아닌 신고만으로 가능하다(법 제74조 제1항 단서). 사업시행자는 경미한 사항의 변경을 위해 총회결의, 공람 및 통지절차를 이행하지 않아도 된다(법 제45조 제1항 제10호, 제78조 제1항 단서).

관리처분계획의 경미한 변경은 다음과 같다(시행령 제61조).

① 계산착오・오기・누락 등에 따른 조서의 단순정정인 경우(불이익을 받는 자가 없는 경우에만 해당함)

② 정관 및 사업시행계획인가의 변경에 따라 관리처분계획을 변경하는 경우
③ 매도청구에 대한 판결에 따라 관리처분계획을 변경하는 경우
④ 도시정비법 제129조에 따른 권리 · 의무의 변동이 있는 경우로서 분양설계의 변경을 수반하지 아니하는 경우
⑤ 주택분양에 관한 권리를 포기하는 토지등소유자에 대한 임대주택의 공급에 따라 관리처분계획을 변경하는 경우
⑥ 민간임대주택에 관한 특별법 제2조제7호에 따른 임대사업자의 주소(법인인 경우에는 법인의 소재지와 대표자의 성명 및 주소)를 변경하는 경우

시장 · 군수등은 신고를 받은 날부터 20일 이내에 신고수리 여부를 신고인에게 통지하여야 한다. 시장 · 군수등이 위 기간 내에 신고수리 여부 또는 민원처리 관련 법령에 따른 처리기간의 연장을 신고인에게 통지하지 아니하면 그 기간이 끝난 날의 다음 날에 신고를 수리한 것으로 본다(법 제74조 제2항, 제3항).

(2) 해석상 경미한 사항의 인정

관리처분계획에서 경미한 사항의 변경은 도시정비법 시행령 제61조의 각호에 규정된 사항들에 한정되는 것이 아니다.

조합총회의 의결을 거치지 않더라도 변경내용이 객관적으로 조합원 등 이해관계인의 의사에 충분히 들어맞고 그 권리의무나 법적 지위를 침해하지 않다면 경미한 사항으로 볼 수 있다.

또한 분양대상자인지에 대한 확정판결에 따라 관리처분계획의 내용을 변경하는 때와 같이 조합총회의 의결을 거친다고 하더라도 변경내용과 다르게 의결할 수 있는 여지가 없는 경우 등도 경미한 사항에 포함된다.[209]

(3) 정관상 경미한 사항에 관하여 총회의 의결을 거치도록 정한 경우

도시정비법과 그 시행령이 변경인가사항과 신고사항을 구분하는 이유는 중요한 사항 변경은 인가절차를 , 경미한 사항 변경은 신고절차를 거치도록 하는

---

209) 대법원 2012. 5. 24. 선고 2009두22140 판결

등 변경 대상의 중요도에 따라 처분의 형식을 달리하고자 하는 데 있을 뿐이다.

경미한 사항의 변경이어서 신고절차를 거치면 족한 경우에도 법령이나 정관에서 조합 총회의 결의대상으로 규정한 때에는 신고에 앞서 그러한 조합 총회의 결의를 거쳐야 한다.[210)]

210) 대법원 2014. 5. 29. 선고 2011두33051 판결

Ⅱ. 관리처분계획의 인가

1. 관리처분인가 시기의 조정

(1) 특별시장·광역시장 또는 도지사의 시기 조정 요청

특별시장·광역시장 또는 도지사는 정비사업의 시행으로 정비구역 주변 지역에 주택이 현저하게 부족하거나 주택시장이 불안정하게 되는 등 특별시·광역시 또는 도의 조례로 정하는 사유가 발생하는 경우에는 주거기본법 제9조에 따른 시·도 주거정책심의위원회의 심의를 거쳐 관리처분계획인가의 시기를 조정하도록 해당 시장, 군수 또는 구청장에게 요청할 수 있다.

이 경우 요청을 받은 시장, 군수 또는 구청장은 특별한 사유가 없으면 그 요청에 따라야 하며, 관리처분계획인가의 조정 시기는 인가를 신청한 날부터 1년을 넘을 수 없다(법 제75조 제1항).

(2) 특별자치시장 및 특별자치도지사의 시기조정

특별자치시장 및 특별자치도지사는 정비사업의 시행으로 정비구역 주변 지역에 주택이 현저하게 부족하거나 주택시장이 불안정하게 되는 등 특별자치시 및 특별자치도의 조례로 정하는 사유가 발생하는 경우에는 주거기본법 제9조에 따른 시·도 주거정책심의위원회의 심의를 거쳐 관리처분계획인가의 시기를 조정할 수 있다. 이 경우 관리처분계획인가의 조정 시기는 인가를 신청한 날부터 1년을 넘을 수 없다(법 제75조 제2항).

(3) 시기 조정의 방법 및 절차

관리처분계획인가의 시기 조정의 방법 및 절차 등에 필요한 사항은 특별시·광역시·특별자치시·도 또는 특별자치도의 조례로 정한다(법 제75조 제3항).[211]

---

211) 서울시 조례 제48조 내지 제51조

2. 관리처분계획의 타당성 검증

시장 · 군수등은 토지주택공사등 또는 한국부동산원에 관리처분계획의 타당성 검증을 요청하여야 한다(법 제78조 제3항, 시행령 제64조).[212]

관리처분계획의 타당성 검증사유는 다음과 같다.

① 관리처분계획의 정비사업비가 사업시행계획의 정비사업비 기준으로 10% 이상 늘어나는 경우

② 관리처분계획의 조합원 분담규모가 분양통지시 분양대상자별 분담금의 추산액 총액 기준으로 20% 이상 이상 늘어나는 경우

③ 조합원 5분의 1 이상이 관리처분계획인가 신청이 있은 날부터 15일 이내에 시장 · 군수등에게 타당성 검증을 요청한 경우

④ 그 밖에 시장 · 군수등이 필요하다고 인정하는 경우

시장 · 군수등은 타당성 검증 비용을 사업시행자에게 부담하게 할 수 있다(법 제78조 제3항).

3. 시장 · 군수의 심사 등

시장 · 군수는 사업시행자가 신청한 관리처분계획의 내용이 도시정비법 및 조례에서 정한 관리처분계획의 기준, 정관에서 정한 분양의 기준에 맞는지 여부를 심사하여야 한다.

시장 · 군수가 관리처분계획에 대한 인가 여부를 결정할 때에는 ① 관리처분계획인가 신청서와 첨부서류를 기준으로 그 관리처분계획에 도시정비법 제74조 제1항, 도시정비법 시행령 제62조에 규정된 사항이 포함되어 있는지, ② 그 계획의 내용이 도시정비법 제76조 제1항의 기준에 부합하는지 여부 등을 심사 · 확인하여 인가 여부를 결정하면 된다.

관리처분계획을 심사 · 확인하는 과정에서 행정청은 도시정비법 제111조(자

212) 부칙(2017. 8. 9.) 제3호 : 2018. 2. 9. 이후 최초로 관리처분계획인가를 신청하는 경우부터 적용함.

료의 제출) 제2항, 제113조(감독) 제1항에서 정한 조치를 통하여 관리처분계획을 실질적으로 심사할 권한이 있다.[213]

조합 총회결의의 효력 여부는 특별한 사정이 없는 이상 그 결의 내용이 강행법규에 위반되는지 여부 등 실체적 요건과 법령 또는 정관의 해석상 해당 안건의 결의에 필요한 의결정족수를 갖추었는지 등 절차적 요건을 모두 충족하였는지에 따라 판단하여야 한다.[214]

만약 총회의 의결에 하자가 있거나, 관련 서류의 내용이 서로 모순・저촉되거나, 제출된 위 서류에 하자가 있을 경우에는 보완을 명하거나 인가신청을 반려하여야 한다.

4. 관리처분계획의 인가 및 통지

(1) 관리처분계획의 인가 및 고시

시장・군수등은 사업시행자의 관리처분계획인가의 신청이 있은 날부터 30일 이내에 인가 여부를 결정하여 사업시행자에게 통보하여야 한다. 다만, 관리처분계획의 타당성 검증을 요청하는 경우 시장・군수등은 관리처분계획인가의 신청을 받은 날부터 60일 이내에 인가 여부를 결정하여 사업시행자에게 통지하여야 한다(법 제78조 제2항).

시장・군수등은 관리처분계획을 인가내용을 해당 지방자치단체의 공보에 고시하여야 한다(법 제78조 제4항, 시행규칙 제13조).

관리처분인가고시 당시 일부내용이 생략되었다하더라도 조합원들이 조합사무실이나 관할구청등에서 그 내용을 쉽게 확인할 수 있음을 이유로 해당 관리처분인가고시의 하자가 무효사유에 해당하지 않는다.[215]

---

213) 대법원 2014. 3. 13. 선고 2013다27220 판결
214) 대법원 2014. 5. 29. 선고 2011두33051 판결
215) 대법원 1995. 8. 22. 선고 94누5694 전원합의체 판결

(2) 관리처분인가와 부관

관리처분계획인가의 법적 성격은 강학상 인가이다.[216)]

조합이 수립하는 관리처분계획에 대한 인가는 관리처분계획에 대한 법률상의 효력을 완성시키는 보충행위이므로, 기본행위에 하자가 있다고 하더라도 인가처분 자체에 하자가 없다면 따로 그 기본행위의 하자를 다투는 것은 별론으로 하고 기본행위의 하자를 내세워 바로 그에 대한 행정청의 인가처분의 취소를 구할 수 없다.[217)]

행정청이 관리처분계획에 대한 인가 여부를 결정할 때에는 그 관리처분계획에 도시정비법 제48조 및 그 시행령 제50조에 규정된 사항이 포함되어 있는지, 그 계획의 내용이 도시정비법 제48조 제2항의 기준에 부합하는지 여부 등을 심사・확인하여 그 인가 여부를 결정할 수 있을 뿐 기부채납과 같은 다른 조건을 붙일 수는 없다.[218)]

(3) 분양신청을 한 자에 대한 통지

시장・군수등의 관리처분계획에 대한 인가고시가 있은 때 사업시행자는 분양신청을 한 자에게 ① 정비사업의 종류 및 명칭, ② 정비사업 시행구역의 면적, ③ 사업시행자의 성명 및 주소, ④ 관리처분계획의 인가일, ⑤ 분양대상자별 기존의 토지 또는 건축물의 명세 및 가격과 분양예정인 대지 또는 건축물의 명세 및 추산가액을 통지하여야 한다(법 제78조 제5항, 시행령 제65조 제2항).

---

216) 대법원 2001. 12. 11. 선고 2001두7541 판결, 대법원 2012. 8. 30. 선고 2010두24951 판결. 대법원 2016. 12. 15. 선고 2015두51347 판결, '강학상 인가와 기본적 법률행위'는 사업시행인가의 취소 부분의 내용을 참조하기 바람.

217) 대법원 1995. 12. 12. 선고 95누7338 판결, 대법원 2001. 12. 11. 선고 2001두7541 판결, 서울행정법원 2010. 6. 18. 선고 2010구합6281 판결, 서울행정법원 2010. 8. 25. 선고 2010구합19164 판결, 서울행정법원 2010. 8. 19. 선고 2010구합22511 판결, 서울행정법원 2010. 12. 2. 선고 2010구합337 판결 등

218) 대법원 2012. 8. 30. 선고 2010두24951 판결은 관리처분계획 인가시 부과한 기부채납 조건은 그 위법성이 중대하고 명백하여 무효라고 판시하였음. 서울고등법원 2023. 12. 8. 선고 2022누63470 판결

5. 관리처분계획인가의 직권 취소

행정행위의 취소라 함은, 그 성립에 흠이 있음에도 불구하고 일단 유효하게 성립한 행정행위를 그 성립상의 흠의 이유로 권한 있는 기관이 그 효력의 전부 또는 일부를 원칙적으로 기왕에 소급하여 상실시키는 행위를 말한다.

행정행위를 한 처분청은 그 행위에 하자가 있는 경우에 별도의 법적 근거가 없더라도 스스로 이를 취소할 수 있다. 다만 그 행위가 국민에게 권리나 이익을 부여하는 이른바 수익적 행정행위인 때에는 그 행위를 취소하여야 할 공익상 필요와 그 취소로 인하여 당사자가 입을 기득권과 신뢰보호 및 법률생활 안정의 침해 등 불이익을 비교교량한 후 공익상 필요가 당사자의 기득권침해 등 불이익을 정당화할 수 있을 만큼 강한 경우에 한하여 취소할 수 있다.[219]

관리처분계획이 도시정비법 또는 도시정비법에 의한 명령·처분에 위반되었다고 인정되는 때에는 시장·군수는 사업시행자에게 정비사업의 적정한 시행을 위하여 필요한 범위안에서 관리처분계획의 취소·변경 또는 정지 그 밖의 필요한 조치를 취할 수 있다(법 제113조 제1항).

시장·군수는 관리처분계획인가의 취소 처분을 하고자 하는 경우 청문을 실시하여야 한다(법 제121조 제3호).[220]

6. 관리처분계획인가의 효력

(1) 분양자 지위 변환

관리처분계획인가고시를 통하여 분양대상자, 분양가액, 청산금액 등 구체적인 조합원의 분양받을 권리가 확정되는 것이므로, 관리처분계획인가 고시로서 종전의 토지 및 건축물의 소유자의 지위는 상실되고, 분양자로서의 지위에서 가지는 분양권 및 청산금에 대한 권리로 변환된다.

조합원 입주권은 주택의 변형 내지 연장물로서의 성격을 가지고 있지만, 형

219) 대법원 1986. 2. 25. 선고 85누664 판결
220) 대법원 2007. 11. 16. 선고 2005두15700 판결

식상은 부동산을 취득할 수 있는 권리일 뿐 그 자체를 주택으로 볼 수 없다. 조합이 관리처분계획인가를 받은 경우 해당 건물은 관리처분계획이 인가됨에 따라 '조합원입주권'에 해당된다.

(2) 대물처분의 성격

관리처분계획은 원칙적으로 창설적인 설권처분(設權處分)이라고 할 수 없고, 어디까지나 종전의 토지 등에 대한 소유권 등이 새로 조성·축조되는 대지 등에 대한 소유권 등으로 변환되는 과정의 한 단계에서 종전 소유자 등의 지위가 어떠한 것인가를(즉, 앞으로 어느 대지 등을 분양받을 수 있을 것인가) 확인, 선언하는 것에 불과하다. 즉 관리처분계획은 대인처분이 아니라 대물처분의 성격을 가진다.[221)]

재개발사업 시행자가 소유자를 오인하여 종전의 토지 또는 건축물의 소유자가 아닌 다른 사람에게 분양처분을 한 경우 그러한 분양처분이 있었다고 하여 그 다른 사람이 권리를 취득하게 되는 것은 아니다. 따라서 종전의 토지 또는 건축물의 진정한 소유자가 분양된 대지 또는 건축시설의 소유권을 취득하고 이를 행사할 수 있다.

(3) 관리처분계획에 의하지 않은 조합원 분양

재개발사업구역내 토지등소유자가 새로 조성된 대지에 관한 소유권을 취득하는지 여부는 관리처분계획에 따른 이전고시처분에 의하여 정하여 지는 것이다. 관리처분계획의 수립 및 이전고시처분 없이 재개발사업이 종료된 경우, 재개발구역 안의 토지 등의 소유자가 새로 조성된 대지에 관한 소유권을 취득할 수 없다.[222)]

조합이 관리처분계획인가 및 이에 따른 이전고시처분 등의 절차를 거치지 아니한 채 조합원에게 신(新) 주택이나 대지를 분양한 경우 당해 조합원은 조합정관 내지 분양계약에 의하여 구(舊) 주택이나 대지와는 다른 신(新) 주택이나 대지에 관한 소유권을 취득한 것에 불과하다. 구(舊) 주택이나 대지에 관한

---

221) 대법원 1995. 6. 30. 선고 95다10570 판결
222) 대법원 2006. 4. 27. 선고 2004다38150, 38167, 38174, 38181 판결

소유권이 신(新) 주택이나 대지에 관한 소유권으로 강제적으로 교환·변경되어 공용환권된 것으로 볼 수 없다. '신(新) 주택이나 대지'와 '구(舊) 주택이나 대지' 간에 동일성이 유지되지 않는다.

명의수탁자가 명의신탁 부동산을 재건축조합에게 신탁하고 재건축조합이 관리처분계획 인가와 이에 따른 분양처분고시 또는 이전고시 등의 절차 없이 재건축사업을 진행하여 신축한 건물 등을 분양계약을 통하여 명의수탁자에게 분양한 경우, 명의신탁자가 당초의 명의신탁약정이 무효라는 이유로 명의수탁자가 재건축조합으로부터 분양받은 신축 건물 등에 관한 소유권의 이전을 청구할 수 있다고 판시한 사례가 있다.[223]

(4) 총회 결의 없는 건축시설의 처분행위 등

대지 및 건축시설은 관리처분계획에 의하여 이를 처분 또는 관리하여야 하고, 관리처분계획은 총회의 결의를 거쳐야 한다. 조합이 조합원총회의 결의를 거친 관리처분계획에 의하지 아니하고 대지나 건축시설을 처분하거나 관리하는 행위를 한 경우에는 그 효력이 없다.[224]

보류지를 분양받을 대상자 중 우선매수 청구권자와 도시정비법, 시행령, 서울시 조례에 따른 토지등소유자의 자격기준에 합당한 자를 제외하고는 사업시행자는 총회의 의결을 거쳐 분양받을 대상자를 결정하여야 한다. 따라서 총회의 의결없이 보류건축시설의 처분은 그 효력이 없고,[225] 이를 추진한 조합임원은 형사처벌을 받게 된다.

(5) 종전 토지의 사용·수익금지

종전의 토지 또는 건축물의 소유자·지상권자·전세권자·임차권자 등 권리자는 관리처분계획인가의 고시가 있은 때에는 이전고시가 있는 날까지 종전의 토지 또는 건축물을 사용하거나 수익할 수 없다(법 제81조 제1항). 관리처분인가고시 이외 별도의 사용·수익정지명령을 요하지 않는다.[226]

---

223) 대법원 2009. 6. 23. 선고 2008다1132 판결
224) 대법원 1996. 11. 15. 선고 95다27158 판결
225) 대법원 1995. 2. 24. 선고 94다31242 판결, 대법원 2001. 3. 23. 선고 2000다72671 판결

'사업시행자' 는 관리처분인가 고시 이후 이전고시 전까지 종전의 토지 또는 건축물을 사용·수익할 수 있다.[227]

토지등소유자는 다음의 경우 종전의 건축물 등을 사용·수익할 수 있다.

① 사업시행자의 동의를 받은 경우

② 토지보상법에 따른 손실보상이 완료되지 아니한 경우

관리처분계획에서 미리 예정한 바에 따라 그 효과로서 발생하는 것일 뿐, 관리처분계획에서 전혀 포섭하지 아니한 범위까지 그 고시의 효력이 미친다고 볼 수 없다. 따라서 무단으로 타인의 소유 토지 또는 건물을 점거하는 경우와 같이 관리처분계획에 포함되지 아니한 이해관계인에게는 사업시행자라고 할지라도 도시정비법 제81조 제1항 소정의 관리처분계획의 효력을 직접적인 권원으로 삼아 기존 점유의 배제를 구할 수는 없다. 다만, 사업시행자가 관리처분계획의 고시를 기다릴 필요 없이 '직접 취득한 소유권' 에 기하거나 '조합원의 소유권 기타 권리를 대위' 하는 등의 방식으로 철거를 포함한 인도를 구할 수 있다.[228]

(6) 철거의 개시

이해관계인들의 이익보호와 투명한 절차를 위하여 사업시행자는 관리처분계획의 인가를 받은 후 기존의 건축물을 철거하여야 한다(법 제81조 제2항). 따라서 관리처분계획의 인가는 철거의 개시 기능을 한다.

(7) 일반분양과 매도청구소송

정비사업으로 조성된 대지 및 건축물은 관리처분계획에 의하여 이를 처분 또는 관리하여야 하고, 분양신청 후 잔여분에 대하여는 보류지로 정하거나 체비시설로서 일반분양할 수 있다. 일반분양분이 확정되는 시점은 관리처분계획 인가고시일이므로, 그 이후에 주택법에 따라 일반분양을 할 수 있게 된다.

---

226) 대법원 1992. 12. 22. 선고 91다22094 전원합의체 판결

227) 대법원 2010. 5. 27. 선고 2009다53635 판결, 대법원 2014. 7. 24. 선고 2012다62561 판결

228) 서울고등법원 2010. 1. 14. 선고 2009나62365 판결

재건축조합이 매도청구소송을 통하여 법원의 승소판결을 받은 후 입주예정자에게 피해가 없도록 손실보상금을 공탁하고 분양예정인 건축물을 담보한 경우에는 법원의 승소판결이 확정되기 전이라도 주택법 제54조에도 불구하고 입주자를 모집할 수 있으나, 준공인가 신청 전까지 해당 주택건설 대지의 소유권을 확보하여야 한다(법 제79조 제8항 단서).

제4절 관리처분계획의 주요 내용

I. 관리처분계획의 수립기준

1. 관리처분계획 수립의 일반원칙

관리처분계획의 내용은 다음의 기준에 따른다(법 제76조 제1항).

① 종전의 토지 또는 건축물의 면적·이용 상황·환경, 그 밖의 사항을 종합적으로 고려하여 대지 또는 건축물이 균형 있게 분양신청자에게 배분되고 합리적으로 이용되도록 한다.

② 지나치게 좁거나 넓은 토지 또는 건축물은 넓히거나 좁혀 대지 또는 건축물이 적정 규모가 되도록 한다.

③ 너무 좁은 토지 또는 건축물을 취득한 자나 정비구역 지정 후 분할된 토지를 취득한 자 또는 집합건물의 구분소유권을 취득한 자에게는 현금으로 청산할 수 있다.

④ 재해 또는 위생상의 위해를 방지하기 위하여 토지의 규모를 조정할 특별한 필요가 있는 때에는 너무 좁은 토지를 넓혀 토지를 갈음하여 보상을 하거나 건축물의 일부와 그 건축물이 있는 대지의 공유지분을 교부할 수 있다.

2. 분양설계

(1) 분양설계의 기준일

분양설계란 건축계획에 따른 설계기준, 시설의 내역, 분양의 기준 등 관리처분계획에 따라 분양할 토지 및 건축물의 분양에 관한 구체적인 계획을 의미한다. 여기에는 법령 및 정관 규정에서 정한 기준의 범위 내에서 관리처분계획수립에 필요한 항목별 세부 설계기준을 포함한다.

사업시행자는 분양신청기간이 종료된 때에는 분양신청의 현황을 기초로 관리처분계획을 수립하여야 하고, 분양설계에 관한 계획은 '분양신청기간이 만료하는 날'을 기준으로 하여 수립한다(법 제76조 제1항 제5호).

분양설계의 기준일인 '분양신청기간 만료일'은 조합원들의 권리관계를 확정하는 일자로서 조합이 임의로 또는 총회 결의로 위 기준일을 변경한다면 재개발사업의 현저한 지장을 초래하고 조합원들의 권리관계에 큰 혼란을 초래할 수 있다. 따라서 조합은 조합의 총회의 결의로 분양설계의 기준일을 변경할 수 없다.[229]

(2) 재분양신청과 분양설계 기준일

사업시행계획인가의 변경으로 세대수 또는 주택규모가 달라지고, 정관 또는 총회의 의결을 거쳐 현금청산자들에게 분양신청을 다시 하기로 정한 경우(법 제72조 제4항, 제5항) 조합은 재분양신청기간 만료일을 기준으로 분양설계를 할 수 있을 것이다.

조합이 사업시행변경후 새로운 분양신청절차(2차)를 진행하였고, 현금청산자 이외 분양신청을 한 조합원(1차 분양신청자)에게도 2차 분양신청을 요구하였으며, 2차 분양신청을 기초로 관리처분계획을 수립한 사안에서 2차 분양신청기간 만료일이 분양설계의 기준일이라고 판시한 사례가 있다.[230]

(3) 분양신청서의 미제출

조합원들이 사실상 분양신청의 의사를 표시하였다 하더라도, 분양신청서를 제출하지 않은 조합원들을 임의로 분양대상 조합원으로 보아 신축 건축물의 동·호수를 배정해서는 아니된다.[231]

---

229) 대법원 2002. 1. 22. 선고 2000두604 판결
230) 서울행정법원 2024. 5. 17. 선고 2023구합57593 판결
231) 서울행정법원 2010. 7. 23. 선고 2010구합5677 판결

3. 공급면적 및 대지소유권

(1) 대지소유권의 분배 등

1개의 건축물의 대지는 1필지의 토지가 되도록 정하되, 주택단지의 경우에 수개의 건축물의 대지는 1필지의 토지가 될 수 있다(시행령 제63조 제1항 제2호).

분양대상자가 공동으로 취득하게 되는 건축물의 공용부분은 각 권리자의 공유로 하되, 해당 공용부분에 대한 각 권리자의 지분비율은 그가 취득하게 되는 부분의 위치 및 바닥면적 등의 사항을 고려하여 정하여야 한다(시행령 제63조 제1항 제5호).

1필지의 대지 위에 2인 이상에게 분양될 건축물이 설치된 경우에는 건축물의 '분양면적의 비율'에 따라 그 대지소유권이 주어지도록 한다. 주택과 그 밖의 용도의 건축물(상가)이 함께 설치된 경우에는 건축물의 용도 및 규모 등을 고려하여 대지지분이 합리적으로 배분될 수 있도록 한다. 이 경우 토지의 소유관계는 공유로 한다(시행령 제63조 제1항 제6호). '분양면적 비율'은 정관 또는 시·도 조례에서 달리 정할 수 없다.232)

(2) 공동주택과 상가 설치시 대지지분의 배분

주택과 그 밖의 용도의 건축물이 함께 설치된 경우(즉 공동주택과 상가를 설치하는 경우)에는 건축물의 용도 및 규모 등을 고려하여 대지지분이 합리적으로 배분될 수 있도록 한다(시행령 제63조 제1항 제6호).

주택공급면적이란 사업주체가 공급하는 주택의 바닥면적(건축법 시행령 제119조 제1항 제3호에 따른 바닥면적을 말함)을 말한다(주택의 공급에 관한 규칙 제2조 제5호).

공동주택의 공급면적을 세대별로 표시하는 경우에는 주거용의 용도로만 쓰이는 면적(주거전용면적)으로 표시하여야 한다.

다만 사업주체는 주거전용면적외에 다음의 공용면적을 별도로 표시할 수 있

232) 대법원 2010. 3. 25. 선고 2009두21277 판결, 대법원 2010. 3. 25.자 2009무165 결정

다(주택공급에 관한 규칙 제21조 제5항).

- 주거공용면적 : 계단, 복도, 현관 등 공동주택의 지상층에 있는 공용면적
- 그 밖의 공용면적 : 주거공용면적을 제외한 지하층, 관리사무소, 노인정 등 공용면적

상가의 계약면적(분양면적)은 ① 전용면적과 ② 층별 공용면적, ③ 기타 공용면적을 포함한 면적으로 한다. 상가 분양대지면적은 도시정비법 시행령 제52조 제2항 제1호에 의하여 분양면적 비율에 따라 배분한다.

실무상 아파트의 분양면적은 공동주택의 공급면적(주거전용면적 + 주거공용면적)을 기준으로 하고, 상가의 분양면적은 계약면적(전용면적 + 층별 공용면적 + 기타 공용면적)을 기준으로 하게 된다.[233)]

위와 같이 아파트, 상가의 분양기준에 의해 대지지분을 귀속시킬 경우 아파트보다 상가에게 과도하게 대지지분이 귀속되어야 하고, 이로 인하여 상가조합원의 정산의 문제도 발생하게 된다.

아파트와 상가를 같은 1개의 대지에 신축한 후 분양하는 경우 아파트와 상가 분양자들의 대지지분의 귀속은 같은 기준에 의하여야 한다. 따라서 아파트 분양자들의 대지권이 공동주택의 공급면적(주거전용면적 + 주거공용면적) 비율에 의하도록 한다면 상가 분양자들의 대지권도 공급면적(상가전용면적 + 층별 공용면적[234)]) 비율에 의하여야 할 것이다.

4. 권리산정기준일

(1) 지분쪼개기 규제 필요성

재개발사업의 추진이 예정되는 지역에서 아파트 분양권을 다수 확보할 목적으로 단독 또는 다가구 주택을 다세대주택으로 전환하여 각각 매각하는 것을 일명 "지분쪼개기"라고 한다. 다가구주택을 다세대주택으로 전환하는 이유

---

233) 서울고등법원 2020. 7. 15. 선고 2018누48061 판결

234) 층별 공용면적이란 용어는 실무상 존재하지 않으나, 층별 공용면적은 계단, 복도 등의 공용면적으로서, 계약면적에서 전용면적과 기타 공용면적(지하층, 관리사무소 등)을 공제하여 산정할 수 있을 것이다.

는 향후 재개발사업 시행시 분양권 대상 세대수를 늘려 매각함으로써, 프리미엄을 얻기 위함이다.

다가구주택을 다세대주택으로 전환하는 것은(보통 1가구를 7세대 정도로 분할) 조합원 수의 증가와 사업성 악화로 인하여 재개발·재건축사업의 진행에 막대한 지장을 초래한다.

(2) 권리산정기준일의 지정

다가구주택의 다세대 전환 등 일정한 사유에 해당하는 경우 정비구역 지정 고시가 있은 날 또는 시·도지사가 투기를 억제하기 위하여 기본계획 수립을 위한 주민공람의 공고일 후 정비구역 지정·고시 전에 따로 정하는 날(기준일)의 다음 날을 기준으로 건축물을 분양받을 권리를 산정한다(법 제77조 제1항).

건축물을 분양받을 권리의 기준일 적용대상은 다음과 같다.

① 1필지의 토지가 여러 개의 필지로 분할되는 경우

② 집합건물법에 따른 집합건물이 아닌 건축물이 집합건물로 전환되는 경우

③ 하나의 대지 범위에 속하는 동일인 소유의 토지와 주택 등 건축물을 토지와 주택 등 건축물로 각각 분리하여 소유하는 경우

④ 나대지에 건축물을 새로 건축하거나 기존 건축물을 철거하고 다세대주택, 그 밖의 공동주택을 건축하여 토지등소유자의 수가 증가하는 경우

⑤ 집합건물법 제2조 제3호에 따른 전유부분의 분할로 토지등소유자의 수가 증가하는 경우

위 권리산정기준일 이후 토지의 분할 등이 있을 경우 1개의 분양권만이 인정된다.

시·도지사는 기준일을 따로 정하는 경우에는 기준일·지정사유·건축물을 분양받을 권리의 산정 기준 등을 해당 지방자치단체의 공보에 고시하여야 한다(법 제77조 제2항).

(3) 정비구역의 변경으로 편입된 지역

최초 지정·고시된 정비구역에 포함되지 않았던 지역이 정비구역 변경지정·

고시를 통해 새롭게 정비구역으로 편입되는 경우 편입된 지역의 권리산정기준일은 정비구역 변경지정·고시가 있는 날의 다음 날을 기준으로 한다.[235]

(4) 서울시의 권리산정기준일

서울시의 경우 권리산정기준일은 건축물의 분양받을 권리를 산정하기 위한 기준일로서 정비구역지정 고시가 있은 날 또는 시장이 투기를 억제하기 위하여 기본계획 수립 후 정비구역 지정・고시 전에 따로 정하는 날을 말한다(서울시 조례 제2조 제11호).[236]

---

235) 법제처 2019. 12. 2. 19-0458

236) 공공재개발(5.6대책) 1차 : 2020. 9. 21. 공공재개발사업 후보지 공모공고일
(2010. 7. 15. 이전에 기본계획이 수립된 구역은 구 조례 적용됨)
2차 : 2021. 12. 30. 공공재개발사업 후보지 공모공고일
도심공공주택복합사업(2.4대책) 1차 : 2021. 6. 29. 전 이전등기 경료해야 됨.
(공공주택특별법 적용됨)
신속통합기획 1차(2021. 12. 28.) : 2021. 9. 23.(공모일)
(2010. 7. 15. 이전에 기본계획이 수립된 구역은 구 조례 적용됨)

Ⅱ. 주택공급의 수

1. 1인 조합원 - 1주택 공급

(1) 1인 조합원에 대한 1주택 공급

조합은 정비사업으로 인하여 신축한 건축물을 정비구역의 토지등소유자에게 분양하여야 한다. 다만 분양대상자에서 지상권자는 제외된다(시행령 제63조 제1항 제3호).

1명이 하나 이상의 주택 또는 토지를 소유한 경우 1주택을 공급한다(법 제76조 제1항 제6호). 조합원 사이의 이해관계를 조정하고, 투기수요를 차단하여 국민의 주거안정을 확보하기 위하여 1명이 수개의 주택을 소유한 경우에도 1주택을 공급하도록 한 것이다.[237)]

1인이 다수 필지의 토지 또는 다수의 건축물을 소유한 경우 1인의 토지등소유자에 해당하고, 조합원의 지위와 현금청산 대상자의 지위를 겸유할 수 없으므로, 위 조합원은 전체 부동산을 기준으로 분양신청을 하여야 하고, 일부 부동산에 대한 현금청산을 주장할 수 없다.[238)]

(2) 일시적 다물권자가 된 경우

갑은 2020. 6. 5. 병으로부터 A토지를 매수한 후 2020. 6. 24. 소유권이전등기를 경료하였고, 을은 2020. 6. 4. 갑으로부터 B토지를 매수한 후 2020. 6. 25. 소유권이전등기를 경료하였는바, 갑은 2020. 6. 24. 현재 A필지와 B필지를 소유한 것이므로, B필지를 매수한 을은 도시정비법 제39조 제1항 3호에 해당되어 갑과 공동으로 분양권을 가지는지 문제된다.

을이 B토지를 매수할 당시 갑은 재개발구역 내에 다수의 토지를 소유하고 있지 않았고, 을이 B토지를 매수한 후 그 소유권이전등기를 마치기 전에 갑은

237) 헌법재판소 2012. 3. 29.자 2010헌바217 결정

238) 서울행정법원 2025. 3. 21. 선고 2023구합85772 판결, 서울행정법원 2023. 3. 24. 선고 2022구합74850 판결, 서울행정법원 2023. 3. 6. 선고 2022구합50373 판결

A토지를 매수하여 그 소유권이전등기를 마침으로써 재개발구역 내에 일시적으로 다수의 토지를 소유하게 되었는바, 이러한 경우까지 도시정비법 제39조 제1항 제3호에 따라 갑과 을을 통틀어 하나의 수분양권만 인정된다고 보는 것은 을이 관여하지 못하는 우연한 사정에 의하여 을의 법적 지위가 좌우되는 결과가 되어 부당하다.[239] 즉 갑과 을은 각각 단독 분양권이 인정된다.

(3) 다주택자가 특정 주택에 분양철회하고, 나머지 주택에 분양신청한 경우

조합원이 제1 토지 및 제1 건물에 관하여 분양신청을 철회하고, 그에 따라 청산금을 수령하였음에도 불구하고 별도로 제2 건물에 관하여 단독조합원의 지위에서 분양신청을 하였다.

조합원의 지위와 현금청산대상자의 지위는 법률상 양립할 수 없으므로 수개의 주택 또는 수필지의 토지를 소유한 조합원이더라도 조합원의 지위와 현금청산대상자의 지위 중 어느 하나를 선택하여야 할 것이지 이를 동시에 보유할 수는 없다.

수개의 주택 또는 수필지의 토지를 소유한 조합원이 일부를 특정하여 분양신청하거나 분양신청을 철회하였다면 재개발사업에 계속 참여할 것인지 또는 현금청산을 받아 재개발사업으로부터 이탈할 것인지에 관한 종국적인 의사를 표시한 것으로 보아야 한다. 조합원이 제1 토지 및 제1 건물에 관하여 분양신청을 철회하고 청산금을 수령한 경우 위 조합원의 제2 건물에 관하여도 분양신청을 철회한 것으로 보아야 한다.[240]

(4) 조합원이 다른 조합원의 분양권을 양수한 경우

갑 조합원은 제1토지를 소유한 자이고, 을 조합원은 제2토지를 소유한 자이며, 갑과 을 모두를 분양대상자로 한 관리처분계획이 인가되었다. 이후 갑은 을로부터 제2토지 및 분양권을 양수한 경우 도시정비법 제76조 제1항 제6호에 따라 제2토지의 분양권이 소멸되는지 문제된다.

도시정비법은 제76조 제1항 제6호에서 관리처분계획의 수립 기준에 관하여

239) 서울행정법원 2025. 3. 7. 선고 2022구합74300 판결
240) 서울고등법원 2013. 9. 27. 선고 2012누23930 판결

위와 같은 규정을 두고 있을 뿐, 관리처분계획에 따라 배정된 수분양권의 양도에 관하여는 아무런 규정을 두지 않고 있다. 따라서 관리처분계획 확정 이후의 수분양권의 양도 및 그 효력 유무에 관하여는 민법의 일반원칙이 적용되어야 한다.

조합원이 이미 확정된 관리처분계획 및 그 후속절차인 동호수 추첨을 통하여 배정받은 특정 공동주택에 대한 수분양권을 동일 조합에 속한 조합원에게 양도한 경우 그 양도는 사법상 채권양도로서 적법·유효하다. 위 양도에 도시정비법 제76조 제1항 제6호가 적용되어 당해 수분양권이 소멸하게 된다고 볼 수는 없다.[241)]

2. 1세대 - 1주택공급

(1) 1세대에 대한 1주택 공급

여러 명의 토지등소유자가 1세대에 속하는 때에는 그 여러 명을 대표하는 1명을 조합원으로 보고(법 제39조 제1항 제2호), 이 경우 대표조합원 선임동의서를 작성하여 조합에 신고하여야 하며, 조합원으로서의 법률행위는 그 대표조합원이 한다(서울시 재개발 표준정관 제10조 제4항).

위와 같이 1세대는 1 조합원으로 간주되고, 1세대의 대표조합원이 분양신청을 하여야 하며, 1세대가 하나 이상의 주택 또는 토지를 소유하는 경우 1주택을 공급한다(법 제76조 제1항 제6호).

'1세대 1주택' 원칙은 정비구역 안에 있는 토지등소유자 사이의 이해관계를 조정하여 조합원의 재산권을 보호함과 동시에 정비사업에서 토지·주택 등에 대한 투기를 억제하여 정비사업의 사업성 저하를 방지하고자 하는 취지이다.

(2) 1세대의 판단기준

실질적으로 주거와 생계를 같이하는지를 기준으로 1세대 여부를 판단한다고

241) 서울행정법원 2017. 1. 6. 선고 2016구합75616 판결

하더라도, 사업시행자인 조합은 1차적으로 주민등록표 등 공부를 기준으로 1세대인지를 확정할 수 있고, 토지등소유자·이해관계인의 의견 제출이나 이의, 그 밖에 조합에 현출된 사정을 통하여 그와 같이 확정함에 의문이 있는 때에는 추가적인 서류나 자료를 제출받아 이에 기하여 실질적인 주거와 생계의 공통 여부를 조사·확인하는 방식을 취함으로써 신속하고 안정적인 사업 진행에 대한 지장을 최소화할 수 있다. 따라서 1세대는 '실질적으로' 주거와 생계를 같이하고 있는 가구를 의미한다.[242]

관리처분계획 기준일 당시 갑이 미국에, 을이 대한민국에 각각 정주하여 실질적으로 주거와 생계를 같이하지 않았다면 갑과 을은 하나의 세대에 해당하지 않는다.[243]

(3) 관리처분계획인가 이후 1세대의 세대원이 추가 주택을 구입한 경우

관리처분계획이 인가 · 고시된 이후에도 관리처분계획에 따라 확정된 분양권을 전전 매수하는 등의 방법으로 투기세력이 유입될 가능성이 있으므로, 이를 규제할 필요성이 많다. 수인의 토지등소유자가 1세대에 속하는 경우 20세 이상 자녀의 분가 등 투기의 목적이 없는 경우 조합원 자격 취득을 예외적으로 허용하고 있으므로, 세대원의 조합원 자격 취득을 지나치게 제한하는 것은 아니다.

관리처분계획이 인가 · 고시된 이후 해당 재개발조합의 조합원 갑과 동일 세대를 이루고 있는 자녀 을이 같은 조합의 다른 조합원 병으로부터 그 소유 주택에 대한 소유권을 이전받은 경우에도 동일 세대원인 갑과 을을 대표하는 1인만 조합원 자격을 가진다.[244]

(4) 이혼의 경우

이혼의 경우 1세대로 보지 않으므로 이혼 당사자는 각자 분양권이 인정된

242) 대법원 2025. 3. 27. 선고 2022두50410 판결
243) 대법원 2025. 3. 27. 선고 2022두50410 판결
244) 법제처 2017. 4. 27. 회신 17-0040호 사례, 위 1. (4)에서 언급한 서울행정법원 2017. 1. 6. 선고 2016구합75616 판결은 관리처분인가 이후 추가 구매한 주택에 관한 분양권이 소멸되지 않음.

다(법 제39조 제1항 제2호).

갑 부동산을 남편과 처가 1/2씩 공유하고, 을 부동산을 남편과 부인이 1/2씩 공유하고 있었는데, 이혼을 하면서 재산분할을 원인으로 갑 부동산은 남편 명의로, 을 부동산은 부인 명의로 각각 단독소유하게 된 경우 이혼에 의한 재산분할은 실질적으로 공유물분할에 해당하므로, 동일한 토지등소유자 사이에서 소유형태만 변경된 것으로 보아야 하므로, 이혼 이후 남편과 부인은 각각 단독 조합원 및 분양권을 가진다.[245]

남편은 갑 부동산과 을 부동산을 단독으로 소유하던 중 부인과 이혼하면서 재산분할을 원인으로 을 부동산을 부인 명의로 소유권이전등기를 한 경우 갑 부동산과 을 부동산은 실질적인 부부의 공동재산에 해당하고, 부인 명의로 을 부동산에 대한 소유권이전등기는 소유형태의 변경에 불과하므로, 이혼 후 남편과 부인은 각각 단독 조합원 및 분양권을 가진다.[246]

(5) 19세 이상 자녀의 분가의 경우

19세 이상 자녀의 분가의 경우에는 1세대로 보지 아니한다. 이때 분가는 세대별 주민등록을 달리하고, 실거주지를 분가한 경우로 한정한다(법 제39조 제1항 제2호).

재개발사업으로 건립되는 공동주택의 분양대상자를 정함에 있어 관리처분계획기준일을 기준으로 하는바, 조합 정관에서 1세대의 구성에 따른 분양대상자 지위 여부에 대한 기준일은 관리처분계획기준일, 즉 '분양신청만료일'이라 할 것이다.[247] 따라서 관리처분계획인가일 이후에 세대가 분리되었다 해도 1개의 분양권만 인정된다.

1차 분양신청 당시 갑과 을은 1세대에 해당하지만, 2차 분양신청 당시 19세 이상 자녀인 을의 분가로 갑과 을은 1세대를 구성하지 않게 되었다. 조합은 관리처분계획을 2차 분양신청에 기초하여 이루어졌는바, 분양대상자 확정은 2차 분양신청기간 만료일을 기준으로 정하여야 하므로, 갑과 을은 단독 분양권

245) 서울행정법원 2021. 10. 15.자 2020구합88961
246) 부산지방법원 2022. 11. 24. 선고 2022구합22058 판결
247) 서울행정법원 2019. 3. 21. 선고 2018구합62812 판결, 서울행정법원 2018. 3. 21. 선고 2018구합62712 판결

이 있다고 판시한 사례가 있다.[248)]

시어머니 갑과 며느리 을이 재개발사업구역내 각각 주택을 소유하고, 을의 남편이자 갑의 아들인 병이 갑과 1세대인 경우 갑과 을을 대표하는 1명만이 조합원이 된다. 19세 이상인 아들 병이 어머니인 갑과 분가한 경우 갑과 을은 각각 조합원이 된다.[249)]

(6) '분가'의 기준(토지등소유자)

'19세 이상 자녀의 분가'라는 개념은 특정 '토지 등 소유자'를 기준으로 한 관계 즉 토지 등 소유자의 성년 자녀가 분가하는 경우를 의미한다.[250)]

조부로부터 재개발사업구역 내 토지를 증여받아 소유권을 취득한 '형제관계인 갑과 을'이 위 사업을 시행하기 위한 병 조합의 설립인가일 이후 세대를 분리하고 각각 독립된 조합원의 지위에 있음을 전제로 병 조합에 개별적으로 분양신청을 하였으나, 병 조합이 갑과 을이 각각 독립된 조합원이 아닌 1인의 조합원이라는 전제에서 분양신청을 접수하자, 갑과 을이 독립된 분양신청권 있는 조합원 지위의 확인을 구한 사안에서, 형제관계인 갑과 을이 서로 분가한 경우까지 도시정비법 제39조 제1항 제2호에서 정한 '19세 이상 자녀의 분가'에 해당한다고 볼 수는 없으므로 갑과 을은 위 조항 후문의 원칙에 따라 1인의 조합원 지위를 가진다고 한 사례가 있다.[251)]

3. 공동주택 분양대상자 제외

(1) 너무 좁은 토지 또는 건축물

너무 좁은 토지 또는 건축물의 소유자에 대하여는 현금으로 청산할 수 있다(법 제76조 제1항 제3호). 위 규정은 정비사업시행에 따른 새로운 건축물과 토지가 한정되어 있어 너무 좁은 토지 소유자를 포함한 조합원 모두에 대해서까

248) 서울행정법원 2024. 5. 17. 선고 2023구합57593 판결
249) 법제처 2019. 12. 30. 회신 19-0465호 사례
250) 서울고등법원 2024. 2. 22. 선고 2023누53012 판결
251) 서울고등법원 2024. 2. 22. 선고 2023누53012 판결

지 현물분양하도록 한다면 정상적인 재개발사업이 불가능하게 되므로 이러한 사태를 막기 위한 것이다.[252)]

공동주택을 분양하는 경우 시 · 도조례로 정하는 금액 · 규모 · 취득 시기 또는 유형에 대한 기준에 부합하지 아니하는 토지등소유자는 시 · 도조례로 정하는 바에 의하여 분양대상에서 제외할 수 있다(시행령 제63조 제1항 제3호 단서).

서울시의 경우 종전 토지의 총면적이 90㎡미만인 자와 권리가액이 분양용 최소규모 공동주택 1가구의 추산액 미만인 자는 재개발사업으로 건립되는 공동주택의 분양대상자에서 제외된다(서울시 조례 제36조 제1항 제2호 및 제3호 반대해석).

조례에서 분양대상자에서 제외되는 최소면적을 정하지 않았으나, 정관 또는 총회 결의로 최소면적을 정한 경우 해당 조합이 정한 최소면적에 미달한 자를 분양대상자에서 제외할 수 있다는 견해[253)]와 제외할 수 없다는 견해[254)]가 있다.

(2) 분할된 토지 또는 집합건물

정비구역 지정후 분할된 토지 또는 집합건물의 구분소유권을 취득한 자에 대하여는 현금으로 청산할 수 있다(법 제76조 제1항 제3호). 위 규정은 투기세력에 의한 이른바 '지분 쪼개기'로 인하여 다수의 선량한 조합원들의 권리가 침해되는 것을 막고 재개발사업의 원만한 진행을 통하여 국민의 주거 안정을 확보하기 위한 것이다.[255)]

서울시의 경우 1필지의 토지를 권리산정기준일 후 여러 개의 필지로 분할한 경우 여러 명의 분양신청자를 1명의 분양신청자로 보고 있다(서울시 조례 제36조 제2항 제4호).

---

252) 헌법재판소 2012. 2. 23.자 2010헌바484 결정
253) 수원지방법원 2023. 1. 11. 선고 2022구합68757 판결
254) 수원지방법원 2023. 1. 19. 선고 2021구합75505 판결
255) 헌법재판소 2012. 2. 23.자 2010헌바484 결정

4. 부동산 양도와 1인 조합원 간주

(1) 수개의 부동산 양도와 1인 조합원 간주

조합설립인가후 1명의 토지등소유자로부터 토지 또는 건축물의 소유권이나 지상권을 양수하여 여러 명이 소유하게 된 때에는 원칙적으로 그 전원을 1인의 조합원으로 본다(법 제39조 제1항 제3호). 이 경우 1인의 조합원이 인정되므로, 1인의 분양대상자 지위를 가진다.[256]

1인 조합원 간주규정은 투기세력의 유입에 의한 도시정비사업의 사업성 저하를 방지하고, 기존 조합원의 재산권을 보호하기 위함이다. 위와 같은 공공성에 비추어 볼 때 반드시 준수되어야 할 강행규정의 성격을 가진다.[257]

(2) 1인 조합원 간주와 분양신청방법

도시정비법 제39조 제1항 제3호에 의거 그 여러 명을 대표하는 1인을 조합원으로 보는 경우 대표조합원 선임동의서를 작성하여 조합에 신고하여야 하며, 조합원으로서의 법률행위는 그 대표조합원이 한다(서울시 재개발 표준정관 제10조 제4항).

1인으로 간주된 경우 그 여러 명은 대표조합원을 선임하지 않은 채 각자 대표조합원으로서의 권리·의무(분양신청 포함)를 행사할 수 없다.[258]

공동주택의 구분소유자들이 '분양신청기간이 만료될 때까지' 대표조합원을 선임하지 아니한 채 각자 단독 명의로 분양신청을 하고, 그 신청서에 본인을 제외한 나머지 구분소유자들의 성명을 기재하거나 그들의 신청서를 첨부하지도 아니한 것은 도시정비법 규정 및 조합의 정관 규정에 어긋나 적법한 분양신청으로 볼 수 없다. 분양신청기간이 만료된 후 대표조합원을 선임해도 종전의 분양신청이 유효로 되지 않는다.[259]

---

256) 대법원 2023. 2. 23. 선고 2020두36724 판결, 서울고등법원 2022. 9. 22. 선고 2022누34502 판결, 부산고등법원 2020. 2. 12. 선고 2019누23845 판결
257) 서울고등법원 2024. 12. 26. 선고 2024누33770 판결
258) 대법원 2021. 9. 30. 선고 2021다230144 판결
259) 대법원 2023. 2. 23. 선고 2020두36724 판결

(3) 분양신청시 대표조합원 선정 예외(재건축사업)

재건축사업에서 다주택을 소유한 자가 조합설립인가 이후 일부 주택을 양도하였고, 분양신청만료일 기준 양도인은 조합설립에 동의하지 않았으며, 양수인은 조합설립에 동의하였다. 이 경우 조합원이 아닌 토지등소유자와 사이에서는 대표조합원을 정할 필요가 없는바, 위 양수인(동의자)이 분양신청을 함에 있어 조합원이 아닌 양도인과 사이에 대표조합원을 선임하지 않아도 된다.[260]

(4) 재건축사업에서 양도인의 미동의와 1인 간주

재건축사업에 있어 조합설립에 동의하지 않은 토지등소유자(미동의자, A)가 재건축조합설립인가 이후 수개의 부동산중 하나를 제3자(B)에게 양도한 경우 위 양도인(A)과 제3자(B)는 조합설립에 모두 동의하여도 1명의 조합원으로 인정된다.

토지등소유자(미동의자, A)로부터 건축물 및 토지의 소유권을 수인(B, C)이 양수하고, 양수한 수인이 재건축사업에 동의한 경우에도 그 수인(B, C)을 대표하는 1인에게만 조합원 자격이 인정된다.[261]

(5) 주택과 상가를 소유한 자가 양도한 경우

갑이 아파트와 상가를 소유하던 중 상가를 을에게 양도함으로써 갑은 아파트를 소유하고, 을은 상가를 소유하고 있으며, 위 갑과 을은 1 조합원으로 간주된다. 갑은 아파트를, 을은 상가를 각각 분양신청하였고, 조합은 '1명의 조합원 지위에서 분양받을 수 있는 범위를 초과하지 아니하는 범위내에서 수인이 모두 분양받게 됨'을 전제로 갑과 을을 1인의 조합원으로 보되 갑에게 아파트를, 을에게 상가를 분양하는 내용의 관리처분계획을 수립하였다.

위 사안에서 법원은 갑과 을이 공동하여 1인의 조합원으로서 1인의 분양대상자의 지위를 가진다고 판시하였다. 다만 위 갑과 을이 독립된 조합원이나 분양대상자인 것은 아니나, 관리처분계획에 따라 분양예정 아파트 1채, 상가 1채를 각각 단독으로 이전받을 권리가 있다고 판단하였다.[262]

---

260) 대법원 2023. 6. 29. 선고 2022두56586 판결
261) 법제처 2016. 8. 11. 회신 16-0145호 사례
262) 서울고등법원 2024. 6. 12. 선고 2023누52804 판결

(6) 여러 주택이 여러 명에게 상속된 경우

피상속인(병)이 2 이상의 주택을 소유하던 중 피상속인의 사망으로 인하여 2명 이상의 상속인(갑, 을)이 각각 1개의 주택을 상속받은 경우 종전 1인의 토지등소유자가 보유하던 2 이상의 주택은 여러 명이 각각 소유하게 되는바, 이 경우 도시정비법 제39조 제1항 제3호의 적용을 받아 여러 명(갑, 을)을 대표하는 1명만이 조합원이 된다.[263)]

(7) 조합원 수가 증가되지 않은 경우

'조합설립인가 후 1명의 토지등소유자로부터'는 '조합설립인가 후 조합설립인가 시점부터 1명이었던 토지등소유자로부터'로 제한적으로 해석하여, 조합설립인가 시점을 기준으로 조합원 수가 늘어나지 않는 경우에는 도시정비법 제1항 제3호이 적용되지 않으며, 종전 조합원과 양수인이 각자 조합원이 된다.[264)]

조합설립인가 당시 1건물만을 소유한 조합원이 조합설립인가 이후 다른 건물(제2건물)을 양수한 후 종전에 소유하던 위 제1건물을 양도함에 따라 조합설립인가일 기준 조합원 수(2명)의 증가를 초래하지 않은 사안에서 위 양수인과 양도인 모두 단독 조합원 지위가 인정된다.

(8) 도시정비법 제39조 제1항 제2호, 제3호 중첩 적용

갑과 을이 부부로서 재건축정비구역내 각각 1채의 주택을 소유하던 중 조합설립인가 후 을이 제3자인 병에게 자신의 주택을 양도한 경우 갑과 병은 도시정비법 제19조 제1항 제2호, 제3호가 중첩 적용되어 원칙적으로 그 전원을 대표하는 1인을 조합원으로 보아야 한다.[265)]

---

263) 법제처 2021. 9. 8. 회신 21-0404호 사례
264) 서울행정법원 2022. 1. 21. 선고 2020구합89704 판결, 부산지방법원 2023. 2. 2. 선고 2020가합1298 판결
265) 대법원 2023. 6. 29. 선고 2022두56586 판결

(9) 도시정비법 제39조 제1항 제3호와 합의해제

정은 2009. 8. 17. 제1주택을 취득한 후 2016. 11. 8. 갑에게 제1주택을 매도하였다. 을은 2001. 3. 3. 제2주택을 취득하였고, 2012. 12. 12. 정에게 매도하였으나, 2019. 12. 24. 합의해제에 의거 을의 명의로 소유권이전등기를 경료하였다. 을과 정이 제2주택에 관한 매매계약을 합의해제하였고, 제2주택의 소유권은 2012. 12. 12.로 소급하여 을에게 복귀되었으므로, 조합설립인가 당시 정은 다주택자가 아니라고 갑과 을은 주장하였다.

재건축조합은 2015. 12. 2. 조합설립인가를 받았고, 다주택 소유 여부는 등기부등본상 등기명의자를 기준으로 하며, 2016. 11. 7. 당시 정은 제1주택과 제2주택을 모두 소유하고 있었으며, 합의해제 약정이 소급효를 당연히 전제로 한 것으로 볼 수 없는바, 갑은 다주택자인 정으로부터 제1주택을 매수하였고, 을은 2019. 12. 24. 다주택자인 정으로부터 제2주택을 취득한 것이므로, 갑과 을은 1명의 조합원으로서 1명의 분양대상자 지위에 있다.[266]

(10) 일부 조합원이 분양권(입주권)을 포기한 경우

갑은 A주택과 B주택을 소유한 조합원이고, 갑은 을에게 A주택을 매도하였다. 갑은 을에게 '을을 대표조합원으로 선임한다'는 선임동의서와 '신축분양권에 대한 지분전부를 포기하고 을이 분양권 전부와 조합원의 지위에 따른 권리를 단독으로 가진다.'는 합의서를 작성해 주었다.

도시정비법 제39조 제1항 제3호에 의건 1명의 조합원으로 간주되는 경우 대표조합원 외 나머지 토지등소유자들의 조합원 지위 자체는 인정된다.
조합원 스스로가 분양신청권을 포기하는 경우에는 조합원의 수가 늘어나 사업성의 저하를 가져온다거나 기존 조합원들의 재산권을 침해하는 일이 발생하지 않으므로, 대표조합원을 제외한 나머지 토지등소유자들이 재산권 행사의 한 방법으로써 각자의 의사에 따라 분양신청권을 포기할 수 있다.

갑이 자신의 분양신청권을 포기했으므로 을과 갑 사이에서 을만이 아파트에 대한 분양신청권을 갖게 되므로 조합은 을에게 단독으로 아파트 분양권을 부여하였어야 한다.[267]

---

266) 서울행정법원 2023. 5. 12. 선고 2021구합52532 판결

5. 조합원이 사망한 경우

(1) 상속의 개시 및 공유

조합원이 사망한 경우 공동상속인은 '유언에 의한 분할 방법의 지정'의 경우 외에는 언제든지 그 협의에 의하여 상속재산을 분할할 수 있다(민법 제1021조). 상속재산의 분할은 상속 개시된 때에 소급하여 그 효력이 있고(민법 제1015조), 상속인들은 상속등기 여부와 관계없이 피상속인의 사망시에 상속재산을 취득하게 된다(민법 제187조).

수인의 상속인들이 피상속인의 부동산을 상속받은 경우 상속인들은 상속지분에 따라 해당 부동산을 공유하게 된다. 이 경우 상속인들은 대표조합원 선임동의서를 작성하여 조합에 신고하여야 하며, 조합원으로서의 법률행위는 그 대표조합원이 한다(서울시 재개발 표준정관 제10조 제4항).

(2) 상속인에 대한 분양신청통지

조합이 등기사항전부증명서에 의거 사망자의 주민등록번호를 알고 있더라도 상속인들에 대한 특정과 소재지 확인 및 통지의무를 부담하지 않는다. 이는 조합이 상속인을 확인하기 위한 제적등본, 가족관계증명서 등을 발급받을 수 없기 때문이다. 조합은 상속인들 모두에게 분양신청을 통지하거나 그 대표조합원을 선임하여 신고할 것을 통지할 의무를 부담하지 않는다. 조합이 사망자에 대하여 분양신청 통지의무를 이행한 것은 적법하다.[268]

토지등기부등본상에 피상속인의 이름 및 주소 이외에 다른 정보가 전혀 기재되어 있지 않았고, 조합이 분양신청통지를 2회에 걸쳐 위 등기부등본상 주소지로 발송하였으나 모두 반송되었으며, 피상속인의 사망사실이나 법정상속인들의 존재 여부를 확인할 수 없었던 점에 비추어 법정상속인들의 소재 확인은 현저히 곤란하였다고 판단된다.

조합은 전국적으로 배포되는 일간신문 2개에 2회에 걸쳐 소재확인을 위한 공고를 냈고, 토지 감정평가액을 법원에 공탁하였으며, 위 소재불명자의 토지

---

267) 부산지방법원 동부지원 2021. 10. 20. 선고 2020가합107956 판결
268) 수원지방법원 2022. 6. 9. 선고 2021구합63335 판결

에 대한 현금청산대상자로 정한 관리처분계획을 수립한 경우 위 관리처분계획은 적법하다.[269]

조합원이 사망하였으나, 상속인들이 대표조합원의 선임을 신고하지 않은 경우 조합이 그 사망한 자에게 분양신청을 통지하고, 상속인 중 일부가 위 분양신청을 수령하였다면 위 분양신청통지는 적법하다.[270]

(3) 협의분할에 의한 상속등기(공유)와 다주택 공급

민법 제1015조에 의하면 상속재산의 분할은 상속이 개시된 때에 소급하여 그 효력이 있는바, 피상속인이 2003. 12. 30. 이전에 사망하여 상속이 개시되었으나, 협의분할에 의한 상속등기가 2003. 12. 30. 이후에 된 경우에도 지분면적이 90㎡ 이상 소유한 상속인들 각자는 2003. 12. 30. 이전부터 토지를 소유한 자에 해당된다. 따라서 토지를 상속받아 지분면적이 90㎡ 이상인 공유자는 서울시 조례 되어 서울시 조례 제36조 제2항 제3호 단서에 의거 단독으로 주택분양대상자가 된다.[271]

상속재산분할협의가 권리산정기준일 이후에 이루어지거나 권리산정 기준일 이후 기존의 상속재산분할협의를 해제하고 새로운 협의가 이루어지는 등의 사정으로 인하여 법정상속분 또는 기존의 분할협의에 따른 상속이 이루어졌을 때에 비하여 분양받을 수 있는 주택의 수가 늘어났다는 사실 등의 간접사실이 인정되는 경우에는 ' 지분 쪼개기 '의 목적을 사실상 추정할 수 있다. 이 경우 권리남용에 해당하거나 신의성실의 원칙에 반한다.[272]

(4) 분양신청 만료일 이후 상속등기 경료

서울시 조례 제34조 제4호에 의하면 종전 토지 등의 소유권은 관리처분계획기준일 현재 부동산등기부에 따르며, 소유권 취득일은 부동산등기부상의 접수일자를 기준으로 한다.

분양신청기간 만료일 당시 망인의 상속인들 사이에 협의분할이 완료되지 아니

269) 서울행정법원 2019. 7. 5. 선고 2018구합88814 판결
270) 서울행정법원 2019. 11. 20. 선고 2019구합50960 판결
271) 대법원 2025. 5. 29. 선고 2024두31185 판결
272) 대법원 2025. 5. 29. 선고 2024두31185 판결

하여 상속 부동산은 망인의 명의로 소유권 등기가 마쳐져 있었으므로, 조합은 '관리처분계획 기준일 현재' 상속 부동산이 망인의 상속인들의 공유에 해당함을 전제로 분양신청을 받고 그에 따라 관리처분계획을 수립하여야 한다. 즉 상속인들은 대표조합원을 선임하여 분양신청을 하여야 한다.

상속인 중 1명이 분양신청기간 중에 분양신청을 하였고, 분양신청기간 만료 이후에 위 분양신청을 한 1명의 명의로 협의분할에 의한 상속등기가 경료되었다 하더라도 상속인 중 1명의 분양신청은 상속재산분할의 소급효에도 불구하고 사후적으로 유효하게 된다고 볼 수 없다.[273)]

(5) 종전 조합원이 다른 조합원의 분양권을 상속받은 경우

갑은 재개발구역내 1주택을 소유한 조합원이고, 갑의 어머니인 을은 같은 재개발구역내 2주택을 소유한 조합원이며, 갑과 을은 분양신청기간내 모두 분양신청을 하였으며, 갑과 을 모두 분양대상자로 한 관리처분계획이 인가되었다. 이후 을이 사망함에 따라 상속인인 갑은 을의 분양권을 단독 상속받은 경우 갑은 2개의 분양권을 보유하는지 문제된다.

갑이 분양이 이루어지기 전의 시점에 분양권자 지위를 상속받아 복수의 분양권자의 지위를 가지게 되었다는 이유만으로 그 중 1주택을 제외한 나머지 분양권자 지위가 당연히 상실된다고 보는 것은 갑의 재산권을 과도하게 침해하여 허용될 수 없다라고 판시한 사례가 있다.[274)]

273) 서울행정법원 2024. 4. 26. 선고 2023구합863 판결
274) 서울행정법원 2018. 3. 30. 선고 2017구합88091 판결

6. 서울시 재개발사업의 공동주택 분양대상

(1) 서울시 재개발사업의 공동주택 분양대상

공동주택의 분양대상자는 관리처분계획기준일 현재 다음 어느 하나에 해당하는 토지등소유자로 한다(서울시 조례 제36조 제1항).

① 종전의 건축물 중 주택을 소유한 자. 주거용으로 사용하고 있는 특정무허가건축물 중 조합정관 등에서 정한 건축물을 포함한다.

② 분양신청자가 소유하고 있는 종전토지의 총면적이 90㎡ 이상인 자

③ 분양신청자가 소유하고 있는 권리가액이 분양용 최소규모 공동주택 1가구의 추산액 이상인 자. 다만 분양신청자가 동일 세대인 경우의 권리가액은 세대원 전원의 가액을 합산하여 산정할 수 있다.

④ 사업시행방식전환의 경우에는 전환되기 전의 사업방식에 따라 환지를 지정받은 자. 이 경우 ①부터 ③까지 규정은 적용하지 아니할 수 있다.

⑤ '도시재정비 촉진을 위한 특별법' 제11조 제4항에 따라 재정비촉진계획에 따라 기반시설을 설치하게 되는 경우로서 종전의 주택(사실상 주거용으로 사용되고 있는 건축물을 포함함)에 관한 보상을 받은 자

②호 종전 토지의 총면적 및 ③호 권리가액을 산정함에 있어 다음의 어느 하나에 해당하는 토지는 포함하지 아니한다(서울시 조례 제36조 제3항).[275)]

① 하나의 대지범위 안에 속하는 토지가 여러 필지인 경우 권리산정기준일 후에 그 토지의 일부를 취득하였거나 공유지분으로 취득한 토지

② 하나의 건축물이 하나의 대지범위 안에 속하는 토지를 점유하고 있는 경우로서 권리산정기준일 후 그 건축물과 분리하여 취득한 토지

③ 1필지의 토지를 권리산정기준일 후 분할하여 취득하거나 공유로 취득한 토지

275) 서울시 조례 부칙(2010. 7. 15.) 제3조 제1항, 부칙(2018. 7. 19.) 제29조 제1항 : 2010. 7. 16. 이후 최초로 기본계획(정비예정구역에 신규로 편입지역 포함) 수립되는 분부터 적용함.

(2) 2010. 7. 15. 이전 기본계획 수립지역과 제외 토지

종전 서울시 조례(2010. 7. 15. 이전 것) 제27조 제3항에 의거 종전 토지의 총면적 및 권리가액 산정시 다음의 토지를 포함하지 않는다.[276)]

① 하나의 대지범위 안에 속하는 토지가 여러 필지인 경우 2003년 12월 30일 이후에 그 토지의 일부를 취득하였거나 공유지분으로 취득한 토지

② 하나의 건축물이 하나의 대지범위 안에 속하는 토지를 점유하고 있는 경우로서 2003년 12월 30일 이후 그 건축물과 분리하여 취득한 토지

③ 1필지의 토지를 2003년 12월 30일 이후 분할 취득하거나 공유지분으로 취득한 토지

2009년 재개발구역 지정을 위한 공람공고가 이루어진 재개발구역에서 갑과 을이 2005년 A 토지 36㎡(각 지분 1/2)을 상속받아 2021년에 상속등기를 경료하였으며, 80㎡ 토지를 소유한 병은 2021년 을로부터 A토지 지분 18㎡를 매수하였다. 이 경우 A토지는 2003. 12. 30. 이후 공유지분으로 되었고, 병은 2021년에 A토지 지분을 매수하였으므로, A토지 지분 18㎡는 토지 총면적에서 제외된다.

(3) 종전 건축물의 존재 시점

종전 건축물은 도시정비법 제77조 제1항에 따른 정비구역 지정·고시일 등 분양받을 권리의 산정기준일 당시 존재하였던 건축물을 의미한다.

권리산정기준일 당시 나대지였으나, 이후 집합건물 또는 다세대주택이 준공된 경우 토지등소유자가 소유한 집합건물은 권리산정기준일 당시 존재하지 않았던 건축물이므로, 해당 다세대주택 8가구 소유자 전원이 1인의 조합원 자격과 1인의 분양대상자 지위를 갖는다.

(4) 미사용승인 건축물

"미사용승인건축물"이란 관계 법령에 따라 건축허가 등을 받았으나 사용승

---

276) 서울시 조례 부칙(2010. 7. 15.) 제3조 제2항, 부칙(2018. 7. 19.) 제29조 제2항 : 2010. 7. 15. 이전 기본계획 수립지역 및 지구단위계획이 결정·고시된 지역은 종전 조례(2010. 7. 15. 이전 것) 제27조 및 제28조를 적용함.

인 · 준공인가 등을 받지 못한 건축물로서 사실상 준공된 건축물을 말한다.

미사용승인건축물 소유자에 대해 조합원 자격을 적극적으로 제한하는 취지의 정관 규정이 있지 않은 경우 미사용승인 건축물 소유자에게도 조합원 자격이 인정된다.[277)]

다만, 건축허가와 다르게 건축되어 실질적으로 건축허가를 받은 것으로 볼 수 없는 경우 위 미사용승인 건축물 소유자는 조합원 자격이 인정되지 않는다.[278)]

미등기(준공)건물은 관할관청으로부터 건축허가를 얻어 신축된 것이므로, 무허가건물과는 달리 토지등소유자의 수에 포함된다.[279)]

등기만 되어 있지 않을 뿐 건축물관리대장이 작성되어 있다면 건축물관리대장상의 소유자가 토지등소유자에 해당한다. 만약 건축물관리대장이 작성되어 있지 않다면 최초 건축허가를 받아 신축한 자가 원시취득자이므로, 위 신축자가 토지등소유자에 해당한다.

(5) 종전 토지면적[280)] 또는 분양용 최소규모 추산액

'종전 토지의 총면적이 90㎡ 이상인 자'라 함은 권리산정기준일 이전에 '분할된 1필지' 또는 '수 개의 단독필지'의 합이 90㎡ 이상인 경우를 의

277) 서울행정법원 2020. 6. 5. 선고 2019구합51437, 서울행정법원 2019. 5. 24. 선고 2018구합78107

278) 부산지방법원 2018. 4. 19. 선고 2017구합22450

279) 서울행정법원 2010. 11. 11. 선고 2009구합47316 판결

280) 서울시 조례 부칙(2010. 7. 15.) 제2조 제2항, 부칙(2018. 7. 19.) 제29조 제2항 : 2010. 7. 15. 이전에 기본계획이 수립되어 있는 지역 및 지구단위계획이 결정·고시된 지역은 종전규정(제27조 및 제28조)에 따름.
종전 제27조 제1항 제2호 단서 : 30㎡ - 90㎡ 토지소유자와 분양권
① 2003년 12월 30일 전에 분할된 1필지의 토지
② 그 면적이 30제곱미터 이상인 토지(지목 및 현황이 모두 도로인 것 제외)
③ 토지소유자는 사업시행인가고시일 이후부터 공사완료 고시일까지 분양신청자를 포함한 세대원 전원이 주택을 소유하고 있지 아니한 경우
동일한 세대별 주민등록표 상에 등재되어 있지 아니한 배우자 및 미혼인 20세 미만의 직계비속은 1세대로 보며, 1세대로 구성된 수인의 토지등소유자가 조합설립인가 후 세대를 분리하여 동일한 세대에 속하지 아니하는 때에도 이혼 및 20세 이상 자녀의 분가를 제외하고는 1세대로 본다.
위 단서 판단 사례 : 서울행정법원 2019. 8. 14. 선고 2019구합51291 판결

미한다. 권리산정기준일 이후 분할된 토지 또는 지분를 추가 매수한 경우 위 추가 매수한 토지의 면적은 위 90㎡에 합산되지 않는다.

'분양용 최소규모 공동주택 1가구의 추산액'은 보류지를 포함한 조합원 분양용 최소규모 공동주택의 추산액 중 최저가액을 의미한다. 최소규모의 공동주택 중 '특정한 1가구'의 추산액으로 해석될 뿐 여러 가구의 평균가액으로 해석될 수 없다.[281]

(6) 2003. 12. 30. 이후 분할토지의 지분 취득 사례

구청장은 2009. 8. 6. 기본계획을 변경·수립한 후 정비구역 지정을 위한 주민공람을 실시하였다. 을, 병, 정은 2005. 5. 16. 상속받아 2021. 1. 22. 소유권 이전등기를 마쳤다. 갑은 2021. 1. 27. 을, 병으로부터 제1토지(36㎡)의 2/3지분(24㎡)을 취득하였고, 2021. 1. 25. 제2토지(80㎡)를 취득하였다.

위 사안에서 2009. 8. 6. 기본계획이 수립되어 종전 서울시 조례(2010. 7. 15. 이전 것)이 적용되고, 종전 서울시 조례(2010. 7. 15. 이전 것) 제27조 제3항 제3호에 의거 제1토지의 2/3지분 24㎡는 2003. 12. 30. 이후인 2005. 5. 16. 공유로 취득한 토지이므로 종전 토지면적에서 제외되고, 제2토지의 면적이 90㎡ 미만이어서 분양권이 인정되지 않는다고 판단하였다.[282]

(7) 환지예정지를 지정받은 자가 수인인 경우

사업시행방식전환의 경우에는 전환되기 전의 사업방식에 따라 환지를 지정받은 자를 공동주택의 분양대상자로 하고, 사업시행방식전환의 경우에는 환지면적의 크기, 공동환지 여부에 관계없이 환지를 지정받은 자 전부를 각각 분양대상자로 할 수 있다(서울시 조례 제36조 제1항 제4호, 제4항).

토지 또는 건축물의 소유권 등이 수인의 공유에 속하는 때에는 수인을 대표하는 1인을 조합원으로 보아 공유하는 토지 또는 건축물에 대하여 하나의 주택만을 공급하는 것이 원칙이다.

따라서 사업시행방식이 전환되었을 때에도 '종전의 건축물 중 주택(주거용

---

281) 서울고등법원 2024. 5. 22. 선고 2023누48034 판결
282) 서울행정법원 2023. 9. 8. 선고 2022구합52270 판결, 대전지방법원 2024. 7. 17. 선고 2022가합100435 판결(대전광역시 사례)

으로 사용하고 있는 특정무허가건축물 중 조합정관 등에서 정한 건축물을 포함한다)을 소유한 자' 대신 '전환되기 전의 사업방식에 따라 환지를 지정받은 자'를 조합원 및 분양대상자로 정하는 경우에는 하나의 환지를 지정받은 수인을 대표하는 1인을 조합원으로 보고 환지예정지에 대하여 하나의 공동주택만을 공급하는 것을 원칙이다. 다만, 환지면적의 크기나 공동환지 여부에 관계없이 환지를 지정받은 자 전부를 각각 단독의 분양대상자로 정할 수도 있는 것으로 해석할 수 있다.[283]

283) 대법원 2014. 10. 27. 선고 2014두8179 판결

7. 무허가건축물과 분양권

(1) 무허가건축물 소유자에 대한 조합원 자격 부여

도시정비법 제2조 제9호 가목의 '건축물'이라 함은 행정관청의 허가를 받아 신축한 건물을 의미하는 것이며, 무허가 건축물은 관계 법령에 의하여 철거되어야 할 것이다. 따라서 무허가건축물 소유자는 원칙적으로 조합원으로 인정되지 않는다.

조합은 예외적으로 정관에서 정한 요건을 충족하는 무허가건축물 소유자에게 조합원 자격을 부여할 수 있다.[284)]

도시정비법은 조합원의 자격에 관한 사항을 정관에 포함하도록 하고(법 제40조 제1항 제2호), 서울시 도시정비조례는 특정무허가건축물소유자의 조합원 자격에 관한 사항을 정관에 포함하도록 하고 있다(서울시 조례 제22조 제2호).

① 서울시 조례 제2조 제1호에 따른 특정무허가건축물로서 ② 무허가건물 확인원, 재산세과세대장 그 밖에 소유자임을 증명하는 자료를 통하여 자기소유임을 입증하여 ③ ○○구청장의 확인을 받은 경우에 한하여 해당 특정무허가건축물 소유자를 조합원으로 인정한다(서울시 재개발 표준정관 제10조 제2항 단서).

(2) 무허가건물 소유자에게 분양권만 인정한 사례

조합 정관은 국토교통부 표준정관과 달리 제9조 제1항에서 무허가건축물 소유자를 조합원에서 제외하는 것으로, 제9조 제2항에서 기존무허가건축물 소유자를 '분양대상자'로 인정한다고 명시하고 있는바, 위 조합의 재개발사업구역내 기존무허가건축물 소유자는 조합원 자격이 없고, 단지 분양권만 가진다.[285)]

---

284) 대법원 2012. 12. 13. 선고 2011두21218 판결, 대법원 1991. 8. 13. 선고 91다16631 판결, 대법원 1997. 11. 28. 선고 95다43594 판결, 대법원 1998. 3. 27. 선고 97누17094 판결, 대법원 1999. 7. 27. 선고 97누4975 판결, 대법원 2009. 10. 29. 선고 2009두12228 판결

285) 서울행정법원 2023. 11. 24. 선고 2021구합82694 판결

(3) 무허가 건축물과 공동주택 분양권 연혁

무허가 건축물의 공동주택 분양권 연혁	
2008. 7. 29. 이전	부칙(2008. 7. 30.) 제2조 : (종전 규정에 따름) ① 2008. 7. 29. 이전 정비계획 주민공람 지역의 분양신청자 ② 이외 지역 정비구역 고시일부터 분양신청 기간이 만료 되는 날까지 무주택자인 경우 -- 다음 요건 하나만 충족되어도 분양권 인정됨. ① 기존 무허가건축물 ② 사실상 주거용으로 사용되고 있는 건축물(일반건축물)
2008. 7. 30. - 2011. 5. 25.	부칙(2011. 5. 26.) 제2조 : (종전 규정에 따름) 2011. 5. 25. 이전 정비계획 주민공람 지역 -- 다음 2가지 요건을 모두 충족해야 분양권 인정됨. ① 기존 무허가건축물로서 ② 사실상 주거용으로 사용되는 건축물
2011. 5. 26. 이후	부칙(2011. 5. 26.) 제2조 : 2011. 5. 26. 이후 정비계획 주민공람 지역 -- 다음 3가지 요건을 모두 충족해야 분양권 인정됨. ① 주거용으로 사용하고 있는 ② 특정무허가건축물 중 ③ 조합정관 등에서 정한 건축물 위 3가지 요건을 모두 충족해야 함 '사실상' 주거용 건축물은 해당 안됨.

'사실상 주거용으로 사용되고 있는 건축물'이라 함은 처음부터 공부상 주거의 용도로 건축된 건축물만을 의미하지 않는다. 사회통념상 그 구조·기능

이나 시설 등이 주거용에 적합한 상태에 있었고, 주거기능이 그대로 유지·관리되고 있어 언제든지 본인이나 제3자가 주거용으로 사용할 수 있는 상태에 있었던 경우 해당 건축물은 '사실상 주거용으로 사용되고 있는 건축물'에 해당된다. '근린생활시설 용도'로 건축된 건물을 '주거용'으로 사용한 사례에서 분양대상자로 인정한 사례가 있다.[286)]

기존 무허가건축물이 '음식점'으로 운영되었고, 음식점에 필요한 물품이나 기구 등이 구비되었다면 '기존무허가건축 관리대장'에 '주거'로 등재되어 있다 하더라도 위 건축물은 주택에 해당한다고 볼 수 없다.

(4) 2011. 5. 26. 이후 정비구역 공람지역의 특정무허가건축물

2011. 5. 26. 이후 최초로 정비구역 지정을 위해 주민공람을 한 주택재개발사업구역의 경우 특정무허가건축물 소유자에 대해 조합원 자격을 인정할 수 있다.[287)]

이 경우 특정무허가건축물이란 1989년 1월 24일 당시의 무허가건축물 등을 말한다(서울시 조례 제2조 제1호).

(5) 2011. 5. 25. 이전 정비구역 공람지역의 기존무허가건축물

'기존무허가건축물'은 다음과 같다(2011. 5. 26. 개정전 서울시 조례 제2조 제1호).[288)]

① 1981년 12월 31일 현재 무허가건축물대장에 등재된 무허가건축물

② 1981년 제2차 촬영한 항공사진에 나타나 있는 무허가건축물

③ 재산세 납부대장 등 공부상 1981년 12월 31일 이전에 건축하였다는 확증이 있는 무허가건축물

④ 1982년 4월 8일 이전에 사실상 건축된 연면적 85제곱미터 이하의 주거용건축물로서 1982년 제1차 촬영한 항공사진에 나타나 있거나 재산세

286) 서울고등법원 2009. 10. 7. 선고 2008누38454 판결

287) 서울시 조례 부칙(2011. 5. 26.) 제2조, 부칙 (2018. 7. 19.) 제7조 : 2011. 5. 26. 이후 최초로 정비구역의 지정을 위한 주민공람을 하는 분부터 적용함

288) 서울시 조례 부칙(2011. 5. 26.) 제2조, 부칙 (2018. 7. 19.) 제7조 : 2011. 5. 26. 이전 최초로 정비구역의 지정을 위한 주민공람을 한 재개발구역의 경우 '기존무허가건축물'이 적용됨

납부대장 등 공부상 1982년 4월 8일 이전에 건축하였다는 확증이 있는 무허가건축물<1982. 1. 1. ~ 1982. 4. 8. 무허가건물에 한함>

⑤ '토지보상법 시행규칙'(건설교통부령 344호) 부칙 제5조에 따른 무허가건축물(1989, 1, 24, 이전 건축된 건물) 중 조합정관에서 정한 건축물[289)]

(6) 무허가건물의 요건

무허가건물은 사회통념상 독립한 건물로서의 구조와 형태를 갖추어야 하며, 독립된 건물로서의 구조와 형태를 갖추었는지 여부는 구조물의 물리적 구조뿐만 아니라 거래 또는 이용의 목적물로서 관찰한 건물상태 등 객관적인 사정은 물론 건축한 자의 의사와 같은 주관적인 사정도 고려하여 판단하여야 한다.[290)]

무허가건축물이 사실상 구분소유의 형태로 건축되었고, 구분된 건물부분이 구조상·이용상 독립성을 갖추고 독립적으로 거래되는 경우에도 무허가건축물은 다세대주택에 해당한다고 볼 수 없어 1개의 분양권만 인정된다.[291)]

2개의 무허가건물은 벽을 통하여 서로 연접하고 있는 구조로서 그 유지 및 존립에 있어 서로 불가분의 일체를 이루고 있고 외부와 연결되는 출입문이 공통되며, 화장실도 공동으로 사용하고 있어 그 구조 및 용도상 독립한 별도의 건물이었다고 보기 어렵다고 판시한 사례가 있다.[292)]

총 18세대로 구분등기가 되어 있는 연립주택에 위 18세대 외에 지하층에 별도로 4세대의 주거공간이 있었다. 위 지하층 4세대는 지상층 세대의 부속건물로 소유권보전등기가 되어 있고, 신축시 별도로 분양하였으며, 지상층 18세대와도 합의된 사항이었다. 위 지하층 4세대는 사회통념상 독립한 건축물로서의 구조와 형태를 갖추었고, 무허가 건축물에도 해당됨을 근거로 조합원 자격 및 분양권이 인정된 사례가 있다.[293)]

---

289) 2004. 11. 5. 신설됨.

290) 대법원 2001. 10. 12. 선고 2000두1591 판결, 대법원 2013. 7. 25. 선고 2012두23648 판결

291) 서울고등법원 2019. 12. 19. 선고 2019누46956 판결, 인천지방법원 2019. 5. 30. 선고 2018구합51601 판결

292) 서울행정법원 2023. 11. 24. 선고 2021구합82694 판결

(7) 무허가건축물이 멸실된 경우

종전의 건축물은 '권리산정기준일 당시 존재했던 건축물'이어야 한다. 다만 도시정비법 및 정관에 따라 특정무허가건축물 소유자에 대한 소유가 인정되어 이미 조합원 자격을 취득하였다면 조합설립인가 이후 해당 무허가 건축물이 멸실된 경우 조합원의 자격 상실여부는 정관에서 정한 조합원 자격 요건에 따라 달라진다. 즉 건축물의 멸실이라는 사정만으로 당연히 조합원 자격이 상실되지 않는다.[294)]

(8) 무허가 건물소유자의 조합원 지위 승계

무허가건물에 관하여는 '사실상의 소유자'에게 조합원의 자격이 부여된다. 법리상 최초의 신축자에게 여전히 법률상의 소유권이 귀속된다고 하여 신축자가 조합원으로서의 자격을 취득하지 않는다.

사실상의 소유자인지는 당해 무허가건물의 양수 경위, 점유 및 사용관계, 재산세 등의 납부 여부 및 무허가건물대장상의 등재 여부, 당해 무허가건물이 주거용인 경우에는 그 소재지에 주민등록을 하였는지 여부 등을 종합적으로 고려하여 판단하여야 한다.[295)]

무허가건축물이 전전양도되어 최종양수인이 사실상 소유자로서 사용·수익하는 경우에는 그 최종양수인만이 조합원의 자격을 취득한다.[296)]

무허가건물에 관한 사실상 소유권의 귀속에 관하여 다툼이 있는 경우 재개발조합은 일단 무허가건물대장상의 소유명의자에게 무허가건물에 대한 사실상 소유권 또는 조합원의 지위가 귀속되는 것으로 처리하고 후에 판결 등에 의하여 권리귀속관계가 확정되면 그에 따라 시정하여야 한다.[297)]

---

293) 서울고등법원 2023. 3. 24.자 2022누41371 판결
294) 서울행정법원 2021. 9. 14. 선고 2020구단62405 판결
295) 대법원 1997. 11. 28. 선고 95다43594 판결
296) 대법원 1998. 3. 27. 선고 97누17094 판결
297) 대법원 2003. 2. 14. 선고 2002다23451 판결 동일취지

(9) 점유연고권과 2주택 공급 여부

분양대상자의 분양기준가액(권리가액)은 분양신청기간의 종료일 당시 해당 분양대상자가 '소유' 하고 있는 토지 또는 건축물을 기준으로 산정하여야 하고, 도시정비법 제76조 제1항 제7호 라목에 따라 2주택을 공급받을 수 있는 조합원은 분양신청기간의 종료일 당시 정비구역에 위치한 하나 이상의 주택 또는 토지를 소유한 자로서 그 조합원의 종전 토지 또는 건축물의 권리가액의 범위에 2주택의 분양가가 포함되는 조합원이라고 해석함이 타당하다.

분양대상자의 권리가액은 분양신청 기간의 종료일 당시 해당 분양대상자가 '소유' 하고 있는 토지 또는 건축물을 기준으로 산정하여야 하는데, 조합원은 분양신청기간의 종료일 당시 국유지의 지분에 관하여 매매계약을 체결하였을 뿐 소유권이전등기를 마치지 않았으므로, 국유지 지분의 가액을 권리가액 산정에 반영할 수 없다.

따라서 국유지에 (무허가)건물을 소유한 조합원이 분양신청기간의 종료일 당시 국유지에 관하여 매매계약만 체결하였다면 위 조합원의 권리가액은 (무허가)건물의 권리가액을 기준으로 2주택 공급여부를 판단하여야 한다.[298]

정비구역의 국유지를 점유·사용하고 있는 건축물소유자가 국유지에 관하여 매매계약을 체결한 경우 200㎡의 범위 내에서 점유연고권을 인정하여 점유연고권이 인정되는 면적의 국유지를 권리가액 산정에 반영할 수 있도록 하고 있다. 위 200㎡를 초과하는 부분은 권리가액 산정에 반영되지 않는다.[299]

298) 서울행정법원 2024. 4. 12. 선고 2023구합54020 판결
299) 서울행정법원 2024. 4. 12. 선고 2023구합54020 판결

8. 공유자와 주택공급

(1) 공유자와 1개의 분양권

같은 세대에 속하지 아니한 2명 이상이 1주택 또는 1 토지를 공유한 경우에는 1주택만 공급한다(법 제76조 제1항 제6호). 즉 공유 토지 또는 건축물은 그 공유자들을 대표하는 1명을 조합원으로 보고, 1개의 분양권만 인정된다.

도시정비법 제39조 제1항 제1호는 강행법규적 성격을 가지는 규정이므로, 위 규정에 위배하여 공유자 각자에게 조합원 자격을 인정하는 내용으로 정관을 변경하는 것은 강행법규에 위반되어 무효이다.[300]

(2) 공유자의 분양권의 소유형태

토지 및 건물의 공유자 중 1인이 서울시 조례 제36조 제2항 제3호 단서에 따라 1주택 또는 1필지에 대하여 1개의 분양권이 부여되는 최소 기준을 충족하지 못한 때에는 단독 분양대상자가 될 수는 없고, 다른 공유자들과 함께 그 기준이 충족되는 때에는 공동 분양대상자가 됨으로써 부여되는 분양권을 '준공유' 할 수 있다.[301]

(3) 공유자의 분양신청방법

공유자는 대표조합원 선임동의서를 작성하여 조합에 신고하여야 하며, 조합원의로서의 법률행위는 그 대표조합원이 한다(서울시 재개발 표준정관 제10조 제4항). 따라서 원칙적으로 공유자의 대표조합원이 분양신청을 하여야 한다.

조합은 ① 도시정비법 제39조 제1항에 따라 대표조합원을 선정하고 그를 통하여서만 조합원으로서의 권리(분양신청권 등)를 행사할 것을 요구하거나, ② 공유자들 전원에게 분양희망 부동산 등 분양신청서에 기재된 의사표시를 합치시킬 것을 요구하여 사실상 대표조합원을 선임한 것과 마찬가지로 공유자들이 통일된 의사표시를 할 수 있도록 하는 조치를 취하여야 한다.

공유자인 갑과 을이 대표조합원을 선정하지 않은 경우 갑과 을이 '전부 동

300) 서울지방법원 북부지원 2002. 10. 2. 선고 2002카합982호 결정
301) 서울행정법원 2023. 4. 14. 선고 2021구합70950 판결

일한 내용'으로 분양신청하였다면 위 분양신청은 유효하다. 그러나, 갑과 을의 '분양신청 내용이 다른 경우' 위 분양신청은 무효이다.

(4) 일부 공유자만 분양신청한 경우(분양신청제한, 소재불명)

주택의 공유자 갑과 을은 대표조합원을 지정하지 아니한 상태에서 분양신청기간 내에 갑만이 분양신청을 하였고, 을이 분양신청을 하지 않은 경우 갑의 분양신청은 적법하지 않고, 갑과 을은 현금청산대상자가 된다.

갑과 을이 주택을 공유하던 중 공유자 을이 도시정비법 제72조 제6항의 재당첨 제한에 해당되어 분양신청을 할 수 없는 경우 다른 공유자 갑도 단독으로 분양신청할 수 없으며, 이에 갑과을 도무 현금청산대상자가 된다.

공유자중 1명이 소재불명 등의 사유로 인하여 대표조합원을 선정하지 못할 경우 민법상 공유물분할청구 등의 방법을 통해 공유관계를 해소함으로써 조합원이 될 수 있으므로, 소재불명자를 제외한 나머지 공유자들의 분양신청은 위법하다.[302]

(5) 공유자에 대한 수개의 주택공급 필요성

1필지의 토지를 소유하고 있는 자는 1주택을 공급받을 권리가 있다는 점과 비교하여 볼 때 토지의 공유자가 그 공유지분의 면적이 아무리 크다고 하더라도 공유자 전원이 1주택만을 분양받을 수 있다고 보는 경우 정비사업으로 인한 개발이익의 균등한 배분이라는 측면에서 형평에 맞지 않다.

투기 목적 등으로 무분별하게 공유지분을 분할하는 것을 방지하면서도 권리산정기준일을 기준으로 그 이전부터 공유지분으로 소유한 토지의 면적이나 권리가액이 일정 기준 이상에 해당하는 경우의 공유지분권자에 대하여는 별도로 1주택을 공급받을 자격을 부여함으로써 개발이익의 공평한 분배라는 정비사업의 주된 가치를 달성할 필요성이 있다.

공유 토지 또는 건축물은 그 공유자들을 대표하는 1명을 조합원으로 보고, 1개의 분양권만 인정된다. 다만, 2명 이상이 1토지를 공유한 경우로서 시·도조례로 주택공급을 따로 정하고 있는 경우에는 시·도조례로 정하는 바에 따

302) 부산고등법원 2019. 8. 30. 선고 2019누20761 판결

라 주택을 공급할 수 있다(법 제76조 제7호 가목).

서울시는 서울시 조례 제36조 제2항 제3호에서 공유자에게 수개의 주택을 공급할 수 있는 근거규정을 두고 있다.

(6) 서울시의 공유자에 대한 수개의 주택공급 요건

다음의 경우 수개의 주택을 공급할 수 있다(서울시 조례 제36조 제2항 제3호 단서).[303]

① 권리산정기준일 이전부터 공유로 소유한 토지의 지분면적이 90㎡인 경우

② 권리산정기준일 이전부터 공유로 소유한 토지의 지분 권리가액이 분양용 최소규모 공동주택 1가구의 추산액 이상인 경우에 해당하는 경우

갑이 취득한 기존 공유자의 각 공유지분 면적이 권리산정기준일 이전에 23.13㎡로서 60㎡ 이상이 아닌 한, 갑이 권리산정기준일 이후 각 공유지분을 취득함으로써 그 지분면적의 합계가 60㎡ 이상이 되더라도 단독 분양대상자가 될 수 없다.[304]

(7) 2010. 7. 15. 이전 기본계획 수립지역

종전 서울시 조례(2010. 7. 15. 이전 것) 제27조 제2항 제3호 단서는 다음의 자에 한해 분양권이 부여된다.

'2003년 12월 30일 전부터 공유지분으로 소유한 토지의 지분 면적이 건축조례 제29조에 따른 규모(90㎡) 이상인 자'[305]

'2003년 12월 30일 전부터 공유지분으로 소유한 토지의 권리가액이 분양용 최소규모 공동주택 1가구의 추산액 이상인 자'[306]

---

303) 서울시 조례 부칙(2010. 7. 15.) 제3조 제1항, 부칙(2018. 7. 19.) 제29조 제1항 : 2010. 7. 16. 이후 최초로 기본계획(정비예정구역에 신규로 편입지역 포함)을 수립하는 분부터 적용함.

304) 부산지방법원 2019. 4. 4. 선고 2018구합23757 판결 : 부산의 경우 지분면적 60㎡ 이상인 자에게 분양권이 인정됨.

305) 서울시 조례 부칙(2010. 7. 15.) 제3조 제2항, 부칙(2018. 7. 19.) 제29조 제2항 : 2010. 7. 15. 이전 기본계획 수립지역 및 지구단위계획이 결정·고시된 지역의 경우 종전 서울시 조례 제27조 및 제28조가 적용됨.

306) 서울시 조례 부칙(2010. 7. 15.) 제3조 제2항, 부칙(2018. 7. 19.) 제29조 제2항 :

(8) 개별 토지별 판단

서울시 도시정비조례 제27조 제2항 제3호 본문 및 단서를 조화롭게 해석하여 보면, '한 필지의 토지를 수인이 소유하고 있는 경우 수인의 분양신청자를 1인의 분양대상자로 보는 것이 원칙이지만, 한 필지의 토지를 수인이 소유하고 있는 경우에도 공유지분으로 소유한 한 필지 토지의 지분면적이 90㎡ 이상인 경우에는 수인의 분양신청자를 분양대상자로 본다.'는 의미로 해석된다.

토지공유자가 공동분양대상자인지 단독분양대상자인지 여부는 '개별 토지별'로 판단해야 한다. 갑은 A필지(지분면적 8㎡), B필지(지분면적 86㎡) C필지(지분면적 4㎡)를 공유하고 있으나, 위 토지 중 어느 토지에 관하여도 90㎡ 이상의 면적을 확보하지 못하였으므로 단독 분양자가 되지 않는다.[307]

(9) 2003. 12. 30. 이전 공유인 지분의 양수

① 2003. 12. 30. 전부터 직접 90㎡ 이상의 공유지분을 소유하고 있었던 자 뿐만 아니라, ② 2003. 12. 30. 전부터 직접 90㎡ 이상의 공유지분을 소유하던 자로부터 그 지분을 양수받은 자도 포함된다.[308]

2003. 12. 30. 전부터 이미 토지의 소유 형태가 공유였다면, 2003. 12. 30. 이후에 공유지분의 양도가 이루어졌다고 하더라도 전체 분양대상자의 숫자에는 변화가 없으므로, 정비사업의 목적 달성에 장애가 발생한다고 보기도 어렵다. 서울시 조례 부칙(2018. 7. 19.) 제29조 제3항을 해석하는 데 있어 2003. 12. 30. 전부터 관리처분계획 수립 시까지 소유자가 동일한 경우로 한정할 근거를 찾아보기 어렵다. 2003. 12. 30. 전부터 직접 소유하던 토지 공유지분의 권리가액이 분양용 최소규모 공동주택 1가구의 추산액 이상인 자로부터 그 지분을 양수받은 자도 포함된다.[309]

2010. 7. 15. 이전 기본계획 수립지역 및 지구단위계획이 결정·고시된 지역의 경우 종전 서울시 조례 제27조 및 제28조가 적용됨.
종전의 서울시 조례(2010. 7. 15. 이전 것) 제27조 제2항 제3호에 따른 분양대상자로 본다[서울시 조례 부칙(2014. 5. 14.) 제2조, 부칙(2018. 7. 19.) 부칙 제29조 제3항].

307) 서울행정법원 2024. 11. 8. 선고 2023구합70749 판결
308) 서울고등법원 2023. 12. 15. 선고 2023누43756 판결
309) 서울행정법원 2024. 11. 14. 선고 2023구합56613 판결

(10) 공유자에 대한 분양권 제공사례

A주택(갑, 을) | B주택(갑)

정비구역 내 동일 세대원이 아닌 갑과 을이 A 주택을 공동으로 소유하고 있고, 갑은 B 주택을 단독으로 소유하고 있는 경우, '갑' 및 '갑과 을'에게 각각 1주택을 공급하여야 한다.[310]

병이 갑으로부터 B주택을 양수한 경우 분양신청대상자 자격은 원칙적으로 분양신청기간 만료일을 기준으로 하고, 분양신청기간 만료일 현재 갑과 을은 A주택을, 병은 B주택을 소유하고 있으므로, 갑과 을은 공동으로 조합원 지위를, 병은 단독으로 조합원 지위를 갖는다. 이 경우 도시정비법 제39조 제1항 제3호는 해당되지 않는다.[311]

A토지(갑, 을 병) | B토지+건물(을) | C토지+건물(병)

갑은 다른 두명(을, 병)의 공유자와 함께 토지를 3:3:2의 비율로 소유하고 있고, 갑을 제외한 다른 두명(을, 병)의 공유자는 사업구역 내에 다른 토지와 건물을 소유하고 있을 경우, 을은 A토지의 지분과 B토지+건물을 합하여, 병은 A토지의 지분과 C토지+건물을 합하여 분양신청하는 것만이 허용되므로, 갑은 A토지의 지분에 의거 분양신청할 수 있다고 판시한 사례가 있다.[312]

---

310) 법제처 2021. 12. 29. 회신 21-0412호 사례
311) 부산고등법원 2023. 11. 3. 선고 2023누21655 판결
312) 서울행정법원 2009. 9. 24. 선고 2009구합10727판결

갑과 을이 상가 101호를 1/2지분씩 공유하고, 을이 상가 102호를 단독 소유하고 있으며, 을이 101호에 대한 공유지분과 상가 102호를 묶어서 하나의 분양신청을 한 경우 갑은 '대표조합원을 선임하지 않고' 상가 101호의 공유지분에 기하여 분양신청을 할 수 있다고 판시한 사례도 있다.[313]

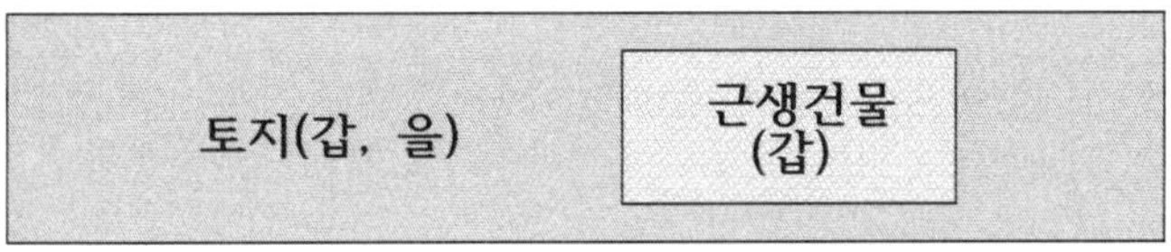

갑은 건축물과 그 부속토지의 일부 지분을 소유하고, 을은 위 부속토지의 나머지 지분을 소유한 경우 조합원은 2명[갑, (갑+을)]으로 산정하되[314], 갑 또는 을의 각자 지분 면적이 90㎡ 이상이어야만 각자 개별 공동주택분양대상자가 될 수 있다, 갑의 대지지분이 60㎡이고, 을의 대지지분이 138㎡이므로, 갑과 을은 공동주택의 공동분양대상자이다.[315]

(11) 공유자와 1+1 주택 공급 여부

도시정비법 제76조 제1항 제7호 라목은 독립적인 분양대상자 지위에 있는 모든 조합원들에게 공동으로 적용되는 규정으로서, 토지 또는 주택의 공유자들이 공동으로 1인의 분양대상자 지위를 가지는 경우에도 적용된다.

갑, 을, 병이 연면적 402㎡인 다가구용 단독주택을 공유하고 있고, 지분 주거전용면적은 갑이 197㎡, 을이 146㎡, 병이 59㎡이다. 갑은 별개의 공동 분양대상자로 인정하면서 1+1 분양신청에 따라 2주택을 공급하였다. 을과 병은 공동으로 1인의 분양대상자의 지위에 가지고, 주거전용면적 204㎡ 범위내에서 2

313) 서울행정법원 2023. 10. 26. 선고 2022구합82639 판결
314) 대법원 2015. 3. 20. 선고 2012두23242 판결
315) 대법원 2001. 12. 27. 선고 2001두6531 판결

주택을 공급받을 수 있다.[316)]

(12) 서울시 정비조례(2014. 1. 9.) 제27조 제2항 제3호 단서 적용사례

재개발구역은 2009. 1. 2. 구체적 정비계획이 수립됨에 따라 2010. 7. 15. 이전에 이미 기본계획이 수립되어 있는 지역에 해당하는바, 해당 재개발구역내 조합원은 서울시 정비조례 부칙(2018. 7. 19.) 제29조 제2항에 따라 서울시 정비조례 제36조의 개정규정이 아닌 구 서울시 정비조례(2014. 1. 9.) 제27조 및 제28조를 적용받게 된다.

그런데 구 서울시 정비조례(2014. 1. 9.) 제27조 제2항 제3호 단서에 의하면 '2003. 12. 30. 전부터 공유지분으로 소유한 토지의 지분 면적이 건축조례 제29조에 따른 규모(90㎡) 이상인 경우' 이어야 독립된 분양자격이 부여된다.

해당 토지의 면적은 72㎡이고, 그중 공유자 갑이 소유한 지분면적도 44.81㎡에 불과하므로, 결국 공유자 갑은 구 서울시 정비조례(2014. 1. 9.)상 독립된 분양자격을 갖는다고 볼 수 없다.[317)]

(13) 대표조합원 1인에게 그 공유지분에 관한 개발이익을 초과하여 분배하기로 한 경우

1주택을 2인 이상이 공유지분으로 소유함으로써 공유자 전원이 1인의 조합원으로 취급되는 경우 대표조합원을 비롯한 공유자들은 다른 일반조합원에 대한 관계에서 뿐만 아니라 공유자들 상호간의 관계에서도 형평이 유지되도록 개발이익 등을 분배받을 권리가 있다.

재건축조합은 공유자들 상호간의 관계에서 형평이 유지되도록 개발이익을 분배하여야 하는바, 관리처분계획에서 대표조합원 1인에게 그 공유지분에 관한 개발이익을 초과하여 다른 공유자에게 분배하여야 할 개발이익까지 임의로 분배하는 등 형평에 현저히 반하는 권리분배를 내용으로 하였다면 위 관리처분계획은 위법하다.[318)]

---

316) 서울행정법원 2018. 11. 30. 선고 2018구합63471 판결, 서울행정법원 2022. 1. 7. 선고 2021구합62386 판결

317) 서울행정법원 2023. 6. 16. 선고 2021구합89435 판결

318) 대법원 2009. 2. 12. 선고 2006다53245 판결

9. 지분쪼개기와 1인 분양대상자 간주

(1) 서울시의 단독주택재건축사업과 1인의 분양대상자 간주

단독주택재건축사업에 있어 다음의 경우에는 여러 명의 분양신청자를 1명의 분양대상자로 본다(서울시 조례 제37조 제2항).

① 단독주택 또는 다가구주택을 권리산정기준일 후 다세대주택으로 전환한 경우[319]

② 권리산정기준일 후 나대지에 건축물을 새로 건축하거나 기존 건축물을 철거하고 다세대주택, 그 밖에 공동주택을 건축하여 토지등소유자가 증가되는 경우[320]

단독이나 다가구를 다세대로 변경된 것인지 여부는 해당 시·군·구청의 '건축물관리대장'에 의해 판단하여야 한다.

(2) 서울시의 재개발사업과 1인의 분양대상자 간주

재개발조합은 다음의 경우 수인의 분양신청자를 1인의 분양대상자로 본다(서울시 조례 제36조 제2항).[321]

① 단독주택 또는 다가구주택을 '권리산정기준일 이후' 다세대주택으로 전환한 경우

② 1필지의 토지를 권리산정기준일 후 여러 개의 필지로 분할한 경우

③ 하나의 대지범위에 속하는 동일인 소유의 토지와 주택을 '건축물 준공 이후' 토지와 건축물로 각각 분리하여 소유하는 경우. 다만, 권리산정기준일 이전부터 소유한 토지의 면적이 90제곱미터 이상인 자는 예외로

---

319) 단독주택재건축사업은 2009. 4. 22. 이후 1개의 분양권만 인정됨. 서울시 조례 부칙(2009. 4. 22.) 제2조, 부칙(2018. 7. 19.) 제9조 제1항 : 2009. 4. 22. 이후 다세대주택으로 전환한 분부터 적용함.

320) 서울시 조례 부칙(2009. 4. 22.) 제2조, 부칙(2018. 7. 19.) 제9조 제2항 : 2009. 4. 22. 이후 최초로 건축허가를 신청하는 분부터 적용함.

321) 서울시조례 부칙(2010. 7. 15.) 제3조 제1항, 부칙(2018. 7. 19.) 제29조 제1항 : 제27조 및 제28조 개정규정은 최초로 기본계획(정비예정구역에 신규로 편입지역 포함)을 수립하는 분부터 적용함.

한다.

④ 권리산정기준일 후 나대지에 건축물을 새로 건축하거나 기존 건축물을 철거하고 다세대주택, 그 밖에 공동주택을 건축하여 토지등소유자가 증가되는 경우

(3) 2010. 7. 15. 이전 기본계획 수립지역

다음의 어느 하나에 해당하는 경우에는 수인의 분양신청자를 1인의 분양대상자로 본다[종전 서울시 조례(2010. 7. 15. 이전 것) 제27조 제2항].[322)]

① 단독주택 또는 다가구주택이 '건축물준공 이후' 다세대주택으로 전환된 경우

② 2003년 12월 30일 이후 한 필지의 토지를 수개의 필지로 분할한 경우

③ 하나의 대지범위 안에 속하는 동일인 소유의 토지와 주택을 '건축물 준공이후' 토지와 주택으로 각각 분리하여 소유한 경우. 다만, 2003년 12월 30일 전에 토지와 주택으로 각각 분리하여 소유한 경우로서 토지의 규모가 건축조례 제25조제1호에 따른 규모 이상인 경우에는 그러하지 아니하다.

④ 단독주택 또는 비주거용건축물을 공동주택으로 신축한 경우(기존의 공동주택을 세대수를 늘려 신축한 경우를 포함한다). 다만, 신축한 공동주택의 주거전용면적이 해당 정비사업으로 건립되는 분양용 공동주택의 최소 주거전용면적 이상인 경우에는 그러하지 아니하다.[323)]

---

322) 서울시조례 부칙(2010. 7. 15.) 제3조 제2항 : 2010. 7. 15. 이전 기본계획이 수립되어 있는 지역 및 지구단위계획이 결정·고시된 지역은 종전규정(제27조 및 제28조)에 따른다.

323) 서울시 조례 부칙(2008. 7. 30.) 제3조, 부칙(2018. 7. 19.) 제26조 제3항 : 제24조 제2항 제6호의 개정규정은 2008. 7. 30. 이후 최초로 건축허가를 신청하는 분부터 적용함.
제24조 제2항 제6호 : 단독주택 또는 비주거용건축물을 공동주택으로 신축한 경우(기존의 공동주택을 세대수를 늘려 신축한 경우를 포함한다). 다만, 해당 공동주택의 주거전용면적이 당해 정비사업으로 건립되는 분양용 공동주택의 최소 주거전용면적 이상인 경우에는 그러하지 아니하다.

(4) 준공이후 다세대주택 전환

재개발정비구역은 2009. 6. 4. 정비구역으로 지정·고시되어 서울시 조례 부칙(2018. 7. 19.) 제29조 제2항에 따라 서울시 구 조례(2010. 7. 15. 이전 것) 제27조 제2항이 적용되는바, 해당 건물이 건축물 준공 이후인 2005. 9. 27. 다세대주택으로 전환되었으므로, 해당 다세대주택 소유자들은 단독분양대상자가 아닌 공동분양 대상자가 된다.[324)]

(5) 1997. 1. 15. 이전 다세대주택의 전환에 대한 특례

재개발사업 및 단독주택재건축사업에 있어 1997. 1. 15. 전에 가구별로 지분 또는 구분소유등기를 필한 다가구주택이 건축허가 받은 가구수의 증가 없이 다세대주택으로 전환된 경우에는 가구별 각각 1인을 분양대상자로 한다[서울시 조례 부칙(2009. 7. 30.) 제3조 제1항, 부칙(2018. 7. 19.) 제27조].

(6) 2003. 12. 30. 이전 다세대주택의 전환에 대한 특례

서울시 조례 부칙(2003. 12. 30.) 제5조의 취지는 다가구주택에 관하여 예외적으로 가구별 개별분양을 인정하여 그와 같은 경우 독립된 구조를 가진 가구별로 구분거래되는 실정을 반영하면서도, 주택재개발사업에 의하여 공급되는 공동주택을 다수 취득할 목적으로 행하여지는 이른바 '지분 쪼개기'와 같은 폐해를 방지하기 위하여 일정한 시점 이전까지 지분등기나 구분소유등기의 경료 또는 다세대주택으로의 전환이 행하여졌을 것을 요구하는 데 있다.

재개발사업에 있어 서울시 조례 시행전(2003. 12. 30.) ① 다세대주택으로 전환하여 ② 구분등기를 완료한 주택에 대하여는 전용면적 60㎡ 이하의 주택을 공급하거나 정비구역안의 임대주택을 공급할 수 있다.

다세대주택의 주거전용 총면적이 60㎡를 초과하는 경우에는 종전 관련 조례에 따라 60㎡ 이상의 주택을 공급할 수 있다. 다만, 하나의 다세대전환주택을 공유지분으로 소유하고 있는 경우에는 주거전용 총면적에 포함시키지 아니한다.

전용면적 85㎡ 이하 주택을 분양신청 조합원에게 배정하고 잔여분이 있는

324) 서울고등법원 2021. 12. 23. 선고 2021누49460 판결

경우, 전용면적 60㎡ 이하 주택 배정조합원의 상향요청이 있을 시에는 권리가액 다액 순으로 추가 배정할 수 있다[서울시 조례 부칙(2003. 12. 30.) 제5조 단서, 부칙(2018. 7. 19.) 제26조 제2항].

서울시 부칙(2003. 12. 30.) 제5조의 "다가구주택이 다세대주택으로 전환된 경우"에 있어 '전환'이란 '건축물대장의 기재 및 관리 등에 관한 규칙'(2007. 1. 16. 건설교통부령 제547호로 전부개정되기 전의 것) 제6조 제1항에 의한 '건축물대장의 전환'을 의미한다.[325)]

(7) 토지와 건축물의 분리(존치구역)

2006. 10. 19. 재정비촉진지구로 지정되었고, 2008. 9. 경 일부 지역이 존치구역으로 지정됨으로써 정비구역 지정이 해제되었으며, 2012. 7.경 위 존치구역이 정비구역을 재지정되었다. 존치구역 역시 재정비촉진지구에 속하고, 재정비촉진계획이 결정·고시되었을 때 도시정비법상 기본계획 또는 정비계획이 수립된 것으로 간주되는바, 종전 존치구역내 토지등소유자들은 2012. 7.경이 아니라 2006. 10. 19. 도시정비법상 기본계획이 수립된 것으로 간주된다.

2010. 7. 15. 전에 기본계획이 수립되어 있는 지역은 서울시 조례[2010. 7. 15. 개정전] 제27조가 적용되는바, 토지와 건물의 소유자는 갑의 단독 소유였다가 건축물의 준공 이후 토지와 주택으로 각각 분리하여 소유한 경우에 해당하므로,[326)] 서울시 조례(2010. 7. 15. 개정전) 제27조 제2항 제5호에 따라 토지소유자와 건물소유자는 공동하여 1인의 분양대상자가 된다.[327)]

(8) 하나의 건축물이 2필지 이상에 걸쳐 건축된 경우

서울시 조례 제36조 제2항 제5호는 주택과 그 대지의 소유권을 준공 이후 분리함으로써 그 소유자들이 각자 단독으로 수분양권을 취득하려는 탈법적인 시도를 저지하기 위한 것이다.

① 동일인이 하나의 대지범위 안에 속하는 토지와 그 지상의 수 개의 건물

325) 대법원 2009. 9. 10. 선고 2009두10628 판결
326) 갑은 토지를 2001. 5. 15.부터 2006. 10. 30.까지, 건물을 1989년경부터 2009. 12. 23.까지 단독 소유하였음.
327) 서울행정법원 2023. 11. 9. 선고 2022구합84697 판결

을 소유하다가 준공 이후 그 중 일부의 건물만 타인에게 양도하거나, ② 건축물의 대지범위 안에 속하는 토지 중 그 자체로는 별다른 효용이 없는 일부 필지의 토지를 함께 양도하는 경우에도 적용 또는 유추적용된다.[328)]

하나의 건축물이 A필지, B필지, C필지, D필지에 걸쳐 건축된 경우 A필지, B필지, C필지, D필지가 지적법상 다른 필지로 구획되어 있다 하더라도, 사회통념상 하나의 대지로 보아야 하는바, 갑과 을은 하나의 대지범위 안에 속하는 동일인 소유의 수개의 토지와 주택을 건축물 준공 이후 토지와 주택으로 각각 분리하여 소유한 경우로서 서울시 구 조례(2010. 7. 15. 이전 것) 제27조 제2항 제5호에서 정한 공동분양대상자의 요건에 해당한다.

(9) 토지와 건물의 분리여부 판단(시효취득)

권리산정기준일(2003. 12. 30.) 당시 동일인 소유 여부 판단은 소유권이전등기가 경료된 날을 기준으로 판단하여야 한다. 취득시효의 경우에도 동일한다.

조합원 갑은 1988. 6. 10.부터 재개발구역내 토지를 소유하고 있었고, 2010. 6. 22. 재개발 구역내 건물을 1998. 7. 1.자 시효취득을 원인으로 위 건물에 관한 소유권이전등기를 마쳤다. 을은 2017. 3. 13. 위 건물을 매수하였다.

조합원 갑은 2003. 12. 30. 이전에 토지 및 건물을 함께 소유하였다고 볼 수 없고(토지는 갑, 건물은 취득시효소송의 상대방), 위 조합원 갑 소유 토지의 면적은 건축조례 제25조 제1호에 따른 규모(90㎡)를 초과하는 225㎡이다. 조합원 갑으로부터 건물을 순차 취득한 조합원 을은 구 서울시 정비조례 제27조 제2항 제5호 단서에 따라 공동분양대상자가 아닌 단독분양대상자의 요건에 해당한다.[329)]

(10) 도시재정비법 제33조 제1항 제2호와 서울시 조례 부칙(2018. 7. 19.) 제26조 관계

도시재정비 촉진을 위한 특별법 제33조 제1항 제2호에 의하면 단독주택 또는 기준일 이후에 다가구주택이 다세대주택으로 전환되는 경우 기준일을 기준

328) 서울고등법원 2021. 12. 3. 선고 2021누34208 판결
329) 서울행정법원 2023. 4. 14. 선고 2022구합248 판결

으로 분양받을 권리를 산정한다.

서울시 조례 제36조 제2항 제1호에 의하면 '단독주택 또는 다가구주택을 권리산정기준일 후 다세대주택으로 전환한 경우' 1명의 분양대상자로 본다.

서울시 조례 부칙(2018. 7. 19.) 제26조 제2항에 의하면 2003. 12. 30. 전에 단독 또는 다가구주택을 다세대주택으로 전환하여 구분등기를 완료한 주택은 전용면적 60㎡ 이하의 주택을 공급할 수 있다.

공동분양대상인지 가구별 개별분양대상인지 여부는 원칙적으로 서울시 조례 제36조 제2항 제1호에 해당하는지 여부에 의하여 먼저 결정되는 것이고, 이에 해당할 경우 비로소 부칙(2018. 7. 19.) 제26조 제2항에 따라 예외를 인정받을 수 있는지를 검토하여야 한다.

권리산정기준일, 즉 도시정비법 제16조 제2항에 따른 정비구역 지정, 정비계획 결정 고시가 있는 날은 이 사건 정비구역이 V지구로 지정된 2003. 11. 18.인데 조합원들은 그 이전인 2002. 2. 11. 다세대주택으로 건축물대장을 전환하였으므로 서울시 조례 제36조 제2항 제1호에 정한 경우에 해당하지 않아 부칙(2018. 7. 19.) 제26조 제2항이 적용될 여지가 없다.

재정비촉진구역내 재개발구역의 경우 도시재정비법 제33조 제1항의 기준일은 2006. 12. 21.이고, 조합원들이 소유하던 다가구 주택은 2002. 2. 21. 건축물대장이 전환되었으며, 2005. 7. 11. 집합건물 구분등기가 완료되었는바, 위 조합원들은 도시재정비법 제33조 제1항의 기준일인 2006. 12. 21. 기준으로 각 다세대주택의 소유자로서 독립된 분양자격이 있다.[330)]

(11) 다세대, 공동주택의 신축

권리산정기준일 이전에 신축공사 완료 후 사용승인을 득한 신축빌라(다세대주택)는 구분행위 및 구분행위에 상응하는 구분건물이 객관적, 물리적으로 완성되었다고 볼 수 있으므로, 각 세대별로 분양받을 권리가 인정된다.[331)]

정비구역의 지정·고시가 있은 날 등을 기준(권리산정기준일)으로 이미 토지등소유자의 수가 더 이상 증가하지 않으리라고 볼 수 있을 정도로 건축물이

330) 서울고등법원 2024. 8. 22. 선고 2023누40276 판결
331) 서울시 입장

완공된 경우와 같이 투기세력의 유입이 우려되지 않는 경우이어야 한다.

재개발구역이 2010. 12. 24. 기본계획이 수립되었고, 2011. 11. 15. 재개발정비구역으로 지정되었다. 갑은 2011. 7. 8. 집합건물 15세대에 대한 건축허가를 받았고, 2014. 11. 14. 완공한 후 각 세대에 대한 소유권보존등기를 완료하였다. 위 사안에서 권리산정기준일은 정비구역지정일인 2011. 11. 15.이고, 이 사건 토지는 건축허가를 받았지만 나대지 상태였으므로, 위 15세대는 1개의 분양권만이 인정된다.[332]

10. 다가구주택 또는 협동주택에 대한 특례

(1) 다가구주택의 의의

1980년대 중반부터 일부 주택건설업자들이 건축법이 적용되지 않는 단독주택 형태의 다가구주택을 신축하였고, 정부는 1990. 4. 21. '다가구주택의 건축기준'을 제정하였으며, 1999. 4. 30. 다가구주택을 건축법 시행령에 도입하였다. 다가구주택은 수인이 구분소유하는 것이 아니라 공유로 소유하는 형태이다.

다가구주택 및 협동주택은 소유형태가 구분소유가 아닌 공유이므로, 조합원 1인만이 인정되고, 분양권도 1개만 인정된다. 그러나, 다가구주택은 다세대주택의 규제사항을 회피하기 위한 것일 뿐 재개발조합의 분양권을 얻기 위한 것이 아니며, 다세대주택과 유사한 다가구주택 또는 협동주택의 공유자들에 대한 보호의 필요성이 큰 점에 비추어 서울시의 경우 다가구주택 또는 협동주택에 대한 특례를 두고 있다.[333]

---

332) 광주지방법원 2019. 9. 26. 선고 2019구합12210 판결

333) 1997. 1. 15. 최초 다가구주택에 관한 특례 도입
2005. 11. 10. 사실상의 다가구주택 소유자들에 대한 분양권 인정
2009. 4. 22. 협동주택의 분양기준에 관한 경과조치 신설 및 단독주택재건축사업에 있어 다가구주택의 특례조항 신설

(2) 1990년 4월 21일 이전 사실상 다가구주택

1990년 4월 21일 다가구주택제도 도입이전에 단독주택으로 건축허가를 받아 1997년 1월 15일까지 지분 또는 구분등기를 필한 사실상의 다가구주택은 지분 또는 구분등기를 필한 가구수에 한하여 각각 1인을 분양대상자로 한다.[334)]

다가구주택제도 도입 이전 단독주택으로 건축허가를 받은 것이므로, 분양권 수는 '건축허가 받은 가구 수'로 한정되지 않는다. 즉 건축허가 받은 가구 수와 무관하게 1997. 1. 15.이전 지분 또는 구분등기를 필한 가구수 만큼 분양권이 인정된다.[335)]

건축허가 당시 근린생활시설이었으나 이후 용도를 주택으로 변경한 경우 위 주택의 소유자는 공동주택 분양대상자 자격에서 제외된다.[336)]

사실상 구분소유되고 있는 '당해 가구'에 관하여 당해 가구가 그 건물에서 차지하는 면적에 상응하는 비율로 지분등기가 되었을 경우를 의미한다. ① 당해 가구가 아닌 다른 가구에 관하여 지분등기 또는 구분등기가 되었거나 ② 당해 가구가 그 건물에서 차지하는 면적에 상응하지 않은 비율로 지분등기가 경료되어 사회통념상 당해 가구가 다른 가구와 독립적으로 거래되고 있지 않다고 여겨지는 경우를 포함하지 않는다.[337)]

(3) 1997년 1월 15일 이전 다가구주택

1997년 1월 15일 이전에 가구별로 지분 또는 구분소유등기를 필한 다가구주택은 다가구 주택으로 건축허가 받은 가구수에 한하여 가구별 각각 1인을 분양대상자로 한다.

분양대상자는 다가구 주택으로 건축허가 받은 가구 수에 한하므로, 건축허가 받은 가구 수가 증가한 경우 그 증가된 가구 수는 분양대상자에서 제외된다. 소유자가 한 사람인 다가구주택의 경우에는 여전히 소유주 1명에게만 분양권이 주어진다.

---

334) 서울시 조례 부칙(2003. 12. 30.) 제7조(재개발사업), 부칙(2009. 4. 22.) 제4조(단독주택재건축사업), 부칙(2018. 7. 19.) 제28조

335) 서울행정법원 2019. 7. 11. 선고 2018구합73591 판결

336) 서울행정법원 2019. 7. 11. 선고 2018구합73591 판결

337) 서울행정법원 2008. 9. 10. 선고 2007구합44115 판결

다가구주택에 관한 특례규정의 입법취지는 다가구주택이 독립된 구조를 가진 가구별로 구분 거래되기도 하는 현실을 반영하여, 설계 및 건축 단계부터 독립된 구조를 가지고 있고 그에 상응한 지분등기가 마쳐짐으로써 그 지분등기를 이전하는 방법에 의하여 사실상 가구별로 독립적 거래가 가능한 경우에는 예외적으로 다가구주택의 가구별로 개별 분양대상자격을 인정하기 위함이다. 다만 이른바 '지분 쪼개기'와 같은 행위를 하는 폐해를 방지하기 위해서 지분등기는 일정한 시점(1997. 1. 15.)까지 완료될 것이 요구된다.[338]

(4) 협동주택의 특례에 의한 분양대상

도시재개발법에 의한 자력재개발사업은 서울시가 부족한 공공용지를 민간의 토지를 통해 확보하고, 주민은 감소된 토지 대신 2필지 이상의 토지위에 하나의 주택을 개량하게 되었다. 이때 개량하는 주택은 구획 및 건축계획에 적합한 4가구 이상 입체화된 협동주택으로 건축되었고, 협동주택은 다세대 또는 다가구제도의 도입이전이기 때문에 건축법상 단독주택으로 분류되었다. 협동주택은 수인이 구분소유하는 것이 아니라 공유로 소유하는 형태이다.

종전 '서울특별시주택개량재개발사업시행조례' 제4조 제2항에 따라 건축된 협동주택으로서 1988년 5월 7일 전에 지분 또는 구분소유등기를 필한 세대는 사실상 구분된 가구수에 한하여 각각 1인을 분양대상자로 한다.[339]

338) 대법원 2009. 4. 23. 선고 2008두22853 판결
339) 서울시 조례 부칙 (2009. 4. 22.) 제3조, 부칙(2018. 7. 19.) 제31조

11. 수개의 주택 공급

(1) 소유한 주택 수만큼 공급

조합은 다음의 토지등소유자에게 소유한 주택 수만큼 공급할 수 있다(법 제76조 제1항 제7호 나목).

① 과밀억제권역에 위치하지 아니한 재건축사업의 토지등소유자.
다만, 투기과열지구 또는 조정대상지역에서 사업시행계획인가를 신청하는 재건축사업의 토지등소유자는 1주택만을 공급받는다.[340] 사업시행계획인가는 최초 사업시행계획인가를 말한다.

② 근로자(공무원인 근로자 포함) 숙소, 기숙사 용도로 주택을 소유하고 있는 토지등소유자

③ 국가, 지방자치단체 및 토지주택공사등

④ 공공기관지방이전시책 등에 따라 이전하는 공공기관이 소유한 주택을 양수한 자[341]

과밀억제권역 외의 조정대상지역 또는 투기과열지구에서 조정대상지역 또는 투기과열지구로 지정되기 전에 1명의 토지등소유자로부터 토지 또는 건축물의 소유권을 양수하여 여러 명이 소유하게 된 경우에는 양도인과 양수인에게 각각 1주택을 공급할 수 있다(법 제76조 제1항 제7호 다목).

(2) 2주택의 공급

조합은 종전 자산 가격의 범위 또는 종전 주택의 주거전용면적의 범위에서 2주택을 공급할 수 있다(법 제76조 제1항 제7호 라목).

1인에게 2주택을 분양하는 것은 예외적인 요건이 충족되는 경우에 한하여 조합의 재량에 따라 이루어지는 것이다. 조합은 조합원들이 2차 공람절차에

---

340) 부칙(2017. 10. 24.) 제3조 제1항 : 2017. 11. 10. 이후 최초로 사업시행인가를 신청하는 경우부터 적용됨.
제3조 제2항 : 2017. 11. 9. 이전 조정대상지역 및 과밀억제권역 외의 투기과열지구에서 1명의 토지등소유자로부터 토지 또는 건축물의 소유권을 양수하여 여러 명이 소유하게 된 경우에는 양도인과 양수인에게 각각 1주택을 공급할 수 있음.

341) 부칙(2017. 2. 8.) 제2조 : 2018. 1. 26.까지 유효함

이르러 한 2주택 분양신청에 대하여 일반분양절차 등 정비사업의 진행에 차질이 발생할 수 있다는 이유로 위 분양신청을 받아들이지 않았는바, 이러한 조합의 거부행위는 관련 법령이 정한 조합의 재량권 행사 범위 안에 있다.[342)]

조합은 2주택 분양가능 대상자들에게 개별적으로 2주택 공급가능 사실을 통지할 의무를 부담하지 않는다.

(3) 주거전용면적의 기준

'주거전용면적'은 실제 사용용도가 아니라 건축물관리대장 등 공부상의 용도에 의한다.

상가주택의 공유자인 갑과 을이 내부적으로 갑은 주택 부분을, 을은 상가부분을 각각 구분하여 소유하기로 합의하였다 하더라도 건축물대장상 집합건물로의 전환신청이나 구분건물로의 변경등기가 경료되지 않았다면 갑과 을의 구분소유권은 성립되지 않는다. 갑은 주택부분중 자신의 지분에 해당하는 면적을 기준으로 '주거전용면적'을 산정하여야 한다.[343)]

(4) 불법 용도변경 또는 무허가건물

서울시 조례와 조합의 정관 규정에 의하면 종전 건축물의 소유면적은 건축물대장을 기준으로 하고, 사실상 주거용으로 사용하는 부분을 포함하지 않는다. 건물 1층 중 '점포' 용도로 되어 있는 26.45㎡ 부분이 사실상 주거용으로 사용되었다고 하더라도 용도변경의 허가를 받거나 용도변경의 신고를 하지 아니한 이상 적법하게 주택으로 용도변경된 것이라고 볼 수 없어 '주거전용면적'에 포함시킬 수 없다.[344)]

종전 주택의 주거전용면적은 건축물대장과 등기부등본 등 공부에 의하여 확인된 부분에 한한다. 무허가건물은 건축물대장과 등기부등본 등 공부가 존재하지 않아 주거전용면적을 확인할 수 없는바, 무허가건물중 주거용으로 사용하는 부분의 면적을 '주거전용면적'에 포함시킬 수 없다.[345)]

---

342) 대법원 2023. 9. 21. 선고 2022두56142 판결
343) 수원지방법원 2020. 5. 7. 선고 2019구합66409 판결
344) 서울고등법원 2020. 11. 4. 선고 2020누39220 판결
345) 서울행정법원 2024. 4. 18. 선고 2022구합88484 판결

(5) 60㎡ 이하 주택 추가 공급

2주택 공급시 1주택은 주거전용면적을 60㎡ 이하로 하고, 60㎡ 이하의 주택의 공급가격은 총회 결의를 통해 조합원 분양가가 아닌 일반 분양가로 정할 수 있다.[346] 또한 관리처분계획에서 60㎡ 이하의 주택에 대한 무상제공 혜택을 제외할 수 있다.

60㎡ 이하로 공급받은 1주택은 이전고시일 다음 날부터 3년이 지나기 전에는 주택을 전매하거나 전매를 알선할 수 없다. 금지된 행위에는 매매·증여나 그 밖에 권리의 변동을 수반하는 모든 행위를 포함한다. 단 상속의 경우는 제외된다.

조합원이 제3자에게 위 전매제한기간내에 60㎡ 아파트를 매도하였을 경우 조합원의 형사처벌과 별개로 사법상의 매매계약은 유효하다.[347] 최근 하급심에서는 전매제한 규정을 효력규정으로 보아 전매제한기간 내의 분양권전매행위에 관하여 무효라고 판시한 사례도 있다.[348]

(6) 1 + 1 분양을 취소한 관리처분계획

'추가 주택(1+1) 공급 취소의 건'(제6-2호 안건)과 '조합원 평형변경 기회부여의 건'(제7호 안건)에 대하여 의결을 한 후 위 총회결과에 따라 기존 2주택 분양신청자들에게 1주택을 분양하는 내용의 관리처분계획을 수립하였다.

조합은 조합원들에게 2주택을 공급할 것인지 여부에 관하여 상당한 재량이 인정되고, 종전 자산의 가격이나 주거전용면적 기준을 충족하는 조합원들이 2주택 분양을 신청하면 이를 반드시 공급해야 할 의무가 있는 것도 아니다.

조합은 조합원들 간 형평을 위하여 기존의 분양신청을 한 조합원들에게 평형변경의 기회를 부여하였고, 조합원들의 나머지 이해관계는 청산금 등을 통해 조절될 수 있을 것으로 보이는바, 조합의 관리처분계획 안건에 관한 결의

---

346) 서울행정법원 2018. 5. 25. 선고 2017구합81496 판결, 부산고등법원 2023. 6. 9. 선고 2022누20976 판결

347) 대법원 2011. 5. 26. 선고 2010다102991 판결, 대구지방법원 2020. 8. 27. 선고 2018가합210182 판결 : 전매제한 규정을 효력규정이 아닌 단속규정으로 판단함.

348) 대전지방법원 2018. 5. 9. 선고 2017가합104228 판결

가 조합원들의 재산권을 본질적으로 침해한다고 할 수 없다.[349]

(7) 재건축사업과 3주택 공급

과밀억제권역[350]에 위치한 재건축사업의 경우에는 토지등소유자가 소유한 주택수의 범위에서 3주택까지 공급할 수 있다(법 제76조 제1항 제7호 마목).

투기과열지구 또는 조정대상지역에서 사업시행계획인가를 신청하는 재건축사업의 경우에는 조합은 1주택만 공급할 수 있다. 사업시행계획인가는 최초 사업시행계획인가를 말한다.

과밀억제권역에 위치한 정비구역에서 재건축사업을 시행하는 경우로서 해당 재건축사업의 최초 사업시행계획인가가 정비구역에 대한 투기과열지구 또는 조정대상지역 지정 이후 신청되었으나, '관리처분계획인가 신청 전에 그 투기과열지구・조정대상지역 지정이 해제된 경우', 해당 재건축사업의 주택 공급에 관한 관리처분계획은 토지등소유자에게 소유한 주택수의 범위에서 3주택까지 공급할 수 있도록 하는 도시정비법 제76조 제1항 제7호 마목 본문의 수립기준에 따라야 한다.[351]

과밀억제권역에 위치한 재건축사업에서 3주택까지 공급받기 위해서는 조합의 정관에서 '조합원이 소유한 주택수의 범위에서 3주택까지 공급해야 한다'라고 규정하고 있거나 관리처분계획을 위한 총회에서 위와 같이 결의해야만 한다.

---

349) 서울행정법원 2025. 3. 7. 선고 2024구합65744 판결

350) **수도권 과밀억제권역(수도권정비계획법 별표 1) : ㅇ서울특별시, ㅇ인천광역시**(강화군, 옹진군, 서구 대곡동・불로동・마전동・금곡동・오류동・왕길동・당하동・원당동, 인천경제자유구역 및 남동 국가산업단지는 제외한다), **ㅇ의정부시, ㅇ구리시, ㅇ남양주시**(호평동, 평내동, 금곡동, 일패동, 이패동, 삼패동, 가운동, 수석동, 지금동 및 도농동만 해당한다), **ㅇ하남시, ㅇ고양시, ㅇ수원시, ㅇ성남시, ㅇ안양시, ㅇ부천시, ㅇ광명시, ㅇ과천시, ㅇ의왕시, ㅇ군포시, ㅇ시흥시**(반월특수지역은 제외한다)

351) 법제처 2023. 4. 25. 회신 23-0289 사례 (정비구역이 관리처분계획인가 전에 다시 투기과열지구·조정대상지역으로 지정되지 않은 경우를 전제함.)

12. 상가소유자와 주택공급(재건축사업)

(1) 상가조합원에게 공동주택을 분양하는 경우

재건축조합은 원칙적으로 부대시설·복리시설 소유자(조합원)에게 부대시설·복리시설을 공급하여야 한다. 부대시설·복리시설에는 부속토지도 포함된다.

재건축조합은 다음의 경우 상가조합원에게도 1주택을 공급할 수 있다(시행령 제63조 제2항 제2호 단서).

① 새로운 부대시설·복리시설을 '건설하지 아니하는 경우'로서 기존 부대시설·복리시설의 가액이 분양주택 중 최소분양단위규모의 추산액에 정관등으로 정하는 비율을 곱한 가액보다 클 것. 정관등에서 비율을 정하지 않은 경우 비율은 1로 한다.

② 기존 부대시설·복리시설의 가액(6억)에서 새로 공급받는 부대시설·복리시설의 추산액(4억)을 뺀 금액(2억)이 분양주택 중 최소분양단위규모의 추산액(3억)에 정관등으로 정하는 비율을 곱한 가액보다 클 것. 정관등에서 비율을 정하지 않은 경우 비율은 1로 한다.[352)]

③ 새로 건설한 부대시설·복리시설 중 최소분양단위규모의 추산액이 분양주택 중 최소분양단위규모의 추산액보다 클 것

(2) 상가조합원의 공동주택 분양 취지

재건축사업의 상가 소유자에게 무분별하게 주택을 공급하는 것을 방지하기 위하여 상가 조합원에게 주택의 공급을 예외적으로 할 수 있는 경우를 제한적으로 규정한 것이다.

①항은 조합이 '새로운 상가를 건설하지 않아' 상가 조합원에게 상가를 공급한다는 원칙을 지키는 것이 불가능한 경우 예외적으로 일정한 조건을 충족하면 상가 대신 1주택을 공급할 수 있도록 한 것이다.

---

352) (상가 권리가액 - 분양 상가) 남은 금액 〉 (최소 단위 주택 × 비율) 금액
위 사례에서 비율이 1이면 분양주택이 3억원이고, 남은 금액이 2억원이므로 주택을 공급받지 못함. 비율이 0.5인 경우 분양주택이 1억 5천이므로 남은 금액이 2억원이므로, 주택을 공급받음.

②항은 조합이 새로운 상가를 건설하지만 '건설되는 상가의 전체 규모가 종전의 전체 상가규모보다 크게 감소' 하는 등의 이유로 일부 상가 조합원에게는 종전자산가액에 크게 못 미치는 규모의 상가를 공급할 수밖에 없는 경우 일정한 조건 아래 1주택을 공급할 수 있도록 규정한 것이다.

③항은 조합이 '상가를 큰 규모나 단위로만 건설' 하면서 상가 조합원에게 상가를 공급해야 한다는 원칙을 고수하게 되면 상가 조합원의 종전자산가액보다 지나치게 비싼 상가를 공급하게 되어 종전자산가액과의 비례성을 유지하기 곤란하게 되거나 또는 상가 조합원이 현실적으로 상가를 분양받지 못하고 현금청산을 할 수밖에 없게 되는 등 분양에 대한 기대권을 침해하는 부당한 결과가 생기는 것을 고려하여 예외적으로 상가 대신 1주택을 공급할 수 있도록 규정한 것이다.

(3) 정관변경과 의결정족수

현재 도시정비법은 새로운 부대시설 · 복리시설을 '건설하지 아니하는 경우' 에만 상가조합원에게 아파트를 공급할 수 있는바, 상가조합원이 상가를 포기한다 하더라도 아파트를 공급받을 수 없다.

상가 조합원이 상가의 공급을 포기하는 방법으로 일정한 조건 아래 주택을 공급받을 수 있도록 하여 상가 및 주택 공급에 대한 임의적 선택권을 부여하였다면 해당 정관은 강행규정인 도시정비법 시행령 제63조 제2항 제2호에 부합하지 않는다.

"관리처분계획의 기준을 새로운 상가를 '공급받지 아니한 경우' 로서 종전의 상가 가액이 분양주택의 최소분양단위규모 추산액에 20%를 곱한 금액보다 큰 경우'에도 상가 조합원에게 1주택을 공급할 수 있다" 라는 내용의 정관 개정안과 관련 '조합원 전원의 동의' 가 필요하다고 판시한 사례가 있다.[353]

(4) 정관에서 '상가를 공급받지 않는 경우' 로 정한 경우

종전 재건축 표준정관에서 '새로운 부대·복리시설을 공급받지 아니하는 경우' 상가조합원에게 아파트를 공급할 수 있다고 규정한 사안에서 상가 조합

353) 서울고등법원 2024. 5. 23. 선고 2023나2027555 판결

원이 상가 분양을 포기한 경우는 도시정비법 시행령 제63조 제2항 제2호 (가)목을 유추적용하거나, (나)목의 '새로이 공급받는 부대·복리시설의 추산액'을 0으로 보아 주택을 공급할 수 있다고 판시한 사례가 있다.[354)]

(5) 정관등으로 정하는 비율 변경과 의결정족수

'정관등으로 정하는 비율'은 상가 조합원에게 주택을 분양하는 자격을 인정하는 기준이고, '조합의 비용부담에 관한 사항'에 해당하므로, 조합원 3분의 2 이상의 동의가 필요하다고 판시한 사례가 있다.[355)]

이에 반해 정관등이 정하는 비율을 변경하기 위해 조합원 전원의 동의가 필요하다는 견해도 있다.[356)]

---

354) 서울고등법원 2008. 5. 27. 선고 2007나73262, 73279 판결

355) 서울고등법원 2019. 10. 2. 선고 2019누32285 판결 : 추산액 0.2로 정할 경우 종전자산평가액은 2.15%(약 240억원), 조합원 분담금 총액 15.46%(약 260억)이 증가하는 사안임.

356) 서울중앙지방법원 2024. 12. 19. 선고 2023가합60641 판결

Ⅲ. 주택의 공급순위 등

1. 주택의 공급순위

(1) 주택규모 분양방법

재개발사업의 경우 주택 전체 세대수의 80% 이상을 국민주택규모(전용면적 85㎡ 이하)로 건설하여야 하고, 재건축사업의 경우 주택 전체 세대수의 60% 이상을 국민주택규모로 건설하여야 한다(시행령 제9조 제1항). 시·도 조례로 분양주택의 규모를 제한하는 경우에는 그 규모 이하로 주택을 공급하여야 한다(시행령 제63조 제1항 제1호).

재개발조합은 1필지의 대지 및 그 대지에 건축된 건축물을 2인 이상의 조합원들에게 분양하는 때 '기존의 토지 및 건축물의 가격'의 비율에 따라 분양해야 한다(시행령 제63조 제1항 제4호).[357]

사업시행방식이 전환된 경우에는 '환지예정지의 권리가액'을 말한다. 보류지로 정하거나 조합원 외의 자에게 분양하는 부분은 위 규정이 적용되지 않는다(시행령 제63조 제1항 제4호).

재개발사업의 경우 ① 기존의 토지 및 건축물의 가격과 ② 토지등소유자가 부담하는 비용의 비율에 따라 대지 및 그 대지에 건축된 건축물을 분양한다(시행령 제63조 제1항 제4호).

주택 및 부대시설·복리시설의 공급순위는 기존의 토지 또는 건축물의 가격을 고려하여 정하되, 구체적인 기준은 시·도 조례로 정할 수 있다(시행령 제63조 제1항 제7호).

(2) 비용의 일부 부담과 신축 아파트 분양

재개발사업의 경우 토지등소유자가 정비사업에 제공되는 종전의 토지 또는 건축물에 의하여 분양받을 수 있는 것 외에 공사비 등 사업시행에 필요한 비

357) 재건축사업에 준용되지 않음

용의 일부를 부담하고 그 대지 및 건축물을 분양받고자 하는 때에는 분양신청 당시 그 의사를 분명히 하고, 그가 종전에 소유하던 토지 또는 건축물의 개략적인 평가액의 10%에 상당하는 금액을 사업시행자에게 납입하여야 한다(시행령 제59조 제4항).

이 경우 평가액의 10% 금액은 납입하였으나 비용부담액을 정하여진 시기에 납입하지 아니한 자는 그 납입한 금액의 비율에 해당하는 만큼의 대지 및 건축물(주택 제외)에 한하여 분양을 받을 수 있다(시행령 제59조 제4항).

관리처분계획에는 비용의 분담비율에 따른 대지 및 건축물의 분양계획과 그 비용부담의 한도·방법 및 시기가 포함되어야 한다. 이 경우 비용부담으로 분양받을 수 있는 한도는 정관등에서 따로 정하는 경우를 제외하고는 기존의 토지 또는 건축물의 비율에 따라 부담하는 비용의 50%를 기준으로 한다(시행령 제62조 제3호).

(3) 신축세대 일부를 미리 일반분양분으로 정한 경우

분양신청을 한 조합원이 그 신청한 평형을 분양받지 못하더라도 다른 평형의 분양대상에서 제외되지 아니하는 이상 조합정관의 규정에 의하여 특정 평형의 조합원분양을 일정 범위에서 제한할 수 있다.

조합원 분양신청 결과 특정 평형 아파트에 대해서 잔여분이 없음에도 불구하고 해당 특정 평형의 일부를 일반분양분으로 미리 정할 수 있다고 한 사례가 있다.[358)]

2. 서울시의 재개발사업의 주택공급순위

주택 및 부대시설·복리시설의 공급순위에 관한 구체적인 기준은 시·도 조례로 정할 수 있다(시행령 제63조 제1항 제7호).

재개발사업 및 단독주택재건축사업의 주택공급에 관한 기준은 다음과 같다(서울시 조례 제38조 제1항).

---

358) 서울고등법원 2009. 11. 4. 선고 2009누5871 판결

① '권리가액에 해당하는 분양주택가액의 주택'을 분양한다. 이 경우 권리가액이 2개의 분양주택가액의 사이에 해당하는 경우에는 '분양대상자의 신청'에 따른다.
② ①에도 불구하고 정관등으로 정하는 경우 '권리가액'이 많은 순서로 분양할 수 있다.
③ 도시정비법 제76조 제1항 제7호 다목에 따라 2주택을 공급하는 경우에는 권리가액에서 1주택 분양신청에 따른 분양주택가액을 제외하고 나머지 권리가액이 많은 순서로 60제곱미터 이하의 주택을 공급할 수 있다.
④ 동일규모의 주택분양에 경합이 있는 경우에는 '권리가액'이 많은 순서로 분양하고, 권리가액이 동일한 경우에는 '공개추첨'에 따르며, 주택의 동·층 및 호의 결정은 주택규모별 공개추첨에 따른다.

3. 주택공급규모와 형평성

(1) 공급규모 및 공급순위 기준

주택의 공급규모 및 공급순위는 다음의 기준에 의한다.359)

① 각 구분소유권의 위치, 면적, 층수에 차이가 있다는 점만을 고려할 것이 아니라, 그와 같은 차이가 발생하게 된 경위
② 신건물의 배치와 설계상의 합리성 및 경제적 타당성
③ 조합원들이 종전에 소유하던 구분건물의 평형과 대지권 지분의 분포와 그 권리가격의 크기
④ 구분소유권 배분방식의 형평성
⑤ 각 구분소유권의 재산적 가치에 대한 불균형의 정도 및 그 불균형을 줄일 수 있는 다른 방법의 존재 가능성
⑥ 불이익을 입은 구분소유자에 대한 적절한 보상 여부

359) 대법원 2007. 9. 20. 선고 2006다9842 판결, 대법원 2009. 6. 25. 선고 2006다64559 판결, 대법원 2010. 10. 14. 선고 2009다95967 판결

⑦ 재건축의 결의나 관리처분계획안 결의시 구분소유권의 귀속 등에 관하여 다수 조합원들이 소수 조합원들에게 부당하게 불이익을 강요하였는지 여부

(2) 권리가액에 따른 배정 판결례

17평형과 15평형으로 구성된 주택단지내 재건축사업에서 17평형 조합원에 대하여 권리가액을 더 높게 평가한 것과 별도로 평형 배정에 우선적인 권리를 부여한 것은 15평형 조합원보다 더 많은 재산을 이 사건 재건축 사업에 투입한 것을 고려한 조치로서 현저히 형평에 반하지 않는다고 판시한 사례가 있다.[360)]

재건축조합이 분양신청을 접수받아 권리가액이 큰 조합원들에게 평형선택 우선권을 부여하여 배정한 결과 25평형 조합원들은 모두 자신이 1순위로 신청한 평형을 배정받게 되는 반면, 18평형 조합원 중 일부만이 자신이 원하는 평형을 배정받게 된 경우 위 평형배정이 형평성이 위배되지 않는다고 판시한 사례가 있다.[361)]

(3) 편입지역 조합원에 대한 평형배정 우선권 부여

재건축조합이 조합원총회의 적법한 결의를 거쳐 제3주구 내 지하철 5호선 우장산역에 가까운 곳에 있는 양서아파트와 홍진아파트를 재건축사업구역에 편입시키는 과정에서 그 구분소유자들의 동의를 얻기 위하여 그들에게 평형배정 우선권을 부여하기로 한 것은 합리적이라고 보이므로, 이러한 평형배정의 차별을 이유로 재건축조합이 수립한 관리처분계획이 도시정비법 제76조 제1항 제1호가 규정한 관리처분 기준에 반한다고 보기도 어렵다고 판시한 사례가 있다.[362)]

---

360) 대법원 2009. 6. 25. 선고 2006다64559 판결
361) 서울고등법원 2008. 5. 27. 선고 2007나73262, 73279 판결
362) 대법원 2014. 8. 20. 선고 2012두5572 판결

4. 동·호수 결정방법

(1) 동·호수 결정

동일규모의 주택분양에 경합이 있는 경우에는 권리가액이 많은 순으로 분양하고, 권리가액이 동일한 경우에는 공개추첨에 따르며, 주택의 동·층 및 호의 결정은 주택규모별 공개추첨에 따른다(서울시 조례 제38조 제1항 제4호).

기존의 아파트와 신축 아파트를 10등급으로 분류한 다음 동일한 등급 내에서만 동·호수를 추첨한 것이 형평성에 위배되지 않는다고 판시한 사례가 있다.[363)]

(2) 임원에 대한 동·호수 우선 선택권

조합의 임원들은 공사도급계약상 연대보증약정에 따라 시공사에 대하여 연대보증채무를 부담한다. 다른 조합원들과 비교할 때, 임원들은 시공사와 사이에 직접 연대보증채무를 이행할 의무를 진다는 점에서 상당한 차이가 있다.

조합 정관 제12조의1은 그에 대한 대가로 동·호수의 우선선택권을 제공하도록 정하고 있는바, 임원들이 동·호수 추첨 이전에 신축아파트의 특정 동·호수를 선택한 것은 조합 정관 제12조의1에 따른 결과이다. 조합 정관 제12조의1에 관한 정관의 제정·변경 절차가 준수된 이상, 위와 같은 조치를 적법하다.[364)]

(3) 일부 조합원에 대한 동·호수 추첨권 제한

조합원의 동·호수 추첨은 국민은행 전산추첨을 원칙으로 경찰관입회하에 공정하게 실시하여야 하며, 추첨결과는 시장·군수에게 통보하여야 한다(표준정관 제48조 제5항). 실무상 조합원 수가 많지 않은 경우 총회에서 조합원들이 직접 동·호수를 추첨하는 사례도 있다.

조합원의 동·호수 추첨권은 조합원의 기본적인 권리이다. 조합이 총회에서 ① 조합에 반대하는 조합원들에게 신축아파트 추첨권을 주지 않기로 결의하거

---

363) 서울고등법원 2011. 12. 1. 선고 2011누13929 판결
364) 서울행정법원 2020. 12. 11. 선고 2019구합78920 판결

나 ② 신축아파트를 배정함에 있어 특정 조합원을 제외하고 나머지 조합원들에 대하여만 우선 선택권을 부여하였다면 그 총회의 결의는 강행법규인 도시정비법 및 조합의 정관에 위배하여 무효이다.[365)]

(4) 권리가액 순에 의하지 않은 경우

관리처분계획상 甲조합원이 권리가액 순으로 신축 아파트 ○○평형을 우선 배정받을 권리가 있고, 甲조합원이 1지망으로 신축 아파트 ○○평형을 신청하였음에도 불구하고, 조합이 ○○평형에 대한 동·호수 추첨을 함에 있어 ○○평형에 대한 우선배정권이 없는 조합원들까지 포함하여 1, 2차로 동·호수 추첨을 마친 후 남은 세대를 추첨을 거쳐 위 甲원조합원에게 아파트를 배정하였다면 조합은 甲조합원의 동·호수 추첨권을 박탈한 것이고, 이는 甲조합원의 조합원으로서의 기본적인 권리를 침해한 것으로 동·호수 추첨절차에 중대한 하자가 있어 무효이다.[366)]

(5) 본질적 침해인 경우에만 무효라고 판단한 사례

신축건물의 동호수를 배정하면서 관리처분계획에서 정해진 기준을 적용하지 않았다면 그러한 동호수 배정에는 하자가 있다. 다만, 이미 다수의 조합원과 비조합원들에 대하여 동호수 배정 및 일반분양절차가 완료된 점과 도시정비사업의 공익적·단체법적인 성격을 고려한다면, 동호수 배정에 하자가 있는 경우라도 언제나 동호수 배정 자체를 무효라고 볼 것은 아니고, 그 하자가 조합원의 분양신청권을 본질적으로 침해한 것으로 평가될 수 있을 정도인 경우에만 이를 무효로 보는 것이 타당하다.[367)]

(6) 동·호수 배정과 전체 무효 여부

평형 우선배정권이 있는 조합원의 청구에 따라 재건축조합의 신축아파트 배정을 위한 동·호수 추첨 및 배정이 무효로 확인될 경우 나머지 평형의 배정

---

365) 대법원 1999. 3. 9. 선고 98다60118 판결, 대법원 2008. 2. 15. 선고 2006다77272 판결
366) 대법원 2008. 2. 15. 선고 2006다77272 판결
367) 서울고등법원 2021. 4. 1. 선고 2020나2016097 판결

도 일부씩 순차 변경이 불가피하다면, 모든 동·호수에 대한 추첨 및 배정 등이 무효이고, 위 조합원은 그 전부의 무효확인을 구할 수 있다.[368]

(7) 동·호수 추첨권 제한과 손해배상

조합원의 가장 본질적인 권리인 분양청구권 또는 동·호수 추첨권을 과도하게 제한하거나 박탈하는 경우 조합은 해당 조합원에 대해 손해배상책임을 부담한다.[369]

불법행위로 인한 손해액 산정의 기준시점은 불법행위시이다. 다만 불법행위시와 결과발생시 사이에 시간적 간격이 있는 경우에는 결과가 발생한 때에 불법행위가 완성된다고 보아 불법행위가 완성된 시점, 즉 손해발생시가 손해액 산정의 기준시점이 된다.[370]

불법행위로 인한 재산상 손해는 위법한 가해행위로 인하여 발생한 재산상 불이익, 즉 그 위법행위가 없었더라면 존재하였을 재산상태와 그 위법행위가 가해진 현재의 재산상태의 차이를 말하는 것이다.[371]

불법행위로 인한 손해배상청구소송에서 재산적 손해의 발생사실은 인정되나 구체적인 손해의 액수를 증명하는 것이 사안의 성질상 곤란한 경우, 법원은 증거조사의 결과와 변론 전체의 취지에 의하여 밝혀진 당사자들 사이의 관계, 불법행위와 그로 인한 재산적 손해가 발생하게 된 경위, 손해의 성격, 손해가 발생한 이후의 여러 정황 등 관련된 모든 간접사실을 종합하여 손해의 액수를 판단할 수 있다.[372]

조합의 위법한 동·호수 배정에 관한 조합원(갑)의 재산상 손해는 조합원(갑)의 위 손해발생시를 기준으로 신축아파트 중 조합원(갑)이 배정받을 수 있었던 110세대 아파트의 각 시가와 각 분양가를 고려하여 산정한 평균 기대 수익에서 조합원(갑)이 취득한 아파트의 시가와 그 분양가를 고려하여 산정한

---

368) 대법원 2008. 2. 15. 선고 2006다77272 판결
369) 대법원 1999. 3. 9. 선고 98다60118 판결, 대법원 2007. 6. 15. 선고 2005다45606 판결
370) 대법원 2007. 6. 15. 선고 2005다45605 판결
371) 대법원 2009. 9. 10. 선고 2008다37414 판결, 대법원 1992. 6. 23. 선고 91다33070 전원합의체 판결
372) 대법원 2004. 6. 24. 선고 2002다6951, 6968 판결

실제 수익을 뺀 차액이라고 판시한 사례가 있다.[373]

(8) 관리처분계획에 따르지 않은 동·호수 추첨

관리처분변경계획에서 "조합원 우선 배정 구간 외의 구간 중 저층부(1~2층)와 우선 배정 구간 외의 다른 동을 희망하는 조합원은 동·호수 추첨일 10일 전에 우선 배정 신청을 하면 시공자와 협의하여 배정할 수 있다." 고 규정하였다.

조합이 시공사와 조합원의 동·호수 배정에 관한 합의를 하지 못했고, 이에 조합은 위 관리처분변경계획에 따라 조합원 우선 배정 구간에 한하여 동·호수 추첨을 진행했어야 함에도 전체 세대를 대상으로 추첨을 실시하였고, 일부 조합원은 종전 일반분양구간에 배정되었다.

조합이 시공사와의 협의 결과 조합원 우선 배정 구간이 변경되었다 하더라도 재차 관리처분계획변경안을 수립하여 결의를 거치지 않은 이상 조합은 당초의 관리처분변경계획에 따라 조합원 우선 배정 구간에 한하여 동·호수 추첨을 실시할 의무가 있다.

따라서 조합은 조합원에게 '조합원이 조합원 우선 배정 구간의 아파트를 분양받았을 경우의 시가 평균액과 실제 조합원이 분양받은 아파트의 시가액의 차액' 에 상당하는 금원을 손해배상해야 한다.[374]

---

373) 대법원 2007. 6. 15. 선고 2005다45605 판결, 대법원 2014. 7. 10. 선고 2013다65710 판결

374) 대구지방법원 2020. 7. 10. 선고 2018가합209766 판결

Ⅳ. 부대・복리시설의 분양방법

1. 부대・복리시설에 대한 분양설계

(1) 부대・복리시설과 관리처분계획

조합은 부대・복리시설(예 상가)에 관한 분양신청의 현황을 기초로 부대・복리시설에 관한 관리처분계획을 수립하여야 한다.

부대・복리시설에 관한 관리처분계획의 내용에는 ① 분양대상자별 종전 자산의 명세 및 평가금액, ② 분양대상자별 부대・복리시설의 추산액, ③ 부대・복리시설의 명세와 추산액 및 처분방법, ④ 부대・복리시설을 포함한 정비사업비의 추산액이 포함되어야 한다. 위와 같은 내용이 포함되지 않은 관리처분계획은 위법하다.[375]

(2) 부대・복리시설과 층 및 면적 배정

상가의 경우, 동일한 면적과 형태로 공급되는 공동주택에 비해 그 규모가 제한적이고 수요자별 혹은 업종별로 선호하는 위치나 면적, 층수가 모두 다를 수 있으며, 분양이 완료된 이후라도 일반분양 결과를 포함한 전체적인 분양상황이나 실제 입점상황에 따라 내부 설계를 변경해야 하는 경우도 생길 수 있다. 따라서 관리처분 단계에서 미리 층・호수별로 면적을 구체적으로 구분지어 분양대상자를 확정할 필요성은 적다.

오히려 상가의 경우 공동주택과 달리 필요에 따라 경량 칸막이벽을 통해 구획을 짓거나 구획을 재설정하는 등의 탄력적인 방법이 얼마든지 가능하므로, 관리처분계획 후에 실제 분양상황이나, 수분양자들의 입점계획 등을 반영하여 추후에 상가를 구획하고 면적을 확정하는 것이 보다 합리적이다.

재건축조합이 수립한 관리처분계획 중 근린생활시설(상가)부분은 신축된 상가의 면적을 구체적으로 구획 짓고, 구획된 면적을 분양신청자 중 누구에게

---

375) 대법원 2010. 12. 9. 선고 2010두4407 판결 : 그 하자가 중대·명백한 무효사유로 봄

분양할 것인지 등에 관한 세부적인 계획은 없으나, 층 및 면적 배정기준을 정해두고 있어 상가조합원들로서는 자신이 분양받을 상가의 층과 면적을 충분히 예측할 수 있으므로, 위와 같은 구체적이고 세부적인 계획까지 미리 수립할 필요성은 없다고 보인다.

공동주택의 경우에도 관리처분계획 단계에서는 주택의 면적(평형)만이 대략적으로 확정될 뿐 분양대상자 별로 정확한 동·호수가 확정되지 않고, 이후 동·호수 등 정확한 위치의 확정은 관리처분계획이 확정된 이후에 별도의 추첨 절차를 통하여 이루어지는 것이 일반적이다.

위와 같은 점에 비추어 보면 재건축조합이 수립한 관리처분계획중 상가부분과 관련 층 및 면적 배정기준을 정해두고 세부적인 계획을 정하지 않았다고 해서 분양설계를 누락한 하자가 있다고 보기 어렵다.[376)]

2. 부대·복리시설의 공급기준

(1) 부대·복리시설의 분양방법

재개발조합은 부대·복리시설을 2인 이상의 조합원에게 분양할 때 기존의 토지 및 건축물의 가격의 비율에 따라 분양하여야 한다(시행령 제63조 제1항 제4호). 동일 순위의 상가 등 부대·복리시설에 경합이 있는 경우에는 권리가액이 많은 순서로 분양하고, 권리가액이 동일한 경우에는 공개추첨에 따르며, 주택의 동·층 및 호의 결정은 주택규모별 공개추첨에 따른다(서울시 조례 제38조 제2항).

(2) 부대·복리시설의 공급순위

서울시의 경우 주거환경개선사업과 재개발조합은 상가 등 부대·복리시설을 다음의 순위를 기준으로 공급한다(서울시 조례 제38조 제2항).

376) 서울행정법원 2018. 8. 17. 선고 2017구합84099 판결, 부산고등법원(창원) 2016. 6. 22. 선고 2015누11052 판결, 서울고등법원 2017. 1. 23. 선고 2016누44263 판결, 서울행정법원 2016. 4. 22. 선고 2015구합11745 판결

① 제1순위 : ㉠ 종전 건축물의 용도가 분양건축물 용도와 동일하거나 비슷한 시설이며 ㉡ 사업자등록(인가 · 허가 또는 신고 등을 포함)을 하고 영업을 하는 건축물의 소유자로서 ㉢ 권리가액(공동주택을 분양받은 경우에는 그 분양가격을 제외한 가액임)이 분양건축물의 최소분양단위규모 추산액 이상인 자

② 제2순위 : 종전 건축물의 용도가 분양건축물 용도와 동일하거나 비슷한 시설인 건축물의 소유자로서 권리가액이 분양건축물의 최소분양단위규모 추산액 이상인 자

③ 제3순위 : 종전 건축물의 용도가 분양건축물 용도와 동일하거나 비슷한 시설이며 사업자등록을 필한 건축물의 소유자로서 권리가액이 분양건축물의 최소분양단위규모 추산액에 미달되나 공동주택을 분양받지 않은 자

④ 제4순위 : 종전 건축물의 용도가 분양건축물 용도와 동일하거나 비슷한 시설인 건축물의 소유자로서 권리가액이 분양건축물의 최소분양단위규모 추산액에 미달되나 공동주택을 분양받지 않은 자

⑤ 제5순위 : 공동주택을 분양받지 않은 자로서 권리가액이 분양건축물의 최소분양단위규모 추산액 이상인 자

⑥ 제6순위 : 공동주택을 분양받은 자로서 권리가액이 분양건축물의 최소분양단위규모 추산액 이상인 자

(3) 1순위의 요건과 관련

서울시 구 조례(2017. 3. 23.) 제30조 제2항 제1호는 '제1순위 : 종전 건축물의 용도가 분양건축물 용도와 동일하거나 유사한 시설이며 사업자등록(인가·허가 또는 신고 등을 포함한다.이하 이 항에서 같다)을 필한 건축물의 소유자로서 권리가액(공동주택을 분양받은 경우에는 그 분양가격을 제외한 가액을 말한다.이하 이 항에서 같다)이 분양건축물의 최소분양단위규모 추산액 이상인 자'로 규정하고 있었다.

제1순위 공급대상자 요건에 '사업자 등록을 필한 건축물의 소유자'를 포함한 취지는 관리처분계획기준일 이전부터 정비사업구역 내에서 상가등에서

영업을 하여 온 조합원에게 분양건축물(상가 등 부대복리시설)을 우선적으로 분양함으로써 그 영업권을 보장하기 위한 것이다.

따라서 서 종전 건축물에서 영업을 하지 않고 단지 제3자에게 당해 건축물을 임대하여 임대사업을 하기 위해 해당 건축물 소재지를 사업장 소재지로 하여 '부동산임대업'으로 사업자등록을 한 종전 건축물 소유자는 제1순위 공급대상자에 해당하지 않는다.[377)]

(4) 상가의 일부를 주거용으로 사용하는 경우

건축물의 일부가 공부상 용도(근린생활시설)로 사용되면서 나머지 일부는 사실상 주거용으로 사용되는 경우, 각 용도로 사용되고 있는 면적의 다과에 관계없이 건축물의 주된 용도가 주거용이 아닐 때에는 건축물의 원래 용도로서의 기능을 상실하지 않고 있으므로, 사실상 주거용으로 사용되고 있는 건축물에 해당한다고 볼 수 없다. 이 경우 재개발조합은 위 건물 소유자를 공동주택분양대상자에서 제외하고 상가분양대상자로 정하여야 할 것이다.[378)]

(5) 재건축사업과 부대·복리시설 분양

재건축조합은 부대·복리시설을 소유한 조합원에게 부대·복리시설을 공급한다(시행령 제63조 제2항 제2호). 다만 정관 또는 총회의 결의에 의거 공동주택 소유 조합원에게 상가를 분양할 수 있다.

3. 상가의 조합원 분양면적 및 가격

부대·복리시설의 공용부분은 각 권리자의 공유로 하되, 당해 공용부분에 대한 각 권리자의 지분비율은 그가 취득하게 되는 부분의 위치 및 바닥면적 등의 사항을 고려하여 정하여야 한다(시행령 제63조 제1항 제5호).

사업시행자가 부대·복리시설의 분양자들에게 대지소유권을 부여할 경우 대

377) 서울고등법원 2022. 9. 7. 선고 2021누36440 판결
378) 서울행정법원 2008. 11. 6. 선고 2008구합26718 판결

지지분은 분양면적의 비율에 의하되, 건축물의 용도 및 규모 등을 고려하여 합리적으로 배분되도록 하여야 한다(시행령 제63조 제1항 제6호).

재개발·재건축사업에서 분양대상자별 부대·복리시설의 추산액은 감정평가업자 2인 이상이 평가한 금액을 산술평균하여 산정한다(법 제74조 제2항 제1호).

조합은 조합원에게 1개의 상가를 분양하여야 한다. 다만 조합원은 종전자산가액에 합리적으로 비례하는 수준의 상가 면적을 분양받을 것으로 기대하는 점에 비추어, 조합은 상가 조합원들에게 종전자산가액에 비례하는 상가 면적을 분양하여야 한다.[379)]

4. 상가의 일반분양

사업시행자는 분양신청을 받은 후 잔여분(아파트, 상가)이 있는 경우에는 조합원 외의 자에게 분양할 수 있다(법 제79조 제4항).

체비시설 중 부대·복리시설은 법 제74조 제1항 제4호 라목에 따라 산정된 가격을 기준으로 주택법 및 주택공급에 관한 규칙에서 정하는 바에 따라 분양한다(서울시 조례 제40조 제2호).

사업시행자는 '정비사업완료 후 상가세입자에 대한 우선 분양 등에 관한 사항'이 포함된 사업시행계획서를 작성하여야 한다(시행령 제47조 제2항 제15호).

서울시의 재개발사업구역내 세입자가 분양을 희망하는 경우에는 다음의 순위에 따라 우선 분양한다(서울시 조례 제40조 제2호 단서).[380)]

① 제1순위 : 종전 건축물의 용도가 분양건축물 용도와 동일하거나 비슷한 시설인 건축물의 세입자로서 사업자등록을 필하고 영업한 자

② 제2순위: 종전 건축물의 용도가 분양건축물 용도와 동일하거나 비슷한 시

379) 부산고등법원 2019. 9. 18. 선고 2019누20419 판결

380) 서울시 조례 부칙(2009. 7. 30.) 제5조, 부칙(2018. 7. 19.) 제10조 : 상가세입자 우선 분양권에 관한 규정은 2009. 7. 30. 이후 최초로 정비구역이 지정되는 분부터 적용함.

설인 건축물의 세입자로서 영업한 자

위 세입자는 정비구역의 지정을 위한 공람공고일 3개월 전부터 사업시행계획인가로 인하여 이주하는 날까지 계속하여 영업하고 있는 세입자를 말한다.

5. 상가독립정산제

(1) 상가독립정산제 약정

재건축조합의 조합원들 중 상가조합원과 아파트조합원 사이의 이해관계 및 주된 관심사항이 크게 다른 상황에서, ① 아파트와 상가를 분리하여 개발이익과 비용을 별도로 정산하고 ② 상가조합원들로 구성된 별도의 기구(상가협의회)가 상가에 관한 관리처분계획안의 내용을 자율적으로 마련하는 것을 보장한다는 내용으로 조합과 상가협의회 사이에서 합의하는 경우가 있다(상가 독립정산제 약정).[381]

상가조합원들은 별도로 상가위원회를 구성하고, 운영규정을 제정하는 사례가 있다. 상가위원회의 운영규정에서 상가조합원의 탈퇴를 금지하고 있을 경우 이는 헌법이 보장한 결사의 자유, 즉 가입과 탈퇴의 자유를 침해하는 것이므로 무효이다라고 판시한 사례가 있다.[382]

(2) 사적 약정과 정관 반영

①부분(상가의 독립정산)은 조합원별 부담액에 영향을 미칠 수 있으므로 '조합의 비용부담' 및 '조합원의 권리·의무'에 관한 사항에 해당한다. ②부분(상가협의회의 구성 및 관리처분계획 수립)은 조합 총회에 상정하여 승인받아야 하는 관리처분계획안 중 상가 부분의 작성을 조합의 이사회가 아니라 상가협의회에게 일임한다는 내용이므로 '조합임원의 권리·의무', '임원의 업무의 분담 및 대행 등' 및 '관리처분계획'에 관한 사항에 해당한

381) 대법원 2013. 3. 29. 선고 2012두3385 판결
382) 서울중앙지방법원 2019. 10. 31. 선고 2019가합527444 판결

다.

위 ①부분과 ②부분의 내용은 원칙적으로 조합의 정관에 규정하여야 하는 사항인바, 총회에서 2/3 이상의 동의를 받은 후 정관변경인가를 득하여야 한다. 다만, 조합과 상가협의회간 합의내용이 총회에서 2/3 이상의 동의를 얻었으나 정관변경인가절차를 거치지 않은 경우 적어도 조합 내부적으로 업무집행기관을 구속하는 규범으로서의 효력은 가진다.[383)]

(3) 아파트조합원과 상가조합원간 약정 및 대의원회 인준

조합정관이나 총회에서 신축 상가건물의 권리 귀속 등에 관한 사항을 아파트조합원들에게 불이익한 영향을 미치지 않는 한도 내에서 재건축조합과 상가조합원들 간의 협의 내지 약정을 거쳐 대의원회에서 이를 인준하는 방식으로 결정하도록 하는 것은 허용된다. 이는 상가조합원들과의 협의 내지 약정의 내용을 변경하는 경우에도 마찬가지이다.

재건축조합과 상가조합원들간의 협의 내지 약정을 함에 있어서 상가조합원들 간에 상호 대립·교착하는 이해관계를 합리적으로 조정하고 형평을 보장하기 위하여는 특별한 사정이 없는 한 재건축결의 변경시의 특별다수의 정족수를 유추적용하여 상가조합원 3분의 2 이상의 동의를 요한다.

재건축조합의 대의원회는 상가조합원들의 특별다수의 동의를 거쳐 성립한 신축 상가건물의 권리 귀속 등에 관한 협의 내지 약정의 내용을 확정하고 그것이 아파트조합원들에 대하여 불이익한 영향을 미치는지 여부를 심사한 후, 전체 조합원에 대한 관계에서 구속력이 미치도록 조합정관에 정해진 대의원회의 통상의 의결정족수로 인준할 수 있다.[384)]

(4) 상가독립정산제 관련 사례

甲 주택재건축정비사업조합의 추진위원회가 사업 단지 내 복합상가를 소유한 乙 등과 상가의 권리가액을 공동주택과 구분하여 상가소유자와 시공사가 직접 합의하고 합의사항 내용을 근거로 관리처분계획을 수립하기로 약정하였

---

383) 대법원 2012. 8. 23. 선고 2010두13463 판결
384) 대법원 2010. 5. 27. 선고 2008다53430 판결

다. 위 약정의 내용이 甲 조합의 정관에 포함되었다. 이후 甲 조합이 정관의 해당 조항을 삭제하는 조합설립변경결의를 한 다음 상가소유자들과 시공사의 상가 권리가액에 관한 협의가 이루어지지 않은 상황에서 감정평가업체가 평가한 감정평가액을 산술평균하여 乙 등이 소유한 상가의 권리가액을 책정하는 내용으로 관리처분계획을 수립하여 인가받았다. 위 사안에서, 위 관리처분계획이 신뢰보호의 원칙에 반하여 위법하다고 판시한 사례가 있다.[385)]

6. 상가관련 판례

(1) 신축상가의 위치

기존 아파트 상가를 종전 입지조건과 유사한 다른 곳으로 배치하는 것이 불가능한 경우 조합은 기존 아파트 상가를 사업시행계획에 따라 이전 배치함으로 인하여 상가 조합원들이 입게 될 손해의 내용과 정도를 파악하여야 하며, 위 상가 조합원의 손해가 사회통념상 수인한도를 넘어 현저히 형평에 반한다고 할 정도일 경우 조합은 위 상가조합원에 대해 보상방법을 정하여야 한다.[386)]

기존 아파트 상가의 위치 이전으로 일부 구분소유자(상가소유자)에게 재산적 가치의 하락 및 영업손실이 예상됨에도 이에 대한 적절한 보상방법을 정하지 않은 재건축 결의(관리처분계획)은 각 구분소유자 간의 형평이 유지되지 않았다고 판시한 사례가 있다.[387)]

판매시설 중에서도 피맛길 및 청진소로 등 대로변에 위치한 상가를 제외하는 바람에 원고가 원하던 지상1층 상가의 분양배정을 받지 못하게 되었다 하더라도, 각 사정에 비추어 이 사건 관리처분계획의 내용이 현저히 불합리하여 도시정비법 제48조에 반한다거나 그로 인하여 원고의 재산권이 부당하게 침해된다고 볼 수 없다고 판시한 사례가 있다.[388)]

385) 울산지방법원 2017. 6. 22. 선고 2016구합5338 판결
386) 대법원 2005. 6. 9. 선고 2005다11404 판결
387) 대법원 2005. 6. 9. 선고 2005다11404 판결
388) 대법원 2014. 3. 27. 선고 2011두24057 판결

(2) 상가의 관리처분계획이 수립되지 않은 경우

관리처분계획중 상가부분에 관하여 도시정비법 제48조 제1항 소정의 내용들이 포함되어 있지 않아 제대로 관리처분계획이 수립되지 않았고, 이러한 하자는 중대하고 위 관리처분계획 내용 자체로 객관적으로 명백하다.

새로이 상가와 관련한 관리처분계획을 수립할 경우 아파트조합원들에 대한 권리가액비율 및 분담금액도 일부 변경되어야 할 것으로 보이므로, 상가부분에 관한 내용이 누락된 관리처분계획의 하자는 관리처분계획 전체에 영향을 미친다할 것이어서, 위 관리처분계획은 그 전부가 무효라 할 것이다.[389)]

(3) 관리처분변경절차에 의하지 않은 잔여재산 분배

정비사업의 완료단계에서 조합이 관리처분계획을 변경하지 않고 총회에서 잔여재산에 관한 분배를 결의하는 사례가 있다.

관리처분계획안에 대한 변경과 관계없는 총회 결의는 민법을 준용하도록 규정한 도시정비법 제49조에 의해 민사소송법이 적용된다. 조합이 대의원회에서 관리처분계획의 변경 없이 총회 결의로 잔여재산 분배를 하기로 하였고, 총회에서도 관리처분변경(안)이 상정된바 없다. 이 경우 조합원은 잔여재산분배에 관한 총회결의에 대해 민사소송으로 다툴 수 있다.[390)]

(4) 상가조합원에 잔여재산을 분배하지 않기로 한 총회결의

전체 조합원 204명 중 상가조합원이 단 6명인 상황에서 잔여재산을 아파트조합원에게만 분배하는 1안과 상가조합원에게도 분배하는 2안을 총회의 안건으로 상정하면 다수인 아파트조합원들이 자신들에게 유리하게 1안으로 결의할 것이므로 이러한 안건 상정 및 결의는 상가조합원들의 조합정관에서 정한 잔여재산 분배청구권을 원천적으로 박탈하는 것으로서 해당 총회결의는 무효라고 판시한 사례가 있다.[391)]

---

389) 대법원 2010. 12. 9. 선고 2010두4407 판결
390) 서울중앙지방법원 2019. 7. 18. 선고 2019가합506348 판결
391) 서울중앙지방법원 2019. 7. 18. 선고 2019가합506348 판결

(5) 상가조합원들간 개발이익의 분배

상가재건축에 관한 합의 및 1, 2차 부속합의에 따르면 상가기여 개발이익은 상가조합원들이 아파트조합원들에게 실질적으로 제공하는 것으로 볼 수 있는 대지면적에 관한 보상임을 알 수 있다. 상가기여 개발이익 910억원 또한 신축상가에 제공되고 남은 '대지면적 938평 × 용적율 250% × 아파트 평당 일반분양가 4,750만원-사업비 203억원'의 산식을 통해 계산된 것이다.

상가조합원들 내부에서의 상가기여 개발이익의 배분 역시 상가조합원들이 제공하는 대지면적에 비례하여 산정돼야 한다. 그렇지 않고 개발이익을 권리가액에 비례하여 배분하는 것은 위법하다.[392]

(6) 유치원 부지와 단독필지

아파트 부지 내 유치원이 단독 건물로 지어진 경우에 단독필지로 하지 않고 대지지분을 공유하게 한 경우에 있어서 관리처분계획의 위법 여부는 유치원 부지의 분배 기준이 재산권을 본질적으로 침해하는 것인지 여부에 따라 판단되어야 한다. 토지 등 소유자들 사이에 다소간의 불균형이 발생하였다는 등의 사정만으로는 관리처분계획이 조합원들 사이에 형평에 반한다거나 이로 인하여 위법한 것이 될 수는 없다.[393]

유치원에 대한 관리처분계획과 관련 조합원 스스로의 선택과 무관하게 아무런 보상 없이 건축물만 상실하게 되는 경우 조합원의 재산권을 침해하는 것으로서 허용될 수 없다고 판시한 사례가 있다.[394]

---

392) 서울행정법원 2024. 8. 23. 선고 2023구합69701 판결

393) 서울고등법원 2024. 2. 15. 선고 2023누34059 판결 : 본질적 침해가 아니라고 판단함

394) 서울행정법원 2018. 8. 17. 선고 2017구합68752 판결

V. 정비사업비의 추산액 등

1. 조합원 부담규모의 산정방식(비례율)

(1) 조합설립동의서상 '분담금 추산방법'

조합설립에 관한 토지등소유자의 동의는 국토교통부령으로 정하는 동의서에 동의를 받는 방법에 따른다.

조합설립동의서에 명시된 '분양대상자별 분담금 추산방법'은 아래와 같다.

분양대상자별 분담금 추산액 = 분양예정인 대지 및 건축물의 추산액 - (분양대상자별 종전의 토지 및 건축물의 가격 × 비례율*) * 비례율 = (사업완료 후의 대지 및 건축물의 총 수입 - 총사업비) / 종전의 토지 및 건축물의 총 가액

실무적으로 비례율이외 무상지분율 또는 분양비율을 산정하여 분담금을 추산하기도 한다.

분양비율이란 각 토지 등 소유자가 제공한 종전 토지 등의 가액과 그 토지 등 소유자가 부담한 사업비용의 합계액이 전체 사업비에 대하여 차지하는 비율을 뜻한다.

개별 토지 등 소유자들의 각 종전 토지 및 건축물가격과 사업비용부담액을 모두 합산한 전체 사업비(분자값 모두를 합한 금액)를 분모로 삼는 것이 토지 등 소유자들 각자간의 부담비율을 가장 합리적으로 산출할 수 있는 방법일 것이다. 위와 같이 지분율 공식을 구성하는 개별 항목의 내용 및 그 상호관계에 비추어 그 합리성이 충분히 인정되고, 위 분양비율에 따라 산출된 지분율을 토대로 분양설계에 관한 기준을 정하도록 한 관리처분계획도 적법하다.[395]

(2) 권리가액(종전자산 × 비례율)

조합원의 권리가액은 해당 조합원의 종전자산 감정평가액에 비례율을 곱하여 산정한다. 따라서 비례율이 100%라면 종전자산 평가액과 권리가액이 같게 되며, 비례율이 100%를 초과하면 권리가액이 종전자산 감정평가액보다 높게 되지만 비례율이 100% 미만일 경우에는 권리가액이 종전자산 감정평가액보다 낮아지게 된다.

비례율이란 정비사업 완료후 대지 및 건축물의 총 추산액에서 총 사업비를 뺀 금액을 사업구역내 조합원 소유의 종전 토지 및 건축물의 총 감정평가액으로 나눈 비율을 말하며, 개발이익률이라고도 한다. 비례율을 산정하는 것은 정비사업으로 예상되는 개발이익을 추정하고, 그 개발이익을 조합원들의 종전자산 감정평가액에 반영하여 권리가액을 정하는 것이다.

비례율을 산정함에 있어서 유의해야 할 점은 분모항목에서 분양받은 조합원의 종전자산 총 감정평가액만이 해당되기 때문에 재건축사업에 있어 미동의자 소유의 종전자산과 현금청산대상자의 종전자산 감정평가액은 제외되어야 한다.

대신 재건축사업에 있어 미동의자 소유의 종전자산의 매도청구금액과 현금청산 금액을 추정하여 총사업비에 포함하여야 한다. 비례율 산식에서 보는 바와 같이 비례율은 종전자산 감정평가액, 총 분양수입 및 총사업비 등의 변동에 따라 변화하게 된다.

(3) 감정평가액 변동과 권리가액 · 부담금과의 관계

종전자산 감정평가액 평균 수준의 높고 낮음은 권리가액과 부담금에 전혀 상관이 없다. 종전자산 감정평가액이 변동하더라도 조합원 개인의 권리가액과 부담금은 전혀 변하지 아니하다. 종전자산 감정평가액이 높아지면 비례율이 낮아지고, 종전자산 감정평가액이 낮아지면 비례율이 높아지기 때문이다.

종전자산의 감정평가는 정비사업으로 창출되는 사업이익을 각 조합원이 어떻게 나누어 가지느냐는 비율을 정하는 감정평가로서 종전자산 감정평가액 자

---

395) 서울행정법원 2009. 9. 4. 선고 2007구합41895 판결

체가 사업의 이익이나 손실에 영향을 미치지 아니하며, 따라서 조합원의 권리가액과 부담금에도 전혀 변화를 주지 아니한다. 오히려 종전자산 감정평가액이 너무 높으면 현금청산 대상자가 증가하여 남은 조합원이 불리해질 수 있다.

사례 : 종전자산을 평당 1,500만원으로 감정평가한 경우와 평당 1,800만원으로 평가한 경우의 조합원의 부담금

① 총수입이 3,000억원이고, 총사업비가 1,500억원임
② 총 사업면적이 10,000평임
③ 조합원 갑은 20평을 소유하고, 분양신청한 30평의 분양가가 4억원임
④ 종전자산의 평당 단가는 동일하다는 전제

구분	사례 1	사례 2
조합원 전체 종전자산 평가액	150,000백만원	180,000백만원
비례율(%)	100%	83.33%
조합원 갑 평가액(천원)	3억원	3억 6천만원
조합원 갑 권리가액	3억원	3억원
조합원 갑의 부담금	1억원	1억원

2. 수입항목

'사업완료 후의 대지 및 건축물의 총 수입(종후자산 총 수입)'은 조합원 아파트 분양수입금, 임대아파트 분양수입금, 보류시설 분양수입금, 상가수입금 및 종교부지 수입금의 합계이다.

· 아파트 분양수입 : 조합원 분양분, 일반분양분, 임대아파트, 보류분
· 부대·복리시설 분양수입 : 상가분양분, 유치원분양분

· 대지 매각수입 : 종교용지, 학교부지, 보류지 등 매각수입
· 기부채납가액(유상으로 귀속시키는 공공시설의 가액) : 도로 설치 후 시·군·구로 유상으로 귀속시킬 경우 그 설치금액

관리처분계획 수립시 조합원 동·호수 추첨이 실시되지 않은 관계로 조합원 분양가액은 기준층 아파트 분양가 또는 해당 아파트형별 분양가의 평균을 적용한다. 조합원 분양가와 일반분양가의 다소 차이가 있으며, 관리처분계획인가후 일반분양가의 변동에 따라 총수입이 변동될 수 있다.

관리처분계획에 일반 분양분의 추산액을 기재하였다 하더라도 이는 임의적인 사항으로서 관리처분 인가의 대상이 아니다. 실제 일반분양을 할 때 반드시 관리처분계획에서 예상한 일반분양가를 적용하는 것은 아니다. 따라서 사업시행자는 관리처분계획에 정해진 일반분양분 종후자산 추산액에 구속되어 분양가격을 정하지 않아도 된다.[396)]

관리처분계획에서 정한 일반분양가를 변경함에 있어 사전에 관리처분계획을 변경하지 않아도 되고, 일반분양이 완료된 이후에 관리처분계획을 변경하면 된다.

3. 정비사업비의 추산액

정비사업비는 정비사업을 추진하는 과정에서 소요되는 공사비 등 제반 비용을 의미한다.

서울특별시 도시 및 주거환경정비조례 시행규칙 별지 제24호 서식 '정비사업비의 추산액 및 그에 다른 조합원 부담규모 및 부담시기'의 양식에는 정비사업비 추산액으로 ① 조사측량비, ② 설계비, ③ 감리비, ④ 정비사업전문관리업비, ⑤ 공사비, ⑥ 보상비, ⑦ 관리비, ⑧ 부대경비 등으로 구분하고 있다.

정비사업비의 추산액은 정비사업의 완료시까지 구체적으로 확정될 수 없는

396) 서울행정법원 2017. 11. 3. 선고 2017구합63221 판결

것으로서, 그 개략적인 비용을 추산할 수 있을 뿐이다. 따라서 사업시행자는 관리처분계획의 수립 당시까지의 사업진행현황 등을 기준으로 합리적 범위 내에서 정비사업비를 추산하여 산정하면 족하다. 시행자는 사업비용으로 지출할 각종 계약서 및 영수자료 등을 근거로 하여 향후 집행될 자금을 추산하되, 과하거나 미달되지 않도록 적정금액을 산정하여야 한다.[397)]

4. 조합원 분담금 또는 환급금

(1) 조합원 분담금 또는 환급금의 의의

대지 또는 건축물을 분양받은 자가 종전에 소유하고 있던 토지 또는 건축물의 가격과 분양받은 대지 또는 건축물의 가격 사이에 차이가 있는 경우 조합원은 그 차액에 해당하는 금원을 부담하거나 환급받게 된다. 이때 조합원이 추가 부담하는 것을 분담금(부담금)이라 하고, 환급받은 것을 환급금이라 한다.

분양받은 종후자산 감정평가액이 해당 조합원 종전자산 권리가액보다 많은 경우에는 그 차액을 부담금으로 납부해야 하며, 반대로 종후자산 감정평가액이 해당 조합원 종전자산 권리가액보다 적은 경우에는 그 차액을 환급금으로 지급받게 된다.

(2) 분담금 납부시기

조합원은 분양받을 건축시설의 가액이 자신의 권리가액을 초과하는 경우에는 그 차액을 부담하여야 한다.

조합원의 부담금의 납부시점 및 납부방법 등은 다음과 같이 정한다(국토교통부 정비사업 표준공사계약서 제29조).

---

397) 서울행정법원, 2019. 11. 19. 선고 2018구합69691 판결, 서울행정법원 2009. 11. 11. 선고 2008구합9201 판결

구 분	계약금	중도금	입주잔금
납부시기	계약체결시	공사기간을 ○회 균등분할한 시점	실입주일 또는 입주지정 만료일 중 앞서는 날
납부금액	분양금액 × ○%	분양금액 × ○%	분양금액 × ○%
납부방법			

계획된 공사 일정이 늦어지는 경우 도급인(조합)과 수급인(시공사)은 협의하여 중도금 납부일정을 조정할 수 있다.

도급인은 조합원이 부담금 납부기간을 경과하여 부담금을 납부하는 경우에는 지연일수 만큼 납부대금에 연체료율을 적용한 연체료를 징구하여야 한다.

도급인은 공사기간이 예정보다 단축될 경우 잔여 중도금 및 잔금의 납부시점은 그 단축기간만큼 변경·조정한다. 이 경우 도급인은 중도금 및 잔금의 선납에 대하여 수급인에게 사업경비 등 대여금의 선납할인 요구 등을 할 수 없다.

(3) 환급금(청산금) 지급시기

환급금의 지급시기나 부담금의 징수시기는 조합의 사업비용 조달을 고려하여 정할 사항으로 환급금의 지급시기와 부담금의 징수시기를 동일하게 정하여야 한다고 볼 법적 근거는 없다.

환급금은 조합이 조합원에 대하여 지급하는 것이나 분담금은 조합원으로부터 조합이 징수하는 것으로 납부가 이루어지지 않는 경우 조합은 시장・군수에게 분담금의 징수를 위탁할 수 있는 등 양자는 지급의 주체, 방법, 대상 등에 차이가 존재한다.

따라서 조합은 환급금과 분담금의 지급시기를 달리 정할 수 있고, 조합은 총회의 의결로 환급금의 지급시기를 이전고시 또는 이전고시 이전의 시점으로 정할 수 있다.[398)]

398) 서울행정법원 2019. 8. 13. 선고 2018구합67350 판결

(4) 정관에 따른 환급금 지급시기

정관에서 '조합원은 이전 고시 이후 정산에 의한 차액을 조합으로부터 지급받아야 한다.' 라고 정한 경우 환급금(청산금)의 이행기가 문제된다.

주택재건축사업에 있어서 수분양자가 종전에 소유하고 있던 토지 또는 건축물과 분양받은 대지 또는 건축물의 가격 사이에 차이가 있어서 사업시행자가 수분양자에게 청산금을 지급하여야 하는 경우, 그러한 청산금 지급채무의 이행기는 정관이나 관리처분계획 등에서 달리 정하고 있지 아니하는 한 이전고시가 있는 날로 보는 것이 타당하다.

청산금은 이전고시에 따라 취득하는 재산을 기준으로 종전재산과 종후재산의 과부족을 정산하는 것이므로 이전고시가 있음을 전제로 하는 것이다. 따라서 입주일이 이전고시일보다 앞선 경우에는 분양계약에서 입주일에 청산금을 지급하는 것으로 정하였다 하더라도 이전고시일이나 그 이후의 날을 청산금 지급시기로 볼 것이다.[399)]

(5) 관리처분계획에 의한 환급금 지급시기

관리처분계획에서 '환급받는 금액이 있는 경우 청산 시에 환급하는 것으로 한다.' 라고 정하였고, 분양계약서에 '조합은 분담금이 (-)인 환급대상인 조합원에 대하여는 관리처분(변경)계획 기준(안) 제13조(분담금 납부방법 및 연체율 적용)에 의거 청산 시에 환급금액 전부를 일괄 지급하기로 한다.' 라고 기재되어 있다.

환급금의 지급시기를 청산시로 정한 경우 환급금의 지급시기는 이전고시일인 점에 비추어 이전고시일 이전은 유효하고, 이전고시일 이후의 부분만이 무효이다.

환급금 지급시기를 '2017. 3. 준공 이후 입주기간(60일) 만료일' 로 변경한 경우 준공인가가 이루어진 다음 입주기간의 만료시점이 이전고시일 이후라면 이전고시일 이후의 부분만이 무효이다.[400)]

---

399) 서울고등법원 2013. 8. 23. 선고 2012나105132 판결
400) 서울행정법원 2019. 8. 13. 선고 2018구합67350 판결

5. 조합원 부담금에 관한 판례

(1) 비례율의 부당적용의 하자

비례율의 부당적용과 같이 관리처분계획에서 정한 추가 분담금의 산정방법에 하자가 있는 경우라도 그러한 하자는 다른 특별한 사정이 없는 한 중대하고도 명백하다고 볼 수 없어 이러한 하자를 사유로 하여 관리처분계획을 무효로 볼 수는 없다.[401]

(2) 일반분양 추가공사비의 조합원 분양 아파트 원가 산입

일반분양 추가공사비는 일반분양 아파트에 대한 선택사항(옵션)인 품목의 설치를 위한 공사비인 사실을 인정한 후, 위 일반분양 추가공사비를 조합원분양 아파트의 원가에 산입할 경우 이를 부담할 의무가 없는 조합원들이 이를 분담하게 되는 결과를 초래하므로, 위 일반분양 추가공사비를 원가에 산입한 것은 위법하다.[402]

(3) 전원 동의에 의한 사업비 균등 분담

재건축사업의 경우 '조합원 전원의 동의'가 있다면 청산절차의 구체적인 방법 및 내용에 관하여 조합 내부에서 자율적으로 정할 수 있다고 보아야 하고, 이 경우 조합원 간의 형평에 현저히 반하지 않는 한 종전에 소유하고 있던 토지 및 건축물과 분양받은 대지 또는 건축물의 규모·위치·용도·이용상황·정비사업비 등을 참작하여 총사업비에서 일반분양분 수입을 제외한 금액을 조합원 총수로 나누어 그 액수를 조합원들이 '동일하게 분담'하는 것으로 정하는 것도 가능하다.[403]

---

401) 대법원 2002. 12. 10. 선고 2001두6333 판결
402) 대법원 2007. 2. 8. 선고 2004두7658 판결
403) 서울고등법원 2011. 12. 1. 선고 2011누13929 판결

(4) 국민주택규모 분양 조합원의 아파트 건설용역 부가가치세 부담

국민주택규모 아파트의 건설용역의 제공에 대하여는 부가가치세가 부과되지 아니하므로, 국민주택규모 아파트의 대지 및 건축시설만을 분양받는 조합원은 시공사가 재개발조합에게 상가・유치원・국민주택규모를 초과하는 아파트의 건설용역을 제공하고 받는 대가에 대하여 부과되는 부가가치세를 부담할 의무가 없다.

따라서 관리처분계획 중 국민주택규모 아파트를 분양받은 조합원에 대한 분양예정 대지 및 건축시설의 총 추산액에 상가・유치원・국민주택규모를 초과하는 아파트 건설용역의 제공 대가에 부과될 부가가치세를 산입한 것은 위 부가가치세를 부담할 의무가 없는 조합원에 대하여 이를 부담시키는 것으로 위법하다.[404)]

(5) 건설용역 부가가치세의 총사업비 포함

조합은 총회에서 국민주택규모 초과 아파트의 건설용역에 관한 부가가치세를 총사업비에 포함시키는 내용의 결의를 하였다. 위 사안에서 건설용역에 관한 부가가치세는 아파트의 분양가에 반영되어 분양총수입으로 회수되었는바, 총사업비에 위 부가가치세가 포함되었다고 하더라도 동액 상당의 분양총수입 추산액도 증가하기 때문에 추정비례율에는 변동이 없다.

분양총수입추산액이 증가하지 않았다는 사정 및 국민주택규모 아파트의 분양가격에 위 부가가치세가 포함되었다는 사실은 부당이득의 반환을 구하는 원고들에게 증명책임이 있다. 그럼에도 불구하고, 분양총수입추산액에 위 부가가치세가 포함되었다고 볼 증거가 없다는 이유로 재건축주택조합의 부당이득 반환의무를 인정한 원심판결을 파기한 사례가 있다.[405)]

(6) 이주비 이자와 배당소득

조합은 사업시행구역 안에 거주하고 있는 다수의 조합원들이 다른 지역으로

---

404) 대법원 2007. 2. 8. 선고 2004두7658 판결, 대법원 2006. 7. 13. 선고 2004다7408 판결

405) 대법원 2010. 4. 29. 선고 2009다84653 판결, 서울고등법원 2010. 12. 14. 선고 2010나44042 판결

이주하는 것을 지원하기 위해 시공사 및 금융기관과 연계하여 그 이주비 대출이자를 지출하였고, 이는 어디까지나 조합의 고유목적사업인 '' 조합원에 대한 분양사업' 을 위한 지출 등에 해당할 수 있고, 그 행위 자체가 수익성을 가진 것이라거나 수익을 목적으로 한 것이라고 보기는 어렵다.

조합원들 이주비 대출이자 지출이 수익사업을 포함한 전체 재개발정비사업 진행을 위한 필수적인 지출이라는 사정만으로 관리처분계획에 의한 최종 청산 전에 그중 일부가 수익사업에 속하는 비용에 바로 해당한다고 보기도 어렵다.

'조합이 지출한 이주비 대출이자' 는 수익사업이 아닌 고유목적사업에 속하는 비용으로 볼 여지가 있다. '무이자 이주비 금융비용 약 100억원' (쟁점금액)이 조합의 수익사업에서 바로 지출되어 다수의 조합원들이 부담하였어야 할 이주비 대출이자에 직접 충당된 것이라고 단정하기 어렵고, 따라서 위 쟁점 금액이 조합원들에게 직접 배당된 것이라고 보기도 어렵다.[406)]

406) 서울고등법원 2024. 4. 24. 선고 2023누35359 판결

Ⅵ. 보류지

1. 보류지의 의의

보류지란 분양대상자의 누락, 착오 및 소송 등에 대비하기 위하여 정관 또는 사업시행계획으로 정하는 목적을 위하여 남겨놓을 대지 또는 건축물을 의미한다(서울시 조례 제44조).

사업시행자는 토지등소유자의 분양신청을 받은 후 잔여분이 있는 경우 정관등 또는 사업시행계획으로 정하는 목적을 위하여 그 잔여분을 보류지로 정할 수 있다(법 제79조 제4항).

정비사업의 시행으로 조성된 대지 및 건축물은 관리처분계획에 의하여 이를 처분 또는 관리하여야 하고(법 제79조 제1항), 보류지는 도시개발법 제34조에 의한 보류지로 본다(법 제87조 제3항).

2. 보류지의 지정범위

사업시행자는 다음의 기준에 따라 보류지를 확보하여야 한다(서울시 조례 제44조 제1항).

① 도시정비법 제74조 및 제79조에 따른 토지등소유자에게 분양하는 공동주택 총 건립세대수의 1퍼센트 범위의 공동주택과 상가 등 부대·복리시설의 일부를 보류지로 정할 수 있다.

② 사업시행자가 ①호에 따른 1퍼센트의 범위를 초과하여 보류지를 정하려면 구청장에게 그 사유 및 증명 서류를 제출하여 인가를 받아야 한다.

3. 보류지의 처분기준 및 분양가격

(1) 처분기준

보류지의 명세와 추산가액 및 처분방법이 포함된 관리처분계획은 총회에서 조합원 과반수 또는 2/3 이상의 찬성으로 의결되어야 한다.

서울시의 경우 ① 분양대상의 누락·착오 및 ② 소송 등에 따른 대상자 또는 ③ 조례 제27조제2항제3호에 따른 적격세입자에게 우선 처분한다(서울시 조례 제44조 제2항 제1호).

적격세입자는 ① 해당 정비구역에 거주하는 세입자로서 세대별 주민등록표에 등재된 날을 기준으로 정비구역의 지정을 위한 공람공고일 3개월 전까지 계속하여 거주하고 있는 무주택세대 및 ② 해당 정비구역에 거주하는 토지등소유자로서 최소분양주택가액의 4분의 1보다 권리가액이 적은 자 중 해당 정비사업으로 인해 무주택자가 되는 세대주를 말한다(서울시 조례 제27조 제2항 제3호, 제46조 제1항 제1호).

보류지의 처분에 관한 내용의 변경을 수반하는 관리처분계획변경은 조합원 총회의 의결사항이고, 총회의 의결을 거칠 경우 조합원으로서 분양대상자가 아닌 자에 대하여도 보류지를 공급할 수 있는 것이며, 법률·정관 및 관리처분계획에서 조합원 아닌 자에 대한 보류지 공급대상 등에 관하여 특별한 제한을 두고 있지도 않다.[407]

(2) 보류지의 분양가격 등

보류지의 분양가격은 도시정비법 제74조 제1항 제3호 '분양대상자별 분양예정인 대지 또는 건축물의 추산액'을 기준으로 한다(법 제74조 제1항 제3호, 서울시 조례 제44조 제2항 제2호).

(3) 관리처분계획에 의하지 않은 보류지 처분

조합원총회의 결의 및 관할 관청의 인가를 거친 관리처분계획에 포함되는 보류지분의 처분행위는 원칙적으로 관리처분계획에서 정한 방법에 의하지 아

407) 수원지방법원 2020. 5. 28. 선고 2019구합71586 판결

니할 경우 그 효력이 없고, 이러한 관리처분계획에 반하는 내용의 조합 정관의 규정 역시 그 효력이 없다.[408]

조합원총회의 결의내용이 보류건축시설의 처분방법을 구체적으로 특정하지 아니하고 조합장에게 그 처분방법을 개괄적으로 위임하는 등 추상적이고 개괄적이라고 하여 이를 당연무효로 볼 것은 아니라고 판시한 사례가 있다.[409]

(4) 보류지와 관리처분계획변경 취소사례

법원의 조정권고결정 및 총회 의결 내용에 의하면 갑에 대하여는 단지 보류지를 공급하기로 의결한 것으로서, 갑에게 조합원이 아닌 자의 지위에서 보류지를 공급하기로 한 것에 불과하고, 그와 같은 총회 의결에 어떠한 위법사유가 있다고 볼 만한 아무런 사정이 없다.

보류지의 처분에 관한 총회 의결이 도시정비법이나 정관 또는 관리처분계획에 위배되지 않음에도 갑을 보류지 공급대상에서 제외하고, 현금청산대상자로 정하는 내용의 관리처분계획변경은 위법하다.[410]

4. 보류지 처분후 잔여분

보류지를 처분한 후 잔여분이 있는 경우에는 서울시 조례 제40조에 따라 분양하여야 한다(서울시 조례 제44조 제2항 제3호, 제40조).

공동주택은 도시정비법 제74조 제1항 제4호 가목에 따라 산정된 가격을 기준으로 주택공급에 관한 규칙에서 정하는 바에 따라 일반에게 분양한다.

부대·복리시설은 도시정비법 제74조 제1항 제4호 라목에 따라 산정된 가격을 기준으로 주택공급에 관한 규칙에서 정하는 바에 따라 일반에게 분양한다.

---

408) 대법원 1995. 2. 24. 선고 94다31242 판결, 대법원 2001. 3. 23. 선고 2000다72671 판결, 대법원 2009. 6. 25. 선고 2007다28642 판결
409) 대법원 1992. 4. 14. 선고 91도2469 판결
410) 수원지방법원 2020. 5. 28. 선고 2019구합71586 판결

Ⅶ. 재건축부담금

1. 재건축초과이익의 환수대상 등

(1) 재건축초과이익환수에관한법률 제정[411]

재건축사업에서 과도한 개발이익이 발생하고 있음에도 불구하고 이를 사회적으로 환수하는 장치가 미비하여 당해 개발이익을 누리고자 하는 투기적 수요가 증가하고 있다.

따라서, 재건축사업으로 발생하는 개발이익을 사회적으로 환수하고 이를 적정하게 배분하기 위하여 당해 개발이익에 일정한 부담금을 부과할 필요가 있으며, 이를 통해 개발이익의 사유화를 방지함으로써 주택가격의 안정과 사회적 형평을 기하고 국민경제의 건전한 발전과 사회통합에 이바지하고자 재건축초과이익에관한법률을 제정하여 2006. 9. 25.부터 시행하고 있다.[412]

(2) 재건축부담금의 부과대상 사업

재건축부담금의 부과대상은 도시정비법의 재건축사업 소규모주택정비법의 소규모재건축사업이다. 재건축사업의 시행자가 조합, 공공시행자, 신탁업자의 경우에도 적용된다.

주거환경개선사업, 재개발사업은 위 재건축부담금의 부과대상이 아니다.

(3) 개시시점 부과대상 주택

개시시점 부과대상 주택이라 함은 부과개시시점의 재건축사업의 대상이 되는 주택을 말한다.

국가 또는 공공기관 등이 보유하는 주택중 다음의 주택은 개시시점 부과대상 주택에서 제외할 수 있다.

---

411) 헌법재판소 2019. 12. 27.자 2014헌바381 결정은 합헌으로 결정함.

412) 정부는 2012. 12. 18.부터 2017. 12. 31.까지 한시적으로 재건축부담금을 면제하였음

① 국가 또는 지방자치단체가 보유하는 주택
② 공공기관 또는 지방공사가 임대목적으로 보유하는 주택
③ 관계법령에 따라 주택을 건설 · 공급하는 때에 국가 또는 지방자치단체로 보는 기관이 임대목적으로 보유하는 주택

(4) 종료시점 부과대상 주택

종료시점 부과대상 주택이라 함은 부과종료시점의 재건축사업으로 건축된 주택을 말한다.

국가, 지방자치단체 또는 공공기관 등이 보유하거나 재건축사업으로 인하여 인수하는 주택중 다음의 주택은 종료시점 부과대상 주택에서 제외할 수 있다

① 국가 또는 지방자치단체가 보유하는 주택
② 공공기관 또는 지방공사가 임대목적으로 보유하는 주택
③ 관계법령에 따라 주택을 건설 · 공급하는 때에 국가 또는 지방자치단체로 보는 기관이 임대목적으로 보유하는 주택
④ 국가, 지방자치단체, 한국토지주택공사 또는 지방공사가 다음의 어느 하나에 해당하는 규정에 따라 공급받는 주택
  - 도시정비법 제55조 제1항,제66조 제3항전단 또는제101조의6 제2항
  - 소규모주택정비법 제43조의5 제1항또는제49조의2 제3항 · 제5항
⑤ 국가 또는 지방자치단체가 국토계획법 제52조의2 제1항 제3호에 따라 제공받는 공공임대주택

(5) 납부의무자

재건축부담금은 1차적으로 재건축조합이 부담한다.

신탁업자가 재건축사업을 시행하는 경우 신탁업자는 해당 재건축사업의 신탁재산 범위에서 납부의무를 부담한다.

공공시행자가 시행하는 재건축사업의 경우 공공시행자도 납부의무자이다.

재건축부담금의 2차 납무의무자는 종료시점 부과대상 주택을 공급받은 조합원 또는 위탁자이다. 조합이 해산된 경우 또는 신탁이 종료된 경우에는 부과종료시점 당시의 조합원이 납무의무자이다.

조합원 또는 위탁자는 다음의 경우 재건축부담금의 납부의무를 부담한다.

① 조합이 해산된 경우

② 조합의 재산으로 그 조합에 부과되거나 그 조합이 납부할 재건축부담금 · 가산금 등에 충당하여도 부족한 경우

③ 공공시행자의 재산으로 그 공공시행자가 납부할 재건축부담금·가산금 등에 충당하여도 부족한 경우

④ 신탁이 종료된 경우

⑤ 신탁업자가 해당 재건축사업의 신탁재산으로 납부할 재건축부담금 · 가산금 등에 충당하여도 부족한 경우

조합원 또는 위탁자의 2차 납부의무는 재건축부담금 중 관리처분계획상 분담비율을 적용하여 산정한 금액에 한정한다.

(6) 재건축부담금의 관리처분계획 명시

재건축조합, 공공시행자 또는 신탁업자는 조합원별 또는 위탁자별로 종전자산을 평가한 가액 등을 고려하여 재건축부담금 예정액의 조합원별 납부액과 재건축부담금의 조합원별 분담기준 및 비율을 결정하여 이를 관리처분계획에 명시하여야 한다.

조합원별 재건축부담금 예정액 산정시 다음의 사항을 고려하여야 한다.

① 조합원 또는 위탁자별 개시시점 부과대상 주택의 가격.

② 조합원별 종료시점 부과대상 주택의 가격 추정액

③ 조합원별 관리처분계획상 청산금

재건축조합 또는 신탁업자는 조합원 또는 위탁자별 순이익을 모두 합산한 총액에서 조합원 또는 위탁자별 순이익이 차지하는 비율에 기초하여 조합원 또는 위탁자별 재건축부담금의 분담비율을 결정하여야 한다.

2. 재건축초과이익의 산정

(1) 재건축초과이익의 산정

재건축초과이익이란 재건축사업으로 인하여 정상주택가격상승분을 초과하여 재건축조합, 조합원, 위탁자에게 귀속되는 주택가액의 증가분을 말한다.

재건축초과이익 = 종료시점 주택가액 - (개시시점 주택가액 + 정상주택가격상승분 + 개발비용)

재건축초과이익은 종료시점 부과대상 주택의 가격 총액에서 다음의 모든 금액을 공제한 금액으로 한다.

① 개시시점 부과대상 주택의 가격 총액(개시시점 주택가액)

② 부과기간 동안의 개시시점 부과대상 주택의 정상주택가격상승분 총액

③ 개발비용 등

부과대상 주택 중 일반분양분의 종료시점 주택가액은 분양시점 분양가격의 총액과 종료시점까지 미분양된 일반분양분의 가액을 반영한 총액으로 한다.

(2) 개시시점 부과대상 주택의 가액

부과개시시점은 최초로 조합설립인가를 받은 날로 한다. 조합이 합병된 경우는 부과개시시점은 각각의 최초 조합설립인가일로 한다.

공공시행자가 사업시행자로 최초 지정 승인된 날(조합설립인가를 받지 아니한 경우 한정), 신탁업자가 사업시행자로 최초 지정 승인된 날(조합설립인가를 받지 아니한 경우 한정)을 부과개시시점으로 한다.

부과개시시점부터 부과종료시점까지의 기간이 10년을 초과하는 경우에는 부과종료시점부터 역산하여 10년이 되는 날을 부과개시시점으로 한다.

개시시점 주택가액은 '부동산 가격공시에 관한 법률' 에 따라 공시된 부과대상 주택가격총액에 공시기준일부터 개시시점까지의 정상주택가격상승분을 반영한 가액으로 한다. 공시된 주택가격이 없는 경우는 부과대상 주택가격은

국토교통부장관이 산정한 부과개시시점 현재의 주택가격으로 한다.

부대시설 또는 복리시설을 소유한 조합원이 종료시점 부과대상 주택을 공급받는 경우에는 부과대상 주택가격총액에 감정평가법인등이 평가·산정한 부대시설 및 복리시설의 가격 총액을 합산하여야 한다.

(3) 종료시점 부과대상 주택가액

부과종료시점은 당해 재건축사업의 준공인가일로 한다. 재건축사업의 일부가 준공인가 되거나 관계행정청의 인가 등을 받아 건축물의 사용을 개시한 경우 일부 준공인가일 또는 사용개시일을 부과종료시점으로 한다.

종료시점 주택가액은 조합원 주택가액, 일반분양분의 주택가액, 재건축소형주택 인수가격을 합산하여 산정한다.

조합원 종료시점 주택가액은 부동산가격조사 전문기관에 의뢰하여 종료시점 현재의 주택가격 총액을 조사·산정하고 이를 부동산가격공시위원회의 심의를 거쳐 결정한 가액으로 한다.

부과대상 주택 중 일반분양분의 종료시점 주택가액은 분양시점 분양가격의 총액과 종료시점까지 미분양된 일반분양분의 가액을 반영한 총액으로 한다.

도시정비법 제54조 제4항에 따라 건설된 재건축사업의 국민주택규모 주택과 관련 종료시점 주택가격은 국토교통부장관 등이 해당 재건축소형주택을 인수한 가격을 한다.

(4) 정상주택가격상승분의 산정

정상주택가격상승분은 개시시점 주택가액에 종료시점까지의 정기예금이자율과 해당 재건축 사업장이 소재하는 특별자치시·특별자치도·시·군·구의 평균주택가격상승률 중 높은 비율을 곱하여 산정한다.

정기예금이자율을 산정할 때 한국은행이 작성한 통계자료인 '예금은행 가중평균 수신금리' 중 '저축성 수신'의 '순수저축성예금' 중 '정기예검 6개월 ~ 1년 미만'의 연이율(%)을 적용하여 산정한다.

평균주택가격지수는 한국부동산원에서 매월 조사 발표하는 '시군구별 주택매매가격지수'를 말한다. 개시시점부터 종료시점까지의 평균주택가격상승률은 각 년도별 가격상승률을 산정하고 소수로 환산한 후 곱하여 산정한다.

(5) 개발비용의 산정

개발비용은 해당 재건축사업의 시행과 관련하여 지출된 다음의 금액을 합하여 산출한다.

① 공사비, 설계감리비, 부대비용 및 그 밖의 경비

② 관계법령의 규정 또는 인가 등의 조건에 의하여 납부의무자가 국가 또는 지방자치단체에 납부한 제세공과금

③ 관계법령의 규정 또는 인가 등의 조건에 의하여 납부의무자가 공공시설 또는 토지 등을 국가 또는 지방자치단체에 제공하거나 기부한 경우에는 그 가액. 다만, 그 대가로 국토계획법, 도시정비법에 따라 용적률 등이 완화된 경우에는 개발비용 산정시 제외된다.

④ 조합등(추진위원회 포함)의 운영과 관련된 경비

⑤ 국가, 지방자치단체, 한국토지주택공사 또는 지방공사가 도시정비법 제55조 제1항, 제66조 제3항전단 또는제101조의6 제2항에 따라 공급받는 주택

⑥ 국가 또는 지방자치단체가 국토계획법 제52조의2 제1항 제3호에 따라 제공받는 공공임대주택

개발비용은 납부의무자가 해당주택재건축사업의 시행과 관련하여 지출한 비용으로서 감사인의 회계감사를 받은 후 계약서, 금융 및 세금 납부 자료 등 그 증명서류를 갖추어 제시한 금액에 한한다.

납부의무자가 제시하는 금액 중 재건축이익환수법 제11조 제1항 제1호 · 제2호 및 제5호에서 정하는 개발비용을 합한 금액이 주택법 제57조 제6항 제2호부터 제7호까지의 규정에 따른 금액 등에 비추어 적정범위를 초과하는 경우 국토교통부장관은 외부 전문기관에 회계감사를 의뢰하는 등의 방법으로 해당 개발비용의 적정성을 확인하여야 하며, 그 적정성을 확인할 수 없는 비용은 해당개발비용에 계상하지 아니한다.

국토교통부장관은 개발비용의 적정성을 확인하기 전에 이에 관한 의견을

듣기 위하여 자문위원회를 구성 · 운영할 수 있다.

(6) 양도소득세의 개발비용 인정

부과개시시점 이후 개시시점 부과대상 주택(대지분 포함)의 양도로 인하여 발생한 소득에 대하여 양도소득세가 부과된 경우에는 당해 양도세액 중 부과개시시점부터 양도시점까지에 상당하는 세액을 개발비용에 계상할 수 있다. 이 경우 납부의무자는 부담금액공제산출내역서에 공제받고자 하는 양도소득세액 및 그 산출근거를 포함하여야 한다.

개발비용으로 계상되는 양도소득세액을 산정하는 경우에는 양도소득세를 일단위로 안분하여 산정한다.

3. 재건축부담금의 산정

(1) 재건축부담금의 예정액 통지

납부의무자는 사업시행인가 고시일로부터 3월 이내에 재건축부담금 산정에 필요한 자료를 국토교통부장관에게 제출하여야 한다. 다만, 사업시행인가 고시일로부터 3월 이내에 시공사가 선정되지 아니한 경우는 자료제출 기한을 시공사와의 계약 체결일로부터 1월 이내로 연장할 수 있다.

국토교통부장관은 납부의무자로부터 자료를 제출받은 날로부터 30일 이내에 납부의무자에게 재건축부담금의 부과기준 및 예정액을 통지하여야 한다.

(2) 부과율

재건축부담금은 재건축초과이익을 당해 조합원 수로 나눈 금액(조합원 1인당 평균 초과이익)에 부과율을 적용하여 계산한다.

재건축부담금 = (재건축초과이익 ÷ 조합원 수) × 부과율

재건축부담금 산정시 부과율은 다음과 같다.

조합원 1인당 평균이익	부과율
8천만원 이하	면제
8천만원 초과 - 1억 3천만원 이하	8천만원 초과 금액의 10% × 조합원수
1억 3천만원 초과 - 1억 8천만원 이하	500만원 × 조합원수 + 1억 3천만원 초과 금액의 20% × 조합원수
1억 8천만원 초과 - 2억 3천만원 이하	1,500만원 × 조합원수 + 1억 8천만원 초과 금액의 30% × 조합원수
2억 3천만원 초과 - 2억 8천만원 이하	3,000만원 × 조합원수 + 2억 3천만원 초과 금액의 40% × 조합원수
2억 8천만원 초과	5,000만원 × 조합원수 + 2억 8천만원 초과 금액의 50% × 조합원수

(3) 재건축부담금의 감경

조합원이 속한 세대의 구성원이 재건축사업의 대상이 되는 주택(재건축대상주택) 외의 다른 주택(주거용 오피스텔 포함)을 보유하지 아니한 경우로서 해당 조합원(1세대 1주택자)이 부과종료시점부터 역산하여 6년 이상 재건축대상주택을 보유한 경우에는 해당 조합원이 분담해야 하는 부담금액에 보유기간에 따른 비율을 곱한 금액에 해당하는 재건축부담금을 감경한다.

보유기간에 따른 비율은 다음과 같다.

① 보유기간이 6년 이상 7년 미만 : 100분의 10

② 보유기간이 7년 이상 8년 미만 : 100분의 20

③ 보유기간이 8년 이상 9년 미만 : 100분의 30

④ 보유기간이 9년 이상 10년 미만 : 100분의 40

⑤ 보유기간이 10년 이상 15년 미만 : 100분의 50

⑥ 보유기간이 15년 이상 20년 미만 : 100분의 60
⑦ 보유기간이 20년 이상 : 100분의 70

세대라 함은 조합원 및 그 배우자와 그들과 생계를 같이 하는 가족으로서 재건축이익환수법 시행령 제10조의2 제1항에서 정한 것을 말한다. 재건축대상 주택에는 부대시설 또는 복리시설을 포함한다.

재건축부담금의 감경대상 해당 조합원은 부과종료시점에 1세대 1주택자이어야 한다. 보유기간은 1세대 1주택자로서의 기간에 한정한다.

4. 재건축부담금의 부과, 징수 등

(1) 재건축부담금의 결정 및 부과

국토교통부장관은 부과종료시점(준공인가일 등)부터 5월 이내에 재건축부담금을 결정·부과하여야 한다. 재건축부담금을 감경하는 경우에는 부과종료시점부터 8개월 이내에 재건축부담금을 결정·부과할 수 있고, 납부의무자가 고지전 심사를 청구한 경우에는 그 결과의 서면통지일부터 1개월 이내에 재건축부담금을 결정·부과하여야 한다.

국토교통부장관은 미리 납부의무자에게 그 부과기준 및 재건축부담금을 통지하여야 한다.

재건축부담금을 통지받은 납무의무자는 부담금에 대하여 이의가 있는 경우 사전통지를 받은 날로부터 50일 이내에 국토교통부장관에게 심사(고지 전 심사)를 청구할 수 있다.

(2) 재건축부담금의 납부

재건축부담금의 납부의무자는 부과일부터 6월 이내에 재건축부담금을 납부하여야 한다.

재건축부담금은 현금에 의한 납부를 원칙으로 한다. 다만, 납부대행기관을 통하여 신용카드·직불카드 등(신용카드등)으로 납부하거나 해당 재건축사업으로 건설・공급되는 주택으로 납부(물납)할 수 있다.

(3) 재건축부담금의 납부유예

국토교통부장관은 조합원이 다음의 요건을 모두 충족하는 경우로서 해당 조합원이 분담하여야 할 재건축부담금의 납부유예를 신청하는 경우 이를 허가할 수 있다.

① 부과종료시점에 1세대 1주택자일 것

② 부과종료시점에 60세 이상일 것

재건축부담금의 납부유예를 신청하는 조합원은 그 유예할 재건축부담금에 상당하는 담보를 제공하여야 한다.

(4) 징수금의 배분

재건축부담금은 국가에 100분의 50이, 해당 특별시・광역시・도에 100분의 30이, 해당 특별자치시・특별자치도에 100분의 50이, 해당 시・군・구(자치구)에 100분의 20이 각각 귀속된다.

재건축부담금의 국가 귀속분은 주택도시기금의 재원으로 귀속된다. 재건축부담금의 지방자치단체 귀속분은 도시・주거환경정비기금, 재정비촉진특별회계 또는 국민주택사업특별회계의 재원으로 귀속된다.

국토교통부장관은 주택도시기금에 귀속되는 재원을 지방자치단체가 운용하는 도시・주거환경정비기금, 재정비촉진특별회계 또는 국민주택사업특별회계의 재원으로 특별시・광역시・특별자치시・도・특별자치도와 시・군・구에 각각 100분의 50을 지원하여야 한다.

Ⅷ. 관리처분계획과 청산금

1. 청산금의 의의 등

(1) 청산금의 의의

대지 또는 건축물을 분양받은 자가 종전에 소유하고 있던 토지 또는 건축물의 가격과 분양받은 대지 또는 건축물의 가격사이에 차이가 있는 경우에는 그 차액에 상당하는 금액을 청산금이라 한다(법 제89조 제1항). 사업시행자는 이전의 고시가 있은 후(분할징수 및 분할지급시 관리처분계획인가 이후)에 청산금을 분양받은 자로부터 징수하거나 분양받은 자에게 지급하여야 한다.

사업시행자는 종전재산가격과 분양재산가격간 차액을 조절하기 위해 청산금을 산정하고 이를 부과하는 행위를 청산금부과처분이라 하며, 이는 강제징수의 절차에 의해 이행이 강제된다(법 제90조). 그러므로 청산금부과처분은 전형적인 행정처분이며, 취소소송의 대상이 된다.[413]

(2) 관리처분계획과 청산금 부과처분

관리처분계획은 재개발사업에서 사업시행자가 작성하는 포괄적 행정계획으로서 사업시행의 결과 설치되는 대지를 포함한 각종 시설물의 권리귀속에 관한 사항과 그 비용 분담에 관한 사항을 정하는 행정처분이다. 청산금부과처분은 관리처분계획에서 정한 비용 분담에 관한 사항에 근거하여 대지 또는 건축시설의 수분양자에게 청산금납부의무를 발생시키는 구체적인 행정처분이다.

관리처분계획은 조합원에게 귀속되는 새로운 아파트의 가액과 그가 제공한 자산 등의 과부족분을 조절하는 청산금부과처분의 포괄적 기초가 된다. 청산금부과처분도 역시 관리처분계획에서 정한 바에 따라 집행되어야 하는 집행행위로 해석해야 하며, 관리처분계획의 인가를 통해 조합원의 청산금부담의무는 포괄적으로 확정되는 것이다.

---

413) 대법원 2007. 9. 6. 선고 2005두11951 판결

청산금부과처분은 선행처분인 관리처분계획을 전제로 하는 것이기는 하나 청산금부과처분과 관리처분계획은 각각 단계적으로 별개의 법률효과를 발생시키는 독립된 행정처분이라고 할 것이다. 만약 관리처분계획에 불가쟁력이 생겨 그 효력을 다툴 수 없게 된 경우에는 그 관리처분계획에 위법사유가 있다 할지라도 그것이 당연무효의 사유가 아닌 한 관리처분계획상의 하자를 이유로 후행처분인 청산금부과처분의 위법을 주장할 수는 없다.[414]

(3) 청산금청구와 행정소송법상 당사자소송

조합의 조합원에 대한 청산금청구는 사업시행자인 조합의 청산금 부과 처분에 의하여 형성된 법률관계에 기한 청구로서, 행정소송법 제3조 제2호에서 정한 당사자소송의 대상이다.[415] 따라서 조합은 조합원을 상대로 행정소송법상 당사자소송에 의해 청산금을 청구해야 하고, 민사소송에 의해 청산금을 청구해서는 아니된다.

만약 조합이 조합원을 상대로 민사소송에 의해 청산금청구소송을 제기한 경우 행정소송법상 당사자소송으로서도 그 권리보호의 이익이 없다는 등 소송요건을 결하고 있음이 명백하여 행정소송으로 제기되었더라도 어차피 부적법하게 되는 경우가 아닌 이상 법원은 조합이 제기한 민사소송을 행정법원에 이송하여야 한다.[416]

(4) 청산금의 평가방식

청산금의 산정기준은 면적평가방식과 가격평가방식이 있다. 면적평가방식은 종전토지의 면적에 감보율을 적용하여 산출하는 이른바 권리면적과 실제 분양대지의 면적을 비교하여 양 면적에 차이가 있으면 그 차이나는 면적을 청산금 산정의 기초로 삼는 방식이다. 가격평가방식은 종전의 토지 또는 건축물의 가격과 분양받은 대지 또는 건축물의 가격을 제 각각 산정하여 그 차액을 청산금액으로 하는 방식이다. 현행 도시정비법 제89조 및 도시정비법 시행령 제76

414) 대법원 2007. 9. 6. 선고 2005두11951 판결, 대법원 2008. 2. 14. 선고 2006다33470, 33487 판결

415) 대법원 2017. 4. 28. 선고 2013다1211 판결

416) 대법원 1997. 5. 30. 선고 95다28960 판결

조는 가격평가방식에 의하고 있다.[417]

종전에 소유하고 있던 토지 또는 건축물의 가격과 분양받은 대지 또는 건축물의 가격은 그 토지 또는 건축물의 규모·위치·용도·이용상황·정비사업비 등을 참작하여 평가하여야 한다(법 제89조 제3항).

2. 청산금의 산정

(1) 기존의 토지 또는 건축물(종전자산)의 가격 평가

대지 또는 건축물을 분양받은 자가 종전에 소유하고 있던 토지 또는 건축물의 가격은 다음의 구분에 따른 방법으로 평가한다(시행령 제76조 제1항).

① 관리처분계획의 방법으로 시행하는 주거환경개선사업과 재개발사업의 경우에는 도시정비법 제74조 제4항 제1호 가목[418]을 준용하여 평가할 것

② 재건축사업의 경우에는 사업시행자가 정하는 바에 따라 평가할 것. 다만, 감정평가법인등의 평가를 받으려는 경우에는 도시정비법 제74조 제4항 제1호 나목[419]을 준용할 수 있다.

재개발·재건축사업에 있어 조합원들의 종전자산은 2인 이상의 감정평가업자가 사업시행인가의 고시가 있은 날(사업시행인가 전에 철거된 건축물의 경우 시장·군수에게 허가 받은 날)을 기준으로 평가한 금액을 산술평균하여 산정한다.

(2) 분양받은 대지 또는 건축물(종후자산)의 가격평가

분양받은 대지 또는 건축물의 가격은 다음의 구분에 따른 방법으로 평가한다(시행령 제76조 제2항).

---

417) 대법원 2001. 3. 15. 선고 99두4594 전원합의체 판결, 대법원 1995. 6. 13. 선고 94누13626 판결, 대법원 1995. 4. 25. 선고 93누17850 전원합의체 판결

418) 주거환경개선사업 또는 재개발사업: 시장、군수등이 선정、계약한 2인 이상의 감정평가법인등

419) 재건축사업: 시장、군수등이 선정、계약한 1인 이상의 감정평가법인등과 조합총회의 의결로 선정、계약한 1인 이상의 감정평가법인등

① 관리처분계획의 방법으로 시행하는 주거환경개선사업과 재개발사업의 경우에는 도시정비법 제74조 제4항 제1호 가목을 준용하여 평가할 것
② 재건축사업의 경우에는 사업시행자가 정하는 바에 따라 평가할 것. 다만, 감정평가법인등의 평가를 받으려는 경우에는 도시정비법 제74조 제4항 제1호 나목을 준용할 수 있다.

건축물의 가격평가에 있어서는 층별・위치별 가중치를 참작할 수 있다.

재개발・재건축사업에 있어 조합원들의 종후자산은 2인 이상의 감정평가업자가 이전고시가 있은 날(분할징수 및 분할지급시 관리처분계획인가일)을 기준으로 평가한 금액을 산술평균하여 산정한다.

(3) 분양받은 대지 또는 건축물의 평가시 비용 가산 등

분양받은 대지 또는 건축물의 평가시 다음의 비용을 가산하여야 한다(시행령 제76조 제3항).

① 정비사업의 조사 · 측량 · 설계 및 감리에 소요된 비용
② 공사비
③ 정비사업의 관리에 소요된 등기비용 · 인건비 · 통신비 · 사무용품비 · 이자 그 밖에 필요한 경비
④ 도시정비법 제95조에 따른 융자금이 있는 경우에는 그 이자에 해당하는 금액
⑤ 정비기반시설 및 공동이용시설의 설치에 소요된 비용(법 제95조 제1항에 따라 시장 · 군수등이 부담한 비용은 제외한다)
⑥ 재건축진단의 실시, 정비사업전문관리업자의 선정, 회계감사, 감정평가, 그 밖에 정비사업 추진과 관련하여 지출한 비용으로서 정관등에서 정한 비용

분양받은 대지 또는 건축물의 평가시 도시정비법 제95조에 따른 보조금은 공제하여야 한다(시행령 제76조 제3항).

조합은 정비사업에 소요되는 일체의 비용을 부담하며(법 제92조 제1항), 조합은 정비사업비를 조달하기 위해 조합원에게 부과금을 징수할 수 있다(법 제93조 제1항). 또한 관리처분계획에 의해 정해지는 '정비사업비의 추산액 및

그에 따른 조합원의 부담규모 및 부담시기(법 제74조 제1항 제6호)' 는 조합원이 부담해야 할 비용과 청산금을 포함한다.

만약 조합원이 사업비용을 사전에 충분히 제공한 경우라면 청산금의 액수는 그만큼 줄게 되며, 그렇지 않다면 이전고시 이후에 부과되는 청산금 속에 사업비용이 포함된다. 조합원이 과연 어떤 시점에 이러한 의무를 부담할 것인가 하는 것은 관리처분계획에서 정해질 사항이며, 관리처분계획에서 그 부담시기와 부담액이 정해지면 청산금과 비용부과처분은 그 범위안에서 집행되어야 한다.

(4) 법령개정시 적용법률

행정처분은 원칙적으로 처분시의 법령에 근거하여 행해져야 하므로, 당해 행정작용이 행정처분에 해당하는지 여부도 특단의 사정이 없는 한 그 행정작용이 행하여질 당시 시행되던 법령에 따라 판단되어야 한다. 법령의 개정으로 행정처분의 기준이 변경된 경우에도 달리 특별한 정함이 없는 한 처분시의 개정법령에서 규정하고 있는 기준이 적용되어야 한다.[420]

(5) 청산금의 확정

청산금의 징수・지급(분할징수・분할징수 포함)은 총회의 의결사항이나(법 제45조 제1항 제11호), 대의원회가 대행할 수 있는 사항에 해당된다(시행령 제43조). 조합은 총회 또는 대의원회에서 이전고시 이후(분할징수 및 분할지급시 관리처분계획인가 이후) 청산금을 확정한다.

추가부담금의 성격이 정관상의 청산금 내지 사업경비이고, 정관상 대의원회의 결의사항으로 규정된 경우에는 총회의 5분의 4 이상의 동의가 없더라도 대의원회의 결의가 있으면 적법하다.[421]

(6) 관리처분계획의 종전자산평가금액과 청산금

재개발조합의 청산금 징수액 산정에 관한 제1차 관리처분계획에 대한 취소

---

420) 대법원 2001. 3. 15. 선고 99두4594 전원합의체 판결
421) 대법원 2005. 1. 28. 선고 2003다49207 판결

판결이 확정된 경우, 그 기판력은 그 후 종전권리가액에 대한 비례율을 달리하여 새로 청산금 징수액을 산정한 제2차 관리처분계획의 효력에 대한 판단에는 미치지 않는다.

그러나, 확정된 취소판결의 주문에서 제1차 관리처분계획 중 청산금 산정의 기준이 되는 특정 조합원의 종전권리가액 결정 부분을 별도로 취소하였다면 이 부분에 기판력이 생기므로, 그 후 소송에서 취소된 종전권리가액을 기초로 해당 조합원의 청산금 징수액을 산정하는 것은 기판력에 반한다.[422)]

3. 청산금의 부과처분

(1) 청산금의 납부고지(통지)

조합은 조합원에게 청산금을 지급하는 경우도 있고, 청산금의 지급을 청구하는 경우도 있다. 조합은 이전고시 이후(분할징수 및 분할지급시 관리처분계획인가 이후) 청산금을 확정한 후 조합원들에게 청산금의 납부 또는 지급을 통지하여야 한다.[423)]

(2) 청산금의 감액경정 등

정비사업의 조합이 당초 청산금 부과처분 중 일부가 위법함을 알고 이를 시정하기 위하여 청산금을 재산정하여 이미 납부한 금액과의 차액을 환불한다는 내용의 통지를 한 행위는 당초 부과처분 중 그 차액에 해당하는 부분을 취소·변경하는 감액경정처분이라 할 것이다.

이와 같이 청산금 부과처분이 감액경정된 경우 그 감액된 부분에 상응하는 이자 및 연체료 부분은 이를 취소하는 별도의 조치를 취하지 아니하고 나아가 이를 반환하지 아니하기로 하였다 하더라도 그 존립의 전제가 되는 청산금 부과처분이 취소된 이상 그 효력을 상실하였다고 봄이 상당하다.[424)]

---

422) 대법원 2008. 2. 14. 선고 2006다33470,33487 판결
423) 서울행정법원 2010. 5. 13. 선고 2009구합32956 판결
424) 대법원 2000. 4. 11. 선고 99다4238 판결

(3) 청산금 부과처분의 무효 여부

조합의 청산금부과처분에 법령 위반의 하자가 있는 경우 중 부과대상이 아니거나 납부의무 없는 자에 대한 부과처분과 같이 부과처분을 하지 않았어야 함에도 잘못 부과처분을 한 경우에는 그 하자가 중대하고도 명백하다고 할 수 있다. 그러나 단순히 청산금 산정방법이 잘못된 경우에는 그 하자가 중대하고도 명백하다고 할 수 없다.[425)]

4. 청산금의 징수방법 등

(1) 분할징수 및 지급

사업시행자는 '이전의 고시가 있은 후'에 청산금을 분양받은 자로부터 징수하거나 분양받은 자에게 지급하여야 한다(법 제89조 제1항 본문).

정관등에서 분할징수 및 분할지급에 대하여 정하고 있거나 총회의 의결을 거쳐 따로 정한 경우에는 사업시행자는 관리처분계획인가후부터 이전의 고시일까지 일정기간별로 분할징수하거나 분할지급할 수 있다(법 제89조 제2항).

(2) 청산금의 징수 위탁

청산금을 납부할 자가 이를 납부하지 아니하는 경우에는 시장・군수인 사업시행자는 지방세체납처분의 예에 의하여 이를 징수(분할징수 포함)할 수 있으며, 시장・군수가 아닌 사업시행자는 시장・군수에게 청산금의 징수를 위탁할 수 있다(법 제90조 제1항).

시장·군수는 청산금의 부과·징수를 위탁받은 경우에는 지방세체납처분의 예에 의하여 이를 부과·징수할 수 있다. 이 경우 사업시행자는 징수한 금액의 100분의 4에 해당하는 금액을 당해 시장·군수에게 교부하여야 한다(법 제90조 제1항, 제93조 제5항).

도시정비법이 청산금 및 부과금(청산금 등)의 징수 방법에 관하여 지방세

425) 대법원 2008. 2. 14. 선고 2006다33470, 33487 판결

체납처분의 예에 의한 징수 위탁을 할 수 있도록 하는 간이하고 경제적인 특별구제절차를 마련해 두고 있는 이상, 그 징수는 원칙적으로 그 절차에 의하여야 한다.[426]

다만 시장·군수가 징수 위탁에 응하지 아니하는 등의 특별한 사정이 있을 경우에는 시장·군수가 아닌 사업시행자가 직접 공법상 당사자소송의 방법으로 토지 등 소유자를 상대로 청산금 등의 지급을 청구할 수 있다.[427]

(3) 청산금의 공탁 및 소멸시효

청산금을 지급받을 자가 이를 받을 수 없거나 거부한 때에는 사업시행자는 그 청산금을 공탁할 수 있다(법 제90조 제2항).

청산금을 지급(분할지급 포함)받을 권리 또는 이를 징수할 권리는 이전의 고시일 다음 날부터 5년간 이를 행사하지 아니하면 소멸한다(법 제90조 제3항).

청산금 부과처분이 감액경정된 경우 그 존립의 전제가 되는 청산금 부과처분이 취소되어 효력을 상실하였다할 것이어서, 과오납된 청산금이나 그 이자 및 연체료의 부당이득반환청구권에는 도시정비법 제90조 제3항에서 정한 5년의 소멸시효기간이 적용되지 아니하고, 일부 취소에 해당하는 감액경정시부터 진행한다.[428]

(4) 청산금 지급과 양도소득세

도시정비법에 의하여 설립된 재개발조합으로부터 재개발사업구역 내의 부동산에 대한 대가로서 청산금을 지급 받은 경우, 그 부동산이 체비지 또는 보류지로 충당되는 경우로서 자산의 유상양도에 해당하므로 양도소득세 부과대상이 된다.[429]

---

426) 대법원 2014. 9. 4. 선고 2014다203588 판결
427) 대법원 2014. 9. 4. 선고 2014다203588 판결, 대법원 2017. 4. 28. 선고 2016두39498 판결, 대법원 2017. 4. 28. 선고 2013다1211 판결, 대법원 2017. 5. 17. 선고 2016두40580 판결
428) 대법원 2000. 4. 11. 선고 99다4238 판결
429) 대법원 2001. 4. 10. 선고 99두7791 판결

5. 저당권의 물상대위

정비사업을 시행하는 지역안에 있는 토지 또는 건축물에 저당권을 설정한 권리자는 저당권이 설정된 토지 또는 건축물의 소유자가 지급받을 청산금에 대하여 청산금을 지급하기 전에 압류절차를 거쳐 저당권을 행사할 수 있다(법 제91조).

물상대위권의 행사시점은 청산금 지급전에 압류하여야 한다. 물상대위권자로서의 권리행사의 방법과 시한을 위와 같이 제한하는 취지는 물상대위의 목적인 채권의 특정성을 유지하여 그 효력을 보전하고 평등배당을 기대한 다른 일반 채권자의 신뢰를 보호하는 등 제3자에게 불측의 손해를 입히지 아니함과 동시에 집행절차의 안정과 신속을 꾀하고자 함에 있다.[430)]

저당권자의 물상대위권 행사로서의 압류는 그 명령이 제3채무자에게 송달됨으로써 효력이 생기며, '특정성의 유지'나 '제3자의 보호'는 물상대위권자의 압류명령이 효력을 발생함으로써 비로소 달성될 수 있는 것이다. 그러나, 배당요구의 종기가 지난 후에 물상대위에 기한 채권압류명령이 제3채무자에게 송달되었을 경우에는, 물상대위권자는 배당절차에서 우선변제를 받을 수 없다.[431)]

---

430) 대법원 2003. 3. 28. 선고 2002다13539 판결
431) 대법원 2003. 3. 28. 선고 2002다13539 판결

제6편 소유권 확보방안

제1절 재건축조합과 매도청구

I. 매도청구권의 의의

1. 매도청구권의 법적성격 등[1)]

매도청구권이란 재건축조합이 재건축사업을 시행함에 있어 조합 설립에 동의를 하지 아니한 자, 건축물 또는 토지만 소유한 자의 토지 또는 건축물에 대하여 매도청구할 수 있는 권리를 말한다.

매도청구권의 목적물은 재건축에 참가하지 않은 자의 구분소유권 및 대지사용권이고, 매도청구권의 성질은 형성권이다. 따라서 매도청구권행사의 의사표시가 상대방에게 도달한 때에 상대방의 승낙을 기다리지 않고 곧바로 목적물에 관하여 시가에 의한 매매계약이 성립된다.[2)] 다만 소유권은 이전등기를 경료한 때에 이전된다.

도시정비법 제64조에서 정한 매도청구권은 재건축사업의 원활한 진행을 위하여 재건축 불참자의 의사에 반하여 그 재산권을 박탈할 수 있도록 특별히 규정한 것으로서, 그 실질이 헌법 제23조 제3항의 공용수용과 같다.[3)]

재건축조합의 매도청구권 행사가 헌법에 위반되는지에 관한 다툼이 있었으나, 헌법재판소는 합헌으로 결정하였다.[4)]

재건축조합과 조합 설립에 동의하지 않은 자 사이의 매도청구를 둘러싼 법률관계는 사법상의 법률관계로서 그 매도청구권 행사에 따른 소유권이전등기의무의 존부를 다투는 소송은 민사소송에 의하여야 한다.[5)] 매도청구소송은 공

---

1) 재건축조합의 매도청구권 행사는 도시정비법 제64조에 의거하여 서술하였고, 집합건물의 소유 및 관리에 관한 법률에 의한 매도청구권은 5판을 참고하기 바람.
2) 대법원 2000. 6. 27. 선고 2000다11621 판결
3) 대법원 2008. 7. 10. 선고 2008다12453 판결
4) 헌법재판소 2010. 12. 28.자 2008헌마571결정

법상 당사자소송에 해당하지 않는다.

2. 정비구역확대와 매도청구권 행사

(1) 한 필지의 일부만 재건축정비구역에 포함된 경우

재건축정비구역을 지정함에 있어 단독주택지의 하나의 필지의 일부 또는 건축물의 일부만이 포함되는 경우가 있고, 재건축조합은 미동의자를 상대로 정비구역에 포함된 하나의 필지중 일부 또는 일부 건축물만을 매도청구하는 사례가 있다.

① 토지보상법에서 잔여지 매수청구·수용청구권을 인정하고 있는데 재건축사업에는 그와 같은 제도가 마련되어 있지 않고 ② 재개발사업과 달리 토지소유자의 자발적 참여를 중시하는 성격이 강한 재건축사업의 경우에까지 수용권을 부여하는 것은 주택재건축사업의 목적과 성격에 부합하지 않으므로[6] 재건축사업에서 토지보상법의 잔여지 매수청구·수용청구권을 유추적용 할 수도 없으며 ③ 정비구역에 포함되지 않는 부분에 대하여 매도를 강제하는 것은 사유재산권을 제약할 우려가 있으므로 명문의 규정을 근거로 해야 할 것이라고 하여, 정비구역에 포함된 부분 외의 잔여지에까지 매도청구권을 행사할 수 없다. 한편, 잔여지·잔여건물에 대한 정당한 보상 없이 정비구역에 포함된 부분(특정 필지의 일부)만을 대상으로 매도청구권을 행사하는 것 또한 불가하다.[7]

(2) 사업구역의 확대와 조합설립변경동의

조합을 설립할 때 정비구역에 '주택단지가 아닌 지역'이 포함되어 있을 경우에는 주택단지에 대하여 도시정비법 제35조 제3항에 의한 동의를 얻는 것과 별도로 주택단지가 아닌 지역에 대하여도 도시정비법 제35조 제4항에 의한

---

5) 대법원 2010. 4. 8. 선고 2009다93923 판결
6) 헌법재판소 2014. 1. 28.자 2011헌바363 결정
7) 서울고등법원 2014. 12. 17. 선고 2013나51003 판결, 서울동부지방법원 2013. 7. 12. 선고 2011가합8636 판결

동의를 얻어야 한다.[8)]

정비구역 면적이 10% 이상 확대되는 경우 조합 총회에서의 조하원 3분의 2 이상의 찬성 의결뿐만 아니라 도시정비법 제35조 제3항 및 제4항에 따른 토지등소유자의 조합설립 동의율을 충족하여야 한다. 정비구역 면적이 10% 미만 확대되는 경우에도 도시정비법 제35조 제3항 및 제4항에 따른 토지등소유자의 조합설립 동의율을 충족하여야 한다.[9)]

정비구역 면적의 10% 미만 확대가 정비구역 또는 정비계획의 변경에 따라 이루어지는 경우 이는 경미한 사항의 변경에 해당하므로(시행령 제31조 제8호), 달리 특별한 사정이 없는 이상 '기존의 조합설립에 동의' 한 조합원들에 대하여는 새로이 동의를 받을 필요가 없다. 즉 종전 사업구역에 대한 동의는 변경된 사업구역에 대한 동의로도 유효하다.[10)]

재건축사업구역내 토지등소유자가 조합설립인가 이후에 조합원으로 가입한 경우 위 '추가 동의 내역' 도 조합설립변경인가의 법정 동의율 충족 여부를 판단할 때 반영하여야 한다. 또한 사업구역 변경 시의 동의의 효력에 관한 법리는 그 추가 동의의 효력을 판단할 때도 그대로 적용된다.[11)]

(3) 조합설립변경인가와 매도청구권 행사[12)]

한 필지가 일부만 재건축구역에 포함되어 있어 매도청구권 행사가 불가한 경우 재건축조합은 정비구역 변경절차를 통해 위 한 필지 전체를 재건축구역으로 편입시켜야 한다.

재건축조합이 새로 사업시행구역 안에 포함된 토지에 관하여 매도청구권을 행사하기 위해서는 ① 도시정비법 제35조 제3항, 제4항에 의한 동의권자의 동의와 조합설립변경인가를 받아야 하고,[13)] ② 사업구역 확대에 관한 사업시행

8) 대법원 2012. 10. 25. 선고 2010두25107 판결, 대법원 2014. 8. 20. 선고 2012두5572 판결

9) 법제처 2025. 1. 23. 회신 안건 24-0998

10) 대법원 2014. 8. 20. 선고 2012두5572 판결

11) 대법원 2014. 5. 29. 선고 2011다46128 판결, 대법원 2014. 5. 29. 선고 2011두25876 판결, 대법원 2014. 8. 20. 선고 2012두5572 판결

12) 대법원 2014. 5. 29. 선고 2011다46128 판결, 서울고등법원 2011. 4. 22. 선고 2010다40682 판결

13) 대법원 2011. 5. 13. 선고 2009다54843 판결 : 이 사건 토지가 2006. 1. 16. 정비구

변경인가를 받은 때 비로소 매도청구를 할 수 있다.

3. 새로운 조합설립변경인가와 매도청구

조합이 새로 조합설립인가처분을 받는 것과 동일한 요건(도시정비법 제35조 제3항 제4항에 따른 새로운 동의서의 징구)과 절차(정관, 임원, 대의원에 대한 총회 결의)로 조합설립변경인가처분을 받은 경우, 그 조합설립변경인가처분은 새로운 조합설립인가처분으로서의 효력을 가진다.[14]

새로운 동의서의 징구와 관련 협의취득에 의하여 소유권을 상실하였던 토지 등 소유자는 새로운 조합설립변경인가처분을 위한 동의의 대상에서 제외되고,[15] 만약 법령의 개정으로 인하여 조합설립인가 당시의 동의율이 완화된 경우 새로이 징구하는 조합설립(변경)동의서의 동의율은 개정된 법령에 따른 동의율을 충족하면 될 것이다.[16]

조합은 조합설립변경인가의 신청 전에 총회를 새로 개최하여 조합정관의 확정・조합임원의 선임 등에 관한 결의를 하는 등의 절차적 요건을 구비하여야 한다. 다만 이 경우 새로 개최된 총회의 의사결정은 종전의 조합설립인가의 신청 전에 이루어진 창립총회의 결의를 추인하는 결의를 하거나 총회의 진행 경과 등에 비추어 그러한 추인의 취지가 포함된 것으로 볼 수 있다.[17]

조합은 위 조합설립변경인가처분의 효력에 의하여 정비사업을 계속 진행할 수 있는바,[18] 매도청구권 행사기간이 경과되었다 하더라도 조합은 미동의자들을 상대로 위 조합설립변경인가처분 및 사업시행변경인가에 의거 매도청구소

역에 포함되었고, 재건축조합이 2006. 6. 16. 이 사건 토지 소유자에 대한 매도청구소송을 제기하였으며, 재건축조합이 2006. 6. 27. 확대된 사업시행구역에 관한 조합설립변경인가를 득한 사안에서 조합설립변경인가를 득하기 이전 재건축조합의 이 사건 토지 소유자에 대한 매도청구권 행사는 적법하지 않다고 판시하였다.

14) 대법원 2016. 12. 15. 선고 2015두51309 판결
15) 대법원 2014. 5. 29. 선고 2013두18773 판결
16) 서울고등법원 2010. 4. 16. 선고 2009나34124 판결
17) 대법원 2014. 5. 29. 선고 2013두18773 판결
18) 대법원 2014. 5. 29. 선고 2011다46128 판결, 대법원 2014. 5. 29. 선고 2011두25876 판결, 대법원 2014. 8. 20. 선고 2012두5572 판결

송을 제기할 수 있다.

4. 도시정비법 제64조 제4항과 제73조 제2항의 관계

도시정비법 제64조 제4항에 따른 매도청구는 ① 원활한 사업 추진을 위한 토지등소유권의 조기 확보를 목적으로, ② 사업미동의자등의 사업 추진에 대한 미동의 의사가 확인된 후, 곧바로 ③ 사업미동의자등을 대상으로 권리의 매도를 청구할 수 있도록 한 것이다.[19]

도시정비법 제73조 제2항에 따른 매도청구소송은 ① 분양 미신청 등으로 분양청구권 행사가 불가능한 조합원과 조합의 법률관계를 조속히 종료시키려는 취지에서, ② 사업시행계획의 인가·고시 이후, ③ 조합원 즉, 사업에 참여하는 자 중에서 분양신청을 하지 아니하는 등의 사유로 조합탈퇴자에 준하는 신분을 갖게 된 자를 대상으로 제기하도록 한 것이다.[20]

위와 같이 도시정비법 64조 제4항에 따른 매도청구와 같은 법 제73조 제2항에 따른 매도청구소송은 그 목적과 시기, 대상이 다른 별개의 제도이다.

재건축조합은 '토지등소유자'에게 분양신청을 통지하여야 하고, 토지등소유자인 미동의자도 분양신청기간내 분양신청을 할 수 있는바, 미동의자가 분양신청을 하지 않았다면 '분양신청을 하지 아니한 자'에 위 미동의자도 포함된다 할 것이므로, 재건축조합은 미동의자를 상대로 도시정비법 제73조 제2항에 따른 매도청구소송을 제기할 수 있다는 견해가 있을 수 있다.

그러나, ① 도시정비법 제73조 제2항에 따른 매도청구소송은 사업에 참여하는 자(조합원) 중에서 분양신청을 하지 않은 자를 대상으로 한 것이고, 처음부터 조합원이 아니었던 자(미동의자)는 제외된다할 것이며, ② 도시정비법 제73조 제2항에 따른 매도청구소송의 대상에 미동의자를 포함할 경우 도시정비법 제64조 제4항에 의한 매도청구는 사실상 사문화 될 수 있다. 따라서 재건축조합은 미동의자를 상대로 도시정비법 제64조 제4항에 의한 매도청구를 할 수

19) 헌법재판소 2022. 5. 26. 선고 2020헌바544 결정
20) 대법원 2010. 8. 19. 선고 2009다81203 판결

있을 뿐 같은 법 제73조 제2항에 따른 매도청구소송을 제기할 수 없다.

5. 주택단지내 최초 분양자 명의 공유토지

사회통념상 건물은 그 부지를 떠나서는 존재할 수 없는 것이므로 건물의 부지가 된 토지는 그 건물의 소유자가 점유하는 것으로 볼 것이고, 이 경우 건물의 소유자가 현실적으로 건물이나 그 부지를 점거하고 있지 아니하고 있더라도 그 건물의 소유를 위하여 그 부지를 점유한다.21)

한편, 미등기건물을 양수하여 건물에 관한 사실상의 처분권을 보유하게 됨으로써 그 양수인이 건물부지 역시 아울러 점유하고 있다고 볼 수 있는 등의 다른 특별한 사정이 없는 한 건물의 소유명의자가 아닌 자로서는 실제로 그 건물을 점유하고 있다고 하더라도 그 건물의 부지를 점유하는 자로는 볼 수 없다.22)

건물 공유자 중 일부만이 당해 건물을 점유하고 있는 경우라도 그 건물의 부지는 건물 소유를 위하여 공유명의자 전원이 공동으로 이를 점유하고 있는 것으로 볼 것이다.

건물 공유자들이 건물부지의 공동점유로 인하여 건물부지에 대한 소유권을 시효취득하는 경우라면 그 취득시효 완성을 원인으로 한 소유권이전등기청구권은 당해 건물의 공유지분비율과 같은 비율로 건물 공유자들에게 귀속될 것이다.23)

주택단지내 최초 분양자 명의의 공유토지가 있는 경우 위 법리에 따라 구분소유자들 또는 신탁등기를 경료한 재건축조합은 최초 분양자를 상대로 취득시효 완성을 원인을 한 소유권이전등기청구권을 행사할 수 있을 것이다.

---

21) 대법원 1998. 5. 8. 선고 98다2389 판결, 대법원 2033. 11. 13. 선고 2002다57935 판결, 대법원 2014. 9. 4. 선고 2012다7670 판결

22) 대법원 1993. 10. 26. 선고 93다2483 판결

23) 대법원 1996. 12. 20. 선고 96다34559 판결, 대법원 2003. 11. 13. 선고 2002다57935 판결, 대법원 2017. 1. 25. 선고 2012다72469 판결

Ⅱ. 촉 구

1. 촉구의 상대방

(1) 촉구의 상대방

'재건축조합'은 조합설립에 동의하지 아니한 자를 상대로 조합설립 동의 여부를 촉구하여야 한다. '신탁업자'는 사업시행자 지정에 동의하지 아니한 자를 상대로 사업시행자의 지정에 관한 동의 여부를 촉구하여야 한다.

동의자인지 여부는 국토교통부령으로 정하는 조합설립동의서의 제출여부에 의해 판단하여야 한다(시행령 제31조 제1항). 토지등소유자가 임의로 동의서를 작성하여 제출하였다면 동의자에 포함되지 않는다.

재건축조합은 등기부등본상 소유자를 상대로 촉구하여야 한다. 소유권을 양도하였으나 아직 양도에 따른 이전등기가 경료되지 아니한 경우에는 등기부상의 소유명의자가 촉구의 상대방이 된다.[24]

건축물 및 그 부속토지가 공유인 경우 공유자 전원이 찬성하지 않으면 일부 공유자가 찬성하였다 하더라도 공유자 전원에 대해 재건축동의가 없는 것으로 본다.[25] 따라서 재건축사업의 사업시행자는 공유자 전원(동의자 포함)을 상대로 촉구하여야 한다.

소유권을 취득한 자라면 선행의 가압류나 가처분 또는 저당권이나 전세권 같은 권리제한상태에서 취득하더라도 촉구의 상대방이 되는데 제한이 없다.

(2) 토지 또는 건축물만 소유한 자

재건축정비구역내 건축물 및 그 부속토지를 모두 소유한 자만이 재건축조합의 조합원으로 가입할 수 있는바, 재건축정비구역내 토지 또는 건축물만 소유한 자에 대한 촉구는 '매도에 관한 의사확인 및 협의요청'의 의미를 가질

---

24) 대법원 2000. 6. 23. 선고 99다63084 판결, 대법원 2010. 12. 23. 선고 2010다73215 판결

25) 서울고등법원 1996. 7. 24. 선고 95나32534호 판결

뿐 매도청구권 행사를 위한 촉구에 해당하지 않는다.

재건축조합은 토지 또는 건축물만 소유한 자에게 촉구를 하지 않더라도 도시정비법 제64조 제4항에 의거 매도청구권을 행사할 수 있다.

'주택단지내' 토지만 소유한 자에 대해 최고(촉구)없이 매도청구권을 행사할 수 있으나, '주택단지가 아닌 지역내' 토지 또는 건축물만을 소유한 자에 대해 매도청구권을 행사하기 위해 최고(촉구)절차가 필요하다는 견해가 있다.[26)]

매도청구권 행사를 위해 최고가 필요할 경우 재건축조합은 '조합설립에 동의한' 토지 또는 건축물만 소유한 자에 대해서도 최고를 하여야 한다.

2. 촉구 기간 및 방식

(1) 촉구 기간

촉구 기간은 사업시행계획인가의 고시가 있은 날부터 30일 이내이다. 상대방이 있는 의사표시는 그 통지가 상대방에 도달한 때로부터 그 효력이 생기는 바(민법 제111조), 원칙적으로 촉구서는 위 촉구기간에 도달하여야 한다.

사업시행계획인가의 고시는 최초의 것을 의미하고, 이후의 사업시행계획(변경)인가는 포함되지 않는다.

촉구기간 만료일을 기준으로 촉구의무의 준수 여부를 판단한다면 미동의자들은 의도적으로 촉구서가 송달될 수 없는 상황을 연출할 수도 있다. 미동의자가 여러 명인 경우가 많고, 사업시행자의 귀책사유 없이 일부 미동의자에 대한 송달이 지연되는 경우에도 사업시행자가 촉구기간 미준수로 인한 매도청구권을 행사할 수 없다면 이는 불합리하다고 사료된다.

따라서 촉구의무의 준수여부는 재건축조합이 사업시행계획인가 고시일로부터 30일 이내 미동의자의 등기부등본상 주소 또는 실제 주소로 촉구서를 발송하였는지를 기준으로 하여야 한다.

---

26) 서울고등법원 2021. 8. 26. 선고 2020나2044788, 2021나2013224 판결

(2) 촉구기간내 촉구의무 불이행

촉구기간은 미동의자들의 정당한 법적 이익을 보호하고, 재건축을 둘러싼 법률관계를 조속히 확정하기 위한 것으로서 제척기간(법정기간, 불변기간)에 해당하는바, 만약 사업시행자가 촉구기간 만료일까지 미동의자들에게 촉구서를 발송하지 않았다면 사업시행자는 미동의자들에게 촉구 및 매도청구권을 행사할 수 없다는 견해가 있을 수 있다.

이에 반해 사업시행자가 촉구기간내 촉구의무 미준수를 이유로 매도청구권을 행사할 수 없다면 사업시행자는 사업시행인가를 무효로 한 후 새로운 사업시행인가를 득하여야 하는바, 이는 무용한 절차의 반복 및 무용한 비용의 추가 지출을 가져오게 된다. 따라서 촉구기간은 제척기간(법정기간, 불변기간)에 해당하지 않고, 사업시행자는 촉구기간 만료일 이후에라도 미동의자에 대한 촉구 및 매도청구권을 행사할 수 있다는 견해가 있을 수 있다.

(3) 촉구의 방식

촉구는 반드시 서면으로 하여야 하고, 촉구서에는 ① 조합설립 동의 내용, ② 촉구를 받은 날부터 2개월 이내 회답할 수 있다는 내용이 포함되어야 한다. 실무상 입증의 편의성으로 인해 '배달증명부 내용증명우편'에 의하는 것이 일반적이다.

촉구의 횟수는 제한이 없으며, 한번 보내든 여러 번 보내든 상관이 없다. 다만 수차례의 촉구가 있는 경우에는 매도청구권의 행사 개시시점은 최초의 촉구를 수령한 날부터 기산되므로, 주의하여야 한다.

(4) 공시송달

재건축조합이 과실없이 상대방을 알지 못하거나 상대방의 소재를 알지 못하는 경우에는 의사표시는 민사소송법 공시송달의 규정에 의하여 송달할 수 있다(민법 제113조). 민사소송법 제194조 내지 제196조는 공시송달의 요건 및 효력에 관하여 규정하고 있다.

(5) 소장에 의한 촉구서

재건축조합이 촉구기간내 여러 명의 미동의자들에게 촉구서를 발송하였으나, 일부 미동의자들이 촉구서를 송달받지 못할 수 있다. 재건축조합은 촉구서를 송달받지 못한 미동의자를 상대로 소유권이전등기절차의 이행을 구하는 소송를 제기하면서 소장 부본에 촉구서의 내용을 포함하거나 촉구서를 증거로 첨부할 수 있다.

이 경우 재건축조합이 촉구서를 첨부한 소장 부본의 송달로써 상대방에게 매도청구권에 관한 촉구를 한 것이고, 이는 상대방이 회답기간내에 조합설립에 동의하지 않음을 정지조건으로, 회답기간 만료 다음날 매도청구권을 행사한 것으로 볼 수 있다.[27]

3. 촉구에 대한 회답 등

회답기간은 촉구서를 받은 날부터 2개월 이내이다. 미동의자는 회답기간내 조합설립에 관한 동의여부 또는 사업시행자의 지정에 관한 동의 여부를 회답하여야 한다(법 제64조 제2항).

미동의자가 회답기간내 아무런 회답을 하지 않을 경우 그 토지등소유자는 조합설립 또는 사업시행자의 지정에 동의하지 아니하겠다는 뜻을 회답한 것으로 본다(법 제64조 제3항).

미동의자가 동의의 의사를 표시할 경우 도시정비법 시행규칙 별표 서식 제2호 '신탁업자 지정 동의서' 또는 서식 제6호 '조합설립 동의서(재건축사업)'를 제출하여야 하고, 이로써 조합원이 된다.

27) 대법원 2010. 7. 15. 선고 2009다63380 판결

Ⅲ. 매도청구권 행사

1. 매도청구의 상대방

(1) 매도청구의 상대방

매도청구의 상대방은 ① 조합설립 또는 사업시행자의 지정에 동의하지 아니한 토지등소유자(건축물 및 그 부속토지를 모두 소유한 자), ② 건축물 또는 토지만 소유한 자이다.

승계인은 등기부를 기준으로 판단하며, 매매예약 가등기의 경우에는 본등기를 경료하기 전까지는 소제기 당시의 등기부상 소유명의자가 피고이다.

'토지 또는 건축물만 소유한 자'는 재건축조합의 조합원 자격이 없으므로,[28] 재건축조합은 토지 또는 건축물만 소유한 자를 상대로 촉구 없이 매도청구권을 행사할 수 있다.[29] '조합설립에 동의'한 토지 또는 건축물만 소유한 자도 매도청구소송의 대상이 된다.

임차인이나 전세권자 같은 강학상 '설정적 승계인'은 매도청구권 행사의 상대방에 포함되지 않는다.

(2) 분양신청기간 만료전 조합설립동의자

매도청구소송중 미동의자가 재건축조합에게 분양신청기간 만료 이전 조합설립동의서를 제출한 경우 재건축조합의 위 동의자에 대한 매도청구는 인정되지 않는다.[30]

매도청구소송이 확정되었으나 조합으로 소유권이전등기절차가 완료되지 않은 경우 미동의자는 분양신청기간 만료 이전 조합설립동의서를 제출함으로써 조합원 지위를 취득할 수 있는바,[31] 위 동의자에 대한 매도청구는 인정되지

28) 대법원 2013. 11. 14. 선고 2011두5759 판결, 대법원 2012. 10. 25. 선고 2010두25107 판결
29) 대법원 2009. 3. 26. 선고 2008다21549 판결
30) 대법원 2022. 8. 11. 선고 2022다237234 판결, 부산고등법원 2022. 4. 21. 선고 2020나50259 판결

않는다.

2. 소유권이 변동된 경우

(1) 상속 등으로 소유권이 변동된 경우

소유권 변동원인이 상속, 포괄유증, 회사합변 등 포괄승계 사유인 경우 전 소유자가 재건축조합으로부터 촉구서를 송달받은 후 제3자가 해당 부동산을 포괄승계 받았다면 재건축조합은 포괄승계인(제3자)에 대한 별도의 촉구없이 매도청구권을 행사할 수 있다.

(2) 부동산처분금지가처분등기가 있는 경우

재건축조합은 미동의자의 부동산 소유권이전, 임차권 설정 등을 금지하기 위해 법원에 부동산처분금지가처분을 신청하고, 법원의 결정에 의해 가처분등기가 부동산등기부등본에 기재된다.

가처분등기가 경료된 이후 미동의자가 당해 부동산을 제3자에게 매매, 양도한 경우 재건축조합은 미동의자를 상대로 한 매도청구소송에서 승소 및 확정을 받은 후 소유권이전등기 신청시 가처분등기 이후의 제3자 명의 등기를 말소할 수 있다.

(3) 부동산처분금지가처분등기가 없는 경우

소유권 변동원인이 매매, 교환 등 특정승계 사유인 경우 재건축 조합의 전 소유자에 대한 촉구가 특정승계인에게 승계된다고 볼 수 없는바,[32] 매도청구소송중 매매 등으로 소유권이 변동된 경우 재건축조합은 특정승계인인 제3자로 하여금 민사소송법 제82조 제1항에 의거 매도청구소송을 인수하도록 신청할 권한이 없다.[33]

31) 대법원 2023. 6. 1. 선고 2022다232369 판결,
32) 대법원 2019. 2. 28. 선고 2016다255613 판결 : 도시정비법 제129조의 '정비사업과 관련하여 권리를 갖는 자'는 조합원을 의미하는 것이므로, 특정승계인은 포함되지 않음.

처분금지가처분등기가 없는 부동산의 소유권 변동시점이 분양신청기간 만료일 이전이라면 재건축조합은 특정승계인인 제3자를 상대로 촉구 및 매도청구권을 행사하여야 한다. 이 경우 촉구 개시시점은 사업시행계획인가 고시일이 아니라 재건축조합이 소유권 변동사실을 객관적으로 안 날을 기준으로 하여야 한다.

가처분등기가 없는 부동산의 소유권 변동시점이 분양신청 기간 만료일 이후라면 재건축조합은 특정승계인인 제3자에게 촉구절차 없이 매도청구를 할 수 있다.[34] 이 경우 매도청구의 개시시점은 회답기간 만료일이 아니라 재건축조합이 소유권 변동사실을 객관적으로 안 날을 기준으로 하여야 한다.[35]

3. 매도청구권의 행사기간

(1) 매도청구권의 행사기간

매도청구권 행사기간은 회답기간(촉구서 받은 날부터 2개월)이 만료된 때부터 2개월이다(법 제64조 제4항).

매도청구권의 행사기간의 제한은 ① 매도청구권이 형성권으로서 매매계약의 성립을 강제한다는 점과 ② 매수시기와 관련한 상대방의 정당한 법적 이익의 보호 및 ③ 재건축 법률관계의 조속한 확정이라는 취지이다.

매도청구권의 행사기간에 관한 규정은 강행규정에 해당하고, 위 행사기간은 제척기간(법정기간, 불변기간)으로서, 그 기간내에 매도청구권을 행사하지 않으면 매도청구권은 소멸한다.[36]

재건축조합이 미동의자에게 수차례 걸쳐 조합설립 동의 여부를 촉구한 경우 회답기간은 '적법한 촉구로 볼 수 있는 통지일(최초 촉구서 송달일)'을 기준으로 산정하여야 한다.[37]

---

33) 대법원 2019. 2. 28. 선고 2016다255613 판결
34) 대법원 2019. 2. 28. 선고 2016다255613 판결
35) 유사취지 서울고등법원 2019. 9. 25. 선고 2018나2061759 판결
36) 대법원 2008. 2. 29. 선고 2006다56572 판결, 대법원 2000. 6. 27. 선고 2000다11621 판결, 대법원 2002. 9. 24. 선고 2000다22812

(2) 소장에 의해 매도청구권을 행사하는 경우

매도청구의 행사방법에는 아무런 제한이 없으나, 실무상 입증의 편의성으로 인해 '배달증명부 내용증명우편'에 의하는 것이 일반적이다. 매도청구는 재판상 뿐만 아니라 재판외에서도 행사할 수 있다.

재건축조합이 소송 제기의 방법으로 매도청구권을 행사하는 경우 행사기간 준수 여부는 법원에 매도청구의 의사표시를 현출한 '소장 접수시점을 기준'으로 판단하여야 한다.[38]

재건축조합이 회답기간 만료일 이전에 미동의자에게 매도청구권을 행사한 경우 재건축조합의 의사표시에는 '회답기간이 경과할 때까지 미동의자로부터 조합 설립의 동의가 없는 경우 확정적으로 매도청구권이 발생하게 되는 것을 정지조건으로 하여 매도청구권을 행사한다.'는 취지도 포함되어 있다. 이 경우 피고(미동의자)들에 대한 각 소장부본 송달일 이후 회답기간 경과일 다음날에 매매계약이 성립된다.[39]

실무상 재건축조합이 미동의자들에게 소장부본으로 조합설립 동의 여부를 촉구하면서 위 소장부본 송달일로부터 2개월 이내 아무런 회신을 하지 않을 조건(정지조건 또는 해지조건)으로 미동의자들에게 매도청구권을 행사하고 있다. 이 경우 매매계약 의제일은 소장 송달일로부터 2개월이 경과한 다음날이다.[40]

---

37) 대법원 2000. 6. 27. 선고 2000다11621 판결, 대법원 2002. 9. 24. 선고 2000다22812 판결).
38) 대법원 2003. 5. 27. 선고 2002다14532, 14549 판결, 서울고등법원 2009. 12. 23. 선고 2009나13936 판결, 인천지방법원 부천지원 2005. 2. 4. 선고 2002가합785 판결 동일 취지).
39) 서울남부지방법원 2008. 1. 31. 선고 2006가합8246 판결, 부산지방법원 2003. 11. 27. 선고 2003가합5354 판결 등
40) 대법원 2010. 7. 15. 선고 2009다63380 판결, 서울서부지방법원 2011. 6. 9. 선고 2008가합5677 판결, 서울중앙지방법원 2006. 8. 25. 선고 2005가합56068 판결

Ⅳ. 매매계약의 성립

1. 매도청구권 행사의 효과

(1) 매매계약 체결의 의제

매도청구권은 형성권으로서 매매계약 성립이 의제된다. 매매계약이 성립되는 시점은 매도청구의 의사표시가 도달한 날이 되고, 재판상 매도청구권을 행사할 경우에는 매도청구 의사표시가 포함된 소장 또는 준비서면 부본의 송달일이 매매계약일이 된다.41)

회답기간 만료일이 경과되기 이전에 재건축조합이 미동의자에게 미리 소장부본으로 매도청구권을 행사한 경우 매매계약 성립시점은 소장송달 후에 도래한 '회답기간 경과일 다음날'이다.42)

재건축조합이 미동의자에게 소장부본으로 조합설립 동의 여부를 촉구하고, 조건부로 매도청구권을 행사한 경우 매매계약 성립시점은 '소장부본 송달일로부터 2개월이 경과한 다음날'이다.

(2) 재단법인의 정관변경의 효력

재단법인의 기본재산에 대하여 도시정비법 제64조에 의하여 매도청구를 하는 경우에도 위 기본재산을 취득하기 위해서는 재단법인의 정관변경이 별도로 필요하다. 재단법인이 스스로 그 기본재산을 처분하는 내용으로 정관변경을 하지 않는 이상 매도청구를 한 사람이 재단법인의 기본재산을 취득할 수 없게 되어 매도청구 대상자의 의사에 반하여 그 재산권을 박탈하도록 한 매도청구권의 본질에 반하게 된다.

따라서 재단법인의 기본재산에 대하여 도시정비법 제64조의 매도청구가 있는 경우에는 그 기본재산에 대한 매매계약의 성립뿐만 아니라 기본재산의 변

---

41) 대법원 2009. 3. 26. 선고 2008다21549, 21556, 21563 판결

42) 부산지방법원 2003. 11. 27. 선고 2003가합5354 판결, 서울남부지방법원 2008. 1. 31. 선고 2006가합8246 판결 동일취지).

경을 내용으로 하는 재단법인의 정관의 변경까지 강제된다.[43)]

사립학교법에 따라 설립된 사립유치원도 매도청구권 행사의 대상이다.[44)]

(3) 구역확장에 따른 조합설립변경사유와 종전 매도청구권의 효력

재건축조합이 미동의자들에게 매도청구권을 행사한 이후 정비구역과 정비계획도 변경됨으로서 위 조합이 새로운 정비구역내 토지등소유자 전체를 상대로 새로이 조합설립동의를 받아 조합설립변경인가를 받아야 하는 사정변경이 생겼다 하더라도, 재건축조합이 미동의자들에 대한 매도청구권 행사로 인한 매매계약의 의제에 관한 효력에는 아무런 영향이 없다.[45)]

(4) 관리처분인가고시와 사용수익권

미동의자의 소유권이전등기·인도의무와 재건축조합의 매매대금지급의무는 동시이행관계에 있다.[46)]

재건축조합이 미동의자를 상대로 도시정비법 제64조에서 정한 매도청구권을 행사할 경우 재건축조합과 미동의자 사이에 종전의 토지에 관한 매매계약이 의제된다.

민법상 매매계약의 법리에 따라 미동의자는 재건축조합에게 종전의 토지를 인도한 날 또는 재건축조합 명의로 종전의 토지에 관한 소유권이전등기가 마친 날 중 더 이른 시점에 종전의 토지에 대한 사용수익권을 상실한다.[47)]

따라서 관리처분인가가 고시된 이후에도 미동의자는 재건축조합으로부터 매매대금을 지급받기 전까지 해당 토지 또는 건축물을 사용수익할 수 있다.

---

43) 대법원 2008. 7. 10. 선고 2008다12453 판결, 서울북부지방법원 2010. 8. 9. 선고 2009가합9915 판결, 인천지방법원 2018. 10. 2 선고 2018가합51507 판결 등
44) 광주고등법원 (전주) 2018. 5. 31. 선고 2017나12566 판결
45) 서울고등법원 2010. 10. 14. 선고 2009나17006 판결
46) 대법원 2009. 1. 15. 선고 2008다40991 판결
47) 대법원 2010. 6. 24. 선고 2010도985 판결

2. 매매매대금의 확정

(1) 법원의 감정에 관한 심사

매도청구권 행사시의 시가에 대하여는 그 산정기준 및 산정방법에 대하여 실무적으로 원·피고간의 합의 내지 법원의 시가감정에 의하여 확정하고 있다. 법원이 어떤 사항을 판단하기 위하여 특별한 지식과 경험을 필요로 하는 경우 감정은 법원이 어떤 사항을 판단하기 위한 보조수단이다.

법원의 매도청구소송에서 자유심증주의하에서 증거가치에 대한 판단은 논리와 경험칙에 반하지 아니하는 한 사실심법원의 전권에 속하는 사항이다.[48] 또한 감정인의 감정 결과는 그 감정방법 등이 경험칙에 반하거나 합리성이 없는 등의 현저한 잘못이 없는 한 이를 존중하여야 한다.[49]

보상금의 증감에 관한 소송에서 동일한 사실에 관하여 상반되는 여러 개의 감정평가가 있고, 그 중 어느 하나의 감정평가가 오류가 있음을 인정할 자료가 없는 이상 법원이 ① 각 감정평가 중 어느 하나를 채용하거나 ② 하나의 감정평가 중 일부만에 의거하여 사실을 인정하였다 하더라도 그것이 논리나 경험의 법칙에 반하지 않는 한 위법하다고 할 수 없다.[50]

손실보상금 산정을 위한 감정평가 중 어느 한 가지 점이라도 위법사유가 있으면 그것으로써 그 감정평가결과는 위법하게 되나, 감정평가가 위법하다고 하여도 법원은 그 감정내용 중 위법하지 않은 부분을 추출하여 판결에서 참작할 수 있다(직권 보정방식).[51] 법원의 직권 보정방식은 객관성과 합리성을 갖추고 논리나 경험의 법칙에 반하지 않는 범위 내에서만 허용된다.

감정평가에 위법이 있다면 법원으로서는 적법한 감정평가방법에 따른 재감정을 명하거나 감정인에게 사실조회를 하여 보는 등의 방법으로 석명권을 행

---

48) 대법원 2001. 8. 24. 선고 2001다33048 판결 참조

49) 대법원 2007. 2. 22. 선고 2004다70420, 70437 판결, 대법원 2009. 7. 9. 선고 2006다67602 판결, 대법원 2012. 11. 29. 선고 2010다93790 판결

50) 대법원 1988. 1. 19. 선고 86다카2626 판결, 대법원 1995. 9. 5. 선고 94누14919 판결, 대법원 2008. 2. 28. 선고 2005다11954 판결, 대법원 2010. 5. 27. 선고 2010다6659 판결, 대법원 2014. 12. 11. 선고 2012두1570 판결

51) 대법원 1999. 8. 24. 선고 99두4754 판결, 대법원 2014. 12. 11. 선고 2012두1570 판결

사하여 충분한 심리를 거치는 것이 타당하다.[52]

매도청구소송에 있어서 법원은 반드시 시가감정에 의하여 매매금액을 평가하여야 하는 것은 아니고 적절한 방법으로 매매금액을 평가할 수 있다.[53]

(2) 개발이익의 포함된 시가

매매대금은 매도청구권이 행사된 당시의 토지나 건물의 객관적 거래가격인바, 재건축사업이 시행된다는 것을 전제로 하여 토지나 건축물을 평가한 가격, 즉 재건축으로 인하여 발생할 것으로 예상되는 개발이익이 포함된 가격을 말한다.[54] 노후되어 철거될 상태를 전제로 하거나 재건축사업이 시행되지 않은 현재의 현황을 전제로 한 거래가격이 아니다.

재건축사업구역내 부동산을 거래하는 경우 매매자들은 해당 건축물이 재건축될 것임을 충분히 예견할 수 있고, 위 부동산에 관한 매매가격은 이미 재건축후의 예상가치에서 재건축비용을 공제한 개발이익까지 포함되었다고 볼 수 있다.[55]

일반적으로 부동산중개업소를 통하여 형성된 재건축아파트의 실제거래가격은 개발이익이 반영되어 형성된다. 감정인이 감정시 고려한 사항, 감정방법, 거래사례의 수립사례, 수집된 실제사례에 나타난 평형별 거래가와 감정대상 부동산의 감정가가 비슷하다면 해당 감정결과는 해당 부동산에 관한 객관적 거래가격으로서 개발이익을 충분히 고려한 것으로 볼 수 있다.[56]

(3) 멸실 건물, 일괄평가, 도로에 관한 평가

감정대상 아파트가 이미 멸실된 경우 멸실된 아파트에 대한 감정절차를 진행한다해도 정확한 시가를 알기 어려우므로, 해당 아파트와 같은 동, 평형, 방향이 유사한 다른 아파트의 감정가액을 고려하여 멸실된 아파트의 시가를 산정할 수 있을 것이다.[57]

---

52) 대법원 2014. 12. 11. 선고 2012두1570 판결

53) 대법원 2008. 10. 9. 선고 2008다37780 판결, 대법원 2010. 12. 23. 선고 2010다73215 판결, 대법원 2012. 5. 10. 선고 2010다47469 판결

54) 대법원 1996. 1. 23. 선고 95다38172 판결

55) 대법원 2008. 2. 1. 선고 2006다32217 판결

56) 대법원 2005. 6. 24. 선고 2003다55455 판결

갑 아파트 재건축조합의 매도청구권 행사에 따라 감정인이 갑 아파트 단지 내 상가에 있는 을 교회 소유 부동산들에 관한 매매대금을 산정하면서 위 부동산들을 일괄하여 감정평가한 사안에서, 을 교회가 위 부동산들을 교회의 부속시설로 이용하고 있다는 등의 사정만으로 위 부동산들이 일체로 거래되거나 용도상 불가분의 관계에 있다고 단정하기 어려우므로, 위 부동산들을 일괄평가하여서는 아니된다.[58]

재건축사업구역내 도로의 평가금액은 인근 대지의 시가와 기본적으로 동일하게 평가하되, 개별요인 등을 고려해야 한다는 견해가 있었으나,[59] 최근 대법원은 재건축사업에 있어서 현황이 도로인 토지에 대해 도로로 평가하여야 하고, 이와 달리 공동주택 부지의 일부가 된다고 보아 재건축사업이 시행될 것을 전제로 인근 대지 시가와 동일하게 평가하여서는 안된다고 판시하였다.[60]

3. 권리제한등기가 있는 경우(동시이행항변)

(1) 권리제한등기에 의한 동시이행항변

미동의자의 소유권이전등기·인도의무와 재건축조합의 매매대금지급의무는 동시이행관계에 있다.[61]

부동산에 권리제한등기가 있는 경우 공평의 원칙상 토지 등 소유자는 권리제한등기가 없는 상태로 토지 등의 소유권을 사업시행자에게 이전할 의무를 부담하고, 이러한 권리제한등기 없는 소유권 이전의무와 사업시행자의 매매대

57) 서울행정법원 2013. 3. 21. 선고 2012구합11461 판결
58) 대법원 2020. 12. 10. 선고 2020다226490 판결
59) 대법원 2019. 11. 28. 선고 2019다235566 판결, 대법원 2014. 12. 11. 선고 2014다41698 판결, 대법원 2009. 3. 26. 선고 2008다21549 판결
60) 대법원 2022. 7. 14. 선고 2020다238349 판결
61) 대법원 2008. 10. 9. 선고 2008다37780 판결, 대법원 2009. 9. 10. 선고 2009다32850, 32867 판결, 대법원 2009. 1. 15. 선고 2008다40991 판결, 대법원 2010. 8. 19. 2009다81203 판결, 대법원 2011. 7. 28. 선고 2008다91364 판결, 대법원 2000. 11. 28. 선고 2000다8533 판결

금 지급의무는 동시이행관계에 있는 것이 원칙이다.[62] 실무상 소유권이전청구권 가등기가 말소된 상태와 매매대금을 동시이행으로 하는 주문례도 있다.[63]

근저당권 등기 또는 가압류등기가 되어 있는 경우 재건축조합은 미동의자에 대한 매매대금을 지급함에 있어 근저당권 채권최고액 또는 가압류의 피보전채권액에 상당한 매매대금의 지급을 거절할 수 있다.[64] 토지 등 소유자가 토지 등에 관한 소유권이전등기 및 인도를 마쳤으나 근저당권설정등기를 말소하지 아니한 경우(재건축조합 명의로 신탁등기가 완료된 경우)에도 재건축조합은 근저당권의 채권최고액 상당 금액의 지급을 거절할 수 있다.[65]

근저당권설정등기가 경료된 경우 지급을 거절할 수 있는 매매대금은 원칙적으로 근저당권의 채권최고액이다. 다만, 매수인이 근저당권의 피담보채무액을 확인하여 이를 알고 있는 경우와 같은 특별한 사정이 있는 경우에는 확인된 피담보채무액에 한정된다.[66]

사업시행자는 토지 등 소유자에게 청산금 중에서 권리제한등기를 말소하는데 필요한 금액을 공제한 나머지 금액을 먼저 지급할 수 있는바, 사업시행자가 토지등소유자에게 위 나머지 금액을 먼저 지급하면 토지등소유자는 동시이행항변권을 행사할 수 없다.[67]

저당부동산의 취득자는 근저당권의 피담보채무액을 대위변제한 후 상대방에

---

62) 대법원 2000. 11. 28. 선고 2000다8533 판결, 대법원 2008. 10. 9. 선고 2008다37780 판결, 대법원 2009. 9. 10. 선고 2009다32850, 32867 판결

63) 서울행정법원 2015. 7. 10. 선고 2014구합51371 판결 주문례 : 피고는 원고로부터 별지 부동산 목록 제1항 기재 부동산에 관하여 서울서부지방법원 등기과 2007. 0. 00. 제0000호로 접수된 매매예약에 의한 소유권이전청구권 가등기가 말소된 상태로 소유권이전등기절차의 이행 및 위 부동산의 인도를 받음과 동시에 원고에게 1억원을 지급하라.
피고는 원고로부터 1,469,766원을 지급받음과 동시에 원고에게 별지 부동산 목록 기재 각 부동산에 관하여 서울동부지방법원 2016. 0. 00. 접수 제0000호로 마친 각 근저당권설정등기를 말소한 상태로 2017. 0. 00. 매매를 원인으로 한 각 소유권이전등기절차를 이행하고, 위 각 부동산을 인도하라.

64) 대법원 1999. 6. 11. 선고 99다11045 판결, 대법원 2009. 1. 15. 선고 2008다40991 판결

65) 대법원 1988. 9. 27. 선고 87다카1029 판결, 대법원 2009. 1. 15. 선고 2008다40991 판결, 대법원 2015. 11. 19. 선고 2012다114776 전원합의체 판결

66) 대법원 1996. 5. 10. 선고 96다6554 판결, 대법원 2015. 11. 19. 선고 2012다114776 전원합의체 판결

67) 대법원 2008. 10. 9. 선고 2008다37780 판결

대한 구상금채권으로 상계할 수 있다.

(2) 근저당권 채권최고액이 매매대금을 초과하는 경우

피담보채무액이 매매대금을 초과하는 경우에는 재건축조합은 매매대금 전액에 대한 이행거절권을 행사함으로써 매매대금을 전혀 지급하지 아니한 채로 소유권이전등기를 경료받을 수 있다.

채권최고액이 매매대금을 초과할 경우 본래 근저당권을 실행하더라도 매매대금을 초과하는 금액은 본래 그 부동산에 의하여 담보될 가능성이 없다. 재건축조합은 미동의자의 부동산에 관한 소유권이전등기를 경료받음에 있어 매매대금의 범위내에서 채무를 인수하였다고 보아야 할 것이다. 따라서 재건축조합은 채무를 인수하였다는 등의 특별한 사정이 없는 한 근저당권자에게 매매대금 상당액을 지급하고 근저당권 설정등기의 말소를 구할 수 있다는 견해가 있다.

그러나, 근저당권자는 채권최고액을 변제받을 때까지 근저당권의 말소의무를 부담하지 않으므로, 재건축조합은 근저당권자에게 매매대금 상당액만 지급하고 근저당권 설정등기의 말소를 구하기 어려울 것이다.

실무상 재건축조합이 직접 경매절차에서 매수하는 방법을 통하여 해당 부동산을 취득하기도 한다.

4. 임차보증금의 거절항변

(1) 대항력 있는 임차인의 점유부분

주택임대차보호법 제3조, 상가건물 임대차보호법 제3조에서 정한 대항요건을 갖춘 임대차의 목적이 된 임대주택의 양수인은 임대인의 지위를 승계한 것으로 본다고 규정하고 있는바, 이는 법률상의 당연승계 규정으로 보아야 한다. 임대주택이 양도된 경우에 그 양수인은 주택의 소유권과 결합하여 임대인의 임대차 계약상의 권리·의무 일체를 그대로 승계하며, 그 결과 양수인이 임대차보증금반환채무를 면책적으로 인수하고, 양도인은 임대차관계에서 탈퇴

하여 임차인에 대한 임대차보증금반환채무를 면하게 된다.[68]

재건축조합의 미동의자에 대한 건물인도청구 중 '대항력 있는 임차인이 점유하고 있는 부분'에 관하여는 인용되지 않는다.[69]

매매대상 부동산에 주택임대차보호법 또는 상가임대차보호법에 따른 대항력이 있는 임차인이 있어 매수인이 임대인의 지위를 승계하게 되고 이로써 임대차보증금반환채무 또한 승계하게 되는 경우 매수인은 임대차보증금 상당액에 관하여 매매대금의 지급을 거절할 수 있다.[70]

(2) 대항력 없는 임차인 점유 부분

도시정비법상 정비사업의 시행으로 인하여 지상권·전세권 또는 임차권의 설정목적을 달성할 수 없는 때에는 그 권리자는 계약을 해지할 수 있고(법 제70조 제1항), 계약을 해지할 수 있는 자가 가지는 전세금·보증금 그 밖의 계약상의 금전의 반환청구권은 사업시행자에게 이를 행사할 수 있으며(법 제70조 제2항), 이에 따른 금전의 반환청구권의 행사에 따라 당해 금전을 지급한 사업시행자는 당해 토지등소유자에게 이를 구상할 수 있다(법 제70조 제3항).

매매목적물에 대하여 권리를 주장하는 자가 있는 경우 매수인이 매수한 권리의 전부나 일부를 잃을 염려가 있는 때에는 매수인은 그 위험의 한도에서 대금의 전부나 일부의 지급을 거절할 수 있다(민법 제588조).

임차권자가 토지등소유자에 대하여 보증금반환채권을 가지는 경우 임차권자는 사업시행자인 재건축조합에게 도시정비법 제70조 제2항에 의거 보증금 등의 반환을 청구할 수 있는바,[71] 재건축조합은 토지등소유자에게 매매대금에서 대항력이 없는 임차인의 임차보증금의 지급을 거절할 수 있다.

불법점유를 이유로 한 건물명도청구에 있어서는 현실적으로 불법점유하고 있는 사람을 상대로 하여야 한다.

그러나 임대차계약이 체결된 토지 또는 건축물의 경우 재건축조합은 미동의

---

68) 대법원 1987. 3. 10. 선고 86다카1114 판결, 대법원 2004. 4. 16. 선고 2003다58010 판결, 대법원 2013. 1. 17. 선고 2011다49523 전원합의체 판결

69) 대법원 2014. 9. 4. 선고 2014다17848 판결, 서울고등법원 2016. 7. 15. 선고 2015나4940 판결

70) 서울행정법원 2015. 9. 17. 선고 2014구합51364(본소), 2014구합66205(반소) 판결

71) 대법원 2014. 7. 24. 선고 2012다62561 판결

자가 간접점유 하고 있는 건물부분(임차인 점유부분)의 인도를 구할 수 있다.[72]

5. 영업보상 등

(1) 영업보상의 포함 여부

재개발사업에 있어 토지보상금의 산정은 개발이익을 배제한 수용 당시의 공시지가에 의하는 것과 달리 재건축사업에 있어 매도청구권 행사로 인한 매매대금 산정은 재건축으로 인하여 발생한 것으로 예상되는 개발이익이 포함되는 바, 이는 재건축사업의 토지등소유자로 하여금 임차권자 등에 대한 보상을 임대차계약 등에 따라 스스로 해결하게 할 것을 전제로 한 것이다. 또한 재건축사업에 대하여 도시정비법 제81조 제1항 제2호나 토지보상법 규정이 유추적용되지 않는다. 된다고 보기도 어렵다.[73] 따라서 재건축조합은 미동의자들에 대한 매도청구권 행사시 토지보상법상 영업보상을 할 의무를 부담하지 않는다.

(2) 매매대금과 부가가치세

미동의자 소유 부동산 중 건물과 같이 신축 건물이 아닌 건물을 매도하는 것이 부가가치세의 과세대상이 되는 경우가 그리 많다고 볼 수 없다. 부가가치세의 과세대상이 되는 경우에도 매수인이 부가가치세를 부담하는 일반적인 거래 관행이 확립되어 있다고 보기 어렵다. 뿐만 아니라 미동의자 소유 부동산 중 건물의 객관적 거래가격이 감정평가액에 부가가치세 10%를 더한 금액으로 형성된다고 보기는 어렵다. 따라서 별도의 약정이 없는 한 재건축조합은 미동의자에게 부가가치세를 지급할 의무를 부담하지 않는다.[74]

72) 대법원 1983. 5. 10. 선고 81다187 판결

73) 대법원 2014. 7. 24. 선고 2012다62561 판결

74) 헌법재판소 2014. 3. 27.자 2012헌가21 결정, 서울북부지방법원 2010. 8. 13. 선고 2010가합4596 판결, 수원지방법원 안양지원 2014. 12. 12. 선고 2010가합3594(본소), 2011가합7678(반소), 2012가합1752(반소) 판결, 서울고등법원 2016. 7. 15. 선고 2015나4940 판결

(3) 전기통신설비 이전비 보상

관리처분계획의 인가·고시가 이루어짐으로써 기간통신사업자의 통신시설의 이전 등이 필요하게 된 경우 통신시설이전의 원인을 제공한 재건축조합이 전기통신사업법 제80조 제3항에 따라 비용을 부담할 의무가 있다.[75)]

조합의 전기통신설비 이전비용 지급의무와 전기통신사업자의 소유권이전등기절차이행 및 인도의무는 동일한 원인으로 발생한 대립당사자간의 대가적 관계에 있는 채무에 해당한다.

전기통신사업자가 건물을 임차하여 전기통신설비를 설치한 경우 조합의 전기통신설비 이전비 지급의무와 전기통신사업자의 전기통신설비 철거의무는 그 발생의 기초가 동일한 동시이행관계에 있다.

---

75) 서울고등법원 2016. 11. 18. 선고 2015나20751(본소), 2015나20768(반소), 대구지방법원 2019. 11. 21. 자 2019카합10210 결정

V. 이행의 제공과 계약해제 등

1. 매도인의 이행의 제공과 계약해제

(1) 동시이행관계

쌍무계약에서 쌍방의 채무가 동시이행관계에 있는 경우 일방의 채무의 이행기가 도래하더라도 상대방 채무의 이행제공이 있을 때까지는 그 채무를 이행하지 않아도 이행지체의 책임을 지지 않는다.[76] 이와 같은 효과는 이행지체의 책임이 없다고 주장하는 자가 반드시 동시이행의 항변권을 행사하여야만 발생하는 것은 아니다.[77]

부동산의 매매계약이 체결된 경우에는 매도인의 소유권이전등기의무, 인도의무와 매수인의 잔대금지급의무는 동시이행의 관계에 있는 것이 원칙이다.[78]

부동산매매계약에서 매도인의 소유권이전등기절차 이행채무와 매수인의 매매잔대금 지급채무가 동시이행관계에 있는 한 쌍방이 이행을 제공하지 않는 상태에서는 이행지체로 되는 일이 없을 것이다.

(2) 이행의 제공의 해석

동시이행의 관계에 있는 쌍무계약에 있어서 상대방의 채무불이행을 이유로 계약을 해제하려고 하는 자는 동시이행관계에 있는 자기 채무의 이행을 제공하여야 한다.

쌍무계약에 있어서 당사자의 채무에 관하여 이행의 제공을 엄격하게 요구하면 불성실한 상대당사자에게 구실을 주게 될 수도 있으므로 당사자가 하여야 할 제공의 정도는 그의 시기와 구체적인 상황에 따라 신의성실의 원칙에 어긋나지 않게 합리적으로 정하여야 하는 것이다.[79]

---

76) 대법원 1992. 7. 24. 선고 91다38723, 38730 판결, 1997. 8. 22. 선고 96다40851, 40868 판결, 대법원 1998. 3. 13. 선고 97다54604, 54611 판결

77) 대법원 1997. 8. 22. 선고 96다40851, 40868 판결

78) 대법원 2000. 11. 28. 선고 2000다8533 판결, 대법원 2009. 1. 15. 선고 2008다40991 판결

(3) 매도인의 이행의 제공

일방이 그 채무를 이행함에 있어 상대방의 행위를 필요로 할 때에는 언제든지 현실로 이행을 할 수 있는 준비를 완료하고 그 뜻을 상대방에게 통지하여 그 수령을 최고하여야만 상대방으로 하여금 이행지체에 빠지게 할 수 있는 것이며 단순히 이행의 준비태세를 갖추고 있는 것만으로는 안 된다.[80]

매도인이 매수인을 이행지체로 되게 하기 위하여는 소유권이전등기에 필요한 서류 등을 현실적으로 제공하거나 그렇지 않더라도 이행장소에 그 서류 등을 준비하여 두고 매수인에게 그 뜻을 통지하고 수령하여 갈 것을 최고하면 된다.[81]

따라서 특별한 사정이 없으면 매도인이 이행장소로 정한 법무사 사무실에 그 서류 등을 계속 보관시키면서 언제든지 잔대금과 상환으로 그 서류들을 수령할 수 있음을 통지하고 신의칙상 요구되는 상당한 시간 간격을 두고 거듭 수령을 최고하면 이행의 제공을 다한 것이 되고 그러한 상태가 계속된 기간 동안은 매수인이 이행지체로 된다.[82]

(4) 적법한 이행의 제공이 아니라고 판시한 사례

미동의자가 부동산소유권이전등기에 필요한 서류를 구비하는 등 이행의 제공을 하였음에도 불구하고 재건축조합이 매매대금의 지급 준비 및 소유권이전등기를 마치기 위하여 필요한 노력을 하지 않은 경우 미동의자가 위 부동산에 관한 자신의 소유권이전등기의무 및 인도의무와 관련하여 합리적인 범위 내에서 신의칙에 따라 요구되는 이행제공을 마쳤다고 볼 여지가 많다.[83]

민법 제460조 및 제461조 규정의 취지에 비추어 이행의 제공은 채무의 내용

---

79) 대법원 1995. 12. 22. 선고 95다40397 판결
80) 대법원 1970. 4. 14. 선고 69다1223, 1224 판결, 대법원 1987. 1. 20. 선고 85다카2197 판결, 대법원 2008. 4. 24. 선고 2008다3053,3060 판결
81) 대법원 1993. 12. 28. 선고 93다777 판결, 대법원 1996. 7. 30. 선고 96다17738 판결, 대법원 2013. 7. 11. 선고 2012다83827 판결
82) 대법원 2001. 5. 8. 선고 2001다6053, 6060, 6077 판결, 대법원 2013. 7. 11. 선고 2012다83827 판결
83) 대법원 2021. 10. 28. 선고 2020다278354, 278361 판결

에 쫓은 적법한 이행의 제공을 의미한다.

매도청구소송에서 각 부동산의 매매대금인 시가에 대하여 재건축조합과 미동의자 사이에 다툼이 있고, 미동의자가 소유권이전등기에 필요한 인감증명 등 제반서류를 맡겨둠으로 이행의 제공을 하였다고 주장하나, 위 이행의 제공은 미동의자들의 주장하는 시가 상당액에서 공제금을 공제한 나머지 금액을 재건축조합이 지급하는 것과 동시이행관계 있음을 전제로 한 것으로 보인다.

따라서 법원이 인정하는 매매대금을 초과하는 금원을 재건축조합이 지급하는 것과 동시이행관계에 있음을 전제로 한 미동의자들의 소유권이전등기에 관한 이행의 제공은 적법한 이행의 제공으로 볼 수 없다.[84)]

(5) 매도인의 계약해제

구 주택법(2012. 1. 26. 법률 제11243호로 개정되기 전의 것) 제18조의2에서 규정하고 있는 매도청구권의 행사에 따라 매매계약이 성립된 경우에 일방 당사자가 위 매매계약에 기하여 부담하는 채무를 이행하지 아니하는 때에는 상대방은 그 채무불이행을 이유로 계약의 해제에 관한 일반법리에 좇아 위 매매계약을 해제할 수 있다. 이는 매도청구권자가 매도인을 상대로 매도청구권의 행사에 기한 매매계약상의 의무에 관하여 이행청구소송을 제기하여 확정판결을 받았으나 그 후 자신이 위 매매계약상의 의무를 이행하지 아니하는 경우에도 다를 바 없다.[85)]

재건축조합의 매도청구권 행사에 따른 매매계약의 의제와 계약해지 여부에 관하여 하급심 판결에서도 매도인의 이행제공 및 계약해제 최고에 따른 계약해제를 인정한 사례가 있다.[86)]

84) 수원지방법원 안양지원 2014. 12. 12. 선고 2010가합3594 판결, 서울고등법원 2016. 7. 15. 선고 2015나4940 판결
85) 대법원 2013. 3. 26. 자 2012마1940 결정
86) 창원지방법원 2013. 8. 22. 선고 2013가단10348 판결

2. 민법 제587조에 의한 이자지급의무

매도인이 매수인에게 부동산에 관한 소유권이전등기의무를 이행하거나 이행의 제공을 하지 않았을 경우 매수인은 매도인으로부터 부동산에 관한 소유권이전등기를 넘겨받기까지는 매매대금 잔액의 지급을 거절할 정당한 사유가 있다. 따라서 비록 매수인이 부동산을 미리 인도받았다 하더라도 민법 587조에 따른 이자를 지급할 의무는 없다.[87)]

특정물의 매매에 있어서 그 목적물이 매수인에게 인도되지 아니하였으면 매수인이 대금지급을 지체하여도 매도인은 매수인에게 동인도가 이루어지기 이전의 기간 동안의 목적물의 관리보존비의 상환이나 매매대금의 이자상당액의 손해배상청구를 할 수 없다.[88)]

이전고시 이전에 재건축조합은 토지등소유자(현금청산 대상자)에 대하여 근저당권설정등기 내지 가압류등기의 말소의무와 동시이행으로만 청산금을 지급할 의무를 부담한다. 근저당권자로서는 현금청산 대상자가 취득한 청산금의 제한범위 내에서 물상대위권을 행사할 수 있을 따름이어서 근저당권의 피담보채권을 양수한 추심채권자(정 회사)의 추심금 청구에 대하여 제3채무자인 재건축조합은 이전고시 이전에 집행채무자인 현금청산 대상자에게 주장할 수 있는 동시이행 항변권으로 위 추심채권자(정 회사)에 대항할 수 있다. 재건축조합은 근저당권설정등기 내지 가압류등기의 말소의무가 이행되기까지 청산금 지급을 거절할 정당한 사유가 있으므로, 재건축조합이 위 부동산을 미리 인도받았다 하더라도 민법 제587조에 따른 이자를 지급할 의무가 없다.[89)]

---

87) 대법원 2013. 6. 27. 선고 2011다98129 판결
88) 대법원 1981. 5. 26. 선고 80다211 판결
89) 대법원 1996. 5. 10. 선고 96다6554 판결, 대법원 2013. 6. 27. 선고 2011다98129 판결, 대법원 2018. 9. 28. 선고 2016다246800 판결

3. 10년 소멸시효기간 경과와 소유권이전등기의 말소

소멸시효 완성으로 소유권이전등기청구권이 소멸한 상태에서 소유권이전등기가 이루어졌고 그 시효의 이익을 받는 자가 소송에서 이러한 소멸시효의 주장까지 하였다면, 그 소유권이전등기는 원인무효의 등기에 해당하므로 말소되어야 한다.

재건축조합의 소유권이전등기청구권은 소멸시효 중단 등 특별한 사정이 없는 한 확정판결 이후 10년의 시효기간이 경과함으로써 당연히 소멸하므로 재건축조합 명의 소유권이전등기에 부합하는 적법·유효한 실체관계가 존재하지 않고, 미동의자가 위 권리의 소멸시효 완성을 주장하며 소유권이전등기의 말소를 구하고 있으므로, 재건축조합 명의 소유권이전등기는 원인무효의 등기에 해당하여 말소되어야 한다.[90]

90) 대법원 2024. 10. 31. 선고 2024다232523 판결

VI. 가처분 신청 등

1. 처분금지 및 점유이전금지 가처분

(1) 부동산처분금지가처분

부동산처분금지가처분은 목적물에 대한 채무자의 소유권, 저당권·전세권·임차권의 설정 그 밖에 일체의 처분행위를 금지하고자 하는 가처분이다. 목적물의 처분을 가처분으로 금지하여 두면 그 이후 채무자로부터 목적물을 양수한 자는 가처분채권자에게 대항할 수 없게 되고 피보전권리의 실현을 위한 소송과 집행절차에서 당사자를 항정시킬 수 있게 되므로 그 목적으로 신청하게 된다.

실무상 재건축조합은 매도청구 및 명도소송을 제기함과 동시에 또는 그 이후에 그 집행의 보전을 위하여 부동산처분금지가처분신청을 하고 있다.

처분금지가처분이 등기되면 채무자 및 제3자에 대하여 구속력을 가지며, 이는 등기 후에 채무자가 가처분의 내용에 위배하여 제3자에게 목적부동산에 관하여 양도, 담보권설정 등의 처분행위를 한 경우에 채권자가 그 처분행위의 효력을 부정할 수 있는 것, 즉 무효로 할 수 있다는 의미이다.

가처분과 체납처분과의 관계에 관하여는 체납처분위위설과 가처분위위설이 대립되어 있는데, 후자가 통설·판례이다.[91]

조합이 매도청구소송에서 승소하여 확정된 경우 조합은 가처분등기 이후에 제3자 명의의 가등기, 소유권 이외의 권리에 관한 등기, 가압류등기, 국세체납에 의한 압류 등기 등이 경료되어 있을 때에는 가처분권리자가 소유권이전등기신청과 함께 단독으로 제3자 명의의 등기말소신청도 동시에 하여 이를 말소하고 가처분권리자의 소유권이전등기를 할 수 있다. 제3자 명의의 등기의 말소를 동시에 신청하지 아니하였다면 채권자 명의의 소유권이전등기가 된 이후라도 그 이전등기가 가처분에 기한 등기였다는 소명자료를 첨부하여 말소를

91) 대법원 1993. 2. 19. 자 92마903 전원합의체 판결

신청할 수 있다.

(2) 부동산 점유이전금지가처분

부동산점유이전금지가처분은 부동산에 대한 인도·명도청구권을 보전하기 위한 다툼의 대상에 관한 가처분의 일종으로서, 목적물의 주관적(인적), 객관적(물적) 현상변경을 금지하고자 함을 목적으로 한다.

우리 민사소송법은 당사자 승계주의를 취하고 있어 변론종결 전의 승계인에게는 판결의 효력이 미치지 아니하므로, 인도·명도청구의 본안소송중 목적물의 점유가 이전되면 그대로 본안소송에서 패소할 수 밖에 없다. 그러나 점유이전금지가처분을 받아 두면 그 이후에 점유를 이전받은 자는 가처분채권자에게 대항할 수 없고, 당사자가 확정되므로, 위와 같은 불측의 손해를 예방할 수 있다.

건물퇴거, 토지인도청구권을 피보전권리로 하는 경우, 건물점유자에게는 건물에 대하여만 점유이전금지가처분을 하면 충분하고 토지에 대하여는 원칙적으로 불필요하다.

점유이전금지가처분은 그 목적물의 점유이전을 금지하는 것으로서 그럼에도 불구하고 점유가 이전되었을 때에는 가처분채무자는 가처분채권자에 대한 관계에 있어서 여전히 그 점유자의 지위에 있다는 의미로서의 당사자항정의 효력이 인정될 뿐, 가처분 이후에 매매나 임대차 등에 기하여 가처분채무자로부터 점유를 이전받은 제3자에 대하여 가처분채권자가 가처분 자체의 효력으로 직접 퇴거를 강제할 수는 없고, 가처분채권자로서는 본안판결의 집행단계에서 승계집행문을 부여받아서 그 제3자의 점유를 배제할 수 있다.[92)]

92) 대법원 1999. 3. 23. 선고 98다59118 판결

2. 명도단행 가처분

(1) 건물명도(인도)단행 가처분

건물명도(인도)단행 가처분은 부동산의 인도청구권을 보전하기 위하여 또는 다툼이 있는 부동산의 권리관계에 대하여 임시의 지위를 정하기 위하여 부동산의 점유를 채권자에게 이전할 것을 명하는 만족적 가처분이다.

건물명도(인도)단행 가처분이 집행되면 가처분채권자는 사실상 본안소송에 의하여 실현하려는 목적을 달성하는 반면, 가처분채무자는 본안소송에서 다투어 볼 기회조차 없이 부동산에 대한 현재의 이용상태를 박탈당하여 생활이나 영업에 막대한 지장을 받을 위험이 있으므로, 실무상 이를 인용하는 예는 그리 많지 않고, 일단 강제집행이 마쳐진 건물에 채무자가 침입하여 점유를 하거나 불법적인 점유침탈이 이루어진 직후와 같은 경우에 예외적으로 허용되고, 건물명도(인도)청구권의 실현은 본안판결에 기한 강제집행에 의하는 것이 원칙이다.

매도청구 및 명도소송은 본안승소판결시까지 상당한 시일이 소요되어 재건축조합의 이주와 철거 및 공사착공 등에 장애요인이 되므로, 실무적으로 매도청구소송중에도 명도등단행가처분(철거와 방해금지 등 포함) 신청을 하는 경우가 있다.

(2) 건물명도(인도)단행 가처분의 심리

건물명도(인도)단행 가처분은 만족적 가처분이므로, 이러한 종류의 가처분을 인용하기 위해서는 피보전권리는 물론 보전의 필요성에 대한 고도의 소명이 있어 채무자의 항변이 인정되지 않는 무조건의 명도청구권의 존재가 명백하여 단행가처분의 집행으로 인하여 채무자의 정당한 권리가 침해될 가능성을 상정하기 어렵고, 본안판결을 기다려 이에 기한 명도집행을 하도록 할 경우 채권자에게 회복하기 어려운 손해가 발생할 위험이 있거나 채권자에게 가혹한 부담을 지우는 결과에 이르게 된다는 사정이 존재하여야 한다.

법원의 실무는 재건축조합의 매도청구권 행사가 적법하고, 재건축사업의 진행 정도에 비추어 시급히 명도하여야 할 필요성이 충분히 소명되어야 하며, 1

차 시가 감정을 통하여 밝혀진 금액이 감정근거자료 등에 비추어 상당하다고 인정되는 경우에만 예외적으로 인정하고 있다. 명도등 단행가처분 인용시 1차 시가감정을 통하여 밝혀진 금액을 시가로 보고 이를 공탁하는 것을 조건으로 가처분을 인용하는 경우도 있다.

미동의자에 대한 명도등 단행가처분외에 극소수 조합원이 이주를 하지 않고 조합의 사업을 방해하여 철거를 하지 못해 사업의 추진에 중대한 지장이 초래되는 경우에도 명도 및 철거단행가처분을 이용할 수 있다.

(3) 인용주문의 예

건물명도(인도)단행가처분분의 인용주문예는 아래와 같다.

"피신청인은, 신청인에게 별지 목록 기재 부동산을 명도하고, 신청인이 위 부동산을 2006. 0. 0.자 00구청장의 0000사업시행인가에 따른 재건축사업에 제공하여 행하는 철거 등의 업무를 방해하여서는 아니된다."

(4) 가처분의 집행정지 등

건물명도, 건물철거 등 이행소송을 본안으로 하는 단행가처분에 대하여 이의신청 또는 상소가 있는 경우에, 이의신청 또는 상소의 이유로 주장한 사유가 법률상 정당한 이유가 있다고 인정되고 사실에 대한 소명이 있으며, 그 집행에 의하여 회복할 수 없는 손해가 생길 위험이 있다는 사정에 대한 소명이 있는 때에는, 법원은 당사자의 신청에 따라 담보를 제공하게 하거나 담보를 제공하게 하지 아니하고 가처분의 집행을 정지하도록 명할 수 있고, 담보를 제공하게 하고 집행한 처분을 취소하도록 명할 수 있다(민사집행법 제309조).

제2절 재건축사업과 신탁등기

I. 재건축사업과 신탁등기

1. 신탁등기 의의

(1) 신탁등기의 의의

신탁이란 신탁설정자(위탁자)와 신탁을 인수하는 자(수탁자)간 특별한 신임관계에 기하여 위탁자가 특정의 재산권을 수탁자에게 이전하거나 기타의 처분을 하고 수탁자로 하여금 일정한 자(수익자)의 이익을 위하여 또는 특정의 목적을 위하여 그 재산권을 관리, 처분하게 하는 법률관계를 말한다. 수탁자는 그 신탁받은 재산을 신탁계약의 목적내에서 관리하거나 처분할 의무를 부담하고, 대외적으로 신탁받은 재산에 대하여 완전한 소유권을 취득한다.

신탁된 재산은 수탁자의 고유재산과 구별되어 관리되며, 신탁재산에 대하여 강제집행이 금지된다. 신탁법 제4조 제1항은 "등기 또는 등록하여야 할 재산권에 관하여서는 신탁등기를 함으로써 제3자에게 대항할 수 있다"라고 규정하고 있다. 이러한 신탁재산을 대외적으로 공시하는 것이 신탁등기이다.

신탁등기의 종류에는 ① 신탁의 설정등기(이주단계의 조합원의 신탁등기), ② 신탁의 변경등기(신탁등기 내용의 변경 등), ③ 신탁의 말소등기(신탁재산의 처분 또는 사업완료시)가 있다.

(2) 재건축사업의 신탁등기 제도

재건축조합에 있어 구역내 조합원이 소유하고 있는 토지등소유권을 신탁법에 의한 신탁을 원인으로 조합명의로 소유권이전등기를 하는 것이 그동안 일반화되어 왔고, 이는 재건축관련법령상 의무적인 절차로 규정된 바는 없었으나, 조합원 상호간의 권리보호와 재건축사업의 원활한 추진 등의 필요성에 기하여 필수적인 절차의 하나로 인정되어 왔으며, 법령상 근거규정이 없으므로,

조합규약에 조합원의 신탁등기의무조항을 기재하고 있었다.

재건축사업에 있어 신탁은 재건축사업의 원활한 수행을 위하여 신탁법을 근거로 도입된 제도로서, 신탁법, 부동산등기법, 신탁등기에 관한 사무처리규칙이 적용된다.

(3) 재건축사업에 있어 신탁등기의 필요성 여부

신탁등기는 법률의 규정에 의하여 강제되는 것이 아니라 원활한 정비사업 수행을 위하여 필요성에 의하여 소유자인 조합원들의 합의(정관 및 신탁계약)에 의하여 시행되어 왔고, 구 주택건설촉진법 당시 건교부의 표준정관 제37조에는 출자의무로서 조합원의 신탁규정을 두고 있었다. 그러나 도시정비법 시행이후 국토교통부의 표준정관에는 조합원의 신탁규정을 두고 있지 않다.

신탁등기를 하게 되면 조합원 개개인이 임의로 처분할 수 없어 조합원 개개인의 재산권행사를 제약하게 되므로, 법적 근거 없이는 불가능하고, 둘째 도시및주거환경정비등기처리규칙 제5조 제6조에 의해 도시정비법 제86조 제2항의 규정에 의한 이전고시를 한 때에는 관리처분계획 및 그 인가를 증명하는 서면과 이전고시를 증명하는 서면을 첨부하여 각종 등기를 신청할 수 있으며, 셋째 도시정비법은 재건축사업 및 재개발사업에 모두 적용되므로, 재개발사업과 같이 재건축사업에 있어서도 신탁등기가 필요하지 않게 되었다라는 이유로, 신탁등기가 필요하지 않다는 견해가 있다.

신탁등기는 법적 근거없이 상호 합의에 의해 조합정관으로 신탁등기를 할 수 있으며, 둘째 재건축조합은 재개발조합과 달리 조합설립에 동의한 자에 한해서만 조합원이 될 수 있어 재개발사업과 그 대상이나 요건을 달리한다는 이유로 재건축사업에 있어 신탁등기가 필요하다는 견해가 있다.

(4) 서울시 재건축 표준정관 제36조의2

서울시 재건축 표준정관 제36조의2는 신탁등기에 관하여 아래와 같이 규정하고 있다.

① 재건축사업의 원활한 추진을 위하여 조합원은 사업시행계획인가 이후에 조합이 정하여 통지한 기간 내에 조합원의 소유로 되어 있는 사업시행

구역안의 건축물 및 그 부속토지 등에 대하여 조합에 신탁등기를 완료하여야 하며, 이 기간 내에 신탁등기를 이행치 않을 경우 조합은 신탁등기 이행의 소를 제기할 수 있다.

② 조합은 신탁된 조합원의 재산권을 재건축사업시행 목적에 적합하게 사용 및 관리·처분하여야 하며, 권리이전 등 필요한 경우에는 신탁을 해지하여 신탁재산을 당해 조합원에게 반환하여 주어야 하며, 당해 조합원으로부터 주택 및 부속 토지 등을 매입하여 새로이 조합원이 된 자는 소유권 이전 후 즉시 신탁하여야 한다.

③ 법 제86조의 이전고시에 따른 신탁종료, 권리관계 등 신탁에 대한 필요한 사항은 신탁계약과 신탁원부에 정한다.

2. 신탁계약의 체결 등

(1) 신탁계약의 체결

조합정관에서 조합원의 신탁등기의무를 규정한 경우 조합원은 자신의 재산을 조합에 신탁할 의무를 부담하며, 조합원과 조합은 신탁계약서를 체결하게 된다.

등기원인을 증명하는 서면인 신탁계약서와 신탁증서는 다음과 같은 사항이 포함되어야 한다(부동산등기법 제123조, 동 시행규칙 제67조).

① 위탁자, 수탁자, 수익자와 신탁관리인의 성명, 주소, 법인인 경우 그 명칭 및 사무소

② 신탁의 목적

③ 신탁재산의 관리방법

④ 신탁종료의 사유

⑤ 기타 신탁의 조항

위의 서면은 부동산등기특별조치법 제3조에 따른 검인을 받아야 한다.

신탁계약의 체결시기는 조합설립등기 후 사업추진의 진행상황과 서류징구의 편의를 고려하여 임의로 정한다. 통상 사업승인 후 이주단계에서 법무사가 일

괄적으로 서류를 접수받아 신청하고 있다.

(2) 조합원의 임의해지권 제한

재건축조합의 조합원들이 재건축을 목적으로 재건축조합을 설립하여 대지 등에 관한 공유지분을 재건축조합에게 신탁한 경우, 이러한 신탁은 위탁자 자신이 수익자가 되는 이른바 자익신탁으로서 특별한 사정이 없는 한 "위탁자가 신탁이익의 전부를 향수하는 신탁"에 해당하므로, 신탁법 제99조에 의하여 원칙적으로 위탁자가 언제든지 해지할 수 있지만[93], 신탁계약의 당사자는 신탁의 해지에 관하여 그와 달리 정할 수 있다(신탁법 제99조 제4항).

재건축사업을 추진하기 위하여 반드시 조합원의 재산권을 조합에 신탁해야 할 필요가 없으나, 재건축조합과 조합원들이 신탁계약을 체결한 이유는 안정적 소유권 확보, 일괄 처리에 따른 사업수행의 용이성 등 재건축사업의 원활한 추진을 목적으로 한 것이다. 따라서 재건축사업을 원활하게 추진하기 위하여는 재건축사업의 종료시까지 신탁관계를 유지하는 것이 바람직하고, 신탁계약체결시 재건축사업 종료시까지 신탁관계를 유지하기 위하여 조합원의 해지권을 제한하는 특약을 정하고 있다.

부동산신탁계약의 "위탁자 겸 수익자는 재건축사업 승인 이전까지는 수탁자와 합의에 의하여, 사업계획승인 이후에는 관계 법령의 허용 범위 내에서 본 신탁계약을 해지 또는 변경할 수 있다."는 내용으로 약정한 경우 위 약정은 원고와 조합원들 사이에 신탁법 제99조 제1항에서 정하는 위탁자의 임의해지권을 제한하기 위한 신탁법 제99조 제4항의 특약이라고 할 것이므로, 조합원은 임의로 신탁을 해지할 수 없다.[94]

---

93) 대법원 2003. 8. 19. 선고 2001다47467 판결, 대법원 2007. 10. 11. 선고 2007다43894 판결

94) 대법원 2009. 3. 26. 선고 2008다30048 판결

3. 신탁의 등기절차

신탁등기는 조합원의 재산권을 신탁을 원인으로 조합에게 이전하는 것이므로, 일반적인 소유권이전등기에 관한 절차를 따른다. 신탁등기와 관련 '신탁등기사무처리에 관한 예규(개정 2009.05.20 등기예규 제1294호)' 가 있다.

등기의무자를 위탁자로, 등기권리자를 수탁자로 하여 위탁자와 수탁자가 공동으로 신청한다. 조합이 금융기관으로부터 프로젝트 파이낸싱에 의해 자금을 조달하는 경우 조합과 신탁업의 영업허가를 받은 금융회사를 함께 공동수탁자로 하여 신탁등기를 신청할 수 있다.

위탁자가 수인인 경우, 수탁자와 신탁재산인 부동산 및 신탁목적이 동일한 때에는 하나의 신청서에 의하여 신탁의 등기를 신청할 수 있다. 단독 소유의 부동산뿐만 아니라 공유자의 공유지분 또는 일부에 대하여도 신탁의 등기를 할 수 있다.

등기는 신탁행위가 있은 날부터 60일 내에 신청하여야 하며(부동산등기특별조치법 제2조), 상당한 이유없이 이를 지체한 경우에는 과태료가 부과된다(동법 제11조).

신청서에는 일반적인 기재사항을 기재하고(부동산등기법 제41조, 제42조), 등기의 원인 및 연월일은 '0000년 0월 0일 신탁' 으로, 등기의 목적은 '소유권이전 및 신탁' 으로 한다. 수탁자가 수인인 경우 공동수탁자의 소유는 합유(신탁법 제50조)이므로, 합유관계라는 표시를 해야 한다.

신탁등기에 필요한 서류는 다음과 같다.

① 소유자의 인감증명서 1통(등기신청일로부터 6개월이내 발행)

② 소유자의 주민등록등본 1통(등기신청일로부터 3개월이내 발행)

③ 소유자의 등기권리필증 (분실한 경우 법무사의 확인서면 이용)

④ 법인이 등기권리자인 경우 법인등기부 등본 또는 초본

⑤ 토지대장·임야대장·건축물관리대장의 등본 기타 부동산의 표시를 증명하는 서면

⑥ 대리인 신청시 그 권한을 증명하는 서면(위임장)

⑦ 신탁계약서 또는 신탁증서

4. 신탁등기관련 비용

(1) 취득세와 농어촌특별세

재건축조합이 당해 조합원용으로 취득하는 조합주택용 부동산(공동주택과 부대·복리시설 및 그 부속토지를 말함)은 그 조합원이 취득한 것으로 본다(지방세법 제105조 제10항). 재건축조합과 조합원간의 신탁재산 취득에 대해 취득세를 면제하고 있다(지방세법 제110조 제1호).

농어촌특별세와 관련 신탁으로 인한 소유권이전은 형식적인 소유권의 취득으로 비과세하고 있다(농어촌특별세법 제4조 제8호, 시행령 제4조 제3항).

(2) 등록세와 교육세

신탁행위에 있어 신탁을 원인으로 하는 소유권이전등기와 신탁의 등기가 동시에 이루어지므로, 소유권이전에 관한 등록세와 신탁에 관한 등록세를 납부한다. 다만 재건축사업과 같이 위탁자(조합원)로부터 수탁자(재건축조합)에게 이전하는 경우의 재산권 취득의 등기·등록에 관한 등록세는 비과세 대상이며(지방세법 제128조 제1호 가목), 신탁에 관한 등록세는 별도의 규정이 없으므로, 기타의 등기로 보아 매 1건 당 등록세 3,000원, 교육세 600원 총 3,600원을 납부한다.

(3) 국민주택채권매입

재건축조합이 조합원 소유 부동산을 조합과의 신탁계약에 따라 조합명의로 신탁을 원인으로 하는 소유권이전등기를 하는 경우에 매입하여야 할 국민주택채권은 주택법 시행규칙 제39조 제1항 별표 8(국민주택채권의 매입이 일부 면제되는 범위)에 의거 조합원의 종전대지면적에 한하여 면제된다.

(4) 인지세

등기의 원인을 증명하는 신탁계약서나 신탁증서는 소유권이전에 관한 증서이지만 인지세는 이전의 대가액을 기준으로 과세하므로(인지세법 시행규칙 제8조), 수입인지는 첨부하지 않는다.

(5) 등기신청수수료

소유권이전에 대한 부동산등기 신청수수료(대법원 등기수입증지) 7,000원과 신탁에 관한 부동산등기 신청수수료 7,000원을 납부한다. 수개의 부동산을 동시에 소유권이전 및 신탁의 등기를 신청하는 경우에는 부동산 개수 별로 납부한다.

5. 이주비와 근저당권 설정 등

(1) 제한물권 말소와 이주비에 대한 근저당권설정

시공사와의 약정에 따라 조합원에게 이주비를 지급하고 조합원 소유의 부동산에 대하여 통상 원금의 130%에 해당하는 근저당권을 설정한 다음 신탁등기를 하게 된다. 만약 선순위로 설정된 근저당, 전세권, 가압류 및 가처분의 제한물권이 존재하는 경우 채권의 순위확보를 위하여 이러한 제한물권을 말소한 이후에 이주비를 지급하는 것이 실무이다.

조합원들이 이주비를 받아 제한물권을 말소하고 나면 전세보증금 등이 부족하여 이주가 지연되므로, 시공사와 약정한도내에서 유이자 대여금을 지급하여 이 문제를 해결하고 있다. 도시정비법 제87조에 따라 종전 토지등에 설정된 근저당, 가압류 등의 권리는 신축한 건물에 존속하게 되는 것으로 보게 되므로, 선순위 제한물권을 말소하지 아니한 상태에서 이주비에 대한 근저당권을 설정하여도 무방하다.

신탁목적에 반하지 않는다면 신탁등기가 종료된 부동산에 대하여 수탁자를 근저당권설정자로 한 근저당권설정등기를 신청할 수 있을 것이나, 구체적인 경우에 있어 위 등기신청이 신탁목적에 반하는지 여부는 등기관이 신탁원부 및 신탁계약서 등에 의하여 개별적으로 판단하여야 한다.

신탁법 제22조 제1항의 규정에 의한 강제집행 등이 허용되는지 여부는 신탁재산에 대한 강제집행여부를 결정하는 단계에서 집행법원이 심사하여야 할 사항이므로, 수탁자를 등기의무자로 하는 강제경매기입등기 등의 촉탁이 있다면 등기관은 이를 수리하여야 할 것이다.(2000. 7. 28. 등기 3402-526 질의회답).

(2) 토지에 대한 신탁등기의 말소

수탁자인 조합이 신탁재산을 타에 처분하거나 신탁의 목적이 달성되거나, 해지 등으로 종료되는 경우 신탁재산을 위탁자 또는 수탁자에게 귀속되었을 경우에는 그에 따른 토지소유 일부이전등기와 신탁등기의 말소를 동일한 신청서에 의하여 신청하여야 한다.

신탁등기가 경료된 부동산에 대하여 제3자 명의로 소유권이전등기를 경료하고자 하는 경우, 수탁자가 신탁된 부동산을 제3자에게 처분하여 소유권이전등기를 경료하는 것이 신탁목적에 반하지 않은 경우에는 수탁자를 등기의무자로 하여 제3자 명의로 소유권이전등기(같은 신청서에 신탁등기의 말소등기를 함께 신청하여야 함)를 경료받을 수 있을 것이다.

그러나 그와 같은 등기신청이 신탁목적에 반하는 경우에는 그 등기신청은 수리될 수 없는 것이고, 이러한 경우에는 위탁자가 신탁행위에서 정한 바에 따라 신탁을 해지하여 이를 원인으로 하는 위탁자 명의로 소유권이전등기를 경료받은 후, 위탁자와 제3자간 매매계약을 원인으로 하여 제3자 명의로 소유권이전등기를 신청하여야 할 것이다.

6. 신탁에 따른 법률관계

(1) 강제집행의 금지

신탁재산은 강제집행 또는 경매를 할 수 없다. 신탁전의 원인으로 발생한 권리 또는 신탁사무의 처리상 발생한 권리에 기한 경우에는 예외로 한다(신탁법 제22조 제1항).

신탁전의 원인으로 발생한 권리는 신탁전에 설정된 저당권, 신탁 전에 매매계약이 체결된 경우를 말하며, 위탁자에 대한 신탁전의 일반 채권은 포함되지 않고[95], 신탁 전에 발생된 조세채권도 신탁후에는 압류를 할 수 없다.[96]

---

95) 대법원 1987. 5. 12. 선고 86다545 판결

신탁사무의 처리상 발생한 권리로서 ① 수탁자가 신탁재산을 관리·처분하는 과정에서 생긴 권리로서 신탁재산 자체에서 연유하는 권리, ② 신탁 후 발생한 조세채권, 신탁업무처리로서 매각한 신탁재산에 대한 하자담보책임(민법 제580조), 공작물 등의 점유자·소유자의 손해배상책임(민법 제758조)에 기한 상대방의 손해배상청구권이 있으며, ③ 신탁사무처리상의 비용이나 손해보상을 받을 권리(신탁법 제46조)나 신탁재산 또는 수익자로부터 보수를 받을 권리(신탁법 제47조)는 신탁재산을 매각시 우선권이 인정된다.

(2) 분양형 토지신탁계약 또는 신탁등기의 사해행위

'신탁사무의 처리상 발생한 채권'을 가지고 있는 채권자는 수탁자의 일반채권자와는 달리 신탁재산에 대하여 강제집행을 할 수 있다(신탁법 제22조 제1항). 여기서 말하는 '신탁사무의 처리상 발생한 채권'에는 신탁재산의 관리 또는 처분 등 신탁업무를 수행하는 수탁자의 통상적인 사업활동상의 행위로 인하여 제3자에게 손해가 발생한 경우 피해자인 제3자가 가지는 불법행위에 기한 손해배상채권도 포함된다.

분양형 토지신탁계약에 있어서 수탁자의 허위 · 과장의 분양광고로 인하여 수분양자에게 손해가 발생한 경우, 수분양자가 가지는 불법행위에 기한 손해배상채권이 비록 위자료청구권이라 할지라도 '신탁사무의 처리상 발생한 채권'에 해당한다고 본 사례가 있다.[97)]

채무자가 토지에 집합건물을 지어 분양하는 사업을 추진하던 중 이미 일부가 분양되었는데도 공정률 45.8%의 상태에서 자금난으로 공사를 계속할 수 없게되자 사업을 계속하기 위한 방법으로 신탁업법상의 신탁회사와 사이에 신탁계약을 체결하고 건물의 신축공사를 완료한 경우, 그 신탁행위가 사해행위에 해당하지 않는다고 한 사례가 있다.[98)]

---

96) 대법원 1996. 10. 15. 선고 96다17424 판결
97) 대법원 2007. 6. 1. 선고 2005다5843 판결
98) 대법원 2003. 12. 12. 선고 2001다57884 판결

(3) 신탁의 종료 후 신탁재산의 귀속

공사완료 후에는 조합원분에 대하여는 해당 조합원 명의로 소유권보존등기를, 일반분양분에 대하여는 조합명의로 소유권보존등기 후 일반분양자 명의로 소유권이전등기를 하게 되는데, 이때 신탁계약에 따른 신탁해지 내지 묵시적인 합의에 따른 신탁해지가 이루어지게 된다는 점에서 신탁이 해지되면 신탁재산은 수익자에게 귀속된다는 신탁법 제101조와는 다른 특수성이 있다.

신탁종료 전에 신탁을 한 조합원이 조합을 상대로 신탁계약의 해지를 원인으로 한 신탁말소등기청구소송을 제기할 수 있느냐의 여부에 대하여는 재건축사업을 위한 신탁의 경우는 신탁행위에 대하여 재건축이 종료될 때까지 조합앞으로 신탁하여 놓기로 하는 특별한 합의가 있다고 볼 수 있으므로, 신탁의 종료전에는 특별한 사정이 없는 한 신탁해지를 원인으로 하는 소유권이전등기말소 및 소유권이전등기청구소송을 할 수 없다.

(4) 조합원의 채권자에 의한 분양권 가압류 등

조합원의 채권자가 조합원(채무자)의 조합에 대한 소유권이전등기청구권 내지 분양권을 가압류하거나 처분금지가처분신청을 하는 경우 보전처분의 대상이 신탁계약의 종료로 인하여 조합원이 조합에 대하여 장차 분양받을 아파트에 대한 소유권이전등기청구권 내지 분양권이어서 신탁재산에 대한 강제집행에 해당한다고 볼 수 없으므로, 신탁법상의 강제집행 금지에 해당되지 않는다.[99)]

(5) 신탁재산의 처분 제한

수탁자인 조합은 정비사업의 목적을 달성하는데 필요한 범위내에서 신탁재산을 관리, 처분할 의무를 부담하므로, 신탁등기가 경료된 부동산에 관하여 신탁목적을 벗어난 등기의 신청은 수리할 수 없다.

---

99) 서울고등법원 1997. 7. 29. 선고 97나13148 판결

Ⅱ. 소유권이전등기청구소송

1. 조합원의 신탁등기의무

(1) 조합정관에 신탁등기의무에 관한 규정이 있는 경우

재건축조합에 있어 조합원의 신탁등기의무는 도시정비법에 정하여 있지 않고, 오직 조합 자체의 의사결정에 따른다.

조합정관에서 조합원의 신탁등기의무를 명문으로 규정하고 있다면 조합원은 조합정관을 준수할 의무가 있으므로, 신탁을 원인으로 한 소유권이전등기를 이행할 의무가 있다.[100)]

(2) 조합정관에 신탁등기의무에 관한 규정이 없는 경우

조합원의 신탁등기의무는 도시정비법이 아닌 조합의 정관상 의무라 할 것이므로, 조합정관에 신탁등기의무에 관한 명문의 규정이 없다면 원칙적으로 조합원의 신탁등기의무가 없다. 그러나 재건축사업에 있어 조합원은 '현물출자의무'를 부담하므로, 위 현물출자의무에 기하여 신탁등기의무를 인정할 수 있을 것이다.[101)]

위 주택건설촉진법상의 대법원 1997. 5. 30. 선고 96다23887 판결은 현행 도시정비법에 그대로 적용될 수 없고, 신탁 자체가 재건축사업의 필수적인 방법은 아니어서 신탁에 대한 이전등기가 현물출자의무의 유일한 방식은 아니므로, 신탁등기도 정관에 정하거나 또는 총회결의를 통하여 신탁등기를 하기로 한 경우에만 인정하여야 한다는 견해도 있다.

(3) 신탁원인 일자

신탁등기의 신탁원인일자는 조합정관의 효력이 발생한 날짜, 즉 조합설립인

---

100) 대법원 2008. 10. 9. 선고 2008다25411 판결, 대법원 2010. 1. 28. 선고 2008다90347 판결, 대법원 2010. 7. 22. 선고 2009다37183 판결

101) 대법원 1997. 5. 30. 선고 96다23887 판결

가일(재건축조합설립등기일)로 한다.[102)]

재건축사업에 동의하여 재건축조합의 조합원이 된 갑이 재건축조합 정관에서 조합원의 신탁등기의무 등을 규정하고 있는데도 아직 의무가 발생하지 않았다는 이유로 이를 이행하지 않은 사안에서, 갑 등은 그들이 소유한 재건축사업구역 내 부동산에 관하여 정관 효력 발생일인 2004. 12. 27.자 신탁을 원인으로 한 소유권이전등기절차를 이행하고 이를 인도할 의무가 있다고 판시한 사례가 있다.[103)]

2. 분양신청기간 종료 이후 분양신청 철회자

분양신청기간 종료 이전에 분양신청을 철회한 자는 현금청산대상자에 해당되나(법 제73조 제1항), 분양신청을 하였다가 분양신청기간 종료 후에 임의로 분양신청을 철회한 자는 현금청산자대상자에 해당되지 않고 조합원의 지위를 유지한다.[104)] 따라서 분양신청기간 종료 이후 분양신청을 철회한 자는 재건축조합에 정관에 따라 신탁등기의 이행의무를 부담한다.

재건축사업구역내 조합원은 재건축조합에게 그 소유의 부동산에 관한 신탁등기 및 인도의무가 있고, 재건축조합이 재건축사업시행계획변경인가가 된 후 그에 따른 후속조치(재분양신청절차 또는 분양계약체결기간 지정)를 이행하지 않고 있다는 사유만으로 위 조합원의 재건축조합에 대한 신탁등기 및 인도의무에 어떠한 영향을 미친다고 할 수 없다.[105)]

분양신청기간 종료 이후 분양신청을 철회한 자가 분양계약체결 기간내 분양계약을 하지 않겠다는 명시적인 의사를 표시한 경우 재건축조합의 분양신청 철회자에 대한 신탁등기청구를 신의칙에 반하여 허용되지 않는다고 판시한 사례가 있다.[106)]

102) 대법원 1997. 5. 30. 선고 96다23887 판결
103) 대법원 2012. 5. 9. 선고 2010다71141 판결
104) 대법원 2011. 12. 22. 선고 2011두17936 판결
105) 대법원 2012. 5. 9. 선고 2010다71141 판결
106) 서울서부지방법원 2015. 12. 17. 선고 2015가합33373 판결

3. 신탁등기를 경료한 현금청산자

조합원이 그 소유 토지 등에 관하여 이미 조합 앞으로 신탁을 원인으로 한 소유권이전등기를 마친 이후 분양계약을 체결하지 않아 현금청산대상이 된 자는 청산금을 지급받기 의하여 별도로 소유권을 이전할 의무를 부담하지 않는다.[107] 따라서 현금청산대상자가 조합으로부터 위 신탁재산에 관하여 신탁재산의 귀속을 원인으로 한 신탁등기의 말소등기 및 소유권이전등기의 신청절차를 인수하고, 다시 조합에게 현금청산을 원인으로 하는 소유권이전등기절차를 이행할 의무는 인정되지 않는다.[108]

조합원이 재건축조합에게 분양계약을 체결하지 아니하여 현금청산대상자가 됨으로써 현금청산자와 조합간 신탁이 종료되었다면, 그 신탁재산이었던 현금청산자의 토지 지분은 재건축조합에게 귀속되는 것이다.[109]

신탁법 제34조 제1항 및 제2항에 의하면 법원의 허가를 받은 경우 신탁재산을 고유재산으로 귀속시킬 수 있다(신탁법 제34조 제2항 제3호).

재건축조합은 현금청산대상자가 이미 자신 명의로 신탁을 원인으로 한 소유권이전등기가 마쳐진 토지 지분에 관하여 신탁법 제34조 제2항의 규정에 따라 수탁자의 고유재산으로 하는 법원의 허가를 얻어 조합의 고유재산으로 된 취지의 등기와 신탁등기의 말소등기를 하는 방안을 고려할 수 있다.[110]

---

107) 대법원 2008. 10. 9. 선고 2008다37780 판결
108) 대법원 2010. 9. 9. 선고 2010다19204 판결, 대법원 2013. 11. 28. 선고 2012다110477, 110484 판결
109) 대법원 2010. 9. 9. 선고 2010다19204 판결
110) 대법원 2010. 9. 9. 선고 2010다19204 판결

제3절 현금청산자에 대한 조치

I. 현금청산자의 지위

1. 도시정비법상 현금청산자

(1) 현금청산자

현금청산대상자는 다음과 같다(법 제73조 제1항).

① 분양신청을 하지 아니한 자

② 분양신청기간 종료 이전에 분양신청을 철회한 자

③ 도시정비법 제72조 제6항 본문에 따라 분양신청을 할 수 없는 자

④ 관리처분계획에 따라 분양대상에서 제외된 자

투기과열지구로 지정된 지역에서 재건축사업 또는 재개발사업을 시행하는 경우 조합설립인가 이후 또는 관리처분계획의 인가 후 해당 정비사업의 건축물 또는 토지를 양수한 자는 조합원이 될 수 없고, 사업시행자는 조합원의 자격을 취득할 수 없는 자에게 도시정비법 제73조를 준용하여 손실보상을 하여야 한다(법 제39조 제2항, 제3항)

조합원이 재건축조합에서 제명되거나 탈퇴하는 등 후발적인 사정으로 그 지위를 상실하는 경우에도 처음부터 분양신청을 하지 아니하거나 철회하는 경우와 마찬가지로 현금청산 대상자가 된다.[111]

(2) 승계인

사업시행자와 정비사업과 관련하여 권리를 갖는자(권리자)의 변동이 있은 때에는 종전의 사업시행자와 권리자의 권리·의무는 새로 사업시행자와 권리

111) 대법원 2013. 11. 28. 선고 2012다110477, 110484 판결

자로 된 자가 승계한다(법 제129조).

종전 조합원이 조합에게 분양신청을 하지 않아 현금청산 대상자가 된 경우 위 현금청산대상자로부터 건축물 및 그 부속토지의 소유권을 취득한 양수인은 도시정비법 제129조에 의거 현금청산대상자의 지위를 이전받게 되는바,[112] 사업시행자는 위 양수인에게 손실보상을 하여야 한다.

(3) 분양신청기간 만료 이후 분양철회자

조합원이 분양신청을 하고, 분양신청기간이 종료된 이후에 임의로 분양신청을 철회한 경우 위 조합원은 분양신청 철회의 효력이 없어 조합원 지위를 계속 유지하므로, 현금청산자에 해당하지 않는다.[113]

조합원이 사업시행자에게 분양신청을 철회하는 등으로 분양계약의 체결의사가 없음을 명백히 표시하고 사업시행자가 이에 '동의'한 경우에 한해서 당해 토지 등 소유자는 현금청산대상자에 해당하게 된다.[114]

(4) 분양신청기간 전후 분쟁이 있는 경우

분양신청기간 내에 분양신청의 효력을 다투는 취지의 소송을 제기하였다 하더라도 분양신청기간내 분양신청을 하지 않은 자는 분양신청기간의 만료일 다음날 현금청산자가 된다.[115]

분양신청기간을 전후하여 재건축조합과 조합원 사이에 분쟁이 있어서 조합원이 분양신청을 할 수 없었던 경우에는 그 후 추가로 분양신청을 할 수 있게 된 조합원이 최종적으로 분양신청을 하지 않는 등의 사유로 인하여 분양대상자의 지위를 상실하는 때에 현금청산 대상자가 된다.[116]

---

112) 서울행정법원 2011. 7. 7. 선고 2010구합17885 판결
113) 대법원 2011. 12. 22. 선고 2011두17936 판결, 대법원 2012. 5. 9. 선고 2010다71141 판결, 대법원 2013. 7. 11. 선고 2013다13023 판결
114) 대법원 2014. 8. 26. 선고 2013두4293 판결
115) 부산고등법원 2020. 2. 12. 선고 2019누23845 판결
116) 대법원 2013. 9. 26. 선고 2011다16127 판결

2. 조합원 자격의 상실

(1) 조합원 지위 상실시점

분양신청을 하지 않거나 철회한 조합원은 '분양신청기간 종료일 다음날' 조합원의 지위를 상실한다.117)

조합이 도시정비법 제72조 제4항 및 제5항에 의거 현금청산자를 대상으로 재분양신청을 하는 경우 현금청산자가 위 재분양신청기간내 분양신청을 하지 않았다면 현금청산자에 대한 조합원지위 상실시점은 '최초' 분양신청기간 만료일 다음날이다.118)

(2) 조합원의 권리·의무 상실

현금청산자는 조합에 대하여 조합원의 가장 주된 권리인 분양청구권을 행사하지 못하므로, 형평의 원칙상 그에 대응하는 조합원으로서의 의무, 즉 사업비·청산금 등의 비용납부의무, 철거·이주 및 신탁등기 의무 등도 면하게 된다.

분양신청을 하지 아니한 기존의 조합원들은 분양신청기간이 종료한 후 개최되는 조합원 총회의 의결정족수 산정을 위한 총 조합원 수에서 제외된다.119)

(3) 사업시행계획의 실효와 조합원 지위 회복 여부

분양신청절차의 근거가 된 사업시행계획이 사업시행기간 만료나 폐지 등으로 실효된다고 하더라도 이는 장래에 향하여 효력이 발생할 뿐이다. 사업시행계획의 실효시 조합관계 탈퇴라는 법적 효과가 소급적으로 소멸하거나 이미 상실된 조합원의 지위가 자동적으로 회복된다고 볼 수는 없다.120)

조합이 새로운 사업시행계획을 수립하면서 현금청산대상자들에게 새로운 분

---

117) 대법원 2010. 8. 19. 선고 2009다81203 판결(재건축), 대법원 2011. 7. 28. 선고 2008다91364 판결(재개발)

118) 서울고등법원 2019. 7. 11. 선고 2019나2018684 판결, 서울고등법원 2015. 10. 29. 선고 2013나60861 판결

119) 대법원 2012. 3. 29. 선고 2010두7765 판결, 대법원 2014. 8. 20. 선고 2012두5572 판결

120) 대법원 2021. 2. 10. 선고 2020두48031 판결

양신청 및 조합 재가입의 기회를 부여하는 것은 단체 자치적 결정으로서 허용된다. 현금청산자들이 분양신청을 함으로써 조합에 재가입할지 여부는 현금청산대상자들이 개별적으로 결정할 사항이다. 현금청산대상자들의 의사와 무관하게 조합이 일방적으로 현금청산대상자들이 조합원의 지위를 회복하는 것으로 결정할 수 없다.[121)]

따라서 사업시행계획이 폐지되더라도 현금청산자의 조합원지위 상실시점은 최초 분양신청기간 만료일 다음날이다.

3. 정비사업비 부과 등

(1) 현금청산자에 대한 정비사업비 부과 근거

현금청산자는 조합원의 지위를 상실하므로, 조합은 현금청산자에게 도시정비법 제89조 제1항에 따른 부과금을 부과 · 징수할 수 없다.

조합의 정관, 총회의 결의 또는 조합과 조합원간 약정 등으로 현금청산 대상자의 청산금액에서 정비사업비의 공제하기로 미리 정한 경우에만 조합은 현금청산 대상자의 청산금액에서 정비사업비를 공제할 수 있다.

총회에서 현금청산 대상자가 부담해야 할 정비사업비를 정할 경우 현금청산 대상자는 탈퇴 이전 총회에서의 결의사항만을 적용받게 된다. 탈퇴 이후에는 조합원 지위를 상실하므로, 구체적 분담액을 정하는 총회에 참여할 수 없고, 위 총회의 결의가 조합원이 아닌 자에게 영향을 미치지 않기 때문이다.

현금청산 대상자에게 정관으로 조합원 지위를 상실하기 전까지 발생한 정비사업비 중 일부를 부담하도록 하기 위해서는 정관 또는 정관에서 지정하는 방식으로 ① 현금청산 대상자가 부담하게 될 비용의 발생 근거, ② 분담 기준과 내역, ③ 범위 등을 구체적으로 규정하여야 한다. 이는 탈퇴하고자 하는 조합원에게 비용 부담에 관하여 필요하고도 충분한 정보를 제공하여 합리적으로 탈퇴 여부를 결정할 수 있도록 하기 위함이다.

'현금청산 대상자가 받을 현금청산금에서 사업비용 등을 공제하고 청산할

121) 대법원 2021. 2. 10. 선고 2020두48031 판결

수 있다'는 추상적인 정관의 조항만으로는, 현금청산금에서 사업비용을 공제하는 방식으로 사업비용을 부담하도록 할 수 없다.[122]

(2) 정비사업비중 현금청산자의 부담부분

현금청산 대상자가 부담해야 할 비용 항목과 금액은 탈퇴 시점에서 타당한 범위 내의 합리적 비용만을 한정하여야 한다.

재건축사업의 시행을 위해 지출되는 사업비용은 기본적으로는 당시 조합원 모두의 이익을 위한 것이라는 점에서 특정 항목의 사업비용이 현금청산 대상자에게 부담시킬 수 있는 합리적인 범위 내의 것인지 여부가 명확한 것은 아니다. 이는 기본적으로 그 비용 지출로 인하여 현금청산 대상자가 이익을 얻었거나 얻게 되는지 여부 또는 그러한 목적으로 지출되었는지 여부를 기준으로 하되, 비용의 지출 시점이나 경위, 재건축사업의 진척 상황 등의 여러 사정을 종합적으로 살펴보아야 한다.

분양 수익에만 기여하는 비용은 현금청산 대상자에게 부담하도록 하여서는 안 된다. 잔존 조합원들의 이익으로만 귀속되는 비용이나 전적으로 새롭게 건축되는 건물의 형성에만 기여하는 비용 등도 특별한 사정이 없는 한 합리적인 범위 내의 비용으로 보기 어렵다.[123]

(3) 정관 변경(안)

제00조(현금청산자의 정비사업비 부과)

도시정비법 제73조 제1항에 의한 현금청산대상자에 대한 청산금에서 다음의 산식에 의해 산정된 금액(정비사업비)을 공제한다.

---

122) 대법원 2021. 4. 29. 선고 2018두52150 판결

123) 대법원 2021. 4. 29. 선고 2017두48437 판결(구체적인 이유 설시함), 대법원 2021. 4. 29. 선고 2017두48512 판결, 대법원 2021. 8. 19. 선고 2020다243532 판결

$$\text{부담금액} = \frac{\text{현금청산 대상자 종전자산 금액}}{\text{사업구역내 전체 종전자산 금액}} \times \text{집행된 정비사업비의 80\%}$$

※ 종전자산 금액은 관리처분계획을 수립하기 위해 실시한 감정평가금액을 기준으로 함.

※ 집행된 정비사업비는 분양신청기간 만료일 이전 또는 분양계약체결기간 만료일 이전의 총회에서 보고된 결산보고서의 금액을 기준으로 함

※ 정비사업비의 80%는 현금청산 대상자의 정비사업비 부담에 관한 합리적 비용으로 한정하기 위함임.

4. 현금청산자의 청산금 청구소송

(1) 2013. 12. 24. 개정전 도시정비법 제47조

도시정비법(2013. 12. 24. 개전되기 전의 것) 제47조는 “사업시행자는 토지등소유자가 다음 각호의 1에 해당하는 경우에는 그 해당하게 된 날부터 150일 이내에 대통령령이 절차에 따라 토지·건축물 또는 그 밖의 권리에 대하여 현금으로 청산하여야 한다.” 라고 규정하고 있었다.

현금청산자는 협의기간의 만료일 다음 날 이후 재개발·재건축사업의 시행자를 상대로 청산금을 청구할 수 있다. 분양계약을 체결하지 아니한 경우의 조합과 조합원의 법률관계는 도시정비법 제73조에 따라 청산되어야 하고, 현금청산자의 조합에 대한 청산금 청구는 공법상 당사자소송에 해당한다.[124)]

현금청산자가 재건축조합을 상대로 행정소송으로 청산금청구소송을 제기할 경우 재건축조합은 현금청산자를 상대로 위 행정소송에서 반소로써 소유권이전등기 및 부동산 인도를 청구할 수 있다.[125)]

---

124) 서울고등법원 2013. 4. 18. 선고 2012나94843 판결

125) 서울행정법원 2015. 9. 17. 선고 2014구합51364(본소), 2014구합66205(반소) 판결

(2) 현행 도시정비법 제73조

현행 도시정비법 제73조 제1, 2항에 따르면 사업시행자는 위 각 조항이 정한 기간 내에 손실보상에 관한 협의를 마친 후 매도청구소송 등을 제기하여야 하고, 사업시행자가 위와 같은 기한을 준수하지 않을 경우에는 동조 제3항에 따른 이자를 지급할 의무를 부담할 뿐이며, 현행 도시정비법에 토지등소유자의 '매수청구권'을 규정하고 있는 조항은 존재하지 않는다.

위와 같은 현행 도시정비법의 문언 및 체계 등에 의하면, 사업시행자가 토지등소유자와 손실보상에 관한 협의를 마치거나, 매도청구소송을 제기하거나, 그밖에 자발적으로 토지등소유자와 매매계약을 체결하지 않는 이상에는, 토지등소유자가 관리처분계획이 인가·고시되기도 이전에 일방적으로 사업시행자에 대하여 바로 그 토지 등 가액 상당의 청산금의 지급을 구할 수는 없다고 판시한 사례가 있다.[126]

5. 지연이자

(1) 지연이자 제도[127]

지연이자제도는 사업시행자가 정해진 기간 내에 매도청구 또는 재결신청을 하지 않고 지연한 데 대한 제재와 토지소유자등의 손해에 대한 보전이라는 성격을 아울러 가지고 있다.[128]

사업시행자는 협의기간 만료일 다음 날부터 60일을 넘겨서 수용재결을 신청하거나 매도청구소송을 제기한 경우에는 해당 토지등소유자에게 지연일수에 따른 이자를 지급하여야 한다(법 제73조 제3항).

---

126) 서울남부지방법원 2024. 12. 5. 선고 2023가합108013, 2024가합107499, 2024가합106175 판결

127) 부칙(2017. 2. 8.) 제9조 : 2012. 8. 2. 이후 최초로 조합설립인가를 신청하는 정비사업부터 이자지급 규정 적용됨.
제19조 : '90일 이내' 현금청산은 2013. 12. 24. 이후 최초로 조합설립인가를 신청하는 경우부터 적용함(2013. 12. 23. 이전은 150일이내 현금청산해야 함).

128) 대법원 2017. 4. 7. 선고 2016두63361 판결 유사취지

이자는 다음과 같다(시행령 제60조).

① 6개월 이내의 지연일수에 따른 이자의 이율 : 100분의 5

② 6개월 초과 12개월 이내의 지연일수에 따른 이자의 이율 : 100분의 10

③ 12개월 초과의 지연일수에 따른 이자의 이율 : 100분의 15

(2) 지연이자 또는 재결신청 지연가산금

2012. 8. 2. 이후 조합설립인가를 받은 경우 현금청산 대상자는 현행 도시정비법 시행령 제60조 제2항에 의한 지연이자만을 청구할 수 있다.

2012. 8. 1. 이전 조합설립인가를 받은 경우 재개발사업구역내 현금청산 대상자는 ① 현금청산금 지급 지체에 따른 지연이자 청구권과 ② 재결신청 지연가산금 청구권을 선택적으로 행사할 수 있다.[129)]

(3) 현금청산자의 부동산 점유와 지연이자

도시정비법(2012. 2. 1. 개정된 것) 제47조에 의하면 사업시행자는 분양신청을 하지 아니한 자에게 분양신청기간 종료일의 다음날부터 150일 이내에 현금으로 청산하여야 하고, 위 기간 내에 현금으로 청산하지 아니한 경우 사업시행자는 정관등이 정하는 바에 따라 해당 토지등소유자에게 이자를 지급하여야 한다.

토지 등 소유자가 조합원의 지위를 유지하는 동안에 종전자산을 출자하지 않은 채 계속 점유하다가 조합관계에서 탈퇴하여 현금청산대상자가 되었고, 보상협의 또는 수용재결에서 정한 현금청산금을 지급받은 이후에야 비로소 조합에 종전자산의 점유를 인도하게 된 경우에는 조합이 해당 토지 등 소유자에게 현금청산금을 실제 지급한 시점이 현금청산사유가 발생한 날부터 150일의 이행기간이 경과한 시점이라고 하더라도 조합은 150일의 이행기간을 초과한 지연일수에 대하여 현금청산금 지급이 지연된 데에 따른 지체책임을 부담하지는 않는다.[130)]

129) 대법원 2020. 7. 23. 선고 2019두46411 판결
130) 대법원 2020. 7. 23. 선고 2018두47622 판결

6. 근저당권자와 물상대위권

(1) 근저당권자의 물상대위권 범위

이 사건 아파트의 소유자인 소외인(현금청산자)이 분양계약을 체결하지 않아 조합원 지위를 상실하여 현금청산 대상자가 된 이상, 이 사건 아파트의 근저당권자로서는 근저당권 소멸의 효력이 발생하는 이전고시 이전이라도 소외인(현금청산자)이 취득한 청산금에 대하여 물상대위권을 행사할 수 있다.

이전고시 이전에 조합은 소외인(현금청산자)에 대하여 근저당권설정등기 내지 가압류등기의 말소의무와 동시이행으로만 청산금을 지급할 의무를 부담하므로, 근저당권자로서는 소외인(현금청산자)이 취득한 청산금의 제한범위 내에서 물상대위권을 행사할 수 있을 따름이다.[131]

(2) 이전고시와 근저당권 설정등기의 말소 여부

주택재건축사업에서 조합원이 분양신청을 하지 않거나 분양계약을 체결하지 않음으로써 청산금 지급 대상이 되는 대지·건축물의 경우에는, 특별한 사정이 없는 한 그에 관하여 설정되어 있던 기존의 권리제한은 이전고시로 소멸하게 된다.[132]

131) 대법원 2018. 9. 28. 선고 2016다246800 판결
132) 대법원 2018. 9. 28. 선고 2016다246800 판결

Ⅱ. 재개발조합과 현금청산

1. 현금청산의 협의

(1) 협의 기간 등

사업시행자는 관리처분계획이 인가·고시된 다음 날부터 90일 이내에 현금청산자들과 손실보상에 관한 협의를 하여야 한다. 다만 사업시행자는 분양신청기간 종료일의 다음날부터 협의를 시작할 수 있다(법 제73조 제1항).

도시정비법 제73조에서 협의의 기준이 되는 감정평가액의 산정에 관한 규정을 두고 있지 않으므로, 재개발사업에 있어 토지보상법상 협의 및 그 사전절차가 준용될 것이다.

재개발사업에 있어 협의절차는 다음과 같다.[133]

① 사업시행자는 토지 등의 보상 규정에 의한 협의를 하고자 하는 때에는 협의기간·협의장소 및 협의방법(제1호), 보상의 시기·방법·절차 및 금액(제2호), 계약체결에 필요한 구비서류(제3호) 등을 기재한 보상협의요청서를 토지소유자 및 관계인에게 통지하여야 한다.

② 사업시행자는 협의기간 내에 협의가 성립되지 아니한 경우에는 협의의 일시·장소 및 방법(제1호), 대상 토지의 소재지·지번·지목 및 면적과 토지에 있는 물건의 종류·구조 및 수량(제2호), 토지소유자 및 관계인의 성명 또는 명칭 및 주소(제3호), 토지소유자 및 관계인의 구체적인 주장 내용과 이에 대한 사업시행자의 의견(제4호), 그 밖에 협의와 관련된 사항(제5호) 등이 기재된 협의경위서에 토지소유자 및 관계인의 서명 또는 날인을 받아야 한다.

(2) 재결의 실효와 협의절차

사업시행자가 수용 또는 사용의 개시일까지 관할 토지수용위원회가 재결한

---

133) 토지보상법 시행령 제8조 제1항, 제5항

보상금을 지급하거나 공탁하지 아니하였을 때에는 해당 토지수용위원회의 재결은 효력을 상실한다(토지보상법 제42조 제1항).

재개발조합은 수용재결의 신청을 사업시행기간 이내에 할 수 있으므로(법 제65조 제3항), 재결보상금의 미공탁으로 인한 재결의 실효이후에도 다시 수용재결신청을 할 수 있다.

수용재결이 실효된 후에 다시 수용재결을 신청할 때는 토지소유자 등이 사업시행자에게 먼저 보상협의의 절차를 거칠 것을 요구하는 등 예외적인 사정이 없는 한 보상협의 절차를 거칠 필요가 없다.[134]

2. 토지수용재결

(1) 토지수용 재결 신청[135]

재개발사업의 사업시행자는 협의기간중 협의가 성립되지 아니하면 그 기간의 만료일 다음 날부터 60일 이내에 수용재결을 신청하여야 한다(법 제73조 제2항).

재개발사업의 사업시행자는 정비구역에서 정비사업을 시행하기 위하여 토지보상법 제3조에 따른 토지·물건 또는 그 밖의 권리를 취득하거나 사용할 수 있고(법 제63조), 이 경우 도시정비법에 규정된 사항을 제외하고는 토지보상법을 준용한다(법 제65조 제1항).

(2) 수용보상금의 가격산정기준일

재개발사업에 있어 도시정비법령은 수용보상금의 가격산정기준일에 관한 규정을 두고 있지 않으므로 현금청산대상자들의 토지 등에 대한 수용보상금은 토지보상법 제67조 제1항에 따라 토지 등의 수용재결일 가격을 기준으로 산정하여야 한다.[136]

134) 대법원 2015. 2. 26. 선고 2012두11287 판결, 대법원 2017. 4. 7. 선고 2016두63361 판결
135) 토지수용절차의 자세한 설명은 제6편 제4절을 참조하기 바람
136) 대법원 2016. 12. 15. 선고 2015두51309 판결

이에 반해 도시정비법령과 토지보상법령의 체계와 취지에 비추어 보면, 특정한 토지를 사업시행 대상 부지로 삼은 최초의 사업시행인가 고시로 의제된 사업인정이 효력을 유지하고 있다면, 최초의 사업시행인가 고시일을 기준으로 보상금을 산정함이 원칙이다라고 판시한 사례도 있다.[137)]

사업시행계획에서 정한 사업시행기간이 도과하였더라도 사업시행기간이 사업시행계획의 효력기간을 정한 것이 아니므로, 최초의 사업시행인가 고시일을 기준으로 보상금을 산정하여야 한다.[138)]

청산금 지급의무 발생시기가 '분양신청기간의 종료일 다음날' 이므로,[139)] 현금청산 대상자의 감정평기시점도 위 '분양신청기간의 종료일 다음날' 이라는 견해도 있다.

(3) 보상항목의 누락

토지보상법에 따른 재결을 거쳐 보상금이 지급 또는 공탁됨으로써 손실보상이 완료되었는지 여부는 보상항목별로 판단하여야 한다. 피보상자별로 어떤 토지, 물건, 권리 또는 영업이 손실보상대상에 해당하는지, 나아가 그 보상금액이 얼마인지를 심리·판단하는 기초 단위를 보상항목이라고 한다.[140)]

편입토지·물건 보상, 지장물 보상, 잔여 토지·건축물 손실보상 또는 수용청구의 경우에는 원칙적으로 개별 물건에 따라 하나의 보상항목이 된다.[141)]

편입토지·물건이 누락된 경우 별도로 재결절차를 진행하여야 한다.

(4) 가설건축물 등

지장물인 건물은 그 건물이 적법한 건축허가를 받아 건축된 것인지 여부에 관계없이 토지보상법상의 사업인정의 고시 이전에 건축된 건물이기만 하면 손

---

137) 대법원 2018. 7. 26. 선고 2017두33978 판결
138) 서울고등법원 2020. 5. 28. 선고 2019나2048906 판결
139) 대법원 2009. 9. 10. 선고 2009다32850, 32867 판결, 대법원 2010. 12. 23. 선고 2010다73215 판결, 대법원 2011. 1. 27. 선고 2008두14340 판결, 대법원 2012. 5. 10. 선고 2010다47469 판결(시장재건축)
140) 대법원 2018. 5. 15. 선고 2017두41221 판결, 인천지방법원 2022. 9. 15. 선고 2021구합58510 판결
141) 대법원 2018. 7. 20. 선고 2015두4044 판결

실보상의 대상이 된다.[142]

토지등소유자가 적법한 개축허가 없이 발코니 확장공사를 실시하여 그 확장부분을 침실로 변경한 경우 위 확장부분은 수용재결일 당시의 현황 그대로 개축허가의 유무와 관계없이 손실보상의 대상이 된다.[143]

(5) 이전고시와 이의재결의 취소소송 등

정비사업의 공익적·단체법적 성격과 이전고시에 따라 이미 형성된 법률관계를 유지하여 법적 안정성을 보호할 필요성이 현저한 점 등을 고려할 때, 이전고시의 효력이 발생한 이후에는 조합원 등이 해당 정비사업을 위하여 이루어진 수용재결이나 이의재결의 취소 또는 무효확인을 구할 법률상 이익이 없다.[144]

142) 대법원 2000. 3. 10. 선고 99두10896 판결

143) 수원지방법원 2020. 6. 18.선고 2019구합61749 판결

144) 대법원 2017. 3. 16. 선고 2013두11536 판결, 대법원 2017. 3. 30. 선고 2013두840 판결, 대법원 2019. 4. 23. 선고 2018두55326 판결

Ⅲ. 재건축조합과 현금청산

1. 재건축조합과 협의절차

(1) 협의절차

사업시행자는 관리처분계획이 인가·고시된 다음 날부터 90일 이내에 현금청산자들과 손실보상에 관한 협의를 하여야 한다. 다만 사업시행자는 분양신청기간 종료일의 다음날부터 협의를 시작할 수 있다(법 제73조 제1항).

'90일 이내에 협의' 규정은 토지수용 또는 매도청구권 행사 전에 현금청산자가 유일하게 가지는 절차적 보장 규정이다. 현금청산자와의 '협의'는 재건축조합과 현금청산자 사이에서의 구체적이고 실질적인 협의를 뜻한다.

실질적 협의 여부 판단은 ① 사업시행자가 매매가격 또는 그 산정을 위한 상당한 근거를 제시하였는지, ② 사업주체가 협의 진행을 위하여 노력하였는지, ③ 대지 소유자가 협의에 어떠한 태도를 보였는지 등을 고려하여야 한다.[145]

조합이 현금청산자에게 우편과 전화로 여러 차례 보상금액을 제시하였고, 조합이 제시한 매수금액도 감정평가절차를 거쳐 나온 금액이며, 현금청산자가 추가 금액을 제시하여 협의가 성립되지 않은 점 등에 비추어 협의절차를 실질적으로 거쳤다고 인정한 사례가 있다.[146]

(2) 매매대금의 제시

재건축조합이 현금청산자에게 종전자산 평가금액을 매매대금으로 제시하는 사례가 많다. 그러나 종전자산 평가금액은 관리처분계획을 수립하기 위한 것일 뿐 현금청산자들에 대한 보상금액으로 사용하기 적절치 않다. 따라서 재건축조합은 현금청산자들의 부동산에 관한 별도의 감정평가를 실시한 후 해당 감정평가금액을 매매대금으로 제시하여야 한다.

---

145) 대법원 2013. 5. 9. 선고 2011다101315, 101322 판결
146) 대구지방법원 2022. 12. 7. 선고 2022가단100902 판결(가로주택정비사업 사례)

2. 매도청구소송

(1) 매도청구소송의 제기[147][148]

재건축사업의 사업시행자는 협의기간중 협의가 성립되지 아니하면 그 기간의 만료일 다음 날부터 60일 이내에 매도청구소송을 제기하여야 한다(법 제73조 제2항).

위 '60일'의 성격이 제척기간인지 여부가 문제될 수 있으나, 도시정비법 제73조 제3항에서 지연이자를 규정하고 있음에 비추어 위 '60일'은 제척기간에 해당한다고 볼 수 없다.

현금청산대상자에 대한 매도청구소송의 경우 촉구절차 및 행사기간에 대하여 도시정비법 제64조가 적용되지 않는다.[149]

(2) 매매계약 성립일 또는 감정평가기준일

재건축사업의 사업시행자와 현금청산자간 매매계약의 성립이 의제되는 날(감정평가기준일)은 '분양신청기간의 종료일 다음날'이라는 견해[150]가 있다.

2017. 2. 8. 도시정비법 전부개정되면서 도시정비법 제73조에서 미분양신청자를 상대로 그 소유 부동산에 관한 소유권이전등기청구를 할 수 있는 근거를 마련되어 있으므로, 종전 대법원 2010. 12. 13. 선고 2010다73215판결은 현행 도시정비법에서는 원용될 수 없다. 이에 매도청구권 행사에 따른 매매가액은 '매도청구 당시'로 보아야 하고, 매매계약성립(감정평가기준일)은 매도청구의 의사표시가 토지등소유자에게 도달한 때 생긴다고 해석한 사례가 있다.[151]

---

147) 매매계약 성립 내용은 제6편 제1절 IV.를 참고하기 바람.

148) 대법원 2023. 11. 2. 선고 2022다290327, 2022다290334 판결 : 도시정비법 제64조 제4항 및 제73조 제2항은 합헌임. 엄격하게 해석 요망

149) 대법원 2010. 12. 23. 선고 2010다73215 판결, 대법원 2013. 9. 26. 선고 2011다16127 판결

150) 대법원 2011. 12. 22. 선고 2011두17936 판결, 대법원 2010. 12. 23. 선고 2010다73215 판결, 서울고등법원 2021. 4. 16. 선고 2020나2031942 판결

151) 서울남부지방법원 2024. 12. 5. 선고 2023가합108013, 2024가합107499, 2024가합106175 판결, 부산고등법원 2023. 9. 14. 선고 2023나50649 판결 : 부칙(2017. 2. 8.) 제19조에 의거 2013. 12. 24. 이후 최초로 조합설립인가를 신청한 경우에만 적용

청산금의 지급을 구하는 소송에 있어서 법원은 적절한 방법으로 청산금액을 평가하면 족하다.[152]

(3) 현금청산에 관해 정관에서 정한 경우

현금청산자의 조합원 지위 상실 이전 재건축조합이 정관 또는 관리처분계획에서 현금청산금을 정하는 방법을 별도로 정한 경우 재건축조합은 현금청산대상자에게 정관 또는 관리처분계획에 규정된 대로 지급하면 된다고 판시한 사례도 있다.[153]

(4) 이전고시와 매도청구

투기과열지구로 지정된 지역에서 재건축사업을 시행하는 경우 조합설립이가 후 건축물 및 부속토지를 양수한 자는 조합원이 될 수 없고, 재건축조합은 양수인에게 도시정비법 제73조를 준용하여 손실보상을 하여야 한다.

재건축조합이 이미 양수인으로부터 해당 건축물 또는 토지를 현물출자받거나 신탁을 원인으로 한 소유권이전등기를 경료받은 경우라면, 재건축조합은 신탁받은 건축물 또는 토지의 소유권을 취득하기 위하여 새로이 매도청구권을 행사할 필요가 없다.[154]

조합원 자격을 취득할 수 없음을 간과하고 해당 양수인에게 대지 또는 건축물을 분양하는 것을 내용으로 하는 관리처분계획의 변경 및 이전고시가 이루어지고, 해당 양수인이 그에 따른 권리를 취득하기에 이른 경우라면, 그러한 관리처분계획 또는 이전고시의 효력을 다투는 것은 별론으로 하고, 해당 양수인이 취득한 대지 등에 대하여 도시정비법 제73조 제2항에 기해 매도청구를 하는 것은 재건축사업의 시행과 무관하여 허용되지 않는다.[155]

됨.

152) 대법원 2009. 9. 10. 선고 2009다32850, 32867 판결,

153) 서울중앙지방법원 2009. 5. 28. 선고 2008가합91758 판결

154) 대법원 2013. 11. 28. 선고 2012다110477, 110484 판결

155) 대법원 2023. 11. 2. 선고 2022다290327, 2022다290334 판결

(5) 재건축조합과 주거이전비 등

재건축조합은 토지 등을 수용할 권한을 가지고 있지 않고(법 제63조), 도시정비법 제81조 제1항 제2호나 토지보상법 규정이 유추적용된다고 볼 수 없으므로,[156] 재건축조합은 현금청산 대상자에게 주거이전비를 지급하거나 영업손실을 보상할 의무가 없다.

156) 대법원 2014. 7. 24. 선고 2012다62561 판결, 헌법재판소 2020. 4. 23.자 2018헌가17결정

Ⅳ. 정관에 의한 현금청산자

1. 조합원 분양계약

(1) 조합원의 분양권

정비사업의 시행으로 조성된 대지 및 건축물은 관리처분계획에 따라 처분 또는 관리하여야 한다(법 제79조 제1항). 사업시행자는 정비사업의 시행으로 건설된 건축물을 관리처분계획에 따라 토지등소유자에게 공급하여야 한다(법 제79조 제2항). '토지등소유자'와 관련 조합을 설립하는 경우 조합원을 의미하고, 조합을 설립하지 않는 경우에는 토지등소유자를 의미한다.

조합원은 기존의 주택과 토지를 신탁목적으로 조합에 이전할 의무 등을 부담하고, 이에 대응하는 새로운 주택을 분양받을 권리를 가진다.[157]

<분양권 가압류 주문>

① 일반분양권의 가압류 주문

채무자와 제3채무자 사이의 분양계약에 기하여 채무자가 제3채무자에 대하여 가지는 별지 기재 부동산의 소유권이전등기청구권 등 분양계약상의 권리 일체를 가압류한다.

제3채무자는 채무자에 대하여 위 부동산에 관하여 소유권을 이전하거나 채무자의 청구에 따라 분양계약자의 명의를 변경하여서는 아니된다.

② 재건축조합 조합원의 분양권(입주권) 가압류 주문

채무자가 재건축조합인 제3채무자의 조합원으로서 제3채무자에 대하여 가지는 별지 기재 부동산의 소유권이전등기청구권 등 조합원으로서의 권리 일체를 가압류한다.

---

157) 대법원 1999. 4. 27. 선고 99다5149 판결, 대법원 2010. 1. 28. 선고 2008다90347 판결

제3채무자는 채무자에 대하여 위 부동산에 관하여 소유권을 이전하거나 채무자의 청구에 따라 조합원의 명의를 변경하여서는 아니된다.

(2) 조합원 분양계약의 체결

조합원이 조합에서 통지한 기간 내에 분양계약을 체결하지 않는 경우에는 (제45조) 제1항부터 제3항 규정을 준용한다. 분양계약을 체결한 조합원이 분양계약에서 정한 의무를 이행하지 아니하여 조합이 계약을 해지할 경우에는 해당 분양계약에서 정한 바에 따른다(서울시 재개발 표준정관 제45조 제4항, 제5항).

조합과 조합원은 주택정비사업의 시행 과정에서 시공사에 대한 공사비 지급, 신축건물에 대한 조합원의 입주 및 분양대금 납부 등을 둘러싼 권리·의무관계를 원활하게 조정하고 이를 구체화하기 위하여 사법상 계약의 형태로 개별적인 약정을 체결할 수 있다. 분양계약이 조합과 조합원의 자유로운 의사의 합치에 기하여 이루어진 것인 이상 총회결의 절차를 반드시 거쳐야 한다고 볼 수 없다.[158]

(3) 관리처분계획변경과 분양계약

관리처분계획의 수립기준에 관한 도시정비법령의 제규정은 최소한 관리처분계획에 따른 조합원분양의 이행 및 분담금 지급의무의 부여를 위한 사법상의 계약인 이른바 분양계약의 내용을 형성함에 있어서는 강행규정이다.[159]

도시정비법상 재건축정비사업의 경우, 조합원과 조합 사이의 분양에 관한 법률관계, 특히 건물의 완성 및 권리이전에 관한 법률관계는 도시정비법, 관리처분계획 및 이전고시에 의하여 형성되는 것이지 분양계약에 의하여 비로소 형성되는 것이 아니다. 즉 조합원과 조합간 이행의무의 존부나 내용도 관리처분계획에 따라 결정된다.

---

158) 대법원 2007. 12. 27. 선고 2004다26256 판결, 대법원 2008. 12. 24. 선고 2006다73096 판결

159) 서울행정법원 2019. 6. 21. 선고 2018구합6027 판결

또한 관리처분계획이 인가된 이후 조합원과 조합 사이에 체결되는 분양계약은 조합원과 조합 사이에 관리처분계획에 따라 결정된 분양에 관한 법률관계를 구체화하고 보충하는 의미를 갖는다.

관리처분계획에 반하는 분양계약은 그 효력을 인정할 수 없고[160], 관리처분계획의 주요 부분을 실질적으로 변경하는 내용의 새로운 관리처분계획이 수립인가된 경우 당초의 관리처분계획은 달리 특별한 사정이 없는 한 효력을 상실한다는 점에 비추어 볼 때, 분양계약 체결 이후 관리처분계획의 주요 부분이 변경된 경우에는 재건축조합과 조합원 사이의 권리관계는 변경된 관리처분계획에 따라 변경되고, 그에 따라 종래의 분양계약은 변경된 관리처분계획과 저촉되는 범위 내에서는 그 효력을 상실한다.[161]

(4) 분양(변경)계약의 미체결과 조합원 지위

분양계약은 변경된 관리처분계획과 저촉되는 범위에서 실효되고, 조합원은 위 변경된 관리처분계획에 따라 추가부담금 지급의무를 부담할 뿐 분양계약 전체가 실효된다거나 무효로 된다고 볼 수 없다.

조합이 조합원들과 변경된 관리처분계획에 따른 분양(변경)계약을 체결한 경우 위 분양(변경)계약은 위 변경된 관리처분계획 등에 의하여 이미 형성된 법률관계를 구체화하고 보충하는 의미이다.

변경된 관리처분계획 이후 조합의 분양(변경)계약체결안내를 '그 기간 내에 신청하지 않으면 기존 조합원들이 현금청산자가 되도록 하는 실질적인 분양신청 절차'라고 해석할 수는 없고, 해당 조합원은 도시정비법이나 조합의 정관에서 규정한 '분양신청을 하지 아니한 자'에 해당하지 않는다.[162]

(5) 분양대금 전액 납부 조항

조합과 조합원들이 '분양대금 전액의 선납부 후정산'의 내용으로 분양계약을 체결한 사안에서, 분양계약에 따른 분양대금 납부의무의 부담이나 그 내용은 구 도시재개발법을 포함한 전체 법질서에 비추어 허용될 수 있고, 계약

160) 대법원 2005. 7. 15. 선고 2004두12971 판결
161) 대법원 2008. 12. 24. 선고 2006다73096 판결
162) 서울고등법원 2016. 9. 6. 선고 2016누33249 판결

체결에 이르게 된 동기와 경위, 목적 등에 비추어 필요성과 상당성이 있다고 인정할 수 있으므로 위 분양계약을 무효로 볼 수 없다고 한 사례가 있다.163)

2. 분양계약의 계약해제

(1) 계약해제와 조합원 지위

분양계약서상 계약해제사유를 정하고 있고, 분양받은 자가 계약해제사유(예 2회 이상 중도금 납부 불이행)에 해당하는 행위를 한 경우 조합은 계약해제를 할 수 있다. 이 경우 분양받은 자의 지위 유지문제와 청산문제가 발생한다.

조합원은 도시정비법 또는 관리처분계획에 의해 정해지는 것이므로, 분양계약이 해제되었다고 해서 조합원 지위를 상실하지 않는다는 견해가 있다.164)

이에 반해 분양계약도 당사자간의 합의에 의한 것이므로 재건축조합은 조합원에게 계약해제사유(중도금 납무의무 불이행)를 근거로 계약해지를 할 수 있다. 이 경우 조합원은 조합원의 지위를 상실하고, 조합은 현금청산절차를 준용하여 청산절차를 진행할 수 있다는 견해가 있다.165)

(2) 여러 분양계약중 일부 분양계약의 채무불이행과 계약해제

조합원 갑이 A부동산과 B부동산을 분양받았고, A부동산은 추가부담금이 없고, B부동산은 부담금이 있었는바, 조합원 갑이 B부동산에 관한 부담금을 납부하지 않자 조합이 A부동산 및 B부동산에 관한 분양계약을 해제한 사안에서 법원은 조합의 A부동산 및 B부동산에 관한 분양계약 해제는 적법하다고 판시하였다.

또한 정관에서 중도금 미납으로 분양계약이 해제된 경우 조합원 자격도 상실된다고 정한 경우 해당 조합원은 정관의 규정에 따라 조합원 지위도 상실한

163) 대법원 2008. 12. 24. 선고 2006다73096 판결

164) 서울고등법원 2014. 10. 15. 선고 2013나35797 판결, 대구지방법원 2019. 12. 19. 선고 2018가합204798 판결

165) 서울행정법원 2021. 3. 23. 선고 2020구합59703 판결, 서울행정법원 2023. 5. 18. 선고 2022구합64242 판결

다.[166)]

3. 조합원의 분양계약 미체결

(1) 조합원 지위 상실

서울시 재개발 표준정관 제45조 제4항에 의하면 분양계약을 체결하지 않은 자는 사업시행자로부터 손실보상을 받게 되는바, 위 규정의 취지는 조합이 조합원이었던 토지등 소유자에 대하여 해당 기간에 분양계약의 체결을 거절하는 방법으로 사업에서 이탈할 수 있는 기회를 추가로 부여한 것으로 볼 수 있다.[167)]

분양계약을 체결하지 않은 자는 '분양계약 체결기간의 종료일 다음날' 조합원의 지위를 상실한다.[168)]

(2) 분양계약 체결기간의 통지와 재량성

정관에 의한 현금청산은 조합이 조합원들에게 분양계약체결을 요구하는데도 그 분양계약체결 의무에 위반하여 분양계약을 체결하지 아니한 조합원을 현금청산대상자로 한다는 의미이다.[169)]

조합은 조합원들의 다양한 이해관계, 정비사업에 소요될 것으로 예상되는 사업비용, 조합원 등의 이주 정도, 관리처분계획의 변경가능성 등 제반 사정을 고려하여 분양계약 체결기간을 적절한 시기로 정할 수 있는 권한을 보유하고 있다.[170)]

조합이 사업 진행상 여러 가지 사정으로 조합원들에게 분양계약체결 자체를 요구하지 아니한 경우 사전에 분양계약의 체결을 거부하였다 하더라도 해당

166) 부산지방법원 2024. 5. 2. 선고 2023구합23553 판결
167) 대법원 2016. 12. 29. 선고 2013다217412 판결
168) 대법원 2011. 12. 22. 선고 2011두17936 판결, 대법원 2013. 7. 11. 선고 2013다13023 판결
169) 대법원 2016. 12. 15. 선고 2015두51309 판결
170) 대전지방법원 2024. 7. 3. 선고 2023나216072 판결

조합원은 현금청산자가 되지 않는다.[171]

또한 조합이 분양계약 체결기간을 통지하지 않은 경우 조합원은 명시적으로 분양계약체결을 거부하면서 건물철거금지를 구할 수 없다.[172]

(3) 분양계약 체결기간의 연장

조합이 분양계약체결기간이 종료된 이후 이를 연장한 것은 기존의 분양계약 체결기간 내에 분양계약을 체결하지 아니하여 조합원 지위를 상실하고 현금청산자 지위를 갖게 된 자가 스스로 현금청산자 지위를 포기하고 새로 정해진 분양계약체결기간 내에 분양계약을 체결할 경우 그에게 조합원 지위를 회복시켜 주겠다는 의사를 표시한 것이다.

위 분양계약 체결기간의 연장은 조합원 지위를 상실한 토지등소유자에게 강제로 현금청산자 지위를 상실시키고 조합원 지위를 회복시키는 효과가 발생하지 않는다.

조합이 최초 분양계약체결기간으로 지정한 기간의 종료 후에 분양계약체결기간을 연장하였다고 하더라도 최초 분양계약 체결기간 내에 분양계약을 체결하지 않은 토지등소유자의 지위(현금청산 대상자)가 변동된다고 볼 수 없다.[173]

(4) 분양계약 체결기간 경과 후 분양계약 체결

분양계약 체결기간에 분양계약을 체결하지 않은 자는 분양계약 체결기간 만료일 다음날 현금청산자가 되고, 총회 결의 등을 통해 조합원 지위를 회복하지 않는 이상,[174] 분양계약 체결기간 경과후 조합과 토지등소유자간 임의로 체결된 분양계약은 무효이다.

---

171) 대법원 2012. 5. 9. 선고 2010다71141 판결, 대법원 2013. 7. 11. 선고 2013다13023 판결, 대법원 2018. 12. 27. 선고 2018다260015 판결, 대법원 2018. 12. 27. 선고 2018다261216 판결

172) 부산지방법원 2018. 8. 16.자 2018카합10313 결정

173) 서울고등법원 2014. 4. 2. 선고 2013누23173 판결, 부산고등법원(창원) 2019. 1. 30. 선고 2018누11749 판결

174) 서울중앙지방법원 2023. 5. 18.자 2023카합20259 결정, 대법원 2016. 12. 29. 선고 2013다217412 판결

조합이 분양신청 체결기간을 연장하고, 위 연장된 기간내 분양계약을 체결한 자는 조합원 지위를 유지한다는 견해도 있다.

(5) 분양계약 체결 경과 후 계약금 입금

안내문에 '분양계약 구비서류가 완비되지 않더라도 계약금이 해당 계좌로 입금된 경우 분양계약자로 인정한다.' 라는 취지의 문구는 조합이 분양계약 체결 기간 내에 조합 명의 계좌로 계약금이 입금되었는지 여부를 조합원들의 분양계약 체결 의사를 객관적으로 확인할 수 있는 주요 지표로 삼았다고 할 것인바, 분양계약 체결기간 내 분양계약을 체결하지도 않고 이후에 계약금을 입금하였으므로, 해당 조합원은 조합원 지위를 상실하게 된다고 판시한 사례가 있다.[175)]

(6) 주택과 상가를 분양받은 조합원이 상가계약만을 포기할 수 있는지

조합원의 지위와 현금청산대상자의 지위는 법률상 양립할 수 없으므로, 수개의 주택 또는 수필지의 토지를 소유한 조합원이라 하더라도 조합원의 지위와 현금청산대상자의 지위 중 하나를 선택할 수 있을 뿐 이를 동시에 보유할 수는 없다.[176)]

종전자산가액이 주택과 상가를 모두 분양 받기에 충분한 경우 조합은 해당 조합원에게 주택과 상가를 각각 분양할 수 있고, 조합원은 권리가액과 주택 및 상가의 조합원 분양가 합산액의 차액을 분담금 또는 환급금으로 정산하게 된다.

조합원이 주택과 상가를 분양신청하였다면 주택과 상가에 대하여 모두 분양계약을 체결해야 하고, 그렇지 않다면 주택과 상가의 분양계약을 모두 포기하는 방법으로 조합에서 탈퇴하여야 한다. 즉 주택과 상가를 모두 분양신청한 조합원은 주택과 상가 중 일부를 특정하여 분양계약을 체결할 수 없다.

---

175) 의정부지방법원 2022. 12. 1. 선고 2021가합53993 판결
176) 서울고등법원 2013. 9. 27. 선고 2012누239320 판결, 서울행정법원 2025. 3. 21. 선고 2023구합85722 판결, 서울행정법원 2023. 3. 24. 선고 2022구합74850 판결

(7) 도시정비법 제39조 제1항 제3호에 의한 1인 간주 조합원

투기과열지구로 지정된 지역에서 재개발사업을 시행하는 경우 관리처분계획의 인가후 해당 건축물 또는 토지를 양수한 자는 조합원이 될 수 없고, 사업시행자는 토지 또는 건축물을 취득한 자에게 도시정비법 제73조를 준용하여 손실보상을 하여야 한다(법 제39조 제2항, 제3항).

이에 반해 정비구역내 수개의 토지 등을 소유하던 토지등소유자가 관리처분계획 인가 후 일부 토지 등을 양도한 경우 양도인의 조합원 지위를 박탈하는 규정은 없다.

양도인과 양수인을 1인으로 보는 경우 조합은 ① 양도인과 양수인에게 대표조합원을 선출할 것을 요구한 후 선출된 대표조합원과 분양계약을 체결하거나, ② 정관이나 관리처분계획상에 공동계약체결방식에 대한 근거를 마련한 후 양도인 및 양수인과 공동으로 계약을 체결하여야 한다.[177]

(8) 분양계약 체결의 통지 미송달

조합이 조합원에게 분양계약체결을 통지하지 않았다면 위 조합원이 분양계약 체결 통지를 받지 못하여 분양계약을 체결하지 못한 이상 위 조합원은 분양계약 미체결에 따른 현금청산대상자에 해당하지 않는다.[178]

(9) 분양신청 철회 기회 부여와 부동산 인도청구

재건축조합이 ① 조합장의 발언을 통해 조합원에게 추가적인 분양신청 철회 기회를 부여하겠다는 공적인 견해표명을 하였다거나, ② 재건축조합이 추가적인 분양신청 철회의 기회를 부여하지 않고 부동산의 인도를 구하는 것이 정의관념에 비추어 도저히 용인할 수 없는 정도라고 볼 수 없다.[179]

177) 서울고등법원 2020. 11. 27. 선고 2019누49931 판결
178) 대법원 2016. 12. 15. 선고 2015두51309 판결
179) 대법원 2018. 12. 27. 선고 2018다260015 판결

4. 현금청산절차

(1) 현금청산절차

조합은 '분양계약 체결기간 종료일 다음날' 부터 90일이내 분양계약을 체결하지 않은 자와 손실보상 등에 관한 협의를 하여야 하고, 협의가 성립되지 아니할 경우 조합은 협의기간의 만료일 다음 날부터 60일 이내 수용재결을 신청하거나 매도청구소송을 제기하여야 한다(서울시 재개발 표준정관 제45조 제4항, 제1항 - 제3항).

(2) 신탁등기가 경료된 현금청산자

조합원이 그 소유 토지 등에 관하여 이미 조합 앞으로 신탁을 원인으로 한 소유권이전등기를 마친 이후 분양신청을 하지 않아 현금청산이 된 자는 청산금을 지급받기 위하여 별도로 소유권을 이전할 의무를 부담하지 않는다. 따라서 현금청산대상자와 조합간의 신탁은 종료되고, 그 신탁재산이었던 현금청산대상자의 토지 지분은 조합에게 귀속된다.

조합은 현금청산대상자가 이미 자신 명의로 신탁을 원인으로 한 소유권이전등기가 마쳐진 토지 지분에 관하여 신탁법 제34조 제2항의 규정에 따라 수탁자의 고유재산으로 하는 법원의 허가를 얻어 조합의 고유재산으로 된 취지의 등기와 신탁등기의 말소등기를 하는 방안을 고려할 수 있다.

현금청산대상자가 조합으로부터 위 신탁재산에 관하여 신탁재산의 귀속을 원인으로 한 신탁등기의 말소등기 및 소유권이전등기의 신청절차를 인수하고, 다시 조합에게 현금청산을 원인으로 하는 소유권이전등기절차를 이행할 의무는 인정되지 않는다.[180)]

(3) 이주완료한 현금청산자와 주거이전비

재개발 정비계획 공람공고 당시 그 소유의 주거용 건축물에 거주하던 조합원이 분양신청 기간 내에 분양신청을 하여 아파트를 분양받기로 하였고, 그에

180) 대법원 2010. 9. 9. 선고 2010다19204 판결, 대법원 2013. 7. 25. 선고 2011다19768 판결, 대법원 2013. 11. 28. 선고 2012다110477 판결

따른 이주의무를 이행하기 위해 2008. 10. 20.경 재개발 정비구역 밖으로 이주하였다. 그 후 조합원이 재개발조합과의 분양계약 체결을 거부함으로써 현금청산대상자가 되었고, 재개발 정비구역 내에 있는 조합원 소유 주거용 건축물에 관하여 2014. 10. 24. 수용재결이 이루어졌다. 위 조합원(현금청산자)은 그 소유 건축물에 대한 협의 매도나 보상이 이루어지기 전에 이미 해당 건축물에서 이주한 것으로 볼 수 있다.

따라서 위 조합원(현금청산자)이 이처럼 위 건축물에 계속하여 거주하지 않은 데에 부득이한 사유가 있었는지에 관하여 보건대, 조합원(현금청산자)은 재개발조합의 조합원으로서 재개발 정비사업의 원활한 진행을 위하여 재개발 정비구역 밖으로 이주하였다가 자신의 선택으로 분양계약 체결신청을 철회하고 현금청산대상자가 된 것에 불과하므로, 이를 두고 '질병으로 인한 요양, 징집으로 인한 입영, 공무, 취학 그 밖에 이에 준하는 부득이한 사유로 인하여 거주하지 아니한 경우'에 해당한다고 보기 어렵다. 결국 조합원(현금청산자)은 다른 특별한 사정이 없는 한 도시정비법상 이주정착금 지급자로서의 요건을 갖추었다고 볼 수 없다.[181]

5. 이주비 대출금 이익 반환 등

(1) 이주비 대출금 상당의 이익 반환

도시정비법에 의하여 설립된 조합과 그 조합원 사이의 법률관계는 그 근거 법령이나 정관의 규정, 총회의 결의 또는 조합과 조합원 사이의 약정에 따라 규율되는 것으로서 그 규정이나 결의 또는 약정으로 특별히 정한 바가 없는 이상, 조합원이 조합원의 지위를 상실하였다고 하더라도 그 조합원이 조합원의 지위에서 얻은 이익을 당연히 소급하여 반환할 의무가 있는 것은 아니다.[182]

'조합원이 조합원의 지위를 상실하게 되면 조합원에게 지급된 이주비 대출

181) 대법원 2016. 12. 15. 선고 2016두49754 판결
182) 대법원 2009. 9. 10. 선고 2009다32850, 32867 판결

금의 이자를 소급하여 반환하여야 한다.' 는 내용의 규정이나 결의 또는 약정 등이 없을 경우 현금청산자는 조합원의 지위에서 이미 취득한 이주비 대출금의 이자 상당의 이익의 반환의무를 부담하지 않는다.

현금청산자가 조합원 지위를 상실한 이후에 발생하는 이주비대출금 이자는 현금청산자가 그 납부의무를 부담하므로, 현금청산자가 조합원 지위 상실한 이후에 발생한 이자를 조합이 대납한 경우 현금청산자는 그 이자를 부당이득으로 반환하여야 한다.[183)]

조합은 다음과 같이 이주비 대출금의 대납이자의 반환에 관한 규정을 정관에 신설할 수 있다.

"분양계약을 체결하지 아니한 자는 조합이 대납한 이주비 대출금에 관한 이자를 반환하여야 한다."

(2) 지연이자

서울시 재개발 표준정관 제45조 제4항은 분양계약을 체결하지 않은 자와 관련 현금청산 절차만 준용하고 있을 뿐 지연이자에 대해 준용하고 있지 않다.

민법 제587조 후단은 "매수인은 목적물의 인도를 받은 날로부터 대금의 이자를 지급하여야 한다. 그러나 대금의 지급에 대하여 기한이 있는 때에는 그러하지 아니하다." 라고 규정하고 있다.

토지 등 소유자가 조합원의 지위를 유지하는 동안에 종전자산을 출자한 후에 조합관계에서 탈퇴하여 현금청산대상자가 되었음에도 조합이 구 도시정비법 제47조에서 정한 150일의 이행기간 내에 현금청산금을 지급하지 아니하면 위 이행기간이 경과한 다음 날부터는 정관에 특별한 정함이 있는 경우에는 정관에서 정한 비율, 정관에 특별한 정함이 없는 경우에는 민법에서 정한 연 5%의 비율로 계산한 지연이자(또는 지연배상금)를 지급할 의무가 있다.[184)]

(3) 현금청산 완료전 조합의 부동산 점유

토지 등 소유자가 분양신청기간에 분양신청을 포기하여 현금청산대상자가

183) 서울고등법원 2015. 7. 14. 선고 2015누36135 판결

184) 대법원 2020. 7. 23. 선고 2019두46411 판결, 대법원 2020. 7. 29. 선고 2016다51170 판결, 대구지방법원 2021. 7. 8. 선고 2020구합21649 판결

된 경우에 조합으로부터 적법한 보상을 받을 때까지 종전자산을 기존대로 사용·수익할 수 있다. 그러나 일단 조합원으로서의 종전자산 출자의무를 이행하였으나 그 후 분양계약 체결기간에 분양계약 체결을 거부하여 현금청산사유가 발생한 경우에도 토지 등 소유자가 조합을 상대로 기존에 적법하게 출자하여 인도한 종전자산의 반환을 다시 구할 수 없다.

이 경우 재개발조합은 현금청산대상자에게 기존에 출자받은 종전자산을 다시 반환할 필요가 없고, 단지 현금청산대상자에게 협의 또는 수용절차를 거쳐 현금청산금을 지급할 의무만 부담한다. 따라서 재개발조합이 기존에 출자받은 종전자산을 재개발사업을 위하여 계속 점유하더라도 이를 권원 없는 점유라거나 불법점유라고 할 수 없다.[185)]

185) 대법원 2020. 7. 29. 선고 2016다51170 판결, 대법원 2020. 12. 30. 선고 2018두62027 판결

제4절 재개발사업과 토지수용

I. 토지수용 절차

1. 토지수용 일반

(1) 토지보상법의 준용

재개발사업의 사업시행자는 정비구역에서 정비사업을 시행하기 위하여 토지보상법 제3조에 따른 토지·물건 또는 그 밖의 권리를 취득하거나 사용할 수 있고(법 제63조), 이 경우 도시정비법에 규정된 사항을 제외하고는 토지보상법을 준용한다(법 제65조 제1항).

토지등소유자가 20인 미만으로서 토지등소유자가 직접 재개발사업을 시행하는 경우(구 도시환경정비사업) 토지등소유자는 토지수용권을 가진다. 위 토지등소유자의 토지수용권이 헌법에 위배되는지 다툼이 있었으나, 헌법재판소는 위헌이 아니라고 판시하였다.[186]

천재지변 등의 사유로 인하여 공공시행자 또는 지정개발자가 시행하는 재건축사업에 한하여 토지수용권이 인정되고(법 제63조), 재건축조합은 토지수용권이 없다[187].

(2) 토지수용 제도

토지등의 수용이란 공익사업을 위하여 법률에 의거하여 타인의 토지 등의 재산권을 강제적으로 취득하는 것을 말한다. 공용수용 또는 공용징수라고도 한다.

공익사업을 위하여 타인의 토지 등이 필요한 경우에는 민사상의 매매계약

186) 헌법재판소 2011. 11. 24.자 2010헌가95, 96 결정
187) 대법원 2014. 7. 24. 선고 2012다62561 판결

등에 의하여 이를 취득하는 것이 원칙이나, 그 재산권의 소유자가 그 매도를 원하지 않는 경우에는 공익사업의 실시를 위하여 필요한 재산권을 강제적으로 취득하여야 하는바 이를 위한 법제가 공용수용제도이다.

(3) 수용의 목적물 및 피수용자

사업시행자는 정비구역안에서 정비사업을 시행하기 위하여 필요한 경우에는 토지보상법 제3조의 규정에 의한 토지·물건 또는 그 밖의 권리를 수용 또는 사용할 수 있다(법 제63조).

토지보상법이 정하고 있는 수용의 목적물은 ① 토지 및 이에 관한 소유권외의 권리, ② 토지와 함께 공익사업을 위하여 필요로 하는 입목, 건물 기타 토지에 정착한 물건 및 이에 관한 소유권외의 권리, ③ 광업권·어업권 또는 물의 사용에 관한 권리, ④ 토지에 속한 흙·돌·모래 또는 자갈에 관한 권리이다(토지보상법 제3조).

피수용자는 수용할 토지·물건의 소유자와 그 토지·물건에 대하여 소유권 이외의 권리를 가진 자(관계인)이다(토지보상법 제2조 제4호, 제5호). 다만, 국토교통부장관의 사업인정의 고시가 있은 후에 그 권리를 취득한 자는 기존의 권리를 승계한 자를 제외하고는 관계인에 포함되지 아니한다(토지보상법 제2조 제5호 단서).

피수용자의 판정기준을 사업인정시 이전으로 한정한 것은 수용절차를 간소화하기 위한 목적에 따른 것이다.

토지보상법에 의하여 행한 절차 그 밖의 행위는 토지소유자 및 관계인의 승계인에게도 그 효력이 미친다(토지보상법 제5조 제2항).

토지수용 절차도

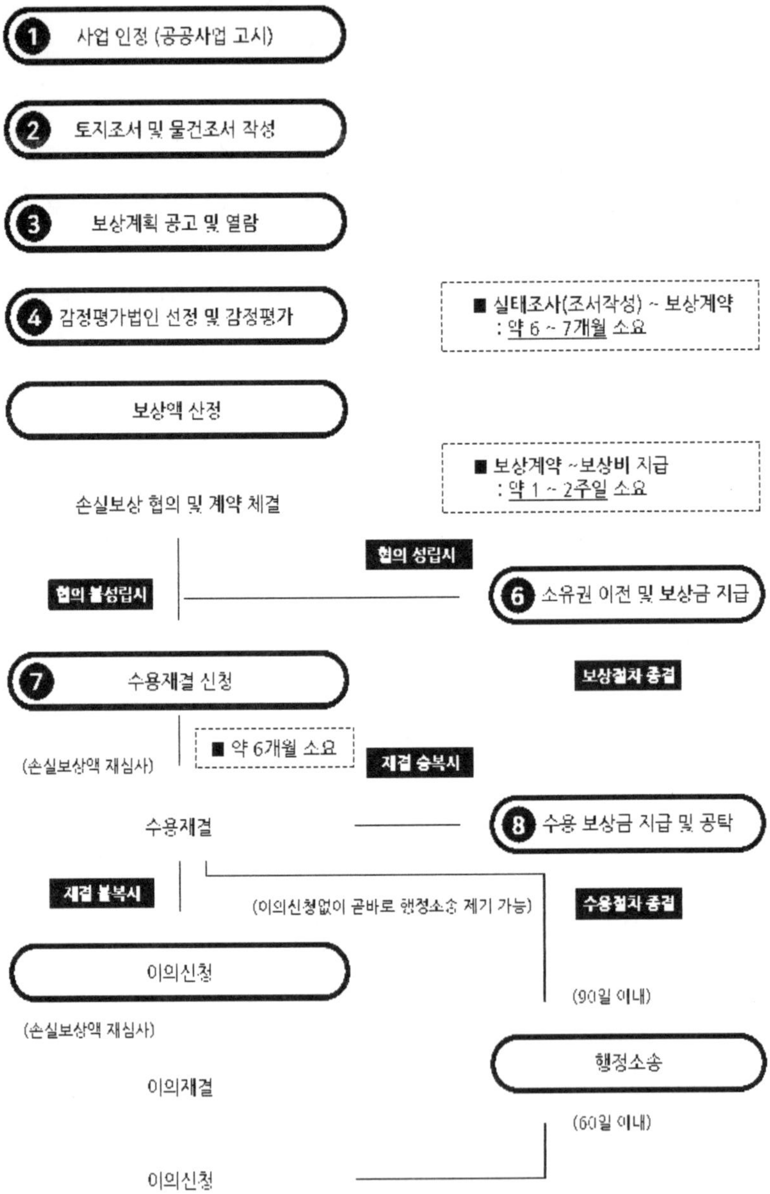
1 사업 인정 (공공사업 고시)
2 토지조서 및 물건조서 작성
3 보상계획 공고 및 열람
4 감정평가법인 선정 및 감정평가
■ 실태조사(조서작성) ~ 보상계약 : 약 6 ~ 7개월 소요
보상액 산정
■ 보상계약 ~보상비 지급 : 약 1 ~ 2주일 소요
손실보상 협의 및 계약 체결
협의 성립시
협의 불성립시
6 소유권 이전 및 보상금 지급
보상절차 종결
7 수용재결 신청
(손실보상액 재심사)
■ 약 6개월 소요
재결 승복시
수용재결
8 수용 보상금 지급 및 공탁
재결 불복시
(이의신청없이 곧바로 행정소송 제기 가능)
수용절차 종결
이의신청
(90일 이내)
(손실보상액 재심사)
행정소송
이의재결
(60일 이내)
이의신청

2. 사업인정

(1) 사업인정의 법적 성격

사업시행자는 토지 등을 수용 또는 사용하고자 하는 때에는 국토교통부장관의 사업인정을 받아야 한다(토지보상법 제20조 제1항). 도시정비법 제65조 제2항에 의거 도시정비법상 사업시행인가의 고시가 있은 때에는 토지보상법상 사업인정 및 그 고시가 있는 것으로 간주되므로, 별도의 토지보상법상 사업인정을 받지 않아도 된다.

토지보상법상 사업인정이란 특정 사업이 토지보상법 제4조상의 공용수용을 할 수 있는 공익사업에 해당함을 인정하여, 기업자에게 일정 절차의 이행을 조건으로 하여 특정한 재산권의 수용권을 설정하여 주는 행위이다.[188]

(2) 협의 및 의견청취 등

사업인정을 하기 전에 국토교통부장관은 관계 중앙행정기관의 장, 시ㆍ도지사 및 중앙토지수용위원회와 협의하여야 하며, 미리 사업인정에 이해관계가 있는 자의 의견을 들어야 한다(토지보상법 제21조).

중앙토지수용위원회는 사업인정에 이해관계가 있는 자에 대한 의견 수렴 절차 이행 여부, 허가ㆍ인가ㆍ승인대상 사업의 공공성, 수용의 필요성 등을 검토하여야 한다.

중앙행정기관의 장 또는 중앙토지수용위원회와의 협의절차를 거치지 않았거나 의견청취절차를 누락한 경우 위와 같은 하자는 절차상 위법으로 해당 사업인정을 무효로 할 정도의 하자에 해당하지 않고, 사업인정에 대한 불가쟁력이 발생한 이상 이를 이유로 수용재결 처분의 취소를 구할 수 없다.[189]

(3) 사업인정에 의한 토지수용 등

사업인정은 고시한 날부터 그 효력을 발생하고(토지보상법 제22조 제3항),

---

188) 대법원 1995. 12. 5. 선고 95누4889 판결

189) 수원지방법원 2018. 5. 30. 선고 2018구합60497 판결, 대전지방법원 2021. 11. 4. 선고 2021구단100009 판결, 대법원 1993. 6. 29. 선고 91누2342 판결

사업시행자는 자기가 시행하는 공익사업을 위하여 일정한 절차를 거칠 것을 조건으로 목적물을 수용할 수 있는 권한을 부여받게 되며(공용수용권의 발생), 수용할 토지의 세목을 고시함으로써, 그 토지의 세목에 포함된 토지에 한하여 공용수용의 대상이 된다(수용대상토지의 확정).

사업인정고시가 있은 후에는 누구든지 고시된 토지에 대하여 사업에 지장을 초래할 우려가 있는 형질의 변경이나 수용대상 물건을 손괴 또는 수거하지 못한다(토지보상법 제25조 제1항).

공용수용에 따른 보상액은 사업인정 당시의 공시지가를 기준으로 하여 그때로부터 재결시까지의 시점수정을 하여 산정하게 되므로 사업인정고시일은 보상액을 고정시키는 효과를 갖게 된다.

사업인정의 고시가 있은 후에 사업시행자가 시장·군수의 허가를 얻지 않고 사업의 준비나 토지 및 물건조서를 작성하기 위하여 수용대상 토지 또는 물건에 출입하여 이를 측량 또는 조사할 수 있다.

(4) 사업인정의 상실

재개발사업의 사업시행자는 사업시행계획인가(사업시행계획 변경인가 포함)에서 정한 사업시행기간 이내에 수용재결을 신청할 수 있으므로(법 제65조 제3항), 위 사업시행기간이 경과한 날의 다음날에 그 효력을 상실한다.

사업인정고시가 있은 후 사업의 전부 또는 일부를 폐지하거나 변경함으로 인하여 토지등의 전부 또는 일부를 수용 또는 사용할 필요가 없게 된 때에는 사업시행자는 지체없이 사업지역을 관할하는 시・도지사에게 신고하고, 토지소유자 및 관계인에게 이를 통지하여야 한다(토지보상법 제24조 제1항).

(5) 공익사업의 변환과 환매권 행사제한

주택재개발정비사업은 토지보상법 제4조 제5호의 공익사업에 속하므로, 이 사건 토지에 대한 협의취득의 목적인 공익사업이 종전의 도로개설사업에서 이 사건 주택재개발정비사업으로 변경된 것은 토지보상법 제91조 제6항이 정한 공익사업의 변환에 해당하고, 이에 따라 토지소유자의 환매권 행사 역시 제한된다.[190]

3. 토지조서 및 물건조서의 작성[191]

(1) 수용 토지 또는 건축물의 명세 작성

재개발조합은 사업시행계획서에 ① 정비사업의 시행에 지장이 있다고 인정되는 정비구역안의 건축물 또는 공작물 등의 명세, ② 토지 또는 건축물 등에 관한 권리자 및 그 권리의 명세를 포함하여 작성하여야 하고(시행령 제47조 제1항 제7호, 제8호), 조합은 사업인가신청서에 수용 또는 사용할 토지 또는 건축물의 명세 및 소유권외의 권리의 명세서를 첨부하여 시장·군수에게 제출하여야 하며, 시장·군수는 공보에 수용 또는 사용할 토지 또는 건축물의 명세 및 소유권외의 권리의 명세를 포함한 사업시행인가의 내용을 고시하여야 한다(시행규칙 제10조 3항 제1호 바목).

현금청산대상자와 사업시행자 사이의 청산금 협의에 앞서 사업시행인가 신청과 그 인가처분ㆍ고시 및 분양신청 통지ㆍ공고 절차가 선행하게 되는데, 이를 통하여 수용의 대상이 되는 토지 등의 명세가 작성되고 그 개요가 대외적으로 고시되며, 세부사항이 토지등소유자에게 개별적으로 통지되거나 공고된다. 따라서 토지등소유자에 대하여는 도시정비법 고유의 절차와 별도로 토지보상법상 토지조서 및 물건조서의 작성절차(제14조)를 새로이 거쳐야 할 필요나 이유가 없다.[192]

(2) 토지 및 물건에 관한 조사권

사업인정고시가 있은 후에는 사업시행자는 사업의 준비나 토지조서 및 물건조서를 작성하기 위하여 필요한 경우 해당 토지 또는 물건에 출입하여 이를 측량하거나 조사할 수 있다(토지보상법 제27조 제1항).

이 경우 타인이 점유하는 토지에 출입하고자 하는 자는 출입하고자 하는 날의 5일 전까지 그 일시 및 장소를 시장·군수에게 통지하여야 하며, 시장·군수

---

190) 대법원 2019. 11. 14. 선고 2019다233072 판결, 유사사례 대법원 2019. 10. 31. 선고 2018다233242

191) 대법원 2015. 11 .27. 선고 2015두48877 판결에 따라 재개발 사업에 '토지조서 및 물건조서 작성'규정은 적용되지 않음.

192) 대법원 2015. 11 .27. 선고 2015두48877 판결

는 통지받은 내용을 공고하고, 그 토지점유자에게 통지하여야 한다(토지보상법 제27조 제1항, 제10조). 토지점유자는 정당한 사유없이 출입·측량 또는 조사하는 행위를 방해하지 못한다(토지보상법 제27조 제1항, 제11조). 시장·군수의 허가를 받고 타인이 점유하는 토지에 출입하고자 하는 자는 그 신분을 표시하는 증표 및 시장·군수의 허가증을 휴대하여야 한다(토지보상법 제27조 제1항, 제13조).

사업시행자는 타인이 점유하는 토지에 출입하여 측량ㆍ조사함으로써 발생하는 손실 또는 감정평가업자가 감정평가를 위하여 측량ㆍ조사함으로써 발생하는 손실을 보상하여야 한다(토지보상법 제27조 제4항).

손실의 보상은 손실이 있은 것을 안 날로부터 1년이 지나거나 손실이 발생한 날부터 3년이 지난 후에는 이를 청구할 수 없다(토지보상법 제27조 제4항, 제9조 제5항).

손실의 보상에 대하여는 사업시행자와 손실을 입은 자가 협의하여 결정하되, 협의가 성립되지 아니한 경우 사업시행자 또는 손실을 입은 자는 관할 토지수용위원회에 재결을 신청할 수 있다(토지보상법 제27조 제4항, 제9조 제7항).

(3) 토지조서 및 물건조서의 작성내용

사업시행자는 공익사업의 계획이 확정된 때에는 '공간정보의 구축 및 관리에 관한 법률'에 의한 지적도 또는 임야도에 대상물건인 토지를 표시한 용지도를 작성하여야 하고, 용지도를 기본으로 하여 토지조서 및 물건조서를 작성하여야 한다(토지보상법 제14조 제2항, 시행령 제7조).

토지조서에는 다음의 사항을 기재하여야 한다(토지보상법 시행령 제7조 제3항).

① 토지의 소재지ㆍ지번ㆍ지목ㆍ전체면적 및 편입면적과 현실적인 이용상황

② 토지소유자의 성명 또는 명칭 및 주소

③ 토지에 관하여 소유권외의 권리를 가진 자의 성명 또는 명칭 및 주소와 그 권리의 종류 및 내용

④ 작성일

⑤ 그 밖에 토지에 관한 보상금 산정에 필요한 사항

물건조서에는 다음의 사항을 기재하여야 한다(토지보상법 시행령 제7조 제4항).

① 물건(광업권 · 어업권 또는 물의 사용에 관한 권리를 포함한다. 이하 같다)이 있는 토지의 소재지 및 지번

② 물건의 종류 · 구조 · 규격 및 수량

③ 물건소유자의 성명 또는 명칭 및 주소

④ 물건에 관하여 소유권외의 권리를 가진 자의 성명 또는 명칭 및 주소와 그 권리의 종류 및 내용

⑤ 작성일

⑥ 그 밖에 물건에 관한 보상금 산정에 필요한 사항

물건조서를 작성함에 있어서 그 물건이 건축물인 경우에는 건축물의 연면적과 편입면적을 기재하고 그 실측평면도를 첨부하여야 한다. 다만, 실측한 편입면적이 건축물대장에 첨부된 건축물현황도에 의한 편입면적과 일치하는 경우에는 건축물현황도로 실측평면도를 갈음할 수 있다(토지보상법 시행령 제7조 제5항).

(4) 토지조서 및 물건조서의 서명 또는 날인

사업시행자는 토지조서 및 물건조서를 작성하여 서명 또는 날인을 하고 토지소유자 및 관계인의 서명 또는 날인을 받아야 한다.

다음의 경우에는 토지소유자 및 관계인의 서명 또는 날인을 받지 않아도 된다(토지보상법 제14조 제1항).

① 토지소유자 및 관계인이 정당한 사유없이 서명 또는 날인을 거부하는 경우

② 토지소유자 및 관계인을 알 수 없거나 그 주소 · 거소를 알 수 없는 등의 사유로 서명 또는 날인을 받을 수 없는 경우

위와 같이 토지소유자 및 관계인으로부터 토지조서 및 물건조서에 서명 또는 날인을 받지 못한 경우 사업시행자는 당해 토지조서 및 물건조서에 그 사유를 기재하여야 한다.

(5) 토지조서 및 물건조서의 효력

사업인정고시가 있은 후에는 토지소유자 또는 관계인이 토지조서 및 물건조서의 내용에 대하여 열람기간 이내에 이의를 제기하는 경우를 제외하고는 토지조서 및 물건조서의 내용에 대하여 이의를 제기할 수 없다. 다만, 토지조서 및 물건조서의 내용이 진실에 반하는 것을 입증하는 때에는 그러하지 아니하다(토지보상법 제27조 제3항).

재개발조합이 토지 및 건물에 대한 수용재결신청을 함에 있어 토지조서와 물건조서를 관계법령에 따라 적법하게 작성하지 않았다면 재개발조합은 토지조서와 물건조서에 없는 소유자들을 상대로 토지수용권을 행사할 수 없다.[193]

4. 보상계획의 공고 및 열람 등

(1) 보상계획의 공고

사업시행자는 토지조서 및 물건조서를 작성한 때에는 공익사업의 개요, 토지조서 및 물건조서의 내용과 보상의 시기·방법 및 절차 등을 기재한 보상계획을 전국을 보급지역으로 하는 일간신문에 공고하고, 토지소유자 및 관계인에게 각각 통지하여야 하며, 특별자치도지사, 시장·군수 또는 구청장에게도 통지하여야 한다. 다만, 토지소유자 및 관계인이 20인 이하인 경우에는 공고를 생략할 수 있다(토지보상법 제26조 제1항, 제15조 제1항).

(2) 토지조서 등의 열람

사업시행자는 보상계획의 공고 또는 통지를 한 때에는 그 내용을 14일 이상 일반인이 열람할 수 있도록 하여야 한다. 다만, 사업지역이 2 이상의 시·군 또는 구에 걸쳐 있거나 사업시행자가 행정청이 아닌 경우에는 해당 특별자치도지사, 시장·군수 또는 구청장에게도 그 사본을 송부하여 열람을 의뢰하여야 한다(토지보상법 제26조 제1항, 제15조 제2항).

---

193) 서울행정법원 2009. 9. 18. 선고 2009구합782 판결

(3) 이의신청

보상계획의 공고 또는 통지된 토지조서 및 물건조서의 내용에 대하여 이의가 있는 토지소유자 또는 관계인은 열람기간 이내에 사업시행자에게 서면으로 이의를 제기할 수 있다(토지보상법 제26조 제1항, 제15조 제3항).

사업시행자는 해당 토지조서 및 물건조서에 토지등소유자로부터 제기된 이의를 부기하고 그 이의가 이유있다고 인정하는 때에는 적절한 조치를 하여야 한다(토지보상법 제26조 제1항, 제15조 제4항).

(4) 보상액의 산정

보상계획의 공고 및 열람 등의 절차를 마치면 사업시행자는 지체없이 취득 또는 사용 대상 토지 등에 대하여 보상액을 산정하여야 한다. 이와 같이 사업시행자가 토지 등에 대한 보상액을 산정하고자 하는 경우에는 '부동산가격공시 및 감정평가에 관한 법률'에 의한 감정평가업자 2인 이상에게 토지 등의 평가를 의뢰하여야 한다. 보상액의 산정에 대한 구체적인 사항은 뒤에서 자세히 설명한다.

5. 협의절차

(1) 협의의무

사업인정을 받은 사업시행자는 토지소유자 및 관계인과 보상액의 산정에 관하여 협의의 절차를 거쳐야 하며(토지보상법 제26조 제1항), 토지등에 관한 보상에 관하여 성실하게 협의하여야 한다(토지보상법 제16조 제1항). 성실협의가 무엇인지에 대하여 구체적인 설명은 없으나, 소정의 절차를 거치고, 보상대상에 대하여 적정가격(토지보상법 제68조)을 제시하여야 한다는 의미일 뿐 강행규정이라고 보기는 어렵다.

도시정비법 73조는 보상협의의 기준에 관하여 아무런 규정을 두고 있지 않으므로, 재개발사업의 사업시행자는 토지보상법상 협의절차를 거쳐야 한다.

(2) 보상협의요청서 통지 및 공고

사업시행자는 보상협의를 하고자 하는 때에는 보상협의요청서에 다음의 사항을 기재하여 토지소유자 및 관계인에게 통지하여야 한다(토지보상법 제26조 제1항, 제16조, 시행령 제8조 제1항).

① 협의기간 · 협의장소 및 협의방법

② 보상의 시기 · 방법 · 절차 및 금액

③ 계약체결에 필요한 구비서류

협의기간은 특별한 사유가 없는 한 30일 이상으로 하여야 한다(토지보상법 시행령 제8조 제3항).

토지소유자 및 관계인을 알 수 없거나 그 주소·거소 그 밖에 통지할 장소를 알 수 없는 때에는 공고로써 통지에 갈음할 수 있다(토지보상법 제26조 제1항, 제16조, 시행령 제8조 제1항).

공고는 사업시행자가 공고할 서류를 토지등의 소재지를 관할하는 시장·군수 또는 구청장에게 송부하여 당해 시·군 또는 구의 게시판에 14일간 게시하는 방법에 의한다(토지보상법 시행령 제8조 제2항).

(3) 협의 성립과 협의성립확인

사업시행자는 협의가 성립된 때에는 토지소유자 및 관계인과 계약을 체결하여야 한다(토지보상법 제17조). 계약의 내용에는 계약의 해지 또는 변경에 관한 사항과 이에 따르는 보상액의 환수 및 원상복구 등에 관한 사항이 포함되어야 한다(토지보상법 시행령 제8조 제4항).

사업시행자와 토지소유자 및 관계인간에 협의가 성립된 때에는 사업시행자는 재결의 신청기간 이내에 당해 토지소유자 및 관계인의 동의를 얻어 관할 토지수용위원회에 협의성립의 확인을 신청할 수 있다(토지보상법 제29조 제1항).

(4) 토지수용위원회의 확인 및 공증

협의성립확인신청을 받은 토지수용위원회에서는 재결에 준하여 그 신청서의 사본을 관할 시장·군수에게 송부하여 공고·열람케 하여 토지소유자 또는 관계인의 의견진술을 받은 후 토지수용위원회의 심의를 거쳐 문서로서 심리개시일로부터 14일 이내에 확인하여야 한다(토지보상법 제29조 제2항, 제31조 · 제32조 · 제34조·제35조).

사업시행자가 협의가 성립된 토지의 소재지 · 지번 · 지목 및 면적 등에 대하여 공증인법에 의한 공증을 받아 협의성립의 확인을 신청한 때에는 관할 토지수용위원회가 이를 수리함으로써 협의성립이 확인된 것으로 본다(토지보상법 제29조 제3항).

협의성립확인은 이 법에 의한 재결로 보며, 사업시행자 · 토지소유자 및 관계인은 그 확인된 협의의 성립이나 내용을 다툴 수 없다(토지보상법 제29조 제4항).

(5) 협의불성립과 협의경위서 작성

사업시행자는 협의기간내에 협의가 성립되지 아니한 경우에는 협의경위서에 다음의 사항을 기재하여 토지소유자 및 관계인의 서명 또는 날인을 받아야 한다(토지보상법 시행령 제8조 제5항).

① 협의의 일시 · 장소 및 방법

② 대상토지의 소재지 · 지번 · 지목 및 면적과 토지에 있는 물건의 종류 · 구조 및 수량

③ 토지소유자 및 관계인의 성명 또는 명칭 및 주소

④ 토지소유자 및 관계인의 구체적인 주장내용과 이에 대한 사업시행자의 의견

⑤ 그 밖에 협의와 관련된 사항

토지소유자 및 관계인이 정당한 사유없이 서명 또는 날인을 거부하거나 토지소유자 및 관계인을 알 수 없거나 그 주소 · 거소 그 밖에 통지할 장소를 알 수 없는 등의 사유로 인하여 서명 또는 날인을 할 수 없는 경우에는 서명 또는 날인을 받지 아니하되, 사업시행자는 해당 협의경위서에 그 사유를 기재하여야 한다(토지보상법 시행령 제8조 제5항 단서).

Ⅱ. 토지수용의 재결

1. 재결신청

(1) 재결신청의 요건

협의가 성립되지 아니하거나 협의를 할 수 없는 때에는 사업시행자는 관할 토지수용위원회에 재결을 신청할 수 있다(토지보상법 제28조 제1항). 이 경우 그 협의가 성립되지 않은 사유는 묻지 않으나, 협의할 수 없게 된 것은 그 사유가 사업시행자의 과실에 기한 것이 아니어야 한다.

(2) 재결의 신청의 기한

사업시행자는 사업인정고시가 있은 날부터 1년 이내에 관할 토지수용위원회에 재결을 신청할 수 있다(토지보상법 제28조 제1항).

도시정비법은 '수용 또는 사용에 대한 재결의 신청은 사업시행인가를 할 때 정한 사업시행기간 이내에 이를 행하여야 한다.' 라는 특칙을 두고 있다(법 제40조 제3항).

(3) 재결신청의 절차 및 내용

사업시행자가 재결을 신청하는 경우에는 소정의 수수료를 납부하고(토지보상법 제28조 제2항), 재결신청서에 다음의 사항을 기재하여 관할 토지수용위원회에 제출하여야 한다(토지보상법 시행령 제12조 제1항).

① 공익사업의 종류 및 명칭

② 사업인정의 근거 및 고시일

③ 수용 또는 사용할 토지의 소재지 · 지번 · 지목 및 면적(물건의 경우에는 물건의 소재지 · 지번 · 종류 · 구조 및 수량)

④ 수용 또는 사용할 토지에 물건이 있는 경우에는 물건의 소재지 · 지번 · 종류 · 구조 및 수량

⑤ 토지를 사용하고자 하는 경우에는 그 사용의 방법 및 기간

⑥ 토지소유자 및 관계인의 성명 또는 명칭 및 주소
⑦ 보상액 및 그 내역
⑧ 수용 또는 사용의 개시예정일
⑨ 청구인의 성명 또는 명칭 및 주소와 청구일(법 제30조제2항의 규정에 의하여 재결을 신청하는 경우에 한한다)
⑩ 중앙토지수용위원회와의 협의 결과
⑪ 토지소유자 및 관계인과 협의가 성립된 토지나 물건에 관한 다음의 사항
- 토지의 소재지ㆍ지번ㆍ지목ㆍ면적 및 보상금 내역
- 물건의 소재지ㆍ지번ㆍ종류ㆍ구조ㆍ수량 및 보상금 내역

재결신청서에는 다음의 서류 및 도면을 첨부하여야 한다(토지보상법 시행령 제12조 제2항).

① 토지보상법 시행령 제7조 제1항에 따른 기본조사서
② 토지조서 또는 물건조서
③ 협의경위서
④ 사업계획서
⑤ 사업예정지 및 사업계획을 표시한 도면
⑥ 중앙토지수용위원회의 의견서

2. 재결신청내용의 공고와 열람

(1) 공고·열람 및 통지

토지수용위원회는 재결신청서를 접수한 때에는 지체없이 그 신청서 및 관계서류의 사본을 토지등의 소재지를 관할하는 시장ㆍ군수 또는 구청장에게 송부하여 공고 및 열람을 의뢰하여야 한다(토지보상법 제31조 제1항, 시행령 제15조 제1항).

시장ㆍ군수 또는 구청장은 송부된 서류를 받은 때에는 지체없이 이를 시ㆍ군 또는 구의 게시판에 공고하고 공고한 날부터 14일 이상 관계서류의 사본을 일반이 열람할 수 있도록 하여야 한다(토지보상법 제31조 제1항, 시행령 제15

조 제2항).

시장·군수·구청장 또는 관할 토지수용위원회는 공고의 내용과 의견서를 제출할 수 있다는 뜻을 토지소유자 및 관계인에게 통지하여야 한다. 다만 통지를 받을 자를 알 수 없거나 그 주소·거소 그 밖에 통지할 장소를 알 수 없는 때에는 그러하지 아니하다(토지보상법 시행령 제15조 제3항).

(2) 열람기간내 의견의 진술

토지소유자 또는 관계인은 관계서류의 열람기간내에 당해 시장·군수·구청장 또는 관할 토지수용위원회(토지수용위원회가 직접 공고하는 경우에 한함)에 의견을 제시하거나 의견서를 제출할 수 있다(토지보상법 제31조 제2항, 시행령 제15조 제4항).

시장·군수 또는 구청장은 열람기간이 만료된 때에는 이해관계인으로부터 제출된 의견서를 지체없이 토지수용위원회에 송부하여야 하며, 제출된 의견서가 없는 때에는 그 사실을 통지하여야 한다(토지보상법 시행령 제15조 제5항).

토지수용위원회는 상당한 이유가 있다고 인정하는 경우에는 열람기간 경과후에 제출된 의견서를 수리할 수 있다(토지보상법 시행령 제15조 제6항).

3. 재결을 위한 심의

(1) 조사 및 심리

토지수용위원회는 열람기간이 경과한 때에는 지체없이 당해 신청에 대한 조사 및 심리를 하여야 한다(토지보상법 제32조 제1항).

(2) 심리중 의견진술

토지수용위원회는 심리를 함에 있어서 필요하다고 인정하는 때에는 사업시행자·토지소유자 및 관계인을 출석시켜 그 의견을 진술하게 할 수 있다(토지보상법 제32조 제2항).

토지수용위원회는 사업시행자·토지소유자 및 관계인을 출석하게 하는 경우에는 사업시행자 · 토지소유자 및 관계인에게 미리 그 심리의 일시 및 장소를 통지하여야 한다(토지보상법 제32조 제3항).

(3) 심의조사상의 권한

토지수용위원회는 심리에 필요하다고 인정할 때에는 다음의 행위를 할 수 있다(토지보상법 제58조 제1항).

① 사업시행자 · 토지소유자 · 관계인 또는 참고인에게 위원회에 출석하여 진술하게 하거나 그 의견서 또는 자료의 제출을 요구하는 것
② 감정평가법인등이나 그 밖의 감정인에 대하여 감정평가를 의뢰하거나 위원회에 출석하여 진술하게 하는 것
③ 토지수용위원회의 위원 또는 사무기구의 직원이나 지방토지수용위원회의 업무를 담당하는 직원으로 하여금 실지조사를 시키는 것

위원 또는 직원이 실지조사를 하는 경우 그 신분을 표시하는 증표 및 시장·군수의 허가증을 휴대하여야 한다(토지보상법 제58조 제2항, 제13조).

토지수용위원회는 참고인 또는 감정평가법인등 그 밖의 감정인에 대하여는 사업시행자의 부담으로 일당 · 여비 및 감정수수료를 지급할 수 있다(토지보상법 제58조 제3항).

(4) 예비심사의 실시

토지수용위원회의 위원장은 특히 필요하다고 인정하는 심의안건에 대하여 당해 위원회의 위원 중에서 전담위원을 지정하여 예비심의를 할 수 있도록 함으로써 심의의 합리화를 기할 수 있다(토지보상법 시행령 제24조 제3항).

(5) 심리의 원칙

토지수용위원회의 심리에 있어 변론 및 증거조사는 사업시행자의 재결신청, 신청에 관한 공고·열람에 대하여 토지소유자 및 관계인의 의견진술로서 의견서의 제출 등 서면으로 심리함이 원칙이다. 그러나 토지수용위원회에서 필요하다고 인정할 때에는 사업시행자, 토지소유자, 관계인 또는 참고인을 출석시켜 구두변론하게 할 수 있다(서면주의).

토지수용위원회의 심리과정은 일반인에게 공개하는 것이 아니라 공개하지 아니하는 것이 원칙이다(비공개주의).

토지수용위원회의 심리를 위하여 실시하는 증거조사의 주된 역할은 공용수용의 당사자가 하는 것이 아니라 토지수용위원회가 한다(직권주의).

토지수용위원회에서의 재결은 사업시행자, 토지소유자 또는 관계인이 신청하거나 진술한 의견의 범위안에서만 할 수 있다. 다만 손실의 보상에 있어서 증액재결은 토지소유자나 관계인이 주장하지 아니하거나 주장한 범위를 넘어서까지도 가능하다(불고불리의 원칙).

4. 재결의 내용 및 형식

(1) 재결의 시기

토지수용위원회는 심리를 개시한 날부터 14일 이내에 재결을 하여야 한다. 다만, 특별한 사유가 있는 때에는 1차에 한하여 14일의 범위안에서 이를 연장할 수 있다(토지보상법 제35조).

(2) 재결의 내용

토지수용위원회의 재결사항은 다음과 같다(토지보상법 제50조 제1항).

① 수용 또는 사용할 토지의 구역 및 사용방법

② 손실의 보상

③ 수용 또는 사용의 개시일과 기간

④ 그 밖에 이 법 및 다른 법률에서 규정한 사항

토지수용위원회는 사업시행자·토지소유자 또는 관계인이 신청한 범위안에서 재결하여야 한다. 다만, 손실의 보상에 있어서는 증액재결을 할 수 있다(토지보상법 제50조 제2항).

(3) 재결의 형식

토지수용위원회의 재결은 서면으로 하되, 재결서에는 주문 및 그 이유와 재결의 일자를 기재하고, 위원장 및 회의에 참석한 위원이 이에 기명날인한 후 그 정본을 사업시행자·토지소유자 및 관계인에게 송달하여야 한다(토지보상법 제34조).

(4) 재결서의 송달 및 고지

재결서는 공용수용의 당사자에게 송달되어야만 그 효력이 발생한다. 이 경우 재결서의 송달은 공용수용의 당사자에게 교부하거나 특별송달의 방법에 의한다.

(5) 재결의 경정

재결에 계산상 또는 기재상의 잘못 그 밖에 이와 유사한 잘못이 있는 것이 명백한 때에는 토지수용위원회는 직권 또는 당사자의 신청에 의하여 경정재결을 할 수 있다(토지보상법 제36조 제1항).

경정재결은 원재결서의 원본과 정본에 부기하여야 한다. 다만, 정본에 부기할 수 없는 때에는 경정재결의 정본을 작성하여 당사자에게 송달하여야 한다(토지보상법 제36조 제2항).

(6) 재결의 유탈

토지수용위원회가 신청의 일부에 대한 재결을 빠뜨린 때에는 그 빠뜨린 부분의 신청은 계속하여 당해 토지수용위원회에 계속된다(토지보상법 제37조).

(7) 재결의 실효

사업시행자가 수용 또는 사용의 개시일까지 관할 토지수용위원회가 재결한 보상금을 지급하거나 공탁하지 아니하였을 때에는 해당 토지수용위원회의 재결은 효력을 상실한다(토지보상법 제42조 제1항).

사업시행자는 재결보상금의 미지급 등으로 인하여 재결의 효력이 상실됨으로 인하여 토지소유자 또는 관계인이 입은 손실을 보상하여야 한다(토지보상법 제42조 제2항).

Ⅲ. 재결에 대한 불복

1. 불복의 절차

(1) 불복절차 일반

재결은 사업시행자에게는 보상금을 지급하는 조건으로 그 목적물을 취득하게 하는 반면, 토지소유자 및 관계인에게는 목적물에 대한 권리를 상실시키게 하는 형성행위로서 행정행위이다. 따라서 그 재결에 승복하지 아니하는 자는 행정쟁송의 절차에 따라 원재결의 취소 또는 변경을 청구할 수 있다.

토지보상법에서는 재결의 취소 또는 변경을 청구하는 항고쟁송으로서 이의신청과 행정소송을 마련해 놓고 있다.

(2) 행정심판법 및 행정소송법의 보충적용

토지보상법에서는 행정쟁송에 관한 일반적인 행정심판법 및 행정소송법에 대한 특례를 두고 있다. 그와 같은 특례규정을 제외하고는 토지보상법의 행쟁쟁송에도 행정심판법 및 행정소송법이 적용됨은 당연하다.

(3) 집행부정지의 원칙

행정행위가 있은 후 그에 흠이 있음을 이유로 그의 취소·변경을 요구하는 항고쟁송이 제기되었다 하더라도 행정행위의 원활한 수행을 위하여 당해 행정행위의 집행력을 정지시키지 못하는 원칙을 집행부정지의 원칙이라 한다.

재결에 대하여 이의신청이나 행정소송이 제기가 사업의 시행 또는 수용의 효력을 정지시키지 못한다(토지보상법 제88조, 행정소송법 제23조 제1항).

(4) 불복할 수 없는 자

이의의 유보없이 토지수용위원회에서 재결한 보상금을 지급받거나 그 공탁된 보상금을 수령한 토지소유자 또는 관계인은 그 재결에 대하여 승복한 것으로 보므로, 재결에 대하여 불복의 절차를 거칠 수 없다.

재결에 불복하여 이의신청이나 행정소송을 제기한 후에 이의유보 없이 보상금을 수령한 경우에도 그 재결에 승복한 것으로 보아야 하므로, 이의신청이나 행정소송의 제기를 취하한 것으로 보아야 한다.194)

2. 이의신청

(1) 이의의 신청

중앙토지수용위원회의 재결에 대하여 이의가 있는 자는 중앙토지수용위원회에 이의를 신청할 수 있고, 지방토지수용위원회의 재결에 대하여 이의가 있는 자는 당해 지방토지수용위원회를 거쳐 중앙토지수용위원회에 이의를 신청할 수 있으며, 이의의 신청은 재결서의 정본을 받은 날부터 30일 이내에 하여야 한다(토지보상법 제83조).

이의신청을 하고자 하는 자는 이의신청서에 다음의 사항을 기재하고 재결서 정본의 사본을 첨부하여 당해 토지수용위원회에 제출하여야 한다(토지보상법 시행령 제45조 제1항).

① 당사자의 성명 또는 명칭 및 주소

② 신청의 요지 및 이유

(2) 이의신청서의 송부 등

지방토지수용위원회가 이의신청서를 접수한 때에는 그 이의신청서에 다음의 서류를 첨부하여 지체없이 중앙토지수용위원회에 송부하여야 한다(토지보상법 시행령 제45조 제2항).

① 신청인이 재결서의 정본을 받은 일자 등이 기재된 우편송달통지서 사본

② 지방토지수용위원회가 의뢰하여 행한 감정평가서 및 심의안건 사본

③ 그 밖에 이의신청의 재결에 필요한 자료

중앙토지수용위원회가 이의신청서를 접수한 때에는 신청인의 상대방에게 그 신청의 요지를 통지하여야 한다. 다만, 통지를 받을 자를 알 수 없거나 그 주

194) 대법원 1993. 9. 14. 선고 92누18473 판결

소·거소 그 밖에 통지할 장소를 알 수 없는 때에는 그러하지 아니하다(토지보상법 시행령 제45조 제3항).

(3) 이의신청에 대한 재결

중앙토지수용위원회는 이의신청이 있는 경우 재결이 위법 또는 부당하다고 인정하는 때에는 그 재결의 전부 또는 일부를 취소하거나 보상액을 변경할 수 있다(토지보상법 제84조 제1항).

중앙토지수용위원회는 이의신청의 대상이 되는 부분 외의 사항에 대하여는 재결하지 못하며, 이의신청의 대상이 되는 재결보다 그 신청인에게 불이익한 재결을 하지 못한다(토지보상법 제50조 제2항, 행정심판법 제36조).

중앙토지수용위원회는 이의신청에 대한 재결을 한 때에는 재결서의 정본을 사업시행자·토지소유자 및 관계인에게 송달하여야 한다(토지보상법 제46조).

3. 이의신청에 대한 재결의 효력

(1) 보상금의 지급 또는 공탁

보상금이 증액된 경우 사업시행자는 재결의 취소 또는 변경의 재결서 정본을 받은 날부터 30일 이내에 보상금을 받을 자에게 그 증액된 보상금을 지급하여야 한다. 다만, ① 보상금을 받을 자가 그 수령을 거부하거나 보상금을 수령할 수 없는 때, ② 사업시행자의 과실없이 보상금을 받을 자를 알 수 없는 때에는 이를 공탁할 수 있다(토지보상법 제84조 제2항).

(2) 행정소송의 제기 가능

이의신청을 거친 사업시행자·토지소유자 또는 관계인은 재결에 대하여 불복이 있는 때에는 재결서를 받은 날부터 90일 이내에, 이의신청을 거친 때에는 이의신청에 대한 재결서를 받은 날부터 60일 이내에 각각 행정소송을 제기할 수 있다. 이 경우 사업시행자는 행정소송을 제기하기 전에 이의신청에 대한 재결에 따라 '증액된 보상금'을 공탁하여야 하며, 보상금을 받을 자는 공탁된 보상금을 소송종결시까지 수령할 수 없다(토지보상법 제85조 제1항).

(3) 이의신청에 대한 재결의 확정

이의신청에 대한 재결서가 송달된 날로부터 60일 이내에 행정소송이 제기되지 아니하거나 그 밖의 사유로 이의신청에 대한 재결이 확정된 때에는 민사소송법상의 확정판결이 있은 것으로 보며, 재결서 정본은 집행력있는 판결의 정본과 동일한 효력을 가진다(토지보상법 제86조 제1항).

(4) 재결확정증명서의 교부

사업시행자·토지소유자 또는 관계인은 이의신청에 대한 재결이 확정된 때에는 관할 토지수용위원회에 재결확정증명서의 교부를 청구할 수 있다(토지보상법 제86조 제2항).

사업시행자·토지소유자 또는 관계인은 재결확정증명서의 교부를 청구하고자 하는 때에는 재결확정증명청구서에 이의신청에 대한 재결서의 정본을 첨부하여 중앙토지수용위원회에 제출하여야 한다(토지보상법 시행령 제47조 제1항).

재결확정증명서는 재결서 정본의 끝에 '민사집행법' 제29조 제2항의 규정에 준하여 집행문을 기재하고 중앙토지수용위원회의 간사 또는 서기가 기명날인한 후 중앙토지수용위원회의 위원장의 직인을 날인하여 교부한다(토지보상법 시행령 제47조 제2항).

중앙토지수용위원회는 재결확정증명서를 교부하고자 하는 때에는 행정소송의 제기여부를 관할법원에 조회하여야 한다(토지보상법 시행령 제47조 제3항).

4. 행정소송의 제기

재결에 대한 불복으로서 행정소송의 종류는 취소소송, 무효등확인소송, 당사자소송(형식적 당사자소송)이 있다.

(1) 취소소송

취소소송이라 함은 항고소송 중 하나로, 행정청의 위법한 처분 등의 취소 또는 변경을 구하는 소송을 말하며, 공용수용에 있어서는 관할 토지수용위원회의 재결 또는 중앙토지수용위원회의 이의신청에 대한 재결이 위법함을 전제로 하여 그 재결의 취소 또는 변경을 청구하는 소송을 말한다.

사업시행자·토지소유자 또는 관계인은 재결에 대하여 불복이 있는 때에는 재결서를 받은 날부터 90일 이내에, 이의신청을 거친 때에는 이의신청에 대한 재결서를 받은 날부터 60일 이내에 각각 행정소송을 제기할 수 있다(토지보상법 제85조 제1항).

사업시행자는 행정소송을 제기하기 전에 이의신청재결에 따라 증액된 보상금을 공탁하여야 하며, 보상금을 받을 자는 공탁된 보상금을 소송종결시까지 수령할 수 없다(토지보상법 제85조 제1항).

(2) 무효등확인소송

무효등확인소송이라 함은 항고소송 중의 하나로 행정청의 처분 등의 효력 유무 또는 존재 여부를 확인하는 소송을 말하며, 공용수용에 있어서는 관한 토지수용위원회의 재결 또는 중앙토지수용위원회의 이의신청에 대한 재결에 중대하고 명백한 하자가 있거나 재결이 존재하지 않는다는 것을 전제로 하여 재결의 무효확인 또는 부존재확인을 청구하는 소송을 말한다.

관할 토지수용위원회의 재결에 대하여 그 재결서를 받은 날로부터 60일, 중앙토지수용위원회의 이의신청 재결에 대하여 그 재결서를 받은 날로부터 30일이 초과하더라도 무효등확인소송을 제기할 수 있다.

(3) 보상금 증액소송

당사자소송이라 함은 행정청의 처분 등을 원인으로 하는 법률관계에 관한 소송 그 밖에 공법상의 법률관계에 관한 소송으로서, 그 법률관계의 한쪽 당사자를 피고로 하는 소송을 말한다.

공용수용에 있어서는 관할 토지수용위원회의 재결 또는 이의신청에 대한 중앙토지수용위원회의 재결로 형성된 보상금의 증감에 관한 것뿐이다(토지보상법 제85조 제2항). 따라서 재결의 취소·변경은 물론, 재결사항 중 보상금의 증감에 관한 사항외에는 당사자소송의 대상이 될 수 없다.

당해 소송을 제기하는 자가 토지소유자 또는 관계인인 때에는 사업시행자를, 사업시행자인 때에는 토지소유자 또는 관계인을 각각 피고로 한다(토지보상법 제85조 제2항).

수용재결서를 송달받은 날로부터 90일이내, 이의재결서를 송달방은 날로부터 60일 이내에 당사자소송을 제기할 수 있다(행정소송법 제41조). 이 기간은 불변기간이다.

토지소유자 등의 사업시행자에 대한 손실보상금 채권에 관하여 압류 및 추심명령이 있더라도, 추심채권자가 보상금 증액 청구의 소를 제기할 수 없고, 채무자인 토지소유자 등이 보상금 증액 청구의 소를 제기하고 그 소송을 수행할 당사자적격을 상실하지 않는다.[195]

주거환경개선사업구역에서 사업시행자 지정처분 및 사업시행인가 모두 무효로 된 경우 그 이후에 이루어진 모든 후행 절차들이 효력을 상실하였으므로, 사업시행자의 수용재결 역시 무효라 할 것이다. 따라서 토지소유자가 제기한 토지보상금 증액청구소송도 부적법하다.[196]

(4) 사업시행자가 제기한 행정소송의 기각 등

사업시행자가 제기한 행정소송이 각하 · 기각 또는 취하된 경우 사업시행자는 다음의 어느 하나에 해당하는 날부터 판결일 또는 취하일까지의 기간에 대하여「소송촉진 등에관한특례법」제3조에 따른 법정이율(12%)을 적용하여 산

195) 대법원 2022. 11. 24. 선고 2018두67 전원합의체 판결
196) 광주지방법원 2019. 4. 25. 선고 2017구합11732 판결

정한 금액을 보상금에 가산하여 지급하여야 한다(토지보상법 제87조 제1항).

① 재결이 있은 후 소송을 제기하였을 때에는 재결서 정본을 받은 날

② 이의신청에 대한 재결이 있은 후 소송을 제기하였을 때에는 그 재결서 정본을 받은 날

위 가산금 규정은 수용에 의해 강제적으로 목적물을 취득하는 사업시행자가 보상금의 지급을 지연시킬 목적 등으로 행정소송을 남용하는 것을 방지하고, 사업시행자의 일방적인 행정소송으로 인해 토지소유자가 보상금을 수령하지 못하는 기간 동안 손해를 보전함으로써 사업시행자와 토지소유자 간의 형평을 도모하려는데 있다.[197)]

사업시행자가 수용재결에 불복하여 이의신청을 한 후 다시 이의재결에 불복하여 행정소송을 제기하였으나 행정소송이 각하·기각 또는 취하된 경우, 지연가산금에 관한 토지보상법 제87조 제1호가 적용되는지 문제 된 사안에서, 위 경우 토지보상법 제87조 제2호가 적용되어 사업시행자는 이의재결서 정본을 받은 날부터 판결일 또는 취하일까지의 기간에 대하여 지연가산금을 지급할 의무가 있고, 위 경우에까지 토지보상법 제87조 제1호가 동시에 적용되지 않는다.[198)]

197) 대법원 2018두54678 판결, 서울고등법원 2019누69065 판결
198) 대법원 2022. 4. 14. 선고 2021두57667 판결

Ⅳ. 보상금의 공탁 및 수용의 효과

1. 보상금의 지급 및 공탁

(1) 보상금의 지급

사업시행자는 수용 또는 사용의 개시일(토지수용위원회가 재결로서 결정한 수용 또는 사용을 개시하는 날)까지 관할 토지수용위원회가 재결한 보상금을 지급하여야 한다(토지보상법 제40조 제1항).

그러나 천재·지변시의 토지의 사용(제38조) 또는 시급을 요하는 토지의 사용(제39조)의 규정에 의한 사용의 경우를 제외한다(토지보상법 제40조 제1항).

(2) 보상금의 공탁

사업시행자는 다음의 1에 해당하는 때에는 수용 또는 사용의 개시일까지 수용 또는 사용하고자 하는 토지등의 소재지의 공탁소에 보상금을 공탁할 수 있다(토지보상법 제40조 제2항).

① 보상금을 받을 자가 그 수령을 거부하거나 보상금을 수령할 수 없는 때
② 사업시행자의 과실없이 보상금을 받을 자를 알 수 없는 때
③ 관할 토지수용위원회가 재결한 보상금에 대하여 사업시행자의 불복이 있는 때
④ 압류 또는 가압류에 의하여 보상금의 지급이 금지된 때

사업시행자가 관할 토지수용위원회가 재결한 보상금에 대하여 사업시행자의 불복이 있는 때에는 사업시행자는 보상금을 받을 자에게 자기가 산정한 보상금을 지급하고 그 금액과 토지수용위원회가 재결한 보상금과의 '차액'을 공탁하여야 한다. 이 경우 보상금을 받을 자는 그 불복의 절차가 종결될 때까지 공탁된 보상금을 수령할 수 없다(토지보상법 제40조 제4항).

보상금을 수령할 자가 그 보상금의 수령을 거절하거나 거절할 것이 명백하다고 인정되는 경우 조합은 현실제공을 하지 않고 바로 보상금을 공탁할 수 있다.[199] 보상금 수령자가 보상금 지급을 신청하지 않았고, 감정평가 절차를

방해한 점 등에 비추어 보상금 수령자가 보상금 수령을 거부할 것이 명백한 경우에 해당한다고 판시한 사례가 있다.

2. 보상금 수령 및 효과

(1) 승계인의 보상금 수령

사업인정고시가 있은 후 권리의 변동이 있는 때에는 그 권리를 승계한 자가 보상금 또는 공탁금을 수령한다(토지보상법 제40조 제3항). 보상금 또는 공탁금을 받는 자는 보상금을 받을 권리를 승계한 사실을 증명하는 서류를 사업시행자 또는 공탁공무원에게 제출하여야 한다(토지보상법 시행령 제21조).

(2) 이의의 유보없이 보상금을 수령한 경우

피수용자가 사업시행자에게 아무런 이의도 유보함이 없이 사업시행자가 지급하는 보상금을 수령한 경우에는 관할 토지수용위원회가 행한 재결에 대하여 피수용자가 승복한 것으로 본다.[200)]

이의의 신청 또는 행정소송의 제기후라도 이의를 유보함이 없이 보상금을 수령하였다면 피수용자가 그 재결에 승복한 것으로 보아야 한다.[201)]

(3) 이의를 유보하고 보상금을 수령한 경우

토지수용위원회가 재결한 보상금에 대하여 불복한다는 의사를 유보하고 피수용자가 보상금을 수령한 경우에는 피수용자가 그 재결에 승복하지 아니한 것이 된다.[202)]

이의유보의 의사표시는 사업시행자에게 하되, 보상금이 공탁된 경우에는 공탁공무원에게 하며, 그 보상금을 수령하기 전에 그 의사를 표시하여야 하고, "재결에 불복" 또는 "보상금 중 일부의 수령" 등 관할 토지수용위원회의

---

199) 대법원 1995. 6. 13. 선고 94누9085 판결
200) 대법원 1983. 2. 22. 선고 81누311 판결
201) 대법원 1990. 10. 23. 선고 90누6125 판결
202) 대법원 1987. 5. 12. 선고 86누498 판결

재결에 승복하여 보상금을 수령하는 것이 아님을 분명하게 표시함으로 족하다. 그러나 이의의 신청이나 행정소송을 제기하였다는 것만으로는 이의유보로 볼 수 없다.

3. 재결의 실효

사업시행자가 수용 또는 사용의 개시일까지 관할 토지수용위원회가 재결한 보상금을 지급 또는 공탁하지 아니한 때에는 당해 토지수용위원회의 재결은 그 효력을 상실한다(토지보상법 제42조 제1항).

사업시행자는 재결의 효력이 상실됨으로 인하여 토지소유자 또는 관계인이 입은 손실을 보상하여야 한다(토지보상법 제42조 제2항).

4. 사업시행자의 권리취득

(1) 권리취득의 시기

사업시행자가 협의에 의하여 권리를 취득하는 경우에는 그 협의의 내용에 따라 취득의 시기가 결정되나, 재결에 의하는 경우에는 재결로서 정한 '수용의 개시일'에 사업시행자가 그 권리를 취득한다(토지보상법 제45조 제1항).

사업시행자가 수용 개시일까지 토지수용위원회가 재결한 수용보상금을 지급하거나 공탁하면 수용 개시일에 토지나 물건의 소유권을 취득하며, 설령 그 후 이의재결에서 보상액이 늘어났다 하더라도 그 사유만으로 달리 볼 수 없다.[203)]

수용의 개시일까지 사업시행자가 관할 토지수용위원회에서 재결한 보상금을 토지소유자 또는 관계인에게 지급하지 아니하거나 공탁공무원에게 공탁하지 아니한 경우에는 그 재결의 효력이 상실하게 되므로(토지보상법 제42조 제1

---

203) 대법원 2002. 10. 11. 선고 2002다35461 판결, 대법원 2017. 3. 30. 선고 2014두43387 판결

항), 수용의 개시일에 사업시행자가 그와 같은 권리를 취득할 수 없다.

(2) 소유권 및 사용권의 취득

사업시행자가 재결에 의하여 목적물의 소유권을 취득하는 것은 승계취득이 아니라 '원시취득'이다. 따라서 수용의 개시일에 수용의 목적물에 대한 종래의 모든 권리는 소멸함과 동시에, 사업시행자가 새로이 소유권을 가지게 된다(토지보상법 제45조 제1항).

사업시행자가 취득하는 소유권은 아무런 부담이나 흠(하자)이 없는 완전한 소유권이 되어, 권리하자담보(민법 제570내지 제579조)나 물건하자담보(민법 제580조)의 문제는 발생할 여지가 없다.

사업시행자는 사용의 개시일에 토지나 물건의 사용권을 취득하며, 그 토지나 물건에 관한 다른 권리는 사용의 기간중에는 이를 행사하지 못하며(토지보상법 제45조 제2항), 다만 토지수용위원회의 재결로 인정된 권리는 소멸되거나 그 행사가 정지되지 않고 그 권리가 존속된 상태대로 사업시행자가 취득하게 된다(토지보상법 제45조 제3항).

(3) 토지 또는 물건의 인도 등

토지소유자 및 관계인과 그 밖에 토지소유자나 관계인에 포함되지 아니하는 자로서 수용하거나 사용할 토지나 그 토지에 있는 물건에 관한 권리를 가진 자는 수용 또는 사용의 개시일까지 그 토지나 물건을 사업시행자에게 인도하거나 이전하여야 한다(토지보상법 제43조).

(4) 형식상 명의인을 피수용자로 확정한 재결의 효력

형식상 명의인을 피수용자로 확정하고 수용의 절차를 마쳤다해도 그 수용의 효과를 부인할 수 없을 뿐만 아니라 수용목적물의 소유자가 누구이냐를 묻지 않고 이미 가지고 있던 소유권은 소멸함과 동시에 사업시행자는 완전하고 확실하게 그 권리를 취득하게 된다.[204)]

---

204) 대법원 1995. 9. 15. 선고 94다27649 판결

(5) 등기없이 물권변동의 효력발생

우리나라에서는 부동산의 물권변동은 등기하여야 효력이 발생하지만(민법 제186조), 공용수용으로 인한 부동산물권변동은 등기하지 않아도 그 효력이 발생한다(민법 제187조).

5. 보상금에 대한 압류 등

(1) 물상대위제도

목적물의 소멸이 담보물권을 포함한 물권의 소멸원인이지만, 담보물권이 설정된 목적물이 소멸·훼손 또는 수용되더라도 그 목적물의 가치에 대한 변형물인 금전이 그 소유자에게 귀속하게 되는 경우에 담보물권은 소멸되지 않고 그 목적물에 갈음(변형)되는 금전에 관하여 존속하게 된다. 이때 목적물에 갈음(변형)되는 금전으로부터 우선 변제를 받을 수 있는 것을 담보물권의 물상대위라 한다.

(2) 물상대위권의 행사

담보물권의 목적물이 수용 또는 사용된 경우 당해 담보물권은 그 목적물의 수용 또는 사용으로 인하여 채무자가 받을 보상금에 대하여 행사할 수 있다. 다만, 그 지급전에 이를 압류하여야 한다(토지보상법 제47조).

담보권에 기하여 물상대위권을 갖는 채권자가 우선변제를 받기 위하여는 채권에 대한 강제집행절차를 준용하여 채권압류 및 전부명령을 신청하거나 배당요구를 하는 방법에 의하여 물상대위권을 행사할 수 있다. 행사의 시기는 배당요구의 종기(민사집행법 제247조 제1항)까지 하여야 한다.[205)]

(3) 저당권자와의 협의 또는 통지의무

사업시행자가 수용할 토지의 저당권자에게 토지보상법령에 의한 협의나 통지를 하지 아니하였다면 이는 위법하다.

---

205) 대법원 1999. 5. 14. 선고 98다62688 판결

그러나 수용 토지의 저당권자가 어떠한 경위로든지 수용보상공탁금이 토지소유자에 의하여 출급되어 그 일반재산에 혼입되기 전에 물상대위권을 행사할 수 있는 충분한 시간적 간격을 두고 토지가 수용된 사실을 알게 되었음에도 불구하고 물상대위권을 행사하여 토지소유자의 공탁금출급청구권을 압류하지 아니함으로써 우선변제를 받을 수 없게 된 경우에는, 저당권자가 토지수용보상금으로부터 우선변제를 받지 못한 것이 기업자가 저당권자에게 토지수용과 관련하여 토지보상법령에 의한 협의나 통지를 하지 아니한 데에 그 원인이 있는 것이라고는 할 수 없다.[206]

206) 대법원 2003. 4. 25. 선고 2001다78553 판결

V. 손실보상

1. 감정평가법인등의 선정 등

(1) 감정평가법인등의 선정

사업시행자는 토지등에 대한 보상액을 산정하려는 경우에는 감정평가법인등 3인(시 · 도지사와 토지소유자가 모두 감정평가법인등을 추천하지 아니하거나 시 · 도지사 또는 토지소유자 어느 한쪽이 감정평가법인등을 추천하지 아니하는 경우에는 2인)을 선정하여 토지등의 평가를 의뢰하여야 한다. 다만, 사업시행자가 국토교통부령으로 정하는 기준에 따라 직접 보상액을 산정할 수 있을 때에는 그러하지 아니하다(토지보상법 제68조 제1항).

사업시행자가 감정평가법인등을 선정할 때 해당 토지를 관할하는 시 · 도지사와 토지소유자는 감정평가법인등을 각 1인씩 추천할 수 있다. 이 경우 사업시행자는 추천된 감정평가법인등을 포함하여 선정하여야 한다(토지보상법 제68조 제2항).

시 · 도지사와 토지소유자는 보상계획의 열람기간 만료일부터 30일 이내에 사업시행자에게 감정평가법인등을 추천할 수 있다.

감정평가법인등을 추천하려는 토지소유자는 보상 대상 토지면적의 2분의 1 이상에 해당하는 토지소유자와 보상 대상 토지의 토지소유자 총수의 과반수의 동의를 받은 사실을 증명하는 서류를 첨부하여 사업시행자에게 감정평가법인등을 추천해야 한다. 이 경우 토지소유자는 감정평가법인등 1인에 대해서만 동의할 수 있다(토지보상법 시행령 제28조).[207]

(2) 보상평가의 의뢰

사업시행자는 대상물건에 대한 평가를 의뢰하려는 때에는 보상평가의뢰서에 대상물건의 표시, 대상물건의 가격시점 등을 기재하여 감정평가법인등에게 평

207) 서울행정법원 2010. 10. 22. 선고 2008구합2569 판결

가를 의뢰해야 한다(토지보상법 시행규칙 제16조 제1항).

평가서 제출기한은 30일 이내로 하여야 한다. 다만, 대상물건이나 평가내용이 특수한 경우에는 그러하지 아니하다(토지보상법 시행규칙 제16조 제2항).

(3) 현지조사 및 보상평가서

감정평가법인등은 대상물건 및 그 주변의 상황을 현지조사하고 평가를 하여야 한다. 이 경우 고도의 기술을 필요로 하는 등의 사유로 인하여 자기가 직접 평가할 수 없는 대상물건에 대하여는 사업시행자의 승낙을 얻어 전문기관의 자문 또는 용역을 거쳐 평가할 수 있다(토지보상법 시행규칙 제16조 제3항).

감정평가법인등은 평가를 한 후 보상평가서를 작성하여 심사자(감정평가업에 종사하는 감정평가사를 말함) 1인 이상의 심사를 받고 보상평가서에 당해 심사자의 서명날인을 받은 후 제출기한내에 사업시행자에게 이를 제출하여야 한다(토지보상법 시행규칙 제16조 제4항).

보상액의 산정은 각 감정평가법인등이 평가한 평가액의 산술평균치를 기준으로 한다(토지보상법 시행규칙 제16조 제6항).

(4) 재평가 등

사업시행자는 보상평가서를 검토한 결과 그 평가가 관계법령에 위반하여 평가되었거나 합리적 근거 없이 비교 대상이 되는 표준지의 공시지가와 현저하게 차이가 나는 등 부당하게 평가되었다고 인정하는 경우에는 당해 감정평가법인등에게 그 사유를 명시하여 다시 평가할 것을 요구하여야 한다(토지보상법 시행규칙 제17조 제1항).

사업시행자는 다음의 어느 하나에 해당하는 경우에는 다른 2인 이상의 감정평가법인등에게 대상물건의 평가를 다시 의뢰하여야 한다(토지보상법 시행규칙 제17조 제2항).

① 관계법령에 위반하여 평가되거나 부당하게 평가된 경우로서 당해 감정평가법인등에게 평가를 요구할 수 없는 특별한 사유가 있는 경우

② 대상물건의 평가액 중 최고평가액이 최저평가액의 110퍼센트를 초과하는

경우. 대상물건이 지장물인 경우 최고평가액과 최저평가액의 비교는 소유자별로 지장물 전체 평가액의 합계액을 기준으로 한다.

③ 평가를 한 후 1년이 경과할 때까지 보상계약이 체결되지 아니한 경우

사업시행자는 재평가를 하여야 하는 경우로서 종전의 평가가 시 · 도지사와 토지소유자가 추천한 감정평가법인등을 선정하여 행하여진 경우에는 시 · 도지사와 토지소유자(보상계약을 체결하지 아니한 토지소유자를 말함)에게 다른 감정평가법인등을 추천하여 줄 것을 통지하여야 한다. 이 경우 시 · 도지사와 토지소유자가 통지를 받은 날부터 30일 이내에 추천하지 아니한 경우에는 추천이 없는 것으로 본다(토지보상법 시행규칙 제17조 제3항).

재평가를 행한 경우 보상액의 산정은 각 감정평가법인등이 다시 평가한 평가액의 산술평균치를 기준으로 한다(토지보상법 시행규칙 제17조 제4항).

대상물건의 평가액 중 최고평가액이 최저평가액의 110퍼센트를 초과하는 경우 사업시행자는 평가내역 및 당해 감정평가법인등을 국토교통부장관에게 통지하여야 하며, 국토교통부장관은 당해 감정평가가 관계법령이 정하는 바에 따라 적법하게 행하여졌는지 여부를 조사하여야 한다(토지보상법 시행규칙 제17조 제5항).

2. 평가방법 원칙 등

(1) 평가방법 적용의 원칙

대상물건의 평가는 토지보상법 시행규칙에서 정하는 방법에 의하되, 그 방법으로 구한 가격 또는 사용료를 다른 방법으로 구한 가격등과 비교하여 그 합리성을 검토하여야 한다(토지보상법 시행규칙 제18조 제1항).

토지보상법 시행규칙에서 정하는 방법으로 평가하는 경우 평가가 크게 부적정하게 될 요인이 있는 경우에는 적정하다고 판단되는 다른 방법으로 평가할 수 있다. 이 경우 보상평가서에 그 사유를 기재하여야 한다(토지보상법 시행규칙 제18조 제2항).

토지보상법 시행규칙에서 정하지 아니한 대상물건에 대하여는 토지보상법

시행규칙의 취지와 감정평가의 일반이론에 의하여 객관적으로 판단·평가하여야 한다(토지보상법 시행규칙 제18조 제3항).

(2) 대상물건의 변경에 따른 평가

공익사업의 계획이 변경됨에 따라 추가되는 대상물건이 이미 평가한 물건과 그 실체 및 이용상태 등이 동일하고 가격등에 변경이 없다고 인정되는 때에는 따로 평가하지 아니하고 이미 평가한 물건의 평가결과를 기준으로 하여 보상액을 산정할 수 있다(토지보상법 시행규칙 제19조 제1항).

공익사업의 계획이 변경됨에 따라 대상물건의 일부가 보상대상에서 제외되는 경우에는 그 내용을 지체없이 그 대상물건의 소유자 등에게 통지하여야 한다. 이 경우 이미 보상계약이 체결된 때에는 지체없이 그 계약을 해지하거나 변경하고 그에 따른 보상액의 환수 등 필요한 조치를 하여야 한다(토지보상법 시행규칙 제19조 제2항).

감정평가를 한 후 1년이 경과할 때까지 보상계약이 체결되지 않아 재평가를 하는 경우로서 재평가시점에서 물건의 수량 또는 내용이 변경된 경우에는 변경된 상태를 기준으로 평가하여야 한다(토지보상법 시행규칙 제19조 제3항).

(3) 구분평가 등

취득할 토지에 건축물·입목·공작물 그 밖에 토지에 정착한 물건이 있는 경우에는 토지와 그 건축물 등을 각각 평가하여야 한다. 다만, 건축물 등이 토지와 함께 거래되는 사례나 관행이 있는 경우에는 그 건축물 등과 토지를 일괄하여 평가하여야 하며, 이 경우 보상평가서에 그 내용을 기재하여야 한다(토지보상법 시행규칙 제20조 제1항).

건축물등의 면적 또는 규모의 산정은 '건축법' 등 관계법령이 정하는 바에 의한다(토지보상법 시행규칙 제20조 제2항).

3. 토지에 대한 보상의 원칙

대상토지의 평가가격 =

비교표준지 공시지가 × 시점수정 × 지역요인 격차율 ×
개별요인 격차율 × 기타요인 보정 × 대상토지의 면적

(1) 현황평가주의

협의나 재결에 의하여 취득하는 토지에 대하여는 공시지가를 기준으로 하여 보상하되, 그 공시기준일부터 가격시점까지의 관계 법령에 따른 그 토지의 이용계획, 해당 공익사업으로 인한 지가의 영향을 받지 아니하는 지역의 지가변동률, 생산자물가상승률과 그 밖에 그 토지의 위치 · 형상 · 환경 · 이용상황 등을 고려하여 평가한 적정가격으로 보상하여야 한다(토지보상법 제70조 제1항).

토지에 대한 보상액은 가격시점에서의 현실적인 이용상황과 일반적인 이용방법에 의한 객관적 상황을 고려하여 산정한다(토지보상법 제70조 제2항).

토지가격의 평가를 함에 있어 공부상 지목과 실제 현황이 다른 경우에는 공부상 지목보다는 실제 현황을 기준으로 하여 평가하여야 함이 원칙이며, 평가대상 토지에 형질변경이 행하여지는 경우 형질변경행위가 완료되어 현황의 변경이 이루어졌다고 보여지는 경우에는 비록 공부상 지목변경절차를 마치기 전이라고 하더라도 변경된 실제 현황을 기준으로 평가함이 상당하다.[208]

수용대상 토지는 수용재결 당시의 현실 이용상황을 기준으로 평가하여야 하고, 그 현실 이용상황은 법령의 규정이나 토지소유자의 주관적 의도 등에 의하여 의제될 것이 아니라 관계 증거에 의하여 객관적으로 확정되어야 한다.[209]

토지의 물리적인 이용현황을 중심으로 하는 것에 대한 예외로서 ① 일시적인 이용상황, ② 미불용지, ③ 무허가건축물 등의 부지, ④ 불법으로 형질변경된 토지, ⑤ 도로 및 구거 부지, ⑥ 건축물 등의 부지가 있고, 법률적인 규제

208) 대법원 1994. 4. 12. 선고 93누6904 판결
209) 대법원 1998. 9. 18. 선고 97누13375 판결

사항의 포함에 대한 예외로서 ① 공법상 제한을 받는 토지와 ② 당해 공익사업의 시행을 직접 목적으로 하여 용도지역이 변경된 토지이다.

(2) 일시적인 이용현황

하되, 일시적인 이용상황과 토지소유자나 관계인이 갖는 주관적 가치 및 특별한 용도에 사용할 것을 전제로 한 경우 등은 고려하지 아니한다(토지보상법 제70조 제2항).

일시적인 이용상황은 관계 법령에 따른 국가 또는 지방자치단체의 계획이나 명령 등에 따라 해당 토지를 본래의 용도로 이용하는 것이 일시적으로 금지되거나 제한되어 그 본래의 용도와 다른 용도로 이용되고 있거나 해당 토지의 주위환경의 사정으로 보아 현재의 이용방법이 임시적인 것으로 한다(토지보상법 시행령 제38조).

4. 공시지가를 기준으로 한 보상액의 산정

(1) 공시지가 보상

협의 또는 재결에 의하여 취득하는 토지에 대하여는 공시지가를 기준으로 하여 보상한다(토지보상법 제70조 제1항). 취득하는 토지를 평가함에 있어서는 평가대상토지와 유사한 이용가치를 지닌다고 인정되는 하나 이상의 표준지의 공시지가를 기준으로 한다(토지보상법 시행규칙 제22조 제1항).

토지보상액에 적용되는 공시지가란 국토교통부장관이 토지이용상황이나 주변 환경 기타 자연적, 사회적 조건이 일반적으로 유사하다고 인정되는 일단의 토지 중에서 선정한 표준지에 대하여 매년 공시기준일 현재의 적정가격을 공시한 것을 가리키는 것이고, 이와 달리 관계행정기관이 국토교통부장관으로부터 제공받은 토지가격비준표를 적용하여 산정하는 이른바 개별공시지가는 토지수용보상액 산정기준이 되지 아니한다.[210]

---

210) 대법원 1994. 10. 14. 선고 94누2664 판결

(2) 적용할 공시지가 및 표준지의 선정

사업인정후의 취득에 있어서 공시지가는 사업인정고시일전의 시점을 공시기준일로 하는 공시지가로서, 당해 토지에 관한 협의의 성립 또는 재결 당시 공시된 공시지가중 당해 사업인정고시일에 가장 가까운 시점에 공시된 공시지가로 한다(토지보상법 제70조 제4항).

재개발조합은 현금청산 대상자의 부동산에 관하여 수용재결일[211]을 기준으로 수용보상금을 산정하여야 하므로, 사업시행계획인가 시점에 공시된 공시지가가 아니라 재결 당시 공시된 공시지가를 사용하여야 한다.

공익사업의 계획 또는 시행이 공고 또는 고시됨으로 인하여 취득하여야 할 토지의 가격이 변동되었다고 인정되는 경우에는 공시지가는 당해 공고일 또는 고시일 전의 시점을 공시기준일로 하는 공시지가로서 당해 토지의 가격시점 당시 공시된 공시지가 중 당해 공익사업의 공고일 또는 고시일에 가장 가까운 시점에 공시된 공시지가로 한다(토지보상법 제70조 제5항).

(3) 시점수정

공시지가의 공시기준일부터 가격시점까지의 관계 법령에 따른 그 토지의 이용계획, 해당 공익사업으로 인한 지가의 영향을 받지 아니하는 지역의 지가변동률, 생산자물가상승률과 그 밖에 그 토지의 위치 · 형상 · 환경 · 이용상황 등을 고려하여 평가한 적정가격으로 보상하여야 한다(토지보상법 제70조 제1항).

지가변동률이란 국토교통부장관이 조사 · 발표하는 지가변동률로서 평가대상토지와 가치형성요인이 같거나 비슷하여 해당 평가대상 토지와 유사한 이용가치를 지닌다고 인정되는 표준지(비교표준지)가 소재하는 시 · 군 또는 구의 용도지역별 지가변동률을 말한다(토지보상법 시행령 제37조).

생산자물가상승률은 한국은행이 조사 · 발표하는 생산자물가지수에 따라 산정된 비율을 말한다.

(4) 지역요인의 비교

부동산평가이론의 일반원칙에 해당하는 지역요인의 비교도 토지의 평가에

---

211) 대법원 2016. 12. 15. 선고 2015두51309 판결

반영되어야 한다.

(5) 개별요인의 비교

당해 토지의 위치·형상·환경·이용상황 등을 참작하여 평가한 적정가격으로 보상하여야 하므로(토지보상법 제70조 제1항), 토지에 대한 평가시 개별요인을 종합적으로 고려하여야 한다.

(6) 인근 유사토지의 정상거래사례의 참작여부

현행 토지보상법하에서 수용대상 토지의 정당한 보상액을 산정함에 있어서 인근 유사토지의 정상거래사례나 보상선례를 반드시 조사하여 참작하여야 하는 것은 아니고, 인근 유사토지가 거래된 사례나 보상이 된 선례가 있고 그 가격이 정상적인 것으로 적정한 보상액 평가에 영향을 미칠 수 있는 것임이 입증된 경우에는 이를 참작할 수 있는 것이나, 단순한 호가시세나 담보목적으로 평가한 가격에 불과한 것까지 참작할 것은 아니다.[212)]

(7) 나지(裸地) 상정평가

토지에 건축물등이 있는 때에는 그 건축물등이 없는 상태를 상정하여 토지를 평가한다(토지보상법 시행규칙 제22조 제2항).

5. 특수한 토지에 대한 평가

(1) 공법상 제한을 받는 토지의 평가

공법상 제한을 받는 토지에 대하여는 제한받는 상태대로 평가한다. 다만, 그 공법상 제한이 당해 공익사업의 시행을 직접 목적으로 하여 가하여진 경우에는 제한이 없는 상태를 상정하여 평가한다(토지보상법 시행규칙 제23조 제1항).

---

212) 대법원 2003. 2. 28. 선고 2001두3808 판결, 대법원 1998. 7. 10. 선고 98두6067 판결

당해 공익사업의 시행을 직접 목적으로 하여 용도지역 또는 용도지구 등이 변경된 토지에 대하여는 변경되기 전의 용도지역 또는 용도지구 등을 기준으로 평가한다(토지보상법 시행규칙 제23조 제2항).

(2) 무허가건축물 등의 부지 또는 불법형질변경된 토지의 평가

무허가건축물이란 건축법 등 관계법령에 의하여 허가를 받거나 신고를 하고 건축 또는 용도변경을 하여야 하는 건축물을 허가를 받지 아니하거나 신고를 하지 아니하고 건축 또는 용도변경한 건축물을 말한다.

불법형질변경토지란 국토계획법 등 관계법령에 의하여 허가를 받거나 신고를 하고 형질변경을 하여야 하는 토지를 허가를 받지 아니하거나 신고를 하지 아니하고 형질변경한 토지를 말한다.

무허가건축물의 부지 또는 불법형질변경토지에 대하여는 무허가건축물등이 건축 또는 용도변경될 당시 또는 토지가 형질변경될 당시의 이용상황을 상정하여 평가한다(토지보상법 시행규칙 제24조).

(3) 미지급용지의 평가

미지급용지라 함은 종전에 시행된 공익사업의 부지로서 보상금이 지급되지 아니한 토지를 말한다. 미지급용지에 대하여는 종전의 공익사업에 편입될 당시의 이용상황을 상정하여 평가한다. 다만, 종전의 공익사업에 편입될 당시의 이용상황을 알 수 없는 경우에는 편입될 당시의 지목과 인근토지의 이용상황 등을 참작하여 평가한다(토지보상법 시행규칙 제25조 제1항).

사업시행자는 미지급용지의 평가를 의뢰하는 때에는 보상평가의뢰서에 미지급용지임을 표시하여야 한다(토지보상법 시행규칙 제25조 제2항).

(4) 도로에 대한 평가

도로부지에 대한 평가는 다음에서 정하는 바에 의한다(토지보상법 시행규칙 제26조 제1항).

① 사도법에 의한 사도의 부지는 인근토지에 대한 평가액의 5분의 1 이내

② 사실상의 사도의 부지는 인근토지에 대한 평가액의 3분의 1 이내

③ ① 또는 ②외의 도로의 부지는 표준지의 공시지가 기준에 의함

사실상의 사도라 함은 사도법에 의한 사도외의 도로로서 다음의 1에 해당하는 도로를 말한다(토지보상법 시행규칙 제26조 제2항).

① 도로개설당시의 토지소유자가 자기 토지의 편익을 위하여 스스로 설치한 도로
② 토지소유자가 그 의사에 의하여 타인의 통행을 제한할 수 없는 도로
③ 건축법 제45조에 따라 건축허가권자가 그 위치를 지정 · 공고한 도로
④ 도로개설당시의 토지소유자가 대지 또는 공장용지 등을 조성하기 위하여 설치한 도로

국토계획법에 의한 도시 · 군관리계획에 의하여 도로로 결정된 후부터 도로로 사용되고 있는 것을 제외한다.

'도로개설당시의 토지소유자가 자기 토지의 편익을 위하여 스스로 설치한 도로' 인지 여부는 인접토지의 획지면적, 소유관계, 이용상태 등이나 개설경위, 목적, 주위환경 등에 의하여 객관적으로 판단하여야 한다.

'토지소유자가 그 의사에 의하여 타인의 통행을 제한할 수 없는 도로' 에는 법률상 소유권을 행사하여 통행을 제한할 수 없는 경우뿐만 아니라 사실상 통행을 제한하는 것이 곤란하다고 보이는 경우도 해당한다고 할 것이다. 적어도 도로로의 이용상황이 고착화되어 당해 토지의 표준적 이용상황으로 원상회복하는 것이 용이하지 않은 상태에 이르러야 할 것이어서 단순히 당해 토지가 불특정 다수인의 통행에 장기간 제공되어 왔고 이를 소유자가 용인하여 왔다는 사정만으로는 사실상의 도로에 해당한다고 할 수 없다.[213)]

(5) 구거부지에 대한 평가

구거부지에 대하여는 인근토지에 대한 평가액의 3분의 1 이내로 평가한다. 다만, 용수를 위한 도수로부지에 대하여는 표준지의 공시지가 기준에 의하여 평가한다(토지보상법 시행규칙 제26조 제3항).

도수로부지중 개설당시의 토지소유자가 자기 토지의 편익을 위하여 스스로 설치한 도수로부지를 제외한다.

---

213) 대법원 2007. 4. 12. 선고 2006두18492 판결

인근토지라 함은 당해 도로부지 또는 구거부지가 도로 또는 구거로 이용되지 아니하였을 경우에 예상되는 표준적인 이용상황과 유사한 토지로서 당해 토지와 위치상 가까운 토지를 말한다(시행규칙 제26조 제4항)

6. 잔여지의 매수청구 등

(1) 잔여지 손실보상

사업시행자는 동일한 소유자에게 속하는 일단의 토지의 일부가 취득되거나 사용됨으로 인하여 잔여지의 가격이 감소하거나 그 밖의 손실이 있을 때 또는 잔여지에 통로·도랑·담장 등의 신설이나 그 밖의 공사가 필요할 때에는 국토교통부령으로 정하는 바에 따라 그 손실이나 공사의 비용을 보상하여야 한다(토지보상법 제73조 제1항).

동일한 토지소유자에 속하는 일단의 토지의 일부가 취득됨으로 인하여 잔여지의 가격이 하락된 경우의 잔여지의 손실은 공익사업시행지구에 편입되기 전의 잔여지의 가격에서 공익사업시행지구에 편입된 후의 잔여지의 가격을 뺀 금액으로 평가한다(토지보상법 시행규칙 제32조 제1항).

동일한 토지소유자에 속하는 일단의 토지의 일부가 취득 또는 사용됨으로 인하여 잔여지에 통로·구거·담장 등의 신설 그 밖의 공사가 필요하게 된 경우의 손실은 그 시설의 설치나 공사에 필요한 비용으로 평가한다(토지보상법 시행규칙 제32조 제2항).

손실 또는 비용의 보상은 관계 법률에 따라 사업이 완료된 날 또는 사업완료의 고시가 있는 날(사업완료일)부터 1년이 지난 후에는 청구할 수 없다(토지보상법 제73조 제2항).

(2) 사업시행자의 잔여지 매수

잔여지의 가격 감소분과 잔여지에 대한 공사의 비용을 합한 금액이 잔여지의 가격보다 큰 경우에는 사업시행자는 그 잔여지를 매수할 수 있다(토지보상법 제73조 제1항).

사업인정고시가 된 후 사업시행자가 잔여지를 매수하는 경우 그 잔여지에 대하여 사업인정 및 사업인정고시가 된 것으로 본다(토지보상법 제73조 제3항).

(3) 토지소유자의 잔여지 매수 및 수용 청구

동일한 소유자에게 속하는 일단의 토지의 일부가 협의에 의하여 매수되거나 수용됨으로 인하여 잔여지를 종래의 목적에 사용하는 것이 현저히 곤란할 때에는 해당 토지소유자는 사업시행자에게 잔여지를 매수하여 줄 것을 청구할 수 있다(토지보상법 제74조 제1항).

일단의 토지라 함은 반드시 1필지의 토지만을 가리키는 것이 아니라 일반적인 이용 방법에 의한 객관적인 상황이 동일한 한 수필지의 토지까지 포함하는 것이라고 할 것이므로, 일단의 토지가 수필지인 경우에도 달리 특별한 사정이 없는 한 그 가격감소는 일단의 토지 전체를 기준으로 산정하여야 할 것이다.[214]

'종래의 목적'이라 함은 수용재결 당시에 당해 잔여지가 현실적으로 사용되고 있는 구체적인 용도를 의미하고, '사용하는 것이 현저히 곤란한 때'라고 함은 물리적으로 사용하는 것이 곤란하게 된 경우는 물론 사회적, 경제적으로 사용하는 것이 곤란하게 된 경우, 즉 절대적으로 이용 불가능한 경우만이 아니라 이용은 가능하나 많은 비용이 소요되는 경우를 포함한다.[215]

매수 또는 수용 청구 대상인 잔여지의 판단기준은 다음과 같다(토지보상법 시행령 제39조).

① 대지로서 면적이 너무 작거나 부정형(不定形) 등의 사유로 건축물을 건축할 수 없거나 건축물의 건축이 현저히 곤란한 경우

② 농지로서 농기계의 진입과 회전이 곤란할 정도로 폭이 좁고 길게 남거나 부정형 등의 사유로 영농이 현저히 곤란한 경우

③ 공익사업의 시행으로 교통이 두절되어 사용이나 경작이 불가능하게 된 경우

---

214) 대법원 1999. 5. 14. 선고 97누4623 판결

215) 대법원 2005. 1. 28. 선고 2002두4679 판결

④ ①호부터 ③호까지에서 규정한 사항과 유사한 정도로 잔여지를 종래의 목적대로 사용하는 것이 현저히 곤란하다고 인정되는 경우

사업인정 이후 토지소유자는 관할 토지수용위원회에 수용을 청구할 수 있다. 수용의 청구는 매수에 관한 협의가 성립되지 아니한 경우에만 할 수 있으며, 사업완료일까지 하여야 한다(토지보상법 제74조 제1항).

매수 또는 수용의 청구가 있는 잔여지 및 잔여지에 있는 물건에 관하여 권리를 가진 자는 사업시행자나 관할 토지수용위원회에 그 권리의 존속을 청구할 수 있다(토지보상법 제74조 제2항).

동일한 토지소유자에 속하는 일단의 토지의 일부가 취득됨으로 인하여 종래의 목적에 사용하는 것이 현저히 곤란하게 된 잔여지에 대하여는 그 일단의 토지의 전체가격에서 공익사업시행지구에 편입되는 토지의 가격을 뺀 금액으로 평가한다(토지보상법 시행규칙 제32조 제3항).

7. 건축물등 물건에 대한 보상

(1) 물건의 가격 보상

건축물 · 입목 · 공작물과 그 밖에 토지에 정착한 물건(건축물등)에 대하여는 이전에 필요한 비용(이전비)으로 보상하여야 한다(토지보상법 제75조 제1항).

다음의 어느 하나에 해당하는 경우에는 해당 물건의 가격으로 보상하여야 한다(토지보상법 제75조 제1항).

① 건축물등을 이전하기 어렵거나 그 이전으로 인하여 건축물등을 종래의 목적대로 사용할 수 없게 된 경우

② 건축물등의 이전비가 그 물건의 가격을 넘는 경우

③ 사업시행자가 공익사업에 직접 사용할 목적으로 취득하는 경우

건축물(담장 및 우물 등의 부대시설 포함)에 대하여는 그 구조 · 이용상태 · 면적 · 내구연한 · 유용성 및 이전가능성 그 밖에 가격형성에 관련되는 제요인을 종합적으로 고려하여 평가한다(토지보상법 시행규칙 제33조 제1항).

도시정비법, 토지보상법 등에 따른 수용절차에 있어서 수용대상인 재화의

소유자가 해당 재화를 철거하는 조건으로 그 재화에 대한 대가를 받는 경우에는 재화의 공급으로 보지 아니하므로(부가가치세 시행령 제14조 제4항), 사업용 건물을 보상받은 경우에도 부가가치세를 부담하지 아니한다.

(2) 주거용이 아닌 건축물의 평가

건축물(주거용이 아닌 건축물에 한함)의 가격은 원칙적으로 원가법으로 평가한다(토지보상법 시행규칙 제33조 제2항).

원가법(복성식평가법)이라 함은 가격시점에서 대상물건의 재조달원가에 감가수정하여 대상물건이 가지는 현재의 가격을 산정하는 방법을 말하며, 평가방식은 아래와 같다.

$$\text{건물의 가격} = \frac{\text{재조달원가(건물신축단가)} \times \text{(내용연수 - 경과연수)}}{\text{내용년수} \times \text{면적}}$$

(3) 주거용 건축물의 평가

주거용 건축물에 있어서는 거래사례비교법에 의하여 평가한 금액이 원가법에 의하여 평가한 금액보다 큰 경우와 집합건물법에 의한 구분소유권의 대상이 되는 건물의 가격은 거래사례비교법으로 평가한다(토지보상법 시행규칙 제33조 제2항).

거래사례비교법에 의하여 평가한 금액은 공익사업의 시행에 따라 이주대책을 수립 · 실시하거나 주택입주권 등을 당해 건축물의 소유자에게 주는 경우 또는 개발제한구역안에서 이전이 허용되는 경우에 있어서의 당해 사유로 인한 가격상승분은 제외하고 평가한 금액을 말한다(시행규칙 제33조 제2항).

거래사례비교법이라 함은 대상물건과 동일성 또는 유사성 있는 물건의 거래사례와 비교하여 대상물건의 현황에 맞게 사정보정 및 시점수정 등을 거쳐 가격을 산정하는 방법을 말하며, 평가방식은 아래와 같다.

건물의 가격 = 사례가격 × 사정보정 × 시점보정 × 지역요인비교 × 개별요인비교 × 면적비교

(4) 주거용 건축물등의 보상에 대한 특례

주거용 건축물로서 평가금액이 6백만원 미만인 경우 그 보상액은 6백만원으로 한다(토지보상법 시행규칙 제58조 제1항).[216]

무허가건축물등에 대하여는 최소 보상액이 적용되지 않는다.

공익사업의 시행으로 인하여 주거용 건축물에 대한 보상을 받은 자가 그 후 당해 공익사업시행지구밖의 지역에서 매입하거나 건축하여 소유하고 있는 주거용 건축물이 그 보상일부터 20년 이내에 다른 공익사업시행지구에 편입되는 경우 그 주거용 건축물 및 그 대지에 대하여는 당해 평가액의 30퍼센트를 가산하여 보상한다(토지보상법 시행규칙 제58조 제2항).

주거용 건축물 및 그 대지는 보상을 받기 이전부터 소유하고 있던 대지 또는 다른 사람 소유의 대지위에 건축한 경우에는 주거용 건축물에 한한다.

당해 평가액의 30%를 가산한 금액(가산보상금)이 1천만원을 초과하는 경우에는 1천만원으로 한다(토지보상법 시행규칙 제58조 제3항).

① 무허가건축물등을 매입 또는 건축한 경우와 ② 다른 공익사업의 사업인정고시일등 또는 다른 공익사업을 위한 관계법령에 의한 고시 등이 있은 날 이후에 매입 또는 건축한 경우에는 가산보상금의 지급대상이 아니다(토지보상법 시행규칙 제58조 제2항).

(5) 잔여 건축물의 손실에 대한 보상 등

사업시행자는 동일한 소유자에게 속하는 일단의 건축물의 일부가 취득되거나 사용됨으로 인하여 잔여 건축물의 가격이 감소하거나 그 밖의 손실이 있을 때에는 그 손실을 보상하여야 한다(토지보상법 제75조의2 제1항).

잔여 건축물의 가격이 감소된 경우의 잔여 건축물의 손실은 공익사업시행지

216) 2014. 10. 22. 개정된 토지보상법 시행규칙 제58조 제1항은 5백만원에서 6백만원으로 개정됨

구에 편입되기 전의 잔여 건축물의 가격에서 공익사업시행지구에 편입된 후의 잔여 건축물의 가격을 뺀 금액으로 평가한다(토지보상법 시행규칙 제35조 제1항). 잔여 건축물의 가격은 해당 건축물이 공익사업시행지구에 편입됨으로 인하여 잔여 건축물의 가격이 변동된 경우에는 변동되기 전의 가격을 말한다.

보수비는 건축물의 나머지 부분을 종래의 목적대로 사용할 수 있도록 그 유용성을 동일하게 유지하는 데에 일반적으로 필요하다고 볼 수 있는 공사에 사용되는 비용을 말한다. 다만, 건축법등 관계 법령에 따라 요구되는 시설 개선에 필요한 비용은 포함하지 아니한다(토지보상법 제75조의2 제1항, 토지보상법 시행규칙 제35조 제2항).

잔여 건축물의 가격 감소분과 보수비를 합한 금액이 잔여 건축물의 가격보다 큰 경우에는 사업시행자는 그 잔여 건축물을 매수할 수 있다(토지보상법 제75조의2 제1항).

동일한 소유자에게 속하는 일단의 건축물의 일부가 협의에 의하여 매수되거나 수용됨으로 인하여 잔여 건축물을 종래의 목적에 사용하는 것이 현저히 곤란할 때에는 그 건축물소유자는 사업시행자에게 잔여 건축물을 매수하여 줄 것을 청구할 수 있으며, 사업인정 이후에는 관할 토지수용위원회에 수용을 청구할 수 있다. 이 경우 수용 청구는 매수에 관한 협의가 성립되지 아니한 경우에만 하되, 사업완료일까지 하여야 한다(토지보상법 제75조의2 제2항).

(6) 건축물의 사용료 평가

건축물의 사용료는 임대사례비교법으로 평가한다. 다만, 임대사례비교법으로 평가하는 것이 적정하지 아니한 경우에는 적산법으로 평가할 수 있다(토지보상법 시행규칙 제33조 제3항).

임대사례비교법이라 함은 대상물건과 동일성 또는 유사성이 있는 임대사례와 비교하여 대상 물건의 현황에 맞게 사정보정 및 시점수정 등을 가하여 임료를 산정하는 방법을 말하며 평가방식은 아래와 같다.

사용료 = 사례임료 × 사정보정 × 시점수정 × 지역요인비교
× 개별요인비교 × 면적비교

8. 건축물의 철거비용 등

(1) 건축물의 철거비용

물건의 가격으로 보상한 건축물의 철거비용은 사업시행자가 부담한다. 다만, 건축물의 소유자가 당해 건축물의 구성부분을 사용 또는 처분할 목적으로 철거하는 경우에는 건축물의 소유자가 부담한다(토지보상법 시행규칙 제33조 제4항).

(2) 건축물에 대한 소유권 외의 권리의 보상평가

건축물에 대한 소유권 외의 권리에 대하여는 당해 권리의 종류, 존속기간, 기대이익 등을 종합적으로 고려하여 평가한 금액으로 보상액을 산정한다(토지보상법 시행규칙 제34조).

건축물에 관한 소유권 외의 권리에 대하여서는 거래사례비교법에 의하여 평가함을 원칙으로 하되, 일반적으로 양도성이 없는 경우에는 당해 권리의 유무에 따른 건축물의 가격차액 또는 권리설정계약을 기준으로 평가한다.

(3) 소유권외의 권리의 목적이 되고 있는 건축물의 보상평가

취득하는 건축물에 설정된 전세권, 저당권, 사용대차 또는 임대차에 관한 권리 그밖에 소유권 외의 권리의 목적이 되고 있는 건축물에 대하여는 당해 권리가 없는 것으로 한 일반의 보상평가방법에 의하여 평가한 금액에서 소유권외의 권리의 가액을 뺀 금액으로 평가한 금액으로 보상한다.

(4) 건축물의 철거와 양도소득세

건물 및 주위 지장물을 철거하거나 이전하는 조건으로 보상금을 지급하고, 나머지는 유보금으로서 건물의 철거 또는 이전이 가능함을 사업시행자가 확인한 후 지급하기로 약정하였다. 이 경우 유보금을 포함한 총 보상금(단, 영업이익에 대한 보상금 제외)은 사업시행자가 그 반대급부로서 지급하는 '대금'

으로 보아야 한다. 소득세법 시행령 제162조 제1항에 의하여 위 건물의 양도시기는 유보금의 수령일이며, 위 건물 시가 상당의 보상금 지급이 포함된 약정에 의하여 사업시행자는 위 건물에 대한 소유권이전등기청구권가등기를 마침과 아울러 건물을 철거할 수 있게 되었고, 어떠한 자산에 대한 파손, 파괴행위는 사용, 수익권능 등 어떠한 권능보다도 그 자산에 대한 가장 강력한 지배권능이므로, 위 건물은 사업시행자에 사실상 이전되었다. 따라서 총 보상금에 대한 행정관청의 양도소득세 부과처분은 적법하다.[217)]

217) 대법원 2010.12.9. 선고 2010두15452 판결

제7편 이주 및 준공

제1절 이주 및 일반분양

I. 조합원의 이주

1. 조합원의 이주의무[1)]

(1) 조합원의 이주의무

재개발・재건축사업은 노후・불량 건축물을 철거하고 새로운 건축물을 건설하는 사업으로서, 기존 노후・불량 건축물의 철거를 위해 사업구역내 거주자들의 이주가 선행되어야 할 것이다.

조합원은 사업시행계획에 의한 철거 및 이주의무를 부담하고(서울시 재개발 표준정관 제11조 제1항 제7호), 조합원은 조합이 정하여 통지하는 이주기한 내에 당해 건축물에서 자신의 부담으로 이주하여야 하며, 세입자 또는 임시거주자 등이 있을 때에는 당해 조합원의 책임으로 함께 퇴거하도록 조치하여야 한다(서울시 재개발 표준정관 제36조 제1항, 제4항).

사업시행자는 관리처분계획인가를 받은 후 기존의 건축물을 철거하여야 하나(법 제81조 제2항), 현행 도시정비법에서는 사업구역내 거주자들의 이주시기를 제한하는 규정이 없으므로, 실무상 사업시행자가 관리처분계획 인가를 전・후하여 사업구역내 거주자들의 이주를 개시하고 있다.

실무상 정비사업의 수익성 여부는 조속한 이주여부에 달려있으며, 이주가 지연되면 금융비용이 증가하여 조합원의 부담금에 가장 큰 영향을 미치게 된다.

---

1) 제4편 사업시행인가 - 제3절 사업시행계획의 주요내용 - I. 주민이주대책 참조

(2) 이주지연에 따른 손해배상의무 등

조합원은 본인 또는 세입자 등이 이주기한 내에 해당 건축물에서 퇴거하지 아니하여 기존 주택 등의 해체지연 등 사업시행에 지장을 초래하는 때에는 그에 따라 발생되는 모든 손해에 대하여 변상할 책임을 진다. 조합원이 변상할 손해금액과 징수방법 등은 총회의 의결을 얻어 해당 조합원에게 부과한다. 해당 조합원이 이를 납부하지 아니한 때에는 도시정비법 제89조에 따른 해당 조합원의 청산금에 그 부과금과 연체료를 부가하여 징수하거나 공제하여 지급할 수 있다(서울시 재개발 표준정관 제36조 제5항, 제6항).

조합의 사업구역 내 부동산 소유자인 조합원이 조합을 상대로 조합설립인가처분 등의 효력을 다투면서 조합에 부동산 인도의무를 이행하지 않은 사안에서, 조합원이 잘못된 법률적 판단으로 부동산 인도의무가 없다고 믿고 의무의 이행을 거부한 것이라 하더라도 인도의무가 없다고 믿은 데 정당한 사유가 없으므로 인도의무 불이행에 관하여 조합원에게 고의나 과실이 인정된다고 판시한 사례가 있다.[2)]

사업시행계획 및 관리처분계획 무효확인소송이 계속된 점, 관리처분계획 인가 이후 철거가 가능한 점, 다른 조합원들도 이주를 지연한 점, 조합이 적극적인 인도집행을 하지 않은 점 등 이유로 조합원의 이주지연에 따른 책임의 범위를 20%로 제한한 사례가 있다.[3)]

(3) 현금청산 주장과 이주거부

서울특별시 재개발 표준정관 제45조 제4항(분양계약 미체결에 따른 현금청산)은 조합원들로 하여금 관리처분계획이 인가된 이후라도 조합원 지위에서 이탈하여 현금청산을 받을 기회를 추가로 부여하려는 취지이다.

위 규정에 의하더라도 분양신청기간 동안 분양신청을 한 조합원은 그 후 분양계약 체결의 종기까지 이를 체결하지 아니하는 수동적인 방법으로 현금청산 대상자가 될 수 있을 뿐이지 위 규정이 조합원들에게 조합원의 지위에서 탈퇴할 수 있는 적극적인 권리를 부여한 것이라고 볼 수 없다.[4)]

2) 대법원 2013. 12. 26. 선고 2011다85352 판결
3) 대법원 2018. 7. 12. 선고 2014다88093 판결, 서울남부지방법원 2019. 5. 10. 선고 2018나56334 판결(10% 제한함)

서울특별시 재개발 표준정관 제45조 제4항은 조합이 조합원들에게 분양계약 체결을 요구하는데도 분양계약 체결 의무를 위반하여 분양계약을 체결하지 아니한 조합원을 현금청산대상자로 한다는 의미이다. 조합이 사업 진행상 조합원들에게 분양계약 체결 자체를 요구하지 아니한 경우에 그러한 사정만으로 조합원들이 당연히 현금청산대상자가 된다는 의미는 아니다. 따라서 조합원은 조합에게 현금청산을 이유로 부동산의 인도를 거부할 수 없다.[5]

조합장이 '분양신청철회는 분양계약 체결 전까지 가능하지만' 이라고 발언하였다고 해도 위 발언은 조합원들이 언제든지 분양신청을 철회할 경우 이를 받아들여주겠다는 내용으로 발언한 것으로 볼 수 없고, 민법상 신의성실의 원칙에 위배되지 않는다고 판단한 사례가 있다.[6]

이에 반해 조합이 관리처분계획인가를 받은 이후 정당한 이유없이 분양계약 체결절차를 미룬 경우 조합의 조합원들에 대한 건물인도청구는 조합원들의 신뢰를 침해하는 것으로 정의와 공평의 원칙 및 신의칙에 반한다고 판시한 사례도 있다.[7]

(4) 이주비 미수령 조합원과 기본이주비의 이자 부담

재건축조합은 조합원들의 조기 이주를 위하여 대다수의 조합원들에게 금융기관으로부터 기본이주비를 대출받도록 알선하였고, 그 대출금에 대한 이자를 시공사들의 사업경비에 포함시켜 시공사들이 일단 이를 지급하도록 하고 후에 이를 부담금에 반영하기로 하였다.

재건축조합은 기본이주비 대출금에 대한 이자를 관리처분계획안에 포함시키고 사업자금운영계획안의 사업비로 계상하여 임시총회에서 결의하였다.

재건축은 조합원 및 기타 입주자들의 이주가 지체되면 될수록 그 비용이 크게 증가할 수밖에 없기 때문에 재건축조합은 재건축사업의 성공을 위하여 조합원 및 기타 입주자들의 조기 이주를 장려하여 사업추진을 원활하게 하는 것이 매우 중대한 현안이다.

---

4) 대전지방법원 2023. 5. 18. 선고 2022가단143480 판결
5) 대법원 2018. 12. 27. 선고 2018다260015 판결
6) 청주지방법원 2017. 11. 30. 선고 2017가단104446 판결
7) 의정부지방법원 2019. 2. 14. 선고 2018나212093 판결

이주비 미수령 조합원들이 이주비 수령 조합원들과 기본이주비 대출금 이자 전부가 아니라 그 중 착공시점까지 발생한 비용(전체의 30%)을 공동부담하도록 정한 총회 결의는 적법하다.[8)]

2. 주택자금의 융자알선 등

(1) 주택자금의 융자알선

주거환경개선사업 및 재개발사업의 시행자는 철거되는 주택의 소유자 또는 세입자에게 주택자금의 융자를 알선하는 등의 조치를 하여야 한다(법 제61조 제1항).

재건축조합은 정관 제37조 제2항에 의거 조합원에 대한 이주비 등을 직접 금융기관과 약정을 체결하거나 시공자와 약정을 체결하여 알선하고 있다.

(2) 시공사의 보증으로 금융기관에서 차입

조합원은 조합으로의 부동산신탁등기 전에 부동산을 담보로 제공하고 금융기관에 대출을 신청한다. 그리고 시공자는 무이자이주비의 금융이자에 대해 대리지급을 약정하는 방식이다. 가장 보편적인 자금대출방식이다.

시공사는 참여제안서에서 이주비와 관련 기본(무이자)이주비와 추가(유이자)이주비를 제시하고 있으며, 위 참여제안서에 따라 기본(무이자)이주비에 대한 이자는 시공사가 부담하고, 추가(유이자)이주비에 대한 이자는 당해 조합원이 부담한다.

시공자의 보증에는 대표적인 2가지가 있으며 첫째 조합에서 이주비 등을 변제하지 않을 경우 시공자가 이를 변제하겠다는 연대보증형태가 있고, 둘째 연대보증의 형식은 아니나 공사이행보증을 하여 틀림없이 공사를 완공하여 조합측이 이주비 등을 변제할 수 있도록 하겠다는 형태가 있다.

---

8) 서울고등법원 2009. 12. 3. 선고 2009나60574 판결

(3) 국토교통부 표준공사계약서의 이주비 관련 규정

제19조(이주비의 대여) ① "수급인"은 "도급인"에게 "도급인"의 조합원의 이주비를 다음 각 호에 따라 대여할 수 있다. 다만, "도급인"은 "도급인"의 조합원 이주비를 금융기관으로부터 직접 차입할 수 있으며, 이 경우 "수급인"은 금융기관의 요청에 따라 지급보증을 할 수 있다.

1. 대여총액 :   원 (조합원 1명당   원)
2. 이자 및 연체료 :

② 이주비 대여는 계약 체결 후 대여하는 것을 원칙으로 하되 최초이주비 대여시기는 "도급인"과 "수급인"이 상호 협의하여 결정한다.

③ 이주비를 대여하기 전에 "도급인"은 "도급인"의 조합원의 토지·건축물의 소유관계, 거주자의 이주계획, 소유권이외의 권리설정 여부, 공과금 완납여부 등을 확인하여 "수급인"이 채권을 확보하는데 지장이 없도록 협조하여야 한다.

④ 이주비 대여 시 "도급인"은 이주비 대여와 관련된 제반서류(금전소비대차 계약서, 이주비 차용금증서, 근저당권 설정 관련서류, 지장물 철거동의서 및 위임장, 각서 등)를 "도급인"의 조합원으로부터 징구하여야 한다.

⑤ "도급인"의 조합원이 이주비를 대여 받고자 할 경우에는 소유토지를 담보로 제공하고 "수급인"을 채권자로 하는 금전소비대차계약을 체결하며, 이주비 총액의 120%를 채권최고금액으로 하는 제1순위 근저당권을 설정하여야 한다. 이 경우 근저당권 설정 · 해지에 따른 비용은 "도급인" 또는 "도급인"의 조합원이 부담한다.

⑥ 근저당권 설정을 할 수 없거나 관계 법령에 따라 근저당권을 해지하여야 할 경우, 이주비에 상응하는 금액의 약속어음 발행 및 공증 등 "수급인"이 요구하는 여타의 채권확보 방법에 "도급인" 또는 "도급인"의 조합원은 특별한 사유가 없는 한 이에 협조하여야 한다.

제51조(이주비 상환) ① "도급인"의 조합원이 대여 받은 이주비의 원리금 상환은 입주일 또는 입주기간 만료일 중 빠른 날로 한다. 다만, "도급인"의 조합원이 원하는 경우 이주비의 일부 또는 전부를 조기 상환할 수 있다.

② "도급인"은 이주비를 대여 받은 "도급인"의 조합원이 권리의 일부 또는 전부를 양도할 경우 기존 조합원의 대여조건에 따라 이주비를 승계해 주어야 한다. 이 경우 "도급인"은 조합원 명의변경절차 이행 전에 이주비 승계 사실을 확인하여 "도급인"의 채권확보에 지장이 없도록 주의의무를 다하여야 한다.

제54조(채권확보) ① "도급인"의 조합원이 입주기간 만료일부터 ○○일까지 대여 받은 이주비의 원리금 및 청산금 등을 완납하지 아니하여 "수급인"에게 공사대금 등을 지급하지 못하는 경우 "수급인"은 "도급인"의 조합원이 분양받은 건축시설에 채권확보를 위하여 법적조치를 할 수 있다. 다만, 제30조제2항에 따라 공사대금 등을 현물로 상계하여 변제하는 경우에는 그러하지 아니하다.
② 제1항에 따른 "수급인"의 채권확보를 위한 법적조치에 소요되는 비용은 "도급인"의 책임하에 "도급인"의 해당 조합원 부담으로 한다.

3. 재건축조합과 장기수선충당금

(1) 장기수선충당금의 목적 또는 법적 성질

공동주택은 신축 이후 시간이 경과함에 따라 노후화하여 공유부분인 전기, 소화, 승강기, 급수, 가스, 난방 등 설비와 건물 내외부 시설 등과 같은 주요 설비를 공동의 비용으로 교체나 보수하여야 한다. 그 교체·보수에 통상 큰 비용이 소요되기 때문에 장래의 교체·보수 예상 금액을 공동주택 신축 이후 매년 계속하여 전유부분 소유자로부터 일정한 비율로 징수하여 적립·보관할 필요가 있다. 이같이 공동주택 노후화로 발생하는 공동주택 주요 설비 등의 교체·보수비용에 충당하기 위하여 장기간에 걸쳐 적립한 돈을 장기수선충당금이라 한다.

장기수선충당금은 장기수선계획의 수립을 전제로 적립되고 그 용도가 장기수선계획에서 정한 바에 엄격히 제한된다. 장기수선계획은 300세대 이상의 공동주택, 승강기가 설치된 공동주택, 중앙집중식 난방방식 또는 지역난방방식의 공동주택 중 어느 하나에 해당하는 공동주택에서 반드시 수립해야 한다(공동주택관리법 제30조).

(2) 법정 위탁관계의 종료

장기수선충당금의 적립 목적·사용 범위 등에 비추어 볼 때 공동주택이 존속하는 한 장기수선충당금을 적립하는 것은 주택법에 따라 여전히 강제된다고 보아야 하므로, 장기수선충당금의 목적이 소멸하여 그에 관한 위탁관계가 종료하게 되는 사유는 그 목적이 소멸하게 되는 공동주택 멸실 또는 철거로 보아야 한다.

공동주택의 멸실·철거 전에 관리단이 먼저 해산한 경우에도 공동주택이 존속하는 한 장기수선충당금 적립의 필요성이 여전히 존속하므로 관리단의 해산에 불구하고 공동주택의 멸실·철거 전까지는 장기수선충당금을 반환할 수 없다고 보아야 한다.

따라서 공동주택이 멸실·철거된 때에 비로소 위탁자인 전유부분 소유자에게 장기수선충당금의 반환청구권이 발생한다.

(3) 장기수선충당금의 반환 청구권자

장기수선충당금은 공동주택 공용부분의 공동 유지·보수 필요성 또는 공공성 때문에 주택법에서 공동주택 관리단이 공동주택 전유부분 소유자에게서 이를 징수하도록 강제하는 돈이라는 점, 전유부분의 소유권이 장기간에 걸쳐 이전된 경우에 장기수선충당금을 실제로 낸 소유자와 그 돈 중 실제로 공동주택 보수·관리에 사용된 액수를 개별적으로 구분하여 환급한다는 것은 현실적으로 불가능한 점 등에 비추어 볼 때, 그 납부의무자는 공동주택 전유부분을 소유하고 있는 소유자이다.

공동주택 전유부분에 관한 소유권이 이전되는 경우에는 이미 종전 소유자가 낸 장기수선충당금에 관한 위탁자 지위 역시 새로운 소유자에게 이전하며, 종전 소유자가 이미 발생한 장기수선충당금을 내지 않았던 경우에는 새로운 전유부분 소유자가 관리단에 그 밀린 장기수선충당금을 낼 의무를 면책적으로 인수한다고 보아야 한다.

따라서 장기수선충당금은 공동주택 멸실·철거 시의 전유부분 소유자에게 반환되어야 한다.

그리고 재건축조합이 재건축을 이유로 아파트를 철거하는 경우에도 재건축조합이 공동주택 전유부분의 소유자임이 명백하므로, 장기수선충당금의 반환청구권자는 재건축조합이 된다.[9]

입주자대표회의가 현금청산자들에게 장기수선충당금을 지급한 것은 불법행위에 해당한다고 판시한 사례가 있다.[10]

9) 서울고등법원 2015. 6. 26. 선고 2014나19440 판결
10) 춘천지방법원 2018. 1. 10. 선고 2016가단76 판결

Ⅱ. 현금청산자와 부동산 인도(재개발사업)[11]

1. 현금청산자의 부동산 인도의무

(1) 토지의 인도의무

사업시행자가 수용 개시일까지 토지수용위원회가 재결한 수용보상금을 지급하거나 공탁하면 수용 개시일에 토지나 물건의 소유권을 취득하며, 설령 그 후 이의재결에서 보상액이 늘어났다 하더라도 그 사유만으로 달리 볼 수 없다.[12] 따라서 수용대상 토지의 소유자는 토지보상금 공탁 이후 토지 소유권을 상실하고, 재개발조합에게 해당 토지를 인도할 의무가 있다.

종전의 토지 또는 건축물의 소유자는 관리처분계획인가의 고시가 있은 때에는 이전고시가 있는 날까지 종전의 토지 또는 건축물을 사용하거나 수익할 수 없다(법 제81조 제1항). 재개발조합은 토지보상법에 따른 손실보상이 완료된 이후 현금청산자에게 도시정비법 제81조 제1항에 의거 토지 또는 건축물의 인도를 구할 수 있다.[13]

(2) 지장물(건물) 인도의무

'지장물'이라 함은 사업시행지구내의 토지에 정착한 건축물·공작물·시설·입목·죽목 및 농작물 그 밖의 물건 중에서 당해 사업의 수행을 위하여 직접 필요하지 아니한 물건을 말한다.

사업시행자는 원칙적으로 지장물을 수용하지 아니하고 지장물의 소유자 등에게 이전비를 보상하여 소유자 등으로 하여금 지장물을 이전하게 할 수 있다. 다만 지장물의 이전이 어려운 경우 또는 지장물의 이전비가 지장물의 가격을 넘는 경우 등 예외적인 경우에는 사업시행자는 지장물의 소유자 등에게 이전비가 아

---

11) 재건축사업의 경우 매도청구소송에서 소유권이전등기청구 뿐만 아니라 부동산인도를 포함하므로, 제6편 제1절 IV. 매매계약의 성립을 참고하기 바람.

12) 대법원 2002. 10. 11. 선고 2002다35461 판결, 대법원 2017. 3. 30. 선고 2014두43387 판결

13) 대법원 2014. 7. 24. 선고 2012다62561, 62578 판결

니라 가격보상을 한 후 사업시행자의 비용으로 지장물을 철거할 수 있다.

사업시행자가 사업시행에 방해가 되는 지장물에 관하여 토지보상법 제75조 제1항 단서 제2호에 따라 물건의 가격으로 보상한 경우, 사업시행자가 당해 물건을 취득하는 토지보상법 제75조 제1항 단서 제3호와 달리 수용의 절차를 거치지 아니한 이상 사업시행자가 그 보상만으로 당해 물건의 소유권까지 취득한다고 보기는 어렵다.[14)]

지장물의 소유자가 토지보상법 시행규칙 제33조 제4항 단서에 따라 스스로의 비용으로 철거하겠다고 하는 등 특별한 사정이 없는 한 사업시행자는 자신의 비용으로 이를 제거할 수 있고, 지장물의 소유자는 사업시행자의 지장물 제거와 그 과정에서 발생하는 물건의 가치 상실을 수인하여야 할 지위에 있다.[15)]

따라서 사업시행자가 지장물에 관하여 토지보상법 제75조 제1항 단서 제2호에 따라 지장물의 가격으로 보상한 경우 특별한 사정이 없는 한 지장물의 소유자는 사업시행자에게 지장물을 인도할 의무가 있다.[16)]

2. 현금청산자에 대한 부동산인도청구소송

(1) 민사소송에 의한 부동산인도청구

토지소유자 및 관계인으로서 수용 또는 사용할 토지나 그 토지에 있는 물건에 관하여 권리를 가진 자는 수용 또는 사용의 개시일까지 당해 토지나 물건을 사업시행자에게 인도하거나 이전하여야 한다(토지보상법 제43조).

재개발사업에 있어 토지등소유자의 건물인도의무는 강제적으로 실현하면서 직접적인 실력행사가 필요한 것이지 대체적 작위의무라고 볼 수 없다. 재개발조합은 토지등소유자를 상대로 민사소송인 건물인도청구소송을 제기하여야 하

14) 대법원 2021. 5. 7. 선고 2018다256313 판결
15) 대법원 2012. 4. 13. 선고 2010다94960 판결, 대법원 2019. 4. 11. 선고 2018다277419 판결
16) 대법원 2022. 11. 17. 선고 2022다242342 판결, 대법원 2023. 8. 18. 선고 2021다249810 판결

고, 행정대집행에 의해 건물인도를 구할 수 없다.[17]

(2) 지장물 철거청구

관계 법령상 행정대집행의 절차가 인정되어 행정청이 행정대집행의 방법으로 건물의 철거 등 대체적 작위의무의 이행을 실현할 수 있는 경우에는 따로 민사소송의 방법으로 그 철거의무의 이행을 구할 수 없다.[18]

사업시행자는 가설건축물 또는 무허가건축물의 소유자(점유자)를 상대로 민사소송으로 지장물철거청구소송을 제기할 수 없고, 당해 지장물인도청구소송의 결과에 따라 당해 지장물을 인도받은 후 사업시행자가 직접 철거할 수 있다.

(3) 수용보상금의 선 지급의무

재개발조합은 토지보상법에 따른 손실보상이 완료되지 아니한 경우 종전의 토지 또는 건축물을 사용하거나 수익할 수 없다(법 제81조 제1항 제2호).

재개발조합은 정비구역 내 토지 또는 건축물을 인도받기 위해 도시정비법이 정하는 바에 따라 현금청산자와 협의 또는 수용절차를 거쳐야 한다.[19]

재개발조합과 현금청산대상자 사이에 청산금에 관한 협의가 성립된다면 조합의 청산금 지급의무와 현금청산대상자의 토지 등 부동산 인도의무는 특별한 사정이 없는 한 동시이행의 관계에 있게 된다.

만약 재개발조합이 수용절차에 의해 현금청산자의 부동산을 수용할 경우 재개발조합은 부동산 인도에 앞서 청산금 등을 먼저 지급하여야 한다.[20]

(4) 주거이전비의 선지급과 부동산인도

주택재개발사업의 사업시행자가 공사에 착수하기 위하여 현금청산대상자나 세입자로부터 정비구역 내 토지 또는 건축물을 인도받으려면 협의나 재결절차

17) 대법원 2005. 8. 19. 선고 2004다2809 판결
18) 대법원 2017. 4. 28. 선고 2016다213916 판결
19) 대법원 2008. 3. 13. 선고 2006두2954 판결, 대법원 2011. 7. 28. 2008다91364 판결, 대법원 2013. 1. 16. 선고 2011두19185 판결
20) 대법원 2008. 3. 13. 선고 2006두2954 판결, 대법원 2011. 7. 28. 선고 2008다78415 판결, 대법원 2011. 7. 28. 선고 2008다91364 판결

등에 따라 결정되는 주거이전비 등도 지급할 것이 요구된다.[21)]

사업시행자는 협의나 재결절차를 거칠 필요 없이 현금청산대상자나 세입자에게 주거이전비 등을 직접 지급하거나 현금청산대상자나 세입자가 지급을 받지 않거나 받을 수 없을 때에는 민법 제487조에 따라 변제공탁을 할 수도 있다.

사업시행자가 협의나 재결절차를 거치지 않더라도 주거이전비 등을 지급하였거나 공탁하였다는 사정을 인정할 수 있으면 주거이전비 등의 지급절차가 선행되었다고 보아 사업시행자의 인도청구를 인정할 수 있다.[22)]

조합이 공탁한 주거이전비가 실제 주거이전비보다 적은 경우 해당 공탁은 무효인바, 현금청산자는 조합으로부터 현금청산자에게 실제 주거이전비를 지급한 다음 조합에게 부동산을 인도하여야 한다.[23)]

(5) 영업보상의 일부 인정과 부동산 인도

영업손실보상의 경우에는 '전체적으로 단일한 시설 일체로서의 영업' 자체가 보상항목이 되고, 세부 영업시설이나 공사비용, 휴업기간 등은 영업손실보상금 산정에서 고려하는 요소에 불과하다.

영업의 단일성·동일성이 인정되는 범위에서 보상금 산정의 세부요소를 추가로 주장하는 것은 하나의 보상항목 내에서 허용되는 공격방법일 뿐이므로, 별도로 재결절차를 밟을 필요가 없다.[24)]

손실보상대상에 해당하는데도 관할 토지수용위원회가 사실을 오인하거나 법리를 오해함으로써 손실보상대상에 해당하지 않는다고 잘못된 내용의 재결을 한 경우에는, 토지등소유자는 사업시행자를 상대로 토지보상법 제85조 제2항에 따른 보상금 증감의 소를 제기할 수 있다.[25)]

---

21) 대법원 2021. 6. 30. 선고 2019다207813 판결, 대법원 2021. 8. 26. 선고 2019다235153 판결(법원이 주거이전비에 관한 심리·판단 방법 설시)
22) 대법원 2022. 6. 30. 선고 2021다310088, 310095 판결, 인천지방법원 2025. 1. 7. 선고 2023가단244405, 2023가단15010 판결
23) 수원지방법원 2023. 4. 6.자 2020나65487 판결 : 주문례
피고 B는 원고로부터 20,027,943원 및 이에 대하여 2021. 3. 12.부터 다 갚는 날까지 연 5%의 비율로 계산한 돈을 지급받은 다음 원고에게 별지 부동산 목록 제1항 기재 부동산을 인도하라.
24) 대법원 2018. 7. 20. 선고 2015두4044 판결

재결신청에 포함되어 심리·판단된 영업보상 항목에 관하여 수용재결에서 정한 손실보상금을 수용개시일까지 모두 지급하거나 공탁하였다면 이로써 토지보상법에 따른 영업보상 관련 손실보상은 완료되었다고 보아야 한다.

따라서 사업시행자의 부동산 인도청구에 대하여 세입자 등은 영업손실보상금 일부 미지급을 이유로 이를 거절할 수는 없다.26)

(6) 명도단행가처분

재개발사업구역내 피수용자 등이 사업시행자에 대하여 부담하는 수용대상 토지의 인도 또는 그 지장물의 명도의무 등은 비록 공법상의 법률관계라고 하더라도, 그 권리를 피보전권리로 하는 명도단행가처분은 그 권리에 끼칠 현저한 손해를 피하거나 급박한 위험을 방지하기 위하여 또는 그 밖의 필요한 이유가 있을 경우에는 허용될 수 있다.27)

3. 부동산 인도 거부와 손해배상

(1) 보상금의 공탁 이전 부당이득

재개발조합이 수용 개시일까지 토지수용위원회가 재결한 수용보상금을 지급하거나 공탁하면 수용 개시일에 토지나 물건의 소유권을 취득하며, 설령 그 후 이의재결에서 보상액이 늘어났다 하더라도 그 사유만으로 재개발조합의 소유권취득이 부정되지 않는다.28)

만일 협의나 재결절차 등에 따라 주거이전비 등의 지급절차가 이루어지지 않았다면 현금청산자는 종전의 토지나 건축물을 사용·수익할 수 있으므로, 재개발조합은 현금청산자를 상대로 임료 상당의 부당이득반환을 청구할 수 없

---

25) 대법원 2020. 4. 9. 선고 2017두275 판결, 대법원 2010. 8. 19. 선고 2008두822 판결

26) 대법원 2021. 6. 30. 선고 2019다207813 판결, 대법원 2021. 11. 11. 선고 2020다217083 판결

27) 대법원 2005. 8. 19. 선고 2004다2809 판결

28) 대법원 2002. 10. 11. 선고 2002다35461 판결 대법원 2017. 3. 30. 선고 2014두43387 판결

다.[29] 즉, 재개발조합은 '토지보상금 및 주거이전비를 모두 지급하거나 공탁한 이후' 현금청산자에게 임료 상당의 부당이득반환을 청구할 수 있다.

(2) 부동산 인도 거부와 형사처벌

토지소유자 및 관계인과 그 밖에 토지소유자나 관계인에 포함되지 아니한 자로서 수용하거나 사용할 토지나 그 토지에 있는 물건에 관한 권리를 가진 자는 수용 또는 사용의 개시일까지 그 토지나 물건을 사업시행자에게 인도하거나 이전하여야 한다. 이를 위반한 자는 1년 이하의 징역 또는 1천만원 이하의 벌금에 처한다(토지보상법 제43조, 95조의2).

현금청산자는 주거이전비 등을 보상받기 전에는 주거이전비 등의 미지급을 이유로 부동산의 인도를 거절할 수 있는바, 현금청산자가 수용개시일까지 수용대상 부동산을 인도하지 않았다고 해서 토지보상법 제43조, 제95조의2 제2호위반죄로 처벌해서는 안 된다.[30]

(3) 현금청산자의 부동산 인도거부와 부당이득

사업시행자가 수용재결에서 정한 손실보상금을 수용개새일까지 지급하거나 공탁한 경우 토지보상법에 따른 손실보상이 완료된다. 현금청산자는 행정소송을 통해 손실보상금의 증액을 구할 수 있음은 별론으로 하고 사업시행자의 인도청구를 거절할 수 없다.

타인 소유의 토지 위에 권한 없이 건물이나 공작물 등을 소유한 자는 법률상 원인 없이 타인의 재산으로 토지의 차임에 해당하는 이익을 얻고 이로 인하여 타인에게 동액 상당의 손해를 주고 있다. 따라서 현금청산자는 사업시행자에게 수용개시일부터 인도일까지 기간동안 '토지 차임 상당의 금원'을 부당이득으로 반환하여야 한다.[31]

또한 현금청산자는 사업시행자의 사업자금에 관한 금융비용 상당의 손해도

29) 대법원 2021. 7. 29. 선고 2019다300477 판결, 대법원 2021. 7. 29. 선고 2019다300484 판결, 대법원 2021. 8. 26. 선고 2019다257474 판결

30) 대법원 2021. 7. 29. 선고 2019도13010 판결, 대법원 2021. 7. 29. 선고 2019도15665 판결, 헌법재판소 2023. 6. 29.선고 2022헌마674 결정

31) 서울고등법원 2023. 10. 20. 선고 2022나2045303 판결, 서울북부지방법원 2024. 8. 22. 선고 2020가합26052 판결

배상하여야 한다.[32]

(4) 임차인 이주거부와 현금청산자의 손해배상

갑이 현금청산자를 피공탁자로 하여 수용재결에 따른 손실보상금을 공탁한 다음 위 토지 및 건물에 관하여 수용을 원인으로 하는 소유권이전등기를 마쳤는데, 수용재결 전 현금청산자로부터 위 건물을 임차한 임차인들이 수용개시일 이후에도 임차부분을 점유·사용하다가 퇴거하자 조합은 현금청산자를 상대로 토지와 건물을 불법점유를 이유로 차임 상당의 손해배상을 구한 사안에서, 점유매개관계를 이루는 임대차계약 등이 종료된 이후에도 직접 점유자가 목적물을 점유한 채 이를 반환하지 않고 있는 경우에는 간접점유의 점유매개관계가 단절된다고 할 수 없으므로, 특별한 사정이 없는 한 현금청산자는 조합에게 인도하지 않은 토지의 차임 상당액의 손해를 배상할 의무가 있다.[33]

(5) 강제집행 방해와 업무방해죄

재개발조합 구역 내 건물의 소유자인 피고인들이 위 건물에 대한 건물명도소송 확정판결에 따른 강제집행을 보상액이 적다는 이유로 위력으로 방해함으로써 집행관에게 집행위임을 한 조합의 이주・철거업무를 방해하였다는 내용으로 기소된 사안에서, 위 강제집행은 특별한 사정이 없는 한 집행위임을 한 조합의 업무가 아닌 집행관의 고유한 직무에 해당하고, 설령 위 피고인들이 집행관의 강제집행 업무를 방해하였더라도 이를 채권자인 조합의 업무를 직접 방해한 것으로 볼 만한 증거도 부족하므로, 피고인들이 조합의 업무를 방해하였다고 볼 수 없다.[34]

32) 서울고등법원 2023. 10. 20. 선고 2022나2045303 판결
33) 대법원 2023. 8. 18. 선고 2021다249810 판결
34) 대법원 2023. 4. 27.선고 2020도34 판결

4. 재개발구역내 현금청산자와 주거이전비 등

(1) 보상의 근거

재개발사업의 사업시행자는 정비구역에서 정비사업을 시행하기 위하여 토지보상법 제3조에 따른 토지·물건 또는 그 밖의 권리를 취득하거나 사용할 수 있고(법 제63조), 이 경우 도시정비법에 규정된 사항을 제외하고는 토지보상법을 준용한다(법 제65조 제1항).

재개발사업의 사업시행자는 주거용 건축물이 수용되는 자에게 토지보상법을 준용하여 이주정착금, 주거이전비 및 이사비를 지급하여야 한다.[35)]

현금청산대상자와 사업시행자 사이에 현금청산에 관한 협의가 성립되어 주거용 건축물의 소유권을 이전한 자에 대해서는 공익사업법을 준용하여 이주정착금, 주거이전비 및 이사비를 지급하여야 한다.[36)]

현금청산자의 주거이전비 보상청구소송은 행정소송인 당사자소송에 의하여야 한다.[37)]

(2) 이주정착금 지급

이주정착금은 보상대상인 주거용 건축물에 대한 평가액의 30%에 해당하는 금액으로 하되, 그 금액이 1천 2백만원 미만인 경우에는 1천 2백만원으로 하고, 2천 4백만원을 초과하는 경우에는 2천 4백만원으로 한다(토지보상법 시행규칙 제53조 제2항).[38)]

(3) 주거이전비 보상

주거이전비 보상대상은 정비구역의 지정을 위한 공람공고일부터 계약체결일 또는 수용재결일까지 '계속'하여 '거주'하고 있는 건축물의 소유자이다

---

35) 대법원 2019. 4. 23. 선고 2018두55326 판결
36) 대법원 2013. 1. 24. 선고 2011두1429, 1436(병합)
37) 대법원 2008. 5. 29. 선고 2007다8129 판결
38) 2020. 12. 11. 개정된 토지보상법 시행규칙 제53조 제2항 : 이주정착금의 상한과 하한의 기준금액을 2천4백만 원과 1천2백만 원으로 각 상향함.
부칙 제3조 : 2020. 12. 11. 이후 최초로 이주정착금을 지급하는 공익사업시행지구부터 적용함

(시행령 제54조 제1항).[39]

건축물의 소유자가 당해 건축물에 실제 거주하고 있지 아니하거나 당해 건축물이 무허가건축물등인 경우 주거이전비를 청구할 수 없다(토지보상법 시행규칙 제54조 제1항 단서).

도시정비법이 적용되는 재개발사업의 사업구역 내의 주거용 건축물을 소유하는 재개발조합원이 사업구역 내의 타인의 주거용 건축물에 거주하는 세입자일 경우(소유자 겸 세입자)에는 도시정비법 제65조 제1항, 토지보상법 시행규칙 제54조 제2항에 따른 '세입자로서의 주거이전비(4개월분)' 지급대상은 아니다.[40]

현금청산자의 주거이전비는 도시근로자가구의 가구원수별 명목 가계지출비 × 2개월분으로 산정한다(토지보상법 시행규칙 제54조 제1항).[41]

(4) 분양신청을 한 조합원

분양신청을 함으로써 정비사업에 참여한 '토지 등 소유자'는 자신의 토지 또는 건축물을 정비사업에 제공하는 대신 정비사업의 시행으로 완공되는 건축물을 분양받고 종전에 소유하고 있던 토지 또는 건축물의 가격과 분양받은 토지 또는 건축물의 가격 사이에 차이가 있는 경우 이를 청산할 의무가 있는 사람으로서 사업시행자에 준하는 지위를 가지고 있다. 따라서 이러한 토지 등 소유자에게는 공익사업법에 규정된 주거이전비 청구권이 발생하지 아니한다.[42]

---

39) 대법원 2016. 12. 15. 선고 2016두49754 판결
40) 대법원 2017. 10. 31. 선고 2017두40068 판결
41) 한국부동산원 : https://www.reb.or.kr/reb/rm/calcResideMps.do?mi=9655
2022년 1인 : 4,891,672원, 2인 : 6,877,318원, 3인 : 9,609,086원
4인 : 11,893,100원, 5인 : 13,029,806원, 6인 : 15,080,634원
42) 대법원 2011. 11. 24. 선고 2009다28394 판결

Ⅲ. 임차인과 부동산인도

1. 사용・수익권의 중지 등

(1) 종전 토지 또는 건축물의 사용・수익 중지

종전의 토지 또는 건축물의 소유자・지상권자・전세권자・임차권자 등 권리자는 관리처분계획인가의 고시가 있은 때부터 이전고시가 있는 날까지 종전의 토지 또는 건축물을 사용하거나 수익할 수 없다(법 제81조 제1항).

종전의 소유자 등은 사업시행자의 사용・수익정지명령이 없더라도 위 관리처분계획의 인가고시의 효력에 의해 종전 토지나 지상물을 사용・수익할 수 없다.[43)]

다음의 어느 하나에 해당하는 경우에는 종전 토지 또는 건축물을 사용・수익할 수 있다(법 제81조 제1항 단서).

① 사업시행자의 동의를 받은 경우

② 토지보상법에 따른 손실보상이 완료되지 아니한 경우

재개발사업구역내 현금청산자는 토지보상법상 손실보상이 완료되기 전까지 종전의 토지 또는 건축물을 사용수익할 수 있다.

재건축사업구역내 미동의자 또는 현금청산자는 사업시행자에게 종전 토지 또는 건축물을 인도한 날 또는 재건축조합 명의로 종전의 토지에 관한 소유권 이전등기가 마친 날 중 더 이른 시점에 종전의 토지에 대한 사용수익권을 상실한다.[44)]

(2) 재건축조합과 토지보상법 준용 여부

도시정비법 제81조 제1항 단서 제2호는 도시정비법 제63조에 따라 사업시행자에게 토지보상법상 정비구역 안의 토지 등을 수용 또는 사용할 권한이 부여된 정비사업에 제한적으로 적용되는바, 재건축사업은 토지수용권이 부여되지

43) 대법원 1992. 12. 22. 선고 91다22094 전원합의체 판결
44) 대법원 2011. 7. 28. 선고 2008다78415 판결

않아 도시정비법 제81조 제1항 단서 제2호가 적용되지 않으며, 또한 위 조항이나 토지보상법 규정이 유추적용되지 않는다.[45)]

현금청산자는 민사소송에서 성립된 조정에 따라 재건축조합으로부터 지급받기로 한 돈이 이 사건 각 부동산에 관한 매매대금에 해당한다면, 적어도 현금청산자는 그 돈을 모두 지급받을 때까지 이 사건 각 부동산을 점유·사용할 권원이 있다. 따라서 현금청산자는 민사소송에서 청산금이 공탁된 2019. 12. 3.부터 이 사건 각 부동산에서 퇴거한 2020. 1. 19.까지 임료 상당의 부당이득을 반환한 의무가 없다.[46)]

(3) 임대차계약의 계약기간에 관한 특례

사업시행자가 관리처분계획의 인가를 받은 경우 지상권·전세권설정계약 또는 임대차계약의 계약기간은 민법 제280조·제281조 및 제312조제2항, 주택임대차보호법 제4조제1항, 상가건물 임대차보호법 제9조제1항을 적용하지 아니한다(법 제70조 제5항).

지상권의 존속기간(민법 제280조), 지상권 존속기간을 약정하지 아니한 경우의 존속기간(민법 제281조), 건물에 대한 전세권 존속기간을 1년 미만으로 정한 경우의 존속기간(민법 제312조 제2항), 주택임대차와 관련 기간이 없거나 2년 미만으로 정한 임대차기간(주택임대차보호법 제4조), 상가임대차와 관련 기간이 정함이 없거나 기간을 1년 미만으로 정한 임대차기간(상가건물임대차보호법 제9조)이 적용되지 않으므로, 도시정비법 제70조 제5항에 의거 관리처분인가 이후 위 임대차계약의 계약기간은 종료된 것으로 보아야 한다.

(4) 관리처분인가와 계약갱신 거절

임대차 종료 시 단기간 내에 관리처분계획인가·고시가 이루어질 것이 객관적으로 예상되는 등의 특별한 사정이 없는 한, 도시정비법에 따른 '사업시행인가·고시'가 이루어졌다는 사정만으로는 임대인이 건물 철거 등을 위하여 건물의 점유를 회복할 필요가 있다고 할 수 없어 상가임대차법 제10조 제1항

45) 대법원 2014. 7. 24. 선고 2012다62561, 62578 판결
46) 대법원 2022. 3. 31. 선고 2021다258029 판결 : 조합은 2019. 12. 3. 1억 2,000만원 공탁, 2020. 5. 11. 조정성립(매매대금 3억 7,600만원),

제7호 (다)목에서 정한 계약갱신 거절사유가 있다고 할 수 없다.[47]

임대차 종료 시 이미 도시정비법상 '관리처분계획인가 · 고시'가 이루어졌다면, 임대인이 관련 법령에 따라 건물 철거를 위해 건물 점유를 회복할 필요가 있어 상가임대차법 제10조 제1항 제7호 (다)목에서 정한 계약갱신 거절사유가 있다.

2. 임차권자의 보증금 반환 청구

(1) 도시정비법 제70조의 도입취지

지상권 또는 전세권은 물권으로서의 대세적인 효력을 가지고, 임차권은 주택임대차보호법 또는 상가건물임대차보호법에 의거 대항력을 가지므로, 위 지상권자, 전세권자, 임차권자가 과도한 보상금을 요구하면서 이주를 거부함으로써 정비사업의 지연이 초래되는 사례가 많았다.

이에 정비사업의 관리처분계획 인가 고시에 따라 그 의사에 반하여 임대차 목적물의 사용·수익이 정지되는 임차권자 등의 정당한 권리를 두텁게 보호하는 한편, 계약상 임대차기간 등 권리존속기간의 예외로서 이러한 권리를 조기에 소멸시켜 원활한 정비사업의 추진을 도모하고자 도시정비법 제70조가 도입되었다.[48]

도시정비법 제70조 제1항에 의한 계약해지권은 임차인등에게 인정된 것으로서 '사업시행자'는 임대차계약 등의 해지권한이 없다.

(2) 임대차계약 등의 계약해지

'정비사업의 시행으로 인하여 지상권·전세권 또는 임차권의 설정목적을 달성할 수 없는 때'는 것은 정비사업의 시행으로 인하여 임차인이 임대차목적물을 사용·수익할 수 없게 되거나 임대차목적물을 사용·수익하는 상황 내지 이를 이용하는 형태에 중대한 변화가 생기는 등 임차권자가 이를 이유로

---

47) 대법원 2020. 11. 26. 선고 2019다249831 판결
48) 대법원 2014. 7. 24. 선고 2012다62561 판결

계약 해지권을 행사하는 것이 정당하다고 인정되는 경우를 의미한다.

임차인은 원칙적으로 관리처분계획인가의 고시가 있다면 임차권의 설정목적을 달성할 수 없게 되었음을 이유로 도시정비법 제70조 제1항에 따라 임대차계약을 해지하고, 사업시행자를 상대로 보증금반환청구권을 행사할 수 있다.

다만, 관리처분계획인가의 고시 이전이라도 정비사업 계획에 따라 사업시행자에 의한 이주절차가 개시되어 실제로 이주가 이루어지는 등으로 사회통념상 임차인에게 임대차관계를 유지하도록 하는 것이 부당하다고 볼 수 있는 특별한 사정이 있는 경우에는, 임차인은 도시정비법 제70조 제1항, 제2항에 따라 임대차계약을 해지하고, 사업시행자를 상대로 보증금반환청구권을 행사할 수 있다.[49]

임차권 등을 가진 권리자는 계약상대방에서 서면으로 계약해지를 통지하여야 할 것이다.

(3) 임차인 등의 보증금 반환청구

임차인 등은 사업시행자에게 전세금·보증금 그 밖의 계약상의 금전의 반환청구권을 행사할 수 있고(법 제70조 2항), 이때 임차인 등은 ① 임대인에게 계약해지를 통지한 사실을 입증하는 자료, ② 보증금을 입증할 수 있는 임대차계약서 등, ③ 임료가 있는 경우 임료가 연체되지 않은 사실을 입증할 수 있는 자료, ④ 주민등록표(초본) 등을 제출하여야 할 것이다.

임대인 등이 조합원이거나 현금청산자인지 여부를 불문하고, 임차인 등은 사업시행자에 대하여 임차보증금의 반환청구권을 행사할 수 있다.[50]

무허가건물의 임차인도 그 임대차가 적법하게 성립한 이상 사업시행자에게 임차보증금의 반환청구권을 행사할 수 있는 임차인에 해당한다.[51]

부동산의 임차인이 아니라 임차인인 경기주택도시공사를 통하여 부동산에 입주한 '입주자'는 임대차보증금의 반환을 청구할 수 없다.[52]

임차인 등은 임대인 등에게 보증금반환채권을 가진 경우에 한하여 사업시행

49) 대법원 2020. 8. 20. 선고 2017다260636 판결
50) 서울고등법원 2010. 1. 14. 선고 2009나62365 판결
51) 서울고등법원 2010. 1. 14. 선고 2009나62365 판결
52) 수원지방법원 2024. 9. 3. 선고 2023가단599966 판결

자에게 위 보증금반환을 청구할 수 있는바, '무단전차인' 또는 토지등소유자에게 보증금반환채권을 가지지 못하는 '무단 점유자'는 사업시행자에게 보증금반환을 청구할 수 없다.[53]

계약해지권자는 사업시행자 뿐만 아니라 주채무자인 임대인, 지상권·전세권 설정자에게 임대차보증금 등의 반환청구권을 행사할 수 있으며, 사업시행자와 임대인 등의 금전반환의무는 연대보증관계에 있다. 사업시행자는 임차인 등에게 임대차보증금을 반환함에 있어 주채무자인 임대인 등의 동시이행의 항변 기타의 항변을 원용할 수 있다(민법 제433조, 제434조).

재건축사업에 있어 토지등소유자는 임대차 관계에서 발생한 '필요비, 유익비'를 임차인에게 직접 지급하여야 하고, 특별한 사정이 없는 한 사업시행자가 이를 지급할 의무는 없다.[54]

(4) 대항요건 갖춘 임차인의 보증금반환청구

주택임대차보호법 제3조 제4항은 같은 조 제1항이 정한 대항요건을 갖춘 임대차의 목적이 된 임대주택의 양수인은 임대인의 지위를 승계한다.

주택임대차보호법 제3조 제4항은 법률상의 당연승계 규정으로 보아야 하므로, 임대주택이 양도된 경우에 그 양수인은 주택의 소유권과 결합하여 임대인의 임대차 계약상의 권리·의무 일체를 그대로 승계하며, 그 결과 양수인이 임대차보증금반환채무를 '면책적으로 인수'하고, 양도인은 임대차관계에서 탈퇴하여 임차인에 대한 임대차보증금반환채무를 면하게 된다.[55]

재건축조합이 미동의자 또는 현금청산자를 상대로 매도청구소송을 제기한 후 판결이 확정되어 재건축조합의 명의로 소유권이전등기가 경료된 경우 재건축조합이 임대차보증금반환채무를 면책적으로 인수하므로, 임차인은 재건축조합에게 보증금반환을 청구할 수 있을 뿐 종전 소유자(미동의자 또는 현금청산자)에게 보증금반환을 청구할 수 없다.

재개발사업에 있어 재개발조합이 현금청산자의 부동산을 수용절차에 의해

53) 대법원 2014. 7. 24. 선고 2012다62561 판결
54) 대법원 2023. 6. 1. 선고 2020다268784 판결
55) 대법원 1987. 3. 10. 선고 86다카1114 판결, 대법원 2004. 4. 16. 선고 2003다58010 판결, 대법원 2013. 1. 17. 선고 2011다49523 전원합의체 판결

취득한 경우에도 동일하다.

(5) 사업시행자의 구상권 행사

사업시행자가 임차인 등에게 보증금을 반환한 경우 사업시행자는 당해 토지등소유자에게 위 반환한 보증금을 구상할 수 있다(법 제70조 제3항).

토지등소유자와 사업시행자 사이에 직접적인 수탁관계가 없는 이상 부탁없는 보증인으로 보아야 하고, 사업시행자는 지상권등 설정자에게 이익을 받은 한도에서 배상을 청구할 수 있다(민법 제444조).

사업시행자가 주채무자인 토지등소유자에게 통지하지 아니하고 변제 기타 자기의 출재로 주채무를 소멸하게 한 경우 주채무자가 채권자에게 대항할 수 있는 사유가 있었을 때에는 이 사유로 사업시행자에게 대항할 수 있고, 그 대항사유가 상계인 때에는 상계로 소멸한 채권은 사업시행자에게 이전되고(민법 제445조 제1항), 사업시행자가 변제 기타 자기의 출재로 면책되었음을 주채무자에게 통지하지 아니한 경우에 주채무자가 선의로 채권자에게 변제 기타 유상의 면책행위를 한 때에는 주채무자는 자기의 면책행위의 유효를 주장할 수 있다(민법 제445조 제2항).

(6) 사업시행자의 압류

사업시행자가 당해 토지등소유자에게 반환한 보증금을 구상할 수 없는 경우 사업시행자는 당해 토지등소유자에게 귀속될 대지 또는 건축물을 압류할 수 있다. 이 경우 압류한 권리는 저당권과 동일한 효력을 가진다(법 제70조 제4항).

현재 도시정비법에서는 어떤 절차를 거쳐 압류할 것인지, 즉 체납처분의 예에 따라 압류할 수 있는지에 관해 아무런 규정을 두고 있지 않아 해석상 많은 혼란을 초래하고 있다.

도시정비법 제70조 제4항은 사업시행자에게 집행권원 없이도 가압류가 아닌 본압류를 할 수 있는 권한을 부여한 것이고, 그 압류에 저당권과 동일한 효력을 부여한 것이라고 해석하는 견해가 있다. 이 견해에 의하면 사업시행자는 구상의무자인 토지등소유자의 명의로 보존등기를 촉탁함과 동시에 법원에 압류신청을 할 수 있고, 저당권실행으로서 매각절차 및 변제절차를 구할 수 있다고 한다.

구상의무자가 조합설립에 동의하지 아니한 자로서 매도청구의 상대방인 자라면 매매대금에서 공제하면 되고, 조합설립에 동의하였으나, 분양신청을 하지 아니한 자라면 도시정비법 제73조에 의한 청산금산정에서 고려하면 되는 것이며, 조합원으로서 분양신청을 한 자라면 이를 도시정비법 제89조 제1항의 청산금의 범위에 포함시킨 후 도시정비법 제90조에 따른 청산금징수절차에 의하도록 하는 것이 입법적으로 타당하다는 견해가 있다.

3. 부동산인도청구소송의 쟁점

(1) 민사소송에 의한 건물인도청구

재개발사업에 있어 임차인의 건물인도의무는 강제적으로 실현하면서 직접적인 실력행사가 필요한 것이지 대체적 작위의무라고 볼 수 없다. 재개발조합은 임차인을 상대로 '민사소송' 인 건물인도청구소송을 제기하여야 하고, 행정대집행에 의해 건물인도를 구할 수 없다.[56]

사업시행자는 공익사업의 수행을 위하여 필요한 서류의 발급을 국가나 지방자치단체에 신청할 수 있고(토지보상법 제8조), '다른 법령에 주민등록자료를 요청할 수 있는 근거가 있는 경우' 사업시행자는 시장·군수에게 주민등록표의 열람 또는 그 등본이나 초본의 교부를 신청할 수 있다(주민등록법 제29조 제2항 제3호). 위 규정에 의거 재개발조합은 동사무소에 전입세대의 열람·등사를 신청할 수 있다.

재건축조합도 임차인들에게 민사소송인 건물인도청구소송을 제기하여야 한다.

(2) 건물인도 청구 권원

사업시행자(재개발조합, 재건축조합 포함)는 기존의 건축물을 철거하기 위해

56) 대법원 2005. 8. 19. 선고 2004다2809 판결

서라도 정비사업 시행구역 안의 종전 토지나 지상물에 대한 사용수익권을 직접 취득한다고 볼 것이고,[57] 사업시행자는 도시정비법 제81조 제1항에 의한 사용수익권에 터 잡아 종전의 소유자·지상권자·전세권자·임차권자 등 권리자를 상대로 해당 토지나 건물의 인도를 구할 수 있다.[58]

토지소유자나 관계인에 포함되지 아니하는 자로서 수용하거나 사용할 토지나 그 토지에 있는 물건에 관한 권리를 가진 자(임차인 등)는 수용 또는 사용의 개시일까지 그 토지나 물건을 사업시행자에게 인도하거나 이전하여야 한다(토지보상법 제43조).[59]

임대인이 수용대상자(현금청산자)인 경우 재개발조합은 토지보상법 제43조에 의거 당해 임차인들에게 건물인도를 청구할 수 있다.

(3) 주거이전비의 선지급과 부동산인도(재개발사업)

주택재개발사업의 사업시행자가 공사에 착수하기 위하여 세입자로부터 정비구역 내 토지 또는 건축물을 인도받으려면 협의나 재결절차 등에 따라 결정되는 주거이전비 등을 지급해야 한다.[60]

사업시행자는 협의나 재결절차를 거칠 필요 없이 세입자에게 주거이전비 등을 직접 지급하거나 세입자가 지급을 받지 않거나 받을 수 없을 때에는 민법 제487조에 따라 변제공탁을 할 수도 있다.

사업시행자가 협의나 재결절차를 거치지 않더라도 주거이전비 등을 지급하였거나 공탁하였다는 사정을 인정할 수 있으면 주거이전비 등의 지급절차가 선행되었다고 보아 사업시행자의 인도청구를 인정할 수 있다.[61]

재건축사업의 사업시행자는 임차인들에게 토지보상법상 손실보상의 손실보상의무를 부담하지 않으므로[62] 재건축조합은 임차인에게 주거이전비를 지급할

---

57) 대법원 2010. 5. 27. 선고 2009다53635 판결, 대법원 2014. 7. 24. 선고 2012다62561 판결

58) 대법원 2010. 5. 27. 선고 2009다53635 판결, 대법원 2014. 7. 24. 선고 2012다62561 판결, 대법원 2020. 11. 26. 선고 2019다249831 판결

59) 이를 위반한 경우 1년 이하의 징역 또는 1천만원 이하의 벌금에 처함(토지보상법 제95조의2).

60) 대법원 2021. 6. 30. 선고 2019다207813 판결, 대법원 2021. 8. 26. 선고 2019다235153 판결

61) 대법원 2022. 6. 30. 선고 2021다310088, 310095 판결

의무가 없다.

(4) 영업보상과 건물인도(재개발사업)

재개발사업의 경우 손실보상이 완료되지 아니한 권리자의 경우 여전히 해당 토지 또는 건축물에 관한 종전 권리자의 사용수익권이 유지되므로, 재개발사업의 사업시행자는 임차인 등에 대한 손실보상이 완료된 이후 건물의 인도를 청구할 수 있다.[63)]

도시정비법 제81조 제1항 본문, 사전보상의 원칙을 규정한 토지보상법 제62조를 비롯한 관계 규정들을 종합하여 보면, 재개발사업의 사업시행자가 공사에 착수하기 위하여 임차인으로부터 정비구역 내 토지 또는 건축물을 인도받기 위하여는 관리처분계획이 인가·고시된 것만으로는 부족하고 협의 또는 재결절차에 의하여 결정되는 영업손실보상금 등을 지급할 것이 요구된다.

만일 재개발사업의 사업시행자와 임차인 사이에 보상금에 관한 협의가 성립된다면 조합의 보상금 지급의무와 임차인의 부동산 인도의무는 동시이행의 관계에 있게 되고, 재결절차에 의할 때에는 부동산 인도에 앞서 영업손실보상금 등의 지급절차가 선행되어야 한다.[64)]

(5) 영업보상의 일부 인정과 부동산 인도(재개발사업)

영업손실보상의 경우에는 '전체적으로 단일한 시설 일체로서의 영업' 자체가 보상항목이 되고, 세부 영업시설이나 공사비용, 휴업기간 등은 영업손실보상금 산정에서 고려하는 요소에 불과하다.

영업의 단일성·동일성이 인정되는 범위에서 보상금 산정의 세부요소를 추가로 주장하는 것은 하나의 보상항목 내에서 허용되는 공격방법일 뿐이므로, 별도로 재결절차를 밟을 필요가 없다.[65)]

손실보상대상에 해당하는데도 관할 토지수용위원회가 사실을 오인하거나 법

---

62) 대법원 2014. 7. 24. 선고 2012다62561, 62578 판결

63) 대법원 2021. 11. 11. 선고 2020다217083 판결, 대법원 2011. 11. 24. 선고 2009다28394 판결, 인천지방법원 2018. 9. 5. 선고 2018가단205062 판결

64) 대법원 2011. 7. 28. 선고 2008다78415 판결, 대법원 2011. 11. 24. 선고 2009다28394 판결

65) 대법원 2018. 7. 20. 선고 2015두4044 판결

리를 오해함으로써 손실보상대상에 해당하지 않는다고 잘못된 내용의 재결을 한 경우에는, 토지등소유자는 사업시행자를 상대로 토지보상법 제85조 제2항에 따른 보상금 증감의 소를 제기할 수 있다.[66]

재결신청에 포함되어 심리·판단된 영업보상 항목에 관하여 수용재결에서 정한 손실보상금을 수용개시일까지 모두 지급하거나 공탁하였다면 이로써 토지보상법에 따른 영업보상 관련 손실보상은 완료되었다고 보아야 한다.

따라서 사업시행자의 부동산 인도청구에 대하여 세입자 등은 영업손실보상금 일부 미지급을 이유로 이를 거절할 수는 없다.[67]

(6) 현금청산자의 임차인인 경우

현금청산자가 사업시행자로부터 청산금을 지급받기 전까지 해당 부동산의 인도의무를 부담하지 않으므로, 현금청산자의 임차인은 사업시행자에게 해당 부동산을 인도할 의무가 인정되는지 문제된다.

① 도시정비법 제81조 제1항에 따라 사용·수익이 정지된 임차인은 임대차관계 존속을 이유로 사업시행자에게 대항할 수 없는 점, ② 간접점유자인 소유자의 인도의무와 직접점유자인 임차인의 인도의무는 별개의 의무이고, 소유자의 인도의무가 임차인의 인도의무보다 선이행의무라고 볼 근거가 없는 점, ③ 도시정비법 제70조, 제73조의 규정 내용이나 취지가 임대차기간 등 권리존속기간의 예외로서 이러한 권리를 조기에 소멸시켜 원활한 정비사업의 추진을 도모하고자 하는 것이고, ④ 사업시행자가 임차인에게 임대차보증금을 반환하면 협의나 평가를 거쳐 확정된 청산금에서 이를 공제할 수 있게 되는 점 등에 비추어 볼 때, 임대차보증금 반환문제는 별론으로 하고 사업시행자의 현금청산자에 대한 현금청산절차가 종료되지 않았다는 것을 들어 임차인이 사업시행자의 인도청구를 거절할 수 없다.[68]

---

66) 대법원 2020. 4. 9. 선고 2017두275 판결, 대법원 2010. 8. 19. 선고 2008두822 판결

67) 대법원 2021. 6. 30. 선고 2019다207813 판결, 대법원 2021. 11. 11. 선고 2020다217083 판결

68) 서울북부지방법원 2016. 11. 25. 선고 2016나34517 판결

(7) 소유자를 대위한 임차인에 대한 건물인도청구

임대차계약은 재건축이 진행됨에 따라 임대차목적물인 해당 건축물이 철거될 것으로 예상되어 더 이상 그 임대차목적을 달성할 수 없어 이미 소멸되었다. 이때 임대차계약의 종료에 따른 임차인의 목적물 반환의무와 임대인의 보증금반환의무는 동시이행의 관계에 있다.

재건축조합은 소유자(미동의자 또는 조합원)을 대위하여 임차인을 상대로 건물인도를 청구할 수 있고, 임차인은 그 임차목적물의 소유자를 대위한 재건축조합으로부터 임대차계약에 따른 임대차보증금을 지급받음과 동시에 재건축조합에게 점유하고 있는 해당 부동산을 인도할 의무가 있다.[69]

(8) 무단점유자에 대한 건물인도청구

무단으로 타인의 소유 토지 또는 건물을 점유하는 경우와 같이 관리처분계획에 포함되지 아니한 이해관계인에게는 사업시행자라 할지라도 도시정비법 제81조 제1항 소정의 관리처분계획의 효력을 직접적인 권원으로 삼아 기존 점유의 배제를 구할 수 없다.[70]

사업시행자는 관리처분계획의 고시를 기다릴 필요 없이 직접 취득한 '소유권'에 기하거나 조합원의 소유권 기타 권리를 '대위'하는 등의 방식으로 무단 점유자에게 철거를 포함한 인도를 구할 수 있을 것이다.

(9) 보상금의 공탁과 임료 상당 부당이득

재개발조합이 수용 개시일까지 토지수용위원회가 재결한 수용보상금을 지급하거나 공탁하면 수용 개시일에 토지나 물건의 소유권을 취득한다.[71]

만일 협의나 재결절차 등에 따라 주거이전비 등의 지급절차가 이루어지지 않았다면 임차인은 종전의 토지나 건축물을 사용·수익할 수 있으므로, 재개발조합은 임차인을 상대로 임료 상당의 부당이득반환을 청구할 수 없다.[72]

---

69) 서울동부지방법원 2011. 7. 15. 선고 2010가합14047 판결
70) 서울고등법원 2010. 1. 14. 선고 2009나62365 판결
71) 대법원 2002. 10. 11. 선고 2002다35461 판결 대법원 2017. 3. 30. 선고 2014두43387 판결
72) 대법원 2021. 7. 29. 선고 2019다300477 판결

즉, 재개발조합은 주거이전비를 모두 지급하거나 공탁한 이후부터 임차인에게 임료 상당의 부당이득반환을 청구할 수 있다.

임차인은 주거이전비 등을 보상받기 전에는 주거이전비 등의 미지급을 이유로 부동산의 인도를 거절할 수 있는바, 임차인이 수용개시일까지 수용대상 부동산을 인도하지 않았다고 해서 토지보상법 제43조, 제95조의2 제2호위반죄로 처벌해서는 안 된다.[73]

(10) 임의적인 단전·단수조치

임대인이 임차인으로 하여금 계약상의 의무이행을 강요하기 위한 수단으로 계약서의 조항을 근거로 임차물에 대하여 일방적으로 단전·단수조치를 함에 있어 자신의 행위가 죄가 되지 않는다고 오인하더라도, 특별한 사정이 없는 한 그 오인에는 정당한 이유가 있다고 볼 수는 없다.[74]

호텔 내 주점의 임대인이 임차인의 차임 연체를 이유로 계약서상 규정에 따라 위 주점에 대하여 단전·단수조치를 취한 경우, 약정 기간이 만료되었고 임대차보증금도 차임연체 등으로 공제되어 이미 남아있지 않은 상태에서 미리 예고한 후 단전·단수조치를 하였다면 형법 제20조의 정당행위에 해당하는 것으로 볼 여지가 있다.[75]

그러나, 약정 기간이 만료되지 않았고 임대차보증금도 상당한 액수가 남아있는 상태에서 계약해지의 의사표시와 경고만을 한 후 단전·단수조치를 하였다면 정당행위로 볼 수 없다.[76]

73) 대법원 2021. 7. 29. 선고 2019도13010 판결
74) 대법원 2006. 4. 27. 선고 2005도8074 판결
75) 대법원 2007. 9. 20. 선고 2006도9157 판결
76) 대법원 2007. 9. 20. 선고 2006도9157 판결

4. 서울시 이주관리

(1) 서울시의 이주관리 등

사업시행자는 정비구역 내 토지 또는 건축물의 소유권과 그 밖의 권리에 대하여 매도청구, 수용 또는 사용에 대한 재결의 결과, 명도소송의 청구가 있는 경우 그 결과 및 집행법원에 인도집행을 신청하거나 집행일시 지정을 통보받은 경우 그 내용을 구청장에게 지체 없이 보고하여야 한다(서울시 조례 제68조 제1항).

구청장은 소속 공무원에게 인도집행 과정을 조사하게 할 수 있다.

사업시행자는 12월 1일부터 다음 해 2월 말일까지(동절기) 건축물의 철거 및 기존 점유자에 대한 퇴거행위를 할 수 없다. 다만, 협의체 운영 결과 또는 조정위원회 조정 결과에 따라 합의된 경우의 이주 시에는 예외로 한다(법 제81조 제4항 제4호, 서울시 조례 제68조 제3항).

(2) 상가권리금의 보상 여부

영업용 건물의 임대차에 수반되어 행하여지는 권리금의 지급은 임대차계약의 내용을 이루는 것은 아니다. 권리금 자체는 영업시설·비품 등 유형물이나 거래처, 신용, 영업상의 노하우(know-how) 혹은 점포 위치에 따른 영업상의 이점 등 무형의 재산적 가치의 양도 또는 일정기간 동안의 이용대가라고 볼 것이다.

실무적으로 권리금을 수수하는 이유는 첫째로 임대차 부동산 자체의 장소적 이익의 대가로서, 둘째로 임차권의 양도 또는 임차목적물의 전대에 대한 대가로서, 셋째로 영업상의 시설물이나 장치의 소유권을 이전하는 대가로서, 넷째로 영업허가권이나 대리점계약자의 지위 등의 일정한 권리의 양도에 대한 대가 등의 명목으로 권리금을 지급한다.

이와 같은 권리금의 수수는 권리금계약에 의하여 지급되는 것이며, 권리금계약은 임대차계약 또는 임차권양도계약의 종된 계약으로 행하여진다. 일단 수수된 권리금은 임대차가 종료하거나 또는 기타의 사용관계가 종료하더라도 임차인이나 사용자가 그 반환을 청구하지 못한다.[77]

상가건물임대차보호법 제10조의3에서 권리금에 관한 정의규정을 두면서 제10조의4에서 권리금 회수기회를 보호하고 있다. 위 규정은 임차인이 신규임차인으로부터 권리금을 수수하는 것을 임대인이 방해하지 못하도록 정한 것이다.

상가건물임대차보호법 제10조의4 단서 및 제10조 제1항 단서 제7호 다목에 의거 다른 법령(도시정비법 포함)에 따라 철거 또는 재건축이 이루어지는 경우에는 임차인의 권리금 수수에 관한 방해행위로 보지 않고 있으므로, 임차인은 소유자 또는 사업시행자에게 권리금 수수에 관한 방해행위를 이유로 손해배상을 청구할 수 없다.

(3) 상가세입자의 우선분양권

사업시행자는 '정비사업 완료 후 상가세입자에 대한 우선 분양 등에 관한 사항'이 포함된 사업시행계획서를 작성하여야 한다(시행령 제47조 제2항 15호).

세입자가 분양을 희망하는 경우에는 다음의 순위에 따라 우선 분양한다(서울시 조례 제40조 제2호 단서).[78]

① 제1순위 : 종전 건축물의 용도가 분양건축물 용도와 동일하거나 비슷한 시설인 건축물의 세입자로서 사업자등록을 필하고 영업한 자

② 제2순위 : 종전 건축물의 용도가 분양건축물 용도와 동일하거나 비슷한 시설인 건축물의 세입자로서 영업한 자

우선 분양대상 세입자는 정비구역의 지정을 위한 공람공고일 3개월 전부터 사업시행계획인가로 인하여 이주하는 날까지 계속하여 영업하고 있는 세입자를 말한다.

77) 대법원 1989. 2. 28. 선고 87다카823 결정

78) 서울시 조례 부칙(2009. 7. 30.) 제5조, 부칙(2018. 7. 19.) 제10조 : 2009. 7. 30. 이후 최초로 정비구역이 지정되는 분부터 적용됨.

Ⅵ. 주거이전비 및 영업보상 등

1. 주거이전비 도입

(1) 주거이전비의 법적 성격

주거환경정비사업 또는 재개발사업의 사업시행자는 정비구역에서 정비사업을 시행하기 위하여 토지보상법 제3조에 따른 토지·물건 또는 그 밖의 권리를 취득하거나 사용할 수 있고(법 제63조), 토지의 수용 또는 사용은 도시정비법에 규정된 사항을 제외하고는 토지보상법을 준용한다(법 제65조).

주거이전비는 당해 공익사업 시행지구 안에 거주하는 세입자들의 조기이주를 장려하여 사업추진을 원활하게 하려는 정책적인 목적과 주거이전으로 인하여 특별한 어려움을 겪게 될 세입자들을 대상으로 하는 사회보장적인 차원에서 지급되는 금원의 성격을 가진다.

사업시행자의 세입자에 대한 주거이전비 지급의무를 정하고 있는 토지보상법 시행규칙 제54조 제2항은 당사자 합의 또는 사업시행자 재량에 의하여 적용을 배제할 수 없는 강행규정이다.[79)]

(2) 주거이전비의 쟁송방법

적법하게 시행된 공익사업으로 인하여 이주하게 된 주거용 건축물 세입자의 주거이전비 보상청구권은 공법상의 권리이다. 따라서 주거이전비 보상을 둘러싼 쟁송은 민사소송이 아니라 공법상의 법률관계를 대상으로 하는 '행정소송'에 의하여야 한다.

① 주거이전비 보상청구소송은 당사자소송(행정소송법 제3조 제2호)으로, ② 주거이전비 보상에 대한 재결후 보상금의 증감 부분을 다투는 경우 행정소송법 제85조 제2항에 규정된 행정소송에 따라, ③ 보상금의 증감 이외의 부분을 다투는 경우 행정소송법 제85조 제1항에 규정된 행정소송에 따라 권리구제를

79) 대법원 2011. 7. 14. 선고 2011두3685 판결

받을 수 있다.[80)]

(3) 임대주택과 주거이전비의 관계

주거세입자에 대한 임대주택 공급은 이주대책으로서 주거를 공급한다는 제도이고, 주거이전비는 주거세입자에게 재개발사업 기간 동안 임시거주를 취득하는 것을 지원하기 위한 제도인 점에 비추어 두 제도의 목적이나 지원내용이 중복된다고 할 수 없다.

2007. 4. 12. 개정된 토지보상법 시행규칙 제54조 제2항은 임대주택 공급자격을 취득한 자를 주거이전비 보상대상에서 제외하던 단서조항을 삭제하였는바, 주거세입자는 임대주택공급 신청권과 주거이전비 보상청구권 모두 가진다. 따라서 도시정비법에 따라 사업시행자에게서 임시수용시설을 제공받는 세입자라 하더라도 토지보상법 및 토지보상법 시행규칙에 따른 주거이전비를 별도로 청구할 수 있다.[81)]

2. 주거이전비의 지급의무자 및 대상자

(1) 지급의무자

주거환경정비사업 또는 재개발사업의 사업시행자는 토지수용권한을 가지므로, 현금청산자 또는 임차인에게 주거이전비의 지급의무를 부담한다. 천재지변 등의 사유로 재건축사업을 시행하는 공공관리자 또는 지정개발자도 토지수용권을 가지므로 현금청산자 또는 임차인에게 주거이전비의 지급의무를 부담한다.

그러나 재건축조합은 토지등을 수용할 권한을 가지고 있지 않으므로(법 제63조), 재건축조합은 현금청산자 또는 임차인에게 주거이전비의 지급의무를 부담하지 않는다.[82)]

---

80) 대법원 2008. 5. 29. 선고 2007다8129 판결
81) 대법원 2011. 7. 14. 선고 2011두3685 판결
82) 대법원 2014. 7. 24. 선고 2012다62561 판결, 헌법재판소 2020. 4. 23.자 2018헌가17결정

(2) 주거이전비와 세입자

주거이전비의 보상대상자는 ① 공익사업의 시행으로 인하여 이주하게 되는 ② 주거용 건축물의 세입자로서, ③ 정비계획에 관한 공람공고일 당시 ④ 당해 재개발정비구역안에서 거주하여야 한다(시행령 제54조 제4항, 토지보상법 시행규칙 제54조 제2항). 헌법재판소도 정비계획에 관한 공람공고일 당시 당해 거주하는 세입자에 한하여 주거이전비를 지급하도록 한 규정을 합헌이라고 결정하였다.83)

주거이전비의 지급대상은 정비계획에 관한 '공람공고일'을 기준으로 하므로, 위 공람공고일 이후의 임차인은 주거이전비 대상에서 제외된다.84)

'거주'하고 있는 세입자는 세입자가 실제로 그 곳에서 임차하여 거주하는 것을 의미한다. 세입자의 주민등록상 등재여부 및 다른 여러 가지 사정에 비추어 세입자의 실제 거주 여부를 판단하여야 한다. 실제 거주여부는 공공요금 납부내역이나 영수증 등 객관적인 자료를 기반으로 판단할 수 있다(토지보상법 시행규칙 제54조 제3항, 제15조 제1항).

세입자는 정비계획의 공람공고일부터 사업시행인가일까지 정비구역내에서 '계속' 거주하여야 한다. 정비계획의 공람공고일 이전 재개발정비구역내 거주하였으나 이후 정비구역 밖으로 이주하였다가 사업시행인가 이전 정비구역내로 이주하였다면 해당 임차인은 주거이전비의 지급대상에서 제외된다.

정비계획에 관한 공람공고일 당시에는 해당 재개발구역에 거주했으나, 공람공고일 후 재개발사업 시행이 아닌 다른 사유로 재개발구역 밖으로 이주했다가 사업시행계획인가 고시일 전에 다시 해당 재개발구역으로 이주해 온 세입자는 주거이전비의 보상대상자에 포함되지 않는다.85)

주거이전비는 공익사업의 시행으로 인하여 이주하는 세입자에 한하여 주거이전비가 인정되는바, 세입자가 재개발사업과 상관없이 '자발적으로 이주'

---

83) 헌법재판소 2012. 7. 25.자 2010헌마7, 66, 120 결정

84) 대법원 2010. 9. 9. 선고 2009두 16824 판결, 대법원 2010. 11. 11. 선고 2010두 5332 판결, 대구지방법원 2020구합20691 판결, [서울행정법원 2020구단66711 판결 : 재정비촉진구역의 경우 재정비촉진계획 공람공고일 기준으로 함]

85) 법제처 2021. 12. 23. 회신 21-0557호 사례

하였다면 주거이전비의 지급대상이 아니다.

도시정비법상 주거이전비 보상대상인 세입자는 주거용 건축물 소유자나 토지보상법 시행규칙 제54조 제2항과 달리 정비구역을 위한 공람공고일 현재 3월 이상 거주할 것을 요구하고 있지 않다.[86)]

(3) 거주사실의 입증방법

거주사실의 입증은 ① 해당 지역의 주민등록에 관한 사무를 관장하는 구청장의 확인을 받는 방법, ② 공공요금 영수증, 국민연금보험료 납입증명서, 전화사용료 등에 의한 방법으로 할 수 있다(토지보상법 시행규칙 제54조제3항, 제15조 제1항).

(4) 무허가건축물 세입자

무허가건축물등에 입주한 세입자로서 정비구역을 위한 공람공고일 현재 주거환경개선사업 또는 주택재개발사업구역 안에서 1년 이상 거주한 세입자는 주거이전비의 보상을 청구할 수 있다(토지보상법 시행규칙 제54조 제2항).

'소유자'가 공부상 주거용 용도가 아닌 건축물을 허가·신고 등의 적법한 절차 없이 '임의로 주거용으로 용도를 변경'하여 사용한 경우 그 건축물은 원칙적으로 주거이전비 보상 대상이 되는 주거용 건축물로는 볼 수 없다. 이는 단지 무허가건축물 등에 해당하여 예외적으로 그 건축물에 입주한 '세입자'가 주거이전비 보상 대상자로 될 수 있을 뿐이다.[87)]

토지보상법 시행규칙 제54조 제2항 단서가 주거이전비 보상 대상자로 정하는 '무허가건축물 등에 입주한 세입자'는 기존에 주거용으로 사용되어 온 무허가건축물 등에 입주하여 일정 기간 거주한 세입자를 의미한다. '세입자'가 공부상 주거용 용도가 아닌 건축물을 임차한 후 '임의로 주거용으로 용도를 변경'하여 거주한 경우는 주거이전비의 지급대상에서 제외된다.[88)]

86) 시행규칙 부칙(2009. 8. 13.) 제1조 : 2009. 11. 28. 이전 재개발사업구역의 경우 정비구역 공람공고일 기준 3월 이상 거주한 세입자만이 주거이전비 지급대상임.
87) 대법원 2020. 1. 30. 선고 2018두66067 판결
88) 대법원 2013. 5. 23. 선고 2012두11072 판결

(5) 무상주거세입자

무상으로 사용하는 거주자도 주거이전비를 청구할 수 있다(토지보상법 시행규칙 제54조 제2항).[89]

(6) 주거이전비 청구권자

주거이전비, 이사비는 생계를 같이 하는 동일 가구의 가구원들이 생활의 근거인 주거용 건축물을 공유하는 경우 '가구주 1인'이 해당 가구에 대한 보상금액 전액을 청구할 수 있다. 소유자 또는 세입자가 아닌 '가구원'은 사업시행자를 상대로 직접 주거이전비 지급을 구할 수 없다.[90]

(7) 주거이전비의 확정 및 이행기

보상 방법 및 금액 등의 보상내용은 원칙적으로 '사업시행계획 인가고시일'에 확정된다. 보상내용이 확정된 세입자는 그 확정된 주거이전비를 청구할 수 있다.[91]

공익사업의 시행에 따라 이주하는 주거용 건축물의 세입자에게 지급해야 하는 주거이전비 및 이사비의 지급의무는 사업인정고시일 등 당시 또는 공익사업을 위한 관계 법령에 의한 고시 등이 있은 당시에 바로 발생한다. 그러나 그 '지급의무의 이행기'에 관하여는 관계 법령에 특별한 규정이 없으므로 위 주거이전비 및 이사비의 지급의무는 이행기의 정함이 없는 채무로서 채무자는 '이행청구를 받은 다음날부터' 이행지체 책임이 있다.[92]

도시정비법에 따라 설립된 정비사업조합에 의하여 수립된 사업시행계획에서 정한 '사업시행기간이 도과'하였더라도, 유효하게 수립된 사업시행계획 및 그에 기초하여 사업시행기간 내에 이루어진 토지의 매수·수용을 비롯한 사업시행의 법적 효과가 소급하여 효력을 상실하여 무효로 된다고 할 수 없다.[93] '사업시행계획이 실효'되었다 하더라도 세입자들은 조합에게 이미 취득한

---

89) 2020. 12. 11. 토지보상법 시행규칙 개정시 신설됨.
90) 대법원 2011. 8. 25. 선고 2010두4131 판결
91) 대법원 2017. 10. 26. 선고 2015두46673 판결
92) 대법원 2012. 4. 26. 선고 2010두7475 판결, 대법원 2020. 1. 30. 선고 2018두66067 판결
93) 대법원 2016. 12. 1. 선고 2016두34905 판결

주거이전비 내지 이사비를 청구할 수 있다.[94]

3. 주거이전비의 산정

(1) 주거이전비 산정방식

공익사업의 시행으로 인하여 이주하게 되는 주거용 건축물의 세입자는 가구원수에 따라 4개월분의 주거이전비를 보상받을 수 있다(토지보상법 시행규칙 제54조 제2항).

주거이전비는 통계법 제3조 제3호에 따른 통계작성기관이 조사·발표하는 가계조사통계의 도시근로자가구의 가구원수별 월평균 명목 가계지출비(월평균 가계지출비)를 기준으로 산정한다(토지보상법 시행규칙 제54조 제4항).

가구원수가 5인인 경우 5인 이상 기준의 월평균 가계지출비에 해당하는 금액으로 한다. 다만, 4인 기준의 월평균 가계지출비가 5인 이상 기준의 월평균 가계지출비를 초과하는 경우에는 4인 기준의 월평균 가계지출비에 해당하는 금액으로 한다.

가구원수가 6인 이상인 경우 다음 산식에 따라 산정한 금액으로 한다.

제1호에 따른 금액 + {5인을 초과하는 가구원수 × [(제1호에 따른 금액 - 2인 기준의 월평균 가계지출비) ÷ 3]}

$$\text{5인 기준 금액} + \left[\text{5인 초과 가구원수} \times \frac{\text{5인 기준 금액} - \text{2인 기준 월평균 가계지출비}}{3} \right]$$

(2) 주거이전비의 산정 기준의 변동

통계작성기관이 발표하는 통계치는 분기별로 변동하고 있고, 또한 가구별 세대원수 역시 전입, 전출에 따라 증감하므로, 어느 시점의 세대원수, 통계치

94) 대법원 2020. 1. 30. 선고 2018두66067 판결

를 기준으로 주거이전비를 산정할 것인지가 문제된다.

세입자에게 지급되는 주거이전비는 특별한 사정이 없는 한 사업시행인가 고시 당시 시행 중인 토지보상법 시행규칙이 준용되어 그 시행규칙에서 정한 보상대상자의 요건 및 보상금액에 따라 보상의무가 정하여진다.95)

즉 개정된 토지보상법 시행규칙이 시행된 이후에 사업시행인가 고시가 이루어진 경우 주거이전비의 보상대상자 및 보상금액은 특별한 사정이 없는 한 사업시행인가 고시 당시 시행 중인 토지보상법 시행규칙이 적용된다.96)

(3) 세입자 주거이전비 사례

<2024년도 세입자 주거이전비>97)

기 준 (가족수)	세입자 (4월분)	기 준 (가족수)	세입자 (4월분)
1인	10,522,200원	4인	27,012,000원
2인	15,660,624원	5인	28,511,764원
3인	22,742,416원	6인	32,795,476원

4. 이사비 지급기준

재개발조합은 재개발정비구역내 주거용 건축물의 거주자에게 이사비를 보상하여야 한다(토지보상법 시행규칙 제55조 제2항, 별표 4.).

이사비 제도는 공익사업의 추진을 원활하게 함과 아울러 주거를 이전하게 되는 거주자들을 보호하기 위한 것이다. 이사비에는 가재도구 등 동산의 운반

95) 대법원 2010. 8. 30. 선고 2011두22792 판결, 대법원 2012. 8. 30. 선고 2011두31789 판결, 대법원 2012. 8. 30. 선고 2011두7755 판결
96) 대법원 2012. 8. 30. 선고 2011두31789 판결
97) 한국부동산원 : https://www.reb.or.kr/reb/rm/calcResideMps.do?mi=9655

에 필요한 비용을 말한다.

이사비의 보상대상자는 공익사업시행지구에 편입되는 '주거용 건축물의 거주자' 로서 공익사업의 시행으로 인하여 이주하게 되는 자이다.[98)]

이사비는 '사업시행인가 고시일' 당시의 세입자에게 지급되고, '사업시행인가 고시일' 이후에 재개발정비구역 내로 이주한 주택세입자는 이사비 보상대상에서 제외된다.[99)]

<2020년도 이사비>

주택연면적 기준	이 사 비			
	적용금액	임 금	차량운임	포장비
33㎡ 미만	계	3명분	1대분	(임금+차량운임)×0.15
	728,950	414,870	219,000	95,081
33㎡ 이상 49.5㎡ 미만	계	4명분	2대분	(임금+차량운임)×0.15
	1,139,834	553,160	438,000	148,674
49.5㎡ 이상 66㎡ 미만	계	5명분	2.5대분	(임금+차량운임)×0.15
	1,424,792	691,450	547,500	185,843
66㎡ 이상 99㎡ 미만	계	6명분	3대분	(임금+차량운임)×0.15
	1,709,751	829,740	657,000	223,011
99㎡ 이상	계	8명분	4대분	(임금+차량운임)×0.15
	2,279,668	1,106,320	876,000	297,348

1. 임금은 통계작성기관이 작성 · 공표한 공사부문 보통인부의 임금을 기준으로 함.
2. 차량운임은 한국교통연구원이 발표하는 최대적재량이 5톤인 화물자동차의 1일 8시간 운임을 기준으로 함.

---

98) 대법원 2010. 11. 11. 선고 2010두5332 판결, 대법원 2012. 2. 23. 선고 2011두23603 판결, 대법원 2012. 8. 30. 선고 2011두22792 판결

99) 서울고등법원 2018. 12. 13. 선고 2018누63381 판결

3. 한 주택에서 여러 세대가 거주하는 경우 주택연면적기준은 세대별 점유면적에 따라 각 세대별로 계산 · 적용한함

5. 영업휴업보상

(1) 영업보상 대상 사업

영업손실의 보상의무자는 토지수용권이 있는 주거환경정비사업 또는 재개발사업의 사업시행자이다(천재지변 등의 사유로 재건축사업을 시행하는 공공관리자 또는 지정개발자 포함).[100)]

주거환경정비사업 또는 재개발사업구역내 현금청산자 또는 임차인은 영업을 폐지하거나 휴업함에 따른 영업손실에 대한 보상을 청구할 수 있다(토지보상법 제77조 제1항).[101)]

재건축조합은 토지수용권이 없으므로 영업손실의무를 부담하지 않는다.[102)]

영업보상의 경우 영업보상대상자는 감정평가법인을 추천할 권한이 없다.

(2) 영업손실 보상 대상자

영업손실의 보상대상은 다음과 같다(토지보상법 시행규칙 제45조).

① 정비계획에 관한 공람공고일 전부터 적법한 장소에서 인적 · 물적시설을 갖추고 계속적으로 행하고 있는 영업.

② 무허가건축물등에서 임차인이 영업하는 경우에는 그 임차인이 사업인정고시일등 1년 이전부터 부가가치세법 제8조에 따른 사업자등록을 하고 행하고 있는 영업을 말한다.

③ 영업을 행함에 있어서 관계법령에 의한 허가등을 필요로 하는 경우에는 사업인정고시일등 전에 허가등을 받아 그 내용대로 행하고 있는 영업

영업손실보상대상자가 되기 위해서는 ① 정비계획에 관한 공람공고일에 영

100) 대법원 2011. 11. 24. 선고 2009다28394 판결
101) 대법원 2011. 11. 24. 선고 2009다28394 판결
102) 대법원 2014. 7. 24. 선고 2012다62561 판결

업을 하고 있을 것과 ② 재개발사업으로 인하여 영업의 폐지 또는 휴업이 발생하였을 것을 요건으로 한다.

적법한 장소란 무허가건축물등, 불법형질변경토지, 그 밖에 다른 법령에서 물건을 쌓아놓는 행위가 금지되는 장소가 아닌 곳을 말한다. '적법한 장소에서 인적·물적시설을 갖추고 계속적으로 행하고 있는 영업'에 해당하는지 여부는 협의성립, 수용재결 또는 사용재결 당시를 기준으로 판단하여야 한다.[103]

제2종 일반주거시설의 경우 자원순환 관련 시설이 허용되지 않는바, 제2종 일반주거시설에서 고물상 또는 폐기물재활용시설을 운영한 것은 '적법한 장소에서 행하는 영업'에 해당하지 않아 영업손실 보상대상이 아니라고 판시한 사례가 있다.[104]

무허가건축물등 건축법등 관계법령에 의하여 허가를 받거나 신고를 하고 건축 또는 용도변경을 하여야 하는 건축물을 허가를 받지 아니하거나 신고를 하지 아니하고 건축 또는 용도변경한 건축물을 말한다(토지보상법 시행규칙 제24조).

(3) 정비계획의 공람공고일 기준[105]

영업손실 보상의 대상 여부는 '정비계획의 공람공고일'을 기준으로 판단해야 하고, 그 정비계획의 공람공고일 당시 보상대상에 해당한다면 그 이후 사업지구 내 다른 토지로 영업장소가 이전되었다고 하더라도 그 이전된 사유나 이전된 장소에서 별도의 허가 등을 받았는지 여부를 따지지 아니하고 여전히 손실보상의 대상이 된다.[106]

기존에 영업을 하던 사람으로부터 사업장 시설 일체를 양수받았다고 하더라도, 공람공고일 이후에 영업을 시작하는 사람은 향후 정비사업으로 인하여 영

103) 대법원 2010. 9. 9. 선고 2010두11641 판결, 대법원 2014. 3. 27. 선고 2013두25863 판결
104) 인천지방법원 2023. 12. 1. 선고 2023구합51476 판결
105) 시행규칙 부칙 (2012. 8. 2.) 제2조 : 2012. 8. 2. 이후 정비계획을 수립(변경수립 제외)하기 위하여 정비계획의 공람공고를 하는 경우부터 적용함.
2012. 8. 1. 이전 정비계획을 수립하기 위하여 정비계획의 공람공고를 한 재개발구역의 경우 휴업보상은 사업인정의 고시가 있은 것으로 간주되는 사업시행계획인가 고시일을 기준으로 함(법 제65조 제2항)
106) 대법원 2012. 12. 27. 선고 2011두27827 판결

업의 폐지 또는 휴업이 있을 것임을 알면서도 이를 감수하고 해당 장소에서 영업을 한 것이므로, 영업손실 보상대상자에 해당되지 않는다.[107]

2012. 8. 1. 이전 정비계획을 수립(변경수립 제외)하기 위하여 정비계획을 주민에 공람공고하는 재개발구역의 경우 영업손실보상대상은 '사업시행인가일'을 기준으로 하였다. 최초 사업시행계획인가 고시일 이전부터 정비사업 대상 내의 토지소유자나 관계인에 해당하였던 사람은 재개발조합을 상대로 영업손실보상에 대한 재결신청을 청구할 수 있으나, 위 사업시행계획 인가 고시일 이후에야 동일한 정비사업 대상 부지와 관련하여 권리를 취득한 자는 영업손실보상에 대한 재결신청을 청구할 수 없다. 사업시행기간이 도과되어 사업시행변경인가 있었던 경우 영업보상은 최초의 사업시행인가시를 기준으로 한다.[108]

(4) 휴업기간

영업의 휴업 등에 대하여 손실을 평가하는 경우 토지보상법 제47조 제1항에 따른 휴업기간은 4개월 이내로 한다(시행령 제54조 제2항).

다음의 경우에는 실제 휴업기간으로 하되, 그 휴업기간은 2년을 초과할 수 없다(시행령 제54조 제2항 단서).

① 해당 정비사업을 위한 영업의 금지 또는 제한으로 인하여 4개월 이상의 기간동안 영업을 할 수 없는 경우

② 영업시설의 규모가 크거나 이전에 고도의 정밀성을 요구하는 등 해당 영업의 고유한 특수성으로 인하여 4개월 이내에 다른 장소로 이전하는 것이 어렵다고 객관적으로 인정되는 경우

(5) 영업장소의 이전에 따른 영업손실

공익사업의 시행으로 인하여 영업장소를 이전하여야 하는 경우의 영업손실은 휴업기간에 해당하는 영업이익과 영업장소 이전 후 발생하는 영업이익감소

107) 서울행정법원 2022. 2. 25. 선고 2020구합71901 판결
108) 서울행정법원 2021. 6. 25. 선고 2020구합68769 판결

액으로 평가한다(토지보상법 시행규칙 제47조 제1항).

영업손실액에는 다음의 비용을 합산한다.

① 휴업기간중의 영업용 자산에 대한 감가상각비 · 유지관리비와 휴업기간중에도 정상적으로 근무하여야 하는 최소인원에 대한 인건비 등 고정적 비용

② 영업시설 · 원재료 · 제품 및 상품의 이전에 소요되는 비용 및 그 이전에 따른 감손상당액

③ 이전광고비 및 개업비 등 영업장소를 이전함으로 인하여 소요되는 부대비용

감정평가협회의 '영업손실평가지침' 제19조 제1호에는 영업시설등의 이전에 소요되는 비용에 '점포영업등의 경우에는 영업행위자가 영업시설 이전 시에 통상적으로 부담하게 되는 실내장식 등에 소요되는 비용을 포함'하는 것으로 규정되어 있어 시설투자비는 감정평가 항목에 포함되어 있다.

(6) 허가등을 받지 아니한 영업의 손실보상에 관한 특례

사업인정고시일등 전부터 허가등을 받아야 행할 수 있는 영업을 허가등이 없이 행하여 온 자가 공익사업의 시행으로 인하여 적법한 장소에서 영업을 계속할 수 없게 된 경우에는 통계작성기관이 조사 · 발표하는 가계조사통계의 도시근로자가구 월평균 가계지출비를 기준으로 산정한 '3인 가구 3개월분 가계지출비'에 해당하는 금액을 영업손실에 대한 보상금으로 지급한다.

영업시설 · 원재료 · 제품 및 상품의 이전에 소요되는 비용 및 그 이전에 따른 감손상당액(영업시설등의 이전비용)은 별도로 보상한다(토지보상법 시행규칙 제52조).

본인 또는 생계를 같이 하는 동일 세대안의 직계존속 · 비속 및 배우자가 해당 공익사업으로 다른 영업에 대한 보상을 받은 경우에는 영업시설등의 이전비용만을 보상하여야 한다(토지보상법 시행규칙 제52조).

(7) 영업보상 대상에 해당하지 않는 경우의 이전비 보상

토지 등의 취득 또는 사용에 따라 이전하여야 하는 동산에 대하여는 이전에

소요되는 비용 및 그 이전에 따른 감손 상당액을 보상하여야 하므로, 영업손실보상을 받을 수 없는 원고 B의 경우에도 이전비보상은 받을 수 있다.[109)]

I 단체는 전국의 유림들이 결성한 비영리민간단체로서 H 선생 등을 기리는 제향을 봉행하고 J 등 각종 행사를 개최하거나 주관할 뿐, 영리를 목적으로 하는 구체적인 활동을 계속적으로 행하고 있었다고 보기 어려워 영업보상의 대상이 아니다. 세입자가 말하는 '영업보상' 또는 '영업보상금'은 건물에 있는 I 단체 사무실의 시설, 집기 등 지장물 일체를 이전함에 따른 손실보상을 의미한다.[110)]

6. 영업의 폐업에 대한 손실보상

(1) 영업의 폐지에 해당하는 경우

폐업은 다음의 어느 하나에 해당하는 경우로 한다(토지보상법 시행규칙 제46조 제2항).

① 영업장소 또는 배후지(당해 영업의 고객이 소재하는 지역을 말함)의 특수성으로 인하여 당해 영업소가 소재하고 있는 시·군·구(자치구) 또는 인접하고 있는 시·군·구의 지역안의 다른 장소에 이전하여서는 당해 영업을 할 수 없는 경우

② 당해 영업소가 소재하고 있는 시·군·구 또는 인접하고 있는 시·군·구의 지역안의 다른 장소에서는 당해 영업의 허가등을 받을 수 없는 경우

③ 도축장 등 악취 등이 심하여 인근주민에게 혐오감을 주는 영업시설로서 해당 영업소가 소재하고 있는 시·군·구 또는 인접하고 있는 시·군·구의 지역안의 다른 장소로 이전하는 것이 현저히 곤란하다고 특별자치도지사·시장·군수 또는 구청장(자치구의 구청장을 말한다)이 객관적인 사실에 근거하여 인정하는 경우

109) 서울행정법원 2018. 10. 10. 선고 2017구단12721 판결
110) 대전지방법원 2021. 9. 16. 선고 2020구단103537 판결

영업손실에 관한 보상에 있어 영업의 폐지로 볼 것인지 아니면 영업의 휴업으로 볼 것인지를 구별하는 기준은 당해 영업을 그 영업소 소재지나 인접 시·군 또는 구 지역 안의 다른 장소로 이전하는 것이 가능한지의 여부에 달려 있다.

이러한 이전가능 여부는 법령상의 이전장애사유 유무와 당해 영업의 종류와 특성, 영업시설의 규모, 인접 지역의 현황과 특성, 그 이전을 위하여 당사자가 들인 노력 등과 인근 주민들의 이전 반대 등과 같은 사실상의 이전장애사유 유무 등을 종합하여 판단하여야 한다.[111]

(2) 영업의 폐업에 따른 손실의 평가

공익사업의 시행으로 인하여 폐업하는 경우의 영업손실은 2년간의 영업이익에 영업용 고정자산·원재료·제품 및 상품 등의 매각손실액을 더한 금액으로 평가한다. 개인영업인 경우 영업이익은 소득을 말한다(토지보상법 시행규칙 제46조 제1항).

연간 영업이익 = 통계작성기관(통계청)이 작성·공표한 제조부문 보통인부의 임금단가 × 25(일) × 12(월)

영업이익은 해당 영업의 최근 3년간(특별한 사정으로 인하여 정상적인 영업이 이루어지지 않은 연도를 제외함)의 평균 영업이익을 기준으로 하여 이를 평가하되, 공익사업의 계획 또는 시행이 공고 또는 고시됨으로 인하여 영업이익이 감소된 경우에는 해당 공고 또는 고시일전 3년간의 평균 영업이익을 기준으로 평가한다. 이 경우 개인영업으로서 최근 3년간의 평균 영업이익이 다음 산식에 의하여 산정한 연간 영업이익에 미달하는 경우에는 그 연간 영업이익을 최근 3년간의 평균 영업이익으로 본다(토지보상법 시행규칙 제46조 제3항).

사업시행자는 영업자가 폐업 후 2년 이내에 해당 영업소가 소재하고 있는 시·군·구 또는 인접하고 있는 시·군·구의 지역 안에서 동일한 영업을 하

111) 대법원 2001. 11. 13. 선고 2000두1003 판결

는 경우에는 폐업에 대한 보상금을 환수하고 영업의 휴업 등에 대한 손실을 보상해야 한다.

임차인의 영업에 대한 보상액 중 영업용 고정자산·원재료·제품 및 상품 등의 매각손실액을 제외한 금액은 제1항에 불구하고 1천만원을 초과하지 못한다.

V. 일반분양

1. 일반분양

사업시행자는 토지등소유자에 대한 분양신청을 받은 후 잔여분을 조합원 또는 토지등소유자 이외의 자(일반인)에게 분양할 수 있다(법 제79조 제4항). 일반에게 분양하는 대지 또는 건축물은 도시개발법 제34조에 의한 체비지로 본다(법 제87조 제3항).

재개발사업에서 분양신청 후 잔여분 중 일반에 분양하는 것으로서 체비지 또는 체비시설로 지정된 부분이 지방세법 제109조 제3항 소정의 비과세 대상인 '체비지'에 해당하고, 그 체비지에는 건축시설도 포함된다.[112]

사업시행자가 조합원외의 자에게 분양하는 경우 사업시행자는 분양공고 · 분양신청절차 · 공급조건 · 방법 및 절차 등은 주택법 제54조를 준용한다(법 제79조 제4항, 시행령 제67조).

2. 일반분양 절차

(1) 일반분양의 주택 공급

사업시행자는 다음에서 정하는 바에 따라 주택을 건설 · 공급하여야 한다(주택법 제54조 제1항).

① 사업시행자가 입주자를 모집하려는 경우 : 국토교통부령으로 정하는 바에 따라 시장 · 군수 · 구청장의 승인(복리시설의 경우에는 신고를 말함)

112) 대법원 2001. 10. 23. 선고 2001두5392 판결은 "구 지방세법에서 사업시행자가 취득하는 체비지와 보류지에 대하여 취득세를 비과세하는 입법 취지가 당해 사업의 원활한 수행을 세제적으로 뒷받침하려는데 있다는 점과 위 각 조항들의 규정내용에 비추어, 분양신청 후의 잔여분 중 일반에 분양하는 것으로서 체비지 또는 체비시설로 지정된 부분은 구 지방세법 소정의 비과세 대상인 체비지에 해당하고 체비지에는 토지뿐 아니라 건축시설도 포함된다."라고 판시하였다.

을 받을 것

② 사업시행자가 건설하는 주택을 공급하려는 경우

1) 국토교통부령으로 정하는 입주자모집의 조건 · 방법 · 절차, 입주금의 납부 방법 · 시기 · 절차, 주택공급계약의 방법 · 절차 등에 적합할 것

2) 국토교통부령으로 정하는 바에 따라 벽지 · 바닥재 · 주방용구 · 조명기구 등을 제외한 부분의 가격을 따로 제시하고, 이를 입주자가 선택할 수 있도록 할 것

(2) 입주자모집 시기

사업주체는 다음의 요건을 모두 갖춘 경우에는 착공과 동시에 입주자를 모집할 수 있다(주택공급에 관한 규칙 제15조 제1항).

① 주택이 건설되는 대지의 소유권을 확보할 것

② 주택도시보증공사 또는 보험회사로부터 분양보증을 받을 것

사업시행자가 매도청구소송을 통하여 법원의 승소판결을 받은 후 입주예정자에게 피해가 없도록 손실보상금을 공탁하고 분양예정인 건축물을 담보한 경우에는 법원의 승소판결이 확정되기 전이라도 주택법 제54조에도 불구하고 입주자를 모집할 수 있다(법 제79조 제8항).

재건축사업의 사업시행자는 준공인가 신청 전까지 해당 주택건설 대지의 소유권을 확보하여야 한다(법 제79조 제8항).

(3) 입주자모집 조건

사업주체는 주택이 건설되는 대지의 소유권을 확보하고 있으나 그 대지에 저당권 · 가등기담보권 · 가압류 · 가처분 · 전세권 · 지상권 및 등기되는 부동산임차권 등(저당권등)이 설정되어 있는 경우에는 그 저당권등을 말소하여야 입주자를 모집할 수 있다(주택의 공급에 관한 규칙 제16조 제1항).

다음의 경우에는 입주자 모집을 위해 근저당권을 말소하지 않아도 된다(주택의 공급에 관한 규칙 제16조 제1항 단서).

① 사업주체가 주택법 시행령 제71조 제1호 또는 제2호에 따른 융자를 받기

위하여 해당 금융기관에 대하여 저당권등을 설정한 경우

② 저당권등의 말소소송을 제기하여 법원의 승소 판결(판결이 확정될 것을 요구하지 아니함)을 받은 경우. 이 경우 사업시행자는 사용검사 전까지 해당 주택건설 대지의 저당권등을 말소하여야 한다.

(4) 마감자재 목록표 제공 등

사업시행자가 입주자를 모집하기 위해 시장·군수·구청장의 승인을 받으려는 경우에는 견본주택에 사용되는 마감자재의 규격·성능 및 재질을 적은 목록표(마감자재 목록표)와 견본주택의 각 실의 내부를 촬영한 영상물 등을 제작하여 승인권자에게 제출하여야 한다(주택법 제54조 제3항).

사업시행자는 주택공급계약을 체결할 때 입주예정자에게 다음의 자료 또는 정보를 제공하여야 한다(주택법 제54조 제4항).

① 견본주택에 사용된 마감자재 목록표

② 공동주택 발코니의 세대 간 경계벽에 피난구를 설치하거나 경계벽을 경량구조로 건설한 경우 그에 관한 정보

입주자 모집공고에 이를 표시(인터넷에 게재하는 경우 포함)한 경우에는 입주예정자에 대한 자료 또는 정보 제공을 생략할 수 있다.

(5) 입주자 선정 등

국가유공자, 보훈보상대상자, 장애인, 철거주택의 소유자, 그 밖에 국토교통부령으로 정하는 대상자에게는 국토교통부령으로 정하는 바에 따라 입주자 모집조건 등을 달리 정하여 별도로 공급할 수 있다(주택법 제54조 제1항 후문).

주택을 공급받으려는 자는 국토교통부령으로 정하는 입주자자격, 재당첨 제한 및 공급 순위 등에 맞게 주택을 공급받아야 한다. 이 경우 투기과열지구 및 조정대상지역에서 건설·공급되는 주택을 공급받으려는 자의 입주자자격, 재당첨 제한 및 공급 순위 등은 주택의 수급 상황 및 투기 우려 등을 고려하여 국토교통부령으로 지역별로 달리 정할 수 있다(주택법 제54조 제2항).

3. 서울시의 일반분양 기준

체비시설(일반분양)의 처분은 다음의 기준에 따른다(서울시 조례 제40조).

① 체비시설 중 공동주택은 도시정비법 제74조 제1항 제4호 가목에 따라 산정된 가격을 기준으로 주택법 및 주택공급에 관한 규칙에서 정하는 바에 따라 일반에게 분양한다.

② 체비시설 중 부대·복리시설은 도시정비법 제74조 제1항 제4호 라목에 따라 산정된 가격을 기준으로 주택법 및 주택공급에 관한 규칙에서 정하는 바에 따라 분양한다.

③ ①호 및 ②호에도 불구하고 구청장은 재정비촉진지구에서 도시계획사업으로 철거되는 주택을 소유한 자가 인근 정비구역의 주택분양을 희망하는 경우에는 주택공급에 관한 규칙 제36조에 따라 특별공급하도록 한다. 주택 소유자는 철거되는 주택 이외의 다른 주택을 소유하지 않은 자로 한정한다.

세입자가 분양을 희망하는 경우에는 다음의 순위에 따라 우선 분양한다.[113)]

① 제1순위 : 종전 건축물의 용도가 분양건축물 용도와 동일하거나 비슷한 시설인 건축물의 세입자로서 사업자등록을 필하고 영업한 자

② 제2순위: 종전 건축물의 용도가 분양건축물 용도와 동일하거나 비슷한 시설인 건축물의 세입자로서 영업한 자

우선분양대상 세입자는 정비구역의 지정을 위한 공람공고일 3개월 전부터 사업시행계획인가로 인하여 이주하는 날까지 계속하여 영업하고 있는 세입자를 말한다.

113) 서울시 조례 부칙(2009. 7. 30.) 제5조, 부칙(2018. 7. 19.) 제10조 : 2009. 7. 30. 이후 최초로 정비구역이 지정되는 분부터 적용함.

4. 정비사업 표준공사계약서의 일반분양관련 규정

제28조(분양업무) ① 아파트 및 부대복리시설의 분양(조합원 및 일반분양) 업무는 "도급인"이 주관하는 것을 원칙으로 하되, "도급인"은 필요시 "도급인"이 지정하는 협력업체 또는 "수급인"에게 위탁하여 수행하게 할 수 있으며 이에 따른 사항에 대하여 "수급인"은 적극 협조하여야 한다.
② "도급인" 또는 "도급인"이 지정하는 자가 위 표시 재산을 분양하기 위하여 "수급인"의 상호 및 "수급인"이 등록한 상표(브랜드 등)를 사용하고자 할 경우에 "수급인"은 사용 동의한 것으로 인정한다. 다만, "도급인"은 브랜드 활용계획을 수립하여 "수급인"에게 통보하고 협의하여야 한다.

제30조(일반 분양) ① "도급인"의 조합원에게 분양하고 남은 건축시설은 일반분양하고 분양시기, 분양방법, 분양절차 등은 「주택공급에 관한 규칙」에 따른다. 다만, 분양대상 복리시설의 분양 시기는 "도급인"과 "수급인"이 협의하여 결정하며, 분양업무를 "수급인"이 대행할 수 있으나 분양계약 당사자는 "도급인"의 명의로 한다.
② 사용검사일까지 일반분양 아파트 및 복리시설 등이 미분양 되어 공사대금 등을 현금으로 지급할 수 없는 경우 현물로 상계하여 변제할 수 있으며, 그 처분방법 등은 다음 각 호와 같다.
1. 일반분양시설의 ○%를 차감한 가격을 대물변제가격으로 한다.
2. 제1호의 일반분양시설에 대하여 "수급인"을 제1순위 권리자로 하는 근저당권을 설정하여 채권보전조치를 할 수 있으며, 이때 채권보전조치 비용은 "수급인"이 부담한다.

수급인이 도급인으로부터 공사대금의 지급에 갈음하여 건물 소유권을 이전받기로 하면서 분양권을 위임받아 건물을 타에 매도하여 그 매매대금으로 공사대금에 충당하기로 약정하였다면 수급인은 도급인의 대리인으로서 건물을

분양할 수 있는 지위를 가지고 있다.[114)]

대리인이 본인을 대리하여 행위를 함에 있어서는 민법 제114조 제1항의 규정에 따라 본인과 대리인을 표시하여야 하는 것이므로, 대리관계의 현명(顯名)을 하지 아니한 채 행위를 하더라도 본인에게 효력이 없다. 다만, 대리에 있어 본인을 위한 것임을 표시하는 이른바 현명은 반드시 명시적으로만 할 필요는 없고 묵시적으로도 할 수 있는 것이다. 나아가 현명을 하지 아니한 경우라도 여러 사정에 비추어 대리인으로서 행위한 것임을 상대방이 알았거나 알 수 있었을 때에는 민법 제115조 단서의 규정에 의하여 본인에게 효력이 미치는 것이다.[115)]

5. 일반분양과 관련된 판례

(1) 등기부 면적이 분양면적보다 적은 경우

조합의 일반인들에 대한 아파트분양계약서상 평형별 세대당 건물면적이나 공유대지면적을 기재하고, 분양대금이 위 '분양면적'을 기준으로 정하여지므로, 위 아파트 분양계약은 이른바 수량을 지정한 매매로 보아야 한다. 입주시 등기부등본에 기재된 등기면적이 사업시행변경인가 등에 의해 분양계약서상의 분양면적보다 적을 경우 조합은 일반분양자들에게 부족분의 비율로 분양대금을 감액하여야 할 것이다.[116)]

(2) 소유권이전등기절차의 지연으로 인한 손해배상

분양자의 수분양자에 대한 소유권이전등기절차의 이행이 장기간 지연된 경우, 수분양자에게는 그 재산권을 완전히 행사하지 못하는 손해가 발생하였다고 할 것이고, 주위 부동산들의 거래상황 등에 비추어 볼 때 등기절차가 이행되지 않음으로써 수분양자 등이 활용기회의 상실 등의 손해를 입었을 개연성

114) 대법원 1999. 12. 24. 선고 99다35393 판결 등 참조
115) 대법원 2008. 5. 15. 선고 2007다14759 판결
116) 대법원 2002. 11. 8. 선고 99다58136 판결

이 인정된다면, 등기절차 지연으로 인한 통상손해가 발생하였다고 할 것이며, 이 손해가 특별한 사정으로 인한 손해라고 하더라도 예견가능성이 있다.[117)]

입주예정일로부터 1년이 지난 이후부터 조합이 소유권이전등기의 지연책임을 부담한다고 판시한 사례가 있다.[118)]

(3) 분양광고의 기망성 등

상가나 아파트의 분양광고에 있어서 거래의 중요한 사항에 관하여 구체적 사실을 신의성실의 의무에 비추어 비난받을 정도의 방법으로 허위로 고지한 경우에는 기망행위에 해당한다고 할 것이나, 그 선전 광고에 다소의 과장 허위가 수반되는 것은 그것이 일반 상거래의 관행과 신의칙에 비추어 시인될 수 있는 한 기망성이 결여된다고 할 것이다.[119)]

(4) 분양광고와 손해배상

조합이 일반에게 아파트를 분양함에 있어 허위의 사실을 광고할 경우 '표시·광고의 공정화에 관한 법률' 제3조 제1항 제1호 소정의 "허위·과장 광고행위"에 해당될 수 있다.[120)]

아파트 분양광고의 내용 중 아파트의 외형·재질 등에 관한 것과 부대시설에 준하는 것으로서 분양자가 이행 가능한 것은 분양계약의 내용이 된다.[121)]

분양광고와 다른 아파트의 외형·재질 등이 시공됨으로 인한 손해배상은 광고 내용에 따라 시공하는 경우와 실제 시공된 것과의 시공원가의 차이를 계산하여 평당 손해액을 산정하는 방식으로 산정할 수 있다.[122)]

분양광고와 달리 조망이익을 향유하지 못한 경우에도 손해배상책임을 인정한 사례가 있다.[123)]

---

117) 대법원 2008. 12. 24. 선고 2006다25745 판결
118) 서울고등법원 2014. 8. 29. 선고 2013다23558 판결, 서울북부지방법원 2022. 11. 10. 선고 2020가합685 판결에서 분양대금 10%에 해당하는 돈에 대한 이행지체기간 동안의 법정이율인 5%의 비율로 계산한 액수를 손해배상액으로 산정한 사례도 있음.
119) 대법원 2009. 3. 16. 선고 2008다1842 판결
120) 대법원 2009. 8. 20. 선고 2008다19355 판결
121) 대법원 2007. 6. 1. 선고 2005다5843 판결
122) 대법원 2007. 6. 1. 선고 2005다5843 판결
123) 인천지방법원 2007. 11. 22. 선고 2005가합6248 판결

(5) 고지의무 위반과 손해배상

부동산 거래에 있어 거래 상대방이 일정한 사정에 관한 고지를 받았더라면 그 거래를 하지 않았을 것임이 경험칙상 명백한 경우에는 신의성실의 원칙상 사전에 상대방에게 그와 같은 사정을 고지할 의무가 있으며, 그와 같은 고지의무의 대상이 되는 것은 직접적인 법령의 규정뿐 아니라 널리 계약상, 관습상 또는 조리상의 일반원칙에 의하여도 인정될 수 있다.[124)]

일단 고지의무의 대상이 되는 사실이라고 판단되는 경우 이미 알고 있는 자에 대하여는 고지할 의무가 별도로 인정될 여지가 없지만, 상대방에게 스스로 확인할 의무가 인정되거나 거래관행상 상대방이 당연히 알고 있을 것으로 예상되는 예외적인 경우가 아닌 한, 실제 그 대상이 되는 사실을 알지 못하였던 상대방에 대하여는 비록 알 수 있었음에도 알지 못한 과실이 있다 하더라도 그 점을 들어 추후 책임을 일부 제한할 여지가 있음은 별론으로 하고 고지할 의무 자체를 면하게 된다고 할 수는 없다.[125)]

아파트 분양자는 아파트단지 인근에 공동묘지가 조성되어 있는 사실을 수분양자에게 고지할 신의칙상의 의무를 부담한다고 한 사례가 있다.[126)]

(6) 고지의무위반과 계약해지

고지의무 대상이 되는 것이 분양계약 체결에 중대한 영향을 주고, 당초의 분양계약을 통하여 계획했던 본래의 목적을 달성할 수 없을 경우 분양계약자는 분양계약을 해지할 수 있다.[127)]

상가 준공·개장시의 층별 업종 등이 상가 분양 당시의 광고 내용과 상당히 다르고 분양자가 분양 점포의 위치를 일방적으로 변경하였으며 그 과정에서 층수, 층의 구조, 층내의 위치 등이 변경된 경우, 분양자가 수분양자에게 분양계약의 내용에 좇은 이행을 할 수 없거나 현저히 곤란하게 되었고, 그로 인하여 수분양자는 분양계약의 목적을 달성할 수 없게 되었음을 이유로, 수분양자의 계약해지권을 인정한 사례가 있다.[128)]

---

124) 대법원 2006. 10. 12. 선고 2004다48515 판결
125) 대법원 2007. 6. 1. 선고 2005다5843 판결
126) 대법원 2007. 6. 1. 선고 2005다5812, 5829, 5836 판결
127) 청주지방법원 2010. 5. 26. 선고 2009가합1075,1280,2375 판결

VI. 임대주택의 공급

1. 임대주택의 임대조건

사업시행자는 재개발임대주택의 임차인의 자격·선정방법·임대보증금·임대료 등 임대조건에 관한 기준 및 무주택 세대주에게 우선 매각하도록 하는 기준 등에 관하여 도시정비법 시행령 별표 3에 규정된 범위에서 시장·군수등의 승인을 받아 따로 정할 수 있다(법 제79조 제6항, 시행령 제69조 제1항).

시행령 별표 3.

임대주택의 공급조건 등(시행령 제69조 제1항 관련)

1. 주거환경개선사업

가. 임대주택은 다음의 순위에 따라 입주를 희망하는 자에게 공급한다.

1) 1순위: 기준일(공공재개발사업의 경우 공공시행자를 지정한 날 또는 공공재개발사업을 추진하기 위해 정비구역을 지정·변경한 날 중 빠른 날을 말한다. 이하 이 표에서 같다) 3개월 전부터 보상계획 공고시까지 계속하여 해당 주거환경개선사업을 위한 정비구역 또는 다른 주거환경개선사업을 위한 정비구역에 거주하는 세입자

2) 2순위: 별표 2 제3호가목 및 나목의 순위에 해당하는 자로서 주택분양에 관한 권리를 포기한 자

3) 3순위: 별표 2 제3호라목의 순위에 해당하는 자

나. 세입자에게 공급하는 주택의 규모별 입주자 선정기준: 입주대상자의 세대구성원의 수, 해당 정비구역에서의 거주기간, 소득수준, 「국민기초생활 보장법」에 따른 수급권자 여부 등을 고려하여 정한다.

다. 공급절차 등

128) 부산지방법원 2007. 3. 8. 선고 2006가합20972 판결

1) 입주자모집공고 내용 및 절차, 공급신청 및 계약조건 등 임대주택의 공급에 관하여는 공공주택 특별법령 및 주택법령의 관련 규정에 따른다.
2) 임대보증금ㆍ임대료 등에 관하여는 임대주택법령 및 주택건설촉진법령의 관련규정에 따른다. 다만, 시ㆍ도조례로 따로 정하는 경우에는 그에 따른다.129)

2. 재개발사업
가. 임대주택은 다음의 어느 하나에 해당하는 자로서 입주를 희망하는 자에게 공급한다.
1) 기준일 3개월 전부터 해당 재개발사업을 위한 정비구역 또는 다른 재개발사업을 위한 정비구역에 거주하는 세입자
2) 기준일 현재 해당 재개발사업을 위한 정비구역에 주택이 건설될 토지 또는 철거예정인 건축물을 소유한 자로서 주택분양에 관한 권리를 포기한 자
3) 별표 2 제3호라목의 순위에 해당하는 자
4) 시ㆍ도조례로 정하는 자130)

나. 주택의 규모 및 규모별 입주자선정방법, 공급절차 등에 관하여는 시ㆍ도조례로 정하는 바에 따른다.
다. 공급절차 등: 입주자모집공고 내용 및 절차, 공급신청ㆍ계약조건ㆍ임대보증금 및 임대료 등 주택공급에 관하여는 민간임대주택에 관한 특별법령, 공공주택 특별법령 및 주택법령의 관련 규정에 따른다.

이 경우 민간임대주택에 관한 특별법 제42조 및 제44조, 공공주택 특별법

129) 서울시 조례 제45조 : 주거환경개선구역의 임대주택의 임대보증금 및 임대료에 관하여는 임대주택법령의 관련규정에 따름.
130) 서울시 조례 제46조(재개발사업의 임대주택 공급대상자) 제1항

제48조, 제49조 및 제50조의3이 적용되지 아니한다(법 제79조 제6항).

사업시행자의 요청이 있는 경우 시장 · 군수등은 국토교통부장관에게 임차인 자격 해당 여부에 관하여 주택전산망에 의한 전산검색을 요청할 수 있다(시행령 제69조 제3항).

2. 최초의 임차인 선정이 아닌 경우

재개발임대주택으로서 최초의 임차인 선정이 아닌 경우에는 인수자는 임차인의 자격 등에 관한 사항을 따로 정한다(법 제79조 제6항 단서).

최초의 임차인 선정이 아닌 경우 인수자는 다음의 범위에서 재개발임대주택의 임차인의 자격 등에 관한 사항을 정하여야 한다(시행령 제69조 제2항).

① 임차인의 자격은 무주택 기간과 해당 정비사업이 위치한 지역에 거주한 기간이 각각 1년 이상인 범위에서 오래된 순으로 할 것. 다만, 시 · 도지사가 도시정비법 제79조제5항 및 도시정비법 시행령 제48조제2항에 따라 임대주택을 인수한 경우에는 거주지역, 거주기간 등 임차인의 자격을 별도로 정할 수 있다.

② 임대보증금과 임대료는 정비사업이 위치한 지역의 시세의 100분의 90 이하의 범위로 할 것

③ 임대주택의 계약방법 등에 관한 사항은 공공주택 특별법이 정하는 바에 의할 것

④ 관리비 등 주택의 관리에 관한 사항은 공동주택관리법이 정하는 바에 의할 것

임차인 선정을 위하여 필요한 경우 시장 · 군수등은 국토교통부장관에게 임차인 자격 해당 여부에 관하여 주택전산망에 의한 전산검색을 요청할 수 있다(시행령 제69조 제3항).

제2절 완료단계

I. 시공보증

1. 의의

시공보증이란 시공자가 공사의 계약상 의무를 이행하지 못하거나 의무이행을 하지 아니할 경우 보증기관에서 시공자를 대신하여 계약이행의무를 부담하거나 총 공사금액의 30% 이상 금액을 납부할 것을 보증하는 것을 말한다.

도시정비법 제정이전에는 일반분양자는 주택분양보증으로 분양계약 불이행으로 발생하는 피해를 보호받을 수 있으나, 재건축·재개발조합의 조합원은 시공사 부도에 따른 피해를 보호받을 장치가 없었다.

도시정비법 제정시 재건축·재개발사업의 시행중 시공자의 부도 등으로 인한 조합원의 피해를 보호하기 위하여 도급공사의 시공보증을 의무화하였다(법 제82조 제1항).

2. 시공보증제도와 공사이행보증제도

국가계약법은 2000년 1,000억원 이상의 공사에 대하여 공사이행보증제도를 도입하였고, 현재 추정가격 300억 이상의 PQ대상공사는 공사이행보증을 하여야 한다(국가를당사자로하는계약에관한법률 시행령 제52조, 시행규칙 제66조, 공사이행보증제도 운용요령).

국가계약법상의 공사이행보증제도는 도시정비법상 시공보증제도와 유사하다.

구 분	시 공 보 증	공사이행보증
관련법령	도시정비법 제82조	국가계약법 시행령 제52조
계약자	건설업체(시공자)	건설업체, 용역업체 등(수주자)
채권자	주택정비사업조합	발주자(국가 및 지방자치단체)
주계약내용	공사도급계약	각종 공사 및 용역계약 등 다양
보증금액	총 공사금액의 100분의 30	도급공사금액의 40%
보증채무의 이행방법	대체시공 또는 금전보상 ※ 금전보상기준 : 규정없음 정산손해액 = 기지급공사금 - 기성금액	대체시공 또는 금전보상 ※금전보상 : 피보험자가 귀속할 금액 (계약금액의 40%)
보증채무의 이행개시	3개월 이내	30일 이내

3. 시공보증의무 등

시공보증의무를 부담하는 자는 조합이 선정한 시공자이다. 조합이 건설업자와 공동으로 정비사업을 시행함에 있어 공동시행자인 건설업자가 시공을 할 경우 시공보증의무를 부담한다.

조합이 시장·군수등 또는 토지주택공사등을 시공자로 선정한 경우 위 시장·군수등 또는 토지주택공사등은 시공보증의무를 부담하지 않는다. 공공시행자 또는 지정개발자가 선정한 시공자는 시공보증의무를 부담하지 않는다.

시공자가 공사의 계약상 의무를 이행하지 못하거나 의무이행을 하지 아니할 경우 보증기관에서 시공사를 대신하여 계약이행의무를 부담하거나 총 공사금액의 100분의 30 이상의 범위안에서 사업시행자가 정하는 금액을 납부할 것을 보증하는 것을 말한다(법 제82조 제1항, 시행령 제73조).

시장·군수는 건축법 제21조의 규정에 의한 착공신고를 받는 경우에는 시공보증서 제출여부를 확인하여야 한다(법 제82조 제2항).

시공자가 조합에 제출해야 시공보증서는 다음 어느 하나의 보증서를 말한다(시행규칙 제14조).

① 건설산업기본법에 따른 공제조합이 발행한 보증서

② 주택도시기금법에 따른 주택도시보증공사가 발행한 보증서

③ 은행법 제2조 제2호에 따른 금융기관, 한국산업은행, 한국수출입은행, 중소기업은행 또는 장기신용은행이 발행한 지급보증서

④ 보험업법에 의한 보험사업자가 발행한 보증보험증권

조합과 주택보증회사 사이의 시공보증계약상 지체상금약정은 별다른 사정이 없는 한 시공회사의 시공의무미이행(착공 혹은 준공의 지연)에 대한 손해배상의 예정으로서의 성격을 가진다. 주택보증회사는 시공회사의 시공의무 미이행으로 인한 조합의 지체상금손해에 대하여 보증의무를 부담한다.[131]

4. 시공보증서의 주요내용

보증금액은 도급계약서상의 공사금액으로 하며, 보증기간은 공사도급계약서의 공사기간으로 한다.

보증사고의 발생은 계약자가 부도, 파산 등으로 주계약상의 의무를 이행할 수 없거나, 주계약상의 의무를 이행하지 않아 채권자의 보증채무 이행청구가 있는 때이다. 계약자의 채무불이행이 발생한 경우 채권자는 지체없이 이를 보증회사에 알리고 관련 서류를 갖추어 보증채무의 이행을 청구하여야 한다.

보증회사는 보증채무이행청구일로부터 3월 이내에 회사가 보증채무이행 방법을 결정하며, 사업진행정도, 공정율, 기성율 등 추가 소요예상 공사금액과 보증금액을 분석하여 대체시공 또는 금전보상을 결정한다.

대체시공으로 보증채무 이행방법을 결정한 경우에는 보증회사가 대체시공업체를 선정해 당해 공사를 승계하여 시공한다. 단 보증회사가 대체시공으로 결

131) 부산고등법원 2002. 9. 13. 선고 2001나11130 판결

정하면 채권자는 현금지급을 요구할 수 없다.

금전보상으로 보증채무 이행방법을 결정한 경우에는 약관에서 정한 기일이내에 보증금을 지급한다.

주요 면책조항으로는 ① 천재지변·전쟁·내란·교전행위·폭동·소요 기타 이에 준하는 변란, 기타 채무자의 책임없는 사유로 인하여 채무를 이행하지 못함으로서 발생한 손해, ② 착공신고일 이전에 지급한 공사비 또는 기타 비용, ③ 공사계약서에서 정한 계약의무사항을 불이행하여 발생한 지체상금 또는 기타 손해배상 책임, ④ 채권자의 책임있는 사유로 발생한 손해, ⑤ 보증서를 보증목적(주계약 내용) 이외로 사용한 때, ⑥ 통지 및 협조사항을 위반함으로서 기인한 손해 등이다.

보증채무를 이행한 때에는 채무자에 대하여 민법상 수탁보증인으로서 구상권을 가지며 채권자의 이익을 해치지 아니하는 범위내에서 채권자가 채무자에 대하여 가지는 권리를 대위한다.

Ⅱ. 건축물의 철거 및 착공신고

1. 일반론

(1) 철거의 필요성

정비사업은 도시기능을 회복하기 위하여 정비구역안에서 정비기반시설을 정비하고 주택 등 건축물을 개량하거나 건설하는 사업인바, 정비구역안에서 주택 및 부대·복리시설을 건설하여 공급하기 위해서는 기존 노후·불량건축물의 철거는 필연적이라 할 것이다.

정비계획에는 기존 건축물의 정비·개량에 관한 계획이 포함되고(시행령 제8조 제3항 제5호), 사업시행계획서에는 ① 정비사업의 시행에 지장이 있다고 인정되는 정비구역안의 건축물 또는 공작물 등의 명세와 ② 기존주택의 철거계획서가 포함된다(시행령 제47조 제2항 제7호, 제14호).

(2) 철거업체의 선정

주택정비사업조합은 시공자와 공사에 관한 계약을 체결할 때에는 기존 건축물의 철거 공사에 관한 사항을 포함하여야 한다(법 제29조 제11항). 철거공사에는 석면조사·해체·제거공사를 포함한다. 따라서 2010. 4. 15. 이후 최초로 조합설립인가를 받은 조합은 시공사를 선정하면서 공사범위에 철거공사를 포함하여야 하고, 철거업체를 별도로 선정하지 않는다.

(3) 철거의 개시시기

사업시행자는 관리처분계획인가를 받은 후 기존의 건축물을 철거하여야 한다(법 제81조 제2항).

다음의 경우에는 기존 건축물 소유자의 동의 및 시장·군수등의 허가를 받아 해당 건축물을 철거할 수 있다(법 제81조 제3항).

① 재난 및 안전관리 기본법·주택법·건축법 등 관계 법령에서 정하는 기존 건축물의 붕괴 등 안전사고의 우려가 있는 경우

② 폐공가의 밀집으로 범죄발생의 우려가 있는 경우

사업시행자가 기존 건축물 소유자의 동의 및 시장·군수등의 허가를 받아 관리처분계획인가 이전에 건축물을 철거한 경우 토지등소유자로서의 권리·의무에는 영향을 주지 아니한다.

(4) 건축물의 철거 제한

시장·군수등은 다음의 어느 하나에 해당하는 시기에는 건축물의 철거를 제한할 수 있다(법 제81조 제4항).

① 일출 전과 일몰 후

② 호우, 대설, 폭풍해일, 지진해일, 태풍, 강풍, 풍랑, 한파 등으로 해당 지역에 중대한 재해발생이 예상되어 기상청장이 기상법 제13조의2에 따라 특보를 발표한 때

③ 재난 및 안전관리 기본법 제3조에 따른 재난이 발생한 때

④ ①호부터 ③호까지의 규정에 준하는 시기로 시장·군수등이 인정하는 시기[132)]

2. 표준정관 또는 공사표준계약서상 철거관련 규정

(1) 서울시 재개발 표준정관

제37조(공가발생 시 안전조치 및 지장물 철거 등) ① 조합은 사업시행계획인가 후 법 제52조제1항제5호에 따른 범죄예방대책을 실시하여야 하며, 관리처분계획인가 후에는 공가(空家)로 인하여 안전사고가 발생하지 않도록 미리 대책을 수립하여 이를 관리하여야 한다.

② 조합은 관리처분계획인가 후 사업시행구역 내의 건축물 등을 해체할 수 있으며, 건축물 등을 해체하고자 하는 때에는 구체적인 해체계획에 관한 내용을 30일 전에 조합원에게 통지하여야 한다.

---

132) 서울시 조례 제68조 제3항 : 동절기(12월 1일부터 다음 해 2월 말일까지) 건축물의 철거 및 기존 점유자에 대한 퇴거행위 금지

③ 제2항에도 불구하고 법 제81조제3항 각 호에 해당하는 경우에는 건축물 소유자의 동의 및 ○○구청장의 허가를 받아 해당 건축물을 해체할 수 있으며, 건축물의 해체에도 불구하고 토지등소유자로서의 권리 · 의무에 영향을 주지 아니한다.
④ 사업시행구역 내의 통신시설·전기시설·급수시설·도시가스시설 등 공급시설에 대하여는 당해 시설물 관리권자와 협의하여 해체기간 및 방법 등을 따로 정할 수 있다.
⑤「건축물관리법」제30조 및 제34조 등에 의한 건축물 및 공작물 해체의 허가(신고) 및 멸실신고는 이주완료 후 조합이 일괄 위임받아 처리하도록 한다.

(2) 국토교통부의 정비사업 표준공사계약서

제16조(건축물 등의 철거) ① "도급인"과 "수급인"은 상호 협의하여 관련 법령에 따라 철거가 가능한 시점에서 개시하고, "수급인"은 이주완료 후 ○개월 이내에 철거를 완료하여야 한다. 이 경우 "수급인"은 철거계획을 수립하여 "도급인"과 협의하여야 한다.
② 지장물의 철거 또는 시공 중에 발생되는 수목, 골재 등 부산물은 "도급인"에게 귀속된다. 다만, 이러한 부산물의 매도가 곤란하다고 판단될 경우 "도급인"과 "수급인"은 협의하여 "수급인"이 처분한다.
③ "도급인"과 "수급인"은 본 사업부지 내의 전기, 통신, 가스, 상 · 하수도 등 공급시설에 대하여는 당해 시설물 관리권자와 협의하여 제1항에 따른 철거계획에 반영하여야 한다.

3. 민사소송에 의한 건물철거

(1) 재건축사업의 경우

조합정관상 조합원은 사업시행계획에 의한 철거 및 이주의무를 부담하고, 조합원은 조합이 정하여 통지하는 이주기한 내에 당해 건축물에서 퇴거하여야 하며, 조합은 관리처분계획인가 후 사업시행구역안의 건축물을 철거할 수 있다.

정비사업은 정비사업지역 내에 있는 주택의 철거를 전제로 하는 것이어서, 조합원은 주택 부분의 철거를 포함한 일체의 처분권을 조합에 일임하였다고 보아야 할 것이다.[133)]

(2) 재개발조합이 민사소송으로 건물철거를 구할 수 있는지 여부

재개발조합의 법률관계는 공법상의 권리·의무관계이므로 조합이 설립된 뒤에 특히 사법상의 계약에 의하여 취득하는 권리의무를 제외하고 위 조합이 재개발사업을 시행하는데 필요하여 취득하는 권리와 부담하는 의무는 도시정비법 및 토지보상법이 정하는 바에 따라 발생 부담한다.

따라서 재개발조합은 정관상 조합원이 철거의무를 부담한다 하더라도 민사소송의 방법에 의해 건축물을 철거를 구할 수 없고,[134)] 단지 행정대집행의 방법에 의하여 건축물을 철거할 수 있다.

재개발조합은 민사소송에 의해 소유자(조합원) 또는 점유자(임차인)로부터 건축물을 인도받은 후 자신의 비용으로 당해 건축물을 철거할 수도 있다.

(3) 재개발조합의 국·공유지상 신발생무허가건축물 철거여부

신발생무허가건축물 소유자는 재개발조합의 조합원 자격이 인정되지 않으며, 국가가 국·공유지상 신발생무허가건축물 소유자에게 원상회복명령으로 해당 건축물의 철거를 명할 수 있다.

만약 국가가 신발생무허가건축물을 철거하지 않을 경우 재개발조합은 국가를 대위하여 신발생무허가건축물 소유자를 상대로 민사소송의 방법으로 해당 건축물의 철거를 구할 수 있다.[135)]

재개발조합은 지장물(신발생무허가건축물)에 대한 가격보상을 내용으로 한 재결을 받고, 그 지장물에 대한 보상금을 공탁한 후, 무허가건축물 소유자를

---

133) 대법원 1997. 5. 30. 선고 96다23887 판결 참조

134) 대법원 1990. 11. 13. 선고 90다카23448 판결, 대법원 1989. 5. 23. 선고 88다카17822 판결, 대법원 2017. 4. 28. 선고 2016다213916 판결

135) 대법원 2009. 6. 11. 선고 2009다1122 판결

상대로 민사소송으로 무허가건축물의 인도를 구할 수 있다.[136] 이후 재개발조합은 자신의 비용으로 위 무허가건축물을 철거할 수 있다.

4. 대집행(재개발사업)

(1) 대집행 의의

대집행이란 행정상 강제집행의 한 수단으로서 행정법상 대체적 작위의무, 즉 타인이 대신하여 행할 수 있는 의무를 행정객체인 의무자가 이행하지 않은 경우 행정청이 이를 스스로 행하거나(자기집행) 또는 제3자로 하여금 이를 행하게 하는 수단(타자집행)을 말한다.

대집행의 일반법으로서 행정대집행법이 있으며, 토지보상법 제89조는 대집행에 관하여 규정하고 있다.

(2) 대집행신청

토지보상법 또는 토지보상법에 따른 처분으로 인한 의무를 이행하여야 할 자가 그 정하여진 기간 이내에 의무를 이행하지 아니하거나 완료하기 어려운 경우 또는 그로 하여금 그 의무를 이행하게 하는 것이 현저히 공익을 해친다고 인정되는 사유가 있는 경우에는 사업시행자는 시 · 도지사나 시장 · 군수 또는 구청장에게 행정대집행법에서 정하는 바에 따라 대집행을 신청할 수 있다. 이 경우 신청을 받은 시 · 도지사나 시장 · 군수 또는 구청장은 정당한 사유가 없으면 이에 따라야 한다(토지보상법 제89조 제1항).

(3) 대집행의 절차

대집행의 절차는 ① 계고, ② 대집행영장에 의한 통지, ③ 대집행의 실행, ④ 비용징수 등 4단계로 구성되어 있다.

계고(戒告)는 대집행의 사전절차로서 대집행이 행하여진다는 사실을 미리 의무자에게 알려줌으로써 스스로 의무를 이행하도록 촉구하는 기능을 한다.

---

136) 대법원 2022. 11. 17. 선고 2022다242342 판결

의무자가 계고를 받고도 지정된 기한까지 의무를 이행하지 아니할 때에 당해 행정청은 대집행영장에 대집행할 시기, 대집행책임자의 성명 및 대집행에 요하는 비용의 계산에 관한 견적서를 뽑아 의무자에게 통지하게 된다.

대집행의 실행이란 의무가 이행된 것과 같은 상태를 실현하기 위하여 물리적으로 행하는 실력행사를 말하며, 대집행비용징수란 대집행에 소요된 일체의 비용을 행정청이 의무자로부터 징수하는 것을 말한다.

(4) 행정대집행에 의한 건물의 철거

대집행의 대상은 이행되지 않은 행정법상 의무로서, 이러한 의무는 '타인이 대신하여 행할 수 있는 행위(행정대집행법 제2조)' 인 대체적 작위의무를 말한다. 예를 들면 무허가건물의 철거, 공작물 기타 물건의 제거・이전・개수, 가옥의 청소・소독, 입목의 벌채, 방재시설의 설치, 공장 등 시설의 개선, 토지형질의 원상회복 등 특정인의 기능적 노무가 아닌 누구나 대신하여 노무를 제공할 수 있는 것들을 말한다.

행정청은 관련 법률을 위반한 자에게 위법한 건축물의 철거를 명하고, 이에 따르지 않을 경우에는 행정대집행의 방법으로 그 의무내용을 실현할 수 있다. 이러한 행정대집행의 절차가 인정되는 경우에는 따로 민사소송의 방법으로 공작물의 철거, 수거 등을 구할 수 없다.[137]

5. 건축물의 해체허가·멸실신고

(1) 건축물의 해체허가 등

건축물을 인위적으로 철거하거나 재난으로 건축물이 멸실된 때에는 이로 인하여 인접 건축물에 피해를 주는 사례가 발생되고 특히 철거를 하는 경우에는 소음·진동 및 분진 등이 발생되어 민원이 되므로, 이에 대한 방지는 물론 건축물의 재고관리 및 정확한 주택보급율을 산정하는 데 자료로 활용하기 위하

137) 대법원 2009. 6. 11. 선고 2009다1122 판결, 대법원 2000. 5. 12. 선고 99다18909 판결, 대법원 1990. 11. 13. 선고 90다카23448 판결

여 건축물의 해체허가·멸실신고를 의무화하고 있다.

관리자는 건축물을 히체하려면 특별자치도지사 또는 시장·군수·구청장으로부터 허가를 받아야 한다. 관리자는 해체감리완료보고서를 해체공사감리자로부터 제출받은 날부터 30일 이내에 해체공사 완료신고를 하여야 한다. 관리자는 해당 건축물이 멸실된 날부터 30일 이내에 건축물 멸실신고서를 허가권자에게 제출하여야 한다(건축물관리법 제30조, 제33조 제34조).

(2) 건축물의 철거와 형사문제

조합정관에 '조합은 사업의 시행으로서 그 구역 내의 건축물을 철거할 수 있다', '조합원은 그 철거에 응할 의무가 있다'는 취지의 규정이 있고, 조합원이 재건축조합에 가입하면서 '조합원의 권리, 의무 등 조합 정관에 규정된 모든 내용에 동의한다'는 취지의 동의서를 제출하였다고 하더라도, 조합원은 이로써 조합의 건축물 철거를 위한 명도의 의무를 부담하겠다는 의사를 표시한 것일 뿐이다.

만약 조합원이 그 의무이행을 거절할 경우 재건축조합은 명도청구소송 등 법적 절차를 통하여 그 의무이행을 구하여야 함이 당연하고, 조합원이 위와 같은 동의서를 제출한 것을 '조합원이 스스로 건축물을 명도하지 아니하는 경우 재건축조합이 법적 절차에 의하지 아니한 채 자력으로 건축물을 철거하는 것'에 대해서까지 사전 승낙한 것으로 볼 수 없다.[138]

재건축사업으로 철거예정이고 그 입주자들이 모두 이사하여 아무도 거주하지 않은 채 비어 있는 아파트라 하더라도, 그 객관적 성상이 본래 사용목적인 주거용으로 쓰일 수 없는 상태라거나 재물로서의 이용가치나 효용이 없는 물건이라고도 할 수 없어 재물손괴죄의 객체가 된다고 판시한 사례가 있다.[139]

재개발구역 안의 무허가 건물에 대한 사실상 소유권은 관리처분계획의 인가·고시에 의하여 이에 해당하는 아파트 등을 분양받을 조합원의 지위로 잠정적으로 바뀌고, 분양처분의 고시가 있는 경우에는 사실상 소유권이 소멸하고 분양받은 아파트에 대한 소유권만이 남게 되는 것이다. 따라서 관리처분계

138) 대법원 2007. 9. 20. 선고 2007도5207 판결
139) 대법원 2007. 9. 20. 선고 2007도5207 판결

획의 인가·고시 이후 분양처분의 고시 이전에 재개발구역 안의 무허가 건물을 제3자가 임의로 손괴할 경우 특별한 사정이 없는 한 재물손괴죄가 성립한다.[140]

재건축조합은 이주하지 않은 조합원을 상대로 정관상 조합원의 철거 및 이주의무에 기하여 해당 건축물에 관한 소유권이전등기 및 인도청구소송을 제기하고, 1심에서 건축물을 인도하라는 취지의 가집행선고부 판결을 받아 조합은 조합원으로부터 해당 건축물을 인도받은 후 철거하였다. 조합이 위 가집행선고부 판결에 기하여 부동산을 인도받아 건물을 철거하는 것은 형법 제20조에 정한 정당행위에 해당된다.[141]

6. 착공신고

(1) 착공신고의무

건축허가를 받거나 신고를 한 건축물의 공사를 착수하려는 건축주는 허가권자에게 공사계획을 신고하여야 한다. 다만, 건축물의 철거를 신고할 때 착공예정일을 기재한 경우에는 건축주는 허가권자에게 공사계획의 신고를 생략할 수 있다(건축법 제21조 제1항). 허가권자는 착공신고서를 받은 때에는 착공신고필증을 신고인 또는 신청인에게 교부하여야 한다(건축법 시행규칙 제14조 제4항).

건축공사의 착공신고를 하려는 자는 착공신고서에 다음의 서류 및 도서를 첨부하여 허가권자에게 제출하여야 한다(건축법 시행규칙 제14조 제1항).

① 건축관계자 상호간의 계약서 사본(해당사항이 있는 경우로 한정)

② 별표 2의 설계도서

③ 감리 계약서(해당 사항이 있는 경우로 한정)

④ 건축사법 시행령 제21조 제2항에 따라 제출받은 보험증서 또는 공제증서 사본

140) 대법원 2004. 5. 28. 선고 2004도434 판결
141) 대법원 2010. 2. 25. 선고 2009도8473 판결

공사계획을 신고하거나 변경신고를 하는 경우 해당 공사감리자(공사감리자를 지정한 경우만 해당)와 공사시공자가 신고서에 함께 서명하여야 한다(건축법 제21조 제2항).

(2) 착공신고 수리거부행위의 법적 성격

착공신고를 수리하여 착공신고필증을 교부하는 행위는 착공신고를 받은 사실을 확인하는 의미의 신고수리행위에 불과하다. 착공신고거부행위로 인해 신고인의 구체적인 권리의무에 직접 변동을 초래하지 않으므로, 착공신고 수리거부행위는 항고소송의 대상이 되는 행정처분이라고 볼 수 없다.[142)]

(3) 공사에 착수한 날의 의미

건축허가를 받은 후 토지상의 창고와 부속건물을 철거하고 분진을 방지하기 위한 가설 울타리공사를 하다가 공사를 중지하였고, 건물의 신축을 위한 굴착공사에는 착수하지 아니하였다면, 건축법 제8조 제8항 등 관계명령의 규정내용에 비추어 볼 때 건물의 신축공사에 착수하였다고 볼 수 없다.[143)]

---

142) 서울고등법원 2007. 10. 25. 선고 2006누25164판결
143) 대법원 1994. 12. 2. 선고 94누7058 판결

Ⅲ. 준공인가

1. 준공인가의 의의

(1) 준공인가의 의의

조합은 정비사업에 관한 공사를 완료한 때에는 시장·군수의 준공인가를 받아야 한다(법 제83조 제1항).

준공인가는 사업시행인가를 받아 건축한 건물이 사업시행인가사항대로 건축행정목적에 적합한가의 여부를 확인하고, 준공인가필증을 교부하여 줌으로써 허가받은 자로 하여금 건축한 건물을 사용, 수익할 수 있게 하는 법률효과를 발생시키는 행정처분이다.[144)]

준공인가처분은 건축물을 사용·수익할 수 있게 하는 데에 그치므로 건축물에 대하여 준공인가처분이 이루어졌다고 하더라도 그 사정만으로는 건축물에 있는 하자나 건축법 등 관계 법령에 위반되는 사실이 정당화되지는 아니한다. 또한 그 건축물에 대한 준공인가처분이 취소된다고 하더라도 준공인가 이전의 상태로 돌아가 그 건축물을 사용할 수 없게 되는 것에 그칠 뿐 곧바로 건축물의 하자 상태 등이 제거되거나 보완되는 것도 아니다.[145)]

허가관청은 특단의 사정이 없는 한 건축허가내용대로 완공된 건축물의 준공을 거부할 수 없으나, 만약 건축허가 자체가 건축관계 법령에 위반되는 하자가 있는 경우에는 비록 건축허가내용대로 완공된 건축물이라 하더라도 위법한 건축물이 되는 것으로서 그 하자의 정도에 따라 건축허가를 취소할 수 있음은 물론 그 준공도 거부할 수 있다.

준공인가는 사업시행계획과 밀접한 관계를 가지며, 준공인가가 고시된 경우 비로소 이전고시의 절차가 개시된다.

---

144) 대법원 1999. 1. 26. 선고 98두15283판결, 대법원 2014. 7. 24. 선고 2011두30465 판결

145) 대법원 1994. 1. 14. 선고 93누20481 판결, 대법원 2007. 4. 26. 선고 2006두18409 판결, 대법원 2014. 7. 24. 선고 2011두30465 판결

(2) 준공인가의 법적성격

준공인가는 사업시행계획에서 정해진 바에 따라 정확하게 시공되었는가를 확인하는 행정청의 처분이다. 그러므로 준공인가는 준법률행위적 행정행위의 일종인 '확인행위'로서 재량행위가 아닌 기속행위다.

준공인가시 검토하는 사항은 원칙적으로 건축물 및 정비기반시설 등의 설치와 관련된 시공계획서로 한정하고, 이주대책이나 세입자대책 등의 문제는 제3의 수단을 통해 통제하여야 한다. 다만 사업시행계획의 변경이 필요한 정도의 사항에 대해서는 사업시행계획의 변경이 선행되어야 하고, 준공인가 단계에서 임의로 허용해서는 안된다.[146)]

준공인가는 사업시행계획에 종속되는 행정처분이다. 따라서 사업시행계획에서 정해진 사항이 권리·의무를 침해하는 자는 사업시행계획 자체에 대해 취소소송으로 다투어야 하고, 준공인가 단계에서는 이를 다툴 이익이 없다.

(3) 준공인가신청과 회계감사

준공인가신청일까지 납부 또는 지출된 금액이 14억원 이상인 경우 조합은 준공인가의 신청일부터 7일 이내 비용의 납부 및 지출내역에 대하여 감사인의 감사를 받아야 한다(법 제112조 제1항).

회계감사가 필요한 경우 조합은 시장·군수에게 회계감사기관의 선정·계약을 요청하여야 하며, 그 요청이 있는 경우 시장·군수는 즉시 회계감사기관을 선정하여 회계감사가 이루어지도록 하여야 한다(법 제112조 제2항).

조합은 회계감사기관의 감사결과를 회계감사가 종료된 날부터 15일 이내에 시장·군수에게 보고하고, 조합원이 공람할 수 있도록 하여야 한다(법 제112조 제1항).

(4) 입주예정자 또는 인근 주민의 사용검사처분 취소여부

입주자나 입주예정자들은 사용검사처분을 취소하지 않고서도 민사소송 등을 통하여 분양계약에 따른 법률관계 및 하자 등을 주장·증명함으로써 사업주체

---

146) 대법원 1993. 9. 28. 선고 93누9132 판결

등으로부터 하자의 제거・보완 등에 관한 권리구제를 받을 수 있으므로, 주택법상 입주자나 입주예정자는 사용검사처분의 취소를 구할 법률상 이익이 없다.147)

당해 건축물을 건축하는 과정에서 인접주택 소유자가 자신의 주택에 대하여 손해를 입었다 하더라도 그러한 손해는 금전적인 배상으로 회복될 수 있으므로, 인접주택의 소유자로서는 건물에 대한 사용검사처분의 취소를 구할 법률상 이익이 있다고 볼 수 없다.148)

2. 준공인가의 절차

(1) 준공인가 및 고시

조합은 정비사업에 관한 공사를 완료한 때에는 준공인가신청서에 ① 건축물・정비기반시설 및 공동이용시설 등의 설치내역서, ② 공사감리자의 의견서, ③ 도시정비법 시행령 제14조 제5항에 따른 현금납부액의 납부증명 서류를 첨부하여 시장・군수에게 제출하여야 한다(법 제83조 제1항, 시행령 제74조 제1항 전문, 시행규칙 제16조 제1항).

준공인가신청을 받은 시장・군수는 지체없이 준공검사를 실시하여야 하며, 효율적인 준공검사를 위하여 필요한 때에는 관계행정기관・정부투자기관・연구기관 그 밖의 전문기관 또는 단체에 준공검사의 실시를 의뢰할 수 있다(법 제83조 제2항).

시장・군수는 준공검사의 실시결과 정비사업이 인가받은 사업시행계획대로 완료되었다고 인정하는 때에는 준공인가를 하고 공사의 완료를 당해 지방자치단체의 공보에 고시하여야 한다(법 제83조 제3항).

시장・군수는 공사완료의 고시를 하는 때에는 ① 정비사업의 종류 및 명칭, ② 정비사업 시행구역의 위치 및 명칭, ③ 사업시행자의 성명 및 주소, ④ 준공인가의 내역을 고시하여야 한다(시행령 제74조 제4항).

---

147) 대법원 2014. 7. 24. 선고 2011두30465 판결
148) 대법원 1996. 11. 29. 선고 96누9768 판결

(2) 준공인가증의 교부 또는 통지

시장·군수는 준공인가를 한 때에는 준공인가증에 ① 정비사업의 종류 및 명칭, ② 정비사업 시행구역의 위치 및 명칭, ③ 사업시행자의 성명 및 주소, ④ 준공인가의 내역을 기재하여 사업시행자에게 교부하여야 한다(시행령 제74조 제2항).

준공인가증을 교부받은 때에는 사업시행자는 그 사실을 분양대상자에게 지체없이 통지하여야 한다(시행령 제74조 제3항).

(3) 준공인가의 반려처분

허가관청은 특단의 사정이 없는 한 건축허가내용대로 완공된 건축물의 준공을 거부할 수 없다고 하겠으나, 만약 건축허가 자체가 건축관계 법령에 위반되는 하자가 있는 경우에는 비록 건축허가내용대로 완공된 건축물이라 하더라도 위법한 건축물이 되는 것으로서 그 하자의 정도에 따라 건축허가를 취소할 수 있음은 물론 그 준공도 거부할 수 있다.

건축허가를 받게 되면 그 허가를 기초로 하여 일정한 사실관계와 법률관계를 형성하게 되므로 그 허가를 취소함에 있어서는 수허가자가 입게 될 불이익과 건축행정상의 공익 및 제3자의 이익과 허가조건 위반의 정도를 비교 교량하여 개인적 이익을 희생시켜도 부득이하다고 인정되는 경우가 아니면 함부로 그 허가를 취소할 수 없는 것이므로 건축주가 건축허가내용대로 완공하였으나 건축허가 자체에 하자가 있어서 위법한 건축물이라는 이유로 허가관청이 준공을 거부하려면 건축허가의 취소에 있어서와 같은 조리상의 제약이 따른다고 할 것이고, 만약 당해 건축허가를 취소할 수 없는 특별한 사정이 있는 경우라면 그 준공도 거부할 수 없다.[149]

일부 대지의 소유, 사용권을 확보하지 아니한 상태에서 건물이 건축되었지만 건축허가경위와 기존관계형성기관, 법규위반의 정도와 책임소재 등 제반사정을 종합하여 볼 때 준공신고서 반려처분이 위법하다고 한 사례가 있다.[150]

---

149) 대법원 1992. 4. 10. 선고 91누5358 판결

주택조합이 하는 주택건설사업에 있어서 무자격 조합원을 정리하여 사업계획변경승인을 얻지 아니한 채 한 사용검사신청에 대한 거부처분은 적법하다고 판시한 사례가 있다.[151]

3. 부분준공인가 및 사전사용허가

(1) 부분준공인가

원칙적으로 정비구역 내 전체에 대해 준공인가를 하여야 한다. 그러나 정비사업의 효율적인 추진을 위하여 필요한 경우에는 당해 정비사업에 관한 공사가 전부 완료되기 전에 '완공된 부분'에 대하여 준공인가를 받아 대지 또는 건축물별로 이를 분양받을 자에게 그 소유권을 이전할 수 있다(법 제86조 제1항 단서).

(2) 준공인가 전 사용허가

시장·군수는 준공인가를 하기 전이라도 완공된 건축물이 사용에 지장이 없는 등 일정한 기준에 적합한 경우에는 입주예정자가 완공된 건축물을 사용할 것을 사업시행자에 대하여 허가할 수 있다(법 제83조 제5항).

완공된 건축물은 다음의 요건을 갖추어야 한다(시행령 제75조 제1항).

① 완공된 건축물에 전기·수도·난방 및 상·하수도 시설 등이 갖추어져 있어 당해 건축물을 사용하는데 지장이 없을 것

② 완공된 건축물이 관리처분계획에 적합할 것

③ 입주자가 공사에 따른 차량통행·소음·분진 등의 위해로부터 안전할 것

사업시행자는 준공인가전 사용허가를 얻고자 하는 때에는 별지 제12호서식의 준공인가전 사용허가신청서를 시장·군수에게 제출하여야 한다(시행령 제75조 제2항, 시행규칙 제15조 제3항).

시장·군수는 준공인가 이전 사용허가를 하는 때에는 동별·세대별 또는 구

---

150) 대법원 1992. 4. 10. 선고 91누5358 판결

151) 대법원 1994. 5. 24. 선고 93누21767 판결

획별로 사용허가를 할 수 있다(시행령 제75조 제3항).

4. 준공검사 등의 의제

(1) 준공인가 등에 따른 정비구역의 해제

정비구역의 지정은 준공인가의 고시가 있은 날(관리처분계획을 수립하는 경우에는 이전고시가 있은 때를 말함)의 다음 날에 해제된 것으로 본다. 이 경우 지방자치단체는 해당 지역을 국토계획법에 따른 지구단위계획으로 관리하여야 한다(법 제84조 제1항).

정비구역의 해제는 조합의 존속에 영향을 주지 아니한다(법 제84조 제2항).

(2) 공사완료에 따른 관련 인·허가등의 의제

준공인가를 하거나 공사완료를 고시하는 경우 시장·군수등이 도시정비법 제57조에 따라 의제되는 인·허가등에 따른 준공검사·준공인가·사용검사·사용승인 등(준공검사·인가등)에 관하여 관계 행정기관의 장과 협의한 사항은 해당 준공검사·인가등을 받은 것으로 본다(법 제85조 제1항).

시장·군수등이 아닌 사업시행자는 준공검사·인가등의 의제를 받으려는 경우에는 준공인가를 신청하는 때에 해당 법률이 정하는 관계 서류를 함께 제출하여야 한다(법 제85조 제2항).

시장·군수등은 준공인가를 하거나 공사완료를 고시하는 경우 그 내용에 도시정비법 제57조에 따라 의제되는 인·허가등에 따른 준공검사·인가등에 해당하는 사항이 있은 때에는 미리 관계 행정기관의 장과 협의하여야 한다(법 제85조 제3항).

관계 행정기관의 장은 협의를 요청받은 날부터 10일 이내에 의견을 제출하여야 한다. 관계 행정기관의 장이 10일 이내(회신기간을 연장한 경우에는 그 연장된 기간을 말함) 내에 의견을 제출하지 아니하면 협의가 이루어진 것으로 본다(법 제85조 제4항, 제5항).

Ⅳ. 지적정리 및 이전고시

1. 이전고시의 의의

(1) 이전고시의 의의

사업시행자는 준공인가 고시가 있은 때에는 관리처분계획에 정한 사항을 분양을 받을 자에게 통지하고 대지 또는 건축물의 소유권을 이전하여야 하고, 대지 및 건축물의 소유권을 이전하는 때에는 그 내용을 당해 지방자치단체의 공보에 고시하여야 한다(법 제86조).

이전고시란 준공인가의 고시로 사업시행이 완료된 이후에 관리처분계획에서 정한 바에 따라 소유권을 귀속시키는 행정청의 처분을 말한다. 이전고시는 관리처분계획의 집행행위로서 관리처분계획이 정한 바에 따라 정비사업으로 조성된 대지 및 건축물 등의 소유권을 분양받을 자에게 이전하는 행정처분이다.

종전의 토지 또는 건축물에 대한 소유권 등은 관리처분계획의 인가·고시와 함께 분양받을 권리로 잠정적으로 변환되었다가 이전고시에 의하여 주택정비사업에 의하여 조성, 축조된 대지 또는 건축시설에 대한 소유권 등으로 확정적으로 권리변환되는 것이다.

이전고시(구 분양처분)는 정비사업의 종착지점에 해당하는 것으로서 그 구체적인 내용은 관리처분계획에 의하여 정하여지는바, 이전고시에는 종전의 토지나 건축물에 갈음하는 정비사업 완료후의 대지 또는 건축시설의 위치, 지적, 면적을 지정하는 처분과 그 지정 또는 지정하지 아니함으로 인한 종전 토지나 건축물에 대한 권리 상호간에 발생하는 불공평을 금액으로 청산할 것을 결정하는 처분이 포함된다.

(2) 공법상 처분

도시정비법에 의한 재개발사업에 있어서의 이전고시처분은 재개발 · 재건축구역 안의 종전의 토지 또는 건축물에 대하여 재개발 · 재건축사업에 의하여 조성되거나 축조되는 대지 또는 건축 시설의 위치 및 범위 등을 정하고 그 가격의 차액에 상당하는 금액을 청산하거나, 대지 또는 건축 시설을 정하지 않고 금전으로 청산하는 공법상 처분이다.[152)]

(3) 공용환권 유사[153)]

이전고시처분으로 종전의 토지 또는 건축물에 관한 소유권 등의 권리를 강제적으로 변환시키는 이른바 공용환권에 해당하나, 이전고시처분 그 자체로는 권리의 귀속에 관하여 아무런 득상·변동을 생기게 하는 것이 아니다.

(4) 대물적 처분

종전의 토지 또는 건축물에 대신하여 대지 또는 건축 시설이 정하여진 경우에는 이전고시처분의 고시가 있은 다음날에 종전의 토지 또는 건축물에 관하여 존재하던 권리관계는 분양받는 대지 또는 건축 시설에 그 동일성을 유지하면서 이행되는바, 이와 같은 경우의 이전고시처분은 대인적 처분이 아닌 대물적 처분이라 할 것이다.

---

152) 대법원 1995. 6. 30. 선고 95다10570 판결, 대법원 2012. 3. 22. 선고 2011두6400 전원합의체 판결, 대법원 2016. 12. 29. 선고 2013다73551 판결

153) **공용환지(公用換地)** : 토지의 효용을 증진하기 위하여 일정한 구역안에 있는 토지의 구획 또는 형질을 변경함으로써 강제적으로 토지 소유권 기타의 권리를 교환.분합하는 것.

공용환권(公用換權) : 토지의 평면적, 입체적 효용을 증진하기 위하여 특정한 구역내의 토지 및 지상 건축물에 관한 권리를 권리자의 의사에 관계없이 강제적으로 교환.변경하는 것.

공용환권에서의 권리변환 : 주택정비사업 시행구역내에 있는 택지, 건축물, 지상권, 전세권, 임차권, 저당권 등의 권리가 일정한 관리처분계획에 따라서 새로 건축되는 건축물 및 부지에 관한 권리로 변환.이행되고 혹은 소멸하여 금전보상으로 변화하는 과정을 말한다.

2. 이전고시의 법적 요건

(1) 준공인가의 고시

준공인가는 이전고시의 절차를 개시하는 적법요건이다. 부분준공인가가 있는 경우에도 역시 준공인가가 있는 건축물에 한하여 이전고시의 요건은 갖추어진 것이다.

(2) 관리처분계획의 유효성

이전고시는 관리처분계획이 포괄적으로 정하고 있는 권리배분에 관한 사항을 실현하는 집행행위이다. 따라서 관리처분계획이 이미 존재하고 그 유효성이 인정될 것을 전제로 이전고시의 절차가 시작된다. 만약 관리처분계획이 당연무효이거나 행정청에 의해 직권취소된 경우 등에는 이전고시의 절차도 진행할 수 없다.

(3) 조합의 토지소유권

현행 도시정비법은 이전고시에 의해 소유권이 이전된다는 표현만 있을 뿐 구 소유권이 소멸된다는 표현이 없으므로, 이전고시는 구 소유권을 소멸시키는 힘을 갖지 못하는 것으로 해석된다. 따라서 조합은 구 소유권을 유효하게 확보하고 있어야 한다는 것이 이전고시의 적법요건이 된다.

3. 이전고시의 절차

(1) 대지확정측량 및 토지분할

사업시행자는 준공인가 고시가 있은 때에는 지체없이 대지확정측량을 하고 토지의 분할절차를 거쳐야 한다(법 제86조 제1항). 정비사업이 완료되면 토지의 변동이 있게 되고, 이에 대한 토지대장 등의 정리가 불가피하다. 또한 새롭게 신축된 건축물 및 대지 등의 소유관계를 공시하기 위하여 등기부의 편성도 필요하게 된다.

도시정비법 제57조 제1항 제15호에서는 사업시행인가를 받으면 '공간정보의 구축 및 관리 등에 관한 법률' 에 의한 사업의 착수·변경의 신고한 것으로 의제되고 있으며, 정비사업의 시행으로 토지의 이동(異動)이 있는 때에는 사업시행자가 이를 신청하여야 한다.

(2) 소유권이전 고시 및 시장·군수 보고

사업시행자는 대지 및 건축물의 소유권을 이전한 때에는 조합원과 일반분양자에게 통지하고, 그 내용을 당해 지방자치단체의 공보에 고시한 후 이를 시장・군수에게 보고하여야 한다(법 제86조 제1항, 제2항).

(3) 사업시행자의 등기신청 등

사업시행자는 이전의 고시가 있은 때에는 지체없이 대지 및 건축물에 관한 등기를 지방법원지원 또는 등기소에 촉탁 또는 신청하여야 한다(법 제88조 제1항).

(4) 준공인가된 일부분에 대한 이전고시

사업시행자는 준공인가 고시후 지체없이 관리처분계획에 정한 사항을 분양을 받을 자에게 통지하고 대지 또는 건축물의 소유권을 이전하여야 한다. 다만, 정비사업의 효율적인 추진을 위하여 필요한 경우에는 당해 정비사업에 관한 공사가 전부 완료되기 전에 완공된 부분에 대하여 준공인가를 받아 대지 또는 건축물별로 이를 분양받을 자에게 그 소유권을 이전할 수 있다(법 제86조 제1항).

4. 이전고시의 법적 효과

(1) 소유권의 변동

대지 또는 건축물을 분양받을 자는 고시가 있은 날의 다음 날에 그 대지 또는 건축물의 소유권을 취득한다(법 제86조 제2항 후문). 이전고시가 있으면 조합원은 관리처분계획에서 정한 바에 따라 조합이 분양하는 대지 및 건축시설에 대한 권리를 취득하거나 청산금을 지급받게 되고, 동시에 종전 토지에 대한 권리를 상실하게 된다.[154]

이전고시제도에 의해 조합원에 분양되는 건축물 및 대지는 조합원 앞으로 보존등기하게 되며, 보류지 등은 조합에게 보존등기된 후 일반분양자에게 이전등기하여야 한다. 조합원분양분과 보류지에 대해서는 이전고시로 소유권의 변동이 일어나며, 일반분양분은 조합으로 보존등기 후 이전등기에 의해 소유권이 이전되는 것이다.

(2) 이전고시 이전 분양권 취득

조합원이 관리처분계획에 따라 취득하게 되는 권리는, 정비사업이 시행됨에 따라 장차 이전고시의 고시가 있은 다음날에 그 대지 또는 건축시설에 대한 소유권을 취득하기까지는 '부동산을 취득할 수 있는 권리'(분양권)로 보아야 한다. 분양권 취득시기는 관리처분계획의 인가·고시가 있은 때이다.[155]

종전의 토지 및 건축물에 대한 조합원의 권리는 이전고시에 의하여 비로소 새로운 대지 또는 건축시설로 변환된다고 볼 수 있어, 이전고시처분이 있기 전까지는 '종전의 토지 및 건축물'이나 '장차 부동산을 취득할 수 있는 권리'만이 취득의 대상이 될 수 있을 뿐이다.[156]

---

154) 대법원 1997. 1. 24. 선고 95다33566 판결

155) 대법원 1993. 11. 23. 선고 93누1633 판결, 1996. 8. 23. 선고 95누6618 판결 등 참조

156) 대법원 2004. 4. 28. 선고 2003두4515 판결, 대법원 2003. 8. 19. 선고 2001두11090 판결, 2003. 8. 22. 선고 2002두12762 판결 참조

(3) 관리처분계획에 제외된 토지

개인 소유이던 어떤 토지가 정비사업에 의하여 도로용지가 되어 그 소유권이 지방자치단체에 귀속되었다고 하려면, 당해 토지가 재개발사업구역 내의 토지로서 관리처분계획(환지계획)에 따른 환지의 대상에 포함되어야 한다.[157)]

처음에는 재개발사업에 의한 환지의 대상에 포함되었으나 도중에 관리처분계획의 변경으로 재개발사업구역에서 제외된 토지는 환지의 대상이 될 수 없다고 판시한 사례가 있다.[158)]

재개발사업구역내 존치하는 공원의 면적이 광대하여 지방자치단체가 공원존치지역 내 토지에 대한 보상업무를 수행하였고, 재개발조합이 위 공원내 지장물의 철거 및 공원기능회복업무를 수행하였다. 재개발조합이 관리처분계획을 수립함에 있어 갑 토지를 관리처분계획에서 제외하였을 경우 갑 토지는 환지의 대상이 될 수 없고, 갑 토지는 종전 소유자가 계속 소유한다고 판시한 사례가 있다.[159)]

(4) 도시개발법상 입체환지 준용

취득하는 대지 또는 건축물중 토지등소유자에게 분양하는 대지 또는 건축물은 도시개발법 제40조의 규정에 의하여 행하여진 환지로 본다(법 제87조 제2항).

보류지와 일반에게 분양하는 대지 또는 건축물은 도시개발법 제34조의 규정에 의한 보류지 또는 체비지로 본다(법 제87조 제3항).

도시개발법 제32조에서 규정하는 입체환지는 시행자가 도시개발사업을 원활히 시행하기 위하여 환지의 목적인 토지에 갈음하여 토지 또는 건축물 소유자의 신청을 받아 건축물의 일부와 그 건축물이 있는 토지의 공유지분을 부여하는 것을 말한다.

도시정비법상 이전고시는 종전 부동산과 새로운 부동산 사이에 형태상 일치가 존재하지 않는 점, 새로 취득하는 부동산이 건물과 그 부지의 지분이라는

---

157) 대법원 2007. 1. 11. 선고 2005다70151 판결, 대법원 2016. 1. 28. 선고 2015두3409 판결, 수원지방법원 2018. 7. 10. 선고 2017나85931 판결
158) 대법원 2007. 1. 11. 선고 2005다70151 판결
159) 대법원 2016. 1. 28. 선고 2015두3409 판결

점, 그리고 그것이 토지등소유자의 신청에 기초한다는 점에서 도시개발법상 입체환지와 유사하다.

도시정비법상 토지등소유자가 분양받은 대지 또는 건축물에 관하여는 도시정비법에서 특별히 규정하는 내용을 제외하고는 원칙적으로 도시개발법상 환지에 관한 법리, 그중에서도 특히 입체환지에 관한 규정이 준용될 수 있다.[160)]

(5) 부동산소유권의 취득시기

도시개발법상 환지나 보류지 등은 환지처분의 공고가 있은 날이 종료하는 때 효력을 발생하므로(도시개발법 제42조 제1항), 이전고시에 의해 소유권을 취득하는 날도 역시 동일하게 해석해야 할 것이다(민법 제187조).

도시정비법에 의한 정비사업(재개발사업에 한함)으로 건축한 주택을 도시정비법 제86조의 규정에 의한 소유권이전에 의하여 취득하는 경우에는 소유권이전고시일의 다음날을 취득일로 간주한다. 소유권이전고시일 이전에 사실상 사용하는 경우에는 그 사실상의 사용일을 취득일로 본다(지방세법 시행령 제73조 제4항).

(6) 대지 및 건축물에 대한 권리의 이전

대지 또는 건축물을 분양받을 자에게 이전고시에 의하여 소유권을 이전한 경우 종전의 토지 또는 건축물에 설정된 지상권·전세권·저당권·임차권·가등기담보권·가압류 등 등기된 권리 및 주택임대차보호법 제3조제1항의 요건을 갖춘 임차권은 소유권을 이전받은 대지 또는 건축물에 설정된 것으로 본다(법 제87조 제1항).

이전고시는 관리처분계획에서 내정된 바를 외부적으로 표현하는 행위로서, 관리처분계획 후 이전고시 전에 종전 토지 또는 건축물에 관한 '변동'이 있는 때에는 관리처분계획을 변경하여 변경된 관리처분계획에 따라 이전고시를 하여야 한다.[161)]

도시정비법상 이전고시의 법적 성격 및 관계 법령의 규정을 종합하면, 도시

160) 대법원 2016. 12. 29. 선고 2013다73551 판결
161) 대법원 90누10031

정비법상 정비구역에 포함된 종전의 여러 토지 또는 건축물에 대하여 정비사업으로 조성된 하나의 대지 또는 건축물의 소유권을 분양받을 자에게 이전함에 있어 종전의 여러 토지 또는 건축물 중 일부의 토지 또는 건축물에 근저당권이 설정되어 있는 경우에는 환지등기절차 등에 관한 업무처리지침상 합필환지의 규정을 준용하여, 도시정비법 제86조 제1항에 의하여 소유권이 이전되는 대지 또는 건축물에 설정된 것으로 보게 되는 '근저당권의 목적물 범위'는 위 대지 또는 건축물 중 위 근저당권이 설정되어 있던 종전의 토지 또는 건축물의 지분에 한정되는 것으로 볼 수 있다.[162)]

(7) 일부 취소의 가능성

도시정비법에 의한 재개발사업에 있어서의 이전고시처분은 일단 공고되어 효력을 발생하게 된 이후에는 그 전체의 절차를 처음부터 다시 밟지 않는 한 그 일부만을 따로 떼어 이전고시처분을 변경할 길이 없으며 다만 그 위법을 이유로 하여 민사상의 절차에 따라 권리관계의 존부를 확정하거나 손해의 배상을 구하는 길이 있을 뿐이므로 그 이전고시처분의 일부에 대하여 취소 또는 무효확인을 구할 법률상의 이익이 없다.[163)]

(8) 현금청산자의 대지 · 건축물에 설정된 권리제한등기 소멸여부

주택재건축사업에서 조합원이 분양신청을 하지 않거나 분양계약을 체결하지 않음으로써 청산금 지급 대상이 되는 대지 · 건축물의 경우에는, 특별한 사정이 없는 한 그에 관하여 설정되어 있던 기존의 권리제한은 이전고시로 소멸하게 된다. 이처럼 이전고시로 저당권이나 가압류와 같은 권리제한이 소멸하게 된다.[164)]

---

162) 대법원 2016. 12. 29. 선고 2013다73551 판결
163) 대법원 1991. 10. 8. 선고 90누10032 판결, 대법원 2017. 3. 16. 선고 2013두11536 판결, 대법원 2017. 3. 20. 선고 2013두840 판결, 대법원 2019. 4. 23. 선고 2018두55326 판결
164) 대법원 2018. 9. 28. 선고 2016다246800 판결

(9) 다른 등기의 제한

정비사업에 관하여 이전의 고시가 있은 날부터 도시정비법 제88조 제1항의 규정에 의한 등기가 있을 때까지는 저당권 등의 다른 등기를 하지 못한다(법 제88조 제3항).

(10) 청산금 절차의 개시

대지 또는 건축물을 분양받은 자가 종전에 소유하고 있던 토지 또는 건축물의 가격과 분양받은 대지 또는 건축물의 가격사이에 차이가 있는 경우에는 사업시행자는 이전의 고시가 있은 후에 그 차액에 상당하는 금액을 분양받은 자로부터 징수하거나 분양받은 자에게 지급하여야 한다(법 제89조 제1항).

V. 도시 및 주거환경정비 등기

1. 도시및주거환경정비등기

사업시행자는 준공인가 고시가 있은 때에는 관리처분계획에 정한 사항을 분양을 받을 자에게 통지하고 대지 또는 건축물의 소유권을 이전하여야 한다(법 제86조 제1항). 사업시행자는 이전고시가 있은 때에는 지체없이 대지 및 건축물에 관한 등기를 지방법원지원 또는 등기소에 촉탁 또는 신청하여야 한다(법 제88조 제1항).

정비사업과 관련된 등기에 관하여 필요한 사항은 대법원규칙으로 정하며(법 제88조 제2항), 현재 대법원규칙으로 '도시및주거환경정비등기처리규칙'이 제정되어 있다. 위 대법원 규칙은 부동산등기법에 대한 특별법으로서 정비사업 시행으로 인한 등기에 관하여 위 대법원 규칙을 우선 적용하고, 위 규칙에서 정하지 아니한 사항에 관하여 부동산등기법이 준용된다.

도시정비법에 의한 등기의 기본구조는 환지처분에 의한 등기와 달리, 종전의 권리가 법률상 소멸하고, 이에 대응하는 권리가 새로이 조성된 토지에 설정됨으로 종전의 등기용지를 폐쇄하고, 새로운 등기용지를 개설하여 보존등기를 하고 있다.

2. 도시및주거환경정비등기의 특칙

(1) 부동산등기법의 배제와 보충

정비사업에 의한 소유권보존등기는 도시정비법 제88조에 의한 등기로서 부동산등기법 제130조 이하의 소유권보존등기규정이 적용되지 않는다. 즉 도시정비법은 부동산등기법에 대한 특별법으로서 정비사업 시행으로 인한 등기에 관하여 대법원규칙을 우선 적용하고, 동 규칙에서 정하지 아니한 사항에 관하여 부동산등기법이 준용된다.

(2) 등기신청인의 특례

도시및주거환경정비등기로서 종전 토지 또는 건물의 말소등기, 대지 또는 건축시설의 보존등기 및 담보권 등에 관한 등기는 공권력의 주체인 사업시행자(조합) 또는 시행자의 위임을 받은 대리인에 한하여 신청할 수 있다.

조합원 개인이나 기타 시행자가 아닌 다른 자로부터 위임을 받은 대리인은 도시및주거환경정비등기를 신청할 수 없다(등기예규 제615, 등기 3402-448 질의회답).

(3) 일괄신청의 특례

부동산등기의 신청은 1개의 부동산에 관한 1개의 권리마다 개별로 신청하여야 하는 것이 원칙이나, 도시및주거환경정비등기는 등기의 목적과 원인이 다른 때에도 일괄하여 등기를 신청할 수 있거나 신청하여야 한다. 일괄신청의 규정의 공시의 적정과 등기소의 사무처리 편의를 위하여 둔 것으로서, 신청인은 건축시설 및 대지를 1개의 단위로 하여 그 전부에 대한 등기를 동시에 신청하여야 하다.

3. 각종의 도시및주거환경정비등기 절차

(1) 대위등기절차

정비사업시행자는 그 사업시행을 위하여 필요한 때에는 다음의 각호에 규정한 등기를 각 해당 등기의 신청권자를 대위하여 신청할 수 있다.

① 부동산의 표시변경 및 경정등기
② 등기명의인의 표시변경 및 경정등기
③ 소유권보존등기
④ 상속에 의한 소유권이전등기

시행자가 신청권자를 대위하여 등기를 신청하는 때에는 사업시행인가가 있었음을 증명하는 서면을 첨부하여야 한다(규칙 제2조 제2항). 등기신청서에 첨부할 서면이 이미 시행자로부터 등기소에 제출된 경우에는 그 첨부를 요하지 아니한다.

① 부동산의 표시변경 및 경정등기, ② 등기명의인의 표시변경 및 경정등기를 신청하는 경우에는 등기원인 또는 등기의 목적이 동일하지 아니한 경우라도 동일한 신청서로 등기를 신청할 수 있다.

부동산등기법 제52조(채권자 대위권에 의한 등기), 제57조 제3항(대위원인 기재) 및 제73조(착오 또는 유루(遺漏)의 통지, 직권에 의한 등기의 경정 통지)는 대위등기에 이를 준용한다. 등기관은 대위등기를 완료한 때에는 등기필증을 신청인에게 교부하여야 한다.

신청인은 ③ 소유권보존등기, ④ 상속에 의한 소유권이전등기의 경우에는 지체없이 그 등기필증을 해당부동산의 등기권리자에게 교부하여야 한다.

(2) 이전고시에 따른 등기절차

시행자는 이전고시를 한 때에는 지체없이 그 사실을 관할 등기소에 통지하고 다음의 등기를 신청하여야 한다.

① 정비사업시행에 의한 종전 토지에 관한 등기의 말소등기
② 정비사업시행으로 축조된 건축시설과 조성된 대지에 관한 소유권보존등기
③ 종전 건물과 토지에 관한 지상권, 전세권, 임차권, 저당권, 가등기, 환매특약이나 권리소멸의 약정, 처분제한의 등기로서 분양받은 건축시설과 대지에 존속하게 되는 등기

등기를 신청함에 있어서는 1개의 건축시설 및 그 대지인 토지를 1개의 단위로 하여, 1필의 토지 위에 수개의 건축시설이 있는 경우에는 그 건축시설 전부와 그 대지를 1개의 단위로 하여, 수필의 토지를 공동대지로 하여 그 위에 수개의 건축시설이 있는 경우에는 그 건축시설 및 대지전부를 1개 단위로 하여 동시에 하여야 한다.

그러나 시행자가 사업에 관한 공사의 완공 부분만에 관하여 이전고시를 한 때에는 위 등기 중 건물에 관한 등기신청은 그 부분만에 관하여 할 수 있다.

등기를 신청하는 경우에는 관리처분계획 및 그 인가를 증명하는 서면과 이전고시를 증명하는 서면을 첨부하여야 한다. 등기신청서에 첨부할 서면이 이미 시행자로부터 등기소에 제출된 경우에는 그 첨부를 요하지 아니한다.

(3) 종전 건물에 관한 등기절차

1개 단위를 이루는 토지 위에 있던 종전 건물에 관한 등기의 말소등기를 신청하는 때에는 동일한 신청서로 하여야 하며, 신청서에는 정비사업으로 인하여 등기를 신청한다는 취지를 기재하여야 한다.

등기관은 종전건물에 관한 등기신청에 의하여 등기를 하는 때에는 종전 건물의 등기부 중 표제부에 정비사업 시행으로 인하여 말소한 취지를 기록하고 부동산의 표시를 말소하는 기호를 기록하고, 그 등기부를 폐쇄하여야 한다.

(4) 종전 토지에 관한 등기절차

1개 단위를 이루는 토지에 포함되는 종전 토지에 관한 등기의 말소등기를 신청하는 때에는 동일한 신청서로 하여야 하며 신청서에는 정비사업 시행으로 인하여 등기를 신청한다는 취지를 기재하여야 한다.

등기관은 종전 토지에 관한 등기신청에 의하여 등기를 하는 때에는 종전 토지의 등기부 중 표제부에 정비사업 시행으로 인하여 말소한 취지를 기록하고 부동산의 표시를 말소하는 기호를 기록하고 그 등기부를 폐쇄하여야 한다.

(5) 건축시설에 관한 등기절차

건축시설에 관한 소유권보존등기 및 담보권 등에 관한 권리의 등기를 신청하는 때에는 건축시설(구분건물의 경우에는 1동의 건물에 속하는 구분건물 전부)에 관하여 동일한 신청서로 하여야 한다.

신청서에는 건축시설별로 소유권보존등기, 담보권 등에 관한 권리의 등기의 순서로 등기사항을 기재하여야 하며, 동일한 건축시설에 관한 권리를 목적으로 하는 2개 이상의 담보권 등에 관한 권리의 등기에 있어서는 등기할 순서에 따라 등기사항을 기재하여야 한다.

신청서에는 ① 구분소유자의 대지소유권에 대한 공유지분 비율, ② 담보권 등에 관한 권리와 그 목적인 권리의 표시, 구분건물의 경우에는 담보권 등에 관한 권리가 해당 구분소유자의 대지소유권에 대한 공유지분에도 존속하는지 여부의 표시, ③ 정비사업 시행으로 인하여 등기를 신청한다는 취지를 기재하고 등기권리자별로 작성한 신청서 부본을 첨부하여야 한다.

건축시설에 이전고시를 받은 자보다 선순위의 가등기 또는 처분제한의 등기가 존속하는 때에는 신청서에 그 선순위의 가등기 또는 처분제한의 목적이 된 소유권등기 명의인의 소유권보존등기, 그 선순위의 가등기 또는 처분제한의 등기, 이전고시를 받은 자 명의의 소유권이전등기의 순서로 등기사항을 기재하여야 한다.

신청서에 접수번호를 부여함에 있어서 등기사항마다 신청서에 기재한 순서에 따라 별개의 번호를 부여하여야 한다. 그러나 구분건물의 소유권보존등기 신청의 경우에는 모든 구분건물에 대하여 1개의 번호를 부여하여야 한다.

건축시설에 관한 등기신청에 의하여 등기를 하는 때에는 등기관은 등기부 중 표제부(구분건물의 경우에는 1동의 건물의 표제부)에 한 등기의 말미에 정비사업 시행으로 인하여 등기하였다는 취지를 기록하여야 한다.

등기관은 건축시설에 관한 등기를 완료한 때에는 등기필증을 신청인에게 교부하고 신청인은 지체없이 이를 각 등기권리자에게 교부하여야 한다.

(6) 대지에 관한 등기절차

1) 대지에 관한 등기신청

대지에 관한 소유권보존등기 및 담보권 등에 관한 권리의 등기를 신청하는 때에는 1필의 토지에 관하여 동일한 신청서로 하여야 한다.

신청서에는 소유권보존등기, 담보권 등에 관한 권리의 등기의 순서로 등기사항을 기재하여야 하며, 동일한 토지에 관한 권리를 목적으로 하는 2개 이상의 담보권 등에 관한 권리의 등기에 있어서는 등기할 순서에 따라 등기사항을 기재하여야 한다.

신청서에는 ① 담보권 등에 관한 권리와 그 목적인 권리의 표시, ② 정비사업 시행으로 인하여 등기를 신청한다는 취지를 기재하고 등기권리자별로 작성한 신청서 부본을 첨부하여야 한다.

대지에 이전고시를 받은 자보다 선순위의 가등기 또는 처분제한의 등기가 존속하는 때에는 신청서에 그 선순위의 가등기 또는 처분제한의 목적이 된 소유권등기 명의인의 소유권보존등기, 그 선순위의 가등기 또는 처분제한의 등기, 이전고시를 받은 자 명의의 소유권이전등기의 순서로 등기사항을 기재하여야 한다.

신청서에 접수번호를 부여함에 있어서 등기사항마다 신청서에 기재한 순서에 따라 별개의 번호를 부여하여야 한다. 그러나 구분건물의 소유권보존등기 신청의 경우에는 모든 구분건물에 대하여 1개의 번호를 부여하여야 한다.

2) 대지에 관한 등기

대지에 관한 등기신청에 의하여 등기를 하는 때에는 등기관은 등기부 중 표제부에 한 등기의 말미에 정비사업 시행으로 인하여 등기하였다는 취지를 기록하여야 한다.

구분소유자의 대지소유권에 대한 공유지분을 목적으로 하는 담보권 등에 관한 권리의 등기를 하여야 하는 경우로써 그 등기사항이 전유부분에 관한 것과 동일한 때에는 토지등기부에는 이를 기록하지 아니한다.

3) 대지권의 등기 등

구분건물의 경우 건축시설에 관한 등기신청 및 대지에 관한 등기신청에 의하여 등기를 하는 때에는 등기관은 건물등기부에는 대지권의 등기를, 토지등기부에는 대지권인 취지의 등기를 각 하여야 한다.

토지등기부에 대지만을 목적으로 하는 담보권 등에 관한 권리의 등기가 있는 때에는 건물등기부에 부동산등기규칙 제90조 제1항의 규정에 따른 토지등기부에 별도의 등기가 있다는 취지를 기록하여야 한다.

4) 등기필증의 교부 등

등기관은 대지에 관한 등기를 완료한 때에는 등기필증을 신청인에게 교부하고 신청인은 지체없이 이를 각 등기권리자에게 교부하여야 한다.

(7) 담보권 등에 관한 권리의 등기원인

담보권 등에 관한 권리의 등기를 신청하는 경우에는 신청서에 등기원인 및 그 연월일로서 이전고시전의 그 담보권 등에 관한 권리의 등기원인 및 그 연월일을 기재하여야 한다. 이 경우 정비사업으로 인한 이전고시가 있었다는 취지 및 그 연월일을 함께 기재하여야 한다.

4. 등기인수권, 등기지연과 손해배상

(1) 일반분양자에 대한 등기인수 청구

일반분양을 받은 자들 중에는 금융권으로부터 과도한 대출을 받는 자가 있으며, 과도한 대출을 받은 자들중에는 일반분양분을 자신의 소유로 된 후 경매가 될 것을 두려워 일반분양분에 대한 소유권이전등기를 하지 않는 사례도 종종 발생한다.

일반분양자가 분양받은 아파트의 소유권을 이전하지 않을 경우 일반분양자의 채권자들은 민법상 채권자대위권을 근거로 조합에 대해 소유권이전등기청구소송을 제기할 수 있지만 조합이 일반분양자에게 직접 소유권을 이전해 가라고 요구할 권리(등기인수권 또는 등기수취청구권)가 있는지, 이러한 내용의 소송을 제기할 수 있는지가 문제된다.

우리나라의 대부분 학자들은 공법상, 사법상의 불이익을 제거해야 할 실제적인 필요성을 내세워 등기의무자도 등기권리자에 대하여 소유권이전등기를 구할 수 있는 권리, 즉 등기수취청구권을 인정하고 있었으며, 서울고등법원에서 위 등기수취청구권을 인정하는 최초의 사례가 있었다.[165)]

165) 서울고등법원 2000. 9. 28. 선고 99나63048 판결, 의정부지방법원 2019. 5. 31. 선고 2018가단134642 판결

(2) 소유권이전등기 지연과 손해배상

조합과 수분양자들 사이에 소유권이전등기절차 이행시기에 관하여 확정기한이 아닌 불확정기한을 이행기로 정하는 합의가 이루어진 경우 건설공사의 진척상황 및 사회경제적 상황에 비추어 분양대금이 완납되고 분양자가 건물을 준공한 날로부터 사용승인검사 및 소유권보존등기에 소요될 것으로 예상할 수 있는 합리적이고 상당한 기간이 경과한 때 그 이행기가 도래한 것으로 보아야 한다.[166]

조합이 일반분양자들에 대한 소유권이전등기절차 이행의무의 이행기는 조합이 통보한 입주지정기간의 말일로부터 약 1년이 경과한 날에 도래하였다고 봄이 상당하고, 위 이행기 도래일부터 소유권보존등기 경료일까지의 기간동안 분양대금 10%에 해당하는 돈에 민법에 따른 법정이율인 연 5%의 비율로 계산한 돈을 손해배상금으로 인정한 사례가 있다.[167]

166) 대법원 2008. 12. 24. 선고 2006다25745 판결
167) 서울북부지방법원 2022. 11. 10. 선고 2020가합685 판결

I. 법무법인 (유한) 동인(www.donginlaw.co.kr)

◎ 설립년도 : 2004년 2월

◎ 대표변호사 : 황윤구

◎ 변호사 수 : 240명

◎ 위치 : 서울 서초구 서초대로 74길 4, 17층(서초동, 삼성생명 서초타워)

◎ 전화 : 02-2046-0641, 팩스 : 02-3482-1177

II. 맹신균 변호사

◎ 성균관대학교 정치외교학과 졸업(1996년),

◎ 사법연수원 30기 수료,

◎ 한국가스공사 법무팀 상근(2001 - 2003)

◎ 법무법인 (유한) 동인(2004 - 현재)

◎ 한국주택정비사업조합협회 전문위원

도시 및 주거환경정비법 해설(제7판)

저 자 맹 신 균 편저 2025년 9월 2일 인쇄

발행인 양 갑 수 2025년 9월 4일 발행

발행처 법률&출판

서울 서초구 법원로2길 7-4, 104호(서초동, 동용빌딩)

전 화 : 02-521-8199 팩스 : 598-0332

홈페이지 : www.법률서점.kr

등록번호 : 25100-2005-000110

인 지

정가 75,000원

ISBN : 978-89-97476-76-3 93360